Mathematische Leitfäden

Herausgegeben von Prof. Dr. Dr. h.c. mult. G. Köthe,
Prof. Dr. K.-D. Bierstedt, Universität-Gesamthochschule Paderborn,
und Prof. Dr. G. Trautmann, Universität Kaiserslautern

Lehrbuch der Analysis
Teil 2

Von Dr. rer. nat. Harro Heuser
o. Professor an der Universität Karlsruhe

9., durchgesehene Auflage
Mit 102 Abbildungen, 631 Aufgaben,
zum Teil mit Lösungen

B. G. Teubner Stuttgart 1995

Die Deutsche Bibliothek – CIP-Einheitsaufnahme

Heuser, Harro:
Lehrbuch der Analysis / von Harro Heuser. – Stuttgart :
Teubner.
  (Mathematische Leitfäden)
Teil 2. Mit 631 Aufgaben, zum Teil mit Lösungen. – 9., durchgesehene Aufl.
  1995
  ISBN 978-3-519-32232-0   ISBN 978-3-322-94097-1 (eBook)
  DOI 10.1007/978-3-322-94097-1

Gesamtherstellung: Zechnersche Buchdruckerei, Speyer

Auch dieser Band ist für Isabella und Anabel, Marcus und Marius.

Die mathematische Analyse erstreckt sich ebenso weit wie die Natur selbst; sie definiert alle wahrnehmbaren Beziehungen, mißt die Zeiten, Räume, Kräfte, Temperaturen. Diese schwierige Wissenschaft entwickelt sich langsam, aber sie bewahrt alle Prinzipien, die sie einmal errungen hat; sie wächst und befestigt sich unablässig inmitten aller Irrungen und Fehler des menschlichen Geistes.

Ihre hervorstechende Eigenschaft ist die Klarheit; sie hat keinerlei Zeichen, um verworrene Begriffe auszudrücken. Sie setzt die allerverschiedensten Phänomene zueinander in Beziehung und deckt die verborgenen Analogien auf, die sie verbinden ... Sie scheint eine Fähigkeit des menschlichen Geistes zu sein, die dazu bestimmt ist, einen Ausgleich zu bieten für die Kürze des Lebens und die Unvollkommenheit der Sinne.

Jean Baptiste Fourier, „Analytische Theorie der Wärme".

Vorwort

Bei der Abfassung des zweiten Bandes meines Lehrbuches der Analysis bin ich denselben Grundsätzen gefolgt, die für den ersten bestimmend waren: Ich wollte die Theorie ausführlich und faßlich darstellen, ausgiebig motivieren und durch viele Beispiele und Übungen zum sicheren Besitz des Lesers machen. Außerdem wollte ich Brücken schlagen zu den Anwendungen analytischer Methoden in den allerverschiedensten Wissenschaften und dabei das wechselseitig fördernde Ineinandergreifen „blasser" Theorie und „handfester" Praxis aufscheinen lassen, ein Ineinandergreifen, dem die Analysis einen guten Teil ihrer Vitalität und Dynamik verdankt. Und schließlich wollte ich durch eine klare und auch äußerlich leicht erkennbare Scheidung von Methoden- und Anwendungsteilen dafür sorgen, daß der Leser trotz der Fülle des Materials den roten Faden nicht verliert. Dieser rote Faden ist der Versuch, das Änderungsverhalten der Funktionen begrifflich zu erhellen und aus der Änderung einer Funktion „im Kleinen" ihren Verlauf „im Großen" zu rekonstruieren. Dabei stehen diesmal im Vordergrund der Überlegungen Funktionen, deren Argumente und Werte Vektoren aus dem $\mathbf{R}^p$ oder sogar Elemente aus noch viel allgemeineren Räumen sind. Dieser Übergang vom Eindimensionalen zum Mehrdimensionalen entspringt nicht müßiger Neugier und Verallgemeinerungssucht — er wird uns vielmehr sehr nachdrücklich durch die unabweisbaren Bedürfnisse der Praxis aufgenötigt. Die Prozesse der Natur spielen sich eben für gewöhnlich im *Raum* und nicht nur auf einer *Geraden* ab.

Die Analysis ist in einer 2500jährigen Entwicklung mühevoll zu dem geworden, was sie heute ist. Ihre Geschichte ist reich an stiller Arbeit und lärmender Polemik, an triumphalen Durchbrüchen und niederschmetternden Enttäuschungen, an bohrender Kritik und wüstem Draufgängertum; sie ist auf das engste verwoben mit philosophischem und naturwissenschaftlichem Denken und mit wirtschaftlichem und kriegerischem Handeln — kurz: sie ist eines der glanzvollen und nachdenklich stimmenden Kapitel in dem großen Roman des unruhigen Menschengeistes. In einem kurzen historischen Rückblick habe ich versucht, etwas von diesem langen Ringen um die Gestaltung der Analysis zu erzählen.

Der Leser wird in den Methodenteilen dieses Buches mehrere Dinge finden, die in dem engen Zeitrahmen einer dreisemestrigen Analysisvorlesung nicht immer untergebracht werden können. Ich habe sie aufgenommen, weil mir vorschwebte, dieses Buch zu einem zuverlässigen Helfer auch über die Anfangssemester hinaus zu machen. Der Leser wird diesen Dingen schon bald nach Abschluß seiner „offiziellen"

Analysisstudien begegnen, sei es in Vorlesungen, in Proseminaren oder bei eigenständiger Lektüre mathematischer Literatur. Und außerdem wollte ich gewissermaßen „vor Ort" zeigen, wie moderne Begriffsbildungen und Aussagebestände ganz natürlich und geradezu zwangsläufig aus dem angesammelten Material der Analysis herauswachsen, wenn man von der konkreten Beschaffenheit dieses Materials absieht und statt dessen die ihm eigentümliche Struktur herauszupräparieren sucht. Auch dieser Prozeß ist letztlich nichts anderes als eine konsequente Anwendung der axiomatischen Methode, nur daß sich letztere diesmal nicht unmittelbar auf reelle Zahlen selbst richtet, sondern auf Bereiche, die sich nach und nach aus dem Umgang mit diesen Zahlen gebildet haben. Die so entstehenden Strukturtheorien (z. B. die Lehre von den topologischen Räumen) sind gewissermaßen Röntgenaufnahmen, die durch Fleisch und Fett hindurch das tragende Knochengerüst „klassischer" Theorien erkennen lassen.

Aus dem eben Gesagten ergibt sich fast von selbst, daß man den vorliegenden Band nicht pedantisch Kapitel um Kapitel, Abschnitt um Abschnitt durchzuarbeiten braucht. Um so notwendiger ist natürlich eine *Leseanleitung* für denjenigen, der sich zunächst nur mit dem klassischen Kern der mehrdimensionalen Analysis beschäftigen möchte. Ein solcher Leser sollte sich in den Methodenteilen konzentrieren auf die Nummern 109–114, 162–174, 177–184 und 196–210. Aus den Anwendungsteilen kann er mitnehmen, was ihm interessant erscheint und seinen im Kurzkurs erworbenen Kenntnissen zugänglich ist. Welche Nummern dies im einzelnen sind, wird er im Laufe der Lektüre leicht selbst feststellen können.

Die mehr technischen Anweisungen zum gewinnbringenden Gebrauch dieses Buches habe ich bereits in der Einleitung des ersten Bandes gegeben. Ich brauche sie also hier nicht mehr zu wiederholen.

Mit Freude benutze ich die Gelegenheit, all denen meinen herzlichen Dank abzustatten, die mich bei der Herstellung des vorliegenden Bandes unterstützt haben. Ich danke Frl. Dipl.-Math. M. Bertsch, Herrn Dr. G. Schneider, Herrn Dr. H.-D. Wacker und Herrn Dipl.-Math. Ä. Weckbach dafür, daß sie die erste Fassung des Buches und alle seine Änderungen kritisch gelesen und durch viele Beiträge verbessert und geglättet haben; ganz besonders aber dafür, daß sie mehrfach mit peinlichster Gewissenhaftigkeit die zahlreichen Aufgaben geprüft und durchgerechnet haben. *Last but not least* muß ich ihnen danken für die mühselige Korrektur der Druckfahnen. Ich danke Herrn Prof. Dr. U. Mertins (Technische Universität Clausthal) dafür, daß er die vorletzte Fassung einer sorgfältigen Durchsicht unterzogen und mich dabei wieder und wieder durch anregenden Rat unterstützt hat. Herrn Dr. A. Voigt schulde ich Dank für die vielen klaren Zeichnungen, die das Verständnis des Textes so sehr erleichtern. Frau Y. Paasche und Frau K. Zeder haben mit liebenswürdigster Geduld und gewohnter Präzision mein Manuskript, eine vielhundertseitige Zumutung, in ein sauberes Maschinenskript umgesetzt; ich danke ihnen herzlich. Dem Teubner-Verlag habe ich zu danken für seine unermüdliche Kooperation und die vortreffliche Ausstattung des Buches.

Meine Schwester, Frau Ingeborg Strohe, hat mir in ihrem ruhigen Haus in Nastätten/Taunus die Möglichkeit geboten, ungestört und intensiv an diesem Buch zu arbeiten. Ich bin ihr großen Dank schuldig.

Nastätten/Taunus, im Juli 1980   Harro Heuser

Vorwort zur neunten Auflage

In der nun vorliegenden neunten Auflage habe ich nur einige geringfügige Verbesserungen vorgenommen.

Karlsruhe, im Oktober 1994   Harro Heuser

Inhalt

XIV Banachräume und Banachalgebren

Die Annäherung der Methoden ist dazu dienlich, sie gegenseitig zu erhellen, und das, was sie gemeinsam haben, enthält in den meisten Fällen ihre wahre Metaphysik.

Pierre Simon Laplace

109 Banachräume

In Satz 103.1 hatte sich die gleichmäßige Konvergenz einer Funktionenfolge als Konvergenz „im Sinne der Supremumsnorm" entpuppt. Den Sätzen bzw. Beweisen der Nr. 103 war demgemäß eine so starke Ähnlichkeit mit den entsprechenden Verhältnissen bei Zahlenfolgen auf die Stirn geschrieben, daß man dazu gedrängt wird, den Kern dieser Analogien freizuschälen. Dieser Kern ist der Begriff des normierten Raumes, der uns der Sache nach schon längst vertraut ist:

Ein linearer Raum E mit Elementen $f, g, \ldots$ heißt normierter Raum, *wenn jedem $f \in E$ eine reelle Zahl $\|f\|$, die* Norm *von f, so zugeordnet ist, daß die drei Normaxiome aus A 14.10 gelten:*

(N 1) $\quad \|f\| \geqslant 0 \quad und \quad \|f\| = 0 \Leftrightarrow f = 0.$

(N 2) $\quad \|\alpha f\| = |\alpha|\, \|f\| \quad für\ jede\ Zahl\ \alpha$[1].

(N 3) $\quad \|f + g\| \leqslant \|f\| + \|g\|.$

Wir führen zunächst einige Beispiele an, die uns im Grunde genommen alle schon bekannt sind:

1. $B(X)$ wird mittels der Supremumsnorm

$$\|f\| := \sup_{x \in X} |f(x)|$$

ein normierter Raum (s. A 14.11). Zur Unterscheidung von anderen evtl. auftretenden Normen bezeichnen wir die Supremumsnorm wie früher gewöhnlich mit $\|f\|_\infty$.

2. Sei X eine kompakte Teilmenge von **R**. Dann ist $C(X)$, versehen mit der Maximumsnorm

$$\|f\| := \max_{x \in X} |f(x)|$$

---

[1] Im Zusammenhang mit normierten Räumen mögen griechische Buchstaben immer Zahlen bedeuten. Statt von Zahlen spricht man häufig von Skalaren und nennt dann den Zahlkörper **R** auch den Skalarkörper des normierten Raumes.

ein normierter Raum. Daß die Maximumsnorm eine echte Norm ist, ergibt sich einfach daraus, daß sie nichts anderes als die Supremumsnorm ist, eingeschränkt auf $C(X)$. Auch die Maximumsnorm werden wir gewöhnlich mit $\|f\|_\infty$ bezeichnen.

$B(X)$ und $C(X)$ wollen wir uns hinfort immer mit den eben eingeführten kanonischen Normen versehen denken.

3. Wie im letzten Beispiel sieht man, daß auch $R[a, b]$ mittels der Supremumsnorm ein normierter Raum wird.

4. $BV[a, b]$ wird durch die **Variationsnorm**

$$\|f\| := |f(a)| + V_a^b(f)$$

ein normierter Raum (s. A 91.7). Wir bezeichnen sie gewöhnlich mit $\|f\|_V$.

5. Sei $r \geqslant 1$ eine feste reelle Zahl. $\mathbf{R}^p$ wird durch

$$\|x\| := \left(\sum_{k=1}^{p} |x_k|^r \right)^{1/r}, \qquad x := (x_1, \ldots, x_p) \tag{109.1}$$

ein normierter Raum (s. A 59.4). Will man r hervorheben, so schreibt man wohl auch $\|x\|_r$ statt $\|x\|$. Die Normen für $r = 1, 2$ hatten wir schon in A 14.10 kennengelernt. Dort hatten wir überdies noch die **Maximumsnorm**

$$\|x\|_\infty := \max(|x_1|, \ldots, |x_p|)$$

eingeführt. Wir sehen an diesem Beispiel, daß auf ein und demselben linearen Raum mehrere, ja sogar unendlich viele verschiedene Normen vorhanden sein können. Deshalb benutzt man gelegentlich das Symbol $(E, \|\cdot\|)$, um auszudrücken, daß E mit der Norm $\|\cdot\|$ versehen ist. Um die obigen normierten Räume auseinanderzuhalten, die alle aus $\mathbf{R}^p$ entspringen, bezeichnen wir mit $l^r(p)$ $(1 \leqslant r \leqslant \infty)$ den Raum $\mathbf{R}^p$, ausgestattet mit der Norm $\|x\|_r$ (die wir dann auch die l^r-Norm nennen). $l^\infty(p)$ ist natürlich nichts anderes als $B(X)$ für $X := \{1, 2, \ldots, p\}$[1], und $l^r(1)$ ist für jedes $r \in [1, \infty]$ gerade $\mathbf{R}$ selbst, versehen mit dem Betrag als Norm.

6. r sei wieder eine feste reelle Zahl $\geqslant 1$. Dann wird die Menge l^r aller Zahlenfolgen $x := (x_1, x_2, \ldots)$, für die $\sum_{k=1}^{\infty} |x_k|^r$ konvergiert, durch

$$\|x\| := \left(\sum_{k=1}^{\infty} |x_k|^r \right)^{1/r} \tag{109.2}$$

ein normierter Raum (s. A 59.5). Auch hier schreibt man gelegentlich $\|x\|_r$ statt $\|x\|$, wenn man r hervorheben will. l^2 ist das „unendlichdimensionale" Gegenstück zu dem euklidischen Raum $l^2(p)$.

---

[1] Gegen Ende der Nr. 13 hatten wir gesehen, daß man (auf unseren Fall spezialisiert) $\mathbf{R}^p$ als Menge aller Funktionen $f: \{1, \ldots, p\} \to \mathbf{R}$ auffassen kann.

7. l^∞ ist der lineare Raum aller beschränkten Zahlenfolgen $x := (x_1, x_2, \ldots)$ mit $\|x\| := \sup(|x_1|, |x_2|, \ldots)$, also nichts anderes als $B(\mathbf{N})$. Statt $\|x\|$ schreiben wir häufig deutlicher $\|x\|_\infty$.

Die Räume l^r $(1 \leqslant r \leqslant \infty)$ wollen wir uns hinfort immer mit den eben eingeführten kanonischen Normen versehen denken. Für $1 \leqslant r < s \leqslant \infty$ ist $l^r \subset l^s$ und $\|x\|_s \leqslant \|x\|_r$ (s. A 59.9).

8. Der lineare Raum (c) aller konvergenten Zahlenfolgen $x := (x_1, x_2, \ldots)$ wird durch $\|x\| := \sup(|x_1|, |x_2|, \ldots)$ ein normierter Raum.

Weitere Beispiele normierter Räume findet der Leser in den Aufgaben.

In A 14.10 hatten wir gesehen, daß für jede Norm die Ungleichung gilt

$$|\,\|f\| - \|g\|\,| \leqslant \|f - g\|. \tag{109.3}$$

Durch $d(f, g) := \|f - g\|$ wird auf einem normierten Raum E eine Metrik eingeführt, die sogar **translationsinvariant** ist:

$$d(f + h, g + h) = d(f, g) \qquad \textit{für alle } f, g, h \in E.$$

Jeder normierte Raum ist also gleichzeitig ein metrischer Raum; $\|f - g\|$ ist der Abstand zwischen f und g, $\|f\|$ die „Länge" von f.[1] Ist $\|f\| = 1$, so sagt man, f sei ein **normiertes Element**. Die metrische Dreiecksungleichung $d(f, g) \leqslant d(f, h) + d(h, g)$ geht über in

$$\|f - g\| \leqslant \|f - h\| + \|h - g\|. \tag{109.4}$$

Für festes $f \in E$ und $\varepsilon > 0$ nennen wir die Menge

$$U_\varepsilon(f) := \{g \in E : \|g - f\| < \varepsilon\} \quad \text{bzw.} \quad U_\varepsilon[f] := \{g \in E : \|g - f\| \leqslant \varepsilon\}$$

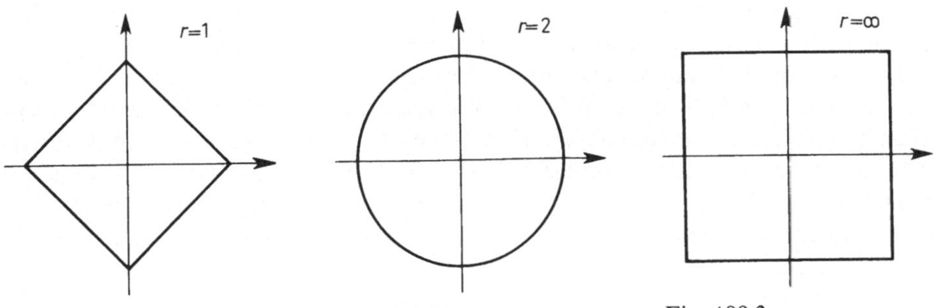

Fig. 109.1   Fig. 109.2   Fig. 109.3

---

[1] In Aufgabe 8 werden wir sehen, daß man jeden metrischen Raum als Teil eines geeigneten normierten Raumes auffassen kann. Diese Tatsache ist der Grund, weshalb wir unsere Aufmerksamkeit kaum auf „rein metrische" Räume richten.

die offene bzw. abgeschlossene Kugel mit dem Mittelpunkt f (oder: um f) und dem Radius ε. $U_\varepsilon(f)$ heißt auch ε-Umgebung von f. In Fig. 109.1 bis 109.3 findet der Leser die Einheitskugeln in $l^r(2)$ für $r=1, 2, \infty$. Die ε-Umgebung von f in $C[a, b]$ besteht gerade aus allen $g \in C[a, b]$, die in dem ε-Streifen um f verlaufen (s. Fig. 103.1), und entsprechend lassen sich natürlich die ε-Umgebungen in $B[a, b]$ und $R[a, b]$ deuten.

Sind f_1, f_2 verschiedene Elemente des normierten Raumes E, so ist $\varepsilon := \|f_1 - f_2\|/2 > 0$, und mittels (109.4) sieht man sehr leicht, daß $U_\varepsilon(f_1) \cap U_\varepsilon(f_2)$ leer sein muß. Somit gilt der

109.1 Satz *In einem normierten Raum gibt es zu je zwei verschiedenen Elementen stets disjunkte ε-Umgebungen derselben.*

Die Deutung von $\|f - g\|$ als Abstand, die formalen Ähnlichkeiten zwischen Betrag und Norm und der Satz 103.1 drängen zu der folgenden

Definition *Wir sagen, die Folge (f_n) aus dem normierten Raum E* konvergiere ge- *gen $f \in E$ und drücken dies durch das Zeichen*

$$f_n \to f \quad oder \quad \lim f_n = f$$

aus, wenn $\|f_n - f\| \to 0$ strebt, d. h., wenn es zu jedem $\varepsilon > 0$ einen Index n_0 gibt, so daß

$$für\ alle\ n > n_0\ stets\ \|f_n - f\| < \varepsilon\ ausfällt.$$

f heißt dann Grenzwert *von (f_n)*[1].

Mit dieser Definition, die so nahe liegt, daß sie geradezu unausweichlich ist, haben wir einen ganz natürlichen, ganz harmlosen und doch ungemein folgenreichen Schritt getan. Da sie formal genauso gebaut ist wie die Konvergenzdefinition bei Zahlenfolgen — man erhält sie doch, indem man in der letzteren nur den einfachen Betragsstrich | durch den doppelten Normstrich ‖ ersetzt —, und da die Norm formal (bezüglich ihrer Rechengesetze) genau dem Betrag entspricht, wird man erwarten dürfen, daß die Konvergenztheorie der Zahlenfolgen und -reihen geradezu mechanisch auf Folgen und Reihen in normierten Räumen übertragen werden kann — einfach, indem man Betragsstriche | gegen Normstriche ‖ auswechselt. Dies ist in der Tat weitgehend der Fall, man muß nur von den Sätzen absehen, in denen Eigenschaften reeller Zahlen auftreten, die kein Gegenstück bei den Elementen normierter Räume haben, z. B. Ordnungseigenschaften und Multiplizierbarkeit — vor allem aber darf man nicht das Analogon des Cauchyschen Konvergenzprinzips verwenden. Wir werden an geeigneten Stellen darauf zurückkommen. Nun wäre es gewiß

---

[1] Sind die f_n Funktionen auf einer Menge X, so darf „$f_n \to f$" nicht mit der punktweisen Konvergenz der Folge (f_n) gegen f verwechselt werden. Vor einer solchen Verwechslung schützt einerseits der Zusammenhang, aus dem das Gemeinte deutlich hervorgeht, andererseits unsere Verabredung, bei punktweiser Konvergenz durch die Angabe „auf X" immer den Bereich mitzuteilen, auf dem sie stattfindet.

nicht viel mehr als eine Spielerei, die „reelle" Konvergenztheorie auf normierte Räume zu übertragen, indem man aus einfachen Strichen doppelte macht — das Merkwürdige und Entscheidende ist aber, daß die spielerisch entstehende „normierte" Theorie einen weitaus größeren Anwendungsbereich hat als die reelle und bei einer Fülle von Problemen der höheren Analysis den Schlüssel zur Lösung bereithält. Wir werden dies im Fortgange unserer Untersuchungen immer wieder bestätigt finden. Es zeigt sich darin letztlich nichts anderes, als daß der hinreichend allgemeine, von den „Zufälligkeiten" der reellen Zahlen gereinigte Grenzwertbegriff die Seele und Lebenskraft der Analysis ist.

Vorderhand wird die formale, fast gedankenlose Übertragung reeller Sätze im Vordergrund stehen. Im Grunde wenden wir dabei wieder nichts anderes als die axiomatische Methode an. Dies würde noch viel sinnfälliger werden, wenn wir die Norm nicht mit doppelten, sondern mit einfachen Strichen bezeichnen würden (wie man es früher in der Tat gelegentlich getan hat). Die Axiome (N 1) bis (N 3) wären dann auch rein äußerlich identisch mit den Axiomen (B 1) bis (B 3) — und wir könnten aus der reellen Konvergenztheorie unbesehen alle die Sätze übernehmen, die sich allein auf (B 1) bis (B 3) stützen. Der aufmerksame Leser wird rasch feststellen, daß wir im wesentlichen genau dieses Programm abwickeln. Wir dürfen deshalb getrost behaupten, daß das vorliegende Kapitel von neuem die eindrucksvolle Fruchtbarkeit und Tragweite der axiomatischen Methode bezeugt. Die Beweise der aus dem Reellen herübergeholten Sätze werden wir dadurch erbringen, daß wir einfach nur auf diese reellen Sätze selbst bzw. ihre Beweise hindeuten. Nach diesen methodologischen Vorbetrachtungen beginnt nun die eigentliche Arbeit.

Gestützt auf den Satz 109.1 beweist man wie den Satz 20.1 den

109.2 Satz *Eine konvergente Folge in einem normierten Raum besitzt genau einen Grenzwert.*

Wir nennen eine Folge oder auch eine Teilmenge M von E beschränkt, wenn sie ganz in einer abgeschlossenen Kugel $U_\rho[f_0]$ liegt. Für jedes $f \in M$ ist dann

$$\|f\| \leqslant \|f - f_0\| + \|f_0\| \leqslant \rho + \|f_0\| =: r,$$

also gilt $M \subset U_r[0]$. Es folgt: *M ist genau dann beschränkt, wenn mit einer gewissen positiven Zahl r die Abschätzung $\|f\| \leqslant r$ für alle $f \in M$ gilt* (vgl. Satz 10.4). Und nun gilt der

109.3 Satz *Jede konvergente Folge in einem normierten Raum ist beschränkt.*

Der Beweis unterscheidet sich in nichts von dem des Satzes 20.3.

Daß jede Teilfolge einer konvergenten Folge (f_n) selbst wieder konvergiert — und zwar gegen $\lim f_n$ — ist kaum noch einer ausdrücklichen Erwähnung wert.

Die beiden ersten Behauptungen des folgenden Satzes kann der Leser ganz ähnlich beweisen wie die entsprechenden Aussagen in Satz 22.6; die dritte ergibt sich unmittelbar aus (109.3), wenn man dort $g := f_n$ setzt:

109.4 Satz *In einem normierten Raum folgt aus* $f_n \to f$, $g_n \to g$ *und* $\alpha_n \to \alpha$ *stets*

$$f_n + g_n \to f + g, \quad \alpha_n f_n \to \alpha f \quad und \quad \|f_n\| \to \|f\|.$$

Wie bei Zahlenfolgen nennen wir (f_n) eine **Cauchyfolge**, wenn es zu jedem $\varepsilon > 0$ ein n_0 gibt, so daß für alle $m, n > n_0$ stets $\|f_m - f_n\| < \varepsilon$ bleibt. Und wie dort beweist man, *daß jede konvergente Folge eine Cauchyfolge ist.* Die Umkehrung dieser Aussage — und damit der wirklich wesentliche Teil des Cauchyschen Konvergenzprinzips — braucht jedoch nicht mehr richtig zu sein (s. Aufgabe 4). Wenn wir daran denken, wie viele unserer bisherigen Resultate gerade daran hingen, daß jede Cauchyfolge auch konvergierte, so werden wir diese Tatsache als einen schlimmen Mißstand empfinden, und wir werden versucht sein, bevorzugt diejenigen normierten Räume zu betrachten, in denen das Cauchysche Konvergenzprinzip uneingeschränkt gültig ist: das sind die Banachräume[1]:

Definition *Der normierte Raum E heißt* **vollständig** *oder ein* **Banachraum**, *wenn jede Cauchyfolge aus E gegen ein Element aus E konvergiert.*

109.5 Satz *Die oben eingeführten normierten Räume $B(X)$, $C(X)$ — letzterer mit kompaktem X —, $R[a, b]$, $BV[a, b]$, $l^r(p)$ und l^r $(1 \leqslant r \leqslant \infty)$ und schließlich (c) sind alle Banachräume.*

Beweis. Sei (f_n) eine Cauchyfolge in $B(X)$, $C(X)$, $R[a, b]$ oder (c), also kurz gesagt eine Cauchyfolge bezüglich der Supremumsnorm. Nach Satz 103.2 strebt dann (f_n) gleichmäßig auf dem jeweiligen Definitionsbereich gegen eine Grenzfunktion f. Die Sätze 103.4, 104.2 und 104.4 lehren nun, daß f in $B(X)$, $C(X)$ bzw. $R[a, b]$ liegt, wenn dies beziehentlich für (f_n) gilt. Ist aber (f_n) aus (c), etwa $f_n = (x_1^{(n)}, x_2^{(n)}, \dots)$ und demgemäß $f = (x_1, x_2, \dots)$ mit $x_k := \lim\limits_{n \to \infty} x_k^{(n)}$, so ergibt sich aus A 104.1 sofort, daß $\lim\limits_{k \to \infty} x_k = \lim\limits_{k \to \infty} \lim\limits_{n \to \infty} x_k^{(n)}$ existiert und somit auch f in (c) liegt. Für späteren Gebrauch halten wir noch fest, daß nach derselben Aufgabe überdies

$$\lim_{k \to \infty} x_k = \lim_{n \to \infty} x^{(n)} \quad mit \quad x^{(n)} := \lim_{k \to \infty} x_k^{(n)} \tag{109.5}$$

ist. Und nun brauchen wir nur noch den Satz 103.1 heranziehen, um den Beweis im Falle der obigen vier Räume zu beenden. Übrigens ist damit auch die Vollständigkeit der Räume $l^\infty(p)$ und l^∞ dargetan, da diese ja nur Sonderfälle von $B(X)$ sind[2]. — Wir wenden uns nun den Räumen l^r $(1 \leqslant r < \infty)$ zu. Die Elemente $x_n := (x_1^{(n)}, x_2^{(n)}, \dots)$ mögen eine Cauchyfolge in l^r bilden, und $\varepsilon > 0$ sei beliebig vorgegeben. Dann gibt es ein n_0, so daß

$$\|x_m - x_n\| = \left(\sum_{k=1}^{\infty} |x_k^{(m)} - x_k^{(n)}|^r \right)^{1/r} < \varepsilon \quad für \ m, n > n_0 \tag{109.6}$$

---

[1] So genannt nach Stefan Banach (1892–1945; 53).

[2] Man sieht, daß die Vollständigkeit der normierten Räume $B(X)$, $C(X)$, $R[a, b]$ und (c) auf Sätzen beruht, die durchaus nicht an der Oberfläche liegen.

bleibt. Bei festem k ist also erst recht

$$|x_k^{(m)} - x_k^{(n)}| < \varepsilon \quad \text{für } m, n > n_0,$$

und somit ist jede Komponentenfolge $(x_k^{(1)}, x_k^{(2)}, \ldots)$ eine Cauchyfolge (von Zahlen!), besitzt also einen Grenzwert x_k (die Folge (x_m) konvergiert also jedenfalls komponentenweise). Wegen (109.6) gilt bei beliebigem $l \in \mathbf{N}$ die Abschätzung

$$\left(\sum_{k=1}^{l} |x_k^{(m)} - x_k^{(n)}|^r \right)^{1/r} < \varepsilon \quad \text{für } m, n > n_0.$$

Lassen wir in ihr $m \to \infty$ gehen, so folgt

$$\left(\sum_{k=1}^{l} |x_k - x_k^{(n)}|^r \right)^{1/r} \leq \varepsilon \quad \text{für } n > n_0 \text{ und jedes natürliche } l,$$

also ist auch

$$\left(\sum_{k=1}^{\infty} |x_k - x_k^{(n)}|^r \right)^{1/r} \leq \varepsilon \quad \text{für } n > n_0. \tag{109.7}$$

Daraus ergibt sich, daß für $n > n_0$ die Folge $(x_1 - x_1^{(n)}, x_2 - x_2^{(n)}, \ldots)$ in l^r liegt. Also gehört auch die Folge

$$x := (x_1, x_2, \ldots) = (x_1 - x_1^{(n)}, x_2 - x_2^{(n)}, \ldots) + (x_1^{(n)}, x_2^{(n)}, \ldots)$$

zu l^r, und die Ungleichung (109.7) kann nun in der Form $\|x - x_n\| \leq \varepsilon$ für $n > n_0$ geschrieben werden. Das bedeutet aber gerade, daß die Cauchyfolge (x_n) den Grenzwert $x \in l^r$ besitzt. — Nun fassen wir $l^r(p)$ $(1 \leq r < \infty)$ ins Auge. Bilden die Elemente $x_n := (x_1^{(n)}, \ldots, x_p^{(n)})$ eine Cauchyfolge in $l^r(p)$, so sieht man wie im Fall l^r, daß (x_n) jedenfalls komponentenweise gegen einen Vektor $x := (x_1, \ldots, x_p)$ konvergiert: $x_k^{(n)} \to x_k$ für $n \to \infty$ und $k = 1, \ldots, p$. Trivialerweise liegt x in $l^r(p)$, und ebenso trivial ist die Beziehung

$$\|x_n - x\| = \left(\sum_{k=1}^{p} |x_k^{(n)} - x_k|^r \right)^{1/r} \to 0 \quad \text{für } n \to \infty,$$

die x als Grenzwert von (x_n) im Sinne der Normkonvergenz ausweist. — Den Beweis der Vollständigkeit von $BV[a, b]$ überlassen wir dem Leser. Er möge dabei (91.3) beachten.   ∎

Eine kleine Modifikation des Vollständigkeitsbeweises für $l^r(p)$ zeigt, daß eine Folge (x_n) genau dann in der Norm von $l^r(p)$ gegen x konvergiert, wenn sie komponentenweise gegen x strebt. Diese Äquivalenz von Normkonvergenz und komponentenweiser Konvergenz gilt aber sogar bei *jeder* Norm auf $\mathbf{R}^p$. Zum Beweis dieser wichtigen Tatsache benötigen wir den

109.6 Hilfssatz *Sind* $\|\cdot\|$ *und* $|\cdot|$ *zwei Normen auf* $\mathbf{R}^p$, *so gibt es stets positive Konstanten* α *und* β *mit*

$$\alpha|x| \leqslant \|x\| \leqslant \beta|x| \quad \text{für alle } x \in \mathbf{R}^p.$$

Wir beweisen zunächst einen Spezialfall unseres Hilfssatzes: Wir zeigen, daß es positive Konstanten γ_1, γ_2 gibt, so daß

$$\gamma_1\|x\|_1 \leqslant \|x\| \leqslant \gamma_2\|x\|_1 \quad \text{für alle } x \in \mathbf{R}^p \tag{109.8}$$

gilt. Mit $e_1 := (1, 0, \ldots, 0)$, $e_2 := (0, 1, 0, \ldots, 0)$, $\ldots$, $e_p := (0, \ldots, 0, 1)$ ist

$$x := (x_1, \ldots, x_p) = x_1 e_1 + \cdots + x_p e_p,$$

also

$$\|x\| \leqslant |x_1|\,\|e_1\| + \cdots + |x_p|\,\|e_p\| \leqslant \gamma_2\|x\|_1 \quad \text{mit} \quad \gamma_2 := \max(\|e_1\|, \ldots, \|e_p\|)$$

— das ist die zweite Ungleichung in (109.8). Wir greifen nun die erste an. Dazu setzen wir

$$\gamma_1 := \inf\{\|x\| : \|x\|_1 = 1\} \tag{109.9}$$

und bestimmen eine Folge von Vektoren

$$x_n := (x_1^{(n)}, \ldots, x_p^{(n)}) \quad \text{mit} \quad \|x_n\|_1 = 1 \quad \text{und} \quad \|x_n\| \to \gamma_1 \tag{109.10}$$

(s. A 22.8). Da $|x_k^{(n)}| \leqslant \|x_n\|_1$, also $\leqslant 1$ ist, kann man nach dem Satz von Bolzano-Weierstraß zunächst aus der ersten Komponentenfolge $(x_1^{(n)})$ eine konvergente Teilfolge $(x_1^{(n_k)})$ auswählen. Die korrespondierende Teilfolge der zweiten Komponentenfolge, also $(x_2^{(n_k)})$, besitzt nach demselben Argument ihrerseits eine konvergente Teilfolge $(x_2^{(n_{kl})})$ — und natürlich ist dann auch $(x_1^{(n_{kl})})$ konvergent. So fortfahrend erhält man schließlich eine Teilfolge $(x_p^{(n')})$ der p-ten Komponentenfolge derart, daß nicht nur $(x_p^{(n')})$ selbst, sondern auch alle korrespondierenden Folgen $(x_1^{(n')})$, $(x_2^{(n')})$, $\ldots$, $(x_{p-1}^{(n')})$ konvergieren. Wir setzen $x_k := \lim x_k^{(n')}$ für $k = 1, \ldots, p$. Dann strebt nach Satz 109.4 bezüglich *jeder* der Normen $\|\cdot\|$ und $\|\cdot\|_1$

$$x_{n'} := (x_1^{(n')}, \ldots, x_p^{(n')}) = x_1^{(n')} e_1 + \cdots + x_p^{(n')} e_p \to x_1 e_1 + \cdots + x_p e_p =: x,$$

also auch — nach demselben Satz —

$$\|x_{n'}\| \to \|x\| \quad \text{und} \quad \|x_{n'}\|_1 \to \|x\|_1.$$

Wegen (109.10) ist $\|x\|_1 = 1$, insbesondere also $x \neq 0$. Dann muß aber $\|x\| > 0$ sein, und da, wiederum wegen (109.10), $\|x\|$ auch $= \gamma_1$ ist, erweist sich schließlich γ_1 als *positiv*. Nach der Definition (109.9) von γ_1 haben wir

$$\gamma_1 \leqslant \|x\| \quad \text{für alle } x \text{ mit } \|x\|_1 = 1. \tag{109.11}$$

Ist nun x ein beliebiger Vektor $\neq 0$, so besitzt $x/\|x\|_1$ die l^1-Norm 1, und somit liefert (109.11) die Abschätzung

$$\gamma_1 \leqslant \left\|\frac{x}{\|x\|_1}\right\| = \frac{\|x\|}{\|x\|_1}, \quad \text{also} \quad \gamma_1\|x\|_1 \leqslant \|x\|,$$

die in ihrer letzten Form trivialerweise auch noch für $x = 0$ gilt. Damit ist endlich auch die erste Ungleichung in (109.8) bewiesen.

Der Rest des Beweises ist nun sehr einfach. Nach (109.8), angewandt auf $|\cdot|$ an Stelle von $\|\cdot\|$, gibt es zwei positive Konstanten δ_1 und δ_2 mit

$$\delta_1\|x\|_1 \leqslant |x| \leqslant \delta_2\|x\|_1 \quad \text{für alle } x \in \mathbf{R}^p.$$

Für diese x ist daher, wenn wir nochmals (109.8) heranziehen,

$$\frac{\delta_1}{\gamma_2}\|x\| \leqslant |x| \leqslant \frac{\delta_2}{\gamma_1}\|x\|, \quad \text{also} \quad \frac{\gamma_1}{\delta_2}|x| \leqslant \|x\| \leqslant \frac{\gamma_2}{\delta_1}|x|;$$

die Behauptung unseres Hilfssatzes gilt also mit $\alpha := \gamma_1/\delta_2$ und $\beta := \gamma_2/\delta_1$. ∎

Aus diesem Hilfssatz ergibt sich sofort: Die Folge (x_n) ist genau dann eine Cauchyfolge bezüglich $\|\cdot\|$, wenn sie eine Cauchyfolge bezüglich $|\cdot|$ ist. Mit anderen Worten: Eine Folge aus $\mathbf{R}^p$ ist entweder bezüglich jeder oder bezüglich keiner Norm von $\mathbf{R}^p$ eine Cauchyfolge. Beachten wir noch, daß die Folge der $x_n := (x_1^{(n)}, \ldots, x_p^{(n)})$ offenbar genau dann eine Cauchyfolge bezüglich der Maximumsnorm $\|\cdot\|_\infty$ ist, wenn sie eine komponentenweise Cauchyfolge ist, d.h., wenn jede Komponentenfolge $(x_k^{(1)}, x_k^{(2)}, \ldots)$ eine Cauchyfolge reeller Zahlen bildet, so können wir unsere Überlegungen so zusammenfassen:

109.7 Satz *Auf $\mathbf{R}^p$ seien zwei Normen $\|\cdot\|$ und $|\cdot|$ definiert. Dann sind die nachstehenden Aussagen über die Folge (x_n) aus $\mathbf{R}^p$ äquivalent:*
a) *(x_n) ist eine Cauchyfolge bezüglich $\|\cdot\|$.*
b) *(x_n) ist eine Cauchyfolge bezüglich $|\cdot|$.*
c) *(x_n) ist eine komponentenweise Cauchyfolge.*

Man braucht die obigen Überlegungen nur geringfügig zu ändern, um den nächsten Satz zu erhalten, dem wir zur bequemeren Formulierung eine Definition vorausschicken. Wir nennen zwei Normen $\|\cdot\|$ und $|\cdot|$ auf dem linearen Raum E äquivalent, wenn sie denselben Konvergenzbegriff erzeugen, d.h., wenn aus $x_n \to x$ bezüglich $\|\cdot\|$ stets auch $x_n \to x$ bezüglich $|\cdot|$ folgt und umgekehrt, wenn also gilt:

$$\|x_n - x\| \to 0 \quad \text{dann und nur dann, wenn} \quad |x_n - x| \to 0.$$

Der angekündigte Satz lautet nun so:

109.8 Satz *Alle Normen auf $\mathbf{R}^p$ sind äquivalent, und Normkonvergenz ist gleichbedeutend mit komponentenweiser Konvergenz, in Zeichen (wobei wir die Vektoren der besseren Übersicht halber in Spaltenform schreiben):*

$$\begin{pmatrix} x_1^{(n)} \\ \vdots \\ x_p^{(n)} \end{pmatrix} \xrightarrow{\|\cdot\|} \begin{pmatrix} x_1 \\ \vdots \\ x_p \end{pmatrix} \quad \Leftrightarrow \quad \begin{matrix} x_1^{(n)} \to x_1 \\ \vdots \\ x_p^{(n)} \to x_p \end{matrix}.$$

Eine Cauchyfolge (x_n) in $(\mathbf{R}^p, \|\cdot\|)$ ist wegen Satz 109.7 auch eine Cauchyfolge in $l^1(p)$, strebt dort also gegen einen Grenzwert x (Satz 109.5). Wegen Satz 109.8 konvergiert sie dann auch bezüglich $\|\cdot\|$ gegen x. Somit gilt der

109.9 Satz $\mathbf{R}^p$ *ist bezüglich jeder Norm ein Banachraum.*

Unsere Resultate über $\mathbf{R}^p$ können wir kurz so zusammenfassen: Bei Konvergenzbetrachtungen im $\mathbf{R}^p$ kommt es nicht im mindesten darauf an, welche Norm man zugrunde legt. Infolgedessen kann man immer diejenige heranziehen, die der jeweiligen Untersuchung am besten angepaßt ist.

Veranschaulichen wir uns noch die Konvergenz $x_n \to x$ im $\mathbf{R}^2$. Die Elemente (x_1, x_2) von $\mathbf{R}^2$ fassen wir in gewohnter Weise als Punkte der $x_1 x_2$-Ebene auf. Führen wir in $\mathbf{R}^2$ die euklidische Norm $\|\cdot\|_2$ ein, so besagt $x_n \to x$, daß in jedem *Kreis* mit dem Mittelpunkt x fast alle x_n liegen (s. Fig. 109.4). Versehen wir $\mathbf{R}^2$ jedoch mit der Maximumsnorm $\|\cdot\|_\infty$, so bedeutet $x_n \to x$, daß sich in jedem achsenparallelen *Quadrat* mit dem Mittelpunkt x fast alle x_n befinden (s. Fig. 109.5; beachte Fig. 109.3). In diesem Falle springt die Äquivalenz zwischen Normkonvergenz und komponentenweiser Konvergenz besonders deutlich in die Augen, ebenso die Äquivalenz zwischen $\|\cdot\|_2$-Konvergenz und $\|\cdot\|_\infty$-Konvergenz (ihr *geometrischer* Kern ist die einfache Tatsache, daß man in jeden Kreis ein Quadrat und in jedes Quadrat einen Kreis einbeschreiben kann).

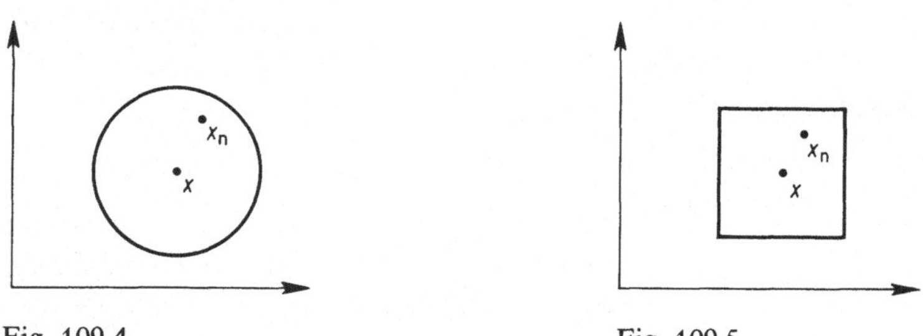

Fig. 109.4　　　　　　　　　　Fig. 109.5

Eine **unendliche Reihe** $\sum\limits_{k=0}^{\infty} f_k$ in einem normierten Raum E (alle f_k sollen also in E liegen) ist natürlich wieder nur ein anderes Zeichen für die Folge der Teilsummen $s_n := f_0 + \cdots + f_n$. Strebt $s_n \to s \in E$, so sagen wir, die Reihe konvergiere gegen s oder habe den Wert (die Summe) s, in Zeichen: $\sum\limits_{k=0}^{\infty} f_k = s$. Wegen Satz 109.4 versteht es sich von selbst, *daß man konvergente Reihen gliedweise addieren und mit einer festen Zahl multiplizieren darf. — Ist E ein Banachraum, so wird $\sum f_k$ genau dann konvergieren, wenn es zu jedem $\varepsilon > 0$ ein n_0 gibt, so daß*

$$\|f_{n+1} + \cdots + f_{n+p}\| < \varepsilon \quad \text{für alle } n > n_0 \text{ und alle natürlichen } p$$

bleibt (**Cauchysches Konvergenzkriterium**).

Nennt man die Reihe $\sum f_k$ **absolut konvergent**, wenn $\sum \|f_k\|$ konvergiert, so beweist man wie den Satz 31.4 (vgl. auch Satz 105.2) den

109.10 Satz *Ist die Banachraumreihe* $\sum\limits_{k=0}^{\infty} f_k$ *absolut konvergent, so ist sie erst recht konvergent, und es gilt die verallgemeinerte Dreiecksungleichung*

$$\left\| \sum_{k=0}^{\infty} f_k \right\| \leq \sum_{k=0}^{\infty} \|f_k\|.$$

Dieser Satz macht es möglich, unsere Kriterien für die (absolute) Konvergenz von Zahlenreihen zur Untersuchung von Banachraumreihen heranzuziehen. Wir erwähnen nur das Majoranten- und das Wurzelkriterium (vgl. auch Satz 105.3):

109.11 Majorantenkriterium *Für die Banachraumreihe* $\sum f_k$ *sei fast immer* $\|f_k\| \leq c_k$, *und* $\sum c_k$ *sei konvergent. Dann konvergiert auch* $\sum f_k$ — *und zwar absolut.*

109.12 Wurzelkriterium *Ist mit einer festen positiven Zahl* $q < 1$ *fast immer* $\sqrt[k]{\|f_k\|} \leq q$ *oder gleichbedeutend: ist* $\limsup \sqrt[k]{\|f_k\|} < 1$, *so muß die Banachraumreihe* $\sum f_k$ *(absolut) konvergieren.*

Der erste Teil des Beweises von Satz 32.3 läßt sich wörtlich auf Banachräume übertragen; man hat nur den Betrag durch die Norm zu ersetzen. Somit gilt der

109.13 Satz *Eine absolut konvergente Banachraumreihe ist unbedingt konvergent: alle ihre Umordnungen konvergieren, und zwar gegen ein und denselben Wert*[1].

In einem Banachraum E kann man **Potenzreihen**

$$\sum_{n=0}^{\infty} f_n (\lambda - \lambda_0)^n \qquad (f_n \in E,\ \lambda \text{ und } \lambda_0 \text{ Zahlen}) \tag{109.12}$$

betrachten; dabei schreiben wir, im Gegensatz zu unserer bisherigen Gepflogenheit, den Zahlfaktor $(\lambda - \lambda_0)^n$ *hinter* statt *vor* das Banachraumelement f_n, um die Analogie zu den numerischen Potenzreihen augenfälliger zu machen. Wie im Reellen (s. Satz 63.1) gilt dann der fundamentale

109.14 Konvergenzsatz *Definiert man den* Konvergenzradius *r der Potenzreihe* (109.12) *in dem Banachraum E durch*

$$r := \frac{1}{\limsup \sqrt[n]{\|f_n\|}} \qquad mit \qquad \frac{1}{0} := +\infty \qquad und \qquad \frac{1}{+\infty} := 0,$$

so wird (109.12) *absolut konvergieren, falls* $|\lambda - \lambda_0| < r$, *jedoch divergieren, falls* $|\lambda - \lambda_0| > r$ *ist.*

---

[1] Es läßt sich zeigen — was wir nicht tun wollen —, daß aus der unbedingten Konvergenz jedoch nicht die absolute folgen muß.

Nachdem wir uns nun Satz um Satz von der weitgehenden Analogie zwischen der Konvergenztheorie in $\mathbf{R}$ und der in Banachräumen überzeugen konnten, ist es doppelt bestürzend zu sehen, daß sie an einer überaus wichtigen Stelle zusammenbricht: *Es braucht nicht mehr der Auswahlsatz von Bolzano-Weierstraß zu gelten, eine beschränkte Folge braucht keine konvergente Teilfolge zu enthalten.* Die Folge der Elemente $x_1 := (1, 0, 0, \ldots)$, $x_2 := (0, 1, 0, \ldots)$, $\ldots$ aus l^∞ ist nämlich wegen $\|x_n\| = 1$ gewiß beschränkt; da aber für $m \neq n$ immer $\|x_m - x_n\| = 1$ ist, kann (x_n) keine Cauchyteilfolge, erst recht also keine konvergente Teilfolge enthalten. Immerhin gilt jedenfalls im $\mathbf{R}^p$ noch folgender

109.15 Satz von Bolzano-Weierstraß *Jede beschränkte Folge* (x_n) *im* $\mathbf{R}^p$ *(versehen mit irgendeiner Norm) enthält eine konvergente Teilfolge.*

Beweis. Wegen (109.8) ist (x_n) auch in der l^1-Norm beschränkt. Und mit demselben Verfahren, das wir nach (109.10) benutzt haben (p-fache Anwendung des „eindimensionalen" Satzes von Bolzano-Weierstraß), sieht man nun, daß (x_n) eine *komponentenweise* konvergente Teilfolge enthält. Wegen Satz 109.8 ist diese aber auch *norm*konvergent. ∎

Aufgaben

$^+$**1.** Die Menge $C^r[a, b]$ aller r-mal stetig differenzierbaren Funktionen f auf $[a, b]$ wird mit

$$\|f\| := \sum_{\rho=0}^{r} \max_{a \leqslant x \leqslant b} |f^{(\rho)}(x)| \quad \text{ein Banachraum. Normkonvergenz } f_n \to f \text{ bedeutet}$$

$$f_n^{(\rho)}(x) \Rightarrow f^{(\rho)}(x) \text{ auf } [a, b] \text{ für } \rho = 0, 1, \ldots, r.$$

2. Man sagt, die Funktion $f: \mathbf{R} \to \mathbf{R}$ verschwinde im Unendlichen, wenn es zu jedem $\varepsilon > 0$ ein $\rho(\varepsilon, f) > 0$ gibt, so daß $|f(x)| < \varepsilon$ ist für $|x| > \rho(\varepsilon, f)$. Die Menge $C_0(\mathbf{R})$ aller auf $\mathbf{R}$ stetigen Funktionen f, die im Unendlichen verschwinden, wird mit $\|f\| := \max_{x \in \mathbf{R}} |f(x)|$ ein Banachraum.

$^+$**3.** Die Menge (c_0) aller Nullfolgen $x := (x_1, x_2, \ldots)$ wird mit $\|x\| := \sup_{k=1}^{\infty} |x_k|$ ein Banachraum.

4. $C[a, b]$ wird durch $\|f\| := (\int_a^b f^2 \, \mathrm{d}x)^{1/2}$ zu einem *unvollständigen* normierten Raum.

***5.** In jedem normierten Raum ist die abgeschlossene Kugel $U_\rho[f]$ in folgendem Sinne abgeschlossen gegenüber Konvergenz: Der Grenzwert jeder konvergenten Folge aus $U_\rho[f]$ liegt wieder in $U_\rho[f]$.

6. Sei $x_k := (x_1^{(k)}, \ldots, x_p^{(k)})$ $(k = 0, 1, \ldots)$. $\mathbf{R}^p$ werde mit irgendeiner Norm versehen. Zeige: $\sum_{k=0}^{\infty} x_k$ ist genau dann eine Cauchyreihe, wenn jede Komponentenreihe $\sum_{k=0}^{\infty} x_\nu^{(k)}$ $(\nu = 1, \ldots, p)$ eine Cauchyreihe ist. Genau dann ist $\sum_{k=0}^{\infty} x_k = x := (x_1, \ldots, x_p)$, wenn diese Gleichung komponentenweise gilt: $\sum_{k=0}^{\infty} x_\nu^{(k)} = x_\nu$ für $\nu = 1, \ldots, p$.

***7.** $\|\cdot\|$ und $|\cdot|$ seien zwei Normen auf $\mathbf{R}^p$. Dann enthält jede ε-Umgebung von $x_0 \in \mathbf{R}^p$ bezüglich der Norm $\|\cdot\|$ eine δ-Umgebung von x_0 bezüglich $|\cdot|$. Hinweis: Hilfssatz 109.6.

$^{+}$**8.** Man sagt, der metrische Raum (X_1, d_1) sei **isometrisch** zu dem metrischen Raum (X_2, d_2), wenn es eine surjektive Abbildung $\varphi: X_1 \to X_2$ mit $d_2(\varphi(x), \varphi(y)) = d_1(x, y)$ für alle $x, y \in X_1$ gibt (φ ist eine „abstandserhaltende" oder „isometrische" Abbildung). φ ist offenbar injektiv, und die inverse Abbildung $\varphi^{-1}: X_2 \to X_1$ ist wieder isometrisch, so daß auch umgekehrt (X_2, d_2) isometrisch zu (X_1, d_1) ist. Man darf deshalb die symmetrische Sprechweise verwenden, die beiden Räume seien (zueinander) isometrisch. Da man es in der „metrischen Theorie" nur mit den Abständen zwischen den Elementen metrischer Räume zu tun hat und von allen anderen Eigenschaften dieser Elemente völlig absieht, unterscheiden sich isometrische Räume vom Standpunkt der metrischen Theorie nur durch die — ganz unwesentliche — Bezeichnung ihrer Elemente. Identifiziert man die vermöge der isometrischen Abbildung φ zusammengekoppelten Elemente x und $\varphi(x)$, d. h., sieht man von ihren verschiedenen Namen (x bzw. $\varphi(x)$) ab, so fallen die beiden Räume (X_1, d_1) und (X_2, d_2) zusammen: Es ist $(X_1, d_1) = (X_2, d_2)$. Im Sinne dieser Identifizierung ist jeder metrische Raum Teilmenge eines geeigneten Banachraumes, schärfer:

Jeder metrische Raum (X, d) ist isometrisch zu einer Teilmenge des Banachraumes $B(X)$.

Eine Vertiefung dieser Aussage bringt A 159.6.

Anleitung zum Beweis: a sei ein festes Element von X. Für jedes $x \in X$ definiere man die Funktion $f_x: X \to \mathbf{R}$ durch $f_x(t) := d(x, t) - d(a, t)$, $t \in X$. Zeige der Reihe nach:

a) $|f_x(t)| \leqslant d(x, a)$ für alle $t \in X$; es ist also $f_x \in B(X)$. Hinweis: Vierecksungleichung (Satz 10.5).

b) Für alle $x, y \in X$ ist

$$\|f_x - f_y\|_\infty = \sup_{t \in X} |d(x, t) - d(y, t)| \leqslant d(x, y),$$

also ($t = x$) sogar $\|f_x - f_y\|_\infty = d(x, y)$.

c) Die Abbildung $x \mapsto f_x$ von (X, d) auf den metrischen Raum $\{f_x : x \in X\} \subset B(X)$, versehen mit dem von $B(X)$ herrührenden Abstand $\|f_x - f_y\|_\infty$, ist isometrisch.

$^{\circ}$**9.** Für die Definitionen und Sätze dieser Nummer macht es keinen Unterschied, ob die zugrunde liegenden linearen Räume reell oder komplex sind. Bei konkreten Funktionen- und Folgenräumen wie $B(X)$, $C(X)$, l^r, (c) hat man im komplexen Fall natürlich komplexwertige Funktionen und komplexe Folgen zuzulassen; die Bezeichnungen bleiben aber dieselben (manchmal findet man allerdings die Symbole $B(X, \mathbf{R})$ und $B(X, \mathbf{C})$ für den Raum aller beschränkten reellwertigen bzw. komplexwertigen Funktionen auf X, und ganz entsprechend sind die Zeichen $C(X, \mathbf{R})$ und $C(X, \mathbf{C})$ zu verstehen). Ferner ist im komplexen Fall der $\mathbf{R}^p$ durch die Menge $\mathbf{C}^p$ aller komplexen p-Vektoren $(x_1, \ldots, x_p)$ zu ersetzen; die l^r-Normen werden jedoch wörtlich definiert wie im $\mathbf{R}^p$.

110 Banachalgebren

Ein normierter Raum E mit Elementen $f, g, \ldots$ heißt **normierte Algebra**, wenn er eine Algebra ist und die Multiplikation mit der Norm durch die Ungleichung

$$\|fg\| \leqslant \|f\| \cdot \|g\| \tag{110.1}$$

zusammenhängt. Eine normierte Algebra wird **Banachalgebra** genannt, wenn sie als normierter Raum vollständig ist.

Wegen (N 4) in A 14.11 folgt aus Satz 109.5, daß $B(X)$ eine Banachalgebra ist, wenn das Produkt, wie in Funktionenräumen üblich, punktweise definiert wird. Aus denselben Gründen sind $C(X)$ bei kompaktem $X \subset \mathbf{R}$ und $R[a, b]$ Banachalgebren. Eine weitere wichtige Banachalgebra ist l^1, wenn man das Produkt zweier Elemente

$$x := (x_0, x_1, x_2, \ldots), \qquad y := (y_0, y_1, y_2, \ldots)$$

durch ihre **Faltung**

$$x * y := (x_0 y_0, \; x_0 y_1 + x_1 y_0, \; x_0 y_2 + x_1 y_1 + x_2 y_0, \ldots)$$

erklärt.[1] Wegen

$$\sum_{n=0}^{\infty} |x_0 y_n + x_1 y_{n-1} + \cdots + x_n y_0| \leq \sum_{n=0}^{\infty} (|x_0| \, |y_n| + |x_1| \, |y_{n-1}| + \cdots + |x_n| \, |y_0|)$$

$$= \left(\sum_{n=0}^{\infty} |x_n| \right) \left(\sum_{n=0}^{\infty} |y_n| \right)$$

ist $x * y \in l^1$ und $\|x * y\| \leq \|x\| \cdot \|y\|$. Daß die Faltung tatsächlich den Regeln der Algebrenmultiplikation genügt, ist bereits in A 32.10 gezeigt worden.

Über diesen interessanten Beispielen sollte man nicht vergessen, daß auch $\mathbf{R}$ selbst (mit dem Betrag als Norm) eine Banachalgebra ist.

Wir ziehen nun einige einfache Folgerungen aus (110.1).

Strebt $f_n \to f$ und $g_n \to g$, so ist

$$\|f_n g_n - fg\| = \|(f_n - f) g_n + f(g_n - g)\|$$
$$\leq \|f_n - f\| \cdot \|g_n\| + \|f\| \cdot \|g_n - g\|,$$

und da (g_n) als konvergente Folge beschränkt ist, erhalten wir daraus $f_n g_n \to fg$, also den

110.1 Satz *In einer normierten Algebra folgt aus $f_n \to f$ und $g_n \to g$ stets $f_n g_n \to fg$.*

Wir betrachten einen besonders wichtigen Spezialfall dieses Satzes:
$\sum_{k=0}^{\infty} f_k = s$ bedeutet, daß $s_n := f_0 + \cdots + f_n \to s$ konvergiert. Für beliebiges g gilt dann $f_0 g + \cdots + f_n g = s_n g \to sg$ und $g f_0 + \cdots + g f_n = g s_n \to gs$, also haben wir:

---

[1] Um die Analogie zur Cauchyschen Multiplikation von Potenzreihen zu betonen — und auszunutzen —, ist es zweckmäßig, die Indizierung bei 0 beginnen zu lassen.

$$\text{Aus} \quad \sum_{k=0}^{\infty} f_k = s \quad \text{folgt} \quad \sum_{k=0}^{\infty} f_k g = sg \quad \text{und} \quad \sum_{k=0}^{\infty} g f_k = gs, \tag{110.2}$$

kurz: *Man darf eine konvergente Reihe gliedweise mit einem festen Element multiplizieren.* Darüber hinaus kann man nun auch das Produkt absolut konvergenter Reihen in gewohnter Weise bilden (s. die Sätze 32.5 und 32.6). Wir führen nur die Cauchysche Multiplikationsregel an, die man, gestützt auf Satz 109.13, genauso beweist wie den Satz 32.6:

110.2 Satz *Sind die Reihen $\sum_{k=0}^{\infty} f_k$ und $\sum_{k=0}^{\infty} g_k$ in der Banachalgebra E beide absolut konvergent, so konvergiert auch ihr* Cauchyprodukt

$$\sum_{n=0}^{\infty} (f_0 g_n + f_1 g_{n-1} + \cdots + f_n g_0)$$

absolut, und es ist

$$\sum_{n=0}^{\infty} (f_0 g_n + f_1 g_{n-1} + \cdots + f_n g_0) = \left(\sum_{k=0}^{\infty} f_k \right) \left(\sum_{k=0}^{\infty} g_k \right).$$

Für jedes Element f einer normierten Algebra ist

$$\|f^2\| \leqslant \|f\|^2, \qquad \|f^3\| \leqslant \|f\|^3,$$

allgemein

$$\|f^n\| \leqslant \|f\|^n \qquad (n = 1, 2, \ldots).$$

Für $\alpha_n := \|f^n\|$ $(n \in \mathbf{N})$ gilt

$$\alpha_{m+n} = \|f^{m+n}\| = \|f^m f^n\| \leqslant \|f^m\| \, \|f^n\| = \alpha_m \alpha_n,$$

und daraus folgt mit Satz 25.7 sofort:

$$\lim_{n \to \infty} \sqrt[n]{\|f^n\|} \quad \text{ist vorhanden und} \quad = \inf_{k=1} \sqrt[k]{\|f^k\|} \leqslant \|f\|. \tag{110.3}$$

Besitzt eine normierte Algebra ein Einselement $e \neq 0^{1)}$, so ist $\|e\| = \|e^2\| \leqslant \|e\|^2$, also

$$\|e\| \geqslant 1.$$

Die Banachalgebren $B(X)$, $C(X)$ [2)] und $R[a, b]$ besitzen alle ein Einselement, nämlich die Funktion $f = 1$. Das Einselement von l^1 ist $(1, 0, 0, \ldots)$. Diese vier Algebren sind auch alle kommutativ.

[1)] $E := \{0\}$ ist eine Banachalgebra mit dem Einselement $e = 0$.

[2)] Wenn wir von der Banachalgebra $C(X)$ reden, setzen wir stillschweigend voraus, daß X kompakt ist.

Wir sagen, das Element f einer Algebra E mit Einselement e sei **regulär** oder **invertierbar**, wenn es in E Elemente g und h mit $gf=fh=e$ gibt. In diesem Falle ist $(gf)h=eh=h$, aber auch $=g(fh)=ge=g$, und somit muß $g=h$ sein. Dieses eindeutig bestimmte Element g wird die **Inverse** von f genannt und mit f^{-1} bezeichnet. Im Falle einer Funktionenalgebra darf die Inverse nicht mit der Umkehrfunktion verwechselt werden (die Bezeichnung f^{-1} könnte dazu Anlaß geben, sollte es aber nicht, weil aus dem Zusammenhang immer eindeutig hervorgeht, was unter f^{-1} zu verstehen ist). Das Einselement e besitzt immer die Inverse $e^{-1}=e$.

Entscheidend bei der Definition der Invertierbarkeit ist, daß die Inverse in der Ausgangsalgebra E liegen muß. Man wird deshalb gelegentlich genauer sagen, $f \in E$ sei bezüglich E oder in E invertierbar. Es kann durchaus sein, daß f zwar nicht in E, wohl aber in einer E umfassenden Algebra invertierbar ist. Z. B. ist die zu $B[0, 1]$ gehörende Funktion $f(x):=x$ für $0<x\leqslant 1$, $:=1$ für $x=0$, zwar nicht in $B[0, 1]$, wohl aber in der Algebra *aller* Funktionen auf $[0, 1]$ invertierbar; ihre Inverse in dieser Algebra ist ihre Reziproke $1/f^{1)}$.

$f \in B(X)$ ist genau dann invertierbar, wenn mit einem gewissen $\alpha>0$ für alle $x \in X$ stets $|f(x)| \geqslant \alpha$ ist. $f \in C(X)$ ist genau dann invertierbar, wenn f in keinem Punkt von X verschwindet. In beiden Fällen ist $f^{-1}=1/f$. Ein nichtkonstantes Polynom besitzt niemals eine Inverse in der Algebra aller Polynome (s. A 15.4).

In der Banachalgebra $\mathbf{R}$ ist $1-q$ genau dann invertierbar, wenn $q \neq 1$ ist. Im Falle $|q|<1$ kann die Inverse $1/(1-q)$ durch die geometrische Reihe $\sum\limits_{n=0}^{\infty} q^n$ dargestellt werden. Eine ganz ähnliche, wenn auch etwas schwächere Aussage haben wir in beliebigen Banachalgebren mit Einselement:

110.3 Satz *Das Element $e-f$ einer Banachalgebra E mit Einselement e ist immer dann invertierbar, wenn die sogenannte* Neumannsche Reihe[2)]

$$\sum_{n=0}^{\infty} f^n \equiv e+f+f^2+\cdots \tag{110.4}$$

konvergiert; in diesem Falle ist

$$(e-f)^{-1}=\sum_{n=0}^{\infty} f^n. \tag{110.5}$$

Die Neumannsche Reihe konvergiert genau dann, wenn $\lim \sqrt[n]{\|f^n\|}<1$, *also gewiß dann, wenn sogar* $\|f\|<1$ *ist*[3)].

[1)] Je größer eine Algebra ist, um so größere Chancen hat ein Element, dort eine Inverse zu finden.
[2)] Carl Neumann (1832–1925; 93).
[3)] Nach (110.3) ist der hier auftretende Limes stets vorhanden.

Beweis. Ist $\sum\limits_{n=0}^{\infty} f^n$ konvergent und $=s\in E$, so erhalten wir wegen (110.2)
die Gleichung $sf=fs=\sum\limits_{n=0}^{\infty} f^{n+1}=s-e$ und daraus $e=s-sf=s-fs$, also
$e=s(e-f)=(e-f)s$. Das bedeutet aber, daß $e-f$ die Inverse s besitzt. Nun das
behauptete Konvergenzkriterium! Konvergiert $\sum f^n$, so strebt $f^n\to 0$, für ein ge-
wisses $m\in\mathbf{N}$ bleibt also $\|f^m\|<1$, damit auch $\|f^m\|^{1/m}<1$ und wegen (110.3) erst
recht $\lim\|f^n\|^{1/n}<1$. Gilt umgekehrt diese Ungleichung, so folgt die Konvergenz
der Reihe $\sum f_n$ sofort aus dem Wurzelkriterium 109.12. ∎

Die ganz erstaunliche Anwendungsfähigkeit und Durchschlagskraft dieses fast trivialen
Satzes wird später in helles Licht gerückt werden. Wir werden dann auch sehen, daß
$\lim\sqrt[n]{\|f^n\|}<1$ sein kann, selbst wenn $\|f\|\geqslant 1$ ist.

Die Neumannsche Reihe ist ein besonders einfaches Beispiel einer Potenzreihe

$$\sum_{n=0}^{\infty} \alpha_n f^n \equiv \alpha_0 e+\alpha_1 f+\alpha_2 f^2+\cdots, \tag{110.6}$$

wobei die α_n Zahlen und f ein Element der Banachalgebra E mit Einselement e
bedeuten (vgl. den ganz anderen Potenzreihentyp (109.12), der natürlich auch in
Banachalgebren vorhanden ist). Wir nehmen an, die numerische Potenzreihe
$\sum\limits_{n=0}^{\infty} \alpha_n \lambda^n$ besitze den positiven (möglicherweise unendlichen) Konvergenzradius

$$r=\frac{1}{\lim\sup \sqrt[n]{|\alpha_n|}}. \tag{110.7}$$

Wegen des Wurzelkriteriums wird (110.6) immer dann absolut konvergieren, wenn

$$\lim\sup \sqrt[n]{\|\alpha_n f^n\|}=\lim\sup \left(\sqrt[n]{|\alpha_n|}\ \sqrt[n]{\|f^n\|}\right)<1$$

ist. Nun ist aber wegen A 28.4 und (110.3)

$$\lim\sup \left(\sqrt[n]{|\alpha_n|}\ \sqrt[n]{\|f^n\|}\right)=\left(\lim\sup \sqrt[n]{|\alpha_n|}\right)\left(\lim \sqrt[n]{\|f^n\|}\right),$$

so daß wir unter Beachtung von (110.7) und (110.3) sagen können:

110.4 Satz *In einer Banachalgebra E mit Einselement e wird die Potenzreihe*

$$\sum_{n=0}^{\infty} \alpha_n f^n \qquad (\alpha_n\ \text{Zahlen}, f\in E)$$

gewiß dann absolut konvergieren, wenn die korrespondierende numerische Potenzreihe $\sum \alpha_n \lambda^n$ *einen von 0 verschiedenen Konvergenzradius r besitzt und*

$$\|f\| < r \quad \text{oder auch nur} \quad \lim \sqrt[n]{\|f^n\|} < r$$

ist. Insbesondere „darf" in eine beständig *konvergente Potenzreihe* $\sum \alpha_n \lambda^n$ *jedes Element aus E an Stelle von* λ *eingesetzt werden.*

Ist

$$s(\lambda) := \sum_{n=0}^{\infty} \alpha_n \lambda^n \qquad (|\lambda| < r)$$

die Summe unserer numerischen Ausgangsreihe, so liegt es nahe,

$$s(f) := \sum_{n=0}^{\infty} \alpha_n f^n \qquad \text{für jedes } f \in E \text{ mit} \quad \lim \sqrt[n]{\|f^n\|} < r$$

zu setzen und so eine Funktion $f \mapsto s(f)$ zu definieren, die mindestens jedem Element der offenen Kugel $U_r(0) \subset E$ ein Element von E zuordnet. Insbesondere existiert die **Exponentialfunktion**

$$f \mapsto e^f := \sum_{n=0}^{\infty} \frac{f^n}{n!} \tag{110.8}$$

auf ganz E. Ihre wichtigsten Eigenschaften beschreibt der

110.5 Satz *Sei E eine Banachalgebra mit Einselement. Dann gilt:*
a) $e^{f+g} = e^f e^g$, *falls f, g kommutieren.*
b) *Die Inverse* $(e^f)^{-1}$ *ist stets vorhanden und* $= e^{-f}$.

Zum Beweis von a) verfährt man, gestützt auf den Multiplikationssatz 110.2 und die binomische Entwicklung (17.2) ohne die geringste Änderung wie in A 63.4. — Wegen $e^0 = e$ folgt aus a) mit einem Schlag

$$e = e^{f-f} = e^{-f+f}, \quad \text{also} \quad e = e^f e^{-f} = e^{-f} e^f,$$

womit b) schon erledigt ist. ∎

Ganz wie im Reellen sind auch im Rahmen der Banachalgebren die „geometrische" (d.h. die Neumannsche) Reihe und die Exponentialreihe die wichtigsten Reihen. Unsere weitere Arbeit wird dies immer deutlicher hervortreten lassen.

Zum Schluß vereinbaren wir noch eine Sprechweise. Wir nennen eine Teilmenge F des normierten Raumes E einen **Unterraum** von E, wenn sie ein linearer Unterraum von E und mit der von E herrührenden Norm versehen ist. Z.B. sind $C[a, b]$ und $R[a, b]$ Unterräume von $B[a, b]$. Dagegen ist $BV[a, b]$ zwar ein *linearer Unterraum* von $B[a, b]$, jedoch kein *Unterraum*, weil die Variationsnorm auf $BV[a, b]$ nicht mit der Supremumsnorm übereinstimmt. Ganz entsprechend werden Unteralgebren von normierten Algebren erklärt.

Aufgaben

Im folgenden sei E stets eine Banachalgebra mit Einselement $e \neq 0$.

***1.** Sind f und g invertierbare Elemente aus E, so ist auch ihr Produkt invertierbar, und es ist $(fg)^{-1} = g^{-1} f^{-1}$.

***2.** Sei $f_0 \in E$ invertierbar und $\|f - f_0\| < 1/\|f_0^{-1}\|$. Dann ist auch f invertierbar, und es gilt die Abschätzung

$$\|f^{-1} - f_0^{-1}\| \leq \frac{\|f_0 - f\|}{1 - \|f_0^{-1}\| \cdot \|f_0 - f\|} \|f_0^{-1}\|^2. \tag{110.9}$$

Hinweis: $f = f_0 - (f_0 - f) = f_0[e - f_0^{-1}(f_0 - f)]$, Aufgabe 1, Satz 110.3.

3. Sei $E = B(X)$ und $\inf_{x \in X} |f_0(x)| > 0$ für ein $f_0 \in B(X)$. Dann ist jedes $f \in B(X)$ mit $\sup_{x \in X} |f(x) - f_0(x)| < \inf_{x \in X} |f_0(x)|$ in $B(X)$ invertierbar. Hinweis: Aufgabe 2, A 8.5.

4. Die Elemente f_n aus E seien fast alle nichtinvertierbar, und es strebe $f_n \to f \in E$. Dann ist auch f nichtinvertierbar. Hinweis: Aufgabe 2.

5. Beweise die folgende Aussage zuerst direkt und dann mit Hilfe der Aufgabe 4: Sei $f_n \in B(X)$, $\inf_{x \in X} |f_n(x)| = 0$ $(n = 1, 2, \ldots)$, und es strebe $f_n \Rightarrow f$ auf X. Dann ist auch $\inf_{x \in X} |f(x)| = 0$.

6. Beweise die folgende Aussage zuerst mittels A 104.5 und dann mittels Aufgabe 4: $f_n \in C(X)$ verschwinde in mindestens einem Punkt x_n der (kompakten) Menge X, und es strebe $f_n \Rightarrow f$ auf X. Dann besitzt auch f eine Nullstelle in X. Zeige an einem Beispiel, daß man die gleichmäßige Konvergenz nicht durch bloß punktweise ersetzen kann.

+7. Sei P die Menge aller Funktionen $f: [-1, 1] \to \mathbf{R}$, die sich in eine Potenzreihe $f(\lambda) = \sum\limits_{n=0}^{\infty} \alpha_n \lambda^n$ mit konvergenter Absolutkoeffizientenreihe $\sum\limits_{n=0}^{\infty} |\alpha_n|$ entwickeln lassen. Zeige der Reihe nach:

a) Mit der punktweisen Definition von $f + g$, αf, fg und der Norm $\|f\| := \sum\limits_{n=0}^{\infty} |\alpha_n|$ ist P eine Banachalgebra.

b) Sei $f(\lambda) = \sum\limits_{n=0}^{\infty} \alpha_n \lambda^n$ und $\alpha_0 \neq 0$. Setze $\beta_n := -\alpha_n/\alpha_0$ für $n \geq 1$. Dann gehört für ein hinreichend kleines $\rho \in (0, 1)$ die Funktion $g(\lambda) := \sum\limits_{n=1}^{\infty} \beta_n \rho^n \lambda^n$ zu P und hat eine Norm < 1.

c) $1 - g$ ist in P invertierbar.

d) $\dfrac{1}{f(\lambda)}$ läßt sich für $|\lambda| \leq \rho$ in eine Potenzreihe $\sum\limits_{n=0}^{\infty} \gamma_n \lambda^n$ entwickeln (s. Satz 66.1).

8. Sei $f \in B(X)$. Dann ist $(e^f)(x) = e^{f(x)}$ für alle $x \in X$.

°9. Für die Definitionen und Sätze dieser Nummer macht es keinen Unterschied, ob die zugrunde liegenden Algebren reell oder komplex sind (vgl. A 109.9). $\mathbf{C}$ selbst ist (mit dem Betrag als Norm) eine komplexe Banachalgebra.

111 Stetige Abbildungen normierter Räume

Wir bringen zunächst einige Beispiele, die deutlich machen werden, um was es in diesem Abschnitt geht.

1. Ordnen wir jeder Funktion $f \in R[a, b]$ ihr Integral zu, so erhalten wir eine Abbildung A des Banachraumes $R[a, b]$ in den Banachraum $\mathbf{R}$:

$$Af := \int_a^b f(t)\,dt^{1)}. \tag{111.1}$$

Wegen Satz 104.4 gilt: Aus $f_n \to f$ folgt stets $Af_n \to Af^{2)}$.

2. Nun definieren wir eine Abbildung A des Banachraumes (c) aller konvergenten Zahlenfolgen in den Banachraum $\mathbf{R}$ durch

$$A x := \lim_{k \to \infty} x_k \quad \text{für } x := (x_1, x_2, \ldots). \tag{111.2}$$

Strebt $x_n := (x_1^{(n)}, x_2^{(n)}, \ldots) \to x := (x_1, x_2, \ldots)$, so ergibt sich aus den Betrachtungen, die zu (109.5) führten, daß

$$\lim_{n \to \infty} A x_n = \lim_{n \to \infty} \lim_{k \to \infty} x_k^{(n)} = \lim_{k \to \infty} x_k = A x$$

ist, kurz: Aus $x_n \to x$ folgt stets $A x_n \to A x$.

3. Die Funktion $k(s, t)$ sei auf dem Quadrat $Q := [a, b] \times [a, b]$ der st-Ebene definiert und genüge den in A 107.6 formulierten Voraussetzungen. Ordnen wir jedem $f \in C[a, b]$ die Funktion Af zu, die durch

$$(Af)(s) := \int_a^b k(s, t) f(t)\,dt \tag{111.3}$$

erklärt wird, so ist A eine Selbstabbildung des Banachraumes $C[a, b]$, und es gilt: Aus $f_n \to f$ folgt stets $Af_n \to Af$ (s. A 107.6b und d).

4. Auf dem Intervall $[a, b]$ seien drei reellwertige Funktionen $x_1(t)$, $x_2(t)$, $x_3(t)$ erklärt. $\mathbf{R}^3$ werde mit irgendeiner Norm ausgestattet. Dann wird durch

$$A t := (x_1(t), x_2(t), x_3(t)) \tag{111.4}$$

eine Abbildung A der Teilmenge $[a, b]$ des Banachraumes $\mathbf{R}$ in den Banachraum $\mathbf{R}^3$ definiert. $\{A t : t \in [a, b]\}$ kann — und wir haben das schon oft getan — als Bahn eines bewegten Punktes im Anschauungsraum aufgefaßt werden. Sind die drei Kompo-

---

[1] Wir verwenden, wie schon früher, die klammernsparende Schreibweise Af statt $A(f)$.

[2] Konvergenz ist hier wie auch im folgenden immer im Sinne der jeweiligen Norm zu verstehen. Man erinnere sich, daß Konvergenz im Sinne der Supremumsnorm mit gleichmäßiger Konvergenz äquivalent ist.

nentenfunktionen auf $[a, b]$ stetig, so gilt wegen Satz 109.8: Aus $t_n \to t$ folgt stets $A\,t_n \to A\,t$.

Diese Beispiele mögen genügen, um die folgende Begriffsbildung zu rechtfertigen, die sich im übrigen aufs engste an Altvertrautes anlehnt. Um auch optisch an die hierbei auftretende Definitionsmenge X der Abbildung A zu erinnern, bezeichnen wir das Argument von A gerne mit x statt wie bisher mit f.

Definition *E, F seien normierte Räume, und X bedeute eine nichtleere Teilmenge von E. Die Abbildung $A: X \to F$ heißt dann* stetig im Punkte *$x_0 \in X$, wenn für jede Folge (x_n) aus X, die gegen x_0 strebt, immer auch $A\,x_n \to A\,x_0$ konvergiert. Sie heißt* stetig auf *X oder einfach* stetig, *wenn sie in jedem Punkt von X stetig ist.*

Mit dieser Sprechweise sind die eingangs betrachteten vier Abbildungen alle auf ihren jeweiligen Definitionsbereichen stetig. Das Integral „hängt also stetig" vom Integranden, der Grenzwert stetig von der Folge ab. Eine andere wichtige stetige Abbildung wird durch $x \mapsto \|x\|$ erklärt (s. Satz 109.4). Selbstverständlich ist unser früherer Stetigkeitsbegriff ein Sonderfall des jetzigen; man braucht in der obigen Definition nur $E = F := \mathbf{R}$ zu setzen.

Zur Terminologie und Bezeichnung ist noch folgendes zu bemerken: Statt „Abbildung" hätten wir oben natürlich ebensogut „Funktion" sagen können. Die Tatsache, daß die Definitionsbereiche solcher „Funktionen" ihrerseits häufig aus (reellen) Funktionen bestehen, läßt es aber schon aus sprachlichen Gründen ratsam erscheinen, auf das Wort „Abbildung" auszuweichen — andernfalls würde man zu „Funktionen von Funktionen" oder gar zu „Funktionenfunktionen" kommen und schließlich das Wort „Funktion" zu Tode reiten. Im Falle einer Abbildung A von $X \subset \mathbf{R}^p$ in $\mathbf{R}^q$ empfindet man die Argumente und Bilder von A nicht so nachdrücklich als Funktionen (obwohl sie es sind oder jedenfalls *auch* sind); deshalb nennt man hier A selbst gerne Funktion statt Abbildung und bevorzugt die (fetten) Buchstaben $f, g, \ldots, F, G, \ldots, \varphi, \psi, \ldots$ zur Bezeichnung solcher Funktionen. Man verwendet dann auch die Klammerschreibweise $f(x)$ zur Angabe des Wertes von f an der Stelle x. Wir fassen nun unsere Bezeichnungskonventionen in einem übersichtlichen Schema zusammen:

$A\,x$,	wenn $x \in E$,	$A\,x \in F$;	E und F unspezifizierte normierte Räume.
$f(x)$,	wenn $x \in \mathbf{R}^p$,	$f(x) \in \mathbf{R}^q$;	p und q unspezifiziert.
$f(x)$,	wenn $x \in \mathbf{R}$,	$f(x) \in \mathbf{R}^q$.	
$\boldsymbol{f}(\boldsymbol{x})$,	wenn $\boldsymbol{x} \in \mathbf{R}^p$,	$\boldsymbol{f}(\boldsymbol{x}) \in \mathbf{R}$.	
$f(x)$,	wenn $x \in \mathbf{R}$,	$f(x) \in \mathbf{R}$.	

Das Symbol $A: X \subset E \to F$ soll bedeuten, daß A die Menge $X \subset E$ nach F abbildet.

Wir stellen nun einige grundlegende Eigenschaften stetiger Abbildungen zusammen. Um sie einzusehen, braucht man nur die Beweise der entsprechenden „reellen Sätze" — wir geben sie an — durchzugehen und, falls überhaupt nötig, den einfachen Betragsstrich | durch den Normdoppelstrich ‖ zu ersetzen. Natürlich sind dabei die Sätze 109.2 bis 109.4 über konvergente Folgen in normierten Räumen unentbehrlich. Als anschauliches Substrat möge der Leser sich etwa die „Integraltransformationen" (111.1) und (111.3) vor Augen halten.

E und F sollen in diesem Abschnitt durchgehend normierte Räume bedeuten.

111.1 Satz[1]   *Die Abbildung* $A: X \subset E \to F$ *ist genau dann in* $x_0 \in X$ *stetig, wenn es zu jedem* $\varepsilon > 0$ *ein* $\delta > 0$ *gibt, so daß*

$$\text{für alle } x \in X \text{ mit} \qquad \|x - x_0\| < \delta \qquad \text{immer} \qquad \|Ax - Ax_0\| < \varepsilon$$

ausfällt, oder also: wenn zu jeder ε-*Umgebung* V *von* $A x_0$ *stets eine* δ-*Umgebung* U *von* x_0 *existiert, so daß* $A(U \cap X) \subset V$ *ist.*

Fig. 111.1 macht, wenn auch nur in symbolischer Weise, diesen Satz anschaulich.

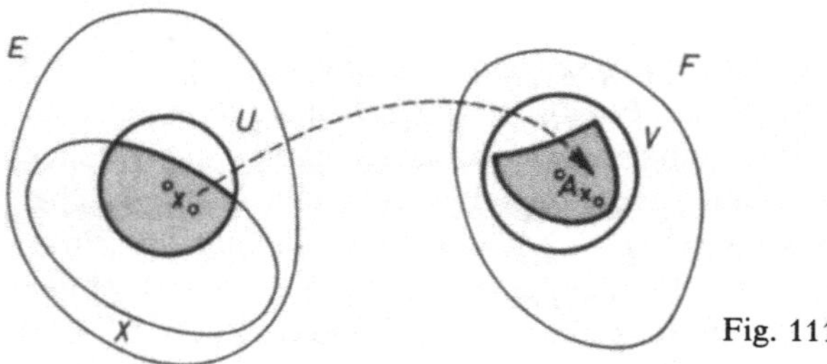

Fig. 111.1

Die Summe $A + B$ und die Vielfachen αA der Abbildungen A, B von $X \subset E$ nach F werden wie im Reellen *punktweise* erklärt:

$$(A + B)x := Ax + Bx, \qquad (\alpha A)x := \alpha(Ax) \quad \text{für alle } x \in X.$$

Ein punktweises *Produkt* können wir jedoch nicht definieren, es sei denn, F wäre eine Algebra. Wir wollen diesen Fall zunächst beiseite lassen und erst im Zusammenhang mit reellwertigen Funktionen auf ihn zurückkommen.

111.2 Satz[2]   *Sind die Abbildungen* $A, B: X \subset E \to F$ *in* $x_0 \in X$ *stetig, so gilt dasselbe für* $A + B$ *und* αA.

111.3 Satz[3]   *Das Kompositum* $A \circ B$ *sei definiert,* B *sei in* x_0 *und* A *in* $B x_0$ *stetig. Dann ist* $A \circ B$ *in* x_0 *stetig. Insbesondere ist die Abbildung* $x \mapsto \|Bx\|$ *in* x_0 *stetig.*

---

[1] Vgl. Satz 34.6.
[2] Vgl. Satz 34.3.
[3] Vgl. die Sätze 34.4 und 34.5.

111.4 Satz[1] *A* : *X*⊂*E*→**R** *sei in* $x_0 \in X$ *stetig und* $A x_0$ *sei* $> \alpha$. *Dann gibt es eine* δ-*Umgebung U von* x_0, *so daß für alle* $x \in U \cap X$ *immer noch* $A x > \alpha$ *ist. Und Entsprechendes gilt im Falle* $A x_0 < \alpha$.

Ein Höhepunkt der reellen Theorie stetiger Funktionen waren die Sätze der Nr. 36. Um sie nachbilden zu können, müssen wir zuvor wissen, was unter abgeschlossenen und kompakten Mengen in normierten Räumen zu verstehen ist. Wir erklären sie wörtlich wie früher:

Definition *Die Teilmenge M eines normierten Raumes heißt* abgeschlossen, *wenn der Grenzwert jeder konvergenten Folge aus M wieder in M liegt; sie heißt* kompakt, *wenn jede Folge aus M eine Teilfolge enthält, die gegen ein Element von M konvergiert.*

Ein abgeschlossener Unterraum eines Banachraumes ist offenbar selbst ein Banachraum, und eine abgeschlossene Unteralgebra einer Banachalgebra ist wieder eine Banachalgebra.

Genau wie den zweiten Teil des Satzes 36.2 beweist man den

111.5 Satz *Jede kompakte Menge ist notwendig beschränkt und abgeschlossen.*

Es bedeutet einen tiefgreifenden Unterschied zur reellen Theorie, daß die Umkehrung dieses Satzes nicht mehr allgemein richtig ist. Immerhin gilt sie im **R**^{p}, den wir uns hier wie im folgenden mit irgendeiner Norm ausgestattet denken; welche wir nehmen, ist wegen Satz 109.8 unerheblich.

111.6 Satz *Eine Teilmenge des* **R**^{p} *ist genau dann kompakt, wenn sie beschränkt und abgeschlossen ist.*

Wir brauchen nur noch zu zeigen, daß eine beschränkte und abgeschlossene Teilmenge *M* von **R**^{p} kompakt ist. Sei (x_n) eine Folge aus *M*. Dann ist (x_n) beschränkt, enthält also nach dem Satz 109.15 von Bolzano-Weierstraß eine konvergente Teilfolge; der Grenzwert liegt in *M*, weil *M* abgeschlossen ist. ∎

Jede abgeschlossene Kugel $U_\rho[x_0]$ im **R**^{p} ist (definitionsgemäß) beschränkt und wegen A 109.5 auch abgeschlossen; infolgedessen muß sie kompakt sein. Ebenso einfach sieht man, daß ein a b g e s c h l o s s e n e r Q u a d e r

$$Q := \{(x_1, \ldots, x_p): a_\nu \leqslant x_\nu \leqslant b_\nu, \nu = 1, \ldots, p\} \tag{111.5}$$

immer kompakt ist; wir werden ihn deshalb gewöhnlich einen k o m p a k t e n Q u a d e r nennen.

---

[1] Vgl. Satz 34.2.

Wesentlich verwickelter sind Kompaktheitsfragen in $C(T)$, $T \subset \mathbf{R}$; hier benötigen wir den tiefliegenden Satz von Arzelà-Ascoli. In Verbindung mit Satz 111.5 liefert er dann allerdings mit einem Schlag den schönen

111.7 Satz *Eine Teilmenge von $C(T)$ $(T \subset \mathbf{R}$ kompakt$)$ ist genau dann kompakt, wenn sie beschränkt, abgeschlossen und gleichstetig ist.*

Am Ende dieses Abschnitts werden wir eine „Heine-Borel-Charakterisierung" der kompakten Mengen bringen (Satz 111.13).

Schließen wir uns dem Beweis des Satzes 36.1 an, so gewinnen wir den zentralen

111.8 Satz *Ist der Definitionsbereich der stetigen Abbildung $A \colon X \subset E \to F$ kompakt, so trifft dasselbe für ihren Bildbereich zu (kurz: Das stetige Bild einer kompakten Menge ist kompakt). Insbesondere ist also $A(X)$ beschränkt und abgeschlossen.*

Ist A reellwertig, so erhalten wir daraus das Gegenstück zum Extremalsatz 36.3:

111.9 Satz *Eine reellwertige stetige Abbildung A mit kompaktem Definitionsbereich $X \subset E$ besitzt ein Minimum und ein Maximum. Anders gesagt: Es gibt in X eine Minimalstelle x_1 und eine Maximalstelle x_2, so daß*

$$A x_1 \leqslant A x \leqslant A x_2 \quad \textit{für alle } x \in X \textit{ ist.}$$

Ein Analogon des *Umkehrsatzes* 37.1 werden wir im Rahmen allgemeiner topologischer Räume in A 158.6 vorstellen.

Wie im Reellen nennen wir eine Abbildung $A \colon X \subset E \to F$ **gleichmäßig stetig** auf X, wenn es zu jedem $\varepsilon > 0$ ein $\delta > 0$ gibt, so daß

$$\text{für alle } x, y \in X \text{ mit } \ \|x - y\| < \delta \quad \text{immer} \quad \|A x - A y\| < \varepsilon \quad \text{ist.}$$

Und genau wie den Satz 36.5 beweist man nun den

111.10 Satz *Jede stetige Abbildung mit kompaktem Definitionsbereich ist sogar gleichmäßig stetig.*

Natürlich kann eine Abbildung auch gleichmäßig stetig sein, ohne daß ihr Definitionsbereich kompakt ist; besonders wichtige Beispiele hierfür sind die Abbildungen A, die auf X **dehnungsbeschränkt** (**Lipschitz-stetig**) sind, für die es also eine **Dehnungsschranke** (**Lipschitzkonstante**) $\lambda > 0$ gibt, so daß

$$\text{für alle } x, y \in X \text{ stets } \ \|A x - A y\| \leqslant \lambda \|x - y\| \quad \text{ist.}$$

Ist $\lambda < 1$, so nennt man A wie früher **kontrahierend** und λ eine **Kontraktionskonstante**. Der Kontraktionssatz 35.2 legt nach unseren bisherigen Erfahrungen die Erwartung nahe, daß eine kontrahierende Abbildung auch im „normierten Fall" einen **Fixpunkt** besitzt, d.h. einen Punkt x mit $A x = x$. In der Tat braucht man im Beweis des Kontraktionssatzes nur ganz mechanisch Beträge durch Normen zu ersetzen, um zu dem folgenden Satz zu gelangen, den man als einen der kraftvollsten der höheren Analysis bezeichnen darf:

111.11 Banachscher Fixpunktsatz *Sei X eine (nichtleere) abgeschlossene Teilmenge eines Banachraumes und A eine kontrahierende Selbstabbildung von X, für alle x, $y \in X$ gelte also*

$$\|A x - A y\| \leq q \|x - y\| \qquad \text{mit einem festen positiven } q < 1.$$

Dann besitzt A genau einen Fixpunkt x in X. Derselbe kann iterativ gewonnen werden: Wählt man einen beliebigen Startpunkt $x_0 \in X$ und setzt $x_{n+1} := A x_n$ ($n = 0, 1, 2, \ldots$), so konvergiert $x_n \to x$. Überdies gilt die Fehlerabschätzung

$$\|x_n - x\| \leq \frac{q^n}{1-q} \|x_1 - x_0\|^{[1]}.$$

Nach diesen vielen Übertragungsproben ist es fast selbstverständlich, daß wir den Punkt $x_0 \in E$ einen **Häufungspunkt** von $M \subset E$ nennen werden, wenn es eine Folge aus M gibt, die gegen x_0 konvergiert, deren Glieder aber alle $\neq x_0$ sind. Wie im Reellen *ist x_0 genau dann Häufungspunkt von M, wenn in jeder ε-Umgebung von x_0 mindestens ein Punkt $x \neq x_0$ von M liegt.* Ebenso selbstverständlich ist die folgende Erklärung: Ist die Abbildung A auf X definiert und x_0 ein Häufungspunkt von X, so bedeuten die Zeichen

$$A x \to y \quad \text{für } x \to x_0 \quad \text{oder} \quad \lim_{x \to x_0} A x = y,$$

daß für jede Folge (x_n) aus X, die gegen x_0 strebt und deren Glieder alle $\neq x_0$ sind, stets $A x_n \to y$ konvergiert. Es wäre ermüdend, nun auch noch ausdrücklich die Sätze aus dem Reellen zu übertragen, die solche Grenzprozesse beherrschen; der Leser wird sich diese einfachen Dinge leicht selbst zurechtlegen können. Wir fügen nur noch eine Bemerkung an, die auf Kommendes hindeutet. Wie im Falle reeller Funktionen ist auch bei den hier untersuchten Abbildungen A die Stetigkeit eine Aussage über das *Änderungsverhalten* von A: Die Werte einer stetigen Abbildung ändern sich *beliebig* wenig, wenn man ihre Argumente *hinreichend* wenig ändert. Eine tiefere Analyse des Änderungsverhaltens müßte nun zunächst darauf zielen, den Begriff der *Ableitung* einer Abbildung A zu schaffen und dann mit seiner Hilfe Änderungsgesetzlichkeiten von A ans Tageslicht zu ziehen. Wir stellen diesen fruchtbaren Gedanken vorderhand zurück. Im Kapitel XX werden wir ihn aufgreifen und entfalten.

Wir betrachten nun noch kurz *reellwertige* Funktionen, die auf einer Teilmenge X des normierten Raumes E definiert sind. Mit $C(X)$ bezeichnen wir die Menge aller stetigen $f: X \to \mathbf{R}$. Wegen Satz 111.2 ist $C(X)$ ein Funktionenraum, und da das (punktweise) Produkt fg zweier Funktionen $f, g \in C(X)$ offensichtlich auch zu $C(X)$ gehört, ist $C(X)$ sogar eine Funktionenalgebra. Aus der letzten Aussage von Satz 111.3 folgt überdies, daß mit f auch $|f|$ in $C(X)$ liegt.

---

[1] Eine von J. Weissinger [18] stammende Verallgemeinerung dieses Satzes findet der Leser in Aufgabe 11. S. ferner die Aufgabe 8 und A 155.14.

Sei nun (f_n) eine Folge aus $C(X)$, die *gleichmäßig* auf X gegen f strebt. *Dann liegt auch f in $C(X)$.* Man könnte diese Aussage ganz ähnlich wie den Satz 104.2 über ein Analogon des Vertauschungssatzes 104.1 einsehen, wir ziehen es aber vor, einen Beweis zu geben, der unmittelbar auf das Ziel losgeht. Sei x_0 ein beliebiger Punkt aus X und $\varepsilon > 0$ willkürlich vorgegeben. Dann existiert wegen der gleichmäßigen Konvergenz ein Index m, so daß

$$|f(x) - f_m(x)| < \frac{\varepsilon}{3} \quad \text{für alle } x \in X$$

ausfällt. Da f_m stetig ist, gibt es nach Satz 111.1 ein $\delta > 0$ mit

$$|f_m(x) - f_m(x_0)| < \frac{\varepsilon}{3} \quad \text{für alle } x \in U_\delta(x_0) \cap X.$$

Für diese x ist dann

$$|f(x) - f(x_0)| \leqslant |f(x) - f_m(x)| + |f_m(x) - f_m(x_0)| + |f_m(x_0) - f(x_0)|$$
$$< \frac{\varepsilon}{3} + \frac{\varepsilon}{3} + \frac{\varepsilon}{3} = \varepsilon,$$

infolgedessen ist f in x_0 stetig. Und da x_0 beliebig aus X war, muß f in der Tat zu $C(X)$ gehören. ∎

Ist X sogar kompakt, so können wir wegen Satz 111.9 auf $C(X)$ die Maximumsnorm

$$\|f\|_\infty := \max_{x \in X} |f(x)| \tag{111.6}$$

definieren. Sie ist die Einschränkung der in $B(X)$ vorhandenen Supremumsnorm auf die Unteralgebra $C(X)$ von $B(X)$ und macht infolgedessen $C(X)$ zu einer normierten Algebra. Da wir oben festgestellt hatten, daß, kurz gesagt, eine gleichmäßig konvergente Folge stetiger Funktionen eine stetige Grenzfunktion besitzt, ist $C(X)$ sogar vollständig, also eine Banachalgebra. Wir fassen zusammen:

111.12 Satz *Für jede nichtleere Teilmenge X eines normierten Raumes ist $C(X)$ eine Funktionenalgebra, die mit f auch $|f|$ enthält. Ist X sogar kompakt, so wird $C(X)$ mittels der Maximumsnorm (111.6) eine Banachalgebra.*

Wir beschließen diese Nummer mit dem angekündigten Gegenstück zu dem Heine-Borelschen Überdeckungssatz. Wir schicken voraus, daß wir offene Mengen in einem normierten Raum E wörtlich so definieren wie im Reellen: $G \subset E$ heißt *offen*, wenn jedes $x \in G$ eine ε-Umgebung besitzt, die noch ganz in G enthalten ist. E und $\emptyset$ sind offen, und mit Hilfe der Dreiecksungleichung sieht man ohne Mühe, daß jede ε-Umgebung (also jede offene Kugel) offen ist. Der Durchschnitt endlich vieler und die Vereinigung beliebig vieler offenen Mengen ist wieder offen (vgl. Satz 34.8), und eine Teilmenge M von E ist genau dann *abgeschlossen*, wenn ihr Komplement $E \setminus M$

offen ist (vgl. Satz 35.3). Offene Überdeckungen einer Teilmenge von E definieren wir genau wie in Nr. 36. Dann gilt der

111.13 Überdeckungssatz von Heine-Borel *Eine Teilmenge K des normierten Raumes E ist genau dann kompakt, wenn jede ihrer offenen Überdeckungen eine endliche Überdeckung enthält.*

Zu seinem Beweis benötigen wir zwei einfache Hilfssätze.

111.14 Hilfssatz *Sei $K \subset E$ kompakt. Dann gibt es zu jedem natürlichen n endlich viele Punkte $x_1^{(n)}, \ldots, x_{m_n}^{(n)}$ aus K, so daß die $(1/n)$-Umgebungen derselben die Menge K überdecken.*

Wäre dies nämlich nicht der Fall, so gäbe es ein „Ausnahme-n", etwa n_0, mit der Eigenschaft, daß die $(1/n_0)$-Umgebungen endlich vieler Punkte aus K niemals ganz K überdecken. Sei nun x_1 ein beliebiger Punkt aus K. Dann muß es also außerhalb von $U_{1/n_0}(x_1)$ in K noch einen Punkt x_2 geben. Aus demselben Grunde enthält K einen Punkt x_3, der nicht in $U_{1/n_0}(x_1) \cup U_{1/n_0}(x_2)$ liegt. So fortfahrend sieht man: Es gibt in K eine Folge von Punkten $x_1, x_2, \ldots$ mit $\|x_j - x_k\| \geqslant 1/n_0$ für $j \neq k$. Diese Folge enthält gewiß keine Cauchyteilfolge, im Widerspruch zur Kompaktheit von K. Es kann also in Wirklichkeit kein „Ausnahme-n" geben, und unser Hilfssatz muß infolgedessen richtig sein.   ∎

111.15 Hilfssatz *Sei $K \subset E$ kompakt. Dann gibt es eine höchstens abzählbare Menge $\mathfrak{M}$ von offenen Mengen aus E mit folgender Eigenschaft: Enthält eine offene Teilmenge G von E einen Punkt x aus K, so existiert ein $M \in \mathfrak{M}$ mit $x \in M \subset G$.*

Beweis. Zunächst bestimmen wir gemäß Hilfssatz 111.14 zu jedem natürlichen n endlich viele offene Kugeln, deren Radien alle $= 1/n$ sind und deren Vereinigung K umfaßt. Die Menge $\mathfrak{M}$ aller so konstruierter Kugeln ist höchstens abzählbar. Nun enthalte, wie im Hilfssatz vorausgesetzt, die offene Teilmenge G von E einen Punkt x aus K. Wegen der Offenheit von G besitzt x eine ε-Umgebung $U := U_\varepsilon(x) \subset G$. Zu diesem ε bestimmen wir ein natürliches n mit $1/n < \varepsilon/2$. Gemäß der Konstruktion von $\mathfrak{M}$ gibt es eine Kugel $M \in \mathfrak{M}$, deren Radius $= 1/n$ ist und die x enthält. Sei y_0 ihr Mittelpunkt und y ein beliebiges Element aus M. Aus $\|y - x\| \leqslant \|y - y_0\| + \|y_0 - x\| < 1/n + 1/n < \varepsilon$ folgt, daß y in U liegt, also $M \subset U$ und damit erst recht $M \subset G$ ist.   ∎

Nun nehmen wir den Beweis des Überdeckungssatzes 111.13 in Angriff. Zuerst setzen wir voraus, K sei kompakt und $\mathfrak{G}$ eine offene Überdeckung von K. Zu K bestimmen wir ein (höchstens abzählbares) System $\mathfrak{M}$ von offenen Mengen, das die in Hilfssatz 111.15 beschriebene Eigenschaft besitzt. Aus $\mathfrak{M}$ greifen wir alle diejenigen M heraus, die in einem (von M abhängigen) $G \in \mathfrak{G}$ enthalten sind, und fassen sie zu einem System $\mathfrak{M}_0 \subset \mathfrak{M}$ zusammen. Ist x ein beliebiger Punkt aus K, so gibt es ein $G \in \mathfrak{G}$ mit $x \in G$. Nach Konstruktion von $\mathfrak{M}$ existiert ein $M \in \mathfrak{M}$, so daß $x \in M \subset G$ ist. Gemäß der Erklärung von $\mathfrak{M}_0$ liegt M in $\mathfrak{M}_0$, und wir sehen nun, daß $\mathfrak{M}_0$ eine höchstens *abzählbare* Überdeckung von K ist. Zu jedem $M \in \mathfrak{M}_0$ wählen wir ein $G \in \mathfrak{G}$ mit

$G \supset M$ aus. Nach dem eben Bewiesenen ist dann das System $\mathfrak{G}_0$ dieser Mengen G eine höchstens *abzählbare* Überdeckung von K. Wir setzen $\mathfrak{G}_0 = \{G_1, G_2, \ldots\}$ und zeigen nun, daß bereits *endlich* viele der G_n die Menge K überdecken (womit dann die eine Richtung des Überdeckungssatzes bewiesen ist). Angenommen, dies sei nicht der Fall. Dann gibt es zu jedem natürlichen n ein $x_n \in K$, das nicht in $H_n := G_1 \cup \cdots \cup G_n$ liegt. Da K kompakt ist, besitzt die Folge (x_n) eine Teilfolge (x_{n_k}), die gegen ein $x \in K$ konvergiert. Da $\mathfrak{G}_0$ eine Überdeckung von K ist, liegt x in einem gewissen G_m. Dieses (offene) G_m enthält eine ε-Umgebung U von x, und zu ε gibt es einen Index k_0, so daß alle x_{n_k} mit $k > k_0$ in U liegen. Erst recht ist also $x_{n_k} \in G_m$ für alle $k > k_0$. Nun bestimmen wir ein $k > k_0$, für das $n_k \geq m$ ist. Das zugehörige x_{n_k} liegt dann in G_m, erst recht also in $H_{n_k} = G_1 \cup \cdots \cup G_m \cup \cdots \cup G_{n_k}$. Das ist aber ein Widerspruch zur Konstruktion der Folge (x_n). Er zwingt uns, die Annahme fallen zu lassen, kein endliches Teilsystem von $\mathfrak{G}_0$ könne K überdecken. Damit ist, wie schon bemerkt, der Überdeckungssatz in *einer* Richtung bewiesen.

Nun setzen wir umgekehrt voraus, K habe die „Heine-Borel-Eigenschaft": Jede offene Überdeckung von K enthalte eine endliche Überdeckung. Dann können wir den zweiten Teil des Beweises von Satz 36.7 wörtlich übernehmen und so die Kompaktheit von K garantieren[1]. $\blacksquare$

Für die Definitionen und Sätze dieser Nummer macht es keinen Unterschied, ob die zugrundeliegenden linearen Räume *reell* oder *komplex* sind (vgl. A 109.9).

Aufgaben

1. Man mache sich die $\varepsilon\delta$-Definition der Stetigkeit (Satz 111.1) am Beispiel der Integralabbildung (111.1) anschaulich: Ist $\int_a^b f_0 \, dt = \alpha_0$, so gibt es zu jedem ε-Intervall $U_\varepsilon(\alpha_0)$ um α_0 einen δ-Streifen S um f_0 mit $\int_a^b f \, dt \in U_\varepsilon(\alpha_0)$ für jedes integrierbare $f \in S$. Entsprechend interpretiere man die Stetigkeit der Abbildung (111.3) mittels ε- und δ-Streifen.

2. Sei t_0 ein Punkt der Menge T. Dann ist die Abbildung $f \mapsto f(t_0)$ von $B(T)$ nach **R** stetig.

3. Die folgenden Teilmengen von $C[a, b]$ sind abgeschlossen:

a) $\{f : f(t_0) = \alpha\}$, t_0 ein fester Punkt aus $[a, b]$ und α eine feste Zahl.

b) $\{f : \alpha \leq f(t) \leq \beta$ für alle $t \in [a, b]\}$, α und β feste Zahlen.

c) $\{f : \int_a^b f \, dt \leq \mu\}$, μ eine feste Zahl.

4. M sei eine gleichstetige und abgeschlossene Teilmenge von $C[a, b]$, und es gebe eine Zahl μ mit $|f(a)| \leq \mu$ für alle $f \in M$. Dann existieren Funktionen $f_1, f_2 \in M$, so daß gilt:

$$\int_a^b f_1 \, dx \leq \int_a^b f \, dx \leq \int_a^b f_2 \, dx \quad \text{für alle } f \in M.$$

Hinweis: A 106.5.

---

[1] In dem zitierten Beweisteil wird der Begriff des Häufungswerts einer Zahlenfolge und der Satz 28.1 verwendet. Häufungswerte einer Folge aus E werden natürlich ganz entsprechend erklärt wie die von Zahlenfolgen; man hat nur wieder Betragsstriche durch Normstriche zu ersetzen. Und selbstverständlich gilt dann auch das Analogon des Satzes 28.1.

5. Sei M eine kompakte Teilmenge des normierten Raumes E. Dann besitzt jede Cauchyfolge aus M einen Grenzwert in M.

6. Die Gleichung $f(s) - s \int_0^{1/2} f(t)\,dt = g(s)$ besitzt für jedes $g \in R[0, 1/2]$ genau eine Lösung $f \in R[0, 1/2]$. Gib sie explizit an.

7. Die Abbildung $f \mapsto \int_a^b f\,dt$ ist auf ganz $R[a, b]$ gleichmäßig stetig (sogar Lipschitz-stetig).

***8. Varianten des Banachschen Fixpunktsatzes** Sei X eine nichtleere Teilmenge des Banachraumes E und $A: X \to E$ eine kontrahierende Abbildung von X nach E, für alle $x, y \in X$ gelte also

$$\|A x - A y\| \leqslant q \|x - y\| \quad \text{mit einem festen positiven } q < 1.$$

Ferner sei x_0 ein vorgegebener Punkt aus X. Dann gilt: Wenn eine der drei nachstehenden Voraussetzungen (I) bis (III) erfüllt ist, existiert die Folge der Elemente $x_{n+1} := A x_n$ ($n = 0, 1, 2, \dots$) und konvergiert gegen einen Fixpunkt $\bar{x} \in X$ von A. $\bar{x}$ ist sogar der einzige Fixpunkt von A in X; er liegt in der Kugel, die in der jeweiligen Voraussetzung angegeben ist. Überdies gilt die Fehlerabschätzung

$$\|x_n - \bar{x}\| \leqslant \frac{q^n}{1-q} \|x_1 - x_0\|.$$

Die drei erwähnten Voraussetzungen lauten:

(I)   Die abgeschlossene Kugel $K_{r_1}[x_0]$ liegt in X, und es ist $\|A x_0 - x_0\| \leqslant (1-q) r_1$.

(II) $K_{r_2}[x_0] \subset X$ mit $r_2 := \dfrac{1}{1-q} \|A x_0 - x_0\|$.

(III) $K_{r_3}[A x_0] \subset X$ mit $r_3 := \dfrac{q}{1-q} \|A x_0 - x_0\|$.

Hinweis: Ist (I) erfüllt, so läuft der Beweis genau wie bei A 35.10. — Ist (II) erfüllt, so gilt (I) mit $r_1 = r_2$. — Sei (III) erfüllt. Trivialerweise ist $x_1 = A x_0 \in K := K_{r_3}[A x_0]$. Zeige: Existieren für ein $n \geqslant 2$ die Elemente $x_1, \dots, x_{n-1}$ und liegen sie in K, so existiert auch x_n und gehört zu K. Infolgedessen liegen alle x_k ($k \geqslant 1$) in K. Benutze für diesen Induktionsbeweis die Abschätzungen $\|x_{\nu+1} - x_\nu\| \leqslant q^\nu \|x_1 - x_0\|$ für $\nu < n$ und $\|x_n - x_1\| \leqslant \|x_n - x_{n-1}\| + \|x_{n-1} - x_{n-2}\| + \cdots + \|x_2 - x_1\|$.

***9.** E und F seien normierte Räume. Die Abbildung $A: X \subset E \to F$ heißt **beschränkt**, wenn es eine Zahl α gibt, so daß $\|A x\| \leqslant \alpha$ für alle $x \in X$ ist. $B(X, F)$ bedeute die Menge aller beschränkten Abbildungen von X nach F. Zeige:

a) $B(X, F)$ ist ein linearer Raum.

b) Durch $\|A\|_\infty := \sup\limits_{x \in X} \|A x\|$ wird eine Norm (die **Supremumsnorm**) auf $B(X, F)$ erklärt.

c) Konvergenz in dem normierten Raum $B(X, F)$ ist gleichbedeutend mit gleichmäßiger Konvergenz auf X, schärfer: $A_n \to A$ in der Norm von $B(X, F)$ (d.h. $\|A_n - A\|_\infty \to 0$) ist gleichwertig mit folgender Aussage: Zu jedem $\varepsilon > 0$ gibt es einen Index $n_0 = n_0(\varepsilon)$, so daß

für alle $n > n_0$ und alle $x \in X$ stets $\|A_n x - A x\| < \varepsilon$ bleibt.

d) Ist F ein Banachraum, so ist auch $B(X, F)$ ein solcher.

e) Die Menge $C_b(X, F)$ der beschränkten stetigen Abbildungen $A: X \to F$ ist ein abgeschlossener Unterraum von $B(X, F)$. Sie ist ein Banachraum, wenn F ein Banachraum ist.

⁺**10.** *E* und *F* seien normierte Räume, und $C(X, F)$ bedeute die Menge aller stetigen Abbildungen $A: X \subset E \to F$. Beweise: Bei *kompaktem X* wird durch $\|A\|_\chi := \max_{x \in X} \|A x\|$ eine *Norm* (die Maximumsnorm) auf $C(X, F)$ erklärt, und mit *F* ist auch $C(X, F)$ ein Banachraum.

***11. Weissingerscher Fixpunktsatz** Sei $X \neq \emptyset$ eine abgeschlossene Teilmenge eines Banachraumes, *A* eine Selbstabbildung von *X* und (u_n) die vermöge $u_n := A u_{n-1}$ $(n = 1, 2, \ldots)$ aus einem $u_0 \in X$ entspringende Iterationsfolge; ferner sei $\Sigma \alpha_n$ eine konvergente Reihe mit $\alpha_n \geq 0$. Ist nun für je zwei Iterationsfolgen (u_n), (v_n) mit beliebigen $u_0, v_0 \in X$ stets $\|u_n - v_n\| \leq \alpha_n \|u_0 - v_0\|$, so besitzt *A* genau einen Fixpunkt *x* in *X*, und dieser ist Grenzwert jeder Iterationsfolge (x_n) mit beliebigem Startpunkt $x_0 \in X$.

Hinweis: Es ist $\|x_{n+1} - x_n\| \leq \alpha_n \|x_1 - x_0\|$; verfahre nun wie beim Beweis des Satzes 111.11.

112 Stetige lineare Abbildungen normierter Räume

Dieser Abbildungstyp ist für die Analysis von hervorragender Bedeutung. Besonders wichtige Beispiele findet der Leser in (111.1) bis (111.3). Weiterhin bildet der in (17.1) definierte Differenzenoperator *D* den Banachraum l^∞ stetig und linear in sich ab. Es ist jedoch eine gravierende Tatsache, daß der Differentiationsoperator D aus der Reihe tanzt, und zwar in folgendem Sinne. Der lineare Raum $C^1[a, b]$ aller auf $[a, b]$ stetig differenzierbaren Funktionen wird mit der von $C[a, b]$ herrührenden Maximumsnorm ein normierter Raum. D bildet $C^1[a, b]$ zwar linear, *aber nicht stetig* nach $C[a, b]$ ab; die Folge der Funktionen $f_n(t) := (\sin n t)/\sqrt{n}$ strebt nämlich gleichmäßig auf $[a, b]$, also im Sinne der Norm, gegen 0, die Bildfolge (Df_n) ist jedoch in $C[a, b]$ nicht konvergent.

Sind *E* und *F* normierte Räume, so bedeute $\mathfrak{L}(E, F)$ die Menge aller stetigen linearen Abbildungen von *E* nach *F*. Statt $\mathfrak{L}(E, E)$ schreiben wir kürzer $\mathfrak{L}(E)$. Da wir bereits in Nr. 17 die Menge $\mathfrak{S}(E, F)$ aller linearen Abbildungen von *E* nach *F* als linearen Raum erkannt haben, ergibt sich nun mit Satz 111.2, daß auch $\mathfrak{L}(E, F)$ ein linearer Raum ist; sein Nullelement ist die Nullabbildung 0, die jedem $x \in E$ das Nullelement von *F* zuordnet.

Ist $A \in \mathfrak{S}(E, F)$ auf *E* Lipschitz-stetig mit der Lipschitzkonstanten λ, so ist für jedes $x \in E$ offensichtlich $\|A x\| = \|A x - A 0\| \leq \lambda \|x - 0\| = \lambda \|x\|^{1)}$, zusammengefaßt:

$$\|A x\| \leq \lambda \|x\| \quad \text{für alle } x \in E. \tag{112.1}$$

Gilt umgekehrt diese Abschätzung mit einem festen $\lambda > 0$ für alle $x \in E$, so ist für beliebige $y, z \in E$ stets

$$\|A y - A z\| = \|A(y - z)\| \leq \lambda \|y - z\|,$$

---

1) Beachte, daß nach A 17.1 stets $A 0 = 0$ ist; von dieser einfachen Tatsache werden wir immer wieder Gebrauch machen.

und somit erweist sich A als Lipschitz-stetig. Eine lineare Abbildung $A: E \to F$ wird **beschränkt**[1] genannt, wenn (112.1) mit einem festen $\lambda > 0$ gilt, und die obigen Überlegungen lehren, daß genau die *Lipschitz-stetigen* linearen Abbildungen beschränkt sind. Wir behaupten nun, daß bereits jede *stetige* lineare Abbildung $A: E \to F$ beschränkt ist. Andernfalls gäbe es zu jedem natürlichen n ein $x_n \in E$ mit $\|A x_n\| > n \|x_n\|$. Dann strebte aber

$$y_n := \frac{1}{n} \frac{x_n}{\|x_n\|} \to 0,$$

während $\|A y_n\| > 1$ für alle n bliebe. Das steht im Widerspruch zur Stetigkeit von A, nach der aus $y_n \to 0$ doch $A y_n \to A\, 0 = 0$, also auch $\|A y_n\| \to 0$ folgen muß. Zusammenfassend gilt daher der

112.1 Satz *Eine lineare Abbildung A des normierten Raumes E in den normierten Raum F ist genau dann stetig, wenn sie beschränkt ist. In diesem Falle ist sie sogar von selbst Lipschitz-stetig.*

Für jedes $A \in \mathfrak{L}(E, F)$ ist also $\sup_{x \neq 0}(\|A x\|/\|x\|)$ eine wohldefinierte reelle Zahl. Man nennt sie die **Norm** von A und bezeichnet sie mit $\|A\|$:

$$\|A\| := \sup_{x \neq 0} \frac{\|A x\|}{\|x\|} . \tag{112.2}$$

Definitionsgemäß ist $\|A x\| \leqslant \|A\| \|x\|$, und in dieser Abschätzung kann $\|A\|$ durch keine kleinere Zahl ersetzt werden, kurz:

$$\|A x\| \leqslant \|A\| \|x\|; \quad aus \; \|A x\| \leqslant \lambda \|x\| \; für \; alle \; x \; folgt \; \|A\| \leqslant \lambda.$$

$\|A\|$ ist ein Maß für die maximale Längenverzerrung, die ein Element x unter der Wirkung von A erleiden kann.

Offenbar ist $\|A\| \geqslant 0$, und wir haben $\|A\| = 0$ genau dann, wenn $A = 0$ ist. Ferner ist trivialerweise $\|\alpha A\| = |\alpha| \|A\|$. Liegt auch B in $\mathfrak{L}(E, F)$, so gilt

$$\|(A + B) x\| = \|A x + B x\| \leqslant \|A x\| + \|B x\|$$
$$\leqslant \|A\| \|x\| + \|B\| \|x\| = (\|A\| + \|B\|)\|x\|,$$

und somit ist $\|A + B\| \leqslant \|A\| + \|B\|$.

Insgesamt haben wir damit bewiesen, *daß $\mathfrak{L}(E, F)$ mit der Abbildungsnorm $\|A\|$ ein normierter Raum ist.* Damit haben wir ganz von selbst in $\mathfrak{L}(E, F)$ zwei natürliche Konvergenzbegriffe:

---

[1] Man darf diesen Beschränktheitsbegriff nicht verwechseln mit einem anderen, der gemäß unserem bisherigen Sprachgebrauch näher liegen würde und nach dem A beschränkt genannt werden müßte, wenn mit einer gewissen Konstanten $\gamma > 0$ für alle $x \in E$ stets $\|A x\| \leqslant \gamma$ wäre. In diesem Sinne ist aber unter allen *linearen* Abbildungen nur die Nullabbildung beschränkt. Unsere Terminologie wird durch Aufgabe 8 verständlicher werden.

1. Die **punktweise Konvergenz** $A_n \to A$, definiert durch $A_n x \to A x$ für alle $x \in E$,
2. die **Normkonvergenz** $A_n \Rightarrow A$, definiert durch $\|A_n - A\| \to 0$.

Die Normkonvergenz wird auch **gleichmäßige Konvergenz** genannt; wie dieser Ausdruck zu verstehen ist, wird in Aufgabe 9 näher beleuchtet.

Aus $A_n \Rightarrow A$ folgt $A_n \to A$, wie sich sofort aus

$$\|A_n x - A x\| = \|(A_n - A) x\| \leqslant \|A_n - A\| \, \|x\|$$

ergibt. *Die gleichmäßige Konvergenz erzwingt also die punktweise*; die Umkehrung braucht jedoch nicht zu gelten (s. Aufgabe 10).

Schon in Nr. 17 hatten wir verabredet, das Kompositum $B \circ A$ der linearen Abbildungen $A: E \to F$ und $B: F \to G$ (also die Abbildung $x \mapsto B(A x)$ von E nach G) kürzer mit BA zu bezeichnen und das *Produkt* von B mit A zu nennen. Sind A und B stetig, so folgt aus

$$\|(BA) x\| = \|B(A x)\| \leqslant \|B\| \, \|A x\| \leqslant \|B\| \, \|A\| \, \|x\|,$$

daß BA beschränkt, also stetig ist (was wir auch Satz 111.3 hätten entnehmen können) und daß die Abschätzung

$$\|B A\| \leqslant \|B\| \, \|A\| \tag{112.3}$$

gilt. Es ergibt sich daraus insbesondere, daß $\mathfrak{L}(E)$ mit dem Produkt BA eine normierte Algebra ist. $\mathfrak{L}(E)$ besitzt das Einselement I, und offenbar ist $\|I\| = 1$, sofern E nicht nur aus dem Nullelement besteht.

Wir fragen nun, wann $\mathfrak{L}(E)$ sogar eine Banachalgebra oder allgemeiner, wann $\mathfrak{L}(E, F)$ ein Banachraum ist. Eine Antwort gibt der

112.2 Satz *Ist E ein normierter Raum, F sogar ein Banachraum, so muß auch $\mathfrak{L}(E, F)$ ein Banachraum sein. Insbesondere wird $\mathfrak{L}(E)$ immer dann eine Banachalgebra sein, wenn E ein Banachraum ist.*

Beweis. Sei (A_n) eine Cauchyfolge in dem normierten Raum $\mathfrak{L}(E, F)$, zu jedem $\varepsilon > 0$ gebe es also einen Index $n_0 = n_0(\varepsilon)$, so daß $\|A_m - A_n\| < \varepsilon$ ausfällt für alle $m, n \geqslant n_0$. Für beliebiges $x \in E$ und alle $m, n \geqslant n_0$ ist dann

$$\|A_m x - A_n x\| = \|(A_m - A_n) x\| \leqslant \|A_m - A_n\| \, \|x\| < \varepsilon \|x\|, \tag{112.4}$$

d. h., $(A_n x)$ ist eine Cauchyfolge in F. Da F aber nach Voraussetzung vollständig ist, besitzt $(A_n x)$ ein Grenzelement $\lim A_n x$. Die durch $A x := \lim A_n x$ definierte Abbildung $A: E \to F$ ist offenbar linear. In (112.4) lassen wir nun $n \to \infty$ gehen. Dann ergibt sich mit Satz 109.4 die Abschätzung $\|A_m x - A x\| \leqslant \varepsilon \|x\|$ für alle $m \geqslant n_0$ und alle $x \in E$. Für diese m ist also $A_m - A$ beschränkt und $\|A_m - A\| \leqslant \varepsilon$. Daraus folgt aber zunächst, daß $A = (A - A_{n_0}) + A_{n_0}$ beschränkt, also ein Element von $\mathfrak{L}(E, F)$ ist und dann, daß $A_m \Rightarrow A$ strebt. Damit haben wir alles bewiesen.   ∎

$A \in \mathfrak{L}(E, F)$ ist genau dann injektiv, wenn aus $A x = 0$ stets $x = 0$ folgt, und in diesem Falle ist die Umkehrabbildung $A^{-1}: A(E) \rightarrow E$ auch wieder linear (s. A 17.1). Sie braucht aber nicht mehr stetig zu sein (s. Aufgabe 7).

Sei nun E vorübergehend ein beliebiger (nicht notwendig normierter) linearer Raum und $\mathfrak{S}(E)$ wie in Nr. 17 die Algebra *aller* linearen Selbstabbildungen von E. Dann hat das Zeichen A^{-1} bedauerlicherweise *zwei* Bedeutungen, die aus dem jeweiligen Zusammenhang heraus scharf unterschieden werden müssen: A^{-1} kann die *Umkehrabbildung (inverse Abbildung)* von A bedeuten, aber auch im Sinne von Nr. 110 die *Inverse von A in der Algebra* $\mathfrak{S}(E)$. Auf einen ähnlichen Bezeichnungsmißstand bei Funktionenalgebren hatten wir schon in Nr. 110 hingewiesen. Um Verwechslungen vorzubeugen, werden wir dem Zeichen A^{-1} immer das Wort „Umkehrabbildung" bzw. „Inverse" vorsetzen, je nachdem, in welchem Sinne es verstanden werden soll. Glücklicherweise gilt der mildernde

112.3 Satz *Die Abbildung $A \in \mathfrak{S}(E)$ besitzt genau dann eine Inverse A^{-1} in der Algebra $\mathfrak{S}(E)$, wenn sie bijektiv ist; in diesem Falle stimmt die Inverse A^{-1} mit der Umkehrabbildung A^{-1} überein. Mit anderen Worten: Bei bijektivem A darf das Zeichen A^{-1} unterschiedslos in seinen beiden Bedeutungen gebraucht werden.*

Beweis[1]. A besitze die Inverse A^{-1} in $\mathfrak{S}(E)$, es sei also $A^{-1}A = A A^{-1} = I$ und somit

$$A^{-1} A x = A A^{-1} x = x \qquad \text{für alle } x \in E.$$

Dann folgt aus $A x = 0$ gewiß $x = (A^{-1}A) x = A^{-1}(A x) = A^{-1} 0 = 0$, also ist A injektiv. Sei nun y ein beliebiges Element aus E und $x := A^{-1} y$. Dann ist $A x = A(A^{-1} y) = (A A^{-1}) y = y$, also ist A auch surjektiv und überdies A^{-1} die Umkehrabbildung von A. — Jetzt sei A bijektiv, und A^{-1} bedeute die (lineare) Umkehrabbildung von A. Aus (13.8) ergibt sich dann sofort $A^{-1}A = A A^{-1} = I$, also besitzt A eine Inverse in $\mathfrak{S}(E)$, und diese ist die Umkehrabbildung A^{-1}. ∎

Weitaus verwickelter werden die Dinge, wenn A eine stetige lineare Selbstabbildung des normierten Raumes E ist, und man die Frage stellt, ob A eine Inverse *in der Algebra $\mathfrak{L}(E)$ besitzt*. Nach dem letzten Satz kann dies nur möglich sein, wenn A bijektiv ist; aber die dann auf E existierende Umkehrabbildung A^{-1} braucht nicht stetig, also kein Element von $\mathfrak{L}(E)$ und somit keine Inverse von A in $\mathfrak{L}(E)$ zu sein — obwohl sie eine Inverse von A in $\mathfrak{S}(E)$ ist. Diese komplizierten Invertierbarkeitsprobleme erfahren eine überraschend glatte Lösung, wenn E ein *Banachraum* ist: In diesem Falle besitzt nämlich die Abbildung $A \in \mathfrak{L}(E)$ genau dann eine Inverse in $\mathfrak{L}(E)$, wenn sie bloß bijektiv ist. Wir können auf diesen wichtigen *Satz von der stetigen Inversen* nicht eingehen und verweisen den Leser auf Heuser [6]. Für unsere Zwecke

---

[1] Wir könnten ihn durch einen Hinweis auf A 13.5c erbringen, ziehen es aber vor, ihn detailliert vorzuführen, um das Zusammenfallen der beiden Bedeutungen von A^{-1} klar zu machen.

reicht der nächste Satz aus, der sich mit einem Schlag aus dem Satz 110.3 über die Neumannsche Reihe und den beiden letzten Sätzen ergibt:

112.4 Satz *Sei E ein Banachraum und K eine stetige lineare Selbstabbildung von E mit*

$$\|K\| < 1 \qquad \text{oder auch nur} \qquad \lim \sqrt[n]{\|K^n\|} < 1.$$

Dann ist $I - K$ bijektiv, die Umkehrabbildung $(I - K)^{-1}$ ist stetig und läßt sich darstellen durch die normkonvergente Neumannsche Reihe

$$(I - K)^{-1} = \sum_{n=0}^{\infty} K^n \equiv I + K + K^2 + K^3 + \cdots. \tag{112.5}$$

Im Falle $\|K\| < 1$ ist infolgedessen

$$\|(I - K)^{-1}\| \leqslant \sum_{n=0}^{\infty} \|K\|^n = \frac{1}{1 - \|K\|}. \tag{112.6}$$

Dieser Satz spielt eine zentrale Rolle bei der Auflösung von Operatorengleichungen der Form

$$x - Kx = y \quad \text{oder also} \quad (I - K)x = y, \tag{112.7}$$

wobei $y \in E$ vorgegeben und $x \in E$ gesucht ist. Sind nämlich seine Voraussetzungen erfüllt, so gibt es zu jedem $y \in E$ genau eine Lösung $x := (I - K)^{-1} y \in E$ von (112.7), und da aus der Normkonvergenz von (112.5) die punktweise folgt, ist notwendig

$$x = \sum_{n=0}^{\infty} K^n y. \tag{112.8}$$

Aufgaben

E und F sind in diesen Aufgaben durchgehend normierte Räume, alle Abbildungen sind linear.

1. Ist $\|Ax\| \leqslant \lambda \|x\|$ für alle $x \in E$, und gibt es ein $x_0 \neq 0$ mit $\|Ax_0\| = \lambda \|x_0\|$, so ist $\|A\| = \lambda$.

2. Die Norm der Abbildung $f \mapsto \int_a^b f(t)\,dt$ von $R[a, b]$ nach $\mathbf{R}$ ist $b - a$. Hinweis: Aufgabe 1.

3. Die Norm der Abbildung $(x_1, x_2, \ldots) \mapsto \lim x_k$ von (c) nach $\mathbf{R}$ ist 1. Hinweis: Aufgabe 1.

4. Die Norm des Differenzenoperators $D: l^\infty \to l^\infty$ ist 2. Hinweis: Aufgabe 1. D ist in Nr. 17 erklärt.

5. Die Abbildung A, die jedem $f \in R[0, a]$ die Funktion $(Af)(s) := s \int_0^a f(t)\,dt$ $(0 \leqslant s \leqslant a)$ zuordnet, hat die Norm a^2. Hinweis: Aufgabe 1.

6. Für die Abbildung A in (111.3) gilt gewiß

$$\|A\| \le (b-a)\sup\{|k(s,t)| : (s,t) \in Q\} \qquad \text{(s. A 107.6 c)}.$$

Es ist aber sogar

$$\|A\| \le \max_{a \le s \le b} \int_a^b |k(s,t)|\,dt.$$

7. $A: l^\infty \to l^\infty$ sei durch $A(x_1, x_2, \ldots) := (x_1, x_2/2, x_3/3, \ldots)$ definiert. Zeige:

a) A ist injektiv und stetig mit $\|A\| = 1$. A ist aber nicht surjektiv.

b) Die Umkehrabbildung A^{-1} ist nicht stetig.

8. A ist genau dann beschränkt, wenn das Bild jeder beschränkten Menge beschränkt ist.

9. A_n und A seien aus $\mathfrak{L}(E, F)$. Genau dann gilt $A_n \Rightarrow A$, wenn die Folge $(A_n x)$ auf jeder beschränkten Teilmenge M von E gleichmäßig gegen $A x$ konvergiert, wenn es also zu jedem derartigen M und jedem $\varepsilon > 0$ ein $n_0 = n_0(\varepsilon, M)$ gibt, so daß für alle $n > n_0$ und alle $x \in M$ stets $\|A_n x - A x\| < \varepsilon$ bleibt.

10. $A_n \in \mathfrak{L}(l^1)$ werde durch $A_n(x_1, x_2, \ldots) := (x_1, \ldots, x_n, 0, 0, \ldots)$ definiert $(n = 1, 2, \ldots)$. (A_n) konvergiert punktweise, aber nicht gleichmäßig gegen I.

11. A besitze die folgende Eigenschaft (vgl. A 107.6e): Das Bild $(A x_n)$ jeder beschränkten Folge (x_n) enthält eine konvergente Teilfolge. Zeige, daß A beschränkt und somit stetig ist.

***12.** Zwei Normen $\|\cdot\|_1$ und $\|\cdot\|_2$ auf E sind genau dann äquivalent, wenn es positive Zahlen γ_1, γ_2 gibt, so daß

$$\gamma_1\|x\|_1 \le \|x\|_2 \le \gamma_2\|x\|_1 \qquad \text{für alle } x \in E$$

ist. Hinweis: Betrachte I als Abbildung von $(E, \|\cdot\|_1)$ auf $(E, \|\cdot\|_2)$ und umgekehrt.

°13. Auch in dieser Nummer ist es ohne Belang, ob die auftretenden linearen Räume reell oder komplex sind.

113 Stetige Funktionen aus $\mathbf{R}^p$ nach $\mathbf{R}^q$

In diesem Abschnitt betrachten wir Funktionen $f: X \subset \mathbf{R}^p \to \mathbf{R}^q$. Dabei denken wir uns durchgehend $\mathbf{R}^p$ und $\mathbf{R}^q$ mit irgendwelchen Normen versehen; welche wir nehmen ist wegen Satz 109.8 belanglos.

Funktionen der obigen Art sind für die Naturwissenschaften von eminenter Bedeutung. Befindet sich z. B. ein räumlich bewegter Massenpunkt zur Zeit $t \in [\alpha, \beta]$ an dem Ort $f(t) := (x(t), y(t), z(t))$, so wird sein Bewegungsverlauf durch die Funktion $f: [\alpha, \beta] \subset \mathbf{R} \to \mathbf{R}^3$ beschrieben. Eine elektrische Punktladung erzeugt im Raume ein elektrisches Feld, d. h. mathematisch, daß jedem Raumpunkt (x, y, z), der von dem Ort der Ladung verschieden ist, drei Zahlen $E_1(x, y, z), \ldots, E_3(x, y, z)$, die sogenannten Komponenten des elektrischen Feldes in Richtung der drei Koordinatenachsen, zugeordnet werden (s. Beispiel 8 in Nr. 13). Das Feld ist dann vollständig durch $f(x, y, z) := (E_1(x, y, z), \ldots, E_3(x, y, z))$ gegeben, also durch eine Funktion

$f: X \subset \mathbf{R}^3 \to \mathbf{R}^3$, wobei X der Raum $\mathbf{R}^3$, abgesehen von dem Ort der Ladung, ist.[1] Entsprechende Überlegungen gelten natürlich auch für Gravitationsfelder, die von Massenpunkten erzeugt werden. Sind die Felder überdies noch zeitlich veränderlich (was z.B. der Fall ist, wenn die Ladungen oder Massen nicht ruhen, sondern sich bewegen), so werden die drei Feldkomponenten auch von der Zeit t abhängen, und zur mathematischen Darstellung solcher Felder wird daher eine Funktion $f: X \subset \mathbf{R}^4 \to \mathbf{R}^3$ herangezogen werden müssen. Eine zeitlich und örtlich veränderliche Temperaturverteilung in einem Raumbereich, wird durch eine Temperaturfunktion $f: X \subset \mathbf{R}^4 \to \mathbf{R}$ beschrieben; $f(x, y, z, t)$ gibt die Temperatur an, die zur Zeit t im Raumpunkt (x, y, z) herrscht.

Die Vielfalt dieser Beispiele zeigt, daß es zweckmäßig sein wird, allgemein Funktionen $f: X \subset \mathbf{R}^p \to \mathbf{R}^q$ zu betrachten, wo p und q beliebige natürliche Zahlen sein dürfen. Über stetige Funktionen dieser Art haben wir nun allerdings in Nr. 111 bereits das Wesentliche gesagt, und so bleibt uns nur weniges nachzutragen. Als erstes bemerken wir, daß wir $f(x)$ in der Form

$$f(x) = (f_1(x), \ldots, f_q(x)) \quad \text{oder auch} \quad = \begin{pmatrix} f_1(x) \\ \vdots \\ f_q(x) \end{pmatrix} \tag{113.1}$$

schreiben können (wir werden manchmal die Zeilen- und manchmal die Spaltenschreibweise bevorzugen). Jedes f_ν ist eine reellwertige Funktion auf X (eine reellwertige Funktion von p reellen Veränderlichen) und wird die ν-te **Komponentenfunktion** von f genannt. (113.1) schreiben wir häufig auch in der kompakteren Form

$$f = (f_1, \ldots, f_q) \quad \text{oder} \quad = \begin{pmatrix} f_1 \\ \vdots \\ f_q \end{pmatrix} . \tag{113.2}$$

Sei $\xi := (\xi_1, \ldots, \xi_p)$ ein Punkt von X. Da nach Satz 109.8 in $\mathbf{R}^m$ punktweise Konvergenz und Normkonvergenz gleichbedeutend sind, sehen wir, daß f genau dann in ξ stetig ist, wenn aus

$$x_1^{(n)} \to \xi_1, \ldots, x_p^{(n)} \to \xi_p$$

stets

$$f_1(x_1^{(n)}, \ldots, x_p^{(n)}) \to f_1(\xi_1, \ldots, \xi_p), \ldots, f_q(x_1^{(n)}, \ldots, x_p^{(n)}) \to f_q(\xi_1, \ldots, \xi_p)$$

folgt, immer vorausgesetzt, daß die Punkte $x_n := (x_1^{(n)}, \ldots, x_p^{(n)})$ die Menge X nicht verlassen. Wir entnehmen daraus, *daß f dann und nur dann in ξ stetig ist, wenn dies*

---

[1] Wir erinnern an unsere Verabredung in Nr. 13, den Wert einer Funktion f an der Stelle $x := (x_1, \ldots, x_p)$ nicht nur mit $f(x)$, sondern auch mit $f(x_1, \ldots, x_p)$ zu bezeichnen und f dann eine Funktion der p Veränderlichen $x_1, \ldots, x_p$ zu nennen.

für jede Komponentenfunktion f_ν zutrifft. Deshalb begnügen wir uns im Rest dieses Abschnittes damit, nur Funktionen $f\colon X\subset\mathbf{R}^p\to\mathbf{R}$ zu betrachten.

Als erstes warnen wir vor einem häufig anzutreffenden Fehler, den wir der einfacheren Schreibweise wegen nur an einer reellwertigen Funktion $f(x, y)$ von zwei Veränderlichen darlegen wollen. Wenn der Anfänger vor die Aufgabe gestellt wird, das Stetigkeitsverhalten von f im Punkte (ξ, η) zu untersuchen, so neigt er leicht dazu, folgendermaßen vorzugehen. Er betrachtet eine Folge (x_n) mit $x_n\to\xi$ und eine Folge (y_n) mit $y_n\to\eta$ und prüft nun nicht, ob $f(x_n, y_n)\to f(\xi, \eta)$ strebt, sondern nur, ob $f(x_n, \eta)\to f(\xi, \eta)$ und $f(\xi, y_n)\to f(\xi, \eta)$ konvergiert. Gelten die beiden letzten Grenzwertbeziehungen, so schließt er, daß f im Punkte (ξ, η) stetig ist. Daß dieser Schluß fehlerhaft ist, zeigt das Beispiel der Funktion

$$f(x, y):= \begin{cases} \dfrac{xy}{x^2+y^2} & \text{für } (x, y)\neq(0, 0), \\[2ex] 0 & \text{für } (x, y)=(0, 0). \end{cases} \tag{113.3}$$

Sind nämlich (x_n), (y_n) zwei Nullfolgen, so strebt

$$f(x_n, 0)\to f(0, 0) \quad\text{und}\quad f(0, y_n)\to f(0, 0),$$

weil $f(x_n, 0)=f(0, y_n)=f(0, 0)=0$ ist. f ist trotzdem im Nullpunkt unstetig, weil z. B. $(1/n, 1/n)\to(0, 0)$, aber $f(1/n, 1/n)=1/2\to 1/2$ und damit nicht gegen $f(0, 0)$ konvergiert (s. dazu auch Aufgabe 3).

Es ist übrigens leicht zu sehen, daß f in jedem Punkt $(\xi, \eta)\neq(0, 0)$ stetig ist. Strebt nämlich $x_n\to\xi$ und $y_n\to\eta$, wobei wir o.B.d.A. $(x_n, y_n)\neq(0, 0)$ für alle n annehmen dürfen, so konvergiert

$$f(x_n, y_n) = \frac{x_n y_n}{x_n^2+y_n^2} \to \frac{\xi\eta}{\xi^2+\eta^2} = f(\xi, \eta).$$

Eine Funktion

$$f(x_1, \ldots, x_p):= \sum_{k_1,\ldots,k_p} \alpha_{k_1 k_2 \ldots k_p} x_1^{k_1} x_2^{k_2} \cdots x_p^{k_p}$$

heißt **Polynom in den Veränderlichen** $x_1, \ldots, x_p$. f ist auf ganz $\mathbf{R}^p$ stetig: Strebt nämlich $x_\nu^{(n)}\to\xi_\nu$ für $n\to\infty$ $(\nu=1, \ldots, p)$, so konvergiert

$$f(x_1^{(n)}, \ldots, x_p^{(n)}) = \sum \alpha_{k_1\ldots k_p}(x_1^{(n)})^{k_1}\cdots(x_p^{(n)})^{k_p} \to \sum \alpha_{k_1\ldots k_p}\xi_1^{k_1}\cdots\xi_p^{k_p}$$

$$= f(\xi_1, \ldots, \xi_p).$$

Eine **rationale Funktion in den Veränderlichen** $x_1, \ldots, x_p$ ist als Quotient zweier Polynome in $x_1, \ldots, x_p$ erklärt. Sie ist überall stetig, wo sie überhaupt defi-

niert ist, d. h., wo das Nennerpolynom nicht verschwindet. Beispiele für Polynome
sind die Funktionen

$$2 + x_1 - 5x_2 + 3x_1x_2 + x_1^2, \qquad x + z + 2xy + 7xyz - x^3y + 5x^2y^3z,$$

$$x_1x_2x_3x_4 + 2x_1^2x_4^2.$$

Beispiele für rationale Funktionen sind

$$\frac{x-y}{1+x^2+y^2}, \qquad \frac{x_1+x_2+x_3}{x_1x_2+x_2x_3+x_1x_3}, \qquad \frac{x^2-2xy+z^3}{2+3xyz+x^2z^3}.$$

Versehen wir $\mathbf{R}^p$ mit der Maximumsnorm, so können wir sagen:
*$f\colon X\subset\mathbf{R}^p\to\mathbf{R}$ ist genau dann im Punkte $(\xi_1,\ldots,\xi_p)\in X$ stetig, wenn es zu jedem $\varepsilon>0$
ein $\delta>0$ gibt, so daß*

$$aus \quad |x_1-\xi_1|<\delta,\ \ldots,\ |x_p-\xi_p|<\delta \quad stets$$

$$|f(x_1,\ldots,x_p)-f(\xi_1,\ldots,\xi_p)|<\varepsilon \quad folgt,$$

immer vorausgesetzt, daß $(x_1,\ldots,x_p)$ in X verbleibt.

Ist X kompakt (oder also, nach Satz 111.6, beschränkt und abgeschlossen) und f auf
ganz X stetig, so besitzt f ein Maximum und ein Minimum (Satz 111.9) und ist sogar
gleichmäßig stetig (Satz 111.10). Letzteres besagt: Zu jedem $\varepsilon>0$ gibt es ein $\delta>0$, so
daß

$$aus \quad |x_1-y_1|<\delta,\ \ldots,\ |x_p-y_p|<\delta \quad stets$$

$$|f(x_1,\ldots,x_p)-f(y_1,\ldots,y_p)|<\varepsilon \quad folgt,$$

wobei stillschweigend vorausgesetzt wird, daß die Punkte $(x_1,\ldots,x_p)$, $(y_1,\ldots,y_p)$ in
X liegen.

Sind die reellwertigen Funktionen f,g auf $X\subset\mathbf{R}^p$ definiert und in $\xi\in X$ stetig, so ist
auch das (punktweise) Produkt fg und der (punktweise) Quotient f/g in ξ stetig —
letzterer allerdings nur unter der selbstverständlichen Voraussetzung, daß $g(\xi)\neq0$
ist.

Aus dem Satz 111.3 über die Stetigkeit des Kompositums ergibt sich, locker formuliert, die folgende Aussage: Ersetzt man in der stetigen Funktion $f(y_1,\ldots,y_p)$ die
Veränderlichen $y_1,\ldots,y_p$ durch stetige Funktionen $g_1(x_1,\ldots,x_q),\ldots,g_p(x_1,\ldots,x_q)$,
so ist die Funktion $f(g_1(x_1,\ldots,x_q),\ldots,g_p(x_1,\ldots,x_q))$ wieder stetig.

Wir betrachten nun ganz speziell eine reellwertige Funktion $f(x,y)$ auf dem kompakten Rechteck $Q:=[a,b]\times[c,d]$. Ist sie auf Q stetig, also auch gleichmäßig stetig,
so gibt es gewiß zu jedem $\varepsilon>0$ ein $\delta>0$, so daß

$$für alle \ y\in[c,d] \ und alle \ x_1,x_2\in[a,b] \ mit \ |x_1-x_2|<\delta \ stets$$

$$|f(x_1,y)-f(x_2,y)|<\varepsilon$$

ausfällt. Nach (106.12) bedeutet dies gerade, daß f in der ersten Variablen gleichstetig ist. Ganz entsprechend sieht man die Gleichstetigkeit in der zweiten Variablen ein. Zieht man noch A 106.4 heran, so erkennt man:

113.1 Satz *Die Funktion f: $[a, b] \times [c, d] \to \mathbf{R}$ ist genau dann stetig, wenn sie in jeder Variablen gleichstetig ist.*

In Verbindung mit diesem Satz erhält man aus A 107.2 ohne Umstände den praktisch besonders brauchbaren

113.2 Satz *Die reellwertige Funktion f sei auf $Q:=[a, b] \times [c, d]$ stetig. Dann ist die Funktion (das „Parameterintegral")*

$$F(x):=\int_c^d f(x, y)\,\mathrm{d}y$$

auf $[a, b]$ definiert und stetig und „darf unter dem Integral integriert werden":

$$\int_a^b \left(\int_c^d f(x, y)\,\mathrm{d}y\right)\mathrm{d}x = \int_c^d \left(\int_a^b f(x, y)\,\mathrm{d}x\right)\mathrm{d}y.$$

Ist überdies auch noch die partielle Ableitung $\partial f/\partial x$ auf Q vorhanden und stetig, so existiert die Ableitung F' auf $[a, b]$ und kann durch „Differentiation unter dem Integral" gewonnen werden:

$$\frac{\mathrm{d}}{\mathrm{d}x}\int_c^d f(x, y)\,\mathrm{d}y = \int_c^d \frac{\partial f(x, y)}{\partial x}\,\mathrm{d}y.$$

Die entsprechende Spezialisierung der Aussagen in A 107.3 über uneigentliche Parameterintegrale $F(x):=\int_c^{+\infty} f(x, y)\,\mathrm{d}y$ wird der Leser nun leicht selbst durchführen können. Wie schon angekündigt, werden wir auf diese Parameterintegrale später noch unter sehr viel allgemeineren Gesichtspunkten zurückkommen (s. Nr. 128).

Aufgaben

1. Zeige, daß die folgenden reellwertigen Funktionen an jeder Stelle ihres jeweiligen Definitionsbereichs stetig sind:

a) $f(x, y):=(x^2+y^2)\,\mathrm{e}^{xy}$,   b) $f(x, y, z):=\dfrac{\sin(\mathrm{e}^x+\mathrm{e}^y+\mathrm{e}^z)}{\ln(x^2+y^2+z^2)}$,   c) $f(s, t):=\mathrm{e}^{-s}\cos(st)$.

2. Zeige, daß die folgenden $\mathbf{R}^p$-wertigen Funktionen an jeder Stelle ihres jeweiligen Definitionsbereichs stetig sind:

a) $f(x, y):=(xy, x^2-y^2)$,   b) $f(x, y):=(1, \mathrm{e}^x, \mathrm{e}^y)$,   c) $f(x, y):=(xy, \ln x)$.

3. Die Funktion $f(x, y):=\dfrac{xy^2}{x^2+y^2}$ für $(x, y)\neq(0, 0)$, $f(0, 0):=0$ ist in $(0, 0)$ stetig.

4. Sei $f(x, y) := \dfrac{xy^2}{x^2+y^4}$ für $(x, y) \neq (0, 0)$, $f(0, 0) := 0$. Zeige:

a) f ist im Nullpunkt „längs jeder Geraden $y = ax$ stetig", d.h.: Aus $x_n \to 0$ folgt $f(x_n, ax_n) \to f(0, 0) = 0$.

b) f ist im Nullpunkt unstetig; $\lim\limits_{x,\,y \to 0} f(x, y)$ existiert *nicht*.

$^+$**5.** Die Funktion $f(x, y)$ sei stetig auf $[a, b] \times [c, d]$. Zeige zuerst direkt, dann mit Hilfe des Satzes 107.1, daß $\lim\limits_{x \to a} \lim\limits_{y \to c} f(x, y) = \lim\limits_{y \to c} \lim\limits_{x \to a} f(x, y) = f(a, c)$ ist. (113.3) lehrt, daß jedoch das Bestehen dieser Gleichung allein nicht die Stetigkeit in (a, c) sichert (vgl. Aufgabe 6).

$^+$**6.** Die Funktion $f(x, y)$ sei auf $Q := [a, b] \times [c, d]$ definiert und auf Q mit Ausnahme des Punktes (a, c) stetig. Zeige: f ist genau dann im Punkte (a, c) stetig, wenn $\lim\limits_{x \to a} f(x, y)$ gleichmäßig auf $(c, d]$ und $\lim\limits_{y \to c} f(x, y)$ gleichmäßig auf $(a, b]$ existiert und überdies $\lim\limits_{x \to a} \lim\limits_{y \to c} f(x, y) = f(a, c)$ ist. Hinweis: Aufgabe 5, Satz 107.2.

7. Sei $f(x, y) := \dfrac{x^2 y^2}{x^2 y^2 + (x-y)^2}$ für $(x, y) \neq (0, 0)$, $f(0, 0) := 0$. Zeige: Die iterierten Limites $\lim\limits_{x \to 0} \lim\limits_{y \to 0} f(x, y)$ und $\lim\limits_{y \to 0} \lim\limits_{x \to 0} f(x, y)$ sind vorhanden, $\lim\limits_{x,\,y \to 0} f(x, y)$ existiert jedoch *nicht*. f ist also im Nullpunkt unstetig.

114 Lineare Abbildungen von $\mathbf{R}^p$ nach $\mathbf{R}^q$

Wir wenden uns nun ganz speziell den *linearen* Funktionen von $\mathbf{R}^p$ nach $\mathbf{R}^q$ zu. Abweichend von unseren bisher eingehaltenen Benennungs- und Bezeichnungskonventionen in Nr. 111 nennt man solche Funktionen lieber wieder (lineare) *Abbildungen*, bezeichnet sie statt mit *f, g,* ... wie früher mit $A, B, \dots$ und ihre Werte an der Stelle $x \in \mathbf{R}^p$ mit $Ax, Bx, \dots$. Der folgende, ebenso einfache wie grundlegende Satz macht nun die Resultate der Nr. 112 über stetige lineare Abbildungen für alle $A \in \mathfrak{S}(\mathbf{R}^p, \mathbf{R}^q)$ verfügbar:

114.1 Satz *Jede lineare Abbildung von $\mathbf{R}^p$ nach $\mathbf{R}^q$ ist stetig, wenn man, wie gewohnt, $\mathbf{R}^p$ und $\mathbf{R}^q$ mit irgendwelchen Normen ausstattet. Wir haben also $\mathfrak{L}(\mathbf{R}^p, \mathbf{R}^q) = \mathfrak{S}(\mathbf{R}^p, \mathbf{R}^q)$, und daher ist $\mathfrak{S}(\mathbf{R}^p, \mathbf{R}^q)$, versehen mit der Abbildungsnorm (112.2), ein Banachraum.*

Beweis. Es seien — auch im Rest dieser Nummer —

$$e_1 := (1, 0, \dots, 0), \; e_2 := (0, 1, 0, \dots, 0), \dots, e_p := (0, \dots, 0, 1) \tag{114.1}$$

die p Einheitsvektoren von $\mathbf{R}^p$. Dann ist

$$x := (x_1, \dots, x_p) = x_1 e_1 + \cdots + x_p e_p, \quad \text{also} \quad Ax = x_1 A e_1 + \cdots + x_p A e_p. \tag{114.2}$$

Benutzen wir in $\mathbf{R}^p$ etwa die l^1-Norm $\|\cdot\|_1$, so folgt nun

$$\|A\,x\| \leqslant |x_1|\,\|A\,e_1\| + \cdots + |x_p|\,\|A\,e_p\| \leqslant \left(\max_{k=1}^{p} \|A\,e_k\|\right) \|x\|_1.$$

A ist also beschränkt und somit stetig. Die letzte Behauptung des Satzes folgt nun unmittelbar aus den Sätzen 109.9 und 112.2.   ∎

Lineare Abbildungen $A: \mathbf{R}^p \to \mathbf{R}^q$ lassen sich in ganz einfacher Weise darstellen. Aus (114.2) erhalten wir nämlich mit

$$(y_1, \ldots, y_q) := A\,x, \qquad (\alpha_{1k}, \ldots, \alpha_{qk}) := A\,e_k \tag{114.3}$$

sofort die Beziehung

$$(y_1, \ldots, y_q) = x_1(\alpha_{11}, \ldots, \alpha_{q1}) + \cdots + x_p(\alpha_{1p}, \ldots, \alpha_{qp})$$
$$= (\alpha_{11} x_1 + \cdots + \alpha_{1p} x_p, \ldots, \alpha_{q1} x_1 + \cdots + \alpha_{qp} x_p).$$

Zerlegung in Komponenten liefert die Gleichungen

$$\begin{aligned}
y_1 &= \alpha_{11} x_1 + \cdots + \alpha_{1p} x_p \\
y_2 &= \alpha_{21} x_1 + \cdots + \alpha_{2p} x_p \\
&\ \vdots \\
y_q &= \alpha_{q1} x_1 + \cdots + \alpha_{qp} x_p.
\end{aligned} \tag{114.4}$$

Das (114.4) beherrschende Zahlenschema

$$A := \begin{pmatrix} \alpha_{11}\,\alpha_{12}\ \ldots\ \alpha_{1p} \\ \alpha_{21}\,\alpha_{22}\ \ldots\ \alpha_{2p} \\ \vdots \\ \alpha_{q1}\,\alpha_{q2}\ \ldots\ \alpha_{qp} \end{pmatrix} \tag{114.5}$$

wird eine Matrix mit q Zeilen und p Spalten oder kurz eine (q, p)-Matrix genannt. Das Ergebnis unserer Betrachtungen läßt sich nun so formulieren: *Zu jedem $A \in \mathfrak{S}(\mathbf{R}^p, \mathbf{R}^q)$ gehört eine (q, p)-Matrix A, mit deren Hilfe sich die Komponenten y_j von $A(x_1, \ldots, x_p)$ gemäß (114.4) berechnen lassen; in der k-ten Spalte dieser Matrix stehen die Komponenten von $A\,e_k$.*[1] Wir sagen auch, A stelle die Abbildung A dar oder sei die **Darstellungsmatrix** von A. Für die Darstellungsmatrix von A verwenden wir im folgenden häufig auch die Bezeichnung $[A]$.[2]

---

[1] Man merke sich, daß man den „Typus" (q, p) von A erhält, indem man in $\mathfrak{S}(\mathbf{R}^p, \mathbf{R}^q)$ die Reihenfolge der Exponenten p, q umkehrt.

[2] Der Leser, der mit den Grundtatsachen der linearen Algebra vertraut ist, wird bemerken, daß $[A]$ die Darstellungsmatrix von A bezüglich der *natürlichen* Basen von $\mathbf{R}^p$ und $\mathbf{R}^q$ ist. Diesen Hinweis auf die zugrundeliegenden Basen dürfen wir weglassen, weil wir immer nur die natürlichen Basen verwenden werden.

Zwei Matrizen

$$\begin{pmatrix} \alpha_{11} \dots \alpha_{1p} \\ \vdots \\ \alpha_{q1} \dots \alpha_{qp} \end{pmatrix} \quad \text{und} \quad \begin{pmatrix} \beta_{11} \dots \beta_{1m} \\ \vdots \\ \beta_{n1} \dots \beta_{nm} \end{pmatrix}$$

werden g l e i c h genannt, wenn $p=m$, $q=n$ und $\alpha_{jk}=\beta_{jk}$ für alle j, k ist. Mit dieser Gleichheitsdefinition sieht man nun sofort, daß $A \mapsto [A]$ eine *injektive* Abbildung von $\mathfrak{S}(\mathbf{R}^p, \mathbf{R}^q)$ in die Menge $\mathfrak{M}(q,p)$ aller (q,p)-Matrizen ist. Sind nämlich $A, B \in \mathfrak{S}(\mathbf{R}^p, \mathbf{R}^q)$ verschieden, so muß $A\,e_k \neq B\,e_k$ für einen gewissen Index k sein; andernfalls wäre wegen (114.2) gewiß $A\,x = B\,x$ für alle x, also $A = B$. Die k-ten Spalten von $[A]$ und $[B]$ stimmen also nicht überein, und somit ist $[A] \neq [B]$.

Die Abbildung $A \mapsto [A]$ von $\mathfrak{S}(\mathbf{R}^p, \mathbf{R}^q)$ in $\mathfrak{M}(q, p)$ ist aber auch *surjektiv*. Ist nämlich irgendeine (q,p)-Matrix A mit Elementen α_{jk} gegeben und ordnet man jedem $x := (x_1, \dots, x_p) \in \mathbf{R}^p$ den Vektor $y := (y_1, \dots, y_q) \in \mathbf{R}^q$ zu, dessen Komponenten gemäß (114.4) berechnet werden, so erhält man eine Abbildung A von $\mathbf{R}^p$ nach $\mathbf{R}^q$, die offensichtlich linear und deren Darstellungsmatrix $[A]$ gerade A ist. Halten wir fest: *Durch $A \mapsto [A]$ wird eine bijektive Abbildung von $\mathfrak{S}(\mathbf{R}^p, \mathbf{R}^q)$ auf $\mathfrak{M}(q, p)$ definiert.*

Sind uns zwei lineare Abbildungen A und B von $\mathbf{R}^p$ nach $\mathbf{R}^q$ gegeben, so ist $(A + B)e_k = A\,e_k + B\,e_k$, der k-te Spaltenvektor von $[A + B]$ ist also die Summe der k-ten Spaltenvektoren von $[A]$ und $[B]$. Für jede Zahl λ ist $(\lambda A)e_k = \lambda(A\,e_k)$, der k-te Spaltenvektor von $[\lambda A]$ ist daher das λ-fache des k-ten Spaltenvektors von $[A]$. Diese Bemerkungen legen nahe, S u m m e n und V i e l f a c h e von (q,p)-Matrizen elementweise zu definieren:

$$\begin{pmatrix} \alpha_{11} \dots \alpha_{1p} \\ \vdots \\ \alpha_{q1} \dots \alpha_{qp} \end{pmatrix} + \begin{pmatrix} \beta_{11} \dots \beta_{1p} \\ \vdots \\ \beta_{q1} \dots \beta_{qp} \end{pmatrix} := \begin{pmatrix} \alpha_{11}+\beta_{11} \dots \alpha_{1p}+\beta_{1p} \\ \vdots \\ \alpha_{q1}+\beta_{q1} \dots \alpha_{qp}+\beta_{qp} \end{pmatrix},$$

$$\lambda \begin{pmatrix} \alpha_{11} \dots \alpha_{1p} \\ \vdots \\ \alpha_{q1} \dots \alpha_{qp} \end{pmatrix} := \begin{pmatrix} \lambda\alpha_{11} \dots \lambda\alpha_{1p} \\ \vdots \\ \lambda\alpha_{q1} \dots \lambda\alpha_{qp} \end{pmatrix} \quad \text{für jede Zahl } \lambda.$$

Mit diesen Definitionen gelten gemäß den obigen Bemerkungen die einfachen Beziehungen

$$[A + B] = [A] + [B], \qquad [\lambda A] = \lambda[A].$$

Ferner kann der Leser leicht bestätigen, daß mit dieser Addition und Vervielfachung von Matrizen die Menge $\mathfrak{M}(q, p)$ ein linearer Raum wird; das Nullelement von $\mathfrak{M}(q, p)$ ist die N u l l m a t r i x

$$\mathbf{0} := \begin{pmatrix} 0 \dots 0 \\ \vdots \\ 0 \dots 0 \end{pmatrix}.$$

Wir werden nun das **Produkt** zweier Matrizen so definieren, daß es genau dem Produkt der korrespondierenden Abbildungen entspricht. Sei $B \in \mathfrak{S}(\mathbf{R}^p, \mathbf{R}^q)$ und $A \in \mathfrak{S}(\mathbf{R}^q, \mathbf{R}^r)$, schematisch:

$$\mathbf{R}^p \xrightarrow{B} \mathbf{R}^q \xrightarrow{A} \mathbf{R}^r.$$

Dann ist $A B$ eine lineare Abbildung von $\mathbf{R}^p$ nach $\mathbf{R}^r$. Wir fragen, wie man $[A B]$ aus

$$[A] := \begin{pmatrix} \alpha_{11} \cdots \alpha_{1q} \\ \vdots \\ \alpha_{r1} \cdots \alpha_{rq} \end{pmatrix} \quad \text{und} \quad [B] := \begin{pmatrix} \beta_{11} \cdots \beta_{1p} \\ \vdots \\ \beta_{q1} \cdots \beta_{qp} \end{pmatrix}$$

berechnen kann? Für einen beliebigen Vektor $(x_1, \ldots, x_p)$ aus $\mathbf{R}^p$ ist

$$B(x_1, \ldots, x_p) = (y_1, \ldots, y_q) \quad \text{mit } y_j = \sum_{k=1}^{p} \beta_{jk} x_k \qquad (j = 1, \ldots, q),$$

$$A(y_1, \ldots, y_q) = (z_1, \ldots, z_r) \quad \text{mit } z_i = \sum_{j=1}^{q} \alpha_{ij} y_j \qquad (i = 1, \ldots, r).$$

Daraus erhalten wir

$$z_i = \sum_{j=1}^{q} \alpha_{ij} \left(\sum_{k=1}^{p} \beta_{jk} x_k \right) = \sum_{k=1}^{p} \left(\sum_{j=1}^{q} \alpha_{ij} \beta_{jk} \right) x_k \qquad (i = 1, \ldots, r),$$

oder also

$$z_i = \sum_{k=1}^{p} \gamma_{ik} x_k \qquad \text{für } i = 1, \ldots, r \quad \text{mit}$$

$$\gamma_{ik} := \sum_{j=1}^{q} \alpha_{ij} \beta_{jk} \qquad \text{für } i = 1, \ldots, r \quad \text{und} \quad k = 1, \ldots, p.$$

Somit ist

$$[A B] = \begin{pmatrix} \gamma_{11} \cdots \gamma_{1p} \\ \vdots \\ \gamma_{r1} \cdots \gamma_{rp} \end{pmatrix},$$

wobei man das Element γ_{ik}, das in der i-ten Zeile und k-ten Spalte steht, erhält, indem man die i-te Zeile von $[A]$ mit der k-ten Spalte von $[B]$ „komponiert":

$$\gamma_{ik} = \sum_{j=1}^{q} \alpha_{ij} \beta_{jk}.$$

Definieren wir nun das Produkt einer (r, q)-Matrix mit einer (q, p)-Matrix gemäß dieser Vorschrift, setzen wir also

$$\begin{pmatrix} \alpha_{11} \ldots \alpha_{1q} \\ \vdots \\ \alpha_{r1} \ldots \alpha_{rq} \end{pmatrix} \begin{pmatrix} \beta_{11} \ldots \beta_{1p} \\ \vdots \\ \beta_{q1} \ldots \beta_{qp} \end{pmatrix} := \begin{pmatrix} \gamma_{11} \ldots \gamma_{1p} \\ \vdots \\ \gamma_{r1} \ldots \gamma_{rp} \end{pmatrix} \quad \text{mit} \quad \gamma_{ik} := \sum_{j=1}^{q} \alpha_{ij} \beta_{jk},$$

so ist natürlich $[A\,B] = [A]\,[B]$. Man beachte, daß man nicht beliebige Matrizen miteinander multiplizieren kann, sondern nur solche, deren „Typen" in dem Sinne zueinander passen, daß der erste Faktor ebensoviel Spalten wie der zweite Zeilen hat: Ist der erste Faktor vom Typ (r, q), so kann man als zweiten Faktor nur eine Matrix des Types (q, p) verwenden, das Produkt ist dann eine (r, p)-Matrix, symbolisch:

$$(r, q) \cdot (q, p) = (r, p).$$

Es leuchtet nach den bisherigen Erörterungen unmittelbar ein, daß die Multiplikationsregeln für lineare Abbildungen, also die Regeln

$$A(B\,C) = (A\,B)\,C, \qquad A(B+C) = A\,B + A\,C, \qquad (A+B)\,C = A\,C + B\,C,$$
$$\lambda(A\,B) = (\lambda\,A)\,B = A\,(\lambda\,B)$$

unverändert gelten, wenn man A, B, C gegen Matrizen A, B, C austauscht — immer vorausgesetzt, daß die auftretenden Summen und Produkte überhaupt gebildet werden können. Es ergibt sich daraus insbesondere, daß $\mathfrak{M}(p, p)$ eine Algebra ist, die ein Einselement besitzt, nämlich die (p, p)-Einheitsmatrix

$$I := \begin{pmatrix} 1 & & & 0 \\ & 1 & & \\ & & \ddots & \\ 0 & & & 1 \end{pmatrix}.$$

I ist die Darstellungsmatrix $[I]$ der identischen Abbildung I von $\mathbf{R}^p$. In der von links oben nach rechts unten verlaufenden „Hauptdiagonalen" von I stehen Einsen und sonst überall Nullen.

Ist die Abbildung $A \in \mathfrak{S}(\mathbf{R}^p)$ bijektiv, so folgt aus $A^{-1}A = A\,A^{-1} = I$ die Matrizengleichung $[A^{-1}][A] = [A][A^{-1}] = [I] = I$, die gerade besagt, daß $[A]$ in der Algebra $\mathfrak{M}(p, p)$ invertierbar und $[A]^{-1} = [A^{-1}]$ ist. Sei nun umgekehrt eine in $\mathfrak{M}(p, p)$ invertierbare Matrix gegeben. Dann ist sie Darstellungsmatrix $[A]$ einer eindeutig bestimmten Abbildung $A \in \mathfrak{S}(\mathbf{R}^p)$, und aus $[A]^{-1}[A] = [A][A]^{-1} = [I]$ ergibt sich, daß A in $\mathfrak{S}(\mathbf{R}^p)$ invertierbar, nach Satz 112.3 somit bijektiv ist. Insgesamt gilt also: $[A] \in \mathfrak{M}(p, p)$ *ist genau dann invertierbar, wenn A bijektiv ist; in diesem Falle ist* $[A]^{-1} = [A^{-1}]$.

Die Lineare Algebra lehrt (s. dazu Nr. 172):

Die (p, p)-Matrix A ist invertierbar $\Leftrightarrow$ die Determinante von A ist $\ne 0$.

Schreibt man die Vektoren $x := (x_1, \ldots, x_p)$ und $y := (y_1, \ldots, y_q)$ als Spalten

$$\begin{pmatrix} x_1 \\ \vdots \\ x_p \end{pmatrix} \quad \text{und} \quad \begin{pmatrix} y_1 \\ \vdots \\ y_q \end{pmatrix}$$

und faßt diese dann als $(p, 1)$- bzw. $(q, 1)$-Matrizen auf, so läßt sich (114.4) mit Hilfe des Matrizenproduktes auch in der Form

$$\begin{pmatrix} y_1 \\ \vdots \\ y_q \end{pmatrix} = \begin{pmatrix} \alpha_{11} \cdots \alpha_{1p} \\ \vdots \\ \alpha_{q1} \cdots \alpha_{qp} \end{pmatrix} \begin{pmatrix} x_1 \\ \vdots \\ x_p \end{pmatrix}$$

darstellen. Mit anderen Worten: Es ist $Ax = [A]x$, sofern wir nur vereinbaren, Vektoren immer in Spaltenform zu schreiben, wenn sie zusammen mit Matrizen auftreten[1]. — Wir fassen nun das Wesentliche unserer Erörterungen zusammen:

114.2 Satz *Ordnet man jeder linearen Abbildung $A : \mathbf{R}^p \to \mathbf{R}^q$ ihre Darstellungsmatrix $[A]$ zu, so erhält man eine bijektive Abbildung von $\mathfrak{S}(\mathbf{R}^p, \mathbf{R}^q)$ auf $\mathfrak{M}(q, p)$, lineare Abbildungen und Matrizen bestimmen sich also wechselseitig völlig eindeutig. $\mathfrak{M}(q, p)$ ist ein linearer Raum und $\mathfrak{M}(p, p)$ sogar eine (nichtkommutative) Algebra mit Einselement. Den Rechenoperationen bei Abbildungen entsprechen die Rechenoperationen bei Matrizen: Es ist*

$$[A + B] = [A] + [B], \qquad [\lambda A] = \lambda[A] \quad und \quad [AB] = [A][B],$$

letzteres natürlich nur, wenn die Produkte gebildet werden können. Genau für bijektive $A \in \mathfrak{S}(\mathbf{R}^p, \mathbf{R}^p)$ ist $[A]$ invertierbar; in diesem Falle haben wir

$$[A]^{-1} = [A^{-1}].$$

Man beherrscht die Abbildung $A \in \mathfrak{S}(\mathbf{R}^p, \mathbf{R}^q)$, wenn man ihre Darstellungsmatrix kennt: Es ist nämlich

$$Ax = [A]x \quad \text{für alle } x \in \mathbf{R}^p.$$

In Zukunft werden wir Matrizen (114.5) häufig kurz mit (α_{jk}) bezeichnen. Bei dieser Schreibweise muß natürlich die Anzahl der Zeilen und Spalten irgendwoher bekannt (oder unerheblich) sein.

Nun denken wir uns, wie in Satz 114.1, $\mathbf{R}^p$ und $\mathbf{R}^q$ mit beliebigen (aber festen) Normen ausgestattet und ein (α_{jk}) aus $\mathfrak{M}(q, p)$ gegeben. (α_{jk}) ist die Matrix einer wohlbestimmten linearen Abbildung $A : \mathbf{R}^p \to \mathbf{R}^q$, d.h., es ist $(\alpha_{jk}) = [A]$. Diese Abbildung A

---

[1] Nichts hindert den Leser, sich Vektoren *immer* in Spaltenform geschrieben zu denken; in der Tat ist dies das konsequenteste Vorgehen. Wir praktizieren es nur deshalb nicht, weil die Zeilenform raumsparender ist.

besitzt eine Norm $\|A\|$, und wir definieren nun die **Abbildungsnorm** der Matrix (α_{jk}) durch

$$\|(\alpha_{jk})\| := \|A\|. \tag{114.6}$$

Die Abbildungsnorm von (α_{jk}) hängt selbstverständlich von den in $\mathbf{R}^p$ und $\mathbf{R}^q$ vorhandenen Normen ab und wird sich mit ihnen ändern (s. Aufgabe 4). Insofern sollte man sorgfältiger nicht von *der,* sondern von *einer* Abbildungsnorm reden.

Der Satz 114.2 und die Definition (114.6) besagen im Grunde genommen nur, daß Matrizen nichts anderes sind als neue Bezeichnungen für lineare Abbildungen. In welchen Zusammenhängen lineare Abbildungen auch auftreten, man kann sie stets durch ihre Darstellungsmatrizen ersetzen — und umgekehrt.

Mit jeder Abbildungsnorm $\|\cdot\|$ *wird* $\mathfrak{M}(q, p)$ *wegen Satz* 114.1 *ein Banachraum und* $\mathfrak{M}(p, p)$ *eine Banachalgebra.*

Natürlich stellt sich nun die Frage, wie denn $\|(\alpha_{jk})\|$ aus den α_{jk} berechnet werden kann (s. wieder Aufgabe 4). Dieses Problem wird oft genug sehr dornig sein. Glücklicherweise kann man es meistens umgehen, und zwar so. Jedes $(\alpha_{jk}) \in \mathfrak{M}(q, p)$ kann man als einen Vektor

$$(\alpha_{11}, \ldots, \alpha_{1p}, \alpha_{21}, \ldots, \alpha_{2p}, \ldots, \alpha_{q1}, \ldots, \alpha_{qp}) \in \mathbf{R}^{qp}$$

und umgekehrt jeden Vektor aus $\mathbf{R}^{qp}$ auch als eine (q, p)-Matrix schreiben; dabei gehen die (gliedweise auszuführenden) Operationen $(\alpha_{jk}) + (\beta_{jk})$ und $\lambda(\alpha_{jk})$ gerade in die Addition bzw. Vervielfachung der zugeordneten Vektoren über. Der lineare Raum $\mathfrak{M}(q, p)$ ist also nichts anderes als der Vektorraum $\mathbf{R}^{qp}$, und somit ist jede Norm $|\cdot|$ auf $\mathfrak{M}(q, p)$ gleichzeitig eine Norm auf $\mathbf{R}^{qp}$ und umgekehrt. Aus Satz 109.8 ergibt sich nun sofort, daß alle Normen auf $\mathfrak{M}(q, p)$ äquivalent sind und die Konvergenz $(\alpha_{jk}^{(n)}) \to (\alpha_{jk})$ bezüglich irgendeiner Norm gleichbedeutend ist mit der **elementweisen Konvergenz**

$$\alpha_{jk}^{(n)} \to \alpha_{jk} \qquad (j = 1, \ldots, q;\ k = 1, \ldots, p).$$

Ist daher $|\cdot|$ eine beliebige Norm auf $\mathfrak{M}(q, p)$, so gilt:

$$\|A_n - A\| \to 0 \Leftrightarrow \|[A_n] - [A]\| \to 0 \Leftrightarrow |[A_n] - [A]| \to 0 \Leftrightarrow [A_n] \to [A] \ \textit{elementweise.}$$

Will man also die Konvergenz einer Matrizenfolge untersuchen, so kann man dies immer mit Hilfe *irgendeiner* **Matrixnorm** (d. h. einer Norm auf dem Matrizenraum $\mathfrak{M}(q, p)$) oder auch mittels der elementweisen Konvergenz tun, man ist nicht auf eine *Abbildungsnorm* angewiesen. Leicht zu handhabende und häufig benutzte Matrixnormen auf $\mathfrak{M}(q, p)$ sind z. B.

$$|(\alpha_{jk})|_\infty := \max_{j=1}^{q} \sum_{k=1}^{p} |\alpha_{jk}| \qquad \text{(\textbf{Zeilensummennorm}),} \tag{114.7}$$

$$|(\alpha_{jk})|_1 := \max_{k=1}^{p} \sum_{j=1}^{q} |\alpha_{jk}| \qquad \text{(Spaltensummennorm)}, \qquad (114.8)$$

$$|(\alpha_{jk})|_2 := \left(\sum_{j=1}^{q} \sum_{k=1}^{p} |\alpha_{jk}|^2 \right)^{1/2} \qquad \text{(Quadratsummennorm)}^{[1]}. \qquad (114.9)$$

Befindet man sich in der Algebra $\mathfrak{M}(p, p)$, so wird man Matrixnormen $|\cdot|$ bevorzugen, die $\mathfrak{M}(p, p)$ zu einer Banachalgebra machen, für die also

$$|AB| \leqslant |A|\,|B|$$

ist; jede derartige Norm heißt **Matrixalgebranorm**. Beispiele hierfür sind, wie der Leser leicht selbst einsehen kann, die Abbildungsnormen, die Zeilensummen-, Spaltensummen- und Quadratsummennorm (vgl. auch Aufgabe 4a, b). Unsere Theorie der Banachalgebren in Nr. 110 kann also z. B. auf $(\mathfrak{M}(p, p), |\cdot|_2)$ angewandt werden.

Sei $\|\cdot\|$ eine Abbildungsnorm und $|\cdot|$ eine beliebige Matrixalgebranorm auf $\mathfrak{M}(p, p)$. Da diese beiden Normen äquivalent sind, gibt es nach A 112.12 positive Konstanten γ_1 und γ_2, mit denen

$$\gamma_1 \|A\| \leqslant |A| \leqslant \gamma_2 \|A\| \qquad \text{für alle } A \in \mathfrak{M}(p, p)$$

ist. Für ein festes $A = [A]$ ist dann also

$$\gamma_1^{1/n} \|A^n\|^{1/n} \leqslant |A^n|^{1/n} \leqslant \gamma_2^{1/n} \|A^n\|^{1/n} \qquad (n = 1, 2, \ldots),$$

woraus mit A 28.4 und (110.3) sofort

$$\lim |A^n|^{1/n} = \lim \|A^n\|^{1/n}$$

folgt. Die für die Konvergenz der Potenzreihen $\sum \alpha_n A^n$ und $\sum \alpha_n A^n$ gemäß Satz 110.4 entscheidende Größe

$$\lim \|A^n\|^{1/n} = \lim \|A^n\|^{1/n}$$

kann also mit Hilfe irgendeiner Matrixalgebranorm, z. B. der Quadratsummennorm, berechnet werden. Infolgedessen werden diese Reihen z. B. immer dann konvergieren, wenn $|A|_2$ kleiner als der Konvergenzradius der Potenzreihe $\sum \alpha_n \lambda^n$ ist.

Wir bringen noch eine weitere vielfach nützliche Begriffsbildung. Versieht man $\mathbf{R}^p$ und $\mathbf{R}^q$ mit irgendwelchen Normen, die wir mit ein und demselben Symbol $\|\cdot\|$ bezeichnen, so nennt man eine Matrixnorm $|\cdot|$ auf $\mathfrak{M}(q, p)$ **verträglich** mit diesen Normen, wenn die Abschätzung

$$\|Ax\| \leqslant |A|\,\|x\| \qquad \text{für alle } x \in \mathbf{R}^p \text{ und alle } A \in \mathfrak{M}(q, p)$$

---

[1] Die Quadratsummennorm ist gerade die l^2-Norm auf $\mathbf{R}^{qp}$, dagegen stimmen die Zeilensummen- und Spaltensummennorm nicht mit der l^∞- bzw. l^1-Norm auf $\mathbf{R}^{qp}$ überein. Die Aufgabe 4 macht deutlich, wie man auf diese Matrixnormen kommt.

gilt. Die Abbildungsnorm $\|\cdot\|$ auf $\mathfrak{M}(q, p)$, gebildet bezüglich der auf $\mathbf{R}^p$ und $\mathbf{R}^q$ vorhandenen Normen, ist mit letzteren verträglich. Die Zeilensummen-, Spaltensummen- und Quadratsummennorm sind verträgliche Matrixnormen, wenn man $\mathbf{R}^p$ und $\mathbf{R}^q$ beziehentlich mit den Normen $\|\cdot\|_\infty$, $\|\cdot\|_1$ und $\|\cdot\|_2$ ausstattet. Wir überlassen es dem Leser, diese einfache Aussage nachzuprüfen (vgl. auch Aufgabe 4a, b).

Aufgaben

1. Wegen (114.2) beherrscht man die Abbildung $A \in \mathfrak{S}(\mathbf{R}^p, \mathbf{R}^q)$ vollständig, wenn man die Bilder $A e_1, \ldots, A e_p$ der p Einheitsvektoren von $\mathbf{R}^p$ kennt. Bestimme bei den folgenden linearen Abbildungen das Bild des jeweils angegebenen Vektors x_0 und die Darstellungsmatrizen.

a) $A: \mathbf{R}^3 \to \mathbf{R}^2$ mit $A e_1 = (1, 1)$, $A e_2 = (2, 0)$, $A e_3 = (2, 1)$; $x_0 := (1, 0, 1)$.

b) $A: \mathbf{R}^3 \to \mathbf{R}^3$ mit $A e_1 = (2, 3, 1)$, $A e_2 = (0, 1, 1)$, $A e_3 = (2, 0, 1)$; $x_0 := (1, 1, 1)$.

c) $A: \mathbf{R}^2 \to \mathbf{R}^2$ mit $A e_1 = (2, 3)$, $A(1, 1) = (4, 1)$; $x_0 := (2, 1)$. Hinweis: Stelle e_2 zuerst in der Form $e_2 = \alpha e_1 + \beta(1, 1)$ (mit eindeutig bestimmten Zahlen α, β) dar.

d) $A: \mathbf{R}^2 \to \mathbf{R}^2$ mit $A(1, 1) = (1, 0)$, $A(2, 1) = (0, 0)$; $x_0 := (2, 3)$. Hinweis: Es ist $e_1 = \alpha(1, 1) + \beta(2, 1)$, $e_2 = \gamma(1, 1) + \delta(2, 1)$ mit eindeutig bestimmten Zahlen α, β, γ, δ.

2. Berechne die folgenden Matrizenprodukte:

a) $\begin{pmatrix} 1 & 1 \\ 0 & 2 \end{pmatrix} \begin{pmatrix} 0 & 3 \\ 4 & 4 \end{pmatrix}$, b) $\begin{pmatrix} 1 & 2 & 0 \\ 2 & 1 & 1 \end{pmatrix} \begin{pmatrix} 0 & 2 & 1 \\ 1 & 3 & 1 \\ 1 & 4 & 2 \end{pmatrix}$,

c) $\begin{pmatrix} 1 & 2 \\ 0 & 0 \\ 2 & 2 \end{pmatrix} \begin{pmatrix} 3 & 0 \\ 4 & 2 \end{pmatrix}$.

3. $A \in \mathfrak{S}(\mathbf{R}^3, \mathbf{R}^3)$ habe die Darstellungsmatrix

$$[A] = \begin{pmatrix} 1 & 2 & 3 \\ 0 & 1 & 2 \\ 1 & 1 & 1 \end{pmatrix}.$$

Bestimme die Bilder der folgenden Vektoren:

a) $(1, 1, 1)$,   b) $(0, 2, 1)$,   c) $(2, 0, 2)$.

$^+$**4.** Im folgenden sei $A \in \mathfrak{S}(\mathbf{R}^p)$, $p \geqslant 2$. Zeige:

a) Wird $\mathbf{R}^p$ mit der l^∞-Norm versehen, so ist $\|A\| = |[A]|_\infty$.

b) Wird $\mathbf{R}^p$ mit der l^1-Norm versehen, so ist $\|A\| = |[A]|_1$.

c) Wird $\mathbf{R}^p$ mit der l^2-Norm versehen, so ist $\|A\| \leqslant |[A]|_2$.

d) Die Quadratsummennorm auf $\mathfrak{M}(p, p)$ wird bei keiner Normierung von $\mathbf{R}^p$ eine Abbildungsnorm. Hinweis: Für jede Abbildungsnorm $\|\cdot\|$ ist $\|I\| = 1$.

e) Die Zeilensummen-, Spaltensummen- und Quadratsummennorm sind Matrixalgebranormen.

5. Zeige, daß das lineare Gleichungssystem

$$x_j - \sum_{k=1}^{p} \alpha_{jk} x_k = y_j \qquad (j = 1, \ldots, p)$$

immer dann genau eine Lösung besitzt, wenn wenigstens eine der Zahlen $|(\alpha_{jk})|_\infty$, $|(\alpha_{jk})|_1$, $|(\alpha_{jk})|_2$ kleiner als 1 ist. In diesem Falle kann man die Lösung durch einen Grenzprozeß gewinnen. Hinweis: Aufgabe 4 und Satz 110.3 oder auch Satz 111.11 (letzterer ist für die Konstruktion der Lösung zweckmäßiger).

115 Der Satz von Stone-Weierstraß

Wir hatten das vorliegende Kapitel mit einer vertieften Analyse der formalen Aspekte der gleichmäßigen Konvergenz eröffnet und waren so zum Begriff des Banachraumes und der Banachalgebra gelangt. Wir beschließen es mit einem der wichtigsten Sätze über gleichmäßige Konvergenz, dem Satz von Stone-Weierstraß. Die Banachraumtheorie wird uns dabei vorzügliche Dienste leisten.

Wir wissen nach Satz 103.6, daß eine (reelle) Funktion f, die in eine Potenzreihe entwickelbar ist, auf jeder kompakten Teilmenge ihres Konvergenzintervalls beliebig genau gleichmäßig durch Polynome approximiert werden kann (nämlich durch die Teilsummen der Potenzreihe). Weierstraß hat das erstaunliche Ergebnis zutage gefördert, daß sogar jede Funktion, die auf einem kompakten Intervall nichts als stetig ist, bereits gleichmäßig durch Polynome approximierbar ist. Marshall H. Stone (1903–1989; 86) hat dieses Resultat 1937 durch eine tiefgreifende Analyse seiner essentiellen Voraussetzungen so umfassend verallgemeinert, daß einer der leistungsfähigsten Sätze der Mathematik entstanden ist. Der im folgenden dargestellte elegante Beweis über den Hilfssatz 115.1 ist 1977 von J. Zemánek gefunden worden[1]. Wir beginnen mit einer Abgeschlossenheitsaussage über Banachalgebren beschränkter Funktionen. Für eine nichtnegative Funktion f bedeute $\sqrt{f}$ die Funktion $x \mapsto \sqrt{f(x)}$.

115.1 Hilfssatz *Sei X eine beliebige nichtleere Menge und B_0 eine abgeschlossene Unteralgebra von $B(X)$, welche die Funktion 1 enthalten möge. Dann enthält B_0 mit f, g auch die Funktionen*

$$|f|, \ \max(f, g), \ \min(f, g) \ und \ \sqrt{f} \ - \ letztere \ aber \ nur, \ falls \ f \geq 0 \ ist.$$

---

[1] Zemánek [19]. Einen ganz elementaren Beweis des klassischen Weierstraßschen Satzes, der nur die gleichmäßige Stetigkeit einer auf $[a, b]$ stetigen Funktion und die Bernoullische Ungleichung benutzt, findet man in Kuhn [10]. Brosowski-Deutsch [3] haben, von dem Kuhnschen Ansatz ausgehend, einen ähnlich elementaren Beweis des Satzes von Stone-Weierstraß geliefert (s. die Andeutungen am Ende der Nr. 228). Völlig andere Zugänge zu dem klassischen Weierstraßschen Satz eröffnen die Aufgabe zu Nr. 116 und A 139.3.

Beweis. Wir fassen zuerst die letzte Aussage ins Auge und nehmen deshalb vorderhand an, f sei ≥ 0. Im ersten Beweisschritt zeigen wir, daß $\sqrt{f}$ gewiß dann zu B_0 gehört, wenn $\|1-f\| < 1$ ist[1]. Diese Zwischenbehauptung formulieren wir so: Ist $\|1-f\| < 1$, so gibt es ein $u \in B_0 \cap U_1[0]$ mit $(1-u)^2 = f$ oder also mit

$$u = \frac{1}{2}(g+u^2), \qquad g := 1-f.$$

Damit sind wir auf ein Fixpunktproblem gestoßen: Wir müssen zeigen, daß die Selbstabbildung

$$u \mapsto A\,u := \frac{1}{2}(g+u^2)$$

von B_0 einen Fixpunkt in $U_1[0]$ besitzt. Wegen $\|g\| < 1$ ist nun aber A eine kontrahierende Selbstabbildung der abgeschlossenen Kugel

$$V_\varepsilon := \{u \in B_0 : \|u\| \leq \varepsilon\} \subset B_0,$$

wobei $\varepsilon \in (\|g\|, 1)$ sein soll: Für beliebige $u, v \in V_\varepsilon$ ist nämlich zunächst

$$\|A\,u\| \leq \frac{1}{2}(\|g\| + \|u^2\|) \leq \frac{1}{2}(\|g\| + \|u\|^2) \leq \frac{1}{2}(\varepsilon + \varepsilon^2) < \varepsilon,$$

also $A\,u \in V_\varepsilon$, und dann

$$\|A\,u - A\,v\| = \frac{1}{2}\|u^2 - v^2\| = \frac{1}{2}\|(u+v)(u-v)\| \leq \frac{1}{2}(\|u\| + \|v\|)\|u-v\| \leq \varepsilon\|u-v\|.$$

Da aber V_ε nach A 109.5 eine abgeschlossene Teilmenge der Banachalgebra B_0 ist, muß A aufgrund des Banachschen Fixpunktsatzes einen Fixpunkt in V_ε und damit trivialerweise auch in $B_0 \cap U_1[0]$ besitzen.

Nun lassen wir die Voraussetzung $\|1-f\| < 1$ fallen, nehmen aber an, f sei nicht nur ≥ 0, sondern sogar $\geq \alpha > 0$. Da f auch nach oben beschränkt ist, gilt mit einem geeigneten $\beta > 0$ gewiß $0 < \alpha\beta \leq \beta f \leq 3/2$, und infolgedessen gibt es ein positives $\gamma < 1$, so daß $\gamma < \beta f < 2 - \gamma$, also auch $-1 + \gamma < \beta f - 1 < 1 - \gamma$ und somit $\|\beta f - 1\| \leq 1 - \gamma$ ist. Nach dem schon Bewiesenen liegt dann aber $\sqrt{\beta f}$ und infolgedessen auch $\sqrt{f}$ in B_0. Wird jetzt schließlich nur noch $f \geq 0$ vorausgesetzt, so liegt immerhin nach dem gerade Gezeigten $\sqrt{f + 1/n}$ für jedes natürliche n in B_0, und da

$$0 \leq \sqrt{f + \frac{1}{n}} - \sqrt{f} = \frac{\left(f + \dfrac{1}{n}\right) - f}{\sqrt{f + \dfrac{1}{n}} + \sqrt{f}} \leq \frac{1}{\sqrt{n}}, \quad \text{also} \quad \left\|\sqrt{f + \frac{1}{n}} - \sqrt{f}\right\| \leq \frac{1}{\sqrt{n}}$$

---

[1] In den Beweisen dieser Nummer bezeichnen wir der Einfachheit wegen die Supremumsnorm $\|\cdot\|_\infty$ von $B(X)$ kurz mit $\|\cdot\|$.

ist, erweist sich $\sqrt{f}$ als Grenzwert einer Folge aus B_0 und wegen der Abgeschlossenheit von B_0 somit als Element von B_0. Damit ist die Behauptung des Hilfssatzes über $\sqrt{f}$ vollständig bewiesen. Die restlichen Aussagen sind nunmehr trivial. Ist jetzt nämlich f ein beliebiges Element von B_0, dann liegt nach dem schon Bewiesenen auch $|f| = \sqrt{f^2}$ in B_0. Und daraus wiederum folgt, daß mit f, g auch

$$\max(f, g) = \frac{f+g+|f-g|}{2} \quad \text{und} \quad \min(f, g) = \frac{f+g-|f-g|}{2}$$

in B_0 liegen. ∎

Der Satz von Stone-Weierstraß stützt sich entscheidend auf eine gewisse Reichhaltigkeitsvoraussetzung, die wir nun formulieren und durch einen einfachen Hilfssatz verdeutlichen wollen. Wir sagen, eine Familie F reellwertiger Funktionen auf X sei **punktetrennend**, wenn es zu je zwei verschiedenen Punkten x, y aus X stets ein $f \in F$ mit $f(x) \neq f(y)$ gibt.

115.2 Hilfssatz *Sei F ein punktetrennender Funktionenraum auf X, der die Funktion 1 enthalten möge. Dann gibt es zu je zwei verschiedenen Punkten x, y von X und zwei beliebigen reellen Zahlen α, β stets ein $g \in F$ mit $g(x) = \alpha$ und $g(y) = \beta$.*

Der Beweis ist äußerst einfach. Wir greifen zunächst aus F ein f mit $f(x) \neq f(y)$ heraus und definieren dann g durch

$$g(z) := \alpha\,\frac{f(z)-f(y)}{f(x)-f(y)} + \beta\,\frac{f(z)-f(x)}{f(y)-f(x)}.$$

g liegt in F, da F mit der Funktion 1 auch alle konstanten Funktionen enthält, und offenbar ist $g(x) = \alpha$ und $g(y) = \beta$. ∎

Nach diesen Vorbereitungen beweisen wir nun den

115.3 Satz von Stone-Weierstraß (Erste Fassung) *Sei X eine kompakte Teilmenge eines normierten Raumes E und P eine abgeschlossene und punktetrennende Unteralgebra von $C(X)$, die überdies die Funktion 1 enthalten möge. Dann ist $P = C(X)$*[1]*.*

Beweis. Sei $f \in C(X)$ und x ein vorläufig fester Punkt aus X. Ferner sei $\varepsilon > 0$ willkürlich vorgegeben. Zu jedem $y \in X$ gibt es eine Funktion

$$g_y \in P \quad \text{mit} \quad g_y(x) = f(x) \text{ und } g_y(y) = f(y). \tag{115.1}$$

Ist nämlich $y \neq x$, so kann man sich auf den letzten Hilfssatz berufen, und im Falle $y = x$ setze man $g_y(t) := f(x)$ für alle $t \in X$ (es ist $g_y \in P$, weil P alle konstanten Funktionen enthält). Da die Funktion $g_y - f$ stetig ist und im Punkte y verschwindet, gibt es eine $\delta(y)$-Umgebung $U(y)$ von y, so daß gilt:

$$g_y(t) - f(t) < \varepsilon \quad \text{oder also} \quad g_y(t) < f(t) + \varepsilon \quad \text{für alle } t \in U(y) \cap X. \tag{115.2}$$

---

[1] $C(X)$, versehen mit der Maximumsnorm, ist nach Satz 111.12 eine Banachalgebra (die trivialerweise die Funktion 1 enthält).

Das System aller Umgebungen $U(y)$ $(y \in X)$ bildet eine offene Überdeckung von X. Nach dem Überdeckungssatz 111.13 gibt es also endlich viele $y \in X$, etwa $y_1, \ldots, y_n$, so daß bereits die Umgebungen $U(y_1), \ldots, U(y_n)$ das kompakte X überdecken. Aus dem Hilfssatz 115.1 und der Abschätzung (115.2) folgt dann

$$h_x := \min(g_{y_1}, \ldots, g_{y_n}) \in P \quad \text{und} \quad h_x(t) < f(t) + \varepsilon \quad \text{für alle } t \in X. \tag{115.3}$$

Wegen (115.1) ist außerdem $h_x(x) = f(x)$, d.h., die Funktion $h_x - f$ verschwindet im Punkte x. Da sie stetig ist, gibt es somit eine $\delta(x)$-Umgebung $V(x)$ von x, so daß gilt:

$$h_x(t) - f(t) > -\varepsilon \quad \text{oder also} \quad h_x(t) > f(t) - \varepsilon \quad \text{für alle } t \in V(x) \cap X. \tag{115.4}$$

Nun lassen wir x variieren und erhalten dann in dem System aller $V(x)$ $(x \in X)$ eine offene Überdeckung von X. Wie oben sieht man, daß bereits ein gewisses endliches Teilsystem, etwa $V(x_1), \ldots, V(x_m)$ die Menge X überdeckt und daß

$$h := \max(h_{x_1}, \ldots, h_{x_m}) \in P \quad \text{und} \quad h(t) > f(t) - \varepsilon \quad \text{für alle } t \in X$$

ist. Und da wir wegen (115.3) offenbar auch $h(t) < f(t) + \varepsilon$ für alle $t \in X$ haben, gilt insgesamt $f(t) - \varepsilon < h(t) < f(t) + \varepsilon$, also $-\varepsilon < h(t) - f(t) < \varepsilon$ auf ganz X. Somit ist

$$\|h - f\| \leq \varepsilon.$$

Es folgt, daß wir zu jedem natürlichen n ein $h_n \in P$ mit $\|h_n - f\| \leq 1/n$ bestimmen können[1]. Da $h_n \to f$ strebt und P abgeschlossen ist, muß f zu P gehören. Mehr war aber nicht zu beweisen. ∎

Eine völlig äquivalente Formulierung des Satzes von Stone-Weierstraß, die aber seinen Charakter als *Approximationssatz* deutlicher hervortreten läßt, bereiten wir durch die folgenden Erörterungen vor.

Ist M eine Teilmenge des normierten Raumes E, so bezeichnen wir mit $\overline{M}$ die Menge der Grenzwerte aller konvergenten Folgen aus M. $\overline{M}$ ist eine Teilmenge von E und wird die **Abschließung** oder auch die **abgeschlossene Hülle** von M (in E) genannt. Da jedes $x \in M$ Grenzwert der Folge $(x, x, x, \ldots)$ ist, muß $M \subset \overline{M}$ sein. $\overline{M}$ *ist abgeschlossen*: Ist nämlich y Grenzwert einer Folge (y_n) aus $\overline{M}$, so gibt es zu jedem y_n ein $x_n \in M$ mit $\|x_n - y_n\| < 1/n$, also strebt auch $x_n = (x_n - y_n) + y_n \to y$, und somit liegt y in $\overline{M}$. Ist $M \subset N \subset E$, so sagen wir wie im Reellen, M **liege dicht in** N, wenn in jeder ε-Umgebung eines jeden Punktes von N mindestens ein Punkt aus M liegt, d.h., wenn man die Elemente von N beliebig gut durch Elemente von M approximieren kann. Offenbar liegt M genau dann dicht in N, wenn jeder Punkt von N Grenzwert einer Folge aus M ist, mit anderen Worten:

$$M \text{ liegt dicht in } N \Leftrightarrow \overline{M} \supset N.$$

Sei nun F ein Unterraum von E. *Dann ist auch $\overline{F}$ ein Unterraum von E*, d.h., mit x, y liegen auch die Summe $x + y$ und jedes Vielfache αx wieder in $\overline{F}$. Definitionsgemäß

---

[1] h_n ist nicht mit einem der obigen h_x zu verwechseln.

gibt es nämlich Folgen (x_n), (y_n) aus F mit $x_n \to x$, $y_n \to y$. Dann liegen $x_n + y_n$ und αx_n für jedes n in F, und es strebt $x_n + y_n \to x + y$, $\alpha x_n \to \alpha x$, womit bereits alles gezeigt ist. Ist E sogar eine normierte Algebra und F eine Unteralgebra von E, so liegt die Produktfolge $(x_n y_n)$ in F und strebt gegen xy, also ist auch $\overline{F}$ eine Unteralgebra von E.

Nun können wir die angekündigte Umformulierung des Satzes 115.3 aussprechen:

115.4 Satz von Stone-Weierstraß (Zweite Fassung) *Sei X eine kompakte Teilmenge eines normierten Raumes E und P eine punktetrennende Unteralgebra von $C(X)$, die überdies noch die Funktion 1 enthalten möge. Dann liegt P dicht in $C(X)$.*

Um dies einzusehen, braucht man nur die erste Fassung des Stone-Weierstraßschen Satzes auf die Abschließung $\overline{P}$ anzuwenden. — Daß übrigens aus der zweiten auch die erste Fassung folgt, ist selbstverständlich[1].   ∎

Die Algebra P aller Polynome auf dem kompakten Intervall $X := [a, b]$ erfüllt alle Forderungen von Satz 115.4 (die Trennung der Punkte von $[a, b]$ wird bereits durch das Polynom x besorgt). Infolgedessen gilt der klassische

115.5 Approximationssatz von Weierstraß *Zu jeder stetigen reellwertigen Funktion f auf dem kompakten Intervall $[a, b]$ und jedem $\varepsilon > 0$ gibt es ein Polynom p, so daß $|f(x) - p(x)| < \varepsilon$ für alle $x \in [a, b]$ bleibt. Oder auch: Es gibt eine Folge von Polynomen, die gleichmäßig auf $[a, b]$ gegen f konvergiert.*

Die Algebra P aller Polynome $p(x_1, \ldots, x_m)$ auf dem kompakten Quader $Q := \{(x_1, \ldots, x_m) : a_\mu \leq x_\mu \leq b_\mu\}$ enthält die Funktion 1 und ist punktetrennend; letzteres sieht man mit Hilfe der Polynome $p_\mu(x_1, \ldots, x_m) := x_\mu$ sofort ein. Somit gilt der

115.6 Approximationssatz von Weierstraß für Funktionen von mehreren Veränderlichen *Zu jeder stetigen reellwertigen Funktion f auf dem kompakten Quader $Q := \{(x_1, \ldots, x_m) : a_\mu \leq x_\mu \leq b_\mu\}$ und jedem $\varepsilon > 0$ gibt es ein Polynom p in den m Veränderlichen $x_1, \ldots, x_m$ mit*

$$|f(x_1, \ldots, x_m) - p(x_1, \ldots, x_m)| < \varepsilon \qquad \textit{für alle } (x_1, \ldots, x_m) \in Q.$$

Aufgaben

1. Zu jedem $f \in C[0, 1]$ gibt es eine Folge gerader Polynome, die gleichmäßig auf $[0, 1]$ gegen f konvergiert.

2. Gelten für $f, g \in C[a, b]$ die Gleichungen

$$\int_a^b f(x) x^k \, dx = \int_a^b g(x) x^k \, dx \qquad (k = 0, 1, 2, \ldots),$$

so ist $f = g$. Hinweis: $\int_a^b [f(x) - g(x)] x^k \, dx = 0$; A 81.1.

---

[1] Eine Verallgemeinerung des Stone-Weierstraßschen Satzes, bei der X irgendein kompakter topologischer Raum sein darf, werden wir in Satz 159.5 kennenlernen.

116 Die komplexe Version des Satzes von Stone-Weierstraß. Trigonometrische Approximation[1]

Der Satz von Stone-Weierstraß läßt sich nicht ohne weiteres ins Komplexe übertragen; vielmehr muß die Unteralgebra P noch einer zusätzlichen Reichhaltigkeitsforderung genügen. Ist f eine komplexwertige Funktion auf irgendeiner Menge X, so definieren wir die Funktion $\bar{f}: X \to \mathbf{C}$ durch $\bar{f}(x) := \overline{f(x)}$ und nennen sie die Konjugierte von f. Es gilt dann folgender

116.1 Komplexer Satz von Stone-Weierstraß *Sei X eine kompakte Teilmenge eines normierten Raumes E und P eine punktetrennende Unteralgebra der (komplexen) Banachalgebra $C(X)$ aller stetigen Funktionen $f: X \to \mathbf{C}$. Enthält P die Funktion 1 und mit jedem p auch die Konjugierte $\bar{p}$, so liegt P dicht in $C(X)$.*

Beweis. Es sei $P_\mathbf{R}$ und $C_\mathbf{R}(X)$ die Menge aller reellwertigen Funktionen aus P bzw. aus $C(X)$. Offensichtlich ist $P_\mathbf{R}$ eine 1 enthaltende Unteralgebra der reellen Algebra $C_\mathbf{R}(X)$. Für jede komplexwertige Funktion g auf X definieren wir den Real- und Imaginärteil von g durch

$$\operatorname{Re} g := \frac{g + \bar{g}}{2} \quad \text{und} \quad \operatorname{Im} g := \frac{g - \bar{g}}{2\mathrm{i}}.$$

Dank der Konjugationsvoraussetzung unseres Satzes liegen Real- und Imaginärteil eines jeden $p \in P$ in $P_\mathbf{R}$. Und da es zu je zwei verschiedenen Punkten x, y aus X stets ein $p \in P$ mit $p(x) \neq p(y)$ gibt, für dieses p aber mindestens eine der Beziehungen $(\operatorname{Re} p)(x) \neq (\operatorname{Re} p)(y)$, $(\operatorname{Im} p)(x) \neq (\operatorname{Im} p)(y)$ gilt, ist $P_\mathbf{R}$ notwendig punktetrennend. Aus Satz 115.4 ergibt sich nun, daß $P_\mathbf{R}$ dicht in $C_\mathbf{R}(X)$ liegt. Infolgedessen können wir zu vorgegebenem $f \in C(X)$ und $\varepsilon > 0$ zwei Funktionen u und v aus $P_\mathbf{R}$ so bestimmen, daß

$$\|\operatorname{Re} f - u\| < \varepsilon/2 \quad \text{und} \quad \|\operatorname{Im} f - v\| < \varepsilon/2$$

ausfällt. Da aber $u + \mathrm{i}v$ zu P gehört und

$$\|f - (u + \mathrm{i}v)\| \leqslant \|\operatorname{Re} f - u\| + \|\operatorname{Im} f - v\| < \varepsilon$$

ist, muß P, wie behauptet, dicht in $C(X)$ liegen. ∎

Als erste Anwendung beweisen wir den

116.2 Satz *Sei $S := \{z \in \mathbf{C} : |z| = 1\}$ die Einheitskreislinie in der komplexen Ebene. Dann gibt es zu jeder stetigen komplexen Funktion f auf S und jedem $\varepsilon > 0$ eine Funktion $\sum\limits_{k=-n}^{n} c_k z^k$ $(c_k \in \mathbf{C})$ mit*

---

[1] Dieser Abschnitt wendet sich nur an diejenigen Leser, die den Unterkurs über komplexe Zahlen mitgemacht haben.

$$\left| f(z) - \sum_{k=-n}^{n} c_k z^k \right| < \varepsilon \qquad \text{für alle } z \in S.$$

Beweis. Sei P die Menge aller Funktionen der Form $\displaystyle\sum_{k=-n}^{n} c_k z^k$ auf der (kompakten) Menge S. Offenbar ist P eine 1 enthaltende und punktetrennende Unteralgebra von $C(S)$. Da für $z \in S$ ferner $\bar{z} = z^{-1}$ ist, sieht man mittels der Konjugationsregeln aus A 4.2 h mühelos, daß mit p auch $\bar{p}$ zu P gehört. Die Behauptung folgt nun aus Satz 116.1. $\blacksquare$

In ganz durchsichtiger Weise können wir jetzt den grundlegenden Satz 116.3 über die trigonometrische Approximation gewinnen. Die Funktion $f: \mathbf{R} \to \mathbf{R}$ sei stetig und 2π-periodisch. Da wir nach (68.8) jedes z der Einheitskreislinie S in der Form $z = e^{i\varphi}$ mit einem eindeutig bestimmten $\varphi \in [0, 2\pi)$, dem Argument von z, darstellen können, wird durch $g(e^{i\varphi}) := f(\varphi)$, $0 \leq \varphi < 2\pi$, eine reellwertige und stetige Funktion g auf S definiert[1]. Zu willkürlich gewähltem $\varepsilon > 0$ gibt es dann nach Satz 116.2 komplexe Zahlen $c_{-n}, \ldots, c_0, \ldots, c_n$, so daß

$$\left| g(e^{i\varphi}) - \sum_{k=-n}^{n} c_k e^{ik\varphi} \right| < \varepsilon \quad \text{für alle } \varphi \in [0, 2\pi) \tag{116.1}$$

ausfällt. Wir setzen nun $c_k = \alpha_k + i\beta_k$ ($\alpha_k, \beta_k \in \mathbf{R}$) und stellen $e^{ik\varphi}$ gemäß (68.5) in der Form $e^{ik\varphi} = \cos k\varphi + i \sin k\varphi$ dar. Dann ist

$$\sum_{k=-n}^{n} c_k e^{ik\varphi} = \sum_{k=-n}^{n} (\alpha_k \cos k\varphi - \beta_k \sin k\varphi) + i \sum_{k=-n}^{n} (\beta_k \cos k\varphi + \alpha_k \sin k\varphi),$$

und mit (116.1) folgt sofort

$$\left| f(\varphi) - \sum_{k=-n}^{n} (\alpha_k \cos k\varphi - \beta_k \sin k\varphi) \right| < \varepsilon \quad \text{für alle } \varphi \in [0, 2\pi). \tag{116.2}$$

Da der Kosinus eine gerade und der Sinus eine ungerade Funktion ist, läßt sich die hier auftretende Summe in der Form

$$\alpha_0 + \sum_{k=1}^{n} [(\alpha_{-k} + \alpha_k) \cos k\varphi + (\beta_{-k} - \beta_k) \sin k\varphi],$$

also als sogenanntes **trigonometrisches Polynom**

$$t(\varphi) := a_0 + \sum_{k=1}^{n} (a_k \cos k\varphi + b_k \sin k\varphi)$$

---

[1] Die einfache Stetigkeitsbetrachtung überlassen wir dem Leser. Wer sie nicht durchführen will, braucht den Satz 116.3 deshalb noch nicht preiszugeben. Dieser wichtige Satz wird im Anschluß an den Satz 139.4 noch einmal (aber auf ganz andere Weise als hier) bewiesen werden.

mit reellen Koeffizienten $a_0, \ldots, a_n, b_1, \ldots, b_n$ schreiben. Ein solches Polynom ist immer 2π-periodisch. Da auch f die Periode 2π besitzt, gilt also wegen (116.2) die Abschätzung

$$\left| f(\varphi) - a_0 - \sum_{k=1}^{n} (a_k \cos k\varphi + b_k \sin k\varphi) \right| < \varepsilon \quad \text{für alle } \varphi \in \mathbf{R},$$

sofern nur die Koeffizienten a_k, b_k gemäß der obigen Rechnung bestimmt werden. Wir fassen zusammen:

116.3 Satz von Weierstraß über trigonometrische Approximation *Zu jeder stetigen und 2π-periodischen Funktion $f: \mathbf{R} \to \mathbf{R}$ und zu jedem $\varepsilon > 0$ gibt es ein trigonometrisches Polynom t, so daß $|f(x) - t(x)| < \varepsilon$ für alle $x \in \mathbf{R}$ bleibt. Oder auch: Es gibt eine Folge von trigonometrischen Polynomen, die gleichmäßig auf $\mathbf{R}$ gegen f konvergiert.*

Aufgabe (unabhängig von den Resultaten der Nummern 115 und 116)

Approximation durch Bernsteinsche Polynome Zeige: *Für jede stetige Funktion $f: [0, 1] \to \mathbf{R}$ strebt die Folge ihrer* Bernsteinschen Polynome

$$(B_n f)(x) := \sum_{k=0}^{n} f\left(\frac{k}{n}\right) \binom{n}{k} x^k (1-x)^{n-k} \to f(x) \qquad \text{gleichmäßig auf } [0, 1];$$

Sergei N. Bernstein (1880–1968; 88) war ein bedeutender russischer Mathematiker. Eine Variablentransformation liefert nun den *Weierstraßschen Approximationssatz* 115.5.

Hinweis: a) Definiere für festes $x \in [0, 1]$ die wachsenden Funktionen $\alpha_{n,x}(t)$ $(n = 1, 2, \ldots; 0 \leqslant t \leqslant 1)$ durch

$$\alpha_{n,x}(0) := 0, \quad \alpha_{n,x}(1) := 1, \quad \alpha_{n,x}(t) := \begin{cases} (1-x)^n & \text{für } 0 < x < \dfrac{1}{n}, \\ \displaystyle\sum_{k=0}^{m} \binom{n}{k} x^k (1-x)^{n-k} & \text{für } \dfrac{m}{n} \leqslant x < \dfrac{m+1}{n} \quad (m = 1, \ldots, n-1). \end{cases}$$

Es ist $\quad f(x) - (B_n f)(x) = \displaystyle\int_0^1 [f(x) - f(t)] \, d\alpha_{n,x}(t) \qquad$ (s. A 90.1 und Satz 92.4).

b) Für $f_\nu(x) := x^\nu \quad (\nu = 0, 1, 2) \quad$ gilt:

$$(B_n f_\nu)(x) = f_\nu(x) \quad \text{für } \nu = 0, 1; \qquad (B_n f_2)(x) = \left(1 - \frac{1}{n}\right) x^2 + \frac{x}{n}.$$

Infolgedessen strebt $(B_n f_\nu)(x) \to f_\nu(x)$ *gleichmäßig* auf $[0, 1]$ für $n \to \infty$.

c) Mit einem zunächst willkürlich gewählten $\delta > 0$ sei $J_1 := \{t \in [a, b]: |t - x| \leqslant \delta\}$, $J_2 := \{t \in [a, b]: |t - x| \geqslant \delta\}$. (Bei hinreichend kleinem δ besteht J_2 aus einem oder zwei Intervallen.) Mit A 90.4 und Satz 91.1 ergibt sich in leichtverständlicher Notation

$$\left| \int_{J_1} [f(x) - f(t)] \, d\alpha_{n,x}(t) \right| \leqslant \max_{|x-t| \leqslant \delta} |f(x) - f(t)|,$$

$$\left| \int_{J_2} [f(x) - f(t)] \, d\alpha_{n,x}(t) \right| \leqslant \int_{J_2} |f(x) - f(t)| \frac{(x-t)^2}{\delta^2} \, d\alpha_{n,x}(t) \leqslant \frac{2\|f\|_\infty}{\delta^2} \int_0^1 (x^2 - 2xt + t^2) \, d\alpha_{n,x}(t).$$

Ziehe nun die *gleichmäßige* Stetigkeit von f und die obigen Resultate heran.

XV Anwendungen

<table>
<tr>
<td>

Das Quadrat ist das Gesetz der
Natur, das Dreieck das des Gei-
stes. [?]

Georg Wilhelm Friedrich Hegel

</td>
<td>

Vor allem fand ich an den mathe-
matischen Wissenschaften wegen
ihrer ... Klarheit Gefallen.

René Descartes

</td>
</tr>
</table>

117 Der Satz von Picard-Lindelöf für die Differentialgleichung $y' = f(x, y)$

Im Laufe unserer Arbeit haben wir schon zahlreiche spezielle Differentialgleichungen gelöst, die aus naturwissenschaftlichen und technischen Problemen entsprangen. Immer noch fehlt uns aber ein tieferer Einblick in das Verhalten der allgemeinen Differentialgleichung erster oder gar höherer Ordnung. Ausgerüstet mit den mächtigen Methoden der beiden letzten Kapitel können wir diese Lücke nun endlich schließen — und zwar in überraschend bequemer und durchsichtiger Weise. Wir fassen zunächst das Anfangswertproblem

$$y' = f(x, y), \qquad y(\xi) = \eta \tag{117.1}$$

ins Auge und beweisen, daß es unter gewissen Voraussetzungen über f genau eine Lösung besitzt, d.h., daß genau eine (differenzierbare) Funktion y der Veränderlichen x existiert, für die $y'(x) = f(x, y(x))$ und $y(\xi) = \eta$ ist. Darüber hinaus werden wir sogar sehen, daß man diese Lösung als Grenzwert einer gewissen Funktionenfolge konstruieren kann. Alle auftretenden Funktionen sind reellwertig.

117.1 Satz von Picard-Lindelöf[1] *Die Funktion $f(x, y)$ sei stetig auf dem kompakten Rechteck*

$$R := \{(x, y) : |x - \xi| \leqslant a, |y - \eta| \leqslant b\} \qquad (a, b > 0)$$

und genüge dort einer Lipschitzbedingung *bezüglich y, d.h., es gebe eine positive Konstante L mit*

$$|f(x, y) - f(x, \bar{y})| \leqslant L|y - \bar{y}| \quad \text{für alle } (x, y), (x, \bar{y}) \text{ aus } R. \tag{117.2}$$

Dann besitzt das Anfangswertproblem (117.1) *genau eine Lösung auf einem Intervall J um ξ, das in* (117.4) *angegeben wird.*

Beweis. Wir verwandeln das Anfangswertproblem zunächst in ein Fixpunktproblem. Die Funktion $y(x)$ sei auf dem abgeschlossenen, ξ enthaltenden Teilintervall J

---

[1] Emile Picard (1856–1941; 85). Ernst Lindelöf (1870–1946; 76).

von $U_a[\xi]$ eine Lösung von (117.1), es sei also $y'(x)=f(x,y(x))$ für alle $x\in J$ und $y(\xi)=\eta$ (es versteht sich von selbst, daß dann für $x\in J$ stets $|y(x)-\eta|\leqslant b$ ist, weil andernfalls $f(x,y(x))$ nicht auf ganz J vorhanden wäre). Da die Funktion $f(x,y(x))$ auf J stetig ist, muß

$$y(x)=\eta+\int_\xi^x f(t,y(t))\,dt \quad \text{für alle } x\in J \tag{117.3}$$

sein. Gilt umgekehrt für ein $y\in C(J)$ diese Beziehung, so ist $|y(x)-\eta|\leqslant b$ für alle $x\in J$ und $y(\xi)=\eta$, und durch Differenzieren folgt $y'(x)=f(x,y(x))$. Jedes derartige y befriedigt somit (117.1). Zusammenfassend können wir also sagen: Eine Funktion $y\in C(J)$ löst genau dann (auf J) die Anfangswertaufgabe (117.1), wenn sie der „Integralgleichung" (117.3) genügt. Auf die Untersuchung der letzteren dürfen und werden wir uns demgemäß beschränken.

Nach Satz 111.9 ist f beschränkt, es gibt also eine Konstante $M>0$ mit $|f(x,y)|\leqslant M$ für alle $(x,y)\in R$. Es sei nun

$$\alpha:=\min(a,b/M) \quad \text{und} \quad J:=[\xi-\alpha,\xi+\alpha]. \tag{117.4}$$

$C(J)$ ist mit der Maximumsnorm $\|y\|_\infty$ ein Banachraum und

$$Y:=\{y\in C(J): |y(x)-\eta|\leqslant b \quad \text{für alle } x\in J\}$$

eine nichtleere abgeschlossene Teilmenge desselben. Auf Y definieren wir eine Abbildung A durch

$$(Ay)(x):=\eta+\int_\xi^x f(t,y(t))\,dt \qquad (x\in J).$$

Ay liegt in $C(J)$, und da für $x\in J$ durchweg $|(Ay)(x)-\eta|\leqslant|x-\xi|M\leqslant\alpha M\leqslant b$ bleibt (s. (117.4)), ist A sogar eine *Selbstabbildung* von Y. (u_n), (v_n) seien die aus den (beliebigen) Elementen u_0, $v_0\in Y$ entspringenden Iterationsfolgen: $u_n:=Au_{n-1}$, $v_n:=Av_{n-1}$, also

$$u_n(x):=\eta+\int_\xi^x f(t,u_{n-1}(t))\,dt, \quad v_n(x):=\eta+\int_\xi^x f(t,v_{n-1}(t))\,dt$$

$(n=1,2,\ldots)$. Mit Hilfe der Lipschitzbedingung (117.2) überzeugt man sich durch einen simplen Induktionsbeweis von der Abschätzung

$$|u_n(x)-v_n(x)|\leqslant\frac{|x-\xi|^n}{n!}\,L^n\|u_0-v_0\|_\infty \qquad (n\in\mathbf{N},\ x\in J),$$

aus der sofort $\|u_n-v_n\|_\infty\leqslant\dfrac{(\alpha L)^n}{n!}\|u_0-v_0\|_\infty$ folgt. Und da die Reihe $\Sigma\,(\alpha L)^n/n!$ konvergiert, lehrt nun der Weissingersche Fixpunktsatz aus A111.11, daß die Gleichung $y=Ay$ genau eine Lösung in Y besitzt. Nichts anderes aber war gemäß unseren Vorbemerkungen zu zeigen. ∎

Ausdrücklich wollen wir hervorheben, daß man y *iterativ* gewinnen kann: Geht man von irgendeiner Funktion $y_0 \in Y$ aus und setzt

$$y_{n+1}(x):=\eta + \int_{\xi}^{x} f(t, y_n(t))\,dt \qquad \text{für } n=0, 1, 2, \ldots \text{ und } x\in J, \tag{117.5}$$

so strebt $y_n \Rightarrow y$ auf J.

Aufgaben

1. Gegeben sei das Anfangswertproblem $y'=x^2+xy^2$, $\quad y(0)=0$.

a) Man berechne, ausgehend von $y_0(x)\equiv 0$, die „sukzessiven Approximationen" y_n gemäß (117.5) für $n=1, 2, 3$.

b) Man zeige, daß (y_n) auf $\left[-\dfrac{1}{2}, \dfrac{1}{2}\right]$ gleichmäßig gegen die auf $\left[-\dfrac{1}{2}, \dfrac{1}{2}\right]$ existierende Lösung y des obigen Anfangswertproblems konvergiert.

2. Löse das folgende Anfangswertproblem iterativ: $\quad y'=xy$, $\quad y(0)=1$.

[+]3. Rüste $C(J)$ mit der „gewichteten Maximumsnorm" $\|y\| := \max\limits_{x\in J}|e^{-2Lx}y(x)|$ aus und beweise nun den Satz 117.1 mit Hilfe des *Banachschen* Fixpunktsatzes 111.11.

118 Der Satz von Peano für die Differentialgleichung $y'=f(x, y)$

Bemerkenswerterweise genügt bereits die Stetigkeit von f, um die Lösbarkeit der Anfangswertaufgabe (117.1) zu garantieren (die Lipschitzbedingung (117.2) hat nur den — allerdings außerordentlich wichtigen — Zweck, die *Eindeutigkeit* und *Konstruierbarkeit* der Lösung zu gewährleisten). Diese fundamentale Aussage beweisen wir zunächst in der folgenden Form:

118.1 Satz von Peano (Erste Fassung) *Die Funktion $f(x, y)$ sei stetig und beschränkt auf dem Vertikalstreifen*

$$S:= \{(x, y): \xi \leqslant x \leqslant \xi+a, y\in \mathbf{R}\} \qquad (a>0).$$

Dann besitzt die Anfangswertaufgabe (117.1) *für jedes η mindestens eine auf* $[\xi, \xi+a]$ *existierende Lösung.*

Die Beweisidee ist denkbar einfach. Ist $y(x)$ eine Lösung der Differentialgleichung $y'=f(x, y)$, so besitzt ihr Schaubild im Punkte $(x, y(x))$ die Steigung $y'(x)=f(x, y(x))$. Grob anschaulich formuliert besagt dies: Ist eine „Lösungskurve" der Differentialgleichung $y'=f(x, y)$ im Punkte (x, y) angekommen, so wird sie von dort mit der Steigung $f(x, y)$ weitergeschickt. Diese Interpretation legt es nahe, eine Näherung an die gesuchte Lösung der Anfangswertaufgabe (117.1) folgendermaßen zu gewinnen. Man wählt eine äquidistante Zerlegung $Z:= \{x_0, x_1, \ldots, x_n\}$ des Intervalls $J:=[\xi, \xi+a]$ und konstruiert zu ihr den sogenannten Euler-Cauchyschen

Polygonzug p. Dazu geht man von dem Anfangspunkt (ξ, η) mit der dort vorgeschriebenen Steigung $f(\xi, \eta)$ geradlinig weiter, bis man zu einem Punkt (x_1, y_1) über
x_1 kommt. Dort ist die Steigung $f(x_1, y_1)$ vorgeschrieben, und mit ihr geht man wieder geradlinig weiter, bis man über x_2 ankommt usw. (Fig. 118.1). Analytisch:

$$p(x) := \begin{cases} \eta + (x - \xi)f(\xi, \eta) & \text{für} \quad \xi \leqslant x \leqslant x_1, \\ p(x_1) + (x - x_1)f(x_1, p(x_1)) & \text{für} \quad x_1 < x \leqslant x_2, \\ \vdots & \vdots \\ p(x_{n-1}) + (x - x_{n-1})f(x_{n-1}, p(x_{n-1})) & \text{für } x_{n-1} < x \leqslant x_n. \end{cases} \quad (118.1)$$

Für unsere Zwecke ist eine *Integraldarstellung* von p vorteilhafter. Dazu definieren wir die Treppenfunktion $\tilde{p}$ durch

$$\tilde{p}(x) := \begin{cases} f(\xi, \eta) & \text{für } x = x_0, \\ f(x_k, p(x_k)) & \text{für } x_k < x \leqslant x_{k+1} \quad (k = 0, 1, \ldots, n-1). \end{cases} \quad (118.2)$$

Mit ihr ist nämlich

$$p(x) = \eta + \int_{\xi}^{x} \tilde{p}(t)\,\mathrm{d}t \quad \text{für } x \in J. \quad (118.3)$$

Natürlich drängt sich nun die Vermutung auf, daß die Folge der Euler-Cauchyschen
Polygonzüge p_m, die zu einer Zerlegungsnullfolge (Z_m) gehört, gegen eine Lösung
von (117.1) konvergiert. Dies braucht jedoch nicht der Fall zu sein. Wir werden
aber zeigen, daß eine gewisse *Teilfolge* von (p_m) das Gewünschte leistet.

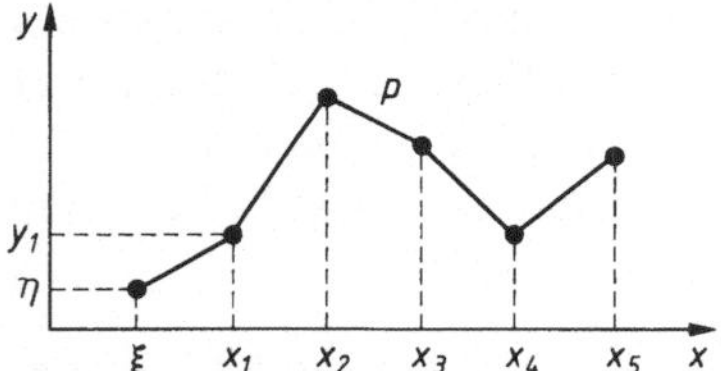

Fig. 118.1

Voraussetzungsgemäß ist f auf S beschränkt: $\quad |f(x, y)| \leqslant M$ für alle $(x, y) \in S$.
Aus (118.2) folgt also, daß $|\tilde{p}(x)| \leqslant M$ für alle $x \in J$ ist, und damit ergeben sich aus
(118.3) auf J die Abschätzungen

$$|p(x)| \leqslant |\eta| + aM \quad \text{und} \quad |p(x) - p(\bar{x})| \leqslant M|x - \bar{x}|. \quad (118.4)$$

Die Familie $\mathfrak{P}$ aller Euler-Cauchyschen Polygonzüge ist somit auf J punktweise (sogar gleichmäßig) beschränkt und gleichstetig (s. A 106.1), nach dem Satz von Arzelà-
Ascoli enthält also jede Folge aus $\mathfrak{P}$ eine gleichmäßig konvergente Teilfolge. Es sei
nun (Z_m) irgendeine Zerlegungsnullfolge und (p_m) die zugehörige Folge der Euler-
Cauchyschen Polygonzüge. (p_m) enthält eine gleichmäßig konvergente Teilfolge, und
offenbar können wir uns (Z_m) gleich so gewählt denken, daß bereits (p_m) selbst

gleichmäßig konvergiert, etwa gegen die auf J stetige Funktion φ. Nun zeigen wir (was (118.2) nahelegt und doch einer sorgfältigen Überlegung bedarf):

$$\tilde{p}_m(x) \Rightarrow f(x, \varphi(x)) \quad \text{auf } J \text{ für } m \to \infty. \tag{118.5}$$

Es sei $Z_m = \{x_0^{(m)}, x_1^{(m)}, \ldots, x_{n_m}^{(m)}\}$. Um eine unseren Zwecken angepaßte Darstellung von $\tilde{p}_m$ zu erhalten, definieren wir die Treppenfunktion

$$g_m(x) := \begin{cases} \xi & \text{für } x = \xi = x_0^{(m)}, \\ x_k^{(m)} & \text{für } x_k^{(m)} < x \leqslant x_{k+1}^{(m)} \end{cases} \quad (k = 0, 1, \ldots, n_m - 1).$$

Dann ist

$$\tilde{p}_m(x) = f(g_m(x), p_m(g_m(x))), \tag{118.6}$$

$$|x - g_m(x)| \leqslant |Z_m| \quad \text{für alle } x \in J, \tag{118.7}$$

und mit der zweiten Abschätzung in (118.4) folgt daraus

$$|\varphi(x) - p_m(g_m(x))| \leqslant |\varphi(x) - p_m(x)| + |p_m(x) - p_m(g_m(x))|$$
$$\leqslant |\varphi(x) - p_m(x)| + M|Z_m|. \tag{118.8}$$

Nach Satz 111.10 ist die Funktion f auf dem kompakten Rechteck

$$R := \{(x, y): \xi \leqslant x \leqslant \xi + a, \; |y| \leqslant |\eta| + aM\}$$

gleichmäßig stetig. Zu beliebig vorgegebenem $\varepsilon > 0$ gibt es also ein $\delta > 0$, so daß gilt:

$$|f(x_1, y_1) - f(x_2, y_2)| < \varepsilon,$$
$$\text{wenn } (x_1, y_1), (x_2, y_2) \in R \text{ und } |x_1 - x_2|, |y_1 - y_2| < \delta \tag{118.9}$$

ist. Da nun (Z_m) eine Zerlegungsnullfolge ist und (p_m) *gleichmäßig* auf J gegen φ konvergiert, können wir zu δ einen Index m_0 so bestimmen, daß

$$\text{für } m > m_0 \text{ sowohl } |Z_m| < \delta \text{ als auch } |\varphi(x) - p_m(x)| + M|Z_m| < \delta \text{ für alle } x \in J$$

bleibt. Aus (118.7) und (118.8) folgt dann

$$|x - g_m(x)| < \delta \quad \text{und} \quad |\varphi(x) - p_m(g_m(x))| < \delta$$
$$\text{für alle } m > m_0 \text{ und alle } x \in J. \tag{118.10}$$

Beachten wir noch, daß wegen der ersten Abschätzung in (118.4) die Punkte $(x, \varphi(x))$ und $(g_m(x), p_m(g_m(x)))$ für alle $x \in J$ gewiß in R liegen, so erhalten wir aus (118.9) und (118.10) die Ungleichung

$$|f(x, \varphi(x)) - f(g_m(x), p_m(g_m(x)))| < \varepsilon \quad \text{für alle } m > m_0 \text{ und alle } x \in J,$$

mit anderen Worten: auf J strebt $f(g_m(x), p_m(g_m(x))) \Rightarrow f(x, \varphi(x))$. Und nun brauchen wir nur noch einen Blick auf (118.6) zu werfen, um die Zwischenbehauptung (118.5) einzusehen.

Da wegen (118.3)

$$p_m(x) = \eta + \int_\xi^x \tilde{p}_m(t)\,dt \qquad \text{für } x \in J$$

ist, ergibt sich nun mit (118.5) durch Grenzübergang gemäß Satz 104.4 die Gleichung

$$\varphi(x) = \eta + \int_\xi^x f(t, \varphi(t))\,dt \qquad \text{für } x \in J,$$

die nach unseren Überlegungen in Nr. 117 gerade besagt, daß φ die Anfangswertaufgabe (117.1) auf J löst. ∎

118.2 Satz von Peano (Zweite Fassung) *Die Funktion $f(x, y)$ sei stetig auf dem kompakten Rechteck*

$$R := \{(x, y) : |x - \xi| \leq a, \ |y - \eta| \leq b\} \qquad (a, b > 0),$$

und es sei

$$M := \max_{(x, y) \in R} |f(x, y)|, \qquad \alpha := \min \left(a, \frac{b}{M}\right)^{1)}.$$

Dann gibt es mindestens eine auf $U_\alpha[\xi]$ existierende Lösung der Anfangswertaufgabe (117.1).

Beweis. Auf dem Vertikalstreifen $S := \{(x, y) : \xi \leq x \leq \xi + \alpha, \ y \in \mathbf{R}\}$ definieren wir die Funktion $\tilde{f}$ durch

$$\tilde{f}(x, y) := \begin{cases} f(x, \eta + b), & \text{falls } y > \eta + b, \\ f(x, y), & \text{falls } \eta - b \leq y \leq \eta + b, \\ f(x, \eta - b), & \text{falls } y < \eta - b. \end{cases}$$

$\tilde{f}$ ist auf S stetig und durch M beschränkt; nach Satz 118.1 besitzt also die Differentialgleichung $y' = \tilde{f}(x, y)$ mindestens eine auf $[\xi, \xi + \alpha]$ existierende Lösung φ mit $\varphi(\xi) = \eta$. Wegen

$$|\varphi(x) - \eta| = \left| \int_\xi^x \tilde{f}(t, \varphi(t))\,dt \right| \leq \alpha M \leq b \qquad \text{für } \xi \leq x \leq \xi + \alpha$$

liegen aber die Punkte $(x, \varphi(x))$ für $x \in [\xi, \xi + \alpha]$ alle in dem Definitionsbereich R von f, so daß φ auf $[\xi, \xi + \alpha]$ auch eine Lösung der Anfangswertaufgabe (117.1) ist. Und da wir die Betrachtungen dieser Nummer ebensogut auch für Vertikalstreifen und Rechtecke links von ξ hätten durchführen können, sehen wir nun, daß die Differentialgleichung $y' = f(x, y)$ auch auf dem Intervall $[\xi - \alpha, \xi]$ mindestens eine Lösung ψ mit $\psi(\xi) = \eta$ besitzt. Die Funktion

---

$^{1)}$ Wir setzen stillschweigend $M > 0$ voraus, weil sonst nichts zu beweisen wäre.

$$y(x) := \begin{cases} \psi(x) & \text{für } \xi - \alpha \leqslant x < \xi, \\ \varphi(x) & \text{für } \xi \leqslant x \leqslant \xi + \alpha \end{cases}$$

ist dann eine auf $U_\alpha[\xi]$ existierende Lösung der Anfangswertaufgabe $(117.1)^{[1]}$. ∎

Wir betonen zum Schluß, daß die Peanoschen Sätze zwar die *Lösbarkeit* von (117.1), aber nicht die *Eindeutigkeit* der Lösung garantieren (s. A 55.12).

Einen Beweis des Satzes 118.1, der ohne den Satz von Arzelà-Ascoli auskommt (aber nicht auf *Systeme* von Differentialgleichungen übertragen werden kann), findet der Leser in Johann Walter [17].

Aufgabe

Es sei $G := \{(x, y) \in \mathbf{R}^2 : 0 \leqslant x \leqslant 1\}$. Für $n \in \mathbf{N}$ sei p_n der in G verlaufende Euler-Cauchysche Polygonzug, der zum Anfangswertproblem $y' = xy$, $y(0) = 1$ und den Stützstellen $x_k := k/n$ $(k = 0, 1, \ldots, n)$ gehört. Zur Abkürzung setze man $z_k := p_n(x_k)$, $y_k := y(x_k)$ und $d_k := y_k - z_k$ $(k = 0, 1, \ldots, n)$, wobei $y(x) := e^{x^2/2}$ die Lösung des obigen Anfangswertproblems ist.

a) Man gebe p_1, p_2, p_3 und p_4 explizit an.

Außerdem zeige man:

b) $z_{k+1} = z_k + \dfrac{1}{n} x_k z_k$,

$$d_{k+1} = d_k \left(1 + \frac{1}{n} x_k\right) + \int_{x_k}^{x_{k+1}} (t\, y(t) - x_k y_k)\, dt \qquad (k = 0, 1, \ldots, n-1),$$

$$d_{k+1} \leqslant d_k \left(1 + \frac{1}{n}\right) + \frac{\sqrt{e}}{n^2}.$$

c) $d_0 = 0$ und $d_n \leqslant \dfrac{1}{n}(\sqrt{e}\,(e-1))$.

d) $1 \leqslant p_n(x) \leqslant e^{x^2/2}$ für $x \in [0, 1]$ und $\max\{e^{x^2/2} - p_n(x) : x \in [0, 1]\} = d_n$.

e) (p_n) konvergiert auf $[0, 1]$ gleichmäßig gegen $e^{x^2/2}$.

119 Systeme von Differentialgleichungen erster Ordnung

Auf dem Quader

$$Q := \{(x, y_1, \ldots, y_n) : |x - \xi| \leqslant a, |y_1 - \eta_1| \leqslant b, \ldots, |y_n - \eta_n| \leqslant b\} \subset \mathbf{R}^{n+1} \qquad (119.1)$$

$(a, b > 0)$ seien n reellwertige Funktionen $f_1, \ldots, f_n$ definiert. Wir betrachten in dieser Nummer das zugehörige System von Differentialgleichungen erster Ordnung

---

[1] Einen ganz anderen und wesentlich durchsichtigeren Beweis mit Hilfe eines Fixpunktarguments werden wir in Nr. 233 kennenlernen.

$$y_1' = f_1(x, y_1, \ldots, y_n)$$
$$\vdots$$
$$y_n' = f_n(x, y_1, \ldots, y_n). \tag{119.2}$$

Die Funktionen $y_1(x), \ldots, y_n(x)$ bilden eine Lösung dieses Systems auf einem Intervall J, wenn für alle $x \in J$ die Punkte $(x, y_1(x), \ldots, y_n(x))$ in Q liegen, die Ableitungen $y_1'(x), \ldots, y_n'(x)$ existieren und die Gleichungen

$$y_\nu'(x) = f_\nu(x, y_1(x), \ldots, y_n(x)) \qquad (\nu = 1, \ldots, n)$$

bestehen.

Setzen wir

$$f := \begin{pmatrix} f_1 \\ \vdots \\ f_n \end{pmatrix}, \qquad y(x) := \begin{pmatrix} y_1(x) \\ \vdots \\ y_n(x) \end{pmatrix} \quad \text{und} \quad y'(x) := \begin{pmatrix} y_1'(x) \\ \vdots \\ y_n'(x) \end{pmatrix},$$

so können wir das System (119.2) in der Form

$$y' = f(x, y) \tag{119.3}$$

schreiben; jede seiner Lösungen ist bei dieser Auffassung eine $\mathbf{R}^n$-wertige Funktion der reellen Veränderlichen x. Die Anfangswertaufgabe

$$y' = f(x, y), \qquad y(\xi) = \boldsymbol{\eta} \quad \text{mit } \boldsymbol{\eta} := \begin{pmatrix} \eta_1 \\ \vdots \\ \eta_n \end{pmatrix} \tag{119.4}$$

verlangt von uns, eine Lösung $y(x)$ von (119.3) zu finden, die der Anfangsbedingung $y(\xi) = \boldsymbol{\eta}$, also den n Gleichungen $y_1(\xi) = \eta_1, \ldots, y_n(\xi) = \eta_n$, genügt.

Auf dem $\mathbf{R}^{n+1}$ und dem $\mathbf{R}^n$ denken wir uns irgendwelche Normen eingeführt[1], die wir unterschiedslos mit $\|\cdot\|$ bezeichnen. Ist f stetig auf Q, so sieht man wie in Nr. 117, daß die Anfangswertaufgabe (119.3) äquivalent ist mit der Integralgleichung (oder dem System von Integralgleichungen)

$$y(x) = \boldsymbol{\eta} + \int_\xi^x f(t, y(t))\, dt \quad \text{mit} \int_\xi^x f(t, y(t))\, dt := \begin{pmatrix} \displaystyle\int_\xi^x f_1(t, y(t))\, dt \\ \vdots \\ \displaystyle\int_\xi^x f_n(t, y(t))\, dt \end{pmatrix}. \tag{119.5}$$

Wir sagen, daß die Funktion $f(x, y)$ auf Q einer Lipschitzbedingung bezüglich y genügt, wenn es eine positive Konstante L mit

$$\|f(x, y) - f(x, \bar{y})\| \leqslant L\|y - \bar{y}\| \quad \text{für alle } (x, y), (x, \bar{y}) \text{ aus } Q \tag{119.6}$$

---

[1] Wir erinnern daran, daß nach Satz 109.8 alle Normen auf $\mathbf{R}^p$ äquivalent, Konvergenz- und Stetigkeitsbetrachtungen infolgedessen von der speziell gewählten Norm unabhängig sind.

gibt. Aus Hilfssatz 109.6 (oder auch A 112.12) folgt, daß beim Übergang zu einer anderen Norm die Lipschitzeigenschaft erhalten bleibt (die Lipschitzkonstante L wird sich jedoch i. allg. ändern). Insbesondere erkennt man mittels der l^1-Norm, *daß die Lipschitzbedingung genau dann erfüllt ist, wenn es eine positive Konstante K gibt, so daß auf Q die Ungleichungen*

$$|f_\nu(x, y_1, \ldots, y_n) - f_\nu(x, \bar{y}_1, \ldots, \bar{y}_n)| \leqslant K \sum_{j=1}^{n} |y_j - \bar{y}_j| \quad \textit{für } \nu = 1, \ldots, n \qquad (119.7)$$

gelten.

Die grundlegenden Sätze von Picard-Lindelöf und Peano können nun ohne weiteres auf Systeme von Differentialgleichungen übertragen werden.

119.1 Satz von Picard-Lindelöf *Die Funktion $f(x, y)$ sei stetig auf dem kompakten Quader* (119.1) *und genüge dort der Lipschitzbedingung* (119.6). *Dann besitzt das Anfangswertproblem* (119.4) *genau eine Lösung auf einem hinreichend kleinen Intervall um ξ.*

Der Beweis kann fast wörtlich wie der des Satzes 117.1 geführt werden (und zeigt, daß sich die Lösung iterativ konstruieren läßt). Wir weisen nur darauf hin, daß der Vektorraum aller auf einem kompakten Intervall J stetigen $\mathbf{R}^p$-wertigen Funktionen etwa durch $\|y\| := \sum_{\nu=1}^{p} \|y_\nu\|_\infty$ ein Banachraum wird und empfehlen, um die anstehenden Integralabschätzungen bequem durchführen zu können, auf $\mathbf{R}^n$ die l^1-Norm zu verwenden. Die Einzelheiten überlassen wir dem Leser. ∎

Auch den folgenden Satz kann der Leser etwa nach dem Muster der Überlegungen in Nr. 118 ohne große Mühe selbst beweisen. Einem methodisch ganz anderen Beweis mit Hilfe des zweiten Schauderschen Fixpunktsatzes wird er in Nr. 233 begegnen.

119.2 Satz von Peano *Ist die Funktion $f(x, y)$ stetig auf dem kompakten Quader* (119.1), *so besitzt das Anfangswertproblem* (119.4) *mindestens eine Lösung auf einem hinreichend kleinen Intervall um ξ.*

Von einer Konstruktion der Lösung kann jedoch nicht mehr die Rede sein.

In den Anwendungen treten besonders häufig lineare Systeme von Differentialgleichungen auf, d. h. Systeme der Form

$$\begin{aligned}
y_1' &= f_{10}(x) + f_{11}(x)y_1 + \cdots + f_{1n}(x)y_n \\
&\ \ \vdots \\
y_n' &= f_{n0}(x) + f_{n1}(x)y_1 + \cdots + f_{nn}(x)y_n
\end{aligned} \qquad (119.8)$$

mit reellwertigen Funktionen $f_{\nu j}$. Aus unseren bisherigen Ergebnissen ergibt sich ohne jede Mühe der wichtige

119.3 Satz *Die Koeffizientenfunktionen $f_{\nu j}$ des linearen Systems (119.8) seien alle stetig auf dem Intervall $[\xi-a, \xi+a]$, und $\eta_1, \ldots, \eta_n$ seien beliebige reelle Zahlen. Dann besitzt (119.8) auf einem hinreichend kleinen Intervall um ξ genau eine Lösung $y_1(x), \ldots, y_n(x)$, die der Anfangsbedingung $y_1(\xi)=\eta_1, \ldots, y_n(\xi)=\eta_n$ genügt*[1].

Beweis. Zur Abkürzung setzen wir

$$f_\nu(x, y_1, \ldots, y_n):=f_{\nu 0}(x)+f_{\nu 1}(x)y_1+\cdots+f_{\nu n}(x)y_n \qquad (\nu=1, \ldots, n)$$

und

$$f(x, y):=\begin{pmatrix} f_1(x, y_1, \ldots, y_n) \\ \vdots \\ f_n(x, y_1, \ldots, y_n) \end{pmatrix}.$$

f ist stetig für alle $x \in J:=[\xi-a, \xi+a]$ und alle $y \in \mathbf{R}^n$. Ferner ist jedes $f_{\nu j}$ $(\nu, j=1, \ldots, n)$ auf J beschränkt, es gibt also eine Konstante K mit

$$|f_{\nu j}(x)| \le K \quad \text{für alle } x \in J \text{ und alle } \nu, j=1, \ldots, n.$$

Für alle $x \in J$ und beliebige $y_1, \ldots, y_n, \bar{y}_1, \ldots, \bar{y}_n$ gelten infolgedessen die Ungleichungen

$$|f_\nu(x, y_1, \ldots, y_n)-f_\nu(x, \bar{y}_1, \ldots, \bar{y}_n)| \le K \sum_{j=1}^{n} |y_j-\bar{y}_j| \qquad (\nu=1, \ldots, n).$$

Die Behauptung ergibt sich nun sofort aus der Bemerkung bei (119.7) in Verbindung mit Satz 119.1.   ∎

Einen interessanten Zugang zum Anfangswertproblem bei *homogenen linearen Systemen mit konstanten Koeffizienten* wird der Leser in den Aufgaben 9 bis 11 der Nr. 175 kennenlernen.

Aufgabe

Man löse das Anfangswertproblem

$$\begin{aligned} y_1' &= y_2 y_3 \\ y_2' &= -y_1 y_3, \qquad y_1(0)=0, \quad y_2(0)=1, \quad y_3(0)=0 \\ y_3' &= 2 \end{aligned}$$

iterativ. Wie lautet die n-te Approximation $y_n(x)=\begin{pmatrix} y_{n1}(x) \\ y_{n2}(x) \\ y_{n3}(x) \end{pmatrix}$, wenn man von $y_0(x):=\begin{pmatrix} 0 \\ 1 \\ 0 \end{pmatrix}$ ausgeht?

---

[1] Dieser Satz gilt auch dann noch, wenn $[\xi-\alpha, \xi+\alpha]$ durch ein *beliebiges*, ξ enthaltendes Intervall I ersetzt wird, und man kann sogar zeigen, daß die Lösung auf *ganz I* existiert. Siehe etwa Heuser [5], Satz 56.1.

120 Differentialgleichungen höherer Ordnung

In dieser Nummer betrachten wir die allgemeine Differentialgleichung n-ter Ordnung

$$y^{(n)} = f(x, y, y', \ldots, y^{(n-1)}). \tag{120.1}$$

Ist die Funktion $y(x)$ auf dem Intervall J n-mal differenzierbar und gilt dort ständig

$$y^{(n)}(x) = f(x, y(x), y'(x), \ldots, y^{(n-1)}(x)),$$

so wird sie eine Lösung von (120.1) genannt. Die Anfangswertaufgabe

$$y^{(n)} = f(x, y, y', \ldots, y^{(n-1)}), \qquad y(\xi) = \eta_0, \, y'(\xi) = \eta_1, \ldots, y^{(n-1)}(\xi) = \eta_{n-1} \tag{120.2}$$

verlangt von uns, eine Lösung $y(x)$ von (120.1) zu finden, die der Anfangsbedingung $y^{(\nu)}(\xi) = \eta_\nu$ $(\nu = 0, 1, \ldots, n-1)$ genügt.

Zwischen den Differentialgleichungen n-ter Ordnung und den Systemen von Differentialgleichungen erster Ordnung besteht ein überaus enger Zusammenhang, den wir nun auseinandersetzen und fruchtbar machen wollen. Dazu betrachten wir neben der Differentialgleichung (120.1) das System

$$\begin{aligned}
y_1' &= y_2 \\
y_2' &= y_3 \\
&\ \vdots \\
y_{n-1}' &= y_n \\
y_n' &= f(x, y_1, y_2, \ldots, y_n).
\end{aligned} \tag{120.3}$$

Ist $y(x)$ eine Lösung von (120.1), so bildet

$$y_1(x) := y(x), \, y_2(x) := y'(x), \ldots, y_n(x) := y^{(n-1)}(x)$$

eine Lösung von (120.3). Ist umgekehrt $y_1(x), y_2(x), \ldots, y_n(x)$ eine Lösung von (120.3), so muß $y_1(x)$ eine Lösung von (120.1) sein. Denn aus den $n-1$ ersten Gleichungen von (120.3) folgt sukzessiv

$$y_2(x) = y_1'(x), \, y_3(x) = y_1''(x), \ldots, y_n(x) = y_1^{(n-1)}(x),$$

und die letzte Gleichung von (120.3) liefert jetzt die Beziehung

$$y_1^{(n)}(x) = f(x, y_1(x), y_1'(x), \ldots, y_1^{(n-1)}(x)).$$

Dementsprechend läuft nun auch die Anfangswertaufgabe (120.2) auf die Anfangswertaufgabe für das System (120.3) mit der Anfangsbedingung $y_1(\xi) = \eta_0, y_2(\xi) = \eta_1, \ldots, y_n(\xi) = \eta_{n-1}$ hinaus.

Schreiben wir wie in Nr. 119 das System (120.3) in der vektoriellen Form $y' = f(x, y)$, wobei die Komponentenfunktionen von f durch

$$f_\nu(x, y_1, \ldots, y_n) := y_{\nu+1} \quad (\nu = 1, \ldots, n-1), \quad f_n(x, y_1, \ldots, y_n) := f(x, y_1, \ldots, y_n)$$

definiert sind, so sieht man, daß f genau dann auf dem Quader

$$Q := \{(x, y_1, \ldots, y_n) : |x - \xi| \leqslant a, |y_1 - \eta_0| \leqslant b, \ldots, |y_n - \eta_{n-1}| \leqslant b\} \tag{120.4}$$

stetig ist, wenn f dort stetig ist, und daß f genau dann eine Lipschitzbedingung auf Q erfüllt, wenn dies für f zutrifft, wenn also eine Abschätzung der Form

$$|f(x, y) - f(x, \bar{y})| \leqslant L \|y - \bar{y}\| \quad \text{für alle } (x, y), (x, \bar{y}) \in Q \tag{120.5}$$

gilt (man erkennt dies am einfachsten, indem man die Lipschitzbedingung für f in der Gestalt (119.7) heranzieht). Infolgedessen ergeben sich nun aus den Sätzen der Nr. 119 auf einen Schlag die folgenden Existenzaussagen:

120.1 Satz von Picard-Lindelöf *Die Funktion $f(x, y_1, \ldots, y_n)$ sei stetig auf dem kompakten Quader* (120.4) *und genüge dort der Lipschitzbedingung* (120.5). *Dann besitzt das Anfangswertproblem* (120.2) *genau eine Lösung auf einem hinreichend kleinen Intervall um ξ.*

120.2 Satz von Peano *Ist die Funktion $f(x, y_1, \ldots, y_n)$ stetig auf dem kompakten Quader* (120.4), *so besitzt das Anfangswertproblem* (120.2) *mindestens eine Lösung auf einem hinreichend kleinen Intervall um ξ.*

Eine Differentialgleichung der Form

$$y^{(n)} + f_{n-1}(x) y^{(n-1)} + \cdots + f_1(x) y' + f_0(x) y = s(x) \tag{120.6}$$

heißt lineare Differentialgleichung n-ter Ordnung. Das zugehörige System (120.3) ist linear. Aus Satz 119.3 ergibt sich nun sofort der wichtige

120.3 Satz *Die Funktionen $s, f_0, f_1, \ldots, f_{n-1}$ in der linearen Differentialgleichung* (120.6) *seien alle stetig auf dem Intervall $[\xi - a, \xi + a]$, und $\eta_0, \eta_1, \ldots, \eta_{n-1}$ seien beliebige reelle Zahlen. Dann besitzt* (120.6) *auf einem hinreichend kleinen Intervall um ξ genau eine Lösung $y(x)$, die der Anfangsbedingung $y(\xi) = \eta_0$, $y'(\xi) = \eta_1, \ldots, y^{(n-1)}(\xi) = \eta_{n-1}$ genügt*[1].

Zum Schluß dieser Betrachtungen wollen wir uns noch einmal daran erinnern, daß die weitreichenden Sätze der Abschnitte 117 bis 120 im wesentlichen aus zwei Quellen geflossen sind: aus dem Weissingerschen Fixpunktsatz und dem Satz von Arzelà-Ascoli. Die *begrifflichen* Fundamente waren das Riemannsche Integral und die gleichmäßige Konvergenz.

---

[1] Dieser Satz gilt auch noch (wie der Satz 119.3) wenn $[\xi - \alpha, \xi + \alpha]$ durch ein *beliebiges, ξ enthaltendes Intervall I* ersetzt wird, und es läßt sich überdies zeigen, daß die Lösung auf *ganz I* existiert. Siehe etwa Heuser [5], Satz 21.4.

121 Die Fredholmsche Integralgleichung

So heißt die nach Ivar Fredholm (1866-1927; 61) benannte Gleichung

$$f(x) - \int_a^b k(x, y)f(y)\,dy = g(x). \tag{121.1}$$

Sie spielt eine wichtige Rolle in der Potentialtheorie (s. etwa Heuser [6], Nr. 85).

Die rechte Seite g sei auf dem Intervall $[a, b]$ und der K e r n k auf dem Quadrat $Q := [a, b] \times [a, b]$ stetig. Gesucht sind Funktionen f, die auf $[a, b]$ stetig sind und dort der Gl. (121.1) genügen. Alle Funktionen seien reellwertig.
Wegen Satz 113.2 wird durch

$$(Kf)(x) := \int_a^b k(x, y)f(y)\,dy \tag{121.2}$$

eine Selbstabbildung K des Banachraumes $C[a, b]$ definiert. K ist linear. Mit

$$M := \max_{(x,y)\in Q} |k(x, y)|$$

ergibt sich aus (121.2) die Abschätzung

$$|(Kf)(x)| \leqslant (b-a)M\|f\|_\infty \quad \text{für alle } x \in [a, b],$$

also $\qquad \|Kf\|_\infty \leqslant (b-a)M\|f\|_\infty.$

K ist also eine beschränkte und daher stetige lineare Selbstabbildung von $C[a, b]$ mit

$$\|K\| \leqslant (b-a)M \tag{121.3}$$

(s. auch Aufgabe 2). Mit Hilfe dieses F r e d h o l m s c h e n I n t e g r a l o p e r a t o r s K läßt sich die Gl. (121.1) kurz in der Form

$$f - Kf = g \quad \text{oder auch} \quad (I - K)f = g \tag{121.4}$$

schreiben, wobei I die identische Abbildung von $C[a, b]$ bedeutet. *Ist nun $\|K\| < 1$ — was nach (121.3) gewiß dann zutrifft, wenn $M < 1/(b-a)$ bleibt —, so besitzt die Integralgleichung (121.4) nach Satz 112.4 und der ihm folgenden Bemerkung für jedes $g \in C[a, b]$ genau eine Lösung $f \in C[a, b]$, und dieses f läßt sich durch die Reihe*

$$f = \sum_{n=0}^{\infty} K^n g \tag{121.5}$$

darstellen; die Reihe konvergiert im Sinne der Maximumsnorm von $C[a, b]$, also gleichmäßig auf $[a, b]$ (s. Satz 103.1).

Wir fassen nun die Potenzen K^n näher ins Auge. Es ist $K^2g = Kh$ mit $h := Kg$, also

$$
\begin{aligned}
(K^2g)(x) &= \int_a^b k(x, z)h(z)\,\mathrm{d}z = \int_a^b k(x, z)\left(\int_a^b k(z, y)g(y)\,\mathrm{d}y\right)\mathrm{d}z \\
&= \int_a^b \left(\int_a^b k(x, z)k(z, y)g(y)\,\mathrm{d}y\right)\mathrm{d}z \\
&= \int_a^b \left(\int_a^b k(x, z)k(z, y)g(y)\,\mathrm{d}z\right)\mathrm{d}y \\
&= \int_a^b \left(\int_a^b k(x, z)k(z, y)\,\mathrm{d}z\right)g(y)\,\mathrm{d}y;
\end{aligned}
$$

die vorletzte Umformung (Vertauschung der Integrationsreihenfolge) wird durch Satz 113.2 gerechtfertigt. Mit

$$
k_2(x, y) := \int_a^b k(x, z)k(z, y)\,\mathrm{d}z
$$

ist demnach

$$
(K^2g)(x) = \int_a^b k_2(x, y)g(y)\,\mathrm{d}y
$$

für jedes $g \in C[a, b]$, d.h., K^2 ist wieder ein Integraloperator. Sein Kern k_2 ist übrigens stetig auf Q. Da nämlich k nach Satz 113.1 in der ersten Variablen gleichstetig ist, gibt es nach Wahl von $\varepsilon > 0$ ein $\delta > 0$, so daß gilt:

$$
|k(x_1, z) - k(x_2, z)| < \frac{\varepsilon}{M(b-a)} \quad \text{für alle } (x_1, z),\, (x_2, z) \in Q \text{ mit } |x_1 - x_2| < \delta.
$$

Für alle Punkte (x_1, y), (x_2, y) aus Q mit $|x_1 - x_2| < \delta$ ist demnach

$$
\begin{aligned}
|k_2(x_1, y) - k_2(x_2, y)| &= \left|\int_a^b [k(x_1, z) - k(x_2, z)]k(z, y)\,\mathrm{d}z\right| \\
&\leq \int_a^b |k(x_1, z) - k(x_2, z)|\,|k(z, y)|\,\mathrm{d}z \\
&\leq (b-a)\frac{\varepsilon}{M(b-a)}M = \varepsilon,
\end{aligned}
$$

k_2 ist somit in der ersten Variablen gleichstetig. In derselben Weise sieht man, daß k_2 auch in der zweiten Variablen gleichstetig, insgesamt also in der Tat stetig ist (s. wieder Satz 113.1).

Definiert man die sogenannten n-fach iterierten Kerne k_n durch

$$
k_1(x, y) := k(x, y), \qquad k_n(x, y) := \int_a^b k(x, z)k_{n-1}(z, y)\,\mathrm{d}z \quad \text{für } n = 2, 3, \ldots,
$$

so erkennt man induktiv, daß K^n ein Integraloperator auf $C[a, b]$ mit dem stetigen Kern k_n ist:

$$(K^n g)(x) = \int_a^b k_n(x, y) g(y) \, dy \quad \text{für alle } g \in C[a, b]. \tag{121.6}$$

Wegen (121.5) kann man also (immer unter der Voraussetzung $\|K\| < 1$) die Lösung f der Integralgleichung (121.1) in der Form

$$f(x) = g(x) + \sum_{n=1}^{\infty} \int_a^b k_n(x, y) g(y) \, dy \tag{121.7}$$

darstellen.

Beachtet man, daß man die Funktion $x \mapsto k_n(x, y)$ für jedes feste $y \in [a, b]$ durch Anwendung des Operators K auf die Funktion $z \mapsto k_{n-1}(z, y)$ erhält und daß infolgedessen

$$\max_{a \leqslant x \leqslant b} |k_n(x, y)| \leqslant \|K\| \max_{a \leqslant z \leqslant b} |k_{n-1}(z, y)| \leqslant \|K\| \max_{a \leqslant z, u \leqslant b} |k_{n-1}(z, u)|,$$

also auch

$$\max_{a \leqslant x, y \leqslant b} |k_n(x, y)| \leqslant \|K\| \max_{a \leqslant x, y \leqslant b} |k_{n-1}(x, y)|$$

ist, so sieht man durch Induktion sofort, daß

$$|k_n(x, y)| \leqslant M \|K\|^{n-1} \quad \text{für alle } (x, y) \in Q \text{ und } n \in \mathbb{N}$$

ist. Wegen $\|K\| < 1$ konvergiert also die Reihe $\sum_{n=1}^{\infty} k_n(x, y)$ nach dem Weierstraßschen Majorantenkriterium gleichmäßig auf Q. Ihre Summe $r(x, y)$ ist daher nach Satz 111.12 auf Q stetig. Da ferner wegen

$$|k_n(x, y) g(y)| \leqslant M \|K\|^{n-1} \|g\|_\infty$$

die Reihe $\sum_{n=1}^{\infty} k_n(x, y) g(y)$ für jedes feste $x \in [a, b]$ gleichmäßig auf $[a, b]$ konvergiert, erhält man mit Satz 104.5c aus (121.7) die Beziehung

$$f(x) = g(x) + \int_a^b \left(\sum_{n=1}^{\infty} k_n(x, y) g(y) \right) dy = g(x) + \int_a^b r(x, y) g(y) \, dy.$$

Diese Gleichung macht verständlich, daß man r den **lösenden Kern** nennt.

Aufgaben

1. Zeige, daß man unter der Voraussetzung $\|K\| < 1$ die eindeutige Lösbarkeit der Fredholmschen Integralgleichung (121.1) und die Darstellung (121.5) der Lösung auch mit Hilfe des Banachschen Fixpunktsatzes beweisen kann.

2. Für den Fredholmschen Integraloperator K in (121.2) ist

$$\|K\| \le \max_{a \le x \le b} \int_a^b |k(x, y)|\,\mathrm{d}y.$$

Hier gilt übrigens sogar das Gleichheitszeichen (s. Heuser [6], Satz 10.8). Vgl. A 114.4 a.

3. Die Fredholmsche Integralgleichung $f(x) - \int_0^1 f(y)\,\mathrm{d}y = x$ besitzt keine Lösung in $C[0, 1]$. Hinweis: Für eine Lösung f wäre $f(x) = x + \xi$. Gehe damit in die Integralgleichung ein.

122 Die Volterrasche Integralgleichung

Sie wird nach Vito Volterra (1860–1940; 80) genannt und hat die Form

$$f(x) - \int_a^x k(x, y)f(y)\,\mathrm{d}y = g(x), \tag{122.1}$$

unterscheidet sich also *äußerlich* nur sehr wenig von der Fredholmschen Integralgleichung: die obere Integrationsgrenze ist nicht mehr *fest*, sondern *variabel*. Dieser geringe Unterschied wirkt sich jedoch tiefgreifend auf das Lösungsverhalten aus. Wir setzen voraus, daß die rechte Seite g auf dem Intervall $[a, b]$ und der Kern k auf dem Dreieck $\Delta := \{(x, y): a \le y \le x \le b\}$ stetig ist. Gesucht sind Funktionen f, die auf $[a, b]$ stetig sind und dort der Gl. (122.1) genügen.
k ist als stetige Funktion auf der kompakten Menge Δ beschränkt und in der ersten Variablen gleichstetig (s. Beweis von Satz 113.1). Stellt man nun bei gegebenem $f \in C[a, b]$ die Differenz

$$\int_a^x k(x, y)f(y)\,\mathrm{d}y - \int_a^{x_0} k(x_0, y)f(y)\,\mathrm{d}y$$

im Falle $x \le x_0$ in der Form

$$\int_a^x [k(x, y) - k(x_0, y)]f(y)\,\mathrm{d}y - \int_x^{x_0} k(x_0, y)f(y)\,\mathrm{d}y$$

und im Falle $x > x_0$ in der Form

$$\int_a^{x_0} [k(x, y) - k(x_0, y)]f(y)\,\mathrm{d}y + \int_{x_0}^x k(x, y)f(y)\,\mathrm{d}y$$

dar, so sieht man dank dieser Bemerkungen, daß die Funktion

$$(Kf)(x) := \int_a^x k(x, y)f(y)\,\mathrm{d}y \tag{122.2}$$

auf $[a, b]$ stetig ist. Der **Volterrasche Integraloperator** K ist also eine — offenbar lineare — Selbstabbildung des Banachraumes $C[a, b]$, und wie in Nr. 121 sieht man, daß K beschränkt und somit stetig ist. Die Gl. (122.1) läßt sich kurz in der Form

$$(I - K)f = g \tag{122.3}$$

schreiben. Um sie mit Hilfe des Satzes 112.4 und der Entwicklung (112.8) aufzulösen, untersuchen wir zunächst die Normen der Potenzen K^n. Mit

$$M := \max_{(x, y) \in \Delta} |k(x, y)|$$

erhält man sukzessiv die Abschätzungen

$$|(Kf)(x)| = \left| \int_a^x k(x, y) f(y)\, dy \right| \leq M \|f\|_\infty (x - a),$$

$$|(K^2 f)(x)| = \left| \int_a^x k(x, y)(Kf)(y)\, dy \right|$$

$$\leq \int_a^x M \cdot M \|f\|_\infty (y - a)\, dy = M^2 \|f\|_\infty \frac{(x - a)^2}{2},$$

$$|(K^3 f)(x)| = \left| \int_a^x k(x, y)(K^2 f)(y)\, dy \right|$$

$$\leq \int_a^x M \cdot M^2 \|f\|_\infty \frac{(y - a)^2}{2}\, dy = M^3 \|f\|_\infty \frac{(x - a)^3}{3!},$$

allgemein

$$|(K^n f)(x)| \leq M^n \|f\|_\infty \frac{(x - a)^n}{n!} \quad \text{für alle } x \in [a, b] \text{ und } n \in \mathbf{N}.$$

Daher ist

$$\|K^n f\|_\infty \leq M^n \frac{(b - a)^n}{n!} \|f\|_\infty, \quad \text{also} \quad \|K^n\| \leq M^n \frac{(b - a)^n}{n!}.$$

Da nach A 27.9 jedoch $1/\sqrt[n]{n!} \to 0$ strebt, folgt daraus $\lim \sqrt[n]{\|K^n\|} = 0$. Und mit Satz 112.4 und der ihm folgenden Bemerkung sehen wir nun, *daß die Volterrasche Integralgleichung für jeden stetigen Kern k und jede stetige rechte Seite g immer genau eine Lösung $f \in C[a, b]$ besitzt und daß dieses f durch die auf $[a, b]$ gleichmäßig konvergente Reihe $f = \sum\limits_{n=0}^{\infty} K^n g$ geliefert wird.* — Auf die Integraldarstellung von f mittels eines lösenden Kerns wollen wir nicht näher eingehen.

Durch ihre unbeschränkte Lösbarkeit hebt sich die Volterrasche Integralgleichung scharf von der Fredholmschen ab; letztere kann, wie A 121.3 zeigt, durchaus unlösbar sein. Weiter lehren unsere Betrachtungen, daß $\lim \sqrt[n]{\|K^n\|}$ sehr wohl < 1 (sogar $= 0$) sein kann, obwohl $\|K\| \geq 1$ ist, so daß die zweite Konvergenzbedingung in Satz 112.4 in der Tat milder ist als die erste.

XVI Das Lebesguesche Integral

Mit Furcht und Schrecken wende ich mich ab von diesem beklagenswerten Übel der Funktionen ohne Ableitungen.

Charles Hermite

Vielen Mathematikern wurde ich der Mann der Funktionen ohne Ableitungen.

Henri Lebesgue

123 Die Definition des Lebesgueschen Integrals

Der Satz 108.3 über die gliedweise Integration monoton konvergenter Funktionenfolgen hinterläßt einen höchst unbefriedigenden Eindruck, weil die *Integrierbarkeit* der Grenzfunktion sich nicht aus den Voraussetzungen ergibt, sondern ausdrücklich gefordert werden muß. Gleichzeitig weist er aber auch darauf hin, wie dieser Mangel in sehr natürlicher Weise durch eine angemessene Verallgemeinerung des Riemannschen Integralbegriffes behoben werden kann. Ist nämlich — mit den Bezeichnungen des Satzes 108.3 — die Grenzfunktion f nicht notwendig über $[a, b]$ R-integrierbar, bleibt aber die wachsende Folge der Integrale $\int_a^b f_n \, dx$ unterhalb einer festen oberen Schranke (mit anderen Worten: ist sie konvergent), so können wir uns aus „Stetigkeitsgründen" schwerlich der Versuchung erwehren, der Funktion f ein Integral durch die Festsetzung

$$\int_a^b f \, dx := \lim \int_a^b f_n \, dx$$

zuzuordnen. Satz 108.3 lehrt, daß dieses Integral mit dem Riemannschen übereinstimmt, falls f überhaupt R-integrierbar ist. Die vorliegende Nummer ist der präzisen Darstellung und Entfaltung dieses neuen Integralbegriffes gewidmet. Alle auftretenden Funktionen sind reell.

Anders als bei unserer Behandlung des Riemannschen Integrals lassen wir nun von vornherein völlig beliebige (auch offene und unendliche) Intervalle als Integrationsintervalle zu. Und abweichend von dem oben skizzierten Programm werden wachsende Folgen von *Treppenfunktionen,* nicht von beliebigen R-integrierbaren Funktionen, den Ausgangspunkt unserer Betrachtungen bilden (dies jedoch nur, um die Dinge zu vereinfachen). Allerdings hatten wir Treppenfunktionen bisher nur auf *endlichen* Intervallen erklärt. Unter einer T r e p p e n f u n k t i o n φ a u f   e i n e m   u n endlichen I n t e r v a l l I wollen wir eine Funktion verstehen, die auf einem gewissen *endlichen* Teilintervall I_φ von I eine Treppenfunktion im bisherigen Sinne ist und im übrigen auf $I \setminus I_\varphi$ *verschwindet.*

Im folgenden sei durchweg I ein beliebiges Intervall mit den Randpunkten $a < b$, wobei, um es noch einmal zu sagen, $a = -\infty$ und $b = +\infty$ zugelassen sind. Die Menge $T(I)$ aller Treppenfunktionen auf I ist ein Funktionenraum auf I. Seine Elemente bezeichnen wir mit φ, ψ, ... Gehören φ und ψ zu $T(I)$, so gilt dies offenbar auch für φ^+, φ^-, $|\varphi|$, $\max(\varphi, \psi)$ und $\min(\varphi, \psi)$. Da φ außerhalb eines gewissen Intervalls $[a_0, b_0]$ verschwindet, ist $\int_a^b \varphi\,dx$ im (eigentlichen oder uneigentlichen) Riemannschen Sinne vorhanden und $= \int_{a_0}^{b_0} \varphi\,dx$.[1]

$L^+(I)$ oder $L^+(a, b)$ bezeichnet die Menge aller Funktionen f auf I mit der nachstehenden Eigenschaft: *Es gibt eine wachsende Folge von Treppenfunktionen $\varphi_n \in T(I)$, die fast überall auf I gegen f strebt und deren Integralfolge $(\int_a^b \varphi_n\,dx)$ konvergent (oder gleichbedeutend: beschränkt) ist.* Gelegentlich schreiben wir $f|(\varphi_n)$ statt f, um auszudrücken, daß f im Sinne dieser Erklärung durch die Folge (φ_n) approximiert wird.

Wie oben schon angedeutet, liegt nun nichts näher, als $\int_a^b f\,dx := \lim \int_a^b \varphi_n\,dx$ zu setzen. Da es jedoch durchaus verschiedene Folgen von Treppenfunktionen geben kann, die alle mit beschränkter Integralfolge fast überall gegen f konvergieren, müssen wir uns zuerst davon überzeugen, daß $\int_a^b f\,dx$ von der Wahl der approximierenden Folge (φ_n) unabhängig ist. Zu diesem Zweck beweisen wir den

123.1 Hilfssatz *Gilt für die Funktionen $f|(\varphi_n)$ und $g|(\psi_n)$ aus $L^+(I)$ die Ungleichung $f(x) \leq g(x)$ fast überall auf I, so ist*

$$\lim \int_a^b \varphi_n\,dx \leq \lim \int_a^b \psi_n\,dx.$$

B e w e i s. Für jeden festen Index m nimmt die Folge der Treppenfunktionen $\varphi_m - \psi_n$ mit wachsendem n ab und strebt fast überall (auf I) gegen einen Grenzwert ≤ 0. Die Folge der nichtnegativen Treppenfunktionen $(\varphi_m - \psi_n)^+$ nimmt infolgedessen ebenfalls ab und konvergiert fast überall gegen 0. Außerhalb eines endlichen Teilintervalls I_0 von I verschwindet $(\varphi_m - \psi_1)^+$; wegen $0 \leq (\varphi_m - \psi_n)^+ \leq (\varphi_m - \psi_1)^+$ müssen dann auch alle $(\varphi_m - \psi_n)^+$ außerhalb von I_0 verschwinden. Mit Satz 108.4 erkennt man nun, daß $\int_a^b (\varphi_m - \psi_n)^+\,dx \to 0$ strebt, wenn $n \to \infty$ geht. Wegen

$$\int_a^b \varphi_m\,dx - \int_a^b \psi_n\,dx = \int_a^b (\varphi_m - \psi_n)\,dx \leq \int_a^b (\varphi_m - \psi_n)^+\,dx$$

folgt daraus

$$\int_a^b \varphi_m\,dx - \lim_{n \to \infty} \int_a^b \psi_n\,dx \leq 0,$$

und da diese Abschätzung für jedes m gilt, ergibt sich nun

---

[1] Natürlich kann man das Integral über eine Treppenfunktion in offenkundiger Weise auch direkt, ohne Rückgriff auf das Riemannsche Integral, definieren. Die Lebesguesche Theorie kann dann völlig unabhängig von der Riemannschen aufgebaut werden.

$$\lim_{m\to\infty}\int_a^b \varphi_m\,\mathrm{d}x - \lim_{n\to\infty}\int_a^b \psi_n\,\mathrm{d}x \leqslant 0,$$

also die Behauptung des Hilfssatzes. ∎

Im Falle $g=f$ gilt sowohl $\lim\int_a^b \varphi_n\,\mathrm{d}x \leqslant \lim\int_a^b \psi_n\,\mathrm{d}x$ als auch $\lim\int_a^b \psi_n\,\mathrm{d}x \leqslant \lim\int_a^b \varphi_n\,\mathrm{d}x$, die beiden Grenzwerte stimmen also in Wirklichkeit überein. Nur diese Tatsache fehlte uns noch, um die folgende Definition zu rechtfertigen:

Für die Funktion $f|(\varphi_n)$ aus $L^+(I)$ erklären wir ihr Lebesguesches Integral *durch*

$$\int_a^b f\,\mathrm{d}x := \lim\int_a^b \varphi_n\,\mathrm{d}x.$$

Den Sätzen 108.2 und 108.3 entnehmen wir mit einem Blick, daß jede (eigentlich) R-integrierbare Funktion ein Lebesguesches Integral besitzt und daß dieses mit ihrem Riemannschen übereinstimmt. Ob die entsprechende Aussage auch für Funktionen gilt, die im uneigentlichen Sinne R-integrierbar sind, werden wir in Nr. 127 untersuchen.

Die Dirichletsche Funktion auf $[0, 1]$ ist nicht R-integrierbar. Wie man mit Hilfe der Folge (f_n) aus (102.5) sieht, liegt sie jedoch in $L^+(0, 1)$. Ihr Lebesguesches Integral ist 0.

Unmittelbar aus der Definition des Lebesgueschen und den Linearitätseigenschaften des Riemannschen Integrals ergibt sich die folgende einfache Bemerkung: *Mit f und g liegen auch die Summe $f+g$ und jedes nichtnegative Vielfache cf in $L^+(I)$, und es gilt*

$$\int_a^b (f+g)\,\mathrm{d}x = \int_a^b f\,\mathrm{d}x + \int_a^b g\,\mathrm{d}x, \qquad \int_a^b cf\,\mathrm{d}x = c\int_a^b f\,\mathrm{d}x \qquad (c\geqslant 0). \tag{123.1}$$

$L^+(I)$ ist kein linearer Raum (z. B. gehört zwar $f: x\mapsto 1/\sqrt{x}$ zu $L^+(0, 1)$, nicht jedoch $-f$). Diesem Mangel helfen wir so ab: *Mit $L(I)$ oder $L(a, b)$ bezeichnen wir die Menge aller Funktionen $f=g-h$, wobei g und h zu $L^+(I)$ gehören, und definieren das* Lebesguesche Integral *von f durch*

$$\int_a^b f\,\mathrm{d}x := \int_a^b g\,\mathrm{d}x - \int_a^b h\,\mathrm{d}x.$$

Diese Definition ist eindeutig, d. h. unabhängig von der speziellen Darstellung von f. Ist nämlich auch noch $f=g_1-h_1$ mit $g_1, h_1 \in L^+(I)$, so haben wir $g-h=g_1-h_1$, also $g+h_1=g_1+h$, woraus mit (123.1) die Gleichung

$$\int_a^b g\,\mathrm{d}x + \int_a^b h_1\,\mathrm{d}x = \int_a^b g_1\,\mathrm{d}x + \int_a^b h\,\mathrm{d}x, \qquad \text{also}$$

$$\int_a^b g\,\mathrm{d}x - \int_a^b h\,\mathrm{d}x = \int_a^b g_1\,\mathrm{d}x - \int_a^b h_1\,\mathrm{d}x$$

folgt. In Satz 124.2 werden wir sehen, daß $L(I)$, wie gewünscht, ein linearer Raum und das Lebesguesche Integral eine lineare Operation auf ihm ist.

Die Funktionen aus $L(I)$ nennen wir L-integrierbar (im Lebesgueschen Sinne integrierbar) auf I. Die Menge $L(I)$ enthält natürlich $L^+(I)$ — und damit im Falle eines kompakten Intervalls $I = [a, b]$ auch $R[a, b]$. Statt $\int_a^b f\, dx$ schreiben wir häufig $\int_I f\, dx$.

Wir werfen nun die Frage auf, wie man es einer wachsenden Folge von Treppenfunktionen ansehen kann, ob sie fast überall gegen eine Funktion aus $L^+(I)$ konvergiert. Die Antwort ist überraschend einfach; sie ist gewissermaßen die Umkehrung der Definition von $L^+(I)$:

123.2 Satz *Jede wachsende Folge von Treppenfunktionen $\varphi_n \in T(I)$ mit beschränkter Integralfolge $(\int_a^b \varphi_n\, dx)$ strebt fast überall auf I gegen eine Funktion aus $L^+(I)$.*

Beweis. Wir zeigen zunächst, daß (φ_n) fast überall (auf I) konvergiert. Dabei dürfen wir annehmen, daß alle $\varphi_n \geq 0$ sind (andernfalls würden wir einfach von der Folge der $\varphi_n - \varphi_1$ ausgehen), und daß jedes φ_n in seinen Unstetigkeitsstellen links- oder rechtsseitig stetig ist (φ_n sieht also typischerweise so aus, wie in Fig. 123.1 angedeutet).

K sei eine positive Konstante mit

$$\int_a^b \varphi_n\, dx \leq K \qquad \text{für alle } n.$$

Nun wählen wir ein beliebiges $\varepsilon > 0$ und betrachten die Menge

$$M_{\varepsilon, n} := \{x \in I : \varphi_n(x) \geq K/\varepsilon\}.$$

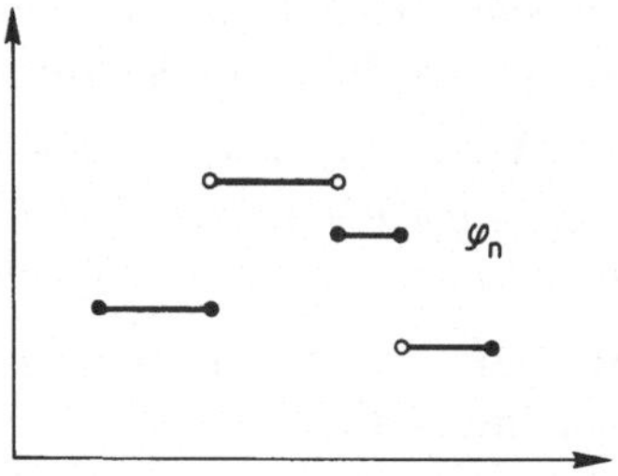

Fig. 123.1

Falls sie nicht leer ist — und nur dieser Fall ist von Interesse — besteht sie aus endlich vielen disjunkten Intervallen, etwa $I_1, \ldots, I_m$. Beachten wir, daß $\varphi_n \geq 0$ ist, so erhalten wir die Ungleichungskette

$$\frac{K}{\varepsilon} \sum_{\mu=1}^m |I_\mu| \leq \sum_{\mu=1}^m \int_{I_\mu} \varphi_n\, dx \leq \int_a^b \varphi_n\, dx \leq K.$$

Für die „Gesamtlänge" $|M_{\varepsilon, n}| := \sum_{\mu=1}^m |I_\mu|$ von $M_{\varepsilon, n}$ ergibt sich daraus die Abschätzung $|M_{\varepsilon, n}| \leq \varepsilon$.

Wegen $\varphi_n \leq \varphi_{n+1}$ ist $M_{\varepsilon, n} \subset M_{\varepsilon, n+1}$. Die Differenzmenge $M_{\varepsilon, n+1} \setminus M_{\varepsilon, n}$ kann (falls sie nicht leer ist) als Vereinigung endlich vieler disjunkter Intervalle dargestellt werden.

Diese Tatsache erlaubt es, die Menge $M_\varepsilon := \bigcup_{n=1}^{\infty} M_{\varepsilon,n}$ als Vereinigung von höchstens abzählbar vielen disjunkten Intervallen $J_1, J_2, \ldots$ zu schreiben: Man nimmt zuerst die Intervalle von $M_{\varepsilon,1}$, dann die von $M_{\varepsilon,2} \setminus M_{\varepsilon,1}$, dann die von $M_{\varepsilon,3} \setminus M_{\varepsilon,2}$ usw. Da nun die Intervalle $J_1, \ldots, J_n$ in einem gewissen $M_{\varepsilon,m}$ enthalten sind und $|M_{\varepsilon,m}| \leq \varepsilon$ ist, muß auch $\sum_{\nu=1}^{n} |J_\nu| \leq \varepsilon$ sein — und zwar für jedes n. Infolgedessen ist die Längensumme $\sum |J_\nu|$ des Intervallsystems $J_1, J_2, \ldots$ gewiß $\leq \varepsilon$.

Da aber die Menge N aller Punkte $x \in I$, für die $(\varphi_n(x))$ divergiert — für die also $\lim \varphi_n(x) = +\infty$ ist —, gewiß in M_ε liegt, ergibt sich jetzt, daß N eine Nullmenge ist. Mit anderen Worten: (φ_n) konvergiert in der Tat fast überall. Setzen wir nun

$$f(x) := \begin{cases} \lim \varphi_n(x) & \text{für } x \in I \setminus N, \\ 0 & \text{für } x \in N, \end{cases}$$

so konvergiert (φ_n) fast überall gegen die Funktion f, die demgemäß zu $L^+(I)$ gehört. $\blacksquare$

Der nächste Satz lehrt in Verbindung mit dem letzten, daß Nullmengen gerade diejenigen Mengen sind, auf denen wachsende Folgen von Treppenfunktionen mit beschränkter Integralfolge divergieren können. Er lautet so:

123.3 Satz *Ist N eine Nullmenge in dem Intervall I, so gibt es eine wachsende Folge von Treppenfunktionen $\varphi_n \in T(I)$, deren Integralfolge $(\int_I \varphi_n \, dx)$ beschränkt ist und die in jedem Punkt von N divergiert.*

Beweis. Da N eine Nullmenge ist, existiert zu jedem natürlichen n eine Folge offener Intervalle

$$I_{n1}, I_{n2}, \ldots \quad \text{mit } N \subset \bigcup_{k=1}^{\infty} I_{nk} \text{ und } \sum_{k=1}^{\infty} |I_{nk}| < \frac{1}{2^n}. \tag{123.2}$$

Die Gesamtheit dieser Intervalle schreiben wir auf in dem Schema

$$\begin{array}{ccc} I_{11} & I_{12} & I_{13} \ldots \\ I_{21} & I_{22} & I_{23} \ldots \\ I_{31} & I_{32} & I_{33} \ldots \end{array}$$

$$\ldots\ldots\ldots\ldots$$

und ordnen sie, wie durch die Pfeile angedeutet, zu einer Folge

$$I_{11}, I_{12}, I_{21}, I_{13}, I_{22}, I_{31}, I_{14}, \ldots.$$

Diese Folge bezeichnen wir hinfort mit (I_n); es ist also

$$I_1 := I_{11},\ I_2 := I_{12},\ I_3 := I_{21},\ \ldots.$$

Es sei nun

$$\varphi_n := (\chi_{I_1} + \cdots + \chi_{I_n})|I;$$

dabei ist χ_{I_k} die charakteristische Funktion des Intervalls I_k. (φ_n) ist offenbar eine wachsende Folge von Treppenfunktionen auf I, und dank der nachstehenden Abschätzung ist ihre Integralfolge beschränkt:

$$\int_I \varphi_n\,dx = \sum_{k=1}^{n} \int_I \chi_{I_k}\,dx \le \sum_{k=1}^{n} |I_k| \le \sum_{p=1}^{\infty} \sum_{q=1}^{\infty} |I_{pq}| \le \sum_{p=1}^{\infty} \frac{1}{2^p} = 1.$$

Wir zeigen nun — und damit ist der Beweis auch schon beendet —, daß $(\varphi_n(x))$ für ein beliebiges $x \in N$ divergiert. Zu diesem Zweck geben wir uns ein $m \in \mathbf{N}$ willkürlich vor. Wegen der Inklusion in (123.2) gibt es zu jedem natürlichen j gewiß ein natürliches k_j mit

$$x \in I_{jk_j} \qquad (j = 1, 2, \ldots).$$

Wir können und wollen nun den Index n_0 so groß wählen, daß jedes der m Intervalle

$$I_{1k_1},\ I_{2k_2},\ \ldots,\ I_{mk_m}$$

in dem Anfangsstück $I_1, \ldots, I_{n_0}$ der Folge (I_n) vorkommt. Dann hat $\chi_{I_\nu}(x)$ für mindestens m der Indizes $1, \ldots, n_0$ den Wert 1, infolgedessen muß gelten:

$$\varphi_{n_0}(x) \ge m, \quad \text{erst recht also} \quad \varphi_n(x) \ge m \quad \text{für alle } n \ge n_0.$$

Das bedeutet aber gerade, daß $\varphi_n(x) \to +\infty$ divergiert. ∎

124 Einfache Eigenschaften des Lebesgueschen Integrals

Die Sätze dieser Nummer zeigen im wesentlichen nur, daß sich das Lebesguesche Integral in seinen algebraischen Eigenschaften kaum von dem Riemannschen unterscheidet. Neu ist lediglich, daß man eine L-integrierbare Funktion willkürlich auf einer *Nullmenge* umdefinieren kann, ohne ihre Integrierbarkeit zu zerstören und ihr Integral zu ändern (s. Satz 124.1 und vgl. die Sätze 84.4 und 84.10). Die Tatsache, daß weit mehr Funktionen L-integrierbar als R-integrierbar sind, wird ihre tiefgreifende Bedeutung erst in den folgenden Abschnitten enthüllen. — *Wie in Nr.* 123 *ist I ein beliebiges Intervall mit den Randpunkten* $a < b$. „Fast überall" bedeutet immer „fast überall auf I".

124.1 Satz *Liegt f_1 in $L(I)$ und ist fast überall $f_2 = f_1$, so gehört auch f_2 zu $L(I)$, und es ist $\int_a^b f_2\,dx = \int_a^b f_1\,dx$.*

Beweis. Ersetzt man in diesem Satz überall $L(I)$ durch $L^+(I)$, so erhält man eine richtige Aussage (ist nämlich $f_1 = f_1|(\varphi_n)$, so ist offenbar $f_2 = f_2|(\varphi_n)$). Nun sei $f_1 = g_1 - h_1$ mit $g_1, h_1 \in L^+(I)$. Da $h_2 := h_1 + (f_1 - f_2)$ fast überall mit h_1 übereinstimmt, ist nach der eingangs gemachten Bemerkung $h_2 \in L^+(I)$ und $\int_a^b h_2\,dx = \int_a^b h_1\,dx$. Wegen $f_2 = g_1 - h_2$ gehört dann auch f_2 zu $L(I)$, und es ist

$$\int_a^b f_2\,dx = \int_a^b g_1\,dx - \int_a^b h_2\,dx = \int_a^b g_1\,dx - \int_a^b h_1\,dx = \int_a^b f_1\,dx. \qquad \blacksquare$$

124.2 Satz *$L(I)$ ist ein Funktionenraum auf I, und das L-Integral ist linear und ordnungserhaltend, für $f, g \in L(I)$ und $c \in \mathbf{R}$ gilt also*

a) $$\int_a^b (f+g)\,dx = \int_a^b f\,dx + \int_a^b g\,dx, \qquad \int_a^b cf\,dx = c\int_a^b f\,dx.$$

b) $$\int_a^b f\,dx \geqslant \int_a^b g\,dx, \qquad \textit{falls } f \geqslant g \textit{ fast überall. Insbesondere ist}$$

$$\int_a^b f\,dx \geqslant 0, \qquad \textit{falls } f \geqslant 0 \textit{ fast überall.}$$

Beweis. a) Sei $f = f_1 - f_2$, $g = g_1 - g_2$ mit $f_1, f_2, g_1, g_2 \in L^+(I)$. Dann ist $f + g = (f_1 + g_1) - (f_2 + g_2)$, und mit (123.1) folgt daraus, daß $f + g$ in $L(I)$ liegt und

$$\int_a^b (f+g)\,dx = \int_a^b (f_1 + g_1)\,dx - \int_a^b (f_2 + g_2)\,dx$$

$$= \int_a^b f_1\,dx + \int_a^b g_1\,dx - \int_a^b f_2\,dx - \int_a^b g_2\,dx$$

$$= \left(\int_a^b f_1\,dx - \int_a^b f_2\,dx \right) + \left(\int_a^b g_1\,dx - \int_a^b g_2\,dx \right)$$

$$= \int_a^b f\,dx + \int_a^b g\,dx$$

ist. In ganz ähnlicher Weise ergibt sich die Behauptung über cf aus der Darstellung

$$cf = cf_1 - cf_2, \quad \text{falls } c \geqslant 0,$$

$$cf = (-c)f_2 - (-c)f_1, \quad \text{falls } c < 0.$$

b) Ist $f \geqslant 0$ fast überall und $f = f_1 - f_2$ mit $f_1, f_2 \in L^+(I)$, so muß fast überall $f_1 \geqslant f_2$ sein; nach Hilfssatz 123.1 gilt somit $\int_a^b f_1\,dx \geqslant \int_a^b f_2\,dx$. Infolgedessen ist

$$\int_a^b f\,dx = \int_a^b f_1\,dx - \int_a^b f_2\,dx \geqslant 0.$$

Die erste Behauptung von b) ergibt sich nun, indem man das bisher Bewiesene auf $f-g$ anwendet. ∎

124.3 Satz *Mit f und g liegen auch die Funktionen*

$$\max(f, g), \quad \min(f, g), \quad f^+, \quad f^- \quad und \quad |f|$$

in $L(I)$, und es gilt die Dreiecksungleichung

$$\left| \int_a^b f\,\mathrm{d}x \right| \le \int_a^b |f|\,\mathrm{d}x. \tag{124.1}$$

Beweis. Wir zeigen zunächst, daß $|f|$ zu $L(I)$ gehört. Es sei

$$f = f_1 - f_2 \quad \text{mit } f_1|(\varphi_n) \quad \text{und} \quad f_2|(\psi_n) \text{ aus } L^+(I).$$

Wegen $|f| = \max(f_1, f_2) - \min(f_1, f_2)$ genügt es zu zeigen, daß $\max(f_1, f_2)$ und $\min(f_1, f_2)$ in $L^+(I)$ liegen. Nun strebt aber fast überall

$$\max(\varphi_n, \psi_n) \nearrow \max(f_1, f_2) \quad \text{und} \quad \min(\varphi_n, \psi_n) \nearrow \min(f_1, f_2).$$

Sind die φ_n und ψ_n stets ≥ 0, so ist überdies

$$\int_a^b \max(\varphi_n, \psi_n)\,\mathrm{d}x, \quad \int_a^b \min(\varphi_n, \psi_n)\,\mathrm{d}x \le \int_a^b (\varphi_n + \psi_n)\,\mathrm{d}x \le \int_a^b f_1\,\mathrm{d}x + \int_a^b f_2\,\mathrm{d}x,$$

insgesamt ergibt sich in diesem Falle also tatsächlich die Behauptung. Sind jedoch die φ_n und ψ_n nicht durchweg ≥ 0, so ersetze man einfach f_1, f_2, φ_n und ψ_n beziehentlich durch $f_1 - h,\ f_2 - h,\ \varphi_n - h$ und $\psi_n - h$, wobei $h := \min(\varphi_1, \psi_1)$ ist.

Die Aussagen über $\max(f, g)$, $\min(f, g)$, f^+ und f^- ergeben sich aus dem bisher Bewiesenen und dem Satz 124.2, wenn man nur die Formeln (14.4) und (14.5) beachtet.

Die Dreiecksungleichung ist nun fast trivial. Aus $f, -f \le |f|$ folgt nämlich wegen Satz 124.2

$$\int_a^b f\,\mathrm{d}x, \quad -\int_a^b f\,\mathrm{d}x \le \int_a^b |f|\,\mathrm{d}x, \qquad \text{also} \qquad \left| \int_a^b f\,\mathrm{d}x \right| \le \int_a^b |f|\,\mathrm{d}x. \quad ∎$$

Den sehr einfachen Beweis des folgenden Satzes überlassen wir dem Leser.

124.4 Satz *Sei $a < c < b$. Die Funktion f ist genau dann auf (a, b) L-integrierbar, wenn sie es auf (a, c) und (c, b) ist. In diesem Falle gilt*

$$\int_a^b f\,\mathrm{d}x = \int_a^c f\,\mathrm{d}x + \int_c^b f\,\mathrm{d}x.$$

Setzen wir wie bei R-Integralen

$$\int_a^a f\,\mathrm{d}x := 0 \quad \text{und} \quad \int_b^a f\,\mathrm{d}x := -\int_a^b f\,\mathrm{d}x, \quad \text{falls } a < b, \tag{124.2}$$

so gilt aufgrund des letzten Satzes für je drei Punkte a_1, a_2, a_3 des Integrationsintervalls die Gleichung

$$\int_{a_1}^{a_3} f \, dx = \int_{a_1}^{a_2} f \, dx + \int_{a_2}^{a_3} f \, dx. \tag{124.3}$$

Der nächste Satz zeigt, daß in der Darstellung $f = g - h$ einer L-integrierbaren Funktion f die zweite Komponente h so gewählt werden kann, daß ihr Integral einen beliebig kleinen Beitrag zu $\int_a^b f \, dx$ leistet, schärfer:

124.5 Satz *Sei $f \in L(I)$. Dann gibt es zu jedem $\varepsilon > 0$ Funktionen g, $h \in L^+(I)$ mit*

$$f = g - h, \quad h \geq 0 \quad und \quad \int_a^b h \, dx < \varepsilon.$$

Beweis. Sei $f = g_1 - h_1$ irgendeine, definitionsgemäß vorhandene Darstellung von f mit g_1, $h_1 \in L^+(I)$, und es sei $h_1 = h_1|(\psi_n)$. Dann gibt es einen Index m, so daß

$$0 \leq \int_a^b h_1 \, dx - \int_a^b \psi_m \, dx < \varepsilon$$

ist. Die Funktion $h_2 := h_1 - \psi_m$ besitzt somit die folgenden Eigenschaften:

$$h_2 \in L^+(I), \quad h_2 \geq 0 \text{ fast überall}, \quad \int_a^b h_2 \, dx < \varepsilon.$$

Für $g_2 := g_1 - \psi_m$ gilt:

$$g_2 \in L^+(I) \quad und \quad f = g_2 - h_2.$$

Nun setzen wir

$$h := h_2^+ \quad und \quad g := g_2 + (h - h_2).$$

Da fast überall $h_2 \geq 0$ ist, unterscheiden sich h und h_2 und damit auch g und g_2 nur auf einer Nullmenge. Es folgt, daß h und g in $L^+(I)$ liegen und $\int_a^b h \, dx = \int_a^b h_2 \, dx < \varepsilon$ ist (s. den ersten Satz im Beweis des Satzes 124.1). Und da $g - h = g_2 - h_2 = f$ ist, können wir nun den Beweis abschließen. ∎

Aufgaben

1. Zu jedem $f \in L(I)$ gibt es eine Folge von Treppenfunktionen φ_n, so daß $\int_a^b |f - \varphi_n| \, dx \to 0$ strebt.

2. Sei I ein kompaktes Intervall. Genau dann stimmt die Funktion $f : I \to \mathbf{R}$ fast überall mit einer R-integrierbaren Funktion überein, wenn sowohl f als auch $-f$ zu $L^+(I)$ gehört.

3. Mittelwertsatz I sei endlich und $f \in L(I)$ beschränkt: $m \leq f(x) \leq M$ für alle $x \in I$. Dann ist

$$m(b - a) \leq \int_a^b f \, dx \leq M(b - a).$$

125 Der Konvergenzsatz von Beppo Levi

Nachdem wir den Bereich der integrierbaren Funktionen mit Hilfe wachsender Folgen von Treppenfunktionen erheblich erweitert haben, drängt sich sofort der Gedanke auf, diesen Erweiterungsprozeß noch einmal anzuwenden, *diesmal aber wachsende Folgen von L-integrierbaren (also sehr viel allgemeineren) Funktionen zugrunde zu legen*. Es ist eine fundamentale Tatsache, vielleicht die wichtigste der ganzen Lebesgueschen Theorie, daß wir $L(I)$ auf diese Weise nicht mehr vergrößern können. Wir beweisen zunächst die entsprechende Aussage für $L^+(I)$. *I ist wieder wie früher ein völlig beliebiges Intervall mit den Randpunkten $a < b$.*

125.1 Hilfssatz *Jede wachsende Folge von Funktionen $f_n \in L^+(I)$ mit beschränkter Integralfolge ($\int_a^b f_n \, dx$) konvergiert fast überall gegen eine Funktion $f \in L^+(I)$ und darf gliedweise integriert werden, d. h., es strebt*

$$\int_a^b f_n \, dx \to \int_a^b f \, dx.$$

B e w e i s. Sei

$$\int_a^b f_n \, dx \leq M, \qquad f_n = f_n | (\varphi_{nk}) \qquad \text{und} \qquad \varphi_n := \max(\varphi_{jk} : j, k = 1, \ldots, n).$$

(φ_n) ist eine wachsende Folge von Treppenfunktionen, und fast überall ist

$$\varphi_{jk} \leq f_j \leq f_n \quad \text{für } j \leq n, \quad \text{also auch} \quad \varphi_n \leq f_n. \tag{125.1}$$

Somit haben wir

$$\int_a^b \varphi_n \, dx \leq \int_a^b f_n \, dx \leq M \quad \text{für } n = 1, 2, \ldots.$$

Aus Satz 123.2 ergibt sich nun, daß (φ_n) fast überall gegen eine Funktion f aus $L^+(I)$ strebt; definitionsgemäß ist dann

$$\int_a^b f \, dx = \lim \int_a^b \varphi_n \, dx. \tag{125.2}$$

Für $j \leq n$ ist $\varphi_{jn} \leq \varphi_n$. Lassen wir $n \to \infty$ gehen, so folgt

$$f_j \leq f \quad \text{auf } I \setminus N_j, \ N_j \text{ eine Nullmenge.}$$

Da $N := \bigcup_{j=1}^{\infty} N_j$ wieder eine Nullmenge ist, gilt

$$f_j \leq f \quad \text{für } j = 1, 2, \ldots \text{ fast überall (nämlich auf } I \setminus N).$$

Mit (125.1) erhalten wir also insgesamt die Abschätzung

$$\varphi_n \leq f_n \leq f \quad \text{für } n = 1, 2, \ldots \text{ fast überall.} \tag{125.3}$$

Und da fast überall $\varphi_n \to f$ strebt, folgt daraus

$$f_n \to f \quad \text{fast überall,}$$

das ist aber die erste Behauptung des Hilfssatzes. Die zweite ergibt sich, indem wir, kurz gesagt, die Ungleichung (125.3) integrieren und (125.2) beachten.   ∎

Nun haben wir alle Mittel in der Hand, um ohne größere Mühe den angekündigten zentralen Satz beweisen zu können, der in der Theorie des Lebesgueschen Integrals eine ähnlich grundlegende Rolle spielt wie das Monotonieprinzip in der Lehre von den reellen Zahlenfolgen.

125.2 Konvergenzsatz von Beppo Levi[1] *Jede monotone Folge von Funktionen $f_n \in L(I)$ mit beschränkter Integralfolge $(\int_a^b f_n \, dx)$ konvergiert fast überall gegen eine Funktion $f \in L(I)$ und darf gliedweise integriert werden, d. h., es strebt*

$$\int_a^b f_n \, dx \to \int_a^b f \, dx.$$

Zum Beweis dürfen wir annehmen, daß (f_n) wächst — andernfalls würden wir die Folge $(-f_n)$ betrachten — und daß überdies jedes $f_n \geq 0$ ist, weil wir sonst zur Folge $(f_n - f_1)$ übergehen würden. Setzen wir noch $f_0 := 0$, so können wir die Folge (f_n) als eine Reihe

$$\sum_{n=1}^{\infty} (f_n - f_{n-1})$$

mit nichtnegativen Gliedern schreiben. Nach Satz 124.5 gibt es für jedes n Funktionen $g_n, h_n \in L^+(I)$ mit

$$f_n - f_{n-1} = g_n - h_n, \qquad h_n \geq 0 \quad \text{und} \quad \int_a^b h_n \, dx < \frac{1}{2^n};$$

natürlich ist auch $g_n = f_n - f_{n-1} + h_n \geq 0$. Setzen wir nun

$$s_n := g_1 + \cdots + g_n, \qquad t_n := h_1 + \cdots + h_n,$$

so sind die Folgen (s_n), (t_n) wachsend, jedes ihrer Glieder gehört zu $L^+(I)$, und es ist

$$f_n = s_n - t_n. \tag{125.4}$$

Die Integralfolge $(\int_a^b t_n \, dx)$ ist wegen

$$\int_a^b t_n \, dx = \sum_{\nu=1}^{n} \int_a^b h_\nu \, dx < \sum_{\nu=1}^{n} \frac{1}{2^\nu} < 1$$

---

[1] Beppo Levi (1875–1961; 86).

beschränkt, und da $(\int_a^b f_n \,dx)$ nach Voraussetzung beschränkt ist, muß auch die Folge der Integrale

$$\int_a^b s_n \,dx = \int_a^b f_n \,dx + \int_a^b t_n \,dx$$

beschränkt bleiben. Nach Hilfssatz 125.1 gibt es also Funktionen $s, t \in L^+(I)$, so daß

$$s_n \to s, \quad t_n \to t \quad \text{fast überall} \quad \text{und} \quad \int_a^b s_n \,dx \to \int_a^b s \,dx, \quad \int_a^b t_n \,dx \to \int_a^b t \,dx.$$

Ein Blick auf (125.4) lehrt nun, daß gilt:

$$f_n \to f := s - t \in L(I) \quad \text{fast überall} \quad \text{und} \quad \int_a^b f_n \,dx \to \int_a^b f \,dx. \qquad \blacksquare$$

Wir ziehen drei einfache, aber außerordentlich nützliche Folgerungen aus dem Satz von Beppo Levi.

125.3 Satz *Konvergiert die Reihe*

$$\sum_{k=1}^{\infty} \int_a^b |f_k| \,dx \qquad mit \qquad f_k \in L(I),$$

so konvergiert die Reihe $\sum_{k=1}^{\infty} f_k$ *fast überall gegen eine Funktion* $f \in L(I)$ *und darf gliedweise integriert werden.*

Der Beweis ist äußerst einfach. Man setze

$$s_n := \sum_{k=1}^{n} f_k^+ \quad \text{und} \quad t_n := \sum_{k=1}^{n} f_k^-.$$

(s_n) und (t_n) sind wachsende Folgen aus $L(I)$, deren Integralfolgen wegen

$$\int_a^b f_k^+ \,dx, \int_a^b f_k^- \,dx \le \int_a^b |f_k| \,dx$$

durch $\sum_{k=1}^{\infty} \int_a^b |f_k| \,dx$ beschränkt sind. Die Behauptung ergibt sich nun in offensichtlicher Weise aus dem Satz von Beppo Levi; man beachte nur, daß $s_n - t_n = \sum_{k=1}^{n} f_k$ ist. $\blacksquare$

125.4 Satz *Genau dann verschwindet* $f \in L(I)$ *fast überall, wenn* $\int_a^b |f| \,dx$ *verschwindet.*

Ist nämlich $\int_a^b |f|\,\mathrm{d}x = 0$, so konvergiert trivialerweise $\sum \int_a^b |f|\,\mathrm{d}x$. Nach dem letzten Satz muß dann aber $\sum f$ fast überall konvergieren, was nur möglich ist, wenn f fast überall verschwindet. Die Umkehrung ergibt sich sofort aus Satz 124.1.   ∎

125.5 Satz $I_1, I_2, \dots$ *seien Teilintervalle von I mit $I_1 \subset I_2 \subset \cdots$ und $\bigcup\limits_{n=1}^{\infty} I_n = I$. Die Funktion f sei auf I definiert und auf jedem I_n L-integrierbar, ferner sei die Integralfolge $(\int_{I_n} |f|\,\mathrm{d}x)$ beschränkt. Dann ist $f \in L(I)$ und*

$$\int_I f\,\mathrm{d}x = \lim \int_{I_n} f\,\mathrm{d}x. \tag{125.5}$$

Zum Beweis nehmen wir zunächst $f \geq 0$ an. Die Funktion f_n stimme auf I_n mit f überein und verschwinde auf $I \setminus I_n$. Offenbar strebt $f_n \nearrow f$, und da jedes f_n in $L(I)$ liegt und die Integralfolge $(\int_I f_n\,\mathrm{d}x) \equiv (\int_{I_n} f\,\mathrm{d}x)$ beschränkt ist, muß nach dem Satz von Beppo Levi auch f zu $L(I)$ gehören und die Gl. (125.5) gelten. — Ist f nicht ≥ 0, so benutzen wir die Darstellung $f = f^+ - f^-$ und wenden das eben Bewiesene auf f^+ und f^- an.   ∎

126 Der Konvergenzsatz von Lebesgue und das Lemma von Fatou

I bedeute wieder ein Intervall mit den (evtl. unendlichen) Randpunkten a, b. Wir beweisen zuerst eine der wichtigsten Folgerungen aus dem Satz von Beppo Levi, nämlich den

126.1 Konvergenzsatz von Lebesgue *Die Folge der Funktionen $f_n \in L(I)$ konvergiere fast überall gegen f und werde durch ein $g \in L(I)$ majorisiert, d. h., für alle n sei $|f_n| \leq g$. Dann gehört auch f zu $L(I)$, und die Folge (f_n) darf gliedweise integriert werden:*

$$\int_a^b f_n\,\mathrm{d}x \to \int_a^b f\,\mathrm{d}x. \tag{126.1}$$

Beweis. N sei die Nullmenge aller $x \in I$, für die $(f_n(x))$ nicht gegen $f(x)$ strebt. Für $x \in I \setminus N$ setzen wir

$$g_n(x) := \inf(f_n(x), f_{n+1}(x), \dots), \qquad h_n(x) := \sup(f_n(x), f_{n+1}(x), \dots),$$

während für $x \in N$ stets $g_n(x) = h_n(x) = 0$ sein soll. Nach A 28.5 strebt

$$g_n \nearrow f \quad \text{und} \quad h_n \searrow f \quad \text{fast überall (nämlich auf } I \setminus N). \tag{126.2}$$

Satz 124.3 zeigt, daß die Funktion

$$u_{nk} := \min(f_n, \dots, f_{n+k})$$

in $L(I)$ liegt. Bei festem n strebt

$$u_{nk} \searrow g_n \quad \text{für } k \to \infty \text{ fast überall.} \tag{126.3}$$

Und da für $n \in \mathbf{N}$ stets $-g \leqslant f_n \leqslant g$, also auch $-g \leqslant u_{nk} \leqslant g$ ist, haben wir

$$-\int_a^b g\,dx \leqslant \int_a^b u_{nk}\,dx \leqslant \int_a^b g\,dx.$$

Nach dem Satz von Beppo Levi liegt also g_n in $L(I)$. Ganz entsprechend sieht man, daß auch h_n zu $L(I)$ gehört. Da die Integralfolgen $(\int_a^b g_n\,dx)$ und $(\int_a^b h_n\,dx)$ wegen

$$\int_a^b g_1\,dx \leqslant \int_a^b g_n\,dx \leqslant \int_a^b h_n\,dx \leqslant \int_a^b h_1\,dx$$

beschränkt sind, ergibt sich nun aus (126.2), wiederum nach dem Satz von Beppo Levi, daß auch f in $L(I)$ liegt und daß

$$\int_a^b g_n\,dx \to \int_a^b f\,dx \quad \text{und} \quad \int_a^b h_n\,dx \to \int_a^b f\,dx$$

strebt. Und da fast überall $g_n \leqslant f_n \leqslant h_n$, also auch

$$\int_a^b g_n\,dx \leqslant \int_a^b f_n\,dx \leqslant \int_a^b h_n\,dx$$

ist, folgt aus diesen beiden Grenzwertaussagen sofort die Beziehung (126.1). ∎

Eine unmittelbare Konsequenz aus dem letzten Satz ist folgender

126.2 „Kleiner" Satz von Lebesgue *Das Intervall I sei endlich, die Folge der Funktionen $f_n \in L(I)$ konvergiere fast überall gegen f und sei gleichmäßig beschränkt:*

$$|f_n(x)| \leqslant M \quad \text{für alle } x \in I \text{ und alle } n \in \mathbf{N}.$$

Dann gehört auch f zu $L(I)$, und es strebt

$$\int_a^b f_n\,dx \to \int_a^b f\,dx.$$

Die beiden nächsten Sätze machen nur noch Aussagen über die Integrierbarkeit der Grenzfunktion, aber keine über die gliedweise Integrierbarkeit der Folge.

126.3 Lemma von Fatou[1] *Die Folge (f_n) bestehe aus nichtnegativen Funktionen $f_n \in L(I)$ und strebe fast überall gegen eine Funktion f. Gibt es dann eine Zahl M mit*

$$\int_a^b f_n\,dx \leqslant M \quad \text{für alle } n,$$

---

[1] Pierre Fatou (1878–1929; 51).

so ist $f \in L(I)$ und

$$\int_a^b f\,dx \le M.\,^{1)}$$

Beweis. Nach wie vor gilt — mit den Bezeichnungen des Beweises von Satz 126.1 — die Aussage (126.3). Und da wegen $0 \le u_{nk} \le f_n$ die Abschätzung

$$0 \le \int_a^b u_{nk}\,dx \le \int_a^b f_n\,dx \le M \quad \text{für alle } n \text{ und } k$$

besteht, folgt nun aus dem Satz von Beppo Levi, daß g_n L-integrierbar auf I und

$$0 \le \int_a^b g_n\,dx = \lim_{k\to\infty} \int_a^b u_{nk}\,dx \le M \tag{126.4}$$

ist. Aus (126.2) und (126.4) ergibt sich jetzt — wiederum dank des Satzes von Beppo Levi — die Behauptung.　∎

126.4 Satz *Die Folge der Funktionen $f_n \in L(I)$ konvergiere fast überall gegen die Funktion f, und es sei $|f| \le g$ mit einem gewissen $g \in L(I)^{2)}$. Dann gehört auch f zu $L(I)$.*

Beweis. Wir definieren die Funktion g_n auf I, indem wir f_n oben durch g und unten durch $-g$ abschneiden:

$$g_n(x) := \begin{cases} g(x), & \text{falls } f_n(x) > g(x), \\ f_n(x), & \text{falls } -g(x) \le f_n(x) \le g(x), \\ -g(x), & \text{falls } f_n(x) < -g(x). \end{cases}$$

Offenbar ist

$$|g_n| \le g \quad \text{für alle } n.$$

Stellt man g_n in der Form $g_n = \max(-g, \min(f_n, g))$ dar, so erkennt man, daß g_n L-integrierbar ist und

$$g_n \to \max(-g, \min(f, g)) = \max(-g, f) = f$$

strebt, jedenfalls fast überall. Die Behauptung folgt nun aus dem Konvergenzsatz von Lebesgue.　∎

---

[1] Eine zweite Version des Fatouschen Lemmas ist in Aufgabe 4 zu finden.
[2] Hier wird also nicht die *Folge,* sondern ihre *Grenzfunktion* durch eine integrierbare Funktion majorisiert.

Aufgaben

+1. Die Folge der Funktionen $f_n \in L(I)$ konvergiere fast überall gegen f, und für alle $n \in \mathbb{N}$ sei $|f_n - f| \leqslant h$ mit einer nichtnegativen Funktion $h \in L(I)$. Dann gehört auch f zu $L(I)$, und die Folge (f_n) darf gliedweise integriert werden.

+2. I sei ein beschränktes Intervall, die Folge der Funktionen $f_n \in L(I)$ konvergiere fast überall gegen f, und für alle $n \in \mathbb{N}$ und $x \in I$ sei $|f_n(x) - f(x)| \leqslant M$ mit einer gewissen Konstanten M. Dann liegt f in $L(I)$, und die Folge (f_n) darf gliedweise integriert werden. Hinweis: Aufgabe 1.

+3. I sei ein beschränktes Intervall, und die Folge der Funktionen $f_n \in L(I)$ konvergiere gleichmäßig auf I gegen f. Dann ist $f \in L(I)$, und die Folge (f_n) darf gliedweise integriert werden.

4. Unter den Voraussetzungen und mit den Bezeichnungen des Lemmas von Fatou ist

$$\int_a^b f\,dx \leqslant \liminf \int_a^b f_n\,dx.$$

Hinweis: Führe einen Widerspruchsbeweis.

5. Zeige mit Hilfe der Funktionen

$$f_n(x) := \begin{cases} n & \text{für } x \in [0, 1/n), \\ 0 & \text{für } x \in [1/n, 1], \end{cases}$$

daß man unter den Voraussetzungen des Lemmas von Fatou nicht gliedweise integrieren darf.

127 Das Riemannsche Integral in der Lebesgueschen Theorie

In Nr. 123 hatten wir bereits festgestellt, daß jede Funktion, die auf einem kompakten Intervall I R-integrierbar ist, zu $L(I)$ — sogar zu $L^+(I)$ — gehört und daß ihr R-Integral mit ihrem L-Integral übereinstimmt. Wir wenden uns nun den uneigentlichen R-Integralen zu. Hier wird es sich empfehlen, bezeichnungsmäßig zwischen Riemannschen und Lebesgueschen Integralen zu unterscheiden. Wir tun dies durch die leicht verständlichen Schreibweisen

$$\text{R-}\int_a^b f\,dx \quad \text{und} \quad \text{L-}\int_a^b f\,dx.$$

Um unsere Vorstellungen zu fixieren, betrachten wir zunächst das Intervall $I := [a, +\infty)$ und setzen voraus, die Funktion f sei auf jedem Intervall $[a, t]$, $t > a$, R-integrierbar.

Angenommen, f sei auf I L-integrierbar. Dann ist nach Satz 124.3 auch $|f|$ L-integrierbar auf I, und es gilt

$$\text{R-}\int_a^t |f|\,\mathrm{d}x = \text{L-}\int_a^t |f|\,\mathrm{d}x \leqslant \text{L-}\int_a^{+\infty} |f|\,\mathrm{d}x \quad \text{für jedes } t > a,$$

nach dem Monotoniekriterium 87.2 ist also $\text{R-}\int_a^{+\infty} f\,\mathrm{d}x$ absolut konvergent.

Nun setzen wir umgekehrt die absolute Konvergenz von $\text{R-}\int_a^{+\infty} f\,\mathrm{d}x$ voraus. Dann ist

$$\text{L-}\int_a^n |f|\,\mathrm{d}x = \text{R-}\int_a^n |f|\,\mathrm{d}x \leqslant \text{R-}\int_a^{+\infty} |f|\,\mathrm{d}x \quad \text{für alle natürlichen } n > a.$$

Mit Satz 125.5 folgt daraus die L-Integrierbarkeit von f auf I und die Beziehung

$$\text{L-}\int_a^{+\infty} f\,\mathrm{d}x = \lim \text{L-}\int_a^n f\,\mathrm{d}x = \lim \text{R-}\int_a^n f\,\mathrm{d}x = \text{R-}\int_a^{+\infty} f\,\mathrm{d}x,$$

also die Übereinstimmung des (uneigentlichen) R-Integrals mit dem L-Integral. In ganz ähnlicher Weise kann man die in Nr. 89 untersuchten R-Integrale von unbeschränkten Funktionen behandeln. Alles zusammenfassend können wir das Ergebnis unserer Betrachtungen kurz so formulieren: *Ein uneigentliches R-Integral ist genau dann ein L-Integral, wenn es* absolut *konvergiert.*

In Nr. 87 hatten wir gesehen, daß $\text{R-}\int_0^{+\infty} \dfrac{\sin x}{x}\,\mathrm{d}x$ existiert. Das Integral konvergiert aber nicht absolut (s. A 87.20), infolgedessen ist die Funktion $\sin x/x$ auf $[0, +\infty)$ *nicht* L-integrierbar.

Der Nr. 89 entnehmen wir, daß

$$\text{R-}\int_0^1 \frac{1}{\sqrt{x}}\,\mathrm{d}x \text{ (absolut) konvergiert,} \qquad \text{R-}\int_0^1 \frac{1}{x}\,\mathrm{d}x \text{ divergiert.}$$

Die Funktion $1/\sqrt{x}$ ist also auf $(0, 1]$ L-integrierbar, ihr *Quadrat* $1/x$ ist es aber nicht: *Das Produkt* L-*integrierbarer Funktionen braucht nicht* L-*integrierbar zu sein,* $L(I)$ *ist keine Funktionenalgebra.*

Mit Hilfe der Lebesgueschen Konvergenzsätze erhalten wir aus den obigen Betrachtungen mit einem Schlag die beiden folgenden Sätze der Riemannschen Integrationstheorie.

127.1 Satz von Arzelà *Die Folge der Funktionen $f_n \in R\,[a, b]$ strebe punktweise gegen die Funktion $f \in R\,[a, b]$ und sei gleichmäßig beschränkt:*

$$|f_n(x)| \leqslant M \quad \text{für alle } x \in [a, b] \text{ und alle } n.$$

Dann darf (f_n) gliedweise integriert werden:

$$\text{R-}\int_a^b f_n\,\mathrm{d}x \to \text{R-}\int_a^b f\,\mathrm{d}x.$$

127.2 Satz *Die Funktionen $f_1, f_2, \ldots$ seien auf $[a, +\infty)$ uneigentlich R-integrierbar, und auf jedem Intervall $[a, t]$ strebe (f_n) gleichmäßig gegen die Funktion f. Gibt es dann eine nichtnegative Funktion g, die auf $[a, +\infty)$ uneigentlich R-integrierbar ist und mit der $|f_n| \leqslant g$ für alle n gilt, so ist f auf $[a, +\infty)$ uneigentlich R-integrierbar, und die Folge (f_n) darf gliedweise integriert werden:*

$$\text{R-}\int_a^{+\infty} f_n \, dx \to \text{R-}\int_a^{+\infty} f \, dx.$$

Man beachte, daß im ersten Satz die Integrierbarkeit der Grenzfunktion ausdrücklich vorausgesetzt wird, während sie sich im zweiten von selbst ergibt.

128 Parameterintegrale

In diesem Abschnitt greifen wir noch einmal das Thema der Parameterintegrale auf, das wir schon in den Aufgaben 107.2, 107.3 und im Satz 113.2 angeschnitten hatten. Diesmal sind die Integrale aber im Lebesgueschen Sinne zu verstehen; das Integrationsintervall darf infolgedessen auch unendlich und der Integrand unbeschränkt sein. Generell machen wir für die Sätze dieser Nummer die folgenden

Voraussetzungen $[a, b]$ sei ein kompaktes und I ein völlig beliebiges Intervall. Die reellwertige Funktion $f(x, y)$ sei für alle $x \in [a, b]$, $y \in I$ definiert und sei für jedes feste $x \in [a, b]$ L-integrierbar auf I, so daß die Funktion (das **Parameterintegral**)

$$F(x) := \int_I f(x, y) \, dy \quad \text{für alle } x \in [a, b] \tag{128.1}$$

existiert.

128.1 Satz *Für jedes feste $y \in I$ sei die Funktion $f(x, y)$ stetig auf $[a, b]$, und es gebe ein $g \in L(I)$ mit*

$$|f(x, y)| \leqslant g(y) \quad \text{für alle } x \in [a, b], \, y \in I. \tag{128.2}$$

Dann ist das oben definierte Parameterintegral F stetig auf $[a, b]$.

Zum Beweis sei ξ ein beliebiger Punkt aus $[a, b]$, (x_n) eine gegen ξ konvergierende Folge aus $[a, b]$ und

$$h_n(y) := f(x_n, y), \qquad h(y) := f(\xi, y).$$

Jedes h_n liegt in $L(I)$, es strebt $h_n \to h$ auf I, und wegen (128.2) wird die Folge (h_n) durch g majorisiert:

$$|h_n(y)| = |f(x_n, y)| \leqslant g(y) \quad \text{für alle } n \in \mathbf{N} \text{ und alle } y \in I.$$

Nach dem Konvergenzsatz von Lebesgue strebt also

$$F(x_n) = \int_I h_n(y)\,\mathrm{d}y \to \int_I h(y)\,\mathrm{d}y = F(\xi),$$

womit schon alles abgetan ist.　∎

128.2 Satz *Für jedes feste* $y \in I$ *sei die Funktion* $f(x, y)$ *partiell nach* x *differenzierbar, und es gebe ein* $g \in L(I)$ *mit*

$$\left| \frac{\partial f(x, y)}{\partial x} \right| \leq g(y) \quad \text{für alle } x \in [a, b],\, y \in I. \tag{128.3}$$

Dann ist die Funktion $\partial f(x, y)/\partial x$ *für jedes feste* $x \in [a, b]$ *L-integrierbar auf* I, *die oben definierte Funktion* F *ist differenzierbar auf* $[a, b]$ *und ihre Ableitung kann „durch Differentiation unter dem Integral" gewonnen werden, kurz: es ist*

$$\frac{\mathrm{d}}{\mathrm{d}x} \int_I f(x, y)\,\mathrm{d}y = \int_I \frac{\partial f(x, y)}{\partial x}\,\mathrm{d}y.$$

Beweis. ξ sei ein beliebiger Punkt aus $[a, b]$ und (x_n) eine gegen ξ konvergierende Folge aus $[a, b]$ mit $x_n \neq \xi$ für alle n. Dann ist

$$\frac{F(x_n) - F(\xi)}{x_n - \xi} = \int_I \frac{f(x_n, y) - f(\xi, y)}{x_n - \xi}\,\mathrm{d}y.$$

Setzen wir

$$h_n(y) := \frac{f(x_n, y) - f(\xi, y)}{x_n - \xi} \quad \text{und} \quad h(y) := \frac{\partial f}{\partial x}(\xi, y),$$

so liegt jedes h_n in $L(I)$, und es strebt $h_n \to h$ auf I. Nach dem Mittelwertsatz der Differentialrechnung gibt es für jedes n einen Punkt ξ_n zwischen x_n und ξ, so daß

$$\frac{f(x_n, y) - f(\xi, y)}{x_n - \xi} = \frac{\partial f}{\partial x}(\xi_n, y)$$

ist. Wegen (128.3) ergibt sich daraus, daß die Folge (h_n) durch g majorisiert wird. Nach dem Lebesgueschen Konvergenzsatz ist also $h \in L(I)$, und es strebt

$$\frac{F(x_n) - F(\xi)}{x_n - \xi} = \int_I h_n(y)\,\mathrm{d}y \to \int_I h(y)\,\mathrm{d}y.$$

Das ist aber gerade die Behauptung.　∎

Die beiden Sätze dieser Nummer enthalten eine Fülle von Aussagen über Parameterintegrale mit eigentlichen oder absolut konvergenten uneigentlichen R-Integralen. Einige von ihnen bringen wir in den Aufgaben.

Aufgaben

1. Zeige, daß die Aussage von A 107.2 a und (unabhängig von der zitierten Aufgabe) die Stetigkeitsbehauptung des Satzes 113.2 aus Satz 128.1 folgen. Hinweis: Sätze 106.4 und 111.8.

2. Die Funktion $f(x, y)$ sei auf $[a, b] \times [c, d]$ definiert und beschränkt, für jedes feste $x \in [a, b]$ sei sie R-integrierbar (oder auch nur L-integrierbar) auf $[c, d]$ und für jedes feste $y \in [c, d]$ stetig auf $[a, b]$. Dann ist die Funktion

$$F(x) := \int_c^d f(x, y)\,dy \qquad (a \leqslant x \leqslant b) \tag{128.4}$$

stetig auf $[a, b]$.

3. Zeige, daß die Aussage von A 107.2 b und (unabhängig von der zitierten Aufgabe) die Differentiationsbehauptung des Satzes 113.2 aus Satz 128.2 folgen. Hinweis: Sätze 106.4 und 111.8.

4. Die Funktion $f(x, y)$ sei auf $[a, b] \times [c, d]$ definiert, für jedes feste $x \in [a, b]$ sei sie R-integrierbar auf $[c, d]$ und für jedes feste $y \in [c, d]$ partiell nach x differenzierbar. Ferner sei die partielle Ableitung $\partial f(x, y)/\partial x$ auf $[a, b] \times [c, d]$ beschränkt und für jedes feste $x \in [a, b]$ auf $[c, d]$ R-integrierbar. Dann ist die Funktion F in (128.4) auf $[a, b]$ differenzierbar, und es gilt

$$\frac{d}{dx} \int_c^d f(x, y)\,dy = \int_c^d \frac{\partial f(x, y)}{\partial x}\,dy.$$

5. Die Funktion $f(x, y)$ sei auf $[a, b] \times [c, +\infty)$ definiert, für jedes feste $x \in [a, b]$ auf jedem Intervall $[c, t]$ R-integrierbar und für jedes feste $y \in [c, +\infty)$ stetig auf $[a, b]$. Ferner sei $|f(x, y)| \leqslant g(y)$ für alle $x \in [a, b]$, $y \in [c, +\infty)$, und das uneigentliche R-Integral $\int_c^{+\infty} g(y)\,dy$ sei konvergent. Dann ist die Funktion

$$F(x) := \text{R-}\int_c^{+\infty} f(x, y)\,dy \qquad (a \leqslant x \leqslant b)$$

auf $[a, b]$ definiert und stetig (vgl. A 107.3 c).

6. Gewinne selbst aus Satz 128.2 einen Differentiationssatz für uneigentliche Riemannsche Parameterintegrale (vgl. auch A 107.3 e).

129 Meßbare Funktionen

Definitionsgemäß läßt sich jedes $f \in L(I)$ in der Form $f = g - h$ mit $g = g|(\varphi_n)$ und $h = h|(\psi_n)$ aus $L^+(I)$ darstellen. Infolgedessen strebt $\varphi_n - \psi_n \to f$ fast überall auf I, jedes $f \in L(I)$ ist also fast überall auf I Grenzwert einer Folge von Treppenfunktionen. Einfache Beispiele zeigen jedoch, daß die Umkehrung dieser Aussage nicht gilt; der Grenzwert einer Folge von Treppenfunktionen braucht durchaus nicht L-integrierbar zu sein. Derartige Grenzwerte treten aber so häufig auf, daß sie einen eigenen Namen verdienen: Wir nennen die auf I definierte Funktion f **meßbar** (auf I), wenn es eine Folge von Treppenfunktionen gibt, die fast überall auf I gegen f konvergiert. $M(I)$ bedeute die Menge der meßbaren Funktionen auf I. Aus der einleitenden Bemerkung ergibt sich unmittelbar der

129.1 Satz *Jede L-integrierbare Funktion ist meßbar: $L(I) \subset M(I)$.*

Und aus Satz 126.4 erhalten wir sofort den

129.2 Satz *Sei f meßbar auf I und $|f| \leq g$ mit einem gewissen $g \in L(I)$. Dann gehört auch f zu $L(I)$. Insbesondere ist eine meßbare Funktion f immer dann sogar L-integrierbar, wenn $|f|$ L-integrierbar ist.*

Die nächsten Sätze zeigen, daß $M(I)$ wertvolle algebraische und analytische Abgeschlossenheitseigenschaften besitzt.

129.3 Satz *$M(I)$ ist eine Funktionenalgebra. Überdies liegen mit f und g auch die Funktionen*

$$\max(f, g), \qquad \min(f, g), \qquad f^+, \qquad f^- \qquad und \qquad |f|$$

in $M(I)$.

Diese Aussagen ergeben sich „durch Grenzübergang" aus den entsprechenden Eigenschaften der Treppenfunktionen. ∎

129.4 Satz *Die Funktion f gehöre zu $M(I)$ und sei fast überall auf I von Null verschieden. Setzt man*

$$g(x) := \begin{cases} 1/f(x), & \text{falls } f(x) \neq 0, \\ \text{beliebig}, & \text{falls } f(x) = 0 \end{cases}$$

(so daß also $g = 1/f$ fast überall auf I ist), so liegt auch g in $M(I)$.

Zum Beweis sei (φ_n) eine Folge von Treppenfunktionen, die fast überall auf I gegen f konvergiert, und

$$\psi_n(x) := \begin{cases} 1/\varphi_n(x), & \text{falls } \varphi_n(x) \neq 0, \\ 0, & \text{falls } \varphi_n(x) = 0. \end{cases}$$

Dann ist (ψ_n) eine Folge von Treppenfunktionen, die fast überall auf I gegen g strebt. ∎

129.5 Satz *Sind die Funktionen $f_1, f_2, \ldots$ alle meßbar auf I und strebt $f_n \to f$ fast überall auf I, so ist auch f meßbar auf I.*

Beweis. g sei eine positive Funktion aus $L(I)$ (eine solche ist offenbar immer vorhanden). Dann strebt

$$h_n := \frac{g f_n}{g + |f_n|} \to h := \frac{g f}{g + |f|} \qquad \text{fast überall auf } I. \tag{129.1}$$

Aus dem bisher Gezeigten folgt zunächst

$$h_n \in M(I) \quad \text{für } n = 1, 2, \ldots. \tag{129.2}$$

Ferner ist für alle $x \in I$ mit $f_n(x) \neq 0$

$$|h_n(x)| = \frac{g(x)|f_n(x)|}{g(x) + |f_n(x)|} < \frac{g(x)|f_n(x)|}{|f_n(x)|} = g(x),$$

und da diese Abschätzung trivialerweise auch im Falle $f_n(x) = 0$ gilt, haben wir

$$|h_n| < g \quad \text{für } n = 1, 2, \ldots. \tag{129.3}$$

Aus (129.2) und (129.3) ergibt sich wegen Satz 129.2

$$h_n \in L(I) \quad \text{für } n = 1, 2, \ldots. \tag{129.4}$$

Zieht man nun den Lebesgueschen Konvergenzsatz heran, so folgt aus (129.1), (129.3) und (129.4), daß auch h L-integrierbar und somit meßbar ist. Als nächstes beweist man die Abschätzung

$$|h| < g, \tag{129.5}$$

und zwar genau wie (129.3). Da $h(x)$ durchweg dasselbe Vorzeichen wie $f(x)$ besitzt, ist $h|f| = |h|f$; die aus der Definition von h folgende Gleichung $hg + h|f| = gf$ kann also auch in der Form $hg + |h|f = gf$ geschrieben werden. Aus ihr folgt, da $g - |h|$ nach (129.5) von Null verschieden ist,

$$f = \frac{hg}{g - |h|}.$$

Mit Hilfe der Sätze 129.3 und 129.4 erkennt man nun, daß f in der Tat zu $M(I)$ gehört. ∎

Den höchst einfachen Beweis des folgenden Satzes dürfen wir dem Leser überlassen.

129.6 Satz *Ist f meßbar auf I und g stetig auf $\mathbf{R}$, so ist $g \circ f$ meßbar auf I. Insbesondere ist $|f|^p$ für jedes $p > 0$ meßbar auf I.*

Aufgaben

1. Sei $f \in M(I)$ und $g_1, g_2 \in L(I)$ mit $g_1 < g_2$. Setze

$$h(x) := \begin{cases} g_1(x), & \text{falls } f(x) < g_1(x), \\ f(x), & \text{falls } g_1(x) \leq f(x) \leq g_2(x), \\ g_2(x), & \text{falls } g_2(x) < f(x), \end{cases}$$

und zeige, daß h in $L(I)$ liegt.

2. Sei $f \in M(\mathbf{R})$. Setze $g(x) := f(\alpha x + \beta)$ mit $\alpha, \beta \in \mathbf{R}$ und zeige, daß auch g zu $M(\mathbf{R})$ gehört.

***3.** Ist $f \in L(I)$ und $g \in M(I) \cap B(I)$, so liegt fg in $L(I)$. Ist insbesondere f eine beschränkte Funktion aus $L(I)$, so gehört auch f^2 zu $L(I)$.

4. Für jedes beschränkte Intervall I ist $M(I) \cap B(I) \subset L(I)$.

***5.** Jede auf dem Intervall I stetige Funktion f ist meßbar.

6. f gehöre zu $L(I)$, und für jedes $x \in I$ und $n \in \mathbf{N}$ sei

$$f_n(x) := \begin{cases} f(x), & \text{falls } -n \leqslant f(x) \leqslant n, \\ n, & \text{falls } f(x) > n, \\ -n, & \text{falls } f(x) < -n. \end{cases}$$

Zeige, daß f_n zu $L(I)$ gehört und $|f - f_n| \searrow 0$ strebt.

7. Sei f L-integrierbar auf I und ε eine beliebige positive Zahl. Zeige, daß es Funktionen $g, h \in L(I)$ gibt, so daß gilt:

$$g \in B(I), \qquad \int_I |h| \mathrm{d}x < \varepsilon, \qquad f = g + h.$$

Hinweis: Aufgabe 6, Satz von Beppo Levi.

130 Die Banachräume $L^p(I)$

In dieser Nummer sei p eine reelle Zahl $\geqslant 1$. Mit $L^p(I)$ bezeichnen wir die Menge aller $f \in M(I)$, für die $|f|^p$ in $L(I)$ liegt. Wegen Satz 129.2 ist offenbar $L^1(I) = L(I)$. Die algebraische Struktur von $L^p(I)$ wird geklärt durch den

130.1 Satz $L^p(I)$ *ist ein Funktionenraum.*

Zum Beweis sei $f, g \in L^p(I)$. Ohne Mühe erkennt man, daß dann auch jedes Vielfache αf von f zu $L^p(I)$ gehört. — Die Funktionen $f + g$ und $|f + g|$ sind nach Satz 129.3 meßbar. Wegen Satz 129.6 ist dann auch $|f + g|^p$ meßbar. Und da $|f + g| \leqslant |f| + |g| \leqslant 2 \max(|f|, |g|)$, also

$$|f + g|^p \leqslant 2^p \max(|f|^p, |g|^p)$$

ist, ergibt sich nun mit Hilfe der Sätze 124.3 und 129.2, daß $|f + g|^p$ L-integrierbar ist. Insgesamt gehört also $f + g$ in der Tat zu $L^p(I)$. ∎

Wie in der Überschrift schon angedeutet, wollen wir $L^p(I)$ durch Einführung einer geeigneten Norm zu einem Banachraum machen. Wir benötigen zu diesem Zweck zwei fundamentale Ungleichungen.

130.2 Höldersche Ungleichung *Die Zahlen $p, q > 1$ mögen der Gleichung $1/p + 1/q = 1$ genügen, und es sei $f \in L^p(I)$ und $g \in L^q(I)$. Dann liegt fg in $L^1(I)$, und es ist*

$$\left| \int_I fg \, dx \right| \leq \int_I |fg| \, dx \leq \left(\int_I |f|^p \, dx \right)^{1/p} \left(\int_I |g|^q \, dx \right)^{1/q}. \tag{130.1}$$

Wir brauchen nur die zweite Ungleichung zu beweisen und dürfen dazu annehmen, daß die Zahlen

$$A := \int_I |f|^p \, dx \quad \text{und} \quad B := \int_I |g|^q \, dx$$

positiv sind (wäre etwa $A = 0$, so müßte $|f|^p$, also auch f nach Satz 125.4 fast überall auf I verschwinden; dann wäre aber auch $\int_I fg \, dx = 0$, und die behauptete Ungleichung wäre somit sicher richtig). Wegen (59.1) ist

$$\left(\frac{|f|^p}{A} \right)^{1/p} \left(\frac{|g|^q}{B} \right)^{1/q} \leq \frac{1}{p} \frac{|f|^p}{A} + \frac{1}{q} \frac{|g|^q}{B}, \quad \text{also}$$

$$|fg| \leq \frac{1}{p} \frac{A^{1/p} B^{1/q}}{A} |f|^p + \frac{1}{q} \frac{A^{1/p} B^{1/q}}{B} |g|^q.$$

Da fg meßbar ist, ergibt sich daraus mit Satz 129.2 zunächst, daß fg zu $L^1(I)$ gehört, und dann durch Integration, daß die Abschätzung

$$\int_I |fg| \, dx \leq \frac{1}{p} \frac{A^{1/p} B^{1/q}}{A} A + \frac{1}{q} \frac{A^{1/p} B^{1/q}}{B} B = \left(\frac{1}{p} + \frac{1}{q} \right) A^{1/p} B^{1/q} = A^{1/p} B^{1/q}$$

gilt — das ist aber gerade die Behauptung. ∎

Der Leser möge beachten, daß der obige Beweis genau dem Beweis der Hölderschen Ungleichung 59.2 für Summen nachgebildet ist. Durch eine entsprechende Nachbildung des Beweises der Minkowskischen Ungleichung 59.3 für Summen (wobei man sich auf die obige Höldersche Ungleichung stützt) erhält man die

130.3 Minkowskische Ungleichung *Für $f, g \in L^p(I)$ ist*

$$\left(\int_I |f+g|^p \, dx \right)^{1/p} \leq \left(\int_I |f|^p \, dx \right)^{1/p} + \left(\int_I |g|^p \, dx \right)^{1/p}. \tag{130.2}$$

Jedem $f \in L^p(I)$ ordnen wir, analog zu unserem Vorgehen in den normierten Räumen l^p, die reelle Zahl

$$\|f\|_p := \left(\int_I |f|^p \, dx \right)^{1/p} \tag{130.3}$$

zu. $\|\cdot\|_p$ besitzt die folgenden Eigenschaften: $\|f\|_p \geq 0$ und $\|f\|_p = 0 \Leftrightarrow f = 0$ fast überall auf I (s. Satz 125.4), $\|\alpha f\|_p = |\alpha| \, \|f\|_p$ für jedes $\alpha \in \mathbf{R}$, $\|f+g\|_p \leq \|f\|_p + \|g\|_p$ (das ist die Minkowskische Ungleichung).

$\|\cdot\|_p$ ist keine Norm im strengen Sinne, weil aus $\|f\|_p = 0$ nicht $f = 0$ (sondern nur $f = 0$ *fast überall auf I*) folgt. Um diesen Mißstand zu beheben, vereinbart man, im Kontext der L^p-Theorie zwei Funktionen, die fast überall gleich sind, zu identifizieren (man hat es dann also, genau genommen, nicht mehr mit Funktionen, sondern mit *Äquivalenzklassen* von solchen zu tun, die aus der Äquivalenzrelation

$$f \sim g :\Leftrightarrow f = g \quad \text{fast überall auf } I$$

entspringen). Nach vorgenommener Identifizierung ist $\|\cdot\|_p$ eine Norm und somit $L^p(I)$ ein normierter Raum. Die wichtigste Aufgabe dieses Abschnittes ist der Nachweis, daß $L^p(I)$ sogar ein Banachraum ist. Zu diesem Zweck beweisen wir den

130.4 Hilfssatz *Die Funktionen* $g_1, g_2, \ldots$ *seien aus* $L^p(I)$ *und die Zahlenreihe* $\sum\limits_{n=1}^{\infty} \|g_n\|_p$ *möge konvergieren. Dann konvergiert* $\sum\limits_{n=1}^{\infty} g_n$ *im Sinne der* L^p-*Norm gegen eine Funktion* $s \in L^p(I)$.

Beweis. Wir schreiben statt $\|\cdot\|_p$ einfach $\|\cdot\|$ und setzen

$$\sigma := \sum_{n=1}^{\infty} \|g_n\| \quad \text{und} \quad h_n := |g_1| + |g_2| + \cdots + |g_n|.$$

(h_n) ist eine wachsende Folge nichtnegativer Funktionen aus $L^p(I)$, und wegen $\|h_n\| \leq \|g_1\| + \cdots + \|g_n\|$ gilt

$$\|h_n\| \leq \sigma \quad \text{für } n = 1, 2, \ldots.$$

(h_n^p) ist eine wachsende Folge nichtnegativer Funktionen aus $L(I)$ mit

$$\int_I h_n^p \, dx = \|h_n\|^p \leq \sigma^p \quad \text{für } n = 1, 2, \ldots.$$

Nach dem Konvergenzsatz von Beppo Levi strebt also (h_n^p) fast überall auf I gegen eine nichtnegative Funktion $u \in L(I)$ mit

$$\int_I u \, dx \leq \sigma^p. \tag{130.4}$$

Infolgedessen konvergiert

$$h_n \nearrow v := u^{1/p} \quad \text{fast überall auf } I. \tag{130.5}$$

Da jedes h_n in $L^p(I)$ liegt, also meßbar ist, muß nach Satz 129.5 auch v meßbar sein. Und weil $v^p = u$ überdies L-integrierbar ist, erhalten wir nun mit (130.4) die Aussage

$$v \in L^p(I) \quad \text{und} \quad \|v\| \leq \sigma.$$

Gemäß der Definition von h_n ergibt sich aus (130.5) zusammen mit Satz 31.4, daß die Reihe $\sum\limits_{n=1}^{\infty} g_n$ fast überall auf I gegen eine Funktion s mit $|s| \leq v$ konvergiert. Da die g_n als Funktionen aus $L^p(I)$ meßbar sind, ist s ebenfalls meßbar, und wegen $|s|^p \leq v^p$ erhalten wir nun mit Hilfe der Sätze 129.6 und 129.2, daß s zu $L^p(I)$ gehört. Setzen wir $s_n := g_1 + \cdots + g_n$, so haben wir also

$$|s_n - s|^p \in L(I) \quad \text{und} \quad |s_n - s|^p \to 0 \quad \text{fast überall auf } I. \tag{130.6}$$

Da $|s_n - s| \leq |s_n| + |s| \leq h_n + |s| \leq 2v$ und somit $|s_n - s|^p \leq 2^p v^p$ ist, folgt aus (130.6) in Verbindung mit dem Lebesgueschen Konvergenzsatz, daß

$$\int_I |s_n - s|^p \, dx \to 0, \quad \text{also auch} \quad \|s_n - s\| \to 0$$

strebt. Das ist aber gerade die Behauptung des Hilfssatzes.   ∎

Der Beweis des Hauptsatzes dieser Nummer bereitet nun keinerlei Schwierigkeiten:

130.5 Satz $L^p(I)$ *ist ein Banachraum.*

Beweis. Wir schreiben wieder $\|\cdot\|$ statt $\|\cdot\|_p$. (f_n) sei eine Cauchyfolge in dem normierten Raum $L^p(I)$, zu jedem $\varepsilon > 0$ gebe es also einen Index $n_0(\varepsilon)$ mit

$$\|f_n - f_m\| < \varepsilon \quad \text{für alle } n, m \geq n_0(\varepsilon).$$

Dann existiert zu $\varepsilon_1 := 1/2$ ein Index m_1 mit

$$\|f_n - f_{m_1}\| < \frac{1}{2} \quad \text{für alle } n \geq m_1,$$

zu $\varepsilon_2 := 1/2^2$ ein Index $m_2 > m_1$ mit

$$\|f_n - f_{m_2}\| < \frac{1}{2^2} \quad \text{für alle } n \geq m_2$$

usw. Man findet auf diese Weise eine Folge von Indizes $m_1, m_2, \ldots$, so daß

$$m_1 < m_2 < \cdots \quad \text{und} \quad \|f_n - f_{m_k}\| < \frac{1}{2^k} \quad \text{für alle } n \geq m_k \tag{130.7}$$

ist $(k = 1, 2, \ldots)$. Insbesondere ist

$$\|f_{m_{k+1}} - f_{m_k}\| < \frac{1}{2^k}, \quad \text{also} \quad \sum_{k=1}^{\infty} \|f_{m_{k+1}} - f_{m_k}\| \text{ konvergent.}$$

Wegen des obigen Hilfssatzes konvergiert daher die Reihe

$$f_{m_1} + (f_{m_2} - f_{m_1}) + (f_{m_3} - f_{m_2}) + \cdots$$

(im Sinne der L^p-Norm) gegen ein $f \in L^p(I)$. Da die Teilsummen dieser Teleskopreihe gerade die Funktionen f_{m_k} sind, bedeutet dies, daß die Teilfolge (f_{m_k}) der Cauchyfolge (f_n) gegen f strebt. Dann strebt aber auch (f_n) selbst gegen f: Nach Wahl von $\varepsilon > 0$ kann man nämlich einen Index k so bestimmen, daß

$$\frac{1}{2^k} < \frac{\varepsilon}{2} \quad \text{und} \quad \|f_{m_k} - f\| < \frac{\varepsilon}{2}$$

bleibt. Wegen (130.7) ist dann für $n \geq m_k$ stets

$$\|f_n - f\| \leq \|f_n - f_{m_k}\| + \|f_{m_k} - f\| < \frac{1}{2^k} + \frac{\varepsilon}{2} < \varepsilon,$$

in der Tat konvergiert also $f_n \to f$. ∎

Die weittragende Bedeutung des Satzes 130.5 wird uns erst im nächsten Kapitel voll bewußt werden.

Aufgaben

+**1.** f_n sei auf $I := [0, 1]$ definiert durch $f_n(x) := n$ für $x \in (0, 1/n)$, $:= 0$ sonst. (f_n) strebt punktweise auf I gegen 0, konvergiert aber nicht in $L^p(I)$.

+**2.** Konstruiere eine Folge kompakter Teilintervalle I_n von $I := [0, 1]$, so daß für die zugehörigen charakteristischen Funktionen $f_n := \chi_{I_n}$ gilt: a) $f_n \to 0$ bezüglich der L^p-Norm, b) $(f_n(x))$ ist für jedes $x \in I$ divergent.

Die beiden letzten Aufgaben zeigen, daß in $L^p(I)$ punktweise Konvergenz und Normkonvergenz nichts miteinander zu tun haben: Aus der punktweisen Konvergenz folgt nicht die Normkonvergenz und aus der Normkonvergenz nicht die punktweise Konvergenz. Vgl. jedoch Aufgabe 5.

*****3.** Für jedes beschränkte Intervall I ist $L^p(I) \subset L^1(I)$.

4. Sei I ein beschränktes Intervall, und die Folge der Funktionen $f_n \in L^p(I)$ konvergiere gleichmäßig auf I gegen f. Dann liegt auch f in $L^p(I)$, und es strebt $f_n \to f$ im Sinne der L^p-Norm. Hinweis: A 126.3.

+**5.** Jede konvergente Folge in $L^p(I)$ besitzt eine Teilfolge, die fast überall (punktweise) gegen eine Funktion aus $L^p(I)$ konvergiert. Hinweis: Gehe noch einmal den Beweis des Hilfssatzes 130.4 und des Satzes 130.5 durch.

131 Das unbestimmte Integral

Ist f auf dem kompakten Intervall $[a, b]$ L-integrierbar, so nennt man (in leichter Abweichung von dem früher eingeführten Sprachgebrauch) die Funktion

$$F(x) := \int_a^x f(t)\,dt \qquad (a \leq x \leq b) \tag{131.1}$$

das **unbestimmte Integral** von f. In Nr. 86 hatten wir F in dem Falle untersucht, daß f sogar R-integrierbar ist. Die dort gefundenen Ergebnisse gelten im wesentlichen auch in der Lebesgueschen Theorie — ihre Beweise würden allerdings den Rahmen dieses Kapitels sprengen. Notgedrungen begnügen wir uns also damit, nur einige einfache Sachverhalte vollständig zu begründen; weitergehende Aussagen werden wir lediglich referieren (und natürlich im weiteren Fortgang unserer Arbeit nicht benutzen).

Eine L-integrierbare Funktion kann außerordentlich unregelmäßig („pathologisch") sein; der Integrationsprozeß wirkt jedoch in so starkem Maße glättend, daß der folgende Satz gilt (vgl. A 91.5):

131.1 Satz *Das oben definierte unbestimmte Integral F ist auf $[a, b]$ stetig und von beschränkter Variation; seine totale Variation ist*

$$V_a^b (F) = \int_a^b |f(t)|\,dt. \tag{131.2}$$

Um die Stetigkeit von F zu beweisen, nehmen wir zunächst an, der Integrand f liege sogar in $L^+(a, b)$. Nach Wahl von $\varepsilon > 0$ gibt es dann eine Treppenfunktion φ mit

$$\varphi \leq f \text{ (fast überall)} \quad \text{und} \quad 0 \leq \int_a^b (f - \varphi)\,dt < \frac{\varepsilon}{2}.$$

Als Treppenfunktion ist φ natürlich auch beschränkt:

$$|\varphi(t)| \leq M \quad \text{für alle } t \in [a, b].$$

Sei nun x_0 ein beliebiger (fester) Punkt aus $[a, b]$. Dann gilt für alle $x \in [a, b]$ mit $|x - x_0| < \varepsilon/(2M)$ die Abschätzung

$$|F(x) - F(x_0)| = \left| \int_{x_0}^x f\,dt \right| \leq \left| \int_{x_0}^x (f - \varphi)\,dt \right| + \left| \int_{x_0}^x \varphi\,dt \right|$$

$$\leq \int_a^b (f - \varphi)\,dt + |x - x_0|M < \frac{\varepsilon}{2} + \frac{\varepsilon}{2M} M = \varepsilon,$$

F ist also in x_0 stetig. Ist nun der Integrand f beliebig aus $L(a, b)$, so kann man ihn in der Form $f = g - h$ mit $g, h \in L^+(a, b)$ darstellen, und aus dem eben Bewiesenen ergibt sich damit sofort, daß F wiederum in x_0 stetig sein muß. Da x_0 irgendein Punkt aus $[a, b]$ sein durfte, ist also F in der Tat auf ganz $[a, b]$ stetig.

Nun wenden wir uns der zweiten Behauptung des Satzes zu. Sei $Z := \{x_0, x_1, \ldots, x_n\}$ eine Zerlegung von $[a, b]$ und ε_Z eine Treppenfunktion, die auf (x_{k-1}, x_k) den Wert 1 oder -1 besitzt, je nachdem $F(x_k) - F(x_{k-1}) \geq 0$ oder < 0 ist; in den Zerlegungspunkten x_k sei $\varepsilon_Z(x_k) := 0$. Dann gilt, wenn ξ_k ein beliebiger Punkt aus (x_{k-1}, x_k) ist,

$$\sum_{k=1}^{n} |F(x_k) - F(x_{k-1})| = \sum_{k=1}^{n} \varepsilon_Z(\xi_k) [F(x_k) - F(x_{k-1})]$$

$$= \sum_{k=1}^{n} \varepsilon_Z(\xi_k) \int_{x_{k-1}}^{x_k} f(t)\, dt = \sum_{k=1}^{n} \int_{x_{k-1}}^{x_k} \varepsilon_Z(t) f(t)\, dt$$

$$= \int_a^b \varepsilon_Z(t) f(t)\, dt \le \int_a^b |f(t)|\, dt.$$

Infolgedessen ist $F \in B V[a, b]$ und

$$V := V_a^b(F) = \sup_Z \int_a^b \varepsilon_Z(t) f(t)\, dt \le \int_a^b |f(t)|\, dt. \tag{131.3}$$

Ist nun ε irgendeine Treppenfunktion mit $|\varepsilon(t)| \le 1$ für alle $t \in [a, b]$, $Z := \{x_0, x_1, \ldots, x_n\}$ die zu ihrer Definition benutzte Zerlegung und ξ_k ein Punkt aus (x_{k-1}, x_k), so haben wir

$$\int_a^b \varepsilon(t) f(t)\, dt = \sum_{k=1}^{n} \int_{x_{k-1}}^{x_k} \varepsilon(t) f(t)\, dt = \sum_{k=1}^{n} \varepsilon(\xi_k) \int_{x_{k-1}}^{x_k} f(t)\, dt$$

$$= \sum_{k=1}^{n} \varepsilon(\xi_k) [F(x_k) - F(x_{k-1})] \le \sum_{k=1}^{n} |F(x_k) - F(x_{k-1})| \le V. \tag{131.4}$$

Aus (131.3) und (131.4) folgt

$$\sup_\varepsilon \int_a^b \varepsilon(t) f(t)\, dt = V \le \int_a^b |f(t)|\, dt, \tag{131.5}$$

wobei das Supremum über alle Treppenfunktionen ε auf $[a, b]$ mit $|\varepsilon(t)| \le 1$ für jedes $t \in [a, b]$ gebildet wird.

Zu f gibt es nach Satz 129.1 eine Folge von Treppenfunktionen φ_n, die fast überall auf $[a, b]$ gegen f konvergiert. Wir definieren nun die Treppenfunktion ε_n auf $[a, b]$, indem wir $n\varphi_n$ oben durch 1 und unten durch -1 abschneiden, schärfer:

$$\varepsilon_n(t) := \begin{cases} 1, & \text{falls } n\varphi_n(t) > 1, \\ n\varphi_n(t), & \text{falls } -1 \le n\varphi_n(t) \le 1, \\ -1, & \text{falls } n\varphi_n(t) < -1. \end{cases}$$

Ist nun t_0 ein Punkt aus $[a, b]$ mit $\varphi_n(t_0) \to f(t_0)$, so haben wir $\varepsilon_n(t_0) \to 1$, falls $f(t_0) > 0$, dagegen $\varepsilon_n(t_0) \to -1$, falls $f(t_0) < 0$. Infolgedessen strebt $\varepsilon_n(t_0) f(t_0) \to |f(t_0)|$, wenn $f(t_0) \ne 0$ ist. Da diese Beziehung aber trivialerweise auch im Falle $f(t_0) = 0$ gilt, können wir sagen: Es konvergiert

$$\varepsilon_n(t) f(t) \to |f(t)| \quad \text{fast überall auf } [a, b].$$

Wegen $|\varepsilon_n f| \le |f|$ folgt daraus nach dem Lebesgueschen Konvergenzsatz, daß $\int_a^b \varepsilon_n(t) f(t)\, dt \to \int_a^b |f(t)|\, dt$ strebt. Und nun braucht man nur noch (131.5) heranzuziehen, um die behauptete Gl. (131.2) einzusehen. ∎

Viel schwerer zugänglich ist der nächste Satz, den wir ebensowenig beweisen wollen wie den übernächsten.

131.2 Satz *Die Funktion f sei auf dem kompakten Intervall $[a, b]$ L-integrierbar. Dann ist fast überall auf $[a, b]$*

$$\frac{d}{dx} \int_a^x f(t)\,dt \ \text{vorhanden und} \ = f(x).$$

Der erste Hauptsatz der Differential- und Integralrechnung lehrte, daß man eine differenzierbare Funktion G vermöge der Gleichung

$$G(x) = G(a) + \int_a^x G'(t)\,dt \tag{131.6}$$

aus ihrer Ableitung wiedergewinnen kann, sofern letztere R-integrierbar ist. Natürlich drängt sich nun sofort die Frage auf, ob diese Gleichung nicht schon dann gilt, wenn G' bloß L-integrierbar ist. Es läßt sich zeigen, daß dies tatsächlich der Fall ist (s. etwa Hewitt-Stromberg [7], Exercise 18.41; vgl. auch Aufgabe 7). Setzt man jedoch, wie es dem Geist der Lebesgueschen Theorie entspricht, lediglich voraus, daß G' *fast überall* existiert – und natürlich nach wie vor L-integrierbar ist[1] –, so braucht die Gl. (131.6) nicht mehr zu gelten. Eine tiefere Analyse deckt auf, daß der eigentliche Grund hierfür die überaus starke Glättungskraft des Integrationsprozesses ist. Das unbestimmte Integral F in (131.1) ist nämlich nicht nur stetig, sondern sogar absolutstetig, d.h., zu jedem $\varepsilon > 0$ gibt es ein $\delta > 0$, so daß für endlich viele disjunkte Teilintervalle $(a_1, b_1), \ldots, (a_n, b_n)$ von $[a, b]$ mit $\sum_{k=1}^n (b_k - a_k) < \delta$ stets $\sum_{k=1}^n |F(b_k) - F(a_k)| < \varepsilon$ ausfällt (s. Aufgabe 6). Die Gl. (131.6) kann infolgedessen höchstens dann bestehen, wenn G absolutstetig ist — dann gilt sie allerdings tatsächlich, ja wir haben sogar den tiefliegenden

131.3 Satz *Ist die Funktion G absolutstetig auf $[a, b]$, so ist sie fast überall auf $[a, b]$ differenzierbar, ihre Ableitung ist dort L-integrierbar, und für alle $x \in [a, b]$ gilt die Gl. (131.6).*

Locker formuliert besagen diese Ergebnisse, daß genau die absolutstetigen Funktionen mittels des Lebesgueschen Integrationsprozesses aus ihren Ableitungen rekonstruiert werden können.

Mit Hilfe der unbestimmten Integrale formulieren und beweisen wir nun eine Aussage über die Integration von Produkten, die der Leser mit Satz 81.5 vergleichen möge:

---

[1] Ist G in $x \in [a, b]$ nicht differenzierbar, so setze man den Wert von $G'(x)$ willkürlich fest, etwa $G'(x) = 0$.

131.4 Satz *Die Funktionen f, g seien auf* [a, b] *L-integrierbar und F, G seien ihre unbestimmten Integrale:*

$$F(x) := \int_a^x f(t)\,dt, \qquad G(x) := \int_a^x g(t)\,dt \qquad (a \leqslant x \leqslant b).$$

Dann ist

$$\int_a^b fG\,dx = [FG]_a^b - \int_a^b Fg\,dx. \tag{131.7}$$

Beweis. Die behauptete Gleichung ist trivialerweise richtig, falls f und g konstant sind; aus dieser Tatsache folgt „durch Aneinanderstückeln", daß sie auch für Treppenfunktionen f, g besteht. Nun seien $f = f|(\varphi_n)$ und $g = g|(\psi_n)$ fast überall positive Funktionen aus $L^+(a, b)$. O.B.d.A. dürfen wir annehmen, daß die approximierenden Treppenfunktionen φ_n, ψ_n nichtnegativ sind (andernfalls würden wir φ_n^+, ψ_n^+ heranziehen). Φ_n und Ψ_n seien die unbestimmten Integrale von φ_n bzw. ψ_n. Nach dem eben Bewiesenen ist dann

$$\int_a^b \varphi_n \Psi_n\,dx + \int_a^b \Phi_n \psi_n\,dx = [\Phi_n \Psi_n]_a^b. \tag{131.8}$$

Ferner haben wir die Beziehungen

$$0 \leqslant \Phi_n \nearrow F \quad \text{und} \quad 0 \leqslant \Psi_n \nearrow G.$$

Aus ihnen folgt

$$0 \leqslant \Phi_n \psi_n \nearrow Fg \quad \text{und} \quad 0 \leqslant \varphi_n \Psi_n \nearrow fG \quad \text{fast überall auf } [a, b]. \tag{131.9}$$

Die linke Seite in (131.8) konvergiert, weil es die rechte tut, bleibt also insbesondere beschränkt. Da ihre beiden Integralterme aber nichtnegativ sind, bleiben auch diese unter einer festen Schranke. Zieht man nun den Satz von Beppo Levi heran, so folgt aus (131.8) und (131.9) sofort die behauptete Gl. (131.7). Sind schließlich f und g beliebige Funktionen aus $L(a, b)$, so läßt sich jede von ihnen als Differenz *fast überall positiver* Funktionen aus $L^+(a, b)$ schreiben (in der Darstellung $f = f_1 - f_2$ von f mit $f_1, f_2 \in L^+(a, b)$ braucht man nämlich nur, falls überhaupt notwendig, eine geeignete Konstante zu f_1 und f_2 zu addieren; genauso verfährt man mit g). Die Gl. (131.7) ergibt sich nun ohne weiteres aus dem schon Bewiesenen. ∎

Wir beschließen unser Studium des Lebesgueschen Integrals mit der wichtigen

131.5 Substitutionsregel *Die Funktionen f und g mögen den folgenden Voraussetzungen genügen:*

a) *f ist L-integrierbar auf* [a, b].

---

[1] Offenbar kann man die Funktionen F, G durch $F + C_1$, $G + C_2$ mit willkürlichen Konstanten C_1, C_2 ersetzen, ohne am Ergebnis etwas zu ändern.

b) *g ist stetig differenzierbar auf* $\langle \alpha, \beta \rangle$, *und* $g'(t)$ *ist dort ständig* ≥ 0 *oder ständig* ≤ 0.

c) *Es ist* $g(\alpha) = a$ *und* $g(\beta) = b$.

Dann ist die Funktion $f(g(t))g'(t)$ *L-integrierbar auf* $\langle \alpha, \beta \rangle$, *und es gilt die Gleichung*

$$\int_a^b f(x)\,dx = \int_\alpha^\beta f(g(t))g'(t)\,dt. \tag{131.10}$$

Beweis. Um unsere Vorstellung zu fixieren, nehmen wir zunächst an, auf $\langle \alpha, \beta \rangle$ sei $g'(t) \geq 0$. Dann ist $\alpha < \beta$ und $g([\alpha, \beta]) = [a, b]$.

Falls f eine Treppenfunktion ist, erhält man die Behauptung ohne Schwierigkeit mit Hilfe der Substitutionsregel 81.6 (oder auch durch eine einfache direkte Betrachtung). Wir nehmen nun an, f gehöre zu $L^+(a, b)$. Dann gibt es eine wachsende Folge von Treppenfunktionen φ_n, so daß gilt:

$$\varphi_n(x) \to f(x) \quad \text{auf } [a, b] \setminus N \quad (N \text{ eine geeignete Nullmenge}),$$

$$\int_a^b \varphi_n(x)\,dx \to \int_a^b f(x)\,dx.$$

Die Funktionen $\varphi_n(g(t))g'(t)$ bilden wegen $g'(t) \geq 0$ eine wachsende Folge auf $[\alpha, \beta]$, und es strebt

$$\varphi_n(g(t))g'(t) \to f(g(t))g'(t), \quad \text{falls } g(t) \notin N \text{ oder } g'(t) = 0$$

ist. Setzen wir

$$\tilde{N} := \{t \in [\alpha, \beta] : g(t) \in N \text{ und } g'(t) > 0\},$$

so konvergiert also

$$\varphi_n(g(t))g'(t) \to f(g(t))g'(t) \quad \text{auf } [\alpha, \beta] \setminus \tilde{N}. \tag{131.11}$$

Wir zeigen nun, daß $\tilde{N}$ eine Nullmenge ist. Zu diesem Zweck überdecken wir die Nullmenge N zunächst mit Intervallen

$$I_{11}, I_{12}, I_{13}, \dots \text{ der Längensumme } \sum_k |I_{1k}| < \frac{1}{2},$$

dann mit Intervallen

$$I_{21}, I_{22}, I_{23}, \dots \text{ der Längensumme } \sum_k |I_{2k}| < \frac{1}{2^2},$$

allgemein mit Intervallen

$$I_{j1}, I_{j2}, I_{j3}, \dots \text{ der Längensumme } \sum_k |I_{jk}| < \frac{1}{2^j} \quad (j = 1, 2, \dots).$$

Die Intervalle I_{jk} ($j, k = 1, 2, \dots$) ordnen wir irgendwie zu einer Folge $I_1, I_2, \dots$. Diese Folge überdeckt N, und zwar so, daß jedes $x \in N$ zu unendlich vielen I_ν gehört und

$$\sum_{\nu} |I_{\nu}| < 1$$

ist. Setzen wir

$$\psi_n := \sum_{\nu=1}^{n} \chi_{I_{\nu}} \quad (\chi_{I_{\nu}} \text{ die charakteristische Funktion von } I_{\nu}),$$

so ist (ψ_n) eine wachsende Folge von Treppenfunktionen, und

$$\text{für } x \in N \text{ divergiert } \psi_n(x) \to +\infty.$$

Wegen $g'(t) \geq 0$ ist dann die Folge der Funktionen $\psi_n(g(t))g'(t)$ wachsend auf $[\alpha, \beta]$, und

$$\text{für } t \in \tilde{N} \text{ divergiert } \psi_n(g(t))g'(t) \to +\infty.$$

Da aber

$$\int_{\alpha}^{\beta} \psi_n(g(t))g'(t)\,\mathrm{d}t = \int_{a}^{b} \psi_n(x)\,\mathrm{d}x = \sum_{\nu=1}^{n} \int_{a}^{b} \chi_{I_{\nu}}(x)\,\mathrm{d}x = \sum_{\nu=1}^{n} |I_{\nu}| < 1$$

ist, ergibt sich nun aus dem Satz von Beppo Levi, daß $\tilde{N}$ Teil einer Nullmenge und somit selbst eine Nullmenge sein muß.

Die Konvergenzaussage in (131.11) gilt also fast überall auf $[\alpha, \beta]$. Bedenkt man noch, daß

$$\int_{\alpha}^{\beta} \varphi_n(g(t))g'(t)\,\mathrm{d}t = \int_{a}^{b} \varphi_n(x)\,\mathrm{d}x \to \int_{a}^{b} f(x)\,\mathrm{d}x \tag{131.12}$$

strebt, so liefert der Satz von Beppo Levi, angewandt auf die Beziehung (131.11), daß die Funktion $f(g(t))g'(t)$ auf $[\alpha, \beta]$ L-integrierbar ist, und daß

$$\int_{\alpha}^{\beta} \varphi_n(g(t))g'(t)\,\mathrm{d}t \to \int_{\alpha}^{\beta} f(g(t))g'(t)\,\mathrm{d}t$$

strebt. Ein Blick auf (131.12) lehrt nun, daß

$$\int_{a}^{b} f(x)\,\mathrm{d}x = \int_{\alpha}^{\beta} f(g(t))g'(t)\,\mathrm{d}t$$

sein muß. In der Tat gilt also die Substitutionsregel (131.10) gewiß für jedes $f \in L^+(a, b)$.

Ist schließlich f aus $L(a, b)$, so erhält man (131.10), indem man f in der Form $f = f_1 - f_2$ mit $f_1, f_2 \in L^+(a, b)$ darstellt und das eben Bewiesene auf die Integrale $\int_{a}^{b} f_1(x)\,\mathrm{d}x$ und $\int_{a}^{b} f_2(x)\,\mathrm{d}x$ anwendet.

Die geringfügigen Modifikationen, die man im Falle $g'(t) \leq 0$ an unseren Betrachtungen anbringen muß, dürfen wir getrost dem Leser überlassen. ∎

Mit Hilfe der Substitutionsregel bestätigt man leicht die folgende Aussage, die wir im nächsten Kapitel häufig benutzen werden:

131.6 Satz *Ist die Funktion f p-periodisch und auf einem Intervall der Länge p L-integrierbar, so ist sie auf jedem beschränkten Intervall L-integrierbar, und für alle reellen α ist*

$$\int_0^p f(x)\,dx = \int_\alpha^{\alpha+p} f(x)\,dx = \int_0^p f(x+\alpha)\,dx.$$

Aufgaben

$^+$**1.** Jede auf $[a, b]$ Lipschitz-stetige Funktion ist dort auch absolutstetig.

$^+$**2.** Jede auf $[a, b]$ absolutstetige Funktion ist dort von beschränkter Variation (für eine bloß stetige Funktion braucht dies nicht der Fall zu sein; s. A 91.1).

$^+$**3.** Die auf $[a, b]$ absolutstetigen Funktionen bilden eine Funktionenalgebra.

4. Genau dann ist F auf $[a, b]$ absolutstetig, wenn es zu jedem $\varepsilon > 0$ ein $\delta > 0$ gibt, so daß für höchstens abzählbar viele disjunkte Teilintervalle (a_1, b_1), (a_2, b_2), ... von $[a, b]$ mit $\sum (b_k - a_k) < \delta$ stets $\sum |F(b_k) - F(a_k)| < \varepsilon$ bleibt.

$^+$**5.** Ist die Funktion F absolutstetig auf $[a, b]$, so bildet sie jede Nullmenge in $[a, b]$ auf eine Nullmenge ab. Kurz: Das absolutstetige Bild einer Nullmenge ist wieder eine Nullmenge. Hinweis: Aufgabe 4.

$^+$**6.** Das unbestimmte Integral einer L-integrierbaren Funktion ist absolutstetig. Hinweis: A 129.7.

$^+$**7. Der erste Hauptsatz im Falle beschränkter Ableitungen** Die Funktion G besitze eine beschränkte Ableitung G' auf $[a, b]$. Dann ist G' L-integrierbar und

$$G(b) = G(a) + \int_a^b G'\,dx.$$

Anleitung zum Beweis:

a) Setze $G(x) := G(b)$ für $x > b$ und $g_n(x) := \dfrac{G\left(x + \dfrac{1}{n}\right) - G(x)}{1/n}$ für $x \in [a, b]$.

b) Für alle $x \in [a, b]$ und alle $n \in \mathbf{N}$ ist $|g_n(x)| \le \sup\limits_{a \le t \le b} |G'(t)|$ (das ist trivial für $x = b$ und folgt für $x \in [a, b)$ mit Hilfe des Mittelwertsatzes der Differentialrechnung).

c) $\int_a^b g_n\,dx \to \int_a^b G'\,dx$.

d) $\int_a^b G(x + 1/n)\,dx = \int_{a+1/n}^{b+1/n} G(x)\,dx$,   also

$$\int_a^b g_n(x)\,dx = n \int_b^{b+1/n} G(x)\,dx - n \int_a^{a+1/n} G(x)\,dx \to G(b) - G(a).$$

Beachte, daß G stetig ist!

XVII Fourierreihen

Es lässt sich mit Grund behaupten, dass die wesentlichsten Fortschritte in diesem für die Physik so wichtigen Theile der Mathematik [wo ganz willkürliche Functionen vorkommen] von der klareren Einsicht in die Natur [der Fourierreihen] abhängig gewesen sind.

Bernhard Riemann

132 Das Problem der schwingenden Saite

Wir greifen in diesem Abschnitt eines der großen und fruchtbaren Probleme der Mathematik auf, das der Entwicklung der Analysis mächtige Impulse gegeben hat: das *Problem der schwingenden Saite*. Seine erste tiefergehende Behandlung verdankt man Jean Baptiste le Rond d'Alembert (1717–1783; 66)[1].

Wir denken uns eine Saite (etwa eine Geigensaite) der Länge π in den Punkten 0 und π der x-Achse fest eingespannt; die etwas seltsam anmutende Länge haben wir nur deshalb gewählt, um später einfache Formeln zu erhalten (im übrigen kann man durch passende Wahl der Maßeinheit jeder positiven Länge die Maßzahl π geben). Durch Zupfen oder Streichen kann man die Saite in Bewegung versetzen; sie hat dann im Punkte x zur Zeit t eine gewisse Auslenkung, die wir mit $u(x, t)$ bezeichnen (s. die „Momentaufnahme" zur Zeit t in Fig. 132.1). Als erstes stellt sich nun die mehr physikalische als mathematische Frage nach dem *Bewegungsgesetz* der Saite.

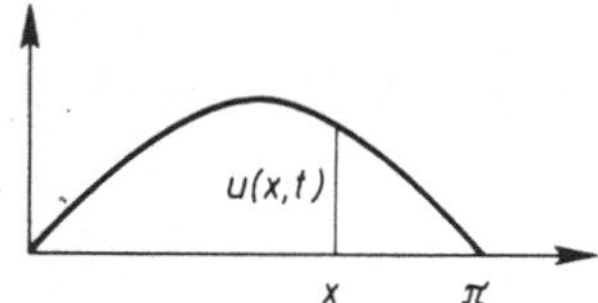

Fig. 132.1

Differenziert man $\partial u/\partial x$ bzw. $\partial u/\partial t$ noch einmal partiell nach x bzw. nach t, so erhält man die z w e i t e n   p a r t i e l l e n   A b l e i t u n g e n $\partial^2 u/\partial x^2$, $\partial^2 u/\partial t^2$. Die sogenannte *Gleichung der schwingenden Saite* ist eine einfache Beziehung zwischen ihnen:

$$\frac{\partial^2 u}{\partial t^2} = \alpha^2 \, \frac{\partial^2 u}{\partial x^2} \qquad (\alpha \text{ eine positive Konstante})^{2)}. \tag{132.1}$$

Das Bewegungsgesetz der Saite wird also wieder durch eine Differentialgleichung beschrieben, die man, da sie partielle Ableitungen enthält, eine p a r t i e l l e   D i f f e-

---

[1] Die Geschichte dieses Problems wird in Heuser [5], S. 441–449 erzählt.
[2] Eine ganz elementare Herleitung dieser Gleichung ist in Heuser [5], S. 292f zu finden.

rentialgleichung nennt. Die bisher betrachteten Differentialgleichungen, in denen nur die „gewöhnlichen" Ableitungen von Funktionen einer Veränderlichen vorkamen, nennt man im Gegensatz hierzu gerne gewöhnliche Differentialgleichungen.

Nachdem nun die Gl. (132.1) vorliegt, stellt sich das eigentlich mathematische Problem, sie zu lösen und damit die Bewegungsformen der Saite quantitativ zu beschreiben. Eine der klassischen Lösungsmethoden ist der Separationsansatz

$$u(x,\,t) = v(x)\,w(t),$$

bei dem eine Lösung u gesucht wird, die sich als Produkt einer nur von x abhängigen Funktion v mit einer nur von t abhängigen Funktion w darstellen läßt. Für eine solche Lösung u — falls sie denn überhaupt existiert — ist

$$\frac{\partial^2 u}{\partial t^2} = v(x)\,\ddot{w}(t) \quad \text{und} \quad \frac{\partial^2 u}{\partial x^2} = v''(x)\,w(t),$$

wobei wir mit Punkten die Ableitung nach t und mit Strichen die nach x bezeichnen. Die Gl. (132.1) geht damit über in die Beziehung

$$v(x)\,\ddot{w}(t) = \alpha^2 v''(x)\,w(t) \quad \text{oder also} \quad \frac{\ddot{w}(t)}{w(t)} = \alpha^2\,\frac{v''(x)}{v(x)},$$

sofern $w(t) \neq 0$ und $v(x) \neq 0$ ist. Die letzte Gleichung kann aber, da ihre linke Seite allein von t und ihre rechte allein von x abhängt, nur bestehen, wenn mit einer gewissen Konstanten λ

$$\frac{v''(x)}{v(x)} = -\lambda \quad \text{und} \quad \frac{\ddot{w}(t)}{w(t)} = -\alpha^2\lambda$$

ist. Mit anderen Worten: v und w genügen den homogenen linearen Differentialgleichungen mit konstanten Koeffizienten

$$v'' + \lambda v = 0 \quad \text{bzw.} \quad \ddot{w} + \alpha^2 \lambda w = 0. \tag{132.2}$$

Nun sei umgekehrt v irgendeine Lösung der ersten, w irgendeine Lösung der zweiten Gleichung und $u(x,\,t) := v(x)\,w(t)$. Dann ist

$$\frac{\partial^2 u}{\partial t^2} = v\ddot{w} = -\alpha^2 \lambda v w = \alpha^2 v'' w = \alpha^2\,\frac{\partial^2 u}{\partial x^2},$$

und damit erweist sich u als eine Lösung der Gl. (132.1). Wir können also, kurz gesagt, Lösungen der Gleichung der schwingenden Saite finden, indem wir die gewöhnlichen Differentialgleichungen in (132.2) auflösen. Nun zeigt sich eine ganz einschneidende Auswirkung des Umstandes, daß die Saite in den Punkten $x = 0$ und $x = \pi$ eingespannt ist, daß also $u(0,\,t) = u(\pi,\,t) = 0$ zu allen Zeiten t gilt. Für eine Separationslösung $u(x,\,t) = v(x)\,w(t)$ ergibt sich daraus nämlich

$$v(0)\,w(t) = 0 \quad \text{und} \quad v(\pi)\,w(t) = 0 \quad \text{für alle } t.$$

Und da $w(t)$ nicht ständig verschwindet (andernfalls hätten wir den uninteressanten Fall der ruhenden Saite vor uns), muß notwendig

$$v(0) = v(\pi) = 0 \tag{132.3}$$

sein. Mit anderen Worten: Wegen der Einspannbedingung interessieren uns nur diejenigen Lösungen von $v'' + \lambda v = 0$, die den Randbedingungen (132.3) genügen (während wir es früher ausschließlich mit Anfangswertproblemen zu tun hatten, stoßen wir hier zum ersten Mal auf ein Randwertproblem). Dieses Randwertproblem besitzt aber nur für gewisse Werte von λ eine nichttriviale, d.h. nicht überall verschwindende Lösung. Ist nämlich v eine solche Lösung, so ist sie wegen $v(0) = 0$ auch nichtkonstant, ihre Ableitung v' verschwindet also nicht überall, und aus $\lambda v = -v''$ und (132.3) folgt nun, daß

$$\lambda \int_0^\pi v^2 \, \mathrm{d}x = - \int_0^\pi v v'' \, \mathrm{d}x = -[v v']_0^\pi + \int_0^\pi (v')^2 \, \mathrm{d}x = \int_0^\pi (v')^2 \, \mathrm{d}x > 0,$$

also $\lambda > 0$ sein muß (s. A 84.3). Dies ist aber nicht die einzige Einschränkung, der λ unterliegt. Der Satz 72.1 zeigt nämlich, daß wegen der Positivität von λ alle Lösungen von $v'' + \lambda v = 0$ gegeben werden durch

$$v(x) = C_1 \cos \sqrt{\lambda} \, x + C_2 \sin \sqrt{\lambda} \, x \quad \text{mit willkürlichen Konstanten } C_1, C_2.$$

Für diese Lösungen haben die Randbedingungen (132.3) die folgenden Konsequenzen: $v(0) = 0$ erzwingt zunächst $C_1 = 0$, und nun zieht $v(\pi) = 0$ die Beziehung $C_2 \sin \sqrt{\lambda} \, \pi = 0$ nach sich. Und da $C_2 \neq 0$ ist (andernfalls hätten wir es mit der trivialen Lösung $v = 0$, also mit der ruhenden Saite zu tun), ergibt sich nun $\sin \sqrt{\lambda} \, \pi = 0$, also $\sqrt{\lambda} \, \pi = n\pi$ und somit $\lambda = n^2$ $(n = 1, 2, \ldots)$. Unser Randwertproblem ist also nicht für alle λ, sondern nur für die Zahlen

$$\lambda = \lambda_n := n^2 \quad (n = 1, 2, \ldots)$$

nichttrivial lösbar.

Natürlich brauchen wir dann auch die zweite Differentialgleichung in (132.2) nur für $\lambda = n^2$ zu lösen. Da in diesem Falle alle ihre Lösungen nach Satz 72.1 durch

$$\tilde{C}_1 \cos \alpha n t + \tilde{C}_2 \sin \alpha n t \quad \text{mit beliebigen Konstanten } \tilde{C}_1, \tilde{C}_2 \tag{132.4}$$

gegeben sind, können wir nun zusammenfassend sagen, daß jede der Funktionen

$$u_n(x, t) := C_2 \sin n x \cdot (\tilde{C}_1 \cos \alpha n t + \tilde{C}_2 \sin \alpha n t)$$

oder übersichtlicher geschrieben

$$u_n(x, t) := \sin n x \cdot (A_n \cos \alpha n t + B_n \sin \alpha n t) \quad (n = 1, 2, \ldots) \tag{132.5}$$

bei beliebiger Wahl der Konstanten A_n, B_n eine Lösung der Saitengleichung (132.1) ist — und zwar eine solche, die der Einspannbedingung $u_n(0, t) = u_n(\pi, t) = 0$ genügt.

Aber mit diesen Funktionen u_n haben wir nur einige wenige Lösungen der Saitengleichung (132.1) in der Hand. Insbesondere sind wir noch weit davon entfernt, ein Problem zu beherrschen, das vom physikalischen Standpunkt aus das eigentlich interessante ist. Besitzt nämlich die (nach wie vor an beiden Enden eingespannte) Saite zur Zeit $t=0$ eine vorgeschriebene Anfangslage $g(x)$ und erteilt man ihr irgendeine Anfangsgeschwindigkeit $h(x)$, so wird sie eine gewisse Bewegung ausführen — und das Problem der schwingenden Saite wird man erst dann als befriedigend gelöst ansehen dürfen, wenn man diese Bewegung quantitativ beschreiben kann, wenn man also eine Lösung $u(x, t)$ der Gl. (132.1) finden kann, die den Randbedingungen

$$u(0, t) = u(\pi, t) = 0 \quad \text{für alle } t \geqslant 0 \tag{132.6}$$

ebenso genügt wie den Anfangsbedingungen

$$u(x, 0) = g(x), \qquad \frac{\partial u}{\partial t}(x, 0) = h(x) \quad \text{für alle } x \in [0, \pi]. \tag{132.7}$$

Es ist klar, daß nur in den wenigsten Fällen eine der obigen Funktionen u_n auch noch die Forderungen (132.7) befriedigen wird. Man kann nun aber versuchen, mit der folgenden Beobachtung weiterzukommen. Offenbar genügt jede Summe $u_1 + u_2 + \cdots + u_n$ sowohl der Gl. (132.1) als auch den Randbedingungen (132.6), und dasselbe gilt von der Reihe

$$u(x, t) = \sum_{n=1}^{\infty} u_n(x, t) = \sum_{n=1}^{\infty} \sin nx \cdot (A_n \cos \alpha n t + B_n \sin \alpha n t), \tag{132.8}$$

falls sie konvergiert und zweimal gliedweise nach t und nach x differenziert werden darf. Die Anfangsbedingungen (132.7) fordern dann von uns, die Konstanten A_n und B_n so zu bestimmen, daß

$$u(x, 0) = \sum_{n=1}^{\infty} A_n \sin nx = g(x) \quad \text{und} \quad \frac{\partial u}{\partial t}(x, 0) = \sum_{n=1}^{\infty} \alpha n B_n \sin nx = h(x) \tag{132.9}$$

ist. Damit sind wir von der Physik her auf das mathematische Problem gestoßen, weitgehend willkürliche Funktionen in Reihen der Form $\sum C_n \sin nx$ („Sinusreihen") zu entwickeln. Natürlich wird man sofort auch fragen, ob — oder wann — eine Funktion in eine „Kosinusreihe" $\sum D_n \cos nx$ oder, noch allgemeiner, in eine trigonometrische Reihe

$$\frac{1}{2} a_0 + \sum_{n=1}^{\infty} (a_n \cos nx + b_n \sin nx) \tag{132.10}$$

entwickelt werden kann[1]. Falls die Funktion $u(x, t)$ in (132.8) eine Lösung des Saitenproblems liefert und wir der Einfachheit wegen $\alpha = 1$ annehmen (was durch ge-

---

[1] Es wird bald deutlich werden, weshalb wir den Koeffizienten a_0 mit dem an sich überflüssigen Faktor $1/2$ behaftet haben.

eignete Wahl der Maßeinheiten stets erreicht werden kann), so wird z. B. für jedes feste $x = x_0$ die nur von der Zeit abhängige Funktion $u(x_0, t)$ durch die trigonometrische Reihe

$$u(x_0, t) = \sum_{n=1}^{\infty} [(A_n \sin n\, x_0) \cos n\, t + (B_n \sin n\, x_0) \sin n\, t]$$

dargestellt. Da jedes Reihenglied und damit auch die Reihensumme 2π-periodisch ist, lehrt diese Formel übrigens, daß der Saitenpunkt mit der Abszisse x_0 eine *periodische* Bewegung, also wirklich eine *Schwingung* ausführt, und daß dieselbe durch Überlagerung (*Superposition*) einfacher Schwingungen der Form $a_n \cos n\, t + b_n \sin n\, t$ erzeugt werden kann. Wir werden das Problem der schwingenden Saite in Nr. 144 wieder aufgreifen, um es mit den Hilfsmitteln zu lösen, die wir in diesem Kapitel entwickeln wollen.

Die Aufgabe, eine vorgelegte Funktion in eine trigonometrische Reihe zu entwikkeln, taucht so häufig und so unabweisbar auf — nicht nur bei Schwingungsproblemen —, daß sie als eine der Grundaufgaben der Analysis bezeichnet werden muß. Ihre eigentümliche Schwierigkeit rührt daher, daß man gerade von den naturwissenschaftlichen Anwendungen dazu gedrängt wird, „willkürliche" Funktionen, schärfer: Funktionen, die nur sehr schwache analytische Eigenschaften besitzen, ja sogar unstetig sein dürfen, durch trigonometrische Reihen darzustellen, also doch durch Reihen, deren Glieder umgekehrt sehr starke analytische Eigenschaften haben. Dieser „analytische Hiatus" könnte das Entwicklungsproblem *a priori* als hoffnungslos erscheinen lassen, wenn nicht kräftige physikalische Gründe für seine Lösbarkeit sprächen. Naturgemäß können wir in einem einführenden Buch nur eine schwache Vorstellung von den zahlreichen tiefen Untersuchungen über trigonometrische Reihen geben, die mit Daniel Bernoulli begonnen und bis heute noch kein Ende gefunden haben. Wir möchten aber doch darauf hinweisen, daß z. B. der moderne Funktionsbegriff, den wir im zweiten Kapitel erklärt haben, nach langen Kämpfen und teilweise polemischen Auseinandersetzungen aus der Frage entstanden ist, was denn überhaupt „willkürliche" Funktionen seien, deren Entwickelbarkeit in trigonometrische Reihen von den einen behauptet und von den anderen geleugnet wurde. Und ferner möchten wir bemerken, daß Riemann seinen Integralbegriff geschaffen hat, um seinen Untersuchungen über trigonometrische Reihen eine feste Grundlage zu geben; er stellt ihn vor in seiner Habilitationsschrift „Über die Darstellbarkeit einer Function durch eine trigonometrische Reihe". Auch der Lebesguesche Integralbegriff ist aufs engste mit der Theorie der trigonometrischen Reihen verbunden. Wir werden noch sehen, wie und mit welcher Kraft das L-Integral in das Entwicklungsproblem eingreift. Und schließlich möchten wir darauf hinweisen, daß Cantor zu seiner Mengenlehre nicht durch irgendwelche windigen Spekulationen über das Unendliche gekommen ist, sondern durch die Frage, ob die Entwicklung einer Funktion in eine trigonometrische Reihe *eindeutig* sei.

133 Der Begriff der Fourierreihe

Um uns zu orientieren, nehmen wir zunächst an, es sei eine trigonometrische Reihe

$$\frac{1}{2}a_0 + \sum_{n=1}^{\infty} (a_n \cos n x + b_n \sin n x)$$

vorgelegt, die für jedes $x \in [-\pi, \pi]$ konvergieren möge. Bezeichnen wir ihre Summe mit $f(x)$, so ist also

$$f(x) = \frac{1}{2}a_0 + \sum_{n=1}^{\infty} (a_n \cos n x + b_n \sin n x) \quad \text{für alle } x \in [-\pi, \pi]. \tag{133.1}$$

Wir werfen nun die Frage auf, ob ein formelmäßig angebbarer Zusammenhang zwischen den Koeffizienten a_n, b_n und der Summenfunktion f besteht.

Bei der Lösung dieses Problems kommt uns eine einfache Beobachtung zur Hilfe. Aus den Integralformeln der Nr. 76 ergeben sich ohne Mühe die folgenden Orthogonalitätsrelationen der trigonometrischen Funktionen (diese Benennung wird später besser verständlich werden):

$$\int_{-\pi}^{\pi} \cos n x \sin m x \, dx = 0 \quad \text{für } n, m = 0, 1, \ldots,$$

$$\int_{-\pi}^{\pi} \cos n x \cos m x \, dx = \int_{-\pi}^{\pi} \sin n x \sin m x \, dx = \begin{cases} 0, & \text{falls } n \neq m, \\ \pi, & \text{falls } n = m \geq 1. \end{cases} \tag{133.2}$$

Multiplikation der Gl. (133.1) mit $\cos m x$ liefert die Beziehung

$$f(x) \cos m x = \frac{1}{2}a_0 \cos m x + \sum_{n=1}^{\infty} (a_n \cos n x \cos m x + b_n \sin n x \cos m x). \tag{133.3}$$

Nun nehmen wir an, die Funktion $f(x) \cos m x$ sei im Riemannschen oder auch nur im Lebesgueschen Sinne auf $[-\pi, \pi]$ integrierbar und die Reihe in (133.3) könne gliedweise integriert werden. Dann erhalten wir mit Hilfe der Orthogonalitätsrelationen zunächst ($m = 0$) die Beziehung

$$\int_{-\pi}^{\pi} f(x) \, dx = \frac{1}{2}a_0 \cdot 2\pi, \quad \text{also} \quad a_0 = \frac{1}{\pi} \int_{-\pi}^{\pi} f(x) \, dx,$$

und dann für $m = 1, 2, \ldots$ die Gleichungen

$$\int_{-\pi}^{\pi} f(x) \cos m x \, dx = a_m \pi, \quad \text{also} \quad a_m = \frac{1}{\pi} \int_{-\pi}^{\pi} f(x) \cos m x \, dx.$$

Multipliziert man (133.1) mit $\sin mx$, so erhält man ganz entsprechend (unter analogen Voraussetzungen) die Beziehungen

$$b_m = \frac{1}{\pi} \int_{-\pi}^{\pi} f(x)\sin mx\,dx \quad \text{für } m = 1, 2, \ldots .$$

Die oben ausgeführten Integrationen sind gewiß immer dann zulässig, wenn die Reihe in (133.1) gleichmäßig auf $[-\pi, \pi]$ konvergiert: Dann ist f nämlich auf $[-\pi, \pi]$ stetig (so daß die Funktionen $f(x)\cos mx$ und $f(x)\sin mx$ auf $[-\pi, \pi]$ gewiß R-integrierbar sind), die Reihe in (133.3) ist gleichmäßig konvergent (s. A 103.10) und darf infolgedessen gliedweise integriert werden (s. Satz 104.5). Wir halten dieses Ergebnis fest als

133.1 Satz *Die trigonometrische Reihe*

$$\frac{1}{2}a_0 + \sum_{n=1}^{\infty} (a_n\cos nx + b_n\sin nx)$$

sei auf dem Intervall $[-\pi, \pi]$ *gleichmäßig konvergent und habe dort die Summe* $f(x)$. *Dann gelten für die Koeffizienten* a_n, b_n *die* Euler-Fourierschen Formeln

$$a_n = \frac{1}{\pi} \int_{-\pi}^{\pi} f(x)\cos nx\,dx \qquad (n = 0, 1, \ldots), \tag{133.4}$$

$$b_n = \frac{1}{\pi} \int_{-\pi}^{\pi} f(x)\sin nx\,dx \qquad (n = 1, 2, \ldots).^{1)} \tag{133.5}$$

Dieser Satz legt es nahe, unseren Überlegungen die folgende, für alles weitere entscheidende Wendung zu geben. Es sei uns nicht eine trigonometrische Reihe, sondern eine auf $[-\pi, \pi]$ L-integrierbare Funktion f gegeben (sollte der Leser das Kapitel XVI über das Lebesguesche Integral nicht durchgearbeitet haben, so mag er sich unter f zunächst eine R-integrierbare Funktion vorstellen; der Lebesguesche Integralbegriff wird erst ab Nr. 141 unentbehrlich). Dann kann man die Zahlen $a_0, a_1, a_2, \ldots$ und $b_1, b_2, b_3, \ldots$ gemäß den Formeln (133.4) und (133.5) *definieren* (die Integrale existieren wegen A 129.3; ist f sogar R-integrierbar, so kann man sich auch auf den Satz 84.8 stützen). Diese Zahlen heißen die Fourierkoeffizienten der Funktion f. *Mit ihnen bildet man nun die trigonometrische Reihe*

$$\frac{1}{2}a_0 + \sum_{n=1}^{\infty} (a_n\cos nx + b_n\sin nx), \tag{133.6}$$

---

[1] Jean Baptiste Joseph Fourier (1768–1830; 62). — Man sieht übrigens jetzt, warum wir das Anfangsglied der trigonometrischen Reihe mit dem Faktor 1/2 versehen haben: Bei dieser Schreibweise gelten die Formeln (133.4) auch noch für $n = 0$.

die man die Fourierreihe *von f nennt.* Diese Reihe braucht nicht zu konvergieren, und selbst wenn sie für gewisse Werte von x konvergiert, braucht ihre Summe nicht $= f(x)$ zu sein. Das Problem — oder jedenfalls eines der wichtigsten Probleme unserer Theorie — besteht demgemäß gerade darin, *Bedingungen zu finden, unter denen die Summe der Fourierreihe* (133.6) *vorhanden und* $= f(x)$ *ist.*

Um kurz auszudrücken, daß (133.6) die Fourierreihe der Funktion f ist, schreibt man

$$f(x) \sim \frac{1}{2} a_0 + \sum_{n=1}^{\infty} (a_n \cos n x + b_n \sin n x).$$

Hierdurch wird jedoch in gar keiner Weise eine Aussage über die Konvergenz und den evtl. vorhandenen Wert der rechtsstehenden Reihe gemacht, es wird nur ausgedrückt, daß die Zahlen a_n, b_n gemäß den Euler-Fourierschen Formeln (133.4) und (133.5) berechnet wurden, also die Fourierkoeffizienten von f sind.

Definitionsgemäß besitzt jede Funktion $f \in L^1(-\pi, \pi)$ eine Fourierreihe, und demgemäß wird man natürlich daran denken, eine Fourier-Theorie für beliebige $f \in L^1(-\pi, \pi)$ — kurz: eine L^1-Theorie — zu entwickeln (und dies hat man auch getan). Da aber gewisse hochinteressante und grundsätzlich bedeutungsvolle Sätze der Fourier-Theorie nur für Funktionen aus $L^2(-\pi, \pi)$ formuliert und bewiesen werden können und überdies die L^2-Theorie auch noch einfacher und durchsichtiger ist als die L^1-Theorie, ziehen wir es vor, von vornherein vorauszusetzen, daß alle betrachteten Funktionen in $L^2(-\pi, \pi)$ liegen. Um die Beziehungen der bisher angesprochenen Funktionenklassen deutlich vor Augen zu haben, halten wir ausdrücklich fest, daß

$$R[-\pi, \pi] \subset L^2(-\pi, \pi) \subset L^1(-\pi, \pi) \tag{133.7}$$

ist. Die erste Inklusion ergibt sich aus Satz 84.8, wenn man noch beachtet, daß eine R-integrierbare Funktion erst recht L-integrierbar und damit nach Satz 129.1 auch meßbar ist. Die zweite Inklusion gewinnt man aus A 130.3.

Wie schon gesagt, kann sich ein Leser, der das Kapitel XVI überschlagen hat, auf R-integrierbare Funktionen zurückziehen, allerdings nur bis Nr. 140 einschließlich. Da wir ständig das Intervall $[-\pi, \pi]$ zugrunde legen, schreiben wir kurz L^2 statt $L^2(-\pi, \pi)$ und nennen ein $f \in L^2$ wohl auch eine L^2-Funktion oder eine **quadratisch integrierbare Funktion**[1].

---

[1] Ein Leser, der nur über das Riemannsche Integral verfügt, ersetze in Gedanken die Zeichen L und L^2 immer durch R. R-Funktionen und quadratisch integrierbare Funktionen sind dann natürlich Funktionen aus $R[-\pi, \pi]$. Werden Sätze aus der Lebesgueschen Theorie benutzt, so muß er zu den korrespondierenden Sätzen über R-Integrale greifen.

Mit Hilfe der Substitutionsregel 131.5 beweist man ohne Mühe die folgende

Bemerkung *Sei $a>0$ und $f \in L(-a, a)$. Dann ist*

$$\int_{-a}^{a} f\,dx = 2 \int_{0}^{a} f\,dx, \quad \text{falls } f \text{ gerade,} \qquad \int_{-a}^{a} f\,dx = 0, \quad \text{falls } f \text{ ungerade.}$$

Daraus ergeben sich für die Fourierkoeffizienten gerader bzw. ungerader L^2-Funktionen die folgenden nützlichen Beziehungen:

$$a_n = \frac{2}{\pi} \int_{0}^{\pi} f(x)\cos nx\,dx \quad \text{und} \quad b_n = 0, \quad \text{falls } f \text{ gerade,} \tag{133.8}$$

$$a_n = 0 \quad \text{und} \quad b_n = \frac{2}{\pi} \int_{0}^{\pi} f(x)\sin nx\,dx, \quad \text{falls } f \text{ ungerade.} \tag{133.9}$$

Die Fourierreihe einer *geraden* L^2-Funktion ist also eine „reine Kosinusreihe", die einer *ungeraden* eine „reine Sinusreihe".

Komplexe Form der Fourierreihe Wir verabreden, das Integral über eine *komplex*wertige Funktion *komponentenweise* zu bilden; s. (185.2). Für $n \in \mathbf{Z}$ ist dann dank der Eulerschen Formel (68.5)

$$\alpha_n := \frac{1}{2\pi} \int_{-\pi}^{\pi} f(t)\,e^{-int}\,dt = \frac{1}{2\pi} \int_{-\pi}^{\pi} f(t)\cos nt\,dt - \frac{i}{2\pi} \int_{-\pi}^{\pi} f(t)\sin nt\,dt.$$

Es ist also $\alpha_0 = a_0/2$, und für $n>0$ haben wir wegen der Eulerschen Formel (68.10)

$$\alpha_n e^{inx} + \alpha_{-n} e^{-inx} = \frac{1}{\pi} \int_{-\pi}^{\pi} f(t)\,\frac{e^{in(x-t)} + e^{-in(x-t)}}{2}\,dt$$

$$= \frac{1}{\pi} \int_{-\pi}^{\pi} f(t)\cos n(x-t)\,dt = a_n \cos nx + b_n \sin nx.$$

Man schreibt deshalb die Fourierreihe von f auch häufig in der *komplexen Form*

$$\sum_{n=-\infty}^{\infty} \alpha_n e^{inx} \quad \text{mit den oben definierten } \alpha_n \in \mathbf{C}.$$

Aufgaben

Bei den folgenden Aufgaben verifiziere man die angegebenen Formeln (das ist ein reines Integrationsproblem!). *Alle Funktionen seien auf $[-\pi, \pi]$ definiert.*

***1.** $x \sim \sum_{n=1}^{\infty} (-1)^{n+1} \dfrac{2\sin nx}{n}.$

***3.** $|\sin x| \sim \dfrac{2}{\pi} + \sum_{n=1}^{\infty} \left(-\dfrac{4}{\pi}\right) \dfrac{\cos 2nx}{(2n-1)(2n+1)}.$

***2.** $|x| \sim \dfrac{\pi}{2} + \sum_{n=1}^{\infty} \left(-\dfrac{4}{\pi}\right) \dfrac{\cos(2n-1)x}{(2n-1)^2}.$

***4.** $x^2 \sim \dfrac{\pi^2}{3} + \sum_{n=1}^{\infty} (-1)^n \dfrac{4\cos nx}{n^2}.$

***5.** $\cos\dfrac{x}{2} \sim \dfrac{2}{\pi} + \displaystyle\sum_{n=1}^{\infty} (-1)^{n+1}\,\dfrac{4}{\pi}\,\dfrac{\cos nx}{4n^2-1}\,.$

***6.** $f(x) \sim \displaystyle\sum_{n=1}^{\infty} \dfrac{4}{\pi}\,\dfrac{\sin(2n-1)x}{2n-1}\,,\qquad$ wobei $f(x):=\begin{cases} -1, & \text{falls } x\in[-\pi,0),\\ 0, & \text{falls } x=0,\\ 1, & \text{falls } x\in(0,\pi].\end{cases}$

***7.** $\cosh\alpha x \sim \dfrac{\sinh\alpha\pi}{\alpha\pi} + \displaystyle\sum_{n=1}^{\infty} (-1)^n\,\dfrac{2\alpha\sinh\alpha\pi}{\pi}\,\dfrac{\cos nx}{\alpha^2+n^2}\,,\qquad \alpha\neq 0 \text{ fest.}$

134 Die Approximation im quadratischen Mittel

In diesem Abschnitt werden wir eine neue und überaus folgenreiche Charakterisierung der Fourierkoeffizienten kennenlernen. Um die hierbei verwendeten Sprech- und Vorgehensweisen zu motivieren, erinnern wir den Leser zunächst daran, daß man in der Analytischen Geometrie unter dem Innenprodukt zweier Vektoren $x := (x_1, x_2, x_3)$ und $y := (y_1, y_2, y_3)$ aus $\mathbf{R}^3$ den Ausdruck

$$(x|y) := \sum_{k=1}^{3} x_k y_k$$

versteht, und daß diese Vektoren (etwa durch Pfeile repräsentiert, die vom Nullpunkt ausgehen) genau dann senkrecht aufeinander stehen oder zueinander orthogonal sind, wenn $(x|y)$ verschwindet. Analog dazu definiert man das Innenprodukt zweier L^2-Funktionen f, g durch

$$(f|g) := \int_{-\pi}^{\pi} fg\,dx$$

und sagt, f und g seien zueinander orthogonal, wenn $(f|g)=0$ ist. Diese symmetrische Sprechweise ist deshalb gerechtfertigt, weil $(f|g)=(g|f)$ ist, mit $(f|g)$ also auch $(g|f)$ verschwindet. Die Fourierkoeffizienten von f sind nichts anderes als die Innenprodukte von f mit den Funktionen

$$\frac{1}{\pi},\ \frac{\cos x}{\pi},\ \frac{\sin x}{\pi},\ \frac{\cos 2x}{\pi},\ \frac{\sin 2x}{\pi},\ \dots, \tag{134.1}$$

und die Orthogonalitätsrelationen (133.2) besagen u.a., daß je zwei verschiedene dieser Funktionen stets zueinander orthogonal sind. Man nennt die Folge (134.1) deshalb auch eine Orthogonalfolge (in L^2).

Für das Innenprodukt gelten einige einfache Rechenregeln, die genau den Regeln für das Innenprodukt von Vektoren entsprechen und die „Produkt"-Benennung verständlich machen:

$$(f_1 + f_2 | g) = (f_1 | g) + (f_2 | g), \qquad (f | g_1 + g_2) = (f | g_1) + (f | g_2),$$
$$(\alpha f | g) = (f | \alpha g) = \alpha (f | g),$$
$$(f | g) = (g | f).$$

Ferner ist

$$(f | f) \geqslant 0 \quad \text{und} \quad (f | f) = 0 \Leftrightarrow f = 0 \quad \text{(fast überall)}[1].$$

Die L^2-Norm $(\int_{-\pi}^{\pi} f^2 \, dx)^{1/2}$ von f, die wir in diesem Kapitel kurz mit $\|f\|$ statt mit $\|f\|_2$ bezeichnen wollen, läßt sich vermöge der Gleichung

$$\|f\| = (f | f)^{1/2} \tag{134.2}$$

durch das Innenprodukt ausdrücken. Die Höldersche Ungleichung 130.2 nimmt dann für L^2-Funktionen f, g (also im Falle $p = q = 2$) die Form

$$|(f | g)| \leqslant \|f\| \, \|g\| \tag{134.3}$$

an und wird **Schwarzsche Ungleichung** genannt (vgl. Nr. 85). Aus ihr ergibt sich sehr einfach die Stetigkeit des Innenprodukts:

134.1 Satz *Aus $f_n \to f$, $g_n \to g$ im Sinne der L^2-Norm folgt $(f_n | g_n) \to (f | g)$. Insbesondere darf das Innenprodukt einer normkonvergenten Reihe mit einer festen L^2-Funktion stets gliedweise gebildet werden, d. h.,*

$$aus \quad \sum_{k=1}^{\infty} h_k = f \quad folgt \quad \sum_{k=1}^{\infty} (h_k | g) = (f | g).$$

Beweis. Mit der Schwarzschen Ungleichung erhält man die Abschätzung

$$|(f_n | g_n) - (f | g)| = |(f_n - f | g) + (f_n | g_n - g)| \leqslant \|f_n - f\| \, \|g\| + \|f_n\| \, \|g_n - g\|,$$

aus der wegen der Beschränktheit von $(\|f_n\|)$ die erste Behauptung folgt. Aus ihr ergibt sich sofort die zweite, wenn man $f_n := h_1 + \cdots + h_n$ und $g_n := g$ setzt. ∎

Aus den Orthogonalitätsrelationen (133.2) erhält man für die Funktionen

$$u_0(x) := \frac{1}{\sqrt{2\pi}}, \quad u_{2n-1}(x) := \frac{\cos n x}{\sqrt{\pi}}, \quad u_{2n}(x) := \frac{\sin n x}{\sqrt{\pi}} \quad (n = 1, 2, \ldots) \tag{134.4}$$

die Beziehungen

$$(u_j | u_k) = 0 \text{ für } j \neq k, \qquad (u_j | u_j) = 1 \qquad (j, k = 0, 1, 2, \ldots). \tag{134.5}$$

Die Folge (u_j) ist also eine Orthogonalfolge, deren Glieder alle die Norm 1 besitzen; man nennt sie deshalb kurz eine **Orthonormalfolge** (in L^2).

---

[1] Wir haben „fast überall" eingeklammert, weil wir immer dann, wenn wir L^2 als normierten Raum betrachten — und wir werden dies sofort tun —, Funktionen, die fast überall gleich sind, identifizieren wollen (s. die Bemerkung nach Satz 130.3).

Nach diesen Vorbereitungen nehmen wir nun die angekündigte neue Charakterisierung der Fourierkoeffizienten einer L^2-Funktion f in Angriff. Wir werfen zu diesem Zweck die anschaulich naheliegende Frage auf, ob es in der Menge T_n der trigonometrischen Polynome

$$t(x) := \frac{\alpha_0}{2} + \sum_{k=1}^{n} (\alpha_k \cos k\,x + \beta_k \sin k\,x) \qquad (n \geqslant 0 \text{ fest}) \qquad (134.6)$$

ein t_0 gibt, das im Sinne der L^2-Metrik f am nächsten liegt, für das also

$$\|f - t_0\| \leqslant \|f - t\| \quad \text{für alle } t \in T_n$$

ist. Rein rechentechnisch läßt sich dieses Problem am glattesten behandeln, wenn wir t mittels der Funktionen $u_0, u_1, u_2, \ldots$ aus (134.4) in der Form schreiben

$$t = \sum_{k=0}^{m} c_k u_k \quad \text{mit } m = 2n, \; c_0 = \sqrt{\frac{\pi}{2}}\,\alpha_0, \; c_{2k-1} = \sqrt{\pi}\,\alpha_k, \; c_{2k} = \sqrt{\pi}\,\beta_k \qquad (k = 1, \ldots, n).$$

Die Koeffizienten α_k, β_k bestimmen sich umgekehrt aus den c_k vermöge der Gleichungen

$$\alpha_0 = \sqrt{\frac{2}{\pi}}\, c_0, \quad \alpha_k = \frac{1}{\sqrt{\pi}}\, c_{2k-1}, \quad \beta_k = \frac{1}{\sqrt{\pi}}\, c_{2k} \qquad (k = 1, \ldots, n). \qquad (134.7)$$

Indem wir nun die Beziehungen (134.5) ausnutzen, erhalten wir die folgende Gleichungskette:

$$\|f - t\|^2 = (f - t \mid f - t) = (f \mid f) - 2(f \mid t) + (t \mid t)$$

$$= \|f\|^2 - 2\left(f \,\Big|\, \sum_{k=0}^{m} c_k u_k\right) + \left(\sum_{j=0}^{m} c_j u_j \,\Big|\, \sum_{k=0}^{m} c_k u_k\right)$$

$$= \|f\|^2 - 2\sum_{k=0}^{m} c_k (f \mid u_k) + \sum_{j,k=0}^{m} c_j c_k (u_j \mid u_k) \qquad (134.8)$$

$$= \|f\|^2 - \sum_{k=0}^{m} 2c_k (f \mid u_k) + \sum_{k=0}^{m} c_k^2$$

$$= \|f\|^2 - \sum_{k=0}^{m} (f \mid u_k)^2 + \sum_{k=0}^{m} [c_k - (f \mid u_k)]^2.$$

$\|f - t\|$ wird also genau dann minimal, wenn $c_k = (f \mid u_k)$ für $k = 0, 1, \ldots, m$ ist. Gehen wir wieder zu der Darstellung (134.6) von t über, ziehen wir (134.7) heran und bedeuten a_k, b_k die Fourierkoeffizienten von f, so lautet dieses Ergebnis: $\|f - t\|$ wird genau dann minimal, wenn die α_k, β_k die folgenden Werte haben:

$$\alpha_0 = \sqrt{\frac{2}{\pi}}\,(f|u_0) \quad = \frac{1}{\pi}\int_{-\pi}^{\pi} f(x)\,\mathrm{d}x \qquad = a_0,$$

$$\alpha_k = \frac{1}{\sqrt{\pi}}\,(f|u_{2k-1}) = \frac{1}{\pi}\int_{-\pi}^{\pi} f(x)\cos k\,x\,\mathrm{d}x = a_k,$$

$$\beta_k = \frac{1}{\sqrt{\pi}}\,(f|u_{2k}) \quad = \frac{1}{\pi}\int_{-\pi}^{\pi} f(x)\sin k\,x\,\mathrm{d}x = b_k \qquad (k=1,\dots,n).$$

Anders ausgedrückt: *Bei festem n ist unter allen trigonometrischen Polynomen aus T_n die n-te Teilsumme*

$$s_n(x) := \frac{a_0}{2} + \sum_{k=1}^{n} (a_k\cos k\,x + b_k\sin k\,x)$$

der Fourierreihe von f — und nur sie — die beste Approximation an f im quadrati- schen Mittel, *d. h. im Sinne der* L^2-*Metrik.* Damit haben wir die eingangs verspro- chene neue Charakterisierung der Fourierkoeffizienten gefunden.

Aus der Gleichungskette (134.8) ergibt sich sofort die Besselsche Gleichung[1]

$$\left\| f - \sum_{k=0}^{m} (f|u_k)\,u_k \right\|^2 = \|f\|^2 - \sum_{k=0}^{m} (f|u_k)^2 \tag{134.9}$$

oder also

$$\|f - s_n\|^2 = \|f\|^2 - \pi\left[\frac{1}{2}\,a_0^2 + \sum_{k=1}^{n} (a_k^2 + b_k^2)\right].$$

Da ihre linke Seite ≥ 0 ist, gewinnen wir aus ihr die Besselsche Ungleichung

$$\sum_{k=0}^{m} (f|u_k)^2 \leq \|f\|^2, \tag{134.10}$$

anders geschrieben:

$$\frac{1}{2}\,a_0^2 + \sum_{k=1}^{n} (a_k^2 + b_k^2) \leq \frac{1}{\pi}\,\|f\|^2.$$

Lassen wir nun $n\to\infty$ gehen, so folgt:

Die Reihe $\dfrac{1}{2}\,a_0^2 + \displaystyle\sum_{k=1}^{\infty} (a_k^2 + b_k^2)$ ist konvergent und $\leq \dfrac{1}{\pi}\,\|f\|^2$.

---

[1] Friedrich Wilhelm Bessel (1784–1846; 62).

Auch diese Abschätzung wird **B e s s e l s c h e U n g l e i c h u n g** genannt. Bevor wir unsere Ergebnisse in Satzform zusammenfassen, fügen wir noch eine weitere Bemerkung an. $g := f - \sum\limits_{j=0}^{m} (f|u_j)u_j$ steht senkrecht auf jedem u_k $(k = 0, 1, \ldots, m)$, weil

$$(g|u_k) = \left(f - \sum_{j=0}^{m} (f|u_j)u_j\Big|u_k\right) = (f|u_k) - \sum_{j=0}^{m} (f|u_j)(u_j|u_k) = (f|u_k) - (f|u_k) = 0$$

ist. Dann steht g aber auch senkrecht auf jeder Linearkombination $\sum\limits_{k=0}^{m} c_k u_k$ der $u_0, u_1, \ldots, u_m$; denn es ist

$$\left(g\Big|\sum_{k=0}^{m} c_k u_k\right) = \sum_{k=0}^{m} c_k (g|u_k) = \sum_{k=0}^{m} c_k \cdot 0 = 0.$$

Ist die L^2-Funktion h orthogonal zu jedem Element der nichtleeren Menge $M \subset L^2$, so sagen wir kurz, h sei **o r t h o g o n a l z u** M; in dieser Sprechweise ist also g orthogonal zur Menge

$$M := \left\{\sum_{k=0}^{m} c_k u_k : c_0, c_1, \ldots, c_m \text{ beliebige Zahlen}\right\}.$$

Noch anschaulicher könnte man sagen, g sei das „Lot" von f auf M. Im Falle $m = 2n$ ist $f - \sum\limits_{j=0}^{m} (f|u_j)u_j = f - s_n$ und $M = T_n$, die Funktion $f - s_n$ steht also senkrecht auf T_n. — Wir fassen zusammen:

134.2 Satz *f sei eine L^2-Funktion mit den Fourierkoeffizienten a_k, b_k, ferner sei*

$$s_n(x) := \frac{a_0}{2} + \sum_{k=1}^{n} (a_k \cos k x + b_k \sin k x)$$

die n-te Teilsumme ihrer Fourierreihe und T_n die Menge der trigonometrischen Polynome der Form (134.6). Dann gelten die folgenden Aussagen:

a) *Für jedes $t \in T_n$ ist $\|f - s_n\| \le \|f - t\|$, und s_n ist das einzige Element aus T_n mit dieser Eigenschaft (s_n ist die „Bestapproximation" an f in T_n).*

b) *$f - s_n$ ist orthogonal zu T_n.*

c) $\|f - s_n\|^2 = \|f\|^2 - \pi\left[\dfrac{1}{2}a_0^2 + \sum\limits_{k=1}^{n} (a_k^2 + b_k^2)\right]$ (Besselsche Gleichung).

d) $\dfrac{1}{2}a_0^2 + \sum\limits_{k=1}^{\infty} (a_k^2 + b_k^2) \le \dfrac{1}{\pi}\|f\|^2$ (Besselsche Ungleichung),

insbesondere strebt also $a_k \to 0$ und $b_k \to 0$.

Aus der Aussage d) dieses Satzes ergibt sich noch sehr rasch der wichtige

134.3 Satz von Riemann-Lebesgue *f sei auf $[a, b]$ quadratisch integrierbar, d. h., es sei $f \in L^2(a, b)$. Dann strebt für $n \to \infty$*

$$\int_a^b f(x) \cos n x \, dx \to 0 \quad und \quad \int_a^b f(x) \sin n x \, dx \to 0.$$

Beweis. Wir nehmen zunächst an, für ein gewisses $k \in \mathbf{Z}$ sei $a, b \in I := [2k\pi, 2(k+1)\pi]$. In diesem Falle definieren wir eine Funktion $g: \mathbf{R} \to \mathbf{R}$ durch die Festsetzung, g sei 2π-periodisch und habe auf I die Werte

$$g(x) := \begin{cases} f(x) & \text{für } x \in (a, b), \\ 0 & \text{für } x \in I \setminus (a, b). \end{cases}$$

g ist auf I und damit auch auf $[-\pi, \pi]$ quadratisch integrierbar, und mit Hilfe des Satzes 131.6 erhält man die Gleichungen

$$\int_a^b f(x) \cos n x \, dx = \int_{2k\pi}^{2(k+1)\pi} g(x) \cos n x \, dx = \int_{-\pi}^{\pi} g(x) \cos n x \, dx,$$

$$\int_a^b f(x) \sin n x \, dx = \int_{2k\pi}^{2(k+1)\pi} g(x) \sin n x \, dx = \int_{-\pi}^{\pi} g(x) \sin n x \, dx.$$

Mit Satz 134.2d erhalten wir aus ihnen sofort die behaupteten Grenzwertaussagen.

Ist die obige Annahme über die Lage von a und b jedoch nicht erfüllt, so kann man immerhin $[a, b]$ so in Teilintervalle $[a_1, b_1], \ldots, [a_m, b_m]$ zerlegen, daß jedes derselben in einem gewissen Intervall der Gestalt $[2k\pi, 2(k+1)\pi]$ liegt, und nun folgen die Behauptungen des Satzes in einfachster Weise aus dem schon Bewiesenen. ∎

Aufgaben

*1. **Satz des Pythagoras** Sind die L^2-Funktionen $u_1, \ldots, u_n$ paarweise orthogonal, ist also $(u_j | u_k) = 0$ für $j \neq k$ $(j, k = 1, \ldots, n)$, so gilt

$$\|u_1 + \cdots + u_n\|^2 = \|u_1\|^2 + \cdots + \|u_n\|^2.$$

Es versteht sich von selbst, daß Pythagoras, ungeachtet seiner intellektuellen Verwegenheit, niemals daran gedacht hat, diesen Satz zu formulieren. Die Namensgebung ist nur durch die Analogie mit dem Satz des Pythagoras über das rechtwinklige Dreieck begründet.

+2. **Verallgemeinerter Satz des Pythagoras** Bilden die L^2-Funktionen $u_1, u_2, \ldots$ eine Orthogonalfolge, ist also $(u_j | u_k) = 0$ für $j \neq k$ $(j, k = 1, 2, \ldots)$ und konvergiert $\sum_{k=1}^{\infty} u_k$ (im Sinne der L^2-Norm), so konvergiert auch $\sum_{k=1}^{\infty} \|u_k\|^2$, und es ist

$$\left\| \sum_{k=1}^{\infty} u_k \right\|^2 = \sum_{k=1}^{\infty} \|u_k\|^2.$$

$^+$**3. Parallelogrammsatz** $\|f+g\|^2+\|f-g\|^2=2\|f\|^2+2\|g\|^2$ für $f, g\in L^2$.
Welcher elementargeometrische Satz liegt dieser Namensgebung zu Grunde?

$^+$**4.** Ist die L^2-Funktion g orthogonal zu $M\subset L^2$, so ist sie auch orthogonal zu der Abschließung $\overline{M}$ von M.

5. Mit den Bezeichnungen und Voraussetzungen des Satzes 134.2 gilt die folgende Umkehrung seiner Aussage b): Steht $f-t$ ($t\in T_n$) senkrecht auf T_n, so ist $t=s_n$.

$^+$**6.** Die Funktion f sei auf $[-\pi, \pi]$ von beschränkter Variation und habe die Fourierkoeffizienten a_n, b_n. Dann ist mit einer gewissen Konstanten $K>0$

$$|a_n|\leqslant\frac{K}{n}\quad\text{und}\quad |b_n|\leqslant\frac{K}{n}\quad\text{für alle }n.$$

Hinweis: Wegen Satz 91.7 genügt es, die Behauptung unter der Annahme zu beweisen, daß f auf $[-\pi, \pi]$ wächst. Benutze dazu den Satz 85.7.

$^+$**7.** Die Funktion f sei 2π-periodisch, p-mal stetig differenzierbar auf **R** und habe die Fourierkoeffizienten a_n, b_n. Dann strebt

$$n^p a_n\to 0\quad\text{und}\quad n^p b_n\to 0\quad\text{für }n\to\infty.$$

Im Falle $p\geqslant 2$ konvergiert daher die Fourierreihe von f gleichmäßig auf **R**. Hinweis: Wiederholte Produktintegration (beachte dabei, daß auch die Ableitungen von f 2π-periodisch sind).

8. $\displaystyle\sum_{n=1}^{\infty}\frac{\sin nx}{\sqrt{n}}$ ist *nicht* die Fourierreihe einer L^2-Funktion.

135 Die Integraldarstellung der Teilsummen einer Fourierreihe

Wenn die Fourierreihe $\dfrac{a_0}{2}+\displaystyle\sum_{n=1}^{\infty}(a_n\cos nx+b_n\sin nx)$ einer Funktion f auf dem ganzen Intervall $[-\pi, \pi]$ punktweise gegen f konvergiert, so konvergiert sie ganz offensichtlich sogar für alle $x\in$ **R**, und zwar gegen eine 2π-periodische Funktion, deren Einschränkung auf $[-\pi, \pi]$ mit f übereinstimmt. In den nun folgenden Konvergenzuntersuchungen nehmen wir deshalb von vornherein an, daß f selbst schon eine auf **R** definierte Funktion mit der Periode 2π ist, die natürlich nach wie vor auf $[-\pi, \pi]$ quadratisch integrierbar sein soll (diese Voraussetzung drücken wir wieder durch die Redeweise aus, f solle eine L^2-Funktion sein). Das entscheidende Hilfsmittel für unsere Analyse ist eine *Integraldarstellung* der Teilsummen

$$s_n(x):=\frac{a_0}{2}+\sum_{k=1}^{n}(a_k\cos kx+b_k\sin kx)\qquad(n\geqslant 1)\tag{135.1}$$

der Fourierreihe von f, die wegen der Euler-Fourierschen Formeln

$$a_k = \frac{1}{\pi} \int_{-\pi}^{\pi} f(t) \cos k t \, dt \qquad (k = 0, 1, \ldots),$$

$$b_k = \frac{1}{\pi} \int_{-\pi}^{\pi} f(t) \sin k t \, dt \qquad (k = 1, 2, \ldots) \tag{135.2}$$

sehr naheliegend ist. Tragen wir nämlich diese Integralausdrücke an Stelle von a_k und b_k in (135.1) ein, so folgt

$$\begin{aligned} s_n(x) &= \frac{1}{\pi} \int_{-\pi}^{\pi} f(t) \left[\frac{1}{2} + \sum_{k=1}^{n} (\cos k t \cos k x + \sin k t \sin k x) \right] dt \\ &= \frac{1}{\pi} \int_{-\pi}^{\pi} f(t) \left[\frac{1}{2} + \sum_{k=1}^{n} \cos k (t - x) \right] dt \\ &= \frac{1}{\pi} \int_{-\pi}^{\pi} f(t) \frac{\sin (2n + 1) \dfrac{t - x}{2}}{2 \sin \dfrac{t - x}{2}} \, dt, \end{aligned}$$

wobei die letzte Umformung durch die Formel

$$\frac{1}{2} + \sum_{k=1}^{n} \cos k \alpha = \frac{\sin (2n + 1) \dfrac{\alpha}{2}}{2 \sin \dfrac{\alpha}{2}}$$

ermöglicht wurde (s. (7.5) in A 7.13). Diese Formel besteht zwar zunächst nur dann, wenn α kein ganzzahliges Vielfaches von 2π ist, *setzen wir aber, wie früher verabredet,*

$$\frac{\sin (2n + 1) \dfrac{2 m \pi}{2}}{2 \sin \dfrac{2 m \pi}{2}} := \lim_{\alpha \to 2 m \pi} \frac{\sin (2n + 1) \dfrac{\alpha}{2}}{2 \sin \dfrac{\alpha}{2}} = \frac{1}{2} (2n + 1) = \frac{1}{2} + n,$$

so gilt sie ausnahmslos für alle α. Mit der Abkürzung

$$D_n(\alpha) := \frac{1}{2} + \sum_{k=1}^{n} \cos k \alpha = \frac{\sin (2n + 1) \dfrac{\alpha}{2}}{2 \sin \dfrac{\alpha}{2}} \qquad (\alpha \in \mathbf{R}) \tag{135.3}$$

läßt sich also die obige Integraldarstellung von $s_n(x)$ in der kompakten Form

$$s_n(x) = \frac{1}{\pi} \int_{-\pi}^{\pi} f(t)\, D_n(t-x)\, dt \tag{135.4}$$

schreiben. Die Funktion D_n wird der n-te **Dirichletsche Kern** genannt. Da f und D_n 2π-periodisch sind, ist

$$s_n(x) = \frac{1}{\pi} \int_{-\pi}^{\pi} f(x+t)\, D_n(t)\, dt$$

(s. Satz 131.6). Und weil dank der Substitutionsregel 131.5

$$\int_{-\pi}^{0} f(x+t)\, D_n(t)\, dt = \int_{0}^{\pi} f(x-t)\, D_n(-t)\, dt = \int_{0}^{\pi} f(x-t)\, D_n(t)\, dt$$

ist, finden wir nun die grundlegende Darstellung

$$s_n(x) = \frac{1}{\pi} \int_{0}^{\pi} [f(x+t)+f(x-t)]\, D_n(t)\, dt. \tag{135.5}$$

Für die Funktion $f = 1$ ist durchweg $s_n(x) = 1$, aus der letzten Formel folgt daher

$$1 = \frac{1}{\pi} \int_{0}^{\pi} 2 D_n(t)\, dt \qquad \text{oder also} \qquad \int_{0}^{\pi} D_n(t)\, dt = \frac{\pi}{2}. \tag{135.6}$$

Für jede Zahl $s(x)$[1] ist infolgedessen

$$s(x) = \frac{1}{\pi} \int_{0}^{\pi} 2s(x)\, D_n(t)\, dt,$$

also auch

$$s_n(x) - s(x) = \frac{1}{\pi} \int_{0}^{\pi} [f(x+t)+f(x-t)-2s(x)]\, D_n(t)\, dt. \tag{135.7}$$

Daraus ergibt sich nun ohne weitere Umstände eine grundlegende, wenn auch recht unhandliche Konvergenzaussage:

135.1 Satz *Die Fourierreihe der 2π-periodischen L^2-Funktion f konvergiert im Punkte x genau dann gegen die Zahl $s(x)$, wenn*

$$\int_{0}^{\pi} [f(x+t)+f(x-t)-2s(x)]\, D_n(t)\, dt \to 0 \qquad \textit{strebt für } n \to \infty. \tag{135.8}$$

---

[1] Warum wir diese völlig beliebige Zahl in der Form $s(x)$ schreiben, wird sehr rasch besser verständlich werden.

Die Aussage läßt sich noch in einer sehr überraschenden Weise verschärfen. Es gilt nämlich folgender

135.2 Riemannscher Lokalisationssatz *Die Fourierreihe der 2π-periodischen L^2-Funktion f konvergiert im Punkte x genau dann gegen die Zahl $s(x)$, wenn für irgendein positives $\delta < \pi$*

$$\int_0^\delta [f(x+t)+f(x-t)-2s(x)]\,D_n(t)\,\mathrm{d}t \to 0 \qquad \textit{strebt für } n \to \infty.$$

Für den sehr einfachen B e w e i s setzen wir

$$g(t) := f(x+t)+f(x-t)-2s(x).$$

Das Integral in (135.8) ist dann

$$\int_0^\pi g(t)\,D_n(t)\,\mathrm{d}t = \int_0^\delta g(t)\,D_n(t)\,\mathrm{d}t + \int_\delta^\pi g(t)\,D_n(t)\,\mathrm{d}t.$$

Wegen Satz 135.1 genügt es daher zu zeigen, daß

$$\int_\delta^\pi g(t)\,D_n(t)\,\mathrm{d}t = \int_\delta^\pi \frac{g(t)}{2\sin(t/2)}\sin\left(n+\frac{1}{2}\right)t\,\mathrm{d}t \to 0$$

strebt für $n \to \infty$. Da aber $\sin\left(n+\dfrac{1}{2}\right)t = \sin nt\cos\dfrac{1}{2}t + \cos nt\sin\dfrac{1}{2}t$, also

$$\int_\delta^\pi \frac{g(t)}{\sin(t/2)}\sin\left(n+\frac{1}{2}\right)t\,\mathrm{d}t = \int_\delta^\pi \left[\frac{g(t)}{\sin(t/2)}\cos\frac{1}{2}t\right]\sin nt\,\mathrm{d}t$$

$$+ \int_\delta^\pi \left[\frac{g(t)}{\sin(t/2)}\sin\frac{1}{2}t\right]\cos nt\,\mathrm{d}t$$

ist, folgt dies mit einem Schlag aus dem Satz von Riemann-Lebesgue. ∎

Der Lokalisationssatz mutet auf den ersten Blick höchst paradox an. Wird denn nicht das Konvergenzverhalten einer Fourierreihe allein durch die Fourierkoeffizienten bestimmt, und werden denn nicht zu deren Berechnung *alle* Funktionswerte herangezogen? Nun lehrt aber der Lokalisationssatz, daß in Wirklichkeit bereits die Funktionswerte *in einer beliebig kleinen δ-Umgebung von x* das Konvergenzverhalten der Fourierreihe an der Stelle x festlegen. Wie die Funktion außerhalb einer solchen Umgebung verläuft, ist völlig belanglos.

Zum Schluß beweisen wir noch einen einfachen Hilfssatz, der uns in der nächsten Nummer nützlich sein wird.

135.3 Hilfssatz *Es gibt eine Konstante K, so daß*

$$\left|\int_a^b D_n(t)\,\mathrm{d}t\right| \le K \quad \textit{für alle } a,\, b \in [0,\pi] \textit{ und alle } n \ge 0 \textit{ ist.}$$

Beweis. Wir definieren die Funktion h auf $[0,\pi]$ durch

$$h(t) := \begin{cases} 0 & \text{für } t = 0, \\[2mm] \dfrac{1}{2\sin(t/2)} - \dfrac{1}{t} & \text{für } t \in (0,\pi]. \end{cases} \tag{135.9}$$

Nach Aufgabe 1 ist h auf $[0,\pi]$ stetig, also auch beschränkt:

$$|h(t)| \le \gamma \quad \text{für } t \in [0,\pi]. \tag{135.10}$$

Beachten wir noch (135.3), so finden wir infolgedessen für alle $a,\, b \in [0,\pi]$ und alle $n \ge 0$ die Abschätzung

$$\left|\int_a^b D_n(t)\,\mathrm{d}t\right| \le \left|\int_a^b h(t)\sin(2n+1)\frac{t}{2}\,\mathrm{d}t\right| + \left|\int_a^b \frac{\sin(2n+1)\dfrac{t}{2}}{t}\,\mathrm{d}t\right|$$

$$\le \pi\gamma + \left|\int_a^b \frac{\sin(2n+1)\dfrac{t}{2}}{t}\,\mathrm{d}t\right|. \tag{135.11}$$

Als nächstes bestimmen wir eine Konstante M, so daß

$$\left|\int_0^x \frac{\sin t}{t}\,\mathrm{d}t\right| \le M \quad \text{für alle } x \ge 0 \tag{135.12}$$

bleibt; wegen der aus Nr. 87 bekannten Konvergenz des uneigentlichen R-Integrals $\int_0^{+\infty} \frac{\sin t}{t}\,\mathrm{d}t$ ist dies ohne weiteres möglich. Und da

$$\int_a^b \frac{\sin(2n+1)\dfrac{t}{2}}{t}\,\mathrm{d}t = \int_{(n+1/2)a}^{(n+1/2)b} \frac{\sin t}{t}\,\mathrm{d}t = \int_0^{(n+1/2)b} \frac{\sin t}{t}\,\mathrm{d}t - \int_0^{(n+1/2)a} \frac{\sin t}{t}\,\mathrm{d}t$$

ist, gewinnen wir mit (135.12) die Abschätzung

$$\left|\int_a^b \frac{\sin(2n+1)\dfrac{t}{2}}{t}\,\mathrm{d}t\right| \le 2M. \tag{135.13}$$

Ein Blick auf (135.11) zeigt nun, daß $K := \pi\gamma + 2M$ das Gewünschte leistet. ∎

Aufgaben

*1. Die Funktion h in (135.9) ist stetig auf $[0, \pi]$.

2. In den Sätzen 135.1 und 135.2 darf man $D_n(t)$ durch

$$\tilde{D}_n(t) := \frac{\sin(2n+1)\dfrac{t}{2}}{t}$$

ersetzen. Hinweis: Aufgabe 1.

136 Punktweise Konvergenz der Fourierreihen

In diesem Abschnitt handelt es sich darum, leicht nachprüfbare Eigenschaften einer Funktion f anzugeben, die bewirken, daß die Fourierreihe von f an der Stelle x gegen $f(x)$ konvergiert. Eines der anwendungsfähigsten Ergebnisse in dieser Richtung ist die

136.1 Dirichletsche Regel *Ist die 2π-periodische L^2-Funktion f auf irgendeiner abgeschlossenen δ-Umgebung der (festen) Stelle x von beschränkter Variation, so konvergiert ihre Fourierreihe an dieser Stelle gegen den Wert*

$$s(x) := \frac{f(x+) + f(x-)}{2}$$

und somit gegen $f(x)$, falls f auch noch in x stetig ist[1].

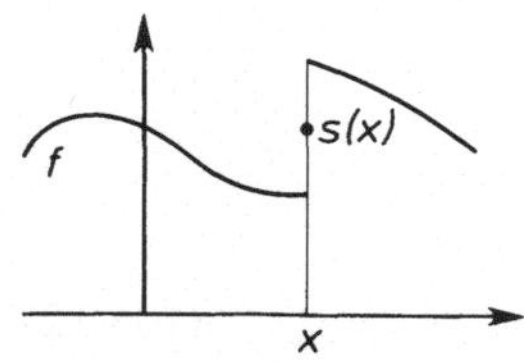

Fig. 136.1

Beweis. Wir setzen

$$g(t) := f(x+t) + f(x-t) - 2s(x) = f(x+t) + f(x-t) - f(x+) - f(x-)$$

und nehmen o.B.d.A. an, daß $\delta < \pi$ ist (s. Satz 91.5). g ist auf dem Intervall $[0, \delta]$ von beschränkter Variation, kann dort also nach Satz 91.7 als Differenz $g_1 - g_2$ zweier wachsender Funktionen geschrieben werden. Ferner ist $\lim\limits_{t \to 0+} g(t) = 0$ und somit

---

[1] Die Grenzwerte $f(x+)$ und $f(x-)$ existieren nach Satz 91.8. — Man beachte das „unparteiische" Verhalten der Fourierreihe: An einer Unstetigkeitsstelle x bevorzugt sie keinen der Grenzwerte $f(x+), f(x-)$, sondern konvergiert gegen deren arithmetisches Mittel (s. Fig. 136.1).

$\lim\limits_{t\to 0+} g_1(t) = \lim\limits_{t\to 0+} g_2(t)$. Indem wir notfalls zu g_1 und g_2 ein und dieselbe Konstante addieren, können wir erreichen, daß

$$\lim_{t\to 0+} g_1(t) = \lim_{t\to 0+} g_2(t) = 0 \tag{136.1}$$

ist. Zu beliebig vorgegebenem $\varepsilon > 0$ gibt es also ein $\beta \in (0, \delta)$, so daß

$$\text{für } t \in (0, \beta] \text{ stets } 0 \leqslant g_j(t) < \frac{\varepsilon}{3K} \quad (j = 1, 2) \tag{136.2}$$

ausfällt; dabei ist K die Konstante im Hilfssatz 135.3. Als nächstes definieren wir auf $[0, \beta]$ zwei Hilfsfunktionen h_1, h_2 durch

$$h_j(t) := \begin{cases} 0 & \text{für } t = 0, \\ g_j(t) & \text{für } t \in (0, \beta]. \end{cases}$$

h_j wächst auf $[0, \beta]$ und unterscheidet sich dort von g_j höchstens in dem Punkt 0. Der zweite Mittelwertsatz der Integralrechnung (Satz 85.7) liefert nun zwei Zahlen α_1, $\alpha_2 \in [0, \beta]$, mit denen die folgende Gleichung gilt:

$$\int_0^\beta g_j(t) D_n(t)\,\mathrm{d}t = \int_0^\beta h_j(t) D_n(t)\,\mathrm{d}t$$

$$= h_j(0) \int_0^{\alpha_j} D_n(t)\,\mathrm{d}t + h_j(\beta) \int_{\alpha_j}^\beta D_n(t)\,\mathrm{d}t = g_j(\beta) \int_{\alpha_j}^\beta D_n(t)\,\mathrm{d}t.$$

Mit (136.2) und Hilfssatz 135.3 folgt daraus die Abschätzung

$$\left| \int_0^\beta g_j(t) D_n(t)\,\mathrm{d}t \right| \leqslant \frac{\varepsilon}{3K} K = \frac{\varepsilon}{3} \quad \text{für } n = 0, 1, 2, \ldots, \tag{136.3}$$

und wegen $g = g_1 - g_2$ ist daher

$$\left| \int_0^\beta g(t) D_n(t)\,\mathrm{d}t \right| \leqslant \frac{2\varepsilon}{3} \quad \text{für } n = 0, 1, 2, \ldots . \tag{136.4}$$

Schließlich gibt es nach dem Satz von Riemann-Lebesgue einen Index n_0, mit

$$\left| \int_\beta^\delta g(t) D_n(t)\,\mathrm{d}t \right| < \frac{\varepsilon}{3} \quad \text{für alle } n > n_0 \tag{136.5}$$

(s. den Schluß des Beweises zum Riemannschen Lokalisationssatz). Aus den beiden letzten Abschätzungen folgt

$$\left| \int_0^\delta g(t)\,D_n(t)\,\mathrm{d}t \right| < \varepsilon \quad \text{für alle } n > n_0, \tag{136.6}$$

also strebt

$$\int_0^\delta g(t)\,D_n(t)\,\mathrm{d}t = \int_0^\delta [f(x+t) + f(x-t) - 2s(x)]\,D_n(t)\,\mathrm{d}t \to 0 \quad \text{für } n \to \infty.$$

Die Behauptung unseres Satzes ergibt sich nun aus dem Riemannschen Lokalisationssatz. ∎

Ist eine Funktion f auf $[-\pi, \pi]$ von beschränkter Variation, so ist sie es auch auf jedem abgeschlossenen Teilintervall von $[-\pi, \pi]$, ferner ist sie auf $[-\pi, \pi]$ R-integrierbar und damit eine L^2-Funktion (s. die Sätze 91.5 und 91.8). Aus der Dirichletschen Regel folgt also sofort der

136.2 Satz *Ist die 2π-periodische Funktion f auf $[-\pi, \pi]$ von beschränkter Variation, so konvergiert ihre Fourierreihe für jedes $x \in \mathbf{R}$ gegen den Wert*

$$s(x) := \frac{f(x+) + f(x-)}{2}.$$

An jeder Stetigkeitsstelle x besitzt also die Fourierreihe die Summe $f(x)$.

In Satz 91.4 hatten wir große und wichtige Funktionenklassen kennengelernt, deren Elemente alle von beschränkter Variation sind. Für die Zwecke der Fourierentwicklungen empfiehlt es sich, diesen Satz ein wenig zu verfeinern. Wir verabreden zunächst einige Sprachregelungen.

Die Funktion f heißt auf dem Intervall $[a, b]$ **stückweise monoton** bzw. **stückweise beschränkt differenzierbar**, wenn es eine Zerlegung

$$Z := \{\xi_0, \xi_1, \ldots, \xi_m\} \qquad (a = \xi_0 < \xi_1 < \cdots < \xi_m = b) \tag{136.7}$$

von $[a, b]$ gibt, so daß f auf jedem der offenen Intervalle $(\xi_0, \xi_1), \ldots, (\xi_{m-1}, \xi_m)$ monoton ist bzw. eine beschränkte Ableitung besitzt. f heißt **stückweise stetig** auf $[a, b]$, wenn es eine Zerlegung (136.7) mit folgender Eigenschaft gibt: f ist auf jedem der offenen Intervalle $(\xi_0, \xi_1), \ldots, (\xi_{m-1}, \xi_m)$ stetig und besitzt in den Punkten ξ_j alle einseitigen Grenzwerte, die dort vernünftigerweise vorhanden sein können (in $\xi_0 = a$ wird also nur die Existenz des rechtsseitigen, in $\xi_m = b$ nur die des linksseitigen Grenzwerts von f verlangt). Mit anderen Worten: $f|(\xi_j, \xi_{j+1})$ läßt sich stetig auf $[\xi_j, \xi_{j+1}]$ fortsetzen. *Eine stückweise stetige Funktion ist daher notwendig beschränkt.* Bei all diesen Definitionen ist es ohne Belang, ob oder wie die Funktion f in den Punkten ξ_j definiert ist. Gerade deshalb kann man sie, indem man notfalls $f(\xi_j)$ willkürlich festlegt, immer als auf ganz $[a, b]$ erklärt betrachten. *Insbesondere darf man stets von dem R-Integral einer stückweise monotonen und beschränkten bzw. stückweise stetigen Funktion f auf $[a, b]$ reden.*

Schließlich heißt die Funktion f stückweise stetig differenzierbar auf $[a, b]$, wenn ihre Ableitung stückweise stetig ist (wobei, wohlgemerkt, nicht gefordert wird, daß die Ableitung in den Zerlegungspunkten ξ_j überhaupt existiert).

Eine stückweise stetig differenzierbare Funktion ist auch stückweise beschränkt differenzierbar. Alle Treppenfunktionen sind stückweise monoton und stückweise stetig differenzierbar, dasselbe gilt für stückweise affine Funktionen.

Eine auf $[\alpha, \beta]$ beschränkte und auf (α, β) monotone Funktion f gehört zu $BV[\alpha, \beta]$. Ist nämlich $\{x_0, x_1, \ldots, x_n\}$ eine Zerlegung von $[\alpha, \beta]$ und $|f(x)| \leqslant K$ für alle $x \in [\alpha, \beta]$, so haben wir

$$\sum_{k=1}^{n} |f(x_k) - f(x_{k-1})|$$

$$= |f(x_1) - f(x_0)| + \sum_{k=2}^{n-1} |f(x_k) - f(x_{k-1})| + |f(x_n) - f(x_{n-1})|$$

$$= |f(x_1) - f(x_0)| + |f(x_{n-1}) - f(x_1)| + |f(x_n) - f(x_{n-1})| \leqslant 6K.$$

Nun sei f auf $[\alpha, \beta]$ definiert und besitze auf (α, β) eine beschränkte Ableitung: $|f'(x)| \leqslant C$ für alle $x \in (\alpha, \beta)$. Dann ist zunächst f nach Satz 49.4 auf (α, β) und damit natürlich auch auf $[\alpha, \beta]$ beschränkt: $|f(x)| \leqslant K$ für alle $x \in [\alpha, \beta]$. Ist $\{x_0, x_1, \ldots, x_n\}$ eine beliebige Zerlegung von $[\alpha, \beta]$, so ergibt sich somit vermöge des Mittelwertsatzes der Differentialrechnung die Abschätzung

$$\sum_{k=1}^{n} |f(x_k) - f(x_{k-1})|$$

$$= |f(x_1) - f(x_0)| + \sum_{k=2}^{n-1} |f(x_k) - f(x_{k-1})| + |f(x_n) - f(x_{n-1})|$$

$$\leqslant |f(x_1)| + |f(x_0)| + C \sum_{k=2}^{n-1} (x_k - x_{k-1}) + |f(x_n)| + |f(x_{n-1})| \leqslant 4K + C(\beta - \alpha),$$

f liegt also wieder in $BV[\alpha, \beta]$. Mit Hilfe des Satzes 91.6 erkennen wir aus diesen Bemerkungen, *daß eine Funktion f gewiß dann zu $BV[a, b]$ gehört, wenn sie auf $[a, b]$ stückweise monoton und beschränkt oder stückweise beschränkt differenzierbar oder stückweise stetig differenzierbar ist.* Satz 136.2 liefert nun mit einem Schlag den

136.3 Satz *Ist die 2π-periodische Funktion f auf dem Intervall $[-\pi, \pi]$*

stückweise monoton und beschränkt oder

stückweise beschränkt differenzierbar oder sogar

stückweise stetig differenzierbar,

so konvergiert ihre Fourierreihe für jedes $x \in \mathbf{R}$ gegen $\quad s(x) := \dfrac{f(x+) + f(x-)}{2}.$

An jeder Stetigkeitsstelle x besitzt also die Fourierreihe die Summe $f(x)$.

Die Differenzierbarkeit der Funktion f in einem Punkt x reicht aus, um die Konvergenz ihrer Fourierreihe an der Stelle x gegen $f(x)$ zu gewährleisten, allgemeiner (und genauer) gilt der

136.4 Satz *Die L^2-Funktion f sei 2π-periodisch, und an der Stelle x mögen die vier Grenzwerte*

$$f(x+), \quad f(x-), \quad \lim_{t \to 0+} \frac{f(x+t)-f(x+)}{t} \quad und \quad \lim_{t \to 0+} \frac{f(x-t)-f(x-)}{t}$$

alle vorhanden sein[1]. *Dann konvergiert die Fourierreihe von f an der Stelle x gegen den Wert*

$$s(x) := \frac{f(x+)+f(x-)}{2}.$$

Insbesondere konvergiert sie gewiß dann gegen $f(x)$, wenn f an der Stelle x stetig und in beiden Richtungen einseitig differenzierbar ist, noch spezieller also immer dann, wenn $f'(x)$ existiert.

Beweis. Wir setzen

$$g(t) := f(x+t)+f(x-t)-2s(x) = f(x+t)-f(x+)+f(x-t)-f(x-).$$

Nach Voraussetzung gibt es Zahlen γ_1, γ_2 und ein positives $\delta < \pi$, so daß für alle $t \in (0, \delta]$ gilt:

$$\left| \frac{f(x+t)-f(x+)}{t} - \gamma_1 \right| < 1 \quad und \quad \left| \frac{f(x-t)-f(x-)}{t} - \gamma_2 \right| < 1.$$

Für diese t ist also

$$\left| \frac{g(t)}{t} \right| < 2 + |\gamma_1| + |\gamma_2|.$$

Und da die Funktion $t/2 \sin \dfrac{t}{2}$ bei der üblichen Festlegung ihres Wertes für $t=0$ auf dem Intervall $[0, \delta]$ stetig ist, ergibt sich nun aus den Sätzen der Nr. 129, daß die Funktion

$$\frac{g(t)}{2\sin(t/2)} = \frac{g(t)}{t} \frac{t}{2\sin(t/2)}$$

auf $[0, \delta]$ quadratisch integrierbar ist. Nach dem Satz von Riemann-Lebesgue strebt also

---

[1] Wir fordern also eine Art einseitiger Differenzierbarkeit.

$$\int_0^\delta g(t)\,D_n(t)\,\mathrm{d}t = \int_0^\delta \frac{g(t)}{2\sin(t/2)}\sin\left(n+\frac{1}{2}\right)t\,\mathrm{d}t \to 0 \quad \text{für } n\to\infty,$$

womit wegen des Riemannschen Lokalisationssatzes auch schon alles bewiesen ist. ∎

Aus Satz 136.4 ergibt sich insbesondere, *daß eine 2π-periodische, überall differenzierbare Funktion an jeder Stelle durch ihre Fourierreihe dargestellt wird.*

Zum Schluß beweisen wir noch einen Satz über die absolute Konvergenz von Fourierreihen.

136.5 Satz *Die Fourierreihe einer 2π-periodischen, stetigen und auf $[-\pi, \pi]$ stückweise stetig differenzierbaren Funktion f konvergiert für alle $x\in\mathbf{R}$ sogar* absolut *gegen* $f(x)$.

Wegen des Satzes 136.3 brauchen wir nur zu beweisen, daß die Fourierreihe von f *absolut* konvergiert. Es sei

$$f(x) \sim \frac{a_0}{2} + \sum_{n=1}^\infty (a_n\cos nx + b_n\sin nx) \quad \text{und}$$

$$f'(x) \sim \frac{\alpha_0}{2} + \sum_{n=1}^\infty (\alpha_n\cos nx + \beta_n\sin nx).^{1)}$$

Dann ist für $n\geqslant 1$

$$\alpha_n = \frac{1}{\pi} \int_{-\pi}^\pi f'(x)\cos nx\,\mathrm{d}x$$

$$= \frac{1}{\pi}[f(x)\cos nx]_{-\pi}^\pi + \frac{n}{\pi} \int_{-\pi}^\pi f(x)\sin nx\,\mathrm{d}x = n\,b_n$$

und ganz entsprechend

$$\beta_n = -n\,a_n.^{2)}$$

Da aber nach Satz 134.2d die Reihe $\sum(\alpha_n^2 + \beta_n^2)$ konvergiert, muß auch die Reihe

$$\sum n^2(a_n^2 + b_n^2) \equiv \sum (n\sqrt{a_n^2 + b_n^2})^2$$

---

[1] Die Ableitung von f ist u. U. in endlich vielen Punkten $\xi_0, \xi_1, \ldots, \xi_m$ von $[-\pi, \pi]$ überhaupt nicht vorhanden. Man verstehe dann unter $f'(\xi_\mu)$ irgendeine Zahl, z. B. 0. Mit dieser Festsetzung ist nun f' auf ganz $[-\pi, \pi]$ definiert und R-integrierbar.
[2] Der Leser möge selbst begründen, warum man im vorliegenden Fall die Formel (81.5) anwenden durfte (und dabei beachten, daß f stetig ist).

konvergent sein (nebenbei bemerkt strebt also $na_n \to 0$ und $nb_n \to 0$; vgl. A 134.7). Mit der Cauchy-Schwarzschen Ungleichung 33.11 folgt daraus, daß

$$\sum_{n=1}^{\infty} \frac{1}{n} \cdot n \, \sqrt{a_n^2 + b_n^2} = \sum_{n=1}^{\infty} \sqrt{a_n^2 + b_n^2} \text{ konvergiert.} \tag{136.8}$$

Und da wegen der Cauchy-Schwarzschen Ungleichung 12.3

$$|a_n \cos nx| + |b_n \sin nx| \le \sqrt{a_n^2 + b_n^2} \, \sqrt{\cos^2 nx + \sin^2 nx} = \sqrt{a_n^2 + b_n^2}$$

ist, ergibt sich nun mit Hilfe des Majorantenkriteriums 33.4 die absolute Konvergenz der Fourierreihe von f. ∎

Zieht man übrigens beim letzten Beweisschritt das Weierstraßsche Majorantenkriterium heran, so sieht man, daß die Fourierreihe von f auf dem Intervall $[-\pi, \pi]$ — und damit sogar auf $\mathbf{R}$ — *gleichmäßig* gegen f konvergiert.

Aufgaben

1. Die Fourierreihe einer 2π-periodischen und auf $[-\pi, \pi]$ Lipschitz-stetigen Funktion f konvergiert für jedes $x \in \mathbf{R}$ gegen $f(x)$.

2. f heißt stückweise Lipschitz-stetig auf $[a, b]$, wenn es eine Zerlegung $\{\xi_0, \xi_1, \ldots, \xi_m\}$ von $[a, b]$ gibt, so daß f auf jedem der offenen Intervalle $(\xi_0, \xi_1), \ldots, (\xi_{m-1}, \xi_m)$ Lipschitz-stetig ist. Zeige, daß für eine 2π-periodische und auf $[-\pi, \pi]$ stückweise Lipschitz-stetige Funktion f die Konvergenzaussage des Satzes 136.3 gilt.

137 Gleichmäßige Konvergenz der Fourierreihen

Die Aussage über die gleichmäßige Konvergenz einer Fourierreihe, die wir am Ende der letzten Nummer als ein Nebenprodukt erhalten hatten, werden wir nun erheblich verfeinern, werden dabei allerdings auch einen beträchtlich größeren Beweisaufwand in Kauf nehmen müssen.

137.1 Satz *Die 2π-periodische Funktion f sei auf $[-\pi, \pi]$ von beschränkter Variation und auf einem gewissen Intervall (a', b') stetig. Dann konvergiert ihre Fourierreihe auf jedem kompakten Teilintervall von (a', b')* gleichmäßig *gegen f.*

Beweis. $[a, b]$ sei ein kompaktes Teilintervall von (a', b'). Der Gl. (135.7) entnehmen wir, daß die Fourierreihe von f genau dann gleichmäßig auf $[a, b]$ gegen f konvergiert, wenn gilt:

$$\int_0^{\pi} [f(x+t) + f(x-t) - 2f(x)] D_n(t) \, dt \to 0 \text{ gleichmäßig für alle } x \in [a, b]. \tag{137.1}$$

Aufgrund unserer Voraussetzungen über f ergibt sich mit Hilfe der Sätze aus Nr. 91, daß f auf dem Intervall $[a' - \pi, b' + \pi]$ von beschränkter Variation ist und sich dort als Differenz $f_1 - f_2$ zweier wachsender Funktionen f_1, f_2 schreiben läßt, die beide auf (a', b') stetig sind. Mit dieser Darstellung von f geht der erste Faktor im obigen Integranden über in

$$[f_1(x+t) + f_1(x-t) - 2f_1(x)] - [f_2(x+t) + f_2(x-t) - 2f_2(x)],$$

und daher genügt es zu zeigen, daß die Grenzwertaussage (137.1) gewiß dann gilt, wenn man in ihr f durch f_1 bzw. f_2 ersetzt. Dies läuft auf die folgende Behauptung hinaus: *Ist die Funktion*

$$\varphi \text{ auf } [a' - \pi, b' + \pi] \text{ wachsend und auf } (a', b') \text{ stetig}$$

und setzt man

$$g(x, t) := \varphi(x+t) + \varphi(x-t) - 2\varphi(x),$$

so strebt

$$\int_0^\pi g(x, t)\, D_n(t)\, dt \to 0 \text{ gleichmäßig für alle } x \in [a, b]. \tag{137.2}$$

Den Beweis dieser Aussage nehmen wir nun in Angriff. Dabei liegt immer x in $[a, b]$ und t in $[0, \pi]$. Mit

$$g_1(x, t) := \varphi(x+t) - \varphi(x), \qquad g_2(x, t) := -\varphi(x-t) + \varphi(x)$$

stellen wir zunächst $g(x, t)$ in der Form

$$g(x, t) = g_1(x, t) - g_2(x, t)$$

dar. Offenbar sind die Funktionen

$$t \mapsto g_j(x, t) \quad (j = 1, 2) \text{ bei festem } x \in [a, b] \text{ wachsend auf } [0, \pi],$$

ferner gibt es eine Zahl $C > 0$, so daß gilt:

$$|g_j(x, t)| \leqslant C \quad \text{für } j = 1, 2, \text{ alle } x \in [a, b] \text{ und alle } t \in [0, \pi]. \tag{137.3}$$

K bedeute die Konstante aus Hilfssatz 135.3; mit ihr ist also

$$\left| \int_\alpha^\beta D_n(t)\, dt \right| \leqslant K \quad \text{für alle } \alpha, \beta \in [0, \pi] \text{ und alle } n \in \mathbf{N}_0. \tag{137.4}$$

Schließlich wählen wir ein δ mit

$$0 < \delta < \min(a - a', b' - b, \pi).$$

Da φ auf $[a - \delta, b + \delta]$ stetig, also sogar gleichmäßig stetig ist, gibt es ein β mit

$$0 < \beta < \delta,$$

so daß für alle $u, v \in [a - \delta, b + \delta]$ mit $|u - v| \leq \beta$ stets $|\varphi(u) - \varphi(v)| < \varepsilon/4K$ ausfällt. Infolgedessen haben wir

$$0 \leq g_j(x, t) < \frac{\varepsilon}{4K} \quad \text{für alle } x \in [a, b] \text{ und alle } t \in [0, \beta]. \tag{137.5}$$

Wir schreiben nun das Integral in (137.2) in der Form

$$\int_0^\pi g(x, t) D_n(t) \, dt = \int_0^\beta g(x, t) D_n(t) \, dt + \int_\beta^\pi g(x, t) D_n(t) \, dt \tag{137.6}$$

und schätzen zunächst den ersten Summanden der rechten Seite ab. Es ist

$$\int_0^\beta g(x, t) D_n(t) \, dt = \int_0^\beta g_1(x, t) D_n(t) \, dt - \int_0^\beta g_2(x, t) D_n(t) \, dt. \tag{137.7}$$

Nach dem zweiten Mittelwertsatz der Integralrechnung (Satz 85.7) gibt es von x abhängende Zahlen $\alpha_1(x), \alpha_2(x)$ aus $[0, \beta]$ mit

$$\int_0^\beta g_j(x, t) D_n(t) \, dt = g_j(x, 0) \int_0^{\alpha_j(x)} D_n(t) \, dt + g_j(x, \beta) \int_{\alpha_j(x)}^\beta D_n(t) \, dt$$
$$= g_j(x, \beta) \int_{\alpha_j(x)}^\beta D_n(t) \, dt$$

(beachte, daß $g_j(x, 0) = 0$ ist). Wegen (137.4) und (137.5) folgt daraus

$$\left| \int_0^\beta g_j(x, t) D_n(t) \, dt \right| \leq \frac{\varepsilon}{4K} K = \frac{\varepsilon}{4} \quad \text{für alle } x \in [a, b].$$

Mit (137.7) erhält man nun die Abschätzung

$$\left| \int_0^\beta g(x, t) D_n(t) \, dt \right| \leq \frac{\varepsilon}{4} + \frac{\varepsilon}{4} = \frac{\varepsilon}{2} \quad \text{für alle } x \in [a, b]. \tag{137.8}$$

Nun fassen wir das zweite Integral auf der rechten Seite der Gl. (137.6) ins Auge und schreiben es zunächst in der Form

$$\int_\beta^\pi g(x, t) D_n(t) \, dt = \int_\beta^\pi g_1(x, t) D_n(t) \, dt - \int_\beta^\pi g_2(x, t) D_n(t) \, dt. \tag{137.9}$$

Nach dem zweiten Mittelwertsatz der Integralrechnung gibt es von x abhängende Zahlen $\gamma_1(x), \gamma_2(x)$ aus $[\beta, \pi]$ mit

$$\int_\beta^\pi g_j(x, t) D_n(t) \, dt = g_j(x, \beta) \int_\beta^{\gamma_j(x)} D_n(t) \, dt + g_j(x, \pi) \int_{\gamma_j(x)}^\pi D_n(t) \, dt. \tag{137.10}$$

Wegen (135.3) ist

$$\int_{\beta}^{\gamma_j(x)} D_n(t)\,dt = \int_{\beta}^{\gamma_j(x)} \frac{1}{2\sin(t/2)} \sin\left(n+\frac{1}{2}\right)t\,dt,$$

und da der erste Faktor des Integranden im Integrationsintervall monoton ist, können wir noch einmal den zweiten Mittelwertsatz der Integralrechnung anwenden: Mit einem geeigneten $\eta_j \in [\beta, \gamma_j(x)]$ ist

$$\int_{\beta}^{\gamma_j(x)} D_n(t)\,dt = \frac{1}{2\sin\dfrac{\beta}{2}} \int_{\beta}^{\eta_j} \sin\left(n+\frac{1}{2}\right)t\,dt$$

$$+ \frac{1}{2\sin\dfrac{\gamma_j(x)}{2}} \int_{\eta_j}^{\gamma_j(x)} \sin\left(n+\frac{1}{2}\right)t\,dt. \tag{137.11}$$

Die jetzt noch auftretenden Integrale lassen sich aber bequem auswerten und abschätzen: Es ist

$$\int_{\beta}^{\eta_j} \sin\left(n+\frac{1}{2}\right)t\,dt = \frac{1}{n+\dfrac{1}{2}}\left[-\cos\left(n+\frac{1}{2}\right)t\right]_{\beta}^{\eta_j}, \quad \text{also}$$

$$\left|\int_{\beta}^{\eta_j} \sin\left(n+\frac{1}{2}\right)t\,dt\right| \le \frac{2}{n+\dfrac{1}{2}},$$

und ganz entsprechend findet man

$$\left|\int_{\eta_j}^{\gamma_j(x)} \sin\left(n+\frac{1}{2}\right)t\,dt\right| \le \frac{2}{n+\dfrac{1}{2}}.$$

Mit diesen beiden Abschätzungen gewinnt man aus (137.11) die Ungleichung

$$\left|\int_{\beta}^{\gamma_j(x)} D_n(t)\,dt\right| \le \frac{1}{2\sin\dfrac{\beta}{2}}\frac{2}{n+\dfrac{1}{2}} + \frac{1}{2\sin\dfrac{\beta}{2}}\frac{2}{n+\dfrac{1}{2}} = \frac{2}{\sin\dfrac{\beta}{2}}\frac{1}{n+\dfrac{1}{2}}$$

für alle $x \in [a, b]$. Völlig analog erhält man

$$\left|\int_{\gamma_j(x)}^{\pi} D_n(t)\,dt\right| \le \frac{2}{\sin\dfrac{\beta}{2}}\frac{1}{n+\dfrac{1}{2}} \quad \text{für alle } x \in [a, b].$$

Die beiden letzten Abschätzungen liefern nun, wenn man (137.3) und (137.10) heranzieht, die Ungleichung

$$\left| \int_\beta^\pi g_j(x, t) D_n(t)\, dt \right| \le \frac{4C}{\sin \dfrac{\beta}{2}} \; \frac{1}{n + \dfrac{1}{2}} \quad \text{für alle } x \in [a, b].$$

Wegen (137.9) gilt infolgedessen

$$\left| \int_\beta^\pi g(x, t) D_n(t)\, dt \right| \le \frac{8C}{\sin \dfrac{\beta}{2}} \; \frac{1}{n + \dfrac{1}{2}} \quad \text{für alle } x \in [a, b].$$

Man kann also einen Index $n_0 = n_0(\varepsilon)$ so bestimmen, daß

$$\left| \int_\beta^\pi g(x, t) D_n(t)\, dt \right| < \frac{\varepsilon}{2} \quad \text{für } n > n_0 \text{ und alle } x \in [a, b] \tag{137.12}$$

bleibt. Aus (137.6), (137.8) und (137.12) folgt nun

$$\left| \int_0^\pi g(x, t) D_n(t)\, dt \right| < \frac{\varepsilon}{2} + \frac{\varepsilon}{2} = \varepsilon \quad \text{für } n > n_0 \text{ und alle } x \in [a, b].$$

Das ist aber endlich die Aussage (137.2), die wir beweisen wollten.   ∎

Die Beweise der fundamentalen Konvergenzsätze 136.1 und 137.1 lassen uns zum ersten Mal die tragende Rolle erkennen, die der zweite Mittelwertsatz der Integralrechnung in der höheren Analysis spielt, ein Satz, der bisher in unseren Untersuchungen nur ein Schattendasein geführt hatte.

Eine auf $[-\pi, \pi]$ stückweise stetig differenzierbare Funktion besitzt dort höchstens endlich viele Unstetigkeitsstellen und gehört zu $BV[-\pi, \pi]$. Aus Satz 137.1 folgt also sofort der

137.2 Satz *Ist die 2π-periodische Funktion f auf $[-\pi, \pi]$ stückweise stetig differenzierbar, so konvergiert ihre Fourierreihe auf jedem kompakten Intervall, das keine Unstetigkeitsstelle von f enthält,* gleichmäßig *gegen f.*

138 Beispiele für Fourierentwicklungen

In den Aufgaben zu Nr. 133 hatten wir die Fourierreihen einiger auf $[-\pi, \pi]$ definierter Funktionen aufgestellt. Ändern wir diese Funktionen in endlich vielen Punkten ab, so hat dies keinen Einfluß auf die Fourierreihen, weil die Fourierkoeffizienten durch Integrationen entstehen. Gestützt auf diese Aufgaben und auf die Sätze der Nr. 136 können wir also ohne weitere Umstände die folgenden Entwicklungen angeben. Einige von ihnen werden ganz unerwartete und höchst reizvolle Nebenprodukte abwerfen.

1. Sei

$$f(x) := \begin{cases} x & \text{für } x \in (-\pi, \pi), \\ 0 & \text{für } x = \pm \pi, \end{cases}$$

im übrigen sei f 2π-periodisch (wir werden dies hinfort kurz durch die Schreibweise $f(x+2\pi)=f(x)$ ausdrücken). Das Schaubild dieser Funktion ist in Fig. 138.1 angedeutet. Dann ist (s. A 133.1)

$$f(x) = 2 \sum_{n=1}^{\infty} (-1)^{n+1} \frac{\sin nx}{n} \quad \text{für alle } x \in \mathbf{R}, \text{ also}$$

$$\sin x - \frac{\sin 2x}{2} + \frac{\sin 3x}{3} - \frac{\sin 4x}{4} + - \cdots = \begin{cases} \dfrac{x}{2} & \text{für } -\pi < x < \pi, \\ 0 & \text{für } x = \pm \pi. \end{cases} \tag{138.1}$$

Für $x = \pi/2$ erhalten wir die Summenformel

$$1 - \frac{1}{3} + \frac{1}{5} - \frac{1}{7} + - \cdots = \frac{\pi}{4},$$

die uns schon in (65.4) begegnet war, aber damals mit ganz anderen Methoden bewiesen wurde.

2. $f(x) := |x|$ für $x \in [-\pi, \pi]$, $f(x+2\pi)=f(x)$ (s. Fig. 138.2).
Es ist (s. A 133.2)

$$f(x) = \frac{\pi}{2} - \frac{4}{\pi} \sum_{n=1}^{\infty} \frac{\cos(2n-1)x}{(2n-1)^2} \quad \text{für alle } x \in \mathbf{R}, \text{ also}$$

$$\cos x + \frac{\cos 3x}{3^2} + \frac{\cos 5x}{5^2} + \cdots = \frac{\pi^2}{8} - \frac{\pi}{4} |x| \quad \text{für } -\pi \leqslant x \leqslant \pi. \tag{138.2}$$

Für $x = 0$ erhält man die frappierende Gleichung

$$1 + \frac{1}{3^2} + \frac{1}{5^2} + \frac{1}{7^2} + \cdots = \frac{\pi^2}{8}. \tag{138.3}$$

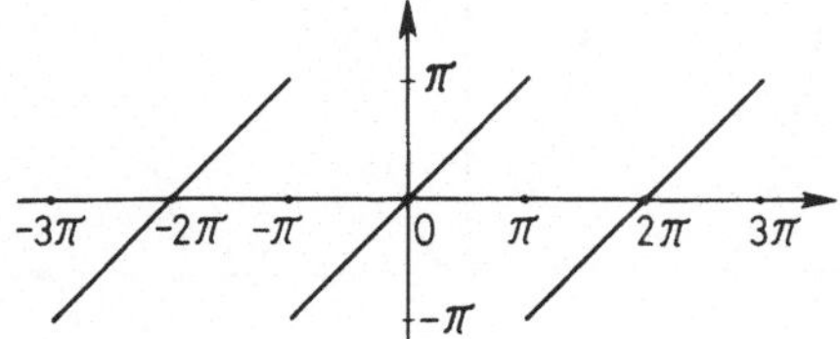

Fig. 138.1

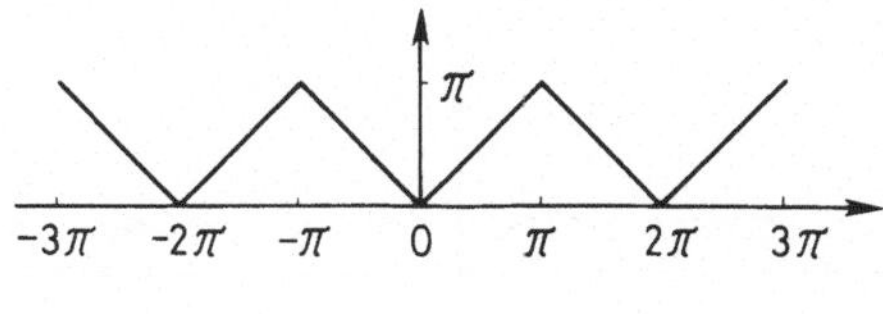

Fig. 138.2

3. $f(x) := |\sin x|$ für alle $x \in \mathbf{R}$ (s. Fig. 138.3). Wegen A 133.3 erhält man

$$|\sin x| = \frac{4}{\pi}\left(\frac{1}{2} - \frac{\cos 2x}{1\cdot 3} - \frac{\cos 4x}{3\cdot 5} - \frac{\cos 6x}{5\cdot 7} - \cdots\right) \quad \text{für alle } x \in \mathbf{R}. \qquad (138.4)$$

Für $x = \pi/2$ gewinnt man daraus $\dfrac{1}{1\cdot 3} - \dfrac{1}{3\cdot 5} + \dfrac{1}{5\cdot 7} - + \cdots = \dfrac{\pi}{4} - \dfrac{1}{2}$.

4. $f(x) := x^2$ für $x \in [-\pi, \pi]$, $f(x + 2\pi) = f(x)$ (s. Fig. 138.4). Mittels A 133.4 folgt

$$\cos x - \frac{\cos 2x}{2^2} + \frac{\cos 3x}{3^2} - \frac{\cos 4x}{4^2} + - \cdots = \frac{\pi^2}{12} - \frac{x^2}{4} \quad \text{für } -\pi \leqslant x \leqslant \pi. \qquad (138.5)$$

Für $x = 0$ findet man die Gleichung

$$1 - \frac{1}{2^2} + \frac{1}{3^2} - \frac{1}{4^2} + - \cdots = \frac{\pi^2}{12}. \qquad (138.6)$$

Subtrahiert man sie von (138.3), so folgt $\dfrac{1}{2^2} + \dfrac{1}{4^2} + \dfrac{1}{6^2} + \cdots = \dfrac{\pi^2}{24}$. Zieht man noch den Faktor $1/4$ heraus, so ergibt sich die schöne Summenformel

$$1 + \frac{1}{2^2} + \frac{1}{3^2} + \frac{1}{4^2} + \cdots = \frac{\pi^2}{6}. \qquad (138.7)$$

Jakob Bernoulli hatte sich vergeblich um sie bemüht; seinem Bruder Johann war es nicht besser ergangen. Knapp 30 Jahre nach Jakobs Tod — nämlich 1734 — wurde sie endlich von dem siebenundzwanzigjährigen Euler entdeckt (s. Opera omnia (1), 14, S. 80. Die Arbeit wurde erst 1740 veröffentlicht). Johann Bernoulli erfuhr davon 1736 über seinen Sohn (und Eulers Freund) Daniel und brachte dieses langgesuchte Resultat mit einer eigenen Beweismodifikation im 4. Band seiner Opera omnia (1742; S. 20ff) unter — ohne Euler mit einem einzigen Wort zu erwähnen. Eine salbungsvolle Stichelei gegen den ungeliebten Jakob wollte er sich jedoch nicht versagen (Scholium I): „So wurde dem brennenden Wunsch meines Bruders Genüge getan, der ... offen zugegeben hatte, daß [diese Reihe] aller seiner Mühe gespottet habe ... Wenn doch der Bruder noch am Leben wäre!" Der Bruder wäre dann 88 Jahre alt gewesen.

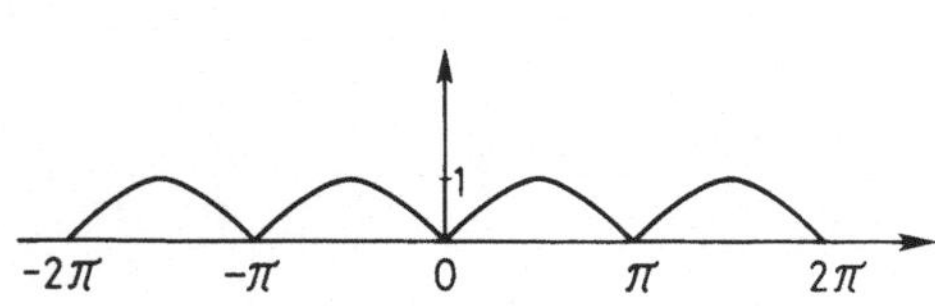

Fig. 138.3

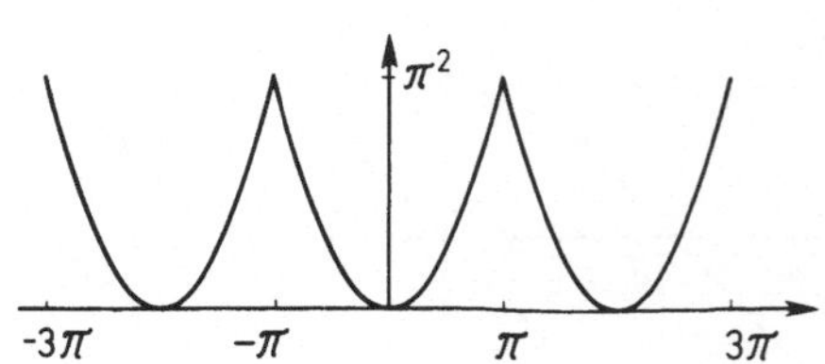

Fig. 138.4

5. $f(x) := \left|\cos\dfrac{x}{2}\right|$ für alle $x \in \mathbf{R}$ (s. Fig. 138.5).

f ist 2π-periodisch, und mit A 133.5 erhält man

$$\left|\cos\frac{x}{2}\right| = \frac{4}{\pi}\left(\frac{1}{2} + \frac{\cos x}{4\cdot 1^2 - 1} - \frac{\cos 2x}{4\cdot 2^2 - 1} + \frac{\cos 3x}{4\cdot 3^2 - 1} - + \cdots\right) \quad \text{für alle } x \in \mathbf{R}. \tag{138.8}$$

6. $f(x) := \begin{cases} -1 & \text{für } x \in (-\pi, 0), \\ 1 & \text{für } x \in (0, \pi), \\ 0 & \text{für } x = -\pi, 0, \pi, \end{cases} \qquad f(x+2\pi) = f(x)$ (s. Fig. 138.6).

Mit A 133.6 erhält man die Entwicklung

$$f(x) = \frac{4}{\pi}\sum_{n=1}^{\infty}\frac{\sin(2n-1)x}{2n-1} \quad \text{für alle } x \in \mathbf{R}, \text{ also}$$

$$\sin x + \frac{\sin 3x}{3} + \frac{\sin 5x}{5} + \cdots = \begin{cases} -\pi/4 & \text{für } -\pi < x < 0, \\ \pi/4 & \text{für } 0 < x < \pi, \\ 0 & \text{für } x = -\pi, 0, \pi. \end{cases} \tag{138.9}$$

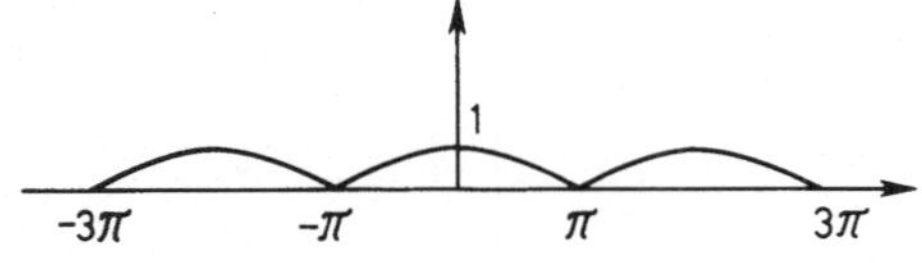

Fig. 138.5   Fig. 138.6

7. $f(x) = \cosh\alpha x$ für $x \in [-\pi, \pi]$, $f(x+2\pi) = f(x)$, $\alpha \neq 0$ beliebig.

Mit A 133.7 gewinnt man die für $x \in [-\pi, \pi]$ gültige Gleichung

$$\cosh\alpha x = \frac{\sinh\alpha\pi}{\pi}\left(\frac{1}{\alpha} + \sum_{n=1}^{\infty}(-1)^n\frac{2\alpha}{\alpha^2 + n^2}\cos nx\right). \tag{138.10}$$

Für $x = \pi$ folgt daraus die sogenannte **Partialbruchzerlegung** von $\coth\alpha\pi$:

$$\pi\coth\alpha\pi = \frac{1}{\alpha} + \sum_{n=1}^{\infty}\frac{2\alpha}{\alpha^2 + n^2} \quad \text{für alle } \alpha \neq 0. \tag{138.11}$$

Wir beschließen diese Nummer mit einer einfachen Bemerkung. Steht man vor der Aufgabe, eine nicht auf $[-\pi, \pi]$, sondern nur auf $[0, \pi]$ erklärte Funktion in eine trigonometrische Reihe zu entwickeln, so wird man zunächst f zu einer 2π-periodischen Funktion auf $\mathbf{R}$ fortsetzen (was stets möglich ist) und dann versuchen, die so fortgesetzte Funktion in eine Fourierreihe zu entwickeln. Die beiden wichtigsten Fortsetzungen von f sind die folgenden. Die **gerade 2π-periodische Fortsetzung** von f ist die Funktion G_f, die so festgelegt wird:

$$G_f(x) := \begin{cases} f(x) & \text{für } x \in [0, \pi], \\ f(-x) & \text{für } x \in [-\pi, 0), \end{cases} \qquad G_f(x+2\pi) = G_f(x)$$

(s. Fig. 138.7). Ist $f(0) = f(\pi) = 0$, so erklärt man die **ungerade 2π-periodische Fortsetzung** U_f von f durch

$$U_f(x) := \begin{cases} f(x) & \text{für } x \in [0, \pi], \\ -f(-x) & \text{für } x \in [-\pi, 0), \end{cases} \qquad U_f(x+2\pi) = U_f(x)$$

(s. Fig. 138.8). Ohne die Bedingung $f(0) = 0$ kann man f nicht zu einer *ungeraden* Funktion F auf $[-\pi, \pi]$ fortsetzen, ohne die Bedingung $f(\pi) = 0$ läßt sich F nicht zu einer 2π-*periodischen* Funktion auf $\mathbf{R}$ erweitern (die Ungeradheit führt zu $F(-\pi) = -F(\pi)$, die Periodizität zu $F(-\pi) = F(\pi)$, beide Eigenschaften zusammen also zu $-F(\pi) = F(\pi)$ und somit zu $F(\pi) = 0$, d. h. zu $f(\pi) = 0$).

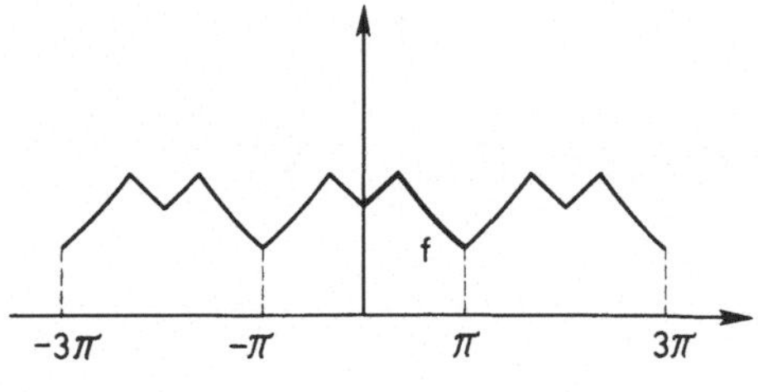

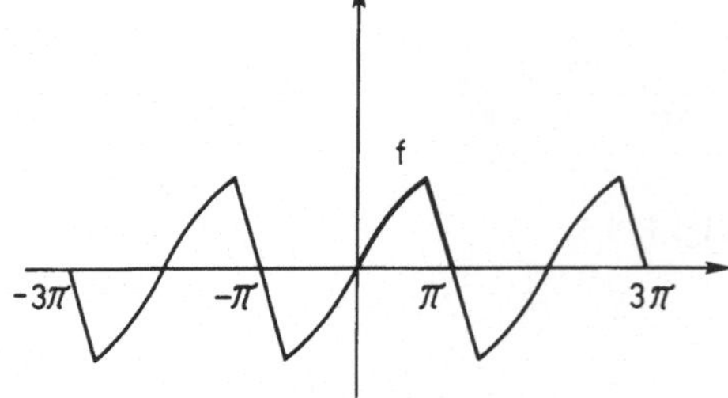

Fig. 138.7 Gerade 2π-periodische Fortsetzung von $f: [0, \pi] \to \mathbf{R}$

Fig. 138.8 Ungerade 2π-periodische Fortsetzung von $f: [0, \pi] \to \mathbf{R}$

Ist die Funktion f nur auf dem offenen *Intervall $(0, \pi)$ definiert, so kann man sie stets sowohl gerade als auch ungerade 2π-periodisch fortsetzen.* Man braucht nämlich nur $f(0)$ und $f(\pi)$ beliebig bzw. durch $f(0) = f(\pi) := 0$ zu erklären und zu der nunmehr auf $[0, \pi]$ vorhandenen Funktion f die Fortsetzungen G_f bzw. U_f zu bilden. Ein hinreichend „vernünftiges" f läßt sich auf $(0, \pi)$ also sowohl in eine reine Kosinusreihe als auch in eine reine Sinusreihe entwickeln (vgl. die Aufgaben 6 und 7).

Aufgaben

In den folgenden Aufgaben 1 bis 5 sind die angegebenen Entwicklungen zu verifizieren.

*1. $\cos \alpha x = \dfrac{\sin \alpha \pi}{\pi} \left(\dfrac{1}{\alpha} - \dfrac{2\alpha}{\alpha^2 - 1^2} \cos x + \dfrac{2\alpha}{\alpha^2 - 2^2} \cos 2x - \dfrac{2\alpha}{\alpha^2 - 3^2} \cos 3x + - \cdots \right)$ für $-\pi \leqslant x \leqslant \pi$;

dabei ist α eine beliebige reelle Zahl $\notin \mathbf{Z}$ (vgl. (138.10)). Daraus folgt die sogenannte **Partialbruchzerlegung** von $\pi \cot \pi \alpha$:

$$\pi \cot \pi \alpha = \frac{1}{\alpha} + \sum_{n=1}^{\infty} \frac{2\alpha}{\alpha^2 - n^2} \quad \text{für alle } \alpha \notin \mathbf{Z} \text{ (vgl. (138.11))}.$$

2. $\displaystyle\sum_{n=1}^{\infty} \frac{\sin nx}{n} = \begin{cases} (-\pi - x)/2 & \text{für } x \in [-\pi, 0), \\ (\pi - x)/2 & \text{für } x \in (0, \pi], \\ 0 & \text{für } x = 0, \end{cases}$ oder einfacher:

$$\sum_{n=1}^{\infty} \frac{\sin nx}{n} = \begin{cases} (\pi - x)/2 & \text{für } x \in (0, 2\pi), \\ 0 & \text{für } x = 0, 2\pi. \end{cases}$$

Die beständige Konvergenz dieser Reihe wurde übrigens — mit ganz anderen Methoden — schon in A 105.2 festgestellt.

3. $\displaystyle\sum_{n=1}^{\infty} \frac{\cos nx}{n} = -\ln \left(2 \sin \frac{x}{2} \right) \quad$ für $x \in (0, 2\pi)$.

Hinweis: a) Setze $f(x) := \begin{cases} -\ln \left| 2 \sin \dfrac{x}{2} \right| & \text{für } x \neq 2k\pi, \\ 0 & \text{für } x = 2k\pi, \end{cases}$ $\quad (k \in \mathbf{Z})$.

f ist gerade und 2π-periodisch.

b) $\int_0^{\pi} f^2 \, dx$ existiert (zeige, daß $\sqrt[4]{x} f(x) \to 0$ strebt für $x \to 0+$).

c) Zur Konvergenzuntersuchung der Fourierreihe ziehe man diesmal die Dirichletsche Regel selbst heran.

d) Man berechne zunächst a_n für $n \geqslant 1$ (nicht a_0). Hierzu benutze man Produktintegration und die Formeln

$$2\cos \frac{x}{2} \sin nx = \sin (2n-1) \frac{x}{2} + \sin (2n+1) \frac{x}{2}$$

und (135.3).

e) Die schwierige Berechnung von a_0 mittels des definierenden Integrals kann man umgehen, indem man in der nunmehr vorhandenen Entwicklung

$$-\ln \left(2 \sin \frac{x}{2} \right) = \frac{1}{2} a_0 + \cos x + \frac{\cos 2x}{2} + \frac{\cos 3x}{3} + \cdots$$

für x den Wert π einsetzt. Beachte hierbei, daß $1 - 1/2 + 1/3 - + \cdots = \ln 2$ ist (s. Nr. 65). Als Nebenergebnis erhält man die Gleichung

$$\int_0^{\pi} \ln \left(2 \sin \frac{x}{2} \right) dx = 0.$$

4. $x \cos x = -\dfrac{1}{2} \sin x + 2 \sum_{n=2}^{\infty} (-1)^n \dfrac{n}{n^2-1} \sin nx \quad$ für $x \in (-\pi, \pi)$.

5. $x \sin x = 1 - \dfrac{1}{2} \cos x - 2 \sum_{n=2}^{\infty} (-1)^n \dfrac{\cos nx}{n^2-1} \quad$ für $x \in [-\pi, \pi]$.

6. Die Funktion x kann im Intervall $(0, \pi)$ durch ganz verschiedene trigonometrische Reihen dargestellt werden. Hinweis: (138.2), Aufgabe 2.

7. Stelle $\cos x$ im Intervall $(0, \pi)$ durch eine reine *Sinusreihe* dar.

8. Entwickle die folgende Funktion in ihre Fourierreihe:

$$f(x) := \begin{cases} 0 & \text{für } x \in (-\pi, 0), \\ x & \text{für } x \in [0, \pi), \\ \pi/2 & \text{für } x = \pm \pi, \end{cases} \qquad f(x + 2\pi) = f(x).$$

9. $\displaystyle \int_0^1 \dfrac{\ln(1+x)}{x} \, dx = \dfrac{\pi^2}{12}$. Hinweis: (65.2), A 105.5, (138.6).

139 C-Summierbarkeit der Fourierreihen

Die Nummern 136 und 137 mögen dem Leser einen Begriff davon gegeben haben, daß die Theorie der punktweisen und gleichmäßigen Konvergenz Fourierscher Reihen ein steiniger Acker ist. Um noch eindringlicher darzulegen, wie kompliziert und verworren die Konvergenzsituation ist, werfen wir einige ganz naheliegende Fragen auf, die wir bisher stillschweigend umgangen haben:

1. Kann man genaue Bedingungen dafür angeben, daß eine Funktion durch ihre Fourierreihe dargestellt wird? Man kann es bisher noch nicht, und da man lange und intensiv an der Lösung dieses Problems gearbeitet hat, neigt man heute zu der Auffassung, daß die Fourierdarstellbarkeit eine *Fundamentaleigenschaft* ist, die sich nicht mehr durch andere Fundamentaleigenschaften (wie Stetigkeit oder Differenzierbarkeit) charakterisieren läßt.

2. Kann man wenigstens Eigenschaften einer Funktion angeben, die notwendig und hinreichend für die bloße Konvergenz ihrer Fourierreihe sind (ohne das Summenproblem aufzuwerfen). Auch das ist bisher noch nicht gelungen. Immerhin hat L. Carleson [4] im Jahre 1966 das außerordentlich tiefliegende Ergebnis gewonnen, daß die Fourierreihe einer L^2-Funktion fast überall konvergiert (s. dazu A 141.3). Wir können nicht im entferntesten daran denken, hier einen Beweis dieses bedeutenden Satzes zu geben.

3. Die Fourierreihe einer stetigen 2π-periodischen Funktion ist nach dem Carlesonschen Satz fast überall konvergent. Konvergiert sie vielleicht sogar in jedem Punkt? Das ist nicht der Fall. Ein Gegenbeispiel findet der Leser etwa in Zygmund [20] auf S. 298 f.

4. Wenn aber die Fourierreihe einer stetigen 2π-periodischen Funktion f an der Stelle x_0 nun doch konvergiert, ist dann ihre Summe auch $= f(x_0)$? Wir werden noch im vorliegenden Abschnitt diese Frage bejahend beantworten (s. Satz 139.4).

In das Dunkel der Fouriersituation fällt aber ein überraschend helles Licht, wenn man sich nicht auf die *punktweise* Konvergenz versteift, sondern geeignete andere Konvergenzbegriffe zuläßt. Da wir wissen, daß L^2 ein Banachraum ist, würde es nun am nächsten liegen, Fourierreihen bezüglich ihrer Konvergenz im Sinne der L^2-Norm zu untersuchen — und wir werden dies in Nr. 141 auch tun und dabei erstaunliche Resultate erzielen. Im vorliegenden Abschnitt wollen wir uns aber zunächst einem Konvergenzbegriff zuwenden, der auf Ernesto Cesàro (1859–1906; 47) zurückgeht und von Leopold Fejér (1880–1959; 79) mit dem schönsten Erfolg auf Fourierreihen angewandt wurde. Es handelt sich um folgendes.

Wenn die Reihe $\sum\limits_{k=0}^{\infty} a_k$ die Summe s besitzt, d.h., wenn

$$s_n := a_0 + a_1 + \cdots + a_n \to s$$

strebt,[1] so konvergiert nach dem Cauchyschen Grenzwertsatz auch die Folge der arithmetischen Mittel

$$\sigma_n := \frac{s_0 + s_1 + \cdots + s_n}{n+1} \to s.$$

Andererseits kann es durchaus vorkommen — und dies ist gerade der interessante Fall —, daß die Reihe $\sum\limits_{k=0}^{\infty} a_k$ zwar divergiert, *die Folge (σ_n) aber dennoch gegen einen Grenzwert s strebt*. Ein Beispiel liefert die Reihe $\sum\limits_{k=0}^{\infty} (-1)^k$; hier ist $\lim \sigma_n$ vorhanden und $= 1/2$. Wir sagen nun, die (beliebige) Reihe $\sum\limits_{k=0}^{\infty} a_k$ sei C-summierbar zum Werte s und schreiben

$$\text{C-}\sum\limits_{k=0}^{\infty} a_k = s,$$

wenn $\sigma_n \to s$ konvergiert. Diese Methode, einer Reihe eine Summe im verallgemeinerten Sinne zuzuordnen, nennt man das C-Verfahren[2]. Der Cauchysche Grenzwertsatz ist dann gerade der sogenannte

139.1 Permanenzsatz des C-Verfahrens *Eine konvergente Reihe mit der Summe s ist C-summierbar zu demselben Werte s.*

---

[1] Die a_k bedeuten hierbei keine Fourierkoeffizienten.
[2] Häufig heißt es auch C_1-Verfahren zur Unterscheidung von den C_k-Verfahren, die auf der k-fachen Mittelung der Folge (s_n) beruhen.

Wir wenden nun das C-Verfahren auf Fourierreihen an. Es sei f eine 2π-periodische L^2-Funktion, ferner

$$f(x) \sim \frac{a_0}{2} + \sum_{k=1}^{\infty} (a_k \cos k x + b_k \sin k x),$$

$$s_n(x) := \frac{a_0}{2} + \sum_{k=1}^{n} (a_k \cos k x + b_k \sin k x),$$

$$\sigma_n(x) := \frac{s_0(x) + s_1(x) + \cdots + s_n(x)}{n+1}.$$

Definieren wir die Fejérkerne F_n durch

$$F_n(t) := \frac{D_0(t) + D_1(t) + \cdots + D_n(t)}{n+1} \qquad (t \in \mathbf{R},\, n \in \mathbf{N}_0), \tag{139.1}$$

so folgt aus (135.5) sofort die Integraldarstellung

$$\sigma_n(x) = \frac{1}{\pi} \int_0^{\pi} [f(x+t) + f(x-t)] F_n(t)\, dt. \tag{139.2}$$

Daraus ergibt sich

$$1 = \frac{1}{\pi} \int_0^{\pi} 2 F_n(t)\, dt \quad \text{oder also} \quad \int_0^{\pi} F_n(t)\, dt = \frac{\pi}{2}, \tag{139.3}$$

weil für die Funktion $f = 1$ durchweg $s_n(x) = 1$ und damit auch $\sigma_n(x) = 1$ ist. Für jede Zahl $s(x)$ haben wir infolgedessen

$$s(x) = \frac{1}{\pi} \int_0^{\pi} 2 s(x) F_n(t)\, dt,$$

also auch

$$\sigma_n(x) - s(x) = \frac{1}{\pi} \int_0^{\pi} [f(x+t) + f(x-t) - 2 s(x)] F_n(t)\, dt. \tag{139.4}$$

Aus dieser Gleichung folgt aber unmittelbar der

139.2 Satz *Die Fourierreihe der 2π-periodischen L^2-Funktion f ist im Punkte x genau dann C-summierbar zum Werte $s(x)$, wenn*

$$\int_0^{\pi} [f(x+t) + f(x-t) - 2 s(x)] F_n(t)\, dt \to 0 \;\text{strebt für } n \to \infty. \tag{139.5}$$

Um diesen Satz voll ausschöpfen zu können, verschaffen wir uns zunächst eine neue Darstellung der Fejérkerne. Mit (135.3) und (7.7) aus A 7.13 erhalten wir

$$(n+1)\,F_n(t) = \frac{1}{2\sin\frac{t}{2}}\left[\sin\frac{t}{2} + \sin 3\,\frac{t}{2} + \cdots + \sin(2n+1)\,\frac{t}{2}\right] = \frac{\sin^2(n+1)\frac{t}{2}}{2\sin^2\frac{t}{2}},$$

also $\qquad F_n(t) = \dfrac{1}{2(n+1)}\,\dfrac{\sin^2(n+1)\frac{t}{2}}{\sin^2\frac{t}{2}}\qquad$ für alle $t\in\mathbf{R}$.[1] $\qquad\qquad$ (139.6)

Die Fejérkerne sind also in wohltuendem und tiefgreifendem Unterschied zu den Dirichletkernen beständig $\geqslant 0$. Aus (139.6) ergibt sich auf einen Blick die Abschätzung

$$0\leqslant F_n(t)\leqslant \frac{1}{2(n+1)}\,\frac{1}{\sin^2\frac{\delta}{2}}, \quad \text{falls } 0<\delta\leqslant t\leqslant\pi. \qquad\qquad (139.7)$$

Und nun haben wir bereits alle Mittel in der Hand, um mühelos eines der schönsten und glattesten Ergebnisse der Fouriertheorie beweisen zu können, nämlich den

139.3 Satz von Fejér *Die Fourierreihe der 2π-periodischen L^2-Funktion f ist für jede Stelle x, an der die Grenzwerte $f(x+)$ und $f(x-)$ existieren, C-summierbar zum Werte*

$$s(x):=\frac{f(x+)+f(x-)}{2}.$$

An jeder Stetigkeitsstelle x ist sie also C-summierbar zum Werte $f(x)$.

Beweis. Zur Abkürzung setzen wir wie früher

$$g(x,t):=f(x+t)+f(x-t)-2s(x)=f(x+t)+f(x-t)-f(x+)-f(x-).$$

Zu beliebig vorgegebenem $\varepsilon>0$ gibt es ein positives $\delta<\pi$, so daß für $t\in(0,\delta)$ stets

$$|f(x+t)-f(x+)| < \frac{\varepsilon}{2\pi} \quad \text{und} \quad |f(x-t)-f(x-)| < \frac{\varepsilon}{2\pi}, \qquad\qquad (139.8)$$

also $\qquad |g(x,t)| < \dfrac{\varepsilon}{\pi}$

---

[1] Diese Gleichung gilt zunächst nur für $t\neq 2k\pi$ $(k\in\mathbf{Z})$. Sie kann aber auch für $t=2k\pi$ in Anspruch genommen werden, wenn wir in gewohnter Weise unter dem Quotienten $\left(\sin^2(n+1)\frac{t}{2}\right)\Big/\sin^2\frac{t}{2}$ an der Stelle $2k\pi$ seinen Grenzwert für $t\to 2k\pi$, also $(n+1)^2$, verstehen. Die rechte Seite der Gl. (139.6) hat dann für $t=2k\pi$ den Wert $(n+1)/2$, und dies ist gerade $=F_n(2k\pi)$.

bleibt. Da $F_n \geqslant 0$ ist, erhält man daraus mit (139.3) die Abschätzung

$$\left| \int_0^\delta g(x, t) F_n(t)\, dt \right| \leqslant \frac{\varepsilon}{\pi} \int_0^\delta F_n(t)\, dt \leqslant \frac{\varepsilon}{\pi} \int_0^\pi F_n(t)\, dt = \frac{\varepsilon}{2}. \tag{139.9}$$

Wegen (139.7) ist ferner

$$\left| \int_\delta^\pi g(x, t) F_n(t)\, dt \right| \leqslant \frac{1}{2(n+1)} \frac{1}{\sin^2 \dfrac{\delta}{2}} \int_\delta^\pi |g(x, t)|\, dt, \tag{139.10}$$

es gibt also einen Index n_0, so daß

$$\left| \int_\delta^\pi g(x, t) F_n(t)\, dt \right| < \frac{\varepsilon}{2} \quad \text{für alle } n > n_0 \tag{139.11}$$

ausfällt. Aus (139.9) und (139.11) folgt

$$\left| \int_0^\pi g(x, t) F_n(t)\, dt \right| < \frac{\varepsilon}{2} + \frac{\varepsilon}{2} = \varepsilon \quad \text{für alle } n > n_0, \tag{139.12}$$

und nun genügt ein Blick auf den Satz 139.2, um den Beweis abzuschließen.   ∎

Kombinieren wir den Permanenzsatz des C-Verfahrens mit dem Fejérschen Satz, so erhalten wir mit einem Schlag den wertvollen

139.4 Satz *Ist die Fourierreihe der 2π-periodischen L^2-Funktion f an einer Stelle x konvergent, an der die Grenzwerte $f(x+)$ und $f(x-)$ existieren, so ist ihre Summe an dieser Stelle gerade*

$$s(x) := \frac{f(x+) + f(x-)}{2}.$$

Konvergiert sie also an einer Stetigkeitsstelle x, so ist ihre Summe dort $= f(x)$.

Bisher hatten wir immer versucht, allein aus Eigenschaften einer vorgelegten Funktion Schlüsse auf die Konvergenz und Summe ihrer Fourierreihe zu ziehen; unsere Konvergenzkriterien für unendliche Reihen wurden überhaupt nicht ins Spiel gebracht. Der obige Satz ändert diese Situation in sehr befriedigender Weise. Wenn wir, um nur den praktisch wichtigsten Fall hervorzuheben, mittels der Konvergenzkriterien aus Nr. 33 nachweisen können, daß die Fourierreihe

$$\frac{a_0}{2} + \sum_{n=1}^\infty (a_n \cos n x + b_n \sin n x)$$ einer 2π-periodischen stetigen Funktion f beständig konvergiert, so wissen wir, daß f durch eben diese Reihe dargestellt wird:

$$f(x) = \frac{a_0}{2} + \sum_{n=1}^\infty (a_n \cos n x + b_n \sin n x) \quad \text{für alle } x \in \mathbf{R}.$$

Mit dem eingangs referierten Satz von Carleson folgt übrigens nun, daß die Fourierreihe einer stetigen 2π-periodischen Funktion f fast überall gegen f konvergiert[1]. Und ferner gilt für eine solche Funktion die folgende Verschärfung des Fejérschen Satzes:

139.5 Satz *Die Fourierreihe der 2π-periodischen stetigen Funktion f ist* gleichmäßig C-summierbar *auf* **R** *gegen f, d. h., es strebt*

$$\sigma_n(x) \to f(x) \qquad gleichmäßig \; auf \; \mathbf{R} \; für \; n \to \infty.$$

Beweis. Der Satz läuft auf die Behauptung hinaus, daß die Abschätzung (139.12) *gleichmäßig für alle x gilt*, daß also der kritische Index n_0 nur von ε, nicht jedoch von x abhängt. Nun ist aber f offenbar auf ganz **R** gleichmäßig stetig. Es folgt, daß die Abschätzungen in (139.8) mit ein und demselben $\delta = \delta(\varepsilon)$ für alle x gelten, so daß auch (139.9) für alle x besteht. Und da f auch auf **R** beschränkt ist, bleibt das Integral auf der rechten Seite von (139.10) für alle x unter einer festen Schranke, so daß die Ungleichung (139.11) mit einem nur von ε abhängenden n_0 für alle x gilt. Daraus ergibt sich aber sofort, daß der Index n_0 in (139.12) tatsächlich nicht von x abhängt. ■

Mit Hilfe des Satzes 139.5 läßt sich der *Weierstraßsche Approximationssatz* 115.5 ganz anders als früher und überraschend durchsichtig beweisen (s. Aufgabe 3). Und der *Weierstraßsche Satz* 116.3 *über die trigonometrische Approximation* ist eine geradezu triviale Konsequenz des Satzes 139.5.

Aufgaben

+1. C-Summierbarkeit des Cauchyprodukts $\sum\limits_{k=0}^{\infty} a_k$, $\sum\limits_{k=0}^{\infty} b_k$ seien zwei konvergente Reihen, und

$$\sum_{k=0}^{\infty} c_k \equiv \sum_{k=0}^{\infty} (a_0 b_k + a_1 b_{k-1} + \cdots + a_k b_0)$$

sei ihr (evtl. divergentes) Cauchyprodukt. Dann ist

$$\text{C-}\sum_{k=0}^{\infty} c_k \quad \text{vorhanden und} \quad = \left(\sum_{k=0}^{\infty} a_k\right)\left(\sum_{k=0}^{\infty} b_k\right)$$

(vgl. A 65.9b). Hinweis: Sind A_n, B_n, C_n die Teilsummen der drei Reihen, so ist $C_0 + C_1 + \cdots + C_n = A_0 B_n + A_1 B_{n-1} + \cdots + A_n B_0$. Wende nun A 27.6 an.

2. Verläuft die 2π-periodische L^2-Funktion f innerhalb eines Horizontalstreifens S, so liegen auch alle Cesaroschen Mittel σ_n (auch Fejérsche Mittel genannt) in S, schärfer: Aus $\alpha \leqslant f(x) \leqslant \beta$ für alle x folgt $\alpha \leqslant \sigma_n(x) \leqslant \beta$ für alle x und alle n.

---

[1] Eine weitaus schärfere Aussage findet der Leser in A 141.3.

$^+$**3. Weierstraßscher Approximationssatz** f sei stetig auf $[a, b]$, g bedeute die gerade 2π-periodische Fortsetzung der Funktion $f\left(a + \dfrac{b-a}{\pi}\, t\right)$, $t \in [0, \pi]$, und $\varepsilon > 0$ sei beliebig vorgegeben. Zeige der Reihe nach:

a) Es gibt ein Kosinuspolynom $C(t) := c_0 + c_1 \cos t + \cdots + c_m \cos mt$ mit $|g(t) - C(t)| < \varepsilon/2$ für alle t.

b) Es gibt ein Polynom $P(t) := \alpha_0 + \alpha_1 t + \cdots + \alpha_n t^n$ mit $|C(t) - P(t)| < \varepsilon/2$ für alle $t \in [0, \pi]$. Hinweis: Entwickle C in eine (beständig konvergente, also auf $[0, \pi]$ gleichmäßig konvergente) Potenzreihe.

c) Es gibt ein Polynom $p(x) := \beta_0 + \beta_1 x + \cdots + \beta_n x^n$ mit $|f(x) - p(x)| < \varepsilon$ für alle $x \in [a, b]$.

140 A-Summierbarkeit der Fourierreihen

Eine zweite, vom C-Verfahren verschiedene Summationsmethode nimmt ihren Ausgang vom Abelschen Grenzwertsatz. Nach letzterem strebt

$$\sum_{n=0}^{\infty} a_n r^n \to \sum_{n=0}^{\infty} a_n \text{ für } r \to 1-, \text{ falls } \sum_{n=0}^{\infty} a_n \text{ konvergiert.}$$

Ist nun eine beliebige (konvergente oder divergente) Reihe $\displaystyle\sum_{n=0}^{\infty} a_n$ vorgelegt, so nennen wir sie **A-summierbar zum Werte** s und schreiben

$$\text{A-}\sum_{n=0}^{\infty} a_n = s,$$

wenn die Reihe $\displaystyle\sum_{n=0}^{\infty} a_n r^n$ mindestens auf dem Intervall $[0, 1)$ konvergiert[1] und $\to s$ strebt für $r \to 1-$. Wir hatten uns diese Dinge schon in A 65.9 vor Augen geführt. Ähnlich wie das C-Verfahren ordnet also auch das „A-Verfahren" gewissen Reihen $\displaystyle\sum_{n=0}^{\infty} a_n$ eine Summe im verallgemeinerten Sinne, nämlich die **Abelsche Summe** $\text{A-}\displaystyle\sum_{n=0}^{\infty} a_n$ zu. Der Abelsche Grenzwertsatz ist gerade der

140.1 Permanenzsatz des A-Verfahrens *Eine konvergente Reihe mit der Summe s ist* A-*summierbar zu demselben Werte* s.

---

[1] Aus der Lehre von den Potenzreihen wissen wir, daß sie dann auch auf $(-1, 1)$ konvergieren muß.

Die Beziehung zwischen dem C- und A-Verfahren wird durch A 65.8 geklärt. Mit unseren neuen Sprechweisen lautet ihr Ergebnis so: *Eine* C-*summierbare Reihe* $\sum\limits_{n=0}^{\infty} a_n$ *ist auch* A-*summierbar, und es gilt*

$$C\text{-}\sum_{n=0}^{\infty} a_n = A\text{-}\sum_{n=0}^{\infty} a_n. \tag{140.1}$$

Ohne näher darauf einzugehen, erwähnen wir noch, daß das A-Verfahren leistungsfähiger als das C-Verfahren ist: Es gibt Reihen, die zwar nicht mehr C-summierbar, aber doch noch A-summierbar sind.

Der Fejérsche Satz liefert wegen der gerade bemerkten Beziehung zwischen dem C- und A-Verfahren sofort den

140.2 Satz *Die Fourierreihe der* 2π-*periodischen* L^2-*Funktion* f *ist für jede Stelle* x, *an der die Grenzwerte* $f(x+)$ *und* $f(x-)$ *existieren,* A-*summierbar zum Werte*

$$s(x) := \frac{f(x+) + f(x-)}{2}.$$

An jeder Stetigkeitsstelle x *ist sie also* A-*summierbar zum Werte* $f(x)$.

Wir wollen uns diesem Satz noch auf einem zweiten Weg nähern, um ein tieferes Verständnis für den hier obwaltenden Konvergenzmechanismus zu gewinnen. Dabei wollen wir uns allerdings sehr kurz fassen, denn die Überlegungen sind denen in den Nummern 135 und 139 so analog, daß wir die Details getrost dem Leser überlassen dürfen.

Es sei

$$f(x) \sim \frac{a_0}{2} + \sum_{k=1}^{\infty} (a_k \cos k\,x + b_k \sin k\,x).$$

Da nach Satz 134.2d die Folgen (a_k), (b_k) gegen 0 streben, existiert

$$A(r, x) := \frac{1}{2} a_0 + \sum_{k=1}^{\infty} r^k (a_k \cos k\,x + b_k \sin k\,x)$$

für jedes $r \in [0, 1)$ und jedes reelle x,

und unsere Aufgabe besteht gerade darin, das Verhalten von $A(r, x)$ für $r \to 1-$ zu untersuchen. Mittels der Euler-Fourierschen Formeln für a_k, b_k finden wir (vgl. Beginn der Nr. 135)

$$A(r, x) = \frac{1}{\pi} \int_{-\pi}^{\pi} f(t) \left[\frac{1}{2} + \sum_{k=1}^{\infty} r^k \cos k\,(t - x) \right] dt. \tag{140.2}$$

Mit dem Poissonschen Kern[1]

$$P(r, \alpha) := \frac{1}{2} + \sum_{k=1}^{\infty} r^k \cos k\alpha \qquad (0 \le r < 1, \ \alpha \text{ beliebig})$$

ist also

$$A(r, x) = \frac{1}{\pi} \int_{-\pi}^{\pi} f(t) P(r, t - x)\, dt. \tag{140.3}$$

Daraus gewinnt man ähnlich wie in Nr. 135 die Darstellung

$$A(r, x) = \frac{1}{\pi} \int_{0}^{\pi} [f(x + t) + f(x - t)] P(r, t)\, dt. \tag{140.4}$$

Wählt man speziell $f = 1$, so folgt

$$1 = \frac{1}{\pi} \int_{0}^{\pi} 2 P(r, t)\, dt \quad \text{oder also} \quad \int_{0}^{\pi} P(r, t)\, dt = \frac{\pi}{2}. \tag{140.5}$$

Aus (140.4) und (140.5) erhält man für jede Zahl $s(x)$ die Gleichung

$$A(r, x) - s(x) = \frac{1}{\pi} \int_{0}^{\pi} [f(x + t) + f(x - t) - 2 s(x)] P(r, t)\, dt \tag{140.6}$$

und damit ein Analogon des Satzes 139.2, das wir aber nicht ausdrücklich formulieren wollen. Zur weiteren Untersuchung benötigen wir die für $0 \le r < 1$ und jedes t gültige Gleichung

$$P(r, t) = \frac{1}{2} + \sum_{k=1}^{\infty} r^k \cos k t = \frac{1}{2} \frac{1 - r^2}{1 - 2 r \cos t + r^2}, \tag{140.7}$$

die man am leichtesten mit Hilfe der geometrischen Reihe im Komplexen erhält (s. Aufgabe 1). Aus ihr ergibt sich als erstes die wichtige Tatsache, *daß der Poissonsche Kern positiv ist*. Trägt man nun die Darstellung (140.7) in die Gl. (140.6) ein, so erhält man durch Abschätzungen, die denen im Beweis des Satzes von Fejér völlig analog sind, daß

$$\lim_{r \to 1-} A(r, x) \text{ vorhanden und } = s(x) := [f(x+) + f(x-)]/2$$

ist, sofern nur die Grenzwerte $f(x+)$ und $f(x-)$ existieren. Das ist aber gerade die Behauptung des Satzes 140.2. Und ganz ähnlich wie den Satz 139.5 beweist man schließlich den

140.3 Satz *Die Fourierreihe der 2π-periodischen stetigen Funktion f ist* gleichmäßig A-summierbar *auf* **R** *gegen f, d. h., es strebt*

$$A(r, x) \to f(x) \qquad \text{gleichmäßig auf } \mathbf{R} \text{ für } r \to 1-.$$

---

[1] So genannt nach Denis Poisson (1781–1840; 59).

Aufgaben

°**1.** Für $r \in (-1, 1)$ und alle $t \in \mathbf{R}$ gilt

$$\sum_{k=0}^{\infty} r^k \cos k t = \frac{1 - r\cos t}{1 - 2r\cos t + r^2},$$

$$\sum_{k=0}^{\infty} r^k \sin k t = \frac{r\sin t}{1 - 2r\cos t + r^2}. \tag{140.8}$$

Aus der ersten Gleichung ergibt sich durch Subtraktion von 1/2 sofort (140.7). Hinweis: Ersetze in

$$\sum_{k=0}^{\infty} z^k = \frac{1}{1 - z} \qquad (|z| < 1)$$

die Variable z durch $r e^{it}$ und zerlege die entstehende Gleichung in Real- und Imaginärteil.

+**2.** Beweise mit Hilfe des Satzes 140.2, daß die Fourierreihe einer 2π-periodischen stetigen und stückweise stetig differenzierbaren Funktion f an jeder Stelle x gegen $f(x)$ konvergiert.
Hinweis: a) Sind a_n, b_n die Fourierkoeffizienten von f, so strebt $n a_n \to 0$ und $n b_n \to 0$ (vgl. Anfang des Beweises von Satz 136.5). b) A 65.10.

141 L²-Konvergenz der Fourierreihen (Konvergenz im quadratischen Mittel)

Die weitaus befriedigendste und glatteste Konvergenzaussage über Fourierreihen erhalten wir, indem wir zur Konvergenz im Sinne der L²-Norm oder „im quadratischen Mittel" übergehen, in der also $s_n \to f$ bedeutet, daß

$$\|s_n - f\| = \left(\int_{-\pi}^{\pi} [s_n(x) - f(x)]^2 \, dx \right)^{1/2} \to 0 \text{ strebt für } n \to \infty.$$

Es gilt nämlich der schöne

141.1 Satz *Die Fourierreihe jeder L²-Funktion f konvergiert im quadratischen Mittel stets gegen f.*

Den Beweis dieser keineswegs selbstverständlichen Aussage wollen wir nicht sofort in Angriff nehmen; vielmehr treffen wir zunächst einige Vorbereitungen, die im übrigen auch für sich genommen interessant und bedeutungsvoll sind.

Um die anfallenden Rechnungen zu vereinfachen, benutzen wir wie in Nr. 134 die Orthonormalfolge der Funktionen

$$u_0(x) := \frac{1}{\sqrt{2\pi}}, \quad u_{2k-1}(x) := \frac{\cos k x}{\sqrt{\pi}}, \quad u_{2k}(x) := \frac{\sin k x}{\sqrt{\pi}} \qquad (k = 1, 2, \ldots). \tag{141.1}$$

Für eine vorgegebene L^2-Funktion f mit

$$f(x) \sim \frac{a_0}{2} + \sum_{k=1}^{\infty} (a_k \cos kx + b_k \sin kx)$$

ist dann

$$\begin{aligned}
(f|u_0)\,u_0(x) &= \left(\int_{-\pi}^{\pi} f(x)\,\frac{1}{\sqrt{2\pi}}\,dx\right)\frac{1}{\sqrt{2\pi}} = \frac{a_0}{2}, \\
(f|u_{2k-1})\,u_{2k-1}(x) &= \left(\int_{-\pi}^{\pi} f(x)\,\frac{\cos kx}{\sqrt{\pi}}\,dx\right)\frac{\cos kx}{\sqrt{\pi}} = a_k \cos kx, \\
(f|u_{2k})\,u_{2k}(x) &= \left(\int_{-\pi}^{\pi} f(x)\,\frac{\sin kx}{\sqrt{\pi}}\,dx\right)\frac{\sin kx}{\sqrt{\pi}} = b_k \sin kx
\end{aligned}$$

$(k = 1, 2, \ldots)$. Die Fourierreihe von f schreibt sich also in der Form

$$\sum_{k=0}^{\infty} (f|u_k)\,u_k(x) \quad \text{oder kürzer:} \quad \sum_{k=0}^{\infty} (f|u_k)\,u_k.$$

Mit s_n bezeichnen wir durchweg ihre n-te Teilsumme:

$$s_n := \sum_{k=0}^{n} (f|u_k)\,u_k.$$

Als erstes beweisen wir den

141.2 Hilfssatz *Die Fourierreihe $\displaystyle\sum_{k=0}^{\infty} (f|u_k)\,u_k$ konvergiert im quadratischen Mittel gegen eine L^2-Funktion s, und $f - s$ ist orthogonal zu jedem u_k $(k = 0, 1, 2, \ldots)$.*

Dank unserer weitreichenden Hilfsmittel ist der Beweis äußerst einfach. Nach dem Satz des Pythagoras aus A 134.1 ist für $n \geqslant m$ stets

$$\left\|\sum_{k=m}^{n} (f|u_k)\,u_k\right\|^2 = \sum_{k=m}^{n} \|(f|u_k)\,u_k\|^2 = \sum_{k=m}^{n} (f|u_k)^2. \tag{141.2}$$

Da aber wegen der Besselschen Ungleichung (134.10) die Reihe $\displaystyle\sum_{k=0}^{\infty} (f|u_k)^2$ konvergiert, kann man zu jedem $\varepsilon > 0$ ein m so bestimmen, daß für $n \geqslant m$ stets $\displaystyle\sum_{k=m}^{n} (f|u_k)^2 < \varepsilon$ bleibt. Mit (141.2) ergibt sich daraus, daß $\displaystyle\sum_{k=0}^{\infty} (f|u_k)\,u_k$ eine Cauchyreihe im Sinne der L^2-Norm ist. Wegen der Vollständigkeit von L^2 (s. Satz 130.5) muß sie also im quadratischen Mittel gegen ein $s \in L^2$ konvergieren[1]. Und mit Satz 134.1 folgt nun für $j = 0, 1, 2, \ldots$

---

[1] Dieser entscheidende Schluß wäre nicht möglich, wenn wir nur den Riemannschen Integralbegriff besäßen.

$$(s-f|u_j) = (s|u_j) - (f|u_j) = \left(\sum_{k=0}^{\infty} (f|u_k)u_k \middle| u_j \right) - (f|u_j)$$

$$= \sum_{k=0}^{\infty} (f|u_k)(u_k|u_j) - (f|u_j) = (f|u_j) - (f|u_j) = 0,$$

womit bereits alles gezeigt ist.   ∎

Natürlich stellt sich jetzt die Frage, ob $s=f$ ist[1]. Wegen der zweiten Aussage des obigen Hilfssatzes könnten wir diese Frage sofort mit ja beantworten, wenn keine andere L²-Funktion als 0 auf jedem u_k ($k=0, 1, 2, \ldots$) senkrecht stünde. Man nennt eine Orthogonalfolge ($v_0, v_1, v_2, \ldots$) in L^2 **vollständig** oder **maximal**, wenn 0 die einzige L²-Funktion ist, die zu jedem v_k ($k=0, 1, 2, \ldots$) orthogonal ist. Eine vollständige Orthogonalfolge ($v_0, v_1, v_2, \ldots$) kann also nicht mehr durch Hinzunahme einer L²-Funktion v zu einer größeren Orthogonalfolge ($v, v_0, v_1, v_2, \ldots$) erweitert werden, es sei denn in trivialer Weise, indem man $v=0$ hinzufügt. Wir werden nun die fundamentale Tatsache beweisen, daß die Orthogonalfolge ($u_0, u_1, u_2, \ldots$) vollständig ist oder gleichbedeutend:

141.3 Vollständigkeitssatz *Die trigonometrische Orthogonalfolge*

$$1, \cos x, \sin x, \cos 2x, \sin 2x, \cos 3x, \sin 3x, \ldots$$

ist vollständig in L^2.

Beweis. Die L²-Funktion u sei orthogonal zu $u_0, u_1, u_2, \ldots$, und

$$U(x) := \int_{-\pi}^{x} u(t)\,dt \qquad (-\pi \leqslant x \leqslant \pi)$$

sei ihr unbestimmtes Integral. Dann ist U stetig (Satz 131.1) und

$$U(-\pi) = U(\pi) = 0 \tag{141.3}$$

($U(\pi)=0$ besagt gerade, daß u orthogonal zu u_0 ist). Mit

$$c_k := u_k(-\pi)$$

gilt ferner

$$u_k(x) - c_k = \int_{-\pi}^{x} u_k'(t)\,dt.$$

---

[1] Wenn wir, wie in der vorliegenden Nummer, L^2 als normierten Raum auffassen, identifizieren wir gemäß unserer Verabredung in Nr. 130 Funktionen, die fast überall auf $[-\pi, \pi]$ übereinstimmen. $s=f$ bedeutet also, daß $s(x)=f(x)$ fast überall auf $[-\pi, \pi]$ ist.

Aus der Orthogonalitätsvoraussetzung ergibt sich

$$\int_{-\pi}^{\pi} u(u_k - c_k)\,dx = \int_{-\pi}^{\pi} u u_k\,dx - c_k \int_{-\pi}^{\pi} u\cdot 1\,dx = 0 \quad \text{für } k=0,1,2,\dots.$$

Und nun erhalten wir mittels Produktintegration (Satz 131.4) und (141.3) die Gleichung

$$0 = \int_{-\pi}^{\pi} u(u_k - c_k)\,dx = [U(u_k - c_k)]_{-\pi}^{\pi} - \int_{-\pi}^{\pi} U u_k'\,dx = - \int_{-\pi}^{\pi} U u_k'\,dx \quad \text{für } k\in\mathbf{N}_0.$$

Da für $m\geqslant 1$ aber $u_{2m-1}' = -m u_{2m}$ und $u_{2m}' = m u_{2m-1}$ ist, folgt daraus

$$\int_{-\pi}^{\pi} U u_k\,dx = 0 \quad \text{für } k=1,2,\dots. \tag{141.4}$$

Setzt man

$$c := \frac{1}{2\pi} \int_{-\pi}^{\pi} U\,dx,$$

so verschwindet trivialerweise $\int_{-\pi}^{\pi}(U-c)\,dx$, also auch $\int_{-\pi}^{\pi}(U-c)u_0\,dx$. Mit (141.4) folgt also

$$\int_{-\pi}^{\pi} (U-c)u_k\,dx = 0 \quad \text{für } k=0,1,2,\dots. \tag{141.5}$$

Die Funktion $U-c$ ist stetig auf $[-\pi,\pi]$, und wegen (141.3) nimmt sie in $\pm\pi$ den Wert $-c$ an. Infolgedessen kann sie zu einer 2π-periodischen stetigen Funktion v auf $\mathbf{R}$ fortgesetzt werden. Nach dem Weierstraßschen Approximationssatz 116.3 oder auch nach dem Satz 139.5 gibt es also eine Folge von trigonometrischen Polynomen p_n, die gleichmäßig auf $\mathbf{R}$ gegen v strebt. Wegen A 103.10 strebt daher $vp_n \to v^2$ gleichmäßig auf $\mathbf{R}$, und nach Satz 104.4 folgt daraus

$$\int_{-\pi}^{\pi} (U-c)p_n\,dx \to \int_{-\pi}^{\pi} (U-c)^2\,dx.$$

Da aber dank der Gl. (141.5) das linksstehende Integral für alle n verschwindet, muß auch $\int_{-\pi}^{\pi}(U-c)^2\,dx = 0$ sein. Mit A 81.1 ergibt sich nun, daß $U(x)=c$ für alle $x\in[-\pi,\pi]$ ist und somit die totale Variation von U verschwindet. Da diese nach Satz 131.1 durch $\int_{-\pi}^{\pi}|u(t)|\,dt$ gegeben wird, muß notwendig $u(t)=0$ fast überall auf $[-\pi,\pi]$ sein (Satz 125.4)[1]. ∎

Dank unserer Bemerkungen vor dem Vollständigkeitssatz ist nun auch der entscheidende Konvergenzsatz 141.1 vollständig bewiesen.

---

[1] Dieser Schluß wäre auch auf Grund des Satzes 131.2 möglich gewesen, wenn wir diesen Satz bewiesen hätten.

Aufgaben

[+]**1.** Der Konvergenzsatz 141.1 und der Vollständigkeitssatz 141.3 sind äquivalent.

[+]**2.** Der Vollständigkeitssatz 141.3 ist mit der folgenden Aussage äquivalent:
Die Menge der trigonometrischen Polynome $\alpha_0 u_0 + \alpha_1 u_1 + \cdots + \alpha_n u_n$ $(n = 0, 1, 2, \ldots; \alpha_k \in \mathbf{R})$ liegt im Sinne der L²-Metrik dicht in L^2.

[+]**3.** Die Fourierreihe einer L²-Funktion f konvergiert fast überall auf $[-\pi, \pi]$ gegen f. Hinweis: A 130.5, Satz von Carleson (referiert am Anfang der Nr. 139).

142 Folgerungen aus der L²-Konvergenz der Fourierreihen

Der Satz 141.1 eröffnet eine Fülle interessanter Einsichten, von denen wir einige in dieser Nummer darlegen wollen. $(u_0, u_1, u_2, \ldots)$ ist wieder die in (141.1) definierte Orthonormalfolge, mit deren Hilfe sich die Fourierreihe einer L²-Funktion f in der einfachen Form $\sum\limits_{k=0}^{\infty} (f|u_k) u_k$ schreiben läßt.

Wegen Satz 141.1 strebt die linke und damit auch die rechte Seite der Besselschen Gleichung (134.9) für $m \to \infty$ gegen 0, infolgedessen gilt die

142.1 Parsevalsche Gleichung[1) *Für jedes $f \in L^2$ ist*

$$\sum_{k=0}^{\infty} (f|u_k)^2 = \|f\|^2 \quad \text{oder also} \quad \frac{1}{2} a_0^2 + \sum_{k=1}^{\infty} (a_k^2 + b_k^2) = \frac{1}{\pi} \|f\|^2, \tag{142.1}$$

wobei die a_k, b_k die Fourierkoeffizienten von f bedeuten.

Die Besselsche Ungleichung in Satz 134.2d ist also in Wirklichkeit eine Gleichung.

Eine L²-Funktion bestimmt nicht nur die Folge ihrer Fourierkoeffizienten, sondern wird umgekehrt auch durch die letztere festgelegt, genauer:

142.2 Eindeutigkeitssatz *Besitzen die L²-Funktionen f und g dieselben Fourierkoeffizienten, so ist im Sinne der L²-Theorie $f = g$, d.h. $f(x) = g(x)$ fast überall auf $[-\pi, \pi]$.*

Denn nach Satz 141.1 gelten die normkonvergenten Darstellungen

$$f = \sum (f|u_k) u_k \quad \text{und} \quad g = \sum (g|u_k) u_k,$$

und wegen $(f|u_k) = (g|u_k)$ für $k = 0, 1, 2, \ldots$ folgt daraus $f = g$. ∎

[1) Marc-Antoine Parseval (?–1836; ?).

Dieser Satz ist sehr merkwürdig. Eine L^2-Funktion f kann ungemein bizarr sein, und doch sind ihre Werte durch so starke innere Gesetzmäßigkeiten miteinander verkettet, daß f bereits durch nur *abzählbar viele* Bestimmungsstücke (die Fourierkoeffizienten) festgelegt wird.

Stimmen zwei stetige Funktionen f, g fast überall auf $[-\pi, \pi]$ überein, gilt also $f(x) = g(x)$ für alle $x \in [-\pi, \pi] \setminus N$ (N eine Nullmenge), so sind sie sogar punktweise gleich. Denn N kann kein Teilintervall von $[-\pi, \pi]$ enthalten, in jedem derartigen Teilintervall liegt also ein Punkt von $[-\pi, \pi] \setminus N$. Die Menge der Punkte, in denen f und g übereinstimmen, liegt somit dicht in $[-\pi, \pi]$, woraus sofort die Behauptung folgt. Mit dem Eindeutigkeitssatz ergibt sich aus dieser Bemerkung nunmehr der praktisch besonders wichtige

142.3 Satz *Besitzen die auf $[-\pi, \pi]$ stetigen Funktionen f und g dieselben Fourierkoeffizienten, so stimmen sie punktweise überein: $f(x) = g(x)$ für alle $x \in [-\pi, \pi]$.*

Stetige Funktionen werden also durch ihre Fourierreihen in jedem Punkt völlig eindeutig bestimmt — auch dann, wenn letztere nicht punktweise konvergieren.

142.4 Satz *Die Funktionenreihe $\displaystyle\sum_{k=0}^{\infty} c_k u_k$ konvergiert genau dann im quadratischen Mittel gegen ein $f \in L^2$, wenn die Zahlenreihe $\displaystyle\sum_{k=0}^{\infty} c_k^2$ konvergiert. In diesem Falle ist $c_k = (f|u_k)$, also $\displaystyle\sum_{k=0}^{\infty} c_k u_k$ die Fourierreihe von f.*

Beweis. a) Aus $\displaystyle\sum_{k=0}^{\infty} c_k u_k = f \in L^2$ folgt nach Satz 134.1, daß

$$(f|u_j) = \left(\sum_{k=0}^{\infty} c_k u_k \middle| u_j \right) = \sum_{k=0}^{\infty} c_k (u_k|u_j) = c_j \quad \text{für alle } j \geq 0$$

ist und damit auch, daß $\displaystyle\sum_{k=0}^{\infty} c_k^2$ konvergiert. — b) Nun sei umgekehrt $\displaystyle\sum_{k=0}^{\infty} c_k^2$ konvergent. Dann braucht man nur die Schlüsse aus dem ersten Teil des Beweises von Hilfssatz 141.2 zu wiederholen, um sich der Konvergenz der Reihe $\displaystyle\sum_{k=0}^{\infty} c_k u_k$ gegen ein $f \in L^2$ zu vergewissern. $\blacksquare$

Die Sätze dieser Nummer erlauben den Nachweis der paradox anmutenden Tatsache, daß der Funktionenraum L^2 im wesentlichen nichts anderes ist als der Folgenraum l^2. Bevor wir den diesbezüglichen Satz 142.5 formulieren, führen wir in l^2 noch ein **Innenprodukt** $(x|y)$ ein:

$$(x|y) := \sum_{k=1}^{\infty} x_k y_k \quad \text{für } x := (x_1, x_2, \ldots), y := (y_1, y_2, \ldots) \text{ aus } l^2.$$

Die Reihe konvergiert wegen der Cauchy-Schwarzschen Ungleichung; die zu Beginn der Nr. 134 angegebenen Innenproduktregeln gelten auch für $(x|y)$.

142.5 Satz *Es gibt eine bijektive Abbildung A von L^2 auf l^2, die linear ist und das Innenprodukt ebenso erhält wie die Norm, für die also durchgehend $(Af|Ag) = (f|g)$ und $\|Af\| = \|f\|$ ist*[1].

Beweis. Die Elemente von l^2 schreiben wir diesmal in der Form $(c_0, c_1, c_2, \dots)$, die Norm in l^2 bezeichnen wir, wie im Satz schon angedeutet, mit demselben Zeichen $\|\cdot\|$ wie die in L^2. Die Abbildung A ordne jedem Element f von L^2 die Folge der $c_k := (f|u_k)$, $k = 0, 1, 2, \dots$, zu. Diese Folge liegt in l^2, weil die Reihe $\sum (f|u_k)^2$ konvergiert; A bildet also L^2 nach l^2 ab. Wegen Satz 142.2 ist A injektiv und wegen Satz 142.4 auch surjektiv. Die Linearität von A ist trivial, weil das Innenprodukt im ersten Faktor linear ist. Nun seien f und g zwei Elemente aus L^2. Dann ist

$$f = \sum_{k=0}^{\infty} c_k u_k \quad \text{mit } c_k := (f|u_k),$$

$$g = \sum_{k=0}^{\infty} d_k u_k \quad \text{mit } d_k := (g|u_k),$$

d. h., im Sinne der L^2-Norm strebt

$$s_n := \sum_{k=0}^{n} c_k u_k \to f, \qquad t_n := \sum_{k=0}^{n} d_k u_k \to g.$$

Und da

$$(s_n|t_n) = \left(\sum_{j=0}^{n} c_j u_j \,\bigg|\, \sum_{k=0}^{n} d_k u_k \right) = \sum_{j,k=0}^{n} c_j d_k (u_j|u_k) = \sum_{k=0}^{n} c_k d_k$$

einerseits gegen $(f|g)$ (s. Satz 134.1), andererseits gegen $\sum_{k=0}^{\infty} c_k d_k = (Af|Ag)$ konvergiert, muß $(Af|Ag) = (f|g)$ sein. Setzt man hierin $g = f$, so folgt $\|Af\| = \|f\|$, eine Beziehung, die übrigens nichts anderes als die Parsevalsche Gleichung ist. ∎

Die eben bewiesene Gleichung $(f|g) = \sum_{k=0}^{\infty} c_k d_k$ halten wir, zusammen mit einer Umformulierung, noch ausdrücklich fest als

142.6 Verallgemeinerte Parsevalsche Gleichung *Für je zwei Elemente f und g aus L^2 ist stets*

$$\sum_{k=0}^{\infty} (f|u_k)(g|u_k) = (f|g)$$

---

[1] Wir erinnern noch einmal daran, daß wir L^2-Funktionen identifizieren, wenn sie fast überall gleich sind.

oder also

$$\frac{1}{2}\,a_0\,\alpha_0 + \sum_{k=1}^{\infty} (a_k\,\alpha_k + b_k\,\beta_k) = \frac{1}{\pi} \int_{-\pi}^{\pi} fg\,\mathrm{d}x,$$

wobei die a_k, b_k die Fourierkoeffizienten von f und α_k, β_k die von g bedeuten.

Aufgaben

+1. Aus der Gültigkeit der Parsevalschen Gleichung für jedes $f \in L^2$ folgt die Vollständigkeit der Orthonormalfolge $(u_0, u_1, u_2, \ldots)$. Mit Hilfe von A 141.1 sieht man nun, daß die Sätze 141.1, 141.3 und 142.1 (Konvergenzsatz, Vollständigkeitssatz und Parsevalsche Gleichung) äquivalent sind.

2. Zu jeder stetigen linearen Abbildung $F: l^2 \to \mathbf{R}$ gibt es genau ein $\boldsymbol{\alpha} := (\alpha_0, \alpha_1, \alpha_2, \ldots) \in l^2$, so daß

$$F(c) = (c\,|\,\boldsymbol{\alpha}) = \sum_{k=0}^{\infty} c_k\,\alpha_k \quad \text{für alle } c := (c_0, c_1, c_2, \ldots) \in l^2 \tag{142.2}$$

gilt. Umgekehrt wird für jedes feste $\boldsymbol{\alpha} \in l^2$ durch (142.2) eine stetige lineare Abbildung $F: l^2 \to \mathbf{R}$ definiert.

Hinweis zur ersten Aussage:

a) Mit $e_0 := (1, 0, 0, \ldots)$, $e_1 := (0, 1, 0, \ldots)$, $\ldots$ ist $c = \sum_{k=0}^{\infty} c_k e_k$ im Sinne der l^2-Norm.

b) $F(c) = \sum_{k=0}^{\infty} c_k\,\alpha_k$ mit $\alpha_k := F(e_k)$.

c) Setze in $|F(c)| \leqslant \|F\|\,\|c\|$ für c die Elemente $c_n := (\alpha_0, \alpha_1, \ldots, \alpha_n, 0, 0, \ldots)$ aus l^2 ein und schließe, daß $(\alpha_0, \alpha_1, \alpha_2, \ldots)$ in l^2 liegt.

+3. Rieszscher Darstellungssatz[1) für L^2 Zu jeder stetigen linearen Abbildung $\Phi: L^2 \to \mathbf{R}$ gibt es genau ein $g \in L^2$, so daß

$$\Phi(f) = (f\,|\,g) \quad \text{für alle } f \in L^2 \tag{142.3}$$

gilt. Umgekehrt wird für jedes feste $g \in L^2$ durch (142.3) eine stetige lineare Abbildung $\Phi: L^2 \to \mathbf{R}$ definiert.

Hinweis: Aufgabe 2 und Satz 142.5. Beachte, daß die Abbildung A aus Satz 142.5 mitsamt ihrer Inversen A^{-1} offensichtlich stetig ist.

143 Differenzierbarkeit und Integrierbarkeit der Fourierreihen

Die 2π-periodische L^2-Funktion f habe die Fourierreihe

$$\frac{a_0}{2} + \sum_{n=1}^{\infty} (a_n \cos nx + b_n \sin nx). \tag{143.1}$$

[1)] So genannt nach Frigyes Riesz (1880–1956; 76).

Die gliedweise differenzierte Reihe

$$\sum_{n=1}^{\infty} (n\,b_n \cos n\,x - n\,a_n \sin n\,x) \tag{143.2}$$

braucht dann nicht mehr die Fourierreihe einer L^2-Funktion zu sein, weil $\sum n^2(b_n^2 + a_n^2)$ divergieren kann. Nun nehmen wir an, f sei stetig und auf $[-\pi, \pi]$, also auch auf jedem Intervall $[a, b]$, stückweise stetig differenzierbar. Mit der Festsetzung

$$f'(x) := \frac{f'(x+) + f'(x-)}{2}, \quad \text{falls } f \text{ in } x \text{ nicht differenzierbar ist,} \tag{143.3}$$

wird f' eine 2π-periodische L^2-Funktion auf **R**. Es sei

$$f'(x) \sim \frac{\alpha_0}{2} + \sum_{n=1}^{\infty} (\alpha_n \cos n\,x + \beta_n \sin n\,x).$$

Dann haben wir

$$\alpha_n = n\,b_n \quad \text{und} \quad \beta_n = -n\,a_n \quad \text{für } n \geq 1$$

(s. Anfang des Beweises von Satz 136.5), während

$$\alpha_0 = \frac{1}{\pi} \int_{-\pi}^{\pi} f'(x)\,\mathrm{d}x = \frac{1}{\pi}[f(\pi) - f(-\pi)] = 0$$

ist; die gliedweise differenzierte Reihe (143.2) ist dann also eine Fourierreihe, und zwar die von f'. Damit ist natürlich überhaupt noch nichts über ihre punktweise Konvergenz und ihre allenfalls vorhandene Summe gesagt. Unsere Konvergenzsätze über Fourierreihen bahnen uns aber einen bequemen Weg zu diesbezüglichen Aussagen, wobei im folgenden immer die Verabredung (143.3) zu beachten ist. Zunächst liefert der Satz 139.4 auf Grund der obigen Überlegungen sofort den

143.1 Satz *Die 2π-periodische Funktion f sei stetig und auf $[-\pi, \pi]$ stückweise stetig differenzierbar. Dann erhält man die Fourierreihe von f' durch gliedweise Differentiation der Fourierreihe von f, und wenn die erstere an einer Stelle x überhaupt konvergiert, so ist ihre Summe dort gewiß $= f'(x)$.*

Dieser Satz erlaubt es, bei der Entscheidung der Frage, ob eine Fourierreihe gliedweise differenziert werden „darf", die Konvergenzkriterien aus Nr. 33 heranzuziehen. Die folgenden Sätze bringen statt dessen Eigenschaften von f und f' ins Spiel. Aus Satz 136.4 folgt z. B. unmittelbar der

143.2 Satz *Ist die 2π-periodische Funktion f stetig und auf $[-\pi, \pi]$ stückweise stetig differenzierbar, so konvergiert die gliedweise differenzierte Fourierreihe von f sicherlich dann an der Stelle x gegen $f'(x)$, wenn $f''(x)$ existiert.*

Und aus den Sätzen 136.2 und 136.3 folgt ebenso mühelos der

143.3 Satz *Die 2π-periodische Funktion f sei stetig und auf $[-\pi, \pi]$ stückweise stetig differenzierbar. Ist dann f' auf $[-\pi, \pi]$*

> *von beschränkter Variation oder sogar*
>
> *stückweise monoton und beschränkt oder auch*
>
> *stückweise stetig differenzierbar,*

so konvergiert die gliedweise differenzierte Fourierreihe von f an jeder Stelle x gegen $f'(x)$.

Von äußerster Einfachheit ist das Problem der gliedweisen Integration:

143.4 Satz *Die Fourierreihe (143.1) der 2π-periodischen L^2-Funktion f darf auf jedem Intervall $[\alpha, \beta]$ gliedweise integriert werden, gleichgültig, ob sie punktweise konvergiert oder nicht; es ist also*

$$\int_\alpha^\beta f(x)\,\mathrm{d}x = \int_\alpha^\beta \frac{a_0}{2}\,\mathrm{d}x + \sum_{n=1}^\infty \int_\alpha^\beta (a_n \cos n\,x + b_n \sin n\,x)\,\mathrm{d}x.$$

Ist g eine beliebige Funktion aus $L^2(\alpha, \beta)$, so darf sogar die mit $g(x)$ multiplizierte Reihe gliedweise integriert werden:

$$\int_\alpha^\beta f(x)g(x)\,\mathrm{d}x = \int_\alpha^\beta \frac{a_0}{2}g(x)\,\mathrm{d}x + \sum_{n=1}^\infty \int_\alpha^\beta (a_n \cos n\,x + b_n \sin n\,x)g(x)\,\mathrm{d}x.$$

Wir brauchen offenbar nur die zweite Aussage zu beweisen. Dazu nehmen wir zunächst an, für ein gewisses $m \in \mathbf{Z}$ sei $[\alpha, \beta] \subset [2m\pi, 2(m+1)\pi]$. Mit

$$s_n(x) := \frac{a_0}{2} + \sum_{k=1}^n (a_k \cos k\,x + b_k \sin k\,x) \quad \text{und} \quad M := \int_\alpha^\beta g^2\,\mathrm{d}x$$

ist dann wegen der Schwarzschen Ungleichung (d. h. der Hölderschen Ungleichung (130.1) für $p = q = 2$)

$$\left| \int_\alpha^\beta fg\,\mathrm{d}x - \int_\alpha^\beta s_n g\,\mathrm{d}x \right|^2 = \left| \int_\alpha^\beta (f - s_n)g\,\mathrm{d}x \right|^2 \leqslant M \int_\alpha^\beta (f - s_n)^2\,\mathrm{d}x$$

$$\leqslant M \int_{2m\pi}^{2(m+1)\pi} (f - s_n)^2\,\mathrm{d}x = M\|f - s_n\|^2.$$

Da wegen Satz 141.1 aber $\|f - s_n\| \to 0$ strebt, ist damit unsere Behauptung unter der oben gemachten Annahme über die Lage von $[\alpha, \beta]$ bereits bewiesen. Ist diese Annahme jedoch nicht erfüllt, so kann man $[\alpha, \beta]$ so in endlich viele Teilintervalle zerlegen, daß jedes derselben in einem gewissen Intervall der Gestalt $[2m\pi, 2(m+1)\pi]$ liegt, und nun folgt die Behauptung des Satzes in einfachster Weise aus dem schon Bewiesenen. ∎

Aufgaben

1. Die Funktion f sei 2π-periodisch und habe auf $[-\pi, \pi]$ die Werte $f(x):=x/2$ für $x\in(-\pi, \pi)$, $:=0$ für $x=\pm\pi$. Wegen A 133.1 ist dann

$$f(x) \sim \sum_{n=1}^{\infty} (-1)^{n+1} \frac{\sin nx}{n}.$$

Zeige ohne Benutzung der Gln. (138.1), (138.5) und (138.6), daß für $x\in[-\pi, \pi]$ die folgenden Beziehungen gelten:

$$\frac{x^2}{4} - \frac{\pi^2}{12} = \sum_{n=1}^{\infty} (-1)^n \frac{\cos nx}{n^2},$$

$$\frac{x^3}{12} - \frac{\pi^2}{12}x = \sum_{n=1}^{\infty} (-1)^n \frac{\sin nx}{n^3}.$$

Die erste Gleichung ist, abgesehen vom Vorzeichen, gerade (138.5). Aus der zweiten folgt

$$1 - \frac{1}{3^3} + \frac{1}{5^3} - \frac{1}{7^3} + - \cdots = \frac{\pi^3}{32}.$$

2. Für die Funktion $f(x):= \begin{cases} -\pi/4 & \text{für } x\in(-\pi, 0), \\ \pi/4 & \text{für } x\in(0, \pi), \\ 0 & \text{für } x=0, \pm\pi, \end{cases}$ $f(x+2\pi)=f(x)$, ist nach A 133.6

$$f(x) \sim \sum_{n=1}^{\infty} \frac{\sin(2n-1)x}{2n-1}.$$

Zeige ohne Benutzung der Gln. (138.9) und (138.3) — letztere ergibt sich von selbst —, daß gilt:

$$\sum_{n=1}^{\infty} \frac{\cos(2n-1)x}{(2n-1)^2} = \frac{\pi^2}{8} - \frac{\pi}{4}|x| \quad \text{für } x\in[-\pi, \pi] \text{ (s. (138.2))}.$$

3. Gewinne in ähnlicher Weise wie oben Fourierdarstellungen aus den Aufgaben der Nr. 133.

4. Die Reihen $\sum_{n=1}^{\infty} a_n^2$ und $\sum_{n=1}^{\infty} b_n^2$ seien konvergent. Dann ist die Funktion

$$F(x):= \sum_{n=1}^{\infty} \left(\frac{a_n}{n} \cos nx + \frac{b_n}{n} \sin nx \right) \quad (x\in \mathbf{R})$$

stetig und auf jedem kompakten Intervall von beschränkter Variation.

XVIII Anwendungen

Die Mathematik ist es, die uns vor dem Trug der Sinne schützt und uns den Unterschied zwischen Schein und Wahrheit kennen lehrt.

Leonhard Euler

144 Nochmals die schwingende Saite

In Nr. 132 hatten wir gesehen, daß die Bewegungen einer Saite, die in den Punkten $x=0$ und $x=\pi$ der x-Achse eingespannt ist und zur Zeit $t=0$ im Punkte $x\in[0,\pi]$ die Anfangslage $g(x)$ und die Anfangsgeschwindigkeit $h(x)$ besitzt, durch die Lösungen $u(x,t)$ der Randwertaufgabe

$$\left.\begin{array}{l} \dfrac{\partial^2 u}{\partial t^2}=\alpha^2\,\dfrac{\partial^2 u}{\partial x^2} \quad (\alpha \text{ eine positive Konstante}), \\[2ex] u(0,t)=u(\pi,t)=0 \quad \text{für alle } t, \\[2ex] u(x,0)=g(x), \qquad \dfrac{\partial u}{\partial t}(x,0)=h(x) \quad \text{für } x\in[0,\pi] \end{array}\right\} \tag{144.1}$$

beschrieben werden. Der Separationsansatz hatte uns dazu geführt, eine Lösung dieser Aufgabe in der Form

$$u(x,t):=\sum_{n=1}^{\infty}\sin n x\,(A_n\cos\alpha n t+B_n\sin\alpha n t) \tag{144.2}$$

zu suchen, wobei die Koeffizienten A_n, B_n so zu wählen sind, daß

$$\sum_{n=1}^{\infty}A_n\sin n x=g(x) \quad \text{und} \quad \sum_{n=1}^{\infty}\alpha n B_n\sin n x=h(x) \quad \text{für } x\in[0,\pi] \tag{144.3}$$

ist. Mit den leistungsfähigen Hilfsmitteln des letzten Kapitels können wir nunmehr zeigen, daß wir unter gewissen Voraussetzungen über g und h tatsächlich auf diese Weise die Aufgabe (144.1) lösen können.

Zunächst führen wir das Randwertproblem (144.1) auf zwei einfachere Aufgaben zurück. Wir suchen als erstes eine Lösung

$$u_1(x,t):=\sum_{n=1}^{\infty}A_n\sin n x\cos\alpha n t \tag{144.4}$$

von (144.1) für die spezielle Anfangsgeschwindigkeit $h(x)\equiv0$ und dann eine Lösung

$$u_2(x, t) := \sum_{n=1}^{\infty} B_n \sin n x \sin \alpha n t \tag{144.5}$$

von (144.1) für die spezielle Anfangslage $g(x) \equiv 0$. Können wir solche Lösungen finden, so ist offenbar $u := u_1 + u_2$ die gesuchte Lösung (144.2) unserer ursprünglichen Aufgabe (144.1).

Wir greifen nun die erste Teilaufgabe ($h = 0$) an. Da die Saite in $x = 0$ und $x = \pi$ eingespannt ist, muß

$$g(0) = g(\pi) = 0 \tag{144.6}$$

sein. Infolgedessen können wir g zu einer 2π-periodischen ungeraden Funktion G auf $\mathbf{R}$ fortsetzen (s. Ende der Nr. 138). Von dieser Funktion G verlangen wir, daß sie überall zweimal differenzierbar sei; sie wird dann nach Satz 136.5 durch ihre absolut konvergente Fourierreihe, die eine reine Sinusreihe ist, dargestellt:

$$G(x) = \sum_{n=1}^{\infty} A_n \sin n x \quad \text{mit } A_n := \frac{2}{\pi} \int_0^\pi g(t) \sin n t \, dt. \tag{144.7}$$

Die mit diesen Koeffizienten A_n gebildete Reihe (144.4) konvergiert dann für alle x und t, und ihre Summe $u_1(x, t)$ genügt wegen

$$u_1(0, t) = u_1(\pi, t) = 0, \qquad u_1(x, 0) = g(x) \quad \text{für } x \in [0, \pi]$$

den beiden Randbedingungen und der ersten Anfangsbedingung in (144.1). Um zu prüfen, ob sie auch der zweiten Anfangsbedingung (mit $h = 0$) und der Saitengleichung selbst genügt, gehen wir am einfachsten so vor:
Mittels der Identität

$$\sin n x \cos \alpha n t = \frac{1}{2} \sin n (x - \alpha t) + \frac{1}{2} \sin n (x + \alpha t) \tag{144.8}$$

schreiben wir (144.4) in der Form

$$u_1(x, t) = \frac{1}{2} \sum_{n=1}^{\infty} A_n \sin n (x - \alpha t) + \frac{1}{2} \sum_{n=1}^{\infty} A_n \sin n (x + \alpha t) \tag{144.9}$$

und gewinnen so die Gleichung

$$u_1(x, t) = \frac{1}{2} G(x - \alpha t) + \frac{1}{2} G(x + \alpha t). \tag{144.10}$$

Daraus folgt, da G zweimal differenzierbar ist,

$$\frac{\partial u_1}{\partial t}(x, t) = -\frac{\alpha}{2} G'(x - \alpha t) + \frac{\alpha}{2} G'(x + \alpha t), \tag{144.11}$$

$$\frac{\partial^2 u_1}{\partial t^2}(x,\,t) = \frac{\alpha^2}{2}\,G''(x-\alpha t) + \frac{\alpha^2}{2}\,G''(x+\alpha t), \qquad (144.12)$$

$$\frac{\partial u_1}{\partial x}(x,\,t) = \frac{1}{2}\,G'(x-\alpha t) + \frac{1}{2}\,G'(x+\alpha t),$$

$$\frac{\partial^2 u_1}{\partial x^2}(x,\,t) = \frac{1}{2}\,G''(x-\alpha t) + \frac{1}{2}\,G''(x+\alpha t). \qquad (144.13)$$

Aus (144.11) erhalten wir

$$\frac{\partial u_1}{\partial t}(x,\,0) = -\,\frac{\alpha}{2}\,G'(x) + \frac{\alpha}{2}\,G'(x) = 0,$$

während aus (144.12) und (144.13) sofort die Saitengleichung folgt. Die Funktion u_1 in (144.4) mit den Fourierkoeffizienten A_n aus (144.7) genügt also insgesamt tatsächlich der Randwertaufgabe (144.1) im Falle verschwindender Anfangsgeschwindigkeit h.

Nun fassen wir die zweite Teilaufgabe $(g=0)$ ins Auge. Wegen der Einspannbedingung muß notwendig

$$h(0) = h(\pi) = 0 \qquad (144.14)$$

sein, wir können also h zu einer 2π-periodischen ungeraden Funktion H auf $\mathbf{R}$ fortsetzen. Von H fordern wir die stetige Differenzierbarkeit in allen Punkten. Nach Satz 136.5 konvergiert dann die Fourierreihe von H, die wieder eine reine Sinusreihe sein wird, auf $\mathbf{R}$ absolut gegen H, und diese Konvergenz ist sogar gleichmäßig auf $\mathbf{R}$ (s. Bemerkung am Ende der Nr. 136 oder Satz 137.2). Es gilt also

$$H(x) = \sum_{n=1}^{\infty} C_n \sin nx \quad \text{mit } C_n := \frac{2}{\pi} \int_0^{\pi} h(t) \sin nt\,\mathrm{d}t. \qquad (144.15)$$

Die mit den Koeffizienten

$$B_n := \frac{C_n}{\alpha n} \qquad (144.16)$$

gebildete Reihe (144.5) konvergiert dann für alle x und t, und ihre Summe

$$u_2(x,\,t) := \sum_{n=1}^{\infty} \frac{C_n}{\alpha n} \sin nx \sin \alpha nt \qquad (144.17)$$

genügt wegen

$$u_2(0,\,t) = u_2(\pi,\,t) = 0 \quad \text{und} \quad u_2(x,\,0) = 0$$

den beiden Randbedingungen und der ersten Anfangsbedingung mit $g=0$ in (144.1). Wir zeigen nun, daß u_2 auch der zweiten Anfangsbedingung und der Saitengleichung genügt. Differenzieren wir die Reihe in (144.17) gliedweise nach t, so erhalten wir die konvergente Reihe

$$\sum_{n=1}^{\infty} C_n \sin n x \cos \alpha n t, \tag{144.18}$$

die wir wegen (144.8) auch in der Form

$$\frac{1}{2}\sum_{n=1}^{\infty} C_n \sin n (x - \alpha t) + \frac{1}{2}\sum_{n=1}^{\infty} C_n \sin n (x + \alpha t)$$

schreiben können. Da die beiden hierin auftretenden Reihen für alle $t \in \mathbf{R}$ sogar gleichmäßig konvergieren, tut dies auch die Reihe (144.18), nach Satz 104.6 ist also

$$\begin{aligned}
\frac{\partial u_2}{\partial t}(x, t) &= \sum_{n=1}^{\infty} C_n \sin n x \cos \alpha n t \\
&= \frac{1}{2}\sum_{n=1}^{\infty} C_n \sin n (x - \alpha t) + \frac{1}{2}\sum_{n=1}^{\infty} C_n \sin n (x + \alpha t).
\end{aligned} \tag{144.19}$$

Daraus ergibt sich aber mit (144.15) sofort, daß u_2 tatsächlich auch der zweiten Anfangsbedingung genügt.

Benutzt man die Identität

$$\cos n x \sin \alpha n t = \frac{1}{2}\sin n (x + \alpha t) - \frac{1}{2}\sin n (x - \alpha t),$$

so sieht man ganz ähnlich wie oben, daß

$$\begin{aligned}
\frac{\partial u_2}{\partial x}(x, t) &= \frac{1}{\alpha}\sum_{n=1}^{\infty} C_n \cos n x \sin \alpha n t \\
&= \frac{1}{2\alpha}\sum_{n=1}^{\infty} C_n \sin n (x + \alpha t) - \frac{1}{2\alpha}\sum_{n=1}^{\infty} C_n \sin n (x - \alpha t)
\end{aligned} \tag{144.20}$$

ist. (144.19) und (144.20) können wir in der Form

$$\frac{\partial u_2}{\partial t}(x, t) = \frac{1}{2}H(x - \alpha t) + \frac{1}{2}H(x + \alpha t),$$

$$\frac{\partial u_2}{\partial x}(x, t) = \frac{1}{2\alpha}H(x + \alpha t) - \frac{1}{2\alpha}H(x - \alpha t)$$

schreiben. Da H differenzierbar sein sollte, können wir die erste Gleichung nach t, die zweite nach x differenzieren und sehen dann, daß u_2 auch der Saitengleichung genügt.

Unter den oben formulierten Bedingungen für G und H haben wir somit in $u := u_1 + u_2$ eine Lösung des Randwertproblems (144.1) gefunden. Natürlich wäre es zweckmäßiger, Bedingungen für g und h selbst anzugeben. Wir bitten zu diesem Zweck den Leser, die folgenden Behauptungen der Reihe nach zu überprüfen:

a) F sei eine gerade bzw. ungerade, differenzierbare Funktion auf **R**. Dann ist F' ungerade bzw. gerade.

b) f sei eine auf $[0, \pi]$ definierte und dort differenzierbare Funktion mit $f(0) = f(\pi) = 0$ (in den Randpunkten $0, \pi$ wird natürlich nur die einseitige Differenzierbarkeit gefordert). F sei die ungerade 2π-periodische Fortsetzung von f auf **R**. Dann ist F' auf **R** vorhanden und eine 2π-periodische gerade Funktion. Mit f' ist auch F' stetig.

c) Die Funktion f aus b) sei zweimal auf $[0, \pi]$ differenzierbar. Ihre ungerade 2π-periodische Fortsetzung F ist genau dann zweimal auf **R** differenzierbar, wenn $f''(0) = f''(\pi) = 0$ ist.

Aus den Ergebnissen dieser Nummer ergibt sich nun die folgende Aussage:

In dem Randwertproblem (144.1) mögen die Funktionen g und h den folgenden Bedingungen genügen:

g *ist auf* $[0, \pi]$ *zweimal differenzierbar mit* $g(0) = g(\pi) = g''(0) = g''(\pi) = 0$,

h *ist auf* $[0, \pi]$ *stetig differenzierbar mit* $h(0) = h(\pi) = 0$.

Dann besitzt (144.1) die Lösung

$$u(x, t) := \sum_{n=1}^{\infty} \sin nx \, (A_n \cos \alpha nt + B_n \sin \alpha nt)$$

mit $\qquad A_n := \dfrac{2}{\pi} \int_0^{\pi} g(x) \sin nx \, dx$

und $\qquad B_n := \dfrac{2}{\alpha n \pi} \int_0^{\pi} h(x) \sin nx \, dx.$

Dieser Satz erledigt nicht alle Probleme, die uns von der Praxis aufgedrängt werden, z.B. nicht das der „gezupften Saite", deren typische Anfangslage in Fig. 144.1 angedeutet ist. Wir wollen diese Dinge nicht weiter verfolgen, aber doch die Bemerkung festhalten, daß es oft genug gerade die Bedürfnisse naturwissenschaftlicher Anwendungen sind, die eine mathematische Theorie zu ihren *a prima vista* „wirklichkeitsfernen" Verfeinerungen und Verallgemeinerungen treiben.

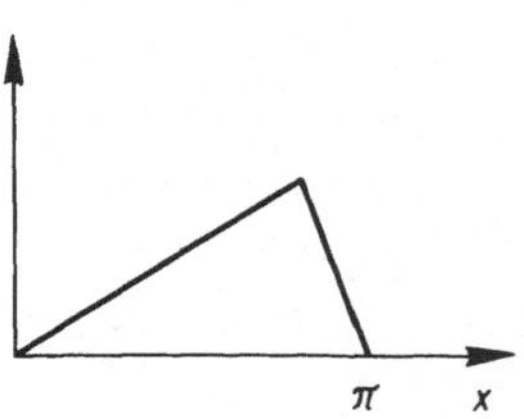

Fig. 144.1

145 Gedämpfte Schwingungen unter dem Einfluß periodischer Zwangskräfte

In Nr. 72 hatten wir gesehen, daß die Bewegung eines elastisch angebundenen und Reibungskräften unterliegenden Punktes mit der Masse m durch die Differentialgleichung

$$m\ddot{x} = -k^2 x - r\dot{x}$$

beschrieben wird; dabei sind k und r positive Konstanten, $x(t)$ gibt die x-Koordinate des Massenpunktes zur Zeit t an, und die Differentiation nach t wird wie früher durch den Newtonschen Differentiationspunkt angedeutet. Wirkt auf den Massenpunkt von außen noch eine zeitabhängige Zwangskraft $K(t)$, so tritt diese zu der rechten Seite der obigen Differentialgleichung hinzu, und wir haben es dann mit dem Bewegungsgesetz

$$m\ddot{x} = -k^2 x - r\dot{x} + K(t)$$

oder also mit

$$\ddot{x} + 2\rho\dot{x} + \omega_0^2 x = \frac{1}{m}K(t) \qquad \left(\rho := \frac{r}{2m},\ \omega_0 := \frac{k}{\sqrt{m}}\right) \tag{145.1}$$

zu tun. Von eminenter Bedeutung für die Praxis ist die Situation, daß die Funktion $K(t)$ periodisch ist, so daß mit einem gewissen $T>0$ die Gleichung $K(t+T) = K(t)$ für alle t gilt; den besonders einfachen Fall $K(t) := a\cos\omega t$ hatten wir schon in Nr. 75 eingehend studiert. Da man durch die Substitution $t = (T/2\pi)\tau$ von der Differentialgleichung (145.1) in leicht übersehbarer Weise zu einer Differentialgleichung desselben Typs übergehen kann, deren rechte Seite nunmehr die Periode 2π besitzt, wollen wir der Einfachheit halber von vornherein annehmen, daß eine 2π-*periodische Zwangskraft* vorliegt. Und da wir die Lösungen der zu (145.1) gehörenden homogenen Gleichung $\ddot{x} + 2\rho\dot{x} + \omega_0^2 x = 0$ auf Grund des Satzes 72.1 vollständig beherrschen, genügt es, eine partikuläre Lösung von (145.1) zu konstruieren (s. Satz 74.1). Zu diesem Zweck setzen wir im folgenden durchgehend voraus, daß die Funktion $K(t)$ auf **R** stetig differenzierbar sei.

Zunächst betrachten wir den Fall einer geraden Zwangskraft. Wegen Satz 136.5 haben wir dann die Fourierentwicklung

$$\frac{1}{m}K(t) = \frac{a_0}{2} + \sum_{n=1}^{\infty} a_n \cos nt \quad \text{für alle } t, \tag{145.2}$$

wobei nach (136.8)

$$\sum_{n=1}^{\infty} |a_n| \quad \text{konvergiert.} \tag{145.3}$$

Unser weiteres Vorgehen ist denkbar einfach: Wir bestimmen eine Lösung x_n $(n=0, 1, 2, \ldots)$ der Differentialgleichung

$$\ddot{x}+2\rho\dot{x}+\omega_0^2 x = \frac{a_0}{2} \quad \text{bzw.} \quad = a_n \cos nt \quad (n=1, 2, \ldots) \tag{145.4}$$

und zeigen, daß $\sum\limits_{n=0}^{\infty} x_n$ die Gl. (145.1) löst. Trivialerweise genügt

$$x_0(t) := \frac{a_0}{2\,\omega_0^2}$$

der ersten Gleichung in (145.4). Den Ausführungen zu (75.7) entnehmen wir, daß

$$x_n(t) := a_n \frac{\omega_0^2 - n^2}{(\omega_0^2 - n^2)^2 + 4\rho^2 n^2} \cos nt + a_n \frac{2\rho n}{(\omega_0^2 - n^2)^2 + 4\rho^2 n^2} \sin nt$$

die Gl. (145.4) im Falle $n \geq 1$ befriedigt (beachte, daß $\rho > 0$ ist). Setzen wir noch zur Abkürzung

$$\alpha_n := \frac{\omega_0^2 - n^2}{(\omega_0^2 - n^2)^2 + 4\rho^2 n^2} \quad \text{und} \quad \alpha_n' := \frac{2\rho n}{(\omega_0^2 - n^2)^2 + 4\rho^2 n^2} \quad (n=1, 2, \ldots),$$

so ist für alle $n \geq 1$ und alle $t \in \mathbf{R}$

$$\dot{x}_n(t) = -n a_n \alpha_n \sin nt + n a_n \alpha_n' \cos nt,$$
$$\ddot{x}_n(t) = -n^2 a_n \alpha_n \cos nt - n^2 a_n \alpha_n' \sin nt.$$

Offenbar strebt $n^2 \alpha_n \to -1$ und $n^2 \alpha_n' \to 0$, die Folgen (α_n), $(n\alpha_n)$, $(n^2\alpha_n)$ und (α_n'), $(n\alpha_n')$, $(n^2\alpha_n')$ sind daher alle beschränkt. Mit Hilfe des Weierstraßschen Majorantenkriteriums ergibt sich daraus in Verbindung mit (145.3), daß die Reihen

$$x(t) := \sum_{n=0}^{\infty} x_n(t), \quad \sum_{n=0}^{\infty} \dot{x}_n(t) \quad \text{und} \quad \sum_{n=0}^{\infty} \ddot{x}_n(t)$$

gleichmäßig auf $\mathbf{R}$ konvergieren. Nach Satz 104.6 ist also

$$\dot{x}(t) = \sum_{n=0}^{\infty} \dot{x}_n(t) \quad \text{und} \quad \ddot{x}(t) = \sum_{n=0}^{\infty} \ddot{x}_n(t) \quad \text{für alle } t \in \mathbf{R}$$

und somit

$$\ddot{x}(t) + 2\rho\dot{x}(t) + \omega_0^2 x(t) = \sum_{n=0}^{\infty} [\ddot{x}_n(t) + 2\rho\dot{x}_n(t) + \omega_0^2 x_n(t)]$$

$$= \frac{a_0}{2} + \sum_{n=1}^{\infty} a_n \cos nt = \frac{1}{m} K(t).$$

Im Falle einer geraden Störfunktion liefert also

$$x(t) = \frac{a_0}{2\,\omega_0^2} + \sum_{n=1}^{\infty} \frac{a_n}{(\omega_0^2 - n^2)^2 + 4\rho^2 n^2} \left[(\omega_0^2 - n^2)\cos nt + 2\rho n \sin nt\right] \qquad (145.5)$$

mit $\quad a_n := \dfrac{1}{m\pi} \displaystyle\int_{-\pi}^{\pi} K(t)\cos nt\,dt$

in der Tat eine auf **R** definierte Lösung der Gl. (145.1).

Wie man im Falle einer ungeraden Zwangskraft vorgeht, für die also

$$\frac{1}{m} K(t) = \sum_{n=1}^{\infty} b_n \sin nt \quad \text{mit konvergentem } \sum_{n=1}^{\infty} |b_n|$$

ist, dürfte nun klar sein (eine Lösung der Differentialgleichung $\ddot{x} + 2\rho\dot{x} + \omega_0^2 x = b_n \sin nt$ erhält man am raschesten als Imaginärteil der in Nr. 75 definierten Funktion $z_p(t)$, wobei $\alpha = b_n$ und $\omega = n$ zu setzen ist). Und daß man schließlich bei beliebiger 2π-periodischer (aber nach wie vor stetig differenzierbarer) Zwangskraft $K(t)$ eine Lösung der Gl. (145.1) kurz gesagt durch Superposition des geraden und ungeraden Falles konstruieren kann — das bedarf keiner weiteren Worte mehr. Diese Lösung wird nach einem gewissen „Einschwingvorgang" die Bewegung des Massenpunktes hinreichend genau beschreiben; denn wegen $\rho > 0$ strebt jede Lösung der zu (145.1) gehörenden homogenen Gleichung $\ddot{x} + 2\rho\dot{x} + \omega_0^2 x = 0$ für $t \to +\infty$ gegen 0 (s. die Diskussion nach Satz 72.1). Greifen wir noch einmal (aber nur der Einfachheit wegen) den Fall einer geraden Zwangskraft auf, so wird man also für große t die Gl. (145.5) als das Weg-Zeit-Gesetz des Massenpunktes ansehen dürfen. Letzterer führt daher schließlich eine 2π-periodische Bewegung und somit eine Schwingung aus. Da die Reihe in (145.5) gleichmäßig auf **R** konvergiert, ist sie wegen Satz 133.1 die Fourierreihe der Funktion $x(t)$. Nach der Parsevalschen Gleichung 142.1 ist also

$$\frac{1}{\pi} \int_{-\pi}^{\pi} x^2(t)\,dt = \frac{1}{2}\frac{a_0^2}{\omega_0^4} + \sum_{n=1}^{\infty} \frac{a_n^2}{(\omega_0^2 - n^2)^2 + 4\rho^2 n^2},$$

so daß durch die rechtsstehende Reihe, abgesehen von dem Faktor 1/2, das „mittlere Ausschlagsquadrat" des Massenpunktes gegeben wird. Ausgehend von dieser Tatsache kann man Resonanzphänomene studieren (vgl. Nr. 75). Ein tieferes Eingehen auf diese Dinge müssen wir uns jedoch versagen.

146 Temperaturverteilung in einer kreisförmigen Platte

Wir denken uns eine dünne kreisförmige Platte P aus einem homogenen Material gegeben, deren Mittelpunkt mit dem Nullpunkt eines xy-Koordinatensystems zusammenfällt und deren Radius der Einfachheit halber $=1$ sei. In mathematischer Idealisierung handelt es sich also um die abgeschlossene Einheitskreisscheibe $\{(x, y) : x^2 + y^2 \leqslant 1\}$. In jedem Punkt (ξ, η) des Randes von P werde eine vorgeschriebene Temperatur $f(\xi, \eta)$ aufrechterhalten. Die Oberfläche von P sei isoliert, so daß durch sie kein Wärmeaustausch mit dem umgebenden Medium stattfindet. Dann wird sich nach einiger Zeit eine stationäre Temperaturverteilung in der Platte hergestellt haben, d.h., in jedem Punkt (x, y) von P wird schließlich eine wohlbestimmte, von der Zeit unabhängige Temperatur $u(x, y)$ herrschen. In jedem Randpunkt (ξ, η) von P wird $u(\xi, \eta)$ natürlich mit der dort aufrechterhaltenen Temperatur $f(\xi, \eta)$ übereinstimmen. Das Problem besteht darin, die Temperaturverteilung $u(x, y)$ zu bestimmen.

Die analytische Behandlung dieser Aufgabe vereinfacht sich ganz beträchtlich, wenn man die Lage eines Punktes (x, y) in der xy-Ebene durch sogenannte Polarkoordinaten r, φ beschreibt. Dabei bedeutet

$$r := \sqrt{x^2 + y^2}$$

den Abstand des Punktes (x, y) vom Nullpunkt, während im Falle $(x, y) \neq (0, 0)$ der Polarwinkel φ diejenige (eindeutig bestimmte) Zahl in $[0, 2\pi)$ ist, für die

$$\frac{x}{r} = \cos\varphi \quad \text{und} \quad \frac{y}{r} = \sin\varphi$$

gilt (s. Satz 57.1); den Polarwinkel des Nullpunktes setzen wir willkürlich zu 0 fest. Die cartesischen Koordinaten und die Polarkoordinaten eines Punktes stehen also durch die Gleichungen

$$\begin{aligned} x &= r\cos\varphi, \\ y &= r\sin\varphi \end{aligned} \tag{146.1}$$

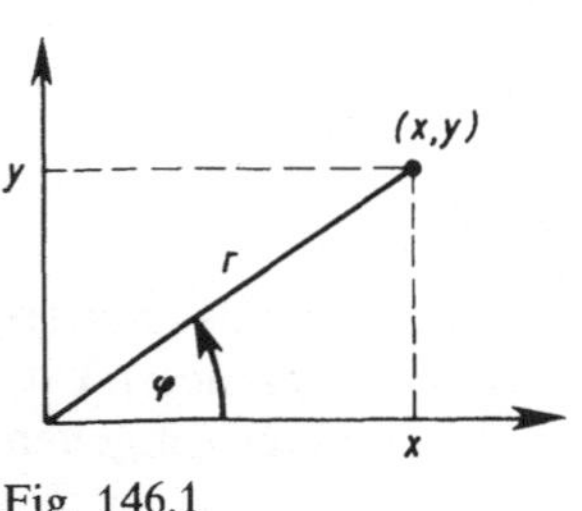

Fig. 146.1

miteinander in Beziehung, wobei $r \geqslant 0$ und $0 \leqslant \varphi < 2\pi$ ist; eine anschauliche Interpretation gibt die Fig. 146.1. Der Sache nach haben wir übrigens Polarkoordinaten bereits in Nr. 68 zum Zwecke der Polardarstellung komplexer Zahlen eingeführt. Wie wir bisher von den Punkten (x, y) geredet haben, werden wir in Zukunft auch kurz von den Punkten (r, φ) sprechen.

Die Temperatur im Punkte (r, φ) der Platte P bezeichnen wir mit $u(r, \varphi)$, die vorgeschriebene

Temperatur in dem Randpunkt $(1, \varphi)$ mit $f(\varphi)$.[1] Die Physik lehrt, daß die stationäre Temperaturverteilung auf der im Koordinatenursprung punktierten offenen Platte $\tilde{P}$ $(0 < r < 1)$ der partiellen Differentialgleichung

$$\frac{\partial^2 u}{\partial r^2} + \frac{1}{r} \frac{\partial u}{\partial r} + \frac{1}{r^2} \frac{\partial^2 u}{\partial \varphi^2} = 0 \tag{146.2}$$

genügt[2]. Die mathematische Aufgabe besteht nun darin, eine Funktion $u(r, \varphi)$ zu finden, die in $\tilde{P}$ diese Gleichung befriedigt, für $r \to 0$ gleichmäßig bezüglich φ gegen einen Grenzwert konvergiert (der aus physikalischen Gründen die Temperatur im Nullpunkt sein wird) und die bei Annäherung an jeden Randpunkt $(1, \varphi_0)$ gegen die dort vorgegebene Temperatur $f(\varphi_0)$ strebt:

$$u(r, \varphi) \to f(\varphi_0) \quad \text{für } r \to 1- \text{ und } \varphi \to \varphi_0. \tag{146.3}$$

Wir prüfen zunächst, ob es Lösungen u dieser Randwertaufgabe gibt, *die nur von r, nicht mehr von φ abhängen*. Ein solches u löst offenbar in $\tilde{P}$ die Differentialgleichung

$$\frac{\mathrm{d}^2 u}{\mathrm{d}r^2} + \frac{1}{r} \frac{\mathrm{d}u}{\mathrm{d}r} = 0 \quad \text{oder also} \quad \frac{\mathrm{d}}{\mathrm{d}r}\left(r \frac{\mathrm{d}u}{\mathrm{d}r}\right) = 0. \tag{146.4}$$

Durch zweimalige Integration erhält man:

$$u(r) = c_1 \ln r + c_2 \quad (c_1, c_2 \text{ beliebige Konstanten}).$$

$u(r)$ konvergiert für $r \to 0$ genau dann, wenn $c_1 = 0$, also u konstant ist. Nur eine konstante Funktion $u = c$ kann also eine von φ unabhängige Lösung unserer Randwertaufgabe sein, und ist es auch, falls die Randwertfunktion f selbst konstant $= c$ ist. Um uns Lösungen der Gl. (146.2) zu verschaffen, die von φ abhängen, greifen wir wie bei dem Problem der schwingenden Saite in Nr. 132 auf den **Separationsansatz**

$$u(r, \varphi) = v(r) w(\varphi)$$

zurück. Er führt uns — die einfachen Details dürfen wir dem Leser überlassen — zu den folgenden gewöhnlichen Differentialgleichungen für v und w (wobei wir die Differentiation nach r mit einem Strich, die nach φ mit einem Punkt bezeichnen):

$$r^2 v'' + r v' - \lambda v = 0, \tag{146.5}$$

$$\ddot{w} + \lambda w = 0 \quad (\lambda \text{ eine Konstante}). \tag{146.6}$$

---

[1] Statt des oben schon benutzten Funktionszeichens u müßten wir eigentlich ein anderes Zeichen, etwa U verwenden; es wäre dann $u(x, y) = u(r\cos\varphi, r\sin\varphi) = U(r, \varphi)$. Entsprechendes gilt für f. In der Physik ist ein solcher Wechsel der Funktionszeichen bei Wechsel der Koordinaten jedoch nicht üblich, weil die physikalische Gegebenheit (in diesem Falle die Temperatur) ja dieselbe bleibt.

[2] In Nr. 219 werden wir sehen, wie man zu dieser Gleichung kommt.

Entscheidend ist die Umkehrung: Ist v eine Lösung der ersten Gleichung für $0<r<1$ und w eine Lösung der zweiten für $0\leqslant\varphi<2\pi$, so genügt $u:=vw$ auf $\tilde{P}$ der Gl. (146.2). Auf die Größe von λ kommt es dabei zunächst nicht an.

Die Gl. (146.6) besitzt bei jeder Wahl von λ Lösungen, die für alle $\varphi\in\mathbf{R}$ definiert sind (s. Satz 72.1). Der Natur der Sache nach interessieren uns jedoch nur diejenigen unter ihnen, die 2π-periodisch sind, für die also insbesondere

$$w(0)=w(2\pi) \quad \text{und} \quad \dot{w}(0)=\dot{w}(2\pi) \tag{146.7}$$

ist. Und da wir oben den Fall der Unabhängigkeit von φ schon völlig geklärt haben, dürfen wir auch noch die Forderung

$$\dot{w}\neq 0 \tag{146.8}$$

stellen. Es zeigt sich nun, daß diese Bedingungen die zulässigen Werte von λ ganz erheblich einschränken. Aus (146.7) und (146.8) ergibt sich nämlich mit A 84.3

$$\lambda\int_0^{2\pi} w^2\,\mathrm{d}\varphi = -\int_0^{2\pi} w\ddot{w}\,\mathrm{d}\varphi = -[w\dot{w}]_0^{2\pi} + \int_0^{2\pi} \dot{w}^2\,\mathrm{d}\varphi = \int_0^{2\pi} \dot{w}^2\,\mathrm{d}\varphi > 0,$$

infolgedessen muß λ positiv sein. Nach Satz 72.1 werden für ein solches λ alle Lösungen der Gl. (146.6) gegeben durch

$$w(\varphi)=C_1\cos\sqrt{\lambda}\,\varphi + C_2\sin\sqrt{\lambda}\,\varphi \quad \text{mit willkürlichen Konstanten } C_1,\ C_2.$$

Mit (146.7) ergeben sich nun die Beziehungen

$$C_1 = C_1\cos(\sqrt{\lambda}\,2\pi) + C_2\sin(\sqrt{\lambda}\,2\pi),$$
$$C_2 = -C_1\sin(\sqrt{\lambda}\,2\pi) + C_2\cos(\sqrt{\lambda}\,2\pi).$$

Indem man die erste mit C_1, die zweite mit C_2 multipliziert und dann beide addiert, folgt

$$C_1^2+C_2^2=(C_1^2+C_2^2)\cos(\sqrt{\lambda}\,2\pi) \quad \text{und damit} \quad \cos(\sqrt{\lambda}\,2\pi)=1$$

(es ist $C_1^2+C_2^2>0$, da wir andernfalls die wegen (146.8) ausgeschlossene Lösung $w=0$ erhielten). Somit muß $\sqrt{\lambda}$ eine natürliche Zahl sein, in (146.5) und (146.6) sind also nur die Zahlen

$$\lambda=\lambda_n:=n^2 \qquad (n=1,2,\ldots)$$

zulässig. Infolgedessen haben wir es mit den Differentialgleichungen

$$r^2v''+rv'-n^2v=0 \quad \text{und} \quad \ddot{w}+n^2w=0 \qquad (n=1,2,\ldots)$$

zu tun. Man verifiziert sofort, daß die erste für $n>0$ jedenfalls durch $v(r):=r^n$ gelöst wird (eine eingehendere Untersuchung findet der Leser in den Aufgaben 1 und 2), während die zweite, wie wir schon wissen, die Lösungen $w(\varphi):=A_n\cos n\varphi + B_n\sin n\varphi$ besitzt. Infolgedessen wird die Ausgangsgleichung (146.2) in $\tilde{P}$ gewiß durch die Funktionen

$$u_n(r,\varphi):=r^n(A_n\cos n\varphi + B_n\sin n\varphi) \qquad (n=1,2,\ldots)$$

gelöst. Wählt man für (A_n) und (B_n) irgendwelche beschränkte Zahlenfolgen, so ergibt sich aus unseren Sätzen über Potenzreihen, dem Satz 104.6 und dem Weierstraßschen Majorantenkriterium, daß die Reihe

$$u(r, \varphi) := \frac{A_0}{2} + \sum_{n=1}^{\infty} r^n (A_n \cos n\varphi + B_n \sin n\varphi) \qquad (0 < r < 1, \, 0 \leqslant \varphi < 2\pi) \qquad (146.9)$$

beliebig oft (gliedweise) nach r und nach φ differenziert werden darf und somit eine Lösung der Gl. (146.2) in $\tilde{P}$ darstellt, die überdies auch noch für $r \to 0$ gleichmäßig bezüglich φ gegen den Grenzwert $A_0/2$ strebt (der Summand $A_0/2$ repräsentiert die oben diskutierten, von φ unabhängigen Lösungen). u wird also gewiß dann eine Lösung unserer Randwertaufgabe sein, wenn die Koeffizienten A_n und B_n auch noch so gewählt werden können, daß (146.3) gilt.

Zu diesem Zweck setzen wir voraus, die Randwertfunktion f sei auf $[0, 2\pi)$ stetig und $\lim\limits_{\varphi \to 2\pi} f(\varphi)$ sei vorhanden und $= f(0)$. Dann läßt sich f zu einer stetigen und 2π-periodischen Funktion auf $\mathbf{R}$ fortsetzen. Kurz gesagt verlangen wir, daß f eine stetige 2π-periodische Funktion sei. Diese Forderung entspringt in sehr natürlicher Weise aus der physikalischen Bedeutung von f. f besitzt eine (evtl. divergente) Fourierreihe:

$$f(\varphi) \sim \frac{a_0}{2} + \sum_{n=1}^{\infty} (a_n \cos n\varphi + b_n \sin n\varphi);$$

nach Satz 134.2d konvergiert dabei $a_n \to 0$ und $b_n \to 0$, so daß wir in (146.9) z.B. $A_n = a_n$ und $B_n = b_n$ setzen dürfen. Tun wir dies, so strebt wegen Satz 140.3

$$u(r, \varphi) := \frac{a_0}{2} + \sum_{n=1}^{\infty} r^n (a_n \cos n\varphi + b_n \sin n\varphi) \to f(\varphi)$$

gleichmäßig auf $\mathbf{R}$ für $r \to 1-$,

zu jedem $\varepsilon > 0$ gibt es also ein $\delta > 0$, so daß gilt:

$$|u(r, \varphi) - f(\varphi)| < \frac{\varepsilon}{2} \qquad \text{für alle } r \in (1 - \delta, 1) \text{ und alle } \varphi. \qquad (146.10)$$

Da f gleichmäßig stetig ist, können wir uns δ von vornherein so klein gewählt denken, daß bei jeder Lage von φ_0 auch

$$|f(\varphi) - f(\varphi_0)| < \frac{\varepsilon}{2} \qquad \text{für } |\varphi - \varphi_0| < \delta \qquad (146.11)$$

ist. Aus den beiden letzten Abschätzungen folgt, daß für jedes φ_0

$$|u(r, \varphi) - f(\varphi_0)| \leqslant |u(r, \varphi) - f(\varphi)| + |f(\varphi) - f(\varphi_0)| < \varepsilon$$

bleibt, wenn nur $1 - \delta < r < 1$ und $|\varphi - \varphi_0| < \delta$ ist. Das ist aber gerade die Grenzwertaussage (146.3). Zusammenfassend können wir also sagen:

Das oben definierte Randwertproblem der Temperaturverteilung auf der Einheitskreis-scheibe besitzt immer dann die Lösung

$$u(r, \varphi) := \frac{a_0}{2} + \sum_{n=1}^{\infty} r^n (a_n \cos n\,\varphi + b_n \sin n\,\varphi) \qquad (0 \leqslant r < 1, \, 0 \leqslant \varphi < 2\,\pi)$$

mit $\qquad a_n := \dfrac{1}{\pi} \displaystyle\int_{-\pi}^{\pi} f(\varphi) \cos n\,\varphi\,\mathrm{d}\varphi, \qquad b_n := \dfrac{1}{\pi} \displaystyle\int_{-\pi}^{\pi} f(\varphi) \sin n\,\varphi\,\mathrm{d}\varphi,$

wenn die auf dem Rande vorgegebenen Temperaturwerte $f(\varphi)$ *eine stetige* $2\,\pi$*-periodische Funktion bilden.*

Mit Hilfe der Beziehungen (140.3) und (140.7) läßt sich diese Lösung übrigens auch in Integralform schreiben:

$$u(r, \varphi) = \frac{1}{2\,\pi} \int_{-\pi}^{\pi} f(t)\, \frac{1 - r^2}{1 - 2r\cos(t - \varphi) + r^2}\,\mathrm{d}t. \tag{146.12}$$

Die rechte Seite der letzten Gleichung nennt man das **Poissonsche Integral**.

Aufgaben

$^+$**1. Die Eulersche Differentialgleichung** Darunter versteht man die Differentialgleichung

$$a_n x^n y^{(n)} + a_{n-1} x^{n-1} y^{(n-1)} + \cdots + a_1 x y' + a_0 y = 0 \tag{146.13}$$

für eine Funktion $y(x)$. Die Gl. (146.5) ist z.B. eine Eulersche Differentialgleichung zweiter Ordnung. Zeige:

Für $x > 0$ erhält man sämtliche Lösungen der Eulerschen Differentialgleichung (146.13), indem man in den Lösungen $u(t)$ der homogenen linearen Differentialgleichung mit konstanten Koeffizienten

$$\sum_{k=0}^{n} a_k \mathrm{D}(\mathrm{D} - 1) \cdots (\mathrm{D} - k + 1) u = 0 \tag{146.14}$$

die Variable t durch $\ln x$ ersetzt. Dabei ist D der Operator der Differentiation nach t und $\mathrm{D} - \lambda$ eine Kurzschreibweise für $\mathrm{D} - \lambda I$ (I der identische Operator). Das nullte Glied ($k = 0$) in (146.14) ist $a_0 u$.

Hinweis: Sei $y(x)$ eine Lösung der Gl. (146.13) und $u(t) := y(\mathrm{e}^t)$. Mittels Hilfssatz 73.2 sieht man dann, daß

$$\sum_{k=0}^{n} a_k x^k y^{(k)} = \sum_{k=0}^{n} a_k \mathrm{D}(\mathrm{D} - 1) \cdots (\mathrm{D} - k + 1) u$$

gilt. Dieselbe Gleichung erhält man, wenn man von einer Lösung $u(t)$ der Gl. (146.14) ausgeht und $y(x) := u(\ln x)$ setzt.

2. Alle Lösungen der Eulerschen Differentialgleichung

$$r^2 v'' + r v' - n^2 v = 0 \qquad (n \in \mathbf{N}, \, r > 0)$$

werden gegeben durch

$$C_1 r^n + C_2 r^{-n}$$

mit beliebigen Konstanten C_1, C_2. Hinweis: Satz 72.1.

3. Löse die folgenden Eulerschen Differentialgleichungen:

a) $x^2 y'' - x y' + 2 y = 0$.

b) $x^3 y''' - 3 x^2 y'' + 6 x y' - 6 y = 0$.

c) $x^4 y^{(4)} + 3 x^2 y'' - 7 x y' + 8 y = 0$.

4. Wir gehen aus von der Gl. (146.12) mit stetigem 2π-periodischem f. Sei $m := \min f$ und $M := \max f$, ferner $0 \leq r < 1$ und $0 \leq \varphi < 2\pi$. Zeige:

a) $m \leq u(r,\varphi) \leq M$.

b) In einem festen Punkt (r,φ) gilt genau dann $u(r,\varphi) = m$ bzw. $= M$, wenn f konstant $= m$ bzw. $= M$ ist.

c) Bei nichtkonstanter Randtemperatur ist also stets $m < u(r,\varphi) < M$.

5. Das Temperaturverteilungsproblem für eine kreisförmige Platte mit dem Radius R und dem Mittelpunkt im Koordinatenursprung wird gelöst durch

$$u(r,\varphi) := \frac{a_0}{2} + \sum_{n=1}^{\infty} \left(\frac{r}{R}\right)^n (a_n \cos n\varphi + b_n \sin n\varphi)$$

mit
$$a_n := \frac{1}{\pi}\int_{-\pi}^{\pi} f(\varphi)\cos n\varphi\, d\varphi, \quad b_n := \frac{1}{\pi}\int_{-\pi}^{\pi} f(\varphi)\sin n\varphi\, d\varphi.$$

In Integralform wird diese Lösung gegeben durch

$$u(r,\varphi) = \frac{1}{2\pi}\int_{-\pi}^{\pi} f(t)\,\frac{R^2 - r^2}{R^2 - 2rR\cos(t-\varphi) + r^2}\,dt \qquad \text{(Poissonsches Integral).} \qquad (146.15)$$

147 Das Integral $\displaystyle\int_0^{+\infty}\frac{\sin x}{x}\,dx$

Dieses uneigentliche R-Integral hatten wir in Nr. 87 als konvergent erkannt, und in A 107.5 hatten wir seinen Wert in recht umständlicher Weise zu $\pi/2$ ermittelt. Wir wollen nun zeigen, wie dieses Resultat mühelos als Nebenergebnis der Fouriertheorie abfällt.

Nach A 135.1 ist die Funktion

$$h(x) := \begin{cases} 0 & \text{für } x = 0, \\[2mm] \dfrac{1}{2\sin(x/2)} - \dfrac{1}{x} & \text{für } x \in (0,\pi] \end{cases}$$

auf $[0,\pi]$ stetig, aus dem Satz von Riemann-Lebesgue folgt also

$$\int_0^\pi \frac{\sin\left(n+\frac{1}{2}\right)x}{2\sin\frac{x}{2}}\,dx - \int_0^\pi \frac{\sin\left(n+\frac{1}{2}\right)x}{x}\,dx$$

$$= \int_0^\pi h(x)\sin\left(n+\frac{1}{2}\right)x\,dx \to 0 \quad \text{für } n\to\infty.$$

Da aber das erste dieser Integrale wegen (135.3) und (135.6) den Wert $\pi/2$ hat, ergibt sich nun

$$\int_0^\pi \frac{\sin\left(n+\frac{1}{2}\right)x}{x}\,dx \to \frac{\pi}{2} \quad \text{für } n\to\infty. \tag{147.1}$$

Führt man durch $t = \left(n+\frac{1}{2}\right)x$ eine neue Veränderliche ein, so wird

$$\int_0^\pi \frac{\sin\left(n+\frac{1}{2}\right)x}{x}\,dx = \int_0^{(n+1/2)\pi} \frac{\sin t}{t}\,dt,$$

so daß die behauptete Gleichung

$$\int_0^{+\infty} \frac{\sin t}{t}\,dt = \frac{\pi}{2} \tag{147.2}$$

nun mit einem Schlag aus (147.1) folgt (man beachte jedoch, daß man für diesen Schluß die — schon bewiesene — Konvergenz des fraglichen Integrals benötigt).

148 Die Reihen $\displaystyle\sum_{n=1}^{\infty} \frac{1}{n^{2k}}$

Aus der Gl. (138.11)

$$\pi\coth\pi x = \frac{1}{x} + \sum_{n=1}^{\infty} \frac{2x}{x^2+n^2} \quad \text{für alle } x\neq 0, \tag{148.1}$$

die man als Partialbruchzerlegung von $\coth\pi x$ bezeichnet, werden wir nun ein hochinteressantes Ergebnis herleiten. Wir dividieren (148.1) durch π, setzen $\pi x = t/2$ und drücken $\coth(t/2)$ durch $e^{t/2}$ und $e^{-t/2}$ aus; es folgt

$$\frac{e^{t/2}+e^{-t/2}}{e^{t/2}-e^{-t/2}} = \frac{2}{t} + \sum_{n=1}^{\infty} \frac{4t}{t^2+(2n\pi)^2}. \tag{148.2}$$

Durch Erweitern mit $e^{t/2}$ geht die linke Seite über in

$$\frac{e^t+1}{e^t-1} = \frac{2}{e^t-1} + 1.$$

Multipliziert man (148.2) nach dieser Umformung noch mit $t/2$ durch, so hat man

$$\frac{t}{e^t-1} + \frac{t}{2} - 1 = \sum_{n=1}^{\infty} \frac{2t^2}{t^2+(2n\pi)^2}, \tag{148.3}$$

eine Gleichung, die nicht nur für $t \neq 0$, sondern auch noch für $t=0$ gilt. Nach Nr. 71 ist

$$\frac{t}{e^t-1} + \frac{t}{2} - 1 = \sum_{k=1}^{\infty} \frac{B_{2k}}{(2k)!} t^{2k} \quad \text{für hinreichend kleine } |t|. \tag{148.4}$$

Andererseits erhält man für kleine $|t|$ mit Hilfe der geometrischen Reihe und des Cauchyschen Doppelreihensatzes die Beziehung

$$\sum_{n=1}^{\infty} \frac{2t^2}{t^2+(2n\pi)^2} = 2 \sum_{n=1}^{\infty} \frac{(t/2n\pi)^2}{1+(t/2n\pi)^2} = 2 \sum_{n=1}^{\infty} \left(\sum_{k=1}^{\infty} (-1)^{k-1} \frac{t^{2k}}{(2n\pi)^{2k}} \right)$$

$$= 2 \sum_{k=1}^{\infty} (-1)^{k-1} \left(\sum_{n=1}^{\infty} \frac{1}{(2n\pi)^{2k}} \right) t^{2k}.$$

Trägt man diese Entwicklung und die Darstellung (148.4) in (148.3) ein, so gewinnt man die Gleichung

$$\sum_{k=1}^{\infty} \frac{B_{2k}}{(2k)!} t^{2k} = 2 \sum_{k=1}^{\infty} (-1)^{k-1} \left(\sum_{n=1}^{\infty} \frac{1}{(2n\pi)^{2k}} \right) t^{2k} \quad \text{für hinreichend kleine } |t|.$$

Durch Koeffizientenvergleich folgt $\dfrac{B_{2k}}{(2k)!} = 2(-1)^{k-1} \sum\limits_{n=1}^{\infty} \dfrac{1}{(2n\pi)^{2k}}$ oder also

$$\sum_{n=1}^{\infty} \frac{1}{n^{2k}} = (-1)^{k-1} \frac{B_{2k}(2\pi)^{2k}}{2(2k)!}. \tag{148.5}$$

Diese faszinierende Summenformel, die eine Frucht des Zusammenspiels von Fourier- und Potenzreihen ist, hatten wir schon in Nr. 71 angekündigt. Da die Bernoullischen Zahlen B_{2k} grundsätzlich als bekannt angesehen werden dürfen, gibt sie uns alle Reihen $\sum 1/n^{2k}$ in die Hand. Für $k=1$ erhalten wir noch einmal (138.7), für $k=2, 3$ die Formeln

$$\sum_{n=1}^{\infty} \frac{1}{n^4} = \frac{\pi^4}{90} \quad \text{und} \quad \sum_{n=1}^{\infty} \frac{1}{n^6} = \frac{\pi^6}{945}.$$

Sie sind, ebenso wie die Formeln für $k=1, 4, 5, 6$, von Euler gefunden worden (s. Opera omnia (1), 14, S. 86 und die Bemerkung nach (138.7)).

149 Die Produktdarstellung von $\sin \pi x$

Ist eine Zahlenfolge (a_k) gegeben und strebt die Folge der Produkte

$$p_n := \prod_{k=1}^{n} a_k = a_1 a_2 \cdots a_n \to p \qquad \text{für } n \to \infty, \tag{149.1}$$

so sagen wir ganz ähnlich wie bei unendlichen Reihen, das unendliche Produkt $\prod_{k=1}^{\infty} a_k$ sei konvergent und habe den Wert p. In kurzer Symbolik drücken wir diesen Sachverhalt durch die Gleichung

$$\prod_{k=1}^{\infty} a_k = p \tag{149.2}$$

aus[1]. Was ein Zeichen der Form $\prod_{k=m}^{\infty} a_k = p$ bedeutet, bedarf keiner Erläuterung mehr. Einem unendlichen Produkt $\prod_{k=1}^{\infty} a_k$ mit *positiven* Gliedern a_k kann man häufig erfolgreich auf den Leib rücken, indem man zunächst nicht die Folge der Teilprodukte $p_n = a_1 a_2 \cdots a_n$ selbst, sondern deren Logarithmen $\ln p_n = \ln a_1 + \cdots + \ln a_n$, also die Reihe $\sum_{k=1}^{\infty} \ln a_k$ untersucht. Wir werden von diesem simplen Kunstgriff noch Gebrauch machen.

Im vorliegenden Abschnitt wollen wir die frappierende Gleichung

$$\sin \pi x = \pi x \prod_{k=1}^{\infty} \left(1 - \frac{x^2}{k^2} \right) \qquad \text{für alle } x \in \mathbf{R} \tag{149.3}$$

beweisen, die man die Produktdarstellung von $\sin \pi x$ nennt. Das wichtigste technische Hilfsmittel hierbei ist die logarithmische Ableitung einer in einem Intervall differenzierbaren und dort nirgends verschwindenden Funktion f; man versteht darunter den Quotienten f'/f. Wir hatten diesen Begriff schon in A 47.2 eingeführt und dort auch die Regel über die logarithmische Ableitung eines Produktes bewiesen:

$$\frac{\left(\prod_{k=1}^{n} f_k \right)'}{\prod_{k=1}^{n} f_k} = \sum_{k=1}^{n} \frac{f_k'}{f_k}. \tag{149.4}$$

---

[1] Vgl. jedoch Aufgabe 3, wo ein etwas engerer Konvergenzbegriff vorgestellt wird.

Durch eine auf der Hand liegende Rechnung ergibt sich die Regel

$$\frac{\left(\dfrac{f}{g}\right)'}{\dfrac{f}{g}} = \frac{f'}{f} - \frac{g'}{g} \tag{149.5}$$

über die logarithmische Ableitung eines Quotienten. Schließlich merken wir noch an, *daß die logarithmischen Ableitungen zweier Funktionen f und g genau dann in einem Intervall übereinstimmen, wenn sich f und g nur um einen konstanten Faktor unterscheiden*; denn nach (149.5) ist

$$\frac{f'}{f} = \frac{g'}{g} \Leftrightarrow \left(\frac{f}{g}\right)' = 0 \Leftrightarrow \frac{f}{g} = c.$$

Dürften wir die Regel (149.4) auch auf das unendliche Produkt $x \displaystyle\prod_{k=1}^{\infty} \left(1 - \frac{x^2}{k^2}\right)$ anwenden, so erhielten wir mit der Partialbruchzerlegung von $\pi \cot \pi x$ aus A 138.1 die Beziehung

$$\frac{\left(x \displaystyle\prod_{k=1}^{\infty} \left(1 - \dfrac{x^2}{k^2}\right)\right)'}{x \displaystyle\prod_{k=1}^{\infty} \left(1 - \dfrac{x^2}{k^2}\right)} = \frac{1}{x} + \sum_{k=1}^{\infty} \frac{-\dfrac{2x}{k^2}}{1 - \dfrac{x^2}{k^2}} = \frac{1}{x} + \sum_{k=1}^{\infty} \frac{2x}{x^2 - k^2}$$

$$= \pi \cot \pi x = \frac{(\sin \pi x)'}{\sin \pi x}, \tag{149.6}$$

und aus dieser Identität der logarithmischen Ableitungen würde dann

$$\sin \pi x = c\, x \prod_{k=1}^{\infty} \left(1 - \frac{x^2}{k^2}\right) \quad \text{und damit} \quad \frac{\sin \pi x}{x} = c \prod_{k=1}^{\infty} \left(1 - \frac{x^2}{k^2}\right)$$

mit einer gewissen Konstanten c folgen. Dürften wir nun in der letzten Gleichung auch noch den Grenzübergang $x \to 0$ unter dem Produktzeichen durchführen, so erhielten wir $\pi = c$ und damit schließlich die behauptete Darstellung (149.3). Unsere Aufgabe wird natürlich darin bestehen, dieses bedenkenlose Vorgehen sorgfältig zu rechtfertigen[1].

Sei m eine feste natürliche Zahl. Dann ist für $|x| \leqslant m$ und $k \geqslant m + 1$ nach dem Mittelwertsatz der Differentialrechnung mit einem geeigneten ξ zwischen $1 - x^2/k^2$ und 1

---

[1] Abgesehen von beweistechnischen Hilfsmitteln ist die eigentliche Grundlage unserer Überlegungen die Partialbruchzerlegung von $\pi \cot \pi x$, die ihrerseits eine triviale Konsequenz der Fourierentwicklung von $\cos x t$ für $t \in [-\pi, \pi]$ ist.

$$\left|\ln\left(1-\frac{x^2}{k^2}\right)\right| = \ln 1 - \ln\left(1-\frac{x^2}{k^2}\right) = \frac{x^2}{k^2}\frac{1}{\xi} \leqslant \frac{m^2}{k^2}\frac{1}{1-\dfrac{m^2}{(m+1)^2}}.$$

Nach dem Weierstraßschen Majorantenkriterium ist also die Reihe

$$G_m(x) := \sum_{k=m+1}^{\infty} \ln\left(1-\frac{x^2}{k^2}\right) \quad \text{für } |x| \leqslant m \text{ gleichmäßig konvergent.} \quad (149.7)$$

Infolgedessen erhält man, wenn man in der Gleichung

$$\ln \prod_{k=m+1}^{n}\left(1-\frac{x^2}{k^2}\right) = \sum_{k=m+1}^{n}\ln\left(1-\frac{x^2}{k^2}\right)$$

den Index $n\to\infty$ gehen läßt, die Beziehung

$$\prod_{k=m+1}^{\infty}\left(1-\frac{x^2}{k^2}\right) = e^{G_m(x)} \quad \text{für } |x| \leqslant m. \quad (149.8)$$

Da man aber zu jedem x ein m mit $|x| \leqslant m$ finden kann, ergibt sich nun die folgende Aussage:

$$x \prod_{k=1}^{\infty}\left(1-\frac{x^2}{k^2}\right) \quad \text{existiert für jedes } x \in \mathbf{R}.$$

Differenzieren wir die Reihe in (149.7) gliedweise, so erhalten wir die für $|x| \leqslant m$ offenbar gleichmäßig konvergente Reihe $\displaystyle\sum_{k=m+1}^{\infty}\frac{2x}{x^2-k^2}$. Nach Satz 104.6 ist also

$$G_m'(x) = \sum_{k=m+1}^{\infty}\frac{2x}{x^2-k^2} \quad \text{gleichmäßig für } |x| \leqslant m. \quad (149.9)$$

Da nun wegen (149.4) die Ableitungsgleichung

$$\frac{\left(\displaystyle\prod_{k=m+1}^{n}\left(1-\frac{x^2}{k^2}\right)\right)'}{\displaystyle\prod_{k=m+1}^{n}\left(1-\frac{x^2}{k^2}\right)} = \sum_{k=m+1}^{n}\frac{2x}{x^2-k^2} \quad \text{für } n \geqslant m+1 \text{ und } |x| \leqslant m \quad (149.10)$$

gilt, folgt mit (149.8) und (149.9), daß für $n\to\infty$

$$\left(\prod_{k=m+1}^{n}\left(1-\frac{x^2}{k^2}\right)\right)' \to e^{G_m(x)}G_m'(x) = (e^{G_m(x)})' = \left(\prod_{k=m+1}^{\infty}\left(1-\frac{x^2}{k^2}\right)\right)' \quad (149.11)$$

strebt, sofern $|x| \leqslant m$ bleibt. Daher ist für diese x

$$\frac{\left(\prod\limits_{k=m+1}^{\infty} \left(1 - \frac{x^2}{k^2}\right) \right)'}{\prod\limits_{k=m+1}^{\infty} \left(1 - \frac{x^2}{k^2}\right)} = \lim_{n\to\infty} \frac{\left(\prod\limits_{k=m+1}^{n} \left(1 - \frac{x^2}{k^2}\right) \right)'}{\prod\limits_{k=m+1}^{n} \left(1 - \frac{x^2}{k^2}\right)}$$

$$= \lim_{n\to\infty} \sum_{k=m+1}^{n} \frac{2x}{x^2 - k^2} = \sum_{k=m+1}^{\infty} \frac{2x}{x^2 - k^2}, \tag{149.12}$$

mit anderen Worten:

$$\sum_{k=m+1}^{\infty} \frac{2x}{x^2 - k^2} \quad \text{ist für } |x| \leqslant m \text{ die logarithmische Ableitung}$$

$$\text{von } \prod_{k=m+1}^{\infty} \left(1 - \frac{x^2}{k^2}\right). \tag{149.13}$$

Als nächstes fassen wir die Funktion

$$F_m(x) := \frac{\sin \pi x}{\pi x \prod\limits_{k=1}^{m} \left(1 - \frac{x^2}{k^2}\right)} \quad \text{für } |x| \leqslant m$$

ins Auge, die an jeder Stelle $\mu \in \{-m, \ldots, 0, \ldots, m\}$ wie gewohnt durch $F_m(\mu) := \lim\limits_{x\to\mu} F_m(x)$ erklärt wird. Daß dieser Grenzwert vorhanden und $\neq 0$ ist, und daß mit dieser Wertzuweisung an der Stelle μ die Funktion F_m für $|x| \leqslant m$ von Null verschieden und stetig differenzierbar ist, sieht man sehr leicht ein, indem man $\sin \pi x$ um den Mittelpunkt μ in eine Potenzreihe entwickelt. F_m besitzt also auf dem Intervall $[-m, m]$ eine logarithmische Ableitung, die nach (149.5) und (149.4) für alle nichtganzzahligen x in $[-m, m]$ gegeben wird durch

$$\frac{F_m'(x)}{F_m(x)} = \frac{(\sin \pi x)'}{\sin \pi x} - \frac{\left(\pi x \prod\limits_{k=1}^{m} \left(1 - \frac{x^2}{k^2}\right) \right)'}{\pi x \prod\limits_{k=1}^{m} \left(1 - \frac{x^2}{k^2}\right)}$$

$$= \pi \cot \pi x - \left(\frac{1}{x} + \sum_{k=1}^{m} \frac{2x}{x^2 - k^2} \right).$$

Wegen der schon in (149.6) benutzten Partialbruchzerlegung von $\pi \cot \pi x$ aus A 138.1 ist also

$$\frac{F_m'(x)}{F_m(x)} = \sum_{k=m+1}^{\infty} \frac{2x}{x^2 - k^2} \quad \text{für alle nichtganzzahligen } x \in [-m, m].$$

Läßt man hierin x gegen ein ganzzahliges $\mu \in [-m, m]$ rücken, so sieht man, da die linke Seite stetig ist und rechts wegen der gleichmäßigen Konvergenz der Grenzübergang unter dem Summenzeichen vollzogen werden kann, daß diese Gleichung ausnahmslos auf dem ganzen Intervall $[-m, m]$ gilt. Mit (149.13) ergibt sich nun, daß die Funktionen $F_m(x)$ und $\displaystyle\prod_{k=m+1}^{\infty} \left(1 - \frac{x^2}{k^2}\right)$ auf $[-m, m]$ dieselbe logarithmische Ableitung besitzen. Infolgedessen muß mit einer geeigneten Konstanten c für alle $x \in [-m, m]$ die Gleichung

$$\frac{\sin \pi x}{\pi x \displaystyle\prod_{k=1}^{m} \left(1 - \frac{x^2}{k^2}\right)} = c \prod_{k=m+1}^{\infty} \left(1 - \frac{x^2}{k^2}\right) \quad \text{oder also}$$

$$\sin \pi x = c \pi x \prod_{k=1}^{\infty} \left(1 - \frac{x^2}{k^2}\right) \tag{149.14}$$

gelten. Da für $x \to 0$ wegen der gleichmäßigen Konvergenz der Reihe in (149.7)

$$\ln \prod_{k=1}^{\infty} \left(1 - \frac{x^2}{k^2}\right) = \sum_{k=1}^{\infty} \ln \left(1 - \frac{x^2}{k^2}\right) \to 0, \quad \text{also} \quad \prod_{k=1}^{\infty} \left(1 - \frac{x^2}{k^2}\right) \to 1$$

strebt und andererseits $\lim\limits_{x \to 0} (\sin \pi x / \pi x)$ ebenfalls $= 1$ ist, ergibt sich nun aus (149.14), daß $c = 1$ sein muß. Damit ist die behauptete Produktdarstellung tatsächlich bewiesen — allerdings nur, falls $|x| \leq m$ ist. Da aber m völlig beliebig aus $\mathbf{N}$ gewählt werden durfte, gilt sie in Wirklichkeit für ausnahmslos alle x.

Aufgaben

1. Nochmals das Wallissche Produkt Durch spezielle Wahl von x kann man aus (149.3) das Wallissche Produkt (94.4) gewinnen.

$^{+}$**2.** Sind in dem unendlichen Produkt $\displaystyle\prod_{k=1}^{\infty} (1 + a_k)$ alle $a_k \geq 0$, so konvergiert es genau dann, wenn die Reihe $\displaystyle\sum_{k=1}^{\infty} a_k$ konvergiert.

$^{+}$**3.** In der Literatur wird bei unendlichen Produkten häufig ein engerer Konvergenzbegriff verwendet. Nach ihm heißt $\displaystyle\prod_{k=1}^{\infty} a_k$ k o n v e r g e n t, wenn ab einer gewissen Stelle m alle $a_k \neq 0$ sind und die Folge der Produkte $a_m a_{m+1} \cdots a_n$ $(n \geq m)$ für $n \to \infty$ gegen einen Grenzwert $\alpha_m \neq 0$ strebt. Im Konvergenzfalle wird $p := a_1 a_2 \cdots a_{m-1} \alpha_m$ als W e r t des Produktes bezeichnet. Strebt $a_m a_{m+1} \cdots a_n$ für $n \to \infty$ gegen 0, so sagt man, das Produkt d i v e r g i e r e   g e g e n   0. Zeige, daß mit diesem engeren Konvergenzbegriff die folgenden Sätze gelten:

a) Ein konvergentes Produkt hat genau dann den Wert 0, wenn mindestens einer seiner Faktoren verschwindet.

b) Ist $\prod\limits_{k=1}^{\infty} a_k$ konvergent, so strebt $a_k \to 1$.

150 Die Gammafunktion

Im Beispiel 11 der Nr. 89 haben wir gesehen, daß das uneigentliche R-Integral $\int_0^{+\infty} e^{-t} t^{x-1} dt$ genau für $x>0$ konvergiert (trivialerweise absolut, da der Integrand ≥ 0 ist; das Integral ist also auch ein L-Integral). Die Funktion

$$\Gamma(x) := \int_0^{+\infty} e^{-t} t^{x-1} dt \qquad (x>0) \tag{150.1}$$

wird (Eulersche) G a m m a f u n k t i o n genannt. Sie hat eine Fülle höchst bemerkenswerter Eigenschaften, von denen wir nun einige darlegen wollen. Grundlegend ist die

150.1 Funktionalgleichung der Gammafunktion *Für alle $x>0$ ist* $\Gamma(x+1)=x\,\Gamma(x)$.

Der B e w e i s erfolgt durch Produktintegration, wobei wir uns natürlich zunächst auf ein eigentliches Integral zurückziehen müssen. Für $0<\alpha<\beta$ und $x>0$ ist

$$\int_\alpha^\beta e^{-t} t^x \, dt = [-e^{-t} t^x]_\alpha^\beta + x \int_\alpha^\beta e^{-t} t^{x-1} \, dt.$$

Läßt man nun $\alpha \to 0+$ und $\beta \to +\infty$ gehen, so folgt sofort die Behauptung. ∎

Die Funktionalgleichung stiftet einen engen Zusammenhang zwischen der Γ-Funktion und den Fakultäten: *Es ist*

$$\Gamma(n+1) = n! \qquad \textit{für } n=0, 1, 2, \ldots \,{}^{[1]}.$$

Den B e w e i s erbringen wir durch Induktion. Zunächst ($n=0$) ist

$$\Gamma(1) = \int_0^{+\infty} e^{-t} dt = 1 = 0! \qquad \text{(s. Beispiel 1 in Nr. 87).}$$

Angenommen, für ein gewisses $n \geq 0$ sei $\Gamma(n+1)=n!$. Dann folgt mit der obigen Funktionalgleichung

$$\Gamma(n+2) = (n+1)\,\Gamma(n+1) = (n+1)\,n! = (n+1)!,$$

womit schon alles bewiesen ist. ∎

---

[1] Man sagt deshalb auch gerne, *die Gammafunktion interpoliere die Fakultäten.*

Zu einer von Gauß herrührenden integralfreien Darstellung der Gammafunktion werden wir durch die folgende Überlegung geführt. Der Faktor e^{-t} in (150.1) läßt sich nach Satz 26.2 in der Form

$$e^{-t} = \lim_{n \to \infty} \left(1 - \frac{t}{n}\right)^n$$

schreiben. Und da

$$\left(1 - \frac{t}{n}\right)^n \leq \left(1 - \frac{t}{n+1}\right)^{n+1} \qquad \text{für } 0 \leq t \leq n$$

ist[1], ergibt sich

$$\left(1 - \frac{t}{n}\right)^n \leq e^{-t} \qquad \text{für } 0 \leq t \leq n. \tag{150.2}$$

Setzen wir nun für ein festes $x > 0$

$$f_n(t) := \begin{cases} \left(1 - \dfrac{t}{n}\right)^n t^{x-1}, & \text{falls } 0 < t \leq n, \\[2mm] 0 & , \text{falls } t > n, \end{cases}$$

so gilt infolgedessen

$$0 \leq f_n(t) \leq e^{-t} t^{x-1} \quad \text{und} \quad f_n(t) \to e^{-t} t^{x-1} \quad \text{für } n \to \infty.$$

Nach dem Lebesgueschen Konvergenzsatz 126.1 strebt also

$$\int_0^n \left(1 - \frac{t}{n}\right)^n t^{x-1}\,dt = \int_0^{+\infty} f_n(t)\,dt \to \int_0^{+\infty} e^{-t} t^{x-1}\,dt = \Gamma(x). \tag{150.3}$$

Wir wenden uns nun dem Integral auf der linken Seite zu. Durch Produktintegration erhalten wir

$$\int_\alpha^n \left(1 - \frac{t}{n}\right)^n t^{x-1}\,dt = \left[\left(1 - \frac{t}{n}\right)^n \frac{t^x}{x}\right]_\alpha^n + \frac{1}{x} \int_\alpha^n \left(1 - \frac{t}{n}\right)^{n-1} t^x\,dt \qquad (\alpha > 0).$$

Für $\alpha \to 0+$ folgt daraus

$$\int_0^n \left(1 - \frac{t}{n}\right)^n t^{x-1}\,dt = \frac{1}{x} \int_0^n \left(1 - \frac{t}{n}\right)^{n-1} t^x\,dt.$$

Wendet man auf das rechtsstehende Integral wieder Produktintegration an, so ergibt sich

$$\int_0^n \left(1 - \frac{t}{n}\right)^n t^{x-1}\,dt = \frac{n-1}{n} \frac{1}{x(x+1)} \int_0^n \left(1 - \frac{t}{n}\right)^{n-2} t^{x+1}\,dt.$$

---

[1] Die Ableitung der Funktion $g(z) := (1 - t/z)^z$ $(z > t)$ ist positiv!

So fortfahrend erhält man schließlich

$$\int_0^n \left(1 - \frac{t}{n}\right)^n t^{x-1}\, dt$$

$$= \frac{(n-1)(n-2)\cdots 1}{n^{n-1}} \frac{1}{x(x+1)\cdots(x+n-1)} \int_0^n t^{x+n-1}\, dt$$

$$= \frac{(n-1)!}{n^{n-1}} \frac{1}{x(x+1)\cdots(x+n-1)} \frac{n^{x+n}}{x+n} = \frac{n!\, n^x}{x(x+1)\cdots(x+n)}$$

und somit, wegen (150.3), die sogenannte

150.2 Gaußsche Definition der Gammafunktion *Für alle* $x>0$ *ist*

$$\Gamma(x) = \lim_{n\to\infty} \frac{n!\, n^x}{x(x+1)\cdots(x+n)}.$$

Dieser Satz stiftet vermöge der Produktdarstellung (149.3) von $\sin \pi x$ eine höchst bemerkenswerte und folgenreiche Beziehung zwischen der Γ-Funktion und dem Sinus. Für $0<x<1$ ist nämlich

$$\frac{1}{\Gamma(x)\Gamma(1-x)} = \lim_{n\to\infty} \frac{x(x+1)(x+2)\cdots(x+n)}{n!\, n^x} \cdot \frac{(1-x)(2-x)\cdots(n-x)(n+1-x)}{n!\, n^{1-x}}$$

$$= \lim_{n\to\infty} x \frac{(1^2-x^2)(2^2-x^2)\cdots(n^2-x^2)}{1^2\cdot 2^2 \cdots n^2} \cdot \frac{n+1-x}{n}$$

$$= \lim_{n\to\infty} x \prod_{k=1}^n \left(1 - \frac{x^2}{k^2}\right) \cdot \lim_{n\to\infty} \frac{n+1-x}{n} = x \prod_{k=1}^\infty \left(1 - \frac{x^2}{k^2}\right).$$

Wegen (149.3) gilt also

$$\Gamma(x)\Gamma(1-x) = \frac{\pi}{\sin \pi x} \quad \text{für } 0<x<1.$$

Diese Beziehung legt es nahe, *die Γ-Funktion für jedes negative nichtganze x durch*

$$\Gamma(x) := \frac{\pi}{\sin \pi x} \cdot \frac{1}{\Gamma(1-x)}$$

zu erklären. Tun wir dies, so erhalten wir für jedes derartige x

$$\Gamma(x) = \lim_{n\to\infty} \frac{(1-x)(2-x)\cdots(n-x)(n+1-x)}{x\left(1-\dfrac{x^2}{1^2}\right)\left(1-\dfrac{x^2}{2^2}\right)\cdots\left(1-\dfrac{x^2}{n^2}\right) n!\, n^{1-x}} \cdot \frac{n!\, n^x}{n!\, n^x}$$

$$
= \lim_{n \to \infty} \frac{n!\,n^x (1-x)(2-x)\cdots(n-x)}{x(1^2-x^2)(2^2-x^2)\cdots(n^2-x^2)} \cdot \frac{n+1-x}{n}
$$

$$
= \lim_{n \to \infty} \frac{n!\,n^x}{x(x+1)(x+2)\cdots(x+n)},
$$

also dieselbe Darstellung für $\Gamma(x)$ wie in Satz 150.2. Wir halten die Ergebnisse dieser Überlegungen in den beiden folgenden Sätzen fest:

150.3 Satz *Erklärt man $\Gamma(x)$ in der geschilderten Weise für jeden negativen nichtganzen Wert von x, so ist*

$$
\Gamma(x) = \lim_{n \to \infty} \frac{n!\,n^x}{x(x+1)\cdots(x+n)} \quad \textit{für alle } x \neq 0, -1, -2, \ldots .
$$

150.4 Ergänzungssatz der Γ-Funktion *Für alle nichtganzen x ist*

$$
\Gamma(x)\Gamma(1-x) = \frac{\pi}{\sin \pi x}.
$$

Wir überlassen dem Leser den sehr einfachen Nachweis, daß bei der Fortsetzung der Γ-Funktion ihre Funktionalgleichung erhalten bleibt: *Es ist*

$$
\Gamma(x+1) = x\,\Gamma(x) \quad \textit{für alle } x \neq 0, -1, -2, \ldots . \tag{150.4}
$$

Aufgaben

1. Die Gammafunktion ist für alle $x \neq 0, -1, -2, \ldots$ beliebig oft differenzierbar. Für $x > 0$ werden ihre Ableitungen gegeben durch

$$
\Gamma^{(n)}(x) = \int_0^{+\infty} e^{-t} t^{x-1} (\ln t)^n \, dt.
$$

+2. Ein anderer Zugang zur Γ-Funktion Die Funktion $f: \mathbf{R}^+ \to \mathbf{R}^+$ besitze die folgenden Eigenschaften:

α) f ist logarithmisch konvex, d.h., die Funktion $\ln f(x)$ ist (auf $\mathbf{R}^+$) konvex.

β) Für alle $x \in \mathbf{R}^+$ ist $f(x+1) = xf(x)$.

γ) $f(1) = 1$.

Dann ist $f(x) = \Gamma(x)$ für alle $x \in \mathbf{R}^+$.

Hinweis: Zeige der Reihe nach:

a) $f(x+n) = (x+n-1)(x+n-2)\cdots(x+1)xf(x)$ und $f(n) = (n-1)!$ für $n \in \mathbf{N}$.

b) Ist g auf dem Intervall I konvex und sind x_0, x, y drei verschiedene Punkte aus I mit $x < y$, so ist

$$
\frac{g(x) - g(x_0)}{x - x_0} \leq \frac{g(y) - g(x_0)}{y - x_0}.
$$

c) Für $x \in (0, 1]$ und $n \geq 2$ ist

$$\frac{\ln f(n-1) - \ln f(n)}{(n-1) - n} \leq \frac{\ln f(n+x) - \ln f(n)}{(n+x) - n} \leq \frac{\ln f(n+1) - \ln f(n)}{(n+1) - n}, \quad \text{also}$$

$$\ln(n-1) \leq \frac{\ln f(n+x) - \ln(n-1)!}{x} \leq \ln n, \quad \text{also auch}$$

$$(n-1)^x (n-1)! \leq f(n+x) \leq n^x (n-1)! \quad \text{und wegen a) somit}$$

$$\frac{(n-1)^x (n-1)!}{x(x+1)\cdots(x+n-1)} \leq f(x) \leq \frac{n^x n!}{x(x+1)\cdots(x+n)} \cdot \frac{x+n}{n}.$$

d) Für $x \in (0, 1]$ ist $\quad f(x) \dfrac{n}{x+n} \leq \dfrac{n^x n!}{x(x+1)\cdots(x+n)} \leq f(x) \left(1 + \dfrac{1}{n-1}\right)^x.$

3. $\Gamma(1/2) = \sqrt{\pi}$. Hinweis: Satz 150.4.

4. $\Gamma\left(\dfrac{n+1}{2}\right) = \begin{cases} \dfrac{1}{2} \cdot \dfrac{3}{2} \cdots \dfrac{n-1}{2} \sqrt{\pi} & \text{für } n = 2, 4, \ldots, \\[2ex] \dfrac{2}{2} \cdot \dfrac{4}{2} \cdots \dfrac{n-1}{2} & \text{für } n = 3, 5, \ldots, \end{cases}$

$$\Gamma\left(\dfrac{n}{2} + 1\right) = \begin{cases} \dfrac{2}{2} \cdot \dfrac{4}{2} \cdots \dfrac{n}{2} & \text{für } n = 2, 4, \ldots, \\[2ex] \dfrac{1}{2} \cdot \dfrac{3}{2} \cdots \dfrac{n}{2} \sqrt{\pi} & \text{für } n = 1, 3, \ldots. \end{cases}$$

Hinweis: Satz 150.1, Aufgabe 3.

5. $\displaystyle \int_{-1}^{1} (1 - t^2)^{\frac{n-1}{2}} \, dt = \frac{\Gamma\left(\dfrac{n+1}{2}\right)}{\Gamma\left(\dfrac{n}{2} + 1\right)} \sqrt{\pi} \quad \text{für } n \in \mathbb{N}.$

Hinweis: Substitution $t = \cos x$; (94.3); Aufgabe 4.

⁺6. ζ-Funktion und Γ-Funktion Für die Riemannsche ζ-Funktion (s. A 105.8) ist

$$\zeta(s)\Gamma(s) = \int_0^\infty \frac{x^{s-1}}{e^x - 1} \, dx \qquad (s > 1).$$

Hinweis: $\Gamma(s) := \displaystyle\int_0^\infty e^{-t} t^{s-1} \, dt = n^s \int_0^\infty e^{-nx} x^{s-1} \, dx$ (Substitution $t = nx$, $n \in \mathbb{N}$); Satz 125.3.

151 Das Fehlerintegral. Die Fresnelschen Integrale

Das (Gaußsche) Fehlerintegral ist das uneigentliche R-Integral $\displaystyle\int_{-\infty}^{+\infty} e^{-t^2}\,dt$, das in der Wahrscheinlichkeitstheorie eine beherrschende Rolle spielt. Es konvergiert trivialerweise absolut und ist daher auch ein L-Integral. Da die Funktion e^{-t^2} keine elementare Stammfunktion besitzt, schlagen wir zu seiner Auswertung einen Weg ein, den wir in ähnlicher Weise schon im letzten Abschnitt benutzt haben, bemerken aber zunächst, daß

$$\int_{-\infty}^{+\infty} e^{-t^2}\,dt = 2\int_{0}^{+\infty} e^{-t^2}\,dt \tag{151.1}$$

ist, so daß es genügt, das rechtsstehende Integral zu berechnen. Dazu setzen wir

$$f_n(t) := \begin{cases} \left(1-\dfrac{t^2}{n}\right)^n, & \text{falls } 0 \leqslant t \leqslant \sqrt{n}, \\[2ex] 0, & \text{falls } t > \sqrt{n}. \end{cases}$$

Mit (150.2) folgt $0 \leqslant f_n(t) \leqslant e^{-t^2}$ für alle $t \geqslant 0$, und da $f_n(t) \to e^{-t^2}$ strebt, erhalten wir aus dem Lebesgueschen Konvergenzsatz 126.1 die Beziehung

$$\int_{0}^{\sqrt{n}} \left(1-\frac{t^2}{n}\right)^n\,dt = \int_{0}^{+\infty} f_n(t)\,dt \to \int_{0}^{+\infty} e^{-t^2}\,dt. \tag{151.2}$$

Durch sukzessive Produktintegration gewinnen wir

$$\int_{0}^{\sqrt{n}} \left(1-\frac{t^2}{n}\right)^n\,dt = \left[t\left(1-\frac{t^2}{n}\right)^n\right]_{0}^{\sqrt{n}} + \frac{2n}{n}\int_{0}^{\sqrt{n}} t^2\left(1-\frac{t^2}{n}\right)^{n-1}\,dt$$

$$= 2\int_{0}^{\sqrt{n}} t^2\left(1-\frac{t^2}{n}\right)^{n-1}\,dt$$

$$= \frac{2^2}{1\cdot 3}\frac{n-1}{n}\int_{0}^{\sqrt{n}} t^4\left(1-\frac{t^2}{n}\right)^{n-2}\,dt = \cdots$$

$$= \frac{2^n}{1\cdot 3\cdots(2n-1)}\frac{(n-1)(n-2)\cdots 1}{n^{n-1}}\int_{0}^{\sqrt{n}} t^{2n}\,dt$$

$$= \frac{2\cdot 4\cdots(2n)}{1\cdot 3\cdots(2n-1)}\frac{1}{\sqrt{2n}}\frac{n}{2n+1}\sqrt{2}.$$

Für $n \to \infty$ strebt der letzte Term wegen der Wallisschen Produktdarstellung (94.4) gegen $\sqrt{\pi/2} \cdot \sqrt{2}/2 = \sqrt{\pi}/2$. Mit (151.1) und (151.2) folgt also

$$\int_{-\infty}^{+\infty} e^{-t^2}\,dt = \sqrt{\pi}. \tag{151.3}$$

Diese Gleichung hätten wir rascher, freilich weniger direkt, auch so gewinnen können: Aus (150.1) und Satz 150.4 folgt $\int_0^{+\infty} (e^{-t}/\sqrt{t})\,dt = \Gamma(1/2) = \sqrt{\pi}$, daraus (mit $t = x^2$) $\int_0^{+\infty} e^{-x^2}\,dx = \sqrt{\pi}/2$ und damit (151.3).

Die Fresnelschen Integrale der Beugungstheorie sind die Integrale

$$\int_0^{+\infty} \frac{\sin x}{\sqrt{x}}\,dx = 2\int_0^{+\infty} \sin(t^2)\,dt, \qquad \int_0^{+\infty} \frac{\cos x}{\sqrt{x}}\,dx = 2\int_0^{+\infty} \cos(t^2)\,dt \tag{151.4}$$

(Substitution $x = t^2$). Aus (151.3) folgt für festes $x > 0$ vermittels $t = \sqrt{x}\,\tau$ sofort

$$\int_0^{+\infty} e^{-x\tau^2}\,d\tau = \frac{1}{2}\sqrt{\frac{\pi}{x}};$$

für jedes $s > 0$ ist also (s. dazu A 107.3 d und (76.11))

$$\int_0^s \frac{\sin x}{\sqrt{x}}\,dx = \frac{2}{\sqrt{\pi}} \int_0^s \left(\int_0^{+\infty} e^{-x\tau^2} \sin x\,d\tau \right) dx = \frac{2}{\sqrt{\pi}} \int_0^{+\infty} \left(\int_0^s e^{-x\tau^2} \sin x\,dx \right) d\tau$$

$$= \underbrace{\frac{2}{\sqrt{\pi}} \int_0^{+\infty} \frac{-\tau^2 \sin s - \cos s}{\tau^4 + 1}\, e^{-s\tau^2}\,d\tau}_{} + \frac{2}{\sqrt{\pi}} \int_0^{+\infty} \frac{d\tau}{\tau^4 + 1}.$$

$$\to 0 \text{ für } s \to +\infty, \text{ da } |\int_0^{+\infty}| \leqslant \int_0^{+\infty} 2e^{-s\tau^2}\,d\tau = \sqrt{\pi}/s.$$

Also ist $\displaystyle\int_0^{+\infty} \frac{\sin x}{\sqrt{x}}\,dx$ vorhanden und $\displaystyle = \frac{2}{\sqrt{\pi}} \int_0^{+\infty} \frac{d\tau}{\tau^4 + 1} = \frac{2}{\sqrt{\pi}}\,\frac{\pi}{2\sqrt{2}} = \sqrt{\frac{\pi}{2}}$

(s. A 87.16). Entsprechend verfährt man mit $\displaystyle\int_0^{+\infty} \frac{\cos x}{\sqrt{x}}\,dx$. Zusammengefaßt:

$$\int_0^{+\infty} \frac{\sin x}{\sqrt{x}}\,dx = \int_0^{+\infty} \frac{\cos x}{\sqrt{x}}\,dx = \sqrt{\frac{\pi}{2}} \tag{151.5}$$

oder also – wegen (151.4) –

$$\int_0^{+\infty} \sin(x^2)\,dx = \int_0^{+\infty} \cos(x^2)\,dx = \frac{1}{2}\sqrt{\frac{\pi}{2}}. \tag{151.6}$$

XIX Topologische Räume

Ich glaube, wir brauchen eine andere, eine eigentlich geometrische oder lineare Analysis, welche ebenso direkt *Lage* ausdrückt wie die Algebra *Größe*.

Gottfried Wilhelm Leibniz

152 Umgebungen und Topologien

Ohne uns rücksichtsloser Übertreibung schuldig zu machen, dürfen wir sagen, daß sich im Laufe unserer Arbeit die Konvergenz von Zahlenfolgen und die Stetigkeit von Funktionen als die tragenden Elementarbegriffe der Analysis herauskristallisiert haben. Beide Begriffe wurden mit Hilfe von ε-Umgebungen — also durch *Lagebeschreibungen* — definiert. Dasselbe gilt für die Konvergenz und Stetigkeit in normierten Räumen, insbesondere also für die Konvergenz einer Folge von p-Vektoren, die gleichmäßige Konvergenz einer Folge beschränkter Funktionen und die Konvergenz der Fourierreihen im quadratischen Mittel. Andere Begriffe, die mit Hilfe von ε-Umgebungen in **R** oder allgemeiner in normierten Räumen charakterisiert wurden (und sich als unentbehrlich erwiesen haben), sind z. B.: offene, abgeschlossene und kompakte Mengen, isolierte Punkte, innere Punkte und Häufungspunkte.

Es muß jetzt aber eingestanden werden, daß zwei wichtige Konvergenztypen sich bisher einer Charakterisierung durch ε-Umgebungen entzogen haben: die *punktweise Konvergenz* einer Funktionenfolge und die eigentümliche *„gleichmäßige Konvergenz auf jeder kompakten Teilmenge des Konvergenzintervalles K"* bei Potenzreihen (s. Satz 103.6), ein Konvergenzverhalten, das gewissermaßen die Mitte zwischen der stets stattfindenden punktweisen Konvergenz auf K und der keineswegs immer vorhandenen gleichmäßigen Konvergenz auf K hält. Bei keinem der genannten Konvergenztypen haben wir Funktionenmengen angegeben, die man als ε-Umgebungen einer Grenzfunktion f bezeichnen und mit deren Hilfe man die Konvergenz gegen f beschreiben könnte.

Im vorliegenden Kapitel wollen wir einerseits diese Lücken durch eine vertiefte Analyse des Umgebungsbegriffes schließen und andererseits die „topologischen" (auf Umgebungen beruhenden) Begriffe, die in diesem Buch bisher zerstreut aufgetreten sind und den jeweiligen Bedürfnissen entsprechend *ad hoc* erklärt wurden, übersichtlich zusammenstellen, auf eine höhere Ebene heben und deutlicher als bisher auf den Grundbegriff „Umgebung" zurückführen. Es wird sich dabei wieder einmal in glänzender Weise die enorme Flexibilität und ordnungsstiftende Kraft der mathematischen Begriffsbildung bewähren.

Wir beginnen mit einer recht einfachen (unser intuitives Umgebungsverständnis allerdings etwas strapazierenden) Verallgemeinerung der ε-Umgebungen in **R**: Von nun an wollen wir *jede Obermenge einer ε-Umgebung des Punktes $a \in \mathbf{R}$ eine* Umgebung *von a nennen*[1]. Es wird sich sehr rasch zeigen, daß die Substanz des bisher benutzten engeren Umgebungsbegriffes durch diese Erweiterung nicht berührt wird, daß man aber den großen Vorteil einhandelt, eine Strukturbeschreibung der Umgebungen zu ermöglichen, in der ε und damit letztlich der Abstandsbegriff explizit nicht mehr vorkommt. Das bedeutet aber, daß man im Geiste der axiomatischen Methode diese Strukturelemente als Grundpostulate einer Umgebungstheorie verwenden kann, die von Abstandsmessungen unabhängig und damit auch sehr viel allgemeiner — und das heißt auch: anwendungsfähiger — ist als unsere bisherige ε-Theorie.

Das System aller Umgebungen von a wird mit $\mathfrak{U}(a)$ bezeichnet und **Umgebungsfilter** von a genannt. Es besitzt eine äußerst einfache Struktur, die in den Feststellungen (U 1) bis (U 4) beschrieben wird:

(U 1)   *$a \in U$ für alle $U \in \mathfrak{U}(a)$.*

(U 2)   *Ist $U \in \mathfrak{U}(a)$ und $V \supset U$, so ist auch $V \in \mathfrak{U}(a)$.*

(U 3)   *Aus $U_1, U_2 \in \mathfrak{U}(a)$ folgt $U_1 \cap U_2 \in \mathfrak{U}(a)$.*

(U 4)   *Zu jedem $U \in \mathfrak{U}(a)$ gibt es ein $V \in \mathfrak{U}(a)$, so daß gilt:*

   $U \in \mathfrak{U}(b)$ für jedes $b \in V$.

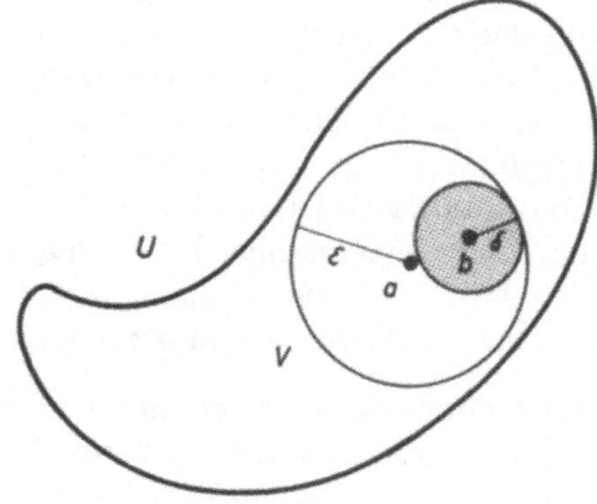

Die Eigenschaften (U 1) und (U 2) ergeben sich so unmittelbar aus der Definition, daß wir uns gleich (U 3) zuwenden. Die Umgebungen U_1 und U_2 von a enthalten ε-Umgebungen $U_{\varepsilon_1}(a)$ bzw. $U_{\varepsilon_2}(a)$, infolgedessen liegt $U_{\min(\varepsilon_1, \varepsilon_2)}(a)$ in $U_1 \cap U_2$, und somit ist dieser Durchschnitt wieder eine Umgebung von a. Nun kommen wir zu (U 4). Definitionsgemäß gibt es ein $U_\varepsilon(a) \subset U$. Sei b aus $V := U_\varepsilon(a)$. Dann ist $\delta := \varepsilon - |b - a| > 0$, und für jedes $c \in U_\delta(b)$ gilt $|c - a| \leqslant |c - b| + |b - a| <$

Fig. 152.1

$\delta + |b - a| = \varepsilon$. Infolgedessen liegt $U_\delta(b)$ in $U_\varepsilon(a)$, erst recht also in U, womit U sich als eine Umgebung von b zu erkennen gibt (s. Fig. 152.1, die der besseren Übersichtlichkeit wegen die entsprechenden Verhältnisse im $\mathbf{R}^2$ darstellt).

---

[1] Diese Definition ist eine starke Zumutung. Sie verlangt von uns, z. B. die folgenden Obermengen der 1-Umgebung $U_1(0)$ von 0 als Umgebungen von 0 anzusehen: $U_1(0) \cup U_1(10)$, $U_1(0) \cup \mathbf{N}$, $U_1(0) \cup \mathbf{Q}$, $U_1(0) \cup \{-2\}$. Die „Zerrissenheit" dieser Umgebungen steht wenig im Einklang mit der eingeschliffenen Vorstellung, eine Umgebung sei etwas „Zusammenhängendes". Der Leser wird diese Zumutung gelassener ertragen, wenn er daran denkt, daß z. B. Alaska zur „politischen Umgebung" Washingtons gehört, obwohl Kanada trennend zwischen beiden liegt.

Ein $U \in \mathfrak{U}(a)$ bezeichnen wir auch gelegentlich, wenn es der größeren Genauigkeit dient, mit $U(a)$. $\dot{U}(a) := U(a) \setminus \{a\}$ oder kurz $\dot{U}$ wird eine **punktierte Umgebung** von a genannt.

Der nächste Satz zeigt, daß die allgemeinen Umgebungen für unsere analytischen Zwecke dasselbe leisten wie die ε-Umgebungen. Dabei sind a und a_k reelle Zahlen, M und X sind Teilmengen von **R**.

152.1 Satz a) *Die Folge* (a_k) *strebt gegen* $a \Leftrightarrow$ *zu jedem* $U \in \mathfrak{U}(a)$ *gibt es einen Index* $k_0 = k_0(U)$ *mit* $a_k \in U$ *für alle* $k > k_0$.

b) *a ist Häufungspunkt von $M \Leftrightarrow$ in jedem $U \in \mathfrak{U}(a)$ liegt ein Punkt $x \neq a$ aus M.*

c) *a ist isolierter Punkt von $M \Leftrightarrow$ es gibt ein $U \in \mathfrak{U}(a)$ mit $U \cap M = \{a\}$.*

d) *a ist innerer Punkt von $M \Leftrightarrow$ es gibt ein $U \in \mathfrak{U}(a)$ mit $U \subset M$.*

e) *M ist offen $\Leftrightarrow$ zu jedem $a \in M$ gibt es ein $U \in \mathfrak{U}(a)$ mit $U \subset M \Leftrightarrow$ jedes $a \in M$ ist innerer Punkt von $M \Leftrightarrow M$ ist eine Umgebung für jedes $a \in M$.*

f) *Die Funktion $f \colon X \to$ **R** ist stetig in $a \in X \Leftrightarrow$ zu jedem $V \in \mathfrak{U}(f(a))$ gibt es ein $U \in \mathfrak{U}(a)$ mit $f(U \cap X) \subset V$.*

Es wird genügen, eine **Beweisprobe** zu geben. Wir nehmen uns f) vor. Sei f stetig in a und V eine beliebige Umgebung von $f(a)$. Definitionsgemäß enthält sie eine ε-Umgebung $\tilde{V}$ von $f(a)$. Nach Satz 34.6 gibt es zu $\tilde{V}$ eine δ-Umgebung U von a mit $f(U \cap X) \subset \tilde{V} \subset V$, womit die Aussage f) in der Richtung $\Rightarrow$ bereits bewiesen ist. Wir beweisen nun die Richtung $\Leftarrow$. Nach Voraussetzung gibt es insbesondere zu jeder ε-Umgebung V von $f(a)$ ein $U \in \mathfrak{U}(a)$ mit $f(U \cap X) \subset V$. U enthält eine δ-Umgebung $\tilde{U}$ von a, und für sie ist $f(\tilde{U} \cap X) \subset f(U \cap X) \subset V$, womit wegen Satz 34.6 alles gezeigt ist (der Leser wird erkannt haben, daß der Beweis von der Möglichkeit lebt, Umgebungen durch ε-Umgebungen „unterbieten" zu können. Durch dieses „Unterbieten" kommt man auch bei den anderen Aussagen des Satzes zum Ziel). ∎

Ist a ein Punkt des normierten Raumes E und nennen wir jede Obermenge einer ε-Umgebung von a eine Umgebung von a, so gelten die Aussagen a), b), e) und f) auch in E, wobei in f) die Zielmenge **R** natürlich durch einen normierten Raum F zu ersetzen ist. Die Aussagen c) und d) müssen wir einfach deshalb ausnehmen, weil wir isolierte und innere Punkte in normierten Räumen nicht erklärt haben.

Wir formulieren nun die grundlegende Definition dieses Kapitels:

Definition *Eine nichtleere Menge E heißt* topologischer Raum, *wenn jedem $a \in E$ ein System $\mathfrak{U}(a)$ von Teilmengen von E so zugeordnet ist, daß die* Umgebungsaxiome *(U 1) bis (U 4) alle erfüllt sind. Jedes $U \in \mathfrak{U}(a)$ heißt eine* Umgebung *von a, und $\mathfrak{U}(a)$ wird der* Umgebungsfilter *von a genannt. Unter der* Topologie τ *eines topologischen Raumes E verstehen wir die Gesamtheit aller Umgebungsfilter $\mathfrak{U}(a)$, $a \in E$. Gelegentlich schreiben wir (E, τ), um auszudrücken, daß E mit der Topologie τ versehen ist. Die Elemente eines topologischen Raumes nennt man auch gerne „Punkte".*[1]

---

[1] Der Begriff der Topologie wird häufig mit Hilfe eines Systems $\mathfrak{G}$ „offener Mengen" definiert. Wie dies zu verstehen ist, wird in A 155.15 auseinandergesetzt.

Mit den oben definierten Umgebungsfiltern wird $\mathbf{R}$ also ein topologischer Raum $(\mathbf{R}, \tau)$. Wenn nicht ausdrücklich etwas anderes gesagt wird, denken wir uns $\mathbf{R}$ immer mit dieser „natürlichen Topologie" τ versehen.

Man halte sich vor Augen, daß in einem topologischen Raum keine algebraischen Operationen (Addition, Multiplikation usw.) und keine Abstände erklärt zu sein brauchen; auch ein Vergleich seiner Elemente der Größe nach ist i. allg. nicht möglich. Die einzige Struktur, die er von Hause aus trägt, ist eben nur die topologische, definiert durch die Gesamtheit aller Umgebungsfilter.

Das oben geschilderte Unterbieten der Umgebungen in $\mathbf{R}$ durch ε-Umgebungen gibt Anlaß zu der letzten Definition dieser Nummer. Ein Teilsystem $\mathfrak{B}(a)$ des Umgebungsfilters $\mathfrak{U}(a)$ in einem topologischen Raum heißt **Umgebungsbasis** von a, wenn es zu jedem $U \in \mathfrak{U}(a)$ ein $B \in \mathfrak{B}(a)$ mit $B \subset U$ gibt. $\mathfrak{U}(a)$ ist natürlich selbst eine Umgebungsbasis von a. In $\mathbf{R}$ ist die Menge aller ε-Umgebungen von a und sogar die bloß abzählbare Menge aller $U_{1/n}(a)$ ($n = 1, 2, \ldots$) eine Umgebungsbasis von a. Umgebungsbasen sind dann besonders nützlich, wenn sie nur aus wenigen (etwa abzählbar vielen) oder aus sehr einfach gebauten Umgebungen bestehen, wie es z. B. in $\mathbf{R}$ der Fall ist. Ist eine Umgebungsbasis $\mathfrak{B}(a)$ fest vorgegeben, so nennen wir ein $B \in \mathfrak{B}(a)$ auch kurz eine **Basisumgebung** von a.

Aufgaben

1. In den Aussagen des Satzes 152.1 kann man die Umgebungsfilter durch abzählbare Umgebungsbasen ersetzen (man beachte, daß man sich bei diesem Satz in $\mathbf{R}$ befindet).

2. Besitzt der Punkt a des topologischen Raumes E eine höchstens abzählbare Umgebungsbasis $U^{(1)}, U^{(2)}, \ldots$, so bilden die $V^{(n)} := U^{(1)} \cap \cdots \cap U^{(n)}$ ($n = 1, 2, \ldots$) eine höchstens abzählbare „absteigende" Umgebungsbasis von a (d.h., es ist $V^{(1)} \supset V^{(2)} \supset \cdots$).

153 Beispiele topologischer Räume

Von der Spannweite des Begriffes „topologischer Raum" und seiner enormen Kraft, Einheit zu stiften und Übersicht zu schaffen, werden wir in den folgenden Abschnitten einen nachhaltigen Eindruck bekommen. Zunächst bringen wir, um diesen neuen Begriff lebendiger zu machen, einige **Beispiele**.

1. Wie schon erwähnt, ist $\mathbf{R}$ mit seiner natürlichen Topologie ein topologischer Raum.

2. $\overline{\mathbf{R}} = \mathbf{R} \cup \{+\infty, -\infty\}$ wird ein topologischer Raum, indem man wie in $\mathbf{R}$ die Umgebungen von $a \in \overline{\mathbf{R}}$ als die Obermengen der ε-Umgebungen von a erklärt (die ε-Umgebungen von $+\infty$ und $-\infty$ wurden in Nr. 44 eingeführt).

3. E sei ein metrischer Raum mit der Metrik d.[1] Für festes $a \in E$ und $\varepsilon > 0$ nennen wir die Menge

$$U_\varepsilon(a) := \{x \in E : \mathrm{d}(x, a) < \varepsilon\} \quad \text{bzw.} \quad U_\varepsilon[a] := \{x \in E : \mathrm{d}(x, a) \leqslant \varepsilon\}$$

die **offene** bzw. **abgeschlossene Kugel** mit dem **Mittelpunkt** a (oder: um a) und dem **Radius** ε. $U_\varepsilon(a)$ heißt auch ε-**Umgebung** von a. Die Menge $U \subset E$ wird **Umgebung** von a genannt, wenn sie eine ε-Umgebung von a enthält (ε-Umgebungen sind also, wie ihr Name schon andeutet, Umgebungen). Mit dieser Umgebungsdefinition wird E ein topologischer Raum; seine hiermit eingeführte Topologie heißt die **metrische Topologie** von E.

Daß die Umgebungsaxiome (U 1) und (U 2) erfüllt sind, ist trivial; (U 3) ergibt sich wörtlich wie in **R** (s. Nr. 152) und dasselbe gilt für (U 4), wenn man nur Differenzbeträge $|u - v|$ stets durch $\mathrm{d}(u, v)$ ersetzt und die Dreiecksungleichung (M 3) aus Nr. 10 benutzt.

Wenn nicht ausdrücklich etwas anderes gesagt wird, *denken wir uns einen metrischen Raum stets mit seiner metrischen Topologie versehen.* In diesem Sinne sagen wir kurz, jeder metrische Raum sei ein topologischer Raum.

In einem metrischen Raum besitzt jeder Punkt a eine höchstens abzählbare Umgebungsbasis $\mathfrak{B}(a)$, z. B. $\mathfrak{B}(a) := \{U_{1/n}(a) : n \in \mathbf{N}\}$.

4. Jeder normierte Raum ist in natürlicher Weise ein topologischer Raum, weil er mit der Abstandsdefinition $\mathrm{d}(x, y) := \|x - y\|$ zu einem metrischen Raum wird. Insbesondere sind also die folgenden Räume (mit ihren kanonischen Normen) topologische Räume: $l^p(n)$ und l^p für $1 \leqslant p \leqslant \infty$, $L^p(a, b)$ für $1 \leqslant p < \infty$, $B(X)$ und, falls X eine kompakte Teilmenge von **R** ist, $C(X)$.

5. Jeder bewertete Körper mit dem Betrag $|a|$, insbesondere also **Q** mit der p-adischen Bewertung, wird vermöge der Abstandsdefinition $\mathrm{d}(x, y) := |x - y|$ ein metrischer und damit ein topologischer Raum (s. A 10.18).

6. Die Menge (s) aller Zahlenfolgen $x := (x_1, x_2, \ldots)$, $y := (y_1, y_2, \ldots)$, $\ldots$ wird durch

$$\mathrm{d}(x, y) := \sum_{k=1}^{\infty} \frac{1}{2^k} \frac{|x_k - y_k|}{1 + |x_k - y_k|}$$

ein metrischer und damit ein topologischer Raum. Von den metrischen Axiomen (M 1) bis (M 3) ist nur die Dreiecksungleichung (M 3) beweiswürdig. Sie ergibt sich ohne Umstände aus A 33.12. Danach ist für die obigen Folgen x, y und eine beliebige dritte Folge $z := (z_1, z_2, \ldots)$ stets

---

[1] Der Begriff des metrischen Raumes wurde mittels der metrischen Axiome (M 1) bis (M 3) bereits in Nr. 10 definiert.

$$d(x, y) = \sum_{k=1}^{\infty} \frac{1}{2^k} \frac{|x_k - y_k|}{1 + |x_k - y_k|} = \sum_{k=1}^{\infty} \frac{1}{2^k} \frac{|(x_k - z_k) + (z_k - y_k)|}{1 + |(x_k - z_k) + (z_k - y_k)|}$$

$$\leqslant \sum_{k=1}^{\infty} \frac{1}{2^k} \frac{|x_k - z_k|}{1 + |x_k - z_k|} + \sum_{k=1}^{\infty} \frac{1}{2^k} \frac{|z_k - y_k|}{1 + |z_k - y_k|} = d(x, z) + d(z, y).$$

In dieser eigenartigen Metrik sind alle Abstände <1. $d(x, y)$ entspringt daher gewiß nicht einer Norm. Aus später ersichtlich werdenden Gründen nennt man die Topologie von (s) auch die Topologie der komponentenweisen Konvergenz.

7. Sei X das (endliche oder unendliche) Intervall $(-r, r)$, $r > 0$, und $C(X)$ der lineare Raum aller stetigen reellwertigen Funktionen auf X.[1] Ist r endlich, so gibt es eine kleinste natürliche Zahl m, so daß $-r + 1/m < r - 1/m$ ist; die kompakten Intervalle $I_k := [-r + 1/k, r - 1/k]$ liegen dann für $k \geqslant m$ alle in X. Im Falle $r = +\infty$ setzen wir $I_k := [-k, k]$; für $k \geqslant m := 1$ liegen die I_k dann wieder in X. In beiden Fällen ist offenbar

$$X = \bigcup_{k \geqslant m} I_k. \tag{153.1}$$

Für jedes $f \in C(X)$ und jedes $k \geqslant m$ existiert

$$p_k(f) := \max_{x \in I_k} |f(x)|. \tag{153.2}$$

p_k hat ersichtlich die folgenden Eigenschaften:

$$p_k(f) \geqslant 0, \qquad p_k(\alpha f) = |\alpha| p_k(f) \quad \text{für jedes } \alpha \in \mathbf{R},$$
$$p_k(f + g) \leqslant p_k(f) + p_k(g). \tag{153.3}$$

p_k wäre also eine Norm auf $C(X)$, wenn aus $p_k(f) = 0$ stets $f = 0$ folgen würde. Es liegt auf der Hand, daß dies nicht der Fall ist. Da aber nur in diesem Punkt eine Abweichung von den Normeigenschaften stattfindet, nennt man p_k eine **Halbnorm**. Natürlich folgt aus $p_k(f) = 0$, daß f auf I_k verschwindet, und wegen (153.1) ergibt sich aus dieser Bemerkung die Implikation

$$p_k(f) = 0 \quad \text{für alle } k \geqslant m \Rightarrow f = 0. \tag{153.4}$$

Je zwei Funktionen f und g aus $C(X)$ ordnen wir nun die Zahl

$$d(f, g) := \sum_{k \geqslant m} \frac{1}{2^k} \frac{p_k(f - g)}{1 + p_k(f - g)} \tag{153.5}$$

zu und behaupten, daß d eine Metrik auf $C(X)$ ist. Aus der ersten Aussage von (153.3) ergibt sich in Verbindung mit (153.4), daß (M 1) gilt. Wegen der zweiten

---

[1] Nur der Einfachheit wegen nehmen wir das Intervall X als nullpunktsymmetrisch an.

Aussage in (153.3) ist $p_k(f-g)=p_k(g-f)$, also $d(f, g)=d(g, f)$; somit ist auch (M 2) erfüllt. (M 3) ergibt sich aus der dritten Aussage von (153.3) ganz ähnlich wie im Beispiel 6; man braucht die Aufgabe 33.12 nur ein wenig zu modifizieren (offenbar kommt es bei ihr im wesentlichen auf die Dreiecksungleichung $|\alpha+\beta| \leqslant |\alpha|+|\beta|$ an, deren Rolle von der „Dreiecksungleichung" $p_k(f+g) \leqslant p_k(f)+p_k(g)$ übernommen wird).

Mit der aus (153.5) entspringenden „Topologie der gleichmäßigen Konvergenz auf allen kompakten Teilmengen von X" wird $C(X)$ ein topologischer Raum. Der etwas unhandliche Name dieser Topologie wird uns in der nächsten Nummer verständlich werden.

8. In der Menge $F(X)$ aller Funktionen $f\colon X\to\mathbf{R}$ definieren wir für jedes $f\in F(X)$ und jedes $\varepsilon>0$ die Menge $U_\varepsilon(f)$ durch

$$U_\varepsilon(f):=\{g\in F(X)\colon |g(x)-f(x)|<\varepsilon \quad \text{für alle } x\in X\}.$$

$U_\varepsilon(f)$ ist also der „ε-Streifen" um f. $U\subset F(X)$ wird Umgebung von f genannt, wenn U Obermenge einer „ε-Umgebung" $U_\varepsilon(f)$ ist (diese ε-Umgebungen sind nicht wie im Falle $B(X)$ mit Hilfe einer Norm oder Metrik auf $F(X)$ erklärt). Mit dieser Umgebungsdefinition wird $F(X)$ ein topologischer Raum; seine Topologie heißt die Topologie der gleichmäßigen Konvergenz auf X. (U 1) und (U 2) sind trivialerweise erfüllt, und (U 3) beweist man wörtlich wie in $\mathbf{R}$ (s. Nr. 152). Wir wenden uns nun (U 4) zu. Sei $U\in\mathfrak{U}(f)$ vorgelegt. Dann gibt es ein $U_\varepsilon(f)\subset U$. Wir setzen $V:=U_{\varepsilon/2}(f)$ und zeigen, daß U eine Umgebung für jedes $g\in V$ ist, d.h., daß es zu g eine δ-Umgebung $U_\delta(g)\subset U$ gibt. $U_{\varepsilon/2}(g)$ leistet offenbar das Gewünschte; denn aus $h\in U_{\varepsilon/2}(g)$ folgt

$$|h(x)-f(x)| \leqslant |h(x)-g(x)|+|g(x)-f(x)| < \frac{\varepsilon}{2}+\frac{\varepsilon}{2}=\varepsilon \quad \text{für alle } x\in X,$$

also liegt h in $U_\varepsilon(f)$ und damit auch in U. Also gilt $U_{\varepsilon/2}(g)\subset U$, und daher ist U in der Tat eine Umgebung von g.

9. Die Funktionenmenge $F(X)$ des letzten Beispiels können wir noch auf eine andere Art „topologisieren". Zur Motivierung betrachten wir zunächst den Fall $X:=[a, b]$ und erinnern uns daran, daß es zu jedem $f\colon[a, b]\to\mathbf{R}$ und zu jeder Wahl der (paarweise verschiedenen) Stützstellen $x_1, \ldots, x_n$ aus $[a, b]$ stets ein Polynom p vom Grade $\leqslant n-1$ gibt, so daß $p(x_k)-f(x_k)=0$ für $k=1, \ldots, n$ ist (s. Nr. 16). Von diesem Interpolationspolynom p sagt man gerne, es liege „nahe bei f" oder es approximiere f, in vager Sprechweise: es liege in einer „kleinen Umgebung" (?) von f. Wir haben diese Redeweise in Nr. 18 kritisiert — und doch ist sie unter einem gewissen Gesichtspunkt zutreffend und berechtigt. Die enorme Schmiegsamkeit der Topologien wird uns helfen, die hier obwaltenden Verhältnisse völlig befriedigend zu klären. Gewiß trifft es zu, daß für jedes $\varepsilon>0$ das Polynom p in der Menge

$$U_{x_1,\ldots,\,x_n;\,\varepsilon}(f):=\{g\in F(X)\colon |g(x_k)-f(x_k)|<\varepsilon \quad \text{für } k=1,\ldots,n\} \tag{153.6}$$

liegt; diese Menge besteht aus allen Funktionen g, die an den Stellen x_k die vertikalen „ε-Strecken" $\{(x_k, y): f(x_k) - \varepsilon < y < f(x_k) + \varepsilon\}$ durchsetzen, ansonsten aber völlig willkürlich verlaufen können. In Fig. 153.1 ist ein solches g aufgezeichnet. Wir kehren nach diesen Vorbemerkungen wieder zu einer beliebigen (nichtleeren) Menge X zurück und definieren für jede endliche Teilmenge $\{x_1, \ldots, x_n\}$ von X und jedes $\varepsilon > 0$ die Menge $U_{x_1, \ldots, x_n; \varepsilon}(f)$ durch (153.6). Wenn keine Mißverständnisse zu be-

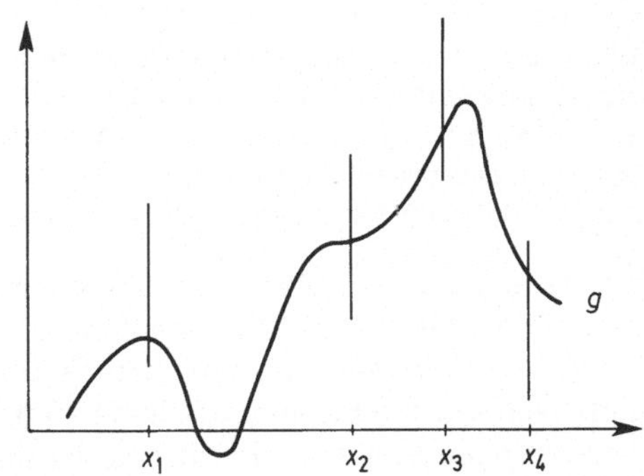

Fig. 153.1

fürchten sind, wollen wir diese Menge kürzer mit $U_{(x_k); \varepsilon}(f)$ bezeichnen. Die Teilmenge U von $F(X)$ heiße Umgebung von f, wenn sie ein gewisses $U_{(x_k); \varepsilon}(f)$ enthält. Für die so definierten Umgebungen sind die Axiome (U 1) und (U 2) trivialerweise erfüllt. Wir wenden uns (U 3) zu: Sind U_1, U_2 Umgebungen von f, so gibt es ein $U_{(x_j); \varepsilon_1}(f) \subset U_1$ und ein $U_{(y_k); \varepsilon_2}(f) \subset U_2$. Ist nun (z_l) die Gesamtheit aller „Stützstellen" x_j und y_k und ist $\varepsilon := \min(\varepsilon_1, \varepsilon_2)$, so gilt

$$U_{(z_l); \varepsilon}(f) \subset U_{(x_j); \varepsilon_1}(f) \cap U_{(y_k); \varepsilon_2}(f) \subset U_1 \cap U_2,$$

und damit erweist sich $U_1 \cap U_2$ als eine Umgebung von f. Nun (U 4): Sei U irgendeine Umgebung von f, $V := U_{x_1, \ldots, x_n; \varepsilon}(f) \subset U$, g beliebig aus V und $\eta := \max\limits_{k=1}^{n} |g(x_k) - f(x_k)|$. Dann ist $\delta := \varepsilon - \eta > 0$, also kann man $W := U_{x_1, \ldots, x_n; \delta}(g)$ bilden. Jedes $h \in W$ liegt wegen

$$|h(x_k) - f(x_k)| \leqslant |h(x_k) - g(x_k)| + |g(x_k) - f(x_k)| < \delta + \eta = \varepsilon \quad (k = 1, \ldots, n)$$

in V, also ist $W \subset V$. Es folgt, daß V und damit erst recht U eine Umgebung für jeden Punkt g aus V ist.

Die hiermit auf $F(X)$ eingeführte Topologie nennt man die „Topologie der punktweisen Konvergenz auf X" und bezeichnet sie mit τ_p.

Ist X überabzählbar, etwa $X = [a, b]$, so kann man keine Metrik auf $F(X)$ derart einführen, daß die zugehörige metrische Topologie mit τ_p übereinstimmt; man sagt kurz, $(F(X), \tau_p)$ oder auch τ_p sei *nicht metrisierbar*. Wie wir schon angemerkt haben, besitzt nämlich jeder Punkt eines metrischen Raumes eine höchstens abzählbare Umgebungsbasis. Ganz anders liegen die Dinge in $(F(X), \tau_p)$ bei überabzählbarem X. Es seien $U_1, U_2, \ldots$ abzählbar viele Umgebungen von f. Zu jedem n gibt es dann ein

$$V_n := U_{(x_k^{(n)}); \, \varepsilon_n}(f) \subset U_n.$$

Die Menge aller Stellen $x_k^{(n)}$ ist höchstens abzählbar, es gibt daher ein ξ in X, das von allen diesen Stellen verschieden ist. $U := U_{\xi; 1}(f)$ ist eine Umgebung von f, aber kein U_n unterbietet U. Wäre nämlich etwa $U_m \subset U$, so wäre erst recht $V_m \subset U$. Nimmt man nun irgendeine Funktion g aus V_m und ändert sie, falls notwendig, in ξ so ab, daß $|g(\xi) - f(\xi)| \geq 1$ ist, so liegt g nicht in U, also ist V_m keine Teilmenge von U. Infolgedessen kann erst recht nicht die Inklusion $U_m \subset U$ bestehen. Das bedeutet aber, daß kein *abzählbares* System von Umgebungen von f eine Umgebungsbasis von f sein kann. In der Tat ist also τ_p nicht metrisierbar.

10. Jede nichtleere Menge E (z. B. die Menge der Einwohner Münchens, die Menge aller Fixsterne in der Milchstraße oder die Menge aller zu einem bestimmten Zeitpunkt im Rheingau vorhandenen Weinflaschen) kann in extremer Weise topologisiert werden, indem man als Umgebungsfilter $\mathfrak{U}(a)$ für jedes $a \in E$ die Menge aller Obermengen von $\{a\}$ nimmt. $\{a\}$ ist dann natürlich selbst eine Umgebung von a. Man nennt diese Topologie die **diskrete Topologie** von E und E einen **diskreten Raum**. Die diskrete Topologie entspringt der **diskreten Metrik**

$$\mathrm{d}(a, b) := \begin{cases} 1, & \text{falls } a \neq b, \\ 0, & \text{falls } a = b \end{cases}$$

(s. A 10.13), weil $U_1(a) = \{x \in E : \mathrm{d}(x, a) < 1\} = \{a\}$ ist.

11. Eine andere extreme Topologie, die sich ebenfalls auf jeder nichtleeren Menge E einführen läßt, ist die **indiskrete** oder **chaotische Topologie**. In ihr besitzt jedes a nur eine Umgebung, nämlich E selbst. E wird dann ein **indiskreter** oder **chaotischer Raum** genannt.

Weitere Beispiele bizarrer Topologien findet der Leser in den Aufgaben.

Zum Schluß beweisen wir einen Satz, der den Hilfssatz 109.6 in einem neuen und sehr viel helleren Licht erscheinen läßt:

153.1 Satz *Alle Normen auf $\mathbf{R}^p$ erzeugen ein und dieselbe Topologie, d. h., die Umgebungsfilter für jeden festen Punkt $a \in \mathbf{R}^p$ stimmen alle überein.*

Zum **Beweis** seien $\|\cdot\|$ und $|\cdot|$ zwei Normen auf $\mathbf{R}^p$, und U bedeute eine beliebige Umgebung von a in $(\mathbf{R}^p, \|\cdot\|)$. Dann gibt es ein

$$U_\varepsilon(a) := \{x \in \mathbf{R}^p : \|x - a\| < \varepsilon\} \subset U.$$

Nach A 109.7 enthält $U_\varepsilon(a)$ eine δ-Umgebung $V_\delta(a)$ von a bezüglich $|\cdot|$. Dann ist $V_\delta(a) \subset U$ und somit U auch eine Umgebung von a in $(\mathbf{R}^p, |\cdot|)$ (s. Fig. 153.2).

Da die Normen $\|\cdot\|$ und $|\cdot|$ ihre Rollen tauschen können, sieht man, daß jede Umgebung von a in $(\mathbf{R}^p, |\cdot|)$ auch eine Umgebung von a in $(\mathbf{R}^p, \|\cdot\|)$ ist. Die Umgebungsfilter von a bezüglich $\|\cdot\|$ und bezüglich $|\cdot|$ stimmen also überein, und somit erzeugen diese beiden Normen tatsächlich dieselbe Topologie auf $\mathbf{R}^p$. ∎

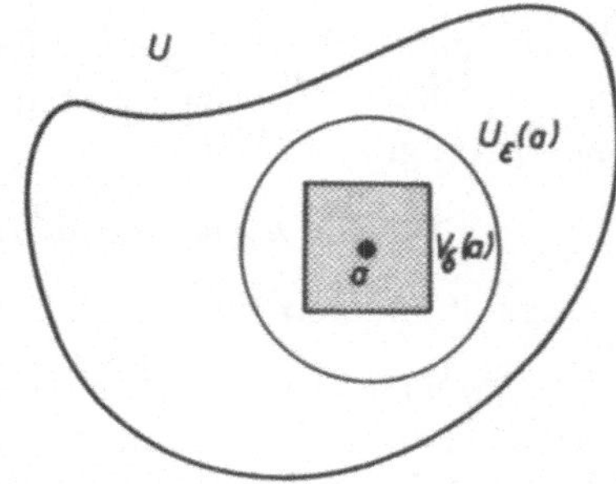

Fig. 153.2

Aufgaben

1. Wird $F(X)$ mit der Topologie der gleichmäßigen Konvergenz auf X ausgestattet, so besitzt jeder Punkt von $F(X)$ eine höchstens abzählbare Umgebungsbasis.

2. Sei $E:=\{a, b\}$. $\mathfrak{U}(a)$ bestehe aus den Mengen $\{a\}$, $\{a, b\}$ und $\mathfrak{U}(b)$ allein aus $\{a, b\}$. Zeige, daß hiermit eine Topologie auf E definiert wird, die weder mit der diskreten noch mit der chaotischen übereinstimmt.

3. Führe auf $E:=\{a, b, c\}$ eine von der diskreten und der chaotischen verschiedene Topologie ein.

4. Für jedes Element a der nichtleeren Menge E sei

$$\mathfrak{U}(a):=\{U\subset E: a\in U, E\setminus U \text{ ist endlich}\}.$$

Zeige, daß E hierdurch topologisiert wird.

5. Auf jeder nichtleeren Menge E kann man eine Topologie einführen, indem man den Umgebungsfilter $\mathfrak{U}(a)$ für $a\in E$ definiert durch

$$\mathfrak{U}(a):=\{U\subset E: a\in U, E\setminus U \text{ ist höchstens abzählbar}\}.$$

154 Konvergenz in topologischen Räumen

Die Aussage a) des Satzes 152.1 verwandeln wir in eine

Definition *Wir sagen, die Folge (a_n) aus dem topologischen Raum E* strebe *oder* konvergiere *gegen den* Grenzwert *$a\in E$, in Zeichen*

$$a_n\to a \ (\textit{für } n\to\infty) \quad \textit{oder} \quad \lim_{n\to\infty} a_n = a,$$

wenn es zu jedem $U\in\mathfrak{U}(a)$ einen (von U abhängigen) Index $n_0 = n_0(U)$ gibt, so daß

$$\textit{für alle } n > n_0 \textit{ stets } a_n\in U \textit{ ist.}$$

$\mathfrak{U}(a)$ darf offenbar ohne weiteres durch irgendeine Umgebungsbasis $\mathfrak{B}(a)$ von a ersetzt werden.

In einem metrischen Raum E bilden die ε-Umgebungen $U_\varepsilon(a)$ eine Umgebungsbasis von a; daher bedeutet $a_n \to a$ in diesem Falle, daß es zu jedem $\varepsilon > 0$ einen Index $n_0 = n_0(\varepsilon)$ gibt, so daß

$$\text{für alle } n > n_0 \text{ stets } d(a_n, a) < \varepsilon \text{ bleibt} \qquad (154.1)$$

oder mit anderen Worten, daß die Folge der Zahlen $d(a_n, a) \to 0$ strebt.

Überraschenderweise kann eine Folge sehr wohl gegen mehrere verschiedene Grenzwerte streben. In einem *chaotischen Raum E* liegt z. B. jede Folge aus E in jeder Umgebung eines jeden Punktes aus E (weil E die einzige überhaupt vorhandene Umgebung ist), *jede Folge strebt also gegen jeden Punkt.* Ein derart pathologisches Konvergenzverhalten ist nicht mehr möglich, wenn der topologische Raum **separiert** (ein **Hausdorffraum**[1]) ist, d. h., wenn es zu je zwei verschiedenen Punkten stets disjunkte Umgebungen derselben gibt (man sagt dann auch, die Topologie sei separiert):

154.1 Satz *In einem Hausdorffraum besitzt jede konvergente Folge genau einen Grenzwert.*

Man beweist diesen Satz fast wörtlich wie den Satz 20.1.   ■

154.2 Satz *Jeder metrische Raum ist ein Hausdorffraum.*

Sind nämlich $a \neq b$ zwei seiner Punkte, so ist $\varepsilon := d(a, b)/2 > 0$ und $U_\varepsilon(a) \cap U_\varepsilon(b) = \emptyset$.   ■

Im übrigen sind die topologischen Räume der Beispiele 1 bis 10 aus Nr. 153 alle separiert. Soweit sie metrische Räume sind, wird diese Behauptung durch den letzten Satz gedeckt, die sehr naheliegenden Beweise in den übrigen Fällen wird der Leser selbst ohne Mühe erbringen können. *In allen genannten Räumen bestimmt also eine konvergente Folge ihren Grenzwert völlig eindeutig.*

Definition *Die Folge (a_n) aus dem* **metrischen Raum** E *heißt* **Cauchyfolge**, *wenn es zu jedem $\varepsilon > 0$ einen Index $n_0 = n_0(\varepsilon)$ gibt, so daß*

$$\text{für alle } m, n > n_0 \text{ stets } d(a_m, a_n) < \varepsilon$$

bleibt. E heißt **vollständig**, *wenn jede Cauchyfolge aus E einen Grenzwert in E besitzt.*

Wir fügen dieser Definition noch eine Bemerkung an. Wie im reellen Falle sieht man, daß jede konvergente Folge aus E notwendig eine Cauchyfolge sein muß. Das Umgekehrte braucht jedoch nicht zu gelten. Z. B. ist das Intervall $E := (0, 1]$ mit dem

---

[1] So genannt nach Felix Hausdorff (1868–1942; 74). Neben bahnbrechenden mathematischen Arbeiten schrieb Hausdorff unter dem Pseudonym Paul Mongré auch geistvolle literarische Werke, darunter das brillante Buch „Sant' Ilario. Gedanken aus der Landschaft Zarathustras" (Leipzig 1897). Dieses Buch ist z. B. in der Universitätsbibliothek Tübingen vorrätig.

Abstand $d(x, y) := |x - y|$ ein metrischer Raum, und die Folge $(1/n)$ ist eine Cauchyfolge in E; diese Folge besitzt aber keinen Grenzwert in E, weil 0 nicht mehr zu E gehört.

Ist E speziell ein normierter Raum, so stimmt die obige Vollständigkeitsdefinition mit der in Nr. 109 gegebenen wörtlich überein.

Wir untersuchen nun, was Konvergenz in den topologischen Räumen der Beispiele 6 bis 10 aus Nr. 153 bedeutet.

Angenommen, in (s) strebe

$$x_n := (x_1^{(n)}, x_2^{(n)}, \ldots) \to x := (x_1, x_2, \ldots).$$

Dann konvergiert

$$d(x_n, x) = \sum_{k=1}^{\infty} \frac{1}{2^k} \frac{|x_k^{(n)} - x_k|}{1 + |x_k^{(n)} - x_k|} \to 0,$$

also auch

$$|x_k^{(n)} - x_k| \to 0 \quad \text{für } n \to \infty \text{ und jedes feste } k \in \mathbf{N}.$$

Das bedeutet, daß (x_n) komponentenweise gegen x strebt:

$$x_k^{(n)} \to x_k \quad \text{für } n \to \infty \text{ und jedes feste } k \in \mathbf{N}. \tag{154.2}$$

Nun möge umgekehrt (x_n) komponentenweise gegen x konvergieren — es gelte also (154.2) — und $\varepsilon > 0$ sei beliebig vorgegeben. Dann gibt es zunächst ein k_0, so daß

$$\sum_{k=k_0+1}^{\infty} \frac{1}{2^k} < \frac{\varepsilon}{2}, \quad \text{erst recht also}$$

$$\sum_{k=k_0+1}^{\infty} \frac{1}{2^k} \frac{|x_k^{(n)} - x_k|}{1 + |x_k^{(n)} - x_k|} < \frac{\varepsilon}{2} \quad \text{für alle } n \in \mathbf{N}$$

ist. Wegen (154.2) kann man nun ein n_0 so bestimmen, daß

$$\sum_{k=1}^{k_0} \frac{1}{2^k} \frac{|x_k^{(n)} - x_k|}{1 + |x_k^{(n)} - x_k|} < \frac{\varepsilon}{2} \quad \text{für alle } n > n_0$$

ausfällt. Aus den beiden letzten Abschätzungen folgt, daß für $n > n_0$ stets $d(x_n, x) < \varepsilon/2 + \varepsilon/2 = \varepsilon$ ist, und daß daher (x_n) auch im Sinne der Topologie von (s) gegen x strebt. *Insgesamt ist also die Konvergenz in dem topologischen Raum (s) gleichbedeutend mit komponentenweiser Konvergenz.* Es wird nun verständlich, warum wir die Topologie von (s) als Topologie der komponentenweisen Konvergenz bezeichnet haben.

Als nächstes betrachten wir den Raum $C(X)$ mit $X := (-r, r)$ aus Beispiel 7 der letzten Nummer. Mit Schlüssen, die den gerade eben durchgeführten so analog sind, daß es nicht der Mühe lohnt, sie zu wiederholen, ergibt sich:

$$\lim_{n \to \infty} f_n = f \text{ bezüglich der Topologie von } C(X) \Leftrightarrow$$

$$\lim_{n \to \infty} p_k (f_n - f) = 0 \text{ für jedes } k \in \mathbf{N}.$$

$$\lim_{n \to \infty} p_k (f_n - f) = \lim_{n \to \infty} \max_{x \in I_k} |f_n(x) - f(x)| = 0 \text{ bedeutet aber}$$

$$f_n(x) \to f(x) \text{ gleichmäßig auf } I_k \text{ für } n \to \infty$$

(s. Satz 103.1). Die Beziehung $f_n \to f$ in $C(X)$ ist also äquivalent zur gleichmäßigen Konvergenz der Folge (f_n) gegen f auf jedem der (kompakten) Intervalle I_k. Und da man jede kompakte (also beschränkte und abgeschlossene) Teilmenge von X in ein gewisses I_k einschließen kann, ergibt sich nun sehr leicht, *daß die Konvergenz in dem topologischen Raum $C(X)$ nichts anderes ist als die gleichmäßige Konvergenz auf allen kompakten Teilmengen von X.* Es ist nun klar, warum wir die Topologie von $C(X)$ die Topologie der gleichmäßigen Konvergenz auf allen kompakten Teilmengen von X genannt haben. Das im Satz 103.6 beschriebene Konvergenzverhalten der Potenzreihen entpuppt sich damit als Konvergenz im Sinne einer wohlbestimmten Topologie.

Wir wenden uns jetzt dem topologischen Raum $F(X)$ des Beispiels 8 aus der letzten Nummer zu. Gemäß der Definition der Umgebungen bilden die Mengen

$$U_\varepsilon(f) = \{g \in F(X) : |g(x) - f(x)| < \varepsilon \text{ für alle } x \in X\}$$

eine Umgebungsbasis $\mathfrak{B}(f)$ von f, wenn ε alle positiven Zahlen durchläuft. Nach dieser Bemerkung dürfen wir dem Leser den fast trivialen Nachweis überlassen, *daß die Konvergenz bezüglich der „Topologie der gleichmäßigen Konvergenz auf X" tatsächlich genau die wohlvertraute gleichmäßige Konvergenz auf X ist.*

Nunmehr statten wir $F(X)$ wie im Beispiel 9 der Nr. 153 mit der Topologie τ_p der punktweisen Konvergenz auf X aus. Nach der Definition von τ_p bilden die Umgebungen

$$U_{x_1, \dots, x_n; \varepsilon}(f) := \{g \in F(X) : |g(x_k) - f(x_k)| < \varepsilon \quad \text{für } k = 1, \dots, n\}$$

eine Umgebungsbasis $\mathfrak{B}(f)$ von f, wenn $\{x_1, \dots, x_n\}$ alle endlichen Teilmengen von X und ε alle positiven Zahlen durchläuft. Angenommen, es strebe $f_j \to f$ im Sinne von τ_p. Geben wir uns ein $x_0 \in X$ und ein $\varepsilon > 0$ vor, so gibt es einen Index j_0, so daß für alle $j > j_0$ gilt:

$$f_j \in U_{x_0; \varepsilon}(f) \quad \text{oder also} \quad |f_j(x_0) - f(x_0)| < \varepsilon.$$

Infolgedessen strebt $f_j(x_0) \to f(x_0)$. Und da x_0 beliebig aus X war, bedeutet dies, daß (f_j) punktweise auf X gegen f konvergiert. Nun setzen wir umgekehrt diese punktweise Konvergenz voraus und geben uns eine beliebige Umgebung $U := U_{x_1, \dots, x_n; \varepsilon}(f)$ aus $\mathfrak{B}(f)$ vor. Dann können wir einen Index j_0 so bestimmen, daß für alle $j > j_0$ und alle $k = 1, \dots, n$ stets $|f_j(x_k) - f(x_k)| < \varepsilon$ bleibt. Das besagt aber, daß $f_j \in U$ für alle $j > j_0$ ist, d.h., daß $f_j \to f$ strebt im Sinne von τ_p. *Konvergenz bezüglich*

τ_p *ist also gleichbedeutend mit der punktweisen Konvergenz auf X*, womit denn auch die Benennung von τ_p als Topologie der punktweisen Konvergenz auf X gerechtfertigt ist.

Schließlich fassen wir die Konvergenz in einem diskreten Raum E ins Auge (Beispiel 10 aus Nr. 153). Strebt $a_n \to a$, so müssen nach einer Stelle n_0 alle a_n in der Umgebung $\{a\}$ von a liegen, d.h., es muß $a_n = a$ für alle $n > n_0$ sein. Ist umgekehrt die Folge (a_n) „fast konstant" $= a$, d.h., sind ihre Glieder schließlich alle $= a$, so strebt sie trivialerweise gegen a. *Bezüglich der diskreten Topologie sind also genau die fast konstanten Folgen konvergent.*

Eine Folge hat es offenbar um so schwerer zu konvergieren, je mehr Umgebungen eine Topologie hat. Die diskrete Topologie hat unter allen möglichen Topologien auf E unstreitig die meisten Umgebungen (*jede* Obermenge von a ist ja eine Umgebung von a). Es ist also *a priori* klar, daß sich nur wenige Folgen als konvergent bezüglich der diskreten Topologie werden qualifizieren können. In der Tat findet Konvergenz, wie wir gesehen haben, nur in dem trivialen Falle der Fastkonstanz statt.

Halten wir das höchst erfreuliche Ergebnis fest, daß uns das flexible Hilfsmittel der Topologien in die Lage versetzt, so verschiedenartige Konvergenztypen wie die komponentenweise Konvergenz in (s), die punktweise und gleichmäßige Konvergenz in $F(X)$ und die gleichmäßige Konvergenz auf allen kompakten Teilmengen von X in $C(X)$ alle auf einen gemeinsamen Begriff zu bringen: den der Konvergenz bezüglich einer geeigneten Topologie. Vergessen wir nicht, daß wir die komponentenweise Konvergenz in $\mathbf{R}^p$ und die gleichmäßige Konvergenz in $B(X)$ schon früher als Konvergenz in einem normierten und damit auch topologischen Raum erkannt hatten.

Zum Schluß werfen wir noch einen Blick auf die *Konvergenz von Netzen in topologischen Räumen.* Es wird sich im Laufe dieses Kapitels zeigen, daß die Netzkonvergenz in vielen Fällen weitaus zweckmäßiger als die Folgenkonvergenz ist. Den Begriff des Netzes in topologischen Räumen erklären wir genau wie im reellen Fall: Ist Δ eine gerichtete Menge und E ein topologischer Raum, so verstehen wir unter einem E-wertigen Netz auf Δ eine Abbildung von Δ nach E. Wird hierbei dem Element α von Δ der Punkt a_α aus E zugeordnet, so bezeichnen wir das Netz kurz mit (a_α) und sagen auch, (a_α) sei ein Netz in E. Eine Folge aus E ist nichts anderes als ein E-wertiges Netz auf $\Delta := \mathbf{N}$, wobei $\mathbf{N}$ wie üblich mit seiner natürlichen Richtung versehen wird. $\mathbf{R}$-wertige Netze sind gerade die in Nr. 44 betrachteten Netze. Bildet f den topologischen Raum E in den topologischen Raum F ab und ist (a_α) ein E-wertiges Netz auf Δ, so ist $(f(a_\alpha))$ ein F-wertiges Netz auf Δ.

Für unsere Zwecke ist grundlegend, *daß der Umgebungsfilter $\mathfrak{U}(a)$ durch*

$$U < V :\Leftrightarrow U \supset V$$

eine gerichtete Menge wird. Die Richtungsaxiome (R 1) und (R 2) sind trivialerweise erfüllt, (R 3) wird durch (U 3) gewährleistet. *Ordnet man also jedem $U \in \mathfrak{U}(a)$ in völlig beliebiger Weise einen Punkt $a_U \in E$ zu, so erhält man stets ein E-wertiges Netz auf $\mathfrak{U}(a)$.*

Definition *Wir sagen, das E-wertige Netz* (a_α) *auf* Δ konvergiere *oder* strebe *gegen den* Grenzwert $a \in E$, *in Zeichen*

$$a_\alpha \to a \quad oder \quad \lim_\Delta a_\alpha = a,$$

wenn es zu jedem $U \in \mathfrak{U}(a)$ *ein* $\alpha_0 \in \Delta$ *gibt, so daß*

$$für \ \alpha > \alpha_0 \ stets \ a_\alpha \in U$$

ist. Der Umgebungsfilter $\mathfrak{U}(a)$ *darf hierbei ohne weiteres durch irgendeine Umgebungsbasis* $\mathfrak{B}(a)$ *ersetzt werden.*

Man beachte, daß ein Netz sehr wohl gegen mehrere verschiedene Grenzwerte konvergieren kann. In einem chaotischen Raum E konvergiert z. B. jedes E-wertige Netz gegen jeden Punkt von E. Die früher betrachtete Konvergenz **R**-wertiger Netze läuft natürlich auf den obigen Konvergenzbegriff hinaus.

Für Netze gilt nicht nur das Analogon des Satzes 154.1, sondern auch die Umkehrung:

154.3 Satz *E ist genau dann ein Hausdorffraum, wenn jedes E-wertige Netz höchstens einen Grenzwert besitzt.*

Beweis. Ist E ein Hausdorffraum, so ergibt sich die eindeutige Bestimmtheit des Netzgrenzwertes wörtlich wie in Satz 44.1. — Nun besitze jedes E-wertige Netz höchstens einen Grenzwert. Angenommen, E sei kein Hausdorffraum. Dann gibt es Punkte $a \neq b$ in E mit $U \cap V \neq \emptyset$ für alle $U \in \mathfrak{U}(a)$ und alle $V \in \mathfrak{U}(b)$. Die Menge Δ aller $U \cap V$ wird durch

$$U_1 \cap V_1 < U_2 \cap V_2 :\Leftrightarrow U_1 \cap V_1 \supset U_2 \cap V_2$$

gerichtet. Sei a_α irgendein Element aus $\alpha := U \cap V$. Dann ist (a_α) ein E-wertiges Netz auf Δ, das sowohl gegen a als auch gegen b konvergiert. Dieser Widerspruch zu unserer Voraussetzung zeigt, daß E doch ein Hausdorffraum sein muß. ∎

Ist E ein *metrischer Raum*, so konvergiert ein E-wertiges Netz (a_α) auf Δ genau dann gegen $a \in E$, wenn es zu jedem $\varepsilon > 0$ ein $\alpha_0 \in \Delta$ gibt, so daß

$$für \ alle \ \alpha > \alpha_0 \ stets \ d(a_\alpha, a) < \varepsilon \ bleibt.$$

Ein E-wertiges Netz (b_α) auf Δ heißt Cauchynetz, wenn es zu jedem $\varepsilon > 0$ ein $\alpha_0 \in \Delta$ gibt, so daß

$$für \ alle \ \alpha, \beta > \alpha_0 \ stets \ d(b_\alpha, b_\beta) < \varepsilon \ ausfällt.$$

Fast wörtlich wie den Satz 44.6 — man hat nur $|a - b|$ durch $d(a, b)$ zu ersetzen — beweist man den

154.4 Satz *Ein Netz in einem vollständigen metrischen Raum konvergiert genau dann, wenn es ein Cauchynetz ist.*

Aufgaben

+1. „Stetigkeit der Metrik" In einem metrischen Raum folgt aus $a_n \to a$, $b_n \to b$ stets $d(a_n, b_n) \to d(a, b)$. Hinweis: Viereecksungleichung in Satz 10.5.

2. Die metrischen Räume (s) und $C(X)$ in den Beispielen 6 und 7 der Nr. 153 sind vollständig. Versieht man E mit der diskreten Metrik, so ist E vollständig.

+3. Formale Potenzreihen Eine formale Potenzreihe $\sum\limits_{k=0}^{\infty} a_k x^k$ oder $a_0 + a_1 x + a_2 x^2 + \cdots$ mit reellen a_k ist nichts anderes als ein neues Zeichen für die Koeffizientenfolge $(a_0, a_1, a_2, \ldots)$; von einer *Konvergenz* solcher Reihen ist zunächst überhaupt nicht die Rede. P sei die Menge aller formalen Potenzreihen, also die Menge aller reellen Folgen $(a_0, a_1, a_2, \ldots)$. Für je zwei Elemente $p := \sum\limits_{k=0}^{\infty} a_k x^k$ und $q := \sum\limits_{k=0}^{\infty} b_k x^k$ werden die Summe $p + q$, das Vielfache αp $(\alpha \in \mathbb{R})$ und das Produkt pq so definiert:

$$p + q := \sum_{k=0}^{\infty} (a_k + b_k) x^k, \qquad \alpha p := \sum_{k=0}^{\infty} \alpha a_k x^k,$$

$$pq := \sum_{k=0}^{\infty} (a_0 b_k + a_1 b_{k-1} + \cdots + a_k b_0) x^k.$$

Ferner erklärt man einen Betrag $|\cdot|$ auf P durch die folgende Festsetzung: Für $p = 0$ sei $|p| := 0$; ist $p \neq 0$, hat also p die Form $a_k x^k + a_{k+1} x^{k+1} + \cdots$ mit $a_k \neq 0$, so sei $|p| := 1/2^k$.

Zeige:

a) P ist eine kommutative Algebra mit Einselement.

b) Der Betrag hat die folgenden Eigenschaften:

$$0 \leqslant |p| \leqslant 1, \qquad |p| = 0 \Leftrightarrow p = 0,$$
$$|-p| = |p|,$$
$$|p + q| \leqslant \max(|p|, |q|) \leqslant |p| + |q|,$$
$$|pq| = |p|\,|q|.$$

c) Durch $d(p, q) := |p - q|$ wird auf P eine Metrik d erklärt.

d) Im Sinne des durch d erzeugten Konvergenzbegriffes gilt: Aus $p_n \to p$, $q_n \to q$ folgt $p_n + q_n \to p + q$ und $p_n q_n \to pq$. Strebt $\alpha_n \to \alpha$, so braucht jedoch nicht $\alpha_n p_n \to \alpha p$ zu konvergieren.

e) Definiert man unendliche Reihen $\sum\limits_{k=0}^{\infty} p_k$ $(p_k \in P)$ und ihre Konvergenz im Sinne der Metrik d wie üblich (bedeutet also $\sum\limits_{k=0}^{\infty} p_k = s$, daß $\sum\limits_{k=0}^{n} p_k \to s$ strebt für $n \to \infty$), so konvergiert jede formale Potenzreihe $p := \sum\limits_{k=0}^{\infty} a_k x^k$ und hat die Summe p.

155 Topologische Elementarbegriffe

In der letzten Nummer hatten wir die Aussage a) des Satzes 152.1 in eine Definition verwandelt. Dasselbe tun wir jetzt mit den Aussagen b) bis d) und fügen noch die Erklärung des Berührungspunktes, äußeren Punktes und Randpunktes hinzu.

Definition *E sei ein topologischer Raum, a ein Punkt und M eine Teilmenge von E.*

a ist Häufungspunkt *von* $M :\Leftrightarrow$ *in jedem $U \in \mathfrak{U}(a)$ liegt mindestens ein Punkt $\neq a$ aus M.*

a ist Berührungspunkt *von* M *(a berührt M)$:\Leftrightarrow$ in jedem $U \in \mathfrak{U}(a)$ liegt mindestens ein Punkt aus M.*

a ist isolierter Punkt *von* $M :\Leftrightarrow$ *es gibt ein $U \in \mathfrak{U}(a)$ mit $U \cap M = \{a\}$.*

a ist äußerer Punkt *von* $M :\Leftrightarrow$ *es gibt ein $U \in \mathfrak{U}(a)$ mit $U \cap M = \emptyset$.*

a ist innerer Punkt *von* $M :\Leftrightarrow$ *es gibt ein $U \in \mathfrak{U}(a)$ mit $U \subset M$.*

a ist Randpunkt *von* $M :\Leftrightarrow$ *in jedem $U \in \mathfrak{U}(a)$ liegt mindestens ein Punkt aus M und mindestens ein Punkt aus $E \setminus M$.*

In allen diesen Erklärungen darf $\mathfrak{U}(a)$ offenbar durch irgendeine Umgebungsbasis $\mathfrak{B}(a)$ ersetzt werden.

Wir fügen diesen Sprachregelungen, mit deren Hilfe wir die Lage eines Punktes in Bezug auf eine Teilmenge von E beschreiben können, noch einige erläuternde Bemerkungen hinzu.

Häufungs-, Berührungs- und Randpunkte von M können, müssen aber nicht zu M gehören. Isolierte und innere Punkte von M liegen stets, äußere Punkte von M dagegen nie in M.

Ein Häufungspunkt von M ist immer auch ein Berührungspunkt von M; das Umgekehrte braucht jedoch nicht der Fall zu sein.

Der Punkt a berührt M genau dann, wenn er zu M gehört oder ein Häufungspunkt von M ist.

Ein isolierter Punkt von M ist zwar stets ein Berührungs-, aber niemals ein Häufungspunkt von M.

a ist genau dann ein Randpunkt von M, wenn a sowohl M als auch das Komplement $E \setminus M$ berührt.

Ein innerer Punkt von M braucht kein Häufungspunkt von M zu sein: In einem diskreten Raum E ist jedes $a \in M$ innerer Punkt von M, weil die Umgebung $U := \{a\}$ von a gewiß in M liegt; a ist aber kein Häufungspunkt von M, weil U keinen Punkt $\neq a$ aus M enthält. Ist jedoch ein topologischer Raum E so beschaffen, daß jede Umgebung eines jeden Punktes a immer einen Punkt $\neq a$ enthält, so ist ein innerer Punkt von $M \subset E$ stets auch ein Häufungspunkt von M. Diese Reichhaltigkeitseigenschaft hat z.B. jeder normierte Raum E, der ein von Null verschiedenes Element b enthält, insbesondere also $\mathbf{R}^p$ (versehen mit irgendeiner Norm). Ist nämlich a ein beliebiger Punkt aus E und ε eine willkürlich vorgegebene positive Zahl, so ist

$$c := a + \frac{\varepsilon}{2\|b\|}\, b \neq a \quad \text{und} \quad \|c - a\| = \frac{\varepsilon}{2}, \quad \text{also } c \in U_\varepsilon(a).$$

Nun sei E wieder ein beliebiger topologischer Raum und M eine Teilmenge von E. Dann bedeute

$\overline{M}$ die Abschließung (abgeschlossene Hülle) von M, d.h. die Menge aller Berührungspunkte von M oder gleichbedeutend: die Vereinigung von M mit der Menge aller Häufungspunkte von M,

$\overset{\circ}{M}$ das Innere von M, d.h. die Menge aller inneren Punkte von M,

∂M der Rand von M, d.h. die Menge aller Randpunkte von M.

Die Menge aller äußeren Punkte von M nennt man das Äußere von M. Eine besondere Bezeichnung hierfür setzen wir nicht fest.

In Nr. 115 hatten wir die Abschließung $\overline{M}$ einer Teilmenge M des normierten Raumes E als die Menge der Grenzwerte aller konvergenten Folgen aus M erklärt. Im Satz 155.7 werden wir sehen, daß diese Definition mit der jetzigen verträglich ist. Das Innere einer Teilmenge von $\mathbf{R}$ hatten wir dagegen in Nr. 39 wörtlich so definiert wie oben. Den Rand und das Äußere einer Menge hatten wir bisher noch nicht erklärt.

In Nr. 111 hatten wir die Teilmenge M eines normierten Raumes offen genannt, wenn es zu jedem $a \in M$ eine ε-Umgebung U von a mit $U \subset M$ gibt. Ohne diese Erklärung inhaltlich zu ändern, darf man in ihr „ε-Umgebung" durch „Umgebung" ersetzen. Demgemäß geben wir die folgende besonders wichtige

Definition *Die Teilmenge M des topologischen Raumes E heißt* offen, *wenn es zu jedem $a \in M$ ein $U \in \mathfrak{U}(a)$ mit $U \subset M$ gibt. In dieser Erklärung darf $\mathfrak{U}(a)$ durch irgendeine Umgebungsbasis $\mathfrak{B}(a)$ ersetzt werden.*

Trivialerweise ist M genau dann offen, wenn jedes $a \in M$ innerer Punkt von M ist (wenn also $M = \overset{\circ}{M}$ gilt) oder gleichbedeutend, wenn M eine Umgebung für jedes $a \in M$ ist (vgl. Satz 152.1e).

Von grundlegender Bedeutung ist der

155.1 Satz *Das Innere $\overset{\circ}{M}$ jeder Menge M ist offen.*

Beweis. Sei a ein Punkt aus $\overset{\circ}{M}$. Dann liegt eine Umgebung von a in M, und infolgedessen ist M selbst eine Umgebung von a. Wegen (U 4) gibt es also ein $V \in \mathfrak{U}(a)$, so daß M eine Umgebung für jedes $b \in V$ ist. Dann muß aber jedes $b \in V$ ein innerer Punkt von M und somit $V \subset \overset{\circ}{M}$ sein. Daraus folgt, daß $\overset{\circ}{M}$ offen ist[1].   ■

Mit Leichtigkeit ergibt sich nun ein Satz, der die besondere Bedeutung der offenen Mengen beleuchtet und den wir immer wieder verwenden werden:

---

[1] Hier haben wir zum ersten Mal das etwas undurchsichtige Umgebungsaxiom (U 4) benutzt. Seine Hauptbedeutung liegt darin, über den Satz 155.1 den Satz 155.2 zu ermöglichen.

155.2 Satz *Die offenen Mengen, die einen festen Punkt a enthalten, bilden eine Umgebungsbasis von a.*

B e w e i s. Zunächst ist jede offene Menge, die a enthält, offenbar eine Umgebung von a. Nun sei U eine beliebige Umgebung von a. Dann ist trivialerweise a ein innerer Punkt von U, liegt also in dem nach Satz 155.1 offenen Innern $\mathring{U}$ von U. Infolgedessen ist $\mathring{U}$ eine offene Umgebung $\subset U$ von a, womit bereits alles gezeigt ist.   ∎

Eine offene, a enthaltende Menge nennen wir eine **offene Umgebung** von a.

Von grundlegender Bedeutung für den Umgang mit offenen Mengen ist der

155.3 Satz *In jedem topologischen Raum E gelten die folgenden Aussagen:*
a) *$\emptyset$ und E sind offene Mengen.*
b) *Der Durchschnitt endlich vieler und die Vereinigung beliebig vieler offener Mengen ist wieder offen.*

a) ist trivial, und b) beweist man unter Benutzung von (U 3) fast wörtlich wie den Satz 34.8.   ∎

In Nr. 111 hatten wir die Teilmenge M des normierten Raumes E abgeschlossen genannt, wenn der Grenzwert jeder konvergenten Folge aus M wieder in M liegt. Kurz vor dem Satz 111.13 hatten wir bemerkt, daß $M \subset E$ genau dann abgeschlossen ist, wenn das Komplement $E \backslash M$ offen ist (s. auch Satz 35.3). Diese „folgenfreie" Charakterisierung abgeschlossener Mengen verwandeln wir in eine

Definition *Die Teilmenge M des topologischen Raumes E heißt* abgeschlossen, *wenn ihr Komplement $E \backslash M$ offen ist.*

Eine andere Beschreibung abgeschlossener Mengen enthält der

155.4 Satz *Die Abschließung einer Menge $M \subset E$ ist abgeschlossen, und genau dann ist M selbst abgeschlossen, wenn $M = \overline{M}$ ist, wenn also jeder Berührungspunkt von M zu M gehört.*

B e w e i s. Sei a ein Punkt aus $E \backslash \overline{M}$ und U eine *offene* Umgebung von a. Angenommen, U enthalte einen Punkt x aus $\overline{M}$. Dann ist U auch eine Umgebung von x, muß also auch ein $y \in M$ enthalten. Enthielte also jede offene Umgebung von a einen Punkt aus $\overline{M}$, so enthielte sie auch einen Punkt aus M, und a wäre somit ein Berührungspunkt von M, d.h. ein Element aus $\overline{M}$ — im Widerspruch zu unserer Annahme (hier haben wir den Satz 155.2 benutzt). Es muß daher eine (offene) Umgebung V von a geben, die $\overline{M}$ nicht schneidet, die also ganz in $E \backslash \overline{M}$ liegt. Infolgedessen ist $E \backslash \overline{M}$ offen und $\overline{M}$ somit abgeschlossen. — Nun sei $M = \overline{M}$. Dann ist M nach dem eben Bewiesenen abgeschlossen. Ist umgekehrt M abgeschlossen, so ist $E \backslash M$ offen, zu jedem $a \in E \backslash M$ gibt es also eine Umgebung (z.B. $E \backslash M$), die M nicht schneidet. a kann also M nicht berühren. Es folgt, daß jeder Berührungspunkt von M notwendig zu M gehören muß, mit anderen Worten, daß die Inklusion $\overline{M} \subset M$ und damit die Gleichheit $\overline{M} = M$ gilt.   ∎

Da $\overline{M}$ die Vereinigung von M mit der Menge der Häufungspunkte von M ist, ergibt sich aus dem letzten Satz sofort das

Korollar *Die Menge M ist genau dann abgeschlossen, wenn sie alle ihre Häufungspunkte enthält.*

Aus dem Satz 155.3 folgt mit Hilfe der Morganschen Komplementierungsregeln (1.1) auf einen Schlag der

155.5 Satz *In jedem topologischen Raum E gelten die folgenden Aussagen:*
a) *$\emptyset$ und E sind abgeschlossene Mengen.*
b) *Der Durchschnitt beliebig vieler und die Vereinigung endlich vieler abgeschlossener Mengen ist wieder abgeschlossen*[1].

Ist E ein Hausdorffraum, so ist jede einpunktige Menge $M := \{a\} \subset E$ abgeschlossen. Kein Punkt $b \neq a$ kann nämlich M berühren, weil b eine Umgebung besitzt, die a nicht enthält. Anders gesagt: Jeder Berührungspunkt von M muß zu M gehören, und die Behauptung folgt nun aus Satz 155.4. Mit Satz 155.5 ergibt sich daraus sofort der

155.6 Satz *Jede endliche Teilmenge eines Hausdorffraumes (insbesondere also eines metrischen Raumes) ist abgeschlossen.*

Ist E ein normierter Raum und $M \subset N \subset E$, so hatten wir in Nr. 115 gesagt, M liege dicht in N, wenn jede ε-Umgebung eines jeden Punktes von N mindestens einen Punkt von M enthält; den Fall $E = \mathbf{R}$ hatten wir schon in Nr. 79 vorweggenommen. In dieser Erklärung darf „ε-Umgebung" ohne weiteres durch „Umgebung" ersetzt werden, und diese Tatsache führt uns zu der folgenden

Definition *Ist E ein topologischer Raum und $M \subset N \subset E$, so sagen wir, M liege dicht in N, wenn jede Umgebung eines jeden Punktes von N mindestens einen Punkt von M enthält. Dabei darf „jede Umgebung" ersetzt werden durch „jede Umgebung aus einer Umgebungsbasis".*

M liegt somit genau dann dicht in N, wenn jedes $a \in N$ Berührungspunkt von M ist, wenn also $\overline{M} \supset N$ gilt.

Nach dem Approximationssatz von Weierstraß liegt die Menge der auf $[a, b]$ eingeschränkten Polynome dicht in $C[a, b]$, wenn man $C[a, b]$ mit der von der Maximumsnorm erzeugten Topologie versieht. Stattet man die Menge $F[a, b]$ aller Funktionen $f: [a, b] \to \mathbf{R}$ wie im Beispiel 9 der Nr. 153 mit der Topologie τ_p der punktweisen Konvergenz auf $[a, b]$ aus, so bilden die in (153.6) definierten Mengen $U_{x_1, \ldots, x_n; \varepsilon}(f)$ bei festem f eine Umgebungsbasis von f, wenn $\{x_1, \ldots, x_n\}$ alle endlichen Teilmengen von $[a, b]$ und ε alle positiven Zahlen durchläuft. Jede dieser Basisumgebungen von f enthält mindestens ein (auf $[a, b]$ eingeschränktes) Polynom, z.B. ein Interpo-

---

[1] Vgl. Satz 35.3.

lationspolynom p mit $p(x_k) = f(x_k)$ für $k = 1, \ldots, n$. *Bezüglich der Topologie τ_p liegt also die Menge der auf $[a, b]$ eingeschränkten Polynome dicht in $F[a, b]$.*

Alle Definitionen dieses Abschnitts wurden ausschließlich mittels *Umgebungen* formuliert; dies gilt, etwas indirekt, auch für die Erklärung der abgeschlossenen Menge. Die Benutzung von *Folgen*, die wir im Falle normierter Räume (ganz speziell in **R**) zur Definition der Häufungspunkte, der abgeschlossenen Mengen und der Abschließungen vorgegebener Mengen herangezogen und mit deren Hilfe wir das Dichtliegen einer Menge in einer anderen charakterisiert hatten, haben wir streng vermieden. Dieses Vorgehen hat einen guten Grund. Man kann durch Beispiele belegen, daß in allgemeinen topologischen Räumen E die „Umgebungsdefinitionen" und die korrespondierenden „Folgendefinitionen" nicht übereinzustimmen brauchen. Strebt etwa die Folge (a_n) aus $M \subset E$ gegen $a \in E$ und sind alle $a_n \neq a$, so ist a zwar ganz offensichtlich ein Häufungspunkt von M, es braucht aber nicht zu jedem Häufungspunkt von M eine derartige Folge aus M zu geben[1]. Im Laufe der Erforschung topologischer Räume hat sich nun gezeigt, daß es weitaus zweckmäßiger ist, mit „Umgebungsdefinitionen" statt mit „Folgendefinitionen" zu arbeiten. Auch „Netzdefinitionen" haben sich bewährt (s. die Aufgaben 11 und 12). In *metrischen Räumen*, mit denen wir es bis zu diesem Kapitel ausschließlich zu tun hatten, verschwinden jedoch alle Diskrepanzen. Es gilt nämlich der

155.7 Satz *E sei ein* metrischer Raum, *a ein Punkt und M eine Teilmenge von E. Dann gelten die folgenden Aussagen:*

a) *a ist Häufungspunkt von $M \Leftrightarrow$ es gibt eine Folge (a_n) aus M, deren Glieder alle $\neq a$ sind und die gegen a konvergiert.*

b) *a ist Berührungspunkt von $M \Leftrightarrow$ es gibt eine Folge (a_n) aus M, die gegen a konvergiert.*

c) *Die Abschließung $\overline{M}$ von M ist die Menge aller Grenzwerte konvergenter Folgen aus M.*

d) *M ist abgeschlossen $\Leftrightarrow$ der Grenzwert jeder konvergenten Folge aus M gehört zu M.*

e) *M liegt dicht in $N \supset M$ (N eine Teilmenge von E) $\Leftrightarrow$ jeder Punkt aus N ist Grenzwert einer Folge aus M.*

Wir begnügen uns damit, a) zu beweisen. Ist a ein Häufungspunkt von M, so gibt es gewiß in jedem $U_{1/n}(a)$ einen von a verschiedenen Punkt $a_n \in M$ ($n = 1, 2, \ldots$). Die Folge (a_n) leistet offensichtlich das Gewünschte. — Die Behauptung in der Richtung $\Leftarrow$ ist trivial. ∎

---

[1] Ist etwa $E := (F[a, b], \tau_p)$ und M die Menge aller auf $[a, b]$ eingeschränkten Polynome, so haben wir gerade eben gesehen, daß jedes $f \in F[a, b] \setminus M$ Häufungspunkt von M ist. Eine tiefere Untersuchung, auf die wir hier nicht eingehen können, zeigt jedoch, daß hochgradig unstetige Funktionen (etwa die Dirichletsche Funktion) nicht punktweise Grenzwerte von Folgen stetiger Funktionen, erst recht also nicht von Polynomfolgen, sein können (s. den Satz von Baire, den wir kurz nach Satz 104.2 zitierten).

Aufgaben

[+]1. In einem metrischen Raum ist jede offene Kugel eine offene und jede abgeschlossene Kugel eine abgeschlossene Menge.

2. Die Abschließung einer offenen Kugel $U_\varepsilon(a)$ in einem metrischen Raum braucht nicht die zugehörige abgeschlossene Kugel $U_\varepsilon[a]$ zu sein.

3. Es gibt topologische Räume, in denen jede Teilmenge sowohl offen als auch abgeschlossen ist.

4. Die Basisumgebungen (153.6) in $(F(X), \tau_p)$ sind offen.

In den Aufgaben 5 bis 13 ist E durchgehend ein topologischer Raum.

[*]5. Es sei $A \subset G \subset E$, A abgeschlossen und G offen. Dann ist $G \backslash A$ offen.

[*]6. Es sei $G \subset A \subset E$, G offen und A abgeschlossen. Dann ist $A \backslash G$ abgeschlossen.

7. Die Abschließung $\overline{M}$ von $M \subset E$ ist der Durchschnitt aller abgeschlossenen Obermengen von M (und in diesem Sinne die kleinste abgeschlossene Menge $\supset M$).

8. Das Innere $\mathring{M}$ von $M \subset E$ ist die Vereinigung aller offenen Teilmengen von M (und in diesem Sinne die größte offene Menge $\subset M$).

[*]9. Für jedes $M \subset E$ ist $\partial M = \overline{M} \cap \overline{(E \backslash M)}$. Der Rand einer Menge ist also stets abgeschlossen.

10. Satz 155.7 gilt auch, wenn E kein metrischer, sondern ein topologischer Raum ist, in dem jeder Punkt eine höchstens abzählbare Umgebungsbasis besitzt. Hinweis: A 152.2.

[+]11. Genau dann ist a ein Berührungspunkt von $M \subset E$, wenn es ein gegen a strebendes M-wertiges Netz gibt.

[+]12. Genau dann ist $M \subset E$ abgeschlossen, wenn die Grenzwerte eines jeden konvergenten M-wertigen Netzes stets zu M gehören. Hinweis: Aufgabe 11.

[+]13. Auf E seien zwei Topologien τ_1 und τ_2 definiert. Genau dann ist $\tau_1 = \tau_2$, wenn die Netzkonvergenz bezüglich τ_1 mit der Netzkonvergenz bezüglich τ_2 übereinstimmt, schärfer (und in leicht verständlicher Symbolik), wenn

$$(a_\alpha \overset{\tau_1}{\longrightarrow} a) \Leftrightarrow (a_\alpha \overset{\tau_2}{\longrightarrow} a) \qquad \text{für beliebige Netze } (a_\alpha) \text{ in } E.$$

Hinweis: Zeige mit Hilfe der Aufgabe 12 zunächst, daß die τ_1-abgeschlossenen Mengen mit den τ_2-abgeschlossenen identisch sind. Entsprechendes gilt dann auch für die offenen Mengen. Benutze nun Satz 155.2.

[+]14. Banachscher Fixpunktsatz Sei X eine (nichtleere) abgeschlossene Teilmenge eines vollständigen metrischen Raumes und A eine **kontrahierende** Selbstabbildung von X, für alle $x, y \in X$ gelte also

$$d(A x, A y) \leqslant q\, d(x, y) \qquad \text{mit einem festen positiven } q < 1.$$

Dann besitzt A genau einen Fixpunkt $\tilde{x}$ in X. Derselbe kann iterativ gewonnen werden: Wählt man einen beliebigen Startpunkt $x_0 \in X$ und setzt $x_{n+1} := A x_n$ $(n = 0, 1, 2, \ldots)$, so konvergiert $x_n \to \tilde{x}$. Überdies gilt die Fehlerabschätzung

$$\mathrm{d}(x_n, \tilde{x}) \leqslant \frac{q^n}{1-q}\, \mathrm{d}(x_1, x_0).$$

Hinweis: Ersetze im Beweis des Kontraktionssatzes 35.2 Differenzbeträge $|x - y|$ durch Abstände $\mathrm{d}(x, y)$. Ziehe für die Fehlerabschätzung A 154.1 heran.

$^+$**15.** Sei E eine nichtleere Menge und $\mathfrak{G}$ eine Menge von Teilmengen von E mit den folgenden Eigenschaften (vgl. Satz 155.3):

a) $\emptyset$ und E gehören zu $\mathfrak{G}$.

b) Der Durchschnitt endlich vieler und die Vereinigung beliebig vieler Mengen aus $\mathfrak{G}$ liegt wieder in $\mathfrak{G}$.

Definiere für jedes $a \in E$ das Mengensystem $\mathfrak{U}(a)$ folgendermaßen: Eine Teilmenge U von E gehört genau dann zu $\mathfrak{U}(a)$, wenn es ein $G \in \mathfrak{G}$ gibt, so daß $a \in G$ und $G \subset U$ ist (vgl. Satz 155.2). Zeige, daß $\mathfrak{U}(a)$ den Umgebungsaxiomen (U 1) bis (U 4) genügt. Die Gesamtheit der $\mathfrak{U}(a)$, $a \in E$, ist also eine Topologie τ auf E. Zeige nun, daß die offenen Teilmengen von (E, τ) genau die Mengen aus $\mathfrak{G}$ sind.

156 Relative Topologien

Eine nichtleere Teilmenge X des metrischen Raumes (E, d) kann man durch die Abstandsdefinition $\mathrm{d}_0(a, b) := \mathrm{d}(a, b)$ für $a, b \in X$ zu einem metrischen Raum machen. d_0 nennt man die von d auf X induzierte oder erzeugte Metrik, und (X, d_0) heißt ein Unterraum von (E, d). Von dieser Möglichkeit, Teilmengen eines metrischen Raumes zu metrisieren, haben wir im Falle, daß $E = \mathbf{R}$ oder ein normierter Raum ist, schon vielfach stillschweigend Gebrauch gemacht. Wir wollen nun zunächst die Umgebungen eines Punktes $a \in X$ in dem metrischen Raum (X, d_0) untersuchen, den wir von nun an kurz mit X bezeichnen wollen. $U_\varepsilon(a)$ sei die ε-Umgebung von $a \in E$ in E und $U'_\varepsilon(b)$ die ε-Umgebung von $b \in X$ in X:

$$U_\varepsilon(a) := \{x \in E : \mathrm{d}(x, a) < \varepsilon\},$$
$$U'_\varepsilon(b) := \{x \in X : \mathrm{d}(x, b) < \varepsilon\}.$$

Offenbar ist

$$U'_\varepsilon(a) = U_\varepsilon(a) \cap X \quad \text{für jedes } a \in X.$$

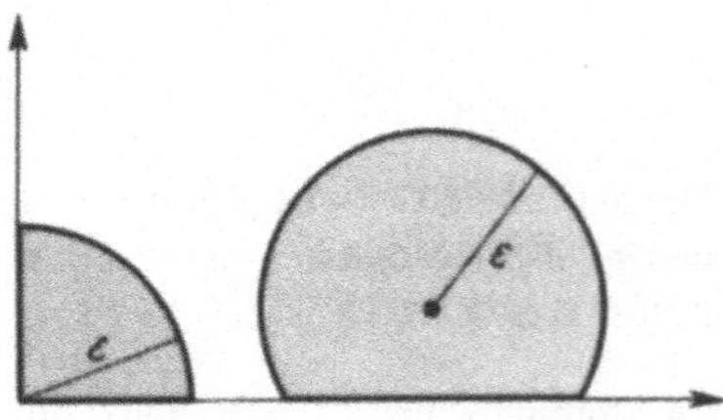

Fig. 156.1

In Fig. 156.1 findet der Leser zwei ε-Umgebungen in dem Unterraum $X := \{(x, y) \in \mathbf{R}^2 : x, y \geqslant 0\}$ von $l^2(2)$.

Es sei nun U' eine Umgebung von $a \in X$ in X, kurz: eine X-Umgebung von a. Dann gibt es definitionsgemäß ein $U'_\varepsilon(a) \subset U'$. Setzen wir

$$U := U_\varepsilon(a) \cup U',$$

so ist U eine Umgebung von a in E (eine E-Umgebung von a) und

$$U \cap X = (U_\varepsilon(a) \cup U') \cap X = (U_\varepsilon(a) \cap X) \cup (U' \cap X) = U'_\varepsilon(a) \cup U' = U'.$$

U' ist also der Durchschnitt einer geeigneten E-Umgebung von a mit X. Nun sei umgekehrt U irgendeine E-Umgebung von $a \in X$ und $U' := U \cap X$. Definitionsgemäß gibt es ein $U_\varepsilon(a) \subset U$, und damit ist

$$U'_\varepsilon(a) = U_\varepsilon(a) \cap X \subset U \cap X = U',$$

U' ist also eine X-Umgebung von a. Zusammenfassend können wir daher sagen:

Man erhält alle X-Umgebungen von $a \in X$, und nur diese, in der Form $U \cap X$, wobei U alle E-Umgebungen von a durchläuft.

Diese Tatsache regt uns zu der folgenden Überlegung an. Es sei E ein beliebiger topologischer Raum mit der Topologie τ, X eine nichtleere Teilmenge von E und $\mathfrak{U}(a)$ die Menge aller Umgebungen von $a \in E$ in E (die Menge aller E-Umgebungen von a). Dann ordnen wir jedem Punkt $a \in X$ das Mengensystem

$$\mathfrak{U}'(a) := \{U \cap X : U \in \mathfrak{U}(a)\}$$

zu (s. Fig. 156.2). Dieses System genügt den Umgebungsaxiomen (U 1) bis (U 4). Zu (U 1) ist nichts zu sagen. (U 2): Ist $U' \in \mathfrak{U}'(a)$, also $U' = U \cap X$ mit einem $U \in \mathfrak{U}(a)$, ist ferner $U' \subset V' \subset X$, so gehört $V := U \cup V'$ zu $\mathfrak{U}(a)$ und somit $V' = V \cap X$ zu $\mathfrak{U}'(a)$. (U 3): Sind $U'_1 := U_1 \cap X$ und $U'_2 := U_2 \cap X$ aus $\mathfrak{U}'(a)$, so liegt auch $U'_1 \cap U'_2 = (U_1 \cap U_2) \cap X$ in $\mathfrak{U}'(a)$. Nach diesen Beweisproben dürfen wir (U 4) dem Leser überlassen.

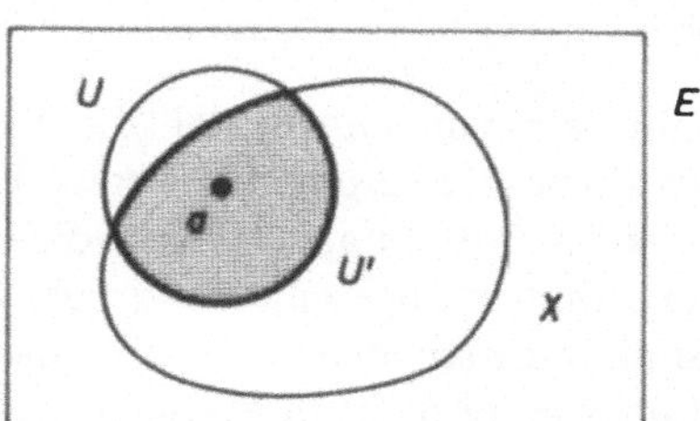

Fig. 156.2

Die Gesamtheit der $\mathfrak{U}'(a)$ $(a \in X)$ definiert somit eine Topologie auf X, die man die relative Topologie oder die von τ (wohl auch von E) induzierte oder erzeugte Topologie nennt. Auch der Name Spurtopologie ist üblich. Die Mengen $U' \in \mathfrak{U}'(a)$ heißen die relativen Umgebungen oder X-Umgebungen von $a \in X$.

Wenn nicht ausdrücklich etwas anderes gesagt wird, statten wir die Menge X immer mit der relativen Topologie aus und nennen sie dann einen Unterraum *von E.* Ist E ein metrischer Raum, so haben wir oben gesehen, daß die auf X induzierte Metrik gerade die relative Topologie auf X erzeugt.

Eine Teilmenge von X wird relativ offen oder X-offen genannt, wenn sie bezüglich der relativen Topologie offen ist; ganz entsprechend werden die relativ abgeschlossenen oder X-abgeschlossenen Mengen erklärt[1]. Zu jedem Element a einer X-offenen Menge G gibt es definitionsgemäß ein $U(a) \in \mathfrak{U}(a)$ mit $U(a) \cap X \subset G$. Wegen Satz 155.2 dürfen wir von vorneherein $U(a)$ als offen annehmen. Dann ist

$$G = \bigcup_{a \in G} (U(a) \cap X) = \left(\bigcup_{a \in G} U(a) \right) \cap X = M \cap X \quad \text{mit} \quad M := \bigcup_{a \in G} U(a),$$

wobei M nach Satz 155.3 offen ist. Jede X-offene Menge ist also der Durchschnitt einer gewissen offenen Menge M mit X. Jetzt nehmen wir umgekehrt an, eine Teilmenge G von X habe die Form $G = M \cap X$ mit einer offenen Menge M. Da M eine E-Umgebung für jedes $a \in G$ ist, erweist sich die Menge G als eine X-Umgebung für jeden ihrer Punkte und damit als X-offen.

Wir fassen diese Ergebnisse zusammen und fügen noch eine Folgerung aus ihnen hinzu, die wegen Satz 155.3 selbstverständlich ist:

156.1 Satz *Ist X eine nichtleere Teilmenge des topologischen Raumes E, so erhalten wir sämtliche X-offenen Mengen — und nur diese — in der Form $M \cap X$, wobei M alle offenen Teilmengen von E durchläuft. Ist X selbst offen, so sind die X-offenen Mengen genau die offenen Teilmengen von X.*

Ein analoger Satz gilt für X-abgeschlossene Mengen (s. Aufgabe 3).

Kurz gesagt: *Man erhält die relativen Umgebungen, die relativ offenen und relativ abgeschlossenen Mengen, indem man bei den Umgebungen und den offenen und abgeschlossenen Mengen die außerhalb von X liegenden Punkte einfach vergißt.*

Man halte sich vor Augen, daß die Menge X bezüglich ihrer *relativen* Topologie nach den Sätzen 155.3 und 155.5 stets offen und abgeschlossen ist. Z.B. ist das offene Intervall $X := (0, 1)$ als eigenständiger metrischer Raum mit der von $E := \mathbf{R}$ herrührenden Metrik abgeschlossen (nicht jedoch als Teilmenge von $\mathbf{R}$). Die Punkte 0 und 1 sind keine (relativen) Berührungspunkte von X, weil sie als außerhalb von X liegend überhaupt nicht in Betracht gezogen werden.

---

[1] Im Falle $E = \mathbf{R}$ hatten wir X-offene Mengen (ohne den Begriff der relativen Topologie zu erwähnen) schon in Nr. 34 — vor Satz 34.7 — und X-abgeschlossene Mengen in A 35.6 eingeführt und mit ihnen die Stetigkeit einer Funktion $f : X \to \mathbf{R}$ in sehr eleganter Weise beschreiben können (s. Satz 34.7 und A 35.7).

Aufgaben

1. Wird $\mathbf{R}^2$ mit der euklidischen Metrik versehen, so ist das Intervall $(0, 1)$ eine $\mathbf{R}$-offene, jedoch keine $\mathbf{R}^2$-offene Menge.

2. Sei X eine nichtleere Teilmenge des topologischen Raumes E. Ist $\mathfrak{B}(a)$ eine Umgebungsbasis von $a \in X$, so ist $\mathfrak{B}'(a) := \{U \cap X : U \in \mathfrak{B}(a)\}$ eine Basis der X-Umgebungen von a.

⁺3. Ist X eine nichtleere Teilmenge des topologischen Raumes E, so erhalten wir sämtliche X-abgeschlossenen Mengen — und nur diese — in der Form $M \cap X$, wobei M alle abgeschlossenen Teilmengen von E durchläuft. Ist X selbst abgeschlossen, so sind die X-abgeschlossenen Mengen genau die abgeschlossenen Teilmengen von X (vgl. auch A 35.6).

4. Jeder Unterraum eines Hausdorffraumes ist wieder ein Hausdorffraum.

157 Kompakte Mengen

In Nr. 111 hatten wir die Teilmenge K des normierten Raumes E kompakt genannt, wenn jede Folge aus K eine Teilfolge enthält, die gegen ein Element von K konvergiert. Der Überdeckungssatz 111.13 von Heine-Borel zeigt, daß sich Kompaktheit jedoch auch „folgenfrei" mit Hilfe offener Mengen charakterisieren läßt. Da wir die grundlegenden Begriffe in allgemeinen topologischen Räumen ohne Benutzung von Folgen erklären wollen, geben wir die nachstehende

Definition *Die Teilmenge K des topologischen Raumes E heißt* kompakt, *wenn jede ihrer offenen Überdeckungen eine endliche Überdeckung enthält.*

Dabei erklären wir natürlich offene Überdeckungen einer Teilmenge von E wie in Nr. 36. — Die „Überdeckungskompaktheit" ist in allgemeinen topologischen Räumen etwas anderes als die „Folgenkompaktheit". In metrischen Räumen verschwinden jedoch (wie in normierten Räumen) die Unterschiede zwischen beiden Kompaktheitsbegriffen; denn es gilt der

157.1 Satz *Die Teilmenge K des* metrischen Raumes *E ist genau dann kompakt, wenn jede Folge aus K eine Teilfolge enthält, die gegen ein Element von K konvergiert.*

Um diese wichtige Aussage zu sichern, brauchen wir im Beweis des Heine-Borelschen Überdeckungssatzes 111.13 nur die Normen $\|x - y\|$ durch die Abstände $\mathrm{d}(x, y)$ zu ersetzen. Übrigens eröffnet sich dem Leser ein zweiter (und weniger formaler) Zugang, wenn er Satz 111.13 mit A 109.8 kombiniert. ∎

Interessanterweise ist die Kompaktheit eine „innere Eigenschaft": Um zu prüfen, ob K kompakt ist, braucht man K nicht zu verlassen; denn es gilt der

157.2 Satz *Die Teilmenge K des topologischen Raumes E ist genau dann kompakt, wenn sie in ihrer relativen Topologie kompakt ist, d. h., wenn jede Überdeckung von K durch K-offene Mengen eine endliche Überdeckung enthält.*

Den Beweis erbringt man äußerst einfach mit Hilfe des Satzes 156.1. ■

Kompakte Mengen haben wir schon in großer Zahl kennengelernt. Insbesondere wissen wir, daß eine Teilmenge des mit irgendeiner Norm versehenen $\mathbf{R}^p$ genau dann kompakt ist, wenn sie beschränkt und abgeschlossen ist (s. Satz 111.6). Trivialerweise ist jede endliche Teilmenge und allgemeiner jede endliche Vereinigung kompakter Teilmengen eines topologischen Raumes kompakt. Weiter gilt der

157.3 Satz *Jede abgeschlossene Teilmenge einer kompakten Menge ist kompakt.*

Beweis. Sei K eine kompakte Teilmenge des topologischen Raumes E, $A \subset K$ abgeschlossen und $\mathfrak{G} := \{G_a : a \in A\}$ eine offene Überdeckung von A (für jedes $a \in A$ ist also $a \in G_a$ und G_a offen). $G := E \backslash A$ ist definitionsgemäß offen, und trivialerweise ist das aus G und allen $G_a \in \mathfrak{G}$ bestehende System $\mathfrak{G}_0$ eine offene Überdeckung von K. $\mathfrak{G}_0$ enthält eine endliche Überdeckung $\mathfrak{G}_1$ von K. Entfernt man aus $\mathfrak{G}_1$ noch G (falls überhaupt nötig), so ist das resultierende System $\mathfrak{G}_2$ ein endlicher Teil von $\mathfrak{G}$, der A überdeckt. Infolgedessen ist A in der Tat kompakt. ■

In einem normierten Raum ist nach Satz 111.5 jede kompakte Menge abgeschlossen. Allgemeiner gilt der

157.4 Satz *Jede kompakte Teilmenge eines* Hausdorffraumes *ist abgeschlossen.*

Beweis. Sei K eine kompakte Teilmenge des Hausdorffraumes E. Wir dürfen $K \neq \emptyset$ annehmen, weil sonst nichts zu beweisen ist. Ferner sei a ein Punkt aus $E \backslash K$. Wir zeigen zunächst, daß es offene Mengen G und H mit

$$a \in G, \quad K \subset H \quad \text{und} \quad G \cap H = \emptyset \tag{157.1}$$

gibt. Sei x irgendein Punkt aus K. Da E ein Hausdorffraum ist, gibt es eine offene Umgebung G_x von a und eine offene Umgebung H_x von x, mit $G_x \cap H_x = \emptyset$ (beachte hierbei den Satz 155.2). Das System aller H_x $(x \in K)$ ist eine offene Überdeckung von K. Wegen der Kompaktheit von K gibt es also in K endlich viele Punkte $x_1, \ldots, x_n$, so daß

$$K \subset H := \bigcup_{\nu=1}^{n} H_{x_\nu}$$

ist. Die Mengen H und $G := \bigcap_{\nu=1}^{n} G_{x_\nu}$ sind offen und genügen (157.1).

G ist eine offene Umgebung von a, die in $E \backslash H$, erst recht also in $E \backslash K$ liegt. Da a ein beliebiger Punkt aus $E \backslash K$ sein durfte, ist damit gezeigt, daß $E \backslash K$ offen, K selbst also abgeschlossen ist. ■

In Verbindung mit Satz 155.5 ergibt sich aus den beiden letzten Sätzen noch völlig mühelos der

157.5 Satz *Der Durchschnitt beliebig vieler kompakter Teilmengen eines* Hausdorff- raumes *ist wieder kompakt.*

Wir beenden diesen Abschnitt mit einer Umformulierung der Kompaktheitsdefinition, die in manchen Fällen handlicher ist als die ursprüngliche Erklärung. Um uns bequem ausdrücken zu können, sagen wir, ein System $\mathfrak{S}$ von Teilmengen einer Menge M habe die endliche Durchschnittseigenschaft, wenn der Durchschnitt von jeweils endlich vielen Mengen aus $\mathfrak{S}$ nicht leer ist.

157.6 Satz *Die Teilmenge K des topologischen Raumes E ist genau dann kompakt, wenn jedes System K-abgeschlossener Teilmengen von K mit der endlichen Durchschnittseigenschaft einen nichtleeren Durchschnitt besitzt.*

Beweis. Sei K kompakt und $\mathfrak{S}$ ein System K-abgeschlossener Teilmengen von K mit der endlichen Durchschnittseigenschaft. Angenommen, wir hätten $\bigcap\limits_{S\in\mathfrak{S}} S=\emptyset$. Dann wäre nach den Morganschen Komplementierungsregeln $\bigcup\limits_{S\in\mathfrak{S}} (K\backslash S)=K$. Das System der K-offenen Mengen $K\backslash S$ $(S\in\mathfrak{S})$ wäre also eine Überdeckung von K, und wegen Satz 157.2 gäbe es daher endlich viele $S\in\mathfrak{S}$, etwa $S_1,\ldots,S_n$, mit $\bigcup\limits_{\nu=1}^{n} (K\backslash S_\nu)=K$. Wiederum nach den Morganschen Komplementierungsregeln wäre dann $\bigcap\limits_{\nu=1}^{n} S_\nu=\emptyset$, im Widerspruch dazu, daß $\mathfrak{S}$ die endliche Durchschnittseigenschaft besitzt. Es folgt, daß $\bigcap\limits_{S\in\mathfrak{S}} S\neq\emptyset$ sein muß.

Nun besitze umgekehrt jedes System K-abgeschlossener Teilmengen von K mit der endlichen Durchschnittseigenschaft einen nichtleeren Durchschnitt. Angenommen, K sei nicht kompakt. Dann gibt es ein System $\mathfrak{G}$ K-offener Mengen $G\subset K$, das K überdeckt, ohne eine endliche Überdeckung von K zu enthalten. Sei $\mathfrak{S}$ das System der K-abgeschlossenen Mengen $S:=K\backslash G$ $(G\in\mathfrak{G})$. Im Rest des Beweises benutzen wir die Komplementierungsregeln, ohne noch besonders auf sie zu verweisen. $\mathfrak{S}$ besitzt die endliche Durchschnittseigenschaft. Gäbe es nämlich Mengen $S_1,\ldots,S_n$ aus $\mathfrak{S}$ mit $\bigcap\limits_{\nu=1}^{n} S_\nu=\emptyset$, so wäre $\bigcup\limits_{\nu=1}^{n} (K\backslash S_\nu)=K$, die endlich vielen Mengen $G_\nu:=K\backslash S_\nu\in\mathfrak{G}$ $(\nu=1,\ldots,n)$ würden also eine Überdeckung von K bilden, im Widerspruch dazu, daß $\mathfrak{G}$ keine endliche Überdeckung von K enthält. Es folgt, daß $\mathfrak{S}$ tatsächlich die endliche Durchschnittseigenschaft besitzen muß. Voraussetzungsgemäß ist dann $\bigcap\limits_{S\in\mathfrak{S}} S\neq\emptyset$. Dies widerspricht aber der Gleichung $\bigcap\limits_{S\in\mathfrak{S}} S=\bigcap\limits_{G\in\mathfrak{G}} (K\backslash G)=\emptyset$, die sich aus $\bigcup\limits_{G\in\mathfrak{G}} G=K$ ergibt. Dieser Widerspruch zwingt uns, die Annahme fallen zu lassen, K sei nicht kompakt.   ∎

Aufgaben

1. Jeder kompakte metrische Raum ist vollständig.

2. Jeder kompakte metrische Raum besitzt eine höchstens abzählbare Teilmenge, die dicht in ihm liegt. Hinweis: Hilfssatz 106.3.

3. Bestimme alle kompakten Teilmengen eines diskreten Raumes.

4. Bestimme alle kompakten Teilmengen eines chaotischen Raumes.

+5. Sind K_1, K_2 disjunkte kompakte Teilmengen eines Hausdorffraumes, so gibt es offene Mengen G_1, G_2 mit $K_1 \subset G_1$, $K_2 \subset G_2$, $G_1 \cap G_2 = \emptyset$. Hinweis: (157.1).

6. Der Rand einer beschränkten Teilmenge von $\mathbf{R}^p$ (versehen mit irgendeiner Norm) ist kompakt. Hinweis: A 155.9.

7. Ist der topologische Raum E kein Hausdorffraum, so braucht eine kompakte Teilmenge von E nicht abgeschlossen zu sein. Hinweis: Aufgabe 4.

+8. Hausdorffmetrik E sei ein metrischer Raum. Den Abstand $d(x, K)$ zwischen einem $x \in E$ und einem nichtleeren kompakten $K \subset E$ definieren wir durch $d(x, K) := \min_{k \in K} d(x, k)$ (warum existiert das Minimum? Hinweis: Satz 157.1 und A 154.1). Für nichtleere kompakte Teilmengen A, B setzen wir

$$\delta(A, B) := \max_{a \in A} d(a, B) + \max_{b \in B} d(b, A).$$

Zeige, daß δ eine Metrik — die Hausdorffmetrik — auf der Menge der nichtleeren kompakten Teilmengen von E ist.

158 Stetige Abbildungen topologischer Räume

Die Aussage f) des Satzes 152.1 legt die folgende Definition nahe:

Definition *Sind X und Y topologische Räume, so heißt die Abbildung $f: X \to Y$ stetig im Punkte $\xi \in X$, wenn es zu jeder Umgebung V von $f(\xi)$ eine Umgebung U von ξ derart gibt, daß $f(U) \subset V$ ist. f heißt stetig auf X oder einfach stetig, wenn f in jedem Punkt von X stetig ist* (s. Fig. 158.1).

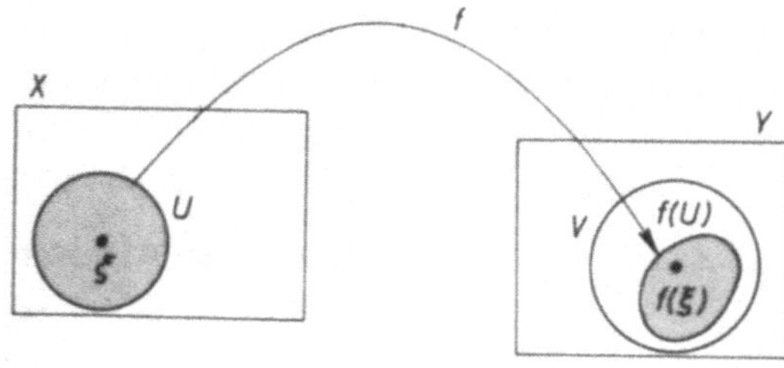

Fig. 158.1

Es ist klar, daß man bei Stetigkeitsbeweisen nicht alle Umgebungen von $f(\xi)$, sondern nur diejenigen aus einer beliebigen Umgebungsbasis von $f(\xi)$ zu betrachten braucht. Eine solche Basis ist nach Satz 155.2 z.B. die Gesamtheit aller offenen Mengen, die $f(\xi)$ enthalten.

Die Stetigkeitscharakterisierung f) des Satzes 152.1 läuft auf die obige Definition hinaus, wenn wir die Teilmenge X des topologischen Raumes **R** in gewohnter Weise mittels ihrer relativen Topologie zu einem eigenständigen topologischen Raum machen. Entsprechendes gilt natürlich, wenn f die Teilmenge X eines normierten Raumes in einen zweiten normierten Raum abbildet. Die obige Stetigkeitsdefinition deckt also alle bisher betrachteten Stetigkeitsbegriffe ab.

Wenn wir hinfort von einer stetigen Abbildung $f: X \to Y$ sprechen, so ist stillschweigend vorausgesetzt, daß X und Y topologische Räume sind. Wird X ausdrücklich als Teilmenge eines gewissen topologischen Raumes E (z.B. als Teilmenge eines normierten oder metrischen Raumes) bezeichnet, so versehen wir X, wie früher verabredet und oben schon gehandhabt, immer mit der von E herrührenden relativen Topologie, falls nicht ausdrücklich etwas anderes gesagt wird. Die Umgebungen U von $\xi \in X$ sind dann relative Umgebungen, also die Durchschnitte der „vollen" Umgebungen (E-Umgebungen) von ξ mit X.

$f: X \to Y$ sei stetig in $\xi \in X$. Wir behaupten, daß f dann auch folgenstetig in ξ ist, d.h., *daß $x_n \to \xi$ stets $f(x_n) \to f(\xi)$ nach sich zieht.* Zum Beweis sei V eine beliebige Umgebung von $f(\xi)$. Wegen der Stetigkeit von f gibt es zu V eine Umgebung U von ξ mit $f(U) \subset V$. Zu U wiederum existiert ein n_0, so daß $x_n \in U$ für alle $n > n_0$ ist. Es folgt nun, daß für $n > n_0$ stets $f(x_n)$ in V liegt und somit $f(x_n) \to f(\xi)$ strebt.

In allgemeinen topologischen Räumen braucht aber umgekehrt die Folgenstetigkeit nicht die Stetigkeit zu erzwingen. Unkomplizierter liegen die Dinge in metrischen Räumen; hier gilt wie im reellen und normierten Fall der

158.1 Satz *Sind X und Y metrische Räume, so ist die Abbildung $f: X \to Y$ genau dann im Punkte $\xi \in X$ stetig, wenn aus $x_n \to \xi$ stets $f(x_n) \to f(\xi)$ folgt.*

Beweis. Daß die Umgebungsstetigkeit die Folgenstetigkeit impliziert, haben wir eben schon festgestellt. Und daß umgekehrt die Folgenstetigkeit die Umgebungsstetigkeit nach sich zieht, sieht man ganz ähnlich wie im zweiten Teil des Beweises von Satz 34.6; man hat nur $|x - y|$ durch $\mathrm{d}(x, y)$ zu ersetzen und zu beachten, daß die Stetigkeit in ξ sich durch eine $\varepsilon\delta$-Formulierung beschreiben läßt: f ist genau dann in ξ stetig, wenn es zu jedem $\varepsilon > 0$ ein $\delta > 0$ gibt, so daß aus $\mathrm{d}(x, \xi) < \delta$ immer $\mathrm{d}(f(x), f(\xi)) < \varepsilon$ folgt (vgl. auch den zweiten Teil des Beweises von Satz 158.2). ∎

Wir können ein Analogon des letzten Satzes für beliebige topologische Räume beweisen, wenn wir uns statt der Folgenkonvergenz der Netzkonvergenz bedienen:

158.2 Satz *Die Abbildung $f: X \to Y$ ist genau dann im Punkte $\xi \in X$ stetig, wenn für jedes X-wertige Netz (x_α) aus $x_\alpha \to \xi$ stets $f(x_\alpha) \to f(\xi)$ folgt.*

Beweis. Ist f in ξ stetig und (x_α) ein X-wertiges, gegen ξ konvergierendes Netz auf irgendeiner gerichteten Menge Δ, so beweist man die Behauptung $f(x_\alpha) \to f(\xi)$ fast wörtlich wie die entsprechende Aussage über Folgen vor Satz 158.1. Nun ziehe umgekehrt $x_\alpha \to \xi$ stets $f(x_\alpha) \to f(\xi)$ nach sich. Wäre f in ξ unstetig, so gäbe es eine „Ausnahmeumgebung" V_0 von $f(\xi)$ mit folgender Eigenschaft: In jeder Umgebung U von ξ existiert ein x_U mit $f(x_U) \notin V_0$. Das Netz (x_U) auf $\mathfrak{U}(\xi)$ konvergierte dann zwar gegen ξ, das Netz $(f(x_U))$ jedoch nicht gegen $f(\xi)$. An diesem Widerspruch zu unserer Voraussetzung scheitert die Annahme, f sei in ξ unstetig. ∎

Wir gehen nun von der Stetigkeit in einem Punkt zur Stetigkeit auf dem ganzen Raum über. Ein höchst bemerkenswertes und durchsichtiges Stetigkeitskriterium liefert der

158.3 Satz *Die Abbildung $f: X \to Y$ ist genau dann stetig, wenn das Urbild jeder offenen Teilmenge von Y wieder offen ist.*

Um diesen Satz einzusehen, braucht man im Beweis des Satzes 34.7 nur die ε-Umgebungen V des Punktes $f(\xi)$ durch seine offenen Umgebungen und die δ-Umgebungen U von ξ durch allgemeine Umgebungen von ξ zu ersetzen; man beachte dabei, daß die offenen Umgebungen eines Punktes eine Umgebungsbasis desselben bilden. ∎

Stetigkeit läßt sich also, kurz gesagt, mit Hilfe der *Urbilder* offener Mengen charakterisieren. Die sogenannte Offenheit einer Abbildung wird hingegen mittels der *Bilder* offener Mengen beschrieben:

Definition *Die Abbildung $f: X \to Y$ heißt* offen, *wenn das Bild jeder offenen Teilmenge von X wieder offen ist.*

Eine stetige Abbildung braucht durchaus nicht offen zu sein, wie jede konstante Abbildung $f: \mathbf{R} \to \mathbf{R}$ lehrt. Offene Abbildungen werden in Nr. 171 eine wichtige Rolle spielen.

Gewissermaßen komplementär zum letzten Satz ist die folgende Verallgemeinerung von A 35.7:

158.4 Satz *Die Abbildung $f: X \to Y$ ist genau dann stetig, wenn das Urbild jeder abgeschlossenen Teilmenge von Y selbst wieder abgeschlossen ist.*

Der Beweis ergibt sich in so einfacher Weise aus dem letzten Satz in Verbindung mit A 13.3d, daß wir die Einzelheiten guten Gewissens dem Leser überlassen dürfen[1]. ∎

Eine der zentralen Aussagen der Stetigkeitstheorie ist der

158.5 Satz *Ist $f: X \to Y$ stetig und $K \subset X$ kompakt, so muß auch $f(K)$ kompakt sein. Kurz: Das stetige Bild einer kompakten Menge ist kompakt.*

---

[1] Wir werden in unserer weiteren Arbeit häufig A 13.3 heranziehen und empfehlen dem Leser, noch einmal einen Blick auf diese Aufgabe zu werfen.

Beweis. $\mathfrak{G}$ sei eine offene Überdeckung von $f(K)$. Für jedes $G\in\mathfrak{G}$ ist $f^{-1}(G)$ nach Satz 158.3 offen, und das System $\{f^{-1}(G): G\in\mathfrak{G}\}$ überdeckt trivialerweise die Menge K. Wegen ihrer Kompaktheit gibt es also endlich viele $G\in\mathfrak{G}$, etwa $G_1,\ldots,G_n$, so daß $K\subset\bigcup_{\nu=1}^{n}f^{-1}(G_\nu)$ ist. Mit A 13.3 folgt daraus

$$f(K)\subset f\left(\bigcup_{\nu=1}^{n}f^{-1}(G_\nu)\right) = \bigcup_{\nu=1}^{n}f(f^{-1}(G_\nu)) \subset \bigcup_{\nu=1}^{n}G_\nu.$$

Das endliche Teilsystem $\{G_1,\ldots,G_n\}$ von $\mathfrak{G}$ überdeckt also bereits $f(K)$, womit auch schon alles bewiesen ist. ∎

Aufgaben

1. Die identische Abbildung $x\mapsto x$ ist auf jedem topologischen Raum stetig.

2. Die konstante Abbildung $f(x):=y_0$ von X in Y ist immer stetig.

3. X trage die diskrete, Y irgendeine Topologie. Dann ist jede Abbildung $f: X\to Y$ stetig.

4. X trage irgendeine, Y die chaotische Topologie. Dann ist jede Abbildung $f: X\to Y$ stetig.

5. Satz 158.1 gilt auch dann, wenn X, Y beliebige topologische Räume sind und ξ eine höchstens abzählbare Umgebungsbasis besitzt. Hinweis: A 152.2.

***6. Stetigkeit der Umkehrabbildung** f sei eine stetige bijektive Abbildung des *kompakten* Raumes X auf den *Hausdorffraum* Y. Dann ist die Umkehrabbildung f^{-1} stetig.

***7.** Ist $g: X\to Y$ stetig in $\xi\in X$ und $f: Y\to Z$ stetig in $g(\xi)$, so ist das Kompositum $f\circ g$ stetig in ξ.

***8.** Sei $f: X\to Y$ stetig, $X_0\subset X$ nicht leer und $f(X_0)\subset Y_0\subset Y$. Definiere eine Abbildung $f_0: X_0\to Y_0$ durch $f_0(x):=f(x)$ für alle $x\in X_0$ und zeige, daß f_0 stetig ist (beachte, daß nicht nur die Definitions-, sondern auch die Zielmenge verändert ist). Hinweis: A 13.3b.

9. Die Funktion f_x in A 109.8 ist stetig. Hinweis: A 154.1.

159 Die Algebra $C(X)$

Mit $C(X)$ bezeichnen wir die Menge aller stetigen reellwertigen Funktionen auf dem topologischen Raum X. Die algebraische Struktur dieser Menge klärt der

159.1 Satz $C(X)$ *ist eine Funktionenalgebra, die mit f und g auch* $|f|$, f^+, f^-, $\max(f, g)$ *und* $\min(f, g)$ *enthält.*

Beweis. Aus dem Satz 158.2 und den Rechenregeln für $\mathbf{R}$-wertige konvergente Netze (s. Satz 44.4) ergibt sich völlig mühelos, daß mit f und g auch $f+g$, af für jedes $a\in\mathbf{R}$, fg und $|f|$ in jedem Punkt $\xi\in X$ stetig sind. Die restlichen Aussagen folgen daraus mit Hilfe der Formeln (14.4) und (14.5). ∎

Die Algebra $C(X)$ ist trivialerweise kommutativ und enthält das Einselement 1, d.h. die Funktion $x \mapsto 1$. Sie ist ferner unter gleichmäßiger Konvergenz abgeschlossen, schärfer:

159.2 Satz *Konvergiert die Folge der $f_n \in C(X)$ gleichmäßig auf X gegen f, so gehört auch f zu $C(X)$.*

Beweis. Wir zeigen, daß f in jedem Punkt $\xi \in X$ stetig ist, daß also für jedes X-wertige Netz (x_α) aus $x_\alpha \to \xi$ stets $f(x_\alpha) \to f(\xi)$ folgt (Satz 158.2). Der Definitionsbereich von (x_α) sei die gerichtete Menge Δ. Setzen wir $F_n(\alpha) := f_n(x_\alpha)$, so existiert $\lim_{\mathbf{N}} F_n(\alpha)$ gleichmäßig auf Δ, und $\lim_{\Delta} F_n(\alpha)$ existiert für jedes $n \in \mathbf{N}$. Nach Satz 107.2 ist daher

$$\lim_{\Delta} \lim_{\mathbf{N}} F_n(\alpha) = \lim_{\mathbf{N}} \lim_{\Delta} F_n(\alpha), \quad \text{also} \quad \lim_{\Delta} f(x_\alpha) = f(\xi),$$

womit der Beweis auch schon beendet ist.

Von tief einschneidender Wirkung ist die Voraussetzung, die wir von nun an machen werden, daß X kompakt sei. Zunächst beweisen wir den

159.3 Satz *Bei kompaktem X ist jedes $f \in C(X)$ beschränkt und besitzt sogar ein Maximum und ein Minimum.*

Beweis. Wegen Satz 158.5 ist $f(X)$ eine kompakte Teilmenge von **R** und somit nach Satz 36.2 beschränkt und abgeschlossen. $f(X)$ besitzt also ein größtes und ein kleinstes Element.

Die Sätze 159.1 und 159.3 eröffnen die Möglichkeit, $C(X)$ bei kompaktem X vermöge der Definition

$$\|f\|_\infty := \max_{x \in X} |f(x)|$$

zu einer normierten Algebra zu machen. Da die Konvergenz im Sinne der Norm mit der gleichmäßigen Konvergenz auf X äquivalent ist, ergibt sich aus den Sätzen 159.2 und 103.2 auf einen Schlag der fundamentale

159.4 Satz *Bei kompaktem X ist $C(X)$ mit der Maximumsnorm $\|\cdot\|_\infty$ eine Banachalgebra.*

Geht man im Lichte dieses Satzes noch einmal den Beweis des Satzes 115.3 von Stone-Weierstraß durch, so sieht man mit einem Blick, daß wir dort von dem Definitionsbereich X in Wirklichkeit nur benötigt haben, daß er ein kompakter topologischer Raum ist, nicht aber, daß er in einem normierten Raum liegt. Infolgedessen können wir sofort die folgende allgemeine Form dieses bedeutenden Satzes aussprechen, wobei wir seine zweite Fassung (Satz 115.4) bevorzugen:

159.5 Satz von Stone-Weierstraß *Sei X ein kompakter topologischer Raum und P eine punktetrennende Unteralgebra von $C(X)$, die überdies noch die Funktion 1 enthalten möge. Dann liegt P dicht in $C(X)$.*

Aufgaben

1. Sei $f \in C(X)$ und $X_0 := \{x \in X : f(x) \neq 0\} \neq \emptyset$. Zeige, daß die Funktion $1/f\colon X_0 \to \mathbf{R}$ stetig ist.

$^{+}$**2. Satz von Dini** Sei X ein kompakter topologischer Raum, und die Folge der $f_n \in C(X)$ strebe monoton gegen $f \in C(X)$. Dann ist die Konvergenz notwendigerweise gleichmäßig auf X. **Hinweis:** Gehe den Beweis des Satzes 108.1 durch.

3. Sei X ein kompakter metrischer Raum. Dann ist jedes $f \in C(X)$ sogar gleichmäßig stetig, d. h., zu jedem $\varepsilon > 0$ gibt es ein $\delta > 0$, so daß für alle $x, y \in X$ mit $\mathrm{d}(x, y) < \delta$ stets $|f(x) - f(y)| < \varepsilon$ ausfällt.

$^{+}$**4.** Sei X ein metrischer Raum. Eine Familie $\mathfrak{F}$ reellwertiger Funktionen auf X heißt **gleichstetig**, wenn es zu jedem $\varepsilon > 0$ ein $\delta > 0$ gibt, so daß für alle $f \in \mathfrak{F}$ und alle $x, y \in X$ mit $\mathrm{d}(x, y) < \delta$ stets $|f(x) - f(y)| < \varepsilon$ bleibt. Gehe den Beweis des Satzes 106.2 von Arzelà-Ascoli durch (wobei A 157.2 heranzuziehen ist) und zeige:

Satz von Arzelà-Ascoli X sei ein kompakter metrischer Raum. Genau dann ist die Funktionenmenge $F \subset C(X)$ kompakt in der Banachalgebra $C(X)$, wenn sie beschränkt, abgeschlossen und gleichstetig ist.

5. Sei X ein topologischer Raum und $C_b(X)$ die Menge aller reellwertigen Funktionen, die auf X stetig und beschränkt sind. Zeige, daß $C_b(X)$ eine Funktionenalgebra ist, die mittels der Norm $\|f\|_\infty := \sup_{x \in X} |f(x)|$ eine Banachalgebra wird.

$^{+}$**6.** Jeder metrische Raum X kann als Teil der in Aufgabe 5 definierten Banachalgebra $C_b(X)$ aufgefaßt werden, genauer: X ist isometrisch zu einer Teilmenge von $C_b(X)$. Ein kompakter metrischer Raum X ist infolgedessen isometrisch zu einer Teilmenge von $C(X)$. **Hinweis:** A 109.8 und A 158.9.

$^{\circ}$**7.** Die Sätze 159.1 bis 159.4 gelten auch dann, wenn man unter $C(X)$ die Menge aller stetigen komplexwertigen Funktionen auf X versteht — sofern man nur von all den Aussagen absieht, in denen Ordnungsbegriffe vorkommen (wie etwa Maximum, f^{+} usw.).

$^{\circ}$**8.** Formuliere und beweise die dem Satz 159.5 entsprechende Fassung des komplexen Satzes von Stone-Weierstraß (Satz 116.1).

160 Zusammenhängende Mengen

Jedes Intervall I wird man intuitiverweise „zusammenhängend" nennen, die Mengen $[0, 1] \cup [2, 3]$ und $[0, 1) \cup (1, 2]$ dagegen nicht. Die „körnige" Menge $\mathbf{Q}$ wird man als hochgradig unzusammenhängend empfinden. In dieser Nummer wollen wir unsere Zusammenhangsvorstellung mathematisch präzisieren und die wichtigsten Eigenschaften zusammenhängender Mengen herausschälen. Es wird uns dabei auch der tiefere Grund dafür klar werden, daß viele wichtige Sätze über reelle Funktionen nur gelten, wenn deren Definitionsbereich ein Intervall ist. Wir beginnen mit der recht abstrakt anmutenden

Definition *Ein topologischer Raum E heißt* unzusammenhängend, *wenn er in der Form $E = A \cup B$ dargestellt werden kann, wobei A und B nichtleere, disjunkte und offene Mengen sind*[1]. *Ist eine derartige Darstellung jedoch nicht möglich, so wird E* zusammenhängend *genannt. Eine nichtleere Teilmenge von E heißt* unzusammenhängend *bzw.* zusammenhängend, *wenn sie als eigenständiger topologischer Raum (versehen mit der relativen Topologie) unzusammenhängend bzw. zusammenhängend ist.*

Auf Grund des Satzes 156.1 ist eine nichtleere Teilmenge X von E genau dann unzusammenhängend, wenn es offene Teilmengen A, B von E gibt mit

$$X \subset A \cup B,\ A \cap X \neq \emptyset,\ B \cap X \neq \emptyset \quad \text{und} \quad (A \cap X) \cap (B \cap X) = \emptyset. \tag{160.1}$$

Die oben betrachteten Teilmengen $X_1 := [0, 1] \cup [2, 3]$, $X_2 := [0, 1) \cup (1, 2]$ und $X_3 := \mathbf{Q}$ von $\mathbf{R}$ sind nicht nur anschaulich, sondern auch im Sinne unserer Zusammenhangsdefinition unzusammenhängend. X_1 ist ja die Vereinigung der beiden nichtleeren, disjunkten und X_1-offenen Mengen $A := [0, 1]$ und $B := [2, 3]$, und Entsprechendes gilt für X_2. $\mathbf{Q}$ besitzt die „Unzusammenhangsdarstellung"

$$\mathbf{Q} = \{x \in \mathbf{Q}: x < \sqrt{2}\} \cup \{x \in \mathbf{Q}: x > \sqrt{2}\}.$$

In jedem topologischen Raum sind offenbar alle einpunktigen Mengen zusammenhängend; in einem Raum mit diskreter Topologie sind alle anderen nichtleeren Mengen unzusammenhängend. Trägt E die chaotische Topologie, so ist jede nichtleere Menge zusammenhängend. Der nächste Satz bestätigt, daß unser Zusammenhangsbegriff jedenfalls in $\mathbf{R}$ das anschaulich Gemeinte trifft:

160.1 Satz *Die mehrpunktigen zusammenhängenden Teilmengen von* $\mathbf{R}$ *sind genau die Intervalle.*

Beweis. a) Wir zeigen zunächst, daß ein mindestens zweipunktiges Nicht-Intervall X unzusammenhängend ist. Die Voraussetzung über X besagt, daß es Punkte x_1, x_2, ξ gibt, so daß $x_1 < \xi < x_2$ ist, x_1 und x_2 in X liegen, ξ jedoch nicht zu X gehört. Setzt man $A := (-\infty, \xi)$ und $B := (\xi, +\infty)$, so sind A, B offene Teilmengen von $\mathbf{R}$, mit denen trivialerweise (160.1) gilt. X kann daher nicht zusammenhängend sein. — b) Nun sei X ein (beschränktes oder unbeschränktes) Intervall. Angenommen, es gibt eine Darstellung

$$X = A \cup B \text{ mit nichtleeren, disjunkten und } X\text{-offenen Mengen } A,\ B. \tag{160.2}$$

Sei a ein fester Punkt aus A und b einer aus B. Da A und B disjunkt sind, muß $a \neq b$ sein, und o.B.d.A. dürfen wir $a < b$ annehmen. Weil X ein Intervall ist, muß $[a, b] \subset X$ sein. Die Menge $\{x \in A: x < b\}$ ist nach oben beschränkt und nicht leer, besitzt also ein Supremum c, das notwendig in $[a, b]$ und somit erst recht in X liegt. Da $A = X \setminus B$ aber X-abgeschlossen ist, folgt daraus, daß c zu A und somit nicht zu B gehört. Also muß $c < b$ sein. Es ist $(c, b) \subset X$, und daraus folgt, da $c \in A$ und A X-offen ist, daß (c, b) Punkte aus A enthält. Nach Definition von c ist dies aber unmöglich.

---

[1] Da $A = E \setminus B$ und $B = E \setminus A$ ist, sind die offenen Mengen A, B gleichzeitig auch abgeschlossen.

Dieser Widerspruch zwingt uns, die Annahme (160.2) zu verwerfen und statt dessen zuzugeben, daß X zusammenhängend ist.   ∎

Wir formulieren nun eine der zentralen Aussagen dieser Nummer:

160.2 Satz *Ist $f: X \to Y$ stetig und $Z \subset X$ zusammenhängend, so muß auch $f(Z)$ zusammenhängend sein. Kurz: Das stetige Bild einer zusammenhängenden Menge ist zusammenhängend.*

Beweis. Wir nehmen an, $f(Z)$ sei nicht zusammenhängend. Dann gibt es eine Darstellung

$$f(Z) = A \cup B \text{ mit nichtleeren, disjunkten und } f(Z)\text{-offenen Mengen } A, B.$$

Da die Abbildung $f_0: Z \to f(Z)$, definiert durch $f_0(z) := f(z)$ für alle $z \in Z$, nach A 158.8 stetig ist, sind die Urbilder $f_0^{-1}(A)$, $f_0^{-1}(B)$ wegen Satz 158.3 Z-offen. Und da sie nicht leer sind und dank A 13.3c überdies

$$Z = f_0^{-1}(A \cup B) = f_0^{-1}(A) \cup f_0^{-1}(B) \qquad \text{und}$$
$$f_0^{-1}(A) \cap f_0^{-1}(B) = f_0^{-1}(A \cap B) = \emptyset$$

ist, muß Z unzusammenhängend sein. Dieser Widerspruch zu unserer Voraussetzung über Z lehrt, daß $f(Z)$ entgegen unserer Annahme zusammenhängend ist.   ∎

Aus den beiden letzten Sätzen folgt nun mit einem Schlag eine weittragende Verallgemeinerung des Zwischenwertsatzes von Bolzano:

160.3 Zwischenwertsatz *Eine stetige reellwertige Funktion auf einem* zusammenhängenden *Raum nimmt jeden Wert zwischen je zweien ihrer Werte an.*

Ziehen wir noch den Satz 159.3 heran, so gewinnen wir eine höchst bemerkenswerte Vertiefung des Satzes 36.4, nämlich den

160.4 Satz *Das stetige reelle Bild eines kompakten zusammenhängenden Raumes ist ein kompaktes Intervall oder eine einpunktige Menge.*

Die wertvollen Sätze dieser Nummer drängen uns die Frage auf, ob man nicht einen unzusammenhängenden Raum in möglichst große *zusammenhängende* Unterräume zerlegen kann. Die Antwort auf diese Frage bereiten wir durch zwei Hilfssätze vor.

160.5 Hilfssatz *E sei ein topologischer Raum und $\{X_\iota : \iota \in J\}$ eine Familie zusammenhängender Teilmengen von E, die sich paarweise schneiden[1]. Dann ist die Vereinigung $X := \bigcup\limits_{\iota \in J} X_\iota$ ebenfalls zusammenhängend.*

Wir führen einen Widerspruchsbeweis, nehmen also an, X sei unzusammenhängend. Nach (160.1) gibt es dann zwei E-offene Mengen A und B mit

$$X \subset A \cup B, \, A \cap X \neq \emptyset, \, B \cap X \neq \emptyset \quad \text{und} \quad (A \cap X) \cap (B \cap X) = \emptyset.$$

---

[1] Für alle $\iota_1, \iota_2 \in J$ sei also $X_{\iota_1} \cap X_{\iota_2}$ nicht leer.

Für beliebiges $\iota \in J$ ist daher erst recht

$$X_\iota \subset A \cup B \quad \text{und} \quad (A \cap X_\iota) \cap (B \cap X_\iota) = \emptyset.$$

Wären auch noch die beiden Durchschnitte $A \cap X_\iota$ und $B \cap X_\iota$ nicht leer, so wäre X_ι unzusammenhängend. Da dies unserer Voraussetzung widerspricht, muß eine dieser Schnittmengen leer sein, wir haben also

$$A \cap X_\iota = \emptyset \quad \text{und damit} \quad X_\iota \subset B$$

oder $\quad B \cap X_\iota = \emptyset \quad$ und damit $\quad X_\iota \subset A$.

Da sich die Mengen X_ι paarweise schneiden, ergibt sich nun, daß eine dieser Aussagen, etwa die erste, für ausnahmslos alle $\iota \in J$ gilt[1]. Dann ist aber auch $A \cap X = \emptyset$, im Widerspruch zu unserer Annahme. X muß also in Wirklichkeit doch zusammenhängend sein. ∎

160.6 Hilfssatz *Die Abschließung einer zusammenhängenden Menge ist ebenfalls zusammenhängend.*

Beweis. Sei X eine zusammenhängende Teilmenge des topologischen Raumes E. Angenommen, $\overline{X}$ sei unzusammenhängend. Dann gibt es nach (160.1) zwei E-offene Mengen A und B mit

$$\overline{X} \subset A \cup B, \, A \cap \overline{X} \neq \emptyset, \, B \cap \overline{X} \neq \emptyset \quad \text{und} \quad (A \cap \overline{X}) \cap (B \cap \overline{X}) = \emptyset.$$

Erst recht ist also

$$X \subset A \cup B \quad \text{und} \quad (A \cap X) \cap (B \cap X) = \emptyset.$$

Daraus folgt, daß eine der Schnittmengen $A \cap X$, $B \cap X$, etwa die erste, leer sein muß (andernfalls wäre X unzusammenhängend). Dann ist aber auch $A \cap \overline{X}$ leer: Für jedes $a \in A$ gibt es nämlich eine Umgebung, z.B. die offene Menge A selbst, die X nicht schneidet, a kann also nicht in $\overline{X}$ liegen. Die Folgerung $A \cap \overline{X} = \emptyset$ widerspricht aber der oben gemachten Annahme $A \cap \overline{X} \neq \emptyset$. Infolgedessen müssen wir einräumen, daß $\overline{X}$ in Wirklichkeit doch zusammenhängend ist. ∎

Zur Formulierung des angekündigten Zerlegungssatzes bedürfen wir noch einer

Definition *Eine maximale zusammenhängende Teilmenge des topologischen Raumes E, also eine zusammenhängende Teilmenge, die in keiner anderen zusammenhängenden Teilmenge echt enthalten ist, heißt eine* Komponente *von E.*

160.7 Zerlegungssatz *Sei E ein topologischer Raum. Dann gelten die folgenden Aussagen:*

---

[1] Sei etwa $A \cap X_{\iota_1} = \emptyset$. Wäre $A \cap X_{\iota_2} \neq \emptyset$, so müßte nach der obigen Alternative $B \cap X_{\iota_2} = \emptyset$ und damit $X_{\iota_2} \subset A$ sein. Wegen $X_{\iota_1} \cap X_{\iota_2} \neq \emptyset$ wäre dann $A \cap X_{\iota_1} \neq \emptyset$, im Widerspruch zur Voraussetzung.

a) *Die Komponenten von E sind paarweise disjunkt, und ihre Vereinigung ist ganz E (mit anderen Worten: Jeder Punkt von E liegt in genau einer Komponente von E).*

b) *Jede zusammenhängende Teilmenge von E liegt in einer Komponente von E.*

c) *Jede Komponente von E ist abgeschlossen.*

Der Beweis dieses Satzes ist jetzt äußerst einfach. Jedes $a \in E$ liegt in wenigstens einer zusammenhängenden Teilmenge von E, z.B. in $\{a\}$. Es sei nun C_a die Vereinigung aller a enthaltenden zusammenhängenden Teilmengen von E. Nach Hilfssatz 160.5 ist C_a zusammenhängend. Auf Grund der Konstruktion ist es trivial, daß C_a eine Komponente von E ist, und daß a in C_a, aber in keiner anderen Komponente von E liegt. Damit ist a) bewiesen. b) ist eine unmittelbare Folge unserer Komponentenkonstruktion, und c) ergibt sich wegen der Maximalität der Komponenten sofort aus Hilfssatz 160.6. ∎

Völlig mühelos ergibt sich aus dem Zerlegungssatz noch der

160.8 Satz *Ein topologischer Raum E ist genau dann zusammenhängend, wenn es zu je zweien seiner Punkte eine zusammenhängende Teilmenge von E gibt, die beide Punkte enthält.*

Ist nämlich die Bedingung des Satzes erfüllt und a ein Punkt aus E, so liegt jedes $b \in E$ in der a enthaltenden Komponente C_a. Es ist also $C_a = E$ und somit E zusammenhängend. — Die Umkehrung ist trivial. ∎

Aufgaben

E sei durchweg ein topologischer Raum.

***1.** E ist genau dann zusammenhängend, wenn $\emptyset$ und E die einzigen Teilmengen von E sind, die sowohl offen als auch abgeschlossen sind.

2. E ist genau dann unzusammenhängend, wenn es eine stetige Abbildung von E auf den diskreten Raum $\{0, 1\}$ gibt.

3. E ist genau dann zusammenhängend, wenn jede Teilmenge $M \neq \emptyset, E$ einen nichtleeren Rand besitzt. Hinweis: A 155.9.

4. Sei $X \subset E$ zusammenhängend und $X \subset Y \subset \overline{X}$. Dann ist auch Y zusammenhängend.

5. Die Komponenten eines diskreten Raumes sind seine einpunktigen Teilmengen.

+6. Die Komponenten des Unterraumes $\mathbf{Q}$ von $\mathbf{R}$ sind seine einpunktigen Teilmengen. Die Komponenten eines topologischen Raumes brauchen also nicht offen zu sein (vgl. jedoch A 161.2).

7. Die Komponenten des Raumes $E := (0, 1) \cup (2, 3)$, versehen mit der natürlichen Betragstopologie, sind die offenen Intervalle $(0, 1)$ und $(2, 3)$. Nach dem Zerlegungssatz sind diese offenen Intervalle abgeschlossen. Warum liegt hier kein Widerspruch vor?

***8.** Eine Teilmenge von $\mathbf{R}^p$ ist entweder bezüglich jeder oder keiner Norm auf $\mathbf{R}^p$ zusammenhängend.

+9. Die Teilmengen $X_1, X_2, X_3, \ldots$ des topologischen Raumes E seien zusammenhängend, und die Durchschnitte $X_n \cap X_{n+1}$ ($n = 1, 2, \ldots$) seien alle nichtleer. Dann ist die Vereinigung

$$X := \bigcup_{n=1}^{\infty} X_n \text{ ebenfalls zusammenhängend.}$$

161 Bogenzusammenhängende Mengen

Von einer zusammenhängenden Menge X erwarten wir intuitiverweise, daß wir von jedem $x_1 \in X$ zu jedem $x_2 \in X$ gelangen können, ohne X zu verlassen. Diese sehr vage Vorstellung wollen wir nun präzisieren und auf ihre Richtigkeit untersuchen.

Im Laufe unserer Arbeit waren wir schon mehrmals dazu veranlaßt worden, die Bahn eines bewegten Punktes in der $x_1 x_2$-Ebene durch Gleichungen der Form

$$x_1 = \gamma_1(t), \qquad x_2 = \gamma_2(t) \qquad (a \leqslant t \leqslant b) \tag{161.1}$$

zu beschreiben, wobei $(\gamma_1(t), \gamma_2(t))$ die Lage des Punktes zur Zeit t angibt. Umgekehrt hatte es sich gelegentlich als nützlich erwiesen, ein irgendwie gegebenes System (161.1) als Beschreibung des Bewegungsverlaufs eines Punktes zu interpretieren. Natürlich können wir die beiden skalaren Gleichungen (161.1) in eine Vektorgleichung

$$x = \gamma(t) \qquad (a \leqslant t \leqslant b) \text{ mit } \gamma := (\gamma_1, \gamma_2)$$

zusammenfassen. Nun erweist es sich gerade vom Standpunkt der Anwendungen aus als geboten, zwischen der Abbildung $\gamma : [a, b] \to \mathbf{R}^2$ und der zugehörigen Punktmenge $\Gamma := \{\gamma(t) : t \in [a, b]\}$ im $\mathbf{R}^2$ sorgfältig zu unterscheiden. Durch

$$x_1 = \cos t, \qquad x_2 = \sin t \qquad (0 \leqslant t \leqslant 2\pi)$$

wird z. B. die Bewegung eines Punktes beschrieben, der in dem Zeitraum $[0, 2\pi]$ den Einheitskreis *einmal* durchläuft, während

$$x_1 = \cos 2t, \qquad x_2 = \sin 2t \qquad (0 \leqslant t \leqslant 2\pi)$$

angibt, daß der Punkt in derselben Zeit den Einheitskreis *zweimal* durchläuft (und dann intuitiverweise wohl auch eine größere Geschwindigkeit als im ersten Fall haben wird). Beide Bewegungsverläufe sind physikalisch durchaus verschieden, obwohl die durchlaufenen Punktmengen beide Male dieselben sind. Bedenken wir noch, daß materielle Punkte sich i. allg. „kontinuierlich" bewegen und daß unsere Betrachtungen natürlich nicht an den $\mathbf{R}^2$ gebunden sind, so werden wir zu der folgenden Definition geführt:

Definition *Ist* E *ein topologischer Raum, so nennt man jede stetige Abbildung* $\gamma:[a, b] \to E$ *einen* Weg *in* E. *Unter einem* Bogen Γ *in* E *versteht man die zu einem Weg* $\gamma:[a, b] \to E$ *gehörende Punktmenge* $\{\gamma(t): t \in [a, b]\}$; *die Gleichung* $x = \gamma(t)$ $(a \leqslant t \leqslant b)$ *nennt man dann auch eine* Parameterdarstellung *von* Γ, t *selbst einen* Parameter. $\gamma(a)$ *heißt der* Anfangs-, $\gamma(b)$ *der* Endpunkt *des Weges* γ, *und man sagt, der Weg* γ *oder der Bogen* Γ verbinde *die Punkte* $\gamma(a)$, $\gamma(b)$.[1]

Wir fügen dieser Definition noch einige ergänzende Bemerkungen und Erklärungen bei.

Wie schon betont, kann ein und derselbe Bogen zu ganz verschiedenen Wegen gehören oder, wie wir auch sagen, verschiedene Parameterdarstellungen besitzen. Wir geben noch eine besonders nützliche Änderungsmöglichkeit der Parameterdarstellung an. Gehört der Bogen Γ zum Weg $\gamma:[a, b] \to E$, ist $[c, d]$ irgendein kompaktes Intervall und bildet man $[c, d]$ vermöge der Funktion

$$\varphi(t) := \frac{ad - bc}{d - c} + \frac{b - a}{d - c} t \qquad (c \leqslant t \leqslant d) \tag{161.2}$$

stetig auf $[a, b]$ ab, so ist Γ auch der Bogen des Weges $\gamma \circ \varphi:[c, d] \to E$.[2] Man kann also, wie man sagt, *jeden Bogen auf ein beliebig vorgegebenes Parameterintervall* $[c, d]$ *beziehen*.

Will man besonders hervorheben, daß der Weg $\gamma:[a, b] \to E$ im Sinne *wachsender* Parameter durchlaufen wird oder also, daß $\gamma(t_1)$ „vor" $\gamma(t_2)$ kommt, wenn $t_1 < t_2$ ist, so sagt man, γ sei orientiert. Dem orientierten Weg γ ordnet man durch

$$\gamma^-(t) := \gamma(a + b - t) \qquad (a \leqslant t \leqslant b) \tag{161.3}$$

den „umgekehrt durchlaufenen" oder inversen Weg γ^- zu. γ und γ^- erzeugen denselben Bogen, aber Anfangs- und Endpunkte von γ und γ^- tauschen ihre Rollen: Es ist $\gamma^-(a) = \gamma(b)$ und $\gamma^-(b) = \gamma(a)$.

Sind auf den Intervallen $[a_0, a_1]$, $[a_1, a_2]$, $\ldots$, $[a_{n-1}, a_n]$ Wege $\gamma_1, \ldots, \gamma_n$ in E mit zugehörigen Bögen $\Gamma_1, \ldots, \Gamma_n$ erklärt und gilt $\gamma_k(a_k) = \gamma_{k+1}(a_k)$ für $k = 1, \ldots, n-1$, so ist

$$\gamma: \begin{cases} [a_0, a_n] \to E \\ t \mapsto \gamma_k(t) \quad \text{für } t \in [a_{k-1}, a_k] \end{cases} \qquad (k = 1, \ldots, n) \tag{161.4}$$

ein Weg in E, den man die Summe der Wege $\gamma_1, \ldots, \gamma_n$ nennt und mit $\gamma_1 \oplus \cdots \oplus \gamma_n$ bezeichnet. Der zu γ gehörende Bogen heißt dementsprechend die Summe $\Gamma_1 \oplus \cdots \oplus \Gamma_n$ der Bögen $\Gamma_1, \ldots, \Gamma_n$ (s. Fig. 161.1).

---

[1] Ein Bogen wird häufig auch eine Kurve genannt.

[2] Man beachte, daß nach A 158.7 das Kompositum stetiger Funktionen stetig ist. Von dieser Tatsache werden wir hinfort immer wieder stillschweigend Gebrauch machen.

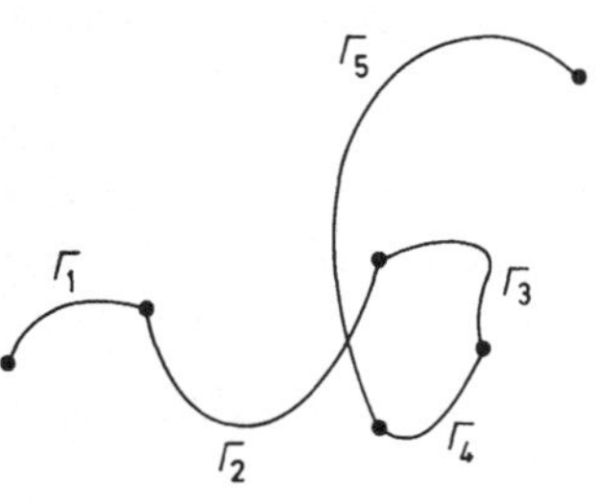

Fig. 161.1

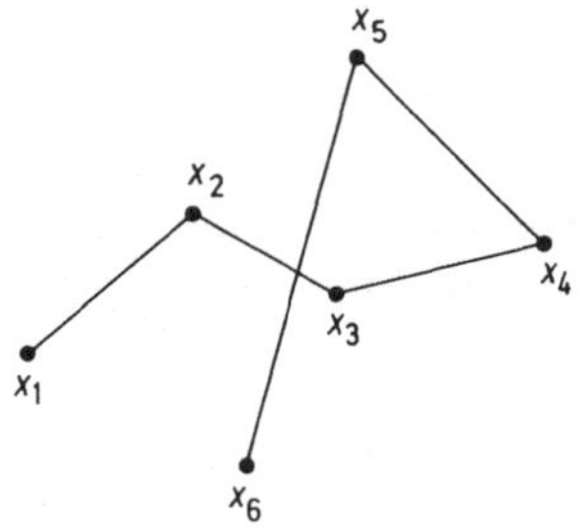

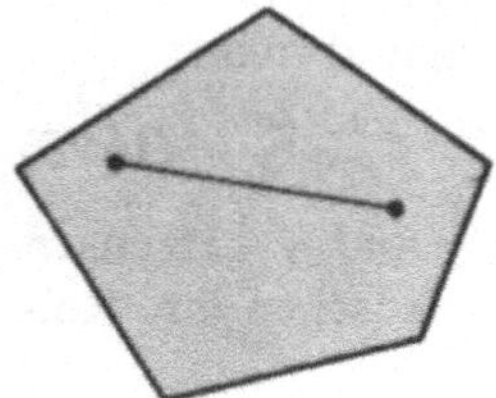

Fig. 161.2

Unter der **Verbindungsstrecke** $\overline{yz}$ zweier Punkte y, z eines beliebigen Vektorraumes E versteht man die Menge $\{y+t(z-y):0\leqslant t\leqslant 1\}$. Sie stimmt offenbar mit der Menge $\{\alpha y+\beta z:\alpha, \beta\geqslant 0, \alpha+\beta=1\}$ überein. Sind die Punkte $x_1, x_2, \ldots, x_n$ aus E vorgegeben, so nennt man die Vereinigung der Verbindungsstrecken $\overline{x_1 x_2}$, $\overline{x_2 x_3}, \ldots, \overline{x_{n-1} x_n}$ den **Polygonzug** durch $x_1, x_2, \ldots, x_n$ (s. Fig. 161.2).

Eine Teilmenge K von E heißt **konvex**, wenn sie mit je zweien ihrer Punkte auch deren Verbindungsstrecke enthält (s. Fig. 161.3 und 161.4). Die leere Menge, alle einpunktigen Teilmengen von E und E selbst sind trivialerweise konvex. Die am häufigsten auftretenden konvexen Teilmengen des $\mathbf{R}^2$ sind die (offenen und abgeschlossenen) Rechtecke, Kreise und Ellipsen.

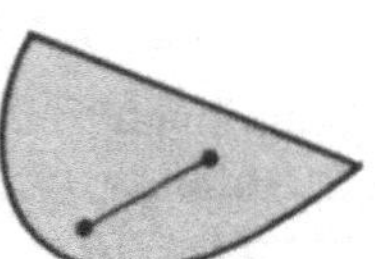

Fig. 161.3

Fig. 161.4

Ist E ein normierter Raum, so sind offenbar alle Verbindungsstrecken und Polygonzüge in E Bögen. Eine Kugel in E, sie mag offen oder abgeschlossen sein, ist stets konvex.

Liegen nämlich die Punkte y, z etwa in $U_\varepsilon(x_0)$, so ist für $\alpha, \beta\geqslant 0$ mit $\alpha+\beta=1$

$$\|(\alpha y+\beta z)-x_0\| = \|\alpha(y-x_0)+\beta(z-x_0)\| \leqslant \alpha\|y-x_0\| + \beta\|z-x_0\| < (\alpha+\beta)\varepsilon = \varepsilon,$$

also enthält $U_\varepsilon(x_0)$ auch die Verbindungsstrecke $\overline{yz}$. Entsprechend schließt man im Falle der abgeschlossenen Kugel $U_\varepsilon[x_0]$.

Da $[a, b]$ kompakt und zusammenhängend ist, folgt aus den Sätzen 158.5 und 160.2 ohne Umstände der

161.1 Satz *Jeder Bogen in einem topologischen Raum ist kompakt und zusammenhängend.*

Nach diesen Vorbereitungen präzisieren wir nun durch die folgende Definition unsere anschauliche Vorstellung von einer Menge X, in der wir von jedem Punkt $x_1 \in X$ zu jedem Punkt $x_2 \in X$ gelangen können, ohne X zu verlassen:

Definition *Eine nichtleere Teilmenge X des topologischen Raumes E heißt* bogenzusammenhängend, *wenn je zwei ihrer Punkte durch einen Bogen verbunden werden können, der ganz in X enthalten ist.*

Natürlich erhebt sich nun sofort die Frage, in welcher Beziehung zusammenhängende Mengen zu bogenzusammenhängenden stehen. Aus den Sätzen 160.8 und 161.1 folgt unmittelbar der

161.2 Satz *Jede bogenzusammenhängende Menge ist zusammenhängend.*

Mit der Definition der konvexen Menge ergibt sich daraus übrigens sofort der

161.3 Satz *Jede nichtleere konvexe Teilmenge eines normierten Raumes, insbesondere der ganze Raum, ist bogenzusammenhängend und damit auch zusammenhängend.*

Man kann durch Beispiele belegen, daß die Umkehrung des Satzes 161.2 nicht richtig ist (s. Aufgabe 4). Bogenzusammenhang ist also ein engerer Begriff als Zusammenhang. Immerhin gilt der wichtige

161.4 Satz *Eine offene Teilmenge eines normierten Raumes ist genau dann zusammenhängend, wenn sie bogenzusammenhängend ist.*

Wir brauchen nur zu beweisen, daß eine offene, zusammenhängende Teilmenge X eines normierten Raumes E sogar bogenzusammenhängend ist. Sei x_0 ein beliebiger Punkt aus X und M die Menge aller $x \in X$, die mit x_0 durch einen ganz in X liegenden Polygonzug verbunden werden können. M ist offen. Ist nämlich x_1 ein Punkt von M, so gibt es einerseits einen Polygonzug $\subset X$, der x_0 mit x_1 verbindet, andererseits eine ganz in X liegende Kugel $U_\varepsilon(x_1)$. Ist x ein beliebiger Punkt aus $U_\varepsilon(x_1)$, so liegt die Verbindungsstrecke $\overline{x_1 x}$ aus Konvexitätsgründen in $U_\varepsilon(x_1)$ und damit in X (s. Fig. 161.5). Es springt nun in die Augen, daß man x_0 und x durch einen Polygonzug $\subset X$ verbinden kann. Also liegt auch x in M, d.h., wir haben $U_\varepsilon(x_1) \subset M$. Damit ist gezeigt, daß M offen ist. Wegen $M = M \cap X$ ist M dann auch X-offen (Satz 156.1). Nun weisen wir nach, daß M auch X-abgeschlossen sein muß. Sei x_1 ein zu X gehörender Berührungspunkt von M und U eine in X liegende Kugel um x_1. In U gibt es ein $x_2 \in M$, und genau wie oben sieht man nun, daß x_1 „über x_2" mit x_0 durch einen Polygonzug $\subset X$ verbunden werden kann. x_1 gehört also zu M, und somit ist M in der Tat X-abgeschlossen. Da aber X zusammenhängend ist, muß die X-offene und gleichzeitig X-abgeschlossene Menge M nach A 160.1 entweder leer oder $= X$ sein. Leer kann sie nicht sein, weil sie x_0 enthält. Also ist $M = X$. Das bedeutet aber, da x_0 völlig beliebig aus X gewählt werden durfte, daß X bogenzusammenhängend ist. $\blacksquare$

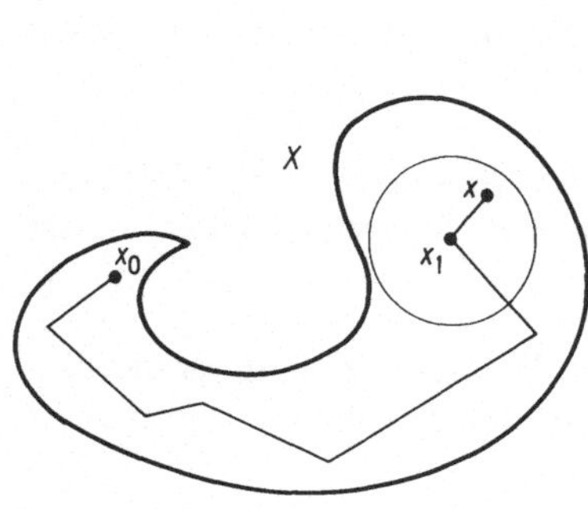

Fig. 161.5   Fig. 161.6

Eine offene und zusammenhängende Teilmenge eines topologischen Raumes nennt man gern ein Gebiet. Der Beweis des letzten Satzes ist so geführt, daß man sofort erkennt:

161.5 Satz *Je zwei Punkte eines Gebietes G in einem normierten Raum können stets durch einen in G verlaufenden Polygonzug verbunden werden.*

Ein Polygonzug durch die Punkte $x_1, x_2, \ldots, x_n$ des $\mathbf{R}^p$ heißt achsenparallel, wenn jeder Vektor $x_{k+1} - x_k$ $(k=1, \ldots, n-1)$ ein Vielfaches eines der Einheitsvektoren $e_1, \ldots, e_p$ des $\mathbf{R}^p$ ist (letztere sind in (114.1) definiert). Durch eine auf der Hand liegende Modifikation des Beweises zu Satz 161.4 sieht der Leser ohne Mühe den folgenden Satz ein (s. Fig. 161.6):

161.6 Satz *Je zwei Punkte eines Gebietes $G \subset \mathbf{R}^p$ können stets durch einen achsenparallelen, ganz in G verlaufenden Polygonzug verbunden werden*[1].

Aufgaben

[+]**1.** Das stetige Bild einer bogenzusammenhängenden Menge ist bogenzusammenhängend. Hinweis: A 158.7.

[+]**2.** Sei X eine nichtleere Teilmenge des normierten Raumes E. Ist X offen, so sind auch alle Komponenten von X offen.

3. Eine Bogenkomponente des topologischen Raumes E ist eine maximale bogenzusammenhängende Teilmenge von E. Zeige:

a) Die Bogenkomponenten von E sind paarweise disjunkt, und ihre Vereinigung ist ganz E.

b) Jede bogenzusammenhängende Teilmenge von E liegt in genau einer Bogenkomponente von E.

c) Jede Bogenkomponente von E liegt in genau einer Komponente von E.

---

[1] Dabei hat man sich $\mathbf{R}^p$ mit irgendeiner Norm versehen zu denken. Welche man nimmt, ist belanglos, da wegen Satz 153.1 alle Normen auf $\mathbf{R}^p$ ein und dieselbe Topologie erzeugen.

4. Wir versehen den $\mathbf{R}^2$ mit irgendeiner Norm und betrachten die Punkte $x_0:=(0,0)$, $x_n:=(1,1/n)$ für $n\in\mathbf{N}$ und $y:=(1,0)$. Zeige:

a) $X:=\bigcup_{n=1}^{\infty}\overline{x_0x_n}$ ist zusammenhängend. Hinweis: Hilfssatz 160.5.

b) $Y:=X\cup\{y\}$ ist zusammenhängend. Hinweis: A 160.4.

c) Y ist jedoch nicht bogenzusammenhängend.

5. Die Abschließung einer bogenzusammenhängenden Menge X braucht nicht bogenzusammenhängend zu sein. Beispiel: $X:=\{(t,\sin 1/t):t>0\}\subset\mathbf{R}^2$ (wobei $\mathbf{R}^2$ mit irgendeiner Norm versehen wird).

6. Die Menge der $f\in C[a,b]$, deren Schaubilder in dem Rechteck $[a,b]\times[c,d]$ verlaufen, ist eine konvexe abgeschlossene Teilmenge von $C[a,b]$. Finde weitere konvexe Teilmengen von $C[a,b]$, auch solche, die offen und solche, die weder offen noch abgeschlossen sind.

***7.** K und L seien konvexe Teilmengen des Vektorraumes E. Zeige:

a) $K+L:=\{x+y:x\in K,y\in L\}$, $z+L:=\{z+y:y\in L\}$ und $\lambda K:=\{\lambda x:x\in K\}$ sind konvex ($z\in E$, $\lambda\in\mathbf{R}$ beliebig).

b) Für $\lambda,\mu\geq 0$ ist $(\lambda+\mu)K=\lambda K+\mu K$.

c) Sind $x_1,\ldots,x_n$ Elemente von K und $\lambda_1,\ldots,\lambda_n$ nichtnegative Zahlen mit $\lambda_1+\cdots+\lambda_n=1$, so liegt $\lambda_1 x_1+\cdots+\lambda_n x_n$ wieder in K. Hinweis: Induktion.

8. M sei eine Teilmenge des Vektorraumes E. Zeige:

a) Der Durchschnitt aller konvexen Mengen $K\supset M$ ist konvex. Er wird die **konvexe Hülle** von M genannt.

b) Die konvexe Hülle von M ist die Menge aller **konvexen Kombinationen** der Elemente aus M, d.h. die Menge aller Summen der Form $\alpha_1 x_1+\cdots+\alpha_n x_n$ mit $x_k\in M$, $\alpha_k\geq 0$ ($k=1,\ldots,n$) und $\alpha_1+\cdots+\alpha_n=1$. Hinweis: Benutze Aufgabe 7c.

9. Die Abschließung einer konvexen Menge in einem normierten Raum ist konvex.

10. Die Teilmenge S des normierten Raumes E heißt **sternförmig**, wenn es ein festes $\xi\in S$ gibt, so daß für jedes $x\in S$ die Strecke $\overline{\xi x}$ ganz in S liegt. Zeige:

a) Jede nichtleere konvexe Teilmenge von E ist sternförmig.

b) Jede sternförmige Menge ist bogenzusammenhängend.

c) Jede offene sternförmige Menge ist ein Gebiet.

***11.** G sei eine offene Teilmenge eines normierten Raumes, x liege innerhalb, y außerhalb von G. Dann trifft die Verbindungsstrecke $\overline{xy}$ mindestens einmal den Rand von G.
Hinweis: Sei $x_s:=x+s(y-x)$, $\sigma:=\sup\{s\in[0,1]:\overline{xx_s}\subset G\}$. Betrachte x_σ.

XX Differentialrechnung im $\mathbf{R}^p$

Auch meinte ich in meiner Unschuld, daß es für den Physiker genüge, die elementaren mathematischen Begriffe klar erfaßt und für die Anwendungen bereit zu haben, und daß der Rest in für den Physiker unfruchtbaren Subtilitäten bestehe — ein Irrtum, den ich erst später mit Bedauern einsah.

Albert Einstein

In diesem Buch haben wir schon mehrmals betont, daß bei der Untersuchung reeller Funktionen f sowohl von theoretischem als auch von praktischem Standpunkt aus die Frage im Vordergrund steht, *wie sich die Werte $f(x)$ bei Änderungen des Arguments x verhalten*. Die entscheidenden und erstaunlich leistungsfähigen Hilfsmittel zur tieferen Diskussion dieser Frage waren die Begriffe der *Stetigkeit* und vor allem der *Differenzierbarkeit*. Natürlich wird die Analyse des Änderungsverhaltens auch in der Theorie und Anwendung der Funktionen von mehreren reellen Veränderlichen eine erstrangige Rolle spielen, und man wird ganz selbstverständlich daran denken, die erfolgreichen und klärenden Fundamentalbegriffe „Stetigkeit" und „Differenzierbarkeit" in angemessener Weise von $\mathbf{R}$ nach $\mathbf{R}^p$ zu übertragen, um ihnen dort eine neue Karriere zu eröffnen. Für die Stetigkeit haben wir dies — und zwar in viel allgemeineren Zusammenhängen — bereits in den Nummern 111 bis 113 und in nochmals vertiefter Form in den Nummern 158 und 159 geleistet. Der Differenzierbarkeitsproblematik sind wir bisher ausgewichen. Im vorliegenden Kapitel werden wir nun gerade diese Problematik aufgreifen und dabei zu weitaus tieferen Einsichten in das Verhalten der Funktionen von mehreren Veränderlichen kommen als bisher. Den ersten, vorbereitenden Schritt in das neue Problemfeld tun wir in der folgenden Nummer. Wir verabreden vorher noch, *uns die Vektorräume $\mathbf{R}^p$, $\mathbf{R}^q$, ... immer mit gewissen Normen versehen zu denken*; in der Wahl der letzteren sind wir dank des Satzes 153.1 oder auch des Satzes 109.8 völlig frei. Wir bezeichnen sie unterschiedslos mit dem einen Symbol $\|\cdot\|$. Sollten wir gelegentlich aus irgendwelchen Gründen ganz spezielle Normen bevorzugen, so werden wir dies ausdrücklich sagen.

Wir werden uns in den folgenden Nummern gelegentlich auf Sachverhalte aus dem Kapitel XIX über Topologische Räume beziehen. Für den Leser, der dieses Kapitel nicht durchgearbeitet hat, haben wir an allen wesentlichen Stellen Anmerkungen gemacht, die ihm auch ohne topologische Kenntnisse das Verständnis ermöglichen. Begriffe wie offene Umgebung, Abschließung, Inneres, Rand usw., die in der Banachraumtheorie bisher nicht aufgetreten waren, kann er ohne Schwierigkeiten im Kapitel XIX nachlesen; er braucht in den Definitionen nur „topologischer Raum" durch „normierter Raum" (oder durch $\mathbf{R}^p$) zu ersetzen. Ferner darf er den Ausdruck „Umgebungsfilter $\mathfrak{U}(a)$ eines Punktes a", der gelegentlich in diesen Definitionen auftritt, ohne weiteres ersetzen durch „Menge aller ε-Umgebungen von a". Hier weisen wir nur noch darauf hin, daß eine „Umgebung von a" im $\mathbf{R}^p$ eine Obermenge einer ε-Umgebung von a ist. Gemäß dieser Definition ist jede offene Menge $U \subset \mathbf{R}^p$, die a enthält, eine Umgebung von a; wir nennen U kurz eine offene Umgebung von a.

162 Partielle Ableitungen

Für reellwertige Funktionen von zwei reellen Veränderlichen hatten wir die partiellen Ableitungen schon am Ende der Nr. 107 definiert. Die Verallgemeinerung auf Funktionen $f: X \subset \mathbf{R}^p \to \mathbf{R}$ liegt auf der Hand: Ist $(\xi_1, \ldots, \xi_p)$ ein Punkt aus X, und besitzt die partielle Funktion $x_1 \mapsto f(x_1, \xi_2, \ldots, \xi_p)$ in ξ_1 eine Ableitung, deren Wert α_1 sein möge, so sagen wir, f sei in $(\xi_1, \ldots, \xi_p)$ partiell nach x_1 differenzierbar, und ihre partielle Ableitung nach x_1 im Punkte $(\xi_1, \ldots, \xi_p)$ sei α_1, in Zeichen:

$$D_1 f(\xi_1, \ldots, \xi_p) = \alpha_1, \qquad \frac{\partial f}{\partial x_1}(\xi_1, \ldots, \xi_p) = \alpha_1 \quad \text{oder} \quad \frac{\partial f(\xi_1, \ldots, \xi_p)}{\partial x_1} = \alpha_1.$$

Hierbei wird natürlich stillschweigend vorausgesetzt, daß die obige partielle Funktion mindestens auf einem ξ_1 enthaltenden Intervall der x_1-Achse definiert ist. Diese Voraussetzung ist mit Sicherheit immer dann erfüllt, wenn der Definitionsbereich X von f offen ist (und aus diesem Grund werden wir im folgenden den Bereich X meistens als offen annehmen).

Ganz entsprechend werden mit Hilfe der partiellen Funktionen

$$x_2 \mapsto f(\xi_1, x_2, \xi_3, \ldots, \xi_p), \ldots, x_p \mapsto f(\xi_1, \ldots, \xi_{p-1}, x_p)$$

die partiellen Ableitungen nach $x_2, \ldots, x_p$ im Punkte $(\xi_1, \ldots, \xi_p)$ definiert (falls die hierzu nötigen Voraussetzungen vorliegen) und mit den Symbolen

$$D_2 f(\xi_1, \ldots, \xi_p), \qquad \frac{\partial f}{\partial x_2}(\xi_1, \ldots, \xi_p) \quad \text{oder} \quad \frac{\partial f(\xi_1, \ldots, \xi_p)}{\partial x_2},$$

$$\vdots \qquad\qquad\qquad\qquad \vdots$$

$$D_p f(\xi_1, \ldots, \xi_p), \qquad \frac{\partial f}{\partial x_p}(\xi_1, \ldots, \xi_p) \quad \text{oder} \quad \frac{\partial f(\xi_1, \ldots, \xi_p)}{\partial x_p}$$

bezeichnet. Ist f in jedem Punkt von X partiell nach x_k differenzierbar, so sagen wir, f sei auf X partiell nach x_k differenzierbar, nennen die auf X definierte Funktion $(x_1, \ldots, x_p) \mapsto D_k f(x_1, \ldots, x_p)$ die partielle Ableitung von f nach x_k auf X und bezeichnen sie mit $D_k f$ oder $\dfrac{\partial f}{\partial x_k}$.[1]

Kurz gesagt: *Man erhält die partielle Ableitung von f nach x_k, indem man alle Veränderlichen mit Ausnahme von x_k als Konstanten betrachtet und die nunmehr nur noch von der einen Veränderlichen x_k abhängende Funktion in gewohnter Weise nach x_k dif-*

---

[1] Die partielle Ableitung von f nach x_k wird auch häufig mit f_{x_k} bezeichnet. Das Symbol $\partial f / \partial x_k$ wurde von C. G. J. Jacobi eingeführt. Im J. f. reine u. angew. Math. **15** (1836) bezeichnet er partielle Ableitungen noch durchweg mit d (s. dort S. 13, 209, 289), in der Nr. **17** (1837) benutzt er kommentarlos ∂ (s. dort etwa S. 68). Gauß verwendet noch 1839 d bei partiellen Ableitungen (s. Werke V, S. 199).

ferenziert. Wir erläutern dieses Vorgehen an drei Beispielen, wobei wir für die unabhängigen Veränderlichen auch andere Buchstaben als $x_1, \ldots, x_p$ verwenden[1].

1. $f(s, t) := s\,e^t + \sin(st)$ ist auf $\mathbf{R}^2$ definiert und dort nach jeder Veränderlichen partiell differenzierbar:

$$\frac{\partial f(s, t)}{\partial s} = e^t + t\cos(st), \qquad \frac{\partial f(s, t)}{\partial t} = s\,e^t + s\cos(st).$$

2. $f(x, y, z) := x^2 + x y^2 + 2 z^3$ ist auf $\mathbf{R}^3$ definiert und dort nach jeder Veränderlichen partiell differenzierbar:

$$\frac{\partial f(x, y, z)}{\partial x} = 2x + y^2, \qquad \frac{\partial f(x, y, z)}{\partial y} = 2xy, \qquad \frac{\partial f(x, y, z)}{\partial z} = 6 z^2.$$

3. $f(x_1, \ldots, x_4) := 1/(x_1^2 + \cdots + x_4^2)$ ist in allen Punkten des $\mathbf{R}^4$ mit Ausnahme des Nullpunktes definiert, und für jedes $(x_1, \ldots, x_4) \neq (0, \ldots, 0)$ ist

$$\frac{\partial f(x_1, \ldots, x_4)}{\partial x_k} = -\frac{2 x_k}{(x_1^2 + \cdots + x_4^2)^2} \qquad (k = 1, \ldots, 4).$$

Differenziert man, falls dies überhaupt möglich ist, $\mathrm{D}_k f$ an der Stelle $(\xi_1, \ldots, \xi_p)$ partiell nach x_j, so erhält man die **partielle Ableitung zweiter Ordnung**

$$\mathrm{D}_j \mathrm{D}_k f(\xi_1, \ldots, \xi_p)$$

von f an der Stelle $(\xi_1, \ldots, \xi_p)$; wir schreiben dafür auch

$$\frac{\partial^2 f}{\partial x_j \partial x_k}(\xi_1, \ldots, \xi_p) \quad \text{oder} \quad \frac{\partial^2 f(\xi_1, \ldots, \xi_p)}{\partial x_j \partial x_k}.$$

Ist $\mathrm{D}_k f$ in jedem Punkt von X partiell nach x_j differenzierbar, so bezeichnen wir die auf X definierte Funktion $(x_1, \ldots, x_p) \mapsto \mathrm{D}_j \mathrm{D}_k f(x_1, \ldots, x_p)$ mit einem der Symbole

$$\mathrm{D}_j \mathrm{D}_k f, \qquad \frac{\partial^2 f}{\partial x_j \partial x_k}, \qquad \frac{\partial}{\partial x_j}\left(\frac{\partial f}{\partial x_k}\right).$$

---

[1] Dem Anfänger wird geraten, beim partiellen Differenzieren die festzuhaltenden Variablen zunächst mit einem leicht ausradierbaren Bleistiftzeichen zu markieren, etwa durch Anhängen des Index $_0$ oder durch Unterstreichen. Er vermeidet so, bis er eine größere Gewandtheit erlangt hat, den sehr banalen (aber sehr häufigen) Fehler, die Variablen durcheinanderzuwerfen.

Im Falle $j = k$ schreibt man

$$\frac{\partial^2 f}{\partial x_k^2} \quad \text{statt} \quad \frac{\partial^2 f}{\partial x_k \partial x_k}.$$

Was unter partiellen Ableitungen dritter, vierter, ... Ordnung und Zeichen wie

$$\mathrm{D}_j \mathrm{D}_k \mathrm{D}_l f, \qquad \frac{\partial^4 f}{\partial x_2 \partial x_4 \partial x_1 \partial x_3}, \qquad \frac{\partial^4 f}{\partial x_1 \partial x_2^2 \partial x_3} \quad \text{und} \quad \frac{\partial^5 f}{\partial x_2^5}$$

zu verstehen ist, dürfte nun klar sein.

Die „gemischten Ableitungen" $\partial^2 f/\partial x \partial y$ und $\partial^2 f/\partial y \partial x$ der Funktion $f(x, y)$ unterscheiden sich zunächst rein äußerlich durch die Reihenfolge der Differentiationen. $\partial^2 f/\partial x \partial y$ wird gebildet, indem man, kurz gesagt, zuerst nach y und dann nach x differenziert, während man $\partial^2 f/\partial y \partial x$ erhält, indem man zunächst die Differentiation nach x und daran anschließend die nach y vornimmt[1]. Die Aufgabe 4 belegt, daß die beiden gemischten Ableitungen sehr wohl verschieden sein können. In den praktisch auftretenden Fällen ist jedoch die Reihenfolge der Differentiationen unerheblich. Es gilt nämlich der

162.1 Satz *Die gemischten Ableitungen* $\partial^2 f/\partial x \partial y$ *und* $\partial^2 f/\partial y \partial x$ *der Funktion* $f(x, y)$ *seien in einer gewissen ε-Umgebung U des Punktes (ξ, η) vorhanden und in (ξ, η) stetig. Dann ist*

$$\frac{\partial^2 f(\xi, \eta)}{\partial x \partial y} = \frac{\partial^2 f(\xi, \eta)}{\partial y \partial x}.^{2)} \tag{162.1}$$

Beweis. Führen wir in $\mathbf{R}^2$ die Maximumsnorm ein und verstehen wir „ε-Umgebung" im Sinne dieser Norm, so ist für $|h|, |k| < \varepsilon$ stets

$$\|(\xi + h, \eta + k) - (\xi, \eta)\|_\infty = \|(h, k)\|_\infty = \max(|h|, |k|) < \varepsilon,$$

infolgedessen haben wir

$$(\xi + h, \eta + k) \in U \quad \text{für } |h|, |k| < \varepsilon.$$

Die Zahlen h, k mögen nun dieser Bedingung genügen, seien beide $\neq 0$ und vorübergehend fest gewählt. Aus unseren Voraussetzungen folgt, daß die Funktion

$$\varphi(x) := f(x, \eta + k) - f(x, \eta)$$

auf dem kompakten Intervall $\langle \xi, \xi + h \rangle$ mit den Endpunkten ξ und $\xi + h$ differenzierbar ist; nach dem Mittelwertsatz der Differentialrechnung muß also

$$\varphi(\xi + h) - \varphi(\xi) = h \varphi'(x_1) \quad \text{mit einem } x_1 \in \langle \xi, \xi + h \rangle$$

---

[1] In manchen Büchern bedeutet $\partial^2 f/\partial x \partial y$, daß zuerst nach x und dann nach y differenziert werden soll. Der unten stehende Satz 162.1 zeigt, daß dieser Unterschied in den Konventionen praktisch nicht sehr belangvoll ist.

[2] Dieser wichtige Satz geht auf Euler (1734) zurück; s. Opera omnia (1), 22, S. 39.

sein. Setzen wir zur Abkürzung

$$F(h, k) := f(\xi + h, \eta + k) - f(\xi + h, \eta) - f(\xi, \eta + k) + f(\xi, \eta),$$

so ist gemäß der Definition von φ

$$F(h, k) = \varphi(\xi + h) - \varphi(\xi).$$

Wir erhalten damit die Beziehung

$$F(h, k) = h \varphi'(x_1) = h \left[\frac{\partial f}{\partial x} (x_1, \eta + k) - \frac{\partial f}{\partial x} (x_1, \eta) \right].$$

Wenden wir nun den Mittelwertsatz der Differentialrechnung auf den Ausdruck in der eckigen Klammer an, so folgt

$$F(h, k) = h k \frac{\partial^2 f}{\partial y \partial x} (x_1, y_1) \quad \text{mit einem } y_1 \in \langle \eta, \eta + k \rangle. \tag{162.2}$$

Wir stellen jetzt $F(h, k)$ mit Hilfe der Funktion

$$\psi(y) := f(\xi + h, y) - f(\xi, y)$$

in der Form

$$F(h, k) = \psi(\eta + k) - \psi(\eta)$$

dar. Durch Schlüsse, die den oben durchgeführten völlig analog sind, findet der Leser mühelos die der Gl. (162.2) entsprechende Beziehung

$$F(h, k) = h k \frac{\partial^2 f}{\partial x \partial y} (x_2, y_2) \quad \text{mit } x_2 \in \langle \xi, \xi + h \rangle, \ y_2 \in \langle \eta, \eta + k \rangle. \tag{162.3}$$

Aus (162.2) und (162.3) folgt, da $h k \neq 0$ ist,

$$\frac{\partial^2 f}{\partial y \partial x} (x_1, y_1) = \frac{\partial^2 f}{\partial x \partial y} (x_2, y_2) \quad \text{mit } x_j \in \langle \xi, \xi + h \rangle, \ y_j \in \langle \eta, \eta + k \rangle \quad \text{für } j = 1, 2.$$

Da die gemischten Ableitungen im Punkte (ξ, η) stetig sind, ergibt sich aus dieser Gleichung, wenn man $(h, k) \to (0, 0)$ gehen läßt, die behauptete Beziehung (162.1).[1]   ∎

Ist G eine nichtleere offene Teilmenge des $\mathbf{R}^p$ und m eine natürliche Zahl, so bezeichnen wir mit $C^m(G)$ die Menge aller Funktionen $f: G \to \mathbf{R}$, die auf G definiert und deren partielle Ableitungen der Ordnung $\leq m$ alle auf G vorhanden und stetig sind. Liegt G fest, so nennen wir ein $f \in C^m(G)$ auch gerne eine C^m-**Funktion**. Aus Satz 162.1 ergibt sich nun ohne weiteres der

---

[1] Einen ganz anderen Beweis, allerdings unter etwas stärkeren Voraussetzungen, findet der Leser in A 200.10.

162.2 Satz von Schwarz *Für jedes $f \in C^m(G)$ sind die partiellen Ableitungen der Ordnung $\leq m$ unabhängig von der Reihenfolge der Differentiationen.*

Wir haben die partiellen Ableitungen recht formal eingeführt. Ihre Rolle und Leistungsfähigkeit bei der Untersuchung des Änderungsverhaltens einer Funktion f sind jedoch leicht zu erkennen. $\partial f/\partial x_j$ gibt, kurz gesagt, die Änderungsrate von f parallel zur j-ten Koordinatenachse an. Um diese Aussage zu verdeutlichen und anschaulich zu machen, betrachten wir speziell eine Funktion $f(x, y)$ von zwei Veränderlichen. Ihr Schaubild, das wir in gewohnter Weise konstruieren, ist eine Fläche mit der Gleichung $z = f(x, y)$ (s. Fig. 162.1). Die Ebene, die parallel zur x- und z-Achse durch (ξ, η) geht, schneidet aus dieser Fläche eine Kurve C_1 aus, die wir als Schaubild der partiellen Funktion $\varphi_\eta(x) := f(x, \eta)$ auffassen können. Ganz entsprechend erhalten wir das Schaubild C_2 der partiellen Funktion $\psi_\xi(y) := f(\xi, y)$, indem wir

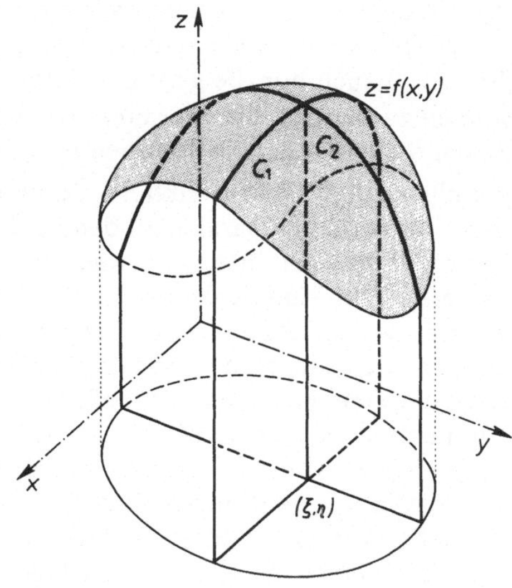

Fig. 162.1

unsere Fläche mit der Ebene schneiden, die parallel zur y- und z-Achse durch (ξ, η) geht. Die partielle Ableitung $\partial f(\xi, \eta)/\partial x$ ist nun definitionsgemäß nichts anderes als die Änderungsrate der „zur x-Achse parallel laufenden" Funktion $\varphi_\eta(x)$ an der Stelle ξ, also die Steigung von C_1 über der Stelle (ξ, η), während $\partial f(\xi, \eta)/\partial y$ die Änderungsrate der „zur y-Achse parallel laufenden" Funktion $\psi_\xi(y)$ an der Stelle η, also die Steigung von C_2 über der Stelle (ξ, η) angibt. Die Kenntnis der partiellen Ableitung $\partial f(x, \eta)/\partial x$ für alle in Betracht kommenden x setzt uns somit in die Lage, die Funktion $\varphi_\eta(x)$ (geometrisch: das Schaubild C_1) zu diskutieren, also Aufschlüsse darüber zu gewinnen, wie sich $f(x, y)$ über der Parallelen zur x-Achse durch den Punkt (ξ, η) ändert. Insbesondere können wir Aussagen über den Wert von $f(x + h, \eta)$ machen, wenn uns $f(x, \eta)$ gegeben ist. Entsprechendes gilt, wenn uns $\partial f(\xi, y)/\partial y$ für alle einschlägigen y zur Verfügung steht. In diesem Falle können wir aus der Kenntnis von $f(\xi, y)$ Informationen über $f(\xi, y + k)$ gewinnen. Nun zeigt sich aber sofort, daß die Leistungsfähigkeit der partiellen Ableitungen begrenzt ist. Denn obwohl wir mit ihrer Hilfe Aussagen über $f(\xi + h, \eta)$ und $f(\xi, \eta + k)$ machen können, wenn uns $f(\xi, \eta)$ bekannt ist, sind wir nicht in der Lage, Entsprechendes für $f(\xi + h, \eta + k)$ zu leisten, also für einen Funktionswert, der aus $f(\xi, \eta)$ entsteht, indem man sowohl ξ als auch η abändert. Bei der großen Allgemeinheit unseres Funktionsbegriffs ist dies nicht weiter verwunderlich. Setzen wir z. B.

$$f(x, y) := \begin{cases} x & \text{für alle } (x, 0) \in \mathbf{R}^2, \\ y & \text{für alle } (0, y) \in \mathbf{R}^2, \\ \text{völlig beliebig an allen übrigen Stellen } (x, y), \end{cases}$$

so sind die partiellen Ableitungen $\partial f(0, 0)/\partial x$, $\partial f(0, 0)/\partial y$ vorhanden und $= 1$, es kann aber keine Rede davon sein, aus dieser Tatsache und der Kenntnis von $f(0, 0) = 0$ auch nur die geringste Information über $f(x, y)$ an den Stellen (x, y) gewinnen zu können, die auf keiner Koordinatenachse liegen — denn $f(x, y)$ kann an diesen Stellen ja ganz willkürlich festgelegt werden.

Bei einer vorgelegten Funktion $f(x, y)$ ist man aber i. allg. nicht nur daran interessiert, ihr Verhalten parallel zu den beiden Koordinatenachsen zu beherrschen, vielmehr will man gerade wissen, wie sich $f(x, y)$ ändert, wenn man x und y *gleichzeitig* variieren läßt. Man denke nur an das Problem, die stationäre Temperaturverteilung in einer dünnen Platte zu beschreiben (vgl. Nr. 146). Hier wird man zunächst willkürlich (wie sollte man es anders machen?) ein xy-Koordinatensystem festlegen und dann die Temperatur an der Stelle (x, y) durch $f(x, y)$ angeben. Kennt man nun die Temperatur im Punkte (ξ, η), so wird man nicht nur daran interessiert sein, von (ξ, η) ausgehend ihren Verlauf parallel zu den Koordinatenachsen verfolgen zu können, die ja mit dem physikalischen Problem nicht das Geringste zu tun haben — vielmehr wird man wünschen, Angaben über $f(\xi + h, \eta + k)$ an *jeder* nahe bei (ξ, η) liegenden Stelle $(\xi + h, \eta + k)$ machen zu können. Ohne weitere Voraussetzungen über f reichen, wie wir oben gesehen haben, die partiellen Ableitungen nicht aus, diesen Wunsch zu befriedigen. Um Einsicht in das Änderungsverhalten einer Funktion zu gewinnen, müssen wir tiefer graben. Das wird in den beiden nächsten Nummern geschehen.

Aufgaben

1. Berechne ohne den Satz 162.2 zu benutzen alle partiellen Ableitungen erster und zweiter Ordnung der folgenden Funktionen:

a) $f(x, y) := x^3 - 2x^2 y^2 + 4xy^3 + y^4 + 10$,   b) $f(x, y) := (x^2 + y^2)e^{xy}$,

c) $f(x, y, z) := xyz \sin(x + y + z)$,   d) $f(x, y, z) := \dfrac{x e^y}{z}$, $z \neq 0$.

2. Sei $f(x, y) := \ln \sqrt{x^2 + y^2}$ für $(x, y) \neq (0, 0)$. Dann ist

$$\frac{\partial^2 f}{\partial x^2} + \frac{\partial^2 f}{\partial y^2} = 0.$$

3. Sei $f(x, y, z) := \dfrac{1}{\sqrt{x^2 + y^2 + z^2}}$ für $(x, y, z) \neq (0, 0, 0)$. Dann ist

$$\frac{\partial^2 f}{\partial x^2} + \frac{\partial^2 f}{\partial y^2} + \frac{\partial^2 f}{\partial z^2} = 0.$$

4. Es kann $\partial^2 f/\partial x\,\partial y \neq \partial^2 f/\partial y\,\partial x$ sein. Sei

$$f(x, y) := \begin{cases} xy\,\dfrac{x^2-y^2}{x^2+y^2} & \text{für } (x, y) \neq (0, 0), \\[2mm] 0 & \text{für } (x, y) = (0, 0). \end{cases}$$

Zeige: $\quad \dfrac{\partial f}{\partial x}(0, y) = -y \quad$ für alle $y \quad$ und $\quad \dfrac{\partial^2 f}{\partial y\,\partial x}(0, 0) = -1,$

$\dfrac{\partial f}{\partial y}(x, 0) = x \quad$ für alle $x \quad$ und $\quad \dfrac{\partial^2 f}{\partial x\,\partial y}(0, 0) = 1.$

5. Die Bernoullische Gleichung der Strömungsmechanik (Daniel Bernoulli, 1738) verknüpft die Geschwindigkeit v und den Druck p innerhalb einer (idealen) Flüssigkeit mit der Höhe h der als schrägstehend angenommenen Strömungsröhre:

$$\frac{1}{2}\varrho v^2 + p + \varrho g h = \text{const} \qquad (\varrho \text{ die Flüssigkeitsdichte, g die Erdbeschleunigung}).$$

Berechne die Änderungsraten der Geschwindigkeit, wenn man einer der Größen p, h ändert und die andere festhält.

6. Der pulsatile Blutstrom in den Kapillaradern wird beschrieben durch

$$V = \frac{\kappa \alpha t}{QT}\left[\exp\left(-\frac{\alpha}{T}t\right) - \exp(-\alpha)\right] \qquad (0 \leqslant t \leqslant T);$$

hierbei ist V das Blutvolumen, Q der Querschnitt der Kapillare, T die Periode des Herzschlags, t die Zeit; α und κ sind körpereigene Parameter (s. Math. Biosciences 3 (1968) 205ff). Bestimme die Änderungsraten von V bei Variation jeweils einer der Größen t, Q, T.

7. Sauerstoffverbrauch von Pelztieren S sei der Sauerstoffverbrauch eines Pelztieres pro Minute, T_k seine (innere) Körpertemperatur, T_a die Außentemperatur seines Pelzes und G sein Gewicht. Messungen haben ergeben, daß

$$S = \alpha\,\frac{T_k - T_a}{G^{2/3}} \qquad (\alpha \text{ eine positive Konstante})$$

ist. Untersuche das Wachstumsverhalten von S, wenn man zwei der drei Größen T_k, T_a, G festhält und die dritte verändert.

8. Die Gleichung der schwingenden Saite (s. (132.1)): f und g seien zweimal differenzierbare Funktionen von $\mathbf{R}$ nach $\mathbf{R}$. Setze $u(x, t) := f(x - \alpha t) + g(x + \alpha t)$ und zeige, daß gilt

$$\frac{\partial^2 u}{\partial t^2} = \alpha^2\,\frac{\partial^2 u}{\partial x^2} \qquad \text{(Gleichung der schwingenden Saite)}.$$

9. Parallel geschaltete Widerstände Werden n elektrische Widerstände $R_1, \dots, R_n$ parallel geschaltet, so wird der Gesamtwiderstand R des Systems bestimmt durch die Gleichung $1/R = 1/R_1 + \cdots + 1/R_n$. Drücke $\partial R/\partial R_k$ durch R und R_k aus.

10. Zustandsgleichung idealer Gase Für ein ideales Gas mit Druck P, Volumen V und absoluter Temperatur T gilt die Zustandsgleichung $PV = cT$ (c eine Konstante). Beweise für ein solches Gas die Beziehung

$$\frac{\partial V}{\partial T}\,\frac{\partial T}{\partial P}\,\frac{\partial P}{\partial V} = -1.$$

11. Zustandsgleichung realer Gase Für ein reales Gas mit Druck P, Molvolumen V_m und absoluter Temperatur T gilt die van der Waalssche Gleichung[1]

$$\left(P + \frac{a}{V_m^2}\right)(V_m - b) = RT \qquad (a,\, b,\, R \text{ Konstanten}).$$

Beweise für ein solches Gas die Beziehung

$$\frac{\partial V_m}{\partial T}\,\frac{\partial T}{\partial P}\,\frac{\partial P}{\partial V_m} = -1.$$

12. Grenzproduktivität von Arbeit und Kapital Die Produktion P einer Industrie hängt ab von der Arbeitsmenge A und der Kapitalmenge K: $P = f(A, K)$. Man nennt $\partial P/\partial A$ bzw. $\partial P/\partial K$ die Grenzproduktivität der Arbeit bzw. des Kapitals. In der Sprache der Wirtschaftswissenschaften ist *die Grenzproduktivität der Arbeit derjenige Produktionszuwachs, den eine zusätzliche Arbeitseinheit bei gleichbleibender Kapitalausstattung erzeugt;* entsprechend ist die Grenzproduktivität des Kapitals zu deuten. Nach der Produktionstheorie von Cobb und Douglas (1928) ist in der Regel $P = cA^\alpha K^\beta$. Eine Untersuchung der französischen Gasindustrie von Michel J. J. Verhulst führte zu dem Ergebnis, daß im letzten Quartal 1945 die Gesamtproduktion der kleineren bzw. der größeren Firmen proportional zu $A^{0,80} K^{0,14}$ bzw. zu $A^{0,83} K^{0,10}$ war (Econometrica **16** (1948), 295–308). Bestimme die Grenzproduktivitäten der „Kleinen" und der „Großen" und vergleiche sie.

163 Das Änderungsverhalten der C^1-Funktionen

Um den mathematischen Gedanken nicht durch umständliche Bezeichnungen zu verdunkeln, beginnen wir die Untersuchung des funktionellen Änderungsverhaltens mit dem einfachen Sonderfall einer reellwertigen Funktion $f(x, y)$ auf einer offenen Teilmenge G des $\mathbf{R}^2$ (versehen mit irgendeiner Norm $\|\cdot\|$). (ξ, η) sei ein Punkt aus G und U eine δ-Umgebung von (ξ, η), die ganz in G liegt. Sind $|h|$ und $|k|$ hinreichend klein, so liegen die Punkte $(\xi, \eta + k)$ und $(\xi + h, \eta + k)$ in U, wir können dann also das Inkrement

$$\Delta f := f(\xi + h, \eta + k) - f(\xi, \eta),$$

---

[1] Johannes Diderik van der Waals (1837–1923; 86), niederländischer Physiker.

das wir ja untersuchen wollen, bilden und in der Form

$$\Delta f = [f(\xi + h, \eta + k) - f(\xi, \eta + k)] + [f(\xi, \eta + k) - f(\xi, \eta)] \tag{163.1}$$

schreiben. Da über den Fall $(h, k) = (0, 0)$ nichts zu sagen ist, setzen wir im folgenden durchweg $(h, k) \neq (0, 0)$ voraus. U ist konvex (s. die Bemerkung vor Satz 161.1), infolgedessen liegen die Verbindungsstrecken der Punktepaare $(\xi + h, \eta + k)$, $(\xi, \eta + k)$ und $(\xi, \eta + k)$, (ξ, η), also die Menge der Punkte

$$(x, \eta + k) \quad \text{mit } x \in \langle \xi, \xi + h \rangle$$

bzw.$\quad (\xi, y) \qquad \text{mit } y \in \langle \eta, \eta + k \rangle$

in U (s. Fig. 163.1, wo U eine δ-Umgebung bezüglich der Maximumsnorm, also ein Quadrat ist). Somit ist die partielle Funktion $x \mapsto f(x, \eta + k)$ gewiß auf $\langle \xi, \xi + h \rangle$ und die partielle Funktion $y \mapsto f(\xi, y)$ auf $\langle \eta, \eta + k \rangle$ definiert. Ist nun f auf G partiell nach x und y differenzierbar, so gibt es nach dem Mittelwertsatz der Differentialrechnung Zahlen ϑ, ϑ' zwischen 0 und 1, mit denen für die eckigen Klammern auf der rechten Seite von (163.1) die folgenden Darstellungen gelten:

$$f(\xi + h, \eta + k) - f(\xi, \eta + k) = \frac{\partial f(\xi + \vartheta h, \eta + k)}{\partial x} h$$

$$= \frac{\partial f(\xi, \eta)}{\partial x} h + \underbrace{\left[\frac{\partial f(\xi + \vartheta h, \eta + k)}{\partial x} - \frac{\partial f(\xi, \eta)}{\partial x} \right]}_{=: \rho_1 (h, k)} h$$

$$= \frac{\partial f(\xi, \eta)}{\partial x} h + \rho_1 (h, k) h,$$

$$f(\xi, \eta + k) - f(\xi, \eta) = \frac{\partial f(\xi, \eta + \vartheta' k)}{\partial y} k$$

$$= \frac{\partial f(\xi, \eta)}{\partial y} k + \underbrace{\left[\frac{\partial f(\xi, \eta + \vartheta' k)}{\partial y} - \frac{\partial f(\xi, \eta)}{\partial y} \right]}_{=: \rho_2 (k)} k$$

$$= \frac{\partial f(\xi, \eta)}{\partial y} k + \rho_2 (k) k.$$

Setzen wir noch

$$r(h, k) := \rho_1 (h, k) h + \rho_2 (k) k,$$

so erhalten wir für Δf die Darstellung

$$\Delta f = \frac{\partial f(\xi, \eta)}{\partial x} h + \frac{\partial f(\xi, \eta)}{\partial y} k + r(h, k).$$

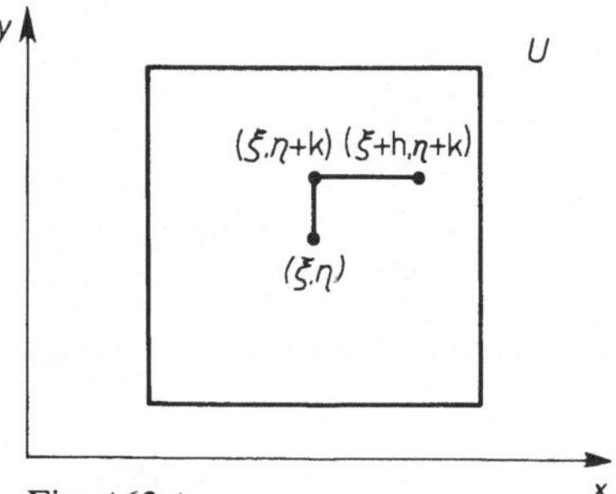

Fig. 163.1

Sind nun die partiellen Ableitungen auf G sogar stetig, so strebt für $(h, k) \to (0, 0)$

$$\rho_1(h, k) \to 0 \quad \text{und} \quad \rho_2(k) \to 0,$$

und somit geht bei dieser Bewegung von (h, k) auch

$$\frac{r(h, k)}{\|(h, k)\|_1} = \frac{r(h, k)}{|h| + |k|} \to 0.$$

Da wegen Hilfssatz 109.6

$$\frac{|r(h, k)|}{\|(h, k)\|_1} \geq \gamma_1 \frac{|r(h, k)|}{\|(h, k)\|}$$

mit einem festen $\gamma_1 > 0$ ist, ergibt sich nun

$$\frac{r(h, k)}{\|(h, k)\|} \to 0 \quad \text{für } (h, k) \to (0, 0).$$

Insgesamt haben wir also das folgende Ergebnis: Für eine C^1-Funktion f ist

$$f(\xi + h, \eta + k) - f(\xi, \eta) = \frac{\partial f(\xi, \eta)}{\partial x} h + \frac{\partial f(\xi, \eta)}{\partial y} k + r(h, k)$$

mit $\qquad \dfrac{r(h, k)}{\|(h, k)\|} \to 0 \quad$ für $(h, k) \to (0, 0)$.

Durch Schlüsse, die den obigen so ähnlich sind, daß es nicht die Mühe lohnt sie vorzuführen, erhält man das folgende allgemeinere Resultat:

f sei eine C^1-Funktion auf $G \subset \mathbf{R}^p$, und es sei

$$\xi \in G, \quad \mathbf{h} := (h_1, \ldots, h_p) \quad \text{und} \quad \alpha_k := \frac{\partial f(\xi)}{\partial x_k} \quad (k = 1, \ldots, p).$$

Dann gestattet das Inkrement $f(\xi + \mathbf{h}) - f(\xi)$ für alle $\mathbf{h} \neq \mathbf{0}$ mit hinreichend kleiner Norm die Darstellung

$$f(\xi + \mathbf{h}) - f(\xi) = \alpha_1 h_1 + \cdots + \alpha_p h_p + r(\mathbf{h}) \quad \text{mit} \quad \frac{r(\mathbf{h})}{\|\mathbf{h}\|} \to 0 \quad \textit{für } \mathbf{h} \to \mathbf{0}. \quad (163.2)$$

Bei kleinen Argumentänderungen $h_1, \ldots, h_p$ ist somit die

$$\textit{Funktionsänderung} \approx \frac{\partial f}{\partial x_1} h_1 + \cdots + \frac{\partial f}{\partial x_p} h_p.$$

Bei einer C^1-Funktion f ermöglichen es also die partiellen Ableitungen tatsächlich, Aussagen über das Änderungsverhalten von f zu machen.

Nun haben wir es sowohl in der mathematischen Theorie als auch in den naturwissenschaftlichen Anwendungen sehr häufig mit Funktionen von mehreren Veränderlichen zu tun, deren Werte nicht in $\mathbf{R}$, sondern in $\mathbf{R}^q$ mit $q>1$ liegen (man denke etwa an ein räumliches elektrisches Feld), und man wird wünschen, auch über das Änderungsverhalten solcher Funktionen Aussagen machen zu können. Das bereitet nunmehr keine Schwierigkeiten. Da wir hierbei Matrizen auf Vektoren anzuwenden haben, empfiehlt es sich, Vektoren in Spaltenform zu schreiben. Dieser Empfehlung kommen wir nur dann nicht nach, wenn ein Vektor als Argument einer Funktion auftritt; in diesem Falle bleiben wir bei der raumsparenden und dem Auge angenehmeren Zeilenschreibweise. Wir betrachten eine Funktion $f: G \to \mathbf{R}^q$, wobei G eine offene Teilmenge des $\mathbf{R}^p$ sei[1]. $f_1, \ldots, f_q$ seien die (reellwertigen) Komponentenfunktionen von f. Gehören alle f_j zu $C^m(G)$, so wollen wir sagen, f sei eine C^m-**Funktion** auf G. Wir setzen nun voraus, daß f eine C^1-Funktion auf G ist, d.h., daß alle partiellen Ableitungen $\partial f_j/\partial x_k$ $(j=1, \ldots, q; k=1, \ldots, p)$ auf G vorhanden und stetig sind. Ferner sei

$$\xi \in G, \quad h := \begin{pmatrix} h_1 \\ \vdots \\ h_p \end{pmatrix} \quad \text{und} \quad \alpha_{jk} := \frac{\partial f_j(\xi)}{\partial x_k} \quad (j=1, \ldots, q; k=1, \ldots, p).$$

Ist $\|h\|$ hinreichend klein, so gilt nach (163.2) für $j=1, \ldots, q$

$$f_j(\xi+h) - f_j(\xi) = \alpha_{j1} h_1 + \cdots + \alpha_{jp} h_p + r_j(h) \quad \text{mit} \quad \lim_{h \to 0} \frac{r_j(h)}{\|h\|} = 0.$$

Infolgedessen ist

$$f(\xi+h) - f(\xi) = \begin{pmatrix} f_1(\xi+h) - f_1(\xi) \\ \vdots \\ f_q(\xi+h) - f_q(\xi) \end{pmatrix} = \begin{pmatrix} \alpha_{11} h_1 + \cdots + \alpha_{1p} h_p \\ \vdots \\ \alpha_{q1} h_1 + \cdots + \alpha_{qp} h_p \end{pmatrix} + \begin{pmatrix} r_1(h) \\ \vdots \\ r_q(h) \end{pmatrix}$$

$$= \begin{pmatrix} \alpha_{11} \cdots \alpha_{1p} \\ \vdots \\ \alpha_{q1} \cdots \alpha_{qp} \end{pmatrix} \begin{pmatrix} h_1 \\ \vdots \\ h_p \end{pmatrix} + \begin{pmatrix} r_1(h) \\ \vdots \\ r_q(h) \end{pmatrix} = A h + r(h)$$

$$\text{mit} \quad A := \begin{pmatrix} \alpha_{11} \cdots \alpha_{1p} \\ \vdots \\ \alpha_{q1} \cdots \alpha_{qp} \end{pmatrix}, \quad r(h) := \begin{pmatrix} r_1(h) \\ \vdots \\ r_q(h) \end{pmatrix}.$$

---

[1] Wir erinnern an die Verabredungen, die wir kurz vor Satz 111.1 über die Bezeichnungen für Funktionen aus $\mathbf{R}^p$ nach $\mathbf{R}^q$ getroffen haben.

Da $r(h)/\|h\|$ komponentenweise gegen $\mathbf{0}$ strebt, ist auch im Sinne der Norm $\lim_{h \to 0} r(h)/\|h\| = \mathbf{0}$. Zusammenfassend können wir also sagen:

163.1 Satz *G sei eine offene Teilmenge des $\mathbf{R}^p$ und $f\colon G \to \mathbf{R}^q$ eine C^1-Funktion auf G mit den Komponentenfunktionen $f_1, \ldots, f_q$. Ferner sei*

$$\xi \in G \quad und \quad A := \begin{pmatrix} \dfrac{\partial f_1(\xi)}{\partial x_1} \cdots \dfrac{\partial f_1(\xi)}{\partial x_p} \\ \vdots \\ \dfrac{\partial f_q(\xi)}{\partial x_1} \cdots \dfrac{\partial f_q(\xi)}{\partial x_p} \end{pmatrix}. \tag{163.3}$$

Dann ist für alle $h \neq \mathbf{0}$ mit hinreichend kleiner Norm

$$f(\xi + h) - f(\xi) = A h + r(h) \quad mit \quad \lim_{h \to 0} \frac{r(h)}{\|h\|} = \mathbf{0}. \tag{163.4}$$

Aufgaben

1. **Näherungsrechnung** $\sqrt{2{,}99^2 + 4{,}02^2} = \sqrt{(3 - 0{,}01)^2 + (4 + 0{,}02)^2} \approx 5{,}01$ (warum?).

2. **Fortpflanzung von Meßfehlern** Die Federkonstante k eines harmonischen Oszillators läßt sich aus seiner Masse m und seiner Schwingungsdauer T gemäß $k = 2\pi\sqrt{m}/T$ berechnen (s. Nr. 57). Meßfehler Δm, ΔT führen zu einem Berechnungsfehler

$$\Delta k \approx 2\pi\left(\frac{\Delta m}{2\sqrt{m}\,T} - \frac{\sqrt{m}}{T^2}\,\Delta T\right),$$

also zu einem relativen Fehler

$$\frac{\Delta k}{k} \approx \frac{1}{2}\frac{\Delta m}{m} - \frac{\Delta T}{T}.$$

3. **Durchsenkung eines Balkens** Ein beiderseits frei aufliegender Balken habe die Länge l, die Breite b und die Höhe h. Wird seine Mitte mit dem Gewicht p belastet, so senkt sich diese um $\sigma := (kpl^3)/(bh^3)$ durch (k eine Materialkonstante). Zeige: Geringfügige Änderungen $\Delta p, \ldots, \Delta h$ der Parameter verändern die Durchsenkung um

$$\Delta \sigma \approx \sigma\left(\frac{\Delta p}{p} + 3\frac{\Delta l}{l} - \frac{\Delta b}{b} - 3\frac{\Delta h}{h}\right).$$

Diskutiere nun, wie sich eine Vergrößerung von l, b, h auf die „Steifheit" des Balkens auswirkt.

164 Differenzierbare Funktionen. Die Ableitung

Der Satz 163.1 erlaubt es, Näherungsaussagen über die Veränderung der Werte einer C^1-Funktion zu machen. Die Güte dieser Aussagen wird bestimmt durch das Restglied $r(h)$, von dem wir wissen, daß es mit h so rasch klein wird, daß für $h \to 0$ sogar $r(h)/\|h\| \to 0$ strebt. Wir haben hier eine ganz ähnliche Situation, wie sie für reelle differenzierbare Funktionen gemäß Satz 46.3 charakteristisch ist. Um das Gemeinsame herauszuschälen: Die Sätze 46.3 und 163.1 zeigen, daß man (unter den dort aufgeführten Voraussetzungen) die Inkrementfunktionen

$$h \mapsto f(\xi+h) - f(\xi) \quad \text{bzw.} \quad h \mapsto f(\xi+h) - f(\xi)$$

durch *lineare* (also besonders einfache) Funktionen

$$h \mapsto a h \quad (a = f'(\xi)) \quad \text{bzw.} \quad h \mapsto A h$$

so gut approximieren kann, daß die Restglieder $r(h)$ bzw. $r(h)$ selbst nach Division durch $|h|$ bzw. $\|h\|$ noch gegen 0 bzw. 0 gehen, wenn h bzw. h beliebig klein wird, daß also gilt:

$$\lim_{h \to 0} \frac{r(h)}{|h|} = 0 \quad \text{bzw.} \quad \lim_{h \to 0} \frac{r(h)}{\|h\|} = 0.$$

Diese Überlegungen drängen zu der folgenden

Definition *G sei eine offene Teilmenge des $\mathbf{R}^p$ und ξ ein Punkt aus G. Dann heißt die Funktion $f: G \to \mathbf{R}^q$ differenzierbar in ξ, wenn es eine (q, p)-Matrix A gibt, so daß für alle $\xi + h$ aus einer δ-Umgebung $U \subset G$ von ξ das Inkrement $f(\xi+h) - f(\xi)$ die Darstellung gestattet*

$$f(\xi+h) - f(\xi) = A h + r(h) \quad \text{mit} \quad \lim_{h \to 0} \frac{r(h)}{\|h\|} = 0. \text{[1]} \tag{164.1}$$

Im eindimensionalen Falle läuft diese Differenzierbarkeitsdefinition auf die früher gegebene hinaus (jedenfalls, wenn wir f auf einem offenen Intervall betrachten). Dabei ist A die einelementige Matrix $(f'(\xi))$, die natürlich ohne weiteres mit der Ableitung $f'(\xi)$ identifiziert werden kann. Dies legt den Gedanken nahe, auch im allgemeinen Falle die Matrix A als *Ableitung* von f an der Stelle ξ zu bezeichnen. Bevor wir dies tun dürfen, müssen wir sicher sein, daß A eindeutig durch (164.1) bestimmt ist. Diese Eindeutigkeit verbürgt der

---

[1] Man halte sich vor Augen, daß sowohl A als auch $r(h)$ von der betrachteten Stelle ξ abhängen.

164.1 Satz *Die Funktion* $f\colon G\subset\mathbf{R}^p\to\mathbf{R}^q$ *(G offen) sei im Punkte* ξ *differenzierbar und habe die Komponenten* $f_1,\dots,f_q$, *es sei also*

$$f = \begin{pmatrix} f_1 \\ \vdots \\ f_q \end{pmatrix} \quad \textit{mit Funktionen } f_j\colon G\to\mathbf{R}. \tag{164.2}$$

Dann ist jedes f_j *an der Stelle* ξ *nach allen* p *Veränderlichen* $x_1,\dots,x_p$ *partiell differenzierbar, und die* (q,p)-*Matrix* A *in* (164.1) *ist eindeutig bestimmt:* A *ist die sogenannte* Jacobimatrix[1] *oder* Funktionalmatrix

$$J_f(\xi) := \begin{pmatrix} \dfrac{\partial f_1(\xi)}{\partial x_1} \cdots \dfrac{\partial f_1(\xi)}{\partial x_p} \\ \vdots \\ \dfrac{\partial f_q(\xi)}{\partial x_1} \cdots \dfrac{\partial f_q(\xi)}{\partial x_p} \end{pmatrix} \tag{164.3}$$

von f *an der Stelle* ξ.

Zum Beweis sei in (164.1)

$$\xi = \begin{pmatrix} \xi_1 \\ \vdots \\ \xi_p \end{pmatrix}, \quad h = \begin{pmatrix} h_1 \\ \vdots \\ h_p \end{pmatrix}, \quad A = \begin{pmatrix} \alpha_{11}\cdots\alpha_{1p} \\ \vdots \\ \alpha_{q1}\cdots\alpha_{qp} \end{pmatrix}, \quad r(h) = \begin{pmatrix} r_1(h) \\ \vdots \\ r_q(h) \end{pmatrix}.$$

Dann ist für $j=1,\dots,q$

$$f_j(\xi+h) - f_j(\xi) = \alpha_{j1}h_1 + \cdots + \alpha_{jk}h_k + \cdots + \alpha_{jp}h_p + r_j(h) \quad \textrm{mit } \lim_{h\to 0}\frac{r_j(h)}{\|h\|} = 0.$$

Wählen wir speziell $h = h_k e_k$, wobei e_k der in (114.1) definierte Einheitsvektor von $\mathbf{R}^p$ ist, so haben wir

$$f_j(\xi+h_k e_k) - f_j(\xi) = \alpha_{jk}h_k + \rho_j(h_k) \quad \textrm{mit } \rho_j(h_k) := r_j(h_k e_k). \tag{164.4}$$

Und da

$$\lim_{h_k\to 0}\frac{\rho_j(h_k)}{|h_k|} = \lim_{h_k\to 0}\frac{r_j(h_k e_k)}{\|h_k e_k\|}\,\|e_k\| = 0$$

ist, folgt aus (164.4) in Verbindung mit Satz 46.3 sofort, daß f_j an der Stelle ξ partiell nach x_k differenzierbar und $\partial f_j(\xi)/\partial x_k = \alpha_{jk}$ ist. ∎

---

[1] So genannt nach Carl Gustav Jacob Jacobi (1804–1851; 47).

Damit ist die Grundlage gelegt für die folgende

Definition *Die Funktion* $f: G \subset \mathbf{R}^p \to \mathbf{R}^q$ *(G offen) sei im Punkte* $\xi \in G$ *differenzierbar. Dann wird die nach dem letzten Satz eindeutig bestimmte (q, p)-Matrix A in (164.1) die* **Ableitung** *von f an der Stelle ξ genannt und mit*

$$f'(\xi) \quad oder \quad \mathrm{D}f(\xi) \tag{164.5}$$

bezeichnet. Nach dem eben genannten Satz ist $f'(\xi)$ die Funktionalmatrix $J_f(\xi)$ von f an der Stelle ξ.

Mit diesen Vereinbarungen läßt sich (164.1) in der Form schreiben

$$f(\xi+h)-f(\xi)=f'(\xi)h+r(h) \quad \text{mit} \quad \lim_{h \to 0} \frac{r(h)}{\|h\|} = 0. \tag{164.6}$$

Wir betonen ausdrücklich, daß die Begriffe der Differenzierbarkeit und Ableitung unabhängig von der Wahl der Normen auf $\mathbf{R}^p$ und $\mathbf{R}^q$ sind.

Im Satz 114.2 hatten wir gesehen, daß sich lineare Abbildungen $A: \mathbf{R}^p \to \mathbf{R}^q$ und (q, p)-Matrizen A in folgendem Sinne wechselseitig eindeutig bestimmen (und daher faktisch nicht unterschieden zu werden brauchen): Die Matrix A erzeugt vermöge

$$A h := A h \quad \text{für alle } h \in \mathbf{R}^p \tag{164.7}$$

eine lineare Abbildung $A: \mathbf{R}^p \to \mathbf{R}^q$, und umgekehrt gibt es zu jeder linearen Abbildung $A: \mathbf{R}^p \to \mathbf{R}^q$ eine und nur eine Darstellungsmatrix A vom Typus (q, p), mit der (164.7) gilt. Infolgedessen hätten wir in der Definition der Differenzierbarkeit die (q, p)-Matrix A auch durch eine lineare Abbildung $A: \mathbf{R}^p \to \mathbf{R}^q$ ersetzen und diese eindeutig bestimmte *Abbildung* die Ableitung von f an der Stelle ξ nennen können. Diese Abbildungsinterpretation der Ableitung wollen wir jedoch erst in Nr. 175 (und dann auch gleich in allgemeineren Zusammenhängen) in den Vordergrund rücken. Der interessierte Leser sollte aber schon jetzt einen Blick auf den Anfang der genannten Nummer werfen, um des *koordinatenfreien Kerns* der bisherigen Erörterungen deutlicher inne zu werden.

Mit $\|f'(\xi)\|$ bezeichnen wir im folgenden die Abbildungsnorm der Matrix $f'(\xi)$, gebildet bezüglich der auf $\mathbf{R}^p$ und $\mathbf{R}^q$ vorhandenen Normen. Sie ist, wie wir wissen, mit diesen Normen verträglich, d.h., es gilt

$$\|f'(\xi)h\| \leq \|f'(\xi)\| \, \|h\| \quad \text{für alle } h \in \mathbf{R}^p.$$

Aus dieser Abschätzung ergibt sich (was wir auch aus Satz 114.1 schon wissen), daß die lineare Abbildung $h \mapsto f'(\xi)h$ auf $\mathbf{R}^p$ stetig ist, insbesondere strebt also

$$f'(\xi)h \to f'(\xi)0 = 0 \quad \text{für } h \to 0.$$

Von diesen Tatsachen werden wir im folgenden immer wieder — und zwar stillschweigend — Gebrauch machen. Als erste Anwendung erhalten wir mit (164.6) ohne Umschweife den wichtigen

164.2 Satz *Ist die Funktion $f: G \subset \mathbf{R}^p \to \mathbf{R}^q$ (G offen) im Punkte $\xi \in G$ differenzierbar, so muß sie dort auch stetig sein.*

Sind die Komponentenfunktionen von f an der Stelle ξ nach allen Veränderlichen partiell differenzierbar, so braucht f in ξ nicht stetig, also auch nicht differenzierbar zu sein (s. Aufgabe 2). *Die Existenz aller partiellen Ableitungen (erster Ordnung) ist zwar eine notwendige, jedoch keineswegs eine hinreichende Bedingung für die Differenzierbarkeit.* Mit anderen Worten: Wenn man die Jacobimatrix $J_f(\xi)$ bilden kann, bedeutet dies noch nicht, daß f in ξ differenzierbar ist (es bedeutet nicht mehr und nicht weniger, als daß die Komponentenfunktionen von f an der Stelle ξ nach allen Veränderlichen partiell differenzierbar sind). Wir betonen sehr nachdrücklich, daß wir die Jacobimatrix $J_f(\xi)$ gemäß unserer Vereinbarung nur dann die Ableitung von f an der Stelle ξ nennen und mit $f'(\xi)$ oder $Df(\xi)$ bezeichnen, wenn f in ξ tatsächlich differenzierbar ist.

Aus den Sätzen 163.1 und 164.2 ergibt sich mit einem Blick der folgende Satz, dessen erste Aussage unser wichtigstes Differenzierbarkeitskriterium ist:

164.3 Satz *Eine C^1-Funktion $f\colon G\subset\mathbf{R}^p\to\mathbf{R}^q$ (G offen) ist in jedem Punkte von G differenzierbar und somit auch stetig.*

In der Aufgabe 7 wird der Leser sehen, daß eine Funktion sehr wohl differenzierbar sein kann, ohne eine C^1-Funktion zu sein.

Die Funktion $f\colon G\subset\mathbf{R}^p\to\mathbf{R}^q$ (G offen) heißt **differenzierbar auf G** oder kurz **differenzierbar**, wenn sie in jedem Punkt von G differenzierbar ist. Die Funktion

$$x\mapsto f'(x)\qquad(x\in G)$$

wird dann die **Ableitung von f auf G** genannt und mit f' bezeichnet. f' ordnet jedem $x\in G$ eine (q,p)-Matrix zu, ist also eine Abbildung von G in den Vektorraum $\mathfrak{M}(q,p)$. Macht man $\mathfrak{M}(q,p)$ vermöge irgendeiner Norm zu einem normierten Raum (s. Nr. 114), so wird die Frage sinnvoll, ob $f'(x)$ stetig von x abhängt. Wir sagen, f sei **stetig differenzierbar auf G**, wenn dies der Fall ist, schärfer: wenn die Abbildung $f'\colon G\to\mathfrak{M}(q,p)$ stetig ist. Welche Norm auf $\mathfrak{M}(q,p)$ man dabei nimmt, ist gleichgültig, weil alle Normen auf $\mathfrak{M}(q,p)$ äquivalent sind.

In Nr. 114 haben wir gesehen, daß die Konvergenz einer Matrizenfolge mit elementweiser Konvergenz gleichbedeutend ist. Existiert f' auf G, so ist also die Aussage „aus $x_n\to\xi$ folgt $f'(x_n)\to f'(\xi)$" nichts anderes als die Aussage „aus $x_n\to\xi$ folgt $\partial f_j(x_n)/\partial x_k\to\partial f_j(\xi)/\partial x_k$ für $j=1,\dots,q$ und $k=1,\dots,p$." f' ist daher genau dann in ξ stetig, wenn die partiellen Ableitungen aller Komponentenfunktionen in ξ stetig sind. Daraus ergibt sich mit Satz 164.3 sofort der

164.4 Satz *Die Funktion $f\colon G\subset\mathbf{R}^p\to\mathbf{R}^q$ (G offen) ist genau dann auf G stetig differenzierbar, wenn sie dort eine C^1-Funktion ist.*

Wir differenzieren nun zwei sehr einfache Funktionen.

1. $f\colon\mathbf{R}^p\to\mathbf{R}^q$ sei *konstant*, also $f(x)=c\in\mathbf{R}^q$ für alle $x\in\mathbf{R}^p$. Dann ist ständig $f'(x)=\mathbf{0}$.

Denn für jedes x und h aus $\mathbf{R}^p$ gilt

$$f(x+h)-f(x)=c-c=0=0h+0,$$

also ist $f'(x)=0$.

2. $f\colon \mathbf{R}^p \to \mathbf{R}^q$ sei *linear*, also

$$f(x)=Ax \qquad \text{für alle } x\in\mathbf{R}^p$$

mit einer (q,p)-Matrix A. Dann ist für jedes x und h aus $\mathbf{R}^p$

$$f(x+h)-f(x)=A(x+h)-Ax=Ax+Ah-Ax=Ah=Ah+0,$$

infolgedessen ist f in x differenzierbar, und ganz analog zum reellen Fall ist

$$f'(x)=A.$$

Im Falle $f(x):=x$ für alle $x\in\mathbf{R}^p$ ist also $f'(x)=I$. Von diesem sehr einfachen Ergebnis werden wir häufig Gebrauch machen.

Zum Schluß nehmen wir uns noch kurz die Fälle „p beliebig, $q=1$" und „$p=1$, q beliebig" vor.

I. f sei eine reellwertige Funktion auf der offenen Menge $G\subset\mathbf{R}^p$. Ist f in $\xi\in G$ differenzierbar, so haben wir

$$f'(\xi)=\left(\frac{\partial f(\xi)}{\partial x_1},\ldots,\frac{\partial f(\xi)}{\partial x_p}\right).^{1)} \tag{164.8}$$

(164.6) geht dann über in

$$f(\xi+h)-f(\xi)=\frac{\partial f(\xi)}{\partial x_1}h_1+\cdots+\frac{\partial f(\xi)}{\partial x_p}h_p+r(h)$$

$$\text{mit } \lim_{h\to 0}\frac{r(h)}{\|h\|}=0 \quad\text{und}\quad h=\begin{pmatrix}h_1\\\vdots\\h_p\end{pmatrix}. \tag{164.9}$$

II. f sei eine $\mathbf{R}^q$-wertige Funktion auf dem offenen Intervall $I\subset\mathbf{R}$:

$$f=\begin{pmatrix}f_1\\\vdots\\f_q\end{pmatrix} \quad\text{mit } f_j\colon I\to\mathbf{R}. \tag{164.10}$$

Ist f in $\xi\in I$ differenzierbar, so haben wir

---

[1] Bei einzeiligen Matrizen trennen wir die Elemente wie bei Vektoren durch Kommata, damit keine „Multiplikationsmißverständnisse" entstehen.

$$f'(\xi) = \begin{pmatrix} f_1'(\xi) \\ \vdots \\ f_q'(\xi) \end{pmatrix}.$$
(164.11)

(164.6) kann man nun in der Form schreiben

$$f(\xi+h)-f(\xi) = \begin{pmatrix} f_1'(\xi)h \\ \vdots \\ f_q'(\xi)h \end{pmatrix} + \begin{pmatrix} r_1(h) \\ \vdots \\ r_q(h) \end{pmatrix} \quad \text{mit} \ \lim_{h\to 0} \frac{r_j(h)}{h} = 0.^{1)}$$
(164.12)

Daraus ergibt sich, daß

$$\lim_{h\to 0} \frac{f(\xi+h)-f(\xi)}{h} \quad \text{vorhanden und} \ = \begin{pmatrix} f_1'(\xi) \\ \vdots \\ f_q'(\xi) \end{pmatrix} = f'(\xi)$$

ist. Nun besitze umgekehrt der Differenzenquotient

$$\frac{f(\xi+h)-f(\xi)}{h} = \begin{pmatrix} \dfrac{f_1(\xi+h)-f_1(\xi)}{h} \\ \vdots \\ \dfrac{f_q(\xi+h)-f_q(\xi)}{h} \end{pmatrix}$$

für $h\to 0$ einen Grenzwert. Dies ist offenbar genau dann der Fall, wenn jedes f_j in ξ differenzierbar ist. Mit Hilfe des Satzes 46.3 erhalten wir nun sofort die Darstellung (164.12), aus der sich ergibt, daß auch f in ξ differenzierbar ist. Zusammenfassend gilt also der

164.5 Satz *Die $\mathbf{R}^q$-wertige Funktion f sei auf dem offenen Intervall $I\subset\mathbf{R}$ definiert und durch (164.10) gegeben. Genau dann ist f in $\xi\in I$ differenzierbar, wenn eine der beiden folgenden Aussagen gilt:*

a) $\lim_{h\to 0} \dfrac{f(\xi+h)-f(\xi)}{h}$ *existiert.*

b) *Jede Komponentenfunktion f_j von f ist in ξ differenzierbar.*
In diesem Falle ist

$$f'(\xi) = \lim_{h\to 0} \frac{f(\xi+h)-f(\xi)}{h} = \begin{pmatrix} f_1'(\xi) \\ \vdots \\ f_q'(\xi) \end{pmatrix}.$$
(164.13)

Ist f auf dem kompakten Intervall $[a, b]\subset\mathbf{R}$ erklärt, so existiert $\lim_{h\to 0+} [f(a+h)-f(a)]/h$ genau dann, wenn jede der Komponentenfunktionen f_j in a

---

$^{1)}$ Beachte, daß diesmal h eine Zahl $\neq 0$, die Division durch h also statthaft ist.

(rechtsseitig) differenzierbar ist. In Ergänzung der bisher gegebenen Erklärungen setzt man dann

$$f'(a):= \lim_{h \to 0+} \frac{f(a+h)-f(a)}{h} = \begin{pmatrix} f'_1(a) \\ \vdots \\ f'_q(a) \end{pmatrix}. \qquad (164.14)$$

Ganz analog verfährt man beim rechten Endpunkt b.

Ist $f'(a)$ vorhanden, so sieht man mit Hilfe des Satzes 46.3, daß

$$f(a+h)-f(a)=f'(a)h+r(h) \quad \text{mit} \ \lim_{h \to 0+} \frac{r(h)}{h}=0 \qquad (164.15)$$

ist, so daß f auch nach der ursprünglichen Definition in a differenzierbar ist und dort die Ableitung $f'(a)$ besitzt — wenn man nur diese Definition sinngemäß auf den Randpunkt a überträgt. Und Entsprechendes gilt natürlich, wenn $f'(b)$ existiert. Bei vektorwertigen Funktionen einer reellen Veränderlichen dürfen wir also von Differenzierbarkeit auf einem *beliebigen* Intervall reden.

Aufgaben

1. Zeige, daß die folgenden Funktionen f auf ihren jeweiligen Definitionsbereichen differenzierbar sind und berechne f'.

a) $f(x, y):= x+y$ auf $\mathbf{R}^2$.

b) $f(x, y, z):= \dfrac{xy}{z}$ für $(x, y, z) \in \mathbf{R}^3$ mit $z \neq 0$.

c) $f(x):= \begin{pmatrix} \cos x \\ \sin x \end{pmatrix}$ auf $\mathbf{R}$.

d) $f(x):= \begin{pmatrix} x \\ x^2 \\ x^3 \end{pmatrix}$ auf $\mathbf{R}$.

e) $f(x, y):= \begin{pmatrix} x+\sqrt{y} \\ \sqrt{x}+y \end{pmatrix}$ für $x, y > 0$.

f) $f(x, y, z):= \begin{pmatrix} 1+\ln x \\ x\sqrt{y}+\sqrt{z} \end{pmatrix}$ für $x, y, z > 0$.

$^+$**2.** *Partielle* **Differenzierbarkeit ohne Differenzierbarkeit** Die Funktion

$$f(x, y) := \begin{cases} \dfrac{xy}{x^2+y^2} & \text{für } (x, y) \neq (0, 0), \\[2mm] 0 & \text{für } (x, y) = (0, 0) \end{cases}$$

besitzt zwar im Nullpunkt (verschwindende) partielle Ableitungen nach x und y, ist dort aber *nicht differenzierbar*. Hinweis: Ausführungen nach (113.3).

$^+$**3.** $f: G \subset \mathbf{R}^p \to \mathbf{R}^q$ (G offen) ist genau dann in ξ differenzierbar, wenn es eine (q, p)-Matrix A gibt

$$\text{mit} \quad \lim_{h \to 0} \frac{f(\xi+h)-f(\xi)-Ah}{\|h\|} = 0.$$

*4. Die Funktion $f: G \subset \mathbf{R}^p \to \mathbf{R}^q$ (G offen) ist genau dann in $\xi \in G$ differenzierbar, wenn es jede ihrer (reellwertigen) Komponentenfunktionen $f_1, \ldots, f_q$ ist. In diesem Falle haben wir

$$f'(\xi) = \begin{pmatrix} f_1'(\xi) \\ \vdots \\ f_q'(\xi) \end{pmatrix}, \tag{164.16}$$

wobei das rechtsstehende Symbol eine Matrix bedeutet, deren j-te Zeile von der einzeiligen Matrix $f_j'(\xi)$ gebildet wird.

$^+$**5.** Ist die Funktion $f\colon G\subset\mathbf{R}^p\to\mathbf{R}^q$ (G offen) in ξ differenzierbar, so erfüllt sie eine „Lipschitzbedingung in ξ", d.h., es gibt eine δ-Umgebung U von ξ und eine positive Konstante L, so daß für alle $x\in U$ stets $\|f(x)-f(\xi)\|\leqslant L\|x-\xi\|$ gilt.

$^+$**6. Eulerscher Satz für homogene Funktionen** Ist die Funktion $f\colon \mathbf{R}^p\to\mathbf{R}$ differenzierbar auf $\mathbf{R}^p$ und homogen vom Grade α (d.h., gilt $f(tx)=t^\alpha f(x)$ für alle $x\in\mathbf{R}^p$ und alle $t>0$), so besteht die

Eulersche Relation $\quad \dfrac{\partial f(x)}{\partial x_1}x_1 + \dfrac{\partial f(x)}{\partial x_2}x_2 + \cdots + \dfrac{\partial f(x)}{\partial x_p}x_p = \alpha f(x).$

Hinweis: Sei $\varphi(t):=f(tx)$ für $t>0$ und festes x. Berechne $\varphi'(1)$ auf zweierlei Weise.

7. Differenzierbare Funktion mit *unstetigen* partiellen Ableitungen Sei

$$f(x,y):=\begin{cases} (x^2+y^2)\sin(x^2+y^2)^{-1/2} & \text{außerhalb des Nullpunkts,} \\ 0 & \text{für } x=y=0. \end{cases}$$

Zeige, daß die Funktion f im Nullpunkt differenzierbar ist und daß ihre beiden partiellen Ableitungen dort unstetig sind.

8. Die partiellen Ableitungen $\partial f/\partial x$, $\partial f/\partial y$ der Funktion $f(x,y)$ seien in der offenen Menge $G\subset\mathbf{R}^2$ vorhanden und *beschränkt*. Dann ist f stetig in G.

165 Differentiationsregeln

Um das einfache Ergebnis vorwegzunehmen: Die vertrauten Differentiationsregeln übertragen sich ohne Änderung (wenn auch mit äußerlich etwas umständlicheren Beweisen) auf vektorwertige Funktionen von mehreren Veränderlichen.

165.1 Satz *Die Funktionen $f, g\colon G\subset\mathbf{R}^p\to\mathbf{R}^q$ (G offen) seien in $\xi\in G$ differenzierbar. Dann sind auch $f+g$ und αf ($\alpha\in\mathbf{R}$) in ξ differenzierbar, und es ist*

$$(f+g)'(\xi)=f'(\xi)+g'(\xi), \qquad (\alpha f)'(\xi)=\alpha f'(\xi). \tag{165.1}$$

Beweis. Nach Voraussetzung ist

$$f(\xi+h)-f(\xi)=f'(\xi)h+r_1(h) \quad \text{mit } \lim_{h\to 0}\frac{r_1(h)}{\|h\|}=0,$$

$$g(\xi+h)-g(\xi)=g'(\xi)h+r_2(h) \quad \text{mit } \lim_{h\to 0}\frac{r_2(h)}{\|h\|}=0.$$

Infolgedessen haben wir

$$(f+g)(\xi+h)-(f+g)(\xi)=[f'(\xi)+g'(\xi)]h+r(h), \qquad r(h):=r_1(h)+r_2(h).$$

Und da $r(h)/\|h\|\to0$ strebt für $h\to0$, ist die Ableitung $(f+g)'(\xi)$ tatsächlich vorhanden und $=f'(\xi)+g'(\xi)$. Den noch einfacheren Beweis der zweiten Aussage überlassen wir dem Leser. ∎

165.2 Kettenregel *Vorgelegt seien die Funktionen*

$$u:\ G\subset\mathbf{R}^p\to\mathbf{R}^q \quad \textit{mit offenem } G,$$
$$f:\ U\subset\mathbf{R}^q\to\mathbf{R}^r \quad \textit{mit offenem } U\supset u(G).$$

u sei in ξ, f in $u(\xi)$ differenzierbar. Dann ist $f\circ u$ in ξ differenzierbar, und es gilt

$$(f\circ u)'(\xi)=f'(u(\xi))u'(\xi). \tag{165.2}$$

Der Beweis ist mit dem des Satzes 47.2 (Kettenregel für Funktionen einer einzigen Veränderlichen) so gut wie identisch. Die geringfügigen drucktechnischen Modifikationen und die gelegentliche Ersetzung von h, k durch $\|h\|, \|k\|$ dürfen wir dem Leser überlassen. ∎

Wir betrachten noch ganz explizit die besonders häufig auftretenden „Verkettungsfälle", daß in einer *reellwertigen* Funktion $f(u_1,\ldots,u_q)$ die Variablen u_k durch Funktionen $u_k(t)$ einer *einzigen* Veränderlichen t bzw. durch Funktionen $u_k(x_1,\ldots,x_p)$ von *mehreren* Veränderlichen $x_1,\ldots,x_p$ ersetzt werden und so die mittelbaren Funktionen

$$f(u_1(t),\ldots,u_q(t)) \quad \text{bzw.} \quad f(u_1(x_1,\ldots,x_p),\ldots,u_q(x_1,\ldots,x_p))$$

entstehen.

I. *Die reellwertigen Funktionen*

$$f(u_1,\ldots,u_q) \quad \textit{und} \quad u_1(t),\ldots,u_q(t)$$

seien auf der offenen Menge $U\subset\mathbf{R}^q$ bzw. auf dem Intervall $J\subset\mathbf{R}$ erklärt und differenzierbar, und die mittelbare Funktion

$$\varphi(t):=f(u_1(t),\ldots,u_q(t)) \quad \textit{existiere auf } J. \tag{165.3}$$

Dann ist auch φ auf J differenzierbar, und dort gilt

$$\frac{d\varphi}{dt}=\frac{\partial f}{\partial u_1}\frac{du_1}{dt}+\frac{\partial f}{\partial u_2}\frac{du_2}{dt}+\cdots+\frac{\partial f}{\partial u_q}\frac{du_q}{dt}, \tag{165.4}$$

ausführlicher:

$$\frac{\mathrm{d}\varphi}{\mathrm{d}t}(t) = \sum_{k=1}^{q} \frac{\partial f}{\partial u_k}(u_1(t), \ldots, u_q(t)) \cdot \frac{\mathrm{d}u_k}{\mathrm{d}t}(t).$$

Der Beweis ergibt sich sofort aus der Kettenregel 165.2, wenn man beachtet, daß sie im vorliegenden Fall auch für einen *Randpunkt* von J beansprucht werden kann (falls ein solcher überhaupt zu J gehört). Die Gl. (165.4) gilt also für *alle* $t \in J$. ∎

II. *Die reellwertigen Funktionen*

$$f(u_1, \ldots, u_q) \quad und \quad u_1(x_1, \ldots, x_p), \ldots, u_q(x_1, \ldots, x_p)$$

seien auf den offenen Mengen $U \subset \mathbf{R}^q$ bzw. $G \subset \mathbf{R}^p$ erklärt, und die mittelbare Funktion

$$\varphi(x_1, \ldots, x_p) := f(u_1(x_1, \ldots, x_p), \ldots, u_q(x_1, \ldots, x_p)) \quad existiere \; auf \; G.$$

Ist nun f auf U differenzierbar, und besitzt jede der Funktionen $u_k(x_1, \ldots, x_p)$ auf G partielle Ableitungen nach allen Veränderlichen, so ist auch φ auf G nach allen Veränderlichen partiell differenzierbar, und dort gilt

$$
\begin{aligned}
\frac{\partial \varphi}{\partial x_1} &= \frac{\partial f}{\partial u_1}\frac{\partial u_1}{\partial x_1} + \frac{\partial f}{\partial u_2}\frac{\partial u_2}{\partial x_1} + \cdots + \frac{\partial f}{\partial u_q}\frac{\partial u_q}{\partial x_1}, \\
&\;\;\vdots \\
\frac{\partial \varphi}{\partial x_p} &= \frac{\partial f}{\partial u_1}\frac{\partial u_1}{\partial x_p} + \frac{\partial f}{\partial u_2}\frac{\partial u_2}{\partial x_p} + \cdots + \frac{\partial f}{\partial u_q}\frac{\partial u_q}{\partial x_p},
\end{aligned}
\tag{165.5}
$$

ausführlicher: Für $j = 1, \ldots, p$ ist

$$\frac{\partial \varphi}{\partial x_j}(x_1, \ldots, x_p) = \sum_{k=1}^{q} \frac{\partial f}{\partial u_k}(u_1(x_1, \ldots, x_p), \ldots, u_q(x_1, \ldots, x_p)) \cdot \frac{\partial u_k}{\partial x_j}(x_1, \ldots, x_p).$$

Ist jede der Funktionen $u_k(x_1, \ldots, x_p)$ sogar differenzierbar, so trifft dies auch für $\varphi(x_1, \ldots, x_p)$ zu, und wir haben

$$\varphi' = \left(\frac{\partial \varphi}{\partial x_1}, \ldots, \frac{\partial \varphi}{\partial x_p} \right) \quad auf \; G.$$

Beweis. Die erste Aussage fließt sofort aus dem Fall **I**, wenn man die Veränderlichen $x_1, \ldots, x_p$ mit Ausnahme einer einzigen alle konstant hält. Die zweite erhält man ebenso mühelos *via* A 164.4 aus der Kettenregel 165.2. ∎

Produkte fg und Quotienten f/g können wir nur für reellwertige Funktionen bilden. In diesem Falle haben wir den

Satz 165.3 *Die Funktionen* $f, g: G \subset \mathbf{R}^p \to \mathbf{R}$ *(G offen) seien in* $\xi \in G$ *differenzierbar. Dann ist auch fg in ξ differenzierbar, und die Ableitung wird durch*

$$(fg)'(\xi) = f(\xi)g'(\xi) + g(\xi)f'(\xi)$$

gegeben[1]. *Ist überdies $g(\xi) \neq 0$, so besitzt f/g an der Stelle ξ die Ableitung*

$$\left(\frac{f}{g}\right)'(\xi) = \frac{g(\xi)f'(\xi) - f(\xi)g'(\xi)}{g^2(\xi)}.$$

Beweis: Für hinreichend kleine $\|h\| \neq 0$ ist

$$\begin{aligned}
(fg)(\xi+h) - (fg)(\xi) &= f(\xi+h)g(\xi+h) - f(\xi)g(\xi)\\
&= [f(\xi)+f'(\xi)h+r_1(h)][g(\xi)+g'(\xi)h+r_2(h)] - f(\xi)g(\xi)\\
&= [f(\xi)g'(\xi)+g(\xi)f'(\xi)]h + r(h);
\end{aligned}$$

dabei ist

$$\begin{aligned}
r(h) := &[f(\xi)+f'(\xi)h]\,r_2(h) + [g(\xi)+g'(\xi)h]\,r_1(h)\\
&+ r_1(h)r_2(h) + [f'(\xi)h]\,[g'(\xi)h].
\end{aligned}$$

Jeder Summand auf der rechten Seite strebt selbst nach Division durch $\|h\|$ gegen 0, wenn $h \to 0$ geht; bei dem letzten Summanden sieht man dies am raschesten, wenn man die Gleichung

$$\frac{[f'(\xi)h]\,[g'(\xi)h]}{\|h\|} = g'(\xi)\left[(f'(\xi)h)\,\frac{h}{\|h\|}\right]$$

beachtet. Infolgedessen strebt auch $r(h)/\|h\| \to 0$ für $h \to 0$, womit die Behauptung über das Produkt schon bewiesen ist. Den Beweis der Quotientenregel überlassen wir dem Leser. ∎

In Nr. 134 hatten wir schon beiläufig das Innenprodukt zweier Vektoren aus dem $\mathbf{R}^3$ erwähnt. Allgemein setzen wir

$$(x|y) = x \cdot y := \sum_{k=1}^{p} x_k y_k \qquad \text{für } x := \begin{pmatrix} x_1 \\ \vdots \\ x_p \end{pmatrix}, \qquad y := \begin{pmatrix} y_1 \\ \vdots \\ y_p \end{pmatrix}$$

und nennen die reelle Zahl $(x|y)$ das **Innenprodukt** oder auch (wegen der Schreibweise $x \cdot y$, die wir ausschließlich verwenden werden) das **Punktprodukt** der Vektoren x und y. Für den Umgang mit dem Punktprodukt gelten die folgenden einfach zu bestätigenden Regeln, die genau den Regeln für das Innenprodukt der L^2-Funktionen entsprechen (vgl. Nr. 134):

$$(x_1 + x_2) \cdot y = x_1 \cdot y + x_2 \cdot y, \quad x \cdot (y_1 + y_2) = x \cdot y_1 + x \cdot y_2,$$

$$(\alpha x) \cdot y = x \cdot (\alpha y) = \alpha(x \cdot y) \quad \text{für jedes reelle } \alpha,$$

$$x \cdot y = y \cdot x,$$

$$x \cdot x \geqslant 0 \quad \text{und} \quad x \cdot x = 0 \Leftrightarrow x = \mathbf{0}.$$

---

[1] $f(\xi)g'(\xi)$ und $g(\xi)f'(\xi)$ sind Produkte von Zahlen mit einzeiligen Matrizen.

Im folgenden wird die *euklidische* Norm eines Vektors häufig eine bevorzugte Rolle spielen. Wir führen für sie deshalb ein neues Zeichen ein, das einfacher ist als das bisher benutzte Symbol $\|\cdot\|_2$: Es sei

$$|x| := \|x\|_2 = \sqrt{x_1^2 + \cdots + x_p^2} \quad \text{für } x := \begin{pmatrix} x_1 \\ \vdots \\ x_p \end{pmatrix} \in \mathbf{R}^p. \tag{165.6}$$

Die Zahl $|x|$ nennen wir den **Betrag** des Vektors x. Mit Hilfe des Punktprodukts schreibt sich (165.6) in der Form $|x| = \sqrt{x \cdot x}$.

Aus der Cauchy-Schwarzschen Ungleichung ergibt sich sofort die Abschätzung

$$|x \cdot y| \leq |x| \, |y|, \tag{165.7}$$

die man auch die **Cauchy-Schwarzsche Ungleichung** für das Punktprodukt nennt. x und y heißen zueinander **orthogonal** (stehen **senkrecht** aufeinander), wenn $x \cdot y = 0$ ist.

Sind f und g zwei $\mathbf{R}^q$-wertige Funktionen auf dem Intervall $J \subset \mathbf{R}$, so definiert man die Funktion $f \cdot g : J \to \mathbf{R}$ punktweise durch

$$(f \cdot g)(x) := f(x) \cdot g(x) \qquad (x \in J).$$

Mit Hilfe des Satzes 164.5 und der ihm angeschlossenen Betrachtung kann der Leser ohne jede Schwierigkeit die folgende Differentiationsregel bestätigen:

165.4 Satz *Die Funktionen $f, g : J \to \mathbf{R}^q$ ($J \subset \mathbf{R}$ ein Intervall) seien in $\xi \in J$ differenzierbar. Dann ist auch $f \cdot g$ in ξ differenzierbar, und es gilt*

$$(f \cdot g)'(\xi) = f(\xi) \cdot g'(\xi) + g(\xi) \cdot f'(\xi).$$

Aufgaben

In den Aufgaben 1 bis 6 sind die Ableitungen φ' der mittelbaren Funktionen φ zuerst *direkt* und dann mittels (165.4) bzw. (165.5) zu berechnen.

1. $f(u, v) := u^2 + v^2; \quad u := 1/t, \ v := t^2 \quad (t \neq 0)$.

2. $f(u, v) := uv^2; \quad u := \cos t, \ v := \sin t$.

3. $f(u, v, w) := u^2 + v^2 + w^2; \quad u := \cos t, \ v := \sin t, \ z := t$.

4. $f(u, v, w) := u^2 + v^2 + w^2; \quad u := e^t \cos t, \ v := e^t \sin t, \ z := e^t$.

5. $f(u, v) := \ln(u^2 + v^2)$ für $(u, v) \neq (0, 0); \quad u := xy, \ v := \sqrt{x}/y$ für $x, y > 0$.

6. $f(u, v, w) := uv + vw - uw; \quad u := x + y, \ v := x + y^2, \ w := x^2 + y$.

7. Sei $f(x, y) := \sin(xy), \ g(x, y) := \exp(x + y)$. Berechne $(fg)'$ und $(f/g)'$.

8. Die reellwertigen Funktionen f, g seien auf der offenen Menge $G \subset \mathbf{R}^p$ erklärt. In $x_0 \in G$ sei f stetig, g differenzierbar und $g(x_0) = 0$. Dann ist $(fg)'(x_0)$ vorhanden und $= f(x_0) g'(x_0)$.

9. Volumenänderung bei Abkühlung Zur Zeit $t=0$ habe ein heißer Stahlquader die Kantenlängen 3, 2, 1 m. Beim nun beginnenden Abkühlen verlieren die Kanten pro Stunde 1‰ ihrer Länge. Wie groß ist die Änderungsrate des Volumens zur Zeit $t=0$?

10. Grenznutzen und Indifferenzkurve Einem Konsumenten möge der Besitz von x Einheiten eines Gutes G_1 und y Einheiten eines Gutes G_2 den Nutzen $N(x, y)$ verschaffen. Man nennt $\partial N(x, y)/\partial x$ bzw. $\partial N(x, y)/\partial y$ den Grenznutzen des Gutes G_1 bzw. G_2 beim Stande x, y. (Deute diese Größen anschaulich; s. dazu A 162.12.) Es kann sein, daß verschiedene Kombinationen x, y ein und denselben Nutzen verschaffen; wir wollen annehmen, dies sei für alle Kombinationen $x, y = i(x)$ mit einer gewissen Funktion $i(x)$ der Fall. Die Kurve $y = i(x)$ nennt man die Indifferenzkurve des Konsumenten (warum wohl?). Zeige:

$$\frac{di}{dx} = - \frac{\text{Grenznutzen von } G_1}{\text{Grenznutzen von } G_2} \quad (\text{beim Stande } x, i(x)).$$

11. Für $z = f(x^2 + y^2)$ ist (unter den nötigen Voraussetzungen) $\quad x\dfrac{\partial z}{\partial y} - y\dfrac{\partial z}{\partial x} = 0$.

12. Für $z = f\left(\dfrac{xy}{x^2 + y^2}\right)$ ist (unter den nötigen Voraussetzungen) $\quad x\dfrac{\partial z}{\partial x} + y\dfrac{\partial z}{\partial y} = 0$.

13. Gewinne auf zwei verschiedenen Wegen die Ableitungsformel

$$\frac{d}{dx}\left(u(x)^{v(x)}\right) = u(x)^{v(x)}\left[v(x)\frac{u'(x)}{u(x)} + v'(x)\ln u(x)\right].$$

14. Beweise den Satz 86.3, also (unter den dortigen Voraussetzungen) die Gleichung

$$\frac{d}{dx}\int_{\varphi(x)}^{\psi(x)} f(t)\,dt = f(\psi(x))\,\psi'(x) - f(\varphi(x))\,\varphi'(x)$$

mittels der Kettenregel. Hinweis: Betrachte $F(u, v) := \int_u^v f(t)\,dt$.

Die Transformation von Differentialausdrücken auf neue Koordinaten ist eine besonders wichtige Anwendung der Kettenregel. Sie wird in den Aufgaben 15 und 16 geübt. Die Transformation des Laplaceschen Differentialausdrucks auf Polar-, Zylinder- und Kugelkoordinaten findet sich in den Aufgaben 32 bis 34 der Nr. 206.

$^+$**15.** Durch die Einführung von Polarkoordinaten ($x = r\cos\varphi$, $y = r\sin\varphi$) werde aus der Funktion $U(x, y)$ die Funktion $u(r, \varphi) := U(r\cos\varphi, r\sin\varphi)$. Zeige, daß der Ausdruck

$$x\frac{\partial U}{\partial y} - y\frac{\partial U}{\partial x} \quad \text{übergeht in} \quad \frac{\partial u}{\partial \varphi}.$$

Hinweis: $\quad \dfrac{\partial U}{\partial x} = \dfrac{\partial u}{\partial r}\dfrac{\partial r}{\partial x} + \dfrac{\partial u}{\partial \varphi}\dfrac{\partial \varphi}{\partial x}, \quad \dfrac{\partial U}{\partial y} = \dfrac{\partial u}{\partial r}\dfrac{\partial r}{\partial y} + \dfrac{\partial u}{\partial \varphi}\dfrac{\partial \varphi}{\partial y}.$

Aus den Transformationsgleichungen $x = r\cos\varphi$, $y = r\sin\varphi$ ergeben sich durch Differentiation nach x bzw. nach y lineare Gleichungssysteme, aus denen man die Darstellungen

$$\frac{\partial r}{\partial x} = \cos\varphi, \quad \frac{\partial \varphi}{\partial x} = -\frac{\sin\varphi}{r}, \quad \frac{\partial r}{\partial y} = \sin\varphi, \quad \frac{\partial \varphi}{\partial y} = \frac{\cos\varphi}{r}$$

gewinnt. Man findet so die vielfach nützlichen Beziehungen

$$\frac{\partial U}{\partial x} = \frac{\partial u}{\partial r}\cos\varphi - \frac{\partial u}{\partial \varphi}\frac{\sin\varphi}{r}, \quad \frac{\partial U}{\partial y} = \frac{\partial u}{\partial r}\sin\varphi + \frac{\partial u}{\partial \varphi}\frac{\cos\varphi}{r}. \tag{165.8}$$

$^{+}$**16.** Zeige, daß der Differentialausdruck

$$y^2\frac{\partial^2 U}{\partial x^2} - 2xy\frac{\partial^2 U}{\partial x\,\partial y} + x^2\frac{\partial^2 U}{\partial y^2} - x\frac{\partial U}{\partial x} - y\frac{\partial U}{\partial y}$$

nach Einführung von Polarkoordinaten ($x = r\cos\varphi$, $y = r\sin\varphi$) übergeht in

$$\frac{\partial^2 u}{\partial \varphi^2} \quad \text{mit} \quad u(r,\varphi) := U(r\cos\varphi, r\sin\varphi);$$

U möge hierbei stetige partielle Ableitungen bis zur zweiten Ordnung haben.

Hinweis: Aus (165.8) in Aufgabe 15 ergeben sich die vielfach nützlichen Beziehungen

$$\frac{\partial^2 U}{\partial x^2} = \frac{\partial^2 u}{\partial r^2}\cos^2\varphi - 2\frac{\partial^2 u}{\partial r\,\partial \varphi}\frac{\sin\varphi\cos\varphi}{r} + 2\frac{\partial u}{\partial \varphi}\frac{\sin\varphi\cos\varphi}{r^2} + \frac{\partial u}{\partial r}\frac{\sin^2\varphi}{r} + \frac{\partial^2 u}{\partial \varphi^2}\frac{\sin^2\varphi}{r^2},$$

$$\frac{\partial^2 U}{\partial y^2} = \frac{\partial^2 u}{\partial r^2}\sin^2\varphi + 2\frac{\partial^2 u}{\partial r\,\partial \varphi}\frac{\sin\varphi\cos\varphi}{r} - 2\frac{\partial u}{\partial \varphi}\frac{\sin\varphi\cos\varphi}{r^2} + \frac{\partial u}{\partial r}\frac{\cos^2\varphi}{r} + \frac{\partial^2 u}{\partial \varphi^2}\frac{\cos^2\varphi}{r^2},$$

$$\frac{\partial^2 U}{\partial x\,\partial y} = \frac{\partial^2 u}{\partial r^2}\sin\varphi\cos\varphi + \frac{\partial^2 u}{\partial r\,\partial \varphi}\frac{\cos^2\varphi - \sin^2\varphi}{r} - \frac{\partial u}{\partial \varphi}\frac{\cos^2\varphi - \sin^2\varphi}{r^2} - \frac{\partial u}{\partial r}\frac{\sin\varphi\cos\varphi}{r}$$

$$- \frac{\partial^2 u}{\partial \varphi^2}\frac{\sin\varphi\cos\varphi}{r^2}.$$

17. Für zwei differenzierbare reellwertige Funktionen $f(t)$ und $u(x,y)$ gelte

$$x - au(x,y) = f(y - bu(x,y)) \qquad (a, b \text{ reelle Zahlen} \neq 0).$$

Dann ist

$$a\frac{\partial u}{\partial x} + b\frac{\partial u}{\partial y} = 1.$$

166 Die Richtungsableitung

Durch hügeliges Gelände eine „geradlinige" Straße *à la francaise* zu legen, ist nur dann praktikabel, wenn die Steigung der Straße in keinem Punkt dem Betrage nach zu groß wird. Um dies beurteilen zu können, muß man die Steigung des Geländes, das man als Schaubild einer Funktion $f(x,y)$ ansehen kann, in einer gegebenen *Richtung* (der Straßenrichtung) kennen. Das zugrundeliegende allgemeine Problem ist das folgende: Vorgelegt ist eine reellwertige Funktion f auf einer offenen Menge $G \subset \mathbf{R}^p$ und ein **Richtungsvektor** v, d. h. ein Vektor, dessen Betrag $=1$ ist (warum wir in diesem Falle die *euklidische* Norm bevorzugen, wird bald deutlich werden). Es wird gefragt, ob der Grenzwert

$$\frac{\partial f}{\partial v}(\xi) := \lim_{t \to 0} \frac{f(\xi + tv) - f(\xi)}{t} \qquad (\xi \in G)$$

existiert und wie man ihn ggf. berechnen kann? Diesen Grenzwert nennt man (falls vorhanden) die **Richtungsableitung** (oder kürzer die **Ableitung**) von f im **Punkte** ξ in **Richtung** v. Statt $\frac{\partial f}{\partial v}(\xi)$ schreibt man auch

$$\frac{\partial f(\xi)}{\partial v} \quad \text{oder} \quad D_v f(\xi).$$

Ist v der Einheitsvektor e_k, so ist offenbar

$$\frac{\partial f}{\partial e_k}(\xi) = \frac{\partial f}{\partial x_k}(\xi),$$

wenn f in ξ partiell nach x_k differenzierbar ist.

Unser Problem wird nun im wesentlichen geklärt durch den

166.1 Satz *Die Funktion* $f: G \subset \mathbf{R}^p \to \mathbf{R}$ *(G offen) sei in* $\xi \in G$ *differenzierbar. Dann existiert die Richtungsableitung* $\frac{\partial f}{\partial v}(\xi)$ *für jeden Richtungsvektor* v*, und es ist*

$$\frac{\partial f}{\partial v}(\xi) = f'(\xi) v = \frac{\partial f(\xi)}{\partial x_1} v_1 + \cdots + \frac{\partial f(\xi)}{\partial x_p} v_p \qquad \text{für } v := \begin{pmatrix} v_1 \\ \vdots \\ v_p \end{pmatrix}^{1)}. \tag{166.1}$$

Der **Beweis** ist äußerst einfach. Für alle hinreichend kleinen $t \ne 0$ ist

$$\frac{f(\xi + tv) - f(\xi)}{t} = \frac{f'(\xi) tv + r(tv)}{t} = f'(\xi) v + \frac{r(tv)}{t},$$

und die Behauptung folgt nun aus dem Umstand, daß $\lim\limits_{t \to 0} \frac{r(tv)}{t} = 0$ ist. ∎

Besitzt die reellwertige Funktion f an der Stelle ξ partielle Ableitungen nach allen ihren Veränderlichen $x_1, \ldots, x_p$ (ohne notwendigerweise in ξ differenzierbar zu sein), so nennen wir den Vektor

$$\operatorname{grad} f(\xi) := \begin{pmatrix} \dfrac{\partial f(\xi)}{\partial x_1} \\ \vdots \\ \dfrac{\partial f(\xi)}{\partial x_p} \end{pmatrix} \tag{166.2}$$

den **Gradienten** von f an der Stelle ξ. Mit ihm ist unter den Voraussetzungen des Satzes 166.1

---

[1] Locker formuliert: Die Richtungsableitung ist die Ableitung, angewandt auf die Richtung.

$$\frac{\partial f(\xi)}{\partial v} = v \cdot \operatorname{grad} f(\xi).$$

(166.3)

Vermöge der Cauchy-Schwarzschen Ungleichung (165.7) ergibt sich aus (166.3)

$$\left| \frac{\partial f(\xi)}{\partial v} \right| \leqslant |v| \, |\operatorname{grad} f(\xi)| = |\operatorname{grad} f(\xi)| \; {}^{1)}.$$

(166.4)

Im Falle $\operatorname{grad} f(\xi) \neq \mathbf{0}$ ist

$$v_0 := \frac{\operatorname{grad} f(\xi)}{|\operatorname{grad} f(\xi)|}$$

ein Richtungsvektor (er hat genau die Richtung von $\operatorname{grad} f(\xi)$), und nach (166.3) gilt

$$0 \leqslant \frac{\partial f(\xi)}{\partial v_0} = \frac{\operatorname{grad} f(\xi) \cdot \operatorname{grad} f(\xi)}{|\operatorname{grad} f(\xi)|} = |\operatorname{grad} f(\xi)|.$$

In Verbindung mit (166.4) ergibt sich daraus der für die Anwendungen besonders wertvolle

166.2 Satz *Die Funktion* $f: G \subset \mathbf{R}^p \to \mathbf{R}$ *(G offen) sei in* $\xi \in G$ *differenzierbar. Ist* $\operatorname{grad} f(\xi) = \mathbf{0}$, *so verschwinden alle Richtungsableitungen in* ξ. *Ist* $\operatorname{grad} f(\xi) \neq \mathbf{0}$, *so gibt es unter allen Richtungsableitungen* $\partial f(\xi)/\partial v$ *eine größte, nämlich die Ableitung in Richtung des Gradienten* $\operatorname{grad} f(\xi)$. *Ihr Wert ist* $|\operatorname{grad} f(\xi)|$.

Man sagt auch kurz: Der Gradient gibt die Richtung des stärksten Anstiegs von f an, und sein Betrag ist gerade dieser stärkste Anstieg (wobei man immer von einem festen Punkt ξ ausgeht).

Für die zu v entgegengesetzte Richtung $-v$ ist

$$\begin{aligned}
\frac{\partial f(\xi)}{\partial(-v)} &= (-v) \cdot \operatorname{grad} f(\xi) = -(v \cdot \operatorname{grad} f(\xi)) \\
&= -\frac{\partial f(\xi)}{\partial v},
\end{aligned}$$

(166.5)

kehrt man also die Richtung um, so ändert die Richtungsableitung ihr Vorzeichen. Infolgedessen ist die Gegenrichtung des Gradienten in ξ die Richtung des stärksten Abstiegs von f, und dieser stärkste Abstieg wird durch $-|\operatorname{grad} f(\xi)|$ gegeben.

${}^{1)}$ An dieser Stelle wird klar, warum wir bei der Definition des Richtungsvektors die euklidische Norm bevorzugt haben.

Aufgaben

1. Berechne die Richtungsableitungen der folgenden Funktionen an den angegebenen Stellen in den angegebenen Richtungen (prüfe zuerst, ob die Richtungsableitungen existieren!). Bestimme auch Richtung und Größe des stärksten Anstiegs an ebendiesen Stellen. Beachte, daß in einigen Fällen die Richtung durch Vektoren angegeben wird, die im Sinne unserer Definition keine Richtungsvektoren sind. Diese müssen zuerst normiert (durch ihren Betrag dividiert) werden

a) $f(x, y) := x^2 + y^2,$ $\qquad \xi := \begin{pmatrix} 1 \\ 1 \end{pmatrix},$ $\qquad v := \begin{pmatrix} 1/\sqrt{2} \\ 1/\sqrt{2} \end{pmatrix}.$

b) $f(x, y) := \sin(xy),$ $\qquad \xi := \begin{pmatrix} 1 \\ 0 \end{pmatrix},$ $\qquad v := \begin{pmatrix} 1/2 \\ \sqrt{3}/2 \end{pmatrix}.$

c) $f(x, y, z) := x^2 + z e^y,$ $\qquad \xi := \begin{pmatrix} 0 \\ 0 \\ 1 \end{pmatrix},$ $\qquad w := \begin{pmatrix} 1 \\ 0 \\ 1 \end{pmatrix}.$

d) $f(x, y, z) := e^{xyz},$ $\qquad \xi := \begin{pmatrix} 1 \\ 1 \\ 1 \end{pmatrix},$ $\qquad w := \begin{pmatrix} 1 \\ 2 \\ -1 \end{pmatrix}.$

2. Unter den Voraussetzungen des Satzes 166.1 gibt es im Punkte $\xi \in G$ Richtungen v mit $\partial f(\xi)/\partial v = 0$ (also Richtungen, in denen f nicht ansteigt). Wie liegen sie zur Richtung des stärksten Anstiegs von f?

$^+$**3.** Sei

$$f(x, y) := \begin{cases} \dfrac{xy^2}{x^2 + y^4}, & \text{falls } x \ne 0, \\[2mm] 0, & \text{falls } x = 0. \end{cases}$$

Zeige, daß f im Nullpunkt unstetig, also auch nicht differenzierbar, ist und doch Ableitungen in allen Richtungen besitzt.

$^+$**4.** Die Funktionen $f, g : G \subset \mathbf{R}^p \to \mathbf{R}$ (G offen) mögen in $\xi \in G$ Gradienten besitzen, also nach allen Veränderlichen partiell differenzierbar sein. Dann trifft dies auch für $f + g,\ \alpha f,\ fg$ und, falls $g(\xi) \ne 0$ ist, für f/g zu, und es gelten die folgenden Formeln, bei denen als Argument überall ξ einzutragen ist:

$$\operatorname{grad}(f + g) = \operatorname{grad} f + \operatorname{grad} g, \qquad \operatorname{grad}(\alpha f) = \alpha \operatorname{grad} f,$$

$$\operatorname{grad}(fg) = f \operatorname{grad} g + g \operatorname{grad} f, \qquad \operatorname{grad} \frac{f}{g} = \frac{g \operatorname{grad} f - f \operatorname{grad} g}{g^2}.$$

5. Bestimme alle Funktionen $f : \mathbf{R}^2 \to \mathbf{R}$ mit $\operatorname{grad} f(x) = x$ für jedes $x \in \mathbf{R}^2$.

6. Für $f : G \to \mathbf{R}$ ($G \subset \mathbf{R}^2$ offen) sei $f'(\xi)$ vorhanden und $\ne 0$. Für die Richtungsvektoren v, w sei $\partial f(\xi)/\partial v = \partial f(\xi)/\partial w = 0$. Dann sind v, w linear abhängig. Hinweis: Benutze elementare Tatsachen der Linearen Algebra.

167 Mittelwertsätze

Der beherrschende Satz der Differentialrechnung reeller Funktionen, der Mittelwertsatz, überträgt sich fast ohne Änderungen auf reellwertige Funktionen eines vektoriellen Arguments:

167.1 Mittelwertsatz für reellwertige Funktionen *Die Funktion* $f: G \subset \mathbf{R}^p \to \mathbf{R}$ *(G offen) sei auf G differenzierbar, und x_0, $x_0 + h$ seien zwei Punkte, die mitsamt ihrer Verbindungsstrecke in G liegen. Dann gibt es eine reelle Zahl ϑ zwischen 0 und 1, so daß gilt*

$$f(x_0 + h) - f(x_0) = f'(x_0 + \vartheta h) h. \tag{167.1}$$

Der B e w e i s ergibt sich ohne Mühe aus dem „eindimensionalen" Mittelwertsatz und der Kettenregel. Setzen wir $g(t) := x_0 + t h$ für $0 \leqslant t \leqslant 1$, so ist $\varphi := f \circ g$ auf dem Intervall $[0, 1]$ differenzierbar, und wir haben dort

$$\varphi'(t) = f'(g(t)) g'(t) = f'(x_0 + t h) h \tag{167.2}$$

(s. (165.4)). Infolgedessen gibt es ein ϑ zwischen 0 und 1 mit

$$f(x_0 + h) - f(x_0) = \varphi(1) - \varphi(0) = \varphi'(\vartheta) = f'(x_0 + \vartheta h) h. \qquad\blacksquare$$

Mit Hilfe des Gradienten läßt sich (167.1) übrigens in der Form schreiben

$$f(x_0 + h) - f(x_0) = h \cdot \operatorname{grad} f(x_0 + \vartheta h).$$

Für vektorwertige Funktionen kann man Gleichungen des einfachen Typs (167.1) leider nicht mehr beweisen (s. Aufgabe 1). Hier muß man sich mit Abschätzungen zufrieden geben. Am einfachsten gelangt man zu ihnen, indem man den Begriff des Riemannschen Integrals in naheliegender Weise auf Funktionen $f: [a, b] \to \mathbf{R}^q$ überträgt:

167.2 Definition und Satz *Sei*

$$f := \begin{pmatrix} f_1 \\ \vdots \\ f_q \end{pmatrix} \quad \textit{eine } \mathbf{R}^q\textit{-wertige Funktion auf } [a, b] \subset \mathbf{R}.$$

Für eine Zerlegung $Z := \{t_0, t_1, \ldots, t_n\}$ von $[a, b]$ und einen zugehörigen Zwischenvektor $\tau := (\tau_1, \tau_2, \ldots, \tau_n)$ erklären wir die R i e m a n n s c h e   S u m m e $S(f, Z, \tau)$ *wörtlich wie in Nr. 79 durch*

$$S(f, Z, \tau) := \sum_{\nu=1}^{n} f(\tau_\nu)(t_\nu - t_{\nu-1}), \tag{167.3}$$

und ebenso übernehmen wir von dort ungeändert den Begriff der R i e m a n n f o l g e[1].

---

[1] Wir haben in (167.3) die Zahlfaktoren $t_\nu - t_{\nu-1}$ nicht vor den Vektor $f(\tau_\nu)$ geschrieben, sondern hinter ihn, um der aus dem Reellen gewohnten Schreibweise der Riemannschen Summen möglichst nahe zu bleiben.

Strebt nun jede Riemannfolge von f gegen einen — und damit gegen ein und denselben — Grenzwert in $\mathbf{R}^q$, so nennt man f R-integrierbar auf $[a, b]$, den gemeinsamen Grenzwert aller Riemannfolgen bezeichnet man mit dem Symbol

$$\int_a^b f(t)\,\mathrm{d}t$$

und nennt ihn das Riemannsche Integral (R-Integral) *von f über $[a, b]$. f ist genau dann R-integrierbar auf $[a, b]$, wenn es jede der reellen Komponentenfunktionen f_j von f ist, und in diesem Falle haben wir*

$$\int_a^b f(t)\,\mathrm{d}t = \begin{pmatrix} \int_a^b f_1(t)\,\mathrm{d}t \\ \vdots \\ \int_a^b f_q(t)\,\mathrm{d}t \end{pmatrix}, \tag{167.4}$$

die Integration kann also komponentenweise ausgeführt werden. Welche Norm man in $\mathbf{R}^q$ benutzt, ist völlig belanglos.

Da Konvergenz in $\mathbf{R}^q$ auf komponentenweise Konvergenz hinausläuft, brauchen wir über den Beweis des Satzes kein Wort mehr zu verlieren. Wir heben nur eine Folgerung hervor: *Die Funktion f ist gewiß dann R-integrierbar, wenn sie stetig ist.*

Wie im Reellen setzen wir

$$\int_a^a f(t)\,\mathrm{d}t := 0 \quad \text{und} \quad \int_b^a f(t)\,\mathrm{d}t := -\int_a^b f(t)\,\mathrm{d}t.$$

Da wir $\mathfrak{M}(q, p)$, wenn wir von der Matrizenmultiplikation absehen, auch als den Vektorraum $\mathbf{R}^{qp}$ auffassen können, haben wir mit der obigen Definition auch das R-Integral einer matrixwertigen Funktion $t \mapsto A(t) := (\alpha_{jk}(t))$ auf $[a, b]$ erklärt. Integrierbarkeit vorausgesetzt, ist

$$\int_a^b (\alpha_{jk}(t))\,\mathrm{d}t = \left(\int_a^b \alpha_{jk}(t)\,\mathrm{d}t \right). \tag{167.5}$$

Ist h ein fester Vektor, so kann man ihn aus den Riemannschen Summen des Integrals $\int_a^b A(t)h\,\mathrm{d}t$ herausziehen und findet so die Gleichung

$$\int_a^b A(t)h\,\mathrm{d}t = \left(\int_a^b A(t)\,\mathrm{d}t \right) h. \tag{167.6}$$

Grundlegend für unsere Zwecke ist der folgende Satz, den wir der Einfachheit halber nur für stetige Funktionen aussprechen (s. jedoch Aufgabe 5):

167.3 Dreiecksungleichung *Für jede stetige Funktion* $f:[a, b]\to\mathbf{R}^q$ *ist*

$$\left\|\int_a^b f(t)\,dt\right\| \le \int_a^b \|f(t)\|\,dt.$$

Beweis. Aus (167.3) erhält man

$$\|S(f, Z, \tau)\| \le \sum_{\nu=1}^n \|f(\tau_\nu)\|(t_\nu - t_{\nu-1}) = S(\|f\|, Z, \tau),$$

wobei $\|f\|$ die (reellwertige) Funktion $t\mapsto\|f(t)\|$ auf $[a, b]$ bezeichnet. Für jedes Glied einer Riemannfolge $(S(f, Z_\nu, \tau_\nu))$ ist also

$$\|S(f, Z_\nu, \tau_\nu)\| \le S(\|f\|, Z_\nu, \tau_\nu). \tag{167.7}$$

Und da $\|f\|$ auf $[a, b]$ stetig, also R-integrierbar ist, ergibt sich aus dieser Abschätzung die Behauptung nun ohne Umstände durch Grenzübergang. ∎

Wir haben jetzt alle Hilfsmittel beisammen, um den Hauptsatz dieser Nummer beweisen zu können:

167.4 Mittelwertsatz für vektorwertige Funktionen *Die Funktion* $f: G\subset\mathbf{R}^p\to\mathbf{R}^q$ *(G offen) sei stetig differenzierbar, und* x_0, x_0+h *seien Punkte, die mitsamt ihrer Verbindungsstrecke S in G liegen. Dann gilt*

$$f(x_0+h) - f(x_0) = \left(\int_0^1 f'(x_0+th)\,dt\right) h.^{1)} \tag{167.8}$$

Ist $|\cdot|$ *irgendeine mit den Normen von* $\mathbf{R}^p$ *und* $\mathbf{R}^q$ *verträgliche Matrixnorm auf* $\mathfrak{M}(q, p)$*, so haben wir die Abschätzung*

$$\|f(x_0+h) - f(x_0)\| \le M\|h\| \quad \text{mit } M:=\max_{x\in S} |f'(x)|. \tag{167.9}$$

Zum Beweis sei

$$f = \begin{pmatrix} f_1 \\ \vdots \\ f_q \end{pmatrix}, \qquad \varphi_j(t):=f_j(x_0+th) \quad \text{für } 0\le t\le 1 \quad \text{und} \quad h = \begin{pmatrix} h_1 \\ \vdots \\ h_p \end{pmatrix}.$$

Wegen Satz 164.4 sind die partiellen Ableitungen aller f_j auf G stetig, und es ist (vgl. (167.2))

$$f_j(x_0+h) - f_j(x_0) = \varphi_j(1) - \varphi_j(0) = \int_0^1 \varphi_j'(t)\,dt = \int_0^1 f_j'(x_0+th)h\,dt.$$

$^{1)}$ Das Integral in der Klammer ist eine Matrix, und diese soll auf h angewandt werden.

Infolgedessen gilt

$$f(x_0+h)-f(x_0)=\begin{pmatrix}\int_0^1 f_1'(x_0+th)\,h\,dt\\ \vdots\\ \int_0^1 f_q'(x_0+th)\,h\,dt\end{pmatrix}=\int_0^1\begin{pmatrix}f_1'(x_0+th)\,h\\ \vdots\\ f_q'(x_0+th)\,h\end{pmatrix}dt$$

$$=\int_0^1 f'(x_0+th)\,h\,dt=\left(\int_0^1 f'(x_0+th)\,dt\right)h;$$

für die letzte Gleichung wurde (167.6) herangezogen. Damit ist (167.8) bewiesen. Wir nehmen nun (167.9) in Angriff und bemerken zunächst, daß $\max\limits_{x\in S}|f'(x)|$ tatsächlich existiert, weil $x\mapsto|f'(x)|$ eine stetige reellwertige Funktion auf der kompakten Menge S ist (s. die Sätze 159.3 und 161.1). Und da die Matrixnorm $|\cdot|$ mit den Normen von $\mathbf{R}^p$ und $\mathbf{R}^q$ verträglich sein sollte, ergibt sich aus Gl. (167.8) in Verbindung mit der Dreiecksungleichung mit einem Schlag die Abschätzung

$$\|f(x_0+h)-f(x_0)\|=\left\|\left(\int_0^1 f'(x_0+th)\,dt\right)h\right\|\leqslant\left|\int_0^1 f'(x_0+th)\,dt\right|\,\|h\|$$

$$\leqslant\left(\int_0^1|f'(x_0+th)|\,dt\right)\|h\|\leqslant M\|h\|,$$

womit nun alles bewiesen ist. ∎

Wir ziehen jetzt eine außerordentlich wichtige Folgerung aus dem Mittelwertsatz, erinnern aber zunächst den Leser daran, daß wir unter einem Gebiet $G\subset\mathbf{R}^p$ eine offene und zusammenhängende Teilmenge des $\mathbf{R}^p$ verstehen und daß man je zwei Punkte von G nach Satz 161.5 stets durch einen ganz in G verlaufenden Polygonzug miteinander verbinden kann[1].

167.5 Satz *Ist die Ableitung der Funktion $f\colon G\to\mathbf{R}^q$ auf dem Gebiet G des $\mathbf{R}^p$ vorhanden und $=0$ oder, was in diesem Falle auf dasselbe hinauskommt, existieren und verschwinden die partiellen Ableitungen aller Komponentenfunktionen von f auf G, so ist f konstant.*

Der Beweis bereitet keinerlei Schwierigkeiten. Wir bemerken zunächst, daß f stetig differenzierbar ist; wir können also für f den Mittelwertsatz in Anspruch nehmen. Sei nun x_0 ein fester und x ein beliebiger Punkt aus G. Dann gibt es einen ganz in G

---

[1] Für den Leser, der das Kapitel XIX über topologische Räume übergangen hat, machen wir die folgende Anmerkung: Aufgrund des Satzes 161.4 darf er ohne weiteres unter einem Gebiet des $\mathbf{R}^p$ eine offene Menge $G\subset\mathbf{R}^p$ verstehen, welche die Eigenschaft besitzt, daß man je zwei Punkte von G stets durch einen ganz in G verlaufenden Polygonzug miteinander verbinden kann. Der Begriff des Polygonzugs ist kurz hinter (161.4) erklärt. Dort findet man auch die Definition der konvexen Menge, die in Aufgabe 3 benötigt wird.

verlaufenden Polygonzug durch die Punkte $x_0, x_1, \ldots, x_n := x$. Aus dem Mittelwertsatz folgt, daß

$$f(x) = f(x_{n-1}), f(x_{n-1}) = f(x_{n-2}), \ldots, f(x_1) = f(x_0)$$

und somit $f(x) = f(x_0)$ ist. Damit ist der Beweis bereits zu Ende. ∎

Aufgaben

1. Sei $f(t) := \begin{pmatrix} \cos t \\ \sin t \end{pmatrix}$ für $t \in \mathbf{R}$. Zeige, daß es für $t_0 := 0$, $h := 2\pi$ kein ϑ zwischen 0 und 1 gibt, so daß $f(t_0 + h) - f(t_0) = f'(t_0 + \vartheta h) h$ ist.

***2.** Auf dem Gebiet G des $\mathbf{R}^p$ mögen die Funktionen $f, g : G \to \mathbf{R}^q$ übereinstimmende Ableitungen besitzen. Dann unterscheiden sie sich nur um einen konstanten Vektor, d.h., es ist $f = g + c$, $c \in \mathbf{R}^q$.

3. Die Funktion $f : K \to \mathbf{R}^q$ sei auf der konvexen offenen Menge $K \subset \mathbf{R}^p$ stetig differenzierbar, und mit einer (nicht notwendig verträglichen) Matrixnorm $|\cdot|$ gelte $|f'(x)| \leq M$ für alle $x \in K$ (M eine positive Konstante). Dann gibt es ein positives L, so daß für je zwei Punkte x, y aus K stets $\|f(x) - f(y)\| \leq L\|x - y\|$ ist. f ist also auf K Lipschitz-stetig und damit erst recht gleichmäßig stetig. Die Voraussetzungen des Satzes sind genau dann erfüllt, wenn die partiellen Ableitungen der Komponentenfunktionen von f auf K vorhanden, stetig und beschränkt sind.

4. Die Funktion $f : [a, b] \to \mathbf{R}^q$ ist genau dann auf $[a, b]$ R-integrierbar, wenn sie beschränkt und fast überall auf $[a, b]$ stetig ist (Beschränktheit von f bedeutet, daß $\sup_{a \leq t \leq b} \|f(t)\| < \infty$ ist).

5. Zeige unter Benutzung der Aufgabe 4: Mit $f : [a, b] \to \mathbf{R}^q$ ist auch $\|f\| : [a, b] \to \mathbf{R}$ auf $[a, b]$ R-integrierbar, und es gilt die Dreiecksungleichung

$$\left\| \int_a^b f(t)\,dt \right\| \leq \int_a^b \|f(t)\|\,dt.$$

6. Ein gelegentlich recht nützlicher Ersatz für den fehlenden Mittelwertsatz lautet so:
Die Funktion $f : G \subset \mathbf{R}^p \to \mathbf{R}^q$ (G offen) sei auf G differenzierbar und habe die Komponenten $f_1, \ldots, f_q$. Sind x_0 und $x_0 + h$ zwei Punkte, die mitsamt ihrer Verbindungsstrecke S in G liegen, so gibt es Stellen $\xi_1, \ldots, \xi_q$ auf S, so daß gilt:

$$f(x_0 + h) - f(x_0) = f'[\xi_1, \ldots, \xi_q] h \quad \text{mit} \quad f'[\xi_1, \ldots, \xi_q] := \begin{pmatrix} \dfrac{\partial f_1(\xi_1)}{\partial x_1} & \cdots & \dfrac{\partial f_1(\xi_1)}{\partial x_p} \\ \vdots & & \\ \dfrac{\partial f_q(\xi_q)}{\partial x_1} & \cdots & \dfrac{\partial f_q(\xi_q)}{\partial x_p} \end{pmatrix}.$$

168 Der Taylorsche Satz

Um den mathematischen Gedanken bei den nun folgenden Überlegungen deutlich hervortreten zu lassen, betrachten wir zunächst den einfachen Fall einer (reellwertigen) Funktion f von zwei (reellen) Veränderlichen x und y. Wir setzen voraus, daß G eine offene Teilmenge des $\mathbf{R}^2$ und f aus $C^{n+1}(G)$ $(n \geqslant 0)$ sei. Ferner mögen

$$x_0 := \begin{pmatrix} x_0 \\ y_0 \end{pmatrix} \quad \text{und} \quad x_0 + h := \begin{pmatrix} x_0 + h_1 \\ y_0 + h_2 \end{pmatrix}$$

zwei Punkte sein, die mitsamt ihrer Verbindungsstrecke in G liegen. Dann ist

$$\varphi(t) := f(x_0 + th) = f(x_0 + th_1, y_0 + th_2) \quad \text{für } 0 \leqslant t \leqslant 1$$

definiert, und die Ableitung von φ berechnet sich gemäß (165.4) zu

$$\varphi'(t) = \frac{\partial f(x_0 + th)}{\partial x} h_1 + \frac{\partial f(x_0 + th)}{\partial y} h_2.$$

Wir schreiben dies kürzer in der Form

$$\varphi'(t) = \frac{\partial f}{\partial x} h_1 + \frac{\partial f}{\partial y} h_2 \quad \text{oder auch} \quad \varphi'(t) = h_1 D_1 f + h_2 D_2 f, \tag{168.1}$$

wobei wir — auch für das folgende — vereinbaren, uns bei den Funktionen auf der rechten Seite als Argument $x_0 + th$ eingetragen zu denken. Ist $n > 0$, so finden wir

$$\varphi''(t) = h_1(h_1 D_1 D_1 f + h_2 D_2 D_1 f) + h_2(h_1 D_1 D_2 f + h_2 D_2 D_2 f).$$

Da nach dem Satz von Schwarz $D_2 D_1 f = D_1 D_2 f$ ist, ergibt sich

$$\varphi''(t) = h_1^2 D_1 D_1 f + 2 h_1 h_2 D_1 D_2 f + h_2^2 D_2 D_2 f. \tag{168.2}$$

Die rechten Seiten der Gln. (168.1) und (168.2) lassen sich übersichtlicher schreiben, wenn wir das Zeichen D_j — ähnlich wie das Differentiationszeichen D — als eine Abbildung

$$g \mapsto D_j g \text{ von } C^1(G) \text{ nach } C(G)$$

auffassen. D_j ist bei dieser Interpretation eine lineare Abbildung. Infolgedessen sind die Abbildungen $\alpha D_j + \beta D_k$ und $D_{j_1} D_{j_2} \cdots D_{j_l}$ wohldefiniert (und wiederum linear), letztere allerdings nur auf $C^l(G)$. Ist $j_1 = \cdots = j_l = j$, so schreiben wir, in leichter Verallgemeinerung der früher eingeführten Potenzdefinition, D_j^l statt des l-gliedrigen Produktes $D_j D_j \cdots D_j$. Die Gln. (168.1) und (168.2) nehmen nun die Form

$$\varphi'(t) = (h_1 D_1 + h_2 D_2)f, \qquad \varphi''(t) = (h_1 D_1 + h_2 D_2)^2 f$$

an, und induktiv bestätigt man, daß

$$\varphi^{(m)}(t) = (h_1 D_1 + h_2 D_2)^m f \quad \text{für } 0 \leqslant m \leqslant n+1 \text{ und } t \in [0, 1] \tag{168.3}$$

ist (wobei wie oben der Schwarzsche Satz heranzuziehen ist). Nach dem „eindimensionalen" Taylorschen Satz gibt es nun zu der Funktion $\varphi:[0, 1]\to\mathbf{R}$ ein ϑ zwischen 0 und 1, so daß

$$\varphi(1) = \varphi(0) + \varphi'(0) + \frac{1}{2!}\,\varphi''(0) + \cdots + \frac{1}{n!}\,\varphi^{(n)}(0) + \frac{1}{(n+1)!}\,\varphi^{(n+1)}(\vartheta)$$

ist. Wegen (168.3) erhalten wir daraus den „zweidimensionalen" Taylorschen Satz

$$f(x_0+h_1, y_0+h_2) = \sum_{\nu=0}^{n} \frac{1}{\nu!}\,(h_1\,D_1 + h_2\,D_2)^{\nu}f(x_0, y_0)$$

$$+ \frac{1}{(n+1)!}\,(h_1\,D_1 + h_2\,D_2)^{n+1}f(x_0 + \vartheta h_1, y_0 + \vartheta h_2).$$

Und ganz entsprechend, so daß wir auf die Details nicht mehr einzugehen brauchen, ergibt sich der

168.1 Satz von Taylor für reellwertige Funktionen von p Veränderlichen *Sei $G\subset\mathbf{R}^p$ offen,*

$$f\in C^{n+1}(G) \quad (n\geqslant 0) \quad \textit{und} \quad h:=\begin{pmatrix}h_1\\ \vdots\\ h_p\end{pmatrix}\in\mathbf{R}^p.$$

Liegen die Punkte x_0 und x_0+h mitsamt ihrer Verbindungsstrecke in G, so gibt es ein ϑ zwischen 0 und 1, so daß gilt:

$$f(x_0+h) = \sum_{\nu=0}^{n} \frac{1}{\nu!}\,(h_1\,D_1 + \cdots + h_p\,D_p)^{\nu}f(x_0)$$

$$+ \frac{1}{(n+1)!}\,(h_1\,D_1 + \cdots + h_p\,D_p)^{n+1}f(x_0 + \vartheta h).$$

Im folgenden werden wir den Taylorschen Satz nur für $n=1$ beanspruchen:

$$f(x_0+h) = f(x_0) + (h_1\,D_1 + \cdots + h_p\,D_p)f(x_0)$$

$$+ \frac{1}{2}\,(h_1\,D_1 + \cdots + h_p\,D_p)^2 f(x_0 + \vartheta h)$$

oder anders geschrieben

$$f(x_0+h) = f(x_0) + f'(x_0)h + \frac{1}{2}\sum_{j,k=1}^{p} \frac{\partial^2 f(x_0 + \vartheta h)}{\partial x_j \partial x_k}\,h_j h_k. \tag{168.4}$$

Diese nach dem Mittelwertsatz 167.1 einfachste Version des Taylorschen Satzes läßt sich natürlich vermöge der oben angewandten Reduktionsmethode auch ohne vollständige Induktion (nämlich nach zwei Differentiationsschritten) aus dem eindimensionalen Taylorschen Satz gewinnen.

Für späteren Gebrauch stellen wir noch einen Satz bereit, der sich in einfachster Weise aus (168.4) ergibt und den man als eine Weiterentwicklung von (163.2) ansehen kann:

168.2 Satz *$f: G \subset \mathbb{R}^p \to \mathbb{R}$ (G offen) sei eine C^2-Funktion und U eine ganz in G liegende ε-Umgebung von x_0. Dann gilt für alle*

$$h := \begin{pmatrix} h_1 \\ \vdots \\ h_p \end{pmatrix} \quad \text{mit } x_0 + h \in U$$

die Gleichung

$$f(x_0 + h) = f(x_0) + f'(x_0) h + \frac{1}{2} \sum_{j,k=1}^{p} \frac{\partial^2 f(x_0)}{\partial x_j \partial x_k} h_j h_k + \|h\|^2 \rho(h)$$

$$\text{mit} \quad \lim_{h \to 0} \rho(h) = 0. \tag{168.5}$$

Beweis. Wegen (168.4) ist

$$f(x_0 + h) = f(x_0) + f'(x_0) h + \frac{1}{2} \sum_{j,k=1}^{p} \frac{\partial^2 f(x_0)}{\partial x_j \partial x_k} h_j h_k + r(h)$$

mit

$$r(h) := \frac{1}{2} \sum_{j,k=1}^{p} \left[\frac{\partial^2 f(x_0 + \vartheta h)}{\partial x_j \partial x_k} - \frac{\partial^2 f(x_0)}{\partial x_j \partial x_k} \right] h_j h_k.$$

Da für $0 < \alpha \leqslant \beta$ stets

$$\frac{\alpha \beta}{\alpha^2 + \beta^2} \leqslant \frac{\beta^2}{\alpha^2 + \beta^2} \leqslant 1$$

ist, folgt wegen der Stetigkeit der zweiten partiellen Ableitungen

$$\frac{|r(h)|}{|h|^2} = \frac{|r(h)|}{h_1^2 + \cdots + h_p^2} \leqslant \frac{1}{2} \sum_{j,k=1}^{p} \left| \frac{\partial^2 f(x_0 + \vartheta h)}{\partial x_j \partial x_k} - \frac{\partial^2 f(x_0)}{\partial x_j \partial x_k} \right| \to 0 \quad \text{für } h \to 0.$$

Dann strebt aber auch $\rho(h) := r(h)/\|h\|^2 \to 0$ für $h \to 0$, womit unser Satz auch schon bewiesen ist.   ∎

Wir betrachten nun eine Funktion $f: G \subset \mathbb{R}^p \to \mathbb{R}^q$ (G offen), wollen für sie aber nur eine ganz einfache Version des Taylorschen Satzes herleiten, wobei wir das Restglied in einer Integraldarstellung angeben werden. Vorbereitend bringen wir einen Hilfssatz über reelle Funktionen.

168.3 Hilfssatz *Die reellwertige Funktion g sei auf dem Intervall $\langle x_0, x_0 + h \rangle$ zweimal stetig differenzierbar. Dann ist*

$$g(x_0 + h) = g(x_0) + g'(x_0) h + \int_{x_0}^{x_0 + h} g''(x)(x_0 + h - x)\, \mathrm{d}x.$$

Den Beweis erbringt man durch Produktintegration. Setzt man $x_1 := x_0 + h$, so ist mit $-(x_1 - x)$ als Stammfunktion zu 1 offenbar

$$g(x_0 + h) - g(x_0) = g(x_1) - g(x_0) = \int_{x_0}^{x_1} g'(x) \cdot 1 \, dx$$

$$= [-g'(x)(x_1 - x)]_{x_0}^{x_1} + \int_{x_0}^{x_1} g''(x)(x_1 - x) \, dx$$

$$= g'(x_0)h + \int_{x_0}^{x_0 + h} g''(x)(x_0 + h - x) \, dx. \qquad \blacksquare$$

Nun können wir ohne Mühe die angekündigte Version des Taylorschen Satzes beweisen.

168.4 Taylorformel zweiter Ordnung $f := \begin{pmatrix} f_1 \\ \vdots \\ f_q \end{pmatrix} : G \subset \mathbf{R}^p \to \mathbf{R}^q$ *(G offen) sei eine* C^2-*Funktion, und die Punkte* $x_0, x_0 + h$ *mögen mitsamt ihrer Verbindungsstrecke in G liegen. Dann ist*

$$f(x_0 + h) = f(x_0) + f'(x_0)h + r(x_0, h),$$

wobei die Komponenten $r_j(x_0, h)$ *des Restgliedes* $r(x_0, h)$ *gegeben werden durch*

$$r_j(x_0, h) = \sum_{k,l=1}^{p} \left(\int_0^1 \frac{\partial^2 f_j}{\partial x_k \partial x_l}(x_0 + th)(1 - t) \, dt \right) h_k h_l, \qquad (168.6)$$

wenn $h_1, \ldots, h_p$ *die Komponenten von* h *sind.*

Beweis. Wir definieren die reellwertigen Funktionen g_j auf $[0, 1]$ durch

$$g_j(t) := f_j(x_0 + th) \qquad (0 \leqslant t \leqslant 1; \, j = 1, \ldots, q).$$

Dann ist nach dem obigen Hilfssatz

$$f_j(x_0 + h) = g_j(1) = g_j(0) + g_j'(0) + \int_0^1 g_j''(t)(1 - t) \, dt. \qquad (168.7)$$

Mit Hilfe der Kettenregel erhält man

$$g_j'(t) = \sum_{l=1}^{p} \frac{\partial f_j}{\partial x_l}(x_0 + th) h_l,$$

$$g_j''(t) = \sum_{k,l=1}^{p} \frac{\partial^2 f_j}{\partial x_k \partial x_l}(x_0 + th) h_k h_l.$$

Aus (168.7) gewinnt man also die Darstellung

$$f_j(x_0 + h) = f_j(x_0) + f_j'(x_0)h + r_j(x_0, h)$$

mit dem in (168.6) definierten Term $r_j(x_0, \boldsymbol{h})$. Das ist aber nichts anderes als die behauptete Gleichung in Komponentenschreibweise. ∎

Sind die partiellen Ableitungen zweiter Ordnung aller f_j in G überdies auch noch beschränkt, so ist

$$|r_j(x_0, \boldsymbol{h})| \le \sum_{k,l=1}^{p} \left(\int_0^1 \sup_{x \in G} \left| \frac{\partial^2 f_j}{\partial x_k \partial x_l}(x) \right| (1-t)\, dt \right) |h_k|\, |h_l|$$

$$= \frac{1}{2} \sum_{k,l=1}^{p} \sup_{x \in G} \left| \frac{\partial^2 f_j}{\partial x_k \partial x_l}(x) \right| |h_k|\, |h_l|.$$

Führt man die Maximumsnorm $\|\cdot\|_\infty$ ein, so folgt daraus unmittelbar die

168.5 Restgliedabschätzung *Sind unter den Voraussetzungen und mit den Bezeichnungen des Satzes* 168.4 *die partiellen Ableitungen zweiter Ordnung der Komponentenfunktionen* $f_1, \dots, f_q$ *in* G *beschränkt, so ist*

$$\|r(x_0, \boldsymbol{h})\|_\infty \le \frac{1}{2} M \|\boldsymbol{h}\|_\infty^2 \quad mit \quad M := \max_{j=1}^{q} \sum_{k,l=1}^{p} \sup_{x \in G} \left| \frac{\partial^2 f_j}{\partial x_k \partial x_l}(x) \right|. \tag{168.8}$$

Aufgaben

***1. Taylorformel erster Ordnung (Mittelwertsatz) für die Ableitung** Unter den Voraussetzungen und mit den Bezeichnungen des Satzes 168.4 ist

$$\boldsymbol{f}'(x_0 + \boldsymbol{h}) = \boldsymbol{f}'(x_0) + \boldsymbol{R}(x_0, \boldsymbol{h}),$$

wobei die Elemente $r_{jk}(x_0, \boldsymbol{h})$ der Matrix $\boldsymbol{R}(x_0, \boldsymbol{h})$ gegeben werden durch

$$r_{jk}(x_0, \boldsymbol{h}) = \sum_{l=1}^{p} \left(\int_0^1 \frac{\partial^2 f_j}{\partial x_k \partial x_l}(x_0 + t\boldsymbol{h})\, dt \right) h_l \qquad (j = 1, \dots, q;\ k = 1, \dots, p).$$

Sind überdies die partiellen Ableitungen $\partial^2 f_j / \partial x_k \partial x_l$ alle in G beschränkt, so gilt für die in (114.7) definierte Zeilensummennorm der Matrix $\boldsymbol{R}(x_0, \boldsymbol{h})$ die Abschätzung

$$|\boldsymbol{R}(x_0, \boldsymbol{h})|_\infty \le M\|\boldsymbol{h}\|_\infty \qquad \text{mit der Konstanten } M \text{ aus (168.8).} \tag{168.9}$$

⁺2. Taylorscher Satz mit Integralrestglied für reelle Funktionen Ist die reelle Funktion f auf dem Intervall $\langle x_0, x_0 + h \rangle$ wenigstens $(n+1)$-mal stetig differenzierbar, so gilt

$$f(x_0 + h) = f(x_0) + \frac{f'(x_0)}{1!} h + \frac{f''(x_0)}{2!} h^2 + \cdots + \frac{f^{(n)}(x_0)}{n!} h^n$$

$$+ \frac{1}{n!} \int_{x_0}^{x_0+h} f^{(n+1)}(x)(x_0 + h - x)^n\, dx.$$

3. Es ist $\sin(x+y) = x+y - (1/2)(x^2 + 2xy + y^2)\sin(\vartheta(x+y))$ mit $0 < \vartheta(x, y) < 1$.

4. Berechne $\displaystyle\sum_{\nu=0}^{3} \frac{1}{\nu!}(hD_1 + kD_2)^\nu f(x_0, y_0)$ für die Funktion $f(x, y) := e^x \sin y$.

5. Berechne näherungsweise $1{,}05^{1{,}02}$ mit einem Fehler $< 10^{-4}$. Hinweis: Wende auf die Funktion $f(x, y) := x^y$ den Satz von Taylor mit $x_0 = y_0 = 1$ und $n = 2$ an.

6. Für $x^2 + y^2 \leqslant 1/4$ ist $|\ln[(1+x)(1+y)] - (x+y)| \leqslant 2(x^2 + y^2)$.

169 Implizite Funktionen

In der Mathematik und den Naturwissenschaften steht man häufig vor einem Problem, das wir nun in seiner einfachsten Form beschreiben und durch einige Beispiele sinnfällig machen wollen.

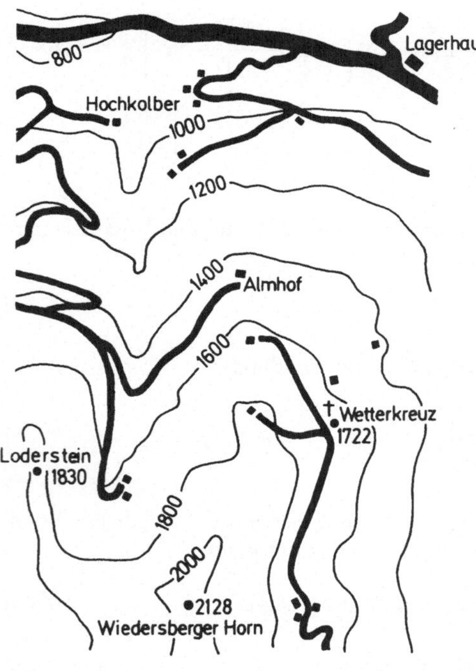

Fig. 169.1

1. Ist ein Geländestück gegeben (z. B. der Harz), so ist man aus vielfältigen Gründen daran interessiert zu wissen, wo diejenigen Geländepunkte liegen, die ein und dieselbe vorgegebene Höhe c über dem Meeresspiegel haben. Diese Punkte werden sich gewöhnlich zu Kurven zusammenschließen, die man die Höhen- oder Niveaulinien des betreffenden Geländes zur Höhe c oder auch kurz die c-Linien L_c nennt[1]. Trägt man die Niveaulinien zu mehreren Höhen in eine Landkarte ein (dies geschieht z. B. bei Meßtischblättern und Generalstabskarten), so erhält man aus der von Hause aus ebenen (zweidimensionalen) Karte einen quantitativen Eindruck von dem Höhenverlauf des Geländes und macht durch diesen Kunstgriff die Karte zu einem „dreidimensionalen" Auskunftsmittel (s. Fig. 169.1, wo an jede Höhenlinie die entsprechende Höhe in Metern angeschrieben ist). Baut man eine Straße längs einer Höhenlinie,

---

[1] Man halte sich jedoch vor Augen, daß die „c-Punkte" gelegentlich auch ein ganzes Flächenstück ausfüllen können, nämlich dann, wenn das Gelände ein ebenes Plateau der Höhe c enthält.

so hat man keine Steigung zu überwinden, was von erheblicher Bedeutung ist, wenn man etwa Spazierwege für ältere oder herzkranke Menschen in gebirgigen Erholungsgebieten anlegen will.

Ein Geländestück kann man sich (idealisiert) als Schaubild einer Funktion $F(x, y)$ vorstellen. Eine c-Linie L_c zu bestimmen, bedeutet dann, alle Punkte $\begin{pmatrix} x \\ y \end{pmatrix}$ zu finden, die der Gleichung $F(x, y) = c$ genügen. Ist $P := \begin{pmatrix} \xi \\ \eta \end{pmatrix}$ ein solcher Punkt, so wird es im Normalfall zu jedem x einer hinreichend kleinen δ-Umgebung von ξ ein und nur ein y aus einer ebenfalls hinreichend kleinen ε-Umgebung von η geben, so daß auch $\begin{pmatrix} x \\ y \end{pmatrix}$ zu L_c gehört. Ordnet man jedem $x \in U_\delta(\xi)$ dieses eindeutig bestimmte $y \in U_\varepsilon(\eta)$ zu, so erhält man eine Funktion $f: U_\delta(\xi) \to U_\varepsilon(\eta)$, für die $F(x, f(x)) \equiv c$ ist und deren Schaubild in der xy-Ebene ein Stück der c-Linie durch P ist. Man sagt dann, f sei auf $U_\delta(\xi)$ implizit durch die Gleichung $F(x, y) = c$ gegeben. Die eben beschriebene Situation ist in Fig. 169.2 angedeutet, aus der auch sofort klar wird, *daß man ε nicht zu groß wählen darf, wenn man die eindeutige Bestimmtheit von y nicht gefährden will.* Wählt man z.B. ε so groß, daß L_c ganz zwischen den horizontalen Geraden $y = \eta - \varepsilon$ und $y = \eta + \varepsilon$ verläuft, und hat der über P liegende Punkt $Q \in L_c$ die y-Koordinate η_1, so ist zwar $\eta \neq \eta_1$, aber doch $F(\xi, \eta) = F(\xi, \eta_1) = c$. Es kann dann also keine Rede davon sein, daß durch die Gleichung $F(x, y) = c$ eindeutig eine Funktion $f: U_\delta(\xi) \to U_\varepsilon(\eta)$ definiert wird. *Aber auch δ darf nicht zu groß gewählt werden, wenn man die c-Linie L_c oder doch wenigstens einen Teil von ihr in der Nähe von P als Schaubild einer Funktion $f(x)$ auffassen will.* Der Leser kann sich dies wieder an der Fig. 169.2 verdeutlichen, indem er δ so groß wählt, daß L_c vollständig zwischen den vertikalen Geraden $x = \xi - \delta$ und $x = \xi + \delta$ verläuft.

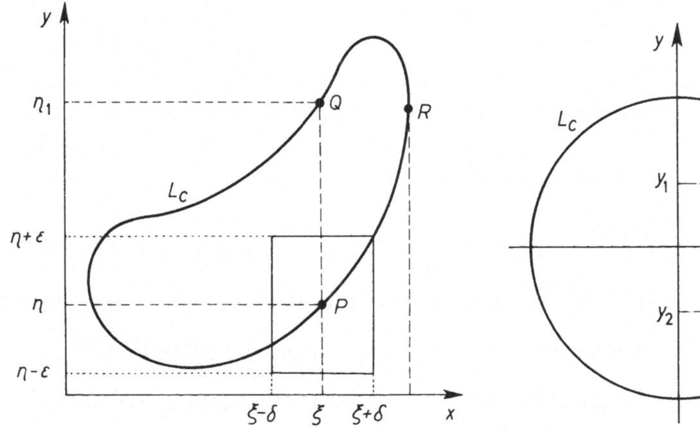

Fig. 169.2

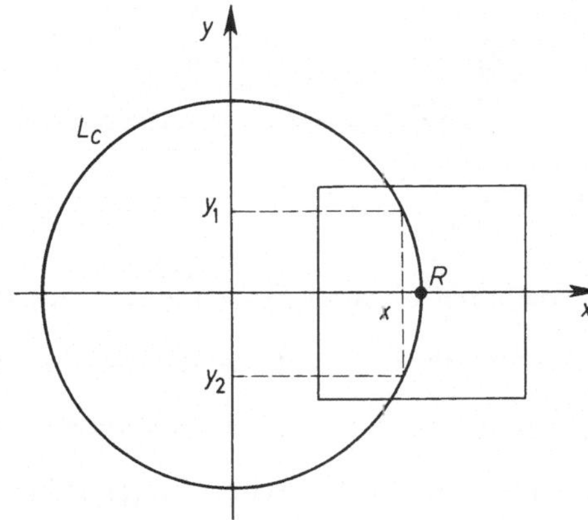

Fig. 169.3

Nimmt man übrigens als Ausgangspunkt nicht P, sondern R, und hat R die Koordinaten ξ_0, η_0, so sieht man, daß es bei keiner Wahl von $\delta > 0$ und $\varepsilon > 0$ zu jedem $x \in U_\delta(\xi_0)$ genau ein $y \in U_\varepsilon(\eta_0)$ mit $F(x, y) = c$ gibt. Diese extreme Abweichung vom Normalfall ist zur besseren Verdeutlichung noch einmal am Beispiel einer kreisförmigen c-Linie in Fig. 169.3 dargestellt. Daß man c-Linien — oder doch Teile von ihnen — gerne als Schaubilder reeller Funktionen f darstellen möchte, hat natürlich einen sehr einfachen Grund: Wenn dies möglich ist, kann man zur Untersuchung der c-Linien den hochentwickelten Apparat der Analysis reeller Funktionen einsetzen.

2. Wir betrachten ein Stück S der Erdoberfläche, idealisiert als Teil einer xy-Ebene. $F(x, y)$ sei der im Punkt $\begin{pmatrix} x \\ y \end{pmatrix}$ von S herrschende Luftdruck. Für die Wettervorher-

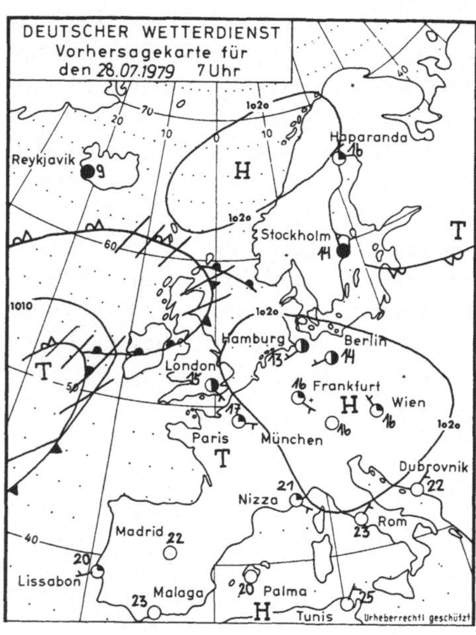

Fig. 169.4

sage ist es von entscheidender Bedeutung, die Punkte $\begin{pmatrix} x \\ y \end{pmatrix}$ zu kennen, in denen ein und derselbe Druck c herrscht, für die also $F(x, y) = c$ ist. Wie bei den Höhenlinien werden sich diese Punkte gewöhnlich zu Kurven zusammenschließen, die man Isobaren (Kurven gleichen Druckes), genauer: c-Isobaren, nennt. Diese Isobaren sieht man z.B. auf den Wetterkarten des Fernsehens oder der Tageszeitungen. Fig. 169.4 zeigt die Wetterkarte des Deutschen Wetterdienstes vom 28. 7. 1979. Aus den oben geschilderten Gründen wird man wieder fragen, ob man die c-Isobaren — oder Teile von ihnen — als Schaubilder reeller Funktionen auffassen kann, analytisch ausgedrückt, ob es eine reelle Funktion f gibt, so daß $F(x, f(x)) \equiv c$ ist.

3. Bedeutet diesmal $F(x, y)$ die im Punkte $\begin{pmatrix} x \\ y \end{pmatrix}$ des obigen Erdoberflächenstücks S herrschende Lufttemperatur, so versteht man in der Meteorologie unter einer c-Isotherme (Kurve gleicher Temperatur c) die Menge aller $\begin{pmatrix} x \\ y \end{pmatrix} \in S$ mit $F(x, y) = c$. Dieselben mathematischen Fragen, die wir bei den Höhenlinien und Isobaren gestellt haben, tauchen auch bei den Isothermen auf und brauchen nun nicht mehr wiederholt zu werden.

4. Bei dem Versuch, eine Differentialgleichung mit getrennten Veränderlichen aufzulösen, kommt man auf eine Beziehung der Form $F(x, y) = c$, aus der y als Funktion von x zu bestimmen ist (s. Nr. 97, insbesondere die Ausführungen zu (97.14)). Unter den Voraussetzungen des Satzes 97.1 ist die Funktion $y(x)$ in der Tat durch die Gleichung $F(x, y) = c$ wohlbestimmt, wenn auch letztere nicht immer *explizit* nach y aufgelöst werden kann (wir wollten dann sagen, die Funktion $y(x)$ sei durch die Gleichung $F(x, y) = c$ in *impliziter* Form gegeben).

Diese Beispiele mögen ein ausreichender Beleg für die Behauptung sein, daß die folgende Frage von hoher Bedeutung sein wird: Vorgelegt ist eine reellwertige Funktion F von zwei reellen Veränderlichen x, y und eine Konstante c. Kann man dann die Gleichung $F(x, y) = c$ für alle x eines gewissen Intervalls eindeutig „nach y auflösen", schärfer: *Gibt es eine Funktion $f(x)$, definiert auf einem Intervall I, so daß $F(x, f(x)) = c$ für alle $x \in I$ ist?* Bejahendenfalls wird man sagen, f sei durch die Gleichung $F(x, y) = c$ implizit definiert und wird dann weiter fragen, ob man Aussagen über analytische Eigenschaften von f (Stetigkeit, Differenzierbarkeit usw.) machen kann. Da man c immer auf die linke Seite der Ausgangsgleichung bringen kann, ist es keine Einschränkung, von vornherein $c = 0$, unsere Gleichung also in der Form

$$F(x, y) = 0 \tag{169.1}$$

anzunehmen. Natürlich wird man Fragen dieser Art nur beantworten können, wenn F selbst gewissen Voraussetzungen genügt. Die erste und vordringlichste wird sein, daß es überhaupt einen Punkt $\begin{pmatrix} \xi \\ \eta \end{pmatrix}$ mit $F(\xi, \eta) = 0$ gibt (für $F(x, y) := x^2 + y^2 + 1$ ist dies z. B. nicht der Fall). Ferner wird man, wie wir im ersten Beispiel schon angedeutet hatten, darauf gefaßt sein müssen, daß die Gl. (169.1) für jedes x eines Intervalls mehrere Lösungen besitzt und wird in einem derartigen Fall versuchen, zu jedem dieser x eine Lösung $f(x)$ so zu bestimmen, daß die Werte $f(x)$ sich etwa zu einer *stetigen* Funktion zusammenschließen. Als Beispiel diene

$$F(x, y) = x^2 + y^2 - 1 = 0. \tag{169.2}$$

Für jedes $x \in (-1, 1)$ besitzt diese Gleichung die zwei verschiedenen Lösungen

$$\sqrt{1 - x^2} \quad \text{und} \quad -\sqrt{1 - x^2}. \tag{169.3}$$

Stellt man diese Lösungswerte vermöge

$$f_1(x) := \sqrt{1 - x^2} \quad \text{und} \quad f_2(x) := -\sqrt{1 - x^2} \quad (-1 < x < 1)$$

zu zwei Funktionen f_1 und f_2 zusammen, so erhält man Lösungsfunktionen der Gl. (169.2), die auf $(-1, 1)$ stetig und sogar beliebig oft differenzierbar sind (s. Fig. 169.5). Auch die Funktion

$$f_3(x) := \begin{cases} \sqrt{1 - x^2} & \text{für } x \in (-1, 0], \\ -\sqrt{1 - x^2} & \text{für } x \in (0, 1) \end{cases}$$

ist eine Lösungsfunktion der Gl. (169.2); sie ist aber im Punkte $x = 0$ unstetig (s. Fig. 169.6). Es dürfte klar sein, daß man beliebig viele hochgradig unstetige Lösungsfunktionen der Gl. (169.2) finden kann, indem man die zu x gehörenden Lösungswerte (169.3) *willkürlich* zusammenstellt. Und ebenso klar dürfte sein, daß wir an solchen „willkürlichen Lösungsfunktionen" wenig interessiert sind, sondern den *stetigen* Lösungen f_1 und f_2 selbstverständlich den Vorzug geben werden. Natürlich erhebt sich sofort die Frage, ob — oder unter welchen Voraussetzungen — auch bei der allgemeinen Gl. (169.1) im Falle mehrdeutiger Lösbarkeit *Lösungswerte so zusammengefügt werden können, daß sie eine stetige, vielleicht sogar eine differenzierbare Funktion von x ergeben.* Diese Frage wird durch die Sätze des vorliegenden und des nächsten Abschnitts für die praktisch wichtigsten Fälle ausreichend beantwortet werden.

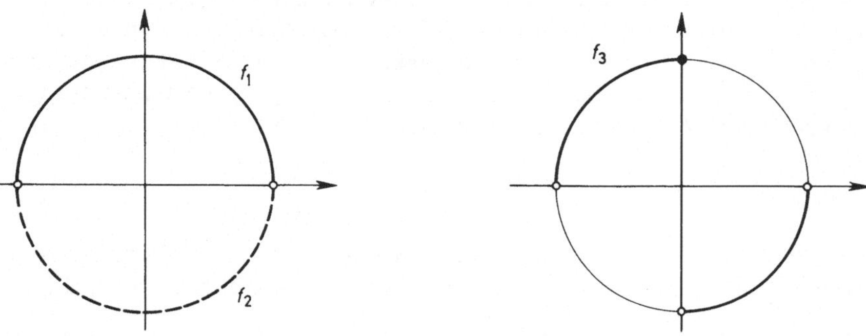

Fig. 169.5   Fig. 169.6

Einerseits von den Anwendungen, andererseits von dem natürlichen mathematischen Verallgemeinerungstrieb gedrängt, werden wir nicht bei der Gl. (169.1) mit einer reellwertigen Funktion F der reellen Veränderlichen x und y stehen bleiben, sondern von vornherein die Gleichung

$$F(x, y) = 0$$

mit einer *vektorwertigen* Funktion F der *vektoriellen* Veränderlichen x und y betrachten. Wir führen, um uns bequem ausdrücken zu können, zunächst einige Bezeichnungskonventionen ein. Ist

$$x := \begin{pmatrix} x_1 \\ \vdots \\ x_p \end{pmatrix}, \quad y := \begin{pmatrix} y_1 \\ \vdots \\ y_q \end{pmatrix}, \quad \text{so sei} \quad \begin{pmatrix} x \\ y \end{pmatrix} := \begin{pmatrix} x_1 \\ \vdots \\ x_p \\ y_1 \\ \vdots \\ y_q \end{pmatrix} \quad \text{und}$$

$$F(x, y) := F(x_1, \ldots, x_p, y_1, \ldots, y_q).$$

Im folgenden wird F eine $\mathbf{R}^q$-wertige Funktion, also

$$F = \begin{pmatrix} F_1 \\ \vdots \\ F_q \end{pmatrix} \quad \text{mit reellwertigen Funktionen } F_1, \ldots, F_q$$

sein. Es sei dann (Existenz der partiellen Ableitungen vorausgesetzt)

$$\frac{\partial F}{\partial x} := \begin{pmatrix} \dfrac{\partial F_1}{\partial x_1} \cdots \dfrac{\partial F_1}{\partial x_p} \\ \vdots \\ \dfrac{\partial F_q}{\partial x_1} \cdots \dfrac{\partial F_q}{\partial x_p} \end{pmatrix} \quad \text{und} \quad \frac{\partial F}{\partial y} := \begin{pmatrix} \dfrac{\partial F_1}{\partial y_1} \cdots \dfrac{\partial F_1}{\partial y_q} \\ \vdots \\ \dfrac{\partial F_q}{\partial y_1} \cdots \dfrac{\partial F_q}{\partial y_q} \end{pmatrix}. \qquad (169.4)$$

$\dfrac{\partial F}{\partial x}(\xi, \eta)$ sei die Matrix, die man erhält, indem man die „partielle Ableitung" $\dfrac{\partial F}{\partial x}$ an der Stelle (ξ, η) bildet; entsprechend ist $\dfrac{\partial F}{\partial y}(\xi, \eta)$ zu verstehen. Die Matrix $\dfrac{\partial F}{\partial y}(\xi, \eta)$ ist quadratisch — sie ist eine (q, q)-Matrix —, infolgedessen kann man die Frage stellen, ob sie invertierbar ist. In Nr. 114 haben wir daran erinnert, daß dies *genau dann eintritt, wenn ihre Determinante* $\neq 0$ *ist* (s. auch Satz 172.1).

Ist die partielle Funktion $x \mapsto F(x, \eta)$ in einem inneren Punkt ξ ihres Definitionsbereichs differenzierbar, so ist $\dfrac{\partial F}{\partial x}(\xi, \eta)$ gerade ihre Ableitung in ξ. Eine analoge Bedeutung hat $\dfrac{\partial F}{\partial y}(\xi, \eta)$.

Die Gleichung $F(x, y) = 0$ „auf G nach y aufzulösen" besagt, eine Funktion

$$f: G \subset \mathbf{R}^p \to \mathbf{R}^q$$

zu finden, mit der

$$F(x, f(x)) = 0 \quad \text{für alle } x \in G$$

ist. In Komponenten zerlegt, bedeutet dies, das Gleichungssystem

$$F_1(x_1, \ldots, x_p, y_1, \ldots, y_q) = 0$$
$$\vdots$$
$$F_q(x_1, \ldots, x_p, y_1, \ldots, y_q) = 0$$

auf G nach $y_1, \ldots, y_q$ aufzulösen, also q reellwertige Funktionen f_j auf G so zu bestimmen, daß gilt:

$$F_j(x_1, \ldots, x_p, f_1(x_1, \ldots, x_p), \ldots, f_q(x_1, \ldots, x_p)) = 0$$

$$\text{für alle } \begin{pmatrix} x_1 \\ \vdots \\ x_p \end{pmatrix} \in G \text{ und alle } j = 1, \ldots, q.$$

Eine letzte Bemerkung: Sind die nichtleeren Mengen $G \subset \mathbf{R}^p$ und $H \subset \mathbf{R}^q$ offen, so ist

$$G \times H = \left\{ \begin{pmatrix} x \\ y \end{pmatrix} : x \in G, y \in H \right\} \subset \mathbf{R}^{p+q}$$

offen. Man sieht dies leicht ein, wenn man in $\mathbf{R}^p$, $\mathbf{R}^q$ und $\mathbf{R}^{p+q}$ die Maximumsnormen einführt. Bezüglich dieser Normen sind ε-Umgebungen nämlich Würfel, und das cartesische Produkt eines ε-Würfels in $\mathbf{R}^p$ mit einem ε-Würfel in $\mathbf{R}^q$ ist ein ε-Würfel in $\mathbf{R}^{p+q}$.

Wir können nun den folgenden Hauptsatz über implizite Funktionen beweisen:

169.1 Satz *Die Mengen $G \subset \mathbf{R}^p$ und $H \subset \mathbf{R}^q$ seien nichtleer und offen, und die Funktion $F: G \times H \to \mathbf{R}^q$ sei stetig differenzierbar. Ferner seien $\xi \in G$ und $\eta \in H$ Punkte, für die*

$$F(\xi, \eta) = 0 \quad und \quad \frac{\partial F}{\partial y}(\xi, \eta) \text{ invertierbar}$$

ist. Dann gibt es eine

$$\delta\text{-Umgebung } U \subset G \text{ von } \xi, \quad \text{eine } \varepsilon\text{-Umgebung } V \subset H \text{ von } \eta$$

und genau eine stetige Funktion

$$f: U \to V \quad mit \quad f(\xi) = \eta \quad und \quad F(x, f(x)) = 0 \quad \text{für alle } x \in U.$$

Für jedes feste $x \in U$ ist $f(x)$ sogar die einzige in V liegende Lösung der Gleichung $F(x, y) = 0$.

Beweis. Zur Abkürzung setzen wir

$$D := \frac{\partial F}{\partial y}(\xi, \eta).$$

Falls eine Funktion f der oben angegebenen Art existiert, verschwindet nicht nur $F(x, f(x))$, sondern auch $D^{-1}F(x, f(x))$ auf U, und damit ist trivialerweise

$$f(x) - D^{-1}F(x, f(x)) = f(x) \quad \text{für alle } x \in U.$$

Genügt umgekehrt eine Funktion f dieser Gleichung — also einer *Fixpunktgleichung* —, so ist für alle einschlägigen x auch $F(x, f(x)) = 0$. Diese Beobachtung legt es nahe, die Existenzaussage unseres Satzes auf folgendem Weg anzugreifen: Man sucht Fixpunkte der Abbildung A, die auf einer noch geeignet festzulegenden Menge M von $\mathbf{R}^q$-wertigen Funktionen der Veränderlichen $x \in \mathbf{R}^p$ durch

$$(A g)(x) := g(x) - D^{-1} F(x, g(x))$$

definiert wird (in dieser etwas umständlich anmutenden Formulierung wird unser Problem dem Banachschen Fixpunktsatz zugänglich). Da F stetig differenzierbar ist, sind F und alle in $\partial F / \partial y$ auftretenden partiellen Ableitungen stetig, ferner ist gewiß

$$D^{-1} \frac{\partial F}{\partial y} (\xi, \eta) = I := (q, q)\text{-Einheitsmatrix.}$$

Und nun sieht man sofort, daß es aus Stetigkeitsgründen eine

δ-Umgebung $U \subset G$ von ξ und eine ε-Umgebung $V \subset H$ von η

mit folgenden Eigenschaften gibt:

$$\left\| I - D^{-1} \frac{\partial F}{\partial y} (x, y) \right\| \leq \frac{1}{2} \quad \text{für } x \in U,\ y \in V,$$

$$\|D^{-1} F(x, \eta)\| \leq \frac{1}{4} \varepsilon \quad \text{für } x \in U; \tag{169.5}$$

dabei ist die in der ersten Abschätzung auftretende Norm die Abbildungsnorm auf $\mathfrak{M}(q, q)$. Nachdem wir so die Umgebungen U, V festgelegt haben, erklären wir die Menge M: Sie bestehe aus allen stetigen Funktionen $g: U \to \mathbf{R}^q$ mit

$$g(\xi) = \eta \quad \text{und} \quad \|g(x) - \eta\| \leq \frac{1}{2} \varepsilon \quad \text{für jedes } x \in U. \tag{169.6}$$

Die Werte eines jeden $g \in M$ liegen also gewiß alle in V, eine Tatsache, die wir später mehrmals verwenden werden.

M ist nicht leer, da die konstante Funktion $\eta: x \mapsto \eta$ $(x \in U)$ zu M gehört. Wegen $g(U) \subset V$ ist jedes $g \in M$ auf U beschränkt, liegt also in dem Banachraum $B(U, \mathbf{R}^q)$, der mit der Supremumsnorm

$$|\varphi| := \sup_{x \in U} \|\varphi(x)\|$$

versehen ist (s. A 111.9). Darüber hinaus ist M eine abgeschlossene Teilmenge von $B(U, \mathbf{R}^q)$. Für jedes $g \in M$ ist

$$A g \text{ stetig und } (A g)(\xi) = \eta. \tag{169.7}$$

Ferner haben wir wegen der zweiten Abschätzung in (169.5)

$$\|(A \eta)(x) - \eta\| = \|D^{-1} F(x, \eta)\| \leq \frac{1}{4} \varepsilon \quad \text{für jedes } x \in U. \tag{169.8}$$

Erklären wir für irgendein festes $x \in U$ die Funktion $\Phi: V \to \mathbf{R}^q$ durch

$$\boldsymbol{\Phi}(y) := y - D^{-1} F(x, y), \tag{169.9}$$

so ist

$$\boldsymbol{\Phi}'(y) = I - D^{-1} \frac{\partial F}{\partial y}(x, y).$$

Aus der ersten Abschätzung in (169.5) folgt nun mit (167.9) die Ungleichung

$$\|\boldsymbol{\Phi}(y) - \boldsymbol{\Phi}(z)\| \le \frac{1}{2} \|y - z\| \quad \text{für beliebige } y, z \in V. \tag{169.10}$$

Insbesondere haben wir also

$$\|\boldsymbol{\Phi}(g_1(x)) - \boldsymbol{\Phi}(g_2(x))\| \le \frac{1}{2} \|g_1(x) - g_2(x)\| \quad \textit{für alle } g_1, g_2 \in M. \tag{169.11}$$

Wegen $\boldsymbol{\Phi}(g_j(x)) = g_j(x) - D^{-1} F(x, g_j(x)) = (A g_j)(x)$ läuft dies auf die Abschätzung

$$\|(A g_1)(x) - (A g_2)(x)\| \le \frac{1}{2} \|g_1(x) - g_2(x)\|$$

$$\text{für } g_1, g_2 \in M \text{ und alle } x \in U, \tag{169.12}$$

also auf

$$|A g_1 - A g_2| \le \frac{1}{2} |g_1 - g_2| \quad \text{für beliebige } g_1, g_2 \in M \tag{169.13}$$

hinaus. (169.12) liefert zusammen mit (169.8), daß für jedes $g \in M$ und $x \in U$ gilt:

$$\|(A g)(x) - \eta\| \le \|(A g)(x) - (A \eta)(x)\| + \|(A \eta)(x) - \eta\|$$

$$\le \frac{1}{2} \|g(x) - \eta\| + \frac{1}{4} \varepsilon \le \frac{1}{4} \varepsilon + \frac{1}{4} \varepsilon = \frac{1}{2} \varepsilon.$$

Diese Abschätzung besagt in Verbindung mit (169.7), daß A die (abgeschlossene) Menge $M \subset B(U, \mathbf{R}^q)$ in sich abbildet, und (169.13) belehrt uns, daß A darüber hinaus sogar eine Kontraktion ist. Nach dem Banachschen Fixpunktsatz besitzt also A einen Fixpunkt f in M, es gibt somit eine stetige Funktion

$$f: U \to V \text{ mit } f(\xi) = \eta \text{ und } Af = f, \text{ also } F(x, f(x)) = 0 \text{ für alle } x \in U.$$

Bei vorgegebenem $x \in U$ sei nun $y \in V$ eine Lösung der Gleichung $F(x, y) = 0$. Aus (169.10) folgt dann

$$\|y - f(x)\| = \|\boldsymbol{\Phi}(y) - \boldsymbol{\Phi}(f(x))\| \le \frac{1}{2} \|y - f(x)\|.$$

Diese Ungleichung kann aber nur bestehen, wenn $\|y - f(x)\| = 0$, also $y = f(x)$ ist. Damit ist sowohl die Schlußbehauptung des Satzes als auch die eindeutige Bestimmtheit von f bewiesen. ∎

Wir wollen den letzten Satz ausdrücklich noch für den sehr speziellen, zu Beginn dieser Nummer betrachteten Fall einer reellwertigen Funktion aussprechen, und zwar gleich in der für die Anwendungen geeignetsten Form.

169.2 Satz *Die reellwertige Funktion F sei (mindestens) auf dem offenen Rechteck $R := (a, b) \times (c, d)$ des $\mathbf{R}^2$ definiert und ihre partiellen Ableitungen $\partial F/\partial x$, $\partial F/\partial y$ seien dort vorhanden und stetig. Existiert nun ein $\xi \in (a, b)$ und ein $\eta \in (c, d)$, so daß*

$$F(\xi, \eta) = 0, \quad aber \quad \frac{\partial F}{\partial y}(\xi, \eta) \neq 0$$

ist, so gibt es ein δ-Intervall $U \subset (a, b)$ um ξ, ein ε-Intervall $V \subset (c, d)$ um η und genau eine stetige reelle Funktion $f : U \to V$ mit $f(\xi) = \eta$ und $F(x, f(x)) = 0$ für alle $x \in U$.

Aufgaben

1. Für hinreichend kleine x, y kann man $e^{\sin xy} + x^2 - 2y - 1 = 0$ nach y auflösen.

2. Für hinreichend kleine x, y und genügend nahe bei -1 liegende z kann man $x^2 + y^2 + z + \cosh xyz = 0$ nach z auflösen.

3. Für genügend nahe bei 1 liegende x, y, z kann man das Gleichungssystem

$$-2x^2 + y^2 + z^2 = 0, \quad x^2 + e^{y-1} - 2y = 0$$

durch stetige Funktionen $y = \varphi(x)$, $z = \psi(x)$ befriedigen.

170 Die Differenzierbarkeit implizit definierter Funktionen

Der folgende Satz stellt geringere Anforderungen an die Funktion F als der Satz 169.1, verlangt dafür aber ausdrücklich, daß eine stetige, durch die Gleichung $F(x, y) = 0$ implizit definierte Funktion f vorhanden sei. Die Matrizen $\partial F/\partial x$ und $\partial F/\partial y$ sind in (169.4) definiert.

170.1 Satz *Die Mengen $G \subset \mathbf{R}^p$ und $H \subset \mathbf{R}^q$ seien nichtleer und offen, ξ sei ein Punkt aus G, η ein Punkt aus H und $F : G \times H \to \mathbf{R}^q$ eine Funktion mit folgenden Eigenschaften:*

$$F(\xi, \eta) = 0, \ F'(\xi, \eta) \ \text{ist vorhanden und} \ \frac{\partial F}{\partial y}(\xi, \eta) \ \text{invertierbar.}$$

Gibt es dann eine δ-Umgebung $U \subset G$ von ξ, eine ε-Umgebung $V \subset H$ von η und eine stetige Funktion

$$f : U \to V \quad mit \quad f(\xi) = \eta \quad und \quad F(x, f(x)) = 0 \ für \ alle \ x \in U,$$

so ist f an der Stelle ξ differenzierbar, und $f'(\xi)$ berechnet sich nach der Formel

$$f'(\xi) = -\left(\frac{\partial F}{\partial y}(\xi,\,\eta)\right)^{-1}\frac{\partial F}{\partial x}(\xi,\,\eta).\tag{170.1}$$

Beweis. Zur Erleichterung der Schreib- und Lesearbeit (aber o.B.d.A.) nehmen wir $\xi = 0$ und $\eta = 0$ an; es ist also $f(0) = 0$. Zur Abkürzung setzen wir

$$D_1 := \frac{\partial F}{\partial x}(0,\,0),\qquad D_2 := \frac{\partial F}{\partial y}(0,\,0).$$

Auf $\mathbf{R}^{p+q}$ benutzen wir die Norm

$$\|z\| := \|x\| + \|y\|,\ \text{wobei durchweg}\ z := \begin{pmatrix} x \\ y \end{pmatrix}\ \text{sei}$$

(in der Wahl der Norm sind wir ja frei). Nach Voraussetzung ist F im Nullpunkt differenzierbar, für alle hinreichend kleinen z besteht also die Darstellung

$$F(z) = F'(0)z + r(z)\quad\text{mit}\ \lim_{z\to 0}\frac{r(z)}{\|z\|} = 0,$$

die offensichtlich auch in der Form

$$F(x,\,y) = D_1 x + D_2 y + r(x,\,y)\quad\text{mit}\ \lim_{x,y\to 0}\frac{r(x,\,y)}{\|x\| + \|y\|} = 0$$

geschrieben werden kann. Da $F(x, f(x)) = 0$ für alle $x \in U$ ist, folgt aus ihr

$$0 = D_1 x + D_2 f(x) + r(x, f(x)),\quad\text{also}\quad f(x) = -D_2^{-1}D_1 x - D_2^{-1}r(x, f(x)),$$

wegen $f(0) = 0$ somit auch

$$f(x) - f(0) = -D_2^{-1}D_1(x - 0) - D_2^{-1}r(x, f(x)).\tag{170.2}$$

Und nun haben wir offenbar nichts anderes mehr zu tun, als die Beziehung

$$\lim_{x\to 0}D_2^{-1}\frac{r(x, f(x))}{\|x\|} = 0$$

sicherzustellen. Dazu genügt es aber bereits zu zeigen, daß

$$\lim_{x\to 0}\frac{r(x, f(x))}{\|x\|} = 0\tag{170.3}$$

ist. Wegen $\displaystyle\lim_{x,y\to 0}\frac{r(x,\,y)}{\|x\| + \|y\|} = 0$ gibt es nun ein positives $\delta_1 < \delta$ und ein positives $\varepsilon_1 < \varepsilon$, so daß

$$\|r(x,\,y)\| \leqslant \frac{1}{2\|D_2^{-1}\|}(\|x\| + \|y\|)\quad\text{für}\ \|x\| < \delta_1,\ \|y\| < \varepsilon_1\tag{170.4}$$

gilt[1]. Und da f in $\mathbf{0}$ stetig und $f(\mathbf{0})=\mathbf{0}$ ist, gibt es ein positives $\delta_2<\delta_1$, so daß

$$\|f(x)\|<\varepsilon_1 \quad \text{für} \quad \|x\|<\delta_2 \tag{170.5}$$

bleibt. Aus den Abschätzungen (170.4) und (170.5) folgt nun

$$\|r(x,f(x))\| \le \frac{1}{2\|D_2^{-1}\|}\,(\|x\|+\|f(x)\|) \quad \text{für} \quad \|x\|<\delta_2.$$

In Verbindung mit (170.2) ergibt sich daraus für $\|x\|<\delta_2$

$$\|f(x)\| \le \|D_2^{-1}D_1\|\,\|x\| + \|D_2^{-1}\|\,\frac{\|x\|+\|f(x)\|}{2\|D_2^{-1}\|} = \gamma\|x\| + \frac{1}{2}\,\|f(x)\|.$$

Setzt man $\alpha := 2\gamma$, so ist also

$$\|f(x)\| \le \alpha\|x\| \quad \text{für} \quad \|x\|<\delta_2.$$

Für diese x, sofern sie $\ne \mathbf{0}$ sind, gilt somit die Abschätzung

$$0 \le \frac{\|r(x,f(x))\|}{\|x\|} = (1+\alpha)\,\frac{\|r(x,f(x))\|}{\|x\|+\alpha\|x\|} \le (1+\alpha)\,\frac{\|r(x,f(x))\|}{\|x\|+\|f(x)\|}. \tag{170.6}$$

Da aber für $x\to\mathbf{0}$ auch $f(x)\to\mathbf{0}$ und daher $\dfrac{\|r(x,f(x))\|}{\|x\|+\|f(x)\|}\to 0$ strebt, ergibt sich die Gl. (170.3), die allein noch zu beweisen war, sofort aus (170.6). ∎

Unser Satz eröffnet die sehr überraschende — und sehr nützliche — Möglichkeit, die Ableitung der implizit definierten Funktion f an der Stelle ξ zu berechnen, ohne f selbst zu kennen. Praktisch wird man $f'(\xi)$ — und das heißt in diesem Falle doch: die partiellen Ableitungen der Komponentenfunktionen $f_1,\dots,f_q$ von f an der Stelle ξ — berechnen, indem man die Gl. (170.1) durch Multiplikation mit $\dfrac{\partial F}{\partial y}(\xi,\eta)$ auf die Form

$$\frac{\partial F}{\partial y}(\xi,\eta)f'(\xi) = -\frac{\partial F}{\partial x}(\xi,\eta)$$

bringt, ausgeschrieben:

$$\begin{pmatrix} \dfrac{\partial F_1}{\partial y_1} & \cdots & \dfrac{\partial F_1}{\partial y_q} \\ \vdots & & \\ \dfrac{\partial F_q}{\partial y_1} & \cdots & \dfrac{\partial F_q}{\partial y_q} \end{pmatrix} \begin{pmatrix} \dfrac{\partial f_1}{\partial x_1} & \cdots & \dfrac{\partial f_1}{\partial x_p} \\ \vdots & & \\ \dfrac{\partial f_q}{\partial x_1} & \cdots & \dfrac{\partial f_q}{\partial x_p} \end{pmatrix} = - \begin{pmatrix} \dfrac{\partial F_1}{\partial x_1} & \cdots & \dfrac{\partial F_1}{\partial x_p} \\ \vdots & & \\ \dfrac{\partial F_q}{\partial x_1} & \cdots & \dfrac{\partial F_q}{\partial x_p} \end{pmatrix};$$

---

[1] Die hier und im folgenden auftretenden Matrixnormen seien die Abbildungsnormen.

dabei ist bei $\partial F_j/\partial y_k$ und $\partial F_j/\partial x_k$ bzw. bei $\partial f_j/\partial x_k$ das Argument $(\xi,\,\eta)$ bzw. ξ einzutragen. Ausmultiplizieren liefert die Gleichungen

$$\sum_{\nu=1}^{q} \frac{\partial F_j}{\partial y_\nu}\,\frac{\partial f_\nu}{\partial x_k} = -\frac{\partial F_j}{\partial x_k} \qquad (j=1,\ldots,q;\ k=1,\ldots,p).$$

Für jedes feste $k\in\{1,\ldots,p\}$ *erhält man somit ein System von* q *Gleichungen zur Bestimmung der* q *partiellen Ableitungen* $\partial f_1/\partial x_k,\ldots,\partial f_q/\partial x_k$:

$$\frac{\partial F_1}{\partial y_1}\frac{\partial f_1}{\partial x_k} + \frac{\partial F_1}{\partial y_2}\frac{\partial f_2}{\partial x_k} + \cdots + \frac{\partial F_1}{\partial y_q}\frac{\partial f_q}{\partial x_k} = -\frac{\partial F_1}{\partial x_k}$$
$$\vdots \qquad\qquad (170.7)$$
$$\frac{\partial F_q}{\partial y_1}\frac{\partial f_1}{\partial x_k} + \frac{\partial F_q}{\partial y_2}\frac{\partial f_2}{\partial x_k} + \cdots + \frac{\partial F_q}{\partial y_q}\frac{\partial f_q}{\partial x_k} = -\frac{\partial F_q}{\partial x_k}.$$

Dieses System läßt sich übrigens, nachdem die Differenzierbarkeit von f an der Stelle ξ einmal gesichert ist, sehr viel rascher mittels der *Kettenregel* gewinnen: Aus

$$F_j(x_1,\ldots,x_p,f_1(x_1,\ldots,x_p),\ldots,f_q(x_1,\ldots,x_p))\equiv 0 \qquad (j=1,\ldots,q)$$

folgt nämlich durch partielle Differentiation nach x_k (s. (165.5))

$$\frac{\partial F_j}{\partial x_k} + \frac{\partial F_j}{\partial y_1}\frac{\partial f_1}{\partial x_k} + \frac{\partial F_j}{\partial y_2}\frac{\partial f_2}{\partial x_k} + \cdots + \frac{\partial F_j}{\partial y_q}\frac{\partial f_q}{\partial x_k} = 0 \qquad (j=1,\ldots,q);$$

diese q Gleichungen sind zusammengenommen gerade das System (170.7).

Im einfachsten Falle einer reellwertigen Funktion F der beiden reellen Veränderlichen $x,\,y$ erhält man, wenn etwa die partiellen Ableitungen $\partial F/\partial x$, $\partial F/\partial y$ in einer Umgebung von $\begin{pmatrix}\xi\\\eta\end{pmatrix}$ stetig sind und $\partial F(\xi,\,\eta)/\partial y$ nicht verschwindet

$$f'(\xi) = -\frac{\dfrac{\partial F}{\partial x}(\xi,\,\eta)}{\dfrac{\partial F}{\partial y}(\xi,\,\eta)}. \qquad (170.8)$$

Wir vertiefen nun unsere Differenzierbarkeitsuntersuchungen durch den folgenden

170.2 Satz *Unter den Voraussetzungen und mit den Bezeichnungen des Satzes* 169.1 *ist die Funktion* f *in einer gewissen* δ_1-*Umgebung* $U_1\subset U$ *von* ξ *sogar stetig differenzierbar*[1].

---

[1] Man beachte, daß nicht die stetige Differenzierbarkeit auf dem ganzen Definitionsbereich U von f behauptet wird (und i. allg. auch nicht behauptet werden kann).

Der Beweis ist sehr einfach. Da die partiellen Ableitungen der Komponentenfunktionen von F auf $U \times V$ stetig sind, gibt es eine δ_2-Umgebung $U_2 \subset U$ von ξ und eine ε_1-Umgebung $V_1 \subset V$ von η, so daß

$$\left\| \frac{\partial F}{\partial y}(x, y) - \frac{\partial F}{\partial y}(\xi, \eta) \right\| < \frac{1}{\left\| \left(\frac{\partial F}{\partial y}(\xi, \eta) \right)^{-1} \right\|} \quad \text{für alle } x \in U_2 \text{ und } y \in V_1$$

bleibt. Wegen A 110.2 ist also $\partial F(x, y)/\partial y$ für diese x, y invertierbar (beachte, daß $\mathfrak{M}(q, q)$ bezüglich der Abbildungsnorm eine Banachalgebra mit dem Einselement I ist). Wegen der Stetigkeit von f gibt es eine δ_1-Umgebung $U_1 \subset U_2$ von ξ mit $f(U_1) \subset V_1$. Mit Hilfe des Satzes 170.1 erkennt man jetzt, daß die Funktion f auf U_1 differenzierbar ist und daß ihre Ableitung dort gegeben wird durch

$$f'(x) = - \left(\frac{\partial F}{\partial y}(x, f(x)) \right)^{-1} \frac{\partial F}{\partial x}(x, f(x)).$$

Zieht man nun (110.9) in A 110.2 heran, so sieht man, daß die hier auftretende Inverse und damit das ganze rechtsstehende Produkt stetig von x abhängt. ∎

Aufgaben

1. Sei $F(x, y) := x^2 + y^2 - 1$. Für hinreichend kleine x läßt sich die Gleichung $F(x, y) = 0$ durch positive $y = y(x)$ auflösen. Zeige ohne explizite Auflösung, daß $y'(x) = -x/y$ ist.

2. Sei $F(x, y, z) := x^4 + 2x \cos y + \sin z$. Zeige, daß für hinreichend kleine x, y, z die Gleichung $F(x, y, z) = 0$ nach z aufgelöst werden kann und berechne $\partial z/\partial x$ und $\partial z/\partial y$.

3. Zeige, daß das Gleichungssystem $x^2 + y^2 - 2z^2 = 0$, $\quad x^2 + 2y^2 + z^2 = 4$ für hinreichend kleine x durch positive Funktionen $y(x), z(x)$ aufgelöst werden kann und berechne y' in Abhängigkeit von x, y und z' in Abhängigkeit von x, z.

4. Zeige, daß das Gleichungssystem $x^2 + y^2 - u^2 - v^2 = 0$, $\quad x^2 + 2y^2 + 3u^2 + 4v^2 = 1$ durch positive Funktionen $u(x, y), v(x, y)$ aufgelöst werden kann und berechne die partiellen Ableitungen von u und v.

5. Zeige, daß das Gleichungssystem $u + \cos uv = vx + 1$, $\quad \sin u = y + v$ in einer Umgebung von $(x, y, u, v) := (0, -1, 0, 1)$ durch differenzierbare Funktionen $u(x, y)$, $v(x, y)$ aufgelöst werden kann und berechne $\partial u/\partial y$, $\partial v/\partial y$ an der Stelle $(0, -1)$.

$^+$**6.** $F(x, y) := y^n + a_{n-1}(x) y^{n-1} + \cdots + a_1(x) y + a_0(x)$ ist ein „Polynom mit variablen Koeffizienten". Angenommen, die Koeffizientenfunktionen seien auf $\mathbf{R}$ stetig differenzierbar, für ein gewisses $x = \xi$ habe $F(\xi, y)$ die Nullstelle η, und es sei $\partial F(\xi, \eta)/\partial y \neq 0$. Dann besitzt $F(x, y)$ für alle x in einer hinreichend kleinen Umgebung von ξ Nullstellen $y(x)$, und die Funktion $y(x)$ ist stetig differenzierbar (man sagt etwas salopp, die Nullstellen hingen stetig differenzierbar von den Koeffizienten ab).

171 Der Umkehrsatz

In dieser Nummer greifen wir die Frage an, unter welchen Voraussetzungen eine Funktion $f\colon G\subset\mathbf{R}^p\to\mathbf{R}^p$ eine Umkehrung f^{-1} besitzt und was man über die analytischen Eigenschaften derselben sagen kann.

171.1 Umkehrsatz *Die Funktion $f\colon G\subset\mathbf{R}^p\to\mathbf{R}^p$ (G offen) sei stetig differenzierbar, und in einem gewissen Punkt $\xi\in G$ sei $f'(\xi)$ invertierbar. Dann gibt es eine*

offene Umgebung $W\subset G$ von ξ und eine ε-Umgebung V von $\eta:=f(\xi)$,

so daß f die Umgebung W bijektiv auf V abbildet. Die

Umkehrung $\varphi\colon V\to W$ von $f\,|\,W$

ist stetig differenzierbar, und ihre Ableitung berechnet sich nach der Formel

$$\varphi'(y)=(f'(x))^{-1}\quad mit\quad y=f(x),\quad x\in W. \tag{171.1}$$

Beweis. Unser Problem besteht, grob gesagt, darin, die Gleichung $f(x)-y=0$ nach x aufzulösen. Um die hierfür zuständige Theorie der impliziten Funktionen anwenden zu können, definieren wir die Funktion

$$F\colon G\times\mathbf{R}^p\to\mathbf{R}^p\quad \text{durch}\quad F(x,y):=f(x)-y.$$

F ist stetig differenzierbar, und ferner ist

$$F(\xi,\eta)=0\quad \text{und}\quad \frac{\partial F}{\partial x}(\xi,\eta)=f'(\xi)\ \text{invertierbar}^{1)}.$$

Nach Satz 169.1 können wir also die Gleichung $F(x,y)=0$ nach x auflösen, genauer: Es gibt eine ε-Umgebung V von η, eine δ-Umgebung $U\subset G$ von ξ und genau eine stetige Funktion

$$\varphi\colon V\to U\ \text{mit}\ \varphi(\eta)=\xi\ \text{und}\ F(\varphi(y),y)=0,\ \text{also}\ f(\varphi(y))=y\ \text{für alle}\ y\in V.$$

Wegen Satz 170.2 können wir uns V gleich so klein gewählt denken, daß φ auf V sogar stetig differenzierbar ist. Nach Satz 158.3 ist $f^{-1}(V)$ offen in der relativen Topologie von G; da aber G selbst offen ist, muß $f^{-1}(V)$ nach Satz 156.1 sogar eine offene Teilmenge von $\mathbf{R}^p$ sein$^{2)}$. Dann ist aber auch

$$W:=U\cap f^{-1}(V)=\{x\in U\colon f(x)\in V\}\subset U$$

$^{1)}$ Wir benötigen die Invertierbarkeit von $\partial F(\xi,\eta)/\partial x$ statt der von $\partial F(\xi,\eta)/\partial y$, weil wir diesmal nach x und nicht nach y auflösen wollen. Dieser Rollentausch zwischen x und y ist auch weiterhin im Auge zu behalten.

$^{2)}$ Ohne Rückgriff auf die angeführten Ergebnisse aus dem Topologiekapitel kann der Leser mühelos (er braucht nur dem Beweis des Satzes 34.7 zu folgen) die nachstehende Aussage beweisen: *Die Abbildung $f\colon G\subset\mathbf{R}^p\to\mathbf{R}^q$ (G offen) ist dann und nur dann stetig, wenn das Urbild $f^{-1}(V)$ jeder offenen Menge $V\subset\mathbf{R}^q$ selbst offen ist.* Den „nur dann"-Teil dieses Satzes haben wir oben benutzt.

als Durchschnitt zweier offener Mengen selbst offen (Satz 155.3), also eine offene Umgebung von ξ. Offenbar ist $f(W) \subset V$. Es gilt aber sogar $f(W) = V$; denn für ein beliebiges $y \in V$ liegt $\varphi(y)$ einerseits in U, andererseits wegen

$$f(\varphi(y)) = y \in V \tag{171.2}$$

aber auch in $f^{-1}(V)$, insgesamt also in W — und nun besagt (171.2), daß y das Bild eines gewissen Punktes $x \in W$ unter f ist, so daß wir tatsächlich $f(W) = V$ haben. f ist auf W injektiv: Ist nämlich $f(x_1) = f(x_2) =: y$ für zwei Punkte $x_1, x_2 \in W$, so muß $F(x_1, y) = F(x_2, y)$ sein, und aus der letzten Aussage des Satzes 169.1 folgt nun $x_1 = x_2$. Insgesamt bildet also f die Umgebung W bijektiv auf V ab, und φ ist die auf V stetig differenzierbare Umkehrung von $f \mid W$. Die Ableitungsformel ergibt sich nun aus der Kettenregel, angewandt auf $(f \circ \varphi)(y) = y$. ∎

Sei $h: U \to V$ eine bijektive Abbildung der offenen Mengen $U, V \subset \mathbf{R}^p$. Sind h und $h^{-1}: V \to U$ stetig differenzierbar, so nennt man h einen Diffeomorphismus; h^{-1} ist dann natürlich ebenfalls ein Diffeomorphismus. Mit dieser Terminologie besagt der Umkehrsatz, daß $f \mid W$ bei hinreichend kleinem W ein Diffeomorphismus ist.

Der Umkehrsatz garantiert die lokale Umkehrbarkeit von f: Ist $f'(\xi)$ invertierbar, so gibt es eine gewisse (u. U. sehr kleine) Umgebung von ξ, auf der f injektiv ist. Keinesfalls darf daraus geschlossen werden, daß die Funktion f ganz G injektiv abbildet, falls $f'(x)$ für jedes $x \in G$ invertierbar ist. Es kann unter dieser Voraussetzung durchaus vorkommen, daß die Bilder zweier disjunkter „Injektivitätsumgebungen" W_1, W_2 der Punkte ξ_1, ξ_2 sich überlappen, so daß f bereits auf $W_1 \cup W_2$ nicht mehr injektiv ist (s. Fig. 171.1). Ein schockierendes Beispiel für den *Zusammenbruch der*

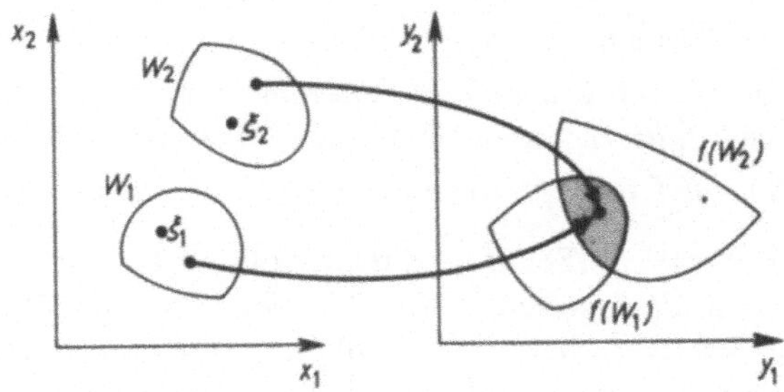

Fig. 171.1

„globalen" bei durchgängiger lokaler Umkehrbarkeit liefert die Funktion

$$f(x, y) := \begin{pmatrix} e^x \cos y \\ e^x \sin y \end{pmatrix} \quad \text{für alle } x, y \in \mathbf{R}. \tag{171.3}$$

f ist auf $\mathbf{R}^2$ stetig differenzierbar, und die Ableitung

$$f'(x, y) = \begin{pmatrix} e^x \cos y & -e^x \sin y \\ e^x \sin y & e^x \cos y \end{pmatrix}$$

ist überall invertierbar; durch elementare Rechnungen findet (oder bestätigt) man, daß die Inverse von $f'(x, y)$ durch

$$(f'(x, y))^{-1} = \begin{pmatrix} e^{-x}\cos y & e^{-x}\sin y \\ -e^{-x}\sin y & e^{-x}\cos y \end{pmatrix} \quad \text{für alle } x, y \in \mathbf{R}$$

gegeben wird (sehr viel leichter läßt sich die Invertierbarkeit mittels Determinanten verifizieren; wir werden darüber in der nächsten Nummer berichten). Wir haben also durchgängig *lokale* Umkehrbarkeit der Funktion f. Von ihrer *globalen* Umkehrbarkeit kann aber nicht im mindesten die Rede sein. Ist nämlich $u \neq 0$, $v \neq 0$ und $r := \sqrt{u^2 + v^2}$, so gibt es ein $y \in [0, 2\pi)$, so daß

$$\begin{aligned} u &= r\cos y \\ v &= r\sin y \end{aligned}, \quad \text{also} \quad \begin{aligned} u &= e^x\cos y \\ v &= e^x\sin y \end{aligned} \quad \text{mit } x := \ln r$$

ist. Wegen der 2π-Periodizität des Kosinus und Sinus ist dann aber auch

$$\begin{aligned} u &= e^x\cos(y + 2k\pi) \\ v &= e^x\sin(y + 2k\pi) \end{aligned}, \quad \text{also} \quad \begin{pmatrix} u \\ v \end{pmatrix} = f(x, y + 2k\pi) \quad \text{für alle } k \in \mathbf{Z}.$$

Mit anderen Worten: Jeder vom Nullpunkt verschiedene Punkt des $\mathbf{R}^2$ tritt bei der Abbildung f unendlich oft als Bildpunkt auf.

Immerhin lassen sich mit Hilfe des Umkehrsatzes auch wichtige globale Eigenschaften stetig differenzierbarer Funktionen beweisen. Als Beleg diene der

171.2 Satz *Die Funktion* $f\colon G \subset \mathbf{R}^p \to \mathbf{R}^p$ *(G offen) sei stetig differenzierbar, und* $f'(x)$ *sei für jedes* $x \in G$ *invertierbar. Dann gelten die folgenden Aussagen:*

a) *f ist eine offene Abbildung*[1].

b) *Die auf G definierte Funktion* $x \mapsto \|f(x)\|$ *besitzt kein Maximum (Maximumprinzip) und, falls $f(x)$ nie verschwindet, auch kein Minimum (Minimumprinzip).*

c) *Ist f injektiv, so ist die Umkehrfunktion* $f^{-1}\colon f(G) \to \mathbf{R}^p$ *stetig differenzierbar*[2].

Beweis. a): Sei H eine relativ offene Teilmenge von G; nach Satz 156.1 ist dann H auch als Teilmenge von $\mathbf{R}^p$ offen. Im Falle $H = \emptyset$ ist nichts zu beweisen. Sei also $H \neq \emptyset$, η ein beliebiger Punkt aus $f(H)$ und ξ eine Stelle in H mit $f(\xi) = \eta$. Da $f'(\xi)$ invertierbar ist, gibt es nach dem Umkehrsatz (mit H an Stelle von G) eine ganz in H liegende offene Umgebung W von ξ, so daß $f(W)$ eine offene und natürlich in $f(H)$ liegende Umgebung von η ist. Daraus folgt, daß $f(H)$ und somit auch f offen ist. —

---

[1] Hat der Leser das Topologiekapitel XIX nicht durchgearbeitet, so sollte er eine Funktion $f\colon G \subset \mathbf{R}^p \to \mathbf{R}^q$ mit offenem Definitionsbereich G **offen** nennen, wenn das Bild $f(H)$ jeder offenen Teilmenge H von G eine offene Teilmenge von $\mathbf{R}^q$ ist. Den ersten Satz im Beweis kann er dann übergehen.

[2] Differenzierbare Funktionen haben wir nur auf *offenen* Mengen erklärt. $f(G)$ ist nach der Aussage a) unseres Satzes tatsächlich offen.

b): Angenommen, $x_0 \in G$ sei eine Maximalstelle der Funktion $\|f(x)\|$, es sei also $\|f(x)\| \leqslant \|f(x_0)\|$ für alle $x \in G$. Dann ist $\|f(x_0)\| \neq 0$, weil andernfalls f konstant $= 0$ und somit $f'(x)$ nirgendwo invertierbar wäre. Wegen des Umkehrsatzes gehört eine gewisse ε-Umgebung V von $f(x_0)$ noch ganz zu $f(G)$.

Insbesondere ist also

$$y_1 := f(x_0) + \rho f(x_0) = (1 + \rho) f(x_0)$$

mit $\qquad \rho := \dfrac{\varepsilon}{2\|f(x_0)\|}$

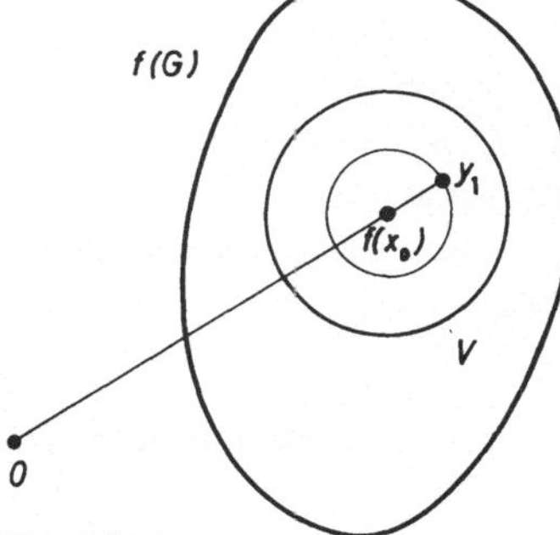

Fig. 171.2

Bild eines Punktes $x_1 \in G$ (s. Fig. 171.2). Da aber die daraus sich ergebende Abschätzung

$$\|y_1\| = \|f(x_1)\| = (1 + \rho)\|f(x_0)\| > \|f(x_0)\|$$

im Widerspruch zur Maximalität von $\|f(x_0)\|$ steht, müssen wir die Annahme, die Normen $\|f(x)\|$ besäßen in G einen größten Wert, preisgeben und das Maximumprinzip akzeptieren (das eigentlich „Kein-Maximum-Prinzip" heißen müßte — ein schreckliches Wort, das man zu Recht verworfen hat). Das Minimumprinzip wird ganz entsprechend bewiesen. — Die Aussage c) ergibt sich sofort aus dem Umkehrsatz, der ja jedenfalls die lokale stetige Differenzierbarkeit verbürgt. ∎

Aufgaben

1. Vgl. die Wirkungskraft der Sätze 37.1 und 47.3 mit der des Umkehrsatzes. Beziehe auch den Satz 170.1 in diese Diskussion ein.

2. Bestimme eine offene Menge $G \subset \mathbf{R}^2$, auf der die Funktion f in (171.3) injektiv ist.

3. G sei eine offene und beschränkte Teilmenge des $\mathbf{R}^p$. Die $\mathbf{R}^p$-wertige Funktion f sei auf der Abschließung $\overline{G}$ von G stetig, auf G stetig differenzierbar, und $f'(x)$ sei für jedes $x \in G$ invertierbar. Dann besitzt die auf $\overline{G}$ definierte Funktion $x \mapsto \|f(x)\|$ ein Maximum, und dieses wird auf dem Rand ∂G von G angenommen.

4. Die Funktion $f : \mathbf{R}^2 \to \mathbf{R}^2$ und die „Streifen" $G_1, G_2 \subset \mathbf{R}^2$ seien gegeben durch

$$f(x, y) := \begin{pmatrix} \sin x \cosh y \\ \cos x \sinh y \end{pmatrix}, \quad G_1 := \left\{ \begin{pmatrix} x \\ y \end{pmatrix} : 0 < x < \frac{\pi}{2} \right\}, \quad G_2 := \left\{ \begin{pmatrix} x \\ y \end{pmatrix} : \frac{\pi}{2} < x < \pi \right\}.$$

Berechne $f'(x, y)$ und bestimme $f(G_1), f(G_2)$. Zeige, daß f zwar auf G_1 und G_2, nicht aber auf $G_1 \cup G_2$ injektiv ist.

5. Es sei

$$G := \left\{ \begin{pmatrix} x_1 \\ x_2 \\ x_3 \end{pmatrix} \in \mathbf{R}^3 : x_1 + x_2 + x_3 \neq -1 \right\},$$

und die Funktion $f\colon G\to\mathbf{R}^3$ sei gegeben durch

$$f(x_1, x_2, x_3) := \begin{pmatrix} x_1/(1+x_1+x_2+x_3) \\ x_2/(1+x_1+x_2+x_3) \\ x_3/(1+x_1+x_2+x_3) \end{pmatrix}.$$

a) Berechne $f'(x_1, x_2, x_3)$.

b) Zeige, daß f auf G injektiv ist, bestimme $f(G)$ und gib die Umkehrabbildung $f^{-1}\colon f(G)\to G$ explizit an.

c) Zeige, daß die Umkehrabbildung f^{-1} auf $f(G)$ differenzierbar ist und berechne ihre Ableitung.

172 Bericht über Determinanten

Wir haben in den letzten Nummern so oft die Invertierbarkeit gewisser quadratischer Matrizen vorausgesetzt, daß wir nicht mehr länger der Frage ausweichen können, wie man denn überhaupt entscheiden kann, ob eine Matrix invertierbar sei. Ein theoretisch sehr bequemes, in der Praxis allerdings manchmal zu ausschweifenden Rechnungen führendes Kriterium hierfür stellt die Theorie der Determinanten bereit, die uns übrigens auch noch bei mancherlei anderen Problemen nützlich sein wird. Nun können wir allerdings nicht daran denken, diese umfangreiche Theorie hier zu entwickeln; im übrigen gehört sie der linearen Algebra an und wird in allen Lehrbüchern dieser Disziplin ausführlich abgehandelt. Wir geben hier nur eine Vorschrift an, nach der die Determinante einer (p, p)-Matrix berechnet werden kann und referieren die für unsere Zwecke wichtigsten Eigenschaften von Determinanten. Beweise (und eine ansprechendere Definition des Determinantenbegriffes) findet der Leser etwa in Kowalsky [9].

Jeder quadratischen Matrix

$$A := \begin{pmatrix} a_{11}\cdots a_{1p} \\ a_{21}\cdots a_{2p} \\ \vdots \\ a_{p1}\cdots a_{pp} \end{pmatrix} \qquad (p\geqslant 2)$$

ordnen wir eine Zahl, ihre (p-reihige) D e t e r m i n a n t e

$$\det A, \qquad \det(a_{jk}) \quad\text{oder}\quad \begin{vmatrix} a_{11}\cdots a_{1p} \\ a_{21}\cdots a_{2p} \\ \vdots \\ a_{p1}\cdots a_{pp} \end{vmatrix}$$

durch die folgende rekursive Definition zu:

a) $p = 2$: $\qquad \begin{vmatrix} a_{11} & a_{12} \\ a_{21} & a_{22} \end{vmatrix} := a_{11}a_{22} - a_{21}a_{12};$

b) $p>2$: Sind die Determinanten der $(p-1,p-1)$-Matrizen schon definiert, so wird die Determinante der (p,p)-Matrix $A=(a_{jk})$ so erklärt: Man streicht für $k=1,\dots,p$ aus A die erste Zeile und k-te Spalte und erhält so die k-te Streichungsmatrix S_k vom Typus $(p-1,p-1)$. Es ist also symbolisch

$$S_k := \begin{pmatrix} a_{11}\cdots a_{1k}\cdots a_{1p} \\ a_{21}\cdots a_{2k}\cdots a_{2p} \\ \vdots \\ a_{p1}\cdots a_{pk}\cdots a_{pp} \end{pmatrix},$$

nichtsymbolisch haben wir

$$S_1 := \begin{pmatrix} a_{22}\,a_{23}\cdots a_{2p} \\ \vdots \\ a_{p2}\,a_{p3}\cdots a_{pp} \end{pmatrix}, \qquad S_2 := \begin{pmatrix} a_{21}\,a_{23}\cdots a_{2p} \\ \vdots \\ a_{p1}\,a_{p3}\cdots a_{pp} \end{pmatrix}, \dots.$$

Nach Voraussetzung sind die Determinanten dieser Streichungsmatrizen schon erklärt, und nun setzt man

$$\det A := \sum_{k=1}^{p} (-1)^{k+1} a_{1k} \det S_k.$$

Eine direkte (nichtrekursive) Definition der Determinante läßt sich folgendermaßen geben. Man setzt

$$\operatorname{sign}\alpha := \begin{cases} 1 & \text{für } \alpha>0, \\ -1 & \text{für } \alpha<0, \\ 0 & \text{für } \alpha=0, \end{cases}$$

und ordnet jeder Permutation $k_1, k_2, \dots, k_p$ der Zahlen $1, 2, \dots, p$ die Größe

$$s(k_1, \dots, k_p) := \prod_{\mu<\nu} \operatorname{sign}(k_\nu - k_\mu)$$

zu. Dann kann man $\det(a_{jk})$ definieren durch die Formel

$$\det(a_{jk}) := \sum s(k_1, \dots, k_p)\, a_{1k_1}\cdots a_{pk_p}, \tag{172.1}$$

wobei die Summe über alle Permutationen $k_1, \dots, k_p$ der Zahlen $1, \dots, p$ zu erstrecken ist.

Einreihige Determinanten erklären wir durch

$$\det(a) := a.$$

Die eingangs gestellte Frage nach der Invertierbarkeit einer Matrix beantwortet das

172.1 Invertierbarkeitskriterium *Eine quadratische Matrix ist genau dann invertierbar, wenn ihre Determinante nicht verschwindet.*

Ein lineares Gleichungssystem von p Gleichungen für p Unbekannte

$$
\begin{aligned}
a_{11}x_1 + \cdots + a_{1p}x_p &= y_1 \\
&\vdots \\
a_{p1}x_1 + \cdots + a_{pp}x_p &= y_p
\end{aligned}
\tag{172.2}
$$

läßt sich mit Hilfe der

$$
\text{Matrix } A := \begin{pmatrix} a_{11} \cdots a_{1p} \\ \vdots \\ a_{p1} \cdots a_{pp} \end{pmatrix} \qquad \text{und der Vektoren} \qquad x := \begin{pmatrix} x_1 \\ \vdots \\ x_p \end{pmatrix},\ y := \begin{pmatrix} y_1 \\ \vdots \\ y_p \end{pmatrix}
$$

in der Kurzform

$$
A x = y
\tag{172.3}
$$

schreiben. Bedeutet

$$
R_k := \begin{pmatrix} a_{11} \cdots y_1 \cdots a_{1p} \\ \vdots \\ a_{p1} \cdots y_p \cdots a_{pp} \end{pmatrix} \qquad (k = 1, \ldots, p)
\tag{172.4}
$$

die Matrix, die aus der „Systemmatrix" A entsteht, indem man die k-te Spalte durch die „rechte Seite" y ersetzt, so gilt im Falle $\det A \neq 0$ für die Auflösung des Systems (172.3) die

172.2 Cramersche Regel[1] *Das Gleichungssystem $A x = y$ besitzt im Falle $\det A \neq 0$ stets eine, aber auch nur eine Lösung x. Ihre Komponenten x_k berechnen sich nach der Formel*

$$
x_k = \frac{\det R_k}{\det A} \qquad (k = 1, \ldots, p);
\tag{172.5}
$$

hierbei ist R_k die durch (172.4) erklärte Matrix.

Die Cramersche Regel setzt uns in den Stand, die Inverse A^{-1} einer invertierbaren (p, p)-Matrix $A := (a_{jk})$ zu berechnen. Setzen wir nämlich die zunächst noch unbekannte Inverse in der Form $A^{-1} = (x_{jk})$ $(j, k = 1, \ldots, p)$ an, so gilt

$$
A A^{-1} = \begin{pmatrix} a_{11} \cdots a_{1p} \\ \vdots \\ a_{p1} \cdots a_{pp} \end{pmatrix} \begin{pmatrix} x_{11} \cdots x_{1p} \\ \vdots \\ x_{p1} \cdots x_{pp} \end{pmatrix} = \begin{pmatrix} 1 & 0 \cdots 0 \\ 0 & 1 \cdots 0 \\ & \vdots \\ 0 & 0 \cdots 1 \end{pmatrix},
$$

---

[1] So genannt nach Gabriel Cramer (1704–1752; 48).

also

$$\sum_{\nu=1}^{p} a_{j\nu}\, x_{\nu k} = \delta_{jk}$$

mit dem Kroneckersymbol

$$\delta_{jk} := \begin{cases} 1 & \text{für } j=k, \\ 0 & \text{für } j \neq k. \end{cases}$$

Für festes k und laufendes j erhält man daraus das folgende lineare Gleichungssystem für die Elemente $x_{1k}, \ldots, x_{pk}$ der k-ten Spalte von A^{-1}:

$$
\begin{aligned}
a_{11} x_{1k} + a_{12} x_{2k} + \cdots + a_{1p} x_{pk} &= \delta_{1k} \\
&\vdots \\
a_{p1} x_{1k} + a_{p2} x_{2k} + \cdots + a_{pp} x_{pk} &= \delta_{pk}.
\end{aligned}
\tag{172.6}
$$

Da auf seiner rechten Seite der k-te Einheitsvektor e_k des $\mathbf{R}^p$ steht, kann man es sehr übersichtlich in der Form

$$A\, x_k = e_k \qquad (x_k \text{ die } k\text{-te Spalte von } A^{-1}) \tag{172.7}$$

schreiben und nach der Cramerschen Regel auflösen, da dank des Invertierbarkeitskriteriums $\det A \neq 0$ ist.

Damit haben wir die Fragen der Invertierbarkeit und Inversenbestimmung bei quadratischen Matrizen für unsere Zwecke hinreichend geklärt.

Nützlich für den rechnerischen Umgang mit Determinanten sind noch die folgenden

172.3 Rechenregeln *Für jede Determinante Δ gelten die nachstehenden Aussagen:*

a) *Δ ändert sich nicht, wenn man zu einer Zeile irgendein Vielfaches einer* anderen *Zeile addiert*[1].

b) *Δ wechselt das Vorzeichen, wenn man zwei Zeilen miteinander vertauscht, während man die übrigen an ihrer Stelle läßt.*

c) *Δ verschwindet, wenn irgendeine Zeile von Δ nur aus Nullen besteht.*

d) *Δ ist „in jeder Zeile linear", schärfer: Es ist*

$$
\begin{vmatrix}
a_{11} & \cdots & a_{1p} \\
\vdots & & \\
\alpha a_{r1} & \cdots & \alpha a_{rp} \\
\vdots & & \\
a_{p1} & \cdots & a_{pp}
\end{vmatrix}
= \alpha
\begin{vmatrix}
a_{11} & \cdots & a_{1p} \\
\vdots & & \\
a_{r1} & \cdots & a_{rp} \\
\vdots & & \\
a_{p1} & \cdots & a_{pp}
\end{vmatrix}
$$

---

[1] Vervielfachung und Addition von Zeilen bzw. Spalten sind im Sinne der Vektorrechnung zu verstehen: Zeilen sind als Zeilenvektoren, Spalten als Spaltenvektoren aufzufassen.

$$\text{und} \quad \begin{vmatrix} a_{11} & \cdots & a_{1p} \\ \vdots & & \\ b_{r1}+c_{r1} & \cdots & b_{rp}+c_{rp} \\ \vdots & & \\ a_{p1} & \cdots & a_{pp} \end{vmatrix} = \begin{vmatrix} a_{11} & \cdots & a_{1p} \\ \vdots & & \\ b_{r1} & \cdots & b_{rp} \\ \vdots & & \\ a_{p1} & \cdots & a_{pp} \end{vmatrix} + \begin{vmatrix} a_{11} & \cdots & a_{1p} \\ \vdots & & \\ c_{r1} & \cdots & c_{rp} \\ \vdots & & \\ a_{p1} & \cdots & a_{pp} \end{vmatrix}.$$

e) *In den Aussagen* a) *bis* d) *darf „Zeile" immer durch „Spalte" ersetzt werden.*

f) *Beim „Umklappen um die Hauptdiagonale" ändert sich* Δ *nicht, genauer: Es ist*

$$\begin{vmatrix} a_{11}\,a_{12} & \cdots & a_{1p} \\ a_{21}\,a_{22} & \cdots & a_{2p} \\ \vdots & & \\ a_{p1}\,a_{p2} & \cdots & a_{pp} \end{vmatrix} = \begin{vmatrix} a_{11}\,a_{21} & \cdots & a_{p1} \\ a_{12}\,a_{22} & \cdots & a_{p2} \\ \vdots & & \\ a_{1p}\,a_{2p} & \cdots & a_{pp} \end{vmatrix}^{\,1)}.$$

172.4 Multiplikationssatz *Für je zwei* (p,p)-*Matrizen* A *und* B *ist*

$$\det(A\,B) = \det A \cdot \det B.$$

Da die Determinante der Einheitsmatrix den Wert 1 hat, folgt aus dem Multiplikationssatz die Gleichung

$$\det A^{-1} = \frac{1}{\det A} \quad \textit{für jede invertierbare Matrix } A.$$

Unter der **quadratischen Form** einer (p,p)-Matrix $A := (a_{jk})$ versteht man die auf $\mathbf{R}^p$ definierte Funktion

$$Q_A(x) := \sum_{j,k=1}^{p} a_{jk} x_j x_k \quad \text{mit } x := \begin{pmatrix} x_1 \\ \vdots \\ x_p \end{pmatrix}.$$

Offenbar ist $Q_A(\lambda x) = \lambda^2 Q_A(x)$ für jede Zahl λ.

A heißt **positiv** bzw. **negativ definit**, wenn

$$Q_A(x) > 0 \quad \text{bzw.} \quad < 0 \quad \text{für alle } x \neq 0$$

ist. Nimmt Q_A sowohl positive wie auch negative Werte an, so wird A **indefinit** genannt.

Eine quadratische Matrix (a_{jk}) heißt **symmetrisch**, wenn $a_{jk} = a_{kj}$ für alle Indizes ist, wenn sie also beim Umklappen um die Hauptdiagonale in sich übergeht. Sym-

---

[1]) Die j-te Zeile der ersten Determinante wird also zur j-ten Spalte der zweiten. Die „Hauptdiagonale" von Δ ist die von a_{11} nach a_{pp} führende Diagonale des „Determinantenquadrats".

metrische $(2, 2)$- und $(3, 3)$-Matrizen haben demnach die folgende Gestalt:

$$\begin{pmatrix} a_{11} & a_{12} \\ a_{12} & a_{22} \end{pmatrix}, \quad \begin{pmatrix} a_{11} & a_{12} & a_{13} \\ a_{12} & a_{22} & a_{23} \\ a_{13} & a_{23} & a_{33} \end{pmatrix}.$$

Ihre quadratischen Formen sind beziehentlich

$$a_{11} x_1^2 + 2 a_{12} x_1 x_2 + a_{22} x_2^2,$$
$$a_{11} x_1^2 + 2 a_{12} x_1 x_2 + 2 a_{13} x_1 x_3 + a_{22} x_2^2 + 2 a_{23} x_2 x_3 + a_{33} x_3^2.$$

Schon im nächsten Abschnitt benötigen wir folgendes

172.5 Definitheitskriterium $A := (a_{jk})$ *sei eine symmetrische* (p, p)-*Matrix und*

$$\Delta_k := \begin{vmatrix} a_{11} \cdots a_{1k} \\ \vdots \\ a_{k1} \cdots a_{kk} \end{vmatrix}$$

ihre k-te Abschnittsdeterminante $(k = 1, \ldots, p)$. *Dann gilt:*
a) A *ist positiv definit* $\Leftrightarrow$ *alle* Δ_k *sind positiv.*
b) A *ist negativ definit* $\Leftrightarrow$ *die Vorzeichen der* Δ_k *alternieren, beginnend mit negativem* Δ_1, *d. h., es ist* $\Delta_1 < 0$, $\Delta_2 > 0$, $\Delta_3 < 0$, $\ldots$.

Besonders häufig benötigt man das folgende Definitheits- und Indefinitheitskriterium für symmetrische $(2, 2)$-Matrizen:

172.6 Satz *Eine symmetrische* $(2, 2)$-*Matrix*

$$A := \begin{pmatrix} a & b \\ b & c \end{pmatrix} \quad mit \quad \Delta := \det A = ac - b^2$$

ist genau dann

positiv definit, wenn $a > 0$ *und* $\Delta > 0$,
negativ definit, wenn $a < 0$ *und* $\Delta > 0$,
indefinit, wenn $\Delta < 0$

ist.

Als eine leichte Übung möge der Leser diesen Satz beweisen, indem er sich nicht auf das Definitheitskriterium 172.5, sondern auf die Identität $a Q_A(x, y) = (ax + by)^2 + \Delta y^2$ stützt.

Streicht man aus einer (q, p)-Matrix

$$A := \begin{pmatrix} a_{11} \cdots a_{1p} \\ \vdots \\ a_{q1} \cdots a_{qp} \end{pmatrix}$$

$r<q$ Zeilen und $s<p$ Spalten, wobei r und s so gewählt seien, daß die verbleibende Matrix $\mathbf{B}$ quadratisch ist ($q-r=p-s$), so nennt man $\det \mathbf{B}$ eine $(q-r)$-reihige Unterdeterminante von A. Zum Beispiel ist

$$\begin{vmatrix} 1 & 3 \\ 0 & 5 \end{vmatrix} \quad \text{eine zweireihige Unterdeterminante von} \quad \begin{pmatrix} 1 & 2 & 3 & 3 \\ 7 & 6 & 5 & 4 \\ 0 & 8 & 4 & 5 \end{pmatrix} ;$$

sie entsteht, indem man aus der gegebenen Matrix die zweite Zeile und die zweite und dritte Spalte streicht.

Sind die Funktionen $f_{jk}: I \to \mathbf{R}$ ($j, k = 1, \ldots, p$) alle auf dem Intervall I stetig bzw. differenzierbar, so ist auch die durch

$$f(x) := \det(f_{jk}(x)) \qquad (x \in I)$$

definierte Funktion $f: I \to \mathbf{R}$ auf I stetig bzw. differenzierbar. Entsprechendes gilt, wenn die f_{jk} reellwertige Funktionen von mehreren reellen Veränderlichen sind.

Besitzen die Komponenten $f_1, \ldots, f_p$ der Funktion $f: G \subset \mathbf{R}^p \to \mathbf{R}^p$ im Punkte $\xi \in G$ partielle Ableitungen nach allen Veränderlichen $x_1, \ldots, x_p$, so nennt man die Determinante

$$\det J_f(\xi) = \begin{vmatrix} \dfrac{\partial f_1(\xi)}{\partial x_1} & \cdots & \dfrac{\partial f_1(\xi)}{\partial x_p} \\ \vdots & & \\ \dfrac{\partial f_p(\xi)}{\partial x_1} & \cdots & \dfrac{\partial f_p(\xi)}{\partial x_p} \end{vmatrix}$$

die **Funktionaldeterminante** von f an der Stelle ξ. Falls f in ξ sogar differenzierbar ist, stimmt sie mit $\det f'(\xi)$ überein.

173 Lokale Extrema reellwertiger Funktionen

Wir sagen, die Funktion $f: X \subset \mathbf{R}^p \to \mathbf{R}$ besitze an der Stelle $\xi \in X$ ein **lokales Maximum** bzw. **Minimum**, wenn es eine δ-Umgebung U von ξ gibt, so daß

$$\text{für alle } x \in U \cap X \text{ stets} \qquad f(x) \leqslant f(\xi) \quad \text{bzw.} \quad f(x) \geqslant f(\xi)$$

ist. Lokale Maxima und Minima heißen auch **lokale Extrema**. Gilt

$$\text{für alle } x \in \dot{U} \cap X \text{ sogar} \qquad f(x) < f(\xi) \quad \text{bzw.} \quad f(x) > f(\xi),$$

so nennt man $f(\xi)$ ein **lokales Maximum** bzw. **Minimum im engeren Sinne**.

Um den Unterschied zwischen den *lokalen Extrema* einerseits und den *Extrema* andererseits sprachlich besser hervorzuheben, nennt man die letzteren auch gerne globale Extrema (der betrachteten Funktion). Man halte sich vor Augen, daß eine Funktion weder lokale noch globale Extrema zu besitzen braucht.

Mit Hilfe der partiellen Ableitungen von f (die Differenzierbarkeit von f wird dabei zunächst nicht vorausgesetzt), können wir sehr leicht eine *notwendige Bedingung* dafür herleiten, daß ein innerer Punkt von X Stelle eines lokalen Extremums ist:

173.1 Satz *Die Funktion $f: X \subset \mathbf{R}^p \to \mathbf{R}$ besitze in dem* inneren *Punkt ξ von X ein lokales Extremum und sei überdies in ξ nach allen Veränderlichen partiell differenzierbar. Dann ist notwendig* $\mathrm{grad} f(\xi) = \mathbf{0}$. *Ist f in ξ sogar differenzierbar, so muß also* $f'(\xi) = \mathbf{0}$ *sein.*

Der Beweis versteht sich fast von selbst. Ist nämlich

$$\xi = \begin{pmatrix} \xi_1 \\ \vdots \\ \xi_p \end{pmatrix} \quad \text{und} \quad g_1(x_1) := f(x_1, \xi_2, \ldots, \xi_p), \ldots, g_p(x_p) := f(\xi_1, \ldots, \xi_{p-1}, x_p),$$

so besitzt die partielle Funktion g_k im Punkte ξ_k ein lokales Extremum. Und da ξ_k ein innerer Punkt des Definitionsbereichs von g_k und die Ableitung $g_k'(\xi_k)$ vorhanden und $= \partial f(\xi)/\partial x_k$ ist, ergibt sich nun unsere Behauptung ohne weitere Umstände aus Satz 46.2. ∎

Ist $\mathrm{grad} f(\xi) = \mathbf{0}$, so nennt man ξ eine kritische Stelle von f. Der letzte Satz besagt also, daß ein *innerer* Punkt ξ von X höchstens dann die Chance hat, Stelle eines lokalen Extremums von f zu sein, wenn er eine kritische Stelle von f ist (Existenz von $\mathrm{grad} f(\xi)$ vorausgesetzt). Ein *Randpunkt* von X kann aber sehr wohl Stelle eines lokalen Extremums sein, ohne daß er eine kritische Stelle ist (s. Aufgabe 1). Ferner braucht eine kritische Stelle, auch wenn sie im Innern von X liegt, durchaus nicht Stelle eines lokalen Extremums zu sein (s. Beispiel 1).

Ist nun die Aufgabe vorgelegt, die Stellen lokaler Extrema der Funktion $f: X \subset \mathbf{R}^p \to \mathbf{R}$ zu bestimmen, so werden wir aufgrund der bisher gewonnenen Einsichten folgendermaßen vorgehen (wobei wir stillschweigend die benötigten Differenzierbarkeitseigenschaften als gegeben annehmen):

1. Wir ermitteln zunächst die kritischen Stellen von f im Innern von X.

2. Alsdann prüfen wir, welche dieser kritischen Stellen sich überhaupt als Stellen lokaler Extrema qualifizieren und von welcher Art ggf. die zugehörigen Extrema sind. Ein methodisches und für die Bedürfnisse der Praxis i. allg. ausreichendes Verfahren zur Erledigung dieser Frage werden wir weiter unten kennenlernen.

3. Schließlich untersuchen wir, ob sich auf dem Rand von X (soweit er zu X gehört) noch Stellen lokaler Extrema befinden und natürlich auch, von welcher Art ggf. die zugehörigen Extrema sind. Hierfür steht uns leider kein methodisches Vorgehen zur

Verfügung, und notgedrungen bleibt uns nichts anderes übrig, als dieses Problem jeweils durch eine *ad hoc*-Betrachtung anzugehen.

Wir werden nun, wie oben versprochen, ein *hinreichendes Kriterium* dafür herleiten, daß ein kritischer Punkt im Innern von X Stelle eines lokalen Extremums von f ist. Das entscheidende Hilfsmittel hierbei ist die nach Ludwig Otto Hesse (1811–1874; 63) genannte Hessesche Matrix

$$
H_f(x) := \begin{pmatrix}
\dfrac{\partial^2 f(x)}{\partial x_1^2} & \dfrac{\partial^2 f(x)}{\partial x_2 \partial x_1} & \cdots & \dfrac{\partial^2 f(x)}{\partial x_p \partial x_1} \\[2ex]
\dfrac{\partial^2 f(x)}{\partial x_1 \partial x_2} & \dfrac{\partial^2 f(x)}{\partial x_2^2} & \cdots & \dfrac{\partial^2 f(x)}{\partial x_p \partial x_2} \\[1ex]
\vdots & & & \\[1ex]
\dfrac{\partial^2 f(x)}{\partial x_1 \partial x_p} & \dfrac{\partial^2 f(x)}{\partial x_2 \partial x_p} & \cdots & \dfrac{\partial^2 f(x)}{\partial x_p^2}
\end{pmatrix}.
$$

Für eine C^2-Funktion f auf einer offenen Menge $G \subset \mathbf{R}^p$ ist $H_f(x)$ in jedem Punkte $x \in G$ nach dem Satz von Schwarz eine *symmetrische Matrix*.

Für den Beweis des angekündigten Kriteriums benötigen wir den folgenden

173.2 Hilfssatz *Die (p,p)-Matrix A ist genau dann positiv bzw. negativ definit, wenn mit einem gewissen $\alpha > 0$ gilt:*

$$Q_A(x) \geqslant \alpha \|x\|^2 \qquad bzw. \qquad \leqslant -\alpha \|x\|^2 \qquad \text{für alle } x \in \mathbf{R}^p. \tag{173.1}$$

Beweis. Besteht die erste Ungleichung in (173.1), so ist A trivialerweise positiv definit. Nun sei umgekehrt A positiv definit. Da Q_A auf der beschränkten und abgeschlossenen, nach Satz 111.6 also kompakten Menge $S := \{x \in \mathbf{R}^p : \|x\| = 1\}$ stetig und positiv ist, muß auch $\alpha := \min_{x \in S} Q_A(x)$ positiv sein (Satz 111.9). Für alle $x \neq 0$ haben wir somit

$$\frac{1}{\|x\|^2} Q_A(x) = Q_A\left(\frac{x}{\|x\|}\right) \geqslant \alpha, \qquad \text{also} \qquad Q_A(x) \geqslant \alpha \|x\|^2.$$

Und da die letzte Abschätzung trivialerweise auch für $x = 0$ gilt, ist unser Hilfssatz, soweit er sich auf positiv definite Matrizen bezieht, vollständig bewiesen. Den Fall der negativen Definitheit erledigt man ganz ähnlich oder man führt ihn auf das schon Bewiesene zurück: A ist nämlich genau dann negativ definit, wenn $-A$ positiv definit ist, und für alle $x \in \mathbf{R}^p$ gilt $Q_{-A}(x) = -Q_A(x)$. ∎

Nun macht der Beweis des nächsten Satzes keine große Mühe.

173.3 Extremwertkriterium *Die Funktion $f: G \subset \mathbf{R}^p \to \mathbf{R}$ (G offen) gehöre zu $C^2(G)$, und in einem gewissen Punkte ξ von G sei $\operatorname{grad} f(\xi) = 0$ (oder in diesem Falle gleichbedeutend: es sei $f'(\xi) = 0$). Ist dann*

$$H_f(\xi) \text{ positiv bzw. negativ definit,}$$

so besitzt f an der Stelle ξ ein

lokales Minimum bzw. Maximum im engeren Sinne.

Ist $H_f(\xi)$ indefinit, so hat f in ξ mit Sicherheit kein lokales Extremum.

Zum Beweis sei $Q: \mathbf{R}^p \to \mathbf{R}$ die quadratische Form der Hesseschen Matrix $H_f(\xi)$. Da $f'(\xi)$ verschwindet, ist nach Satz 168.2 für alle hinreichend kleinen $h \in \mathbf{R}^p$

$$\frac{f(\xi+h)-f(\xi)}{\|h\|^2} = \frac{1}{2}\, Q\left(\frac{h}{\|h\|}\right) + \rho(h) \quad \text{mit} \quad \lim_{h \to 0} \rho(h) = 0. \tag{173.2}$$

Ist nun $H_f(\xi)$ positiv definit, so gibt es nach dem obigen Hilfssatz ein $\alpha > 0$ mit $Q(h/\|h\|) \geq \alpha$ für alle $h \neq 0$. Zu diesem α existiert wegen $\lim_{h \to 0} \rho(h) = 0$ ein $\delta > 0$, so daß für $\|h\| < \delta$ stets $|\rho(h)| < \alpha/2$ bleibt. δ dürfen wir uns gleich so klein gewählt denken, daß die δ-Umgebung U von ξ noch ganz in G liegt. Da wir jedes $x \in U$ in der Form $\xi + h$ mit $\|h\| < \delta$ schreiben können, ergibt sich nun aus (173.2) sofort, daß für alle $x \in \dot{U}$ stets $f(x) - f(\xi) > 0$ ist. $f(\xi)$ erweist sich so als lokales Minimum im engeren Sinne von f. Ganz entsprechend sieht man, daß $f(\xi)$ ein lokales Maximum im engeren Sinne sein muß, wenn $H_f(\xi)$ negativ definit ist. Nun sei $H_f(\xi)$ indefinit. Dann gibt es von $\mathbf{0}$ verschiedene Vektoren h_0, k_0, so daß

$$Q(h_0) > 0 \quad \text{und} \quad Q(k_0) < 0$$

ist. Für alle Zahlen $\lambda \neq 0$ gilt somit

$$Q\left(\frac{\lambda h_0}{\|\lambda h_0\|}\right) = Q\left(\frac{\lambda h_0}{|\lambda|\,\|h_0\|}\right) = \frac{\lambda^2}{\lambda^2 \|h_0\|^2}\, Q(h_0) = \frac{Q(h_0)}{\|h_0\|^2} =: \varepsilon_1 > 0$$

und ganz entsprechend

$$Q\left(\frac{\lambda k_0}{\|\lambda k_0\|}\right) = \frac{Q(k_0)}{\|k_0\|^2} =: -\varepsilon_2 < 0.$$

Ersetzt man in (173.2) nun h durch λh_0 bzw. durch λk_0, so sieht man, daß für hinreichend kleines $\lambda \neq 0$ ständig $f(\xi + \lambda h_0) > f(\xi)$, aber $f(\xi + \lambda k_0) < f(\xi)$ ausfällt. $f(\xi)$ kann daher kein lokales Extremum sein. ∎

Um die Hessesche Matrix auf Definitheit zu testen, wird man das Definitheitskriterium 172.5 anwenden. In dem speziellen Falle einer Funktion von zwei Veränderlichen x, y läuft dies auf die Anwendung des Satzes 172.6 hinaus. In Verbindung mit dem eben bewiesenen Extremwertkriterium erhalten wir so den folgenden nützlichen

173.4 Satz *f bedeute eine reellwertige C^2-Funktion der reellen Veränderlichen x, y auf der offenen Menge $G \subset \mathbf{R}^2$, und es sei*

$$\frac{\partial f(\xi, \eta)}{\partial x} = \frac{\partial f(\xi, \eta)}{\partial y} = 0.$$

Setzen wir

$$\Delta := \frac{\partial^2 f(\xi, \eta)}{\partial x^2} \frac{\partial^2 f(\xi, \eta)}{\partial y^2} - \left(\frac{\partial^2 f(\xi, \eta)}{\partial x \partial y}\right)^2, \tag{173.3}$$

so ist $f(\xi, \eta)$

ein lokales Minimum im engeren Sinne, wenn $\quad \dfrac{\partial^2 f(\xi, \eta)}{\partial x^2} > 0$ *und* $\Delta > 0$,

ein lokales Maximum im engeren Sinne, wenn $\quad \dfrac{\partial^2 f(\xi, \eta)}{\partial x^2} < 0$ *und* $\Delta > 0$,

überhaupt kein lokales Extremum, wenn $\Delta < 0$ ist.

Wir betrachten nun einige einfache Beispiele, die uns sowohl die Kraft als auch das Versagen unserer Methoden verdeutlichen werden. In diesen Beispielen sind jeweils sämtliche Extrema, die globalen und die lokalen, zu bestimmen. Punkte geben wir in der raumsparenden Zeilenschreibweise an. Δ ist die in (173.3) definierte Größe.

1. $f(x, y) := x^2 - y^2$ auf $\mathbf{R}^2$. Die einzige kritische Stelle ist der Nullpunkt. Dort ist $\Delta = -4$, der Nullpunkt ist also keine Stelle eines lokalen Extremums. Da der Definitionsbereich $\mathbf{R}^2$ von f offen ist, besitzt f also weder lokale noch globale Extrema.[1]

2. $f(x, y) := x^3 - y^3$ auf $\mathbf{R}^2$. Wieder ist der Nullpunkt die einzige kritische Stelle. Dort ist $\Delta = 0$, und infolgedessen versagt der Satz 173.4. Weil aber $f(0, 0) = 0$ ist und f in jeder Umgebung des Nullpunktes sowohl negative als auch positive Werte annimmt, hat f im Nullpunkt weder ein lokales Minimum noch ein lokales Maximum. Da der Definitionsbereich $\mathbf{R}^2$ von f offen ist, besitzt also f überhaupt keine Extrema, weder lokale noch globale.

3. $f(x, y) := x^3 + y^3 - 3xy$ auf $\mathbf{R}^2$. Die Gleichungen

$$\frac{\partial f}{\partial x} = 3x^2 - 3y = 0, \qquad \frac{\partial f}{\partial y} = 3y^2 - 3x = 0$$

liefern als kritische Stellen die beiden Punkte $(0, 0)$ und $(1, 1)$. Ferner ist

$$\frac{\partial^2 f}{\partial x^2} = 6x, \qquad \frac{\partial^2 f}{\partial y^2} = 6y, \qquad \frac{\partial^2 f}{\partial x \partial y} = -3.$$

An der ersten kritischen Stelle $(0, 0)$ ist $\Delta = -9$, also besitzt f dort kein lokales Extremum. Man kann dies sehr leicht auch direkt einsehen: Es ist

$$f(x, 0) = x^3 > 0 \text{ für } x > 0 \quad \text{und} \quad f(x, 0) = x^3 < 0 \text{ für } x < 0,$$

---

[1] Der Leser halte sich die selbstverständliche Tatsache vor Augen, daß jedes globale Extremum einer Funktion f auch ein lokales ist. Bei offenem Definitionsbereich (und den nötigen Differenzierbarkeitsvoraussetzungen) muß also jede Stelle eines globalen Extremums von f auch eine kritische Stelle von f sein.

f nimmt also in jeder Umgebung von $(0, 0)$ sowohl positive als auch negative Werte an – während $f(0,0)$ verschwindet –, kann also im Nullpunkt kein lokales Extremum besitzen.

An der zweiten kritischen Stelle $(1, 1)$ ist

$$\frac{\partial^2 f(1, 1)}{\partial x^2} = 6 \quad \text{und} \quad \Delta = 27.$$

Nach Satz 173.4 ist also $(1, 1)$ Stelle eines lokalen Minimums im engeren Sinne; die Größe desselben ist $f(1, 1) = -1$. Wegen

$$f(x, x) \to +\infty \text{ für } x \to +\infty \quad \text{und} \quad f(x, x) \to -\infty \text{ für } x \to -\infty$$

besitzt f kein globales Extremum.

4. $f(x, y) := x^2 + y^2 - 2xy + 1$ auf $\mathbf{R}^2$. Die Gleichungen

$$\frac{\partial f}{\partial x} = 2x - 2y = 0, \qquad \frac{\partial f}{\partial y} = 2y - 2x = 0$$

ergeben als kritische Stellen die Punkte (x, x), $x \in \mathbf{R}$, also die Punkte der Geraden $y = x$. An allen kritischen Stellen ist $\Delta = 0$, der Satz 173.4 versagt also. Schreibt man $f(x, y)$ aber in der Form $(x - y)^2 + 1$, so sieht man sofort, daß $f(x, y) \geq 1$ und $f(x, x) = 1$ und somit jeder kritische Punkt (x, x) Stelle eines lokalen und sogar globalen Minimums der Größe 1 ist. Ein globales Maximum ist nicht vorhanden.

5. $f(x, y) := \sqrt{x^2 + y^2}$ auf $\mathbf{R}^2$. Trivialerweise besitzt f im Nullpunkt das lokale und globale Minimum 0. Unsere differentiationstechnischen Methoden lassen uns bei diesem simplen Beispiel vollständig im Stich, weil f im Nullpunkt keine partiellen Ableitungen besitzt. Ein lokales Maximum ist offenbar ebensowenig vorhanden wie ein globales.

6. $f(x, y) := \sin x \sin y \sin(x + y)$ für $0 \leq x, y, x + y \leq \pi$; der Definitionsbereich ist das Dreieck D mit den Ecken $(0, 0)$, $(\pi, 0)$ und $(0, \pi)$ einschließlich seiner Seiten. Die Funktion f verschwindet auf dem Rand des Definitionsdreiecks und ist im Innern desselben positiv, sie besitzt also jedenfalls das lokale und globale Minimum 0 und nimmt dieses genau in den Randpunkten von D an. Wir untersuchen nun ihr Extremalverhalten in $\mathring{D}$; die Variablen x, y seien also den Einschränkungen

$$0 < x, y, x + y < \pi$$

unterworfen. Aus

$$\frac{\partial f}{\partial x} = \cos x \sin y \sin(x + y) + \sin x \sin y \cos(x + y) = 0,$$

$$\frac{\partial f}{\partial y} = \sin x \cos y \sin(x + y) + \sin x \sin y \cos(x + y) = 0$$

(173.4)

erhält man zunächst die Gleichungen

$$\cos x \sin(x+y) = -\sin x \cos(x+y),$$
$$\cos y \sin(x+y) = -\sin y \cos(x+y) \qquad\qquad (173.5)$$

(man beachte, daß unter den vorausgesetzten Beschränkungen der Variablen die Größen $\sin y$ und $\sin x$ beide $\ne 0$ sind). Aus der ersten Gleichung erhält man, daß $\cos x$ und $\cos(x+y)$ nicht verschwinden, aus der zweiten, daß $\cos y \ne 0$ ist. Durch Division folgt nun

$$\frac{\cos x}{\cos y} = \frac{\sin x}{\sin y} \quad \text{und somit} \quad \tan y = \tan x.$$

Also muß $y = x$ sein. Aus der ersten Gleichung in (173.5) gewinnt man nun die Beziehung

$$\cos x \sin 2x + \sin x \cos 2x = 0,$$

also $\sin 3x = 0$, und daraus $x = \pi/3$. Nur der Punkt $(\pi/3, \pi/3)$ kann also eine kritische Stelle von f sein — und ist es tatsächlich, wie man durch Einsetzen in (173.4) sofort bestätigt. Eine einfache, wenn auch umständliche Rechnung zeigt, daß im Punkt $(\pi/3, \pi/3)$

$$\frac{\partial^2 f}{\partial x^2} = -\sqrt{3} \quad \text{und} \quad \Delta = \frac{9}{4}$$

ist. Nach Satz 173.4 besitzt also f in diesem Punkte — und nur in ihm — ein lokales Maximum im engeren Sinne; seine Größe ist $3\sqrt{3}/8$. Dieses lokale Maximum ist gleichzeitig auch das globale Maximum von f; denn die stetige Funktion f besitzt auf der kompakten Menge D gewiß ein globales Maximum, dieses muß aufgrund unserer Überlegungen im Innern von D angenommen werden, also mit dem einzigen dort vorhandenen lokalen Maximum zusammenfallen.

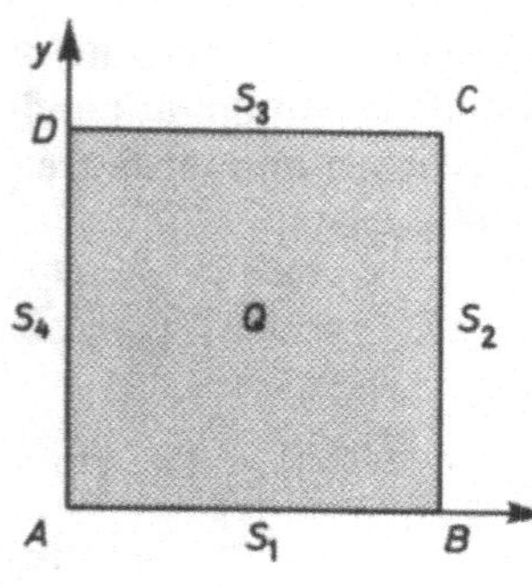

Fig. 173.1

7. $f(x, y) := \sin x + \sin y + \sin(x+y)$ für $0 \le x, y \le \pi/2$. Der Definitionsbereich ist das Quadrat Q mit den Ecken $A := (0, 0)$, $B := (\pi/2, 0)$, $C := (\pi/2, \pi/2)$ und $D := (0, \pi/2)$; seine Seiten bezeichnen wir mit S_k ($k = 1, \ldots, 4$) (s. Fig. 173.1). Betrachten wir die Funktion f zunächst nur im Innern $\mathring{Q}$ von Q, so können wir mit Hilfe der Methoden dieser Nummer feststellen (s. Aufgabe 3c), daß sie dort allein an der Stelle $(\pi/3, \pi/3)$ ein lokales Extremum besitzt, und zwar ein lokales Maximum der Größe

$$f\left(\frac{\pi}{3}, \frac{\pi}{3}\right) = \frac{3}{2}\sqrt{3}.$$

Wir fragen nun, ob f auch auf dem Rand ∂Q von Q noch lokale Extrema besitzt. Offenbar können solche Extrema höchstens an den Stellen von ∂Q auftreten, wo die Einschränkung $f|\partial Q$ ein lokales Extremum besitzt. Wir untersuchen deshalb das Extremalverhalten der Funktionen

$$\varphi_1(x):=f(x,0)\quad\;\;=2\sin x\qquad\qquad\left(0\leqslant x\leqslant\frac{\pi}{2}\right),$$

$$\varphi_2(y):=f\left(\frac{\pi}{2},y\right)=1+\sin y+\cos y\qquad\left(0\leqslant y\leqslant\frac{\pi}{2}\right),$$

$$\varphi_3(x):=f\left(x,\frac{\pi}{2}\right)=1+\sin x+\cos x\qquad\left(0\leqslant x\leqslant\frac{\pi}{2}\right),$$

$$\varphi_4(y):=f(0,y)\quad\;\;=2\sin y\qquad\qquad\left(0\leqslant y\leqslant\frac{\pi}{2}\right).$$

φ_1 wächst streng von $\varphi_1(0)=0$ bis $\varphi_1(\pi/2)=2$. Im Innern der Seite S_1 liegt also gewiß keine lokale Extremalstelle von f. Der linke Randpunkt A von S_1 ist Stelle eines lokalen und sogar des globalen Minimums von f; denn es ist

$$f(0,0)=0\quad\text{und}\quad f(x,y)>0\text{ auf }Q\setminus\{A\}.$$

φ_2 wächst streng auf $[0,\pi/4]$ von $\varphi_2(0)=2$ bis $\varphi_2(\pi/4)=1+\sqrt{2}$ und nimmt dann streng ab bis zu dem Wert $\varphi_2(\pi/2)=2$. Das Monotonieverhalten von φ_1 und φ_2 in der Nähe des Punktes B zeigt, daß B auf keinen Fall eine lokale Extremalstelle sein kann. Wir fassen nun den Punkt $\tilde{B}:=(\pi/2,\pi/4)$ ins Auge, an dem f aufgrund des Verhaltens von φ_2 eine gewisse Chance hat, lokal maximal zu werden. Es ist

$$\frac{\partial f}{\partial x}\left(\frac{\pi}{2},\frac{\pi}{4}\right)=\cos\frac{\pi}{2}+\cos\left(\frac{\pi}{2}+\frac{\pi}{4}\right)=-\sin\frac{\pi}{4}<0,$$

und daher besitzt die Funktion $f(x,\pi/4)$ auf einem hinreichend kleinen Intervall $(\pi/2-\delta,\pi/2)$ Werte, die alle $>f(\pi/2,\pi/4)$ sind. $\tilde{B}$ kann also doch nicht Stelle eines lokalen Maximums von f sein.

Da $f(x,y)$, anschaulich gesprochen, symmetrisch zur Winkelhalbierenden $y=x$ ist, d.h., sich nicht ändert, wenn man x mit y vertauscht, ergibt sich aus dem bisher Gezeigten ohne weitere Überlegung, daß f weder in den inneren Punkten von S_3 und S_4 noch im Punkte D lokale Extrema besitzt. Es bleibt uns nur noch übrig, den Punkt C zu untersuchen. Das Monotonieverhalten der Funktionen φ_2 und φ_3 legt den Verdacht nahe (schließt jedenfalls die Möglichkeit nicht aus), daß f in C ein lokales Minimum besitzt. In C haben die partiellen Ableitungen $\partial f/\partial x$ und $\partial f/\partial y$ beide den Wert -1, aus Stetigkeitsgründen sind sie also auch noch auf einer gewissen ε-Umgebung U von C negativ (wir denken uns bei diesen Betrachtungen $f(x,y)$ vermöge der ursprünglichen Definitionsgleichung auf ganz $\mathbf{R}^2$ erklärt). Mit Hilfe des Mittelwertsatzes 167.1 sieht man nun ohne Umstände, daß für die von C verschiedenen Punkte $(x,y)\in U\cap Q$ stets $f(x,y)>f(\pi/2,\pi/2)$ bleibt. C ist also tatsächlich Stelle eines lokalen Minimums von f; die Größe desselben ist 2. Da schließlich f als stetige Funktion auf der kompakten Menge Q ein globales Maximum besitzen muß, kommt als solches gemäß den obigen Betrachtungen nur das einzige lokale Maximum im Punkte $(\pi/3, \pi/3)$ in Frage. Zusammenfassend können wir also sagen: Die Funktion $f: Q \to \mathbf{R}$ besitzt

im Punkte $(0, 0)$ das globale Minimum 0,

im Punkte $(\pi/2, \pi/2)$ das lokale Minimum 2,

im Punkte $(\pi/3, \pi/3)$ das globale Maximum $\dfrac{3}{2}\sqrt{3}$;

weitere Extremalstellen sind nicht vorhanden.

Aufgaben

1. Sei $f(x, y) := x + y$ für $0 \leqslant x, y \leqslant 1$. f besitzt im Punkte $(1, 1)$ ein lokales Maximum, es ist jedoch $\operatorname{grad} f(1, 1) \neq \mathbf{0}$.

2. Sei $f(x, y) := (y - x^2)(y - 2x^2)$ für alle x, y. Es ist $\operatorname{grad} f(0, 0) = \mathbf{0}$, aber $f(0, 0) = 0$ ist kein lokales Extremum (der Satz 173.4 kann hier nicht angewandt werden).

3. Bestimme Lage, Art und Größe der lokalen Extrema der folgenden Funktionen:
a) $f(x, y) := x^2 + xy + y^2 + x + y + 1$ für alle x, y.
b) $f(x, y) := x^3 y^2 (1 - x - y)$ für alle x, y.
c) $f(x, y) := \sin x + \sin y + \sin(x + y)$ für $0 < x, y < \pi/2$.
d) $f(x, y) := 1/y - 1/x - 4x + y$ für alle $x, y \neq 0$.
e) $f(x, y) := (x^2 + 2y^2) e^{-(x^2 + y^2)}$ für alle x, y.

4. Im $\mathbf{R}^p$ seien n Punkte $a_1, \ldots, a_n$ gegeben. Zeige, daß die Summe der Abstandsquadrate

$$f(x) = \sum_{\nu=1}^{n} |x - a_\nu|^2 \qquad (x \in \mathbf{R}^p)$$

ein Minimum im „Mittelpunkt" $\xi := \dfrac{1}{n} \sum_{\nu=1}^{n} a_\nu$ des Punktsystems $a_1, \ldots, a_n$ besitzt. Vgl. auch A 54.5.

5. Bestimme drei positive Zahlen a, b, c, deren Summe gleich 60 und deren Produkt maximal ist.

6. Bestimme drei Zahlen a, b, c, deren Summe gleich 90 und deren Quadratsumme minimal ist.

7. Wirkungsverlauf von Medikamenten Die Wirkung $W(x, t)$, die x Einheiten eines Medikaments t Stunden nach der Einnahme auf einen Patienten haben, wird in vielen Fällen durch

$$W(x, t) = x^2 (a - x) t^2 e^{-t} \qquad (0 \leqslant x \leqslant a, t \geqslant 0)$$

dargestellt. Bestimme die Dosis x und die Zeit t so, daß $W(x, t)$ maximal ist.

174 Extrema mit Nebenbedingungen

Um die Natur der nun zu untersuchenden Probleme zu verdeutlichen, bringen wir zunächst zwei Beispiele.

1. Durch $f(x)$ sei eine Temperaturverteilung im $\mathbf{R}^3$ gegeben. Wir suchen die größten und kleinsten Temperaturen auf einer „Fläche" F, die durch eine Gleichung der Form $g(x)=0$ beschrieben werde. Wir fragen also nach den Extremalwerten, die f auf der Menge $F:=\{x\in\mathbf{R}^3: g(x)=0\}$ oder „unter der Nebenbedingung $g(x)=0$" besitzt.

2. Wir betrachten wieder die obige Temperaturverteilung $f(x)$, suchen diesmal aber die größten und kleinsten Temperaturen auf einer gewissen Kurve K. Diese Kurve möge uns als Schnittkurve zweier Flächen F_1 und F_2 gegeben sein, deren Gleichungen beziehentlich $g_1(x)=0$ und $g_2(x)=0$ sind. Mit anderen Worten: Wir möchten die Extremalwerte von f auf der Menge $K:=\{x\in\mathbf{R}^3: g_1(x)=g_2(x)=0\}$ oder „unter den Nebenbedingungen $g_1(x)=0$, $g_2(x)=0$" bestimmen.

Nach dieser anschaulichen Vorbereitung formulieren wir nun das allgemeine Problem, mit dem wir es in dieser Nummer zu tun haben:

Vorgelegt seien die Funktionen

$$f: X\subset\mathbf{R}^p\to\mathbf{R},$$
$$g: X\subset\mathbf{R}^p\to\mathbf{R}^q \quad \text{mit} \quad q<p.$$

Wir sagen, f besitze in $\xi\in X$ ein lokales Maximum bzw. Minimum unter der Nebenbedingung $g(x)=\mathbf{0}$, wenn

ξ zur „Nebenbedingungsmenge" $\quad N:=\{x\in X: g(x)=\mathbf{0}\} \quad$ gehört

und eine δ-Umgebung U von ξ vorhanden ist, so daß

für alle $x\in U\cap N$ stets $\quad f(x)\leqslant f(\xi) \quad$ bzw. $\quad f(x)\geqslant f(\xi)$

gilt. *Gesucht sind die Stellen lokaler Extrema von f unter der angegebenen Nebenbedingung und die Werte, die f in ihnen annimmt.*

Die vektorielle Nebenbedingung $g(x)=\mathbf{0}$ zerfällt nach Zerlegung in Komponenten in q skalare Nebenbedingungen

$$g_1(x_1,\ldots,x_q,x_{q+1},\ldots,x_p)=0$$
$$\vdots$$
$$g_q(x_1,\ldots,x_q,x_{q+1},\ldots,x_p)=0.$$

Manchmal kann man dieses System von q Gleichungen explizit nach q Veränderlichen, etwa nach $x_1,\ldots,x_q$ auflösen, so daß also

$$x_1=h_1(x_{q+1},\ldots,x_p),\ldots,x_q=h_q(x_{q+1},\ldots,x_p)$$

mit bekannten Funktionen $h_1,\ldots,h_q$ ist. In diesem Falle läuft unser Problem darauf hinaus, die „freien" lokalen Extrema (also die lokalen Extrema im bisherigen Sinne) der Funktion

$$\varphi(x_{q+1}, \ldots, x_p) := f(h_1(x_{q+1}, \ldots, x_p), \ldots, h_q(x_{q+1}, \ldots, x_p), x_{q+1}, \ldots, x_p)$$

zu bestimmen. Ist eine solche *explizite* Auflösung jedoch nicht möglich, so hilft uns in vielen Fällen eine „verdeckte"; auf ihr beruht die Multiplikatorenregel 174.1. Wir wollen zunächst in einem besonders einfachen Fall den Hintergrund dieser Regel erhellen.

Es seien eine ebene Temperaturverteilung $f(x, y)$ und eine Kurve K mit der Gleichung $g(x, y) = 0$ gegeben. Wir suchen die Wärme- und Kältepole auf K (es werden hierbei also einzig und allein die *auf K herrschenden* Temperaturen in Betracht gezogen). Die im folgenden benötigten analytischen Eigenschaften von f und g mögen alle vorhanden sein.

In Fig. 174.1 sind einige Isothermen $f(x, y) = c_k$ und die Kurve K eingezeichnet. Es sei $c_1 < c_2 < \cdots$, d.h., beim Übergang von der c_n-Isotherme zur c_{n+1}-Isotherme werde es wärmer. Bewegen wir uns mit einem Thermometer längs K, so werden wir immer dann eine *Zu-* oder *Abnahme* der Temperatur registrieren, wenn wir eine Isotherme *überqueren*. Die Temperatur kann also höchstens dann (lokal) *extremal* sein, wenn K eine Isotherme lediglich *berührt*, wie es etwa im Punkte $P = (\xi, \eta)$ der Fig. 174.1 geschieht. Dort ist dann also

$$\text{Steigung} \quad -\frac{\partial g/\partial x}{\partial g/\partial y} \quad \text{von } K = \text{Steigung} \quad -\frac{\partial f/\partial x}{\partial f/\partial y} \quad \text{der Isotherme;}$$

s. dazu (170.8); die Ableitungen sind immer an der Stelle (ξ, η) zu bilden. Mit $\lambda := -(\partial f/\partial y)/(\partial g/\partial y)$ ergeben sich daraus sofort die Gleichungen

$$\frac{\partial f}{\partial x} + \lambda \frac{\partial g}{\partial x} = 0, \qquad \frac{\partial f}{\partial y} + \lambda \frac{\partial g}{\partial y} = 0,$$

die sich in die eine Ableitungsgleichung

$$f'(\xi, \eta) + \lambda g'(\xi, \eta) = 0$$

zusammenfassen lassen. Sie ist eine *notwendige Bedingung für lokale Extremalstellen auf K*. Eine Ausdehnung dieses einfachen Sachverhalts auf höhere Dimensionen bringt nun die

Fig. 174.1

174.1 Lagrangesche Multiplikatorenregel *X sei eine offene Teilmenge des $\mathbf{R}^p$, die Funktionen*

$$f: X \to \mathbf{R} \quad und \quad g := \begin{pmatrix} g_1 \\ \vdots \\ g_q \end{pmatrix} : X \to \mathbf{R}^q \qquad (q < p)$$

seien stetig differenzierbar, und f besitze in ξ ein lokales Extremum unter der Nebenbedingung $g(x) = 0$. Ferner gebe es in

$$g'(\xi) = \begin{pmatrix} \dfrac{\partial g_1(\xi)}{\partial x_1} & \cdots & \dfrac{\partial g_1(\xi)}{\partial x_p} \\ \vdots & & \\ \dfrac{\partial g_q(\xi)}{\partial x_1} & \cdots & \dfrac{\partial g_q(\xi)}{\partial x_p} \end{pmatrix}$$

eine q-reihige Unterdeterminante, die nicht verschwindet. Dann existieren q Zahlen $\lambda_1, \dots, \lambda_q$ (Lagrangesche Multiplikatoren), *mit denen die Gleichung*

$$f'(\xi) + \sum_{j=1}^{q} \lambda_j g_j'(\xi) = 0 \tag{174.1}$$

besteht.

Wir führen zunächst den Beweis dieses Satzes und erläutern dann, wie er praktisch zur Lösung von Extremwertproblemen eingesetzt werden kann. Nach Voraussetzung gibt es in der (q, p)-Matrix $g'(\xi)$ eine q-reihige Unterdeterminante $\neq 0$. Wir dürfen o.B.d.A annehmen, daß bereits

$$\begin{vmatrix} \dfrac{\partial g_1(\xi)}{\partial x_1} & \cdots & \dfrac{\partial g_1(\xi)}{\partial x_q} \\ \vdots & & \\ \dfrac{\partial g_q(\xi)}{\partial x_1} & \cdots & \dfrac{\partial g_q(\xi)}{\partial x_q} \end{vmatrix} \neq 0 \tag{174.2}$$

ist (notfalls numerieren wir die Veränderlichen $x_1, \dots, x_p$ zweckdienlich um). Wir setzen nun

$$y := \begin{pmatrix} x_1 \\ \vdots \\ x_q \end{pmatrix}, \qquad z := \begin{pmatrix} x_{q+1} \\ \vdots \\ x_p \end{pmatrix}, \qquad \xi := \begin{pmatrix} \xi_1 \\ \vdots \\ \xi_p \end{pmatrix}, \qquad \eta := \begin{pmatrix} \xi_1 \\ \vdots \\ \xi_q \end{pmatrix}, \qquad \zeta := \begin{pmatrix} \xi_{q+1} \\ \vdots \\ \xi_p \end{pmatrix}$$

und schreiben, wo es angebracht ist,

$$f(y, z) \quad \text{bzw.} \quad g(y, z) \qquad \text{an Stelle von} \quad f(x) \quad \text{bzw.} \quad g(x).$$

Da f in ξ ein lokales Extremum unter der Nebenbedingung $g(x) = 0$ besitzt, ist

$$g(\eta, \zeta) = 0.$$

Ferner folgt aus (174.2) nach dem Invertierbarkeitskriterium 172.1, daß

$$\frac{\partial g}{\partial y}(\eta, \zeta) = \begin{pmatrix} \dfrac{\partial g_1(\eta, \zeta)}{\partial x_1} & \cdots & \dfrac{\partial g_1(\eta, \zeta)}{\partial x_q} \\ \vdots & & \\ \dfrac{\partial g_q(\eta, \zeta)}{\partial x_1} & \cdots & \dfrac{\partial g_q(\eta, \zeta)}{\partial x_q} \end{pmatrix} \quad \text{invertierbar}$$

ist. Aus den Sätzen 169.1 und 170.2 entnehmen wir nun, daß man die Gleichung

$$g(y, z) = 0 \qquad \text{stetig differenzierbar nach } y \text{ auflösen}$$

kann, genauer: Es gibt eine δ-Umgebung $U \subset \mathbf{R}^{p-q}$ von ζ und eine stetig differenzierbare Funktion

$$h\colon U \to \mathbf{R}^q \quad \text{mit} \quad h(\zeta) = \eta \quad \text{und} \quad g(h(z), z) = 0 \quad \text{für alle } z \in U.$$

Auf einer hinreichend kleinen δ_1-Umgebung $W \subset \mathbf{R}^{p-q}$ von ζ ist dann die reellwertige Funktion

$$\varphi(z) := f(h(z), z)$$

differenzierbar; ihre partiellen Ableitungen an der Stelle ζ lassen sich gemäß (165.5) berechnen. Mit den inzwischen geläufigen Symbolen

$$\frac{\partial f(\xi)}{\partial y} := \left(\frac{\partial f(\xi)}{\partial x_1}, \dots, \frac{\partial f(\xi)}{\partial x_q} \right) \quad \text{und} \quad \frac{\partial f(\xi)}{\partial z} := \left(\frac{\partial f(\xi)}{\partial x_{q+1}}, \dots, \frac{\partial f(\xi)}{\partial x_p} \right)$$

erhält man so

$$\varphi'(\zeta) = \frac{\partial f(\xi)}{\partial y} h'(\zeta) + \frac{\partial f(\xi)}{\partial z}.$$

Aus unserer Voraussetzung über das Extremalverhalten von f an der Stelle ξ ergibt sich nun sofort, daß φ in ζ ein lokales Extremum *ohne* Nebenbedingungen besitzt. Nach Satz 173.1 ist somit $\varphi'(\zeta) = 0$, also

$$\frac{\partial f(\xi)}{\partial y} h'(\zeta) + \frac{\partial f(\xi)}{\partial z} = 0. \tag{174.3}$$

Nach Satz 170.1 haben wir ferner

$$h'(\zeta) = - \left(\frac{\partial g(\xi)}{\partial y} \right)^{-1} \frac{\partial g(\xi)}{\partial z}.$$

Trägt man dies in (174.3) ein, so erhält man

$$-\frac{\partial f(\xi)}{\partial y} \left(\frac{\partial g(\xi)}{\partial y} \right)^{-1} \frac{\partial g(\xi)}{\partial z} + \frac{\partial f(\xi)}{\partial z} = 0. \tag{174.4}$$

Für die $(1, q)$-Matrix

$$L = (\lambda_1, \dots, \lambda_q) := - \frac{\partial f(\xi)}{\partial y} \left(\frac{\partial g(\xi)}{\partial y} \right)^{-1}$$

ist trivialerweise

$$\frac{\partial f(\xi)}{\partial y} + L \frac{\partial g(\xi)}{\partial y} = 0.$$

Andererseits läßt sich mit ihrer Hilfe (174.4) in der Form

$$\frac{\partial f(\xi)}{\partial z} + L \frac{\partial g(\xi)}{\partial z} = 0$$

schreiben. Die beiden letzten Gleichungen stellen zusammengenommen aber gerade die eine Gleichung (174.1) dar. ∎

Praktische Lösung der Extremalaufgabe Um die Stellen lokaler Extrema von f unter der Nebenbedingung $g(x)=0$ zu bestimmen, wird man jetzt folgendermaßen vorgehen: Man betrachtet das System der $p+q$ Gleichungen

$$\frac{\partial f(x)}{\partial x_k} + \lambda_1 \frac{\partial g_1(x)}{\partial x_k} + \lambda_2 \frac{\partial g_2(x)}{\partial x_k} + \cdots + \lambda_q \frac{\partial g_q(x)}{\partial x_k} = 0 \qquad (k=1,\ldots,p)$$
$$g_j(x) = 0 \qquad (j=1,\ldots,q) \tag{174.5}$$

für die $p+q$ Unbekannten $x_1,\ldots,x_p,\lambda_1,\ldots,\lambda_q$; die ersten p Gleichungen geben (174.1) wieder, die restlichen repräsentieren die Nebenbedingungen. Merke:

Man erhält (174.5), *indem man die partiellen Ableitungen der Funktion*

$$F(x,\lambda_1,\ldots,\lambda_q):=f(x)+\lambda_1 g_1(x)+\cdots+\lambda_q g_q(x)$$

nach $x_1,\ldots,x_p,\lambda_1,\ldots,\lambda_q$ *bildet und* $=0$ *setzt.*

Nun löst man (174.5). Jeder Punkt ξ, dessen Koordinaten $\xi_1,\ldots,\xi_p$ den „Anfang" einer Lösung $x_1,\ldots,x_p,\lambda_1,\ldots,\lambda_q$ bilden und für den mindestens eine q-reihige Unterdeterminante der Matrix $g'(\xi)$ nicht verschwindet, steht dann gemäß der Multiplikatorenregel im Verdacht, Stelle eines lokalen Extremums von f (immer unter der Nebenbedingung $g(x)=0$) zu sein. Ob in einem solchen Punkte ξ aber $f(\xi)$ tatsächlich lokal extremal wird, ist allerdings mit dieser Verdächtigung noch nicht bewiesen, sondern muß in jedem einzelnen Fall „vor Ort" geprüft werden. Die einzigen weiteren Punkte ξ, die sich allenfalls noch als Stellen lokaler Extrema erweisen könnten, sind diejenigen, für die sowohl $g(\xi)$ als auch jede q-reihige Unterdeterminante der Matrix $g'(\xi)$ verschwindet. Wieder muß für jeden dieser Punkte individuell geprüft werden, ob er eine Extremalstelle ist oder nicht.

Bei der praktischen Handhabung dieses Lagrangeschen Verfahrens werden die beiden folgenden Bemerkungen gelegentlich nützlich sein.

1. Es sei wieder $N:=\{x\in X: g(x)=0\}$ die „Nebenbedingungsmenge". Ist N kompakt, so besitzt $f|N$ dank des Satzes 111.9 ein Minimum und ein Maximum; anders gesagt: f hat unter der Nebenbedingung $g(x)=0$ ein globales und damit auch lokales Minimum und Maximum. Der kleinste bzw. der größte der Werte $f(\xi)$, die man vermöge des oben beschriebenen Verfahrens erhält, ist dann das Minimum bzw. das Maximum von f unter der Nebenbedingung $g(x)=0$.

2. Zahlreiche Extremwertaufgaben mit Nebenbedingungen sind Abstandsaufgaben (Beispiel: Man bestimme diejenigen Punkte auf einer Kurve oder Fläche, die von einem festen Punkt P den kleinsten Abstand haben). Bei solchen Aufgaben ist es meistens anschaulich klar, daß sie eine Lösung haben. In vielen Fällen kann man diese anschauliche Evidenz untermauern durch den

174.2 Satz *A sei eine kompakte und B eine abgeschlossene Teilmenge von $\mathbf{R}^p$; beide Mengen seien nicht leer. Dann gibt es in A einen Punkt ξ und in B einen Punkt η mit*

$$\|\xi - \eta\| \leqslant \|x - y\| \quad \text{für alle } x \in A \text{ und alle } y \in B. \tag{174.6}$$

B e w e i s. Sei

$$d := \inf \{\|x - y\| : x \in A, y \in B\}.$$

Dann gibt es Folgen (x_n) aus A und (y_n) aus B, so daß $\|x_n - y_n\| \to d$ strebt. Da A kompakt ist, enthält (x_n) eine Teilfolge (x_n'), die gegen einen Punkt $\xi \in A$ konvergiert. Die zugehörige Teilfolge (y_n') ist beschränkt; da nämlich $\|y_n' - x_n'\| + \|x_n'\| \to d + \|\xi\|$ strebt, ist für alle hinreichend großen n

$$\|y_n'\| \leqslant \|y_n' - x_n'\| + \|x_n'\| \leqslant d + \|\xi\| + 1.$$

Nach dem Satz von Bolzano-Weierstraß enthält (y_n') eine konvergente Teilfolge (y_n''). Ihr Grenzwert — er heiße η — liegt in B, weil B abgeschlossen ist. Und da die zugehörige Teilfolge (x_n'') von (x_n') wieder gegen ξ konvergiert, strebt die Folge $(\|x_n'' - y_n''\|)$ einerseits gegen d, andererseits gegen $\|\xi - \eta\|$, so daß $d = \|\xi - \eta\|$ sein muß. Aus der Definition von d folgt nun sofort die behauptete Abschätzung (174.6). ■

Zum besseren Verständnis unserer theoretischen Ausführungen behandeln wir nun einige B e i s p i e l e. Zur Angabe von Punkten benutzen wir die raumsparende Zeilenschreibweise.

1. Bestimme denjenigen Punkt auf der Ebene $z = x + y$, der von dem Punkte $(1, 0, 0)$ den kleinsten (euklidischen) Abstand hat.

Betrachten wir, um die Rechnungen zu vereinfachen, statt des Abstandes sein Quadrat, so handelt es sich um die Aufgabe, die Stelle des (globalen) Minimums der Funktion

$$f(x, y, z) := (x - 1)^2 + y^2 + z^2$$

unter der Nebenbedingung

$$g(x, y, z) := x + y - z = 0$$

zu bestimmen. Trivialerweise ist in der Matrix $g'(x, y, z) = (1, 1, -1)$ an jeder Stelle eine einreihige Unterdeterminante von Null verschieden; wir dürfen uns also auf die Untersuchung des Lagrangeschen Gleichungssystems beschränken. Dieses erhält man, indem man die Funktion

$$F(x, y, z, \lambda) := (x - 1)^2 + y^2 + z^2 + \lambda(x + y - z)$$

---

[1] $\|\cdot\|$ darf irgendeine Norm auf $\mathbf{R}^p$ bedeuten.

partiell nach x, y, z und λ differenziert und die Ableitungen $=0$ setzt; es lautet also so:

$$2(x-1)+\lambda = 0$$
$$2y+\lambda \quad\quad = 0$$
$$2z-\lambda \quad\quad = 0$$
$$x+y-z \quad\quad = 0.$$

Addiert man die zweite und die dritte Gleichung, so folgt $2y+2z=0$, also

$$z = -y.$$

Aus der vierten Gleichung erhält man nun

$$y = -\frac{x}{2}$$

und aus der zweiten somit $\lambda = x$. Geht man damit in die erste Gleichung ein, so findet man

$$x = \frac{2}{3}.$$

Einzig der Punkt $\xi := (2/3, -1/3, 1/3)$ steht also im Verdacht, die gesuchte Stelle zu sein. Und da wegen Satz 174.2 eine solche Stelle wirklich vorhanden ist, muß ξ tatsächlich die Lösung unserer Aufgabe sein.

Im vorliegenden Fall kann man ξ viel einfacher erhalten, indem man das zu Beginn dieser Nummer beschriebene Verfahren verwendet, also in dem Abstandsquadrat $f(x, y, z)$ die Variable z gemäß der Nebenbedingung durch $x+y$ ersetzt und nun die Stellen „freier" Extrema der Funktion

$$\varphi(x, y) := f(x, y, x+y) = (x-1)^2 + y^2 + (x+y)^2 \quad \text{auf } \mathbf{R}^2$$

bestimmt. Aus den Gleichungen

$$\frac{\partial \varphi}{\partial x} = 4x+2y-2=0, \qquad \frac{\partial \varphi}{\partial y} = 4y+2x=0$$

erhält man ohne Mühe $x=2/3, y=-1/3$, und die Nebenbedingung $z=x+y$ liefert nun $z=1/3$.

2. Bestimme die extremalen Werte der Funktion $f(x, y):=xy$ auf der Einheitskreislinie $x^2+y^2=1$.

Es handelt sich hier darum, das Minimum und Maximum der Funktion $f(x, y)$ unter der Nebenbedingung

$$g(x, y) := x^2+y^2-1=0$$

zu bestimmen. Da die einreihigen Unterdeterminanten der Matrix $g'(x, y)=(2x, 2y)$

nur im Nullpunkt gleichzeitig verschwinden, dieser jedoch nicht auf der Einheitskreislinie liegt, genügt es wieder, nur das Lagrangesche Gleichungssystem zu untersuchen. Wir gewinnen es, indem wir die partiellen Ableitungen der Funktion

$$F(x, y, \lambda) := xy + \lambda(x^2 + y^2 - 1)$$

bilden und $= 0$ setzen:

$$\begin{aligned}
y + 2\lambda x &= 0 \\
x + 2\lambda y &= 0 \\
x^2 + y^2 - 1 &= 0.
\end{aligned}$$

Multipliziert man die erste Gleichung mit x und die zweite mit y, so erhält man

$$xy + 2\lambda x^2 = 0, \qquad xy + 2\lambda y^2 = 0$$

und daraus $2\lambda x^2 = 2\lambda y^2$. Da λ offenbar $\neq 0$ sein muß, folgt $x^2 = y^2$. Trägt man
dies in die dritte Gleichung ein, so erhält man $2x^2 = 1$, also $x = \pm 1/\sqrt{2}$ und
$y = \pm 1/\sqrt{2}$. Die so entstehenden vier Punkte

$$\left(\frac{1}{\sqrt{2}}, \frac{1}{\sqrt{2}}\right), \quad \left(-\frac{1}{\sqrt{2}}, -\frac{1}{\sqrt{2}}\right), \quad \left(\frac{1}{\sqrt{2}}, -\frac{1}{\sqrt{2}}\right), \quad \left(-\frac{1}{\sqrt{2}}, \frac{1}{\sqrt{2}}\right)$$

lösen tatsächlich das Lagrangesche System, und zwar die beiden ersten in Verbindung mit $\lambda = -1/2$, die beiden letzten zusammen mit $\lambda = 1/2$. Es ist

$$f\left(\frac{1}{\sqrt{2}}, \frac{1}{\sqrt{2}}\right) = f\left(-\frac{1}{\sqrt{2}}, -\frac{1}{\sqrt{2}}\right) = \frac{1}{2},$$

$$f\left(\frac{1}{\sqrt{2}}, -\frac{1}{\sqrt{2}}\right) = f\left(-\frac{1}{\sqrt{2}}, \frac{1}{\sqrt{2}}\right) = -\frac{1}{2};$$

dank der Bemerkung 1 sind also $-1/2$ und $1/2$ die gesuchten Extremwerte.

3. Bestimme die lokalen und globalen Extrema der Funktion $f(x, y) := xy^2$ unter der
Nebenbedingung $x^2 + y^2 = 1$.

Offenbar genügt es wieder, das Lagrangesche Gleichungssystem zu untersuchen, das
durch Nullsetzen der partiellen Ableitungen von

$$F(x, y, \lambda) := xy^2 + \lambda(x^2 + y^2 - 1)$$

entsteht:

$$\begin{aligned}
y^2 + 2\lambda x &= 0 \\
2xy + 2\lambda y &= 0 \\
x^2 + y^2 - 1 &= 0.
\end{aligned}$$

Multiplikation der ersten Gleichung mit y und der zweiten mit x liefert

$$y^3 + 2\lambda xy = 0, \qquad 2x^2 y + 2\lambda xy = 0,$$

und daher muß

$$y^3 = 2x^2 y$$

sein. Ist $y \neq 0$, so ergibt sich $y^2 = 2x^2$. Trägt man dies in die dritte Lagrangesche Gleichung ein, so folgt $x^2 = 1/3$. Es muß also

$$x = \pm \frac{1}{\sqrt{3}} \quad \text{und} \quad y = \pm \sqrt{\frac{2}{3}}$$

sein. Durch Einsetzen bestätigt man, daß die Punkte

$$\left(\frac{1}{\sqrt{3}}, \sqrt{\frac{2}{3}}\right), \quad \left(\frac{1}{\sqrt{3}}, -\sqrt{\frac{2}{3}}\right), \quad \left(-\frac{1}{\sqrt{3}}, \sqrt{\frac{2}{3}}\right), \quad \left(-\frac{1}{\sqrt{3}}, -\sqrt{\frac{2}{3}}\right)$$

tatsächlich dem Lagrangeschen Gleichungssystem genügen, und zwar die ersten beiden in Verbindung mit $\lambda = -1/\sqrt{3}$, die letzten beiden zusammen mit $\lambda = 1/\sqrt{3}$. Ist nun, entgegen der bisher gemachten Voraussetzung, $y = 0$, so muß $x^2 = 1$ und $\lambda = 0$ sein. In der Tat lösen die Punkte

$$(1, 0), \qquad (-1, 0)$$

in Verbindung mit $\lambda = 0$ das Lagrangesche Gleichungssystem. Es ist

$$f\left(\frac{1}{\sqrt{3}}, \sqrt{\frac{2}{3}}\right) = f\left(\frac{1}{\sqrt{3}}, -\sqrt{\frac{2}{3}}\right) = \frac{2}{3\sqrt{3}},$$

$$f\left(-\frac{1}{\sqrt{3}}, \sqrt{\frac{2}{3}}\right) = f\left(-\frac{1}{\sqrt{3}}, -\sqrt{\frac{2}{3}}\right) = -\frac{2}{3\sqrt{3}},$$

$$f(1, 0) = f(-1, 0) = 0.$$

Da die Einheitskreislinie kompakt ist, folgt nun, daß $2/(3\sqrt{3})$ das Maximum und $-2/(3\sqrt{3})$ das Minimum von f unter der vorgegebenen Nebenbedingung ist. $(1, 0)$ ist offenbar Stelle eines lokalen Minimums, $(-1, 0)$ Stelle eines lokalen Maximums von f (immer unter der Nebenbedingung $x^2 + y^2 = 1$).

Man kann diese Aufgabe viel einfacher lösen, indem man die zu Beginn dieser Nummer geschilderte Methode benutzt, also in $f(x, y) = xy^2$ etwa y^2 gemäß der Nebenbedingung durch $1 - x^2$ ersetzt und nun die Stellen „freier" Extrema der Funktion

$$\varphi(x) := x - x^3 \qquad (-1 \leqslant x \leqslant 1)$$

ermittelt. Der Leser möge dies selbst durchführen und dabei nicht vergessen, daß man auch das Extremalverhalten von φ in den Randpunkten $-1, 1$ des Definitionsintervalls untersuchen muß.

4. Bestimme das Minimum und das Maximum der Funktion $f(x, y, z) := 5x + y - 3z$ auf dem Schnitt der Ebene $x + y + z = 0$ mit der Kugeloberfläche $x^2 + y^2 + z^2 = 1$. Die Nebenbedingung, analytisch formuliert, ist

$$g(x, y, z) := \begin{pmatrix} x + y + z \\ x^2 + y^2 + z^2 - 1 \end{pmatrix} = \mathbf{0}.$$

Der Leser kann sich leicht davon überzeugen, daß in jedem Punkt der Nebenbedingungsmenge mindestens eine zweireihige Unterdeterminante der Matrix

$$g'(x, y, z) = \begin{pmatrix} 1 & 1 & 1 \\ 2x & 2y & 2z \end{pmatrix}$$

von Null verschieden ist. Infolgedessen genügt es wieder, das Lagrangesche Gleichungssystem zu betrachten. Es entsteht, indem man die partiellen Ableitungen der Funktion

$$F(x, y, z, \lambda, \mu) := 5x + y - 3z + \lambda(x + y + z) + \mu(x^2 + y^2 + z^2 - 1)$$

nach x, y, z, λ, μ bildet und $= 0$ setzt, lautet also so:

$$\begin{aligned}
5 + \lambda + 2\mu x &= 0 \\
1 + \lambda + 2\mu y &= 0 \\
-3 + \lambda + 2\mu z &= 0 \\
x + y + z &= 0 \\
x^2 + y^2 + z^2 - 1 &= 0.
\end{aligned}$$

Addiert man die drei ersten Gleichungen, so erhält man in Verbindung mit der vierten

$$3 + 3\lambda = 0, \quad \text{also} \quad \lambda = -1.$$

Damit gehen die beiden ersten Gleichungen über in

$$4 + 2\mu x = 0, \qquad 2\mu y = 0.$$

Aus ihnen folgt, daß $\mu \neq 0$ und $y = 0$ sein muß. Aus den beiden letzten Lagrangeschen Gleichungen ergibt sich nun

$$z = -x \quad \text{und} \quad 2x^2 = 1, \quad \text{also} \quad x = \pm \frac{1}{\sqrt{2}}.$$

Durch Einsetzen bestätigt man, daß die Punkte

$$\left(\frac{1}{\sqrt{2}}, 0, -\frac{1}{\sqrt{2}} \right), \qquad \left(-\frac{1}{\sqrt{2}}, 0, \frac{1}{\sqrt{2}} \right)$$

das Lagrangesche Gleichungssystem befriedigen, und zwar in Verbindung mit $\lambda = -1$ und $\mu = -2\sqrt{2}$ bzw. $\mu = 2\sqrt{2}$. Es ist

$$f\left(\frac{1}{\sqrt{2}}, 0, -\frac{1}{\sqrt{2}}\right) = 4\sqrt{2}, \qquad f\left(-\frac{1}{\sqrt{2}}, 0, \frac{1}{\sqrt{2}}\right) = -4\sqrt{2},$$

und mit Hilfe des inzwischen vertrauten Kompaktheitsschlusses sieht man nun, daß $4\sqrt{2}$ das Maximum und $-4\sqrt{2}$ das Minimum von f unter der angegebenen Nebenbedingung ist.

Aufgaben

Zur Lösung der Aufgaben 1 bis 5 benutze man nicht das Lagrangesche Verfahren. — Unter „Abstand" ist im folgenden der euklidische Abstand zu verstehen. Zur Angabe von Punkten benutzen wir die Zeilenschreibweise.

1. Berechne die Extremwerte der Funktion $f(x, y) := xy$ auf der Geraden $x + y = 1$.

2. Bestimme die lokalen Extrema der Funktion $f(x, y) := xy^2$ unter der Nebenbedingung $x + y = 1$. Sind globale Extrema vorhanden?

3. Bestimme (näherungsweise) denjenigen Punkt auf der Kurve $y = \ln x$, der von dem Punkte $(1, 1)$ den kleinsten Abstand hat.

4. Welcher Punkt der Fläche $z = x^2 + y^2$ liegt dem Punkte $(1, 1, 1/2)$ am nächsten?

5. Bestimme (näherungsweise) denjenigen Punkt der Fläche $z = x^2 + y^2$, der von der Verbindungsgeraden der Punkte $(1, 2, -1)$, $(2, 1, -1)$, also von der Menge der Punkte $(1, 2, -1) + t(1, -1, 0)$ $(t \in \mathbf{R})$ den kleinsten Abstand hat.

6. Bestimme diejenigen Punkte auf der Kugeloberfläche $x^2 + y^2 + z^2 = 1$, die von dem Punkte $(1, 1, 1)$ den kleinsten bzw. den größten Abstand haben.

7. Finde die Stellen lokaler Extrema der Funktion $f(x, y) := x + y$ unter der Nebenbedingung $g(x, y) := x^2 + y^2 - 1 = 0$.

8. a, p, q, r seien vorgegebene positive Zahlen. Zerlege a so in drei Summanden $x, y, z > 0$, daß $x^p y^q z^r$ oder also $\ln(x^p y^q z^r)$ maximal wird.

9. $\max\{x + y : x^4 + y^4 = 1\} = 2/\sqrt[4]{2}$.

10. Die Extremwerte der Funktion $x^2 + y + z$ auf der Oberfläche der Einheitskugel des $\mathbf{R}^3$ sind $3/2$ und $-\sqrt{2}$.

11. Die Extremwerte der Funktion $x^2 + y^2 + z$ auf der Menge

$$\{(x, y, z) \in \mathbf{R}^3 : (x - 1)^2 + y^2 = 5, \ y = z\}$$

sind 11 und 1.

12. Bestimme die Extremwerte der Funktion $5x + y - 3z$ unter den Nebenbedingungen

$$x + y + z = 0, \quad x^2 + y^2 + z^2 = 1.$$

13. Bestimme die Maxima und Minima der Funktion $\sin\dfrac{x}{2}\sin\dfrac{y}{2}\sin\dfrac{z}{2}$ auf der Menge

$$\{(x, y, z) \in \mathbf{R}^3 : x + y + z = \pi,\ x \geqslant 0,\ y \geqslant 0,\ z \geqslant 0\}.$$

14. $\max\{x - y : x + y + z = 0,\ x^2 + y^2 + z^2 = 1\} = \sqrt{2}$.

15. $\max\{xy^2z^3 : 2x^2 + 3y^2 + 6z^2 = 6,\ x \geqslant 0,\ y \geqslant 0,\ z \geqslant 0\} = \dfrac{1}{6}$.

16. Sei $S := \{(x, y, z) \in \mathbf{R}^3 : x^2 + y^2 + z^2 = 1\}$ und

$$f(x, y, z) := a^2 x^2 + b^2 y^2 + c^2 z^2 - (ax^2 + by^2 + cz^2)^2 \qquad (a > b > c > 0).$$

Zeige: $\max\limits_S f = \dfrac{1}{4}(a - c)^2,\quad \min\limits_S f = 0.$

175 Differentiation in Banachräumen

In der Nr. 164 hatten wir bereits erwähnt, daß wir die in der Definition der Differenzierbarkeit und der Ableitung auftretende (q, p)-Matrix A auch durch eine lineare Abbildung $A : \mathbf{R}^p \to \mathbf{R}^q$ hätten ersetzen können (nämlich durch die von A erzeugte Abbildung). Diese einfache Beobachtung weist uns den Weg, auf dem wir den Begriff der Differenzierbarkeit und der Ableitung auch für Funktionen erklären können, deren Definitions- und Wertebereiche in beliebigen Banachräumen liegen:

Definition *X und Y seien (wie ständig in dieser Nummer) Banachräume. Die Funktion $f : G \subset X \to Y$ (G offen) heißt differenzierbar im Punkte $\xi \in G$, wenn es eine stetige lineare Abbildung $A : X \to Y$ gibt, so daß für alle $\xi + h$ aus einer δ-Umgebung $U \subset G$ von ξ das Inkrement $f(\xi + h) - f(\xi)$ die Darstellung gestattet*

$$f(\xi + h) - f(\xi) = A h + r(h) \quad \textit{mit} \quad \lim_{h \to 0} \frac{r(h)}{\|h\|} = 0. \tag{175.1}$$

Da jede lineare Abbildung von $\mathbf{R}^p$ nach $\mathbf{R}^q$ von selbst stetig ist (Satz 114.1), stimmt gemäß unserer Vorbemerkung die obige Definition im Falle $X = \mathbf{R}^p$, $Y = \mathbf{R}^q$ mit der in Nr. 164 gegebenen überein. Auf die Stetigkeit von A können wir übrigens nicht verzichten, wenn wir nicht unentbehrliche Sätze der Differentiationstheorie preisgeben wollen (wie etwa den Satz, daß eine in ξ differenzierbare Funktion dort stetig ist).

Natürlich liegt es nahe, die in (175.1) auftretende Abbildung A die Ableitung von f an der Stelle ξ zu nennen, womit wir uns (nach Identifizierung der (q, p)-Matrizen mit linearen Abbildungen von $\mathbf{R}^p$ nach $\mathbf{R}^q$) in Übereinstimmung mit der Ableitungsdefinition im Falle $X = \mathbf{R}^p$, $Y = \mathbf{R}^q$ befänden. Um dies tun zu können, müssen wir jedoch zuerst zeigen, daß A durch (175.1) *eindeutig* bestimmt ist. Der Beweis der entsprechenden Aussage in Satz 164.1 hilft uns nicht weiter, da er auf der Komponentendarstellung von f beruhte; wir müssen uns also nach einem neuen umsehen. Angenommen, es gäbe für alle $h \neq 0$ mit $\|h\| < \delta$ eine zweite Darstellung des Inkrements $f(\xi+h)-f(\xi)$ in der Art von (175.1):

$$f(\xi+h)-f(\xi)=Bh+\rho(h) \quad \text{mit} \quad B\in\mathfrak{L}(X,\,Y) \text{ und } \lim_{h\to 0}\frac{\rho(h)}{\|h\|}=0.\,{}^{1)}$$

Für diese h wäre dann

$$A\,h-B\,h=\rho(h)-r(h).$$

Sei nun x ein beliebiges, aber festes Element $\neq 0$ aus X. Dann ist für alle hinreichend kleinen $|\alpha|\neq 0$

$$\alpha A\,x-\alpha B\,x=A(\alpha x)-B(\alpha x)=\rho(\alpha x)-r(\alpha x),$$

also

$$A\,x-B\,x=\frac{\rho(\alpha x)}{\alpha}-\frac{r(\alpha x)}{\alpha}=\|x\|\left(\frac{\rho(\alpha x)}{\alpha\|x\|}-\frac{r(\alpha x)}{\alpha\|x\|}\right). \tag{175.2}$$

Da aber $\alpha x\to 0$ strebt für $\alpha\to 0$, ist

$$\lim_{\alpha\to 0}\left\|\frac{r(\alpha x)}{\alpha\|x\|}\right\|=\lim_{\alpha\to 0}\frac{\|r(\alpha x)\|}{\|\alpha x\|}=0 \quad \text{und ebenso} \quad \lim_{\alpha\to 0}\left\|\frac{\rho(\alpha x)}{\alpha\|x\|}\right\|=0,$$

und mit (175.2) folgt daraus sofort $A\,x=B\,x$. Da diese Gleichung trivialerweise auch für $x=0$ besteht, gilt sie für jedes $x\in X$; das bedeutet aber, daß $A=B$ ist. Diese Tatsache berechtigt uns zu der angekündigten

Definition *Ist die Funktion $f\colon G\subset X\to Y$ (G offen) im Punkte $\xi\in G$ differenzierbar, so wird die eindeutig bestimmte Abbildung $A\in\mathfrak{L}(X,\,Y)$ in (175.1) die* Ableitung *oder wohl auch die* Fréchetsche Ableitung[2] *von f an der Stelle ξ genannt und mit*

$$f'(\xi) \quad oder \quad \mathrm{D}f(\xi)$$

bezeichnet.

(175.1) läßt sich nunmehr in der Form schreiben

$$f(\xi+h)-f(\xi)=f'(\xi)h+r(h) \quad \text{mit} \quad \lim_{h\to 0}\frac{r(h)}{\|h\|}=0. \tag{175.3}$$

Da $f'(\xi)$ eine stetige lineare Abbildung ist, gilt

$$\|f'(\xi)h\|\leqslant\|f'(\xi)\|\,\|h\| \quad \text{für alle } h\in X,$$

und für $h\to 0$ strebt $f'(\xi)h\to 0$.

---

[1] Wir erinnern daran, daß $\mathfrak{L}(X,\,Y)$ der lineare Raum aller stetigen linearen Abbildungen $A\colon X\to Y$ ist. Mit der Abbildungsnorm $\|A\|$ wird $\mathfrak{L}(X,\,Y)$ ein normierter Raum, der in unserem Falle (Y ein Banachraum) sogar vollständig ist (s. Satz 112.2).

[2] Nach René Maurice Fréchet (1878–1973; 95).

Und nun beweist man wörtlich wie den Satz 164.2, *daß eine in ξ differenzierbare Funktion dort auch stetig ist.*

Ist f in jedem Punkt von G differenzierbar, so sagen wir, f sei auf G differenzierbar. In diesem Falle wird die auf G definierte Funktion $x \mapsto f'(x)$ die Ableitung von f genannt und mit f' bezeichnet. *f' ordnet jedem $x \in G$ eine stetige lineare Abbildung von X nach Y zu, ist also eine Abbildung von G in den Banachraum $\mathfrak{L}(X, Y)$.* Ist die Abbildung $f': G \to \mathfrak{L}(X, Y)$ stetig auf G, so sagen wir, f sei auf G stetig differenzierbar.

Der Leser muß hier „zwei Stetigkeiten" sorgfältig auseinanderhalten, die nichts miteinander zu tun haben: Die Ableitung $f'(x)$ an der *festen Stelle* x ist eine stetige Funktion, nämlich eine stetige lineare Abbildung von X nach Y. Damit ist aber noch keineswegs gesagt, daß $f'(x)$ auch *stetig von x abhängt*, d. h., daß $\|f'(x) - f'(x_0)\|$ beliebig klein wird, wenn nur $\|x - x_0\|$ hinreichend dicht bei Null liegt. Die stetige Abhängigkeit von x ist gerade die stetige Differenzierbarkeit. Halten wir schlagwortartig fest: *Bei festem x hängt $f'(x)h$ immer stetig von h ab, während $f'(x)$ selbst nicht stetig von x abzuhängen braucht.*

Die Fig. 175.1 stellt symbolisch die Beziehungen zwischen den drei Abbildungen f, $f'(x)$ und f' dar, mit denen wir es in dieser Nummer zu tun haben.

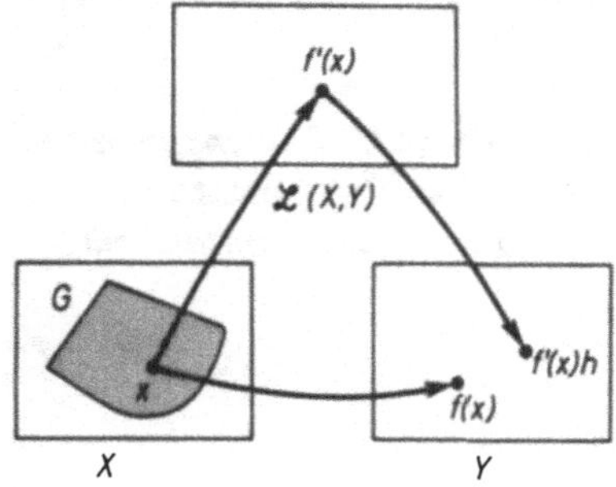

Fig. 175.1

Wie in Nr. 164 sieht man, *daß für eine konstante Funktion $f: X \to Y$ ständig $f'(x) = 0$ gilt.*

Ist $f: X \to Y$ eine *stetige lineare Abbildung,* ist also

$$f(x) = A x \qquad \text{für alle } x \in X \text{ mit einem } A \in \mathfrak{L}(X, Y),$$

so haben wir

$$f'(x) = A \qquad \text{für jedes } x \in X.$$

Für alle $h \in X$ ist infolgedessen $f'(x)h = A h = f(h)$, so daß wir die auf den ersten Blick paradox erscheinende Gleichung

$$f'(x) = f \qquad \text{für alle } x \in X$$

erhalten. Im Falle $f(x):=x$ für alle $x \in X$ ist durchweg $f'(x)=I$, ein einfaches, aber wichtiges Resultat.

Der Satz 165.1 über die Differentiation von Summen und Vielfachen von Funktionen gilt ebenso wie die besonders wichtige Kettenregel auch im jetzigen allgemeinen Fall. In den Formulierungen und Beweisen dieser Sätze braucht man lediglich die Räume $\mathbf{R}^p$, $\mathbf{R}^q$, $\mathbf{R}^r$ durch Banachräume X, Y, Z zu ersetzen. Wir schreiben gewissermaßen schlagwortartig nur das Ergebnis auf:

$$(f+g)'(\xi)=f'(\xi)+g'(\xi), \quad (\alpha f)'(\xi)=\alpha f'(\xi), \quad (f \circ g)'(\xi)=f'(g(\xi))g'(\xi).$$

Das Produkt $f'(g(\xi))g'(\xi)$ ist natürlich im Sinne der Multiplikation (Hintereinanderausführung) linearer Abbildungen zu verstehen.

Als nächstes betrachten wir eine Funktion $f:[a, b] \to Y$, die auf dem kompakten Intervall $[a, b] \subset \mathbf{R}$ erklärt sei, und ergänzen die bisherigen Definitionen dieser Nummer durch die folgende Festsetzung:

Gibt es eine stetige lineare Abbildung $A: \mathbf{R} \to Y$, so daß für alle hinreichend kleinen positiven h das Inkrement $f(a+h)-f(a)$ die Darstellung

$$f(a+h)-f(a)=A h + r(h) \quad \text{mit} \quad \lim_{h \to 0+} \frac{r(h)}{h}=0$$

gestattet, so sagen wir, daß f in a (rechtsseitig) differenzierbar ist, nennen die eindeutig bestimmte Abbildung A die (rechtsseitige) Ableitung von f an der Stelle a und bezeichnen sie mit $f'(a)$. Ganz entsprechend definiert man die (linksseitige) Differenzierbarkeit von f und die (linksseitige) Ableitung $f'(b)$ an der Stelle b.

Für unsere weiteren Untersuchungen ist der folgende Hilfssatz grundlegend:

175.1 Hilfssatz *Die Funktion $f:[a, b] \to Y$ sei auf dem kompakten Intervall $[a, b]$ stetig, und an jeder Stelle x des offenen Intervalls (a, b) sei $f'(x)$ vorhanden und $=0$. Dann ist f konstant.*

Beweis. s, t seien zwei verschiedene, aber sonst beliebige Punkte aus (a, b). Wir zeigen zunächst, daß $f(s)=f(t)$ ist. Dabei benutzen wir die Abkürzungen

$$\lambda:=|s-t| \quad \text{und} \quad \mu:=\|f(s)-f(t)\|.$$

u sei der Mittelpunkt des Intervalls $\langle s, t \rangle$. Wir setzen

$$s_1:=s \quad \text{und} \quad t_1:=u, \quad \text{falls} \quad \|f(s)-f(u)\| \geqslant \|f(u)-f(t)\|$$

ist, hingegen sei

$$s_1:=u \quad \text{und} \quad t_1:=t, \quad \text{falls} \quad \|f(u)-f(t)\| > \|f(s)-f(u)\|$$

ausfällt. Dann gilt

$$\|f(s) - f(t)\| \leq \|f(s) - f(u)\| + \|f(u) - f(t)\| \leq 2\|f(s_1) - f(t_1)\|.$$

Mit

$$\mu_1 := \|f(s_1) - f(t_1)\|$$

erhält man also die Abschätzung

$$\mu \leq 2\mu_1. \tag{175.4}$$

Nun sei u_1 der Mittelpunkt des Intervalls $\langle s_1, t_1 \rangle$. Wir setzen

$$s_2 := s_1 \quad \text{und} \quad t_2 := u_1, \quad \text{falls } \|f(s_1) - f(u_1)\| \geq \|f(u_1) - f(t_1)\|$$

ist, hingegen sei

$$s_2 := u_1 \quad \text{und} \quad t_2 := t_1, \quad \text{falls } \|f(u_1) - f(t_1)\| > \|f(s_1) - f(u_1)\|$$

ausfällt. Wie oben sieht man nun, daß mit

$$\mu_2 := \|f(s_2) - f(t_2)\|$$

die Abschätzung $\mu_1 \leq 2\mu_2$ gilt; wegen (175.4) muß also

$$\mu \leq 2^2 \mu_2$$

sein. Indem man mit dieser Halbierungsmethode fortfährt, erhält man eine Folge ineinandergeschachtelter Intervalle $J_n := \langle s_n, t_n \rangle$ $(n = 1, 2, \ldots)$ mit den nachstehenden Eigenschaften:

$$|s_n - t_n| = \frac{\lambda}{2^n}, \tag{175.5}$$

$$\mu \leq 2^n \mu_n, \quad \text{wobei } \mu_n := \|f(s_n) - f(t_n)\| \tag{175.6}$$

ist. Nach dem Prinzip der Intervallschachtelung gibt es genau einen Punkt ξ, der in allen J_n liegt. ξ gehört zu (a, b), voraussetzungsgemäß ist also $f'(\xi)$ vorhanden und $= 0$. Für das Inkrement $f(x) - f(\xi)$ haben wir infolgedessen die Darstellung

$$f(x) - f(\xi) = |x - \xi|\rho(|x - \xi|) \quad \text{mit } \rho(|x - \xi|) \to 0 \text{ für } |x - \xi| \to 0.$$

Nun geben wir uns ein positives ε willkürlich vor und bestimmen dazu ein natürliches m, so daß

$$\rho(|s_m - \xi|) < \frac{\varepsilon}{2\lambda} \quad \text{und} \quad \rho(|t_m - \xi|) < \frac{\varepsilon}{2\lambda}$$

bleibt. Mit (175.5) erhält man nun aus der obigen Inkrementdarstellung die Abschätzung

$$\mu_m = \|f(s_m) - f(t_m)\| \le \|f(s_m) - f(\xi)\| + \|f(t_m) - f(\xi)\|$$

$$< \frac{\lambda}{2^m}\frac{\varepsilon}{2\lambda} + \frac{\lambda}{2^m}\frac{\varepsilon}{2\lambda} = \frac{\varepsilon}{2^m}.$$

Wegen (175.6) folgt daraus

$$\mu < 2^m \frac{\varepsilon}{2^m} = \varepsilon,$$

es muß also $\mu = 0$ und somit, wie oben behauptet, $f(s) = f(t)$ sein. Dabei sind, wohlgemerkt, s und t beliebige Punkte aus dem offenen Intervall (a, b). Hält man nun s fest und läßt t von rechts gegen a bzw. von links gegen b rücken, so ergibt sich wegen der Stetigkeit von f, daß auch $f(s) = f(a)$ und $f(s) = f(b)$ ist. Die Gleichung $f(s) = f(t)$ gilt also für alle t aus $[a, b]$, und daher ist f in der Tat konstant. ∎

Wir gehen nun daran, den fundamentalen Mittelwertsatz 167.4 zu verallgemeinern. Wir benötigen hierzu den Begriff und die einfachsten Eigenschaften des Riemannschen Integrals für Funktionen $f:[a, b] \to Y$. Bei der Definition dieses Begriffes verfahren wir genau wie in Nr. 167:

Für jede Zerlegung $Z := \{t_0, t_1, \ldots, t_n\}$ des kompakten Intervalls $[a, b]$ und jeden zugehörigen Zwischenvektor $\tau := (\tau_1, \ldots, \tau_n)$ erklären wir die **Riemannsche Summe** $S(f, Z, \tau)$ durch

$$S(f, Z, \tau) := \sum_{\nu=1}^{n} f(\tau_\nu)(t_\nu - t_{\nu-1}).^{1)}$$

Was unter einer **Riemannfolge** von f zu verstehen ist, dürfte klar sein. Strebt nun jede Riemannfolge von f gegen einen — und damit gegen ein und denselben — Grenzwert, so nennt man f **R-integrierbar** auf $[a, b]$. Den gemeinsamen Grenzwert aller Riemannfolgen bezeichnet man mit

$$\int_a^b f(t)\,dt$$

und nennt ihn das **Riemannsche Integral (R-Integral)** von f über $[a, b]$. Wie im Reellen setzen wir überdies

$$\int_b^a f(t)\,dt := -\int_a^b f(t)\,dt \quad \text{und} \quad \int_a^a f(t)\,dt := 0.$$

---

[1] Im Unterschied zu unserer bisherigen Gepflogenheit haben wir die skalaren Faktoren $t_\nu - t_{\nu-1}$ nicht vor das Element $f(\tau_\nu) \in Y$ geschrieben, sondern hinter es, um uns möglichst eng an die Schreibweise anzuschließen, die uns aus dem Reellen vertraut ist. Ähnliches werden wir auch bei anderen Gelegenheiten in dieser Nummer machen.

Durch $(Z, \tau) \mapsto S(f, Z, \tau)$ wird bei festem f ein Netz, das Riemannsche Netz von f, auf der gerichteten Menge $\mathfrak{Z}^*$ aller (Z, τ) erklärt (s. Nr. 79), und $\int_a^b f(t)\,dt$ *ist genau dann vorhanden und $= s$, wenn im Sinne der Netzkonvergenz $S(f, Z, \tau) \to s$ strebt* (s. Satz 79.2). Da die Netzwerte $S(f, Z, \tau)$ in dem vollständigen Raum Y liegen, gilt wegen Satz 154.4 das Gegenstück des Cauchyschen Integrabilitätskriteriums 79.3:

$f:[a, b] \to Y$ ist genau dann auf $[a, b]$ R-integrierbar, wenn es zu jedem $\varepsilon > 0$ ein $\delta > 0$ gibt, so daß

$$\|S(f, Z_1, \tau_1) - S(f, Z_2, \tau_2)\| < \varepsilon$$

ausfällt, wenn nur $|Z_1|, |Z_2| < \delta$ ist, gleichgültig, wie die Zwischenvektoren τ_1, τ_2 gewählt werden.

Gestützt auf dieses Kriterium beweist man fast wörtlich wie den Satz 81.1 die wichtige Tatsache, *daß jede stetige Funktion $f:[a, b] \to Y$ auf $[a, b]$ R-integrierbar ist*[1]. *Überdies gilt für ein derartiges f die* Dreiecksungleichung

$$\left\| \int_a^b f(t)\,dt \right\| \leq \int_a^b \|f(t)\|\,dt, \tag{175.7}$$

deren Beweis sich in nichts von dem des Satzes 167.3 unterscheidet. Aus ihr folgt sofort die wichtige Abschätzung

$$\left\| \int_a^b f(t)\,dt \right\| \leq (b-a) \max_{a \leq t \leq b} \|f(t)\|.\text{[2]} \tag{175.8}$$

Und schließlich beweist man genau wie die Gl. (81.2), daß für beliebige Punkte a_1, a_2, a_3 aus $[a, b]$ die Beziehung

$$\int_{a_1}^{a_2} f(t)\,dt + \int_{a_2}^{a_3} f(t)\,dt = \int_{a_1}^{a_3} f(t)\,dt$$

gilt.

Wir definieren nun die Funktion $F:[a, b] \to Y$ durch

$$F(x) := \int_a^x f(t)\,dt \qquad (a \leq x \leq b),$$

wobei $f:[a, b] \to Y$ wie im letzten Absatz stetig sei. Halten wir x fest, so haben wir für

---

[1] Man hat im Beweis des Satzes 81.1 und des hierzu nötigen Hilfssatzes 81.2 im wesentlichen nur Beträge durch Normen zu ersetzen und sich statt auf den Satz 36.5 auf den Satz 111.10 zu berufen.

[2] Dieses Maximum existiert, weil die Funktion $t \mapsto \|f(t)\|$ auf der kompakten Menge $[a, b]$ stetig ist.

alle $h \neq 0$ mit $x + h \in [a, b]$ die Gleichung

$$F(x+h) - F(x) = \int_x^{x+h} f(t)\,dt.$$

Also gilt auch

$$F(x+h) - F(x) - f(x)h = \int_x^{x+h} [f(t) - f(x)]\,dt =: r(h). \qquad (175.9)$$

Und da wegen (175.8)

$$\|r(h)\| \leqslant |h| \max_{t \in \langle x, x+h \rangle} \|f(t) - f(x)\|$$

ist, also $r(h)/h \to 0$ strebt für $h \to 0$, folgt nun aus (175.9), daß F an der Stelle x differenzierbar sein muß. Identifiziert man das Element $f(x)$ des Raumes Y mit der stetigen linearen Abbildung $k \mapsto f(x)k$ von $\mathbf{R}$ nach Y, so lehrt nun (175.9), daß $F'(x) = f(x)$ ist. Wir halten dieses wichtige Ergebnis in Satzform fest:

175.2 Satz *Die Funktion $f: [a, b] \to Y$ sei stetig, und die Funktion $F: [a, b] \to Y$ werde durch*

$$F(x) := \int_a^x f(t)\,dt \qquad (a \leqslant x \leqslant b)$$

definiert. Dann ist für jedes $x \in [a, b]$

$$F'(x) \ \textit{vorhanden und} \ = f(x),$$

wobei man $f(x)$ mit der stetigen linearen Abbildung $k \mapsto f(x)k$ von $\mathbf{R}$ nach Y identifizieren muß.

X_1, X_2 seien Banachräume, und $t \mapsto A(t)$ sei eine auf $[a, b]$ stetige Funktion mit Werten in dem Banachraum $\mathfrak{L}(X_1, X_2)$. Für jedes $h \in X_1$ ist dann

$$\int_a^b A(t)h\,dt = \left(\int_a^b A(t)\,dt \right) h. \qquad (175.10)$$

Diese Gleichung ergibt sich sofort durch Grenzübergang aus der Beziehung

$$\sum_{\nu=1}^n (A(\tau_\nu)h)(t_\nu - t_{\nu-1}) = \left(\sum_{\nu=1}^n A(\tau_\nu)(t_\nu - t_{\nu-1}) \right) h.$$

Wir haben nun alles in der Hand, um den Mittelwertsatz 167.4 auf Banachräume übertragen zu können:

175.3 Mittelwertsatz *$f: G \subset X \to Y$ sei eine stetig differenzierbare Funktion auf der offenen Menge G. Die Punkte x_0 und $x_0 + h$ mögen mitsamt ihrer Verbindungsstrecke S in G liegen. Dann ist*

$$f(x_0 + h) - f(x_0) = \left(\int_0^1 f'(x_0 + th)\,dt \right) h, \qquad (175.11)$$

und mit

$$M := \max_{x \in S} \| f'(x) \|$$

gilt die Abschätzung

$$\| f(x_0 + h) - f(x_0) \| \leqslant M \|h\|. \tag{175.12}$$

Der **Beweis** ist sehr einfach. Auf dem Intervall $[0, 1]$ definieren wir Funktionen F_1, F_2 durch

$$F_1(s) := f(x_0 + sh) \quad \text{bzw.} \quad F_2(s) := \int_0^s f'(x_0 + th)\, h\, dt.$$

Mit Hilfe des Satzes 175.2 sieht man, daß die Ableitung von F_2 auf $[0, 1]$ mit der von F_1 übereinstimmt. Wegen Hilfssatz 175.1 ist also $F_1 - F_2$ konstant. Da $F_1(0) - F_2(0) = f(x_0)$ ist, muß demnach auch

$$F_1(1) - F_2(1) = f(x_0), \quad \text{also} \quad F_1(1) - f(x_0) = F_2(1)$$

und somit

$$f(x_0 + h) - f(x_0) = \int_0^1 f'(x_0 + th)\, h\, dt$$

sein. Daraus ergibt sich die behauptete Gl. (175.11), wenn man noch (175.10) heranzieht. Und nun erhält man mittels (175.8) die Aussage (175.12) so:

$$\| f(x_0 + h) - f(x_0) \| \leqslant \left\| \int_0^1 f'(x_0 + th)\, dt \right\| \|h\| \leqslant M \|h\|. \qquad \blacksquare$$

Wir greifen nun die Verallgemeinerung der Sätze über implizite Funktionen an. Zuerst haben wir einige einfache Vorarbeiten zu leisten. Die Elemente des cartesischen Produkts $X \times Y$ schreiben wir als zweikomponentige Spaltenvektoren $\begin{pmatrix} x \\ y \end{pmatrix}$ $(x \in X, y \in Y)$ und führen durch

$$\begin{pmatrix} x_1 \\ y_1 \end{pmatrix} + \begin{pmatrix} x_2 \\ y_2 \end{pmatrix} := \begin{pmatrix} x_1 + x_2 \\ y_1 + y_2 \end{pmatrix}, \qquad \alpha \begin{pmatrix} x \\ y \end{pmatrix} := \begin{pmatrix} \alpha x \\ \alpha y \end{pmatrix}$$

auf $X \times Y$ eine Addition und Vervielfachung ein. $X \times Y$ wird hierdurch ein linearer Raum. Vermöge der Normdefinition

$$\left\| \begin{pmatrix} x \\ y \end{pmatrix} \right\| := \|x\| + \|y\|$$

machen wir $X \times Y$ zu einem normierten Raum. Offenbar *ist Konvergenz in $X \times Y$ gleichbedeutend mit komponentenweiser Konvergenz:*

$$\begin{pmatrix} x_n \\ y_n \end{pmatrix} \to \begin{pmatrix} x \\ y \end{pmatrix} \quad \text{genau dann, wenn} \quad x_n \to x \text{ und } y_n \to y.$$

Ganz entsprechend *ist eine Folge in $X \times Y$ genau dann eine Cauchyfolge, wenn ihre beiden Komponentenfolgen Cauchyfolgen sind.* Aus der Vollständigkeit von X und Y ergibt sich nun, *daß auch $X \times Y$ vollständig, also ein Banachraum ist.*

Sind G und H nichtleere offene Teilmengen von X bzw. Y, so ist $G \times H$ eine offene Teilmenge von $X \times Y$. Ist nämlich $\begin{pmatrix} \xi \\ \eta \end{pmatrix}$ ein beliebiger Punkt aus $G \times H$, so gibt es eine ε-Umgebung $U \subset G$ von ξ und eine ε-Umgebung $V \subset H$ von η. Mit diesem ε bilden wir die ε-Umgebung W von $\begin{pmatrix} \xi \\ \eta \end{pmatrix}$. Dann hat man die folgende Schlußkette:

$$\begin{pmatrix} x \\ y \end{pmatrix} \in W \Rightarrow \left\| \begin{pmatrix} x \\ y \end{pmatrix} - \begin{pmatrix} \xi \\ \eta \end{pmatrix} \right\| < \varepsilon \Rightarrow \|x - \xi\| + \|y - \eta\| < \varepsilon$$

$$\Rightarrow \|x - \xi\| < \varepsilon \quad \text{und} \quad \|y - \eta\| < \varepsilon \Rightarrow x \in U \quad \text{und} \quad y \in V$$

$$\Rightarrow x \in G \quad \text{und} \quad y \in H \Rightarrow \begin{pmatrix} x \\ y \end{pmatrix} \in G \times H.$$

Also ist $W \subset G \times H$ und somit $G \times H$ in der Tat offen.

Sei Z ein dritter Banachraum und $A: X \times Y \to Z$ eine stetige lineare Abbildung. A erzeugt vermöge

$$A_1 x := A \begin{pmatrix} x \\ 0 \end{pmatrix} \quad \text{und} \quad A_2 y := A \begin{pmatrix} 0 \\ y \end{pmatrix} \tag{175.13}$$

zwei Abbildungen $A_1: X \to Z$ und $A_2: Y \to Z$, von deren Linearität und Stetigkeit sich der Leser leicht selbst überzeugen kann.

G und H seien nichtleere offene Teilmengen von X bzw. Y und $F: G \times H \to Z$ irgendeine Abbildung der (offenen) Menge $G \times H$ in den Banachraum Z. Wie früher bezeichnen wir den Wert von F an der Stelle $\begin{pmatrix} x \\ y \end{pmatrix}$ mit $F(x, y)$. ξ sei ein fester Punkt aus G, η ein solcher aus H. Ist die partielle Funktion

$$x \mapsto F(x, \eta) \text{ von } G \text{ nach } Z$$

in ξ differenzierbar, und ist $A \in \mathfrak{L}(X, Z)$ ihre Ableitung in ξ, so sagen wir, F sei im Punkte $\begin{pmatrix} \xi \\ \eta \end{pmatrix}$ partiell nach x differenzierbar und

$$\frac{\partial F}{\partial x}(\xi, \eta) := A$$

sei ihre partielle Ableitung nach x in diesem Punkte. Ganz entsprechend wird die partielle Ableitung $\dfrac{\partial F}{\partial y}(\xi, \eta)$ von F nach y im Punkte $\begin{pmatrix} \xi \\ \eta \end{pmatrix}$ als Ableitung $B \in \mathfrak{L}(Y, Z)$ der partiellen Funktion

$$y \mapsto F(\xi, y) \text{ von } H \text{ nach } Z$$

im Punkte η definiert (falls diese Ableitung überhaupt vorhanden ist). Zur besseren Übersicht notieren wir: *Es ist*

$$\frac{\partial F}{\partial x}(\xi, \eta) \text{ eine stetige lineare Abbildung von } X \text{ nach } Z,$$

$$\frac{\partial F}{\partial y}(\xi, \eta) \text{ eine stetige lineare Abbildung von } Y \text{ nach } Z.$$

Nun nehmen wir an, die Ableitung $F'(\xi, \eta)$ sei vorhanden. Dann ist insbesondere für alle hinreichend kleinen $h \neq 0$ aus X

$$F(\xi + h, \eta) - F(\xi, \eta) = F'(\xi, \eta) \begin{pmatrix} h \\ 0 \end{pmatrix} + r(h, 0) \quad \text{mit } \lim_{h \to 0} \frac{r(h, 0)}{\|h\|} = 0. \quad (175.14)$$

Gemäß (175.13) wird durch

$$A_1 h := F'(\xi, \eta) \begin{pmatrix} h \\ 0 \end{pmatrix}$$

eine stetige lineare Abbildung $A_1 : X \to Z$ erklärt. Setzen wir noch $r_1(h) := r(h, 0)$, so geht (175.14) über in

$$F(\xi + h, \eta) - F(\xi, \eta) = A_1 h + r_1(h) \quad \text{mit } \lim_{h \to 0} \frac{r_1(h)}{\|h\|} = 0,$$

und diese Beziehung zeigt, daß $\partial F(\xi, \eta)/\partial x$ vorhanden und $= A_1$ ist. Ganz entsprechend sieht man, daß auch $\partial F(\xi, \eta)/\partial y$ existiert und $= A_2$ ist, wobei $A_2 \in \mathfrak{L}(Y, Z)$ durch

$$A_2 k := F'(\xi, \eta) \begin{pmatrix} 0 \\ k \end{pmatrix} \quad \text{für } k \in Y$$

erklärt wird. Kurz: *Aus der Differenzierbarkeit der Funktion F folgt ihre partielle Differenzierbarkeit nach jeder Veränderlichen x, y.* Offenbar ist

$$F'(\xi, \eta) \begin{pmatrix} h \\ k \end{pmatrix} = F'(\xi, \eta) \begin{pmatrix} h \\ 0 \end{pmatrix} + F'(\xi, \eta) \begin{pmatrix} 0 \\ k \end{pmatrix} = \frac{\partial F}{\partial x}(\xi, \eta) h + \frac{\partial F}{\partial y}(\xi, \eta) k.$$

Nun nehmen wir an, F sei auf $G \times H$ sogar stetig differenzierbar. Für jedes $h \in X$ ist dann

$$\left\| \left(\frac{\partial F}{\partial x}(x, y) - \frac{\partial F}{\partial x}(\xi, \eta) \right) h \right\| = \left\| (F'(x, y) - F'(\xi, \eta)) \begin{pmatrix} h \\ 0 \end{pmatrix} \right\|$$

$$\leq \|F'(x, y) - F'(\xi, \eta)\| \left\| \begin{pmatrix} h \\ 0 \end{pmatrix} \right\|$$

$$= \|F'(x, y) - F'(\xi, \eta)\| \, \|h\|.$$

Infolgedessen haben wir die Abschätzung

$$\left\| \frac{\partial F}{\partial x}(x, y) - \frac{\partial F}{\partial x}(\xi, \eta) \right\| \leqslant \| F'(x, y) - F'(\xi, \eta) \|,$$

aus der wir sofort entnehmen können, daß auch $\partial F/\partial x$ auf $G \times H$ stetig ist. In derselben Weise sieht man die Stetigkeit von $\partial F/\partial y$ ein. Kurz: *Aus der stetigen Differenzierbarkeit der Funktion F folgt ihre stetige partielle Differenzierbarkeit nach jeder Veränderlichen x, y.*

Schließlich noch eine Sprachregelung: Wenn wir sagen, $A \in \mathfrak{L}(X)$ sei **invertierbar**, so meinen wir damit die Invertierbarkeit in der Banachalgebra $\mathfrak{L}(X)$, bringen also zum Ausdruck, daß es ein $A^{-1} \in \mathfrak{L}(X)$ mit $A^{-1}A = AA^{-1} = I$ gibt. In diesem Falle ist A bijektiv und die Inverse A^{-1} ist die (lineare und stetige) Umkehrabbildung von A (s. Satz 112.3).

Nach diesen sehr einfachen Vorbereitungen fallen uns die Verallgemeinerungen der Sätze über implizite Funktionen (das sind die Sätze 169.1, 170.1 und 170.2) ganz von selbst in den Schoß. Man braucht in ihren Formulierungen und Beweisen nur $\mathbf{R}^p$ durch den Banachraum X, $\mathbf{R}^q$ durch den Banachraum Y und $\mathbf{R}^{p+q}$ durch $X \times Y$ zu ersetzen; statt auf den Mittelwertsatz 167.4 berufe man sich auf den Mittelwertsatz 175.3. Nur der besseren Übersicht wegen führen wir sie in ihrem vollen Wortlaut auf:

175.4 Satz *X, Y seien Banachräume, die Mengen $G \subset X$ und $H \subset Y$ seien offen, und $F: G \times H \to Y$ möge eine stetig differenzierbare Funktion bedeuten. Ferner seien $\xi \in G$ und $\eta \in H$ Punkte, für die*

$$F(\xi, \eta) = 0 \quad und \quad \frac{\partial F}{\partial y}(\xi, \eta) \; invertierbar$$

ist[1]. *Dann gibt es eine δ-Umgebung $U \subset G$ von ξ, eine ε-Umgebung $V \subset H$ von η und genau eine stetige Funktion*

$$f: U \to V \quad mit \quad f(\xi) = \eta \quad und \quad F(x, f(x)) = 0 \; für \; alle \; x \in U.$$

Für jedes $x \in U$ ist $f(x)$ sogar die einzige in V liegende Lösung der Gleichung $F(x, y) = 0$.

175.5 Satz *X, Y seien Banachräume, und die Mengen $G \subset X$ und $H \subset Y$ seien offen. ξ sei ein Punkt aus G, η ein Punkt aus H und $F: G \times H \to Y$ eine Funktion mit folgenden Eigenschaften:*

$$F(\xi, \eta) = 0, \quad F'(\xi, \eta) \; ist \; vorhanden \; und \quad \frac{\partial F}{\partial y}(\xi, \eta) \; invertierbar.$$

---

[1] $\dfrac{\partial F}{\partial y}(\xi, \eta)$ liegt in $\mathfrak{L}(Y)$.

Gibt es dann eine δ-Umgebung $U \subset G$ von ξ, eine ε-Umgebung $V \subset H$ von η und eine stetige Funktion

$$f : U \to V \quad mit \quad f(\xi) = \eta \quad und \quad F(x, f(x)) = 0 \text{ für alle } x \in U,$$

so ist f an der Stelle ξ differenzierbar, und $f'(\xi)$ berechnet sich nach der Formel

$$f'(\xi) = -\left(\frac{\partial F}{\partial y}(\xi, \eta)\right)^{-1} \frac{\partial F}{\partial x}(\xi, \eta).$$

175.6 Satz *Unter den Voraussetzungen und mit den Bezeichnungen des Satzes* 175.4 *ist die Funktion f in einer gewissen δ_1-Umgebung $U_1 \subset U$ von ξ sogar stetig differenzierbar.*

Aufgaben

In den folgenden Aufgaben sind X und Y Banachräume.

[+]**1.** Ist die Funktion $f : G \subset X \to Y$ auf dem Gebiet G differenzierbar und verschwindet ihre Ableitung in jedem Punkt von G, so ist f konstant. Hinweis: Satz 161.5.

[+]**2.** Sei $f : [a, b] \to X$ R-integrierbar und $A \in \mathfrak{L}(X, Y)$. Dann ist

$$A \int_a^b f(t)\,dt = \int_a^b Af(t)\,dt.$$

[+]**3.** Beim Beweis des Mittelwertsatzes 167.4 hatten wir von der Komponentendarstellung einer $\mathbf{R}^q$-wertigen Funktion Gebrauch gemacht, die uns natürlich für Funktionen mit Werten in einem Banachraum i. allg. nicht zur Verfügung steht. Es gibt aber einen ausreichenden Ersatz für sie, auf den uns die folgende Überlegung führt. Der Übergang von einem q-Vektor zu seiner k-ten Komponente, also die Zuordnung

$$x := \begin{pmatrix} x_1 \\ \vdots \\ x_q \end{pmatrix} \mapsto x_k$$

ist offenbar eine stetige lineare Abbildung Φ_k von $\mathbf{R}^q$ nach $\mathbf{R}$, und x wird durch die q Zahlen $\Phi_k(x)$ ($k = 1, \ldots, q$) eindeutig bestimmt: Aus $\Phi_k(x) = \Phi_k(y)$ für $k = 1, \ldots, q$ folgt $x = y$. Um aus einem Banachraum X „ins Reelle" zu gelangen, wird man deshalb analog zu diesem Vorgehen folgendermaßen verfahren: Man betrachtet die Menge X' aller stetigen linearen Abbildungen $\Phi : X \to \mathbf{R}$ und ordnet jedem Punkt $x \in X$ die Zahlen $\Phi(x)$ als seine „verallgemeinerten Komponenten" zu; Φ soll dabei ganz X' durchlaufen. Natürlich wird dieser Komponentenbegriff erst dann sinnvoll und nützlich sein, wenn jedes x durch seine Komponenten eindeutig bestimmt ist, d. h., wenn aus $\Phi(x) = \Phi(y)$ für alle $\Phi \in X'$ stets $x = y$ folgt. Aus einem der fundamentalen Sätze der Funktionalanalysis, dem sogenannten *Hahn-Banachschen Fortsetzungssatz*[1], ergibt sich, daß dies in der Tat für jeden Banachraum der Fall ist[2]; konkrete Beispiele werden in den Aufgaben 5 bis 8 gegeben. Gestützt auf diese Tatsache gebe man einen zweiten Beweis des

---

[1] Hans Hahn (1879–1934; 55).
[2] S. etwa Heuser [6], Nr. 36.

Mittelwertsatzes 175.3; zu diesem Zweck beweise man unter den Voraussetzungen und mit den Bezeichnungen des genannten Satzes sukzessiv die folgenden Aussagen:

a) Sei $\Phi \in Y'$ und $\varphi(t) := \Phi(f(x_0 + th))$ für $0 \leqslant t \leqslant 1$. Dann ist

$$\varphi'(t) = \Phi(f'(x_0 + th)h) \qquad \text{für } 0 \leqslant t \leqslant 1.$$

b) $\Phi(f(x_0 + h) - f(x_0)) = \displaystyle\int_0^1 \Phi(f'(x_0 + th)h)\,dt.$

c) $\Phi(f(x_0 + h) - f(x_0)) = \Phi\left(\displaystyle\int_0^1 f'(x_0 + th)h\,dt\right)$. Hinweis: Aufgabe 2.

d) $f(x_0 + h) - f(x_0) = \displaystyle\int_0^1 f'(x_0 + th)h\,dt = \left(\int_0^1 f'(x_0 + th)\,dt\right)h.$

Vgl. diesen Beweis mit dem Beweis des Mittelwertsatzes 167.4.

4. Eine lineare Abbildung eines linearen Raumes nach **R** wird gewöhnlich eine Linearform genannt. Die in Aufgabe 3 definierte Menge X' ist also in dieser Sprechweise die Menge aller stetigen Linearformen auf dem Banachraum X. Eine Teilmenge M von X' heißt total, wenn aus $\Phi(x) = 0$ für alle $\Phi \in M$ stets $x = 0$ folgt. Zeige: Die Menge M ist genau dann total, wenn sie „punktetrennend" ist, d.h., wenn sich aus $\Phi(x) = \Phi(y)$ für alle $\Phi \in M$ immer $x = y$ ergibt. Die in Aufgabe 3 angeführte „Hahn-Banach-Eigenschaft" der Banachräume kann also auch so ausgedrückt werden: Für jeden Banachraum X ist X' total.

In den Aufgaben 5 bis 8 wird gezeigt, daß für einige konkrete Banachräume X bereits gewisse Teilmengen von X' total sind (s. Aufgabe 4). Erst recht ist dann natürlich X' selbst total.

5. Definiere auf $B(T)$, $C(T)$ bzw. $BV[a, b]$ für jedes t des jeweiligen Definitionsbereichs eine reellwertige Abbildung Φ_t durch

$$\Phi_t(f) := f(t) \quad \text{für alle } f \text{ des betreffenden Raumes.}$$

Zeige: a) Φ_t ist eine stetige Linearform. b) Die Menge aller Φ_t ist total.

Hinweis: In allen drei Räumen zieht Normkonvergenz die punktweise Konvergenz nach sich. Im Falle $BV[a, b]$ sieht man dies am einfachsten mit Hilfe der letzten Aussage in A 91.7.

6. Definiere auf l' und (c) für jedes natürliche k eine reellwertige Abbildung Φ_k durch

$$\Phi_k(x) := x_k \quad \text{für } x := (x_1, x_2, \ldots).$$

Zeige: a) Φ_k ist eine stetige Linearform. b) Die Menge aller Φ_k ist total.

7. $I \subset \mathbf{R}$ sei ein Intervall. Definiere für jedes kompakte Intervall $K \subset I$ eine Abbildung $\Phi_K : L(I) \to \mathbf{R}$ durch

$$\Phi_K(f) := \int_K f\,dt.$$

Zeige: a) Φ_K ist linear und beschränkt, insgesamt also eine stetige Linearform (s. Satz 112.1).

b) Die Menge aller Φ_K ist total.

Hinweis: Sei $\Phi_K(f) = 0$ für jedes K. Ist $[a, b]$ irgendein kompaktes Teilintervall von I, so ist also

$$F(x) := \int_a^x f(t)\,dt = 0 \qquad \text{für alle } x \in [a, b].$$

Mit Hilfe des Satzes 131.1 sieht man nun, daß $\int_a^b |f(t)|\,dt = 0$ ist. Wegen Satz 125.4 muß also f fast überall auf $[a, b]$ verschwinden. Da dies für alle Intervalle $[a, b] \subset I$ gilt, folgt daraus, daß f fast überall gleich 0 ist.

8. In dieser Aufgabe betrachten wir den Banachraum $L^p(I)$, $p > 1$. K sei ein kompaktes Teilintervall von I, χ_K seine charakteristische Funktion und q die zu p konjugierte Zahl (es sei also $1/p + 1/q = 1$). χ_K gehört trivialerweise zu $L^q(I)$.

Zeige: a) Für jedes $f \in L^p(I)$ liegt $f\chi_K$ in $L^1(I)$, und es ist

$$\left| \int_I f\chi_K\,dt \right| \leq \left(\int_I |f|^p\,dt \right)^{1/p} \left(\int_I \chi_K\,dt \right)^{1/q}.$$

Hinweis: Satz 130.2.

b) Die Abbildung $\Phi_K : L^p(I) \to \mathbf{R}$, definiert durch

$$\Phi_K(f) := \int_K f\,dt,$$

ist linear und beschränkt, insgesamt also eine stetige Linearform (s. Satz 112.1).

c) Die Menge aller Φ_K ist total. Hinweis: Schließe wie in Aufgabe 7.

9. In Nr. 114 haben wir gesehen, daß die Algebra $\mathfrak{M}(n, n)$ aller (n, n)-Matrizen durch Einführung etwa der Quadratsummennorm zu einer Banachalgebra wird (s. die Ausführungen nach (114.9)). Sei A eine feste (n, n)-Matrix. Zeige: Die Exponentialfunktion $t \to e^{At}$ ($t \in \mathbf{R}$) ist für jedes $t \in \mathbf{R}$ differenzierbar, und ihre Ableitung wird gegeben durch

$$(e^{At})' = A\,e^{At}.$$

Dabei haben wir, um die Analogie zu der „reellen" Differentiationsformel $(e^{at})' = a\,e^{at}$ ($a \in \mathbf{R}$) stärker hervorzuheben, den skalaren Faktor t entgegen unserer Gepflogenheit nicht *vor* die Matrix A geschrieben, sondern *hinter* sie. Die Exponentialfunktion in Banachalgebren wurde durch (110.8) definiert.

$^+$**10.** Es sei das **lineare Differentialgleichungssystem mit konstanten Koeffizienten**

$$x_1' = a_{11}x_1 + \cdots + a_{1n}x_n$$
$$\vdots$$
$$x_n' = a_{n1}x_1 + \cdots + a_{nn}x_n$$

für die n reellen Funktionen $t \mapsto x_\nu(t)$ ($\nu = 1, \ldots, n$) vorgelegt. Setzen wir

$$x(t) := \begin{pmatrix} x_1(t) \\ \vdots \\ x_n(t) \end{pmatrix} \quad \text{und} \quad A := \begin{pmatrix} a_{11} \cdots a_{1n} \\ \vdots \\ a_{n1} \cdots a_{nn} \end{pmatrix},$$

so können wir es kurz in der Form

$$x' = A\,x$$

schreiben. Beweise das folgende Gegenstück zum Satz 55.1:

Genau die Funktionen $t \mapsto e^{At}c$ ($c \in \mathbf{R}^n$) sind Lösungen des Systems $x' = A\,x$ auf jedem offenen Intervall $I \subset \mathbf{R}$.

Hinweis: Beweise zuerst mit Hilfe der Aufgabe 9 die Differentiationsformel

$$(e^{At}u(t))' = e^{At}u'(t) + A\,e^{At}u(t) \quad \text{für differenzierbares } u\colon I \to \mathbf{R}^n$$

und gehe dann ähnlich vor wie beim Beweis des Satzes 55.1. Dabei ziehe man Hilfssatz 175.1 heran.

$^{+}$**11.** Zeige, daß das Anfangswertproblem für das System in Aufgabe 10, also das Problem

$$x' = A\,x, \qquad x(t_0) = \xi,$$

genau die Lösung $x(t) := e^{A(t-t_0)}\xi$ besitzt.

$^{+}$**12.** A sei eine stetige lineare Selbstabbildung des Banachraumes X. Indem man ähnlich vorgeht wie in den Aufgaben 9 bis 11, kann man zeigen: Das Anfangswertproblem

$$x' = A\,x, \qquad x(t_0) = \xi \in X$$

besitzt genau die Lösung $x(t) := e^{A(t-t_0)}\xi$.

176 Differentiation komplexer Funktionen

Dieser Abschnitt wendet sich nur an diejenigen Leser, die den Unterkurs über komplexe Zahlen durchgearbeitet haben. Von den anderen kann er überschlagen werden.

In A 46.7 und A 47.4 hatten wir schon gesehen, daß man die „reelle" Definition der Differenzierbarkeit und Ableitung und die üblichen Differentiationsregeln ohne weiteres ins Komplexe übertragen kann, wenn man als Definitionsbereiche der komplexen Funktionen offene Teilmengen von $\mathbf{C}$ wählt. Nur der Vollständigkeit und Übersichtlichkeit wegen wiederholen wir in aller Kürze das Wichtigste. Alle auftretenden Zahlen sind, wenn nichts anderes gesagt wird, komplex, und f ist eine komplexwertige Funktion einer komplexen Veränderlichen, die auf einer offenen Teilmenge G von $\mathbf{C}$ definiert ist.

f heißt im Punkte $\zeta \in G$ **differenzierbar**, wenn

$$\lim_{z\to\zeta} \frac{f(z)-f(\zeta)}{z-\zeta} \quad \text{oder also} \quad \lim_{h\to 0} \frac{f(\zeta+h)-f(\zeta)}{h} \tag{176.1}$$

existiert. Dieser Limes wird mit $f'(\zeta)$ bezeichnet und die **Ableitung** von f an der Stelle ζ genannt. Ist f in jedem Punkt von G differenzierbar, so sagen wir, f sei **auf** G **differenzierbar**. In diesem Falle ist die Funktion $z\to f'(z)$ auf G definiert; sie wird die **Ableitung** von f (auf G) genannt und mit f' bezeichnet.

Genau dann ist f in ζ differenzierbar, wenn das Inkrement $f(\zeta+h)-f(\zeta)$ in der Form

$$f(\zeta+h)-f(\zeta) = ah + r(h) \quad \text{mit} \quad \lim_{h\to 0} \frac{r(h)}{h} = 0 \tag{176.2}$$

dargestellt werden kann; in diesem Falle ist $a = f'(\zeta)$, und f ist stetig in ζ.

Beschreibt man die Punkte $z = x + \mathrm{i}y$ von G mittels ihrer (reellen) cartesischen Koordinaten x, y, so können wir G auch als eine Punktmenge im $\mathbf{R}^2$ auffassen; wir bringen dies durch die Schreibweise $G \subset \mathbf{R}^2$ zum Ausdruck. Den $\mathbf{R}^2$ versehen wir dabei, um die in $\mathbf{C}$ vorhandene kanonische Betragsmetrik zu übernehmen, mit der euklidischen Norm. Ebenso können wir natürlich $f(G)$ als eine Teilmenge des $\mathbf{R}^2$ betrachten. Bei dieser „reellen Auffassung" vermittelt f eine Abbildung von $G \subset \mathbf{R}^2$ nach $\mathbf{R}^2$. Um dies äußerlich deutlich hervorzuheben, zerlegen wir z und $f(z)$ in Real- und Imaginärteil:

$$z = x + \mathrm{i}y, \qquad f(z) = u(z) + \mathrm{i}v(z),$$

setzen (in einer etwas unpräzisen, aber üblichen Schreibweise)

$$u(x, y) := u(x + \mathrm{i}y), \qquad v(x, y) := v(x + \mathrm{i}y)$$

und definieren die Funktion $F: G \subset \mathbf{R}^2 \to \mathbf{R}^2$ durch

$$F(x, y) := \begin{pmatrix} u(x, y) \\ v(x, y) \end{pmatrix}.$$

F bewirkt also „im Reellen" genau dieselbe Abbildung wie f „im Komplexen". Und nun erhebt sich sofort die Frage, ob die Differenzierbarkeit von f in irgendeinem Zusammenhang mit der von F steht, und wie dieser ggf. beschaffen ist.

Angenommen, f sei in $\zeta := \xi + \mathrm{i}\eta \in G$ differenzierbar. Dann gilt (176.2), und wenn wir dort a, h und $r(h)$ in Real- und Imaginärteil zerlegen, also etwa

$$a = \alpha + \mathrm{i}\beta, \qquad h = h_1 + \mathrm{i}h_2 \quad \text{und} \quad r(h) = r_1(h_1, h_2) + \mathrm{i}r_2(h_1, h_2)$$

setzen, so geht (176.2) wegen $ah = \alpha h_1 - \beta h_2 + \mathrm{i}(\beta h_1 + \alpha h_2)$ über in

$$F(\xi + h_1, \eta + h_2) - F(\xi, \eta) = \begin{pmatrix} \alpha & -\beta \\ \beta & \alpha \end{pmatrix} \begin{pmatrix} h_1 \\ h_2 \end{pmatrix} + \begin{pmatrix} r_1(h_1, h_2) \\ r_2(h_1, h_2) \end{pmatrix};$$

das Restglied strebt dabei auch nach Division durch $\sqrt{h_1^2 + h_2^2}$ gegen $\mathbf{0}$. Das bedeutet, daß F im Punkte $\begin{pmatrix} \xi \\ \eta \end{pmatrix}$ differenzierbar ist und dort die Ableitung

$$\begin{pmatrix} \alpha & -\beta \\ \beta & \alpha \end{pmatrix}$$

besitzt. Da andererseits aber auch

$$F'(\xi, \eta) = \begin{pmatrix} \dfrac{\partial u(\xi, \eta)}{\partial x} & \dfrac{\partial u(\xi, \eta)}{\partial y} \\[2mm] \dfrac{\partial v(\xi, \eta)}{\partial x} & \dfrac{\partial v(\xi, \eta)}{\partial y} \end{pmatrix}$$

ist, ergibt ein Vergleich der beiden Matrizen, daß

$$\frac{\partial u(\xi, \eta)}{\partial x} = \frac{\partial v(\xi, \eta)}{\partial y} \quad \text{und} \quad \frac{\partial u(\xi, \eta)}{\partial y} = -\frac{\partial v(\xi, \eta)}{\partial x} \tag{176.3}$$

sein muß. Ist nun umgekehrt F im Punkte $\begin{pmatrix} \xi \\ \eta \end{pmatrix}$ differenzierbar und gelten die beiden Gleichungen (176.3), so braucht man die oben angestellten Überlegungen nur rückwärts zu durchlaufen, um zu sehen, daß f in $\zeta := \xi + i\eta$ differenzierbar ist. Da $f'(\zeta) = a = \alpha + i\beta$ ist, ergibt sich dabei noch

$$f'(\xi + i\eta) = \frac{\partial u}{\partial x}(\xi, \eta) + i\frac{\partial v}{\partial x}(\xi, \eta),$$

wegen (176.3) also

$$|f'(\xi + i\eta)|^2 = \det F'(\xi, \eta).$$

Wir fassen unsere Ergebnisse zusammen in dem

176.1 Satz *Die komplexe Funktion $f = u + iv$ ist genau dann in $\zeta = \xi + i\eta$ differenzierbar, wenn die zugeordnete Funktion $F := \begin{pmatrix} u \\ v \end{pmatrix}$ der reellen Veränderlichen x, y in $\begin{pmatrix} \xi \\ \eta \end{pmatrix}$ differenzierbar ist und dort gleichzeitig die* Cauchy-Riemannschen Differentialgleichungen

$$\frac{\partial u}{\partial x} = \frac{\partial v}{\partial y}, \qquad \frac{\partial u}{\partial y} = -\frac{\partial v}{\partial x} \tag{176.4}$$

gelten. In diesem Falle haben wir

$$f'(\xi + i\eta) = \frac{\partial u}{\partial x}(\xi, \eta) + i\frac{\partial v}{\partial x}(\xi, \eta)$$

und $\quad |f'(\xi + i\eta)|^2 = \det F'(\xi, \eta).$
$$\tag{176.5}$$

Es ist ein tiefliegendes und höchst überraschendes Ergebnis der sogenannten Funktionentheorie (d. h. der Theorie der differenzierbaren komplexen Funktionen), daß eine auf G differenzierbare Funktion f dort sogar beliebig oft differenziert werden kann, insbesondere also f' stetig ist. Im Rahmen dieses Buches wollen wir diesen fundamentalen Satz nicht beweisen. Macht man aber die nach dem Gesagten an sich überflüssige Voraussetzung, daß f' auch noch stetig ist, so können wir aus den Sätzen dieses Kapitels wichtige Aussagen über f gewinnen. Des bequemen Ausdrucks wegen nennen wir eine komplexe Funktion holomorph auf der (offenen) Menge G, wenn sie dort stetig differenzierbar ist. Wegen Satz 64.2 ist z. B. die Summenfunktion einer komplexen Potenzreihe holomorph auf dem ganzen Konvergenzkreis. Aus den Sätzen 164.3 und 176.1 erhalten wir nun mit einem Schlag den

176.2 Satz *Die Funktion $f = u + iv$ ist genau dann holomorph auf G, wenn die partiellen Ableitungen von u und v dort vorhanden und stetig sind und den Cauchy-Riemannschen Differentialgleichungen (176.4) genügen.*

Weitere Aussagen über holomorphe Funktionen findet der Leser in den Aufgaben.

Aufgaben

1. Man bestätige durch direkte Rechnung, daß die Real- und Imaginärteile der folgenden Funktionen f auf ganz $\mathbf{C}$ den Cauchy-Riemannschen Differentialgleichungen (176.4) genügen:

a) $f(z) := z^2$,　　b) $f(z) := z^3$,　　c) $f(z) := e^z$,　　d) $f(z) := \sin z$.

2. f sei holomorph auf G und $f'(\zeta) \neq 0$ für ein gewisses $\zeta \in G$. Dann gibt es eine offene Umgebung $W \subset G$ von ζ und eine offene Umgebung V von $\omega := f(\zeta)$, so daß f die Umgebung W bijektiv auf V abbildet. Die Umkehrung $g \colon V \to W$ der auf W eingeschränkten Funktion f ist holomorph auf V, und ihre Ableitung in ω wird gegeben durch

$$g'(\omega) = \frac{1}{f'(g(\omega))} = \frac{1}{f'(\zeta)}.$$

3. Ist f holomorph auf G und $f'(z)$ dort ständig $\neq 0$, so ist f eine offene Abbildung. Ist G sogar ein Gebiet, so ist auch $f(G)$ ein Gebiet.

4. Ist f holomorph auf G und $f'(z)$ dort ständig $\neq 0$, so besitzt die Funktion $|f|$ kein Maximum auf G (vgl. den schärferen Satz 187.8). Ist $K := \{z \in \mathbf{C} : |z - a| \leqslant r\}$ irgendeine abgeschlossene Kreisscheibe in $\mathbf{C}$, so besitzt z.B. die Funktion $z \mapsto |e^z|$ ($z \in K$) zwar ein Maximum auf K, dies wird aber niemals im Innern, sondern stets auf der Peripherie von K angenommen.

***5.** Sind die Funktionen f_1 und f_2 auf dem Gebiet G holomorph und stimmen ihre Ableitungen dort überein, so unterscheiden sie sich nur um eine additive Konstante, d.h., es ist $f_1(z) = f_2(z) + c$ für alle $z \in G$ mit einem festen $c \in \mathbf{C}$. Hinweis: A 167.2.

XXI Wegintegrale

Die da auf Straßen gehen sollten,
die wandelten durch krumme
Wege.

Buch der Richter 5,6

Mein Beruf und mein Brauch ist, …
alles Krumme gerade zu machen
[zu rektifizieren].

Don Quichotte, Ritter von der trau-
rigen Gestalt

177 Rektifizierbare Wege

Gemäß der in Nr. 161 gegebenen Definition verstehen wir unter einem Weg γ im $\mathbf{R}^p$ eine stetige Abbildung $\gamma\colon [a,\,b]\to\mathbf{R}^p$. Der zu γ gehörende Bogen Γ oder genauer Γ_γ ist die Punktmenge $\{\gamma(t)\colon t\in[a,\,b]\}$[1]. Bewegungen von Massenpunkten im $\mathbf{R}^2$ oder $\mathbf{R}^3$ lassen sich durch Wege γ beschreiben: $\gamma(t)$ bezeichnet den Ort, an dem sich der Massenpunkt zur Zeit t befindet. Wir beschäftigen uns in dieser Nummer mit der Frage, wie man die Länge des Weges, den ein Massenpunkt in einem gewissen Zeitintervall zurücklegt, angemessen definieren und berechnen kann. Gerade vom Standpunkt der Anwendungen ist die (noch nicht erklärte) *Weg*länge gewöhnlich interessanter als die (ebenfalls noch nicht erklärte) Länge des zugehörigen *Bogens*. Ganz grob gesprochen: Wer mit der Bundesbahn auf der linksrheinischen Strecke von Köln nach Mannheim fährt, dann zurück nach Mainz und von dort (über Mannheim) nach Basel, hat denselben Bogen beschrieben wie ein anderer, der „direkt" von Köln nach Basel reist, der erstere hat aber einen längeren Weg zurückgelegt als der zweite — und das ist, was Zeit- und Geldverbrauch anbetrifft, ein nicht unerhebliches Faktum.

Bei den nun folgenden Erörterungen werden wir uns natürlich nicht auf die anschaulich so eingängig interpretierbaren Wege im $\mathbf{R}^2$ und $\mathbf{R}^3$ beschränken, sondern von vornherein Wege im $\mathbf{R}^p$ betrachten. Um den Verhältnissen der „wirklichen Welt" (was das auch immer sein mag) gerecht zu werden, statten wir den $\mathbf{R}^p$ mit der *euklidischen Norm* aus, die wir wie bisher mit $|\cdot|$ bezeichnen. Der Abstand zweier Punkte $x,\,y$ des $\mathbf{R}^p$ wird also durch $|x-y|$ gegeben; $|x|$ nennen wir wie gewohnt den Betrag von x. In Nr. 165 haben wir gesehen, daß der Betrag mit dem Innenprodukt durch die Beziehungen

$$|x| = \sqrt{x\cdot x} \quad \text{und} \quad |x\cdot y| \leqslant |x|\,|y|$$

---

[1] Ein Leser, der das Kapitel XIX über Topologische Räume nicht durchgearbeitet hat, sollte sich zur Vorbereitung die Nr. 161 bis zum Satz 161.1 (ausschließlich) ansehen und dabei „topologischer Raum E" einfach durch $\mathbf{R}^p$ ersetzen. Unabhängig von Satz 161.1 kann er aus Satz 111.8 sofort entnehmen, daß ein Bogen im $\mathbf{R}^p$ kompakt ist. Im übrigen sollte er ohne Schwierigkeiten mit den wenigen topologischen Sachverhalten zurechtkommen, auf die wir verweisen werden.

verbunden ist. Von diesen Dingen werden wir hinfort häufig und stillschweigend Gebrauch machen.

Anschaulich liegt es nahe, einen Näherungswert für die (bisher undefinierte) Länge eines Weges $\gamma: [a, b] \to \mathbf{R}^p$ folgendermaßen zu bestimmen: Man nimmt eine Zerlegung $Z := \{t_0, t_1, \ldots, t_n\}$ des Intervalls $[a, b]$, bestimmt die Abstände $|\gamma(t_k) - \gamma(t_{k-1})|$ je zweier aufeinanderfolgender Punkte $\gamma(t_{k-1})$, $\gamma(t_k)$ $(k = 1, \ldots, n)$ und sieht die Abstandssumme

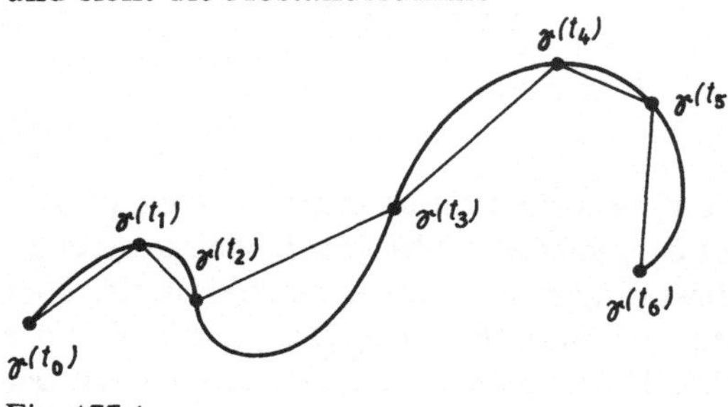

Fig. 177.1

$$L(\gamma, Z) := \sum_{k=1}^{n} |\gamma(t_k) - \gamma(t_{k-1})|$$

als einen Näherungswert für die Länge des Weges γ an; $L(\gamma, Z)$ nennt man auch die Länge des „einbeschriebenen Polygonzugs" durch die Punkte $\gamma(t_0)$, $\gamma(t_1)$, $\ldots$, $\gamma(t_n)$ (s. Fig. 177.1). Ist Z' feiner als Z, so ergibt sich mit Hilfe der Dreiecksungleichung sofort, daß $L(\gamma, Z') \geqslant L(\gamma, Z)$ wird. Mit anderen Worten: Prägt man der Menge $\mathfrak{Z}$ aller Zerlegungen von $[a, b]$ wie früher durch die Festsetzung $Z_1 \prec Z_2 :\Leftrightarrow Z_1 \subset Z_2$ eine Richtung auf, so wird durch $Z \mapsto L(\gamma, Z)$ ein *wachsendes Netz auf* $\mathfrak{Z}$ definiert. Aus den Sätzen 44.1 und 44.5 folgt, daß dieses Netz genau dann konvergiert, wenn es beschränkt ist, und daß dann sein Grenzwert gleich $\sup_{Z \in \mathfrak{Z}} L(\gamma, Z)$ ist; diesen Grenzwert werden wir, falls er existiert, vernünftigerweise als Länge des Weges γ ansehen. Wir kristallisieren diese Überlegungen zu der folgenden

Definition *Ein Weg* $\gamma: [a, b] \to \mathbf{R}^p$ *heißt* rektifizierbar, *wenn es eine Konstante M gibt, so daß für alle Zerlegungen* $Z := \{t_0, t_1, \ldots, t_n\}$ *des Intervalls* $[a, b]$ *stets*

$$L(\gamma, Z) := \sum_{k=1}^{n} |\gamma(t_k) - \gamma(t_{k-1})| \leqslant M$$

bleibt. In diesem Falle wird die reelle Zahl

$$L(\gamma) := \sup_{Z \in \mathfrak{Z}} L(\gamma, Z)$$

die Länge *von* γ *genannt.*

Rektifizierbare Wege lassen sich höchst einfach über ihre Komponentenfunktionen charakterisieren:

177.1 Satz *Der Weg*

$$\gamma := \begin{pmatrix} \gamma_1 \\ \vdots \\ \gamma_p \end{pmatrix} : [a, b] \to \mathbf{R}^p \qquad\qquad (177.1)$$

ist genau dann rektifizierbar, wenn jede seiner Komponentenfunktionen von beschränkter Variation auf $[a, b]$ ist.

Beweis. Für eine beliebige Zerlegung $Z := \{t_0, t_1, \ldots, t_n\}$ von $[a, b]$ ist

$$L(\gamma, Z) = \sum_{k=1}^{n} |\gamma(t_k) - \gamma(t_{k-1})| = \sum_{k=1}^{n} \sqrt{\sum_{j=1}^{p} [\gamma_j(t_k) - \gamma_j(t_{k-1})]^2},$$

infolgedessen haben wir einerseits trivialerweise

$$\sum_{k=1}^{n} |\gamma_j(t_k) - \gamma_j(t_{k-1})| \leqslant L(\gamma, Z) \qquad \text{für } j = 1, \ldots, p, \tag{177.2}$$

andererseits, weil stets $\sqrt{a_1^2 + \cdots + a_p^2} \leqslant |a_1| + \cdots + |a_p|$ ist[1],

$$L(\gamma, Z) \leqslant \sum_{k=1}^{n} \sum_{j=1}^{p} |\gamma_j(t_k) - \gamma_j(t_{k-1})| = \sum_{j=1}^{p} \sum_{k=1}^{n} |\gamma_j(t_k) - \gamma_j(t_{k-1})|. \tag{177.3}$$

Aus (177.2) ergibt sich, daß jedes γ_j in $BV[a, b]$ liegt, wenn γ rektifizierbar ist und aus (177.3) die Umkehrung dieser Aussage. ∎

Da es stetige Funktionen gibt, die nicht von beschränkter Variation sind (s. A 91.1), läßt uns dieser Satz erkennen, *daß nicht jeder Weg rektifizierbar sein muß.*

Ist $\gamma : [a, b] \to \mathbf{R}^p$ ein Weg und c ein innerer Punkt von $[a, b]$, so werden durch die Einschränkung von γ auf $[a, c]$ bzw. $[c, b]$ zwei Wege γ_1 bzw. γ_2 definiert, deren Summe gerade γ ist: $\gamma = \gamma_1 \oplus \gamma_2$. Aus dem letzten Satz ergibt sich in Verbindung mit Satz 91.6 ohne Umstände, daß γ genau dann rektifizierbar ist, wenn dies für jeden Summanden γ_1 und γ_2 gilt. Wir wollen nun zeigen, daß im Falle der Rektifizierbarkeit von γ die Weglänge sogar additiv ist, also die Gleichung

$$L(\gamma) = L(\gamma_1) + L(\gamma_2) \tag{177.4}$$

gilt. Ist Z eine beliebige Zerlegung von $[a, b]$, so setzen wir

$$Z' := Z \cup \{c\}, \qquad Z_1' := Z' \cap [a, c], \qquad Z_2' := Z' \cap [c, b]$$

und definieren drei Netze auf $\mathfrak{Z}$ durch

$$Z \mapsto L(\gamma, Z'), \qquad Z \mapsto L(\gamma_1, Z_1') \quad \text{und} \quad Z \mapsto L(\gamma_2, Z_2').$$

Dann ist

$$L(\gamma, Z) \leqslant L(\gamma, Z') = L(\gamma_1, Z_1') + L(\gamma_2, Z_2') \leqslant L(\gamma), \tag{177.5}$$

---

[1] Man braucht diese Ungleichung bloß zu quadrieren, um ihre Richtigkeit einzusehen. Übrigens ist sie ein Spezialfall der Jensenschen Ungleichung in A 59.6.

und da

$$\lim_{\mathfrak{Z}} L(\gamma, Z) = L(\gamma), \qquad \lim_{\mathfrak{Z}} L(\gamma_1, Z_1') = L(\gamma_1) \quad \text{und} \quad \lim_{\mathfrak{Z}} L(\gamma_2, Z_2') = L(\gamma_2)$$

ist, folgt wegen Satz 44.2 aus (177.5) sofort die behauptete Gl. (177.4). Wir können also insgesamt festhalten:

177.2 Satz *Sei* $\gamma: [a, b] \to \mathbf{R}^p$ *ein Weg und* $\gamma = \gamma_1 \oplus \gamma_2$. *Dann gilt: Der Gesamtweg* γ *ist genau dann rektifizierbar, wenn es jeder der Teilwege* γ_1, γ_2 *ist, und in diesem Falle haben wir*

$$L(\gamma_1 \oplus \gamma_2) = L(\gamma_1) + L(\gamma_2).$$

In den folgenden Betrachtungen sei $\gamma: [a, b] \to \mathbf{R}^p$ ein fest vorgegebener rektifizierbarer Weg. Sind $t_1 < t_2$ zwei Punkte aus $[a, b]$, so bedeute $s(t_1, t_2)$ die Länge des Weges $\gamma | [t_1, t_2]$. Ferner definieren wir die **Weglängenfunktion** s auf $[a, b]$ durch

$$s(t) := \begin{cases} 0 & \text{für } t = a, \\ s(a, t) & \text{für } t \in (a, b]. \end{cases} \tag{177.6}$$

Wegen des letzten Satzes ist

$$s(t_1, t_2) = s(t_2) - s(t_1) \quad \text{für } a \le t_1 < t_2 \le b. \tag{177.7}$$

Wir beweisen nun den

177.3 Satz *Die Weglängenfunktion* s *ist wachsend und stetig.*

Da nach (177.7) für $a \le t_1 < t_2 \le b$ stets

$$s(t_1) \le s(t_1) + s(t_1, t_2) = s(t_2) \tag{177.8}$$

ist, versteht sich die Wachstumsbehauptung von selbst. Wir wenden uns nun dem Stetigkeitsbeweis zu. γ sei durch (177.1) gegeben. Wegen Satz 177.1 ist jede der (stetigen) Komponentenfunktionen γ_j auf $[a, b]$ von beschränkter Variation. Ist nun $a \le t < t' \le b$ und wenden wir die Abschätzung (177.3) auf eine beliebige Zerlegung des Intervalls $[t, t']$ statt auf eine des Intervalls $[a, b]$ an, so folgt nach Übergang zum Supremum und unter Beachtung der Gl. (177.7), daß

$$0 \le s(t, t') = s(t') - s(t) \le \sum_{j=1}^{p} V_t^{t'}(\gamma_j)$$

ist. Da aber $V_t^{t'}(\gamma_j)$ beliebig klein gemacht werden kann, wenn nur t und t' hinreichend nahe beieinander liegen (Satz 91.9), erhält man aus dieser Abschätzung sofort die Stetigkeit von s. ∎

Ist der Weg γ auf dem Teilintervall $[a_1, b_1]$ von $[a, b]$ nicht konstant, so besitzt mindestens eine seiner Komponentenfunktionen γ_j auf $[a_1, b_1]$ eine positive Totalvariation. Aus (177.2), angewandt auf $[a_1, b_1]$ statt auf $[a, b]$, ergibt sich dann, daß

$s(a_1, b_1) > 0$ ist. Werfen wir nun einen Blick auf (177.8), so sehen wir, daß s immer dann *streng* wächst, wenn γ auf keinem Teilintervall von $[a, b]$ konstant ist. Dies ist insbesondere dann der Fall, wenn γ ein Jordanweg, d.h. injektiv ist[1]. Wir können also die Monotonieaussage des letzten Satzes folgendermaßen verfeinern:

177.4 Satz *Die Weglängenfunktion s von $\gamma\colon [a, b] \to \mathbf{R}^p$ ist immer dann sogar streng wachsend, wenn γ auf keinem Teilintervall von $[a, b]$ konstant, insbesondere also, wenn γ ein Jordanweg ist.*

Nach dieser Anhäufung theoretischen Wissens über rektifizierbare Wege macht sich das Fehlen eines praktikablen Verfahrens zur *Berechnung von Weglängen* doppelt schmerzlich fühlbar. Die folgenden Überlegungen werden diesem Mangel weitgehend abhelfen.

Wir betrachten einen differenzierbaren Weg $\gamma\colon [a, b] \to \mathbf{R}^p$, d.h. einen Weg, für den die Ableitung $\dot{\gamma}(t)$ an jeder Stelle $t \in [a, b]$ existiert (die Differentiation nach t bezeichnen wir wieder in der Newtonschen Schreibweise mit einem Punkt). $\dot{\gamma}(t)$ ist von Hause aus eine $(p, 1)$-Matrix, kann aber auch als ein *Vektor im $\mathbf{R}^p$* gedeutet werden — und dies wollen wir im folgenden tun. Nach Satz 164.5 und den daran angeschlossenen Bemerkungen ist

$$\dot{\gamma}(t) = \lim_{h \to 0} \frac{\gamma(t+h) - \gamma(t)}{h} \qquad (177.9)$$

für jedes $t \in [a, b]$.

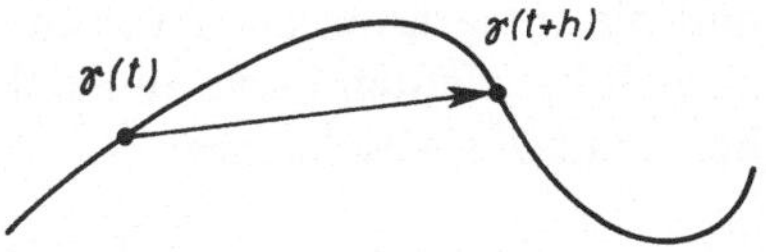

Fig. 177.2

$\gamma(t+h) - \gamma(t)$ ist, anschaulich gesprochen, der Vektor, der von dem Punkte $\gamma(t)$ zu dem Punkte $\gamma(t+h)$ führt (s. Fig. 177.2), der Differenzenquotient in (177.9) wird deshalb als der *mittlere Geschwindigkeitsvektor* im Zeitintervall $\langle t, t+h \rangle$ anzusprechen sein, wenn wir wieder die dynamische Deutung von γ als Weg eines Massenpunktes heranziehen. Den Grenzwert $\dot{\gamma}(t)$ des mittleren Geschwindigkeitsvektors nennen wir den **Geschwindigkeitsvektor** und den Betrag $|\dot{\gamma}(t)|$ von $\dot{\gamma}(t)$ die **Geschwindigkeit** (des Massenpunktes) zur Zeit t. Ist γ rektifizierbar, so legt der Massenpunkt im Zeitintervall $\langle t, t+h \rangle$ den Weg $s(t+h) - s(t)$ zurück, seine *mittlere Geschwindigkeit* in diesem Intervall werden wir dann durch den Differenzenquotienten $[s(t+h) - s(t)]/h$ messen und werden erwarten, daß

$$\dot{s}(t) = \lim_{h \to 0} \frac{s(t+h) - s(t)}{h} \quad \text{vorhanden und} \ = |\dot{\gamma}(t)|$$

---

[1] So genannt nach Camille Jordan (1838–1922; 84).

ist. Wenn dies alles zutrifft und $|\dot{\gamma}(t)|$ auch noch R-integrierbar ist, wird

$$L(\gamma) = s(b) = \int_a^b \dot{s}(t)\,\mathrm{d}t = \int_a^b |\dot{\gamma}(t)|\,\mathrm{d}t$$

sein, womit wir eine Formel gewonnen haben, die es erlaubt, durch Differentiations- und Integrationsprozesse die Länge von γ zu berechnen. Wir kehren nun von diesen heuristischen Überlegungen wieder zu strengen mathematischen Betrachtungen zurück und beweisen den

177.5 Satz *Der Weg* $\gamma: [a, b] \to \mathbf{R}^p$ *sei stetig differenzierbar. Dann ist er rektifizierbar, seine Weglängenfunktion* s *ist stetig differenzierbar, und für alle* $t \in [a, b]$ *gilt*

$$\dot{s}(t) = |\dot{\gamma}(t)|. \tag{177.10}$$

Die Länge von γ *berechnet sich nach der Formel*

$$L(\gamma) = \int_a^b |\dot{\gamma}|\,\mathrm{d}t = \int_a^b \sqrt{\dot{\gamma}_1^2 + \cdots + \dot{\gamma}_p^2}\,\mathrm{d}t, \tag{177.11}$$

wobei $\gamma_1, \ldots, \gamma_p$ *die Komponenten von* γ *sind.*

Beweis. $Z := \{t_0, t_1, \ldots, t_n\}$ sei eine beliebige Zerlegung von $[a, b]$. Beachtet man, daß die Integration einer vektorwertigen Funktion nach (167.4) komponentenweise ausgeführt werden kann und zieht man die Dreiecksungleichung 167.3 heran, so erhält man die Abschätzung

$$|\gamma(t_k) - \gamma(t_{k-1})| = \left| \int_{t_{k-1}}^{t_k} \dot{\gamma}(t)\,\mathrm{d}t \right| \leq \int_{t_{k-1}}^{t_k} |\dot{\gamma}(t)|\,\mathrm{d}t,$$

aus der durch Summation die Ungleichung

$$\sum_{k=1}^n |\gamma(t_k) - \gamma(t_{k-1})| \leq \int_a^b |\dot{\gamma}(t)|\,\mathrm{d}t$$

folgt. Da hierin die rechte Seite nicht von Z abhängt, sehen wir, daß γ rektifizierbar und

$$L(\gamma) \leq \int_a^b |\dot{\gamma}(t)|\,\mathrm{d}t \tag{177.12}$$

ist. Nun sei t ein fester Punkt aus $[a, b)$ und $h > 0$ (aber so klein, daß $t + h \leq b$ bleibt). Dann übertrifft $|\gamma(t+h) - \gamma(t)|$ nicht die Länge des auf $[t, t+h]$ eingeschränkten Weges γ, es ist also

$$|\gamma(t+h) - \gamma(t)| \leq s(t+h) - s(t).$$

Nehmen wir nun (177.12) für $\gamma\,|\,[t,\,t+h]$ in Anspruch, so erhalten wir die Abschätzung

$$\left|\frac{\gamma(t+h)-\gamma(t)}{h}\right|\le\frac{s(t+h)-s(t)}{h}\le\frac{1}{h}\int_t^{t+h}|\dot\gamma(\tau)|\,d\tau.$$

Für $h\to 0+$ strebt der linke Term gegen $|\dot\gamma(t)|$, der rechte tut nach dem zweiten Hauptsatz der Differential- und Integralrechnung wegen der Stetigkeit von $|\dot\gamma|$ dasselbe, und infolgedessen ist die rechtsseitige Ableitung von s im Punkte t vorhanden und $=|\dot\gamma(t)|$. Da man ganz ähnlich auch sieht, daß an jeder Stelle $t\in(a,\,b]$ die linksseitige Ableitung von s existiert und mit $|\dot\gamma(t)|$ übereinstimmt, ist die Beziehung (177.10) bewiesen. Die Längenformel (177.11) ergibt sich aus ihr in evidenter Weise.   ∎

Wir nennen einen Weg γ **stückweise stetig differenzierbar**, wenn er die Summe $\gamma_1\oplus\gamma_2\oplus\cdots\oplus\gamma_n$ stetig differenzierbarer Wege $\gamma_1,\,\gamma_2,\,\ldots,\,\gamma_n$ ist. Polygonzüge sind die Prototypen stückweise stetig differenzierbarer Wege. Kombiniert man die Sätze 177.2 und 177.5, so erhält man unmittelbar den

177.6 Satz *Jeder stückweise stetig differenzierbare Weg ist rektifizierbar, und seine Länge ist die Summe der Längen seiner stetig differenzierbaren Teilwege.*

Ist $\gamma:[a,\,b]\to\mathbf{R}^p$ ein differenzierbarer Weg und $\dot\gamma(t_0)\neq\mathbf{0}$, so nennt man $\dot\gamma(t_0)$ aus naheliegenden geometrischen Gründen den **Tangentialvektor** von γ im Punkte $\gamma(t_0)$.

Aufgaben

1. Ein Massenpunkt P durchlaufe in den angegebenen Zeiten die nachfolgenden Wege. Berechne den Geschwindigkeitsvektor, die Geschwindigkeit und die Länge des von P zurückgelegten Weges:

a) $\gamma(t):=\begin{pmatrix}x_1\\y_1\end{pmatrix}+t\begin{pmatrix}x_2-x_1\\y_2-y_1\end{pmatrix}$, $0\le t\le 1$ (Verbindungsstrecke zweier Punkte).

b) $\gamma(t):=\begin{pmatrix}x_0+r\cos t\\y_0+r\sin t\end{pmatrix}$, $0\le t\le 2\pi,\,r>0$ fest (Kreis mit Radius r, einmal durchlaufen).

c) $\gamma(t):=\begin{pmatrix}x_0+r\cos 2t\\y_0+r\sin 2t\end{pmatrix}$, $0\le t\le 2\pi,\,r>0$ fest (Kreis mit Radius r, zweimal durchlaufen).

d) $\gamma(t):=\begin{pmatrix}r\cos t\\r\sin t\\h t\end{pmatrix}$, $0\le t\le 4\pi,\,h>0$ fest (Stück einer **Schraubenlinie** der Ganghöhe $2\pi h$:

der Weg, den ein fester Punkt auf der Peripherie einer kreiszylindrischen Schraube mit Radius r und Ganghöhe $2\pi h$ beim Drehen der Schraube zurücklegt, wobei der Punkt sich zu Beginn der Bewegung auf der x-Achse befinden soll; s. Fig. 177.3. In der Aufgabe wird eine zweimalige Volldrehung der Schraube ausgeführt).

e) $\gamma(t) := \begin{pmatrix} r(t - \sin t) \\ r(1 - \cos t) \end{pmatrix}$, $0 \leqslant t \leqslant 4\pi$, $r > 0$ fest (Stück einer Zykloide: der Weg, den ein fester Punkt auf der Peripherie eines Kreises vom Radius r beschreibt, wenn letzterer in Richtung der positiven x-Achse rollt und besagter Punkt sich zu Beginn der Bewegung im Nullpunkt befand; s. Fig. 177.4).

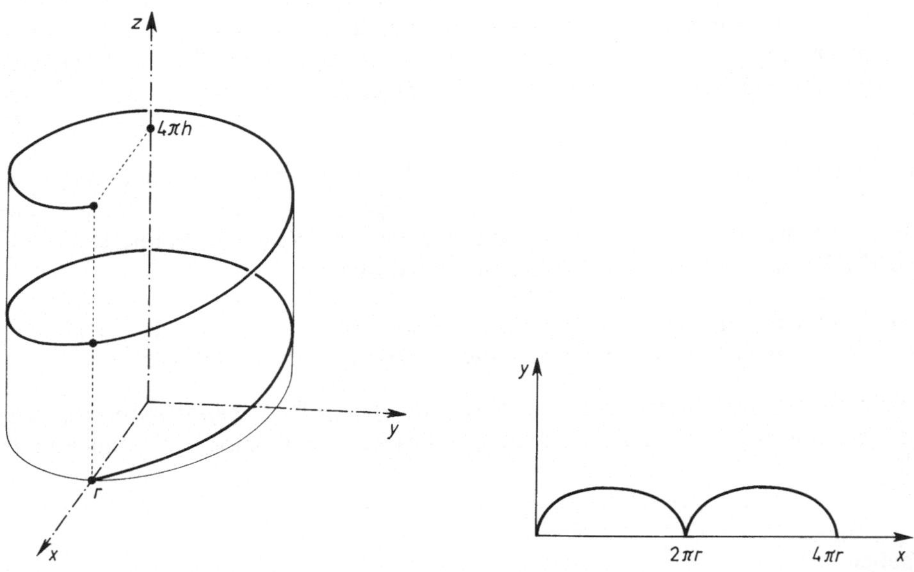

Fig. 177.3   Schraubenlinie   Fig. 177.4   Zykloide

$^{+}$2. Wenn wir von einem „Weg $y = f(x)$, $a \leqslant x \leqslant b$" in der xy-Ebene reden, so meinen wir damit den Weg

$$\gamma(t) := \begin{pmatrix} t \\ f(t) \end{pmatrix}, \qquad a \leqslant t \leqslant b.$$

Dabei wird natürlich vorausgesetzt, daß die Funktion f auf $[a, b]$ stetig ist. Zeige:

a) Der Weg $y = f(x)$, $a \leqslant x \leqslant b$, ist genau dann rektifizierbar, wenn f von beschränkter Variation ist.

b) Ist f stetig differenzierbar, so wird die Länge L des obigen Weges gegeben durch

$$L = \int_{a}^{b} \sqrt{1 + (f'(x))^2}\, \mathrm{d}x.$$

$^{+}$3. Unter einem „Weg $r = f(\varphi)$, $a \leqslant \varphi \leqslant b$, in Polarkoordinaten" verstehen wir den Weg

$$\gamma(\varphi) := \begin{pmatrix} f(\varphi)\cos\varphi \\ f(\varphi)\sin\varphi \end{pmatrix}, \qquad a \leqslant \varphi \leqslant b \ (f \text{ stetig und } \geqslant 0).$$

Zeige: Ist f stetig differenzierbar, so wird die Länge L des obigen Weges gegeben durch

$$L = \int_a^b \sqrt{(f(\varphi))^2 + (f'(\varphi))^2}\, d\varphi.$$

4. Berechne mit Hilfe der Aufgaben 2 und 3 die Längen der folgenden Wege:

a) $y = a \cosh \dfrac{x}{a}$, $0 \leqslant x \leqslant x_0$, $a > 0$ fest (Stück einer Kettenlinie).

b) $r = a\varphi$, $0 \leqslant \varphi \leqslant 2\pi$, $a > 0$ fest (Stück einer Archimedischen Spirale; s. Fig. 177.5).

c) $r = a(1 + \cos\varphi)$, $0 \leqslant \varphi \leqslant 2\pi$, $a > 0$ fest (Kardioide oder Herzkurve; s. Fig. 177.6).

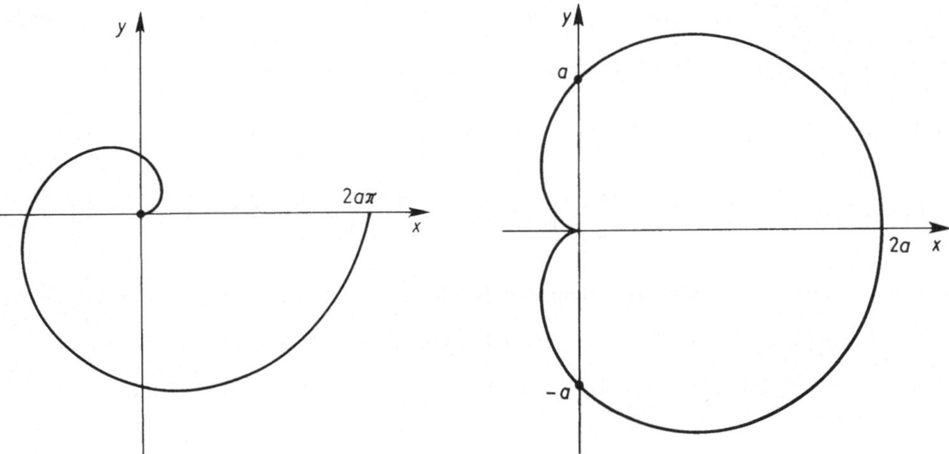

Fig. 177.5   Archimedische Spirale   Fig. 177.6   Kardioide

5. Sei $a > b > 0$ und $\gamma(t) := \begin{pmatrix} a\cos t \\ b\sin t \end{pmatrix}$, $0 \leqslant t \leqslant 2\pi$. Zeige, daß die Koordinaten x, y aller Punkte $\gamma(t)$ der Gleichung

$$\frac{x^2}{a^2} + \frac{y^2}{b^2} = 1 \tag{177.13}$$

genügen und daß umgekehrt zu jedem Punkt $\begin{pmatrix} x \\ y \end{pmatrix}$, der (177.13) befriedigt, genau ein $t \in [0, 2\pi)$ gehört, so daß $x = a\cos t$ und $y = b\sin t$ ist (s. Satz 57.1). $\gamma(t)$ durchläuft also genau einmal die Ellipse (177.13), wenn t das Intervall $[0, 2\pi)$ durchläuft. Benutzt man $[0, 2\pi]$ als Parameterintervall, so nimmt $\gamma(t)$ den Punkt $\begin{pmatrix} a \\ 0 \end{pmatrix}$, aber nur ihn, doppelt an. Zeige, daß

$$L(\gamma) = a \int_0^{2\pi} \sqrt{1 - \varepsilon^2 \cos^2 t}\, dt \tag{177.14}$$

$$\text{mit} \quad \varepsilon := \frac{\sqrt{a^2 - b^2}}{a} < 1$$

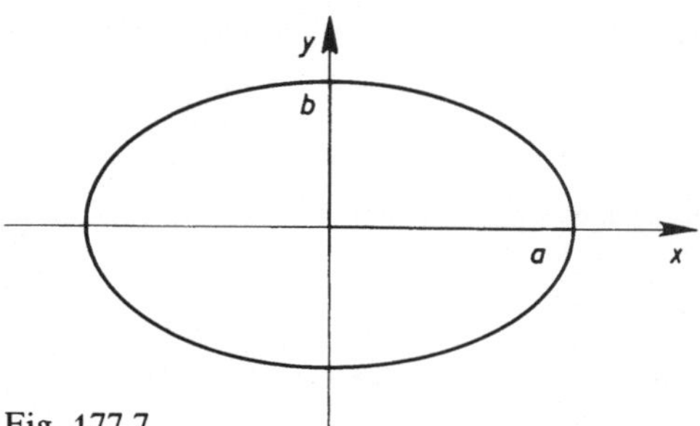

Fig. 177.7

ist; ε heißt die **numerische Exzentrizität** der Ellipse (177.13) mit der „großen Halbachse" a und der „kleinen Halbachse" b (s. Fig. 177.7). So einfach das „elliptische Integral" in dieser Längenformel auch aussehen mag — man kann es doch nicht explizit (mit Hilfe einer elementaren Stammfunktion) berechnen. Statt dessen ist man auf Reihenentwicklungen angewiesen. Zeige sukzessiv:

a) $\sqrt{1-\varepsilon^2\cos^2 t}=1-\dfrac{1}{2}\varepsilon^2\cos^2 t-\dfrac{1}{2\cdot 4}\varepsilon^4\cos^4 t-\cdots-\dfrac{1\cdot 3\cdots(2n-3)}{2\cdot 4\cdots(2n)}\varepsilon^{2n}\cos^{2n}t-\cdots$ gleich-

mäßig für alle $t\in[0,2\pi]$. Zur Erinnerung: $0<\varepsilon<1$. Hinweis: (64.8).

b) $\displaystyle\int_0^{2\pi}\cos^{2n}t\,dt=4\int_0^{\pi/2}\cos^{2n}t\,dt=4\int_0^{\pi/2}\sin^{2n}t\,dt=\dfrac{1}{2}\cdot\dfrac{3}{4}\cdots\dfrac{2n-1}{2n}\cdot 2\pi$. Hinweis: (94.3).

c) $L(\gamma)=2a\pi\left[1-\left(\dfrac{1}{2}\right)^2\varepsilon^2-\dfrac{1}{3}\left(\dfrac{1}{2}\cdot\dfrac{3}{4}\right)^2\varepsilon^4-\cdots-\dfrac{1}{2n-1}\left(\dfrac{1}{2}\cdot\dfrac{3}{4}\cdots\dfrac{2n-1}{2n}\right)^2\varepsilon^{2n}-\cdots\right]$.

6. Die Cornusche Spirale der Beugungstheorie wird durch $x(t):=\displaystyle\int_0^t\cos\left(\dfrac{\pi}{2}\tau^2\right)d\tau$, $y(t):=\displaystyle\int_0^t\sin\left(\dfrac{\pi}{2}\tau^2\right)d\tau$ $(0\leqslant t<\infty)$ dargestellt. Für sie ist $s(t)=t$; sie mündet ein in den Punkt $(1/2, 1/2)$, genauer: $x(t)\to 1/2$, $y(t)\to 1/2$ für $t\to+\infty$. Hinweis: (151.6).

178 Die Bogenlänge

Bei unseren Längenbetrachtungen haben wir uns bisher von einer dynamischen, den naturwissenschaftlichen Anwendungen angepaßten Auffassung leiten lassen: Wir haben $L(\gamma)$ gedeutet als die Länge eines (rektifizierbaren) Weges γ, den ein bewegter Massenpunkt in einem gewissen Zeitintervall durchläuft. $L(\gamma)$ werden wir aber i. allg. nicht als die (noch gar nicht definierte) Länge des zu γ gehörigen Bogens Γ ansprechen wollen, und zwar aus zwei Gründen: 1. Der Massenpunkt, der sich gemäß dem Weg-Zeit-Gesetz $x=\gamma(t)$ bewegt, kann den Bogen Γ oder Teile desselben mehrfach durchlaufen; in der Tat lassen sich zu Γ in evidenter Weise stets Wege $\gamma_2, \gamma_3, \ldots$ angeben, die Γ zweimal, dreimal,$\ldots$ „überdecken" und für die $L(\gamma_n)=nL(\gamma)$ ist. Angesichts dieser Tatsache verbietet es sich von selbst, die Länge von Γ ohne weiteres durch $L(\gamma)$ zu definieren. 2. Um dem eben geschilderten Mißstand abzuhelfen, wird man nach einem Weg γ_1 suchen, auf dem der Massenpunkt den Bogen Γ genau *einmal* durchläuft. Dies ist dann und nur dann der Fall, wenn aus $t\neq t'$ stets $\gamma_1(t)\neq\gamma_1(t')$ folgt, also dann und nur dann, wenn γ_1 *injektiv*, d.h. ein

Jordanweg ist. Aber selbst wenn wir zu Γ einen (rektifizierbaren) Jordanweg γ_1 finden können — was durchaus nicht immer möglich ist —, werden wir noch zögern, die Länge von Γ durch $L(\gamma_1)$ zu definieren; denn es bleibt der Verdacht bestehen, es könne zu Γ noch einen weiteren Jordanweg γ_0 mit $L(\gamma_0) \neq L(\gamma_1)$ geben. Diesen Verdacht können wir jetzt aber glücklicherweise rasch ausräumen. Des bequemen Ausdrucks wegen nennen wir einen Bogen Γ einen Jordanbogen, wenn er der Bogen eines Jordanweges γ_1 ist (Rektifizierbarkeit von γ_1 wird hierbei nicht vorausgesetzt). Wohlgemerkt: Ein Jordanbogen kann und wird durchaus auch der Bogen nicht-injektiver Wege sein; unsere Definition verlangt nur, daß es mindestens einen injektiven Weg γ_1 gibt, dessen Bogen gleich Γ ist. Wir sagen dann auch, γ_1 sei eine Jordandarstellung von Γ. Grundlegend ist der

178.1 Satz $\gamma_1\colon [a_1, b_1] \to \mathbf{R}^p$ *und* $\gamma_2\colon [a_2, b_2] \to \mathbf{R}^p$ *seien zwei Jordandarstellungen ein und desselben Jordanbogens* Γ. *Dann gibt es eine Funktion* φ, *die* $[a_2, b_2]$ *stetig und streng monoton auf* $[a_1, b_1]$ *abbildet und mit der*

$$\gamma_2(t) = \gamma_1(\varphi(t)) \quad \text{für alle } t \in [a_2, b_2], \quad \text{also} \quad \gamma_2 = \gamma_1 \circ \varphi$$

gilt. Ist andererseits ψ *eine stetige und streng monotone Abbildung irgendeines Intervalls* $[a_3, b_3]$ *auf* $[a_1, b_1]$, *so wird durch*

$$\gamma_3(t) := \gamma_1(\psi(t)) \qquad (a_3 \leqslant t \leqslant b_3)$$

stets eine Jordandarstellung $\gamma_3\colon [a_3, b_3] \to \mathbf{R}^p$ *von* Γ *gegeben. Zusammenfassend können wir also sagen, daß man aus einer Jordandarstellung* γ_1 *eines Jordanbogens alle seine Jordandarstellungen — und nur diese — in der Form* $\gamma_1 \circ \omega$ *erhält, wobei* ω *alle stetigen und streng monotonen Abbildungen aller Intervalle* $[c, d]$ *auf das Intervall* $[a_1, b_1]$ *durchläuft.*

Beweis. Wir nehmen uns zunächst die erste Behauptung vor. Die Funktion φ wird in sehr naheliegender Weise konstruiert: Jedem Parameterwert $t \in [a_2, b_2]$ ordnen wir den Bogenpunkt $\gamma_2(t)$ und diesem sein Urbild

$$\varphi(t) := \gamma_1^{-1}(\gamma_2(t)) \in [a_1, b_1]$$

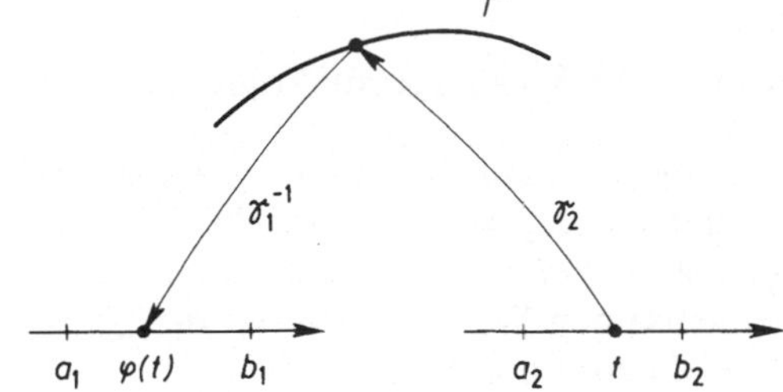

Fig. 178.1

zu (s. Fig. 178.1). φ ist offenbar eine injektive Abbildung von $[a_2, b_2]$ auf $[a_1, b_1]$. Und da γ_1^{-1} nach A 158.6 stetig ist, muß auch $\varphi = \gamma_1^{-1} \circ \gamma_2$ stetig sein (s. A 158.7 oder Satz 111.3). Wegen A 37.1 ist also φ streng monoton. Damit ist die erste Aussage unseres Satzes bewiesen. Die zweite ist trivial. ∎

Die Brücke vom letzten Satz zur Längentheorie schlägt der

178.2 Satz $\gamma_1: [a_1, b_1] \to \mathbf{R}^p$ *und* $\gamma_2: [a_2, b_2] \to \mathbf{R}^p$ *seien zwei Wege, und mit einer stetigen und streng monotonen Abbildung* ω *von* $[a_2, b_2]$ *auf* $[a_1, b_1]$ *sei* $\gamma_2 = \gamma_1 \circ \omega$. *Dann sind* γ_1 *und* γ_2 *entweder gleichzeitig rektifizierbar oder gleichzeitig nichtrektifizierbar, und im Falle der Rektifizierbarkeit stimmen ihre Weglängen überein.*

Beweis. Wir nehmen an, γ_1 sei rektifizierbar und ω etwa streng wachsend. Dann erzeugt ω aus jeder Zerlegung $Z_2 := \{t_0, t_1, \ldots, t_n\}$ von $[a_2, b_2]$ eine Zerlegung $Z_1 := \{\omega(t_0), \omega(t_1), \ldots, \omega(t_n)\}$ von $[a_1, b_1]$, und es ist

$$L(\gamma_2, Z_2) = \sum_{k=1}^{n} |\gamma_2(t_k) - \gamma_2(t_{k-1})| = \sum_{k=1}^{n} |\gamma_1(\omega(t_k)) - \gamma_1(\omega(t_{k-1}))| \leqslant L(\gamma_1).$$

Infolgedessen ist γ_2 rektifizierbar und $L(\gamma_2) \leqslant L(\gamma_1)$.

Setzen wir nun γ_2 als rektifizierbar voraus, so lehrt diese Überlegung, da doch ω eine stetige und streng wachsende Umkehrfunktion besitzt, daß auch γ_1 rektifizierbar und $L(\gamma_1) \leqslant L(\gamma_2)$ ist. Damit ist unser Satz im Falle eines streng wachsenden ω bereits bewiesen. Bei streng fallendem ω schließt man so ähnlich, daß weitere Worte überflüssig sind. ∎

Ordnen wir wie in (161.3) jedem Weg $\gamma: [a, b] \to \mathbf{R}^p$ durch

$$\gamma^-(t) := \gamma(a + b - t) \qquad (a \leqslant t \leqslant b) \tag{178.1}$$

den „umgekehrt durchlaufenen" oder inversen Weg γ^- zu, so ergibt sich aus dem letzten Satz, daß γ^- genau mit γ rektifizierbar ist und daß in diesem Falle

$$L(\gamma^-) = L(\gamma) \tag{178.2}$$

gilt. Allgemein besteht sogar die Gleichung

$$s^-(t) = s(b) - s(a + b - t) \quad \text{für } a \leqslant t \leqslant b, \tag{178.3}$$

wobei s die Weglängenfunktion von γ und s^- die von γ^- ist.

Nennen wir einen Jordanbogen Γ rektifizierbar, wenn er eine rektifizierbare Jordandarstellung besitzt, so ergibt sich aus den beiden letzten Sätzen nun mit einem Schlag, *daß alle Jordandarstellungen von* Γ *ein und dieselbe Weglänge haben.* Diesen gemeinsamen Wert nennen wir die Länge oder auch die Bogenlänge von Γ und bezeichnen ihn mit $L(\Gamma)$.

Man beachte, daß die Definition der *Weglänge* begrifflich etwas wesentlich anderes als die der *Bogenlänge* ist. Im ersten Fall ordnen wir einer *Funktion* $\gamma: [a, b] \to \mathbf{R}^p$, im zweiten Fall einer *Punktmenge* Γ eine Länge zu. Da die Länge von Γ eine „innere Eigenschaft" der Punktmenge Γ sein soll, müssen wir sie, falls überhaupt möglich, so

definieren, daß sie sich als unabhängig von der jeweiligen Parameterdarstellung von
Γ erweist oder jedenfalls als unabhängig von den Parameterdarstellungen aus einer
zweckmäßig ausgewählten Klasse. Dies ist uns bei den Jordanbögen gelungen (die
„zweckmäßig ausgewählte Klasse" ist hierbei die Klasse der Jordandarstellungen).
Das allgemeine Problem, jedem Bogen, der von einem rektifizierbaren Weg erzeugt
wird, in vernünftiger Weise eine Länge zuzuschreiben, ist damit allerdings bei wei-
tem noch nicht gelöst, ja wir wissen bis jetzt noch nicht einmal, was wir unter der
Länge eines Kreisbogens zu verstehen haben. Wir werden dieses allgemeine Bogen-
längenproblem auch nicht lösen, sondern nur noch so weit in es eindringen, daß wir
die Länge sogenannter Jordankurven definieren (womit wir dann schließlich auch
wissen werden, was unter der Länge einer Kreis- oder Ellipsenperipherie zu verstehen ist).

Definition *Ein Bogen Γ heißt eine* Jordankurve, *wenn er von einem Weg
$\gamma: [a, b] \to \mathbf{R}^p$ erzeugt werden kann, der auf $[a, b)$ injektiv ist, während $\gamma(a) = \gamma(b)$ gilt.
Einen derartigen Weg nennen wir eine* Jordandarstellung *von Γ*[1]. *Eine Jordan-
kurve heißt* rektifizierbar, *wenn sie eine rektifizierbare Jordandarstellung besitzt.*

Eine Jordankurve ist in dem Sinne geschlossen, daß die Punkte $\gamma(a)$ und $\gamma(b)$ zusammenfallen. Weitere „Doppelpunkte" dürfen aber nicht auftreten. Fig. 178.2 zeigt
(symbolisch) eine Jordankurve, während die Bögen in Fig. 178.3 zwar auch geschlossen, wegen mehrfacher Überschneidungen aber keine Jordankurven sind.

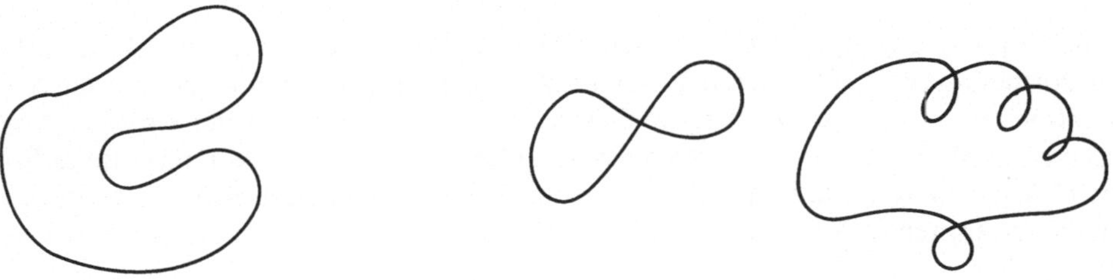

Fig. 178.2   Fig. 178.3

Wir haben zwar in diesem Buch schon oft von Kreislinien oder -peripherien und von
Ellipsen gesprochen und darunter gewisse Punktmengen im $\mathbf{R}^2$ verstanden, haben
aber im Rahmen unserer Bogentheorie noch nie formell definiert, was ein Kreis-
oder Ellipsenbogen sein soll. Wir holen diese sehr auf der Hand liegende Definition
jetzt nach: Ein Kreisbogen (oder auch eine Kreislinie oder -peripherie) mit
dem Mittelpunkt $\begin{pmatrix} x_0 \\ y_0 \end{pmatrix} \in \mathbf{R}^2$ und dem Radius $r > 0$ bzw. ein Ellipsenbogen (oder

---

[1] Der Leser beachte, daß eine Jordandarstellung einer Jordankurve etwas anderes ist als eine
Jordandarstellung eines Jordanbogens. Letztere ist auf ihrem *ganzen* Definitionsintervall injektiv.

auch eine Ellipse) mit demselben Mittelpunkt und den Halbachsen $a, b > 0$ ist der Bogen des Weges

$$\gamma(t) := \begin{pmatrix} x_0 + r\cos t \\ y_0 + r\sin t \end{pmatrix} \quad \text{bzw.} \quad \gamma(t) := \begin{pmatrix} x_0 + a\cos t \\ y_0 + b\sin t \end{pmatrix}, \qquad 0 \leqslant t \leqslant 2\pi. \qquad (178.4)$$

Bei dieser Darstellung der Kreislinie bzw. der Ellipse sagen wir auch, die beiden Bögen seien **positiv** oder **entgegen dem Uhrzeigersinn orientiert**. Die Wege γ^- liefern dieselben Bögen; aber bei Verwendung dieser Darstellung würden wir sagen, sie seien **negativ** oder **im Uhrzeigersinn orientiert**.

Kreis- und Ellipsenbögen sind Jordankurven, und aus Satz 57.1 ergibt sich nach einem inzwischen wohlvertrauten Schluß, daß der obige Kreis- bzw. Ellipsenbogen genau aus den Punkten $\begin{pmatrix} x \\ y \end{pmatrix} \in \mathbf{R}^2$ besteht, die den Gleichungen

$$(x - x_0)^2 + (y - y_0)^2 = r^2 \quad \text{bzw.} \quad \frac{(x - x_0)^2}{a^2} + \frac{(y - y_0)^2}{b^2} = 1$$

genügen, Gleichungen, die man deshalb auch als **Kreis**- bzw. **Ellipsengleichungen** bezeichnet.

Wir deuten nun an, wie man zu dem Begriff der Länge einer rektifizierbaren Jordankurve gelangt; die Einzelheiten wollen wir dem Leser überlassen.

$\gamma_1 : [a_1, b_1] \to \mathbf{R}^p$ und $\gamma_2 : [a_2, b_2] \to \mathbf{R}^p$ seien zwei Jordandarstellungen ein und derselben Jordankurve Γ. Wir nehmen zunächst $\gamma_1(a_1) = \gamma_2(a_2)$ an und definieren die Funktion $\varphi : (a_2, b_2) \to (a_1, b_1)$ wie im Beweis des Satzes 178.1, mit der einzigen Abweichung, daß wir nicht das abgeschlossene Intervall $[a_2, b_2]$, sondern das offene Intervall (a_2, b_2) zugrunde legen (s. wieder Fig. 178.1). Eine kleine Modifikation des gerade erwähnten Beweises zeigt, daß φ stetig und streng monoton ist. Setzen wir φ vermöge

$$\varphi(a_2) := \lim_{t \to a_2+} \varphi(t), \qquad \varphi(b_2) := \lim_{t \to b_2-} \varphi(t)$$

auf $[a_2, b_2]$ fort, so bleiben Stetigkeit und strenge Monotonie erhalten, und wir haben $\gamma_2 = \gamma_1 \circ \varphi$. Ist γ_1 rektifizierbar, so trifft nach Satz 178.2 dasselbe auf γ_2 zu, und es gilt

$$L(\gamma_2) = L(\gamma_1). \qquad (178.5)$$

Jetzt sei $\gamma_1(a_1) \neq \gamma_2(a_2)$. Dann existiert genau ein $c \in (a_1, b_1)$ mit $\gamma_2(a_2) = \gamma_1(c)$. Wir definieren nun einen Weg $\gamma_3 : [c, b_1 - a_1 + c] \to \mathbf{R}^p$ durch

$$\gamma_3(t) := \begin{cases} \gamma_1(t) & \text{für } t \in [c, b_1], \\ \gamma_1(t - (b_1 - a_1)) & \text{für } t \in [b_1, b_1 - a_1 + c] \end{cases}$$

(s. Fig. 178.4). γ_3 erweist sich als eine Jordandarstellung von Γ, die denselben Anfangspunkt wie γ_2 hat: $\gamma_3(c) = \gamma_2(a_2)$. Ist γ_1 rektifizierbar, so trifft dasselbe auf γ_3 zu, und es gilt $L(\gamma_1) = L(\gamma_3)$. Da aber nach dem oben schon Bewiesenen mit γ_3 auch γ_2 rektifizierbar und $L(\gamma_3) = L(\gamma_2)$ ist, ergibt sich nun $L(\gamma_2) = L(\gamma_1)$.

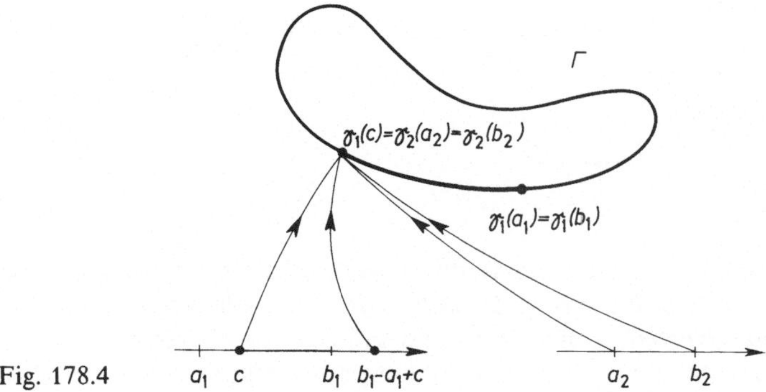

Fig. 178.4

Wir fassen jetzt die bisher zusammengetragenen Ergebnisse über Jordanbögen und Jordankurven zusammen:

178.3 Satz und Definition *Γ sei ein rektifizierbarer Jordanbogen bzw. eine rektifizierbare Jordankurve. Dann sind alle Jordandarstellungen von Γ rektifizierbar und haben ein und dieselbe Weglänge. Dieser gemeinsame Wert heißt die* Länge *oder* Bogenlänge *von Γ und wird mit $L(\Gamma)$ bezeichnet.*

Jetzt erst dürfen wir sagen, daß jedem Kreisbogen mit Radius r eine Länge zukommt und daß dieselbe gemäß Satz 177.5 durch

$$\int_0^{2\pi} \sqrt{r^2\sin^2 t + r^2\cos^2 t}\,dt = \int_0^{2\pi} r\,dt = 2\pi r$$

gegeben wird. Auch jede Ellipse mit den Halbachsen a, b besitzt eine Länge, die nun aber in dem einzig interessierenden Falle $a \neq b$ nicht mehr so einfach durch a und b ausgedrückt werden kann wie der Kreisumfang durch r. Das Nähere ist in A 177.5 ausgeführt[1].

---

[1] Als König Salomo (etwa 965–926 v. Chr.; 39) seinen prachtvollen Tempel baute, ließ er von Hiram, dem Sohn eines Erzschmiedes aus Tyrus, das berühmte „eherne Meer" anfertigen. Das „Meer" war, prosaisch gesprochen, ein riesiges rundes Becken, das im inneren Vorhof des Tempels zwischen dem Brandopferaltar und dem Tempeleingang aufgestellt war. Es war mit Wasser gefüllt, das für die Opferrituale benötigt wurde. Im ersten Buch der Könige (Kapitel 7, Vers 23) wird berichtet: „Dann machte er [Hiram] das Meer. Es wurde aus Erz gegossen und maß zehn Ellen von einem Rand zum andern; es war völlig rund und fünf Ellen hoch. Eine Schnur von dreißig Ellen umspannte es ringsum". Wir können daraus entnehmen, daß das alttestamentliche π genau den Wert 3 hatte. Eine entsprechende Aussage im 2. Buch der Chronik, Kapitel 4, Vers 2.

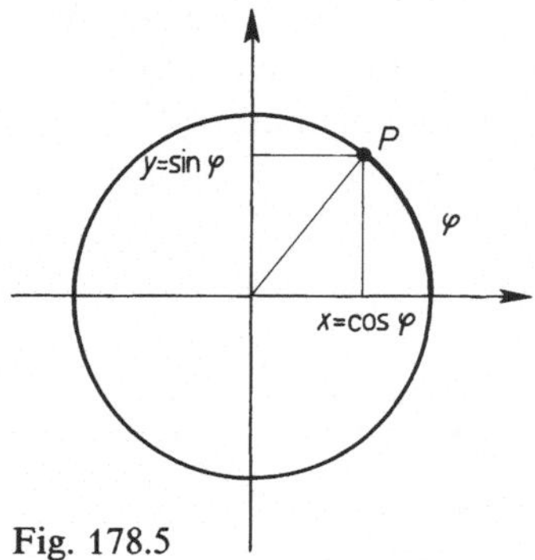

Fig. 178.5

Werfen wir noch einen Blick auf den Einheitskreisbogen ($r = 1$, Mittelpunkt = Nullpunkt)! Hat einer seiner Punkte P die Koordinaten x, y, so gibt es genau ein $\varphi \in [0, 2\pi)$ mit

$$x = \cos\varphi, \qquad y = \sin\varphi.$$

Die Länge des Teilbogens mit der Darstellung

$$\gamma_\varphi(t) := \begin{pmatrix} \cos t \\ \sin t \end{pmatrix}, \qquad 0 \leq t \leq \varphi,$$

der den Anfangspunkt mit P verbindet, ist $\int_0^\varphi 1\,dt = \varphi$. Die Fig. 178.5 macht nun deutlich, *daß unsere Definition der Winkelfunktionen mit der elementargeometrischen übereinstimmt.* Rückblickend müssen wir eingestehen, daß es ein langer Weg war, der uns von der axiomatischen, auf elementargeometrische Tatbestände gestützten Beschreibung der Winkelfunktionen über Differentialrechnung, Potenzreihen, Integralrechnung und Kurventheorie schließlich wieder zu den anschaulichen Ursprüngen zurückführte — aber diese „Weglänge" deutet an, daß der Kreis, analytisch gesehen, durchaus kein so einfaches und unproblematisches Gebilde ist, wie uns sein gefälliges Aussehen suggerieren möchte (dessentwegen ihn der große griechische Philosoph Platon mit den emphatischen Worten rühmte, daß er „in sich selbst von Natur aus immer schön ist und seine eigene Lust in sich hat").

Zum Abschluß dieser Nummer wollen wir noch schildern, wie man die Bogenlänge als Parameter benutzen kann.

Sei Γ ein rektifizierbarer Jordanbogen oder eine rektifizierbare Jordankurve mit der Jordandarstellung $\gamma\colon [a, b] \to \mathbf{R}^p$ und der Weglängenfunktion $t \mapsto s(t)$. Aus den Sätzen 177.3 und 177.4 folgt, daß s auf $[a, b]$ stetig und streng wachsend ist und somit eine Umkehrfunktion $s \mapsto t(s)$ besitzt, die auf dem Intervall $[0, L(\Gamma)]$ definiert, stetig und streng wachsend ist. Infolgedessen wird durch

$$\hat{\gamma}(s) := \gamma(t(s)) \qquad (0 \leq s \leq L(\Gamma))$$

eine weitere, nach Satz 178.3 ebenfalls rektifizierbare Jordandarstellung $\hat{\gamma}$ von Γ definiert. Man sagt, $\hat{\gamma}$ sei die *Darstellung von Γ mit der Bogenlänge als Parameter.*

Ist nun überdies γ auch noch stetig differenzierbar und $\dot{\gamma}(t) \neq 0$ für alle $t \in [a, b]$, so erhält man mit Hilfe des Satzes 177.5 sofort die Gleichung

$$\frac{d\hat{\gamma}(s)}{ds} = \dot{\gamma}(t(s))\,\frac{dt(s)}{ds} = \frac{\dot{\gamma}(t(s))}{\dot{s}(t(s))} = \frac{\dot{\gamma}(t(s))}{|\dot{\gamma}(t(s))|}.$$

Aus ihr erkennt man den eigentlichen Gewinn, den die Einführung der Bogenlänge als Parameter bringt: Für alle $s \in [0, L(\Gamma)]$ ist durchweg $|d\hat{\gamma}(s)/ds| = 1$. — Wir fassen zusammen:

178.4 Satz *Γ sei ein rektifizierbarer Jordanbogen oder eine rektifizierbare Jordankurve mit der Jordandarstellung $\gamma\colon [a, b]\to\mathbf{R}^p$. Dann besitzt Γ eine (rektifizierbare) Jordandarstellung $\hat{\gamma}\colon [0, L(\Gamma)]\to\mathbf{R}^p$ mit der Bogenlänge als Parameter. Ist überdies γ stetig differenzierbar und $\dot{\gamma}(t)\neq 0$ für alle $t\in [a, b]$, so ist auch $\hat{\gamma}$ stetig differenzierbar, und für alle $s\in [0, L(\Gamma)]$ gilt*

$$\left|\frac{\mathrm{d}\hat{\gamma}(s)}{\mathrm{d}s}\right| = 1.$$

Man sagt, ein *Weg* sei **glatt**, wenn er stetig differenzierbar ist und seine Ableitung in keinem Punkt des Parameterintervalls verschwindet; er heißt **stückweise glatt**, wenn er die Summe $\gamma_1\oplus\cdots\oplus\gamma_n$ glatter Wege $\gamma_1,\ldots,\gamma_n$ ist. Ein *Bogen* wird **glatt** bzw. **stückweise glatt** genannt, wenn er durch einen glatten bzw. stückweise glatten Weg dargestellt werden kann. Im zweiten Teil des letzten Satzes nehmen wir also an, daß γ (und damit auch Γ) glatt ist. Übrigens kann ein glatter Bogen sehr wohl durch Wege dargestellt werden, die nicht glatt, ja nicht einmal durchweg differenzierbar sind (s. Aufgabe 5).

Aufgaben

$^+$**1.** Der Bogen des Weges $y=f(x)$, $a\leqslant x\leqslant b$ (s. A 177.2), also der Graph von f, ist (bei stetigem f) immer ein Jordanbogen. Er besitzt daher z.B. für stetig differenzierbares f eine Länge, die gemäß der zitierten Aufgabe gegeben wird durch

$$\int_a^b \sqrt{1+(f'(x))^2}\,\mathrm{d}x.$$

$^+$**2.** Der Bogen des Weges $r=f(\varphi)$, $0\leqslant a\leqslant\varphi\leqslant b\leqslant 2\pi$ (f stetig; s. A 177.3) ist bei positivem f immer ein Jordanbogen oder eine Jordankurve. Für ein stetig differenzierbares f kommt ihm daher eine Länge zu, die gemäß der zitierten Aufgabe gegeben wird durch

$$\int_a^b \sqrt{(f(\varphi))^2+(f'(\varphi))^2}\,\mathrm{d}\varphi.$$

3. Der zu einem beliebigen Parameterintervall $[\alpha, \beta]$ gehörende Bogen der Schraubenlinie (s. A 177.1d) ist ein Jordanbogen.

4. Prüfe Zykloide, archimedische Spirale und Kardioide auf ihren „Jordancharakter" (s. Aufgaben 177.1e, 177.4b und 177.4c).

5. Der Weg $\gamma_1(t):=\begin{pmatrix} 2t \\ 0 \end{pmatrix}$ ($0\leqslant t\leqslant 2$) stellt einen Jordanbogen Γ im $\mathbf{R}^2$ dar. γ_1 ist stetig differenzierbar und $\dot{\gamma}_1(t)$ ständig $\neq 0$. Γ ist also glatt. Γ wird auch durch den folgendermaßen definierten Jordanweg γ_2 dargestellt:

$$\gamma_2(t):=\begin{pmatrix} t \\ 0 \end{pmatrix} \quad\text{für } 0\leqslant t\leqslant 1, \qquad \gamma_2(t):=\begin{pmatrix} 3t-2 \\ 0 \end{pmatrix} \quad\text{für } 1\leqslant t\leqslant 2.$$

γ_2 ist an der Stelle $t=1$ nicht differenzierbar.

6. Astroide Durch

$$\gamma(t) := \begin{pmatrix} a\cos^3 t \\ a\sin^3 t \end{pmatrix} \qquad (0 \leqslant t \leqslant 2\pi;\ a > 0 \text{ fest})$$

wird eine Astroide (Sternkurve) gegeben. Zeige, daß sie eine rektifizierbare Jordankurve ist, zeichne sie und berechne ihre Länge.

7. Neilsche Parabel Der Jordanbogen $y = x^{3/2}$ ($0 \leqslant x \leqslant 4$) ist ein Stück der Neilschen Parabel $y^2 = x^3$. Berechne die Länge dieses Bogens (s. Aufgabe 1) und skizziere die Neilsche Parabel. Sie ist nach William Neil (1637–1670; 33) genannt.

8. Bestimme die Länge des Jordanbogens $y = \ln x$, $\sqrt{3} \leqslant x \leqslant \sqrt{8}$. Hinweis: Aufgabe 1, Substitution $x = \sinh t$.

9. Laufzeit eines Massenpunktes Ein Massenpunkt bewege sich längs eines Jordanbogens Γ, der durch einen stetig differenzierbaren Jordanweg $\gamma : [\vartheta_0, \vartheta_1] \to \mathbf{R}^p$ dargestellt werde. Die Bewegung erfolge gemäß dem Weg-Zeit-Gesetz $x = \boldsymbol{\alpha}(t)$, $t_0 \leqslant t \leqslant t_1$, mit $\boldsymbol{\alpha}(t_0) = \gamma(\vartheta_0)$ und $\boldsymbol{\alpha}(t_1) = \gamma(\vartheta_1)$. $\boldsymbol{\alpha}$ dürfen wir aus physikalischen Gründen als stetig differenzierbar annehmen. Die Geschwindigkeit v des Massenpunktes sei in jedem Punkt von Γ als Funktion der Ortskoordinaten und damit auch in Abhängigkeit von ϑ bekannt: $v = v(\vartheta)$. Schließlich nehmen wir an, daß v ständig positiv sei. Zeige, daß die Zeit T, die der Massenpunkt benötigt, um Γ zu durchlaufen, gegeben wird durch

$$T = \int_{\vartheta_0}^{\vartheta_1} \frac{1}{v(\vartheta)} \left| \frac{d\gamma}{d\vartheta} \right| d\vartheta.$$

Hinweis: Es ist $v = ds/dt = |d\boldsymbol{\alpha}/dt|$. Bestimme nun die Ableitung der Umkehrung der Bogenlängenfunktion und integriere sie, wobei ϑ als neue Integrationsvariable einzuführen ist.

179 Bericht über Bogenpathologien und den Jordanschen Kurvensatz

Die im Alltag auftretenden Bögen sind so harmlos und übersichtlich gebaut, daß die mathematische Welt einen Schock erlitt, als ihr Peano im Jahre 1890 einen Bogen Γ im $\mathbf{R}^2$ vorführte, der ein ganzes Quadrat Q ausfüllte, für den also $\Gamma = Q$ war. Solche *flächenfüllenden Bögen* werden Peanobögen (oder Peanokurven) genannt. Die Anschauung gerät in die allergrößte Verlegenheit, wenn sie versucht, in den Bau derartig pathologischer Bögen einzudringen. Die bloße Existenz der Peanobögen zeigt, daß der Begriff des Bogens, in dem ja nicht mehr als die Forderung der Stetigkeit steckt, viel zu allgemein ist, um in der Mathematik und ihren Anwendungen von Nutzen sein zu können. Es ist eine Tatsache von erheblicher Bedeutung, daß bereits Jordanbögen keine Peanopathologien mehr aufweisen. Immerhin können auch sie noch so unübersichtlich sein, daß die Anschauung sich weigert, ihrem Verlauf zu folgen. Einen hochexotischen Jordanbogen hat H. v. Koch im Jahre 1906 konstruiert, und eine kleine Modifikation dieser Konstruktion liefert eine Jordankurve von anschauungslähmender Ausgefallenheit[1]. Ungebärdige Kurven dieser Art haben das

---

[1] Helge von Koch (1870–1924; 54). Der interessierte Leser findet geometrisch konstruierte Peano- und v. Kochkurven z.B. in v. Mangoldt-Knopp [11], zweiter Band.

ihrige dazu beigesteuert, das Vertrauen in die „anschauliche Evidenz" zu untergraben und letztere als Beweisquelle völlig auszutrocknen. Ist man durch die Produkte des Peanoschen und v. Kochschen Gruselkabinetts seiner Naivität beraubt worden, so findet man es perverserweise fast erstaunlich, daß der folgende Satz gilt, obwohl (oder gerade weil) er sich der Anschauung so nachdrücklich aufzudrängen scheint:

179.1 Jordanscher Kurvensatz *Jede Jordankurve $\Gamma \subset \mathbf{R}^2$ zerlegt $\mathbf{R}^2$ in zwei Gebiete, die von ihr berandet werden, genauer: Es ist $\mathbf{R}^2 \backslash \Gamma = G_1 \cup G_2$, wobei G_1 und G_2 disjunkte Gebiete mit $\partial G_1 = \partial G_2 = \Gamma$ sind. Genau eines dieser beiden Gebiete — es wird das* Innengebiet *von Γ genannt — ist beschränkt.*

Der Beweis dieses „unmittelbar einleuchtenden" Satzes ist so schwierig und umständlich, daß wir ihn hier nicht bringen können; wir verweisen den Leser etwa auf Rinow [15]. Zum ersten Mal (wenn auch noch unvollständig) wurde der Kurvensatz 1893 von Camille Jordan bewiesen; benutzt haben diesen Satz als etwas, das sich von selbst versteht, Generationen von Mathematikern vor Jordan. Wir werden ihn in diesem Buch nur einmal (in Nr. 223) verwenden.

180 Wegintegrale

Im $\mathbf{R}^3$ sei ein Kraftfeld f gegeben, d.h., jedem Punkt $x \in \mathbf{R}^3$ sei ein Kraftvektor $f(x)$ zugeordnet. Ein Punkt P möge sich unter der Wirkung dieses Kraftfeldes auf dem durch den Weg $\gamma: [a, b] \to \mathbf{R}^3$ gegebenen Bogen Γ bewegen. Sind $\gamma(t_{k-1})$ und $\gamma(t_k)$ zwei nahe beieinander liegende Punkte von Γ, so leistet, wie die Mechanik lehrt, das Kraftfeld f bei der Bewegung des Punktes P von $\gamma(t_{k-1})$ nach $\gamma(t_k)$ eine Arbeit, die näherungsweise durch $f(\xi_k) \cdot (\gamma(t_k) - \gamma(t_{k-1}))$ gegeben wird; dabei ist ξ_k irgendein Punkt von Γ, der „zwischen" $\gamma(t_{k-1})$ und $\gamma(t_k)$ liegt. Die gesamte Arbeit, die das Kraftfeld f bei der Bewegung von P längs des ganzen Bogens Γ leistet, wird dann angenähert gleich

$$\sum_{k=1}^{n} f(\xi_k) \cdot (\gamma(t_k) - \gamma(t_{k-1})) \tag{180.1}$$

sein, wenn $Z := \{t_0, \ldots, t_n\}$ eine Zerlegung von $[a, b]$ ist. Um einen exakten Begriff der Arbeit zu gewinnen, wird man nun kaum anders vorgehen können, als wie wir es schon oft getan haben: Man wird, locker formuliert, die Zerlegungen Z unbegrenzt verfeinern und durch den Grenzwert der Summen (180.1) — falls vorhanden — die gesuchte Arbeit definieren und messen.

Ganz unabhängig von physikalischen Problemen werden wir auch durch eine naheliegende mathematische Fragestellung auf Summen der Form (180.1) und ihre Grenzwerte geführt. Es ist im Grunde dieselbe Fragestellung, durch die wir in Nr. 79

auf den Begriff des Riemannschen Integrals gestoßen wurden. Angenommen, auf einer konvexen, offenen Menge $G \subset \mathbf{R}^p$ sei eine reellwertige Funktion φ definiert, von der wir die Ableitung φ' (also ihr Änderungsverhalten „im Kleinen") und einen „Anfangswert" $\varphi(a)$ kennen. *Können wir dann ihren Wert $\varphi(b)$ in jedem vorgegebenen Punkt $b \in G$ berechnen?* Die Konvexität von G setzen wir dabei zunächst nur voraus, um uns im folgenden weniger umständlich ausdrücken zu können.

Grundsätzlich können wir diese Frage sofort bejahen; denn nach dem Mittelwertsatz 167.1 gibt es auf der Verbindungsstrecke der Punkte a, b einen Punkt η, so daß

$$\varphi(b) = \varphi(a) + \varphi'(\eta)(b - a)$$

ist. Praktisch ist uns damit allerdings wenig geholfen, weil wir η i. allg. nicht kennen werden. Um uns aus dieser Verlegenheit zu ziehen, gehen wir ganz ähnlich vor wie zu Beginn der Nr. 79. Wir nehmen uns einen ganz in G liegenden Bogen Γ her, der durch einen Weg $\gamma: [a, b] \to \mathbf{R}^p$ mit $\gamma(a) = a$ und $\gamma(b) = b$ gegeben wird. Γ kann z. B. die Verbindungsstrecke der Punkte a, b sein; im Blick auf die später erfolgende Untersuchung nichtkonvexer Bereiche ist es jedoch zweckmäßiger, von vornherein nicht nur Verbindungs*strecken*, sondern allgemeinere Verbindungs*bögen* zuzulassen. Ist $Z := \{t_0, t_1, \ldots, t_n\}$ eine Zerlegung des Parameterintervalls $[a, b]$, so gibt es auf der Verbindungsstrecke der Bogenpunkte $\gamma(t_{k-1})$ und $\gamma(t_k)$ einen Punkt η_k mit

$$\varphi(\gamma(t_k)) - \varphi(\gamma(t_{k-1})) = \varphi'(\eta_k)(\gamma(t_k) - \gamma(t_{k-1})),$$

und da

$$\sum_{k=1}^{n} [\varphi(\gamma(t_k)) - \varphi(\gamma(t_{k-1}))] = \varphi(\gamma(t_n)) - \varphi(\gamma(t_0)) = \varphi(b) - \varphi(a)$$

ist, erhalten wir somit die Gleichung

$$\varphi(b) - \varphi(a) = \sum_{k=1}^{n} \varphi'(\eta_k)(\gamma(t_k) - \gamma(t_{k-1})).$$

Sei nun $\tau := (\tau_1, \ldots, \tau_n)$ irgendein zu Z gehörender Zwischenvektor und $\xi_k := \gamma(\tau_k)$. Dann wird

$$\sum_{k=1}^{n} \varphi'(\xi_k)(\gamma(t_k) - \gamma(t_{k-1})) \approx \sum_{k=1}^{n} \varphi'(\eta_k)(\gamma(t_k) - \gamma(t_{k-1}))$$

sein, wenn nur φ' und γ hinreichend „vernünftig" sind und Z genügend fein ist. Und infolgedessen wird man vermuten, daß die Summen

$$\sum_{k=1}^{n} \varphi'(\xi_k)(\gamma(t_k) - \gamma(t_{k-1}))$$

bei unbegrenzter Verfeinerung der Zerlegung Z gegen einen Grenzwert S streben, daß ferner $S = \varphi(b) - \varphi(a)$ und daher $\varphi(b) = \varphi(a) + S$ sein wird. Mit anderen Worten:

Man wird vermuten, daß man unter günstigen Verhältnissen tatsächlich $\varphi(b)$ aus $\varphi(a)$ und φ' berechnen kann, und zwar vermöge eines wohldefinierten Grenzprozesses. Wir werden diese Überlegungen in der nächsten Nummer wieder aufgreifen und präzisieren.

Die oben betrachteten Summen haben, da man sie auch in der Form

$$\sum_{k=1}^{n} \operatorname{grad} \varphi(\xi_k) \cdot (\gamma(t_k) - \gamma(t_{k-1}))$$

schreiben kann, genau denselben Bau wie die Summen (180.1). Wir sind also von zwei ganz verschiedenen Problemen auf ein und dieselbe Aufgabe gestoßen worden, nämlich auf die Aufgabe, das Grenzverhalten von Summen der Form (180.1) zu untersuchen. Diese Untersuchung beginnen wir nun. Die dabei auftretende vektorwertige Funktion f setzen wir von vornherein als stetig und den „Integrationsweg" γ als rektifizierbar voraus, einfach deshalb, weil andere Fälle praktisch nicht auftreten.

180.1 Satz und Definition *Sei*

$$\gamma := \begin{pmatrix} \gamma_1 \\ \vdots \\ \gamma_p \end{pmatrix} : [a, b] \to \mathbf{R}^p$$

ein rektifizierbarer Weg in $\mathbf{R}^p$ und

$$f := \begin{pmatrix} f_1 \\ \vdots \\ f_p \end{pmatrix} : \Gamma \to \mathbf{R}^p$$

eine stetige $\mathbf{R}^p$-wertige Funktion auf dem zu γ gehörenden Bogen Γ. $Z := \{t_0, t_1, \ldots, t_n\}$ bedeute eine beliebige Zerlegung von $[a, b]$ und $\tau := (\tau_1, \ldots, \tau_n)$ irgendeinen zugehörigen Zwischenvektor. Dann ist das reellwertige Netz

$$(Z, \tau) \mapsto \sum_{k=1}^{n} f(\gamma(\tau_k)) \cdot (\gamma(t_k) - \gamma(t_{k-1})) \tag{180.2}$$

auf der wie üblich gerichteten Menge $\mathfrak{Z}^*$ konvergent[1]. *Sein Grenzwert wird mit*

$$\int_{\gamma} f(x) \cdot dx \quad oder \quad \int_{\gamma} f \cdot dx \tag{180.3}$$

bezeichnet und das (Weg)-Integral *von f längs γ genannt. Dieses Wegintegral läßt sich als eine Summe von Riemann-Stieltjesschen Integralen berechnen, und zwar ist*

$$\int_{\gamma} f(x) \cdot dx = \sum_{j=1}^{p} \int_{a}^{b} f_j(\gamma(t)) \, d\gamma_j(t). \tag{180.4}$$

---

[1] Die Menge $\mathfrak{Z}^*$ und ihre Richtung ist vor Satz 79.2 definiert.

Der Beweis ist denkbar einfach. Es gilt

$$\sum_{k=1}^{n} f(\gamma(\tau_k)) \cdot (\gamma(t_k) - \gamma(t_{k-1})) = \sum_{k=1}^{n} \sum_{j=1}^{p} f_j(\gamma(\tau_k))(\gamma_j(t_k) - \gamma_j(t_{k-1}))$$

$$= \sum_{j=1}^{p} \sum_{k=1}^{n} f_j(\gamma(\tau_k))(\gamma_j(t_k) - \gamma_j(t_{k-1})),$$

und da jedes $f_j \circ \gamma$ stetig und jedes γ_j nach Satz 177.1 von beschränkter Variation ist, ergeben sich sowohl die Existenzaussage als auch die Gleichung (180.4) mit einem Schlag aus Satz 92.1. ∎

Den Punkt bei $f \cdot dx$ führen wir absichtlich mit, um daran zu erinnern, daß das Wegintegral aus Summen von Innenprodukten hervorgegangen ist. Ferner betonen wir, daß alle in Verbindung mit Wegintegralen auftretenden Funktionen $f, g, \dots$ immer *stetig* und alle Wege $\gamma, \gamma_1, \dots$ immer *rektifizierbar* sind.

Wir stellen nun einige sehr einfache Eigenschaften von Wegintegralen zusammen:

180.2 Satz *Für Wegintegrale gelten die folgenden Aussagen:*

a) $\int_\gamma (f+g) \cdot dx = \int_\gamma f \cdot dx + \int_\gamma g \cdot dx$, $\qquad \int_\gamma cf \cdot dx = c \int_\gamma f \cdot dx$,

b) $\int_{\gamma_1 \oplus \gamma_2} f \cdot dx = \int_{\gamma_1} f \cdot dx + \int_{\gamma_2} f \cdot dx$, $\qquad \int_{\gamma^-} f \cdot dx = - \int_\gamma f \cdot dx$,

c) $|\int_\gamma f \cdot dx| \leqslant \left(\max_{x \in \Gamma_\gamma} |f(x)| \right) L(\gamma)$.

Beweis. Wegen des letzten Satzes folgt a) sofort aus Satz 90.1 und die erste Aussage von b) aus Satz 90.4. Die zweite Aussage von b) ergibt sich in evidenter Weise aus der Definition des Wegintegrals. c) beweisen wir ebenfalls durch Rückgang auf die Integraldefinition. Sei

$$M := \max_{x \in \Gamma_\gamma} |f(x)|;$$

dieses Maximum ist vorhanden, weil der zu γ gehörende Bogen Γ_γ kompakt und die Funktion $|f(x)|$ auf ihm stetig ist. Nun ergibt sich mit Hilfe der Cauchy-Schwarzschen Ungleichung die Abschätzungskette

$$\left| \sum_{k=1}^{n} f(\gamma(\tau_k)) \cdot (\gamma(t_k) - \gamma(t_{k-1})) \right| \leqslant \sum_{k=1}^{n} |f(\gamma(\tau_k)) \cdot (\gamma(t_k) - \gamma(t_{k-1}))|$$

$$\leqslant \sum_{k=1}^{n} |f(\gamma(\tau_k))| \, |\gamma(t_k) - \gamma(t_{k-1})|$$

$$\leqslant M \sum_{k=1}^{n} |\gamma(t_k) - \gamma(t_{k-1})| \leqslant ML(\gamma).$$

Aus ihr folgt die Behauptung sofort durch Grenzübergang. ∎

Die tatsächliche Berechnung eines Wegintegrals läßt sich auf die Auswertung Riemannscher Integrale zurückführen, falls der Integrationsweg γ stetig differenzierbar ist (nach Satz 177.5 ist er dann auch von selbst rektifizierbar). Aus (180.4) ergibt sich nämlich in Verbindung mit Satz 92.3 sofort der

180.3 Satz *Bei stetig differenzierbarem Integrationsweg* $\gamma := \begin{pmatrix} \gamma_1 \\ \vdots \\ \gamma_p \end{pmatrix} : [a, b] \to \mathbf{R}^p$ *ist*

$$\int_\gamma f(x) \cdot dx = \int_a^b f(\gamma(t)) \cdot \dot\gamma(t)\,dt = \sum_{j=1}^p \int_a^b f_j(\gamma(t))\,\dot\gamma_j(t)\,dt, \tag{180.5}$$

wobei $f_1, \ldots, f_p$ *die Komponentenfunktionen von* f *sind.*

Ist γ nur stückweise stetig differenzierbar, so läßt sich $\int_\gamma f \cdot dx$ berechnen, indem man (180.5) auf die stetig differenzierbaren Teilwege anwendet, aus denen sich γ zusammensetzt (s. dazu die Sätze 177.6 und 180.2b).

Wegen (180.4) schreibt man das Wegintegral $\int_\gamma f \cdot dx$ gelegentlich in der Form

$$\int_\gamma (f_1\,d\gamma_1 + \cdots + f_p\,d\gamma_p) \quad \text{oder} \quad \int_\gamma f_1\,d\gamma_1 + \cdots + f_p\,d\gamma_p.$$

Und da man γ häufig in der „Parameterschreibweise"

$$x_1 = \gamma_1(t), \ldots, x_p = \gamma_p(t) \qquad (a \leqslant t \leqslant b)$$

angibt, benutzt man für $\int_\gamma f \cdot dx$ auch gern die Notation

$$\int_\gamma (f_1\,dx_1 + \cdots + f_p\,dx_p) \quad \text{oder} \quad \int_\gamma f_1\,dx_1 + \cdots + f_p\,dx_p.$$

Unter den Voraussetzungen des Satzes 180.3 gilt also die folgende

Regel *Man wertet das Wegintegral* $\int_\gamma f_1\,dx_1 + \cdots + f_p\,dx_p$ *aus, indem man*

$$x_j = \gamma_j(t) \quad \text{und} \quad dx_j = \dot\gamma_j(t)\,dt \qquad (a \leqslant t \leqslant b)$$

setzt und das so entstehende Riemannsche Integral

$$\int_a^b \left(\sum_{j=1}^p f_j(\gamma_1(t), \ldots, \gamma_p(t))\,\dot\gamma_j(t) \right) dt$$

berechnet. (Man verfährt also wie bei der *Substitutionsregel.*)

Der Integrand eines Wegintegrals ist zwar auf einem Bogen definiert, das Wegintegral ist aber nicht ein Integral längs eines Bogens, sondern — der Name sagt es schon — ein Integral längs eines Weges. Hat ein und derselbe Bogen Γ zwei Parameterdarstellungen $x = \gamma_1(t)$ und $x = \gamma_2(t)$, so kann durchaus $\int_{\gamma_1} f \cdot dx \neq \int_{\gamma_2} f \cdot dx$ sein. Dies wird besonders handgreiflich durch die zweite Formel in Satz 180.2b. Die beiden nächsten Sätze zeigen jedoch, daß ein Parameterwechsel unter genügend starken Voraussetzungen (mit deren mindestens „stückweisem" Vorliegen wir in der Praxis fast immer rechnen dürfen) keine Konsequenzen hat:

180.4 Satz *Sei* $\gamma: [a, b] \to \mathbf{R}^p$ *ein stetig differenzierbarer Weg und* φ *eine stetig differenzierbare Abbildung eines Intervalls* $[c, d]$ *auf* $[a, b]$ *mit* $\varphi(c) = a$ *und* $\varphi(d) = b$. *Dann ist* $\gamma \circ \varphi: [c, d] \to \mathbf{R}^p$ *ein stetig differenzierbarer Weg, dessen Bogen mit dem von* γ *übereinstimmt, und es gilt*

$$\int_\gamma f \cdot \mathrm{d}x = \int_{\gamma \circ \varphi} f \cdot \mathrm{d}x.$$

Zum Beweis seien wieder $f_1, \ldots, f_p$ die Komponenten von f und $\gamma_1, \ldots, \gamma_p$ die von γ. Dann ist nach dem letzten Satz

$$\int_\gamma f \cdot \mathrm{d}x = \sum_{j=1}^p \int_a^b f_j(\gamma(t)) \, \dot{\gamma}_j(t) \, \mathrm{d}t. \tag{180.6}$$

Setzen wir $F_j(t) := f_j(\gamma(t))$, so folgt aus der Substitutionsregel für R-Integrale und der Kettenregel

$$\int_a^b F_j(t) \, \dot{\gamma}_j(t) \, \mathrm{d}t = \int_c^d F_j(\varphi(u)) \, \dot{\gamma}_j(\varphi(u)) \, \varphi'(u) \, \mathrm{d}u = \int_c^d f_j[(\gamma \circ \varphi)(u)] \, (\gamma_j \circ \varphi)'(u) \, \mathrm{d}u.$$

Mit (180.6) ergibt sich daraus bei nochmaliger Anwendung des letzten Satzes

$$\int_\gamma f \cdot \mathrm{d}x = \sum_{j=1}^p \int_c^d f_j[(\gamma \circ \varphi)(u)] \, (\gamma_j \circ \varphi)'(u) \, \mathrm{d}u = \int_{\gamma \circ \varphi} f \cdot \mathrm{d}x. \qquad \blacksquare$$

180.5 Satz *Sei* $\gamma: [a, b] \to \mathbf{R}^p$ *ein rektifizierbarer Weg und* φ *eine stetige und streng wachsende Abbildung eines Intervalls* $[c, d]$ *auf* $[a, b]$. *Dann ist* $\gamma \circ \varphi: [c, d] \to \mathbf{R}^p$ *ein rektifizierbarer Weg, dessen Bogen mit dem von* γ *übereinstimmt, und es gilt*

$$\int_\gamma f \cdot \mathrm{d}x = \int_{\gamma \circ \varphi} f \cdot \mathrm{d}x.^{1)} \tag{180.7}$$

Sind $\gamma_1: [a_1, b_1] \to \mathbf{R}^p$ *und* $\gamma_2: [a_2, b_2] \to \mathbf{R}^p$ *zwei Jordandarstellungen ein und desselben rektifizierbaren Jordanbogens* Γ *und ist* $\gamma_1(a_1) = \gamma_2(a_2)$, *so haben wir*

$$\int_{\gamma_1} f \cdot \mathrm{d}x = \int_{\gamma_2} f \cdot \mathrm{d}x. \tag{180.8}$$

Beweis. Daß der Weg $\gamma \circ \varphi$ rektifizierbar ist, ergibt sich aus Satz 178.2, und daß sein Bogen mit dem von γ übereinstimmt, ist unmittelbar einsichtig. Um (180.7) zu zeigen, seien wieder $f_1, \ldots, f_p$ die Komponenten von f und $\gamma_1, \ldots, \gamma_p$ die von γ. Die Zerlegungen

$$Z_k := \{t_0^{(k)}, t_1^{(k)}, \ldots, t_{n_k}^{(k)}\}$$

---

¹⁾ S. dazu auch Aufgabe 8.

von $[c, d]$ mögen eine Zerlegungsnullfolge bilden, und

$$\tau_k := (\tau_1^{(k)}, \ldots, \tau_{n_k}^{(k)})$$

sei ein zu Z_k gehörender Zwischenvektor. Dann strebt für $k \to \infty$

$$\sum_{\nu=1}^{n_k} f_j[(\gamma \circ \varphi)(\tau_\nu^{(k)})]\,[(\gamma_j \circ \varphi)(t_\nu^{(k)}) - (\gamma_j \circ \varphi)(t_{\nu-1}^{(k)})]$$

$$\to \int_c^d f_j[(\gamma \circ \varphi)(t)]\,\mathrm{d}\,[(\gamma_j \circ \varphi)(t)]\,; \tag{180.9}$$

das Integral existiert, weil der Integrand stetig und der Integrator von beschränkter Variation ist (letzteres ergibt sich aus Satz 177.1, weil $\gamma_j \circ \varphi$ eine Komponente des rektifizierbaren Weges $\gamma \circ \varphi$ ist). Setzen wir

$$s_\nu^{(k)} := \varphi(t_\nu^{(k)}), \qquad \hat{Z}_k := \{s_0^{(k)}, s_1^{(k)}, \ldots, s_{n_k}^{(k)}\},$$
$$\sigma_\nu^{(k)} := \varphi(\tau_\nu^{(k)}), \qquad \sigma_k := (\sigma_1^{(k)}, \ldots, \sigma_{n_k}^{(k)}),$$

so ist $\hat{Z}_k$ eine Zerlegung von $[a, b]$, σ_k ein zugehöriger Zwischenvektor, und wir haben

$$\sum_{\nu=1}^{n_k} f_j[(\gamma \circ \varphi)(\tau_\nu^{(k)})]\,[(\gamma_j \circ \varphi)(t_\nu^{(k)}) - (\gamma_j \circ \varphi)(t_{\nu-1}^{(k)})]$$

$$= \sum_{\nu=1}^{n_k} f_j[\gamma(\sigma_\nu^{(k)})]\,[\gamma_j(s_\nu^{(k)}) - \gamma_j(s_{\nu-1}^{(k)})]. \tag{180.10}$$

$(\hat{Z}_k)$ ist sogar eine Zerlegungsnullfolge: Zu jedem $\varepsilon > 0$ gibt es nämlich wegen der gleichmäßigen Stetigkeit von φ ein $\delta > 0$, so daß gilt:

$$|\varphi(u) - \varphi(v)| < \varepsilon \quad \text{für alle } u, v \in [c, d] \text{ mit } |u - v| < \delta.$$

Da (Z_k) voraussetzungsgemäß eine Zerlegungsnullfolge ist, existiert ein k_0 mit

$$|Z_k| = \max_{\nu=1}^{n_k}(t_\nu^{(k)} - t_{\nu-1}^{(k)}) < \delta \quad \text{für } k > k_0.$$

Für ebendiese k ist somit

$$|\hat{Z}_k| = \max_{\nu=1}^{n_k}(s_\nu^{(k)} - s_{\nu-1}^{(k)}) = \max_{\nu=1}^{n_k}(\varphi(t_\nu^{(k)}) - \varphi(t_{\nu-1}^{(k)})) < \varepsilon,$$

also strebt tatsächlich $|\hat{Z}_k| \to 0$. Es folgt, daß für $k \to \infty$

$$\sum_{\nu=1}^{n_k} f_j[\gamma(\sigma_\nu^{(k)})]\,[\gamma_j(s_\nu^{(k)}) - \gamma_j(s_{\nu-1}^{(k)})] \to \int_a^b f_j[\gamma(s)]\,\mathrm{d}\gamma_j(s)$$

konvergiert. Aus dieser Grenzwertbeziehung ergibt sich in Verbindung mit (180.9) und (180.10), daß

$$\int_a^b f_j[\gamma(s)]\,\mathrm{d}\gamma_j(s) = \int_c^d f_j[(\gamma\circ\varphi)(t)]\,\mathrm{d}[(\gamma_j\circ\varphi)(t)]$$

ist. Wegen der in (180.4) beschriebenen Darstellung von Wegintegralen mittels Riemann-Stieltjesscher Integrale muß demnach auch die behauptete Gl. (180.7) gelten.

Um die Gl. (180.8) zu beweisen, bemerken wir zunächst, daß es nach Satz 178.1 eine stetige und streng monotone Abbildung φ von $[a_2, b_2]$ auf $[a_1, b_1]$ gibt, mit der $\gamma_2 = \gamma_1\circ\varphi$ ist. Aus der Voraussetzung $\gamma_1(a_1)=\gamma_2(a_2)$ folgt, daß φ wachsend sein muß. Und da γ_1 als Jordandarstellung eines rektifizierbaren Jordanbogens selbst rektifizierbar ist, ergibt sich (180.8) nun sofort aus (180.7). $\blacksquare$

Spricht man in der Praxis — und man tut das sehr häufig — von einem Integral $\int_\Gamma f\cdot\mathrm{d}x$ längs eines Bogens Γ oder von einem „Kurvenintegral" $\int_\Gamma f\cdot\mathrm{d}x$ über Γ, so meint man damit ein Wegintegral über f längs eines Weges, der sich durch die Natur des Problems oder durch die geometrische Beschreibung von Γ ganz von selbst als eine Darstellung von Γ anbietet. Hierbei muß jedoch sorgfältig darauf geachtet werden, daß eine mögliche Unbestimmtheit bei der Wahl des Integrationsweges von vornherein ausgeräumt wird: Drängt sich nämlich der Weg γ als Darstellung von Γ auf, so könnte dies vielleicht auch für den inversen Weg γ^- zutreffen, die Integration über γ bzw. γ^- führt aber wegen $\int_{\gamma^-} f\cdot\mathrm{d}x = -\int_\gamma f\cdot\mathrm{d}x$ zu vorzeichenmäßig entgegengesetzten Ergebnissen. Will man das Symbol $\int_\Gamma f\cdot\mathrm{d}x$ verwenden, so muß also aus der Beschreibung von Γ unzweideutig hervorgehen, welche der Darstellungen γ, γ^- als Integrationsweg zu wählen ist. Man pflegt dies dadurch zu erreichen, daß man auf Γ einen Durchlaufungssinn (eine Orientierung) angibt und dann unter den Darstellungen γ, γ^- diejenige herausgreift, deren Orientierung (im Sinne wachsender Parameter) der vorgeschriebenen Orientierung von Γ entspricht. Wir erläutern dieses Vorgehen an einem Beispiel. Ist Γ etwa der Kreis der xy-Ebene um den Nullpunkt mit Radius r, so ist die Aufgabe, $\int_\Gamma f\cdot\mathrm{d}x$ zu berechnen, noch nicht eindeutig bestimmt. Zwar bietet sich sofort der durch

$$\gamma(t):=\begin{pmatrix} r\cos t \\ r\sin t \end{pmatrix} \qquad (0\leqslant t\leqslant 2\pi)$$

definierte Weg γ als Integrationsweg an, aber der inverse Weg γ^-, gegeben durch

$$\gamma^-(t):=\begin{pmatrix} r\cos(2\pi-t) \\ r\sin(2\pi-t) \end{pmatrix} = \begin{pmatrix} r\cos t \\ -r\sin t \end{pmatrix} \qquad (0\leqslant t\leqslant 2\pi),$$

hat natürlich einen ebenso guten Anspruch darauf, als Integrationsweg berücksichtigt zu werden. Fügt man jedoch der Beschreibung von Γ noch die Angabe hinzu, Γ solle entgegen dem Uhrzeigersinn durchlaufen werden, so ist es klar, daß man längs γ und nicht längs γ^- integrieren soll.

In diesem Zusammenhang kommt den beiden letzten Sätzen eine prinzipielle Bedeutung zu. Sie zeigen nämlich, salopp formuliert, daß nichts Schlimmes geschieht, wenn man sich bei der Auswertung des Integrals $\int_\Gamma f\cdot dx$ vergriffen und statt des gemeinten Integrationsweges γ einen anderen der Form $\gamma\circ\varphi$ mit „vernünftigem" φ gewählt hat. Besonders einfach liegen die Dinge, wenn Γ ein (rektifizierbarer) Jordanbogen ist: *In diesem Falle darf man jede Jordandarstellung von Γ, welche die vorgeschriebene Orientierung besitzt, als Integrationsweg verwenden.* Wir müssen uns aber grundsätzlich immer deutlich vor Augen halten, daß ein Wegintegral von seinem Integrationsweg abhängt und kein (gar nicht definiertes) „Bogenintegral" oder „Kurvenintegral" ist.

Wir wollen diese Ausführungen noch etwas konkretisieren. Sollen wir f „längs eines Bogens Γ mit der Gleichung $y=g(x)$, $a\leqslant x\leqslant b$", integrieren, so ist damit die Aufgabe gemeint, das Wegintegral

$$\int_\gamma f\cdot dx \quad \text{mit} \quad \gamma(t):=\begin{pmatrix} t \\ g(t) \end{pmatrix} \quad (a\leqslant t\leqslant b)$$

zu berechnen (die Aufgabenstellung ist natürlich nur dann sinnvoll, wenn g stetig und von beschränkter Variation ist). Da Γ ein Jordanbogen ist, dürfen wir an Stelle von γ jede andere Jordandarstellung von Γ verwenden, welche denselben Anfangspunkt wie γ hat. — Ist der Bogen durch die Gleichung $x=g(y)$, $c\leqslant y\leqslant d$, gegeben, so sollen wir das Wegintegral

$$\int_\gamma f\cdot dx \quad \text{mit} \quad \gamma(t):=\begin{pmatrix} g(t) \\ t \end{pmatrix} \quad (c\leqslant t\leqslant d)$$

auswerten. Hier gelten die oben gemachten Bemerkungen ganz entsprechend. Und wird der Bogen etwa vermöge Polarkoordinaten r,φ durch eine Gleichung $r=g(\varphi)$, $\alpha\leqslant\varphi\leqslant\beta$, beschrieben, so sollen wir

$$\int_\gamma f\cdot dx \quad \text{mit} \quad \gamma(t):=\begin{pmatrix} g(t)\cos t \\ g(t)\sin t \end{pmatrix} \quad (0\leqslant\alpha\leqslant t\leqslant\beta<2\pi)$$

bestimmen. Ist $g(\varphi)$ ständig positiv, so liegt ein Jordanbogen vor, und wir können die obigen Bemerkungen wieder sinngemäß übernehmen.

Wir schildern nun ein Verfahren, endlich viele rektifizierbare Wege mittels Parametertransformationen zu einem rektifizierbaren Weg zusammenzusetzen, das i. allg. von der in (161.4) erklärten Summenbildung verschieden ist und das wir etwas informell als „Aneinanderhängen" der Wege bezeichnen wollen. Es handelt sich um folgendes.

$\gamma_k:[a_k,b_k]\to\mathbf{R}^p$ $(k=1,\ldots,n)$ seien rektifizierbare Wege, und der Endpunkt von γ_k falle mit dem Anfangspunkt von γ_{k+1} zusammen, es sei also

$$\gamma_k(b_k)=\gamma_{k+1}(a_{k+1}) \quad \text{für } k=1,\ldots,n-1.$$

Wir nehmen uns nun n kompakte Intervalle $[c_1,d_1],[c_2,d_2],\ldots,[c_n,d_n]$ her, die in dieser Reihenfolge aneinanderstoßen, für die also gilt:

$$d_1=c_2, \quad d_2=c_3, \ldots, d_{n-1}=c_n.$$

Die stetige und streng wachsende Funktion

$$\varphi_k(t) := \frac{a_k d_k - b_k c_k}{d_k - c_k} + \frac{b_k - a_k}{d_k - c_k} t \qquad (c_k \leqslant t \leqslant d_k)$$

bildet $[c_k, d_k]$ auf $[a_k, b_k]$ ab. Auf $[c_k, d_k]$ definieren wir den Weg

$$\hat{\gamma}_k := \gamma_k \circ \varphi_k.$$

Offenbar stimmt der Endpunkt von $\hat{\gamma}_k$ mit dem Anfangspunkt von $\hat{\gamma}_{k+1}$ überein:

$$\hat{\gamma}_k(d_k) = \hat{\gamma}_{k+1}(c_{k+1}) \quad \text{für } k = 1, \ldots, n-1;$$

infolgedessen kann man den Weg

$$\gamma := \hat{\gamma}_1 \oplus \cdots \oplus \hat{\gamma}_n$$

bilden. Von diesem Weg γ wollen wir sagen, er sei durch Aneinanderhängen der Wege $\gamma_1, \ldots, \gamma_n$ (in dieser Reihenfolge) entstanden.

Natürlich hängt γ von der weitgehend willkürlichen Wahl der Intervalle $[c_k, d_k]$ ab. Aber diese Abhängigkeit berührt nicht im geringsten die Objekte, auf die es uns hier entscheidend ankommt. Genauer:

Ist Γ_k der zu γ_k gehörende Bogen und $\Gamma := \bigcup_{k=1}^{n} \Gamma_k$, so ist — gleichgültig, wie man die Intervalle $[c_k, d_k]$ wählen mag — Γ_k auch der Bogen von $\hat{\gamma}_k$ und Γ der Bogen von γ. Infolgedessen ist

$$\Gamma = \Gamma_1 \oplus \cdots \oplus \Gamma_n.$$

Aus Satz 178.2 ergibt sich ferner, daß $\hat{\gamma}_k$ rektifizierbar ist und dieselbe Weglänge wie γ_k besitzt: $L(\hat{\gamma}_k) = L(\gamma_k)$. Mit Satz 177.2 folgt daraus, daß auch γ rektifizierbar und

$$L(\gamma) = L(\gamma_1) + \cdots + L(\gamma_n)$$

ist. Schließlich gilt nach Satz 180.5 für jede auf Γ stetige Funktion f

$$\int_{\hat{\gamma}_k} f \cdot dx = \int_{\gamma_k} f \cdot dx,$$

und mit Satz 180.2b folgt daraus

$$\int_{\gamma} f \cdot dx = \sum_{k=1}^{n} \int_{\gamma_k} f \cdot dx.$$

Die Größen $L(\gamma)$ und $\int_{\gamma} f \cdot dx$ sind also völlig unabhängig von der Wahl der Intervalle $[c_k, d_k]$. Wir fassen zusammen:

180.6 Satz $\gamma_k: [a_k, b_k] \to \mathbf{R}^p$ $(k = 1, \ldots, n)$ *seien rektifizierbare Wege mit*

$$\gamma_k(b_k) = \gamma_{k+1}(a_{k+1}) \quad \text{für } k = 1, \ldots, n-1.$$

Der Weg γ entstehe durch Aneinanderhängen der Wege $\gamma_1, \ldots, \gamma_n$ (in dieser Reihenfolge).

Ferner sei Γ_k der Bogen von γ_k und $\Gamma := \bigcup_{k=1}^{n} \Gamma_k$. Dann gelten die folgenden Aussagen:

a) Γ *ist der Bogen von* γ, *und wir haben* $\Gamma = \Gamma_1 \oplus \cdots \oplus \Gamma_n$.

b) γ *ist rektifizierbar und* $L(\gamma) = L(\gamma_1) + \cdots + L(\gamma_n)$.

c) *Für jede auf* Γ *stetige Funktion* f *gilt*

$$\int_\gamma f \cdot dx = \sum_{k=1}^n \int_{\gamma_k} f \cdot dx.$$

Dieser Satz spielt in der Praxis eine sehr wichtige Rolle. Hier befindet man sich nämlich häufig in der folgenden Situation: Man möchte ein „Bogenintegral" $\int_\Gamma f \cdot dx$ berechnen, hat aber keine Parameterdarstellung für ganz Γ, sondern nur „stückweise Darstellungen" $\gamma_k : [a_k, b_k] \to \mathbf{R}^p$ $(k = 1, \ldots, n)$ mit $\gamma_k(b_k) = \gamma_{k+1}(a_{k+1})$ für $k = 1, \ldots, n-1$. Γ selbst ist dabei zunächst nichts anderes als die Vereinigung der Bögen $\Gamma_1, \ldots, \Gamma_n$ von $\gamma_1, \ldots, \gamma_n$. Dann lehrt der letzte Satz u. a., daß Γ tatsächlich ein Bogen ist, den man in natürlicher Weise durch Aneinanderhängen der Wege $\gamma_1, \ldots, \gamma_n$ parametrisieren kann, und daß bei Verwendung dieser Parametrisierung

$$\int_\Gamma f \cdot dx = \sum_{k=1}^n \int_{\gamma_k} f \cdot dx \tag{180.11}$$

sein wird. Die Sätze 180.4 und 180.5 machen es möglich, weitgehend (aber nicht völlig) willkürlich von dieser Darstellung des Bogens Γ zu einer anderen überzugehen, ohne den Integralwert zu beeinflussen.

Wir bringen nun einige einfache B e i s p i e l e. Dabei nennen wir γ einen p o l y g o n a - l e n W e g, wenn der zugehörige Bogen ein Polygonzug ist.

1. Zu berechnen sind die Integrale

$$J_k := \int_{\gamma_k} y\, dx + (x - y)\, dy \qquad (k = 1, 2, 3)$$

über die folgenden Wege γ_k:

a) γ_1: polygonaler Weg durch die Punkte $(0, 0)$, $(1, 0)$ und $(1, 1)$ (in dieser Reihenfolge; s. Fig. 180.1)[1]. Genauer gesagt: γ_1 entsteht, indem man im Sinne des Satzes 180.6 die beiden folgenden Wege aneinanderhängt:

$$x = t,\, y = 0 \quad \text{und} \quad x = 1,\, y = t \qquad (0 \leqslant t \leqslant 1).$$

b) γ_2: polygonaler Weg durch die Punkte $(0, 0)$, $(0, 1)$ und $(1, 1)$ (in dieser Reihenfolge), also derjenige Weg, der durch Aneinanderhängen der beiden folgenden Wege entsteht:

$$x = 0,\, y = t \quad \text{und} \quad x = t,\, y = 1 \qquad (0 \leqslant t \leqslant 1) \quad \text{(s. Fig. 180.2)}.$$

---

[1] Wir geben bei diesen Beispielen die Punkte in der raumsparenden Zeilenschreibweise an.

c) γ_3: Stück der Parabel $y = x^2$ vom Punkte $(0, 0)$ zum Punkte $(1, 1)$:

$$x = t, \; y = t^2 \qquad (0 \leqslant t \leqslant 1) \quad \text{(s. Fig. 180.3)}.$$

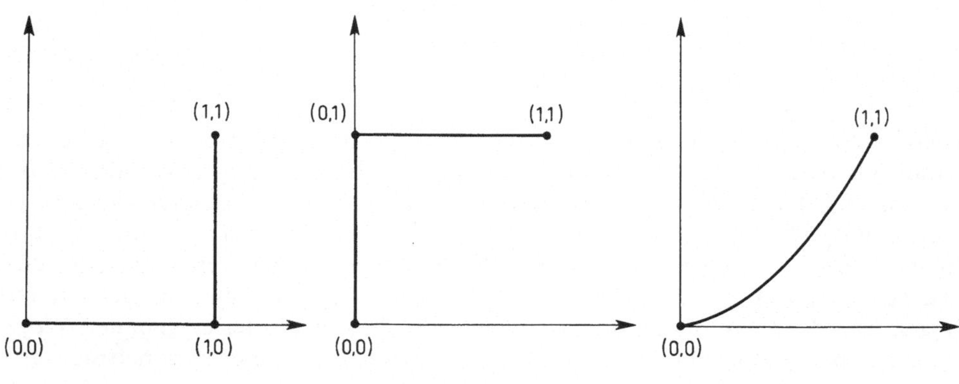

Fig. 180.1   Fig. 180.2   Fig. 180.3

Es ist

$$J_1 = \int_0^1 [0 \cdot 1 + (t-0) \cdot 0]\, dt + \int_0^1 [t \cdot 0 + (1-t) \cdot 1]\, dt = \int_0^1 (1-t)\, dt = \frac{1}{2},$$

$$J_2 = \int_0^1 [t \cdot 0 + (0-t) \cdot 1]\, dt + \int_0^1 [1 \cdot 1 + (t-1) \cdot 0]\, dt = \int_0^1 (-t+1)\, dt = \frac{1}{2},$$

$$J_3 = \int_0^1 [t^2 \cdot 1 + (t-t^2) 2\, t]\, dt = \int_0^1 (3\, t^2 - 2\, t^3)\, dt = \frac{1}{2}.$$

Bemerkenswerterweise haben alle drei Wegintegrale denselben Wert 1/2. Den tieferen Grund hierfür werden wir im nächsten Abschnitt erfahren.

2. Zu berechnen sind die Integrale

$$J_k := \int_{\gamma_k} y\, dx + (y - x)\, dy \qquad (k = 1, 2, 3)$$

über die Wege γ_k des vorhergehenden Beispiels. Man findet

$$J_1 = \int_0^1 [0 \cdot 1 + (0-t) \cdot 0]\, dt + \int_0^1 [t \cdot 0 + (t-1) \cdot 1]\, dt = \int_0^1 (t-1)\, dt = -\frac{1}{2},$$

$$J_2 = \int_0^1 [t \cdot 0 + (t-0) \cdot 1]\, dt + \int_0^1 [1 \cdot 1 + (1-t) \cdot 0]\, dt = \int_0^1 (t+1)\, dt = \frac{3}{2},$$

$$J_3 = \int_0^1 [t^2 \cdot 1 + (t^2 - t) 2\, t]\, dt = \int_0^1 (2\, t^3 - t^2)\, dt = \frac{1}{6}.$$

Hier stimmen nicht mehr alle drei Integrale überein.

Aufgaben

In den Aufgaben 1 bis 6 sind die angegebenen Wegintegrale zu berechnen. $\gamma(t)$ geben wir dabei in der Zeilenschreibweise an.

1. $\int_\gamma y\,dx + x\,dy,$ $\qquad \gamma(t) := (t, t^2),\quad 0 \leqslant t \leqslant 1.$

2. $\int_\gamma x^2\,dx + y^2\,dy,$ $\qquad \gamma(t) := (2t, 4t),\ 0 \leqslant t \leqslant 1.$

3. $\int_\gamma e^x\,dx + e^y\,dy,$ $\qquad \gamma(t) := (\sqrt{t}, t),\ 0 \leqslant t \leqslant 1.$

4. $\int_\Gamma xy\,dx + ye^x\,dy,$ $\qquad \Gamma$ der (geschlossene) Polygonzug durch die Punkte $(0, 0)$, $(2, 0)$, $(2, 1)$, $(0, 1)$ und $(0, 0)$ (in dieser Reihenfolge. Zeichnung!).

5. $\int_\gamma (y - x)\,dx - y\,dy + dz,$ $\qquad \gamma(t) := (-\sin t, \cos t, 0),\ 0 \leqslant t \leqslant 2\pi.$

6. $\int_\gamma (x^2 + 5y + 3yz)\,dx + (5x + 3xz - 2)\,dy + (3xy - 4z)\,dz,$ $\qquad \gamma(t) := (\sin t, \cos t, t),\ 0 \leqslant t \leqslant 2\pi.$

7. Unter der Wirkung des Kraftfeldes $f(x, y) := \begin{pmatrix} 2xy \\ x^2 + y^2 \end{pmatrix}$ bewege sich ein Massenpunkt auf der Parabel $y = x^2$ vom Punkte $(1, 1)$ zu dem Punkte $(2, 4)$. Welche Arbeit wird hierbei geleistet (die Kraft soll in Newton und die Entfernung in Meter gemessen werden).

$^+$**8.** $\gamma: [a, b] \to \mathbf{R}^p$ sei ein rektifizierbarer Weg und f eine stetige $\mathbf{R}^p$-wertige Funktion auf dem zugehörigen Bogen Γ. Ferner sei ω eine stetige und streng fallende Abbildung von $[c, d]$ auf $[a, b]$. Dann ist

$$\int_{\gamma \circ \omega} f \cdot dx = - \int_\gamma f \cdot dx.$$

9. Definiere das Wegintegral $\int_\gamma f(x) \cdot dx$ für beliebiges (auch unstetiges) f als Grenzwert des Netzes (180.2), falls derselbe existiert, und entwickle eine Theorie dieses Integrals.

181 Gradientenfelder und Potentiale

Denken wir uns eine Masse m (etwa die Masse der Erde) im Nullpunkt eines xyz-Koordinatensystems konzentriert, so übt sie auf einen Punkt der Masse 1, der sich am Ort $x \neq 0$ befindet, gemäß dem Newtonschen Gravitationsgesetz eine Anziehungskraft f der Größe

$$|f| = G\,\frac{m}{|x|^2} \qquad \text{(G die Gravitationskonstante)}$$

aus. Diese Kraft weist auf den Nullpunkt hin, hat also die Richtung des normierten Vektors $-x/|x|$; infolgedessen ist

$$f = -G\,\frac{m}{|x|^3}\,x. \tag{181.1}$$

Hat x die Komponenten x, y, z und setzen wir zur Abkürzung $c := -Gm$, so können wir (181.1) in der Form

$$f(x, y, z) = \begin{pmatrix} c\,x/(x^2+y^2+z^2)^{3/2} \\ c\,y/(x^2+y^2+z^2)^{3/2} \\ c\,z/(x^2+y^2+z^2)^{3/2} \end{pmatrix}$$

schreiben. Definieren wir außerhalb des Nullpunkts die reellwertige Funktion U durch

$$U(x, y, z) := \frac{c}{(x^2+y^2+z^2)^{1/2}}, \tag{181.2}$$

so bestätigt man ohne Mühe die Gleichung

$$f(x) = -\operatorname{grad} U(x). \tag{181.3}$$

Wir werden gleich sehen, daß diese ganz einfache mathematische Tatsache außerordentlich weitreichende physikalische Konsequenzen hat. Bevor wir sie aussprechen, wollen wir noch einige neue Redeweisen verabreden, die von der Physik herkommend in die Mathematik eingedrungen sind und sich dort eingenistet haben. Sei X eine nichtleere Teilmenge des $\mathbf{R}^p$. Dann nennen wir jede Funktion $f: X \rightarrow \mathbf{R}^p$ ein **Vektorfeld** und jede Funktion $\varphi: X \rightarrow \mathbf{R}$ ein **Skalarfeld** auf X. Ein Vektor- bzw. Skalarfeld f bzw. φ heißt **stetig**, **differenzierbar** usw., wenn die Funktion f bzw. φ im früher definierten Sinne stetig, differenzierbar usw. ist (bei Differentiationsbetrachtungen möge, wie gewohnt, der Definitionsbereich X offen sein). Die Gleichung (181.3) besagt, daß das Vektorfeld f durch Gradientenbildung aus einem Skalarfeld, nämlich aus $-U$, gewonnen werden kann. Wir wollen hinfort ein Vektorfeld f auf der offenen Menge G ein **Gradientenfeld** nennen, wenn es ein Skalarfeld φ auf G gibt, so daß

$$f(x) = \operatorname{grad} \varphi(x) \quad \text{für alle } x \in G \tag{181.4}$$

gilt. φ nennen wir dann eine **Stammfunktion** zu f auf G. In der Physik heißt $U := -\varphi$ das **Potential** des Vektorfeldes f, und man sagt, f besitze ein Potential. Genauer müßte man U *ein* (nicht *das*) Potential von f nennen; denn mit U ist auch jede Funktion $U + c$ ein Potential, „das" Potential ist also überhaupt nicht eindeutig bestimmt. Mit $U := -\varphi$ geht (181.4) über in die Gleichung

$$f(x) = -\operatorname{grad} U(x),$$

der wir im speziellen Falle eines Gravitationsfeldes f schon in (181.3) begegnet sind.

Das Resultat der einführenden Betrachtungen läßt sich nun so formulieren: Das gemäß (181.1) von einer Masse m erzeugte Gravitationsfeld f ist ein Gradientenfeld, und sein Potential U wird durch das **Newtonsche Potential** (181.2) gegeben.

Gravitationsfelder gehören zu den wichtigsten Feldern der Physik; mathematisch gesehen heben sie sich durch die Eigenschaft hervor, aus den einfachsten Feldern, den

Skalarfeldern, durch eine einfache Operation, die Gradientenbildung, hergeleitet werden zu können. Man wird also hoffen dürfen, daß es sich sowohl von einem naturwissenschaftlichen wie auch von einem mathematischen Standpunkt aus lohnt, Gradientenfelder näher zu untersuchen. Gerade dies soll im vorliegenden Abschnitt geschehen. Zunächst beweisen wir den einfachen, aber wichtigen

181.1 Satz *Ist f ein Gradientenfeld auf dem Gebiet G,*

$$f = \operatorname{grad} \varphi,$$

so erhält man alle Stammfunktionen zu f — und nur diese — in der Form $\varphi + c$, wo c sämtliche reellen Zahlen durchläuft[1].

Beweis. Jedes $\varphi + c$ ist trivialerweise eine Stammfunktion zu f. Ist nun auch $f = \operatorname{grad} \psi$, so muß $\operatorname{grad}(\psi - \varphi) = f - f = 0$, die Funktion $\psi - \varphi$ nach Satz 167.5 also gleich einer Konstanten c und somit $\psi = \varphi + c$ sein. ∎

Auf Grund des Satzes 161.5 können je zwei Punkte eines Gebietes $G \subset \mathbf{R}^p$ stets durch einen ganz in G verlaufenden polygonalen Weg und damit auch durch einen rektifizierbaren, ja sogar stückweise stetig differenzierbaren Weg verbunden werden[2]. Von dieser Tatsache werden wir hinfort ständig Gebrauch machen, ohne sie noch besonders zu erwähnen.

Wir sprechen nun einen der wichtigsten Sätze über Gradientenfelder aus. Auf seine physikalischen Implikationen werden wir in Nr. 192 näher eingehen.

181.2 Satz *Die reellwertige Funktion φ sei auf dem Gebiet $G \subset \mathbf{R}^p$ stetig differenzierbar (oder gleichbedeutend: φ besitze auf G stetige partielle Ableitungen erster Ordnung nach allen Veränderlichen). a und b seien zwei beliebige Punkte aus G. Dann ist*

$$\int_\gamma \operatorname{grad} \varphi(x) \cdot \mathrm{d}x = \varphi(b) - \varphi(a), \tag{181.5}$$

wobei γ irgendein stückweise stetig differenzierbarer Weg mit Anfangspunkt a und Endpunkt b sein darf, der ganz in G verläuft.

Dieser Satz ist das Gegenstück zum ersten Hauptsatz der Differential- und Integralrechnung. Er zeigt einerseits, daß unter den angegebenen Voraussetzungen der Wert des Integrals in (181.5) nur von den Endpunkten des Weges γ, aber nicht von dessen weiterem Verlauf abhängt; andererseits lehrt er, daß man die Funktion φ aus ihrem Gradienten (also letztlich aus

---

[1] Man beachte, daß es für die Gültigkeit dieses Satzes nicht ausreicht, nur die Offenheit von G vorauszusetzen. Überhaupt werden wir in dieser Nummer ständig mit Gebieten G arbeiten, weil wir längs Wegen integrieren wollen, die je zwei beliebige Punkte von G verbinden; wir benötigen also, daß G zusammenhängend ist.

[2] Daß ein Weg ganz in G verläuft, soll natürlich bedeuten, daß der zugehörige Bogen in G liegt.

ihrer Ableitung) und aus einem Anfangswert $\varphi(a)$ rekonstruieren kann; denn für jedes $b \in G$ ist ja

$$\varphi(b) = \varphi(a) + \int_\gamma \operatorname{grad} \varphi(x) \cdot dx.$$

Damit präzisiert er die heuristischen Überlegungen, die wir zu Beginn der letzten Nummer angestellt hatten, um den Begriff des Wegintegrals zu motivieren.

Der **Beweis** bereitet keine Mühe. Seien zunächst z_1 und z_2 zwei Punkte aus G, die durch einen in G verlaufenden stetig differenzierbaren Weg $\alpha : [c, d] \to \mathbf{R}^p$ mit $\alpha(c) = z_1$ und $\alpha(d) = z_2$ verbunden seien. Setzen wir

$$\Phi(t) := \varphi[\alpha(t)] = (\varphi \circ \alpha)(t) \qquad (c \leqslant t \leqslant d),$$

so erhalten wir mittels der Kettenregel in der Form (165.4)

$$\dot{\Phi}(t) = \operatorname{grad} \varphi[\alpha(t)] \cdot \dot{\alpha}(t) \quad \text{für alle } t \in (c, d).$$

Wegen Satz 180.3 und (79.7) ist dann

$$\int_\alpha \operatorname{grad} \varphi(x) \cdot dx = \int_c^d \operatorname{grad} \varphi[\alpha(t)] \cdot \dot{\alpha}(t)\, dt = \int_c^d \dot{\Phi}(t)\, dt = \Phi(d) - \Phi(c)$$

$$= \varphi[\alpha(d)] - \varphi[\alpha(c)] = \varphi(z_2) - \varphi(z_1).$$

Den im Satz auftretenden Weg γ können wir voraussetzungsgemäß als eine Summe $\gamma_1 \oplus \cdots \oplus \gamma_n$ stetig differenzierbarer Wege schreiben (s. Fig. 181.1, wo wir der Kürze wegen die Bögen mit den Wegsymbolen bezeichnet haben). Infolgedessen ist

$$\int_\gamma \operatorname{grad} \varphi(x) \cdot dx = \sum_{k=1}^n \int_{\gamma_k} \operatorname{grad} \varphi(x) \cdot dx.$$

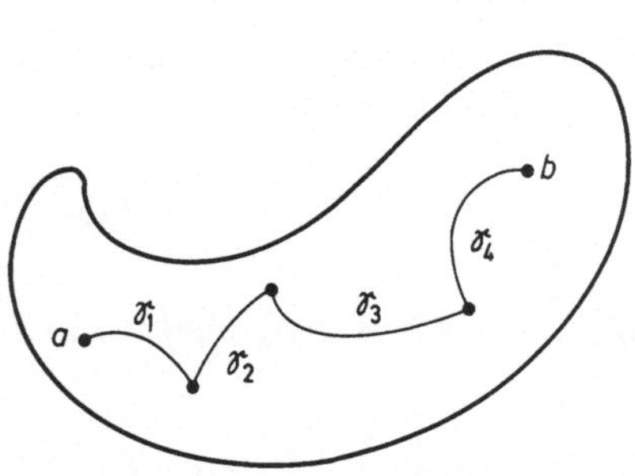

Wenden wir auf jedes Teilintegral das oben gefundene Ergebnis an, so erweist sich die rechtsstehende Summe als eine Teleskopsumme, deren Wert, wie behauptet, gleich $\varphi(b) - \varphi(a)$ ist.   ∎

Fig. 181.1

Ist f ein stetiges Vektorfeld auf dem Gebiet G und hat für je zwei Punkte $a, b \in G$ das Integral $\int_\gamma f \cdot dx$ längs jedes ganz in G verlaufenden, stückweise stetig differenzierbaren Weges γ mit dem Anfangspunkt a und dem Endpunkt b immer denselben Wert, so wollen wir sagen, das Integral über f sei **wegunabhängig**. In diesem Falle schreiben wir, da es auf γ nicht ankommt, statt $\int_\gamma f \cdot dx$ gelegentlich

$$\int_a^b f \cdot dx.$$

Der letzte Satz lehrt, *daß das Wegintegral über ein stetiges Gradientenfeld in einem Gebiet G wegunabhängig ist.* Interessanterweise gilt hiervon auch die Umkehrung, so daß unter allen stetigen Vektorfeldern auf G sich genau die Gradientenfelder durch die Wegunabhängigkeit ihres Wegintegrals auszeichnen. Wir schicken dem Beweis dieser Umkehrung eine kurze motivierende Betrachtung voraus.

Ist f eine reellwertige stetige Funktion auf dem Intervall I und a irgendein fester Punkt aus I, so wissen wir nach dem zweiten Hauptsatz der Differential- und Integralrechnung, daß die Funktion

$$F(x) := \int_a^x f \, \mathrm{d}y \qquad (x \in I)$$

an jeder Stelle x von I die Ableitung $F'(x) = f(x)$ besitzt. Ist nun f ein stetiges Vektorfeld auf einem Gebiet G mit einem wegunabhängigen Wegintegral und a ein fester Punkt aus G, so ist für jede Stelle $x \in G$ das Integral

$$\varphi(x) := \int_a^x f \cdot \mathrm{d}y$$

wohldefiniert, und wir werden uns natürlich fragen, ob in diesem Falle nicht ein Analogon zum zweiten Hauptsatz gilt, ob also nicht φ auf G differenzierbar und für jedes $x \in G$ stets $\varphi'(x) = f(x)$ ist? Die letzte Gleichung wird gewiß nicht richtig sein, wenn x nicht gerade eine reelle Veränderliche ist, denn $\varphi'(x)$ ist die einzeilige Matrix $(\partial \varphi(x)/\partial x_1, \ldots, \partial \varphi(x)/\partial x_p)$, während $f(x)$ ein einspaltiger Vektor ist. Aber das vernünftige Gegenstück zu der sinnlosen Beziehung $\varphi'(x) = f(x)$, nämlich die Gleichung $\operatorname{grad} \varphi(x) = f(x)$, hat eine faire Chance, richtig zu sein — und ist es tatsächlich. Damit ist natürlich f dann auch als ein Gradientenfeld entlarvt. Diese Vorüberlegungen kristallisieren wir zu dem noch unbewiesenen

181.3 Satz *f sei ein stetiges Vektorfeld mit wegunabhängigem Integral auf dem Gebiet $G \subset \mathbf{R}^p$. Dann ist f ein Gradientenfeld, ausführlicher: Die reellwertige Funktion*

$$\varphi(x) := \int_a^x f \cdot \mathrm{d}y \qquad (x \in G; \; a \text{ ein beliebiger, aber fester Punkt aus } G)$$

ist auf G stetig differenzierbar, und es gilt

$$\operatorname{grad} \varphi(x) = f(x) \qquad \text{für jedes } x \in G.$$

Der Beweis dieses Gegenstücks zum zweiten Hauptsatz der Differential- und Integralrechnung ist nicht schwer. Es sei

$$f := \begin{pmatrix} f_1 \\ \vdots \\ f_p \end{pmatrix} \quad \text{und} \quad F \text{ die einzeilige Matrix } (f_1, \ldots, f_p),$$

ferner U eine ganz in G liegende ε-Umgebung eines beliebigen Punktes $\xi \in G$. Für jedes $h \in \mathbf{R}^p$ mit $\xi + h \in U$ liegt wegen der Konvexität von U auch der Weg

$$\sigma(t) := \xi + th \qquad (0 \leq t \leq 1)$$

oder also die Strecke S von ξ nach $\xi + h$ in U. Aus der Wegunabhängigkeit des Integrals ergibt sich die Gleichung

$$\int_a^{\xi+h} f \cdot dy - \int_a^{\xi} f \cdot dy = \int_\sigma f \cdot dy, \quad \text{also} \quad \varphi(\xi+h) - \varphi(\xi) = \int_\sigma f \cdot dy,$$

und da $F(\xi)h = f(\xi) \cdot h$ ist, finden wir daraus mit Hilfe des Satzes 180.2c die Abschätzung

$$\frac{1}{|h|} |\varphi(\xi+h) - \varphi(\xi) - F(\xi)h| = \frac{1}{|h|} |\varphi(\xi+h) - \varphi(\xi) - f(\xi) \cdot h|$$

$$= \frac{1}{|h|} \left| \int_\sigma f(y) \cdot dy - \int_\sigma f(\xi) \cdot dy \right| = \frac{1}{|h|} \left| \int_\sigma [f(y) - f(\xi)] \cdot dy \right|$$

$$\leq \frac{1}{|h|} \left(\max_{y \in S} |f(y) - f(\xi)| \right) |h| = \max_{y \in S} |f(y) - f(\xi)|.$$

Wegen der Stetigkeit von f strebt der letzte Term gegen 0, wenn $h \to 0$ rückt, dasselbe gilt dann erst recht für den ersten Term, den wir mit $\rho(h)$ bezeichnen. Wir haben daher $\varphi(\xi+h) - \varphi(\xi) - F(\xi)h = |h|\rho(h)$, also

$$\varphi(\xi+h) - \varphi(\xi) = F(\xi)h + |h|\rho(h),$$

wobei $|h|\rho(h)$ auch nach Division durch $|h|$ noch gegen 0 strebt. Das bedeutet aber gerade, daß φ in ξ differenzierbar und $\varphi'(\xi) = F(\xi)$, also grad $\varphi(\xi) = f(\xi)$ ist. Und da f auf G stetig ist, gilt dies auch von φ', womit nun alles bewiesen ist. ■

Aufgaben

In den Aufgaben 1 und 2 ist f ein stetiges Vektorfeld auf dem Gebiet $G \subset \mathbf{R}^p$. Integrale sind Wegintegrale längs Wegen in G.

*1. Das Integral von f ist genau dann wegunabhängig, wenn es längs jedes geschlossenen und stückweise stetig differenzierbaren Weges verschwindet (der Weg $\gamma: [a, b] \to \mathbf{R}^p$ heißt geschlossen, wenn sein Anfangspunkt $\gamma(a)$ mit seinem Endpunkt $\gamma(b)$ übereinstimmt).

$^+$2. Das Integral von f ist genau dann wegunabhängig, wenn es polygonal wegunabhängig ist, d.h., wenn für je zwei Punkte $a, b \in G$ das Integral $\int_\gamma f \cdot dx$ längs jedes von a nach b verlaufenden polygonalen Weges γ immer denselben Wert hat.

3. Das Vektorfeld $\begin{pmatrix} y \\ y-x \end{pmatrix}$ ist kein Gradientenfeld. Hinweis: Beispiel 2 am Ende der Nr. 180.

4. Zeige durch Angabe einer Stammfunktion φ, daß das Vektorfeld $\begin{pmatrix} y \\ x-y \end{pmatrix}$ ein Gradientenfeld ist.

In den Aufgaben 5 bis 8 sei $r := \sqrt{x^2 + y^2 + z^2}$.

5. Zeige durch Angabe einer Stammfunktion φ, daß das Vektorfeld mit den Komponenten x/r, y/r, z/r ein Gradientenfeld auf $\mathbf{R}^3 \setminus \{\mathbf{0}\}$ ist.

6. Bestätige, daß die Funktion $\varphi(x, y, z) := \ln r$ auf $\mathbf{R}^3 \setminus \{\mathbf{0}\}$ eine Stammfunktion des Vektorfeldes f mit den Komponenten x/r^2, y/r^2, z/r^2 ist. $\ln(1/r)$ heißt das **logarithmische Potential** von f.

7. Sei n eine natürliche Zahl > 2. Zeige durch Angabe einer Stammfunktion φ, daß das Vektorfeld mit den Komponenten x/r^n, y/r^n, z/r^n ein Gradientenfeld auf $\mathbf{R}^3 \setminus \{\mathbf{0}\}$ ist.

8. Die reellwertige Funktion $f(t)$ sei definiert und stetig für alle $t > 0$. Zeige, daß das Vektorfeld mit den Komponenten $f(r)x$, $f(r)y$, $f(r)z$ ein Gradientenfeld auf $\mathbf{R}^3 \setminus \{\mathbf{0}\}$ ist.

182 Wann ist ein Vektorfeld ein Gradientenfeld?

Eine Antwort auf diese Frage wurde schon in der letzten Nummer gegeben: *Das stetige Vektorfeld f auf dem Gebiet G ist genau dann ein Gradientenfeld, wenn das Integral über f wegunabhängig ist.* Vom praktischen Standpunkt aus gesehen wird diese Antwort nicht voll befriedigen; denn die Berechnung eines Wegintegrals kann sehr mühsam sein, ja auf unüberwindliche Schwierigkeiten stoßen. Weitaus zweckmäßiger wäre es, statt eines „Integrationskriteriums" ein „Differentiationskriterium" in der Hand zu haben. Unter gewissen Voraussetzungen, die in den Anwendungen fast immer erfüllt sind, können wir in der Tat ein solches Kriterium beweisen. Zunächst aber geben wir eine sehr leicht nachprüfbare notwendige Bedingung an:

182.1 Satz *Ein stetig differenzierbares Vektorfeld* $f := \begin{pmatrix} f_1 \\ \vdots \\ f_p \end{pmatrix}$ *auf der offenen Menge*

$G \subset \mathbf{R}^p$ *kann höchstens dann ein Gradientenfeld sein, wenn seine Ableitung symmetrisch ist, wenn also auf G*

$$\frac{\partial f_j}{\partial x_k} = \frac{\partial f_k}{\partial x_j} \quad \text{für } j, k = 1, \ldots, p \text{ ist.} \tag{182.1}$$

Der **Beweis** ist fast selbstverständlich. Im Falle $f = \operatorname{grad} \varphi$ ist nämlich $f_j = \partial \varphi / \partial x_j$, und daher nach dem Satz von Schwarz

$$\frac{\partial f_j}{\partial x_k} = \frac{\partial^2 \varphi}{\partial x_k \partial x_j} = \frac{\partial^2 \varphi}{\partial x_j \partial x_k} = \frac{\partial f_k}{\partial x_j} . \qquad \blacksquare$$

Im Falle $p = 2$ läuft (182.1) auf die eine Gleichung

$$\frac{\partial f_1}{\partial x_2} = \frac{\partial f_2}{\partial x_1} \tag{182.2}$$

hinaus, im Falle $p = 3$ auf die drei Gleichungen

$$\frac{\partial f_1}{\partial x_2} = \frac{\partial f_2}{\partial x_1}, \qquad \frac{\partial f_1}{\partial x_3} = \frac{\partial f_3}{\partial x_1}, \qquad \frac{\partial f_2}{\partial x_3} = \frac{\partial f_3}{\partial x_2}. \tag{182.3}$$

Die sogenannte **Integrabilitätsbedingung** (182.1) ist aber i. allg. keineswegs hinreichend (s. Aufgabe 1). Sie wird es erst, wenn wir zusätzliche Voraussetzungen über die Struktur von G machen. Das wollen wir jetzt tun.

Wir nennen eine Teilmenge M von $\mathbf{R}^p$ **sternförmig**, wenn es einen Punkt $a \in M$, einen „Sternmittelpunkt", gibt, so daß die Verbindungsstrecke zwischen a und jedem $x \in M$ ganz in M liegt. Trivialerweise ist eine sternförmige Menge bogenzusammenhängend und damit auch zusammenhängend, und ebenso trivial ist es, daß eine konvexe Menge sternförmig ist. Wir beweisen nun den wichtigen

182.2 Satz *Das Vektorfeld* $f := \begin{pmatrix} f_1 \\ \vdots \\ f_p \end{pmatrix}$ *sei auf der offenen und sternförmigen Menge*

$G \subset \mathbf{R}^p$ *stetig differenzierbar. Unter diesen Voraussetzungen ist* f *genau dann ein Gradientenfeld, wenn die Integrabilitätsbedingung* (182.1) *auf* G *erfüllt ist.*

Daß die Integrabilitätsbedingung notwendig ist, haben wir schon im letzten Satz gesehen; wir zeigen nun ihre Hinlänglichkeit. O.B.d.A. dürfen wir annehmen, $\mathbf{0}$ sei ein Sternmittelpunkt von G (notfalls führen wir eine geeignete Translation aus). Ferner sei

$$\boldsymbol{\sigma}(t) := t x \quad (0 \leqslant t \leqslant 1) \qquad \text{die Strecke von } \mathbf{0} \text{ nach } x = \begin{pmatrix} x_1 \\ \vdots \\ x_p \end{pmatrix}$$

und $\quad \varphi(x) := \displaystyle\int_{\sigma} f(u) \cdot du = \int_0^1 \left(\sum_{j=1}^p f_j(tx) x_j \right) dt.$

Aus der Differentiationsaussage des Satzes 113.2 folgt

$$\frac{\partial \varphi(x)}{\partial x_k} = \int_0^1 \left(\frac{\partial}{\partial x_k} \sum_{j=1}^p f_j(tx) x_j \right) dt. \tag{182.4}$$

Den Integranden lassen wir nun die folgenden Verwandlungen durchleben:

$$\frac{\partial}{\partial x_k}\sum_{j=1}^{p}f_j(tx)x_j = f_k(tx) + \sum_{j=1}^{p}\frac{\partial f_j(tx)}{\partial u_k}\,tx_j \qquad \text{(Produktregel, (165.5))}$$

$$= f_k(tx) + \sum_{j=1}^{p}\frac{\partial f_k(tx)}{\partial u_j}\,tx_j \qquad \text{(Integrabilitätsbedingung)}$$

$$= \frac{\mathrm{d}}{\mathrm{d}t}[tf_k(tx)]. \qquad\qquad ((165.4))$$

Mit (182.4) erhalten wir jetzt

$$\frac{\partial\varphi(x)}{\partial x_k} = \int_0^1 \frac{\mathrm{d}}{\mathrm{d}t}[tf_k(tx)]\,\mathrm{d}t = [tf_k(tx)]_0^1 = f_k(x) \qquad \text{für } k=1,\dots,p,$$

also ist $\operatorname{grad}\varphi(x)=f(x)$, d. h., f ist tatsächlich ein Gradientenfeld (und φ eine seiner Stammfunktionen). ∎

Bemerkung: Der Satz 182.2 gilt bereits unter der viel schwächeren Voraussetzung, daß die (offene) Menge G nicht sternförmig, sondern bloß „einfach zusammenhängend" ist, also — sehr grob gesagt — keine „Durchbohrungen" hat (die Menge $\mathbf{R}^2\setminus\{0\}$ in Aufgabe 1 ist *nicht* einfach zusammenhängend). Genauer wollen wir auf diesen Komplex nicht eingehen. Siehe aber Aufgabe 2.

Aufgaben

$^+$**1.** Das stetig differenzierbare Vektorfeld

$$f(x,y):=\begin{pmatrix} -y/(x^2+y^2) \\ x/(x^2+y^2) \end{pmatrix} \quad \text{auf } \mathbf{R}^2\setminus\{0\}$$

genügt der Integrabilitätsbedingung, ist aber kein Gradientenfeld. Hinweis: Das Integral über den Einheitskreis $x=\cos t,\ y=\sin t$ $(0\le t\le 2\pi)$ ist $\ne 0$ (s. A 181.1).

$^+$**2.** Die Sternförmigkeit der offenen Menge G in Satz 182.2 ist keine notwendige Bedingung dafür, daß f ein Gradientenfeld ist. Belege dies an Hand des Gravitationsfeldes f in (181.1).

In den Aufgaben 3 bis 6 ist zu zeigen, daß die angegebenen Vektorfelder Gradientenfelder sind.

3. $f(x,y):=\begin{pmatrix} e^y+\cos x\cos y \\ xe^y-\sin x\sin y \end{pmatrix}$ auf $\mathbf{R}^2$.   **4.** $f(x,y,z):=\begin{pmatrix} y^2z^3 \\ 2xyz^3 \\ 3xy^2z^2 \end{pmatrix}$ auf $\mathbf{R}^3$.

5. $f(x,y,z):=\begin{pmatrix} ye^{xy} \\ xe^{xy} \\ 2z \end{pmatrix}$ auf $\mathbf{R}^3$.   **6.** $f(x,y):=\begin{pmatrix} (x+y)/(x^2+y^2) \\ (y-x)/(x^2+y^2) \end{pmatrix},\ y>0.$

7. Verifiziere, daß das Vektorfeld mit den Komponenten $x/r^2,\ y/r^2,\ z/r^2$ $(r:=\sqrt{x^2+y^2+z^2})$ auf $\mathbf{R}^3\setminus\{0\}$ der Integrabilitätsbedingung (182.3) genügt.

8. Die Funktionen $u, v, w\colon \mathbf{R}^3 \to \mathbf{R}$ seien gegeben durch

$$u(x,y,z):=x^2+xy, \quad v(x,y,z):=\frac{x^2}{2}+y+az, \quad w(x,y,z):=by.$$

a) Man berechne $J_k := \int_{\gamma_k} u\,\mathrm{d}x + v\,\mathrm{d}y + w\,\mathrm{d}z$ über jeden der Wege

$$\gamma_1(t):=\begin{pmatrix}2t\\t\\5t\end{pmatrix}, \quad \gamma_2(t):=\begin{pmatrix}2t\\t\\5t^2\end{pmatrix} \quad (0\leqslant t\leqslant 1)$$

(beide Wege haben dieselben Anfangs- bzw. Endpunkte).

b) Man bestimme b in Abhängigkeit von a so, daß $\int_{\gamma} u\,\mathrm{d}x + v\,\mathrm{d}y + w\,\mathrm{d}z$ wegunabhängig wird und berechne in diesem Falle eine Stammfunktion φ zu dem Vektorfeld $\begin{pmatrix}u\\v\\w\end{pmatrix}$ auf $\mathbf{R}^3$.

183 Praktische Bestimmung der Stammfunktionen

Ist f ein stetiges Gradientenfeld auf einem Gebiet $G \subset \mathbf{R}^p$, so können wir nach den Sätzen der Nr. 181 eine Stammfunktion φ zu f durch *Wegintegration* bestimmen:

$$\varphi(\xi):=\int_a^{\xi} f\cdot \mathrm{d}x \quad \text{mit einem beliebigen, aber festen Punkt } a\in G.$$

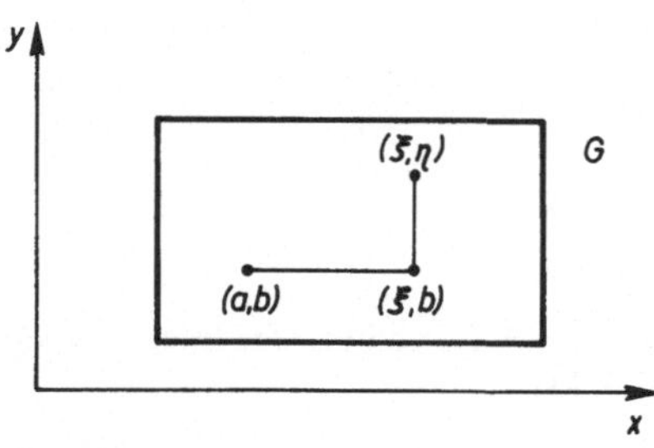

Fig. 183.1

Der Integrationsweg von a nach ξ kann dabei willkürlich gewählt werden, solange er nur stückweise stetig differenzierbar ist und in G verläuft. Ist etwa G ein offenes Rechteck im $\mathbf{R}^2$, so wird es i. allg. am bequemsten sein, „achsenparallel" von $a=(a, b)$ nach $\xi=(\xi, \eta)$ zu integrieren (s. Fig. 183.1). Man erhält dann

$$\varphi(\xi, \eta) = \int_a^{\xi} f_1(t, b)\,\mathrm{d}t + \int_b^{\eta} f_2(\xi, t)\,\mathrm{d}t$$

(f_1, f_2 die Komponenten von f).

Eine andere Methode, eine Stammfunktion zu konstruieren, bedient sich der *unbestimmten Integration*. Wir illustrieren sie wieder am zweidimensionalen Fall. Angenommen, auf einer offenen Menge $G \subset \mathbf{R}^2$ sei ein stetig differenzierbares Vektorfeld f mit den Komponenten f_1 und f_2 gegeben. Dann wird man zuerst prüfen, ob die Integrabilitätsbedingung $\partial f_1/\partial y = \partial f_2/\partial x$ erfüllt ist. Ist sie verletzt, so kann f keine Stammfunktion besitzen. Können wir sie aber verifizieren, so wird man — zunächst ohne definitiv zu wissen, ob f tatsächlich eine Stammfunktion besitzt — den Ansatz $\operatorname{grad} \varphi = f$, also

$$\frac{\partial \varphi}{\partial x}=f_1, \qquad \frac{\partial \varphi}{\partial y}=f_2 \tag{183.1}$$

machen. Aus der ersten dieser Gleichungen erhalten wir

$$\varphi(x, y) = \int f_1(x, y)\,\mathrm{d}x + g(y) \tag{183.2}$$

mit einer willkürlichen „Integrationskonstanten" (d.h. einer nicht mehr von der Integrationsveränderlichen x abhängigen Größe) $g(y)$. Nehmen wir g als differenzierbar an, so folgt aus (183.2) und der zweiten Gleichung in (183.1)

$$\frac{\partial}{\partial y} \int f_1(x, y)\,\mathrm{d}x + \frac{\mathrm{d}}{\mathrm{d}y} g(y) = \frac{\partial \varphi}{\partial y}(x, y) = f_2(x, y),$$

also $\quad \dfrac{\mathrm{d}}{\mathrm{d}y} g(y) = f_2(x, y) - \dfrac{\partial}{\partial y} \displaystyle\int f_1(x, y)\,\mathrm{d}x.$

Durch nochmalige unbestimmte Integration gewinnt man daraus g (wobei es auf die — diesmal echte — Integrationskonstante nicht ankommt) und prüft nun durch Differentiation nach, ob

$$\varphi(x, y) := \int f_1(x, y)\,\mathrm{d}x + g(y)$$

wirklich eine Stammfunktion zu f ist. Wir erläutern dieses Vorgehen an einem Beispiel.

Die Komponenten von f seien

$$f_1(x, y) := -\frac{\tan y}{x^2} + 2xy + x^2, \qquad f_2(x, y) := \frac{1}{x\cos^2 y} + x^2 + y^2$$

für alle x, die von 0 und alle y, die von den Nullstellen des Kosinus verschieden sind (wie sieht der Definitionsbereich von f aus?). Die Integrabilitätsbedingung ist erfüllt, und wir machen infolgedessen den Ansatz

$$\frac{\partial \varphi}{\partial x}(x, y) = -\frac{\tan y}{x^2} + 2xy + x^2, \qquad \frac{\partial \varphi}{\partial y}(x, y) = \frac{1}{x\cos^2 y} + x^2 + y^2.$$

Aus der ersten Gleichung folgt

$$\varphi(x, y) = \int \left(-\frac{\tan y}{x^2} + 2xy + x^2 \right)\mathrm{d}x = \frac{\tan y}{x} + x^2 y + \frac{x^3}{3} + g(y).$$

Mit Hilfe der zweiten Gleichung ergibt sich daraus

$$\frac{\partial \varphi}{\partial y}(x, y) = \frac{1}{x\cos^2 y} + x^2 + \frac{\mathrm{d}}{\mathrm{d}y} g(y) = \frac{1}{x\cos^2 y} + x^2 + y^2.$$

Damit erhalten wir $\mathrm{d}g(y)/\mathrm{d}y = y^2$, also (abgesehen von einer additiven Konstanten)

$$g(y) = \frac{y^3}{3}.$$

Und nun bestätigt man durch partielle Differentiation, daß

$$\varphi(x, y) := \frac{\tan y}{x} + x^2 y + \frac{x^3}{3} + \frac{y^3}{3}$$

wirklich eine Stammfunktion des Vektorfeldes f auf seinem ganzen Definitionsbereich ist.

Aufgaben

In den folgenden Aufgaben ist zu prüfen, ob die angegebenen Vektorfelder, erklärt auf ihren natürlichen Definitionsbereichen, Gradientenfelder sind. Gegebenenfalls ist eine Stammfunktion φ zu bestimmen.

1. $f(x, y) := \begin{pmatrix} 12\,xy+3 \\ 6\,x^2 \end{pmatrix}$.   **2.** $f(x, y) := \begin{pmatrix} xy \\ y \end{pmatrix}$.   **3.** $f(x, y) := \begin{pmatrix} 3\,x^2y \\ x^3 \end{pmatrix}$.

4. $f(x, y, z) := \begin{pmatrix} x \\ y \\ z \end{pmatrix}$.   **5.** $f(x, y, z) := \begin{pmatrix} x^2 y \\ z\,e^x \\ xy\ln z \end{pmatrix}$.   **6.** $f(x, y, z) := \begin{pmatrix} x+z \\ -y-z \\ x-y \end{pmatrix}$.

184 Das Integral reellwertiger Funktionen bezüglich der Weglänge

Auf einen anderen Typus von Wegintegralen als den bisher betrachteten werden wir durch die folgende physikalische Überlegung geführt, bei der wir natürlich keinen Anspruch auf volle mathematische Strenge erheben.

Ein rektifizierbarer Bogen Γ im $\mathbf{R}^3$ sei mit Masse belegt (man denke etwa an einen dünnen Draht). Grenzen wir um einen Punkt $P \in \Gamma$ ein kleines Stück S des Bogens ab und dividieren die auf S vorhandene Masse Δm durch die Länge Δs von S, so wird man den Quotienten $\Delta m/\Delta s$ als die mittlere Dichte der Masse auf S bezeichnen. Lassen wir nun S auf den Punkt P zusammenschrumpfen und strebt dabei $\Delta m/\Delta s$ gegen einen Grenzwert, so nennt man diesen die Massendichte im Punkte P. Wir nehmen nun an, in jedem Punkt $P \in \Gamma$ mit den Koordinaten x, y, z sei eine Massendichte $f(x, y, z)$ vorhanden und diese sei uns bekannt. Um aus ihr die Gesamtmasse wiederzugewinnen, mit der Γ belegt ist, wird man so vorgehen: Man unterteilt Γ in n Stücke S_k der Länge Δs_k und wählt in jedem S_k einen Punkt P_k mit den Koordinaten x_k, y_k, z_k. Bei kleinem Δs_k und „vernünftiger" Dichtefunktion f wird dann $f(x_k, y_k, z_k)\,\Delta s_k$ näherungsweise die Masse auf S_k und

$$\sum_{k=1}^{n} f(x_k, y_k, z_k)\,\Delta s_k$$

näherungsweise die Masse auf Γ angeben. Streben nun diese Summen bei unbegrenzter Verfeinerung der Unterteilung und bei beliebiger Wahl der Zwischenpunkte gegen einen Grenzwert, so wird man diesen als die Gesamtmasse auf Γ ansehen.

Wir präzisieren und verallgemeinern nun diese heuristischen Überlegungen:

184.1 Satz und Definition *Sei* $\gamma := \begin{pmatrix} \gamma_1 \\ \vdots \\ \gamma_p \end{pmatrix} : [a, b] \to \mathbf{R}^p$ *ein rektifizierbarer Weg, s seine*

Weglängenfunktion und f eine reellwertige stetige Funktion auf dem zugehörigen Bogen Γ. $Z := \{t_0, t_1, \ldots, t_n\}$ bedeute eine beliebige Zerlegung von $[a, b]$ und $\tau := (\tau_1, \ldots, \tau_n)$ irgendeinen zugehörigen Zwischenvektor. Dann ist das Netz

$$(Z, \tau) \mapsto \sum_{k=1}^{n} f(\gamma(\tau_k))(s(t_k) - s(t_{k-1})) \tag{184.1}$$

auf der gerichteten Menge $\mathfrak{Z}^*$ konvergent ($\mathfrak{Z}^*$ ist vor Satz 79.2 definiert). Sein Grenzwert wird mit

$$\int_\gamma f(x)\, \mathrm{d}s \quad oder \quad \int_\gamma f\, \mathrm{d}s$$

bezeichnet und das (Weg)-Integral *von f längs γ bezüglich der Weglänge genannt. Dieses Wegintegral wird durch ein Riemann-Stieltjessches Integral gegeben:*

$$\int_\gamma f(x)\, \mathrm{d}s = \int_a^b f(\gamma(t))\, \mathrm{d}s(t). \tag{184.2}$$

Ist γ sogar stetig differenzierbar, so hat man die Formel

$$\int_\gamma f(x)\, \mathrm{d}s = \int_a^b f(\gamma(t))\, |\dot\gamma(t)|\, \mathrm{d}t = \int_a^b f(\gamma(t))\, \sqrt{\dot\gamma_1^2(t) + \cdots + \dot\gamma_p^2(t)}\, \mathrm{d}t. \tag{184.3}$$

Der Beweis liegt auf der Hand. Das Netz (184.1) ist das Riemann-Stieltjessche Netz der auf $[a, b]$ stetigen Funktion $f \circ \gamma$ bezüglich der nach Satz 177.3 wachsenden Integratorfunktion s; aus Satz 92.1 ergibt sich also, daß es gegen das RS-Integral in (184.2) konvergiert. Die Gl. (184.3) erhält man sofort mit Hilfe des Satzes 92.3, weil $\dot s(t) = |\dot\gamma(t)|$ ist (s. Satz 177.5). ∎

Aufgaben

In den Aufgaben 1 bis 4 sind die angegebenen Wegintegrale zu berechnen. Die γ_k sind hierbei die Komponenten des Integrationsweges γ.

1. $\int_\gamma (x + y)\, \mathrm{d}s;\ \gamma_1(t) := \cos t,\ \gamma_2(t) := \sin t \quad (0 \le t \le \pi)$.

2. $\int_\gamma \dfrac{x}{x^2 + y^2}\, \mathrm{d}s;\ \gamma_1(t) := \cos t,\ \gamma_2(t) := \sin t \quad (-\pi/2 \le t \le \pi/2)$.

3. $\int_\gamma (x^2 + y)\,ds;\ \gamma_1(t) := t,\ \gamma_2(t) := \cosh t \quad (0 \le t \le 1)$.

4. $\int_\gamma \sqrt{x^2 + y^2 + z^2}\,ds;\ \gamma_1(t) := t\cos t,\ \gamma_2(t) := t\sin t,\ \gamma_3(t) := t \quad (0 \le t \le 2\pi)$.

$^+$**5.** Γ sei ein Jordanbogen, und $\gamma_1 : [a_1, b_1] \to \mathbf{R}^p$, $\gamma_2 : [a_2, b_2] \to \mathbf{R}^p$ seien zwei Jordandarstellungen desselben. Dann gilt für jede reellwertige und auf Γ stetige Funktion f stets

$$\int_{\gamma_1} f(x)\,ds = \int_{\gamma_2} f(x)\,ds.$$

185 Komplexe Wegintegrale

Die folgenden drei Nummern wenden sich nur an Leser, die den Unterkurs über komplexe Zahlen mitverfolgt haben.

In der komplexen Ebene $\mathbf{C}$ sei uns ein Weg $\gamma : [a, b] \to \mathbf{C}$ gegeben. Es ist dann

$$\gamma(t) = x(t) + i y(t)$$

mit reellwertigen stetigen Funktionen $x(t)$, $y(t)$ auf $[a, b]$, so daß γ vermöge

$$\gamma^*(t) := \begin{pmatrix} x(t) \\ y(t) \end{pmatrix} \qquad (a \le t \le b) \tag{185.1}$$

einen Weg $\gamma^* : [a, b] \to \mathbf{R}^2$ erzeugt. Für γ übernehmen wir wörtlich die Definition der Rektifizierbarkeit und Weglänge aus Nr. 177. Da für jede Zerlegung $Z := \{t_0, t_1, \ldots, t_n\}$ des Intervalls $[a, b]$ trivialerweise

$$\sum_{k=1}^n |\gamma(t_k) - \gamma(t_{k-1})| = \sum_{k=1}^n |\gamma^*(t_k) - \gamma^*(t_{k-1})|$$

ist, sieht man mit einem Blick, daß γ genau mit γ^* rektifizierbar ist und daß im Falle der Rektifizierbarkeit $L(\gamma) = L(\gamma^*)$ sein muß. Der Satz 177.1 lehrt nun, *daß γ genau dann rektifizierbar ist, wenn die reellen Komponentenfunktionen $x(t)$ und $y(t)$ auf $[a, b]$ von beschränkter Variation sind.*

Ist f eine komplexe Funktion, so sei im folgenden u ihr Real- und v ihr Imaginärteil, also

$$f(z) = u(z) + i v(z)$$

oder auch, mit $z = x + iy$,

$$f(z) = u(x, y) + i v(x, y).$$

Dabei haben wir wie in Nr. 176 etwas unpräzise $u(x, y):= u(x+\mathrm{i}y)$ und $v(x, y):= v(x+\mathrm{i}y)$ gesetzt. Bei Verwendung dieser Schreibweise fassen wir u und v als reellwertige Funktionen der zwei reellen Veränderlichen x und y auf.

Ist g eine komplexwertige stetige Funktion auf dem Intervall $[a, b]$ und $g = g_1 + \mathrm{i}g_2$ ihre Darstellung mittels Real- und Imaginärteil, so setzen wir

$$\int_a^b g(t)\,\mathrm{d}t := \int_a^b g_1(t)\,\mathrm{d}t + \mathrm{i}\int_a^b g_2(t)\,\mathrm{d}t. \tag{185.2}$$

Der Leser kann sich leicht davon überzeugen, daß man zu dieser Gleichung auch über die Definition des linken Integrals mittels Riemannscher Summen gekommen wäre.

Nach diesen Vorbereitungen nehmen wir die Definition des Wegintegrals einer stetigen komplexen Funktion f in Angriff.

185.1 Satz und Definition *Durch $\gamma(t):= x(t)+\mathrm{i}y(t)$ $(a \leqslant t \leqslant b)$ werde ein rektifizierbarer Weg in $\mathbf{C}$ gegeben, und γ^* sei der ihm korrespondierende Weg in $\mathbf{R}^2$. $f = u + \mathrm{i}v$ sei eine stetige komplexe Funktion auf dem Bogen Γ von γ. $Z := \{t_0, t_1, \ldots, t_n\}$ bedeute eine beliebige Zerlegung von $[a, b]$, $\tau := (\tau_1, \ldots, \tau_n)$ irgendeinen zugehörigen Zwischenvektor und schließlich sei $\zeta_k := \gamma(\tau_k)$. Dann ist das komplexwertige Netz*

$$(Z, \tau) \mapsto \sum_{k=1}^n f(\zeta_k)(\gamma(t_k) - \gamma(t_{k-1}))$$

auf $\mathfrak{Z}^*$ konvergent ($\mathfrak{Z}^*$ ist vor Satz 79.2 definiert). Sein Grenzwert wird mit

$$\int_\gamma f(z)\,\mathrm{d}z$$

bezeichnet und das (Weg)-Integral von f längs γ genannt. Dieses komplexe Wegintegral läßt sich mit Hilfe reeller Wegintegrale längs γ^* berechnen, und zwar ist

$$\int_\gamma f(z)\,\mathrm{d}z = \int_{\gamma^*} u\,\mathrm{d}x - v\,\mathrm{d}y + \mathrm{i}\int_{\gamma^*} v\,\mathrm{d}x + u\,\mathrm{d}y. \tag{185.3}$$

Ist γ sogar stetig differenzierbar, so haben wir die Formel

$$\int_\gamma f(z)\,\mathrm{d}z = \int_a^b f(\gamma(t))\,\dot{\gamma}(t)\,\mathrm{d}t$$

$$= \int_a^b [u(\gamma(t))\,\dot{x}(t) - v(\gamma(t))\,\dot{y}(t)]\,\mathrm{d}t \tag{185.4}$$

$$+ \mathrm{i}\int_a^b [v(\gamma(t))\,\dot{x}(t) + u(\gamma(t))\,\dot{y}(t)]\,\mathrm{d}t.$$

Der **Beweis** bereitet nicht die geringsten Schwierigkeiten; er leidet nur an der anstößigen Länge der auftretenden, im übrigen trivialen Formeln. Setzen wir

$$\Delta x_k := x(t_k) - x(t_{k-1}) \quad \text{und} \quad \Delta y_k := y(t_k) - y(t_{k-1}),$$

so ist

$$\sum_{k=1}^{n} f(\zeta_k)(\gamma(t_k) - \gamma(t_{k-1})) = \sum_{k=1}^{n} [u(\zeta_k) + i\,v(\zeta_k)]\,[\Delta x_k + i\,\Delta y_k]$$

$$= \sum_{k=1}^{n} [u(\zeta_k)\Delta x_k - v(\zeta_k)\Delta y_k] + i \sum_{k=1}^{n} [v(\zeta_k)\Delta x_k + u(\zeta_k)\Delta y_k]$$

$$= \sum_{k=1}^{n} \begin{pmatrix} u(\gamma^*(\tau_k)) \\ -v(\gamma^*(\tau_k)) \end{pmatrix} \cdot (\gamma^*(t_k) - \gamma^*(t_{k-1}))$$

$$+ i \sum_{k=1}^{n} \begin{pmatrix} v(\gamma^*(\tau_k)) \\ u(\gamma^*(\tau_k)) \end{pmatrix} \cdot (\gamma^*(t_k) - \gamma^*(t_{k-1})).$$

Nach Satz 180.1 strebt die erste Summe (im Sinne der Netzkonvergenz auf $\mathfrak{Z}^*$) ge-
gen $\int_{\gamma^*} u\,dx - v\,dy$, die zweite gegen $\int_{\gamma^*} v\,dx + u\,dy$. Zieht man jetzt noch A 44.7 heran, so erhält man aus diesen Betrachtungen die Existenzbehauptung unseres Satzes
und die Formel (185.3). Die Gleichung (185.4) ergibt sich nun sofort aus Satz 180.3;
man erinnere sich dabei der Definition (185.2). ∎

Als **Beispiel** berechnen wir einige Integrale, ohne die wir im folgenden nicht mehr
auskommen werden. Ist bei festem $z_0 \in \mathbf{C}$ und positivem r

$$\gamma(t) := z_0 + r\,e^{it} = z_0 + r(\cos t + i \sin t) \qquad (0 \leqslant t \leqslant 2\pi), \tag{185.5}$$

beschreibt also γ den positiv orientierten Kreisbogen mit dem Mittelpunkt z_0 und
dem Radius r, so haben wir

$$\int_\gamma (z - z_0)^m\,dz = 0 \quad \text{für alle ganzen } m \neq -1, \tag{185.6}$$

$$\int_\gamma \frac{1}{z - z_0}\,dz = 2\pi i. \tag{185.7}$$

Nach (185.4) ist nämlich für jedes $m \in \mathbf{Z}$

$$\int_\gamma (z - z_0)^m\,dz = \int_0^{2\pi} r^{m+1}(\cos mt + i \sin mt)(-\sin t + i \cos t)\,dt$$

$$= -r^{m+1} \int_0^{2\pi} \sin(m+1)t\,dt + i\,r^{m+1} \int_0^{2\pi} \cos(m+1)t\,dt$$

$$= i\,r^{m+1} \int_0^{2\pi} \cos(m+1)t\,dt$$

(das Sinusintegral verschwindet für alle m). Und da

$$\int_0^{2\pi} \cos(m+1)t\,\mathrm{d}t = \begin{cases} 2\pi & \text{für } m=-1, \\ 0 & \text{für jedes ganze } m \neq -1 \end{cases}$$

ist, sehen wir nun mit einem Blick, daß jede der Gleichungen (185.6) und (185.7) zutrifft. ∎

Statt $\int_\gamma f(z)\,\mathrm{d}z$ schreiben wir auch $\int_\Gamma f(z)\,\mathrm{d}z$, wenn unmißverständlich feststeht, daß für den Bogen Γ die Parameterdarstellung $z=\gamma(t)$ $(a\leqslant t\leqslant b)$ verwendet werden soll. Dies ist z. B. der Fall bei dem positiv orientierten Kreisbogen um z_0 mit Radius r, für den wir die kanonische Darstellung (185.5) haben, ebenso für die Strecke von z_0 nach z_1, die wir immer durch $\gamma(t):=z_0+t(z_1-z_0)$ $(0\leqslant t\leqslant 1)$ beschreiben.

Der Satz 180.2 gilt in allen Teilen ganz entsprechend auch für komplexe Wegintegrale; wir brauchen darüber keine Worte mehr zu verlieren und dürfen uns gleich den sehr viel tieferen Untersuchungen des nächsten Abschnitts zuwenden.

Aufgaben

In den folgenden Aufgaben sind die angegebenen Integrale zu berechnen.

1. $\int_\Gamma (a_0+a_1 z+\cdots+a_n z^n)\,\mathrm{d}z$; Γ die positiv orientierte Kreislinie um z_0 mit dem Radius r.

2. $\int_{\Gamma_k} |z|\,\mathrm{d}z$ $(k=1, 2)$; dabei sei Γ_1 die Strecke von $-\mathrm{i}$ nach i und Γ_2 die rechte Hälfte der positiv orientierten Einheitskreislinie.

3. $\int_{\Gamma_k} \bar{z}\,\mathrm{d}z$ $(k=1, 2)$; dabei sei Γ_1 die Strecke von 0 nach $1+\mathrm{i}$ und Γ_2 der Polygonzug von 0 nach 1 und dann nach $1+\mathrm{i}$.

4. $\int_\Gamma \mathrm{Im}(z)\,\mathrm{d}z$; Γ die positiv orientierte Einheitskreislinie.

186 Der Cauchysche Integralsatz und die Cauchysche Integralformel

Ist f eine stetige komplexe Funktion auf dem Gebiet $G\subset \mathbb{C}$ und hat für je zwei Punkte $a, b\in G$ das Integral $\int_\gamma f(z)\,\mathrm{d}z$ längs jedes ganz in G verlaufenden stückweise stetig differenzierbaren Weges γ mit dem Anfangspunkt a und dem Endpunkt b stets ein und denselben Wert, so sagen wir, das Integral über f sei **wegunabhängig**. Statt $\int_\gamma f(z)\,\mathrm{d}z$ schreiben wir dann auch häufig

$$\int_a^b f(z)\,\mathrm{d}z.$$

Wir setzen nun voraus, $f = u + iv$ sei auf dem Gebiet G holomorph, also dort stetig differenzierbar[1]. Dann gelten nach Satz 176.2 in ganz G die Cauchy-Riemannschen Differentialgleichungen

$$\frac{\partial u}{\partial x} = \frac{\partial v}{\partial y}, \qquad \frac{\partial u}{\partial y} = -\frac{\partial v}{\partial x}, \tag{186.1}$$

die gerade besagen, daß die beiden Vektorfelder

$$\begin{pmatrix} v \\ u \end{pmatrix} \quad \text{und} \quad \begin{pmatrix} u \\ -v \end{pmatrix} \tag{186.2}$$

der Integrabilitätsbedingung (182.2) genügen. Ist nun G sogar sternförmig, so lehrt der Satz 182.2, daß diese beiden Felder Gradientenfelder auf G sind, und mit Satz 181.2 folgt daraus, daß die Integrale

$$\int_{\gamma^*} v\,dx + u\,dy \quad \text{und} \quad \int_{\gamma^*} u\,dx - v\,dy$$

nur vom Anfangs- und Endpunkt des stückweise stetig differenzierbaren Weges γ^*, nicht aber von seinem sonstigen Verlauf in G abhängen. Und nun brauchen wir nur noch einen Blick auf die Gl. (185.3) zu werfen, um den folgenden Fundamentalsatz der Funktionentheorie aussprechen zu können:

186.1 Cauchyscher Integralsatz *Die Funktion f sei holomorph auf dem sternförmigen Gebiet G. Dann ist ihr Integral wegunabhängig oder gleichbedeutend: Für jeden geschlossenen, ganz in G verlaufenden und stückweise stetig differenzierbaren Weg γ ist ausnahmslos*

$$\int_{\gamma} f(z)\,dz = 0.\text{[2]}$$

In Wirklichkeit gilt der Cauchysche Integralsatz bereits unter sehr viel milderen Annahmen über das Gebiet und die Integrationswege. Für unsere Zwecke reicht die oben gegebene Fassung aber völlig aus.

Wegunabhängige Integrale lassen sich wie im Reellen mit Hilfe von Stammfunktionen berechnen. Dabei nennen wir F eine **Stammfunktion** zu f auf der offenen Menge G, wenn F' auf G existiert und $= f$ ist. Genauer gilt der

186.2 Satz *Die Funktion f sei stetig auf dem Gebiet G, und ihr Integral sei wegunabhängig. Dann ist für beliebiges, aber festes $a \in G$ die Funktion*

---

[1] Wir erinnern daran (was wir nicht bewiesen haben und auch nicht beweisen werden), daß die Funktion f bereits dann auf G stetig differenzierbar ist, wenn sie dort bloß differenzierbar ist.

[2] Daß die zweite Aussage mit der ersten gleichwertig ist, sieht man wie in der Lösung zu A 181.1.

$$F_0(z) := \int_a^z f(\zeta)\,d\zeta \qquad (z \in G)$$

eine holomorphe Stammfunktion zu f. Ist F irgendeine Stammfunktion zu f, so gilt

$$\int_a^b f(\zeta)\,d\zeta = F(b) - F(a) \quad \text{für je zwei Punkte } a, b \text{ aus } G.$$

Beweis. Setzen wir wieder $f = u + iv$, so folgt aus unseren Voraussetzungen in Verbindung mit (185.3), daß die Integrale über die stetigen Vektorfelder in (186.2) wegunabhängig sind. Nach Satz 181.3 gibt es also zwei reellwertige und stetig differenzierbare Funktionen $\varphi(x, y)$ und $\psi(x, y)$, definiert durch Wegintegrale über die besagten Vektorfelder, so daß

$$\frac{\partial \varphi}{\partial x} = u, \quad \frac{\partial \varphi}{\partial y} = -v \quad \text{und} \quad \frac{\partial \psi}{\partial x} = v, \quad \frac{\partial \psi}{\partial y} = u$$

ist. Infolgedessen gelten die Cauchy-Riemannschen Differentialgleichungen

$$\frac{\partial \varphi}{\partial x} = \frac{\partial \psi}{\partial y}, \qquad \frac{\partial \varphi}{\partial y} = -\frac{\partial \psi}{\partial x}.$$

Nach Satz 176.2 ist also die Funktion $\varphi + i\psi$ auf G holomorph. Die oben angeführte Darstellung von φ und ψ durch Wegintegrale zeigt, wenn wir nochmals (185.3) heranziehen, daß $\varphi + i\psi = F_0$ ist. Nach Satz 176.1 gilt

$$F_0' = \frac{\partial \varphi}{\partial x} + i\,\frac{\partial \psi}{\partial x} = u + iv = f.$$

Damit haben wir die erste Behauptung des Satzes bewiesen. Die zweite folgt so: Wegen $F' = F_0'$ ist $F = F_0 + c$ (s. A 176.5) und somit

$$\int_a^b f(\zeta)\,d\zeta = F_0(b) = F_0(b) - F_0(a) = F(b) - F(a). \qquad \blacksquare$$

In der Folge werden wir mehrfach stillschweigend von einer sehr einleuchtenden Tatsache Gebrauch machen:

Ist z ein Punkt der offenen Menge $G \subset \mathbf{C}$ und liegt die abgeschlossene ε-Umgebung $U_\varepsilon[z]$ ganz in G, so gibt es eine $U_\varepsilon[z]$ enthaltende und immer noch ganz in G liegende δ-Umgebung von z, in Zeichen:

$$U_\varepsilon[z] \subset U_\delta(z) \subset G$$

(s. Fig. 186.1). Insbesondere liegt also die Peripherie der Kreisscheibe $U_\varepsilon[z]$ in einem konvexen (erst recht also sternförmigen) Teilgebiet von G, nämlich in $U_\delta(z)$.

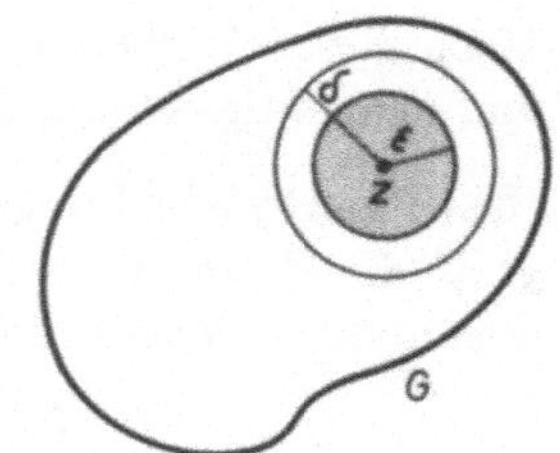

Fig. 186.1

Den Beweis dieser Aussage kann der Leser leicht mit Hilfe des Heine-Borelschen Überdeckungssatzes erbringen (er lege um jeden Punkt der kompakten Peripherie von $U_\varepsilon[z]$ eine offene, noch ganz zu G gehörende Kreisscheibe). Oder er führe mit Hilfe des Satzes von Bolzano-Weierstraß einen Widerspruchsbeweis.

Bevor wir eine der tiefstgreifenden Konsequenzen des Cauchyschen Integralsatzes formulieren, beweisen wir den sehr einfachen

186.3 Hilfssatz *G sei eine offene Teilmenge von* **C** *und z ein Punkt derselben. Die positiv orientierte Kreislinie Γ_0 mit dem Mittelpunkt z und eine zweite, ebenfalls positiv orientierte Kreislinie Γ mögen so in G verlaufen, wie es die* Fig. 186.2 *andeutet. Die Funktion g sei auf G mit möglicher Ausnahme des Punktes z holomorph. Dann ist*

$$\int_\Gamma g(\zeta)\,\mathrm{d}\zeta = \int_{\Gamma_0} g(\zeta)\,\mathrm{d}\zeta.$$

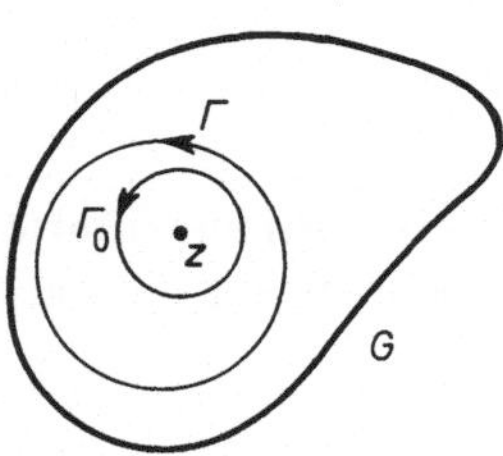

Fig. 186.2

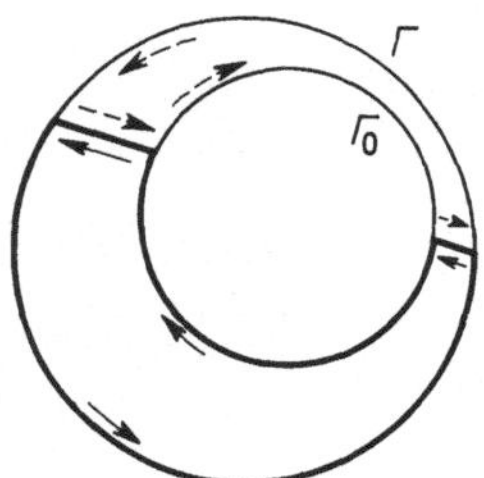

Fig. 186.3

Beweis. Das Integral über g längs des fett ausgezogenen Weges in Fig. 186.3 verschwindet wegen des Cauchyschen Integralsatzes ebenso wie das Integral längs des oberen, durch gestrichelte Pfeile angedeuteten Weges (beide Wege können offenbar in sternförmige Holomorphiegebiete von g eingebettet werden). Die Summe beider Integrale ist also 0. Da sich aber bei dieser Addition die vier Integrale über die beiden eingezeichneten Strecken fortheben, sieht man, daß das Integral über den positiv orientierten Kreisbogen Γ zusammen mit dem Integral über den umorientierten (im Uhrzeigersinn durchlaufenen) Kreisbogen Γ_0 gerade Null ergibt. Das ist aber genau die Behauptung. ∎

Nach diesen Vorbereitungen ist die folgende Aussage, eine der bemerkenswertesten und eigenartigsten der komplexen Analysis, ganz mühelos zu beweisen:

186.4 Cauchysche Integralformel *Die Funktion f sei holomorph auf der offenen Menge G, K sei eine ganz in G liegende abgeschlossene Kreisscheibe und Γ ihre positiv orientierte Peripherie. Dann ist*

$$f(z) = \frac{1}{2\pi i}\int_\Gamma \frac{f(\zeta)}{\zeta - z}\,\mathrm{d}\zeta \quad \textit{für jedes } z \textit{ aus dem Innern } \mathring{K} \textit{ von } K.$$

Dieser Satz ist deshalb so überraschend und fast paradox, weil er besagt, daß die Funktion f im Innern der Kreisscheibe K bereits vollständig durch ihre Werte auf dem Rand derselben bestimmt ist. Oder anders und etwas lockerer ausgedrückt: Die Holomorphie erzwingt ein so übersichtliches und gesetzmäßiges Änderungsverhalten der Funktion f, sie bindet die Werte von f so eng aneinander, daß bereits der Funktionsverlauf auf dem Rande einer Kreisscheibe K das Funktionsverhalten im Innern von K völlig eindeutig festlegt. Wir nehmen uns nun den Beweis vor:

Γ_0 sei irgendeine positiv orientierte Kreislinie mit dem Mittelpunkt z, die ganz in K verläuft, so daß wir die in Fig. 186.2 angedeutete Situation haben. Wegen (185.7) und dem obigen Hilfssatz ist dann

$$\frac{1}{2\pi i}\int_\Gamma \frac{f(\zeta)}{\zeta-z}\,d\zeta = \frac{1}{2\pi i}\int_\Gamma \frac{f(z)}{\zeta-z}\,d\zeta + \frac{1}{2\pi i}\int_\Gamma \frac{f(\zeta)-f(z)}{\zeta-z}\,d\zeta$$

$$= f(z) + \frac{1}{2\pi i}\int_{\Gamma_0} \frac{f(\zeta)-f(z)}{\zeta-z}\,d\zeta. \tag{186.3}$$

Als nächstes geben wir uns ein $\varepsilon > 0$ willkürlich vor und bestimmen auf Grund der Stetigkeit von f ein $\delta > 0$, so daß für alle ζ mit $|\zeta-z| < \delta$ stets $|f(\zeta)-f(z)| < \varepsilon$ bleibt. Wählen wir nun die Kreislinie Γ_0 so, daß ihr Radius $r < \delta$ ist, so haben wir

$$\left|\frac{f(\zeta)-f(z)}{\zeta-z}\right| < \frac{\varepsilon}{r} \qquad \text{für alle } \zeta \in \Gamma_0, \text{ also ist}$$

$$\left|\frac{1}{2\pi i}\int_{\Gamma_0} \frac{f(\zeta)-f(z)}{\zeta-z}\,d\zeta\right| \leqslant \frac{1}{2\pi}\frac{\varepsilon}{r}2\pi r = \varepsilon.$$

Wegen (186.3) folgt daraus

$$\left|\frac{1}{2\pi i}\int_\Gamma \frac{f(\zeta)}{\zeta-z}\,d\zeta - f(z)\right| < \varepsilon,$$

und da ε irgendeine positive Zahl sein durfte, ist mit dieser Abschätzung die Cauchysche Integralformel bereits bewiesen. ∎

Aufgaben

+1. K sei eine abgeschlossene Kreisscheibe und Γ ihre (positiv oder negativ orientierte) Peripherie. Die Funktion f sei stetig auf K und holomorph auf $\overset{\circ}{K}$. Dann ist

$$\int_\Gamma f(z)\,dz = 0.$$

Hinweis: Integriere zunächst über eine in $\overset{\circ}{K}$ verlaufende Kreislinie und vollziehe dann einen Grenzübergang.

2. Poissonsche Integrale K sei die abgeschlossene Kreisscheibe mit dem Mittelpunkt 0 und dem Radius R. Die Funktion $f = u + iv$ sei auf einer offenen, K enthaltenden Menge holomorph. Dann gilt für jeden Punkt $z \in \overset{\circ}{K}$, also für jedes $z = re^{i\varphi}$ mit $0 \leqslant r < R$, die Gleichung

$$f(re^{i\varphi}) = \frac{1}{2\pi} \int_0^{2\pi} f(Re^{it}) \frac{R^2 - r^2}{R^2 - 2Rr\cos(t - \varphi) + r^2} dt.$$

Durch Zerlegung in Real- und Imaginärteil erhält man die sogenannten Poissonschen Integraldarstellungen für u und v:

$$u(re^{i\varphi}) = \frac{1}{2\pi} \int_0^{2\pi} u(Re^{it}) \frac{R^2 - r^2}{R^2 - 2Rr\cos(t - \varphi) + r^2} dt,$$

$$v(re^{i\varphi}) = \frac{1}{2\pi} \int_0^{2\pi} v(Re^{it}) \frac{R^2 - r^2}{R^2 - 2Rr\cos(t - \varphi) + r^2} dt.$$

Insbesondere ist

$$u(0) = \frac{1}{2\pi} \int_0^{2\pi} u(Re^{it}) dt, \qquad v(0) = \frac{1}{2\pi} \int_0^{2\pi} v(Re^{it}) dt.$$

Hinweis: Der Punkt $z^* := \dfrac{R^2}{r} e^{i\varphi}$ liegt außerhalb von K. Bezeichnet Γ die positiv orientierte Peripherie von K, so ist also

$$\frac{1}{2\pi i} \int_\Gamma \frac{f(\zeta)}{\zeta - z^*} d\zeta = 0$$

und somit

$$f(z) = \frac{1}{2\pi i} \int_\Gamma f(\zeta) \left(\frac{1}{\zeta - z} - \frac{1}{\zeta - z^*} \right) d\zeta.$$

Führe nun die Polardarstellungen von z, z^* und ζ ein.

$^+$**3.** Unter den Voraussetzungen und mit den Bezeichnungen der Aufgabe 2 ist

$$u(re^{i\varphi}) = u(0) + \frac{1}{2\pi} \int_0^{2\pi} v(Re^{it}) \frac{2rR\sin(t - \varphi)}{R^2 - 2Rr\cos(t - \varphi) + r^2} dt,$$

$$v(re^{i\varphi}) = v(0) - \frac{1}{2\pi} \int_0^{2\pi} u(Re^{it}) \frac{2rR\sin(t - \varphi)}{R^2 - 2Rr\cos(t - \varphi) + r^2} dt.$$

u ist also durch seinen Wert im Nullpunkt und durch die Randwerte von v eindeutig bestimmt. Entsprechendes gilt für v.

Hinweis: Mit dem Punkt z^* aus Aufgabe 2 ist

$$f(z) = \frac{1}{2\pi i} \int_\Gamma f(\zeta) \left(\frac{1}{\zeta - z} + \frac{1}{\zeta - z^*} \right) d\zeta.$$

187 Folgerungen aus der Cauchyschen Integralformel

Aus der Cauchyschen Integralformel ergeben sich fast mühelos eine Fülle frappierender Aussagen über holomorphe Funktionen, die in der reellen Analysis nicht ihresgleichen haben. Vorbereitend bringen wir zuerst den ganz einfachen

187.1 Satz *γ sei ein rektifizierbarer Weg in $\mathbf{C}$ und Γ der zugehörige Bogen. Sind nun die komplexen Funktionen $f_1, f_2, \ldots$ alle stetig auf Γ und strebt die Folge (f_n) gleichmäßig auf Γ gegen f, so ist auch f stetig auf Γ, und es konvergiert*

$$\int_\gamma f_n(z)\,dz \to \int_\gamma f(z)\,dz. \tag{187.1}$$

Unter den Voraussetzungen des Satzes darf also die Folge (f_n) gliedweise längs γ integriert werden.

Die Stetigkeit der Grenzfunktion f ergibt sich aus Satz 104.2, und die Beziehung (187.1) wird ganz ähnlich wie (104.10) bewiesen. ∎

Es versteht sich nun von selbst, daß auch eine unendliche Reihe stetiger Funktionen, die auf γ gleichmäßig konvergiert, gliedweise integriert werden darf.

In A 64.7 hatten wir festgestellt, daß eine reelle Funktion keine Potenzreihenentwicklung zu besitzen braucht, selbst wenn sie unendlich oft differenzierbar ist. Ganz anders und viel einfacher liegen die Dinge im Komplexen. Hier gilt der schöne

187.2 Entwicklungssatz *Eine holomorphe Funktion f läßt sich um jeden Punkt z_0 ihres (offenen) Definitionsbereichs G in eine Potenzreihe $\sum a_n(z - z_0)^n$ entwickeln. Dieselbe ist eindeutig bestimmt und konvergiert mindestens in dem größten offenen Kreis um z_0, der noch ganz in G liegt.*

B e w e i s. K sei ein offener, ganz in G liegender Kreis um z_0 mit Radius r und z ein beliebiger Punkt aus K. Dann ist

$$r_0 := |z - z_0| < r,$$

und daher gibt es eine Zahl ρ mit $r_0 < \rho < r$. Ist Γ der positiv orientierte Kreisbogen um z_0 mit Radius ρ, so muß nach der Cauchyschen Integralformel

$$f(z) = \frac{1}{2\pi i} \int_\Gamma \frac{f(\zeta)}{\zeta - z}\,d\zeta \tag{187.2}$$

sein. Für jedes $\zeta \in \Gamma$ gilt daher, da $|z - z_0|/|\zeta - z_0| = r_0/\rho < 1$ ist,

$$\frac{f(\zeta)}{\zeta - z} = \frac{f(\zeta)}{(\zeta - z_0) - (z - z_0)} = \frac{f(\zeta)}{\zeta - z_0}\,\frac{1}{1 - \dfrac{z - z_0}{\zeta - z_0}} \tag{187.3}$$

$$= \frac{f(\zeta)}{\zeta - z_0} \sum_{n=0}^{\infty} \left(\frac{z - z_0}{\zeta - z_0}\right)^n = \sum_{n=0}^{\infty} \frac{f(\zeta)}{(\zeta - z_0)^{n+1}}(z - z_0)^n.$$

Die Funktion f ist auf dem kompakten Bogen Γ beschränkt; es sei etwa $|f(\zeta)| \leq M$ für alle $\zeta \in \Gamma$. Dann haben wir für ebendiese ζ die Abschätzung

$$\left| \frac{f(\zeta)}{(\zeta - z_0)^{n+1}} (z - z_0)^n \right| \leq \frac{M}{\rho^{n+1}} r_0^n = \frac{M}{\rho} \left(\frac{r_0}{\rho} \right)^n,$$

aus der wegen $r_0/\rho < 1$ mit Hilfe des Weierstraßschen Majorantenkriteriums folgt, daß die letzte Reihe in (187.3) für alle $\zeta \in \Gamma$ gleichmäßig konvergiert. Und nun brauchen wir nur noch gliedweise längs Γ zu integrieren, um aus (187.2) und (187.3) die Gleichung

$$f(z) = \sum_{n=0}^{\infty} \left(\frac{1}{2\pi i} \int_\Gamma \frac{f(\zeta)}{(\zeta - z_0)^{n+1}} \, d\zeta \right) (z - z_0)^n, \tag{187.4}$$

also die behauptete Potenzreihenentwicklung von f um z_0 zu erhalten. Daß letztere eindeutig bestimmt ist, lehrt der Identitätssatz für Potenzreihen.   ∎

Nun wissen wir aber, daß eine Potenzreihe auf ihrem Konvergenzkreis beliebig oft differenzierbar ist (s. Satz 64.2). Aus dem Entwicklungssatz erhalten wir also mit einem Schlag den überraschenden

187.3 Satz *Eine holomorphe Funktion ist auf ihrem (offenen) Definitionsbereich unendlich oft differenzierbar.*

Interessanterweise werden uns durch (187.4) die Koeffizienten der Potenzreihenentwicklung $f(z) = \sum a_n (z - z_0)^n$ von f um z_0 in *Integralform* gegeben:

$$a_n = \frac{1}{2\pi i} \int_\Gamma \frac{f(\zeta)}{(\zeta - z_0)^{n+1}} \, d\zeta. \tag{187.5}$$

Daraus erhält man sofort die Cauchysche Abschätzungsformel

$$|a_n| \leq \frac{M}{\rho^n} \quad \text{mit} \quad M := \max_{\zeta \in \Gamma} |f(\zeta)| \quad \text{und} \quad \rho := \text{Radius von } \Gamma. \tag{187.6}$$

Nach (64.5) ist aber auch

$$a_n = \frac{f^{(n)}(z_0)}{n!}. \tag{187.7}$$

Aus den Gleichungen (187.5) und (187.7) gewinnen wir nun sofort — wir schreiben z statt z_0 — den folgenden Satz, der gewissermaßen die „Fortsetzung" der Cauchyschen Integralformel 186.4 ist:

187.4 Cauchysche Ableitungsformeln *Unter den Voraussetzungen und mit den Bezeichnungen des Satzes* 186.4 *ist*

$$f^{(n)}(z) = \frac{n!}{2\pi i} \int_\Gamma \frac{f(\zeta)}{(\zeta - z)^{n+1}} \, d\zeta \quad \textit{für jedes } z \in \mathring{K} \textit{ und jedes natürliche } n.$$

Nachdem wir so weit gekommen sind, erweist sich der Cauchysche Integralsatz in fast trivialer Weise als umkehrbar (und damit als *charakteristisch* für holomorphe Funktionen auf sternförmigen Gebieten). Es gilt nämlich der

187.5 Satz von Morera[1] *Ist f eine stetige Funktion mit wegunabhängigem Integral auf dem sternförmigen Gebiet G, so muß f auf G holomorph sein.*

Nach Satz 186.2 ist nämlich bei festem $a \in G$ die Funktion

$$F_0(z) := \int_a^z f(\zeta)\,d\zeta \qquad (z \in G)$$

eine holomorphe Stammfunktion zu f auf G. Wegen Satz 187.3 ist also die Funktion $f = F_0'$ beliebig oft differenzierbar und somit gewiß holomorph.   ∎

Auch die Frage, die wir in Nr. 64 notgedrungen offen lassen mußten, wann denn nun eine *reelle* Funktion f um einen Punkt x_0 ihres Definitionsintervalls in eine Potenzreihe entwickelbar sei, findet jetzt eine ganz einfache Antwort: Sie ist es genau dann, wenn f sich in einen Kreis um x_0 „holomorph fortsetzen" läßt, schärfer:

187.6 Satz *f sei eine reellwertige Funktion auf dem offenen Intervall $I \subset \mathbf{R}$. Genau dann läßt sich f in eine (reelle) Potenzreihe um $x_0 \in I$ entwickeln, wenn es eine Funktion g gibt, die auf einer Kreisscheibe $K := \{z \in \mathbf{C} : |z - x_0| < \rho\}$ um x_0 holomorph ist und auf $K \cap I$ mit f übereinstimmt.*

Beweis. Wir nehmen zuerst an, f sei um x_0 in eine Potenzreihe entwickelbar, es sei also

$$f(x) = \sum_{n=0}^{\infty} a_n(x - x_0)^n \quad \text{für } |x - x_0| < \rho.$$

Der Konvergenzradius r dieser Potenzreihe ist dann gewiß $\geq \rho$, und wegen Satz 63.1 gilt dies dann auch für den ebenso großen Konvergenzradius der komplexen Potenzreihe $\sum_{n=0}^{\infty} a_n(z - x_0)^n$. Deren Summenfunktion g ist also gewiß auf $K := \{z \in \mathbf{C} : |z - x_0| < \rho\}$ holomorph und stimmt auf $K \cap I$ mit f überein. Die Umkehrung ergibt sich fast unmittelbar aus dem Entwicklungssatz; man braucht nur zu beachten, daß sich die Koeffizienten a_n der Entwicklung von g wegen $g = f$ auf $K \cap I$ auch durch $f^{(n)}(x_0)/n!$ darstellen lassen, also notwendig reell sein müssen.   ∎

Anläßlich der Cauchyschen Integralformel hatten wir darauf hingewiesen, wie ungewöhnlich eng die Werte einer holomorphen Funktion miteinander verkettet sind. Aber der nächste Satz geht noch weit über die dort formulierten Einsichten hinaus und darf wohl zu dem Erstaunlichsten gerechnet werden, mit dem die Mathematik aufwarten kann.

---

[1] Giacinto Morera (1856–1909; 53).

187.7 Identitätssatz für holomorphe Funktionen *Sind zwei Funktionen f und g auf einem Gebiet G holomorph und stimmen sie auch nur auf einer abzählbaren Teilmenge von G überein, die sich in einem Punkte z_0 von G häuft, so sind sie völlig identisch: Es ist $f(z) = g(z)$ für ausnahmslos alle z aus G.*

Beweis. w sei ein beliebiger Punkt aus G. Wir müssen zeigen, daß $f(w) = g(w)$ ist. Zu diesem Zweck verbinden wir z_0 und w durch einen Bogen $\Gamma \subset G$ und betrachten die Menge M aller $\zeta \in \Gamma$ mit folgender Eigenschaft: Zu ζ gibt es eine gewisse offene Kreisscheibe K_ζ, auf der f und g übereinstimmen. M ist nicht leer, denn z_0 liegt in M: Nach dem Entwicklungssatz können wir nämlich f und g in Potenzreihen um z_0 entwickeln, und dank unserer Voraussetzung über z_0 lehrt nun der Identitätssatz für Potenzreihen, daß f und g auf einer gewissen offenen Kreisscheibe übereinstimmen. M ist fast trivialerweise relativ offen (also offen in der von **C** ererbten Topologie von Γ): Liegt nämlich ζ_0 in M, so ist $\Gamma \cap K_{\zeta_0}$ eine offene Umgebung von ζ_0 in Γ, und ganz offenbar gehört jedes $\zeta \in \Gamma \cap K_{\zeta_0}$ zu M. Aber M ist auch relativ abgeschlossen: Strebt nämlich die Folge der $\zeta_n \in M$ gegen $\zeta \in \Gamma$, so zeigt das anfänglich bei der Betrachtung von z_0 ins Feld geführte Argument, daß auch ζ zu M gehört. Insgesamt ist also die Teilmenge M des topologischen Raumes Γ nichtleer, offen und abgeschlossen. Da aber Γ nach Satz 161.1 zusammenhängend ist, muß $M = \Gamma$, insbesondere also $f(w) = g(w)$ sein (s. A 160.1). ∎

Aus der Cauchyschen Integralformel gewinnen wir nun einen weiteren Fundamentalsatz über holomorphe Funktionen, das sogenannte

187.8 Maximumprinzip *Ist f auf dem Gebiet G holomorph, so besitzt $|f|$ kein Maximum in G, außer wenn f konstant ist*[1].

Dem Beweis schicken wir einen einfachen, auch an sich interessanten Hilfssatz voraus.

187.9 Hilfssatz *Eine auf dem Gebiet G holomorphe Funktion f ist genau dann konstant, wenn $|f|$ konstant ist.*

Offenbar brauchen wir nur zu zeigen, daß sich aus der Konstanz von $|f|$ notwendig die von $f = u + iv$ ergibt. Wegen A 176.5 läuft dies auf den Nachweis hinaus, daß $f' = 0$ ist. Da im Falle $|f| = 0$ nichts zu beweisen ist, dürfen wir annehmen, daß

$$c := |f| = \sqrt{u^2 + v^2} > 0, \quad \text{also} \quad u^2 + v^2 = c^2 > 0 \tag{187.8}$$

ist. Durch partielle Differentiation erhalten wir daraus

$$\frac{\partial u}{\partial x} u + \frac{\partial v}{\partial x} v = 0,$$

$$\frac{\partial u}{\partial y} u + \frac{\partial v}{\partial y} v = 0 \tag{187.9}$$

---

[1] Vgl. die viel schwächere Aussage des Satzes 171.2b und der Aufgabe 176.4.

auf G. Würde nun in irgendeinem Punkt $z_0 \in G$ die Ableitung $f'(z_0)$ nicht verschwinden, so ergäbe sich aus (176.5) und den Cauchy-Riemannschen Differentialgleichungen, daß an ebendieser Stelle (die wir in die partiellen Ableitungen nicht eintragen)

$$\left(\frac{\partial u}{\partial x}\right)^2 + \left(\frac{\partial v}{\partial x}\right)^2 = \frac{\partial u}{\partial x}\frac{\partial v}{\partial y} - \frac{\partial u}{\partial y}\frac{\partial v}{\partial x} \neq 0$$

wäre. Das Gleichungssystem (187.9) hätte also an der Stelle z_0 die einzige Lösung $u(z_0) = v(z_0) = 0$, wie sich etwa mit Hilfe der Cramerschen Regel oder auch durch direktes Ausrechnen ergäbe — das aber ist wegen (187.8) nicht möglich. f' kann also in Wirklichkeit nirgendwo $\neq 0$ sein. ∎

Nun nehmen wir den Beweis des Maximumprinzips in Angriff. Wir führen ihn durch Widerspruch, nehmen also an, f sei nicht konstant, und es gäbe dennoch eine Stelle z_0 in G mit

$$|f(z)| \leqslant |f(z_0)| =: M \quad \text{für alle } z \in G.$$

Wegen des obigen Hilfssatzes muß ein $z_1 \in G$ mit

$$|f(z_1)| < M$$

vorhanden sein. Sei nun $\gamma_0 : [a, b] \to \mathbf{C}$ ein Weg, der ganz in G von z_0 nach z_1 verläuft und Γ_0 der zugehörige Bogen. Ferner sei

$$\tau := \sup \{t \in [a, b] : |f(\gamma(t))| = M\} \quad \text{und} \quad z_2 := \gamma(\tau).$$

Offenbar ist

$$|f(z_2)| = M, \quad \tau < b \quad \text{und} \quad z_2 \neq z_1.$$

Wir können also ein $r > 0$ so wählen, daß die abgeschlossene Kreisscheibe K um z_2 mit Radius r ganz in G liegt und z_1 nicht enthält. Ihre positiv orientierte Peripherie Γ wird durch

$$\gamma(t) := z_2 + r\cos t + i r \sin t$$

$$(0 \leqslant t \leqslant 2\pi)$$

beschrieben (s. Fig. 187.1). Nach der Cauchyschen Integralformel und (185.4) ist dann

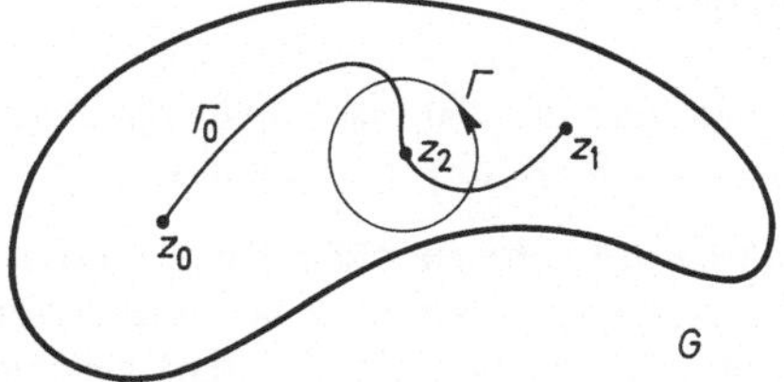

Fig. 187.1

$$f(z_2) = \frac{1}{2\pi i} \int_\Gamma \frac{f(\zeta)}{\zeta - z_2} \, d\zeta = \frac{1}{2\pi i} \int_0^{2\pi} \frac{f(z_2 + r\cos t + i r\sin t)}{r\cos t + i r\sin t}(-r\sin t + i r\cos t) \, dt$$

$$= \frac{1}{2\pi} \int_0^{2\pi} g(t) \, dt \quad \text{mit} \quad g(t) := f(z_2 + r\cos t + i r\sin t) \quad \text{für } 0 \leqslant t \leqslant 2\pi.$$

Aus dieser Gleichung folgt die Abschätzung

$$M = |f(z_2)| \leqslant \frac{1}{2\pi} \int_0^{2\pi} |g(t)|\,dt \leqslant \frac{1}{2\pi} \cdot 2\pi M = M;$$

also ist

$$\frac{1}{2\pi} \int_0^{2\pi} |g(t)|\,dt = M \quad \text{und somit} \quad \frac{1}{2\pi} \int_0^{2\pi} [M - |g(t)|]\,dt = 0.$$

Wegen A 81.1 muß daher $|g(t)| = M$ für alle $t \in [0, 2\pi]$, d. h.

$$|f(\zeta)| = M \quad \text{für alle} \quad \zeta \in \Gamma \tag{187.10}$$

sein. Nun schneidet aber das von z_2 nach z_1 führende Stück des Bogens Γ_0 die Kreis-linie Γ in (mindestens) einem Punkt ζ_0, d. h., es gibt ein $t_0 \in (\tau, b)$ mit $\zeta_0 := \gamma_0(t_0) \in \Gamma$ (s. wieder Fig. 187.1); diese „anschaulich evidente" Tatsache kann der Leser auch leicht in aller Strenge analytisch beweisen, indem er sich auf die Tatsache stützt, daß ein Bogen stets zusammenhängend ist (s. Satz 161.1). Nach der Definition von τ ist $|f(\zeta_0)| < M$, während wegen (187.10) doch $|f(\zeta_0)| = M$ sein müßte. An diesem Wider-spruch zerbricht unsere Annahme, $|f|$ habe in G ein Maximum. ∎

Eine auf der gesamten komplexen Ebene holomorphe Funktion wird eine **ganze Funktion** genannt. Eine solche Funktion f läßt sich nach Satz 187.2 um jeden Punkt z_0 in eine beständig (also für alle $z \in \mathbf{C}$) konvergente Potenzreihe $\sum a_n(z - z_0)^n$ entwickeln. Ist f beschränkt, etwa $|f(z)| \leqslant M$ für alle $z \in \mathbf{C}$, so ergibt sich aus der Cau-chyschen Abschätzungsformel (187.6), indem man dort $\rho \to \infty$ gehen läßt, daß $a_1 = a_2 = \cdots = 0$, also $f(z) \equiv a_0$ ist. Es gilt daher der bemerkenswerte, nach Josef Liou-ville (1809–1882; 73) benannte

187.10 Satz von Liouville *Jede beschränkte ganze Funktion ist konstant.*

Aufgaben

1. Zeige, daß der Satz 66.1 über die Potenzreihenentwicklung von $1/f$ eine triviale Kon-sequenz der Sätze dieser Nummer ist.

2. Gliedweise Differentiation Die Funktionen $f_1, f_2, \ldots$ seien auf dem Gebiet G holomorph, und es strebe $f_n \to f$ gleichmäßig auf jeder kompakten Teilmenge von G. Dann ist auch f auf G holomorph, und die Folge (f_n) darf beliebig oft gliedweise differenziert werden, d. h., auf G konvergiert $f_n^{(p)} \to f^{(p)}$ für $n \to \infty$ und jedes natürliche p. Ein entsprechender Satz gilt natürlich auch für die gliedweise Differentiation von Reihen (formuliere ihn!). Hinweis: Satz von Morera, Cauchysche Ableitungsformeln.

⁺3. Weierstraßscher Doppelreihensatz Die Potenzreihen

$$f_n(z) := \sum_{k=0}^{\infty} a_{nk}(z - z_0)^k \qquad (n = 0, 1, 2, \ldots)$$

seien alle mindestens für $|z - z_0| < r$ konvergent, und die Reihe

$$f(z) := \sum_{n=0}^{\infty} f_n(z) = \sum_{n=0}^{\infty} \left(\sum_{k=0}^{\infty} a_{nk}(z - z_0)^k \right)$$

sei für jedes positive $\rho < r$ auf $|z - z_0| \leqslant \rho$ gleichmäßig konvergent. Dann kann man in der obigen Doppelreihe die Reihenfolge der Summationen vertauschen, es ist also

$$f(z) = \sum_{n=0}^{\infty} \left(\sum_{k=0}^{\infty} a_{nk}(z - z_0)^k \right) = \sum_{k=0}^{\infty} \left(\sum_{n=0}^{\infty} a_{nk} \right) (z - z_0)^k \quad \text{für } |z - z_0| < r.$$

Anders gesagt: Man erhält die Potenzreihenentwicklung von f, indem man die Entwicklungen der f_n „gliedweise addiert".
Hinweis: Aufgabe 2, Gl. (187.7).

[+]**4.** Eine Stelle z heißt eine a-Stelle von f, wenn $f(z) = a$ ist. Zeige: Ist die Funktion f auf dem Gebiet G holomorph und besitzt die Menge ihrer a-Stellen einen Häufungspunkt in G, so ist $f = a$. Oder umgekehrt formuliert: Ist f nicht konstant, so gibt es zu jedem $z_0 \in G$ eine δ-Umgebung U derart, daß $f(z) \neq f(z_0)$ für jedes $z \in \mathring{U}$ ist.

[+]**5.** Ist f auf dem Gebiet G holomorph und gibt es eine Stelle $z_0 \in G$, an der alle Ableitungen $f', f'', \ldots$ verschwinden, so ist f auf G konstant.

[+]**6. Minimumprinzip** Ist die Funktion f auf dem Gebiet G holomorph und verschwindet sie dort nie, so besitzt $|f|$ kein Minimum in G, außer wenn f konstant ist.

7. Beweise den Nullstellensatz für Polynome (Satz 69.1) mit Hilfe des Satzes von Liouville. Hinweis: (15.5).

8. Beweise den Nullstellensatz für Polynome mit Hilfe des Minimumprinzips (Aufgabe 6). Hinweis: Benutze den Anfang des Beweises zum Nullstellensatz.

9. Die reelle Funktion $1/(1 + x^2)$ ist auf ganz **R** beliebig oft differenzierbar. Ihre Potenzreihenentwicklung um den Nullpunkt hat aber nur den Konvergenzradius 1. Man mache sich diese Tatsache im Lichte der Sätze dieser Nummer verständlich.

10. Die komplexe Funktion

$$f(z) := \begin{cases} e^{-1/z^2} & \text{für } z \neq 0, \\ 0 & \text{für } z = 0 \end{cases}$$

ist im Nullpunkt nicht differenzierbar (warum?). Erkläre durch diese Tatsache die Aussage von A 64.7.

11. Zeige, daß die Reihe $\displaystyle\sum_{n=0}^{\infty} \frac{B_n}{n!} x^n$ in A 71.3 den Konvergenzradius 2π besitzt.

[+]**12.** $f = u + iv$ sei auf der offenen Menge G holomorph. Dann gehören u und v zu $C^2(G)$ und genügen auf G der **Laplaceschen Differentialgleichung**, d.h., es ist

$$\frac{\partial^2 u}{\partial x^2} + \frac{\partial^2 u}{\partial y^2} = 0, \qquad \frac{\partial^2 v}{\partial x^2} + \frac{\partial^2 v}{\partial y^2} = 0.$$

Hinweis: Satz 176.1.

XXII Anwendungen

Bei der Beurteilung einer physikalischen Theorie ist ihre logische und mathematische Struktur mindestens ebenso wichtig wie ihre Beziehung zur Empirie, für mich persönlich ist erstere noch wichtiger.

Wolfgang Pauli, Nobelpreisträger für Physik 1945

188 Ausgleichspolynome

Angenommen, eine beobachtbare Größe y hänge von einer anderen beobachtbaren Größe x in irgendeiner, zunächst noch gar nicht näher bekannten Weise ab. Um sich einen Hinweis über die Art dieser Abhängigkeit zu verschaffen, wird man zu $n \geqslant 2$ verschiedenen Werten $x_1, \ldots, x_n$ die zugehörigen y-Werte $y_1, \ldots, y_n$ messen und die zusammengehörigen Meßdaten x_k, y_k als Punkte in einer xy-Ebene eintragen. Ergibt sich dabei eine Konfiguration wie in Fig. 188.1, so wird man vermuten, daß die Meßpunkte „eigentlich" auf einer Geraden (wie etwa der eingezeichneten) liegen müßten — *wenn sie nicht mit den unvermeidlichen Beobachtungsfehlern behaftet wären.* Und nun entsteht natürlich das Problem, auf systematische und vernünftige Weise eine Gerade zu finden, die sich am besten den Meßdaten „anpaßt", also eine Gerade, welche die Tatsache berücksichtigt, daß die Meßdaten mit Fehlern behaftet sind, die irgendwie „ausgeglichen" werden müssen. Es ist naheliegend, eine solche

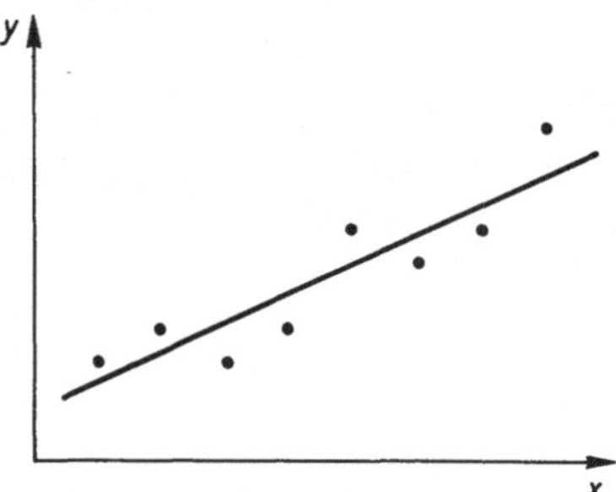

Fig. 188.1

„Ausgleichsgerade" durch die sogenannte *Methode der kleinsten Quadrate* zu bestimmen: Man setzt die Gleichung der gesuchten Geraden (analytisch gesprochen: den funktionalen Zusammenhang zwischen x und y) in der Form $y = a + bx$ an. Der Fehler zwischen dem Funktionswert $a + bx_k$ an der Stelle x_k und dem zugehörigen gemessenen Wert y_k ist dann

$$\varepsilon_k := a + bx_k - y_k,$$

und man wird nun versuchen, die Koeffizienten a und b so zu bestimmen, daß die Fehlerquadratsumme

$$F(a, b) := \sum_{k=1}^{n} \varepsilon_k^2 = \sum_{k=1}^{n} (a + b\,x_k - y_k)^2$$

minimal wird. Aus dieser Forderung ergeben sich nach Satz 173.1 die notwendigen Bedingungen

$$\frac{\partial F}{\partial a} = \sum_{k=1}^{n} 2(a + b\,x_k - y_k) = 0 \quad \text{und} \quad \frac{\partial F}{\partial b} = \sum_{k=1}^{n} 2(a + b\,x_k - y_k)\,x_k = 0$$

und damit die sogenannten Normalgleichungen

$$n a + \left(\sum_{k=1}^{n} x_k \right) b = \sum_{k=1}^{n} y_k,$$

$$\left(\sum_{k=1}^{n} x_k \right) a + \left(\sum_{k=1}^{n} x_k^2 \right) b = \sum_{k=1}^{n} x_k y_k, \tag{188.1}$$

also ein System von zwei linearen Gleichungen zur Bestimmung der Unbekannten a und b. Nach der Cramerschen Regel besitzt dieses System immer dann eine eindeutig bestimmte Lösung, wenn seine Determinante

$$D := \begin{vmatrix} n & \sum_{k=1}^{n} x_k \\ \sum_{k=1}^{n} x_k & \sum_{k=1}^{n} x_k^2 \end{vmatrix} = n \sum_{k=1}^{n} x_k^2 - \left(\sum_{k=1}^{n} x_k \right)^2$$

nicht verschwindet. Wegen A 12.6 ist immer $D = D(x_1, \ldots, x_n) \geq 0$. Fassen wir vorübergehend die $x_1, \ldots, x_n$ als freie Veränderliche auf, so kann $D(x_1, \ldots, x_n)$ auch verschwinden, z. B. für $x_1 = \cdots = x_n = 0$. Mit anderen Worten: D besitzt das Minimum 0. Die Stellen, an denen das Minimum angenommen wird, müssen den n Gleichungen

$$\frac{\partial D}{\partial x_j} = 2n x_j - 2 \sum_{k=1}^{n} x_k = 0 \quad \text{oder also} \quad x_j = \frac{1}{n} \sum_{k=1}^{n} x_k \quad (j = 1, \ldots, n)$$

genügen, für jede derartige Stelle muß daher $x_1 = \cdots = x_n$ sein. Da nach unserer Voraussetzung aber die x-Daten $x_1, \ldots, x_n$ verschieden sind, ist tatsächlich die Determinante des Systems (188.1) ungleich Null[1]. Die leicht zu berechnende Lösung α, β von (188.1) liefert nun tatsächlich eine Minimalstelle von F, wie man mit Hilfe des

---

[1] Elementarer sieht man dies mittels der leicht durch Ausmultiplizieren zu bestätigenden Identität

$$n \sum_{k=1}^{n} x_k^2 - \left(\sum_{k=1}^{n} x_k \right)^2 = \frac{1}{2} \sum_{j,\,k=1}^{n} (x_j - x_k)^2,$$

die übrigens nur ein Spezialfall von A 11.7 ist.

Satzes 173.4 ohne Mühe einsieht (das dort auftretende Δ ist gleich $4D>0$). Die Gerade $y=\alpha+\beta x$ nennt man die **Ausgleichsgerade** oder **Regressionsgerade** für den Datensatz $(x_1, y_1), \ldots, (x_n, y_n)$.

In vielen Fällen wird der Augenschein uns darüber belehren, daß ein vorgelegter Satz von Meßdaten $(x_1, y_1), \ldots, (x_n, y_n)$ nicht angemessen durch eine Gerade, besser: durch ein Polynom ersten Grades, wiedergegeben werden kann (s. Fig. 188.2) In solchen Fällen versucht man, ein Polynom

$$p(x):=a_0+a_1 x+\cdots+a_m x^m$$

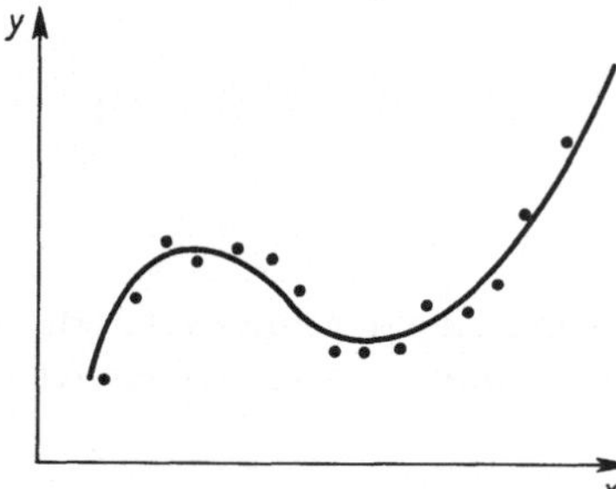

Fig. 188.2

mit $1<m\leqslant n-1$ so zu bestimmen, daß die Fehlerquadratsumme

$$F(a_0, a_1, \ldots, a_m):=\sum_{k=1}^{n}(p(x_k)-y_k)^2=\sum_{k=1}^{n}(a_0+a_1 x_k+\cdots+a_m x_k^m-y_k)^2$$

durch geeignete Wahl der Koeffizienten $a_0, a_1, \ldots, a_m$ minimal wird. Aus den notwendigen Bedingungen

$$\frac{\partial F}{\partial a_0}=0, \quad \frac{\partial F}{\partial a_1}=0, \ldots, \frac{\partial F}{\partial a_m}=0$$

ergibt sich dann zur Bestimmung der $a_0, a_1, \ldots, a_m$ das System der **Normalgleichungen**

$$n a_0+\left(\sum_{k=1}^{n} x_k\right)a_1+\cdots+\left(\sum_{k=1}^{n} x_k^m\right)a_m=\sum_{k=1}^{n} y_k$$

$$\left(\sum_{k=1}^{n} x_k\right)a_0+\left(\sum_{k=1}^{n} x_k^2\right)a_1+\cdots+\left(\sum_{k=1}^{n} x_k^{m+1}\right)a_m=\sum_{k=1}^{n} x_k y_k$$

$$\vdots$$

$$\left(\sum_{k=1}^{n} x_k^m\right)a_0+\left(\sum_{k=1}^{n} x_k^{m+1}\right)a_1+\cdots+\left(\sum_{k=1}^{n} x_k^{2m}\right)a_m=\sum_{k=1}^{n} x_k^m y_k.$$

$$(188.2)$$

Das Polynom $p(x):=a_0+a_1 x+\cdots+a_m x^m$ mit den aus (188.2) bestimmten Koeffizienten nennt man das **Ausgleichspolynom** (oder die **Ausgleichsparabel**) m-ter **Ordnung** für den Datensatz $(x_1, y_1), \ldots, (x_n, y_n)$. Die Frage der eindeutigen Lösbarkeit des Systems (188.2) läßt sich mit Hilfe von Sätzen der linearen Algebra diskutieren; wir gehen hier nicht näher darauf ein.

Aufgaben

1. Bestimme die Ausgleichsgeraden für die folgenden Datensätze:
a) $(-2, 0), (0, 1), (1, 3), (2, 5)$.   b) $(-1, 3), (1, 2), (2, 0), (4, -2)$.
Zeichne sowohl die Datensätze als auch die Ausgleichsgeraden in ein xy-System ein.

2. Bestimme und zeichne für den Datensatz a) der Aufgabe 1 die Ausgleichsparabel zweiter Ordnung.

3. Die Ausgleichsgerade für $n \geqslant 2$ Punkte der Ebene, die auf einer Geraden g liegen, ist g.

4. S sei ein System von $n \geqslant 2$ Punkten $(x_1, y_1), \ldots, (x_n, y_n)$. Denkt man sich jedes (x_ν, y_ν) mit der Masse 1 belegt, so ist der Punkt mit den Koordinaten

$$\bar{x}:=\frac{1}{n}\sum_{\nu=1}^{n} x_\nu, \qquad \bar{y}:=\frac{1}{n}\sum_{\nu=1}^{n} y_\nu$$

der Schwerpunkt von S. Zeige, daß die Ausgleichsgerade des Systems S durch den Schwerpunkt von S geht.

5. Für die Ausgleichsgerade $y=\alpha x+\beta$ des Datensatzes $(x_1, y_1), \ldots, (x_n, y_n)$ ist die Fehlersumme $\sum_{k=1}^{n} [y_k-(\alpha x_k+\beta)]=0$: positive und negative Abweichungen heben sich auf.

6. Expansion des Weltalls Aus der allgemeinen Relativitätstheorie ergibt sich eine Expansion, eine „Aufblähung" des Weltalls, die sich in einer „Fluchtbewegung" der Spiralnebel äußern sollte, genauer: Ein Beobachter an einem beliebigen Punkt des Weltraumes sollte feststellen können, daß die Spiralnebel sich ständig von ihm fortbewegen, und zwar mit einer Geschwindigkeit v, die proportional zu ihrer Entfernung x von ihm ist: $v=Hx$. H ist die **Hubblesche Konstante** (Edwin P. Hubble, 1889–1953; 64). Die folgende Tabelle gibt für fünf Spiralnebel ihre Entfernungen x_ν von der Erde in Millionen Lichtjahren und ihre Fluchtgeschwindigkeiten v_ν in km/sec an ($\nu=1, \ldots, 5$):

x_ν	500	1 400	2 100	2 900	3 000
v_ν	9 000	22 000	39 000	51 000	49 000

Um aus diesen Angaben die Hubblesche Konstante H zu bestimmen, wird man durch den Datensatz $(x_1, v_1), \ldots, (x_5, v_5)$ die Ausgleichsgerade $v=a+bx$ legen. Obwohl man dabei ein a erhält, das von Null verschieden ist, wird man b als einen Näherungswert für H ansehen dürfen (man begründe dieses Vorgehen durch die relative Kleinheit von a). Indem man b noch rundet, gewinnt man eine natürliche Zahl n als Näherung für H. Wie groß ist n?

189 Das Newtonsche Verfahren im $\mathbf{R}^p$

In dieser Nummer geht es darum, eine Gleichung der Form

$$f(x)=0 \quad \text{mit} \quad f:=\begin{pmatrix} f_1 \\ \vdots \\ f_p \end{pmatrix} : G\subset \mathbf{R}^p\to\mathbf{R}^p \ (G \text{ offen}), \tag{189.1}$$

also das Gleichungssystem

$$f_1(x_1,\ldots,x_p)=0$$
$$\vdots$$
$$f_p(x_1,\ldots,x_p)=0$$

aufzulösen. Orientieren wir uns zunächst ganz formal an dem Newtonschen Verfahren der Nr. 70, so werden wir versuchen, zu diesem Zweck den folgenden Weg einzuschlagen: Ausgehend von einem (grundsätzlich beliebigen, aber doch möglichst nahe an einer Nullstelle von f liegenden) Startpunkt $x_0\in G$, bilden wir — falls dies überhaupt möglich ist — die Newtonfolge (x_n) vermöge der rekursiven Definition

$$x_{n+1}:=x_n-f'(x_n)^{-1}f(x_n) \qquad (n=0,1,2,\ldots) \tag{189.2}$$

(vgl. (70.1)); dabei bedeutet $f'(x_n)^{-1}$ natürlich die zur Ableitung $f'(x_n)$ inverse Matrix. Ist nun f stetig differenzierbar und strebt $x_n\to\xi\in G$, so konvergiert $f(x_n)\to f(\xi)$ und $f'(x_n)^{-1}\to f'(\xi)^{-1}$, infolgedessen ergibt sich aus (189.2) für $n\to\infty$ die Beziehung

$$\xi=\xi-f'(\xi)^{-1}f(\xi) \quad \text{oder also} \quad f(\xi)=0.$$

Der Grenzwert der Newtonfolge (x_n) ist also eine Lösung der Gl. (189.1).

In der Praxis wird die Invertierung der Matrizen $f'(x_n)$ i. allg. mit einem ganz erheblichen Rechenaufwand verbunden sein. Man wendet deshalb auch gerne das sogenannte vereinfachte Newtonsche Verfahren an, bei dem nur $f'(x_0)$ invertiert werden muß. Hier bildet man die vereinfachte Newtonfolge (x_n) durch die Iterationsvorschrift

$$x_{n+1}:=x_n-f'(x_0)^{-1}f(x_n) \qquad (n=0,1,2,\ldots), \tag{189.3}$$

und sieht nun wie oben, daß ihr Grenzwert — falls vorhanden — eine Lösung der Gl. (189.1) ist. Allerdings bezahlt man die Arbeitsersparnis bei der Konstruktion der vereinfachten Newtonfolge gewöhnlich mit einer schlechteren Konvergenz, als sie die Newtonfolge selbst aufweist.

Alle diese Überlegungen dienen nur zur ersten Orientierung. Sie bedürfen der Präzisierung, und ihr wenden wir uns nun zu. Wir nehmen uns nur das vereinfachte Newtonsche Verfahren vor und beweisen zunächst den

189.1 Satz *Die Funktion* $f := \begin{pmatrix} f_1 \\ \vdots \\ f_p \end{pmatrix}$ *sei auf dem konvexen Gebiet* $G \subset \mathbf{R}^p$ *definiert und genüge den folgenden Voraussetzungen:*

a) *f ist stetig differenzierbar, und die partiellen Ableitungen der Komponenten $f_1, \ldots, f_p$ sind überdies beschränkt.*

b) *In einem gewissen Punkt $x_0 \in G$ ist $f'(x_0)$ invertierbar, so daß*

$$x_1 := x_0 - f'(x_0)^{-1} f(x_0)$$

existiert.

c) *Es ist*

$$|f'(x_0)^{-1}|_\infty \, |f'(x_0) - f'(z)|_\infty \leqslant q < 1 \quad \text{für alle } z \in G,$$

wobei $|\cdot|_\infty$ die in (114.7) definierte Zeilensummennorm auf der Algebra der (p,p)-Matrizen bedeutet.

d) *Wenigstens eine der abgeschlossenen Kugeln*

$$U := \left\{ x \in \mathbf{R}^p : \|x - x_0\|_\infty \leqslant \frac{1}{1-q} \|x_1 - x_0\|_\infty \right\},$$

$$V := \left\{ x \in \mathbf{R}^p : \|x - x_1\|_\infty \leqslant \frac{q}{1-q} \|x_1 - x_0\|_\infty \right\}$$

liegt in G[1].

Unter diesen Voraussetzungen existiert die in (189.3) definierte vereinfachte Newtonfolge mit dem Startpunkt x_0 und konvergiert gegen eine Lösung ξ der Gleichung $f(x) = 0$. ξ liegt in derjenigen der Kugeln U, V, die in G enthalten ist.

Der Beweis ist einfacher, als der äußerlich so umständliche Satz vermuten läßt. Auf G erklären wir durch

$$g(x) := x - f'(x_0)^{-1} f(x)$$

eine stetig differenzierbare Funktion g. Wegen der Abschätzung (167.9) aus dem Mittelwertsatz ist für je zwei Punkte x, y aus dem konvexen Gebiet G gewiß

$$\|g(x) - g(y)\|_\infty \leqslant \sup_{z \in G} |g'(z)|_\infty \, \|x - y\|_\infty \tag{189.4}$$

(man beachte hierbei, daß $|\cdot|_\infty$ mit der Maximumsnorm $\|\cdot\|_\infty$ auf $\mathbf{R}^p$ verträglich ist; s. Ende der Nr. 114). Nun ist aber

$$g'(z) = I - f'(x_0)^{-1} f'(z) = f'(x_0)^{-1} (f'(x_0) - f'(z)),$$

---

[1] Sollte zufällig $x_1 = x_0$ sein, so ist $f(x_0) = 0$, und dann ist nichts mehr zu beweisen.

und da $|\cdot|_\infty$ eine Matrixalgebranorm ist, ergibt sich daraus

$$|g'(z)|_\infty \leqslant |f'(x_0)^{-1}|_\infty \, |f'(x_0) - f'(z)|_\infty.$$

Mit (189.4) und der Voraussetzung c) gewinnen wir nun die Abschätzung

$$\|g(x) - g(y)\|_\infty \leqslant q \|x - y\|_\infty \qquad (q < 1),$$

die uns zeigt, daß $g: G \to \mathbf{R}^p$ eine kontrahierende Abbildung ist, wenn man $\mathbf{R}^p$ mit der Maximumsnorm ausstattet. Und nun braucht man nur noch die Variante des Banachschen Fixpunktsatzes aus A 111.8 mit der dort angegebenen Voraussetzung (II) bzw. (III) heranzuziehen (je nachdem U oder V in G liegt), um einzusehen, daß die Folge der $x_n := g(x_{n-1})$ ($n = 1, 2, \ldots$), also die vereinfachte Newtonfolge, existiert und gegen einen in U bzw. V liegenden Fixpunkt ξ von g konvergiert. Mehr war aber nicht zu beweisen. ∎

In der Praxis weiß man häufig, daß die Gleichung $f(x) = 0$ eine Lösung besitzt und hat auch schon eine gewisse Vorstellung von deren Lage. Es geht dann also nicht mehr darum, die Existenz einer Nullstelle ξ von f zu beweisen, vielmehr handelt es sich nur noch um die Frage, ob das (vereinfachte) Newtonsche Verfahren zu ihrer Berechnung tauglich ist. Der folgende Satz zeigt, daß diese Frage unter gewissen Voraussetzungen mit Ja beantwortet werden kann, wenn man sich mit dem Startwert x_0 schon hinreichend nahe bei ξ befindet.

189.2 Satz *Die Komponenten $f_1, \ldots, f_p$ der Funktion $f: G \subset \mathbf{R}^p \to \mathbf{R}^p$ (G offen) mögen auf G stetige und beschränkte partielle Ableitungen zweiter Ordnung besitzen. Ist dann ξ eine Nullstelle von f, für die $f'(\xi)$ invertierbar ist, so konvergiert für jedes x_0 aus einer gewissen δ-Umgebung von ξ die zugehörige vereinfachte Newtonfolge gegen ξ.*

Beweis. Wir führen in $\mathbf{R}^p$ die Maximumsnorm ein, die wir der Kürze halber einfach mit $\|\cdot\|$ bezeichnen. $\|A\|$ bedeute die zugehörige Abbildungsnorm der (p, p)-Matrix A und $|A|$ ihre Zeilensummennorm. Da letztere mit der Maximumsnorm verträglich ist, haben wir $\|A\| \leqslant |A|$ (nach A 114.4a gilt hier sogar das Gleichheitszeichen; wir werden von dieser Tatsache jedoch keinen Gebrauch machen).

ξ besitzt eine r-Umgebung $U \subset G$, die wir uns wegen des Umkehrsatzes 171.1 gleich so klein gewählt denken dürfen, daß sie neben ξ keine weitere Nullstelle von f enthält. Nach A 168.1 ist für alle $x \in U$

$$f'(x) = f'(\xi) + R(\xi, x - \xi) = f'(\xi)[I + f'(\xi)^{-1} R(\xi, x - \xi)] \tag{189.5}$$

und

$$|R(\xi, x - \xi)| \leqslant M \|x - \xi\| \qquad \text{mit} \qquad M := \max_{j=1}^{p} \sum_{k,l=1}^{p} \sup_{u \in U} \left| \frac{\partial^2 f_j}{\partial x_k \partial x_l}(u) \right|. \tag{189.6}$$

Für das Weitere nehmen wir $M > 0$ an; im Falle $M = 0$ vereinfacht sich der Beweis in leicht überschaubarer Weise, insbesondere entfällt die zweite Ungleichung in (189.7) und in (189.10).

Wir wählen nun eine positive Zahl ρ, so daß

$$\text{sowohl} \quad \rho < r \quad \text{als auch} \quad \rho < \frac{1}{|f'(\xi)^{-1}|M} \tag{189.7}$$

ist. Für jedes $x \in U_\rho(\xi)$ gilt dann wegen (189.6)

$$\|f'(\xi)^{-1}R(\xi, x-\xi)\| \leq \|f'(\xi)^{-1}\|\,\|R(\xi, x-\xi)\| \leq |f'(\xi)^{-1}|\,|R(\xi, x-\xi)|$$
$$\leq |f'(\xi)^{-1}|\,M\,\|x-\xi\| \leq |f'(\xi)^{-1}|\,M\rho < 1.$$

Mit (189.5) folgt daraus, wenn man A 110.1 und Satz 112.4 beachtet, daß $f'(x)$ für jedes derartige x invertierbar und

$$|f'(x)^{-1}| \leq \frac{|f'(\xi)^{-1}|}{1 - |f'(\xi)^{-1}|M\rho}$$

ist. Außerdem folgt aus (189.5) und (189.6) für ebendiese x die Abschätzung

$$|f'(x)| \leq |f'(\xi)| + M\rho.$$

Zusammenfassend können wir also sagen, daß es positive Zahlen λ und μ gibt, so daß

$$|f'(x)| \leq \lambda \quad \text{und} \quad |f'(x)^{-1}| \leq \frac{1}{\mu} \quad \text{für alle } x \in U_\rho(\xi) \tag{189.8}$$

gilt, wobei ρ nur der Bedingung (189.7) unterliegt.

Ein abermaliger Blick auf A 168.1 lehrt, daß

$$|f'(x) - f'(y)| \leq M\|x - y\| \quad \text{für alle } x, y \in U_\rho(\xi) \tag{189.9}$$

ausfällt. Wir wählen nun eine positive Zahl ρ_1, so daß

$$\text{sowohl} \quad \rho_1 < \rho \quad \text{als auch} \quad \rho_1 < \frac{\mu}{2M} \tag{189.10}$$

ist. Wegen (189.8) und (189.9) haben wir dann

$$|f'(z)^{-1}|\,|f'(x) - f'(y)| \leq \frac{2M\rho_1}{\mu} < 1 \quad \text{für alle } x, y, z \in U_{\rho_1}(\xi). \tag{189.11}$$

Ferner ergibt sich mit (189.8) aus dem Mittelwertsatz 167.4 die Abschätzung

$$\|f(x)\| = \|f(x) - f(\xi)\| \leq \lambda\,\|x - \xi\| \quad \text{für alle } x \in U_\rho(\xi). \tag{189.12}$$

Wir setzen nun

$$q := \frac{2M\rho_1}{\mu} \quad \text{(wegen (189.10) ist } 0 \leq q < 1\text{)}.$$

Ferner wählen wir eine positive Zahl δ, so daß

$$\text{sowohl} \quad \delta < \frac{\rho_1}{2} \quad \text{als auch} \quad \delta < \frac{\mu(1-q)\rho_1}{2\lambda}$$

ausfällt. Wegen (189.12) ist dann

$$\|f(x)\| \leqslant \lambda \frac{\mu(1-q)\rho_1}{2\lambda} = \mu(1-q)\frac{\rho_1}{2} \quad \text{für alle } x \in U_\delta(\xi). \tag{189.13}$$

Nun sei x_0 ein beliebiger Punkt aus $U_\delta(\xi)$ und

$$x_1 := x_0 - f'(x_0)^{-1} f(x_0), \qquad \rho_2 := \frac{1}{1-q}\|x_1 - x_0\|.$$

Dann ist wegen (189.8) und (189.13)

$$\rho_2 \leqslant \frac{1}{1-q}|f'(x_0)^{-1}| \, \|f(x_0)\| \leqslant \frac{1}{1-q}\frac{1}{\mu}\mu(1-q)\frac{\rho_1}{2} = \frac{\rho_1}{2}.$$

Für jedes $x \in U_{\rho_2}[x_0]$ gilt also

$$\|x-\xi\| \leqslant \|x-x_0\| + \|x_0-\xi\| \leqslant \rho_2 + \delta < \frac{\rho_1}{2} + \frac{\rho_1}{2} = \rho_1,$$

so daß wir die Inklusion

$$U_{\rho_2}[x_0] \subset U_{\rho_1}(\xi) \tag{189.14}$$

haben. Und da außerdem wegen (189.11)

$$|f'(x_0)^{-1}| \, |f'(x_0) - f'(y)| \leqslant \frac{2M\rho_1}{\mu} = q < 1 \quad \text{für alle } y \in U_{\rho_1}(\xi)$$

ist, sind die Voraussetzungen des Satzes 189.1 mit $U_{\rho_1}(\xi)$ an Stelle von G und mit beliebigem $x_0 \in U_\delta(\xi)$ erfüllt. Also gilt auch seine Behauptung: Die mit x_0 startende vereinfachte Newtonfolge (x_n) strebt gegen eine Nullstelle von f in $U_{\rho_2}[x_0]$. Da aber ξ die einzige Nullstelle von f in dieser Kugel ist, muß $x_n \to \xi$ konvergieren. Damit ist unser Beweis beendet. ∎

190 Die exakte Differentialgleichung

Die Differentialgleichung

$$p(x,y) + q(x,y)y' = 0 \qquad (p, q \text{ stetig auf einem Gebiet } G \subset \mathbf{R}^2) \tag{190.1}$$

heißt **exakt**, wenn das Vektorfeld $\begin{pmatrix} p \\ q \end{pmatrix}$ ein Gradientenfeld ist, wenn es also eine Funktion $\varphi: G \to \mathbf{R}$ gibt, so daß

$$\frac{\partial \varphi}{\partial x} = p \quad \text{und} \quad \frac{\partial \varphi}{\partial y} = q \quad \text{auf } G \tag{190.2}$$

gilt. Wegen der Stetigkeit von p und q ist φ eine C^1-Funktion auf G und infolgedessen dort differenzierbar (s. Satz 164.3). φ ist bis auf eine additive Konstante eindeutig bestimmt und wird eine **Stammfunktion** für die (exakte) Differentialgleichung (190.1) genannt. Letztere schreibt man übrigens häufig auch in der Form

$$p(x, y)\,\mathrm{d}x + q(x, y)\,\mathrm{d}y = 0.$$

Ist die Differentialgleichung (190.1) in G exakt, φ eine ihrer Stammfunktionen und y eine Lösung im Intervall (a, b), so gilt

$$\frac{\mathrm{d}}{\mathrm{d}x} \varphi(x, y(x)) = \frac{\partial \varphi}{\partial x}(x, y(x)) + \frac{\partial \varphi}{\partial y}(x, y(x))\,y'(x)$$

$$= p(x, y(x)) + q(x, y(x))\,y'(x) = 0$$

für alle $x \in (a, b)$, infolgedessen ist

$$\varphi(x, y(x)) = C \quad \text{auf } (a, b). \tag{190.3}$$

Nun sei umgekehrt y eine Funktion, die auf (a, b) differenzierbar ist und dort der Gl. (190.3) genügt. Dann ist

$$\frac{\mathrm{d}}{\mathrm{d}x} \varphi(x, y(x)) = p(x, y(x)) + q(x, y(x))\,y'(x) = 0 \quad \text{auf } (a, b),$$

d. h., y löst unsere Differentialgleichung. Wir fassen zusammen:

190.1 Satz *Ist die Differentialgleichung* (190.1) *auf dem Gebiet G exakt und $\varphi: G \to \mathbf{R}$ eine ihrer Stammfunktionen, so erhält man alle Lösungen von* (190.1) *und nur diese, indem man die differenzierbaren Lösungen der Gleichung $\varphi(x, y) = C$ mit beliebigen Konstanten C bestimmt.*

Ist die explizite Auflösung der Gleichung $\varphi(x, y) = C$ nach y nicht möglich, so sagen wir, durch $\varphi(x, y) = C$ sei uns die Lösung **implizit gegeben**.

Bei einer exakten Differentialgleichung läuft also alles darauf hinaus, eine Stammfunktion zu finden. Wie man hierbei vorgeht, haben wir in der Nr. 183 ausführlich beschrieben und durch Beispiele erläutert. Auch die Frage, wie man entscheiden kann, ob eine Differentialgleichung der Form (190.1) exakt ist, haben wir im wesentlichen bereits durch die Sätze 182.1 und 182.2 geklärt: Sind die partiellen Ableitungen von p und q in G vorhanden und stetig, so kann die Differentialgleichung (190.1) höchstens dann exakt sein, wenn die Integrabilitätsbedingung

$$\frac{\partial p}{\partial y} = \frac{\partial q}{\partial x} \quad \text{auf } G$$

erfüllt ist. Im Falle eines sternförmigen Gebietes G ist diese notwendige Bedingung auch hinreichend für die Exaktheit.

Physikalisch gesprochen ist die Differentialgleichung (190.1) genau dann exakt, wenn das (ebene und stetige) Vektorfeld $\begin{pmatrix} p \\ q \end{pmatrix}$ ein Potential U besitzt. Ihre Lösungen y sind wegen $U(x, y(x)) \equiv C$ die *Äquipotentiallinien* (Linien gleichen Potentials) dieses Vektorfeldes oder doch jedenfalls Stücke davon[1].

Wir betrachten ein Beispiel. Vorgelegt sei die Differentialgleichung

$$12xy + 3 + 6x^2 y' = 0 \quad \text{auf } G := \mathbf{R}^2. \tag{190.4}$$

Da G sternförmig und

$$\frac{\partial}{\partial y}(12xy + 3) = 12x, \qquad \frac{\partial}{\partial x}(6x^2) = 12x$$

ist, haben wir es mit einer exakten Differentialgleichung zu tun. Eine Stammfunktion ist $\varphi(x, y) := 6x^2 y + 3x$ (s. A 183.1). Die Lösungen von (190.4) sind daher in impliziter Form durch $6x^2 y + 3x = C$ gegeben. Die Auflösung nach y ist hier in einfachster Weise möglich und liefert

$$y(x) = \frac{C - 3x}{6x^2} \quad \text{für } x > 0 \text{ und } x < 0.$$

Die Konstante C kann dazu dienen, die „allgemeine Lösung" einer vorgeschriebenen Anfangsbedingung anzupassen. Soll etwa $y(1) = 0$ sein, so bestimmt sich C aus der Gleichung $0 = (C - 3)/6$ zu $C = 3$, die gesuchte Lösung ist also

$$y(x) = \frac{1 - x}{2x^2} \quad (x > 0).$$

Ist die Differentialgleichung (190.1) nicht exakt, so kann man versuchen, sie durch Multiplikation mit einer auf G stetigen und nirgends verschwindenden Funktion $\mu(x, y)$ zu einer exakten Gleichung

$$\mu(x, y)p(x, y) + \mu(x, y)q(x, y)y' = 0 \tag{190.5}$$

zu machen; wegen $\mu(x, y) \neq 0$ haben (190.1) und (190.5) übereinstimmende Lösungsmengen. Eine solche Funktion μ nennt man einen **integrierenden Faktor** oder **Eulerschen Multiplikator**. Sie muß der Bedingung

$$\frac{\partial}{\partial y}(\mu p) = \frac{\partial}{\partial x}(\mu q), \tag{190.6}$$

also einer partiellen Differentialgleichung genügen. Glücklicherweise benötigen wir nicht alle Lösungen dieser Gleichung, sondern nur irgendeine, z. B. eine, die nur von

---

[1] Eine Äquipotentiallinie kann natürlich auch ein geschlossener Bogen sein. Ein solcher ist aber niemals der Graph einer Funktion $y(x)$. Allerdings werden die Äquipotentiallinien vollständig, wenn auch in impliziter Form, durch $U(x, y) = C$ gegeben.

x oder nur von y oder auch von speziellen Kombinationen dieser Variablen, etwa von $x+y$ oder von xy, abhängt (s. dazu die Aufgaben 7 und 8). Der Einfachheit wegen wird man natürlich zunächst versuchen, einen integrierenden Faktor der Form $\mu(x)$ oder $\mu(y)$ zu finden. — Wir erläutern dieses Verfahren wieder durch ein Beispiel.

Die Differentialgleichung

$$xy^2 + y - xy' = 0 \quad \text{auf } G := \mathbf{R}^2 \tag{190.7}$$

ist nicht exakt, da die Integrabilitätsbedingung verletzt ist. Der Leser möge sich an Hand von (190.6) selbst davon überzeugen, daß es keinen integrierenden Faktor geben kann, der nur von x abhängt. Nun versuchen wir einen Multiplikator der Form $\mu(y)$ zu finden. Damit

$$\mu(y)(xy^2 + y) - \mu(y)xy' = 0$$

exakt ist, muß

$$\frac{\partial}{\partial y}[\mu(y)(xy^2 + y)] = \frac{\partial}{\partial x}(-\mu(y)x),$$

also (wenn wir die Differentiation nach y mit einem Strich bezeichnen)

$$\mu'(y)(xy^2 + y) + \mu(y)(2xy + 1) = -\mu(y)$$

und somit

$$y(xy + 1)\mu'(y) + 2(xy + 1)\mu(y) = 0$$

sein. Schließen wir die Punkte mit $xy + 1 = 0$ aus (wo liegen sie?), so dürfen wir die letzte Gleichung durch $xy + 1$ dividieren und erhalten für $\mu(y)$ die Differentialgleichung

$$y\mu'(y) + 2\mu(y) = 0 \quad \text{oder also} \quad \mu'(y) = -\frac{2}{y}\mu(y),$$

wenn wir auch noch $y \neq 0$ voraussetzen. Die Methode der Nr. 97 liefert ohne Schwierigkeiten die Lösung $\mu(y) = 1/y^2$ (die man übrigens auch leicht hätte erraten können). Zu der auf der oberen und unteren Halbebene exakten Differentialgleichung

$$\frac{1}{y^2}(xy^2 + y) - \frac{1}{y^2}xy' = 0, \quad \text{also} \quad x + \frac{1}{y} - \frac{x}{y^2}y' = 0 \quad (y \neq 0) \tag{190.8}$$

bestimmen wir mit Hilfe der Methoden aus Nr. 183 die Stammfunktion

$$\varphi(x, y) := \frac{x}{y} + \frac{x^2}{2} \quad \text{für } y \neq 0.$$

In der oberen und unteren Halbebene werden uns also die Lösungen von (190.7) in impliziter Form durch

$$\frac{x}{y} + \frac{x^2}{2} = C$$

gegeben. Die Auflösung nach y liefert (wenn man noch c statt $2C$ schreibt)

$$y(x) = \frac{2x}{c - x^2}.$$

Nachträglich sieht man nun, daß man die Veränderliche x in Wirklichkeit nicht auf solche Intervalle zu beschränken braucht, auf denen $y(x)$ durchweg positiv oder durchweg negativ ist; vielmehr verifiziert man sofort, daß die Funktion $y(x)$ auf jedem Intervall, auf dem sie überhaupt definiert ist, die Differentialgleichung (190.7) löst, auch wenn sie dort das Vorzeichen wechselt. Im Falle $c<0$ löst sie (190.7) also auf ganz **R**, im Falle $c=0$ auf der negativen und positiven Halbachse und im Falle $c>0$ auf den Intervallen $(-\infty, -\sqrt{c})$, $(-\sqrt{c}, \sqrt{c})$ und $(\sqrt{c}, +\infty)$. Evtl. eintretende Vorzeichenwechsel kann der Leser leicht selbst verfolgen. Die bisher ausgeschlossene Funktion $y(x) \equiv 0$ ist übrigens trivialerweise eine Lösung von (190.7).

Aufgaben

Die folgenden Differentialgleichungen sind, ggf. mit Hilfe eines integrierenden Faktors, explizit oder implizit gemäß Satz 190.1 zu lösen. Wir schreiben sie in der Form $p(x, y)\,dx + q(x, y)\,dy = 0$. Die Bestimmung eines integrierenden Faktors wird gelegentlich durch die Aufgabe 7 erleichtert.

1. $\left(\dfrac{1}{xy} + 2x\right) dx + \left(y^2 - \dfrac{\ln x}{y^2}\right) dy = 0.$

2. $(2x\,e^y - 1)\,dx + (x^2 e^y + 1)\,dy = 0.$

3. $(3x^2 y^2 + 2y - 1)\,dx + (2x^3 y + 2x + 2y)\,dy = 0.$ Bestimme explizit die Lösung, die der Anfangsbedingung $y(0) = 1$ bzw. $y(0) = -1$ genügt.

4. $(x^2 + y)\,dx - x\,dy = 0.$

5. $(\sin x - x\cos x - 3x^2(y-x)^2)\,dx + 3x^2(y-x)^2\,dy = 0.$

6. $-2xy\,dx + (3x^2 - y^2)\,dy = 0.$

7. Die Koeffizientenfunktionen p und q der Differentialgleichung $p(x, y)\,dx + q(x, y)\,dy = 0$ mögen in dem sternförmigen Gebiet G stetige partielle Ableitungen besitzen. Zeige:

a) Hängt die Funktion $f := (\partial p/\partial y - \partial q/\partial x)/q$ allein von x ab, so ist $\mu(x) := e^{\int f(x)\,dx}$ ein (nur von x abhängender) integrierender Faktor.

b) Hängt die Funktion $g := (\partial p/\partial y - \partial q/\partial x)/p$ allein von y ab, so ist $\nu(y) := e^{-\int g(y)\,dy}$ ein (nur von y abhängender) integrierender Faktor.

8. Es seien wieder die Voraussetzungen der Aufgabe 7 erfüllt. Zeige, daß die Differentialgleichung $p(x, y)\,dx + q(x, y)\,dy = 0$ immer dann einen nur von xy abhängenden integrierenden Faktor besitzt, wenn $(\partial p/\partial y - \partial q/\partial x)/(xp - yq)$ eine allein von xy abhängende Funktion ist.

191 Eine Grundaufgabe der Variationsrechnung

Wir beginnen diese Nummer mit der ganz naheliegenden Frage nach der kürzesten Verbindung zweier Punkte in der euklidischen Ebene $\mathbf{R}^2$. Genauer (aber auch eingeschränkter): Es sei M die Menge der reellen Funktionen f, die auf $[a, b]$ stetig differenzierbar sind und den Randbedingungen $f(a) = c$, $f(b) = d$ mit fest vorgegebenen Zahlen c und d genügen. Dann besitzt der zu f gehörende Bogen die Länge

$$L(f) = \int_a^b \sqrt{1 + \dot{f}^2(t)}\, dt$$

(s. A 177.2), und wir fragen nun, ob es ein g in M gibt, so daß

$$L(g) \leqslant L(f) \quad \text{für alle } f \in M$$

ist. Dieses Problem hat die folgende Struktur:

Gegeben ist eine reellwertige Funktion $F(t, y, p)$ der drei Veränderlichen t, y, p und eine Menge M differenzierbarer reeller Funktionen f auf dem Intervall $[a, b]$. Für jedes $f \in M$ existiere

$$J(f) := \int_a^b F(t, f(t), \dot{f}(t))\, dt.$$

Wir fragen, ob es ein $g \in M$ gibt, so daß

$$J(g) \leqslant J(f) \quad \text{für alle } f \in M \tag{191.1}$$

bleibt, d.h., *ob die Abbildung $f \mapsto J(f)$ in M ein Minimum besitzt.*
Diese Frage können wir wegen Satz 111.9 gewiß immer dann mit Ja beantworten, wenn etwa M eine kompakte Teilmenge von $C[a, b]$ und $J: M \to \mathbf{R}$ stetig ist. Leider wird M sehr häufig nicht kompakt (oder nur sehr schwer als kompakt zu erkennen) sein, und selbst wenn M kompakt und J stetig wäre, gäbe uns der zitierte Satz noch kein Mittel an die Hand, g wirklich aufzufinden. Wir sehen uns deshalb nach anderen Methoden um, die uns der Lösung unseres Problems näherbringen können. Fragen wie die obige nach der Minimierung (oder auch Maximierung) von Integralen durch Funktionen aus einer vorgegebenen Menge M bilden den Gegenstand der sogenannten Variationsrechnung, von der wir allerdings in dieser Nummer nicht viel mehr als einen ersten Eindruck vermitteln können.

Für das folgende setzen wir (in teilweise unnötiger Schärfe) voraus, daß $F(t, y, p)$ für alle t eines Intervalls $[a, b]$ und beliebige reelle y, p definiert sei und stetige partielle Ableitungen zweiter Ordnung nach allen Veränderlichen besitze. M bedeute die Menge aller Funktionen $f : [a, b] \to \mathbf{R}$, die auf $[a, b]$ zweimal stetig differenzierbar sind und den Randbedingungen $f(a) = c$, $f(b) = d$ mit vorgegebenen Zahlen c, d genügen, kurz

$$M := \{ f \in C^2[a, b] : f(a) = c, f(b) = d \}. \tag{191.2}$$

Dann existiert

$$J(f) := \int_a^b F(t, f(t), \dot{f}(t))\, dt \quad \text{für jedes } f \in M. \tag{191.3}$$

In der Folge schreiben wir das obige Integral kürzer in der Form

$$\int_a^b F(t, f, \dot{f})\, dt.$$

Mit η bezeichnen wir generell Funktionen aus $C^2[a, b]$, die in a und b verschwinden.
Mit f liegt also auch $f + \varepsilon\eta$ für jede Zahl ε in M.[1]

Um uns zu orientieren, setzen wir voraus, unser Variationsproblem habe eine Lösung $g \in M$, es gelte also (191.1); g nennen wir auch eine **Minimalfunktion**. Bei festem η setzen wir

$$\varphi(\varepsilon) := \int_a^b F(t, g + \varepsilon\eta, \dot{g} + \varepsilon\dot{\eta})\, dt.$$

Dann ist $\varphi(0) = J(g) \leq \varphi(\varepsilon)$ für alle ε, die Funktion φ hat also an der inneren Stelle 0 ihres Definitionsbereichs ein Minimum. Da sie dort nach Satz 113.2 differenzierbar ist, muß

$$\varphi'(0) = 0 \tag{191.4}$$

sein (der Strich bedeutet die Ableitung nach ε). Durch Differentiation unter dem Integral und Anwendung der Kettenregel erhalten wir

$$\varphi'(\varepsilon) = \int_a^b \frac{\partial}{\partial \varepsilon} F(t, g + \varepsilon\eta, \dot{g} + \varepsilon\dot{\eta})\, dt$$

$$= \int_a^b \left[\frac{\partial F}{\partial y}(t, g + \varepsilon\eta, \dot{g} + \varepsilon\dot{\eta})\, \eta + \frac{\partial F}{\partial p}(t, g + \varepsilon\eta, \dot{g} + \varepsilon\dot{\eta})\, \dot{\eta} \right] dt.$$

Den zweiten Bestandteil dieses Integrals formen wir durch Produktintegration um (die Argumente von $\partial F/\partial p$ lassen wir dabei weg): Es ist

$$\int_a^b \frac{\partial F}{\partial p}\, \dot{\eta}\, dt = \left[\frac{\partial F}{\partial p}\, \eta \right]_a^b - \int_a^b \eta\, \frac{d}{dt}\left(\frac{\partial F}{\partial p} \right) dt = - \int_a^b \eta\, \frac{d}{dt}\left(\frac{\partial F}{\partial p} \right) dt,$$

wobei das letzte Gleichheitszeichen wegen $\eta(a) = \eta(b) = 0$ gilt. Insgesamt haben wir somit

$$\varphi'(\varepsilon) = \int_a^b \left[\frac{\partial F}{\partial y} - \frac{d}{dt}\left(\frac{\partial F}{\partial p} \right) \right] \eta\, dt,$$

---

[1] Entgegen bisheriger Übung darf ε auch negativ sein.

wegen (191.4) also

$$\int_a^b \left[\frac{\partial F}{\partial y}(t, g, \dot{g}) - \frac{d}{dt}\frac{\partial F}{\partial p}(t, g, \dot{g}) \right] \eta \, dt = 0.$$

Da nun, wie Lagrange argumentierte, η „willkürlich" ist, kann das Integral nur dadurch verschwinden, daß der Ausdruck in der eckigen Klammer $= 0$ ist, die Minimalfunktion g also der Euler-Lagrangeschen Differentialgleichung

$$\frac{\partial F}{\partial y}(t, g, \dot{g}) - \frac{d}{dt}\frac{\partial F}{\partial p}(t, g, \dot{g}) = 0$$

genügt. Das untenstehende *Fundamentallemma der Variationsrechnung* zeigt, daß die Lagrangesche Schlußweise, so vage sie auch sein mag, doch stichhaltig ist. Natürlich hätte man im Falle einer Maximalfunktion $g \in M$, bei der also $J(f) \leq J(g)$ für alle $f \in M$ ist, ganz genauso vorgehen können und wäre ebenfalls bei der Euler-Lagrangeschen Differentialgleichung angelangt. Wir halten unsere bisherigen Resultate in einem Satz fest, der allerdings erst nach dem gleich folgenden Beweis des Fundamentallemmas als völlig gesichert gelten darf:

191.1 Satz *Die Funktion $F(t, y, p)$ sei für alle $t \in [a, b]$ und beliebige reelle y und p definiert und besitze stetige partielle Ableitungen zweiter Ordnung. Ferner sei M durch (191.2) und $J(f)$ durch (191.3) erklärt. Dann muß jede Funktion $g \in M$ mit*

$$J(g) \leq J(f) \quad oder \quad J(g) \geq J(f) \quad für \; alle \; f \in M$$

notwendig der Euler-Lagrangeschen Differentialgleichung

$$\frac{\partial F}{\partial y}(t, g, \dot{g}) - \frac{d}{dt}\frac{\partial F}{\partial p}(t, g, \dot{g}) = 0 \tag{191.5}$$

genügen. Ausgeschrieben lautet letztere

$$\frac{\partial F}{\partial y} - \frac{\partial^2 F}{\partial t \partial p} - \frac{\partial^2 F}{\partial y \partial p}\cdot \dot{g} - \frac{\partial^2 F}{\partial p^2}\cdot \ddot{g} = 0, \tag{191.6}$$

wobei $(t, g, \dot{g})$ als Argument in die partiellen Ableitungen einzutragen ist.

Die Lösungen der Euler-Lagrangeschen Differentialgleichung nennt man auch die **Extremalen** unseres Variationsproblems, das man seinerseits symbolisch durch

$$\delta \int_a^b F(t, f, \dot{f}) \, dt = 0 \tag{191.7}$$

beschreibt (auf die Herkunft dieser Bezeichnung wollen wir nicht eingehen). Man beachte, daß die Lösungen von (191.7) nur unter den Extremalen zu finden sind, daß aber eine Extremale keine Lösung zu sein braucht, ja daß ein Variationsproblem überhaupt keine Lösung zu haben braucht. Unser Satz gibt eine notwendige, aber durchaus keine hinreichende Bedingung dafür an, daß eine Funktion Lösung von

(191.7) ist. Die Frage nach hinreichenden Bedingungen ist sehr delikat und kann hier nicht angeschnitten werden.

Wir kommen nun zu dem angekündigten und schon benutzten

191.2 Fundamentallemma der Variationsrechnung *Sei* $g \in C[a, b]$, *und für jedes* $\eta \in C^2[a, b]$ *mit* $\eta(a) = \eta(b) = 0$ *gelte*

$$\int_a^b g\,\eta\,\mathrm{d}t = 0.$$

Dann ist $g(t) \equiv 0$ *auf* $[a, b]$.

Beweis. Angenommen, in einem Punkt $t_0 \in [a, b]$ sei $g(t_0) \neq 0$, etwa > 0. Dann gibt es ein Teilintervall $[t_1, t_2]$ von $[a, b]$, auf dem $g(t) > 0$ ist. Die Funktion

$$\eta(t) := \begin{cases} (t - t_1)^4 (t - t_2)^4 & \text{für } t \in [t_1, t_2], \\ 0 & \text{für } t \in [a, b] \setminus [t_1, t_2] \end{cases}$$

gehört zu $C^2[a, b]$ und verschwindet in den Randpunkten a, b. Im Widerspruch zur Voraussetzung ist aber

$$\int_a^b g\,\eta\,\mathrm{d}t = \int_{t_1}^{t_2} g\,\eta\,\mathrm{d}t > 0$$

(s. A 81.1). Also kann $g(t)$ für kein t von Null verschieden sein.   ∎

Wir kehren nun zu dem Problem der kürzesten Verbindung zwischen zwei Punkten im $\mathbf{R}^2$ zurück, mit dem wir diesen Abschnitt eröffnet hatten, ziehen aber, um unsere Theorie anwenden zu können, nur zweimal stetig differenzierbare f in Betracht. Es ist dann $F(t, y, p) = \sqrt{1 + p^2}$, also

$$\frac{\partial F}{\partial y} = \frac{\partial^2 F}{\partial t\,\partial p} = \frac{\partial^2 F}{\partial y\,\partial p} = 0 \quad \text{und} \quad \frac{\partial^2 F}{\partial p^2}(t, y, p) = \frac{1}{(1 + p^2)^{3/2}}.$$

Die Euler-Lagrangesche Differentialgleichung (191.6) reduziert sich somit auf $\ddot{g} = 0$, und infolgedessen muß $g(t) = \alpha + \beta t$ sein. Die Koeffizienten α, β ergeben sich aus den Randbedingungen $g(a) = c$, $g(b) = d$. Geometrisch gesprochen kann also nur die Strecke zwischen den Punkten (a, c) und (b, d) die Linie kürzesten Abstandes sein. Daß sie es tatsächlich ist, haben wir damit noch nicht bewiesen. Dem Leser wird es nicht schwer fallen, die hierzu nötigen Überlegungen selbst beizusteuern. Er wird dabei übrigens erkennen, daß der oben eingesetzte analytische Apparat viel zu aufwendig ist, um das Problem der kürzesten Verbindung zu behandeln; denn daß die Verbindungsstrecke — und nur sie — die Lösung dieses Problems ist, kann man unter geringeren Voraussetzungen viel einfacher einsehen, indem man unmittelbar auf die Definition der Bogenlänge zurückgeht.

Eine durchaus nichttriviale Anwendung unserer Variationstheorie wird uns bei dem Problem der „Kurve kürzester Laufzeit" in A 220.4 begegnen.

Der Satz 191.1 läßt sich in naheliegender Weise verallgemeinern:

191.3 Satz *Die Funktion $F(t, y_1, \ldots, y_m, p_1, \ldots, p_m)$ sei für alle $t \in [a, b]$ und beliebige reelle $y_1, \ldots, y_m, p_1, \ldots, p_m$ definiert und besitze stetige partielle Ableitungen zweiter Ordnung. M sei die Menge aller Funktionen*

$$f: [a, b] \to \mathbf{R}^m \quad mit \quad f(a) = c, \, f(b) = d,$$

deren Komponenten $f_1, \ldots, f_m$ auf $[a, b]$ zweimal stetig differenzierbar sind. Schließlich werde

$$J(f) := \int_a^b F(t, f, \dot{f}) \, \mathrm{d}t = \int_a^b F(t, f_1(t), \ldots, f_m(t), \dot{f}_1(t), \ldots, \dot{f}_m(t)) \, \mathrm{d}t$$

gesetzt. Dann muß jede Funktion $g \in M$ mit

$$J(g) \leqslant J(f) \quad oder \quad J(g) \geqslant J(f) \quad für \ alle \ f \in M$$

notwendig dem System der Euler-Lagrangeschen Differentialgleichungen

$$\frac{\partial F}{\partial y_k}(t, g, \dot{g}) - \frac{\mathrm{d}}{\mathrm{d}t} \frac{\partial F}{\partial p_k}(t, g, \dot{g}) = 0 \qquad (k = 1, \ldots, m) \tag{191.8}$$

genügen, das man auch kurz in der Form

$$\frac{\partial F}{\partial y_k} - \frac{\mathrm{d}}{\mathrm{d}t} \frac{\partial F}{\partial p_k} = 0 \qquad (k = 1, \ldots, m) \tag{191.9}$$

schreibt.

Beim Beweis geht man ganz ähnlich vor wie oben. Man nimmt an, die Funktion g mit den Komponenten $g_1, \ldots, g_m$ sei etwa eine Minimalfunktion. Dann ist bei festem $\eta_1, \ldots, \eta_m$

$$\varphi(\varepsilon_1, \ldots, \varepsilon_m) := \int_a^b F(t, g_1 + \varepsilon_1 \eta_1, \ldots, g_m + \varepsilon_m \eta_m, \dot{g}_1 + \varepsilon_1 \dot{\eta}_1, \ldots, \dot{g}_m + \varepsilon_m \dot{\eta}_m) \, \mathrm{d}t$$

$$\geqslant \varphi(0, \ldots, 0)$$

für alle reellen $\varepsilon_1, \ldots, \varepsilon_m$, also muß nach Satz 173.1

$$\frac{\partial \varphi}{\partial \varepsilon_1}(0, \ldots, 0) = \cdots = \frac{\partial \varphi}{\partial \varepsilon_m}(0, \ldots, 0) = 0$$

sein. Aus der k-ten dieser Gleichungen ergibt sich nun genau wie im Beweis des Satzes 191.1 die k-te Differentialgleichung des Systems (191.8). ∎

Auf die zentrale Bedeutung dieses Satzes für die theoretische Mechanik werden wir in Nr. 194 zu sprechen kommen.

Aufgaben

1. Die Funktion F in Satz 191.1 hänge nur von t und y ab. Dann reduziert sich die Euler-Lagrangesche Differentialgleichung auf die Bedingung

$$\frac{\partial F}{\partial y}(t, g(t)) = 0,$$

die gar keine Differentialgleichung mehr ist.

Beispiel: Für $F(t, y) := 1/(1 + y^2)$ kommt aufgrund der obigen Bedingung nur die Funktion $g = 0$ als Lösung des zugehörigen Variationsproblems in Frage. Sie ist offenbar eine Maximalfunktion.

2. Die Funktion F in Satz 191.1 hänge nur von t und p ab. Dann geht die Euler-Lagrangesche Differentialgleichung über in

$$\frac{\mathrm{d}}{\mathrm{d}t}\frac{\partial F}{\partial p}(t, \dot{g}) = 0, \quad \text{also in} \quad \frac{\partial F}{\partial p}(t, \dot{g}) = c.$$

Wenn die Auflösung nach $\dot{g}$ möglich ist, erhält man $\dot{g}(t) = \varphi(t, c)$ und somit

$$g(t) = \int \varphi(t, c)\,\mathrm{d}t.$$

3. Die Funktion F in Satz 191.1 hänge nur von y und p ab. Dann genügt jede Lösung g der Euler-Lagrangeschen Differentialgleichung der Bedingung

$$\frac{\mathrm{d}}{\mathrm{d}t}\left(F - \dot{g}\,\frac{\partial F}{\partial p}\right) = 0$$

und damit der Bedingung

$$F - \dot{g}\,\frac{\partial F}{\partial p} = c;$$

hierbei ist $(g, \dot{g})$ als Argument in F und $\partial F/\partial p$ einzutragen.

192 Konservative Kraftfelder

In einem Gebiet G des $\mathbf{R}^3$ sei uns ein Kraftfeld f gegeben (Kraftfelder setzen wir im folgenden immer als stetig voraus). Befindet sich ein Massenpunkt P in G, so wird er unter der Wirkung von f eine Veränderung seiner Lage erfahren. Angenommen, γ sei ein in G verlaufender Weg mit Anfangspunkt a und Endpunkt b; ohne die Anwendbarkeit unserer Überlegungen zu beeinträchtigen, dürfen und werden wir in dieser Nummer stillschweigend annehmen, daß alle auftretenden Wege stückweise stetig differenzierbar seien. Verschiebt nun f den Punkt P längs γ von a nach b, so leistet f dabei eine Arbeit A, die wir auf Grund der Eingangsüberlegungen in Nr. 180 durch

$$A := \int_\gamma f \cdot dx$$

definieren und messen werden. Von herausragender Bedeutung haben sich diejenigen Kraftfelder erwiesen, bei denen die Arbeit A nur von dem Anfangs- und Endpunkt der Verschiebung, nicht jedoch von dem Weg γ abhängt, längs dessen sie erfolgt. Solche Kraftfelder werden **konservativ** genannt. Auf Grund der Sätze 181.2 und 181.3 können wir sofort die physikalisch außerordentlich wichtige Tatsache feststellen, *daß ein Kraftfeld genau dann konservativ ist, wenn es ein Gradientenfeld ist, und daß man ein Skalarfeld φ, aus dem f durch Gradientenbildung hervorgeht, vermöge der Definition*

$$\varphi(x) := \int_{x_0}^x f \cdot dy \qquad (x \in G)$$

erhält; dabei ist x_0 ein beliebiger, aber fester „Normalpunkt" oder „Bezugspunkt" aus G. Mit

$$U(x) := - \int_{x_0}^x f \cdot dy$$

haben wir dann also

$$f = -\operatorname{grad} U. \tag{192.1}$$

Das Skalarfeld U nennt man das **Potential** des konservativen Kraftfeldes f bezüglich des Normalpunktes x_0. Bei Veränderung des Normalpunktes ändert sich das Potential nur um eine additive Konstante. $U(x)$ heißt die **potentielle Energie** (bezüglich x_0), die ein Massenpunkt im Kraftfeld f an der Stelle x besitzt.

Mit der jetzigen Sprechweise können wir unser Hauptergebnis über Gravitationsfelder aus Nr. 181 nun so formulieren: *Gravitationsfelder sind konservativ.*

Physikalisch ist $\varphi(x)$ die Arbeit, welche das (konservative) Kraftfeld f leistet, wenn es einen Massenpunkt P von dem Bezugspunkt x_0 nach x verschiebt. Dagegen bedeutet $U(x) = -\varphi(x)$ die Arbeit, die man *gegen das Kraftfeld* (also mit der Kraft $-f$) aufbringen muß, um P von x_0 nach x zu transportieren. Bei einer Verschiebung des Punktes P von x_1 nach x_2 leistet f die Arbeit

$$A(x_1, x_2) := \int_{x_1}^{x_2} f \cdot dy = \int_{x_0}^{x_2} f \cdot dy - \int_{x_0}^{x_1} f \cdot dy = U(x_1) - U(x_2). \tag{192.2}$$

Die Bahn eines bewegten Massenpunktes im $\mathbf{R}^p$ beschreiben wir wie gewohnt durch einen Weg $x: [a, b] \to \mathbf{R}^p$ mit den Komponenten $x_1, \ldots, x_p$. In Nr. 177 hatten wir bereits

$$\dot{x}(t) = \lim_{h \to 0} \frac{x(t+h) - x(t)}{h} = \begin{pmatrix} \dot{x}_1(t) \\ \vdots \\ \dot{x}_p(t) \end{pmatrix}$$

den Geschwindigkeitsvektor und

$$v(t) := |\dot{x}(t)|$$

die Geschwindigkeit des Massenpunktes zur Zeit t genannt (Differenzierbarkeit vorausgesetzt). Der Differenzenquotient $(\dot{x}(t+h) - \dot{x}(t))/h$ gibt die mittlere Änderung des Geschwindigkeitsvektors im Zeitintervall $\langle t, t+h \rangle$ an und wird deshalb als mittlerer Beschleunigungsvektor in ebendiesem Intervall anzusprechen sein. Folgerichtig nennt man

$$\ddot{x}(t) := \lim_{h \to 0} \frac{\dot{x}(t+h) - \dot{x}(t)}{h} \tag{192.3}$$

den Beschleunigungsvektor und

$$b(t) := |\ddot{x}(t)|$$

die Beschleunigung zur Zeit t — immer vorausgesetzt, daß der Grenzwert in (192.3) existiert. Dies ist offensichtlich genau dann der Fall, wenn die Komponentenfunktionen $x_1, \dots, x_p$ in t zweimal differenzierbar sind, und unter dieser Annahme haben wir

$$\ddot{x}(t) = \begin{pmatrix} \ddot{x}_1(t) \\ \vdots \\ \ddot{x}_p(t) \end{pmatrix}. \tag{192.4}$$

Nach dem Newtonschen Kraftgesetz bewegt sich ein Punkt der Masse m unter dem Einfluß eines beliebigen Kraftfeldes f in der Weise, daß ständig

$$f(x(t)) = m\ddot{x}(t) \tag{192.5}$$

ist; diese Formel gibt man schlagwortartig durch die Aussage

Kraftvektor = Masse mal Beschleunigungsvektor

wieder. Bewegt sich der Punkt unter der Wirkung von f im Zeitintervall $[t_1, t_2]$ von $x_1 := x(t_1)$ nach $x_2 := x(t_2)$, so leistet f wegen (180.5) also die Arbeit

$$A(x_1, x_2) = \int_{t_1}^{t_2} f(x(t)) \cdot \dot{x}(t)\, dt = m \int_{t_1}^{t_2} \ddot{x}(t) \cdot \dot{x}(t)\, dt = \frac{m}{2} \int_{t_1}^{t_2} \frac{d}{dt}(\dot{x}(t) \cdot \dot{x}(t))\, dt$$

$$= \frac{m}{2} \int_{t_1}^{t_2} \frac{d}{dt} v^2(t)\, dt = \frac{m}{2}(v_2^2 - v_1^2) \quad \text{mit } v_k := v(t_k) \text{ für } k = 1, 2. \tag{192.6}$$

Die Größe $mv^2/2$ nennen wir wie in Nr. 101 die kinetische Energie des Punktes P mit der Masse m und der Geschwindigkeit v. Ist nun f sogar ein konservatives

Kraftfeld, so braucht man nur die Formeln (192.2) und (192.6) zu kombinieren, um einen der wichtigsten Sätze der Mechanik, den Energiesatz, zu erhalten:

In einem konservativen Kraftfeld mit Potential U ist

$$U(x_1) + \frac{m}{2} v_1^2 = U(x_2) + \frac{m}{2} v_2^2, \tag{192.7}$$

in Worten: Die Summe der potentiellen und der kinetischen Energie eines Massenpunktes ist konstant.

Man vergleiche diese Betrachtungen mit den Überlegungen der Nr. 101, wo wir uns notgedrungen auf den linearen Fall beschränken mußten, weil uns das analytische Werkzeug zur Untersuchung von Bewegungen im Raum noch nicht zur Verfügung stand.

Wir betrachten nun ein System S von n Massenpunkten $P_1, \ldots, P_n$ in einem konservativen Kraftfeld f mit dem Potential U. Befindet sich P_k an der Stelle x_k, so ist die potentielle Energie von S gegeben durch

$$V(x_1, \ldots, x_n) := \sum_{k=1}^{n} U(x_k).$$

Von ganz besonderem praktischen Interesse ist nun der Fall, daß die Massenpunkte $P_1, \ldots, P_n$ gewissen zeitunabhängigen Bedingungen (Bindungen) unterliegen — etwa der Art, daß der Abstand zweier Massenpunkte unveränderlich bleiben oder einige Massenpunkte sich auf vorgegebenen Flächen befinden sollen. In solchen Situationen taucht immer wieder die Frage auf, wie die Punkte $P_1, \ldots, P_n$ verteilt sein müssen, damit sich S im Gleichgewicht befindet; dabei versteht man unter einer Gleichgewichtslage eine Anordnung der $P_1, \ldots, P_n$, bei der V ein lokales Minimum bzw. Maximum annimmt (im ersten Fall nennt man das Gleichgewicht stabil, im zweiten labil). Um diese Frage analytisch anzugehen, betrachtet man S am zweckmäßigsten als einen Punkt im $\mathbf{R}^{3n}$, genauer: Man gibt P_1 die Koordinaten x_1, x_2, x_3, P_2 die Koordinaten x_4, x_5, x_6 usw., und kann nun den Zustand von S durch die $3n$ Koordinaten $x_1, x_2, x_3, \ldots, x_{3n-2}, x_{3n-1}, x_{3n}$ beschreiben. V wird dann eine Funktion von $3n$ Veränderlichen:

$$V(x_1, x_2, \ldots, x_{3n}) := U(x_1, x_2, x_3) + \cdots + U(x_{3n-2}, x_{3n-1}, x_{3n}).$$

Infolgedessen ist

$$\frac{\partial V}{\partial x_1}(x_1, \ldots, x_{3n}) = \frac{\partial U}{\partial x_1}(x_1, x_2, x_3),$$

$$\frac{\partial V}{\partial x_2}(x_1, \ldots, x_{3n}) = \frac{\partial U}{\partial x_2}(x_1, x_2, x_3),$$

$$\vdots$$

Bezeichnet man mit K_1, K_2, K_3 die Komponenten des an P_1, mit K_4, K_5, K_6 die Komponenten des an P_2 angreifenden Kraftvektors usw., so ist also

$$K_j = -\frac{\partial V}{\partial x_j}(x_1, \ldots, x_{3n}) \quad \text{für } j = 1, \ldots, 3n. \tag{192.8}$$

Die Bindungen, denen die Massenpunkte unterliegen sollen, seien durch m Gleichungen der Form

$$F_k(x_1, \ldots, x_{3n}) = 0 \quad (k = 1, \ldots, m) \tag{192.9}$$

gegeben. Unser Gleichgewichtsproblem stellt sich nun als die Aufgabe, die Stellen (lokaler) Extrema von V unter den Nebenbedingungen (192.9) zu bestimmen. Nach der Lagrangeschen Multiplikatorenregel sind zu diesem Zweck diejenigen Lösungen des Gleichungssystems

$$\frac{\partial V}{\partial x_j} - \lambda_1 \frac{\partial F_1}{\partial x_j} - \cdots - \lambda_m \frac{\partial F_m}{\partial x_j} = 0 \quad (j = 1, \ldots, 3n) \tag{192.10}$$

zu ermitteln, welche den Nebenbedingungen (192.9) genügen[1]. Mit (192.8) erhält man aus (192.10) die fundamentalen **Lagrangeschen Gleichungen erster Art** zur Bestimmung der Gleichgewichtslagen von S:

$$K_1 + \lambda_1 \frac{\partial F_1}{\partial x_1} + \cdots + \lambda_m \frac{\partial F_m}{\partial x_1} = 0$$

$$K_2 + \lambda_1 \frac{\partial F_1}{\partial x_2} + \cdots + \lambda_m \frac{\partial F_m}{\partial x_2} = 0$$

$$\vdots$$

$$K_{3n} + \lambda_1 \frac{\partial F_1}{\partial x_{3n}} + \cdots + \lambda_m \frac{\partial F_m}{\partial x_{3n}} = 0.$$

193 Kleine Bewegungen um stabile Gleichgewichtslagen

Im folgenden betrachten wir der Einfachheit wegen nur ein ebenes Kraftfeld $f(x, y)$. Es sei konservativ, und sein Potential U möge im Nullpunkt ein relatives Minimum im engeren Sinne haben; für einen Massenpunkt, der sich im Kraftfeld frei bewegen kann, ist also der Nullpunkt ein Ort stabilen Gleichgewichts. Durch geeignete Wahl des Bezugspunktes können wir stets erreichen, daß $U(0, 0) = 0$ ist. In einer gewissen punktierten Umgebung des Nullpunktes ist also durchweg $U(x, y) > 0$. Ferner müssen im Nullpunkt (da er eine Minimalstelle ist) die partiellen Ableitungen $\partial U/\partial x$ und $\partial U/\partial y$ verschwinden. Aus Satz 168.2 folgt nun, daß in der Nähe des Nullpunktes jedenfalls näherungsweise eine Gleichung der Form

---

[1] Abweichend von unserem sonst geübten Brauch haben wir die Lagrangeschen Multiplikatoren diesmal mit $-\lambda_1, \ldots, -\lambda_m$ statt mit $\lambda_1, \ldots, \lambda_m$ bezeichnet.

$$U(x, y) = \frac{1}{2}(a x^2 + 2 b x y + c y^2) \tag{193.1}$$

gilt. Die quadratische Form $a x^2 + 2 b x y + c y^2$ ist positiv definit; infolgedessen kann man ein cartesisches $\xi \eta$-System so einführen, daß sie in ihm die Form $\alpha \xi^2 + \beta \eta^2$ mit positiven Konstanten α, β hat[1]. Wir dürfen daher o.B.d.A. von vornherein annehmen, daß in einer Umgebung des Nullpunktes

$$U(x, y) = \frac{1}{2}(a x^2 + b y^2) \quad \text{mit } a, b > 0$$

ist; dabei haben wir den Buchstaben c in (193.1) einer symmetrischen Schreibweise zuliebe durch b ersetzt. Wegen $f = - \operatorname{grad} U$ lautet also das Newtonsche Kraftgesetz, in Komponenten zerlegt, so:

$$\begin{aligned} m \ddot{x} &= - a x \\ m \ddot{y} &= - b y \end{aligned} \quad (a, b > 0).$$

Satz 72.1 gibt uns nun sofort die Lösungen dieses Systems von Differentialgleichungen in die Hand: es ist

$$x(t) = A \sin(\omega_1 t + \varphi_1), \qquad y(t) = B \sin(\omega_2 t + \varphi_2)$$

$$\text{mit} \quad \omega_1 := \sqrt{\frac{a}{m}}, \quad \omega_2 := \sqrt{\frac{b}{m}}; \tag{193.2}$$

die Konstanten A, B, φ_1 und φ_2 dienen dazu, die vorgegebenen Anfangsbedingungen zu befriedigen. Verschwindet eine und nur eine der Zahlen A, B, so liegt eine Schwingung längs einer der Koordinatenachsen vor. Der allgemeine Bewegungsvorgang entsteht also durch Überlagerung dieser sogenannten Hauptschwingungen und kann die allerverschiedensten Formen aufweisen. Nehmen wir z.B. an, es sei $a = b$, also $\omega := \omega_1 = \omega_2$ (gleiche Frequenz der Hauptschwingungen). Ist dann auch noch $\varphi_1 = \varphi_2$, so haben wir $y(t) = (B/A) x(t)$, der Punkt bewegt sich also auf der Geraden $y = (B/A) x$ (lineare Schwingung). Ist $\varphi_1 = 0$, $\varphi_2 = \pi/2$ und $A, B > 0$, so durchläuft der Massenpunkt die Ellipse

$$x(t) = A \sin \omega t, \qquad y(t) = B \cos \omega t,$$

im Falle $A = B$ also einen Kreis. Eine weitere Diskussion der möglichen Schwingungsformen würde uns zu weit führen; wir müssen uns mit diesen wenigen Andeutungen begnügen und verweisen den Leser auf die Lehrbücher der Mechanik.

---

[1] Von dieser elementaren Aussage der analytischen Geometrie machen wir ohne Beweis Gebrauch.

194 Das Hamiltonsche Prinzip und die Lagrangeschen Gleichungen zweiter Art

Wir denken uns wieder ein konservatives Kraftfeld gegeben und betrachten wie in der Nr. 192 ein System S von n Massenpunkten, die gewissen Bindungen unterliegen. In diesem Falle ist es häufig zweckmäßig, die Lage des Systems nicht durch die $3n$ cartesischen Koordinaten $x_1, x_2, \ldots, x_{3n}$ zu beschreiben, wie wir es im Abschnitt 192 getan haben, sondern „allgemeine Ortskoordinaten" $q_1, \ldots, q_f$ einzuführen, die den vorgeschriebenen Bindungen bereits Rechnung tragen[1]. Ist z. B. ein Massenpunkt an eine Kreislinie mit bekanntem Radius gebunden, so wird man seine Lage nicht durch seine cartesischen xy-Koordinaten, sondern viel einfacher und sachgemäßer durch seinen Polarwinkel φ angeben. Die Koordinaten x_k lassen sich dann durch die $q_1, \ldots, q_f$, die Geschwindigkeiten $\dot{x}_k$ durch die $q_1, \ldots, q_f, \dot{q}_1, \ldots, \dot{q}_f$ ausdrücken, so daß die potentielle Energie U des Systems von $q_1, \ldots, q_f$ und seine kinetische Energie T von $q_1, \ldots, q_f, \dot{q}_1, \ldots, \dot{q}_f$ abhängt, kurz:

$$U = U(q_1, \ldots, q_f), \qquad T = T(q_1, \ldots, q_f, \dot{q}_1, \ldots, \dot{q}_f).$$

Unter der Bahn des Systems S im Zeitintervall $[t_0, t_1]$ versteht man den Weg

$$t \mapsto q(t) := \begin{pmatrix} q_1(t) \\ \vdots \\ q_f(t) \end{pmatrix} \qquad (t_0 \leqslant t \leqslant t_1);$$

die Funktion

$$L := T - U$$

heißt Lagrangesche Funktion von S. L hängt von $q_1, \ldots, q_f, \dot{q}_1, \ldots, \dot{q}_f$ (mittelbar also von der Zeit) ab, kurz:

$$L = L(q_1, \ldots, q_f, \dot{q}_1, \ldots, \dot{q}_f).$$

Und nun können wir eine der großen Grundtatsachen der Physik, das berühmte Hamiltonsche Prinzip folgendermaßen formulieren:

In einem konservativen Kraftfeld verläuft die Bahn des Systems S zwischen den Lagen $q(t_0)$ und $q(t_1)$ so, daß das Wirkungsintegral

$$\int_{t_0}^{t_1} L \, dt$$

extremal ist[2].

---

[1] Die Anzahl f der Koordinaten $q_1, \ldots, q_f$ ist die Zahl der „Freiheitsgrade" des Systems S.

[2] L ist eine Energiegröße, $\int_{t_0}^{t_1} L \, dt$ hat daher die physikalische Dimension Energie mal Zeit. Eine Größe mit dieser Dimension nennt man Wirkung.

Bis hierhin haben wir nur Physik getrieben. Aber jetzt können wir eine rein mathematische Aussage, den Satz 191.3 einsetzen. Mit ihm gewinnen wir aus dem Hamiltonschen Prinzip auf einen Schlag die fundamentale Tatsache, *daß in einem konservativen Kraftfeld die Bahn des Systems S den* Lagrangeschen Gleichungen zweiter Art

$$\frac{\mathrm{d}}{\mathrm{d}t}\,\frac{\partial L}{\partial \dot{q}_k} - \frac{\partial L}{\partial q_k} = 0 \qquad (k=1,\ldots,f) \tag{194.1}$$

genügen muß[1].

Zur Illustration betrachten wir ein sehr einfaches und durchsichtiges Beispiel. Ein Massenpunkt bewege sich auf der x-Achse und habe im Abstand x vom Nullpunkt die potentielle Energie $U(x)=(1/2)\,k^2 x^2$ mit einer positiven Konstanten k. Seine kinetische Energie ist definitionsgemäß $T=(1/2)\,m\dot{x}^2$. In (194.1) haben wir dann

$$f=1,\;\; q_1=x,\;\; \dot{q}_1=\dot{x} \quad \text{und} \quad L = \frac{1}{2}\,(m\dot{x}^2 - k^2 x^2),$$

also

$$\frac{\partial L}{\partial \dot{x}} = m\dot{x}, \quad \frac{\mathrm{d}}{\mathrm{d}t}\,\frac{\partial L}{\partial \dot{x}} = m\ddot{x} \quad \text{und} \quad \frac{\partial L}{\partial x} = -k^2 x.$$

Die Lagrangesche Gleichung ist somit

$$m\ddot{x} + k^2 x = 0 \quad \text{oder also} \quad \ddot{x} = -\omega^2 x \quad \text{mit} \quad \omega := \frac{k}{\sqrt{m}}.$$

Das ist aber gerade die *Gleichung des harmonischen Oszillators* (s. Nr. 57). Zieht man noch die Ergebnisse des Beispiels 3 aus Nr. 101 heran, so erhält man eine interessante Tatsache: *Der harmonische Oszillator ist dadurch charakterisiert, daß seine potentielle Energie dem Quadrat des Abstands vom Nullpunkt proportional ist.*

195 Autoprobleme. Wärmesuchende Körper

Ein Punkt P bewege sich auf der Kreislinie mit Radius r um den Nullpunkt nach dem Weg-Zeit-Gesetz

$$x(t) := \begin{pmatrix} r\cos\omega t \\ r\sin\omega t \end{pmatrix}, \qquad \omega \text{ eine positive Konstante.}$$

---

[1] Man beachte, daß gemäß der Herleitung dieser Gleichungen bei der Bildung der Ableitung $\partial L/\partial \dot{q}_k$ die Größe $\dot{q}_k$ als eine *unabhängige* Veränderliche aufzufassen ist.

Dann sind sein Geschwindigkeitsvektor $\dot{x}(t)$ und seine Geschwindigkeit $v(t)$ beziehentlich gegeben durch

$$\dot{x}(t) = \begin{pmatrix} -\omega r \sin \omega t \\ \omega r \cos \omega t \end{pmatrix} \quad \text{und} \quad v(t) = |\dot{x}(t)| = \omega r. \tag{195.1}$$

Die Geschwindigkeit ist also konstant; sie ist das Produkt der sogenannten **Winkelgeschwindigkeit** ω mit dem Kreisradius r.[1] Der Geschwindigkeitsvektor selbst ist jedoch variabel; wegen $x(t) \cdot \dot{x}(t) = 0$ steht er zu jeder Zeit senkrecht auf dem „Radiusvektor" $x(t)$. Beschleunigungsvektor $\ddot{x}(t)$ und Beschleunigung $b(t)$ berechnen sich zu

$$\ddot{x}(t) = \begin{pmatrix} -\omega^2 r \cos \omega t \\ -\omega^2 r \sin \omega t \end{pmatrix} \quad \text{bzw.} \quad b(t) = |\ddot{x}(t)| = \omega^2 r = \frac{v^2}{r}, \tag{195.2}$$

wobei v die konstante Geschwindigkeit von P bedeutet. Infolgedessen ist auch die Beschleunigung konstant, während sich der Beschleunigungsvektor ändert. Er steht mit dem Radiusvektor in der Beziehung

$$\ddot{x}(t) = -\omega^2 x(t), \tag{195.3}$$

weist also, wenn man ihn am Punkte P anheftet, ständig auf das Drehzentrum (den Nullpunkt; s. Fig. 195.1).

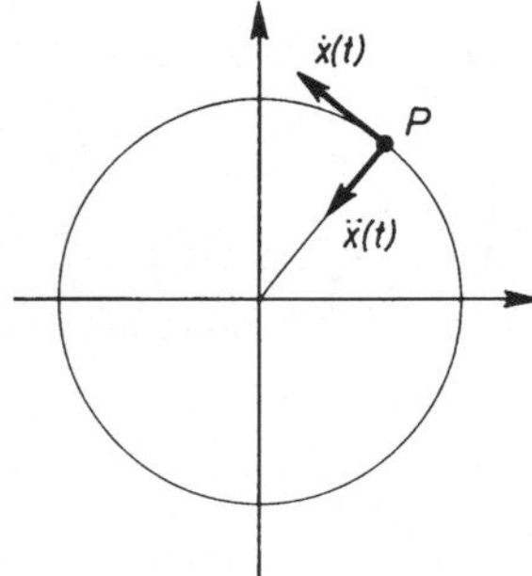

Fig. 195.1

Hat der Punkt P die Masse M, so wirkt auf ihn in jedem Augenblick die Kraft

$$M\ddot{x}(t) = -M\omega^2 x(t),$$

die ständig auf das Drehzentrum hinweist; man nennt sie **Zentripetalkraft** („das Zentrum suchende Kraft"). Ihre Größe ist

$$|M\ddot{x}(t)| = M\omega^2 r = \frac{Mv^2}{r}. \tag{195.4}$$

---

[1] Die Winkelgeschwindigkeit hat also die Dimension $\sec^{-1}$.

Die Zentripetalkraft zwingt P, auf der Kreisbahn zu bleiben. Bindet man einen Stein an einen Faden und schwingt ihn im Kreise herum, so wird die Zentripetalkraft physikalisch durch die Zugkraft des Fadens realisiert. Im Falle der als kreisförmig angenommenen Planetenbewegung ist die Zentripetalkraft nichts anderes als die Anziehungskraft der Sonne.

Aus nunmehr verständlichen Gründen nennt man $\omega^2 r$ die **Zentripetalbeschleunigung**.

Wir bringen zwei Anwendungen dieser einfachen Überlegungen, die für den Autofahrer interessant sein dürften.

1. Beanspruchung der Autoreifen Die Räder eines Automobils (einschließlich der Reifen) mögen den Radius r haben. Bewegt sich das Automobil mit der konstanten Geschwindigkeit v, so besitzt ein Punkt P auf der Radperipherie die Umlaufgeschwindigkeit v, nach (195.2) erfährt er also die Beschleunigung

$$b = \frac{v^2}{r}.$$

Sei $r = 31$ cm. Dann ist bei einer Geschwindigkeit von 100 km/Stunde, also rund $28 \, \text{m} \cdot \text{sec}^{-1}$,

$$b = \frac{28^2}{31/100} \, \text{m} \cdot \text{sec}^{-2}, \text{ also angenähert } 2529 \, \text{m} \cdot \text{sec}^{-2}.$$

Ganz grob gesagt, ist also b etwa 250 g, wobei $\text{g} = 9{,}81 \, \text{m} \cdot \text{sec}^{-2}$ die Erdbeschleunigung bedeutet. Bei einer Verdoppelung der Geschwindigkeit vervierfacht sich die Beschleunigung b. Sie ist also bei einer Geschwindigkeit von 200 Kilometer/Stunde näherungsweise 1000 g. Es ist klar, daß diese enormen Beschleunigungswerte ganz erhebliche Anforderungen an die Festigkeit des Reifens stellen.

2. Kurvenfahrt Ein Automobil der Masse M durchfahre mit der Geschwindigkeit v eine Kurve, die Stück eines Kreisbogens mit Radius r sei. Die Kraft, durch die der Wagen in der Kurve gehalten wird, ist die Haftreibung $\mu M \text{g}$, wobei μ der Reibungskoeffizient und g wieder die Erdbeschleunigung ist (s. Ende der Nr. 56). Damit das Fahrzeug nicht „ausbricht", muß also $\mu M \text{g} \geqslant M v^2 / r$, d.h.

$$\mu \text{g} \geqslant \frac{v^2}{r} \tag{195.5}$$

sein. Ist $M = 1000$ kg, $v = 100$ km/Stunde, also rund $28 \, \text{m} \cdot \text{sec}^{-1}$, und $r = 50$ m, so muß die Haftreibung mindestens

$$\frac{M v^2}{r} = \frac{1000 \cdot 28^2}{50} \, \text{kg} \cdot \text{m} \cdot \text{sec}^{-2} = 15\,680 \, \text{N}$$

und der Reibungskoeffizient μ mindestens

$$\frac{v^2}{r \text{g}} = \frac{28^2}{50 \cdot 9{,}81} = \frac{15{,}68}{9{,}81} \approx 1{,}6$$

sein. Der in Nr. 56 angegebene Reibungskoeffizient 1/2 für die Reibung von Gummi auf Asphalt bei Trockenheit muß also durch zweckmäßige Profilierung der Reifen und der Straßenoberfläche um mehr als das Dreifache erhöht werden.

An Hand der Abschätzung (195.5) möge der Leser selbst untersuchen, welchen Einfluß eine Herabsetzung des Reibungskoeffizienten (etwa durch Profilabnutzung oder Straßennässe) auf die zulässige Höchstgeschwindigkeit in einer kreisförmigen Kurve hat.

Wärmesuchende Körper Gegeben sei eine Temperaturverteilung $\vartheta(x)$. Wir nennen einen (punktförmigen) Körper wärmesuchend, wenn er sich vermöge irgendeines Steuerungsmechanismus so bewegt, daß sein Weg-Zeit-Gesetz $x=x(t)$ der Bedingung

$$\dot{x} = \alpha \,\mathrm{grad}\,\vartheta \qquad \text{mit festem } \alpha > 0 \tag{195.6}$$

genügt. Er folgt also der Richtung des stärksten Temperaturanstiegs, und zwar mit einer Geschwindigkeit $|\dot{x}|$, die ebendiesem Anstieg proportional ist.

Um etwas Konkretes vor Augen zu haben, denken wir uns auf einer Platte die Temperaturverteilung

$$\vartheta(x, y) := \vartheta_0 - \left(\frac{x^2}{a^2} + \frac{y^2}{b^2} \right) \qquad (\vartheta_0, a, b > 0 \text{ fest})$$

gegeben; ihre Isothermen sind Ellipsen um den Nullpunkt. (195.6) geht dann über in die beiden Differentialgleichungen

$$\dot{x} = -\frac{2\alpha}{a^2}\, x, \qquad \dot{y} = -\frac{2\alpha}{b^2}\, y.$$

Startet der Körper zur Zeit $t=0$ im Punkt (x_0, y_0), so liefert uns der Satz 55.1 sofort sein Bewegungsgesetz:

$$x(t) = x_0\, e^{-(2\alpha/a^2)t}, \qquad y(t) = y_0\, e^{-(2\alpha/b^2)t}.$$

Erwartungsgemäß strebt er also zum Nullpunkt, dem Ort höchster Temperatur. Freilich verringert sich unterwegs seine Geschwindigkeit drastisch, und er kommt nie an seinem Ziel an (es sei denn, er hätte seine Bewegung im Nullpunkt beginnen wollen — dann aber wäre es überhaupt nicht zu einer Bewegung gekommen).

XXIII Mehrfache R-Integrale

Jeder Kreiszylinder, dessen Radius gleich dem Kugelradius und dessen Höhe gleich dem Kugeldurchmesser ist, [ist] 3/2mal so groß wie die Kugel.

Archimedes

Archimedes soll ... gebeten haben, ... auf sein Grab den die Kugel einschließenden Zylinder zu setzen.

Plutarch

196 Vorbemerkungen

Im Laufe unserer bisherigen Arbeit haben wir schon zahlreiche Integralbegriffe definiert, untersucht und mit Gewinn eingesetzt. Es fehlt uns aber noch der Begriff des Integrals einer reellwertigen Funktion von *mehreren reellen Veränderlichen*. Wir wollen uns zunächst davon überzeugen, daß ganz naheliegende Probleme uns dazu drängen, die Idee eines solchen Integrals zu entwickeln. Dabei werden wir sehr einfache Situationen betrachten, und unsere Überlegungen werden heuristischer Art sein, auf mathematische Strenge also keinen Anspruch erheben. Alle auftretenden Funktionen sollen reellwertig sein.

1. Die Funktion f sei auf dem Rechteck $R := [a, b] \times [c, d]$ der xy-Ebene definiert und nichtnegativ. Ihr Schaubild ist eine über R liegende Fläche im xyz-Raum und begrenzt zusammen mit R einen „Zylinder" Z (s. Fig. 196.1). Wenn wir das Volumen von Z berechnen wollen, müssen wir zuerst klären, was unter dem Volumen eines solchen Raumstücks überhaupt zu verstehen ist. Naheliegenderweise wird man dabei ganz ähnlich vorgehen wie bei dem Flächenproblem in Nr. 80, nämlich so:

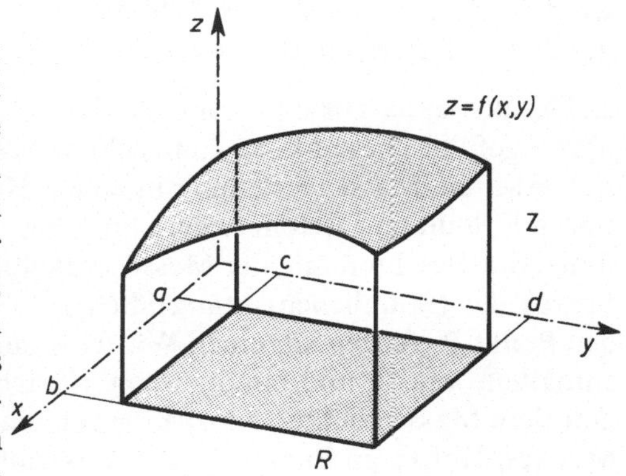

Fig. 196.1

Wir zerlegen R durch achsenparallele Strecken in Teilrechtecke $R_1, \ldots, R_n$ (s. Fig. 196.2). In jedem R_k wählen wir einen beliebigen „Zwischenpunkt" (ξ_k, η_k).[1] Bedeutet $|R_k|$ die Fläche von R_k, so ist $f(\xi_k, \eta_k)|R_k|$ das Volumen des Quaders Z_k in Fig. 196.3, und die „Riemannsche Summe" $\sum_{k=1}^{n} f(\xi_k, \eta_k)|R_k|$ werden wir als eine Nähe-

---

[1] Für Punkte verwenden wir wieder, wenn Mißverständnisse ausgeschlossen sind, die raumsparende Zeilenschreibweise.

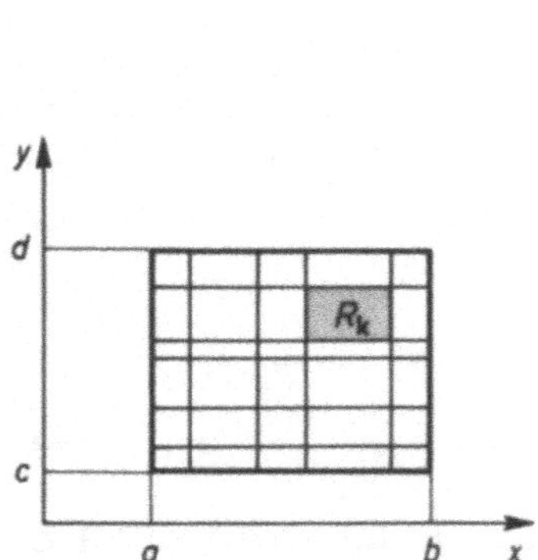

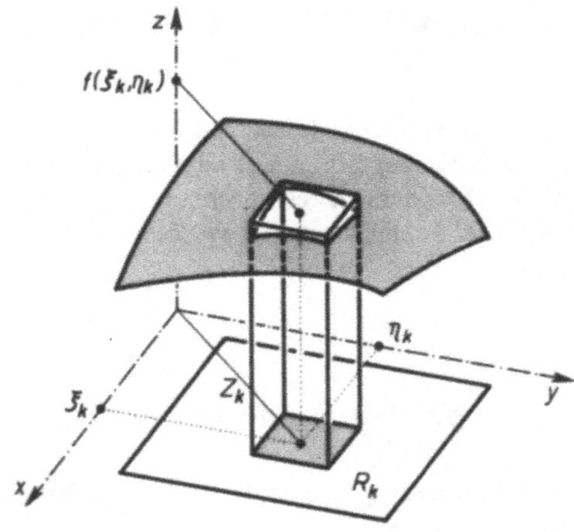

Fig. 196.2   Fig. 196.3

rung für das (noch gar nicht definierte) Volumen von Z ansehen. Streben — sehr vage ausgedrückt — die Riemannschen Summen bei unbegrenzter Verfeinerung der Zerlegungen und beliebiger Wahl der Zwischenpunkte gegen einen Grenzwert V, so werden wir sagen, daß dem Zylinder Z ein Volumen zukomme und werden dieses durch V definieren und messen.

2. Der achsenparallele Quader $Q:=[a_1,\,b_1]\times[a_2,\,b_2]\times[a_3,\,b_3]$ im xyz-Raum sei mit Masse gefüllt. Diese Masse kann sehr verschiedenartig in Q verteilt sein (man halte sich etwa die Massenverteilung in einem Hochhaus vor Augen: Gewisse Raumteile sind mit Stahl und Beton, andere mit Glas, Holz usw. oder auch nur mit Luft angefüllt). Zur Beschreibung der Massenverteilung benutzt man zweckmäßigerweise den Begriff der (räumlichen) Massendichte[1], den wir folgendermaßen definieren. Um den Punkt P grenzen wir einen Würfel W mit dem Volumen $|W|$ ab. Ist Δm die in W enthaltene Masse und strebt, wenn W sich auf den Punkt P zusammenzieht, die „mittlere Massendichte" $\Delta m/|W|$ gegen einen Grenzwert, so nennen wir diesen die **Massendichte** im Punkte P. Die Massendichte ist also — falls überhaupt vorhanden — eine Funktion f der drei Veränderlichen $x,\,y,\,z$. Ist sie bekannt und will man aus ihr die Gesamtmasse von Q berechnen, so wird man kaum anders als folgendermaßen vorgehen können: Wir zerlegen Q durch achsenparallele Ebenenstücke in Teilquader $Q_1,\,\ldots,\,Q_n$ mit den Volumina $|Q_1|,\,\ldots,\,|Q_n|$ und wählen in jedem Q_k einen beliebigen „Zwischenpunkt" $(\xi_k,\,\eta_k,\,\zeta_k)$. Dann wird $f(\xi_k,\,\eta_k,\,\zeta_k)|Q_k|$ näherungsweise die Masse in Q_k und die „Riemannsche Summe" $\sum_{k=1}^{n} f(\xi_k,\,\eta_k,\,\zeta_k)|Q_k|$

näherungsweise die Masse in Q angeben. Streben — wiederum sehr vage gesagt —

---

[1] Für die Massenbelegung eines Bogens hatten wir einen entsprechenden Begriff schon in Nr. 184 eingeführt. Die obigen Betrachtungen sind den dort durchgeführten völlig analog.

diese Riemannschen Summen bei unbegrenzter Verfeinerung der Zerlegungen und beliebiger Wahl der Zwischenpunkte gegen einen Grenzwert M, so werden wir M als die Gesamtmasse von Q ansehen.

Bei beiden Problemen haben wir ein und dieselbe mathematische Prozedur benutzt, die im übrigen dem Vorgehen bei der Definition des Riemannschen Integrals völlig analog ist. Wir nehmen nun die Aufgabe in Angriff, diese Prozedur in einen allgemeineren Rahmen zu setzen, zu präzisieren und so zu einem exakten Begriff des Integrals einer Funktion von mehreren Veränderlichen zu kommen.

197 Das Riemannsche Integral über kompakte Intervalle im $\mathbf{R}^p$

Unter einem **kompakten Intervall** im $\mathbf{R}^p$ verstehen wir ein cartesisches Produkt kompakter Intervalle auf den Koordinatenachsen, also eine Punktmenge der Form

$$[a_1, b_1] \times \cdots \times [a_p, b_p] = \{(x_1, \ldots, x_p) : a_k \leqslant x_k \leqslant b_k \text{ für } k = 1, \ldots, p\}.$$

Das Produkt $(a_1, b_1) \times \cdots \times (a_p, b_p)$ offener Koordinatenintervalle (a_k, b_k) wird ein **offenes Intervall** im $\mathbf{R}^p$ genannt. Intervalle im $\mathbf{R}^p$ nennen wir auch p-**dimensionale Intervalle**. Ist I das obige kompakte oder offene Intervall im $\mathbf{R}^p$, so definieren wir seinen **Inhalt** $|I|$ durch

$$|I| := (b_1 - a_1) \cdots (b_p - a_p).$$

Wir betrachten nun ein kompaktes p-dimensionales Intervall

$$I := [a_1, b_1] \times \cdots \times [a_p, b_p].$$

Eine **Zerlegung** Z von I ist ein Produkt $Z_1 \times \cdots \times Z_p$ von Zerlegungen $Z_1, \ldots, Z_p$ der Komponentenintervalle $[a_1, b_1], \ldots, [a_p, b_p]$. Die Elemente von $Z_1 \times \cdots \times Z_p$ werden die **Teilpunkte** von Z genannt. Die **Teilintervalle** von Z erhält man, indem man in dem Produkt $T_1 \times \cdots \times T_p$ die T_k alle Teilintervalle von Z_k durchlaufen läßt $(k = 1, \ldots, p)$. Ist z.B. $I = [a, b] \times [c, d]$, $Z_1 := \{x_0, x_1, \ldots, x_m\}$ eine Zerlegung von $[a, b]$ und $Z_2 := \{y_0, y_1, \ldots, y_n\}$ eine von $[c, d]$, so besteht die Zerlegung $Z := Z_1 \times Z_2$ von I aus allen Punkten der Form (x_j, y_k) $(j = 0, \ldots, m; \ k = 0, \ldots, n)$ — das sind die Teilpunkte von Z —, während das typische Teilintervall von Z die Gestalt $[x_{j-1}, x_j] \times [y_{k-1}, y_k]$ hat (s. Fig. 197.1, in der die Teilpunkte durch • markiert sind und ein typisches Teilintervall schattiert ist).

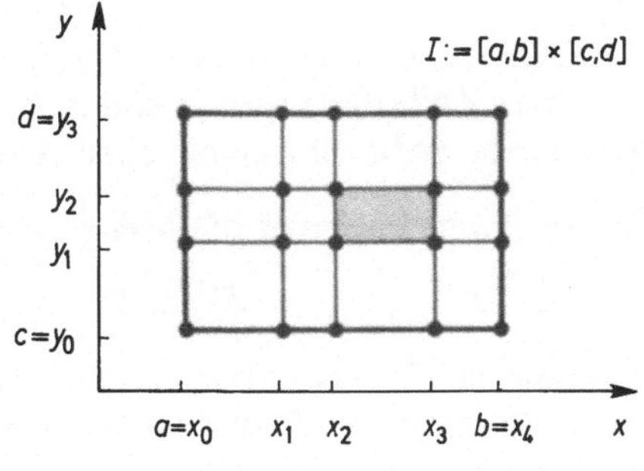

Fig. 197.1

$Z, Z', \ldots$ *seien im folgenden Zerlegungen des kompakten p-dimensionalen Intervalls*
$I := [a_1, b_1] \times \cdots \times [a_p, b_p].$

Sind $I_1, \ldots, I_n$ alle Teilintervalle von Z, so ist offenbar

$$I = \bigcup_{k=1}^{n} I_k, \qquad \mathring{I}_j \cap \mathring{I}_k = \emptyset \quad \text{für } j \neq k \quad \text{und} \quad |I| = \sum_{k=1}^{n} |I_k|. \tag{197.1}$$

Z' heißt **Verfeinerung** von Z, wenn $Z' \supset Z$ ist. Haben wir

$$Z := Z_1 \times \cdots \times Z_p \qquad \text{und} \qquad Z' := Z_1' \times \cdots \times Z_p',$$

so gilt

$$Z' \supset Z \Leftrightarrow Z_j' \supset Z_j \quad \text{für } j = 1, \ldots, p, \tag{197.2}$$

die Verfeinerung von Z läuft also auf die Verfeinerung der „Komponentenzerlegungen" hinaus.

Sind

$$Z^{(1)} := Z_1^{(1)} \times \cdots \times Z_p^{(1)} \qquad \text{und} \qquad Z^{(2)} := Z_1^{(2)} \times \cdots \times Z_p^{(2)}$$

zwei Zerlegungen von I, so ist $Z_j^{(1)} \cup Z_j^{(2)}$ die gemeinsame Verfeinerung der Zerlegungen $Z_j^{(1)}$, $Z_j^{(2)}$ von $[a_j, b_j]$, infolgedessen ist

$$Z' := (Z_1^{(1)} \cup Z_1^{(2)}) \times \cdots \times (Z_p^{(1)} \cup Z_p^{(2)}) \tag{197.3}$$

eine Verfeinerung sowohl von $Z^{(1)}$ als auch von $Z^{(2)}$. Z' wird die **gemeinsame Verfeinerung** von $Z^{(1)}$ und $Z^{(2)}$ genannt.

Unter dem **Feinheitsmaß** von $Z := Z_1 \times \cdots \times Z_p$ versteht man die Zahl

$$|Z| := \max_{j=1}^{p} |Z_j|; \tag{197.4}$$

dabei ist $|Z_j|$ das Feinheitsmaß der Zerlegung Z_j (s. Nr. 79). Offenbar gilt die Implikation

$$Z' \supset Z \Rightarrow |Z'| \leq |Z|, \tag{197.5}$$

ihre Umkehrung braucht aber nicht richtig zu sein.

Hat Z die n Teilintervalle $I_1, \ldots, I_n$ und greift man aus jedem I_k einen beliebigen Punkt ξ_k, einen **Zwischenpunkt** von Z, heraus, so nennen wir das System $\sigma := (\xi_1, \ldots, \xi_n)$ mit einem nicht sehr glücklichen Ausdruck einen **Zwischenvektor** für Z.

Unter $\mathfrak{Z}$ verstehen wir die Menge aller Zerlegungen von I, versehen mit der durch

$$Z^{(1)} \prec Z^{(2)} :\Leftrightarrow Z^{(1)} \subset Z^{(2)} \tag{197.6}$$

definierten Richtung. Das Zeichen (Z, σ) bedeute eine Zerlegung Z von I zusammen mit einem zu Z gehörenden Zwischenvektor σ. $\mathfrak{Z}^*$ sei die Menge aller (Z, σ), ausgestattet mit der durch

$$(Z^{(1)}, \sigma_1) \prec (Z^{(2)}, \sigma_2) :\Leftrightarrow |Z^{(1)}| \geq |Z^{(2)}| \tag{197.7}$$

erklärten Richtung.

Die reellwertige Funktion f sei auf I definiert, und $\sigma := (\xi_1, \ldots, \xi_n)$ sei ein Zwischenvektor der Zerlegung Z mit den Teilintervallen $I_1, \ldots, I_n$. Dann heißt

$$S(f, Z, \sigma) := \sum_{k=1}^{n} f(\xi_k)\,|I_k|$$

eine **Riemannsche Summe** und das auf $\mathfrak{Z}^*$ definierte Netz

$$(Z, \sigma) \mapsto S(f, Z, \sigma)$$

das **Riemannsche Netz** von f. Und nun geben wir die folgende grundlegende

Definition *I sei ein kompaktes p-dimensionales Intervall. Dann heißt die Funktion* $f : I \to \mathbf{R}$ *Riemann-integrierbar (kurz: R-integrierbar oder auch nur integrierbar) auf I, wenn ihr Riemannsches Netz konvergiert. Den Grenzwert desselben bezeichnet man mit einem der Symbole*

$$\int_I f\,\mathrm{d}x, \qquad \int_I f(x)\,\mathrm{d}x, \qquad \int_I f\,\mathrm{d}(x_1, \ldots, x_p), \qquad \int_I f(x_1, \ldots, x_p)\,\mathrm{d}(x_1, \ldots, x_p)$$

und nennt ihn das **Riemannsche Integral** *(R-Integral) von f über I. Anders ausgedrückt: Genau dann ist $\int_I f\,\mathrm{d}x$ vorhanden und $= S$, wenn es zu jedem $\varepsilon > 0$ ein $\delta > 0$ gibt, so daß*

$$\text{für jede Zerlegung } Z \text{ von } I \text{ mit } \quad |Z| < \delta \quad \text{stets} \quad |S(f, Z, \sigma) - S| < \varepsilon$$

bleibt — völlig gleichgültig, wie man den Zwischenvektor σ wählt.

Die Menge der auf I R-integrierbaren Funktionen bezeichnen wir mit $R(I)$.

Wegen Satz 79.2 stimmt im Falle $p = 1$ das eben definierte Integral genau mit dem R-Integral aus Nr. 79 überein. Im Falle $p > 1$ nennt man $\int_I f\,\mathrm{d}x$ auch gerne ein **mehrfaches** (genauer: ein p-**faches**) **Integral**.

Nach diesen vielen Definitionen, die von Altvertrautem meistens nur drucktechnisch verschieden waren, brauchen wir wohl nicht mehr zu erläutern, was eine **Zerlegungsnullfolge** und eine **Riemannfolge** sein soll. Auch der folgende Satz, der im Falle $p = 1$ gerade die ursprüngliche Definition des R-Integrals wiedergibt, dürfte sich nunmehr von selbst verstehen.

197.1 Satz *Die Funktion $f : I \to \mathbf{R}$ ist genau dann R-integrierbar auf dem kompakten p-dimensionalen Intervall I, wenn jede ihrer Riemannfolgen gegen einen — und damit gegen ein und denselben — Grenzwert konvergiert. Dieser gemeinsame Grenzwert ist dann gerade $\int_I f\,\mathrm{d}x$.*

Die Beweise der folgenden vier Sätze sind den Beweisen der Sätze 79.4 bis 79.7 so analog oder erfordern nur so geringe Modifikationen, daß wir uns mit der bloßen Formulierung der Sätze begnügen dürfen.

197.2 Satz *Mit f und g liegt auch die Summe $f+g$ und jedes Vielfache cf in $R(I)$, und es gilt*

$$\int_I (f+g)\,\mathrm{d}x = \int_I f\,\mathrm{d}x + \int_I g\,\mathrm{d}x, \qquad \int_I cf\,\mathrm{d}x = c\int_I f\,\mathrm{d}x.$$

Mit anderen Worten: $R(I)$ ist ein Funktionenraum, und die Abbildung $f \mapsto \int_I f\,\mathrm{d}x$ von $R(I)$ nach $\mathbf{R}$ ist linear.

197.3 Satz *Ist $f,\ g\in R(I)$ und $f\geqslant g$, so muß auch $\int_I f\,\mathrm{d}x \geqslant \int_I g\,\mathrm{d}x$ sein. Insbesondere ist im Falle $f\geqslant 0$ stets $\int_I f\,\mathrm{d}x \geqslant 0$.*

197.4 Satz *Sind die Funktionen f und g R-integrierbar auf I und stimmen sie wenigstens auf einer Menge überein, die dort dicht liegt, so ist bereits $\int_I f\,\mathrm{d}x = \int_I g\,\mathrm{d}x$.*

197.5 Satz *Eine auf I R-integrierbare Funktion f ist dort notwendig beschränkt, in Zeichen: $R(I) \subset B(I)$.*

Aufgaben

1. $\int_I c\,\mathrm{d}x = c\,|I|$.

2. Sei $f\in R(I)$, und für alle $x\in I$ gelte $|f(x)| \leqslant M$. Dann ist

$$\left| \int_I f\,\mathrm{d}x \right| \leqslant M\,|I|.$$

3. f sei R-integrierbar auf I und stimme bis auf endlich viele Stellen mit $g: I\to\mathbf{R}$ überein. Dann ist

$$\int_I g\,\mathrm{d}x \text{ vorhanden und } = \int_I f\,\mathrm{d}x.$$

4. Führe die Beweise der Sätze 197.1 bis 197.5 in allen Einzelheiten durch.

5. Der Punkt $(x_1, \ldots, x_p)\in\mathbf{R}^p$ wird **r a t i o n a l** genannt, wenn alle seine Komponenten rational sind. Definiere die Funktion $f: I\to\mathbf{R}$ auf dem kompakten p-dimensionalen Intervall I durch

$$f(x) := \begin{cases} 1, & \text{wenn } x \text{ rational}, \\ 0 & \text{sonst} \end{cases}$$

und zeige, daß f auf I nicht R-integrierbar ist.

198 Die Darbouxschen Integrale über kompakte Intervalle im $\mathbf{R}^p$

In dieser Nummer gehen wir so ähnlich vor wie in Nr. 82, daß wir uns wiederum ganz kurz fassen dürfen. *I bedeute durchweg ein kompaktes p-dimensionales Intervall, und Zerlegungen $Z, Z', \ldots$ sind immer Zerlegungen von I. $f: I\to\mathbf{R}$ sei eine beschränkte Funktion.*

Sind $I_1, \ldots, I_n$ die Teilintervalle von Z, so bilden wir mit den Zahlen

$$m_k := \inf f(I_k), \qquad M_k := \sup f(I_k)$$

die **Unter- und Obersumme**

$$U(f, Z) := \sum_{k=1}^{n} m_k |I_k| \quad \text{bzw.} \quad O(f, Z) := \sum_{k=1}^{n} M_k |I_k|$$

und nennen

$$\underline{\int}_I f\,dx := \sup_{Z \in \mathfrak{Z}} U(f, Z) \quad \text{das untere,}$$

$$\overline{\int}_I f\,dx := \inf_{Z \in \mathfrak{Z}} O(f, Z) \quad \text{das obere Darbouxsche Integral}$$

von f auf I. Wie in Nr. 82 sehen wir, daß stets

$$\underline{\int}_I f\,dx \leqslant \overline{\int}_I f\,dx \tag{198.1}$$

ist. Wir nennen die (*beschränkte*) Funktion f D-integrierbar auf I, wenn in (198.1) das Gleichheitszeichen steht, und bezeichnen dann den gemeinsamen Wert der beiden Darbouxschen Integrale mit D-$\int_I f\,dx$. Und wörtlich wie den Satz 82.3 beweist man den

198.1 Satz *$f \in B(I)$ ist genau dann D-integrierbar auf I, wenn es zu jedem $\varepsilon > 0$ eine Zerlegung Z mit $O(f, Z) - U(f, Z) < \varepsilon$ gibt.*

Bereits in der nächsten Nummer werden wir sehen, daß die D-integrierbaren Funktionen mit den R-integrierbaren zusammenfallen und D-$\int_I f\,dx = \int_I f\,dx$ ist. Sachlich ist also der Darbouxsche Integralbegriff nur eine Umformulierung des Riemannschen, eine Umformulierung, die allerdings für manche Zwecke sehr bequem ist.

Aufgaben

***1.** Zeige, daß der Hilfssatz 82.1 auch für Funktionen $f \in B(I)$ gilt.

2. Führe den Beweis des Satzes 198.1 in allen Einzelheiten durch. Benutze dabei die Aufgabe 1.

3. Übertrage die Aufgaben 1 und 5 aus Nr. 82 auf die oben definierten Darbouxschen Integrale. Hinweis: Satz 111.10.

199 Integrabilitätskriterien und einige Folgerungen aus ihnen

Den Sätzen dieser Nummer schicken wir einige Bemerkungen voraus.

Ist I wieder ein kompaktes p-dimensionales Intervall, so wird für eine beschränkte Funktion $f: I \to \mathbf{R}$ die Oszillation $\Omega_f(T)$ auf einer nichtleeren Teilmenge T von I und die Oszillation $\omega_f(x)$ in einem Punkte x von I wörtlich so definiert wie in Nr. 40, und die Sätze 40.1 und 40.2 gelten mitsamt ihren Beweisen ebenso wie die Gl. (40.1).

Auch der Begriff der Nullmenge oder Menge vom Maß 0 wird im $\mathbf{R}^p$ genau so erklärt, wie es für Teilmengen von $\mathbf{R}$ zu Beginn der Nr. 84 geschehen ist (natürlich ist dabei $\mathbf{R}$ durch $\mathbf{R}^p$ und „Länge" durch „Inhalt" zu ersetzen). Der Hilfssatz 84.1, der die wesentlichsten Eigenschaften von Nullmengen in $\mathbf{R}$ beschrieb, kann dann unverändert in den $\mathbf{R}^p$ übernommen werden. Von besonderer Wichtigkeit ist seine Aussage, *daß die Vereinigung von höchstens abzählbar vielen Nullmengen wieder eine Nullmenge ist.*

Im folgenden werden wir häufig und stillschweigend von der einfachen Tatsache Gebrauch machen, *daß die Hyperebene $x_j = c$, d. h. die Menge*

$$H := \{(x_1, \ldots, x_p) \in \mathbf{R}^p : x_j = c\} \qquad (j \text{ und } c \text{ fest})$$

stets eine Nullmenge ist[1] (*erst recht ist also jede Teilmenge von H eine Nullmenge*). Um dies einzusehen, geben wir uns ein positives ε vor und bilden für jedes natürliche k die Intervalle $I_k := (a_1, b_1) \times \cdots \times (a_p, b_p)$ mit

$$a_\nu := -k, \qquad b_\nu := k \quad \text{für } \nu \neq j,$$

$$a_j := c - \frac{\varepsilon}{2^{k+1}(2k)^{p-1}}, \qquad b_j := c + \frac{\varepsilon}{2^{k+1}(2k)^{p-1}}.$$

Offenbar ist

$$H \subset \bigcup_{k=1}^{\infty} I_k \quad \text{und} \quad \sum_{k=1}^{\infty} |I_k| = \sum_{k=1}^{\infty} (2k)^{p-1} \frac{2\varepsilon}{2^{k+1}(2k)^{p-1}} = \varepsilon,$$

H erweist sich also in der Tat als eine Nullmenge. $\blacksquare$

Wie in Nr. 84 sagen wir, eine Funktion $f: X \subset \mathbf{R}^p \to \mathbf{R}$ sei fast überall stetig auf X, wenn die Punkte von X, in denen sie unstetig ist, zusammengenommen nur eine Nullmenge bilden. Was es heißt, daß zwei Funktionen fast überall auf X gleich sind, dürfte nun klar sein.

---

[1] Im $\mathbf{R}^2$ sind diese Mengen Geraden, die parallel zu einer Koordinatenachse sind, im $\mathbf{R}^3$ Ebenen parallel zu einer Koordinatenebene.

Wir beweisen jetzt den schon angekündigten

199.1 Satz *Eine Funktion f ist genau dann R-integrierbar auf I, wenn sie dort D-integrierbar ist, und in diesem Fall gilt $\int_I f \, dx = \mathrm{D}\text{-}\int_I f \, dx$.*

Beweis. Indem man die Schlüsse aus dem ersten Teil des Beweises von Satz 83.1 einfach nachvollzieht und sich dabei auf die Sätze 197.5 und 198.1 stützt, ergibt sich ohne Mühe aus der R-Integrierbarkeit der Funktion f ihre D-Integrierbarkeit. — Nun sei umgekehrt f D-integrierbar auf I. Um die Schreibarbeit zu vereinfachen und die Anschauung zu unterstützen, wollen wir uns für den Rest des Beweises auf den zweidimensionalen Fall beschränken; den Übergang zum $\mathbf{R}^p$ mit $p > 2$ wird der Leser dann leicht selbst vollziehen können. Der Integrationsbereich I ist also ein zweidimensionales kompaktes Intervall, das wir uns als Produkt $[a, b] \times [c, d]$ gegeben denken. Zu willkürlich vorgeschriebenem $\varepsilon > 0$ existiert nach Satz 198.1 eine Zerlegung Z_1 von I mit

$$O(Z_1) - U(Z_1) < \frac{\varepsilon}{3} \tag{199.1}$$

(bei den Ober- und Untersummen von f geben wir der Kürze wegen f nicht an). Nun sei δ eine zunächst beliebige positive Zahl und Z irgendeine Zerlegung von I mit $|Z| < \delta$. Diejenigen Teilintervalle von Z, die ganz in einem der Teilintervalle von Z_1 liegen, bezeichnen wir mit I_k, alle übrigen Teilintervalle von Z mit J_k. In der Fig. 199.1 ist Z_1 durch fette, Z durch dünne Linien angedeutet, und zwei „Säulen" von J_k-Intervallen (aber nicht alle Intervalle dieser Art) sind schattiert. Der Inhalt der horizontalen bzw. der vertikalen Säule ist $< \delta(b - a)$ bzw. $< \delta(d - c)$. Wird Z_1 durch m Teilpunkte in $[a, b]$ und n Teilpunkte in $[c, d]$ erzeugt, so ist infolgedessen gewiß

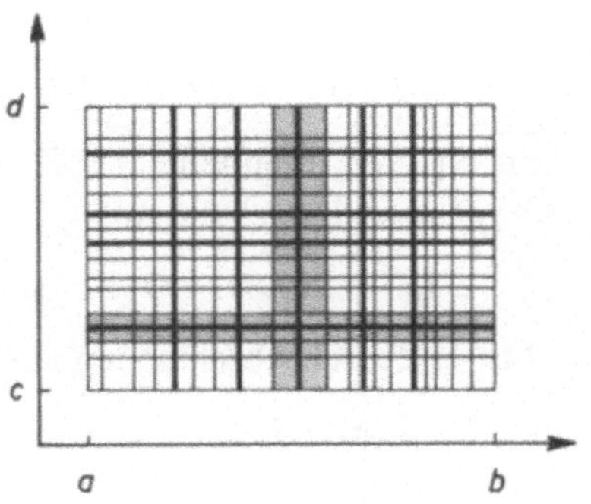

Fig. 199.1

$$\sum |J_k| < \delta[n(b - a) + m(d - c)]. \tag{199.2}$$

f ist auf I beschränkt, mit einer geeigneten positiven Zahl M gilt also

$$|f(x, y)| \leqslant M \quad \text{für alle } (x, y) \in I.$$

Setzen wir

$$\delta := \frac{\varepsilon}{6M[n(b - a) + m(d - c)]},$$

so folgt aus (199.2) die Abschätzung

$$\sum |J_k| < \frac{\varepsilon}{6M} \quad \text{für jedes } Z \text{ mit } |Z| < \delta.$$

Wir nehmen uns nun ein beliebiges Z mit $|Z| < \delta$ her. Z_2 sei die gemeinsame Verfeinerung von Z und Z_1. Die Teilintervalle von Z_2 sind einerseits die Intervalle I_k, andererseits Intervalle J_l', die durch Unterteilung der J_k entstehen; infolgedessen ist $\sum |J_l'| < \varepsilon/(6M)$. Daraus folgt

$$O(Z) - O(Z_2) < \frac{\varepsilon}{3} \quad \text{und} \quad U(Z_2) - U(Z) < \frac{\varepsilon}{3}.$$

Nach der $\mathbf{R}^2$-Version des Hilfssatzes 82.1c (s. A 198.1) ergibt sich ferner aus (199.1) sofort die Ungleichung

$$O(Z_2) - U(Z_2) < \frac{\varepsilon}{3}.$$

Aus den drei letzten Abschätzungen erhalten wir

$$O(Z) - U(Z) = [O(Z) - O(Z_2)] + [O(Z_2) - U(Z_2)] + [U(Z_2) - U(Z)]$$
$$< \frac{\varepsilon}{3} + \frac{\varepsilon}{3} + \frac{\varepsilon}{3} = \varepsilon. \tag{199.3}$$

Ist nun $S(Z, \sigma)$ irgendeine zu Z (und f) gehörende Riemannsche Summe und $S := \mathrm{D}\text{-}\int_I f(x, y)\,\mathrm{d}(x, y)$, so muß

$$U(Z) \leqslant S(Z, \sigma) \leqslant O(Z) \quad \text{und} \quad U(Z) \leqslant S \leqslant O(Z)$$

sein. Mit Hilfe der Abschätzung (199.3) folgt also

$$|S(Z, \sigma) - S| < \varepsilon.$$

Diese Ungleichung gilt, wohlgemerkt, für jedes Z mit $|Z| < \delta$ und jeden zu Z gehörenden Zwischenvektor σ. Sie besagt infolgedessen, daß f R-integrierbar auf I und $\int_I f(x, y)\,\mathrm{d}(x, y) = S$ (also gleich dem Darbouxschen Integral von f) ist. ∎

Bei den restlichen Sätzen dieser Nummer dürfen wir uns damit begnügen, sie einfach nur anzugeben. Der Leser kann sie leicht einsehen, wenn er die Beweise der entsprechenden Sätze über „einfache" R-Integrale durchgeht und die evtl. nötigen geringfügigen Modifikationen selbst vornimmt.

199.2 Riemannsches Integrabilitätskriterium *Eine Funktion f ist genau dann R-integrierbar auf I, wenn sie beschränkt ist und es zu jedem $\varepsilon > 0$ eine Zerlegung Z von I mit $O(f, Z) - U(f, Z) < \varepsilon$ gibt.*

199.3 Lebesguesches Integrabilitätskriterium *Eine Funktion f ist genau dann R-integrierbar auf I, wenn sie dort beschränkt und fast überall stetig ist.*

199.4 Satz *Jede auf I stetige Funktion ist* R-*integrierbar.*

199.5 Satz *Mit f und g liegen auch die folgenden Funktionen in* $R(I)$:

$$|f|, \quad f^+, \quad f^-, \quad \max(f, g), \quad \min(f, g) \quad und \quad fg.$$

Außerdem gilt die Dreiecksungleichung

$$\left| \int_I f\,dx \right| \leq \int_I |f|\,dx.$$

Ist überdies $|g(x)| \geq \alpha > 0$ *auf* I, *so gehört auch* f/g *zu* $R(I)$.

199.6 Satz *Sei* $g \in R(I)$, *ferner* $g(I) \subset [a, b]$ *und* $f \in C[a, b]$. *Dann ist* $f \circ g \in R(I)$.

199.7 Satz *Sind die Funktionen* f, $g \in R(I)$ *fast überall auf* I *gleich, so ist*

$$\int_I f\,dx = \int_I g\,dx.$$

Aufgaben

Vorbemerkung zu den Aufgaben 1 und 2: Ist $x \neq 0$ eine rationale Zahl und p/q ihre gekürzte Darstellung mit $p \in \mathbf{Z}$ und $q \in \mathbf{N}$, so bezeichnen wir den Nenner q zur größeren Deutlichkeit mit q_x. Für $x = 0$ sei $q_x := 1$. I bedeute das Quadrat $[0, 1] \times [0, 1]$.

1. Definiere die Funktion $f: I \to \mathbf{R}$ durch

$$f(x, y) := \begin{cases} 0, & \text{falls } x \text{ oder } y \text{ irrational}, \\ 1/q_x, & \text{falls } x \text{ und } y \text{ rational} \end{cases}$$

und zeige, daß $\int_I f(x, y)\,d(x, y)$ vorhanden und $= 0$ ist.

2. Definiere die Funktion $f: I \to \mathbf{R}$ durch

$$f(x, y) := \begin{cases} 1, & \text{falls } x \text{ und } y \text{ rational und } q_x = q_y, \\ 0 & \text{in allen anderen Punkten von } I. \end{cases}$$

Zeige, daß f auf I nicht R-integrierbar ist.

In den folgenden Aufgaben sei I irgendein kompaktes p-dimensionales Intervall.

3. Die Funktion $\varphi: I \to \mathbf{R}$ heißt Treppenfunktion auf I, wenn es eine Zerlegung Z von I gibt, so daß φ auf dem Innern eines jeden Teilintervalls von Z konstant ist. Die Menge aller Treppenfunktionen auf I bezeichnen wir mit $T(I)$. Zeige:

a) $T(I)$ ist eine Funktionenalgebra.

b) Jedes $\varphi \in T(I)$ ist R-integrierbar. Sind $\mathring{I}_1, \ldots, \mathring{I}_n$ die zu φ gehörenden offenen Konstanzintervalle und ist $\varphi | \mathring{I}_k = c_k$, so gilt

$$\int_I \varphi\,dx = \sum_{k=1}^{n} c_k |I_k|.$$

4. Die Funktion $f: I \to \mathbf{R}$ ist genau dann R-integrierbar auf I, wenn sie beschränkt ist und folgendes gilt: Es gibt eine und nur eine Zahl S, so daß für alle $\varphi, \psi \in T(I)$ mit $\varphi \leqslant f \leqslant \psi$ stets

$$\int_I \varphi \, dx \leqslant S \leqslant \int_I \psi \, dx$$

ist. In diesem Falle haben wir $S = \int_I f \, dx$. Hinweis: Aufgabe 3, Satz 199.1.

⁺5. $f \in R(I)$ sei nichtnegativ, und in einem Stetigkeitspunkt $x_0 \in I$ sei $f(x_0) > 0$. Dann ist $\int_I f \, dx > 0$ (vgl. A 84.3).

6. Sei $f \in R(I)$ und $f > 0$. Dann ist auch $\int_I f \, dx > 0$. Hinweis: Aufgabe 5.

7. Ist die Funktion f stetig und nichtnegativ auf I und verschwindet $\int_I f \, dx$, so muß $f = 0$ sein. Hinweis: Aufgabe 5.

8. Genau dann sind die Funktionen $f, g \in R(I)$ fast überall auf I gleich, wenn $\int_I |f - g| \, dx = 0$ ist. Hinweis: Aufgabe 5.

200 Der Satz von Fubini

Bisher fehlt uns noch ein bequemes Verfahren, um das Integral $\int_I f \, dx$ zu berechnen. Der Satz von Fubini[1] wird uns ein solches an die Hand geben: Er zeigt, daß man in den praktisch wichtigsten Fällen ein mehrfaches Integral durch wiederholte „einfache" Integrationen auswerten kann.

Die folgenden Betrachtungen sind außerordentlich einfach, viel einfacher, als der Schreibaufwand vermuten läßt. Um ihn so gering wie möglich zu halten, betrachten wir zunächst eine Funktion $f(x, y)$, die auf dem zweidimensionalen Intervall $I := [a, b] \times [c, d]$ R-integrierbar sei. Ferner setzen wir voraus, daß

$$\int_a^b f(x, y) \, dx \quad \text{für jedes feste } y \in [c, d] \text{ existiert.} \tag{200.1}$$

Unter diesen Voraussetzungen werden wir nun zeigen, daß die Funktion

$$g(y) := \int_a^b f(x, y) \, dx \qquad (c \leqslant y \leqslant d)$$

auf $[c, d]$ R-integrierbar und

$$\int_I f(x, y) \, d(x, y) = \int_c^d g(y) \, dy = \int_c^d \left(\int_a^b f(x, y) \, dx \right) dy \tag{200.2}$$

ist, daß man also das linksstehende Integral durch zwei „einfache" Integrationen oder, wie man auch sagt, als ein (zweifach) iteriertes Integral berechnen kann.

---

[1] Guido Fubini (1879–1943; 64).

Im Beweis bedeute

$Z_x := \{x_0, x_1, \ldots, x_m\}$ eine Zerlegung von $[a, b]$, $\xi := (\xi_1, \ldots, \xi_m)$ einen zugehörigen Zwischenvektor und $\Delta x_j := x_j - x_{j-1}$ die Länge des j-ten Teilintervalls von Z_x;

$Z_y := \{y_0, y_1, \ldots, y_n\}$ eine Zerlegung von $[c, d]$, $\eta := (\eta_1, \ldots, \eta_n)$ einen zugehörigen Zwischenvektor und $\Delta y_k := y_k - y_{k-1}$ die Länge des k-ten Teilintervalls von Z_y.

$\mathfrak{Z}_x^*$, $\mathfrak{Z}_y^*$ sind beziehentlich die Mengen aller (Z_x, ξ), (Z_y, η), ausgestattet mit ihren kanonischen Richtungen (s. (197.7)), die wir in beiden Fällen mit $\prec$ bezeichnen. Neben diesen Mengen betrachten wir noch ihr Produkt

$$\mathfrak{P} := \mathfrak{Z}_x^* \times \mathfrak{Z}_y^*,$$

also die Menge aller $((Z_x, \xi), (Z_y, \eta))$. Auf $\mathfrak{P}$ können wir die in (107.2) definierte Produktrichtung $\ll$ einführen:

$$((Z_x, \xi), (Z_y, \eta)) \ll ((Z_x', \xi'), (Z_y', \eta')) \Leftrightarrow (Z_x, \xi) \prec (Z_x', \xi'), (Z_y, \eta) \prec (Z_y', \eta')$$
$$\Leftrightarrow |Z_x| \geqslant |Z_x'|, |Z_y| \geqslant |Z_y'|.$$

Daneben wollen wir $\mathfrak{P}$ auch noch mit einer Richtung $\prec$ versehen, die folgendermaßen definiert ist:

$$((Z_x, \xi), (Z_y, \eta)) \prec ((Z_x', \xi'), (Z_y', \eta')) :\Leftrightarrow \max(|Z_x|, |Z_y|) \geqslant \max(|Z_x'|, |Z_y'|).$$

Offenbar ist die Richtung $\prec$ schwächer als die Produktrichtung $\ll$. Auf $(\mathfrak{P}, \prec)$ definieren wir nun das Netz

$$((Z_x, \xi), (Z_y, \eta)) \mapsto \sum_{k=1}^{n} \left(\sum_{j=1}^{m} f(\xi_j, \eta_k) \Delta x_j \right) \Delta y_k.$$

Definitionsgemäß ist der Grenzwert dieses Netzes genau dann vorhanden und $= S$, wenn es zu jedem $\varepsilon > 0$ ein $\delta > 0$ gibt, so daß

$$\left| \sum_{k=1}^{n} \left(\sum_{j=1}^{m} f(\xi_j, \eta_k) \Delta x_j \right) \Delta y_k - S \right| < \varepsilon$$

bleibt, wenn nur $\max(|Z_x|, |Z_y|) < \delta$ ist. Ein Blick auf die Integraldefinition in Nr. 197 und die Erklärung des Feinheitsmaßes in (197.4) zeigt nun sofort, daß unser Netz tatsächlich konvergiert, und zwar gegen $\int_I f(x, y) \, \mathrm{d}(x, y)$, in Zeichen:

$$\lim_{(\mathfrak{P}, \prec)} \sum_{k=1}^{n} \left(\sum_{j=1}^{m} f(\xi_j, \eta_k) \Delta x_j \right) \Delta y_k = \int_I f(x, y) \, \mathrm{d}(x, y).$$

Ferner ist voraussetzungsgemäß

$$\lim_{\mathfrak{Z}_x^*} \sum_{j=1}^{m} f(\xi_j, \eta_k) \Delta x_j = \int_a^b f(x, \eta_k) \, \mathrm{d}x,$$

also existieren die Spaltenlimites

$$\lim_{\mathfrak{Z}_x^*} \sum_{k=1}^{n} \left(\sum_{j=1}^{m} f(\xi_j, \eta_k)\,\Delta x_j \right) \Delta y_k = \sum_{k=1}^{n} \left(\int_a^b f(x, \eta_k)\,dx \right) \Delta y_k$$

$$= \sum_{k=1}^{n} g(\eta_k)\,\Delta y_k.$$

Mit Satz 107.1 folgt daraus, daß

$$\lim_{\mathfrak{Z}_y^*} \sum_{k=1}^{n} g(\eta_k)\,\Delta y_k \text{ existiert und } = \lim_{(\mathfrak{B}, <)} \sum_{k=1}^{n} \left(\sum_{j=1}^{m} f(\xi_j, \eta_k)\,\Delta x_j \right) \Delta y_k$$

$$= \int_I f(x, y)\,d(x, y)$$

ist. Das bedeutet aber gerade, daß g auf $[c, d]$ R-integrierbar ist und die behauptete Gl. (200.2) besteht. ∎

Durch völlig analoge Schlüsse erhält man den allgemeinen

200.1 Satz von Fubini *I_x und I_y seien kompakte p-dimensionale bzw. q-dimensionale Intervalle und I bedeute das ebenfalls kompakte $(p+q)$-dimensionale Produktintervall $I_x \times I_y$. Ist die Funktion f auf I R-integrierbar und existiert*

$$g(y) := \int_{I_x} f(x, y)\,dx \quad \text{für jedes feste } y \in I_y,$$

so ist g auf I_y R-integrierbar, und es gilt

$$\int_I f(x, y)\,d(x, y) = \int_{I_y} \left(\int_{I_x} f(x, y)\,dx \right) dy.$$

Aus dem Satz von Fubini folgt ganz unmittelbar noch der

200.2 Satz über die Vertauschung der Integrationsreihenfolge *Ist die Funktion f wie im Satz von Fubini auf $I := I_x \times I_y$ R-integrierbar und existiert*

$$\int_{I_x} f(x, y)\,dx \quad \text{für jedes } y \in I_y, \quad \text{und} \quad \int_{I_y} f(x, y)\,dy \quad \text{für jedes } x \in I_x,$$

so gilt

$$\int_{I_x} \left(\int_{I_y} f(x, y)\,dy \right) dx = \int_{I_y} \left(\int_{I_x} f(x, y)\,dx \right) dy = \int_I f(x, y)\,d(x, y).$$

Die obigen Voraussetzungen sind gewiß dann erfüllt, wenn f stetig auf I ist.

Ganz speziell erhalten wir damit einen neuen, methodisch völlig anderen Beweis der Aussage des Satzes 113.2 über die „Integration unter dem Integral".
Durch mehrfache Anwendung des letzten Satzes erhält man den für die Praxis des Integrierens so wichtigen

200.3 Satz *Ist f stetig auf* $I:=[a_1, b_1] \times \cdots \times [a_p, b_p]$, *so gilt*

$$\int_I f(x_1, \ldots, x_p)\,\mathrm{d}(x_1, \ldots, x_p) = \int_{a_p}^{b_p} \left(\cdots \int_{a_2}^{b_2} \left(\int_{a_1}^{b_1} f(x_1, \ldots, x_p)\,\mathrm{d}x_1 \right) \mathrm{d}x_2 \cdots \right) \mathrm{d}x_p$$

oder kürzer, unter Fortlassung der Klammern:

$$\int_I f(x_1, \ldots, x_p)\,\mathrm{d}(x_1, \ldots, x_p) = \int_{a_p}^{b_p} \cdots \int_{a_2}^{b_2} \int_{a_1}^{b_1} f(x_1, \ldots, x_p)\,\mathrm{d}x_1\,\mathrm{d}x_2 \cdots \mathrm{d}x_p.$$

Die Reihenfolge der Integrationen darf hierbei beliebig vertauscht werden.

Wir bringen ein einfaches Beispiel. Es sei $I:=[0, 1] \times [0, 1] \times [0, 1]$. Dann ist

$$\int_I xyz\,\mathrm{d}(x, y, z) = \int_0^1 \int_0^1 \int_0^1 xyz\,\mathrm{d}x\,\mathrm{d}y\,\mathrm{d}z$$

$$= \frac{1}{2} \int_0^1 \int_0^1 yz\,\mathrm{d}y\,\mathrm{d}z = \frac{1}{2} \cdot \frac{1}{2} \int_0^1 z\,\mathrm{d}z = \frac{1}{2} \cdot \frac{1}{2} \cdot \frac{1}{2} = \frac{1}{8}.$$

Aufgaben

In den Aufgaben 1 bis 6 sind die angegebenen Integrale zu berechnen.

1. $\int_I (2x+3y)\,\mathrm{d}(x, y)$ mit $I:=[0, 2] \times [3, 4]$.

2. $\int_I (xy+y^2)\,\mathrm{d}(x, y)$ mit $I:=[0, 1] \times [0, 1]$.

3. $\int_I e^{x+y}\,\mathrm{d}(x, y)$ mit $I:=[1, 2] \times [1, 2]$.

4. $\int_I \sin(x+y)\,\mathrm{d}(x, y)$ mit $I:=[0, \pi/2] \times [0, \pi/2]$.

5. $\displaystyle\int_I \frac{2z}{(x+y)^2}\,\mathrm{d}(x, y, z)$ mit $I:=[1, 2] \times [2, 3] \times [0, 2]$.

6. $\displaystyle\int_I \frac{x^2 z^3}{1+y^2}\,\mathrm{d}(x, y, z)$ mit $I:=[0, 1] \times [0, 1] \times [0, 1]$.

7. Sei $f \in R[a, b]$, $g \in R[c, d]$ und $I:=[a, b] \times [c, d]$. Dann ist

$$\int_I f(x)g(y)\,\mathrm{d}(x, y) \text{ vorhanden und } = \left(\int_a^b f(x)\,\mathrm{d}x \right) \left(\int_c^d g(y)\,\mathrm{d}y \right).$$

8. Die Funktion f sei stetig und positiv auf $[a, b]$. Dann ist

$$\left(\int_a^b f(x)\,\mathrm{d}x \right) \left(\int_a^b \frac{1}{f(x)}\,\mathrm{d}x \right) \geq (b-a)^2.$$

Hinweis: L sei die linke Seite der Ungleichung, I das Quadrat $[a, b] \times [a, b]$. Nach Aufgabe 7 ist

$$L = \int_I \frac{f(x)}{f(y)} \, d(x, y) = \int_I \frac{f(y)}{f(x)} \, d(x, y), \text{ also ist } L = \frac{1}{2} \int_I \left[\frac{f(x)}{f(y)} + \frac{f(y)}{f(x)} \right] d(x, y).$$

+9. **Die Tschebyscheffsche Ungleichung** Die Funktionen f und g seien beide wachsend oder beide abnehmend auf $[a, b]$, während p eine positive und R-integrierbare Funktion auf $[a, b]$ sei. Zeige, daß

$$\left(\int_a^b p(x) f(x) \, dx \right) \left(\int_a^b p(x) g(x) \, dx \right) \leqslant \left(\int_a^b p(x) \, dx \right) \left(\int_a^b p(x) f(x) g(x) \, dx \right)$$

ist und gewinne daraus die Tschebyscheffsche Ungleichung in A 12.10.

Hinweis: Sei L die linke, R die rechte Seite der Ungleichung, I das Quadrat $[a, b] \times [a, b]$. Nach Aufgabe 7 ist

$$R - L = \int_I p(x) p(y) f(x) [g(x) - g(y)] \, d(x, y)$$

$$= \int_I p(y) p(x) f(y) [g(y) - g(x)] \, d(x, y),$$

also ist

$$R - L = \frac{1}{2} \int_I p(x) p(y) [f(x) - f(y)][g(x) - g(y)] \, d(x, y).$$

10. Beweise mit Hilfe des Satzes von Fubini den Vertauschbarkeitssatz 162.1 unter der zusätzlichen Voraussetzung, daß die beiden gemischten Ableitungen in einer ganzen ε-Umgebung U des Punktes (ξ, η) stetig sind. Hinweis: Wäre die Behauptung falsch, so gäbe es ein zweidimensionales Intervall $I := [a_1, b_1] \times [a_2, b_2] \subset U$, auf dem wir o.B.d.A. $\partial^2 f / \partial x \partial y > \partial^2 f / \partial y \partial x$ hätten. Wegen A 199.5 wäre dann auch

$$\int_I \frac{\partial^2 f}{\partial x \partial y} \, d(x, y) > \int_I \frac{\partial^2 f}{\partial y \partial x} \, d(x, y).$$

Mit Hilfe des Satzes von Fubini sieht man jedoch, daß diese beiden Integrale übereinstimmen müssen.

+11. Das folgende Beispiel zeigt, daß aus der Existenz eines iterierten Integrals nicht auf die Existenz des zugehörigen mehrfachen Integrals geschlossen werden darf.
Die Funktion f werde auf $I := [0, 1] \times [0, 1]$ definiert durch

$$f(x, y) := \begin{cases} 1, & \text{falls } y \text{ rational,} \\ 2x, & \text{falls } y \text{ irrational.} \end{cases}$$

Zeige:

a) Für jedes $y \in [0, 1]$ ist $\int_0^1 f(x, y) \, dx$ vorhanden und $= 1$.

b) Das iterierte Integral $\int_0^1 \left(\int_0^1 f(x, y) \, dx \right) dy$ ist vorhanden und $= 1$.

c) Das Doppelintegral $\int_I f(x, y) \, d(x, y)$ existiert nicht. Hinweis: f ist genau in den Punkten $(1/2, y)$ stetig.

201 Integration über Jordan-meßbare Mengen

Weder für die Theorie noch für die Praxis ist es ausreichend, Funktionen nur über Intervalle integrieren zu können. In diesem Abschnitt werden wir erfahren, wie die Integration über allgemeinere Bereiche zu bewerkstelligen ist. Zuerst vereinbaren wir eine Bezeichnung. Ist die reellwertige Funktion f auf $B \subset \mathbf{R}^p$ definiert, so erklären wir $f_B: \mathbf{R}^p \to \mathbf{R}$ durch

$$f_B(x) := \begin{cases} f(x) & \text{für } x \in B, \\ 0 & \text{für } x \in \mathbf{R}^p \setminus B. \end{cases}$$

Grundlegend für alles Weitere ist nun die folgende

Definition *Sei B eine nichtleere und beschränkte Teilmenge des $\mathbf{R}^p$ und I ein p-dimensionales kompaktes Intervall, das B umfaßt. Dann heißt die Funktion $f: B \to \mathbf{R}$ im* Riemannschen Sinne integrierbar *auf B (kurz:* R-integrierbar *oder auch nur* integrierbar *auf B), wenn f_B R-integrierbar auf I ist. In diesem Falle wird*

$$\int_B f\,\mathrm{d}x := \int_I f_B\,\mathrm{d}x$$

das Riemannsche Integral (R-Integral) *von f über B genannt. B bezeichnet man in diesem Zusammenhang als* Integrationsbereich. *$R(B)$ bedeutet die Menge aller Funktionen, die auf B R-integrierbar sind.*

Der Leser kann sich leicht davon überzeugen, daß diese Definition in Wirklichkeit nicht von I abhängt (solange nur $I \supset B$ ist). Ferner bedeutet sie auch im Falle $p=1$ eine Erweiterung des bisherigen Riemannschen Integralbegriffs; denn der Integrationsbereich braucht jetzt nicht mehr ein Intervall in $\mathbf{R}$ zu sein.

Ob eine Funktion f über einen Bereich B integrierbar ist, hängt sowohl von der Struktur der Funktion als auch von der des Bereichs ab. Sicher wird man nur an solchen Bereichen B interessiert sein, auf denen jedenfalls die konstante Funktion 1 (oder mit anderen Worten: die charakteristische Funktion χ_B) integrierbar ist. Wir zeichnen diese Bereiche durch die folgende Definition aus, der wir noch die Erklärung des Inhalts hinzufügen:

Definition *Die nichtleere beschränkte Menge $B \subset \mathbf{R}^p$ heißt* Jordan-meßbar, *wenn ihre charakteristische Funktion χ_B auf B R-integrierbar ist. In diesem Falle wird*

$$|B| := \int_B \chi_B\,\mathrm{d}x = \int_B 1\,\mathrm{d}x \quad (\text{oder kurz } \int_B \mathrm{d}x)$$

der (p-dimensionale) Jordan-Inhalt *von B genannt. Ergänzend sei $|\emptyset| := 0$. Für $p=2$ bzw. 3 wird $|B|$ auch als* Flächeninhalt *bzw. als* Volumen *von B bezeichnet.*

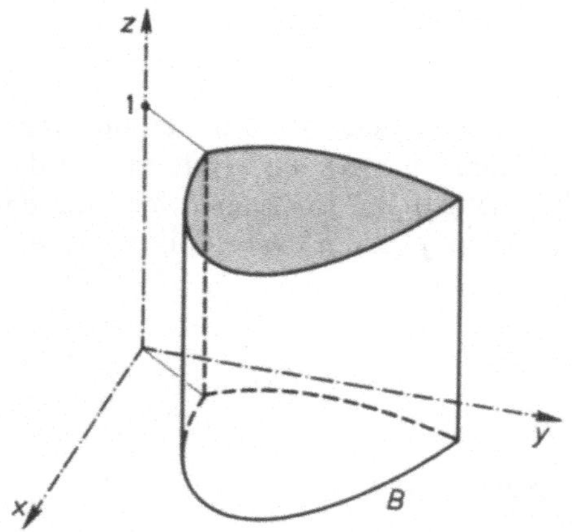

Fig. 201.1
„Zylinder" mit Grundfläche B und Höhe 1

Dieser Inhaltsbegriff ist anschaulich sehr naheliegend. Ist B etwa ein Bereich der xy-Ebene, so wird durch B und das Schaubild der Funktion 1 ein „Zylinder mit der Grundfläche B und der Höhe 1" begrenzt (s. Fig. 201.1). Sein (anschauliches) Volumen ist, sehr naiv gesagt, gleich dem Flächeninhalt von B mal der Höhe 1. Dieses Volumen sollte nach unseren Vorbemerkungen in Nr. 196 durch $\int_B 1\,dx$ gegeben sein, intuitiverweise werden wir also die Beziehung

$$\int_B 1\,dx = \text{Flächeninhalt von } B$$

erwarten. Diese Erwartung erfüllen wir, unter präzisen Voraussetzungen, durch die obige Inhaltsdefinition.

Der in Nr. 197 eingeführte Inhalt eines kompakten Intervalls stimmt mit dem oben definierten überein, wie man mittels (197.1) sofort einsieht.

Zu einer anschaulich sehr befriedigenden Beschreibung der Jordan-Meßbarkeit und des Inhalts gelangen wir durch die folgende Überlegung. B sei eine beschränkte Teilmenge des $\mathbf{R}^p$, I ein p-dimensionales kompaktes Intervall, das B umfaßt, und Z eine Zerlegung von I mit den Teilintervallen $I_1, \ldots, I_n$. Dann ist

$$\inf \chi_B(I_k) = \begin{cases} 1, & \text{falls } I_k \text{ ganz in } B \text{ liegt,} \\ 0, & \text{falls } I_k \text{ einen Punkt } \notin B \text{ enthält,} \end{cases}$$

$$\sup \chi_B(I_k) = \begin{cases} 1, & \text{falls } I_k \text{ einen Punkt von } B \text{ enthält,} \\ 0, & \text{falls } I_k \text{ keinen Punkt von } B \text{ enthält.} \end{cases}$$

Ist $U(Z)$ bzw. $O(Z)$ die zu Z gehörende Unter- bzw. Obersumme von χ_B, so haben wir also

$$U(Z) = \sum\nolimits_1 |I_k| \quad \text{und} \quad O(Z) = \sum\nolimits_2 |I_k|,$$

wobei die Summe $\sum_1$ über alle k mit $I_k \subset B$ und $\sum_2$ über alle k mit $I_k \cap B \neq \emptyset$ erstreckt wird. Infolgedessen ist

$$\underline{\int_I} \chi_B\,dx = \sup_Z \sum\nolimits_1 |I_k| \quad \text{und} \quad \overline{\int_I} \chi_B\,dx = \inf_Z \sum\nolimits_2 |I_k|.$$

Man nennt

$$\underline{v}(B) := \sup_Z \sum_1 |I_k| \quad \text{den inneren,}$$

$$\bar{v}(B) := \inf_Z \sum_2 |I_k| \quad \text{den äußeren Inhalt von } B$$

(beide Größen sind unabhängig von der Wahl des Intervalls I). Wegen (198.1) ist stets

$$\underline{v}(B) \leq \bar{v}(B), \tag{201.1}$$

und aus Satz 199.1 folgt sofort der

201.1 Satz *Die beschränkte Menge $B \subset \mathbf{R}^p$ ist genau dann Jordan-meßbar, wenn $\underline{v}(B) = \bar{v}(B)$ gilt. In diesem Falle haben wir*

$$|B| = \underline{v}(B) = \bar{v}(B).$$

Der nächste Satz gibt uns ein überraschend einfaches Kriterium für die Jordan-Meßbarkeit an die Hand:

201.2 Satz *Die beschränkte Menge $B \subset \mathbf{R}^p$ ist genau dann Jordan-meßbar, wenn ihr Rand ∂B eine Nullmenge ist.*

Der Beweis ist äußerst einfach. Sei I ein kompaktes Intervall mit $\mathring{I} \supset \bar{B}$. B ist definitionsgemäß genau dann Jordan-meßbar, wenn $\int_I \chi_B \, dx$ existiert. Nach dem Lebesgueschen Kriterium ist dies genau dann der Fall, wenn die Menge Δ der Unstetigkeitspunkte von $\chi_B | I$ eine Nullmenge ist. Und da ganz offenbar $\Delta = \partial B$ ist, können wir den Beweis bereits abschließen.　∎

Mit Hilfe dieses Satzes beweisen wir ohne Mühe folgendes

201.3 (Allgemeines) Lebesguesches Integrabilitätskriterium *Genau dann ist die Funktion f auf der Jordan-meßbaren Menge B R-integrierbar, wenn sie auf B beschränkt und dort fast überall stetig ist.*

Zum Beweis sei I wieder ein B einschließendes kompaktes Intervall. Ist nun f auf B integrierbar, so muß f_B auf I integrierbar sein. Nach dem (speziellen) Lebesgueschen Integrabilitätskriterium 199.3 ist also f_B auf I beschränkt und fast überall stetig. Um so mehr muß daher f auf B beschränkt und fast überall stetig sein. — Nun nehmen wir umgekehrt an, f sei auf B beschränkt und fast überall stetig. Dann ist f_B trivialerweise auf I beschränkt. Und da überdies $f_B | I$ höchstens in den Unstetigkeitspunkten von f und den Randpunkten von B unstetig sein kann, ∂B aber nach dem letzten Satz eine Nullmenge ist, muß f_B fast überall auf I stetig, insgesamt also auf I integrierbar sein. Und das heißt, daß f auf B integrierbar ist.　∎

Aus dem Lebesgueschen Kriterium ergibt sich sofort die wichtige Tatsache, *daß eine stetige Funktion auf einer kompakten und Jordan-meßbaren Menge B stets zu $R(B)$ gehört.*

Es ist klar, daß die Regeln aus den Nummern 197 und 199 über den Umgang mit R-Integralen auf Intervallen sich unmittelbar auf die jetzt gegebene allgemeinere Situation übertragen lassen (denn R-Integrale auf Jordan-meßbaren Bereichen sind ja doch nichts anderes als Integrale über gewisse Intervalle). Nur der besseren Übersicht wegen stellen wir die wichtigsten von ihnen in Satzform zusammen.

201.4 Satz $B \subset \mathbf{R}^p$ *sei Jordan-meßbar, und die Funktionen f und g mögen zu $R(B)$ gehören. Dann gelten die folgenden Aussagen:*

a) *Die Summe $f+g$ und jedes Vielfache cf liegen in $R(B)$, und wir haben die Gleichungen*

$$\int_B (f+g)\,\mathrm{d}x = \int_B f\,\mathrm{d}x + \int_B g\,\mathrm{d}x, \qquad \int_B cf\,\mathrm{d}x = c\int_B f\,\mathrm{d}x.$$

b) *Die Funktionen*

$$|f|, \quad f^+, \quad f^-, \quad \max(f,g), \quad \min(f,g) \quad und \quad fg$$

gehören zu $R(B)$, und es gilt die Dreiecksungleichung

$$\left|\int_B f\,\mathrm{d}x\right| \leq \int_B |f|\,\mathrm{d}x.$$

c) *Ist $|g(x)| \geq \alpha > 0$ auf B, so liegt auch f/g in $R(B)$.*

d) *Aus $f \geq g$ folgt $\int_B f\,\mathrm{d}x \geq \int_B g\,\mathrm{d}x$. Insbesondere ist im Falle $f \geq 0$ stets $\int_B f\,\mathrm{d}x \geq 0$.*

Fast trivial ist nun der

201.5 Mittelwertsatz für mehrfache Integrale *Sei $B \subset \mathbf{R}^p$ Jordan-meßbar, $f \in R(B)$ und $m := \inf f$, $M := \sup f$. Dann ist*

$$m|B| \leq \int_B f\,\mathrm{d}x \leq M|B|.$$

Denn aus $m \leq f \leq M$ folgt

$$m|B| = m\int_B 1\,\mathrm{d}x = \int_B m\,\mathrm{d}x \leq \int_B f\,\mathrm{d}x \leq \int_B M\,\mathrm{d}x = M\int_B 1\,\mathrm{d}x = M|B|. \qquad \blacksquare$$

Wir untersuchen nun, wie das Integral bei festem Integranden *vom Integrationsbereich abhängt*. Um unsere Aussagen glatt formulieren zu können, empfiehlt es sich

$$\int_\emptyset f\,\mathrm{d}x := 0 \quad \text{für jede Funktion } f \tag{201.2}$$

zu setzen. Vorbereitend bringen wir den

201.6 Satz *Mit A und B sind auch die Mengen $A \cup B$, $A \cap B$ und $A \setminus B$ Jordan-meßbar.*

Die Ränder dieser (trivialerweise beschränkten) Mengen sind nämlich Nullmengen, weil sie alle in $\partial A \cup \partial B$ liegen.   ∎

Aus dem Lebesgueschen Integrabilitätskriterium folgt ohne Umstände der

201.7 Satz *Ist die Funktion f auf der Jordan-meßbaren Menge B R-integrierbar, so ist sie es auch auf jeder Jordan-meßbaren Teilmenge von B.*

201.8 Satz *f sei R-integrierbar auf den Jordan-meßbaren Mengen $A, B \subset \mathbf{R}^p$. Dann ist*

$$\int_{A \cup B} f \, dx = \int_A f \, dx + \int_B f \, dx - \int_{A \cap B} f \, dx \tag{201.3}$$

(*womit natürlich auch behauptet wird, daß alle auftretenden Integrale existieren*).

Beweis. Wegen Satz 201.6 sind die Mengen $A \cup B$ und $A \cap B$ Jordan-meßbar, und mit Hilfe des Lebesgueschen Integrabilitätskriteriums sieht man nun ohne Mühe ein, daß f auf $A \cup B$ integrierbar ist; die Integrierbarkeit auf $A \cap B$ folgt aus dem letzten Satz. Alle Integrale in (201.3) sind also vorhanden.

Wir nehmen zunächst $A \cap B = \emptyset$ an. Dann ist $f_{A \cup B} = f_A + f_B$, und mit einem kompakten Intervall $I \supset A \cup B$ folgt nun wegen Satz 197.2

$$\int_A f \, dx + \int_B f \, dx = \int_I f_A \, dx + \int_I f_B \, dx$$

$$= \int_I (f_A + f_B) \, dx = \int_I f_{A \cup B} \, dx = \int_{A \cup B} f \, dx;$$

das ist aber im vorliegenden Falle gerade die Behauptung.

Nun lassen wir die Voraussetzung $A \cap B = \emptyset$ fallen. Offenbar ist

$$A = (A \setminus B) \cup (A \cap B) \quad \text{und} \quad B = (B \setminus A) \cup (A \cap B), \tag{201.4}$$

also

$$A \cup B = (A \setminus B) \cup (B \setminus A) \cup (A \cap B). \tag{201.5}$$

Damit haben wir A, B und $A \cup B$ als Vereinigungen paarweise disjunkter Mengen dargestellt. Nach dem eben Bewiesenen folgt nun aus (201.4) — wir lassen den Integranden f weg —

$$\int_A = \int_{A \setminus B} + \int_{A \cap B} \quad \text{und} \quad \int_B = \int_{B \setminus A} + \int_{A \cap B}.$$

Addieren wir diese Gleichungen und beachten wir (201.5), so erhalten wir

$$\int_A + \int_B = \int_{A \setminus B} + \int_{B \setminus A} + \int_{A \cap B} + \int_{A \cap B} = \int_{A \cup B} + \int_{A \cap B},$$

also die behauptete Gl. (201.3).   ∎

Nimmt man im letzten Satz für f die charakteristische Funktion von $A \cup B$, so erhält man mit einem Schlag die erste Aussage des nächsten Satzes; die zweite ergibt sich in ähnlicher Weise, wenn man B in der Form $A \cup (B \setminus A)$ darstellt.

201.9 Satz *Sind die Mengen A, $B \subset \mathbf{R}^p$ Jordan-meßbar, so ist*

$$|A \cup B| = |A| + |B| - |A \cap B|. \tag{201.6}$$

Im Falle $A \subset B$ haben wir $|A| \leqslant |B|$.

Besitzt die Menge $B \subset \mathbf{R}^p$ den Inhalt 0, so nennen wir sie eine Jordansche Nullmenge. Im nächsten Abschnitt werden wir die wichtige Rolle untersuchen, die die Jordansche Nullmengen in der Integrationstheorie spielen. Vorderhand begnügen wir uns mit dem folgenden Hilfssatz, den wir gleich anschließend benötigen werden.

201.10 Hilfssatz *Die Menge $B \subset \mathbf{R}^p$ ist genau dann eine Jordansche Nullmenge, wenn es zu jedem $\varepsilon > 0$ endlich viele kompakte Intervalle $I_1, \ldots, I_m$ gibt, die B überdecken und deren Inhaltssumme $\sum\limits_{k=1}^{m} |I_k| < \varepsilon$ ausfällt. Eine Jordansche Nullmenge ist auch eine Nullmenge; die Umkehrung braucht aber nicht zu gelten. Jedoch ist eine kompakte Nullmenge stets auch eine Jordansche Nullmenge.*

Beweis. Sei zunächst B eine Jordansche Nullmenge. Dann ist ihr äußerer Inhalt $\bar{v}(B) = 0$, und nach der Definition von $\bar{v}(B)$ gibt es daher zu jedem $\varepsilon > 0$ kompakte Intervalle $I_1, \ldots, I_m$, die B überdecken und deren Inhaltssumme $\sum\limits_{k=1}^{m} |I_k| < \varepsilon$ bleibt. — Nun möge es umgekehrt zu beliebig vorgegebenem $\varepsilon > 0$ endlich viele kompakte Intervalle $I_1, \ldots, I_m$ mit $B \subset \bigcup\limits_{k=1}^{m} I_k$ und $\sum\limits_{k=1}^{m} |I_k| < \varepsilon$ geben. Dann wird auch $\bar{B}$ und somit erst recht ∂B von diesen Intervallen überdeckt. Infolgedessen ist ∂B eine Nullmenge. Und da B trivialerweise beschränkt ist, muß B also Jordan-meßbar sein (Satz 201.2). Mit Satz 201.9 erhalten wir nun die Abschätzung

$$|B| \leqslant \left| \bigcup_{k=1}^{m} I_k \right| \leqslant \sum_{k=1}^{m} |I_k| < \varepsilon, \quad \text{also} \quad |B| < \varepsilon.$$

Da ε beliebig war, ergibt sich daraus $|B| = 0$. — Daß eine Jordansche Nullmenge auch eine Nullmenge ist, liegt auf der Hand (übrigens haben wir diese triviale Tatsache gerade eben schon benutzt). Die Umkehrung gilt jedoch nicht, wie schon das Beispiel der Nullmenge $\mathbf{Q}$ zeigt. — Ist aber B eine *kompakte* Nullmenge und ε eine beliebige positive Zahl, so kann man B nach der $\mathbf{R}^p$-Version des Hilfssatzes 84.1d durch endlich viele kompakte Intervalle $I_1, \ldots, I_m$ mit $\sum\limits_{k=1}^{m} |I_k| < \varepsilon$ überdekken, und somit ist B sogar eine Jordansche Nullmenge. ∎

Offenbar sind endliche Mengen, alle Teilmengen Jordanscher Nullmengen und Vereinigungen endlich vieler Jordanscher Nullmengen stets wieder Jordansche Nullmengen.

Mit B ist auch $B + x_0 := \{x + x_0 : x \in B\}$ für jedes feste $x_0 \in \mathbf{R}^p$ eine Jordansche Nullmenge. Anschaulich gesprochen erhält man $B + x_0$, indem man B der Parallelverschiebung $x \mapsto x + x_0$ unterwirft.

Wir sagen, daß zwei Teilmengen A und B des $\mathbf{R}^p$ sich **nicht überlappen**, wenn sie höchstens Randpunkte gemeinsam haben, wenn also $A \cap B \subset \partial A \cup \partial B$ ist. Dies ist genau dann der Fall, wenn $\mathring{A} \cap \mathring{B} = \emptyset$ ist (wenn also A und B keine gemeinsamen inneren Punkte haben).

Nach diesen Vorbereitungen sind wir nun in der Lage, die sogenannte **Bereichsadditivität** des R-Integrals zu beweisen:

201.11 Satz *Sind A und B nichtüberlappende, Jordan-meßbare Teilmengen von $\mathbf{R}^p$, so gilt: Die Funktion $f : A \cup B \to \mathbf{R}$ ist genau dann auf der (von selbst Jordan-meßbaren) Menge $A \cup B$ R-integrierbar, wenn sie es auf A und B ist, und in diesem Falle besteht die Gleichung*

$$\int_{A \cup B} f \, \mathrm{d}x = \int_A f \, \mathrm{d}x + \int_B f \, \mathrm{d}x. \tag{201.7}$$

Beweis. Die Integrierbarkeitsaussage folgt sofort aus den Sätzen 201.7 und 201.8. Um die Gl. (201.7) zu beweisen, brauchen wir auf Grund des Satzes 201.8 nur noch zu zeigen, daß $\int_{A \cap B} f \, \mathrm{d}x$ verschwindet. $A \cap B$ ist Jordan-meßbar und voraussetzungsgemäß in $\partial A \cup \partial B$ enthalten. Da die Ränder beschränkter Mengen selbst beschränkt und nach A 155.9 abgeschlossen, insgesamt also kompakt sind, ist $\partial A \cup \partial B$ eine kompakte Nullmenge. Nach Hilfssatz 201.10 hat $\partial A \cup \partial B$ somit den Inhalt 0, und infolgedessen muß auch $|A \cap B| = 0$ sein. Aus dem Mittelwertsatz folgt nun sofort, daß in der Tat $\int_{A \cap B} f \, \mathrm{d}x = 0$ ist. ∎

Nimmt man im letzten Satz für f die charakteristische Funktion von $A \cup B$, so erhält man die **Additivität des Inhalts**, schärfer:

201.12 Satz *Sind A und B nichtüberlappende, Jordan-meßbare Mengen, so ist*

$$|A \cup B| = |A| + |B|.$$

Zum Abschluß dieser Nummer bringen wir noch eine einfache, aber wichtige Aussage über Parameterintegrale (vgl. Satz 113.2):

201.13 Satz *Sei B ein kompakter Jordan-meßbarer Bereich im $\mathbf{R}^p$ und f eine stetige reellwertige Funktion auf $A := [a, b] \times B$. Dann ist die Funktion (das „Parameterintegral")*

$$F(x) := \int_B f(x, y) \, \mathrm{d}y$$

auf dem Intervall $[a, b]$ definiert und stetig. Ist überdies $\partial f / \partial x$ auf A vorhanden und stetig, so existiert die Ableitung $F'(x)$ auf $[a, b]$ und kann durch „Differentiation unter dem Integral" gewonnen werden, kurz:

$$\frac{\mathrm{d}}{\mathrm{d}x} \int_B f(x, y)\,\mathrm{d}y = \int_B \frac{\partial f(x, y)}{\partial x}\,\mathrm{d}y.$$

Zum Beweis braucht man nur zu beachten, daß A kompakt, jede stetige Funktion $g: A \to \mathbf{R}$ also sogar gleichmäßig stetig auf A ist, und kann dann fast wörtlich so verfahren wie beim Beweis von A 107.2. Für die erforderlichen Abschätzungen ziehe man den Mittelwertsatz 201.5 heran. ∎

Aufgaben

+1. Erweiterter Mittelwertsatz für mehrfache Integrale f und g seien R-integrierbar auf der Jordan-meßbaren Menge B, und für alle $x \in B$ sei $g(x) \geqslant 0$. Dann gibt es eine Zahl $\mu \in [\inf f, \sup f]$ mit

$$\int_B fg\,\mathrm{d}x = \mu \int_B g\,\mathrm{d}x.$$

Ist überdies B kompakt und zusammenhängend und f stetig, so ist $\mu = f(\xi)$ für ein gewisses $\xi \in B$.

+2. Gliedweise Integration (f_n) sei eine Folge R-integrierbarer Funktionen auf der Jordan-meßbaren Menge B, und es strebe $f_n \to f$ gleichmäßig auf B. Dann ist $f \in R(B)$ und

$$\lim_{n \to \infty} \int_B f_n\,\mathrm{d}x = \int_B f\,\mathrm{d}x.$$

Formuliere auch einen entsprechenden Satz über die gliedweise Integration einer Reihe.

3. Höldersche Ungleichung Die Funktionen f und g seien R-integrierbar auf der Jordan-meßbaren Menge B. Dann ist

$$\int_a^b |fg|\,\mathrm{d}x \leqslant \left(\int_a^b |f|^p\,\mathrm{d}x \right)^{\frac{1}{p}} \left(\int_a^b |g|^q\,\mathrm{d}x \right)^{\frac{1}{q}}, \qquad \text{falls } p > 1,\ \frac{1}{p} + \frac{1}{q} = 1.$$

Für $p = q = 2$ erhält man die Schwarzsche Ungleichung.

4. Belege durch ein Beispiel, daß die Vereinigung V abzählbar vieler Jordan-meßbarer Mengen nicht Jordan-meßbar zu sein braucht, auch dann nicht, wenn V beschränkt ist.

5. Mit B ist auch die Abschließung $\bar{B}$ Jordan-meßbar.

6. Ist B Jordan-meßbar und $f: \bar{B} \to \mathbf{R}$ stetig, so ist f auf B R-integrierbar. Die Aussage wird falsch, wenn nur die Stetigkeit von f auf B vorausgesetzt wird. Hinweis: Aufgabe 5.

7. Jede beschränkte Teilmenge des $\mathbf{R}^p$, die höchstens endlich viele Häufungspunkte besitzt, ist eine Jordansche Nullmenge.

8. Die Menge $B \subset \mathbf{R}^p$ sei Jordan-meßbar. Dann ist für jedes $r > 0$ auch die Menge

$$rB := \{rx: x \in B\}$$

Jordan-meßbar, und es gilt $|rB| = r^p\,|B|$.

Hinweis: Mit I ist auch rI ein p-dimensionales Intervall, und es gilt $|rI| = r^p|I|$. Damit folgt

$$\underline{v}(rB) = r^p\,\underline{v}(B) \quad \text{und} \quad \bar{v}(rB) = r^p\,\bar{v}(B).$$

Benutze nun Satz 201.1.

9. Die Menge $B \subset \mathbf{R}^p$ sei Jordan-meßbar. Dann ist für jedes $x_0 \in \mathbf{R}^p$ auch die Menge

$$x_0 + B := \{x_0 + x : x \in B\}$$

Jordan-meßbar, und es gilt $|x_0 + B| = |B|$.

Hinweis: Verfahre ähnlich wie in Aufgabe 8.

202 Die Rolle Jordanscher Nullmengen in der Integrationstheorie

Da der Rand einer beschränkten Teilmenge von $\mathbf{R}^p$ kompakt ist, ergibt sich aus Satz 201.2 in Verbindung mit Hilfssatz 201.10 sofort der nützliche

202.1 Satz *Die beschränkte Menge $B \subset \mathbf{R}^p$ ist genau dann Jordan-meßbar, wenn ihr Rand ∂B eine Jordansche Nullmenge ist, wenn es also zu jedem $\varepsilon > 0$ endlich viele kompakte Intervalle $I_1, \ldots, I_m$ gibt, die ∂B überdecken und deren Inhaltssumme $\sum\limits_{k=1}^{m} |I_k| < \varepsilon$ bleibt.*

Sei N eine Jordansche Nullmenge und f eine beschränkte Funktion auf N. Nach dem Lebesgueschen Integrabilitätskriterium ist dann $f \in R(N)$, und aus dem Mittelwertsatz 201.5 folgt nun, daß $\int_N f\,dx = 0$ sein muß. Es gilt also der

202.2 Satz *Ist die Funktion f auf der Jordanschen Nullmenge N beschränkt, so ist*

$$\int_N f\,dx \qquad \text{vorhanden und} = 0.$$

Mit Hilfe dieses Satzes beweisen wir nun, daß man eine R-integrierbare Funktion weitgehend willkürlich auf Jordanschen Nullmengen abändern darf, ohne ihre Integrierbarkeit und ihren Integralwert zu beeinflussen, genauer:

202.3 Satz *Die Funktion f sei R-integrierbar auf der Jordan-meßbaren Menge B. Ferner sei $N \subset B$ eine Jordansche Nullmenge und g eine beschränkte Funktion auf B, die auf $B \setminus N$ mit f übereinstimmt. Dann ist $g \in R(B)$ und*

$$\int_B g\,dx = \int_B f\,dx.$$

Beweis. Nach den Sätzen 201.6 und 201.7 ist $f \in R(B \setminus N)$. Und aus den Sätzen 201.11 und 202.2 ergibt sich nun, daß $g \in R(B)$ und

$$\int_B g\,dx = \int_{B\setminus N} g\,dx + \int_N g\,dx = \int_{B\setminus N} g\,dx = \int_{B\setminus N} f\,dx = \int_B f\,dx$$

ist. ∎

Insbesondere folgt aus diesem Satz, daß es beim Integrieren „auf endlich viele Funktionswerte nicht ankommt".

Die beiden nächsten Sätze geben uns große und wichtige Klassen von Jordanschen Nullmengen in die Hand.

202.4 Satz *Die Funktion f sei auf der Jordan-meßbaren Menge $B \subset \mathbf{R}^p$ R-integrierbar. Dann ist ihr Graph $G(f) := \{(x, f(x)): x \in B\}$ eine Jordansche Nullmenge in $\mathbf{R}^{p+1}$.*

Zum Beweis sei I ein kompaktes p-dimensionales Intervall, das B umfaßt, und $\hat{f}$ die Einschränkung von f_B auf I. Aus dem Riemannschen Integrabilitätskriterium folgt sofort, daß man nach Wahl von $\varepsilon > 0$ den Graphen $G(\hat{f})$ von $\hat{f}$ mit endlich vielen $(p+1)$-dimensionalen Intervallen der Inhaltssumme $< \varepsilon$ überdecken kann. Da aber $G(f) \subset G(\hat{f})$ ist, gilt dies erst recht für $G(f)$, womit der Beweis bereits beendet ist. ∎

Dem nächsten Satz schicken wir einige Vorbemerkungen voraus. Ein kompaktes Intervall $[a_1, b_1] \times \cdots \times [a_p, b_p]$ heißt (p-dimensionaler) **kompakter Würfel**, wenn die „Kantenlängen" $b_1 - a_1, \ldots, b_p - a_p$ alle gleich groß sind. Sei nun $N \subset \mathbf{R}^p$ eine Jordansche Nullmenge und I ein kompakter Würfel, der N einschließt. Dann ist $\int_I \chi_N\,dx = 0$, nach der Netzdefinition des Integrals gibt es also zu beliebig vorgegebenem $\varepsilon > 0$ ein $\delta > 0$, so daß für jede Zerlegung Z von I mit $|Z| < \delta$ und jeden zugehörigen Zwischenvektor $(\xi_1, \ldots, \xi_n)$ stets

$$\sum_{k=1}^{n} \chi_N(\xi_k)|I_k| < \varepsilon \tag{202.1}$$

ausfällt; hierbei sind $I_1, \ldots, I_n$ die Teilintervalle von Z. Eine spezielle Zerlegung Z des Würfels I mit $|Z| < \delta$ erhalten wir, wenn wir jedes Komponentenintervall $[a_k, b_k]$ von I in m gleiche Teile mit einer Länge $< \delta$ einteilen. Die Teilintervalle $I_1, \ldots, I_n$ dieser Zerlegung Z sind ihrerseits Würfel, und für Z gilt die Abschätzung (202.1), wobei ξ_k ein beliebiger Punkt aus I_k sein darf. Wählen wir nun für ξ_k immer dann einen Punkt aus N, wenn $I_k \cap N \neq \emptyset$ ist, so geht (202.1) über in die Abschätzung

$$\sum{}' |I_k| < \varepsilon,$$

wobei die Summe $\sum{}'$ über alle diejenigen Würfel I_k erstreckt wird, die N schneiden. Diese Würfel überdecken N, so daß wir zusammenfassend sagen können:

Ist $N \subset \mathbf{R}^p$ eine Jordansche Nullmenge, so gibt es zu jedem $\varepsilon > 0$ eine Überdeckung von N mit endlich vielen kompakten p-dimensionalen Würfeln gleicher Kantenlänge, *deren Inhaltssumme $< \varepsilon$ bleibt.*

Nach diesen Vorbereitungen beweisen wir nun zwei Sätze über das Verhalten Jordanscher Nullmengen unter gewissen Abbildungen.

202.5 Satz *Sei $N \subset \mathbf{R}^p$ eine Jordansche Nullmenge und $g: N \to \mathbf{R}^q$ $(q \geq p)$ eine Lipschitz-stetige Abbildung. Dann ist $g(N)$ eine Jordansche Nullmenge in $\mathbf{R}^q$.*[1]

Beweis. $\|\cdot\|$ bedeute die Maximumsnorm sowohl in $\mathbf{R}^p$ als auch in $\mathbf{R}^q$. Nach Voraussetzung gibt es eine Konstante $L > 0$, so daß

$$\|g(x) - g(y)\| \leq L\|x - y\| \quad \text{für alle } x, y \in N \tag{202.2}$$

gilt. Geben wir uns nun ein $\varepsilon > 0$ beliebig vor, so können wir aufgrund unserer Vorbemerkungen N mit endlich vielen, etwa m, kompakten Würfeln

$$I_\mu := \{x \in \mathbf{R}^p : \|x - \xi_\mu\| \leq r\} \quad (\mu = 1, \ldots, m)$$

mit gleicher Kantenlänge $2r$ und Inhaltssumme

$$\sum_{\mu=1}^{m} |I_\mu| = m\, 2^p\, r^p < \varepsilon$$

überdecken; dabei dürfen wir ohne weiteres $r \leq 1$ annehmen.

Da $N = \bigcup_{\mu=1}^{m} N \cap I_\mu$ ist, gilt nach A 13.3b

$$g(N) = \bigcup_{\mu=1}^{m} g(N \cap I_\mu).$$

Sei nun x_μ ein fester Punkt aus $N \cap I_\mu$. Dann ist für jedes $x \in N \cap I_\mu$ offenbar

$$\|x - x_\mu\| \leq \|x - \xi_\mu\| + \|\xi_\mu - x_\mu\| \leq 2r,$$

und mit (202.2) folgt daraus

$$\|g(x) - g(x_\mu)\| \leq L\|x - x_\mu\| \leq 2Lr \quad (x \in N \cap I_\mu).$$

Infolgedessen liegt $g(N \cap I_\mu)$ in dem q-dimensionalen Würfel um $g(x_\mu)$ mit der Kantenlänge $4Lr$. $g(N)$ kann also mit m Würfeln überdeckt werden, deren Inhaltssumme

$$m\, 4^q L^q r^q = (2^{2q-p} L^q)\, m\, 2^p r^q \leq (2^{2q-p} L^q)\, m\, 2^p r^p < (2^{2q-p} L^q)\, \varepsilon$$

ist (man beachte hierbei, daß $r \leq 1$ und $q \geq p$ sein soll). Nach Hilfssatz 201.10 muß also $g(N)$ tatsächlich eine Menge mit q-dimensionalem Inhalt 0 sein. ∎

---

[1] Der Hilfssatz 109.6 zeigt, daß die Lipschitz-Stetigkeit unabhängig von den Normen ist, die man in $\mathbf{R}^p$ und $\mathbf{R}^q$ wählt. Im Beweis dürfen wir deshalb o.B.d.A. die Maximumsnormen auf $\mathbf{R}^p$ und $\mathbf{R}^q$ verwenden. Eine abgeschlossene Kugel mit dem Radius r bezüglich der Maximumsnorm ist ein Würfel mit der Kantenlänge $2r$.

202.6 Satz *Die Funktion* $g\colon G\subset\mathbf{R}^p\to\mathbf{R}^q$ *(G offen, $q\geqslant p$) sei stetig differenzierbar. Dann ist das Bild* $g(N)$ *jeder kompakten Jordanschen Nullmenge* $N\subset G$ *eine Jordansche Nullmenge in* $\mathbf{R}^q$.

Beweis. Wir versehen $\mathbf{R}^p$ und $\mathbf{R}^q$ wieder mit der Maximumsnorm, die wir in beiden Räumen mit $\|\cdot\|$ bezeichnen. Zu jedem Punkt $x\in N$ gibt es, da G offen ist, eine $\varepsilon(x)$-Umgebung $U_{\varepsilon(x)}(x)\subset G$. Dann wird N von dem System der $\varepsilon(x)/2$-Umgebungen $V(x):=U_{\varepsilon(x)/2}(x)$ $(x\in N)$ überdeckt, und zwar so, daß auch die kompakte Umgebung $\overline{V}(x)=U_{\varepsilon(x)/2}[x]$ von x noch ganz in G liegt. Nach dem Heine-Borelschen Überdeckungssatz gibt es also endlich viele Punkte $x_1,\ldots,x_m\in N$, so daß

$$N\subset\bigcup_{\mu=1}^{m}\overline{V}(x_\mu)\subset G$$

ist. Da $\|g'(x)\|$ für alle $x\in\overline{V}(x_\mu)$ unter einer festen Schranke bleibt, ergibt sich aus dem Mittelwertsatz 167.4, daß g auf der (konvexen) Menge $\overline{V}(x_\mu)$, erst recht also auf der Jordanschen Nullmenge $N\cap\overline{V}(x_\mu)$ Lipschitz-stetig ist. Nach dem letzten Satz muß also $g(N\cap\overline{V}(x_\mu))$ eine Jordansche Nullmenge in $\mathbf{R}^q$ sein. Und da

$$g(N)=\bigcup_{\mu=1}^{m}g(N\cap\overline{V}(x_\mu))$$

ist, erweist sich nun auch $g(N)$ selbst als eine Jordansche Nullmenge in $\mathbf{R}^q$. ∎

Die Sätze 202.4 bis 202.6 sind deshalb so wichtig, weil sie uns in Verbindung mit Satz 202.1 die Möglichkeit eröffnen, die Jordan-Meßbarkeit zahlreicher Mengen bequem festzustellen. Besteht etwa, kurz gesagt, der Rand einer Menge $M\subset\mathbf{R}^{p+1}$ aus den Graphen $G(f_1),\ldots,G(f_n)$ von Funktionen $f_1,\ldots,f_n$, die auf Jordan-meßbaren Teilmengen von $\mathbf{R}^p$ R-integrierbar sind, so ist M notwendig Jordan-meßbar. Der Leser überzeuge sich mittels dieser Bemerkung davon, daß z.B. *jede Kugel im euklidischen* $\mathbf{R}^{p+1}$ *Jordan-meßbar ist.*

In diesem Zusammenhang ist auch der folgende Satz von erheblichem Interesse:

202.7 Satz *Der Bogen Γ eines rektifizierbaren Weges* $\gamma\colon[a,b]\to\mathbf{R}^p$ *ist im Falle $p\geqslant 2$ eine Jordansche Nullmenge in* $\mathbf{R}^p$. *Ein Bereich $B\subset\mathbf{R}^2$ ist gewiß dann Jordan-meßbar, wenn er beschränkt und sein Rand der Bogen eines rektifizierbaren Weges ist.*

Beweis. L sei die Länge von γ, $|\cdot|$ die euklidische Norm in $\mathbf{R}^p$. Dank des Satzes 177.3 gibt es zu jedem $n\in\mathbf{N}$ eine Zerlegung $\{t_0,t_1,\ldots,t_n\}$ von $[a,b]$, so daß die zugehörigen Teilwege $\gamma_k:=\gamma|[t_{k-1},t_k]$ alle ein und dieselbe Länge L/n besitzen $(k=1,\ldots,n)$. Da für jedes $t\in[t_{k-1},t_k]$ offenbar

$$|\gamma(t_{k-1})-\gamma(t)|\leqslant|\gamma(t_{k-1})-\gamma(t)|+|\gamma(t)-\gamma(t_k)|\leqslant\frac{L}{n}$$

bleibt, verläuft γ_k ganz in der abgeschlossenen euklidischen Kugel mit Radius L/n um $\gamma(t_{k-1})$, erst recht also in dem abgeschlossenen Würfel I_k mit Kantenlänge $2L/n$

um $\gamma(t_{k-1})$. Die Würfel $I_1, \ldots, I_n$ überdecken also Γ, und da

$$\sum_{k=1}^{n} |I_k| = n \left(\frac{2L}{n}\right)^p = \frac{(2L)^p}{n^{p-1}}$$

ist, kann ihre Inhaltssumme unter jede positive Zahl herabgedrückt werden, wenn man nur n hinreichend groß wählt. Nach Hilfssatz 201.10 ist also Γ tatsächlich eine Jordansche Nullmenge. Die letzte Behauptung unseres Satzes folgt nun ohne Umstände aus Satz 202.1. ∎

Für spätere Untersuchungen wird der folgende Satz von besonderer Bedeutung sein:

202.8 Satz *Die Funktion g: $G \subset \mathbf{R}^p \to \mathbf{R}^p$ (G offen) sei injektiv und stetig differenzierbar, und die Ableitung $g'(x)$ sei für jedes $x \in G$ invertierbar[1]. Ferner sei B eine kompakte und Jordan-meßbare Teilmenge von G. Dann ist $\partial g(B) = g(\partial B)$, und $g(B)$ ist Jordan-meßbar.*

B e w e i s. $g(G)$ ist offen und $g(B)$ kompakt (s. Sätze 171.2 und 111.8). Es folgt, daß $\partial g(B) \subset g(B)$ ist, und daß jedes $y \in \partial g(B)$ eine Umgebung V besitzt, die ganz in $g(G)$ liegt. Man sieht nun, daß es Folgen (y_n) aus $g(G) \setminus g(B)$ und (y_n') aus $g(B)$ geben muß, die beide gegen y konvergieren. Da die Umkehrfunktion g^{-1} auf $g(G)$ stetig ist (Satz 171.2), strebt also $g^{-1}(y_n) \to g^{-1}(y)$ und $g^{-1}(y_n') \to g^{-1}(y)$. Die Glieder der ersten Folge liegen alle in $G \setminus B$, die der zweiten alle in B, infolgedessen ist $x := g^{-1}(y) \in \partial B$, also $y = g(x) \in g(\partial B)$. Damit haben wir die Inklusion $\partial g(B) \subset g(\partial B)$ bewiesen. Da ∂B eine kompakte Teilmenge von G und überdies nach Satz 202.1 eine Jordansche Nullmenge ist, ergibt sich nun aus Satz 202.6, daß $g(\partial B)$, erst recht also $\partial g(B)$ eine Jordansche Nullmenge sein muß. Eine nochmalige Anwendung des Satzes 202.1 lehrt jetzt, daß $g(B)$ in der Tat Jordan-meßbar ist. Den noch ausstehenden Beweis der Inklusion $g(\partial B) \subset \partial g(B)$ dürfen wir dem Leser überlassen. ∎

Aufgaben

1. Die Funktion f sei auf der Jordan-meßbaren Menge B beschränkt und — abgesehen von Punkten, die auf den Bögen endlich vieler rektifizierbarer Wege liegen, — auch stetig. Dann ist f R-integrierbar auf B.

2. Die Menge M liege in einer Hyperebene $x_j = c$ des $\mathbf{R}^q$ und sei beschränkt. Dann ist M eine Jordansche Nullmenge in $\mathbf{R}^q$.

3. M sei eine beschränkte Teilmenge des $\mathbf{R}^p$ und g: $M \to \mathbf{R}^q$ ($q > p$) eine Lipschitz-stetige Abbildung. Dann ist $g(M)$ eine Jordansche Nullmenge in $\mathbf{R}^q$. H i n w e i s: Fasse M als Teilmenge des $\mathbf{R}^q$ auf und wende die Aufgabe 2 und den Satz 202.5 an.

4. $N \subset \mathbf{R}^p$ sei eine Jordansche Nullmenge, $G \supset \bar{N}$ eine offene Menge und g: $G \to \mathbf{R}^q$ ($q \geq p$) eine C^1-Funktion. Dann ist $g(N)$ eine Jordansche Nullmenge in $\mathbf{R}^q$.

---

[1] Die Invertierbarkeit von $g'(x)$ ist gleichbedeutend damit, daß $\det g'(x)$ nicht verschwindet.

203 Inhalte von Ordinatenmengen

Ist die reellwertige Funktion f auf $X \subset \mathbf{R}^p$ definiert und nichtnegativ, so nennen wir

$$\mathfrak{M}(f) := \{(x, y) : x \in X,\, 0 \leqslant y \leqslant f(x)\} \subset \mathbf{R}^{p+1}$$

ihre **Ordinatenmenge**. In dem sehr speziellen Falle, daß X das Intervall $[a, b]$ ist, hatten wir die Ordinatenmenge schon in Nr. 80 eingeführt und ihren Flächeninhalt $|\mathfrak{M}(f)|$ durch

$$|\mathfrak{M}(f)| := \int_a^b f \mathrm{d}x \quad \text{für } f \in R\,[a, b] \tag{203.1}$$

erklärt. Selbstverständlich müssen wir jetzt die Frage aufwerfen, ob der so definierte Flächeninhalt von $\mathfrak{M}(f)$ mit dem in der vorletzten Nummer eingeführten übereinstimmt. Wie zu erwarten steht, fällt die Antwort bejahend aus. Allgemein gilt nämlich der

203.1 Satz *Die Funktion f sei nichtnegativ und R-integrierbar auf der Jordan-meßbaren Menge $B \subset \mathbf{R}^p$. Dann besitzt ihre Ordinatenmenge einen $(p+1)$-dimensionalen Jordan-Inhalt, und dieser wird gegeben durch*

$$|\mathfrak{M}(f)| = \int_B f \mathrm{d}x. \tag{203.2}$$

Wir beweisen zunächst die Jordan-Meßbarkeit von $\mathfrak{M}(f)$. Da $\mathfrak{M}(f)$ offenbar beschränkt ist, brauchen wir zu diesem Zweck nur nachzuweisen, daß der Rand $\partial\mathfrak{M}(f)$ von $\mathfrak{M}(f)$ eine Nullmenge in $\mathbf{R}^{p+1}$ ist (s. Satz 201.2). Im folgenden sei M eine positive obere Schranke von f auf B.

Ein Punkt (x, y) gehört mit Sicherheit zum Innern von $\mathfrak{M}(f)$, wenn

$$x \in \mathring{B}, \qquad 0 < y < f(x) \quad \text{und} \quad f \text{ stetig in } x$$

ist. $\partial\mathfrak{M}(f)$ ist daher gewiß in der Vereinigung der folgenden vier Mengen enthalten:

$$W := \{(x, y) : x \in \partial B,\, 0 \leqslant y \leqslant M\},$$

$$B_0 := \{(x, 0) : x \in B\},$$

$$G := \{(x, f(x)) : x \in B\},$$

$$U := \{(x, y) : x \in B \text{ ist Unstetigkeitsstelle von } f,\, 0 \leqslant y \leqslant M\}\,.$$

Für unsere Zwecke genügt es also nachzuweisen, daß jede dieser Mengen eine Nullmenge in $\mathbf{R}^{p+1}$ ist. Für B_0, Teilmenge der Hyperebene $y = 0$, ist dies offensichtlich und für G nach Satz 202.4 der Fall (denn eine Jordansche Nullmenge ist ja stets auch eine Nullmenge). Wir nehmen uns nun W vor, wählen ein beliebiges $\varepsilon > 0$ und überdecken die Nullmenge ∂B des $\mathbf{R}^p$ mit p-dimensionalen Intervallen $I_1, I_2, \ldots$ der Inhaltssumme

$$\sum |I_k| < \frac{\varepsilon}{M}.$$

Dann überdecken die $(p+1)$-dimensionalen Intervalle $I_k \times [0, M]$ $(k = 1, 2, \ldots)$ die Menge W, und da ihre Inhaltssumme $< (\varepsilon/M)M = \varepsilon$ bleibt, muß in der Tat W eine Nullmenge in $\mathbf{R}^{p+1}$ sein. Ersetzt man in diesen Schlüssen ∂B durch die Menge der Unstetigkeitsstellen von f in B (sie hat nach dem Lebesgueschen Kriterium 201.3 das Maß 0), so sieht man, daß auch U eine Nullmenge in $\mathbf{R}^{p+1}$ ist. Damit ist tatsächlich $\mathfrak{M}(f)$ als Jordan-meßbar erkannt.

Um die Gl. (203.2) einzusehen, schließen wir B in ein kompaktes p-dimensionales Intervall I und $\mathfrak{M}(f)$ in das kompakte $(p+1)$-dimensionale Intervall $J := I \times [0, M]$ ein. Greifen wir auf die Definition von $|\mathfrak{M}(f)|$ und den Satz von Fubini zurück, so erhalten wir mit $\chi := \chi_{\mathfrak{M}(f)}$ die Gleichungskette

$$|\mathfrak{M}(f)| = \int_J \chi(x, y)\,\mathrm{d}(x, y) = \int_I \left(\int_0^M \chi(x, y)\,\mathrm{d}y \right) \mathrm{d}x$$

$$= \int_I \left(\int_0^{f_B(x)} 1\,\mathrm{d}y \right) \mathrm{d}x = \int_I f_B(x)\,\mathrm{d}x = \int_B f(x)\,\mathrm{d}x. \qquad \blacksquare$$

Der Leser braucht an diesem Beweis nur einige leicht überschaubare Modifikationen anzubringen, um den folgenden allgemeineren Satz einzusehen:

203.2 Satz *Die Funktionen f_1, f_2 seien R-integrierbar auf der Jordan-meßbaren Menge $B \subset \mathbf{R}^p$, und für alle $x \in B$ gelte $f_1(x) \leqslant f_2(x)$. Dann besitzt die* verallgemeinerte Ordinatenmenge

$$\mathfrak{M}(f_1, f_2) := \{(x, y) : x \in B, f_1(x) \leqslant y \leqslant f_2(x)\}$$

einen $(p+1)$-dimensionalen Jordan-Inhalt, und dieser wird gegeben durch

$$|\mathfrak{M}(f_1, f_2)| = \int_B (f_2 - f_1)\,\mathrm{d}x. \tag{203.3}$$

Als wichtiges Beispiel betrachten wir die Kreisscheibe mit Radius r. Hat sie den Mittelpunkt (x_0, y_0), so ist sie die verallgemeinerte Ordinatenmenge der Funktionen

$$f_1(x) := y_0 - \sqrt{r^2 - (x - x_0)^2},$$
$$f_2(x) := y_0 + \sqrt{r^2 - (x - x_0)^2} \quad \text{auf } B := [x_0 - r, x_0 + r].$$

Mit Hilfe der Gl. (77.7) berechnet sich also ihr Flächeninhalt zu

$$2 \int_{x_0 - r}^{x_0 + r} \sqrt{r^2 - (x - x_0)^2}\,\mathrm{d}x = 2 \int_{-r}^{r} \sqrt{r^2 - t^2}\,\mathrm{d}t$$

$$= 2 \left[\frac{1}{2}t\sqrt{r^2 - t^2} + \frac{1}{2}r^2 \arcsin \frac{t}{r} \right]_{-r}^{r} = \pi r^2,$$

womit wir nun endlich die wohlbekannte Formel für den Kreisinhalt gefunden haben.

Bei der praktischen Anwendung des Satzes 203.2 ist der Integrationsbereich B meistens ein sogenannter Normalbereich. Was darunter zu verstehen ist und wie man über solche Bereiche integriert, werden wir in der nächsten Nummer erfahren.

Wir beschließen diesen Abschnitt mit der Schilderung einer Methode, die auf Bonaventura Cavalieri (1598(?)–1647; 49(?)) zurückgeht und oft eine sehr elegante Berechnung von Inhalten ermöglicht:

203.3 Satz von Cavalieri *Die Menge $M \subset \mathbf{R}^p$ sei Jordan-meßbar und liege ganz zwischen den beiden Hyperebenen $x_1 = a$ und $x_1 = b$, d. h., für die x_1-Koordinaten aller Punkte aus M gelte $a \leqslant x_1 \leqslant b$. Ferner besitze für jedes $\xi \in [a, b]$ der Schnitt $Q(\xi)$ der Hyperebene $x_1 = \xi$ mit M den $(p-1)$-dimensionalen Jordan-Inhalt $q(\xi)$. Dann ist die Funktion $q(\xi)$ auf $[a, b]$ R-integrierbar, und der Inhalt von M wird gegeben durch*

$$|M| = \int_a^b q(\xi)\,\mathrm{d}\xi.$$

Zum Beweis sei χ die charakteristische Funktion von M, $I := [a, b]$ und schließlich J ein $(p-1)$-dimensionales kompaktes Intervall im $x_2 \cdots x_p$-Raum, das so groß sei, daß M ganz in $I \times J$ liegt. Definitionsgemäß ist

$$|M| = \int_M \chi\,\mathrm{d}(x_1, \ldots, x_p) = \int_{I \times J} \chi\,\mathrm{d}(x_1, \ldots, x_p).$$

Aus unseren Voraussetzungen ergibt sich ferner, daß für jedes $\xi \in I$

$$\int_J \chi(\xi, x_2, \ldots, x_p)\,\mathrm{d}(x_2, \ldots, x_p) \text{ vorhanden und } = q(\xi)$$

ist. Nach dem Satz von Fubini existiert demnach $\int_I q(\xi)\,\mathrm{d}\xi$, und es gilt

$$|M| = \int_I \left(\int_J \chi(\xi, x_2, \ldots, x_p)\,\mathrm{d}(x_2, \ldots, x_p) \right) \mathrm{d}\xi = \int_a^b q(\xi)\,\mathrm{d}\xi. \qquad \blacksquare$$

Als Beispiel berechnen wir den Rauminhalt der Kugel

$$(x - x_0)^2 + (y - y_0)^2 + (z - z_0)^2 \leqslant r^2.$$

Letztere liegt zwischen den Ebenen $x = x_0 - r$ und $x = x_0 + r$; ihr Schnitt $Q(\xi)$ mit der Ebene $x = \xi$ $(x_0 - r \leqslant \xi \leqslant x_0 + r)$ ist eine (evtl. zu einem Punkt degenerierte) Kreisscheibe mit dem Radius $\sqrt{r^2 - (\xi - x_0)^2}$, also dem Flächeninhalt $q(\xi) = \pi(r^2 - (\xi - x_0)^2)$. Infolgedessen wird der Rauminhalt unserer Kugel gegeben durch

$$\pi \int_{x_0 - r}^{x_0 + r} (r^2 - (\xi - x_0)^2)\,\mathrm{d}\xi = \pi \int_{-r}^{r} (r^2 - t^2)\,\mathrm{d}t = \pi \left[r^2 t - \frac{t^3}{3} \right]_{-r}^{r} = \frac{4\pi}{3} r^3.$$

Aufgaben

Bei den Aufgaben 1 bis 3 handelt es sich um die Berechnung des Inhalts von Ordinatenmengen. Zu ihrer Beschreibung bedienen wir uns einer leicht verständlichen geometrischen Sprechweise. Weitere Inhaltsaufgaben findet der Leser in der nächsten Nummer.

1. Berechne das Volumen des Körpers zwischen der Ebene $z = x + y$ und dem Rechteck $[0, 1] \times [0, 2]$.

2. Wie groß ist das Volumen des Körpers, der oben von dem Paraboloid $z = x^2 + y^2$ und unten von dem Quadrat $[0, 1] \times [0, 1]$ begrenzt wird?

3. Bestimme das Volumen des Körpers, der unterhalb der Fläche $z = xy^2 + y^3$ und oberhalb des Quadrats $[0, 2] \times [0, 2]$ liegt.

4. Der Flächeninhalt der Ellipse $\dfrac{x^2}{a^2} + \dfrac{y^2}{b^2} \leq 1$ $(a, b > 0)$ ist $\pi a b$.

5. Das Volumen des Ellipsoids $\dfrac{x^2}{a^2} + \dfrac{y^2}{b^2} + \dfrac{z^2}{c^2} \leq 1$ $(a, b, c > 0)$ ist $\dfrac{4}{3} \pi a b c$.

$^+$**6. Inhalt der p-dimensionalen Einheitskugel** K_p sei die Einheitskugel im euklidisch normierten $\mathbf{R}^p$:

$$K_p := \{x \in \mathbf{R}^p : |x| \leq 1\}.$$

Aus der Bemerkung vor Satz 202.7 ergibt sich sofort, daß sie Jordan-meßbar ist (dies läßt sich auch induktiv mit Hilfe des Satzes 203.2 bestätigen; der Leser führe den Beweis durch!). Zeige: Für alle $p \in \mathbf{N}$ ist

$$|K_p| = \frac{2 \sqrt{\pi^p}}{p \, \Gamma\left(\dfrac{p}{2}\right)} \quad \text{(s. dazu A 150.4)}.$$

Hinweis: Führe einen Induktionsbeweis nach p. Mit Hilfe von A 150.3 sieht man, daß die Behauptung für $p = 1$ zutrifft (definitionsgemäß ist $|K_1| = 2$). Angenommen, sie sei richtig für eine Dimensionszahl $p - 1$ mit $p \geq 2$. K_p liegt zwischen den Hyperebenen $x_p = -1$ und $x_p = 1$. Der Schnitt $Q(\xi)$ von K_p mit der Hyperebene $x_p = \xi$ $(-1 \leq \xi \leq 1)$ ist eine (evtl. zu einem Punkt degenerierte) Kugel im $\mathbf{R}^{p-1}$ mit dem Radius $\sqrt{1 - \xi^2}$. Aus der Induktionsannahme folgt in Verbindung mit den Aufgaben 8 und 9 aus Nr. 201, daß gilt:

$$q(\xi) := |Q(\xi)| = |K_{p-1}| (1 - \xi^2)^{\frac{p-1}{2}} = \frac{2 \sqrt{\pi^{p-1}}}{(p-1) \Gamma\left(\dfrac{p-1}{2}\right)} (1 - \xi^2)^{\frac{p-1}{2}}.$$

Wende nun den Satz von Cavalieri, A 150.5 und die Funktionalgleichung der Gammafunktion (Satz 150.1) an.

$^+$**7. Ein Inhaltsparadoxon** Wie in Aufgabe 6 sei K_p die Einheitskugel im euklidisch normierten $\mathbf{R}^p$. Zeige: Es strebt

$$|K_p| \to 0 \quad \text{für } p \to \infty.$$

Hinweis: Aufgabe 6. Unterscheide die Fälle $p = 2q$ und $p = 2q + 1$ und ziehe im Falle $p = 2q$ die Gleichung $q \, \Gamma(q) = q!$, im Falle $p = 2q + 1$ dagegen A 150.4 heran.

204 Integration über Normalbereiche

Unter einem Normalbereich bezüglich der x-Achse versteht man eine Menge $B \subset \mathbf{R}^2$ der Form

$$B = \{(x, y) \in \mathbf{R}^2 : a \leq x \leq b,\ \varphi_1(x) \leq y \leq \varphi_2(x)\}, \tag{204.1}$$

wobei φ_1 und φ_2 stetige Funktionen auf $[a, b]$ mit $\varphi_1 \leq \varphi_2$ sind (s. Fig. 204.1). Nach Satz 203.2 ist B Jordan-meßbar. Aus der Stetigkeit der Funktionen φ_1, φ_2 ergibt sich leicht die Abgeschlossenheit und damit, da B ja beschränkt ist, die Kompaktheit von B. Für die Integration einer stetigen Funktion über B gilt der folgende nützliche

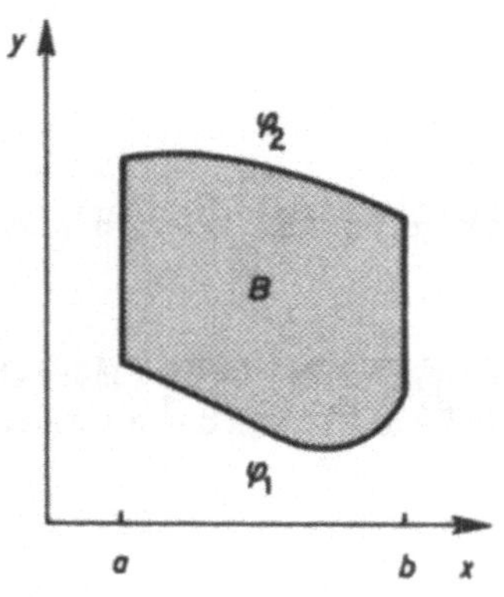

Fig. 204.1 Normalbereich B bez. x-Achse

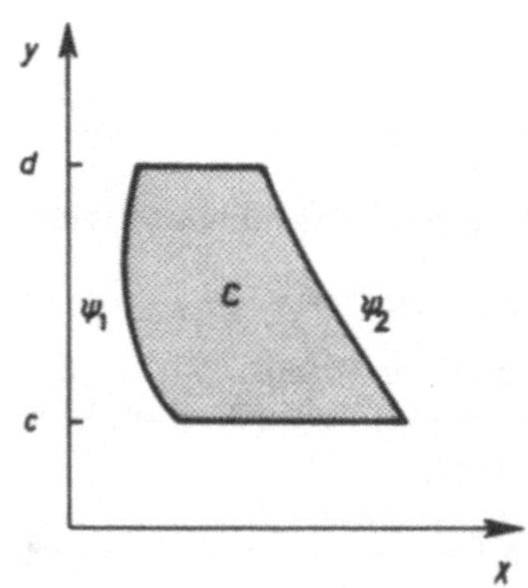

Fig. 204.2 Normalbereich C bez. y-Achse

204.1 Satz *Ist f stetig auf dem Normalbereich B in* (204.1), *so haben wir*

$$\int_B f(x, y)\,\mathrm{d}(x, y) = \int_a^b \left(\int_{\varphi_1(x)}^{\varphi_2(x)} f(x, y)\,\mathrm{d}y \right) \mathrm{d}x. \tag{204.2}$$

Der Beweis ist denkbar einfach. Es sei $m := \min \varphi_1$, $M := \max \varphi_2$ und $I := [a, b] \times [m, M]$; I ist also das kleinste Rechteck, in das man B einschließen kann. Als stetige Funktion ist f auf der kompakten und Jordan-meßbaren Menge B integrierbar, und definitionsgemäß haben wir

$$\int_B f(x, y)\,\mathrm{d}(x, y) = \int_I f_B(x, y)\,\mathrm{d}(x, y). \tag{204.3}$$

Da nun offenbar

$$\int_m^M f_B(x, y)\,\mathrm{d}y \qquad \text{für jedes } x \in [a, b] \text{ vorhanden und } = \int_{\varphi_1(x)}^{\varphi_2(x)} f(x, y)\,\mathrm{d}y$$

ist, ergibt sich aus (204.3) mit dem Satz von Fubini die Gleichung

$$\int_B f(x, y)\,\mathrm{d}(x, y) = \int_a^b \left(\int_m^M f_B(x, y)\,\mathrm{d}y \right) \mathrm{d}x = \int_a^b \left(\int_{\varphi_1(x)}^{\varphi_2(x)} f(x, y)\,\mathrm{d}y \right) \mathrm{d}x. \quad \blacksquare$$

Sind ψ_1 und ψ_2 stetige Funktionen auf dem Intervall $[c, d]$ der y-Achse, und ist dort $\psi_1 \leqslant \psi_2$, so nennt man

$$C := \{ (x, y) \in \mathbf{R}^2 : c \leqslant y \leqslant d,\ \psi_1(y) \leqslant x \leqslant \psi_2(y) \} \tag{204.4}$$

einen **Normalbereich bezüglich der y-Achse** (s. Fig. 204.2). Ist f stetig auf C, so beweist man wie den letzten Satz die Gleichung

$$\int_C f(x, y)\,\mathrm{d}(x, y) = \int_c^d \left(\int_{\psi_1(y)}^{\psi_2(y)} f(x, y)\,\mathrm{d}x \right) \mathrm{d}y. \tag{204.5}$$

Rechtecke, Kreise und Ellipsen sind Normalbereiche bezüglich *beider Achsen*.

Die obigen Begriffsbildungen und Aussagen lassen sich ohne jede Schwierigkeit auf höhere Dimensionen verallgemeinern. Das liegt so sehr auf der Hand, daß wir nicht näher darauf einzugehen brauchen und uns mit der Beschreibung des dreidimensionalen Falles begnügen dürfen:

Ist A eine abgeschlossene und Jordan-meßbare Teilmenge der xy-Ebene und sind φ_1, φ_2 stetige Funktionen auf A mit $\varphi_1 \leqslant \varphi_2$, so nennt man

$$B := \{ (x, y, z) \in \mathbf{R}^3 : (x, y) \in A,\ \varphi_1(x, y) \leqslant z \leqslant \varphi_2(x, y) \}$$

einen **Normalbereich bezüglich der xy-Ebene**. B ist Jordan-meßbar und für jede auf B stetige Funktion f gilt

$$\int_B f(x, y, z)\,\mathrm{d}(x, y, z) = \int_A \left(\int_{\varphi_1(x, y)}^{\varphi_2(x, y)} f(x, y, z)\,\mathrm{d}z \right) \mathrm{d}(x, y).$$

Aufgaben

1. An welchen Stellen des Beweises von Satz 204.1 wurde die Stetigkeit der Funktionen φ_1, φ_2 und f benutzt. Kann man die Stetigkeitsvoraussetzungen abschwächen?

2. B sei ein Normalbereich bezüglich beider Achsen und durch (204.1) und (204.4) gegeben. Ist dann f stetig auf B, so gilt

$$\int_a^b \int_{\varphi_1(x)}^{\varphi_2(x)} f(x, y)\,\mathrm{d}y\,\mathrm{d}x = \int_c^d \int_{\psi_1(y)}^{\psi_2(y)} f(x, y)\,\mathrm{d}x\,\mathrm{d}y$$

(*Satz über die Vertauschung der Integrationsreihenfolge*).

In den Aufgaben 3 bis 6 vertausche man die Reihenfolge der Integrationen. Hinweis: Aufgabe 2.

3. $\displaystyle\int_0^1 \int_0^x f(x,y)\,dy\,dx.$ **4.** $\displaystyle\int_1^4 \int_{\sqrt{x}}^2 f(x,y)\,dy\,dx.$

5. $\displaystyle\int_0^{\pi/2} \int_0^{\sin y} f(x,y)\,dx\,dy.$ **6.** $\displaystyle\int_0^1 \int_{1-y^2}^{\sqrt{1-y^2}} f(x,y)\,dx\,dy.$

In den Aufgaben 7 bis 11 sind die angegebenen Integrale zu berechnen. Man mache eine Skizze des jeweiligen Integrationsbereichs.

7. $\int_B x^2 y\,d(x,y)$, wobei B die obere Hälfte des Kreises mit Radius 2 um den Nullpunkt ist.

8. $\int_B (x+y^2)\,d(x,y)$, wobei B das Dreieck mit den Eckpunkten $(0,0)$, $(1,0)$ und $(0,1)$ ist.

9. $\int_B (x^2+y^2)\,d(x,y)$, wobei B das Dreieck mit den Eckpunkten $(0,0)$, $(1,0)$ und $(1/2,1/2)$ ist.

10. $\int_B xy\,d(x,y)$, wobei B der Bereich im ersten Quadranten zwischen der Geraden $y=x$ und der Parabel $y=x^2$ ist.

11. $\int_B \sqrt{x}\,y\,d(x,y)$, wobei B der Bereich im ersten Quadranten zwischen den Parabeln $y=\sqrt{x}$ und $y=x^2$ ist.

12. Berechne das Volumen des Tetraeders, der von den drei Koordinatenebenen und der Ebene $z=2-2x-y$ begrenzt wird.

13. Wie groß ist das Volumen des Körpers, der von dem hyperbolischen Paraboloid $z=xy$, dem Dreieck mit den Ecken $(0,0,0)$, $(1,0,0)$, $(0,1,0)$ und der Ebene $x+y=1$ begrenzt wird?

14. Der Zylinder Z stehe senkrecht auf der xy-Ebene und habe die Ellipse $\dfrac{x^2}{a^2}+\dfrac{y^2}{b^2}\leq 1$ ($a,b>0$) als Grundfläche B. Oberhalb von B schneide man Z mit der Ebene $z=\alpha x+\beta y+\gamma$ ab. Wie groß ist das Volumen des so entstehenden Körpers?

15. Berechne das Volumen des Körpers, der von der xy-Ebene und dem über der xy-Ebene liegenden Teil des Rotationsparaboloids $z=1-(x^2+y^2)$ begrenzt wird.

16. B sei die Kreisscheibe um den Punkt $(0,1)$ mit Radius 2. Berechne

$$\int_B (x^2+3y^2+1)\,d(x,y).$$

Hinweis: (94.3).

17. B sei das Dreieck der xy-Ebene mit den Ecken $(0,0)$, $(1,0)$, $(1,1)$. Das Integral

$$\int_B \frac{\sin x}{x}\,d(x,y)$$

läßt sich berechnen, indem man zuerst nach y und dann nach x integriert (wie groß ist sein Wert?). Der Versuch, zuerst nach x und dann nach y zu integrieren, scheitert: Die Funktion $(\sin x)/x$ besitzt nämlich, wie wir schon in Nr. 100 bemerkt haben, keine durch elementare Funktionen ausdrückbare Stammfunktion.

18. Sei $B := \{(x, y) \in \mathbf{R}^2 : x \geq 0, \, y \geq 0, \, x + y \leq 1\}$. Zeige: Für alle $n, \, m \in \mathbf{N}_0$ ist

$$\int_B x^n y^m \, \mathrm{d}(x, y) = \frac{n! \, m!}{(n + m + 2)!}.$$

Hinweis: Satz 204.1; beweise durch Induktion nach n die Gleichung

$$\int_0^1 x^n (1 - x)^p \, \mathrm{d}x = \frac{n! \, p!}{(n + p + 1)!} \quad \text{für alle } n, \, p \in \mathbf{N}_0. \tag{204.6}$$

19. B sei der Bereich aus Aufgabe 18. Zeige: Für alle $n, \, m, \, k \in \mathbf{N}_0$ ist

$$\int_B x^n y^m (1 - x - y)^k \, \mathrm{d}(x, y) = \frac{n! \, m! \, k!}{(n + m + k + 2)!}.$$

Hinweis: Satz 204.1, Substitution $y = (1 - x) t$, Gl. (204.6).

20. Beweise mit Hilfe der Gl. (204.6) die Summenformel

$$\frac{1}{n+1} \binom{n}{0} - \frac{1}{n+2} \binom{n}{1} + \frac{1}{n+3} \binom{n}{2} - + \cdots + \frac{(-1)^n}{2n+1} \binom{n}{n}$$

$$= \frac{n!}{(n+1)(n+2) \cdots (2n+1)}.$$

Vgl. auch A 79.10.

205 Die Substitutionsregel

Als eine der wichtigsten Methoden zur Berechnung eindimensionaler Integrale $\int_a^b f \, \mathrm{d}x$ hat sich die Einführung einer neuen Veränderlichen (*Substitutionsregel*) erwiesen. In dieser Nummer werden wir ihr Analogon für mehrfache Integrale kennenlernen. Wir beginnen mit einer heuristischen Betrachtung, bei der wir, wie immer in solchen Fällen, keinen Wert auf mathematische Strenge legen.

Vorgelegt sei das Integral $\int_B f(x, y) \, \mathrm{d}(x, y)$ über einen Bereich B der xy-Ebene. Durch eine Substitution $x = \varphi(u, v)$, $y = \psi(u, v)$ führen wir neue Veränderliche $u, \, v$ ein. Die Substitution soll so beschaffen sein, daß ein Bereich B' der uv-Ebene durch

$$\binom{u}{v} \mapsto g(u, v) := \binom{\varphi(u, v)}{\psi(u, v)} \tag{205.1}$$

injektiv auf B abgebildet wird[1]. Bei dieser Abbildung geht eine zur u-Achse parallele Strecke $(v = v_0)$ in einen Bogen $g(u, v_0)$ der xy-Ebene über, und Entsprechendes

---

[1] Wir benutzen in dieser Nummer, da wir es mit Ableitungen, Matrizen und Determinanten zu tun haben werden, die Spaltenschreibweise für Vektoren (Punkte).

gilt für eine zur v-Achse parallele Strecke $(u=u_0)$. Überziehen wir B' mit einem Rechtecksnetz, so wird sich dieses also in ein krummliniges, B überziehendes Netz verwandeln (s. Fig. 205.1). Die Injektivität der Abbildung sorgt dafür, daß die Netzlinien in der xy-Ebene, die durch Konstanthalten ein und derselben Koordinate entstehen, sich nicht schneiden (in gewissem Sinne „parallel" sind); erst hierdurch werden sie in den Stand gesetzt, ein „Netz" zu bilden. Betrachten wir nun das schattierte

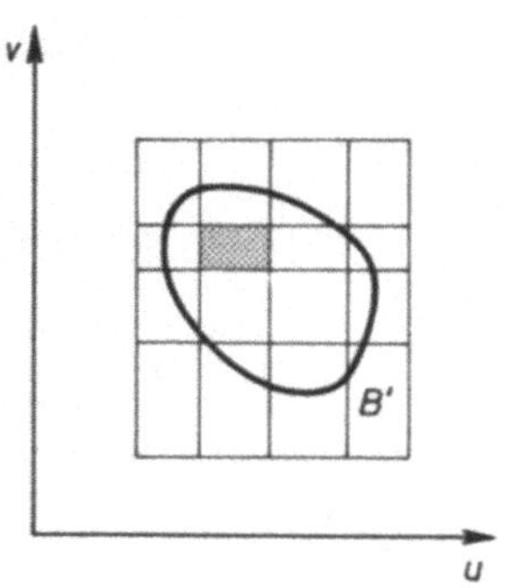

Fig. 205.1

den sie in den Stand gesetzt, ein „Netz" zu bilden. Betrachten wir nun das schattierte Rechteck in B'! Seine Eckpunkte, vom linken unteren anfangend und entgegen dem Uhrzeigersinne fortschreitend, seien

$$\binom{u_j}{v_k}, \qquad \binom{u_j+\Delta u_j}{v_k}, \qquad \binom{u_j+\Delta u_j}{v_k+\Delta v_k}, \qquad \binom{u_j}{v_k+\Delta v_k}, \tag{205.2}$$

sein Flächeninhalt ist also $\Delta u_j \Delta v_k$. Es möge bei unserer Abbildung übergehen in das schattierte „krumme Parallelogramm" in B, dessen Eckpunkte die Bilder der Rechteckpunkte (205.2) sind. Wäre das krumme Parallelogramm ein echtes Parallelogramm, so könnte man seinen Flächeninhalt, wie der Leser etwa aus der analytischen Geometrie weiß, sofort angeben: Er wäre der Betrag der Determinante

$$\Delta_{jk} := \begin{vmatrix} \varphi(u_j+\Delta u_j, v_k) - \varphi(u_j, v_k) & \varphi(u_j, v_k+\Delta v_k) - \varphi(u_j, v_k) \\ \psi(u_j+\Delta u_j, v_k) - \psi(u_j, v_k) & \psi(u_j, v_k+\Delta v_k) - \psi(u_j, v_k) \end{vmatrix}.$$

Bei kleinem Δu_j ist

$$\varphi(u_j+\Delta u_j, v_k) - \varphi(u_j, v_k) \approx \frac{\partial \varphi(u_j, v_k)}{\partial u} \Delta u_j,$$

und entsprechende Näherungsformeln gelten für die anderen Differenzen in Δ_{jk}. Infolgedessen ist

$$\Delta_{jk} \approx \begin{vmatrix} \dfrac{\partial \varphi(u_j, v_k)}{\partial u} & \dfrac{\partial \varphi(u_j, v_k)}{\partial v} \\ \dfrac{\partial \psi(u_j, v_k)}{\partial u} & \dfrac{\partial \psi(u_j, v_k)}{\partial v} \end{vmatrix} \Delta u_j \Delta v_k = \det g'(u_j, v_k) \Delta u_j \Delta v_k.$$

Bei kleinen $\Delta u_j, \Delta v_k$ wird auch der Flächeninhalt des krummen Parallelogramms $\approx |\det g'(u_j, v_k)| \Delta u_j \Delta v_k$ sein, so daß wir die Näherungsgleichung

$$\int_B f(x, y) \, d(x, y) \approx \sum_{j,\, k} f(\varphi(u_j, v_k), \, \psi(u_j, v_k)) |\det g'(u_j, v_k)| \Delta u_j \Delta v_k$$

und dann wohl auch die Transformationsformel

$$\int_B f(x, y) \, d(x, y) = \int_{B'} f(\varphi(u, v), \, \psi(u, v)) |\det g'(u, v)| \, d(u, v)$$

erwarten dürfen. Wir werden sehen, daß unter noch anzugebenden Voraussetzungen diese Formel — und die entsprechende für Funktionen von mehr als zwei Veränderlichen — tatsächlich gilt. Rechtfertigen könnte man sie, indem man die obigen Approximationsbetrachtungen durch Abschätzungen und Grenzprozesse präzisiert. Wir ziehen es vor, einen Induktionsbeweis zu führen, der sich im wesentlichen auf die Substitutionsregel für eindimensionale Integrale und den Satz von Fubini stützt[1]. Um den Induktionsschluß von $p-1$ auf p machen zu können, benötigen wir den folgenden

205.1 Zerlegungssatz *Sei* $g := \begin{pmatrix} g_1 \\ \vdots \\ g_p \end{pmatrix}$ *eine stetig differenzierbare Funktion auf der offenen Menge* $G \subset \mathbf{R}^p$ $(p \geq 2)$, *und die Funktionaldeterminante* $\det g'(t)$ *sei ständig* $\neq 0$. *Dann gibt es zu jedem Punkt* t_0 *von* G *eine offene Umgebung* $W \subset G$ *von* t_0 *und Funktionen*

$$\psi : W \to \mathbf{R}^p, \qquad \omega : \psi(W) \to \mathbf{R}^p$$

mit folgenden Eigenschaften:
a) $\psi(W)$ *ist offen;*
b) ψ *und* ω *sind injektiv und stetig differenzierbar;*
c) *bei geeigneter Numerierung läßt* ψ *die letzte Komponente* t_p *und* ω *die* $p-1$ *ersten Komponenten* $t_1, \ldots, t_{p-1}$ *von* t *unverändert;*
d) *auf* W *ist* $g = \omega \circ \psi$.

---

[1] Dieser Beweis dürfte der längste und schwierigste in diesem Buche sein. Dem Leser wird geraten, zunächst den Zerlegungssatz 205.1 zu übergehen, die Substitutionsregel 205.2 einfach zur Kenntnis zu nehmen und sich auf die Anwendungen derselben in der nächsten Nummer zu konzentrieren. Erst dann sollte er sich den Beweisen im vorliegenden Abschnitt zuwenden. Das sollte er allerdings wirklich tun, damit ihm die Substitutionsregel nicht zum bloßen mathematischen Glaubensgut verkommt.

Beweis. Da voraussetzungsgemäß

$$\det g'(t_0) = \begin{vmatrix} \dfrac{\partial g_1(t_0)}{\partial t_1} & \cdots & \dfrac{\partial g_1(t_0)}{\partial t_p} \\ \vdots & & \\ \dfrac{\partial g_p(t_0)}{\partial t_1} & \cdots & \dfrac{\partial g_p(t_0)}{\partial t_p} \end{vmatrix}$$

nicht verschwindet, gibt es nach dem Umkehrsatz 171.1 eine offene Umgebung $U \subset G$ von t_0, auf der g injektiv ist. Ferner muß wenigstens eine der $(p-1)$-reihigen Unterdeterminanten, die man aus $\det g'(t_0)$ durch Streichen der letzten Zeile und einer der p Spalten erhält, von Null verschieden sein. O. B. d. A. dürfen wir annehmen, daß

$$\begin{vmatrix} \dfrac{\partial g_1(t_0)}{\partial t_1} & \cdots & \dfrac{\partial g_1(t_0)}{\partial t_{p-1}} \\ \vdots & & \\ \dfrac{\partial g_{p-1}(t_0)}{\partial t_1} & \cdots & \dfrac{\partial g_{p-1}(t_0)}{\partial t_{p-1}} \end{vmatrix} \neq 0 \tag{205.3}$$

ist. Wir setzen nun

$$\psi_0(t) := \begin{pmatrix} g_1(t) \\ \vdots \\ g_{p-1}(t) \\ t_p \end{pmatrix} \quad \text{für } t := \begin{pmatrix} t_1 \\ \vdots \\ t_p \end{pmatrix} \in G. \tag{205.4}$$

Trivialerweise ist die Funktion ψ_0 stetig differenzierbar auf G, und abgesehen vom Vorzeichen stimmt $\det \psi_0'(t_0)$ mit der Determinante in (205.3) überein, ist also $\neq 0$. Nach dem Umkehrsatz 171.1 bildet daher ψ_0 eine gewisse offene Umgebung $W \subset U$ von t_0 bijektiv auf eine offene Umgebung V von $\psi_0(t_0)$ ab, und die Umkehrung $\chi : V \to W$ der Funktion

$$\psi := \psi_0 \,|\, W$$

ist stetig differenzierbar auf der (offenen) Menge $V = \psi(W)$. Da $\chi(\psi(t)) = t$ für alle $t \in W$ ist, gelten für die Komponenten $\chi_1, \ldots, \chi_p$ von χ die Gleichungen

$$\chi_j(\psi(t)) = t_j \quad \text{für alle } t = \begin{pmatrix} t_1 \\ \vdots \\ t_p \end{pmatrix} \in W \text{ und alle } j = 1, \ldots, p. \tag{205.5}$$

Nunmehr setzen wir

$$\omega(t) := \begin{pmatrix} t_1 \\ \vdots \\ t_{p-1} \\ g_p(\chi_1(t), \ldots, \chi_{p-1}(t), t_p) \end{pmatrix} \qquad \text{für alle } t \in V = \psi(W). \qquad (205.6)$$

Die so definierte Funktion $\omega \colon \psi(W) \to \mathbf{R}^p$ ist offenbar stetig differenzierbar, und wegen (205.4) und (205.5) gilt für alle $t \in W$

$$\omega(\psi(t)) = \begin{pmatrix} g_1(t) \\ \vdots \\ g_{p-1}(t) \\ g_p(\chi_1(\psi(t)), \ldots, \chi_{p-1}(\psi(t)), t_p) \end{pmatrix} = \begin{pmatrix} g_1(t) \\ \vdots \\ g_{p-1}(t) \\ g_p(t) \end{pmatrix} = g(t).$$

Also ist auf W in der Tat $\omega \circ \psi = g$. Da ψ und g auf W injektiv sind (beachte, daß $W \subset U$ ist), folgt aus dieser Beziehung sofort, daß auch ω injektiv sein muß. Damit sind alle Behauptungen des Zerlegungssatzes bewiesen. ∎

Der allgemeinen Substitutionsregel 205.2 schicken wir eine Bemerkung über die spezielle Substitutionsregel 81.6 voraus. Nach dieser Regel gilt die Gleichung

$$\int_a^b f(x)\,\mathrm{d}x = \int_\alpha^\beta f(g(t))\,g'(t)\,\mathrm{d}t,$$

wenn g auf $T := \langle \alpha, \beta \rangle$ stetig differenzierbar, $g(\alpha) = a$, $g(\beta) = b$ und f auf $g(T) = \langle a, b \rangle$ stetig ist. Wir fassen nun den besonders wichtigen Fall ins Auge, daß $g'(t)$ auf T ständig $\neq 0$, also durchweg positiv oder durchweg negativ ist; überdies sei $\alpha < \beta$, also $T = [\alpha, \beta]$. Im Falle $g' > 0$ ist dann $a < b$, also $g(T) = [a, b]$ und somit

$$\int_{g(T)} f(x)\,\mathrm{d}x = \int_a^b f(x)\,\mathrm{d}x = \int_\alpha^\beta f(g(t))\,g'(t)\,\mathrm{d}t = \int_T f(g(t))\,g'(t)\,\mathrm{d}t$$
$$= \int_T f(g(t))\,|g'(t)|\,\mathrm{d}t.$$

Im Falle $g' < 0$ ist hingegen $a > b$, also $g(T) = [b, a]$ und daher

$$\int_{g(T)} f(x)\,\mathrm{d}x = \int_b^a f(x)\,\mathrm{d}x = -\int_a^b f(x)\,\mathrm{d}x = -\int_\alpha^\beta f(g(t))\,g'(t)\,\mathrm{d}t$$
$$= -\int_T f(g(t))\,g'(t)\,\mathrm{d}t = \int_T f(g(t))\,|g'(t)|\,\mathrm{d}t.$$

Zusammengefaßt ist also

$$\int_{g(T)} f(x)\,\mathrm{d}x = \int_T f(g(t))\,|g'(t)|\,\mathrm{d}t, \quad \text{falls } g'(t) \neq 0 \text{ für alle } t \in T. \qquad (205.7)$$

Das genaue Analogon hierzu ist die folgende, allerdings nur sehr viel mühsamer zu beweisende

205.2 Substitutionsregel *Die $\mathbf{R}^p$-wertige Funktion g sei auf der offenen Menge $G \subset \mathbf{R}^p$ injektiv und stetig differenzierbar, und $\det g'(t)$ sei auf G entweder ständig positiv oder ständig negativ. Ferner sei T eine kompakte, Jordan-meßbare Teilmenge von G und f eine auf $g(T)$ stetige reellwertige Funktion. Dann ist $g(T)$ Jordan-meßbar, f auf $g(T)$ R-integrierbar und*

$$\int_{g(T)} f(x)\,\mathrm{d}x = \int_T f(g(t))\,|\det g'(t)|\,\mathrm{d}t. \tag{205.8}$$

Diese Formel gilt auch dann noch, wenn entgegen den obigen Voraussetzungen $\det g'(t)$ auf einer Teilmenge N von T verschwindet oder $g\,|\,N$ nicht injektiv ist, N jedoch nur den Jordan-Inhalt 0 hat[1].

Den umfangreichen Beweis zerlegen wir in mehrere Teile. Dabei legen wir zunächst die unabgeschwächte Anfangsvoraussetzung zugrunde, daß g auf G injektiv und $\det g'(t)$ dort durchweg positiv oder durchweg negativ sei.

a) Zunächst bemerken wir, daß $g(T)$ nach Satz 202.8 Jordan-meßbar und nach Satz 111.8 kompakt ist. Die stetige Funktion f ist also auf $g(T)$ beschränkt. Mit dem Lebesgueschen Integrabilitätskriterium folgt nun, daß sie auf $g(T)$ auch R-integrierbar ist. Das linke Integral in (205.8) ist somit gewiß vorhanden. Ganz ähnlich sieht man, daß auch das rechte existiert (entsprechende Schlüsse in ähnlichen Situationen werden wir später nicht mehr explizit durchführen).

b) Auf $\mathbf{R}^p$ dürfen wir uns o. B. d. A. die Maximumsnorm eingeführt denken. Wir bezeichnen sie kurz mit $\|\cdot\|$. Eine offene bzw. abgeschlossene Kugel bezüglich dieser Norm ist dann ein offener bzw. abgeschlossener (kompakter) Würfel. Wörtlich wie im Anfang des Beweises zu Satz 202.6 sieht man, daß es endlich viele offene Würfel

$$V(t_1),\ \ldots,\ V(t_m) \qquad \text{mit Mittelpunkten } t_1, \ldots, t_m \text{ in } T$$

gibt, so daß gilt:

$$T \subset \bigcup_{\mu=1}^m V(t_\mu) \subset \bigcup_{\mu=1}^m \overline{V}(t_\mu) \subset G$$

(man braucht in dem angeführten Beweisanfang nur die kompakte Menge N durch die kompakte Menge T zu ersetzen). Aus dieser Inklusionskette ziehen wir nun eine einfache Folgerung:

Da die Menge

$$K := \bigcup_{\mu=1}^m \overline{V}(t_\mu)$$

---

[1] Wohlgemerkt: Es soll $\det g'(t)$ auf $G \backslash N$ ständig positiv oder ständig negativ und $g\,|\,(G \backslash N)$ injektiv sein.

als Vereinigung von endlich vielen kompakten Würfeln kompakt und die Ableitung g' auf $G \supset K$ stetig ist, muß g' auf K beschränkt sein. Erst recht ist also g' auf der offenen Menge

$$G_0 := \bigcup_{\mu=1}^{m} V(t_\mu)$$

beschränkt. Und weil $T \subset G_0 \subset G$ ist, dürfen wir daher im folgenden o. B. d. A. annehmen, daß

$$g' \text{ auf } G \text{ beschränkt}$$

ist (notfalls ersetzen wir einfach G durch G_0).

c) Durch eine geringfügige Modifikation des Beweisanfangs von Satz 202.6 (man ersetze wieder N durch T und nehme als $V(x)$ nicht $U_{\varepsilon(x)/2}(x)$ sondern $U_{\varepsilon(x)/3}(x)$) sieht man, daß es endlich viele offene Würfel

$$V(t_1), \ldots, V(t_m), \qquad U(t_1), \ldots, U(t_m)$$

mit folgenden Eigenschaften gibt:
Die Mittelpunkte $t_1, \ldots, t_m$ liegen in T;
der Radius (halbe Kantenlänge) von $V(t_\mu)$ ist gleich $r_\mu/3$, wobei r_μ der Radius von $U(t_\mu)$ ist;
es besteht die Inklusionskette

$$T \subset \bigcup_{\mu=1}^{m} V(t_\mu) \subset \bigcup_{\mu=1}^{m} U(t_\mu) \subset G.$$

Wir setzen

$$r := \min(r_1, \ldots, r_m)$$

und fassen einen beliebigen kompakten Würfel W ins Auge, dessen Radius $\leq r/6$ ist und der mindestens einen Punkt t_0 mit T gemeinsam hat. Dann liegt W ganz in G. Der Punkt t_0 gehört nämlich zu mindestens einem der offenen Würfel $V(t_1), \ldots, V(t_m)$, etwa zu $V(t_k)$. Ist nun τ der Mittelpunkt von W, so gilt für jedes $t \in W$ die Abschätzung

$$\|t - t_k\| \leq \|t - \tau\| + \|\tau - t_0\| + \|t_0 - t_k\|$$

$$\leq \frac{r}{6} + \frac{r}{6} + \frac{r_k}{3} \leq \frac{2}{3} r_k < r_k,$$

also liegt t in $U(t_k)$ und damit in G.

Aus diesem Ergebnis folgt sofort: Schließt man T in einen kompakten Würfel J ein, so gibt es eine so feine Zerlegung Z von J in Würfel $I_1, \ldots, I_n$ gleicher Kantenlänge, daß jedes I_k, das mindestens einen Punkt mit T gemeinsam hat, ganz in G liegt.

d) Als nächstes zeigen wir: *Die Substitutionsformel* (205.8) *ist gewiß dann richtig, wenn für jedes kompakte Intervall $I \subset T$ die Gleichung*

$$\int_{g(I)} f(x)\,\mathrm{d}x = \int_I f(g(t))\,|\det g'(t)|\,\mathrm{d}t \tag{205.9}$$

gilt.

Zum Beweis dieser Behauptung schließen wir T in einen kompakten Würfel J ein. Z sei eine Zerlegung von J in Würfel $I_1, \ldots, I_n$ gleicher Kantenlänge. Mit R bezeichnen wir die Vereinigung derjenigen I_j, die mindestens einen Punkt des Randes ∂T von T enthalten, mit S die Vereinigung aller I_j, die ganz in T liegen, ohne ∂T zu schneiden. Nun geben wir uns ein positives ε beliebig vor. Aufgrund von c) und der Vorbemerkungen zu Satz 202.5 können und wollen wir uns Z so fein gewählt denken, daß alle zu R beitragenden I_j vollständig in G liegen und gleichzeitig $|R| < \varepsilon$ bleibt. Da $T \subset R \cup S$, also $T \backslash S \subset R$ ist, muß dann um so mehr

$$|T \backslash S| < \varepsilon \tag{205.10}$$

sein. Weil wir nach b) von der stetigen Ableitung g' annehmen dürfen, daß sie auf G beschränkt ist, sieht man mit Hilfe des Mittelwertsatzes 167.4, daß g auf jedem zu R beitragenden Würfel I_j Lipschitz-stetig ist, und zwar mit der von Z unabhängigen Lipschitzkonstanten $L := \sup_{t \in G} \|g'(t)\|$; hierbei sei $\|\cdot\|$ die Abbildungsnorm von $g'(t)$.

Eine einfache Modifikation des Beweises von Satz 202.5 lehrt nun, daß $|g(R)| < \lambda\varepsilon$ mit einer positiven, von Z unabhängigen Konstanten λ ist. Und da $g(T) \backslash g(S) \subset g(R)$ ist, haben wir also erst recht

$$|g(T) \backslash g(S)| < \lambda\varepsilon. \tag{205.11}$$

Aus der Voraussetzung (205.9) ergibt sich durch Addition über die an S beteiligten I_j die Gleichung

$$\int_{g(S)} f(x)\,\mathrm{d}x = \int_S f(g(t))\,|\det g'(t)|\,\mathrm{d}t$$

(s. Satz 201.11; daß keine der Mengen $g(I_j)$ die Vereinigung der restlichen überlappt, kann man etwa mit Hilfe des Satzes 202.8 einsehen). Setzen wir zur Abkürzung

$$f(g(t))\,|\det g'(t)| =: \varphi(t),$$

so ist also

$$\left| \int_{g(T)} f(x)\,\mathrm{d}x - \int_T \varphi(t)\,\mathrm{d}t \right|$$

$$= \left| \int_{g(T) \backslash g(S)} f(x)\,\mathrm{d}x + \int_{g(S)} f(x)\,\mathrm{d}x - \int_S \varphi(t)\,\mathrm{d}t - \int_{T \backslash S} \varphi(t)\,\mathrm{d}t \right|$$

$$\leq \left| \int_{g(T) \backslash g(S)} f(x)\,\mathrm{d}x \right| + \left| \int_{T \backslash S} \varphi(t)\,\mathrm{d}t \right|.$$

Ist γ eine gemeinsame obere Schranke für $|f(x)|$ auf $g(T)$ und $|\varphi(t)|$ auf T, so erhalten wir aus dieser Abschätzung mit Hilfe von (205.10) und (205.11) die Ungleichung

$$\left| \int_{g(T)} f(x)\,dx - \int_T \varphi(t)\,dt \right| \leq (\lambda+1)\,\gamma\,\varepsilon.$$

Da ε beliebig sein durfte, ergibt sich daraus die behauptete Gleichung (205.8).

e) Nun zeigen wir: *Die Formel (205.8) ist immer dann richtig, wenn die Substitutionsfunktion $g(t)$ die folgende Gestalt hat:*

$$g(t) = \begin{pmatrix} t_1 \\ \vdots \\ t_{p-1} \\ g(t) \end{pmatrix} \quad \text{für alle } \ t = \begin{pmatrix} t_1 \\ \vdots \\ t_p \end{pmatrix} \in G. \tag{205.12}$$

Wegen d) brauchen wir nur nachzuweisen, daß die Gl. (205.9) gilt, wobei $I := [a_1, b_1] \times \cdots \times [a_p, b_p]$ irgendein kompaktes, ganz in T liegendes Intervall bedeutet. Zum Beweis dieser Tatsache werden wir, wie auch im nächsten Beweisteil f), ständig von den Ergebnissen der Nummern 200 und 204 Gebrauch machen (auf die wir nicht mehr im einzelnen verweisen).

Aus (205.12) folgt

$$g'(t) = \begin{pmatrix} 1 & 0 & \cdots & 0 & 0 \\ 0 & 1 & \cdots & 0 & 0 \\ \vdots & & & & \\ 0 & 0 & \cdots & 1 & 0 \\ \dfrac{\partial g(t)}{\partial t_1} & \dfrac{\partial g(t)}{\partial t_2} & \cdots & \dfrac{\partial g(t)}{\partial t_{p-1}} & \dfrac{\partial g(t)}{\partial t_p} \end{pmatrix},$$

also ist $\det g'(t) = \partial g(t)/\partial t_p$. Um unsere Vorstellung zu fixieren, nehmen wir an, $\det g'(t)$ sei durchweg positiv. Es folgt, daß die Funktion $t_p \mapsto g(t_1, \ldots, t_{p-1}, t_p)$ auf $[a_p, b_p]$ streng wächst und somit

$$g(t_1, \ldots, t_{p-1}, a_p) < g(t_1, \ldots, t_{p-1}, b_p)$$

ist. Man sieht jetzt, daß $g(I)$ die Menge aller Punkte t ist, die den folgenden Bedingungen genügen:

$$a_1 \leq t_1 \leq b_1, \ldots, a_{p-1} \leq t_{p-1} \leq b_{p-1}, g(t_1, \ldots, t_{p-1}, a_p) \leq t_p \leq g(t_1, \ldots, t_{p-1}, b_p).$$

$g(I)$ ist also ein Normalbereich. Mit Hilfe der Substitutionsregel (205.7) erhält man nun die Gleichungskette

$$\int_I f(g(t))\,|\det g'(t)|\,dt = \int_I f(g(t))\,\frac{\partial g(t)}{\partial t_p}\,dt$$

$$= \int_{a_1}^{b_1}\cdots\int_{a_{p-1}}^{b_{p-1}}\int_{a_p}^{b_p} f(t_1,\ldots,t_{p-1},g(t_1,\ldots,t_p))\,\frac{\partial g(t_1,\ldots,t_p)}{\partial t_p}\,dt_p\,dt_{p-1}\cdots dt_1$$

$$= \int_{a_1}^{b_1}\cdots\int_{a_{p-1}}^{b_{p-1}}\int_{g(t_1,\ldots,t_{p-1},a_p)}^{g(t_1,\ldots,t_{p-1},b_p)} f(t_1,\ldots,t_{p-1},x_p)\,dx_p\,dt_{p-1}\cdots dt_1 = \int_{g(I)} f(x)\,dx.$$

Das ist aber gerade die behauptete Beziehung (205.9). Im Falle $\det g'(t)<0$ gewinnt man sie durch dieselben Schlüsse.

f) Nun nehmen wir uns die Substitutionsregel in ihrer allgemeinen Form vor. Wegen d) brauchen wir wiederum nur zu zeigen, daß die Gleichung (205.9) mit beliebigem kompakten Intervall $I:=[a_1,b_1]\times\cdots\times[a_p,b_p]\subset T$ gilt. Den Beweis führen wir durch Induktion nach p. Im Falle $p=1$ trifft die Behauptung wegen der Substitutionsregel (205.7) zu. Wir nehmen nun an, sie sei richtig für $p-1$ und zeigen, daß sie dann auch für p gilt. Jedem Punkt $t_0\in I$ können wir nach dem Zerlegungssatz 205.1 ein offenes, t_0 enthaltendes Intervall $U\subset G$ zuordnen, auf dem $g=\omega\circ\psi$ ist und die Funktionen ω, ψ die im Zerlegungssatz angegebenen Eigenschaften besitzen (ω und ψ hängen natürlich von dem Punkt t_0 ab). Lassen wir t_0 durch ganz I laufen, so bilden die zugehörigen Intervalle U eine offene Überdeckung von I. Nach dem Satz von Heine-Borel reichen bereits endlich viele dieser Intervalle, etwa $U_1,\ldots,U_m$, zur Überdeckung von I aus. Nun zerlegen wir I in kompakte Teilintervalle $I_1,\ldots,I_n$, und zwar machen wir diese Zerlegung so fein, daß jedes I_ν in einem gewissen U_μ enthalten ist. Auf jedem I_ν ist also $g=\omega_\nu\circ\psi_\nu$, wobei die Funktionen ω_ν, ψ_ν die im Zerlegungssatz angegebenen Eigenschaften haben. Würden nun für $\nu=1,\ldots,n$ die Gleichungen

$$\int_{g(I_\nu)} f(x)\,dx = \int_{I_\nu} f(g(t))\,|\det g'(t)|\,dt \tag{205.13}$$

gelten, so würde, wenn man sie addiert, sofort die behauptete Gl. (205.9) folgen. Alles läuft also darauf hinaus, (205.13) zu beweisen, wobei wir uns einerseits auf die Induktionsvoraussetzung und andererseits auf die Darstellung $g=\omega_\nu\circ\psi_\nu$ stützen dürfen. Diesen Beweis nehmen wir nun in Angriff. Um die Schreibweise zu vereinfachen, lassen wir dabei den Index ν fallen, schreiben also I, ω, ψ an Stelle von I_ν, ω_ν, ψ_ν. Der Leser möge im folgenden daran denken, daß die Funktionen $\omega(t)$ und $\psi(t)$ beziehentlich die Gestalten

$$\omega(t) = \begin{pmatrix} t_1 \\ \vdots \\ t_{p-1} \\ \omega_p(t) \end{pmatrix} \quad\text{und}\quad \psi(t) = \begin{pmatrix} g_1(t) \\ \vdots \\ g_{p-1}(t) \\ t_p \end{pmatrix}$$

besitzen und daß ψ auf einem gewissen offenen Intervall $U\supset I$ erklärt ist.

Wir schreiben $I = K \times J$ mit

$$K := [a_1, b_1] \times \cdots \times [a_{p-1}, b_{p-1}], \qquad J := [a_p, b_p]$$

und definieren für jedes feste $t_p \in J$ die Abbildung $\boldsymbol{h}_{t_p}$ durch

$$\boldsymbol{h}_{t_p}(\tau) := \begin{pmatrix} g_1(\tau, t_p) \\ \vdots \\ g_{p-1}(\tau, t_p) \end{pmatrix} \quad \text{mit} \quad \tau := \begin{pmatrix} t_1 \\ \vdots \\ t_{p-1} \end{pmatrix}.$$

$\boldsymbol{h}_{t_p}$ ist auf der Menge U_{t_p} aller Punkte τ mit

$$\begin{pmatrix} \tau \\ t_p \end{pmatrix} \in U \qquad (t_p \in J \text{ fest})$$

erklärt. U_{t_p} ist ein K umfassendes offenes Intervall. Auf ihm ist $\boldsymbol{h}_{t_p}$ stetig differenzierbar und injektiv (letzteres ergibt sich ohne weiteres aus der Injektivität von $\boldsymbol{\psi}$). Ferner ist

$$\det \boldsymbol{h}'_{t_p}(\tau) = \det \boldsymbol{\psi}'(\tau, t_p) \quad \text{für alle } \tau \in U_{t_p}. ^{1)} \tag{205.14}$$

Da $\boldsymbol{g}'(t) = \boldsymbol{\omega}'(\boldsymbol{\psi}(t))\,\boldsymbol{\psi}'(t)$, also

$$\det \boldsymbol{g}'(t) = \det \boldsymbol{\omega}'(\boldsymbol{\psi}(t)) \cdot \det \boldsymbol{\psi}'(t) \tag{205.15}$$

ist und somit $\det \boldsymbol{\psi}'(t) \neq 0$ sein muß, ergibt sich aus (205.14), daß auch $\det \boldsymbol{h}'_{t_p}(\tau) \neq 0$ ist. Da der Definitionsbereich U_{t_p} von $\det \boldsymbol{h}'_{t_p}(\tau)$ als Intervall zusammenhängend ist, folgt daraus, daß diese Funktionaldeterminante auf U ständig ein und dasselbe Vorzeichen hat (s. Zwischenwertsatz 160.3). Zusammenfassend kann daher gesagt werden, daß wir $\boldsymbol{h}_{t_p}$ als Substitutionsfunktion verwenden dürfen.

$\boldsymbol{\omega}$ ist auf einer Menge definiert, die $\boldsymbol{\psi}(I)$ umfaßt. Infolgedessen kann $\boldsymbol{\omega}$ gewiß auf alle Punkte der Form

$$\begin{pmatrix} g_1(\tau, t_p) \\ \vdots \\ g_{p-1}(\tau, t_p) \\ t_p \end{pmatrix} \qquad (\tau \in K, \, t_p \in J)$$

angewandt werden. Setzen wir

$$\boldsymbol{\sigma} := \begin{pmatrix} s_1 \\ \vdots \\ s_{p-1} \end{pmatrix},$$

so ist also die Funktion

$$\boldsymbol{\sigma} \mapsto \boldsymbol{\omega}(\boldsymbol{\sigma}, t_p) \qquad (t_p \in J \text{ fest})$$

$^{1)}$ $\boldsymbol{h}'_{t_p}(\tau)$ wird durch partielle Differentiation nach $t_1, \ldots, t_{p-1}$ gebildet, während $\boldsymbol{\psi}'(\tau, t_p)$ durch partielle Differentiation nach $t_1, \ldots, t_{p-1}, t_p$ entsteht.

mindestens für alle $\sigma \in h_{t_p}(K)$ definiert. Dasselbe gilt dann auch für

$$F(\sigma, t_p) := f(\omega(\sigma, t_p)) \, |\det \omega'(\sigma, t_p)|.$$

Nach unserer Induktionsvoraussetzung erhalten wir also mittels der Substitution $\sigma = h_{t_p}(\tau)$ die Gleichung

$$\int_{h_{t_p}(K)} F(\sigma, t_p) \, d\sigma = \int_K F(h_{t_p}(\tau), t_p) \, |\det h'_{t_p}(\tau)| \, d\tau. \tag{205.16}$$

Da aber

$$F(h_{t_p}(\tau), t_p) = F(g_1(\tau, t_p), \ldots, g_{p-1}(\tau, t_p), t_p) = F(\psi(\tau, t_p))$$

ist, folgt aus (205.16) zusammen mit (205.14) die Beziehung

$$\int_{h_{t_p}(K)} F(\sigma, t_p) \, d\sigma = \int_K F(\psi(\tau, t_p)) \, |\det \psi'(\tau, t_p)| \, d\tau.$$

Mit ihrer Hilfe erhalten wir die Gleichungskette

$$\begin{aligned}
\int_{\psi(I)} F(\sigma, t_p) \, d(\sigma, t_p) &= \int_J \left(\int_{h_{t_p}(K)} F(\sigma, t_p) \, d\sigma \right) dt_p \\
&= \int_J \left(\int_K F(\psi(\tau, t_p)) \, |\det \psi'(\tau, t_p)| \, d\tau \right) dt_p \\
&= \int_I F(\psi(t)) \, |\det \psi'(t)| \, dt.
\end{aligned}$$

Aus der Definition von F, der Beziehung $g = \omega \circ \psi$ und der Determinantengleichung (205.15) folgt

$$F(\psi(t)) \, |\det \psi'(t)| = f(\omega(\psi(t))) \, |\det \omega'(\psi(t))| \, |\det \psi'(t)| = f(g(t)) \, |\det g'(t)|.$$

Somit erhalten wir aus der obigen Gleichungskette die Beziehung

$$\int_{\psi(I)} F(s) \, ds = \int_I f(g(t)) \, |\det g'(t)| \, dt \quad \text{mit } s = \binom{\sigma}{t_p}. \tag{205.17}$$

Aus der Definition von F und dem unter e) Bewiesenen folgt

$$\int_{\psi(I)} F(s) \, ds = \int_{\psi(I)} f(\omega(s)) \, |\det \omega'(s)| \, ds = \int_{\omega(\psi(I))} f(x) \, dx = \int_{g(I)} f(x) \, dx$$

(daß ω als Substitutionsfunktion tauglich ist, kann der Leser ohne große Mühe einsehen). Ein Blick auf (205.17) ergibt nun die Gleichung

$$\int_{g(I)} f(x) \, dx = \int_I f(g(t)) \, |\det g'(t)| \, dt,$$

die wir beweisen wollten.

g) Wir nehmen uns nun die letzte Behauptung unseres Satzes vor. $N \subset T$ sei eine Jordansche Nullmenge, auf der $\det g'(t)$ verschwindet oder g nicht injektiv ist. ε bedeute irgendeine positive Zahl. Dann kann man N mit endlich vielen offenen Intervallen $I_1, \ldots, I_n$ überdecken, die alle in G liegen und deren Inhaltssumme $< \varepsilon$ ist. Setzen wir $R := \bigcup_{j=1}^{n} I_j$, so ist $S := T \backslash R$ beschränkt und abgeschlossen, also kompakt, und auf S gilt die Substitutionsformel

$$\int_{g(S)} f(x)\, dx = \int_{S} f(g(t))\, |\det g'(t)|\, dt.$$

Offenbar ist $T \backslash S \subset R$, also $|T \backslash S| < \varepsilon$. Wie nach (205.10) sieht man ferner, daß $|g(T) \backslash g(S)| < \lambda \varepsilon$ mit einer positiven Konstanten λ sein muß. Und genau wie am Ende des Beweisteils d) erkennt man nun, daß die Gl. (205.8) auch im vorliegenden Fall noch gilt.   ∎

206 Transformation auf Polar-, Zylinder- und Kugelkoordinaten

Am häufigsten, ja fast ausschließlich, kommt in der Praxis die Transformation eines Integrals auf die in der Überschrift genannten Koordinaten vor. Wir behandeln sie der Reihe nach.

Polarkoordinaten Die Polarkoordinaten r, φ eines Punktes P der Ebene hatten wir bereits in Nr. 146 eingeführt (s. insbesondere Fig. 146.1). Ein Integral $\int_B f(x, y)\, d(x, y)$ $(B \subset \mathbf{R}^2)$ auf Polarkoordinaten zu transformieren, bedeutet, im Sinne des Satzes 205.2 die Substitution

$$\binom{x}{y} = g(r, \varphi) := \binom{r \cos \varphi}{r \sin \varphi}$$

vorzunehmen.

Gemäß der Herleitung der Substitutionsregel müssen wir im folgenden, so befremdlich uns dies auch vorkommen mag, r und φ als cartesische Koordinaten deuten. Die Funktion $g(r, \varphi)$ ist auf der ganzen $r\varphi$-Ebene stetig differenzierbar, ihre Ableitung wird gegeben durch

$$g'(r, \varphi) = \begin{pmatrix} \cos \varphi & -r \sin \varphi \\ \sin \varphi & r \cos \varphi \end{pmatrix},$$

und ihre Funktionaldeterminante

$$\det g'(r, \varphi) = r$$

ist für $r > 0$ ständig positiv.

Bei der Definition der Polarkoordinaten haben wir gesehen, daß es zu jedem vom Nullpunkt verschiedenen Punkt (x, y) der xy-Ebene genau ein $r>0$ und genau ein $\varphi \in [0, 2\pi)$ mit

$$x = r\cos\varphi, \qquad y = r\sin\varphi$$

gibt. Mit anderen Worten: g bildet den Bereich

$$R_1 := \{(r, \varphi): r>0, 0 \leqslant \varphi < 2\pi\}$$

der $r\varphi$-Ebene injektiv auf die xy-Ebene mit Ausnahme des Nullpunktes ab. Auf R_1 ist $\det g'(r, \varphi) > 0$. Erst recht ist g auf dem Gebiet

$$R_2 := \{(r, \varphi): r>0, 0 < \varphi < 2\pi\}$$

injektiv, und die Funktionaldeterminante $\det g'(r, \varphi)$ bleibt dort ständig positiv. Infolgedessen können wir nun aufgrund der Substitutionsregel sagen:

Das Integral $\int_B f(x, y)\,\mathrm{d}(x, y)$ mit stetigem Integranden f kann gewiß dann auf Polarkoordinaten transformiert werden, wenn sich B als Bild (unter g) einer kompakten, Jordan-meßbaren Teilmenge T von R_2 erweist; es gilt dann

$$\int_B f(x, y)\,\mathrm{d}(x, y) = \int_T f(r\cos\varphi, r\sin\varphi)\,r\,\mathrm{d}(r, \varphi).$$

Der für die Anwendungen wichtigste Fall ist in Fig. 206.1 dargestellt. Hier ist T ein kompaktes Rechteck, und es gilt

$$\int_B f(x, y)\,\mathrm{d}(x, y) = \int_{\varphi_1}^{\varphi_2} \int_{r_1}^{r_2} f(r\cos\varphi, r\sin\varphi)\,r\,\mathrm{d}r\,\mathrm{d}\varphi, \tag{206.1}$$

wobei die Integrationsreihenfolge natürlich auch umgekehrt werden kann.

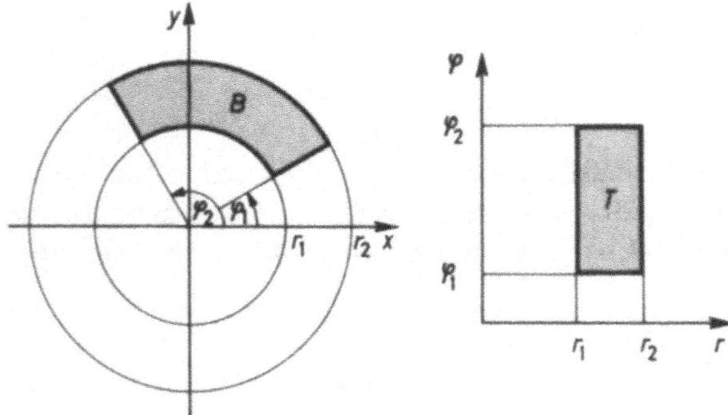

Fig. 206.1

Wegen der 2π-Periodizität des Kosinus und Sinus bildet g jeden Bereich der Form

$$\{(r, \varphi): r>0, 2k\pi \leqslant \varphi < 2(k+1)\pi\} \qquad (k \in \mathbf{Z})$$

auf die xy-Ebene mit Ausnahme des Nullpunktes ab, und zwar injektiv. Die gesamte φ-Achse ($r=0$) wird durch g in den Nullpunkt geworfen. Aus diesen Bemerkungen folgt, daß eine Menge T, die Punkte des unteren, oberen oder linken Randes von R_2 enthält (also Punkte, für die $\varphi=0$, $\varphi=2\pi$ oder $r=0$ ist), nicht immer in einen offenen Injektivitätsbereich von g eingebettet werden kann. Für eine solche Menge ist also die Grundvoraussetzung der Substitutionsregel nicht erfüllt.

Nun ist aber in der Praxis die Menge T sehr häufig ein kompaktes Rechteck, das in dem „Streifen" $\{(r,\varphi): r\geq 0, 0\leq\varphi\leq 2\pi\}$ liegt und Randpunkte desselben enthält. Es ist eine wichtige Tatsache, daß die Transformationsformel (206.1) auch in diesen Fällen unbedenklich benutzt werden darf. Es wird genügen, den Beweis für das Rechteck $T:=[0,R]\times[0,2\pi]$ anzudeuten. Sein Bild B unter g ist die volle Kreisscheibe mit Radius R um den Nullpunkt; B ist also Jordan-meßbar, und eine auf B stetige Funktion f ist dort R-integrierbar. Auf jedes Rechteck

$$T':=[\rho, R]\times[\varphi_1, \varphi_2] \quad \text{mit } 0<\rho<R,\ 0<\varphi_1<\varphi_2<2\pi$$

können wir die Substitutionsregel anwenden und erhalten so die Gleichung

$$\int_{g(T')} f(x,y)\,\mathrm{d}(x,y) = \int_{T'} f(r\cos\varphi, r\sin\varphi)\,r\,\mathrm{d}(r,\varphi).$$

Mit Hilfe des Mittelwertsatzes 201.5 sieht man nun, daß das linke Integral gegen $\int_B f(x,y)\,\mathrm{d}(x,y)$ und das rechte gegen $\int_T f(r\cos\varphi, r\sin\varphi)\,r\,\mathrm{d}(r,\varphi)$ strebt, wenn $\rho\to 0$, $\varphi_1\to 0$ und $\varphi_2\to 2\pi$ geht. Infolgedessen ist tatsächlich

$$\int_B f(x,y)\,\mathrm{d}(x,y) = \int_T f(r\cos\varphi, r\sin\varphi)\,r\,\mathrm{d}(r,\varphi)$$
$$= \int_0^{2\pi}\int_0^R f(r\cos\varphi, r\sin\varphi)\,r\,\mathrm{d}r\,\mathrm{d}\varphi. \qquad\blacksquare$$

Wir wollen das Resultat dieser Betrachtungen ausdrücklich festhalten:

Die Transformationsformel (206.1) kann immer dann benutzt werden, wenn f auf B stetig und B das Bild (unter g) eines Rechtecks $[r_1, r_2]\times[\varphi_1, \varphi_2]$ mit

$$0\leq r_1<r_2 \quad \text{und} \quad 0\leq\varphi_1<\varphi_2\leq 2\pi \quad \text{ist.}$$

Gestützt auf die Substitutionsregel und die Methode der Integration über Normalbereiche (s. Nr. 204) beweist man durch eine ganz ähnliche Grenzbetrachtung die folgende wichtige Inhaltsformel. Der Bereich B der xy-Ebene lasse sich mittels Polarkoordinaten in der Form

$$0\leq r\leq\rho(\varphi), \qquad \varphi_1\leq\varphi\leq\varphi_2$$

beschreiben, wobei die Funktion $\varphi\mapsto\rho(\varphi)$ auf dem Intervall $[\varphi_1, \varphi_2]$ positiv und stetig sei (s. Fig. 206.2). Dann wird der Inhalt $|B|$ von B gegeben durch

$$|B| = \int_B 1\,\mathrm{d}(x, y) = \int_{\varphi_1}^{\varphi_2} \int_0^{\rho(\varphi)} r\,\mathrm{d}r\,\mathrm{d}\varphi,$$

es ist also

$$|B| = \frac{1}{2} \int_{\varphi_1}^{\varphi_2} \rho^2(\varphi)\,\mathrm{d}\varphi. \qquad (206.2)$$

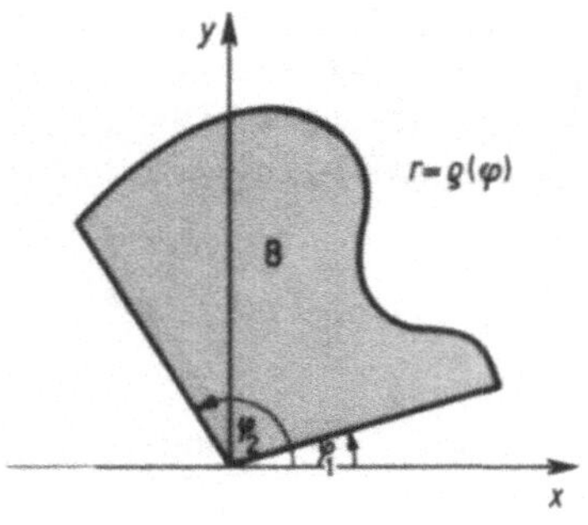

Fig. 206.2

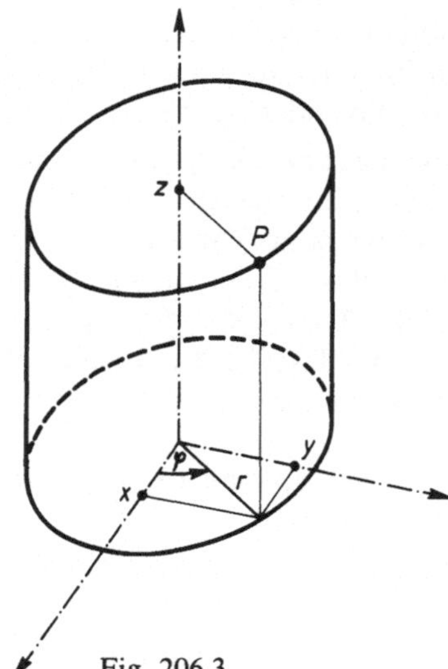

Fig. 206.3

Zylinderkoordinaten Hat ein Punkt P des Raumes die cartesischen Koordinaten x, y, z und beschreibt man die Lage eines Punktes der xy-Ebene durch seine Polarkoordinaten r, φ, so ist

$$x = r\cos\varphi, \qquad y = r\sin\varphi, \qquad z = z.$$

Die Zahlen r, φ, z nennt man die **Zylinderkoordinaten** von P, eine Bezeichnung, die durch Fig. 206.3 sofort verständlich wird.

Für die Substitutionsfunktion

$$g(r, \varphi, z) := \begin{pmatrix} r\cos\varphi \\ r\sin\varphi \\ z \end{pmatrix}$$

ist

$$\det g'(r, \varphi, z) = \begin{vmatrix} \cos\varphi & -r\sin\varphi & 0 \\ \sin\varphi & r\cos\varphi & 0 \\ 0 & 0 & 1 \end{vmatrix} = r,$$

die Funktionaldeterminante von g ist also für $r > 0$ ständig positiv. Im folgenden müssen wir r, φ, z als cartesische Koordinaten auffassen. Ähnlich wie bei den Polarkoordinaten sieht man, *daß bei stetigem Integranden f die Transformationsformel*

$$\int_B f(x, y, z)\,\mathrm{d}(x, y, z) = \int_T f(r\cos\varphi, r\sin\varphi, z)\,r\,\mathrm{d}(r, \varphi, z)$$

gewiß immer dann gilt, wenn T eine kompakte, Jordan-meßbare Teilmenge des Gebietes

$$\{(r,\,\varphi,\,z)\colon r>0,\,0<\varphi<2\pi,\,-\infty<z<+\infty\}$$

*und B = **g**(T) ist.*

In den Anwendungen hat man es meistens mit dem Fall zu tun, *daß T ein Quader*

$$[r_1,\,r_2]\times[\varphi_1,\,\varphi_2]\times[z_1,\,z_2]\qquad mit\qquad 0\leqslant r_1<r_2,\ 0\leqslant\varphi_1<\varphi_2\leqslant 2\pi$$

ist (man mache sich die Gestalt von $B=\mathbf{g}(T)$ deutlich!). Wie oben sieht man durch eine einfache Grenzbetrachtung, *daß auch in diesem Falle die Transformationsformel gilt und in der Form*

$$\int_B f(x,\,y,\,z)\,\mathrm{d}(x,\,y,\,z)=\int_{z_1}^{z_2}\int_{\varphi_1}^{\varphi_2}\int_{r_1}^{r_2}f(r\cos\varphi,\,r\sin\varphi,\,z)\,r\,\mathrm{d}r\,\mathrm{d}\varphi\,\mathrm{d}z,$$

geschrieben werden kann; die Reihenfolge der Integrationen darf man dabei beliebig ändern.

Kugelkoordinaten Die Definition der K u g e l k o o r d i n a t e n r, ϑ, φ wird durch Fig. 206.4 klar; eine rein arithmetische Erklärung, die ähnlich wie die der Polarkoordinaten mit Hilfe des Satzes 57.1 zu bewerkstelligen wäre, überlassen wir dem Leser. Zwischen den cartesischen Koordinaten x, y, z eines Punktes P und seinen Kugelkoordinaten r, ϑ, φ bestehen die Beziehungen

$$x=r\cos\vartheta\cos\varphi,$$
$$y=r\cos\vartheta\sin\varphi,$$
$$z=r\sin\vartheta;$$

dabei ist

$$r\geqslant 0,\,-\frac{\pi}{2}\leqslant\vartheta\leqslant\frac{\pi}{2},\,0\leqslant\varphi<2\pi.$$

Für die Substitutionsfunktion

$$\mathbf{g}(r,\,\vartheta,\,\varphi):=\begin{pmatrix}r\cos\vartheta\cos\varphi\\ r\cos\vartheta\sin\varphi\\ r\sin\vartheta\end{pmatrix}$$

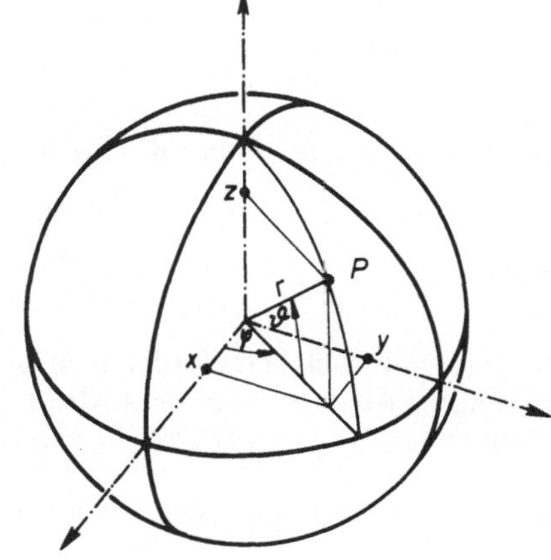

Fig. 206.4

finden wir

$$\det\mathbf{g}'(r,\,\vartheta,\,\varphi)=\begin{vmatrix}\cos\vartheta\cos\varphi & -r\sin\vartheta\cos\varphi & -r\cos\vartheta\sin\varphi\\ \cos\vartheta\sin\varphi & -r\sin\vartheta\sin\varphi & r\cos\vartheta\cos\varphi\\ \sin\vartheta & r\cos\vartheta & 0\end{vmatrix}=-r^2\cos\vartheta.$$

Die Funktionaldeterminante von g ist also negativ, wenn $r>0$ und $-\pi/2<\vartheta<\pi/2$ ist. Im folgenden müssen wir r, ϑ, φ als cartesische Koordinaten deuten. Ähnlich wie oben sieht man, *daß bei stetigem Integranden f die Transformationsformel*

$$\int_B f(x, y, z)\,\mathrm{d}(x, y, z) = \int_T f(r\cos\vartheta\cos\varphi, r\cos\vartheta\sin\varphi, r\sin\vartheta)\,r^2\cos\vartheta\,\mathrm{d}(r, \vartheta, \varphi)$$

jedenfalls dann gilt, wenn T eine kompakte, Jordan-meßbare Teilmenge des Gebietes

$$\left\{(r, \vartheta, \varphi): r>0,\ -\frac{\pi}{2}<\vartheta<\frac{\pi}{2},\ 0<\varphi<2\pi\right\}$$

und $B=g(T)$ ist.

In der Praxis hat man es gewöhnlich mit dem Fall zu tun, *daß T ein Quader*

$$[r_1, r_2] \times [\vartheta_1, \vartheta_2] \times [\varphi_1, \varphi_2]$$

$$mit \quad 0\leqslant r_1<r_2,\quad -\frac{\pi}{2}\leqslant\vartheta_1<\vartheta_2\leqslant\frac{\pi}{2},\quad 0\leqslant\varphi_1<\varphi_2\leqslant2\pi$$

ist. Durch einen naheliegenden Grenzübergang sieht man, *daß auch in diesem Falle die Transformationsformel gilt und in der Form*

$$\int_B f(x, y, z)\,\mathrm{d}(x, y, z)$$
$$= \int_{\varphi_1}^{\varphi_2}\int_{\vartheta_1}^{\vartheta_2}\int_{r_1}^{r_2} f(r\cos\vartheta\cos\varphi, r\cos\vartheta\sin\varphi, r\sin\vartheta)\,r^2\cos\vartheta\,\mathrm{d}r\,\mathrm{d}\vartheta\,\mathrm{d}\varphi \tag{206.3}$$

geschrieben werden kann; die Reihenfolge der Integrationen ist dabei unerheblich.

Aufgaben

$^{+}$**1.** Sei T eine kompakte, Jordan-meßbare Teilmenge von $\mathbf{R}^p$ und $g: \mathbf{R}^p\to\mathbf{R}^p$ eine affine Abbildung: $g(t)=At+b$ mit $\det A\neq0$ (A ist eine (p, p)-Matrix mit konstanten Elementen). Dann ist $|g(T)=|\det A|\,|T|$. $|T|$ *ist also invariant unter Kongruenzen* ($\det A=\pm1$).

2. Ein Kreissektor mit Radius r und Öffnungswinkel α hat den Flächeninhalt $\dfrac{1}{2}r^2\alpha$.

3. Berechne den Inhalt des Bereichs, der von der archimedischen Spirale $r=a\varphi$ $(0\leqslant\varphi\leqslant2\pi)$ und dem Intervall $[0, 2a\pi]$ begrenzt wird (s. A 177.4b und Fig. 177.5).

4. Berechne den Inhalt des Bereichs, der von der Kardioide $r=a(1+\cos\varphi)$ $(0\leqslant\varphi\leqslant2\pi)$ umschlossen wird (s. A 177.4c und Fig. 177.6).

5. Durch $r^2=2a^2\cos2\varphi$ ($a>0$ fest, $-\pi/4\leqslant\varphi\leqslant\pi/4$) wird der rechte Zweig einer sogenannten Lemniskate gegeben. Bestimme den Inhalt des von ihm umschlossenen Bereichs.

6. Die Kugel im $\mathbf{R}^3$ mit Radius r hat das Volumen $\dfrac{4}{3}\pi r^3$ (s. Schluß der Nr. 203). Beweise diese Aussage durch Übergang zu Kugelkoordinaten.

7. Die Ellipse $x^2/a^2+y^2/b^2\leqslant 1$ hat den Flächeninhalt πab. Hinweis: Transformation $x=ar\cos\varphi,\ y=br\sin\varphi$ (verallgemeinerte Polarkoordinaten).

8. Das Ellipsoid $x^2/a^2+y^2/b^2+z^2/c^2\leqslant 1$ hat das Volumen $\dfrac{4}{3}\pi abc$. Hinweis: Transformation $x=ar\cos\vartheta\cos\varphi,\ y=br\cos\vartheta\sin\varphi,\ z=cr\sin\vartheta$ (verallgemeinerte Kugelkoordinaten).

+9. Ein dritter Zugang zum Gaußschen Fehlerintegral Sei

$$K_\rho=\left\{\begin{pmatrix}x\\y\end{pmatrix}:x^2+y^2\leqslant\rho^2\ \text{und}\ x,y\geqslant 0\right\},\qquad Q_a=\left\{\begin{pmatrix}x\\y\end{pmatrix}:0\leqslant x\leqslant a,\,0\leqslant y\leqslant a\right\}.$$

Zeige, daß

$$\int_{K_\rho}e^{-(x^2+y^2)}\,d(x,y)=\frac{\pi}{4}(1-e^{-\rho^2}),$$

$$\int_{Q_a}e^{-(x^2+y^2)}\,d(x,y)=\left(\int_0^a e^{-x^2}dx\right)^2$$

ist und gewinne daraus das Gaußsche Fehlerintegral

$$\int_{-\infty}^{+\infty}e^{-x^2}\,dx=\sqrt{\pi}\qquad\text{(s. Nr. 151)}.$$

Hinweis: Mit a gehen auch der Radius des größten in Q_a enthaltenen Viertelkreises K_{ρ_1} und der Radius des kleinsten, Q_a enthaltenden Viertelkreises K_{ρ_2} gegen $+\infty$.

+10. Die Eulersche Betafunktion $B(p,q)$ wird für $p,q>0$ definiert durch

$$B(p,q):=\int_0^1 t^{p-1}(1-t)^{q-1}\,dt=2\int_0^{\pi/2}\sin^{2p-1}\varphi\cos^{2q-1}\varphi\,d\varphi$$

(Substitution $t=\sin^2\varphi$). Sei D_ρ das Dreieck mit den Ecken $(0,0)$, $(0,\rho)$, $(\rho,0)$, $\rho>0$. Durch die Substitution $x=r\cos^2\varphi,\ y=r\sin^2\varphi$ erhält man

$$\int_{D_\rho}e^{-x}x^{q-1}\cdot e^{-y}y^{p-1}\,d(x,y)=2\int_0^{\pi/2}\int_0^{\rho}e^{-r}r^{p+q-1}\sin^{2p-1}\cos^{2q-1}\,dr\,d\varphi$$

und daraus durch Grenzübergang die wichtige Eulersche Formel

$$B(p,q)=\frac{\Gamma(p)\,\Gamma(q)}{\Gamma(p+q)}\qquad(\Gamma\ \text{die Gammafunktion};\ p,q>0).$$

In A 81.5 wurde mit bescheideneren Mitteln bereits ein Spezialfall dieser Formel gefunden.

11. B sei der Bereich, der von der Kardioide $r = a(1 + \cos\varphi)$ $(0 \leqslant \varphi \leqslant 2\pi)$ umschlossen wird (s. Fig. 177.6). Berechne $\int_B x^2 \, d(x, y)$. Hinweis: Bei der Transformation auf Polarkoordinaten treten Integrale der Form $\int_0^{2\pi} \cos^n \varphi \, d\varphi$ auf. Man berechnet sie am zweckmäßigsten mittels der Rekursionsformel

$$\int_0^{2\pi} \cos^n \varphi \, d\varphi = \frac{n-1}{n} \int_0^{2\pi} \cos^{n-2} \varphi \, d\varphi \qquad (n = 2, 3, \dots).$$

Diese Formel beweist man ganz ähnlich wie die Gl. (94.2).

12. B sei die obere Hälfte der Kugel mit dem Radius R um den Nullpunkt. Berechne $\int_B z \, d(x, y, z)$.

13. Der Kreiszylinder $x^2 + y^2 \leqslant R^2$ bohrt aus der Kugel $x^2 + y^2 + z^2 \leqslant 4R^2$ einen Körper K aus. Man berechne das Volumen von K.

14. Gegeben ist die Halbkugel $x^2 + y^2 + z^2 \leqslant R^2$, $z \geqslant 0$, und ein Kreiszylinder, der senkrecht auf der xy-Ebene steht und dessen Grundkreis die Gleichung $x^2 - Rx + y^2 = 0$ hat. Berechne das Volumen desjenigen Teils der Halbkugel, der in dem Zylinder liegt.

15. Es ist das Volumen des Körpers K zu bestimmen, den der elliptische Zylinder $\dfrac{x^2}{a^2} + \dfrac{y^2}{b^2} \leqslant \dfrac{1}{2}$ aus dem Ellipsoid $\dfrac{x^2}{a^2} + \dfrac{y^2}{b^2} + \dfrac{z^2}{c^2} \leqslant 1$ ausschneidet ($a, b, c > 0$). Hinweis: Benutze verallgemeinerte Polarkoordinaten (s. Aufgabe 7).

16. B sei der Bereich, der von dem Paraboloid $z = x^2 + y^2$ und der Ebene $z = 1$ begrenzt wird. Berechne $\int_B \sqrt{x^2 + y^2} \, d(x, y, z)$.

17. Der Bereich B werde begrenzt durch die Ebenen $x = 0$, $y = 0$, $z = 1$ und den Teil des Paraboloids $z = x^2 + y^2$, der über dem Viertelkreis $x^2 + y^2 \leqslant 1$, $x \geqslant 0$, $y \geqslant 0$ liegt. Berechne $\int_B xyz \, d(x, y, z)$.

18. Der Bereich $B_\rho \subset \mathbf{R}^2$ werde beschrieben durch $4 \leqslant x^2 + y^2 \leqslant \rho^2$, $0 \leqslant y \leqslant x$ (Skizze!). Berechne

$$\lim_{\rho \to +\infty} \int_{B_\rho} \frac{x-y}{(x^3 + x^2 y + xy^2 + y^3)\,[\ln(x^2 + y^2)]^2} \, d(x, y).$$

19. B sei die Kugel um den Nullpunkt mit dem Radius R. Wie groß ist

$$\int_B \sqrt{x^2 + y^2 + z^2} \, d(x, y, z)?$$

20. B_ρ sei die Kugelschale $\rho^2 \leqslant x^2 + y^2 + z^2 \leqslant R^2$. Bestimme

$$\lim_{\rho \to 0+} \int_{B_\rho} \frac{1}{\sqrt{x^2 + y^2 + z^2}} \, d(x, y, z).$$

21. B_ρ sei die Kugel um den Nullpunkt mit Radius ρ. Berechne

$$\lim_{\rho \to \infty} \int_{B_\rho} \frac{1}{(1 + x^2 + y^2 + z^2)^3} \, d(x, y, z).$$

Masse eines räumlichen Bereichs Der Jordan-meßbare Bereich B des $\mathbf{R}^3$ sei mit Masse der örtlich veränderlichen Dichte ρ angefüllt; wir wollen zunächst annehmen, daß ρ auf B R-integrierbar ist (wie man sich in etwas allgemeineren Fällen durch einen naheliegenden Grenzübergang hilft, wird in der Aufgabe 23 angedeutet). Dann berechnet sich die Masse M von B nach der Formel $M = \int_B \rho(x, y, z)\,\mathrm{d}(x, y, z)$ (s. die diesbezüglichen Ausführungen zu Beginn der Nr. 196). Die Aufgaben 22 bis 26 sind der Berechnung von Massen gewidmet. Dabei sind nicht immer Koordinatentransformationen vorzunehmen.

22. Bestimme die Masse einer Kugelschale B mit Mittelpunkt 0 und Radien r_1, r_2 $(0 < r_1 < r_2)$, wenn die Massendichte in jedem Punkt P von B proportional zum Quadrat des Abstands $r(P)$ von P zum Nullpunkt ist: $\rho(P) := a r^2(P)$ (a eine positive Konstante).

23. Interpretiere die Ergebnisse der Aufgaben 20 und 21 als Massen gewisser Raumbereiche.

24. Berechne die Masse der oberen Hälfte der Kugel mit dem Radius R um den Nullpunkt, wenn die Massendichte durch $\rho(x, y, z) := a + bz$ gegeben wird (a, b positive Konstanten).

25. B werde beschrieben durch die Ungleichungen $0 \leqslant x \leqslant 1$, $x^2 \leqslant y \leqslant x$, $0 \leqslant z \leqslant x + y$, und die Dichte der Masse in B sei gegeben durch $\rho(x, y, z) := x + y + 2z$. Berechne die Masse.

26. $B := \mathbf{R}^3 \setminus \{0\}$, also der gesamte Anschauungsraum mit Ausnahme des Nullpunktes, sei mit Masse der Dichte $\rho(x, y, z) := \begin{cases} r^\alpha & \text{für } 0 < r \leqslant 1, \\ r^\beta & \text{für } r > 1 \end{cases}$ $(r := \sqrt{x^2 + y^2 + z^2})$ angefüllt. Wie wird man die in B vorhandene Masse berechnen, für welche α und β ist sie endlich und wie groß ist sie in diesem Falle? Hinweis: Aufgabe 23.

Massenmittelpunkt (Schwerpunkt) eines räumlichen Bereichs S sei ein System von n Punkten (x_k, y_k, z_k) des $\mathbf{R}^3$, die mit den Massen m_k belegt sind ($k = 1, \ldots, n$). Die Gesamtmasse M des Systems ist also $M = m_1 + \cdots + m_n$. Unter dem Massenmittelpunkt oder Schwerpunkt von S versteht man den Punkt mit den Koordinaten

$$\bar{x} := \frac{1}{M} \sum_{k=1}^{n} x_k m_k, \qquad \bar{y} := \frac{1}{M} \sum_{k=1}^{n} y_k m_k, \qquad \bar{z} := \frac{1}{M} \sum_{k=1}^{n} z_k m_k. \tag{206.4}$$

Nun sei B ein Jordan-meßbarer Bereich des $\mathbf{R}^3$, der mit Masse der (R-integrierbaren) Dichte ρ angefüllt sei. Nach den obigen Ausführungen ist $M := \int_B \rho\,\mathrm{d}(x, y, z)$ die gesamte in B vorhandene Masse. Den Punkt mit den Koordinaten

$$\bar{x} := \frac{1}{M} \int_B x\rho\,\mathrm{d}(x, y, z), \qquad \bar{y} := \frac{1}{M} \int_B y\rho\,\mathrm{d}(x, y, z), \qquad \bar{z} := \frac{1}{M} \int_B z\rho\,\mathrm{d}(x, y, z)$$

nennt man den **Massenmittelpunkt** oder **Schwerpunkt** von B. Man mache sich die Begriffsbildung durch einen von (206.4) ausgehenden Grenzprozeß verständlich und löse dann die nachstehenden Aufgaben.

27. Der Kugeloktant $B := \{(x, y, z) : x^2 + y^2 + z^2 \leqslant R^2,\ x \geqslant 0, y \geqslant 0, z \geqslant 0\}$ sei mit der Masse der konstanten Dichte 1 belegt. Bestimme den Schwerpunkt von B.

28. Die Halbkugel $B := \{(x, y, z) : x^2 + y^2 + z^2 \leqslant R^2,\ z \geqslant 0\}$ sei mit Masse der konstanten Dichte 1 angefüllt. Berechne den Schwerpunkt von B.

29. Die Halbkugel B aus Aufgabe 28 sei mit einer Masse angefüllt, deren Dichte in einem Punkt $(x, y, z) \in B$ proportional zu dem Abstand dieses Punktes von der Grundfläche der Halbkugel ist: $\rho(x, y, z) := a\,z$ (a eine positive Konstante). Berechne den Schwerpunkt von B.

30. Der Bereich $B := \{(x, y, z): x^2 + y^2 + (z - R)^2 \leqslant R^2\} \setminus \{0\}$, also eine Kugel ohne ihren Südpol, sei mit einer Masse belegt, deren Dichte in dem Punkt $(x, y, z) \in B$ umgekehrt proportional zum Abstand dieses Punktes vom Nullpunkt ist: $\rho(x, y, z) = a / \sqrt{x^2 + y^2 + z^2}$ (a eine positive Konstante). Bestimme den Schwerpunkt von B (ρ ist auf B nicht R-integrierbar! Wie zieht man sich aus der Verlegenheit?).

31. Die Grundfläche des Kegels B sei ein Kreis in der xy-Ebene um den Nullpunkt, die Spitze von B liege in dem Punkt $(0, 0, h)$ $(h > 0)$. B sei mit einer Masse angefüllt, deren Dichte proportional zum Abstand vom Grundkreis ist. Was ist der Schwerpunkt von B?

Die Transformation des Laplaceschen Differentialausdrucks auf Polar-, Zylinder- und Kugelkoordinaten Die drei nächsten Aufgaben (die nichts mit Integrationstheorie, sehr viel aber mit der Kettenregel zu tun haben) behandeln die Umschreibung des Laplaceschen Differentialausdrucks

$$\frac{\partial^2 U}{\partial x^2} + \frac{\partial^2 U}{\partial y^2} \quad \text{bzw.} \quad \frac{\partial^2 U}{\partial x^2} + \frac{\partial^2 U}{\partial y^2} + \frac{\partial^2 U}{\partial z^2} \quad \text{für} \quad U(x, y) \quad \text{bzw.} \quad U(x, y, z)$$

auf die oben genannten Koordinaten. U soll stetige partielle Ableitungen bis zur zweiten Ordnung haben.

32. Es sei $x = r\cos\varphi$, $y = r\sin\varphi$ und $u(r, \varphi) := U(r\cos\varphi, r\sin\varphi)$ (Transformation auf Polarkoordinaten). Dann ist

$$\frac{\partial^2 U}{\partial x^2} + \frac{\partial^2 U}{\partial y^2} = \frac{\partial^2 u}{\partial r^2} + \frac{1}{r}\frac{\partial u}{\partial r} + \frac{1}{r^2}\frac{\partial^2 u}{\partial \varphi^2}.$$

Hinweis: S. Hinweis zu A 165.16.

33. Es sei $x = r\cos\varphi$, $y = r\sin\varphi$, $z = z$ und $u(r, \varphi, z) := U(r\cos\varphi, r\sin\varphi, z)$ (Transformation auf Zylinderkoordinaten). Mit Aufgabe 32 ergibt sich sofort

$$\frac{\partial^2 U}{\partial x^2} + \frac{\partial^2 U}{\partial y^2} + \frac{\partial^2 U}{\partial z^2} = \frac{\partial^2 u}{\partial r^2} + \frac{1}{r}\frac{\partial u}{\partial r} + \frac{1}{r^2}\frac{\partial^2 u}{\partial \varphi^2} + \frac{\partial^2 u}{\partial z^2}.$$

34. Es sei $x = r\cos\vartheta\cos\varphi$, $y = r\cos\vartheta\sin\varphi$, $z = r\sin\vartheta$ und $u(r, \vartheta, \varphi) = U(r\cos\vartheta\cos\varphi, r\cos\vartheta\sin\varphi, r\sin\vartheta)$ (Transformation auf Kugelkoordinaten). Dann ist

$$\frac{\partial^2 U}{\partial x^2} + \frac{\partial^2 U}{\partial y^2} + \frac{\partial^2 U}{\partial z^2} = \frac{1}{r^2}\frac{\partial}{\partial r}\left(r^2\frac{\partial u}{\partial r}\right) + \frac{1}{r^2\cos\vartheta}\frac{\partial}{\partial \vartheta}\left(\cos\vartheta\frac{\partial u}{\partial \vartheta}\right) + \frac{1}{r^2\cos^2\vartheta}\frac{\partial^2 u}{\partial \varphi^2}.$$

Hinweis: Man führe zunächst durch $x = \rho\cos\varphi$, $y = \rho\sin\varphi$, $z = z$ Zylinderkoordinaten ρ, φ, z ein, gehe vermöge der Gleichungen $\rho = r\cos\vartheta$, $z = r\sin\vartheta$ zu den Kugelkoordinaten r, ϑ, φ über und benutze die beiden letzten Aufgaben.

XXIV Integralsätze

[Bisweilen hat man die Empfindung], als wohne den mathematischen Formeln selbständiges Leben und eigener Verstand inne, als seien dieselben klüger als wir, klüger sogar als ihre Erfinder, als gäben sie uns mehr heraus, als seinerzeit in sie hineingelegt wurde..

Heinrich Hertz

Nach dem ersten Hauptsatz der Differential- und Integralrechnung ist für eine R-integrierbare Ableitung F' stets

$$\int_a^b F'\,dx = F(b) - F(a).$$

Man kann also, locker formuliert, *das Integral von F' durch Randwerte von F ausdrükken.* Im vorliegenden Kapitel geht es darum, diesen Sachverhalt in angemessener Weise auf höhere Dimensionen zu übertragen. Wir werden zu diesem Zweck zunächst in den Nummern 207 bis 210 die klassischen Integralsätze von Gauß und Stokes behandeln und dann in den Nummern 211 bis 217 mit Hilfe der Theorie der Differentialformen sehen, daß diese Sätze und der erste Hauptsatz der Differential- und Integralrechnung aus ein und derselben Quelle fließen. Diese Quelle ist der allgemeine Stokessche Satz 216.2. Er lehrt, wiederum sehr locker gesagt, daß man das Integral über die Ableitung (genauer: über das äußere Differential) einer Differentialform ω durch ein Integral über die Randwerte von ω ausdrücken kann. Dieser Stokessche Satz erweist sich als die „angemessene Übertragung" des ersten Hauptsatzes der Differential- und Integralrechnung auf höhere Dimensionen, von der wir eingangs gesprochen haben.

Die Gaußschen und Stokesschen Integralsätze sind beileibe nicht nur von mathematischem Interesse. Ganz im Gegenteil — sie sind ein schlechterdings unentbehrliches Hilfsmittel des Naturwissenschaftlers und Ingenieurs und sind, nebenbei bemerkt, ursprünglich aus naturwissenschaftlichen Fragestellungen hervorgegangen.

207 Der Gaußsche Integralsatz in der Ebene

Wir beginnen mit einer Definition. $\gamma: [a, b] \to \mathbf{R}^p$ sei ein rektifizierbarer Weg im $\mathbf{R}^p$ mit den Komponenten $\gamma_1, \ldots, \gamma_p$ und dem Bogen Γ; die Funktion $F: \Gamma \to \mathbf{R}$ sei stetig. Dann setzen wir

$$\int_\gamma F\,dx_k := \int_a^b F(\gamma(t))\,d\gamma_k(t). \tag{207.1}$$

Statt $\int_\gamma F\,dx_k$ schreibt man auch $\int_\Gamma F\,dx_k$, aber nur dann, wenn festliegt, welche Parameterdarstellung für Γ zu verwenden ist. Aus der letzten Aussage des Satzes 180.1

ergibt sich, daß $\int_\gamma F dx_k$ nichts anderes als das Wegintegral $\int_\gamma \boldsymbol{\Phi} \cdot d\boldsymbol{x}$ ist, wobei $\boldsymbol{\Phi}: \Gamma \to \mathbf{R}^p$ das stetige Vektorfeld bedeutet, dessen k-te Komponente mit F übereinstimmt, während alle anderen Komponenten verschwinden. Man nennt deshalb auch $\int_\gamma F dx_k$ ein **Wegintegral**, und es ist klar, daß für dieses Integral sinngemäß alle Sätze in Kraft bleiben, die wir in Nr. 180 für Wegintegrale von Vektorfeldern bewiesen haben. Insbesondere gilt bei stetig differenzierbarem γ die Gleichung

$$\int_\gamma F dx_k = \int_a^b F(\gamma(t))\,\dot{\gamma}_k(t)\,dt.$$

Ist $f: \Gamma \to \mathbf{R}^p$ ein stetiges Vektorfeld mit den Komponenten $f_1, \ldots, f_p$ und benutzen wir die Bezeichnung $\int_\gamma f_1 dx_1 + \cdots + f_p dx_p$ für das Wegintegral $\int_\gamma f \cdot d\boldsymbol{x}$, so haben wir wegen (180.4) die griffige Beziehung

$$\int_\gamma f_1 dx_1 + \cdots + f_p dx_p = \int_\gamma f_1 dx_1 + \cdots + \int_\gamma f_p dx_p.$$

Die nun folgenden Betrachtungen spielen sich alle in einer xy-Ebene ab. Unter einem **BV-Normalbereich bezüglich der x-Achse** verstehen wir eine Menge $B \subset \mathbf{R}^2$ der Form

$$B = \left\{ \begin{pmatrix} x \\ y \end{pmatrix} \in \mathbf{R}^2 : a \leqslant x \leqslant b,\ \varphi_1(x) \leqslant y \leqslant \varphi_2(x) \right\}, \tag{207.2}$$

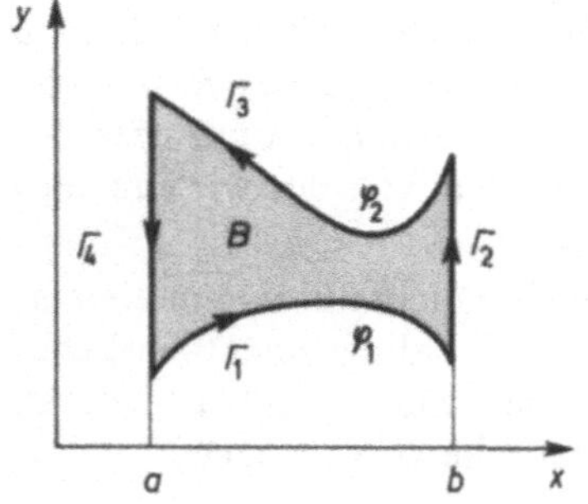

Fig. 207.1

wobei die Funktionen φ_1 und φ_2 stetig und von beschränkter Variation auf $[a, b]$ sind und überdies $\varphi_1 \leqslant \varphi_2$ ist (s. Fig. 207.1). Der Rand ∂B von B besteht aus den vier Teilen $\Gamma_1, \ldots, \Gamma_4$, die wir als Bögen von vier Wegen $\gamma_1, \ldots, \gamma_4$ darstellen; der bequemeren Schreibweise wegen geben wir dabei statt γ_3 und γ_4 die umgekehrt durchlaufenen Wege γ_3^- und γ_4^- an:

$$\gamma_1(t) := \begin{pmatrix} t \\ \varphi_1(t) \end{pmatrix} \quad (a \leqslant t \leqslant b), \qquad \gamma_2(t) := \begin{pmatrix} b \\ \varphi_1(b) + t(\varphi_2(b) - \varphi_1(b)) \end{pmatrix} \quad (0 \leqslant t \leqslant 1),$$

$$\gamma_3^-(t) := \begin{pmatrix} t \\ \varphi_2(t) \end{pmatrix} \quad (a \leqslant t \leqslant b), \qquad \gamma_4^-(t) := \begin{pmatrix} a \\ \varphi_1(a) + t(\varphi_2(a) - \varphi_1(a)) \end{pmatrix} \quad (0 \leqslant t \leqslant 1).$$

Mit Hilfe des Satzes 177.1 sieht man, daß die Wege $\gamma_1, \ldots, \gamma_4$ rektifizierbar sind. Sie werden mit wachsenden Parameterwerten so durchlaufen, wie es in Fig. 207.1 durch die Pfeilspitzen angedeutet ist, anschaulich gesprochen also *entgegen dem Uhrzeigersinn* oder so, *daß B beim Durchlaufen von ∂B zur Linken liegt*. Diesen Sachverhalt drücken wir kurz durch die Redeweise aus, ∂B sei **positiv orientiert**.

G sei eine offene, B enthaltende Menge, und die Funktion $P\colon G\to\mathbf{R}$ sei mitsamt der partiellen Ableitung $\partial P/\partial y$ auf G stetig. Nach Satz 204.1 haben wir dann

$$\int_B \frac{\partial P}{\partial y}\,\mathrm{d}(x,y) = \int_a^b \left(\int_{\varphi_1(x)}^{\varphi_2(x)} \frac{\partial P}{\partial y}\,\mathrm{d}y\right)\mathrm{d}x$$

$$= \int_a^b P(x,\varphi_2(x))\,\mathrm{d}x - \int_a^b P(x,\varphi_1(x))\,\mathrm{d}x.$$

Nach (207.1) ist

$$\int_a^b P(x,\varphi_1(x))\,\mathrm{d}x = \int_a^b P(\gamma_1(t))\,\mathrm{d}t = \int_{\Gamma_1} P\,\mathrm{d}x,$$

$$\int_a^b P(x,\varphi_2(x))\,\mathrm{d}x = \int_a^b P(\gamma_3^-(t))\,\mathrm{d}t = -\int_{\Gamma_3} P\,\mathrm{d}x,$$

infolgedessen haben wir die Beziehung

$$\int_B \frac{\partial P}{\partial y}\,\mathrm{d}(x,y) = -\int_{\Gamma_3} P\,\mathrm{d}x - \int_{\Gamma_1} P\,\mathrm{d}x. \tag{207.3}$$

Und da die Integrale $\int_{\Gamma_2} P\,\mathrm{d}x$ und $\int_{\Gamma_4} P\,\mathrm{d}x$ offenbar verschwinden, also

$$\int_{\partial B} P\,\mathrm{d}x = \sum_{j=1}^{4} \int_{\Gamma_j} P\,\mathrm{d}x = \int_{\Gamma_1} P\,\mathrm{d}x + \int_{\Gamma_3} P\,\mathrm{d}x$$

ist, liefert ein Blick auf (207.3) sofort die Gleichung

$$\int_B \frac{\partial P}{\partial y}\,\mathrm{d}(x,y) = -\int_{\partial B} P\,\mathrm{d}x.^{1)} \tag{207.4}$$

Sie drückt das Bereichsintegral über die partielle Ableitung $\partial P/\partial y$ durch die Randwerte von P aus, und zwar vermöge eines Wegintegrals.

Sind ψ_1, ψ_2 stetige Funktionen von beschränkter Variation auf dem Intervall $[c,d]$ und ist dort $\psi_1 \leqslant \psi_2$, so nennt man

$$C := \left\{ \begin{pmatrix} x \\ y \end{pmatrix} \in \mathbf{R}^2 : c \leqslant y \leqslant d,\ \psi_1(y) \leqslant x \leqslant \psi_2(y) \right\} \tag{207.5}$$

---

1) Bei dem Integral $\int_{\partial B} P\,\mathrm{d}x$ wird ∂B im Sinne des Satzes 180.6 durch Aneinanderhängen der Wege $\gamma_1,\dots,\gamma_4$ parametrisiert, so daß in der Tat die eben benutzte Gleichung $\int_{\partial B} P\,\mathrm{d}x = \sum_{j=1}^{4} \int_{\Gamma_j} P\,\mathrm{d}x$ gilt. Für die Praxis ist besonders wichtig, daß uns die Sätze 180.4 und 180.5 weitgehende Freiheiten bei der Umparametrisierung von ∂B gewähren.

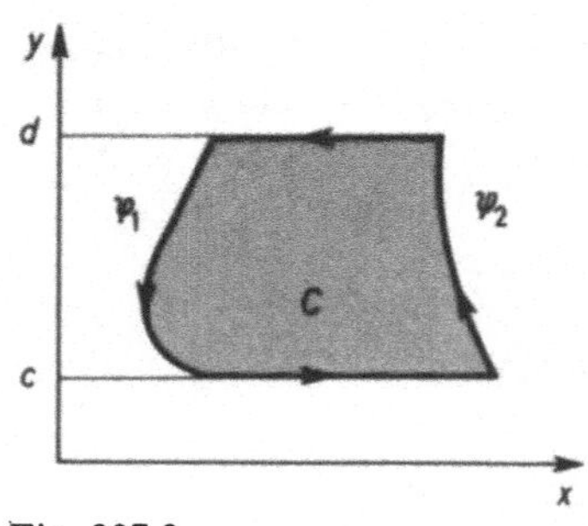

Fig. 207.2

einen BV-Normalbereich bezüglich der y-Achse (s. Fig. 207.2). Die vier Teile seines Randes ∂C parametrisieren wir ganz ähnlich wie oben unter Beachtung der in Fig. 207.2 angedeuteten positiven Orientierung von ∂C. Ist nun G eine offene, C enthaltende Menge, und ist die Funktion $Q: G \to \mathbf{R}$ mitsamt der partiellen Ableitung $\partial Q/\partial x$ auf G stetig, so erhalten wir, gestützt auf (204.5), durch entsprechende Überlegungen wie oben, die Gleichung

$$\int_C \frac{\partial Q}{\partial x}\, \mathrm{d}(x, y) = \int_{\partial C} Q\, \mathrm{d}y \tag{207.6}$$

(man beachte, daß diesmal das Wegintegral nicht mit dem Minuszeichen behaftet ist). Aus den Gleichungen (207.4) und (207.6) ergibt sich nun sofort folgender

207.1 Gaußscher Integralsatz in der Ebene *B sei ein BV-Normalbereich bezüglich der x-Achse und der y-Achse und ∂B der positiv orientierte Rand von B. Die reellwertigen Funktionen P und Q seien mitsamt den partiellen Ableitungen $\partial P/\partial y$ und $\partial Q/\partial x$ stetig auf einer offenen Menge $G \supset B$. Dann ist*

$$\int_B \left(\frac{\partial Q}{\partial x} - \frac{\partial P}{\partial y} \right) \mathrm{d}(x, y) = \int_{\partial B} P\, \mathrm{d}x + Q\, \mathrm{d}y. \tag{207.7}$$

Setzen wir in der letzten Gleichung $P(x, y) := -y$ und $Q(x, y) := x$, so erhalten wir einen interessanten Inhaltssatz:

207.2 Satz *Ist B ein BV-Normalbereich bezüglich der x-Achse und der y-Achse und ∂B sein positiv orientierter Rand, so wird der Inhalt von B gegeben durch*

$$|B| = \frac{1}{2} \int_{\partial B} x\, \mathrm{d}y - y\, \mathrm{d}x. \tag{207.8}$$

Die beiden letzten Sätze gelten in Wirklichkeit bereits unter weit schwächeren Annahmen über B, nämlich dann, *wenn B beschränkt und ∂B eine rektifizierbare Jordankurve ist* (die Jordan-Meßbarkeit von B wird jetzt durch den Satz 202.7 garantiert). Der Begriff der positiven Orientierung von ∂B ist in dieser sehr allgemeinen Situation nicht mehr so leicht zugänglich wie im Falle eines BV-Normalbereichs. Ohne näher darauf einzugehen, dürfen wir uns damit begnügen, ∂B positiv orientiert zu nennen, wenn das Integral in (207.8) positiv ausfällt. Die Theorie der Orientierung rektifizierbarer Jordankurven und einen Beweis des Satzes 207.1 unter der Voraussetzung, daß B beschränkt und ∂B eine rektifizierbare Jordankurve ist, findet der Leser in Apostol [1]; dort wird übrigens der Gaußsche Integralsatz in der Ebene, der angelsächsischen Tradition folgend, als *Greenscher Satz* bezeichnet (nach George Green, 1793–1841; 48). Daß auch der Satz 207.2 unter den genannten schwächeren Annahmen gilt, sieht man wie oben.

Aufgaben

In den Aufgaben 1 bis 5 sind die angegebenen Wegintegrale mit Hilfe des Gaußschen Satzes zu berechnen. Die auftretenden Ränder ∂B hat man sich positiv orientiert zu denken.

1. $\int_{\partial B} 2y \, dx + 6x \, dy;$ B das Quadrat $0 \leqslant x \leqslant 1,\, 0 \leqslant y \leqslant 1$.

2. $\int_{\partial B} y^2 \, dx + 2x \, dy;$ B das Quadrat $0 \leqslant x \leqslant 1,\, 0 \leqslant y \leqslant 1$.

3. $\int_{\partial B} xy \, dx + (x-y) \, dy;$ B das Rechteck $0 \leqslant x \leqslant 1,\, 1 \leqslant y \leqslant 3$.

4. $\int_{\partial B} (x - y^3) \, dx - (y^2 - x^3) \, dy;$ B die Einheitskreisscheibe.

5. $\int_{\partial B} e^x \sin y \, dx + e^x \cos y \, dy;$ B die Kreisscheibe um den Nullpunkt mit Radius 3.

In den Aufgaben 6 bis 8 ist der Inhalt der angegebenen Bereiche B mittels der Inhaltsformel (207.8) zu berechnen.

6. $B :=$ Kreisscheibe um den Nullpunkt mit Radius r.

7. $B :=$ Bereich, der von der Ellipse $\dfrac{x^2}{a^2} + \dfrac{y^2}{b^2} = 1$ eingeschlossen wird. Hinweis: A 177.5. — Vgl. auch A 203.4.

8. $B :=$ Bereich, der von dem Bogen der Zykloide $x = r(t - \sin t)$, $y = r(1 - \cos t)$ $(0 \leqslant t \leqslant 2\pi)$ und dem Intervall $[0, 2\pi r]$ begrenzt wird (s. Fig. 177.4).

9. Berechne zuerst durch direkte Auswertung des Wegintegrals, dann mit Hilfe des Gaußschen Satzes die Arbeit, die das Kraftfeld mit den Komponenten $3x + 4y$ und $8x + 9y$ leistet, wenn es einen Massenpunkt einmal um die Ellipse $x = 3\cos t$, $y = 2\sin t$ $(0 \leqslant t \leqslant 2\pi)$ herumbewegt. Ziehe beim zweiten Verfahren die Aufgabe 7 heran.

208 Flächen und Oberflächenintegrale im Raum

In diesem Abschnitt stellen wir einige Tatsachen bereit, die wir benötigen, um gewisse Analoga des ersten Hauptsatzes der Differential- und Integralrechnung im $\mathbf{R}^3$ zu gewinnen. Zur Vorbereitung diskutieren wir zunächst das sogenannte Vektorprodukt oder Kreuzprodukt zweier 3-Vektoren, das dem Leser aus der linearen Algebra bekannt sein dürfte.

Zur bequemeren Schreibweise führen wir die in den Anwendungen gebräuchlichen Bezeichnungen für die Einheitsvektoren im $\mathbf{R}^3$ ein, setzen also

$$i := \begin{pmatrix} 1 \\ 0 \\ 0 \end{pmatrix}, \qquad j := \begin{pmatrix} 0 \\ 1 \\ 0 \end{pmatrix}, \qquad k := \begin{pmatrix} 0 \\ 0 \\ 1 \end{pmatrix}.$$

Ein beliebiger Vektor

$$a := \begin{pmatrix} a_1 \\ a_2 \\ a_3 \end{pmatrix} \in \mathbf{R}^3$$

läßt sich dann stets in der Form

$$a = a_1 i + a_2 j + a_3 k$$

darstellen. Für zwei Vektoren

$$a := a_1 i + a_2 j + a_3 k, \qquad b := b_1 i + b_2 j + b_3 k$$

definieren wir nun das **Vektorprodukt** oder **Kreuzprodukt** $a \times b$ durch

$$a \times b := (a_2 b_3 - a_3 b_2) i + (a_3 b_1 - a_1 b_3) j + (a_1 b_2 - a_2 b_1) k.$$

Das Vektorprodukt zweier Vektoren ist also wieder ein Vektor. Seine kompliziert anmutende Definition läßt sich leicht merken, wenn man die obige Gleichung symbolisch in der Form

$$a \times b := \begin{vmatrix} i & j & k \\ a_1 & a_2 & a_3 \\ b_1 & b_2 & b_3 \end{vmatrix}$$

schreibt und die rechtsstehende „Determinante" so berechnet, als ob die i, j, k Zahlen (und nicht Vektoren) seien.

Aus der Definition des Vektorprodukts ergeben sich ohne die geringsten Schwierigkeiten die folgenden **Rechenregeln**:

$$a \times b = -b \times a,^{1)}$$

$$a \times a = \mathbf{0},$$

$$(\lambda a) \times b = a \times (\lambda b) = \lambda (a \times b) \quad \text{für jedes } \lambda \in \mathbf{R},$$

$$a \times (b + c) = (a \times b) + (a \times c),$$

$$(a + b) \times c = (a \times c) + (b \times c).$$

Für die Vektoren

$$a := a_1 i + a_2 j + a_3 k, \quad b := b_1 i + b_2 j + b_3 k, \quad c := c_1 i + c_2 j + c_3 k$$

ist

$$a \cdot (b \times c) = \begin{vmatrix} a_1 & a_2 & a_3 \\ b_1 & b_2 & b_3 \\ c_1 & c_2 & c_3 \end{vmatrix}.$$

---

[1] Im Gegensatz zum Punktprodukt $a \cdot b$ ist also das Kreuzprodukt $a \times b$ nicht kommutativ.

Daraus ergibt sich sofort, daß

$$a \cdot (a \times b) = b \cdot (a \times b) = 0$$

ist. *Das Vektorprodukt $a \times b$ steht also senkrecht auf seinen beiden Faktoren a und b.*

Sind a und b zwei auf dem Intervall $I \subset \mathbf{R}$ definierte $\mathbf{R}^3$-wertige Funktionen, so erklären wir ihr Kreuzprodukt $a \times b$ punktweise:

$$(a \times b)(t) := a(t) \times b(t).$$

Sind a und b auf I differenzierbar, so ist auch $a \times b$ dort differenzierbar, und es gilt, wie der Leser leicht nachweisen kann, die Produktregel

$$\frac{\mathrm{d}}{\mathrm{d}t}(a \times b) = a \times \frac{\mathrm{d}b}{\mathrm{d}t} + \frac{\mathrm{d}a}{\mathrm{d}t} \times b. \tag{208.1}$$

Bei ihrer Anwendung muß man streng die angegebene Reihenfolge der Faktoren einhalten.

Im folgenden werden wir es laufend mit Funktionen

$$\Phi(u, v) := X(u, v)i + Y(u, v)j + Z(u, v)k$$

zu tun haben, die eine offene Teilmenge M der uv-Ebene in den $\mathbf{R}^3$ abbilden (X, Y, Z bedeuten reellwertige Funktionen). Ist Φ auf M differenzierbar, so führen wir die folgenden Bezeichnungen ein:

$$\frac{\partial \Phi}{\partial u} := \frac{\partial X}{\partial u}i + \frac{\partial Y}{\partial u}j + \frac{\partial Z}{\partial u}k,$$
$$\frac{\partial \Phi}{\partial v} := \frac{\partial X}{\partial v}i + \frac{\partial Y}{\partial v}j + \frac{\partial Z}{\partial v}k, \tag{208.2}$$

$$\frac{\partial(Y, Z)}{\partial(u, v)} := \begin{vmatrix} \dfrac{\partial Y}{\partial u} & \dfrac{\partial Y}{\partial v} \\[2ex] \dfrac{\partial Z}{\partial u} & \dfrac{\partial Z}{\partial v} \end{vmatrix},$$

$$\frac{\partial(Z, X)}{\partial(u, v)} := \begin{vmatrix} \dfrac{\partial Z}{\partial u} & \dfrac{\partial Z}{\partial v} \\[2ex] \dfrac{\partial X}{\partial u} & \dfrac{\partial X}{\partial v} \end{vmatrix}, \tag{208.3}$$

$$\frac{\partial(X, Y)}{\partial(u, v)} := \begin{vmatrix} \dfrac{\partial X}{\partial u} & \dfrac{\partial X}{\partial v} \\[2ex] \dfrac{\partial Y}{\partial u} & \dfrac{\partial Y}{\partial v} \end{vmatrix}.$$

Durch eine einfache Rechnung verifiziert man nun die Gleichung

$$\frac{\partial \boldsymbol{\Phi}}{\partial u} \times \frac{\partial \boldsymbol{\Phi}}{\partial v} = \frac{\partial(Y, Z)}{\partial(u, v)} \boldsymbol{i} + \frac{\partial(Z, X)}{\partial(u, v)} \boldsymbol{j} + \frac{\partial(X, Y)}{\partial(u, v)} \boldsymbol{k}. \tag{208.4}$$

Nach diesen Vorbereitungen wenden wir uns dem Begriff der Fläche im $\mathbf{R}^3$ zu. Wir wollen diesen Begriff jedoch nicht so allgemein fassen, wie es grundsätzlich möglich und für gewisse Untersuchungen auch unerläßlich ist, sondern ihn von vornherein in einer Weise einschränken, die unseren Zwecken angemessen ist.

Definition *K sei eine nichtleere, kompakte und Jordan-meßbare Teilmenge des* $\mathbf{R}^2$. *Unter einer* Fläche $\boldsymbol{\Phi}$ *mit dem* Parameterbereich *K verstehen wir die Einschränkung* $\boldsymbol{\Phi}|K$ *einer* C^1*-Abbildung* $\boldsymbol{\Phi}: M \rightarrow \mathbf{R}^3$ *auf K; dabei ist M eine K enthaltende offene Teilmenge des* $\mathbf{R}^2$. *Die Bildmenge* $S := \boldsymbol{\Phi}(K)$ *wird ein* Flächenstück *mit der* Parameterdarstellung

$$r = \boldsymbol{\Phi}(u, v) \qquad (r := x\boldsymbol{i} + y\boldsymbol{j} + z\boldsymbol{k})$$

und dem Parameterbereich K genannt[1].

Zwischen „Fläche" und „Flächenstück" besteht also ein ähnlicher Unterschied (und Zusammenhang) wie zwischen „Weg" und „Bogen".

Fig. 208.1 deutet skizzenhaft die in der obigen Definition beschriebenen Verhältnisse an. Dabei muß man sich allerdings vor Augen halten, daß ein Flächenstück $S = \boldsymbol{\Phi}(K)$ nicht immer so „flächenhaft" zu sein braucht, wie es diese Figur sugge-

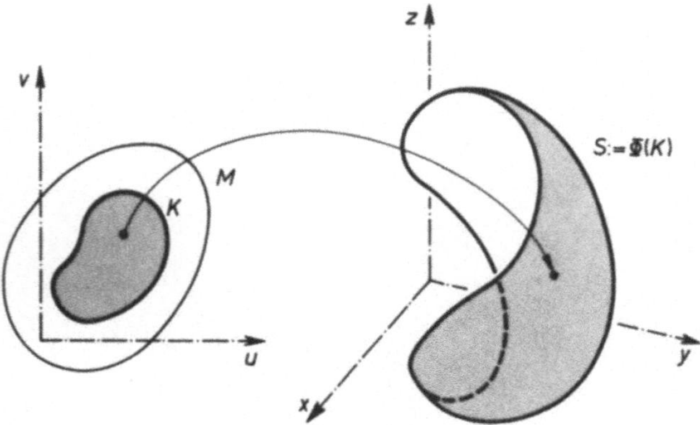

Fig. 208.1

---

[1] Die offene Menge $M \supset K$ tritt deshalb auf, weil wir die Differenzierbarkeit von Funktionen nur auf offenen Mengen erklärt haben, also nicht ohne weiteres von C^1-Abbildungen auf K reden dürfen. Bei besonders einfach gebautem K (etwa, wenn K ein achsenparalleles kompaktes Rechteck ist), könnte man jedoch durchaus auf die Hilfsmenge M verzichten.

riert. S kann durchaus auf einen Punkt oder einen Bogen zusammenschrumpfen. Das erstere tritt ein, wenn Φ konstant ist; als einen Beleg für die zweite Möglichkeit nehme man

$$\Phi(u, v) := (u+v)\,i + (u+v)\,j + (u+v)\,k \quad \text{mit} \quad K := [0, 1] \times [0, 1].$$

Hier ist S der Bogen mit der Parameterdarstellung

$$\gamma(t) = t\,i + t\,j + t\,k, \qquad 0 \leqslant t \leqslant 2.$$

Durch geeignete Voraussetzungen über Φ kann man derartige Degenerationen ausschließen. Wir wollen und brauchen jedoch darauf nicht näher einzugehen.

Wir hatten früher schon mehrmals in unverbindlichem Sinne von „Flächen mit der Gleichung $z = f(x, y)$" gesprochen. Vermöge der Parameterdarstellung

$$r = \Phi(u, v) := u\,i + v\,j + f(u, v)\,k \tag{208.5}$$

können wir diese „Flächen" dem oben definierten Begriff der Fläche (und des Flächenstücks) unterordnen, falls f gewissen Voraussetzungen genügt, die der Leser selbst formulieren möge. Für eine solche Fläche ist

$$\frac{\partial \Phi}{\partial u} = i + \frac{\partial f}{\partial u}\,k, \qquad \frac{\partial \Phi}{\partial v} = j + \frac{\partial f}{\partial v}\,k,$$

also $\quad \dfrac{\partial \Phi}{\partial u} \times \dfrac{\partial \Phi}{\partial v} = -\dfrac{\partial f}{\partial u}\,i - \dfrac{\partial f}{\partial v}\,j + k. \tag{208.6}$

Ein besonders wichtiges Beispiel für ein Flächenstück ist die Oberfläche der Kugel mit Radius a um den Nullpunkt, die wir vermöge der Parametrisierung

$$r = \Phi(u, v) := a \cos u \cos v\, i + a \sin u \cos v\, j + a \sin v\, k \tag{208.7}$$

$$\left(0 \leqslant u \leqslant 2\pi, \ -\frac{\pi}{2} \leqslant v \leqslant \frac{\pi}{2}\right)$$

darstellen. Hier ist, wie man leicht nachrechnet,

$$\frac{\partial \Phi}{\partial u} \times \frac{\partial \Phi}{\partial v} = a \cos v\, \Phi(u, v).^{1)} \tag{208.8}$$

Nach diesen Beispielen kehren wir wieder zur Entwicklung der Flächentheorie zurück.

---

1) Bei dieser Schreibweise folgen wir, wie auch weiterhin, dem Brauch, die Variablen u, v in dem Produkt $(\partial \Phi/\partial u) \times (\partial \Phi/\partial v)$ nicht mitzuschleppen, auch wenn sie an einer anderen Stelle der Formel auftauchen.

Durch

$$\Phi(u, v) := X(u, v)\,i + Y(u, v)\,j + Z(u, v)\,k \tag{208.9}$$

werde uns eine Fläche Φ mit dem Parameterbereich K gegeben. Dann nennt man den Vektor

$$N(u, v) := \frac{\partial \Phi}{\partial u} \times \frac{\partial \Phi}{\partial v} \tag{208.10}$$

einen **Normalenvektor** von Φ im Flächenpunkt $\Phi(u, v)$. Diese Bezeichnung motivieren wir durch die folgende Überlegung:
Stellt

$$\gamma(t) := \begin{pmatrix} \gamma_1(t) \\ \gamma_2(t) \end{pmatrix} \qquad (a \leqslant t \leqslant b)$$

irgendeinen in K verlaufenden differenzierbaren Weg dar, so liefert

$$\alpha(t) := \Phi(\gamma(t)) = X(\gamma(t))\,i + Y(\gamma(t))\,j + Z(\gamma(t))\,k \qquad (a \leqslant t \leqslant b)$$

einen differenzierbaren Weg, der ganz auf der Fläche Φ (d.h. in dem Flächenstück $\Phi(K)$) liegt. Nach der Kettenregel (165.4) ist

$$\frac{\mathrm{d}X(\gamma(t))}{\mathrm{d}t} = \frac{\partial X(\gamma(t))}{\partial u}\,\dot{\gamma}_1(t) + \frac{\partial X(\gamma(t))}{\partial v}\,\dot{\gamma}_2(t), \tag{208.11}$$

und entsprechende Formeln erhält man für $\mathrm{d}Y(\gamma(t))/\mathrm{d}t$ und $\mathrm{d}Z(\gamma(t))/\mathrm{d}t$. Diese drei Ableitungsformeln ergeben zusammengenommen die Gleichung

$$\dot{\alpha}(t) = \frac{\partial \Phi(\gamma(t))}{\partial u}\,\dot{\gamma}_1(t) + \frac{\partial \Phi(\gamma(t))}{\partial v}\,\dot{\gamma}_2(t).$$

Wir fassen nun einen beliebigen, aber festen Flächenpunkt $\Phi(u, v)$ ins Auge und nehmen an, der Weg γ gehe durch $\begin{pmatrix} u \\ v \end{pmatrix}$, d.h., für einen gewissen Parameterwert t_0 sei

$$\begin{pmatrix} u \\ v \end{pmatrix} = \gamma(t_0) \quad \text{und damit auch} \quad \Phi(u, v) = \Phi(\gamma(t_0)).$$

Da $N(u, v)$ als Kreuzprodukt der Vektoren $\partial\Phi(u, v)/\partial u$ und $\partial\Phi(u, v)/\partial v$ senkrecht auf ebendiesen Vektoren steht, ergibt sich aus der obigen Darstellung von $\dot{\alpha}(t)$, daß $N(u, v)$ auch senkrecht auf $\dot{\alpha}(t_0)$ stehen muß. Setzen wir noch voraus, daß $\dot{\alpha}(t_0)$ nicht verschwindet, so ist $\dot{\alpha}(t_0)$ der Tangentialvektor des „Flächenweges" α im Punkte $\alpha(t_0) = \Phi(u, v)$, und wir können demnach sagen, *daß $N(u, v)$ senkrecht („normal") auf diesem Tangentialvektor steht.* Diese Tatsache liegt der eben eingeführten Sprechweise zugrunde, $N(u, v)$ sei ein Normalenvektor von Φ im Flächenpunkt $\Phi(u, v)$.

Wegen (208.4) können wir $N(u, v)$ auch in der Form

$$N(u, v) = \frac{\partial(Y, Z)}{\partial(u, v)}\, i + \frac{\partial(Z, X)}{\partial(u, v)}\, j + \frac{\partial(X, Y)}{\partial(u, v)}\, k \tag{208.12}$$

schreiben.

Ist Φ injektiv, so gibt es in jedem Flächenpunkt nur einen Normalenvektor. Bei nichtinjektivem Φ braucht dies jedoch nicht mehr der Fall zu sein.

Wir wenden uns nun der Definition des Flächeninhalts von Φ zu. Aus der analytischen Geometrie übernehmen wir, daß sich die euklidische Norm $|a \times b|$ von $a \times b$ als Inhalt desjenigen Parallelogramms deuten läßt, das von den Vektoren a und b aufgespannt wird (s. Fig. 208.2; wir wollen diese Aussage nicht beweisen, weil wir sie lediglich zur Motivation, nicht zur Begründung benutzen werden). Sind Δu, Δv positive Inkremente der Parameter u, v, so können wir demgemäß die Zahl

$$\left| \frac{\partial \Phi(u, v)}{\partial u} \Delta u \times \frac{\partial \Phi(u, v)}{\partial v} \Delta v \right| = |N(u, v)| \Delta u \Delta v$$

als den Inhalt des Parallelogramms auffassen, das von den im Flächenpunkt $\Phi(u, v)$ angetragenen Vektoren

$$\frac{\partial \Phi(u, v)}{\partial u} \Delta u \quad \text{und} \quad \frac{\partial \Phi(u, v)}{\partial v} \Delta v$$

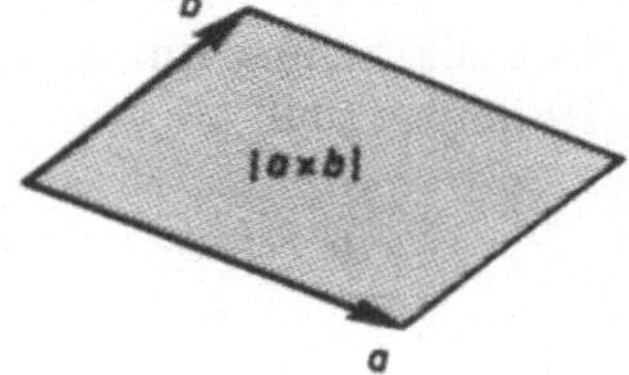

Fig. 208.2

aufgespannt wird. Überdecken wir Φ in einem hier nicht näher zu präzisierenden Sinne mit solchen Parallelogrammen, so wird die Summe ihrer Inhalte anschaulich als ein Näherungswert für den (noch gar nicht erklärten) Flächeninhalt von Φ anzusprechen sein. Diese heuristischen Betrachtungen führen uns zu der folgenden

Definition *Der* Flächeninhalt $I(\Phi)$ *einer Fläche* Φ *mit dem Parameterbereich* K *wird definiert und gemessen durch das Integral*

$$\int_K |N(u, v)|\, \mathrm{d}(u, v) = \int_K \left| \frac{\partial \Phi}{\partial u} \times \frac{\partial \Phi}{\partial v} \right| \mathrm{d}(u, v). \tag{208.13}$$

Wegen (208.12) ist übrigens

$$I(\Phi) = \int_K \sqrt{\left(\frac{\partial(Y, Z)}{\partial(u, v)} \right)^2 + \left(\frac{\partial(Z, X)}{\partial(u, v)} \right)^2 + \left(\frac{\partial(X, Y)}{\partial(u, v)} \right)^2}\, \mathrm{d}(u, v), \tag{208.14}$$

eine Formel, die der Weglängenformel (177.11) ganz analog ist.

Man wird geneigt sein, den Inhalt $I(\Phi)$ der Fläche Φ auch als den (noch nicht definierten) Inhalt $I(S)$ des Flächenstücks $S := \Phi(K)$ anzusehen. Um dies tun zu dürfen, muß man jedoch zuerst sicherstellen, daß die Zahl $I(S)$ tatsächlich nur von der Menge S und nicht von ihrer speziellen Parameterdarstellung $r = \Phi(u, v)$ abhängt, die bei der Berechnung von $I(S) = I(\Phi)$ verwendet wird (vgl. die entsprechenden Ausführungen zum Begriff der Bogenlänge in Nr. 178). Wie diese Unabhängigkeit von der Parameterdarstellung zu verstehen ist und daß sie tatsächlich in praktisch ausreichendem Maße besteht, lehrt die folgende Untersuchung.

M sei, wie früher, der offene, K umfassende Definitionsbereich von Φ. Ferner sei T eine nichtleere, kompakte und Jordan-meßbare Teilmenge der st-Ebene und G eine T umfassende offene Menge. Schließlich gebe es eine injektive und stetig differenzierbare Funktion $g: G \to M$ mit $g(T) = K$, deren Funktionaldeterminante auf G ständig > 0 oder ständig < 0 ist. Dann wird durch

$$\Psi(s, t) := \Phi(g(s, t))$$

eine Fläche Ψ mit dem Parameterbereich T definiert, für die offenbar $\Psi(T) = S := \Phi(K)$ ist. Man sagt deshalb, die Gleichung $r = \Psi(s, t)$ sei eine neue Parameterdarstellung für S. Mit Hilfe der Kettenregel sieht man durch eine einfache Rechnung, daß

$$\frac{\partial \Psi}{\partial s} \times \frac{\partial \Psi}{\partial t} = \left(\frac{\partial \Phi}{\partial u} \times \frac{\partial \Phi}{\partial v} \right) \det g'(s, t) \tag{208.15}$$

ist; dabei sind die Ableitungen $\partial \Phi / \partial u$ und $\partial \Phi / \partial v$ an der Stelle $g(s, t)$ zu berechnen. Und nun liefert die Substitutionsregel 205.2 die Gleichung

$$\int_K \left| \frac{\partial \Phi}{\partial u} \times \frac{\partial \Phi}{\partial v} \right| d(u, v) = \int_T \left| \frac{\partial \Phi(g(s, t))}{\partial u} \times \frac{\partial \Phi(g(s, t))}{\partial v} \right| |\det g'(s, t)| \, d(s, t)$$

$$= \int_T \left| \frac{\partial \Psi}{\partial s} \times \frac{\partial \Psi}{\partial t} \right| d(s, t).$$

Es ist also $I(\Phi) = I(\Psi)$ oder anders gesagt: $I(\Phi)$ *ist invariant unter „zulässigen" Parameterwechseln, d.h. unter Parameterwechseln der oben beschriebenen Art.* Ist Φ auch noch auf K — mit möglicher Ausnahme einer Jordanschen Nullmenge — *injektiv* (durch diese Voraussetzung werden inhaltsverfälschende Mehrfachdarstellungen der Punkte von S ausgeschlossen), so sind wir daher berechtigt, die Zahl $I(\Phi)$ auch als **Flächeninhalt** des **Flächenstücks** $S = \Phi(K)$ anzusehen, also $I(S) := I(\Phi)$ zu setzen.

Beispiel: Der Inhalt der in (208.7) beschriebenen Oberfläche der Kugel mit Radius a ergibt sich wegen (208.8) zu

$$\int_{-\pi/2}^{\pi/2} \left(\int_0^{2\pi} a^2 \cos v \, du \right) dv = 2 \pi a^2 \int_{-\pi/2}^{\pi/2} \cos v \, dv = 4 \pi a^2.$$

Wir kommen nun zu dem wichtigsten Begriff dieser Nummer, dem des *Oberflächenintegrals*. Dabei müssen wir zwischen zwei Arten von Oberflächenintegralen unterscheiden, je nachdem der Integrand ein *Skalarfeld* oder ein *Vektorfeld* ist. Dementsprechend geben wir zwei Definitionen.

Definition *Ist $\boldsymbol{\Phi}$ eine Fläche mit dem Parameterbereich K und f ein stetiges Skalarfeld auf $\boldsymbol{\Phi}(K)$, so nennt man*

$$\int_{\Phi} f\,\mathrm{d}\sigma := \int_K f(\boldsymbol{\Phi}(u,v))\left|\frac{\partial\boldsymbol{\Phi}}{\partial u}\times\frac{\partial\boldsymbol{\Phi}}{\partial v}\right|\mathrm{d}(u,v) \tag{208.16}$$

das Oberflächenintegral *von f über $\boldsymbol{\Phi}$.*

Der Buchstabe σ in $\mathrm{d}\sigma$ soll an das engl. u. franz. *surface* = Oberfläche erinnern.

Wegen (208.4) gilt ein genaues Analogon der Wegintegralformel (184.3), nämlich

$$\int_{\Phi} f\,\mathrm{d}\sigma = \int_K f(\boldsymbol{\Phi}(u,v))\sqrt{\left(\frac{\partial(Y,Z)}{\partial(u,v)}\right)^2+\left(\frac{\partial(Z,X)}{\partial(u,v)}\right)^2+\left(\frac{\partial(X,Y)}{\partial(u,v)}\right)^2}\;\mathrm{d}(u,v).$$

Offenbar ist

$$\int_{\Phi}\mathrm{d}\sigma := \int_{\Phi} 1\cdot\mathrm{d}\sigma = \text{Flächeninhalt } I(\boldsymbol{\Phi}) \text{ von } \boldsymbol{\Phi}.$$

Fast wörtlich wie bei der Diskussion des Flächeninhalts sieht man, *daß sich der Wert des Integrals $\int_{\Phi} f\,\mathrm{d}\sigma$ bei zulässigen Parametertransformationen nicht ändert.* Diese Tatsache rechtfertigt die Erklärung

$$\int_S f\,\mathrm{d}\sigma := \int_{\Phi} f\,\mathrm{d}\sigma \quad \text{für } S:=\boldsymbol{\Phi}(K).$$

In Physik und Technik treten Oberflächenintegrale der Form $\int_S f\,\mathrm{d}\sigma$ häufig auf. Sie liefern z.B. die Gesamtmasse eines Flächenstücks S, das mit Masse der (örtlich veränderlichen) Flächendichte f belegt ist (vgl. die entsprechenden Erörterungen zu Beginn der Nr. 184).

Definition *Ist $\boldsymbol{\Phi}:=X\boldsymbol{i}+Y\boldsymbol{j}+Z\boldsymbol{k}$ eine Fläche mit dem Parameterbereich K und $P\boldsymbol{i}+Q\boldsymbol{j}+R\boldsymbol{k}$ ein stetiges Vektorfeld auf $\boldsymbol{\Phi}(K)$, so setzt man*

$$\int_{\Phi} P\,\mathrm{d}y\wedge\mathrm{d}z := \int_K P(\boldsymbol{\Phi}(u,v))\frac{\partial(Y,Z)}{\partial(u,v)}\,\mathrm{d}(u,v),$$

$$\int_{\Phi} Q\,\mathrm{d}z\wedge\mathrm{d}x := \int_K Q(\boldsymbol{\Phi}(u,v))\frac{\partial(Z,X)}{\partial(u,v)}\,\mathrm{d}(u,v), \tag{208.17}$$

$$\int_{\Phi} R\,\mathrm{d}x\wedge\mathrm{d}y := \int_K R(\boldsymbol{\Phi}(u,v))\frac{\partial(X,Y)}{\partial(u,v)}\,\mathrm{d}(u,v)$$

und nennt

$$\int_\Phi P\,dy \wedge dz + Q\,dz \wedge dx + R\,dx \wedge dy$$

$$:= \int_\Phi P\,dy \wedge dz + \int_\Phi Q\,dz \wedge dx + \int_\Phi R\,dx \wedge dy$$

(208.18)

das Oberflächenintegral *von* $Pi + Qj + Rk$ *über* Φ.

Diese Formel ist das Analogon zur Wegintegralformel (180.5).

Bei den „Produkten" $dy \wedge dz$, $dz \wedge dx$, $dx \wedge dy$ ist auf die Reihenfolge der „Faktoren" zu achten. Z. B. wäre das Integral $\int_\Phi P\,dz \wedge dy$ sinngemäß zu definieren durch

$$\int_\Phi P\,dz \wedge dy := \int_K P(\Phi(u, v)) \frac{\partial(Z, Y)}{\partial(u, v)}\,d(u, v),$$

und da $\partial(Z, Y)/\partial(u, v) = -\partial(Y, Z)/\partial(u, v)$ ist, ergibt sich

$$\int_\Phi P\,dz \wedge dy = -\int_\Phi P\,dy \wedge dz.$$

Das Flächenstück $S := \Phi(K)$ werde nun nach einem zulässigen Parameterwechsel in der Form $S = \Psi(T)$ dargestellt, wobei

$$\Psi(s, t) = \overline{X}(s, t)i + \overline{Y}(s, t)j + \overline{Z}(s, t)k := \Phi(g(s, t))$$

eine Fläche mit dem Parameterbereich T ist (s. die Erörterungen nach (208.14)). Aus (208.15) folgen sofort die Gleichungen

$$\frac{\partial(\overline{Y}, \overline{Z})}{\partial(s, t)} = \frac{\partial(Y, Z)}{\partial(u, v)} \det g'(s, t), \ldots, \frac{\partial(\overline{X}, \overline{Y})}{\partial(s, t)} = \frac{\partial(X, Y)}{\partial(u, v)} \det g'(s, t);$$

dabei sind die partiellen Ableitungen von X, Y, Z an der Stelle $g(s, t)$ zu bilden. Nach der Substitutionsregel 205.2 ist also

$$\int_\Phi P\,dy \wedge dz = \int_K P(\Phi(u, v)) \frac{\partial(Y, Z)}{\partial(u, v)}\,d(u, v)$$

$$= \pm \int_T P(\Phi(g(s, t))) \frac{\partial(Y(g(s, t)), Z(g(s, t)))}{\partial(u, v)} \det g'(s, t)\,d(s, t)$$

$$= \pm \int_T P(\Psi(s, t)) \frac{\partial(\overline{Y}, \overline{Z})}{\partial(s, t)}\,d(s, t)$$

$$= \pm \int_\Psi P\,dy \wedge dz;$$

dabei ist das Zeichen $+$ bzw. $-$ zu wählen, je nachdem $\det g'(s,\,t)$ durchweg *positiv* bzw. *negativ* ist. Ganz entsprechend ist

$$\int_{\Phi} Q\,\mathrm{d}z \wedge \mathrm{d}x = \pm \int_{\Psi} Q\,\mathrm{d}z \wedge \mathrm{d}x, \qquad \int_{\Phi} R\,\mathrm{d}x \wedge \mathrm{d}y = \pm \int_{\Psi} R\,\mathrm{d}x \wedge \mathrm{d}y.$$

Damit erhalten wir die Gleichung

$$\int_{\Psi} P\,\mathrm{d}y \wedge \mathrm{d}z + Q\,\mathrm{d}z \wedge \mathrm{d}x + R\,\mathrm{d}x \wedge \mathrm{d}y = \pm \int_{\Phi} P\,\mathrm{d}y \wedge \mathrm{d}z + Q\,\mathrm{d}z \wedge \mathrm{d}x + R\,\mathrm{d}x \wedge \mathrm{d}y.$$

Das Oberflächenintegral $\int_{\Phi} P\,\mathrm{d}y \wedge \mathrm{d}z + Q\,\mathrm{d}z \wedge \mathrm{d}x + R\,\mathrm{d}x \wedge \mathrm{d}y$ hängt also (bei festem Integranden) nicht nur von dem Flächenstück S, sondern auch von dessen Parameterdarstellung ab — allerdings in einer einfach zu übersehenden Weise: *Es ist invariant unter* positivem Parameterwechsel $(\det g' > 0)$ *und ändert das Vorzeichen bei* negativem Parameterwechsel $(\det g' < 0)$. Der Leser möge diese Verhältnisse mit Satz 180.5 und A 180.8 vergleichen.

Trotz alledem verwendet man häufig das Symbol

$$\int_{S} P\,\mathrm{d}y \wedge \mathrm{d}z + Q\,\mathrm{d}z \wedge \mathrm{d}x + R\,\mathrm{d}x \wedge \mathrm{d}y$$

zur Bezeichnung des Oberflächenintegrals (208.18) — auch wir werden dies gelegentlich tun. Dabei muß aber aus dem Zusammenhang klar hervorgehen, welche Parameterdarstellung $r = \Phi(u,\,v)$ von S man wählen soll (wobei man dann immer noch die Freiheit hat, einen *positiven* Parameterwechsel vorzunehmen).

Wir stellen nun noch eine andere, vielbenutzte Schreibweise für das Oberflächenintegral (208.18) vor. Zieht man die Darstellung (208.12) des Normalenvektors $N(u,\,v)$ heran und setzt

$$F := P\,i + Q\,j + R\,k,$$

so sieht man, daß sich die Summe der drei Integrale auf den rechten Seiten der Gleichungen (208.17) in der Form

$$\int_{K} F(\Phi(u,\,v)) \cdot N(u,\,v)\,\mathrm{d}(u,\,v)$$

schreiben läßt. Infolgedessen ist

$$\int_{\Phi} P\,\mathrm{d}y \wedge \mathrm{d}z + Q\,\mathrm{d}z \wedge \mathrm{d}x + R\,\mathrm{d}x \wedge \mathrm{d}y = \int_{K} F(\Phi(u,\,v)) \cdot N(u,\,v)\,\mathrm{d}(u,\,v). \qquad (208.19)$$

Nun führen wir einen Vektor $n(u,\,v)$ wie folgt ein:

$$n(u,\,v) := \begin{cases} \dfrac{N(u,\,v)}{|N(u,\,v)|}, & \text{falls } N(u,\,v) \neq 0, \\[2mm] 0, & \text{falls } N(u,\,v) = 0. \end{cases} \qquad (208.20)$$

$n(u, v)$ ist wie $N(u, v)$ ein Normalenvektor von $\boldsymbol{\Phi}$ im Flächenpunkt $\boldsymbol{\Phi}(u, v)$. Ist $N(u, v)$ ständig $\neq 0$, so besitzt $n(u, v)$ überall die (euklidische) Länge 1 und wird deshalb ein **Normaleneinheitsvektor** genannt. Wir wollen diese Bezeichnung auch im allgemeinen Fall übernehmen, obwohl dann $n(u, v)$ möglicherweise in einigen Punkten die Länge 0 hat. Aus den Definitionen (208.20) und (208.10) ergibt sich

$$N(u, v) = n(u, v)\,|N(u, v)| = n(u, v)\left|\frac{\partial \boldsymbol{\Phi}}{\partial u} \times \frac{\partial \boldsymbol{\Phi}}{\partial v}\right|;$$

mit (208.19) folgt also

$$\int_{\boldsymbol{\Phi}} P\,\mathrm{d}y \wedge \mathrm{d}z + Q\,\mathrm{d}z \wedge \mathrm{d}x + R\,\mathrm{d}x \wedge \mathrm{d}y$$

$$= \int_{K} \boldsymbol{F}(\boldsymbol{\Phi}(u, v)) \cdot n(u, v)\left|\frac{\partial \boldsymbol{\Phi}}{\partial u} \times \frac{\partial \boldsymbol{\Phi}}{\partial v}\right|\mathrm{d}(u, v).$$

Setzen wir nun in Analogie zur Definition (208.16)

$$\int_{\boldsymbol{\Phi}} \boldsymbol{F} \cdot n\,\mathrm{d}\sigma := \int_{K} \boldsymbol{F}(\boldsymbol{\Phi}(u, v)) \cdot n(u, v)\left|\frac{\partial \boldsymbol{\Phi}}{\partial u} \times \frac{\partial \boldsymbol{\Phi}}{\partial v}\right|\mathrm{d}(u, v), \tag{208.21}$$

so ist

$$\int_{\boldsymbol{\Phi}} P\,\mathrm{d}y \wedge \mathrm{d}z + Q\,\mathrm{d}z \wedge \mathrm{d}x + R\,\mathrm{d}x \wedge \mathrm{d}y = \int_{\boldsymbol{\Phi}} \boldsymbol{F} \cdot n\,\mathrm{d}\sigma. \tag{208.22}$$

Das Integral auf der rechten Seite dieser Gleichung ist die oben versprochene zweite Schreibweise für das Oberflächenintegral auf der linken Seite.

Ist

$$\boldsymbol{\nu}(u, v) := -n(u, v),$$

so setzt man

$$\int_{\boldsymbol{\Phi}} \boldsymbol{F} \cdot \boldsymbol{\nu}\,\mathrm{d}\sigma := -\int_{\boldsymbol{\Phi}} \boldsymbol{F} \cdot n\,\mathrm{d}\sigma.$$

Gemäß unseren obigen Erörterungen über Parameterwechsel ist

$$\int_{\boldsymbol{\Phi}} \boldsymbol{F} \cdot \boldsymbol{\nu}\,\mathrm{d}\sigma = \int_{\boldsymbol{\Phi}\circ g} \boldsymbol{F} \cdot n\,\mathrm{d}\sigma,$$

für jede Parametertransformation g mit negativer Funktionaldeterminante.

Aufgaben

[+]**1.** Wird ein Flächenstück durch die Gleichung $z = f(x, y)$ gegeben, so ist sein Flächeninhalt (unter geeigneten Voraussetzungen über die Funktion f und ihren Definitionsbereich K) gleich

$$\int_K \sqrt{1+\left(\frac{\partial f}{\partial x}\right)^2+\left(\frac{\partial f}{\partial y}\right)^2}\,\mathrm{d}(x,y).$$

Hinweis: (208.6).

$^+$**2. Rotationsflächen** Die Funktion $f:[a,b]\to\mathbf{R}$ sei stetig differenzierbar und $\geqslant0$. Läßt man ihr Schaubild um das Intervall $[a,b]$ rotieren, so erhält man eine sogenannte Rotationsfläche mit der Parameterdarstellung

$$\boldsymbol{\Phi}(u,v)=u\boldsymbol{i}+f(u)\cos v\boldsymbol{j}+f(u)\sin v\boldsymbol{k}\qquad(a\leqslant u\leqslant b,\ 0\leqslant v\leqslant2\pi).$$

Zeige, daß ihr Flächeninhalt gegeben wird durch

$$2\pi\int_a^b f\sqrt{1+\left(\frac{\mathrm{d}f}{\mathrm{d}u}\right)^2}\,\mathrm{d}u.$$

3. Berechne den Flächeninhalt desjenigen Teils des Paraboloids $z=x^2+y^2$, der zwischen den Ebenen $z=0$ und $z=4$ liegt. Hinweis: Aufgabe 1.

4. Berechne den Flächeninhalt desjenigen Teils des hyperbolischen Paraboloids $2az=x^2-y^2$ ($a>0$), dessen Projektion auf die xy-Ebene durch $0\leqslant r\leqslant a\sqrt{\cos\varphi}$ ($0\leqslant\varphi\leqslant\pi/2$) gegeben wird ($r,\varphi$ Polarkoordinaten). Hinweis: Aufgabe 1.

5. Wie groß ist der Flächeninhalt desjenigen Teils des hyperbolischen Paraboloids $z=xy$, der über dem Viertelkreis $x^2+y^2\leqslant1$, $x\geqslant0$, $y\geqslant0$, liegt? Hinweis: Aufgabe 1.

6. Bestimme zunächst mittels Aufgabe 1 den Flächeninhalt F_ε desjenigen Teils der Fläche $z=\sqrt{2xy}$, der über dem Rechteck $[\varepsilon,a]\times[\varepsilon,b]$ liegt ($\varepsilon>0$), und berechne dann $F:=\lim\limits_{\varepsilon\to0}F_\varepsilon$.

F wird man als Inhalt desjenigen Teils unserer Fläche auffassen, der sich über dem Rechteck $[0,a]\times[0,b]$ befindet. Warum kann man zur Bestimmung dieses Inhalts die Aufgabe 1 nicht unmittelbar anwenden?

7. Berechne den Flächeninhalt desjenigen Teils der Halbkugeloberfläche $x^2+y^2+z^2=R^2$, $z\geqslant0$, welcher in dem zur z-Achse parallelen Kreiszylinder $\left(x-\dfrac{R}{2}\right)^2+y^2\leqslant\dfrac{R^2}{4}$ liegt.

8. Ein Kegel der Höhe h entstehe, indem man die Gerade $y=ax$ ($a>0$) um die x-Achse rotieren läßt. Berechne den Inhalt seiner Mantelfläche. Hinweis: Aufgabe 2.

9. Abschmelzen eines Schneeballs Das Volumen eines kugelförmigen Schneeballs vermindere sich durch Abschmelzen mit einer zeitlichen Rate, die proportional zu der jeweils vorhandenen Oberfläche ist: $\mathrm{d}V/\mathrm{d}t=-\alpha F$ (α eine positive Konstante). r_0 sei der Radius des Schneeballs zu Beginn des Abschmelzvorgangs, $r(t)$ sein Radius nach Ablauf der Zeit t. Nach einer Zeiteinheit möge sich das ursprüngliche Volumen $V_0:=V(0)$ um p Prozent vermindert haben. Zeige, daß $r(t)=r_0-\alpha t$ ist und daß die gesamte Schmelzzeit T durch

$$T=\frac{1}{1-\left(1-\dfrac{p}{100}\right)^{1/3}}$$

gegeben wird. Man wähle als Zeiteinheit 1 Stunde, gebe sich einige p-Werte vor und berechne die zugehörigen Schmelzzeiten T. Für das Lutschen eines „runden" Bonbons wird man übrigens ebenfalls das obige mathematische Modell verwenden.

10. $\Phi := X\boldsymbol{i} + Y\boldsymbol{j} + Z\boldsymbol{k}$ sei eine Fläche mit dem Parameterbereich K. In der Differentialgeometrie (eine mathematische Disziplin, die sich u. a. mit dem tieferen Studium der Flächen beschäftigt) setzt man

$$E := \frac{\partial \Phi}{\partial u} \cdot \frac{\partial \Phi}{\partial u}, \qquad F := \frac{\partial \Phi}{\partial u} \cdot \frac{\partial \Phi}{\partial v}, \qquad G := \frac{\partial \Phi}{\partial v} \cdot \frac{\partial \Phi}{\partial v}.$$

Zeige, daß $\left| \dfrac{\partial \Phi}{\partial u} \times \dfrac{\partial \Phi}{\partial v} \right| = \sqrt{EG - F^2}$ und daher

$$I(\Phi) = \int_K \sqrt{EG - F^2}\, d(u, v) \text{ ist.}$$

11. S sei die durch (208.7) gegebene Oberfläche der Kugel mit Radius a um den Nullpunkt. Berechne das Oberflächenintegral

$$\int_S x\, dy \wedge dz + y\, dz \wedge dx + z\, dx \wedge dy.$$

12. S sei die Halbkugel $x^2 + y^2 + z^2 = R^2$, $z \geqslant 0$, und r der Abstand des variablen Punktes $Q \in S$ von dem festen Punkt P mit den Koordinaten $0, 0, \zeta$ ($\zeta \neq R$). Berechne das Oberflächenintegral

$$J(\zeta) := \int_S \frac{1}{r}\, d\sigma$$

und bestimme $\lim_{\zeta \to +\infty} \zeta J(\zeta)$.

13. Berechne das Oberflächenintegral $\int_S (x^2 + y^2)\, d\sigma$, wobei S die Halbkugel aus Aufgabe 12 ist.

14. S sei das Ellipsoid $\dfrac{x^2}{a^2} + \dfrac{y^2}{b^2} + \dfrac{z^2}{c^2} = 1$ ($a, b, c > 0$). Berechne das Oberflächenintegral

$$\int_S \sqrt{\frac{x^2}{a^4} + \frac{y^2}{b^4} + \frac{z^2}{c^4}}\, d\sigma.$$

15. Die Fläche S werde gegeben durch $\Phi(u, v) := u\cos v\, \boldsymbol{i} + u\sin v\, \boldsymbol{j} + v\boldsymbol{k}$ ($0 \leqslant u \leqslant 1$, $0 \leqslant v \leqslant 2\pi$), das Vektorfeld $F(x, y, z)$ durch $y\boldsymbol{i} - x\boldsymbol{j}$. Berechne das Oberflächenintegral $\int_S F \cdot \boldsymbol{n}\, d\sigma$.

209 Der Stokessche Integralsatz[1]

Dieser für die Mathematik und Physik gleichermaßen wichtige Satz erlaubt es, gewisse Oberflächenintegrale durch Wegintegrale auszudrücken. Er lautet folgendermaßen:

209.1 Stokesscher Integralsatz *Es mögen die folgenden Voraussetzungen gelten:*

a) *Φ sei eine Fläche, deren Parameterbereich K ein BV-Normalbereich bezüglich beider Achsen ist. Darüber hinaus sei Φ sogar eine C^2-Funktion auf einer K enthaltenden offenen Menge;*

---

[1] George Gabriel Stokes (1819–1903; 84).

b) *der positiv orientierte Rand ∂K von K sei mittels eines stückweise stetig differenzierbaren Weges $\gamma\colon [a, b]\to\mathbf{R}^2$ parametrisierbar;*

c) *das Vektorfeld $P\mathbf{i}+Q\mathbf{j}+R\mathbf{k}$ sei stetig differenzierbar auf einer offenen Menge, die $\Phi(K)$ enthält.*

Dann ist

$$\int_\Phi \left(\frac{\partial R}{\partial y}-\frac{\partial Q}{\partial z}\right)\mathrm{d}y\wedge\mathrm{d}z+\left(\frac{\partial P}{\partial z}-\frac{\partial R}{\partial x}\right)\mathrm{d}z\wedge\mathrm{d}x+\left(\frac{\partial Q}{\partial x}-\frac{\partial P}{\partial y}\right)\mathrm{d}x\wedge\mathrm{d}y$$

$$=\int_{\Phi\circ\gamma} P\,\mathrm{d}x+Q\,\mathrm{d}y+R\,\mathrm{d}z.^{1)} \tag{209.1}$$

Beweis. Die Komponentenfunktionen von Φ seien wie früher X, Y und Z, die von γ bezeichnen wir mit γ_1 und γ_2. Wir nehmen uns zunächst das Wegintegral $\int_{\Phi\circ\gamma}P\,\mathrm{d}x$ vor. Mit der Abkürzung

$$p(u, v):=P(X(u, v),\ Y(u, v),\ Z(u, v))$$

und der Ableitungsformel

$$\frac{\mathrm{d}X(\gamma(t))}{\mathrm{d}t}=\frac{\partial X(\gamma(t))}{\partial u}\,\dot{\gamma}_1(t)+\frac{\partial X(\gamma(t))}{\partial v}\,\dot{\gamma}_2(t)$$

(s. (208.11)) erhalten wir gemäß der Definition (207.1) die Gleichung

$$\int_{\Phi\circ\gamma}P\,\mathrm{d}x=\int_a^b p(\gamma(t))\,\frac{\mathrm{d}X(\gamma(t))}{\mathrm{d}t}\,\mathrm{d}t$$

$$=\int_a^b p(\gamma(t))\left[\frac{\partial X(\gamma(t))}{\partial u}\,\dot{\gamma}_1(t)+\frac{\partial X(\gamma(t))}{\partial v}\,\dot{\gamma}_2(t)\right]\mathrm{d}t \tag{209.2}$$

$$=\int_\gamma p\,\frac{\partial X}{\partial u}\,\mathrm{d}u+p\,\frac{\partial X}{\partial v}\,\mathrm{d}v.$$

Nach dem Gaußschen Integralsatz für die Ebene (Satz 207.1) ist

$$\int_\gamma p\,\frac{\partial X}{\partial u}\,\mathrm{d}u+p\,\frac{\partial X}{\partial v}\,\mathrm{d}v=\int_K\left[\frac{\partial}{\partial u}\left(p\,\frac{\partial X}{\partial v}\right)-\frac{\partial}{\partial v}\left(p\,\frac{\partial X}{\partial u}\right)\right]\mathrm{d}(u, v). \tag{209.3}$$

Wir formen nun den Integranden des letzten Integrals um. Da die partiellen Ableitungen zweiter Ordnung von X stetig sind, ist

---

[1] Eine andere Schreibweise dieser Gleichung mittels der sogenannten Rotation des Vektorfeldes $P\mathbf{i}+Q\mathbf{j}+R\mathbf{k}$ findet der Leser in (209.5). — Der Weg $\Phi\circ\gamma$ wird aus naheliegenden Gründen die Berandung von Φ genannt.

$$\frac{\partial}{\partial u}\left(p\,\frac{\partial X}{\partial v}\right) - \frac{\partial}{\partial v}\left(p\,\frac{\partial X}{\partial u}\right) = \frac{\partial p}{\partial u}\,\frac{\partial X}{\partial v} + p\,\frac{\partial^2 X}{\partial u\,\partial v} - \frac{\partial p}{\partial v}\,\frac{\partial X}{\partial u} - p\,\frac{\partial^2 X}{\partial v\,\partial u}$$

$$= \frac{\partial p}{\partial u}\,\frac{\partial X}{\partial v} - \frac{\partial p}{\partial v}\,\frac{\partial X}{\partial u}\,.$$

Die Kettenregel (165.5) liefert für $\partial p/\partial u$ und $\partial p/\partial v$ die Gleichungen

$$\frac{\partial p}{\partial u} = \frac{\partial P}{\partial x}\,\frac{\partial X}{\partial u} + \frac{\partial P}{\partial y}\,\frac{\partial Y}{\partial u} + \frac{\partial P}{\partial z}\,\frac{\partial Z}{\partial u}\,,$$

$$\frac{\partial p}{\partial v} = \frac{\partial P}{\partial x}\,\frac{\partial X}{\partial v} + \frac{\partial P}{\partial y}\,\frac{\partial Y}{\partial v} + \frac{\partial P}{\partial z}\,\frac{\partial Z}{\partial v}\,.$$

Mit ihnen folgt

$$\frac{\partial p}{\partial u}\,\frac{\partial X}{\partial v} - \frac{\partial p}{\partial v}\,\frac{\partial X}{\partial u} = \frac{\partial P}{\partial y}\left[\frac{\partial Y}{\partial u}\,\frac{\partial X}{\partial v} - \frac{\partial Y}{\partial v}\,\frac{\partial X}{\partial u}\right] + \frac{\partial P}{\partial z}\left[\frac{\partial Z}{\partial u}\,\frac{\partial X}{\partial v} - \frac{\partial Z}{\partial v}\,\frac{\partial X}{\partial u}\right]$$

$$= -\frac{\partial P}{\partial y}\,\frac{\partial(X,\,Y)}{\partial(u,\,v)} + \frac{\partial P}{\partial z}\,\frac{\partial(Z,\,X)}{\partial(u,\,v)}\,.$$

Zusammengefaßt ist also

$$\frac{\partial}{\partial u}\left(p\,\frac{\partial X}{\partial v}\right) - \frac{\partial}{\partial v}\left(p\,\frac{\partial X}{\partial u}\right) = -\frac{\partial P}{\partial y}\,\frac{\partial(X,\,Y)}{\partial(u,\,v)} + \frac{\partial P}{\partial z}\,\frac{\partial(Z,\,X)}{\partial(u,\,v)}\,.$$

Die Gleichungen (209.2) und (209.3) liefern nun sofort die Beziehung

$$\int_{\Phi\circ\gamma} P\,dx = \int_K \left[-\frac{\partial P}{\partial y}\,\frac{\partial(X,\,Y)}{\partial(u,\,v)} + \frac{\partial P}{\partial z}\,\frac{\partial(Z,\,X)}{\partial(u,\,v)}\right] d(u,\,v),$$

kürzer:

$$\int_{\Phi\circ\gamma} P\,dx = \int_\Phi -\frac{\partial P}{\partial y}\,dx\wedge dy + \frac{\partial P}{\partial z}\,dz\wedge dx.$$

In ganz entsprechender Weise verifiziert man die Gleichungen

$$\int_{\Phi\circ\gamma} Q\,dy = \int_\Phi -\frac{\partial Q}{\partial z}\,dy\wedge dz + \frac{\partial Q}{\partial x}\,dx\wedge dy,$$

$$\int_{\Phi\circ\gamma} R\,dz = \int_\Phi -\frac{\partial R}{\partial x}\,dz\wedge dx + \frac{\partial R}{\partial y}\,dy\wedge dz.$$

Durch Addition der drei letzten Gleichungen erhält man nun ohne weitere Umstände die behauptete Beziehung (209.1). ∎

Die Stokessche Gleichung (209.1) läßt sich einfacher schreiben, wenn man die sogenannte Rotation eines Vektorfeldes einführt. Ist ein differenzierbares Vektorfeld F durch

$$F(x, y, z) := P(x, y, z)\,i + Q(x, y, z)\,j + R(x, y, z)\,k$$

gegeben, so versteht man unter seiner **Rotation** $\operatorname{rot} F$ das Vektorfeld

$$\operatorname{rot} F := \left(\frac{\partial R}{\partial y} - \frac{\partial Q}{\partial z}\right) i + \left(\frac{\partial P}{\partial z} - \frac{\partial R}{\partial x}\right) j + \left(\frac{\partial Q}{\partial x} - \frac{\partial P}{\partial y}\right) k. \tag{209.4}$$

Gestützt auf (208.22) sieht man nun, daß man die Stokessche Gleichung (209.1) auch in der Form

$$\int_{\Phi} \operatorname{rot} F \cdot n\,\mathrm{d}\sigma = \int_{\Phi \circ \gamma} P\,\mathrm{d}x + Q\,\mathrm{d}y + R\,\mathrm{d}z \tag{209.5}$$

schreiben kann. Wir erinnern daran, daß

$$\int_{\Phi} \operatorname{rot} F \cdot n\,\mathrm{d}\sigma = \int_{K} \operatorname{rot} F(\Phi(u, v)) \cdot \left(\frac{\partial \Phi}{\partial u} \times \frac{\partial \Phi}{\partial v}\right) \mathrm{d}(u, v)$$

ist.

Die Definition (209.4) von $\operatorname{rot} F$ läßt sich leicht mit Hilfe der symbolischen Gleichung

$$\operatorname{rot} F := \begin{vmatrix} i & j & k \\ \dfrac{\partial}{\partial x} & \dfrac{\partial}{\partial y} & \dfrac{\partial}{\partial z} \\ P & Q & R \end{vmatrix}$$

merken, die folgendermaßen zu verstehen ist: Man entwickle die „Determinante" nach der ersten Zeile, als ob alle auftretenden Ausdrücke Zahlen wären und fasse die „Produkte" der Form $\dfrac{\partial}{\partial y} R,\ \dfrac{\partial}{\partial z} Q$ usw. als partielle Ableitungen auf.

Aufgaben

1. Wir haben den Stokesschen Integralsatz mit Hilfe des Gaußschen Integralsatzes für die Ebene gewonnen. Zeige umgekehrt, daß unter gewissen zusätzlichen Voraussetzungen (welchen?) der Gaußsche Satz aus dem Stokesschen folgt.

2. Berechne die Rotation der folgenden Vektorfelder auf $\mathbf{R}^3$:

a) $xy\,i + x^2 z\,j + y\,k$,   b) $2i + x z^2\,j + x \sin y\,k$,   c) $\mathrm{e}^{xy}\,i + xyz\,j + x^2 y\,\mathrm{e}^z\,k$.

3. Für das Vektorfeld $r := x\,i + y\,j + z\,k$ ist $\operatorname{rot} r = 0$.

$^+$**4.** Die Vektorfelder F und G und das Skalarfeld φ seien differenzierbar auf einer offenen Menge $M \subset \mathbf{R}^3$. Dann ist auf M

$$\operatorname{rot}(F + G) = \operatorname{rot} F + \operatorname{rot} G, \quad \operatorname{rot}(aF) = a \operatorname{rot} F \quad (a \in \mathbf{R}),$$

$$\operatorname{rot}(\varphi F) = \varphi \operatorname{rot} F + \operatorname{grad} \varphi \times F.$$

+5. Für jedes C^2-Skalarfeld φ auf einer offenen Teilmenge des $\mathbf{R}^3$ ist

$$\mathrm{rot}\,(\mathrm{grad}\,\varphi) = \mathbf{0}.$$

Hinweis: Satz 162.1.

+6. Ein differenzierbares Vektorfeld $F\colon G\subset\mathbf{R}^3\to\mathbf{R}^3$ heißt **rotationsfrei**, wenn $\mathrm{rot}\,F=\mathbf{0}$ ist. Ist das Vektorfeld F auf der offenen und sternförmigen Menge G stetig differenzierbar, so ist es genau dann ein Gradientenfeld, wenn es rotationsfrei ist. Hinweis: Satz 182.2.

7. Sei $F(x,\,y,\,z):=(x^2+xy)\boldsymbol{i}+\left(\dfrac{x^2}{2}+y+az\right)\boldsymbol{j}+by\boldsymbol{k}$. Bestimme b als Funktion von a so, daß F ein Gradientenfeld ist und berechne dann eine Stammfunktion φ zu F.

8. Verifiziere den Stokesschen Integralsatz in dem folgenden Fall: K sei die Kreisscheibe um den Nullpunkt mit Radius $a>0$, die Fläche Φ sei explizit durch die Gleichung $z=x^2-y^2$ gegeben und das Vektorfeld F durch $F(x,\,y,\,z):=z\boldsymbol{i}+x\boldsymbol{j}+y\boldsymbol{k}$. „Verifizieren" heißt hierbei, daß man beide Integrale in (209.1) oder (209.5) ausrechnet und feststellt, daß sie denselben Wert haben.

9. $\Phi(K)$ sei die obere Hälfte der Oberfläche der Einheitskugel, gegeben durch (208.7) mit $a=1$ und $K=[0,\,2\pi]\times[0,\,\pi/2]$. Das Vektorfeld F sei definiert durch $F(x,\,y,\,z):=\boldsymbol{i}+xz\boldsymbol{j}+xy\boldsymbol{k}$. Berechne das Oberflächenintegral $\int_{\Phi(K)}\mathrm{rot}\,F\cdot\boldsymbol{n}\,d\sigma$ mittels des Stokesschen Satzes. Man verdeutliche sich den Verlauf des Weges $\Phi\circ\gamma$ und mache sich klar, daß man nur über die (positiv orientierte) Einheitskreislinie der xy-Ebene zu integrieren braucht. Man berechne das Oberflächenintegral auch direkt und vergleiche den Aufwand.

210 Der Gaußsche Integralsatz im Raum

Der Gaußsche Integralsatz in der Ebene (Satz 207.1) macht es möglich, gewisse Integrale über ebene Bereiche in Wegintegrale zu verwandeln. Der nun anstehende Gaußsche Integralsatz im Raum leistet etwas Analoges: Er lehrt, wie man Integrale bestimmter Bauart über räumliche Bereiche in Oberflächenintegrale umformen kann. Um uns im folgenden bequem ausdrücken zu können, verabreden wir zunächst eine naheliegende Sprachregelung, bei der wir uns auf den zweidimensionalen Fall beschränken.

T sei eine kompakte, Jordan-meßbare Teilmenge von $\mathbf{R}^2$ und $g\colon G\to\mathbf{R}^2$ eine C^1-Funktion auf irgendeiner offenen Menge $G\supset T$. Wir nennen g eine **Substitutionsfunktion** (für T), wenn $g(T)$ Jordan-meßbar ist und für jede stetige Funktion $f\colon g(T)\to\mathbf{R}$ die Substitutionsformel

$$\int_{g(T)} f(x,\,y)\,\mathrm{d}(x,\,y) = \int_{T} f(g(u,\,v))\,|\det g'(u,\,v)|\,\mathrm{d}(u,\,v)$$

gilt. Natürlich ist ein g, das den Voraussetzungen der Substitutionsregel 205.2 genügt, automatisch eine Substitutionsfunktion. In Nr. 206 haben wir jedoch anläßlich der Transformation auf Polarkoordinaten gesehen, daß es sehr wohl Substitutionsfunktionen (und zwar ganz besonders wichtige) geben kann, welche die genannten Voraussetzungen nicht alle erfüllen.

Wir erklären nun, was unter einem C^1-Normalbereich bezüglich der xy-Ebene zu verstehen ist.

Durch

$$\boldsymbol{\Phi}_\nu(u, v) := X_\nu(u, v)\boldsymbol{i} + Y_\nu(u, v)\boldsymbol{j} + Z_\nu(u, v)\boldsymbol{k} \qquad (\nu = 1, 2)$$

seien zwei Flächen $\boldsymbol{\Phi}_1$, $\boldsymbol{\Phi}_2$ mit den Parameterbereichen K_1, K_2 gegeben. Diese Flächen sollen die folgenden Voraussetzungen erfüllen:

a) Die $\mathbf{R}^2$-wertige Abbildung

$$\boldsymbol{g}_\nu(u, v) := X_\nu(u, v)\boldsymbol{i} + Y_\nu(u, v)\boldsymbol{j}$$

ist eine Substitutionsfunktion für K_ν $(\nu = 1, 2)$.

b) Mit möglicher Ausnahme einer Jordanschen Nullmenge ist

$$\det \boldsymbol{g}'_1 < 0 \quad \text{und} \quad \det \boldsymbol{g}'_2 > 0.$$

c) Es ist $\boldsymbol{g}_1(K_1) = \boldsymbol{g}_2(K_2)$. Diesen gemeinsamen Bildbereich bezeichnen wir mit K (K ist eine Teilmenge des $\mathbf{R}^2$).

d) Der Rand von K ist der Bogen eines stückweise glatten Weges in der xy-Ebene.

e) Es gibt stetige Funktionen $\varphi_\nu : K \to \mathbf{R}$ $(\nu = 1, 2)$, mit denen für alle Punkte von K_ν gilt:

$$Z_\nu(u, v) = \varphi_\nu(X_\nu(u, v), \ Y_\nu(u, v)).^{1)}$$

f) Für alle Punkte von K ist $\varphi_1(x, y) \leq \varphi_2(x, y)$.

Sind alle diese Bedingungen erfüllt, so nennt man die Menge

$$V := \{x\boldsymbol{i} + y\boldsymbol{j} + z\boldsymbol{k} : x\boldsymbol{i} + y\boldsymbol{j} \in K, \ \varphi_1(x, y) \leq z \leq \varphi_2(x, y)\} \tag{210.1}$$

einen C^1-Normalbereich bezüglich der xy-Ebene mit den erzeugenden Flächen $\boldsymbol{\Phi}_1$, $\boldsymbol{\Phi}_2$, dem

$$\text{unteren Deckel } S_1 := \boldsymbol{\Phi}_1(K_1)$$

und dem

$$\text{oberen Deckel } S_2 := \boldsymbol{\Phi}_2(K_2)$$

(s. Fig. 210.1).

$^{1)}$ Ist $\boldsymbol{g}_\nu$ injektiv und $\det \boldsymbol{g}'_\nu(u, v)$ ständig $\neq 0$, so leistet $\varphi_\nu := Z_\nu \circ \boldsymbol{g}_\nu^{-1}$ das Gewünschte (s. Satz 171.2c).

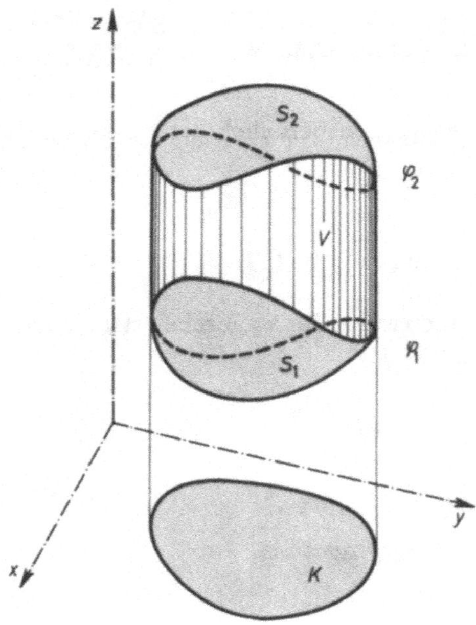

Fig. 210.1

Die Voraussetzung b) ist keine zu Buche schlagende Einschränkung, solange jede der Funktionaldeterminanten $\det g_1'$ und $\det g_2'$ von Hause aus *konstantes Vorzeichen* hat (immer mit möglicher Ausnahme einer Jordanschen Nullmenge). Denn dann läßt sie sich notfalls durch eine einfache *Umparametrisierung* (nämlich durch eine Vertauschung der Parameterreihenfolge) realisieren.

Die Voraussetzung e) bedeutet im wesentlichen, daß das Flächenstück S_ν der Graph einer reellwertigen Funktion φ_ν ist oder anschaulicher: daß jede Parallele zur z-Achse durch einen Punkt von K das Flächenstück S_ν genau einmal trifft. Die Voraussetzung f) besagt, daß der Schnittpunkt einer solchen Parallelen mit S_1 nicht über ihrem Schnittpunkt mit S_2 liegt.

Wir bringen zunächst zwei besonders wichtige Beispiele für C^1-Normalbereiche bezüglich der xy-Ebene und bitten den Leser, selbst nachzuprüfen, daß die Voraussetzungen a) bis f) tatsächlich alle erfüllt sind.

1. Der achsenparallele Quader $[a_1, a_2] \times [b_1, b_2] \times [c_1, c_2]$. Die erzeugenden Flächen Φ_ν werden definiert durch

$$\Phi_1(u, v) := v\boldsymbol{i} + u\boldsymbol{j} + c_1\boldsymbol{k} \quad \text{mit } K_1 := [b_1, b_2] \times [a_1, a_2],$$
$$\Phi_2(u, v) := u\boldsymbol{i} + v\boldsymbol{j} + c_2\boldsymbol{k} \quad \text{mit } K_2 := [a_1, a_2] \times [b_1, b_2].$$

φ_ν ist die konstante Funktion c_ν auf dem Rechteck $[a_1, a_2] \times [b_1, b_2]$ der xy-Ebene.

2. Die Kugel mit Radius $a > 0$. Wir verlegen o.B.d.A. ihren Mittelpunkt in den Koordinatenursprung. Die erzeugenden Flächen werden gegeben durch

$$\Phi_1(u, v) := a\cos u \cos v\,\boldsymbol{i} + a\sin u \cos v\,\boldsymbol{j} + a\sin v\,\boldsymbol{k} \quad \text{mit } K_1 := [0, 2\pi] \times \left[-\frac{\pi}{2}, 0\right],$$

$$\Phi_2(u, v) := a\cos u \cos v\,\boldsymbol{i} + a\sin u \cos v\,\boldsymbol{j} + a\sin v\,\boldsymbol{k} \quad \text{mit } K_2 := [0, 2\pi] \times \left[0, \frac{\pi}{2}\right]$$

(s. (208.7)). Die Funktionen φ_1, φ_2 sind auf dem Kreis $x^2 + y^2 \leqslant a^2$ gegeben durch

$$\varphi_1(x, y) := -\sqrt{a^2 - x^2 - y^2}, \qquad \varphi_2(x, y) := \sqrt{a^2 - x^2 - y^2}.$$

Wir nehmen nun an, auf einer offenen Menge, die den obigen C^1-Normalbereich V enthält, sei eine stetig differenzierbare reellwertige Funktion R definiert. Dann ist

$$\int_V \frac{\partial R}{\partial z}\, \mathrm{d}(x, y, z) = \int_K \left(\int_{\varphi_1(x, y)}^{\varphi_2(x, y)} \frac{\partial R}{\partial z}\, \mathrm{d}z \right) \mathrm{d}(x, y)$$

$$= \int_K R(x, y, \varphi_2(x, y))\, \mathrm{d}(x, y) - \int_K R(x, y, \varphi_1(x, y))\, \mathrm{d}(x, y). \tag{210.2}$$

Da g_2 eine Substitutionsfunktion für K_2 mit im wesentlichen positiver Funktionaldeterminante ist, finden wir

$$\int_K R(x, y, \varphi_2(x, y))\, \mathrm{d}(x, y) = \int_{g_2(K_2)} R(x, y, \varphi_2(x, y))\, \mathrm{d}(x, y)$$

$$= \int_{K_2} R(g_2(u, v), \varphi_2(g_2(u, v)))\det g_2'(u, v)\, \mathrm{d}(u, v)$$

$$= \int_{K_2} R(\boldsymbol{\Phi}_2(u, v)) \frac{\partial(X_2, Y_2)}{\partial(u, v)}\, \mathrm{d}(u, v)$$

$$= \int_{\Phi_2} R\, \mathrm{d}x \wedge \mathrm{d}y.$$

Entsprechend erhält man

$$\int_K R(x, y, \varphi_1(x, y))\, \mathrm{d}(x, y) = -\int_{\Phi_1} R\, \mathrm{d}x \wedge \mathrm{d}y$$

(hier berücksichtige man die Voraussetzung $\det g_1' < 0$). Mit den beiden letzten Ergebnissen schreibt sich (210.2) in der Form

$$\int_V \frac{\partial R}{\partial z}\, \mathrm{d}(x, y, z) = \int_{\Phi_1} R\, \mathrm{d}x \wedge \mathrm{d}y + \int_{\Phi_2} R\, \mathrm{d}x \wedge \mathrm{d}y. \tag{210.3}$$

Diese Gleichung ist der *Gaußsche Integralsatz in seiner einfachsten Gestalt.*

Wir nehmen nun eine Umformulierung und Erweiterung der Aussage (210.3) in Angriff. Nach d) ist der Rand von K der Bogen eines stückweise glatten Weges. Diesen Weg nennen wir γ und stellen ihn dar durch

$$\gamma(t) := \gamma_1(t)\boldsymbol{i} + \gamma_2(t)\boldsymbol{j} \qquad (a \leqslant t \leqslant b).$$

Ferner definieren wir eine „verallgemeinerte Fläche" $\boldsymbol{\Phi}_3$ mit dem „Parameterbereich" K_3 durch

$$\boldsymbol{\Phi}_3(u, v) := \gamma_1(u)\boldsymbol{i} + \gamma_2(u)\boldsymbol{j} + v\boldsymbol{k},$$

$$K_3 := \left\{ \begin{pmatrix} u \\ v \end{pmatrix} : a \leqslant u \leqslant b,\ \varphi_1(\boldsymbol{\gamma}(u)) \leqslant v \leqslant \varphi_2(\boldsymbol{\gamma}(u)) \right\}.$$

Der Bildbereich

$$S_3 := \boldsymbol{\Phi}_3(K_3)$$

von Φ_3 ist offenbar der vertikale Rand von V (was damit gemeint ist, dürfte klar sein). Φ_3 ist keine Fläche im bisher gebrauchten Sinne dieses Wortes, weil die partielle Ableitung $\partial\Phi_3/\partial u$ in denjenigen Punkten $\begin{pmatrix} u \\ v \end{pmatrix}$ nicht existiert, für die $\gamma(u)$ nicht differenzierbar ist. Die Menge dieser Punkte bildet allerdings, anschaulich gesprochen, nur endlich viele Strecken in K_3, ist also gewiß eine Jordansche Nullmenge. Setzen wir

$$X_3(u, v) := \gamma_1(u), \qquad Y_3(u, v) := \gamma_2(u),$$

so ist, abgesehen von der genannten Nullmenge,

$$\frac{\partial(X_3, Y_3)}{\partial(u, v)} = \begin{vmatrix} \dfrac{d\gamma_1}{du} & 0 \\[2mm] \dfrac{d\gamma_2}{du} & 0 \end{vmatrix} = 0.$$

Es liegt deshalb nahe, den Begriff des Oberflächenintegrals geringfügig zu erweitern und

$$\int_{\Phi_3} R\, dx \wedge dy := 0 \tag{210.4}$$

zu setzen. Die Gaußsche Formel (210.3) geht dann über in die Beziehung

$$\int_V \frac{\partial R}{\partial z}\, d(x, y, z) = \sum_{\nu=1}^{3} \int_{\Phi_\nu} R\, dx \wedge dy. \tag{210.5}$$

Wir schreiben nun in dieser Gleichung, wie früher schon praktiziert, S_ν an Stelle von Φ_ν, setzen

$$S := S_1 \cup S_2 \cup S_3,$$

$$\int_S R\, dx \wedge dy := \sum_{\nu=1}^{3} \int_{S_\nu} R\, dx \wedge dy$$

und bringen so die Aussage (210.5) auf die griffige Form

$$\int_V \frac{\partial R}{\partial z}\, d(x, y, z) = \int_S R\, dx \wedge dy. \tag{210.6}$$

Locker formuliert besagt diese Gleichung, daß das Integral von $\partial R/\partial z$ über den Raumbereich V gleich dem Oberflächenintegral von R über den Rand S von V ist. Dabei ist allerdings sorgfältig darauf zu achten, daß S_1 und S_2 so parametrisiert werden, wie wir angegeben haben, insbesondere also so, daß die Vorzeichenvoraussetzungen b) erfüllt sind. Ist n_1, n_2 der zu Φ_1, Φ_2 gehörende Normalenvektor (s. (208.20)), so kann man zeigen, daß er dank unserer Parametrisierung in das Äußere von V weist. Wenn man den Randweg γ von K positiv orientiert, so gilt dasselbe für den Vektor

$$n_3 := \frac{\dfrac{\partial \Phi_3}{\partial u} \times \dfrac{\partial \Phi_3}{\partial v}}{\left|\dfrac{\partial \Phi_3}{\partial u} \times \dfrac{\partial \Phi_3}{\partial v}\right|} = \frac{\dfrac{d\gamma_2}{du} i - \dfrac{d\gamma_1}{du} j}{\sqrt{\left(\dfrac{d\gamma_1}{du}\right)^2 + \left(\dfrac{d\gamma_2}{du}\right)^2}}$$

in allen Punkten, wo er existiert; dort ist er natürlich im früher erläuterten Sinn ein Normalenvektor von Φ_3. Wir erwähnen diese Dinge nur, um verständlich zu machen, warum man das Feld n der Vektoren n_1, n_2, n_3 gerne das Feld der äußeren Normalen von S nennt oder noch kürzer sagt, n sei die äußere Normale von S. Gemäß (208.22) ist

$$\int_{S_\nu} Rk \cdot n\, d\sigma = \int_{S_\nu} R\, dx \wedge dy \quad \text{für } \nu = 1, 2.$$

Setzen wir

$$\int_{S_3} Rk \cdot n\, d\sigma := 0 \quad \text{und} \quad \int_S Rk \cdot n\, d\sigma := \sum_{\nu=1}^{3} \int_{S_\nu} Rk \cdot n\, d\sigma,$$

so geht (210.6) über in die Gleichung

$$\int_V \frac{\partial R}{\partial z}\, d(x, y, z) = \int_S Rk \cdot n\, d\sigma \qquad (n \text{ die äußere Normale von } S). \quad (210.7)$$

Ist V ein C^1-Normalbereich bezüglich der xz-Ebene bzw. bezüglich der yz-Ebene (was damit gemeint ist, dürfte klar sein) und Q bzw. P eine reellwertige Funktion, die auf einer V enthaltenden offenen Menge stetig differenzierbar ist, so sieht man durch entsprechende Überlegungen, daß die folgenden Beziehungen gelten:

$$\int_V \frac{\partial Q}{\partial y}\, d(x, y, z) = \int_S Q\, dz \wedge dx = \int_S Qj \cdot n\, d\sigma \qquad (210.8)$$

bzw.

$$\int_V \frac{\partial P}{\partial x}\, d(x, y, z) = \int_S P\, dy \wedge dz = \int_S Pi \cdot n\, d\sigma. \qquad (210.9)$$

Ist

$$F := Pi + Qj + Rk$$

ein differenzierbares Vektorfeld, so nennt man das Skalarfeld

$$\operatorname{div} F := \frac{\partial P}{\partial x} + \frac{\partial Q}{\partial y} + \frac{\partial R}{\partial z}$$

die Divergenz von F. Mit diesem Begriff erhalten wir nun durch Addition der Gln. (210.7) bis (210.9) sofort den folgenden Satz:

210.1 Gaußscher Integralsatz im Raum (Divergenzsatz) *Ist V ein C^1-Normalbereich bezüglich aller Koordinatenebenen und $F:=Pi+Qj+Rk$ ein stetig differenzierbares Vektorfeld auf einer offenen, V umfassenden Menge, so gilt*

$$\int_V \operatorname{div} F \, \mathrm{d}(x, y, z) = \int_S F \cdot n \, \mathrm{d}\sigma$$

(S der Rand von V und n die äußere Normale von S).

Jeder achsenparallele Quader und jede Kugel ist ein C^1-Normalbereich bezüglich aller Koordinatenebenen (vgl. Beispiel 1 und 2). — Die physikalische Bedeutung der Divergenz und des Divergenzsatzes wird in Nr. 218 zur Sprache kommen.

Aufgaben

1. Berechne die Divergenz der folgenden Vektorfelder:

a) $x^2 yz\,i+\mathrm{e}^{x+z}j+\sin y \cos z\,k,$ b) $\sin(xy)i+y^3 zj+x^2\mathrm{e}^{yz}k$.

2. Sei $r:=xi+yj+zk$, $r:=|r|$ und $m\in\mathbb{Z}$. Dann ist

$$\operatorname{div}(r^m r)=(m+3)r^m, \quad \text{insbesondere also} \quad \operatorname{div} r=3.$$

+3. Die Vektorfelder F, G und das Skalarfeld φ seien auf einer offenen Teilmenge des $\mathbb{R}^3$ differenzierbar. Dann ist

$$\operatorname{div}(F+G)=\operatorname{div}F+\operatorname{div}G, \qquad \operatorname{div}(aF)=a\operatorname{div}F \qquad (a\in\mathbb{R}),$$
$$\operatorname{div}(\varphi F)=\varphi\operatorname{div}F+\operatorname{grad}\varphi\cdot F, \qquad \operatorname{div}(F\times G)=G\cdot\operatorname{rot}F-F\cdot\operatorname{rot}G.$$

+4. Für jedes C^2-Vektorfeld F ist $\operatorname{div}(\operatorname{rot}F)=0$.

+5. Ist φ ein zweimal differenzierbares Skalarfeld, so setzt man

$$\triangle\varphi:=\frac{\partial^2\varphi}{\partial x^2}+\frac{\partial^2\varphi}{\partial y^2}+\frac{\partial^2\varphi}{\partial z^2}.$$

$\triangle$ wird Laplaceoperator genannt[1]. Beweise die Gleichung

$$\operatorname{div}(\operatorname{grad}\varphi)=\triangle\varphi.$$

6. $F:=F_1 i+F_2 j+F_3 k$ sei ein C^2-Vektorfeld und

$$\triangle F:=\triangle F_1 i+\triangle F_2 j+\triangle F_3 k;$$

dabei ist $\triangle F_k$ wie in Aufgabe 5 definiert. Beweise die Gleichung

$$\operatorname{rot}(\operatorname{rot}F)=\operatorname{grad}(\operatorname{div}F)-\triangle F.$$

7. Sei $r:=xi+yj+zk$, $r:=|r|$ und $F(r):=f(r)r$. Bestimme die Funktion f so, daß $\operatorname{div}F(r)=3+5r^2$ ist und $f(r)$ für $r\to 0$ beschränkt bleibt. Zeige mit Hilfe der Aufgaben 3, 4 und 6 aus Nr. 209, daß das so konstruierte Vektorfeld F ein Gradientenfeld ist und bestimme eine Stammfunktion φ zu F.

---

[1] Pierre Simon Laplace (1749–1827; 78).

8. Berechne mit Hilfe des Gaußschen Integralsatzes das Integral

$$\int_S (4xzi - y^2j + yzk) \cdot n\, d\sigma,$$

wobei S die Oberfläche des Würfels $[0, 1] \times [0, 1] \times [0, 1]$ und n die äußere Normale von S ist.

9. S sei die Oberfläche der Kugel mit Radius $R > 0$ um den Nullpunkt und n die äußere Normale von S. Berechne mit Hilfe des Gaußschen Integralsatzes das Integral

$$\int_S (x^3 i + y^3 j + z^3 k) \cdot n\, d\sigma.$$

10. Der Körper V werde durch eine Oberfläche S begrenzt, die sich aus dem Kreis $x^2 + y^2 \leq 4$ in der xy-Ebene und dem Paraboloid $z = 4 - x^2 - y^2$ zusammensetzt. n sei die äußere Normale von S, und das Vektorfeld F sei definiert durch

$$F(x, y, z) := (x + y)i + (y + z)j + (x + z)k.$$

Berechne das Integral $\int_S F \cdot n\, d\sigma$ zuerst direkt und dann mit Hilfe des Divergenzsatzes.
Hinweis: Parametrisiere den Kreis durch

$$X(u, v) = v\cos u, \qquad Y(u, v) = v\sin u, \qquad Z(u, v) = 0 \qquad (0 \leq u \leq 2\pi, 0 \leq v \leq 2)$$

und das Paraboloid durch

$$X(u, v) = u\cos v, \qquad Y(u, v) = u\sin v, \qquad Z(u, v) = 4 - u^2 \qquad (0 \leq u \leq 2, 0 \leq v \leq 2\pi).$$

11. Löse die Aufgabe 10 mit der einzigen Änderung, daß V der Kreiszylinder $x^2 + y^2 \leq 9$, $0 \leq z \leq 5$, und S die Oberfläche desselben ist.

$^+$**12. Erste Greensche Formel** V sei ein C^1-Normalbereich bezüglich aller Koordinatenebenen, S seine Oberfläche und n die äußere Normale von S. n sei überall von Null verschieden (mit anderen Worten: es sei ständig $|n| = 1$). Ferner seien u und v reellwertige C^2-Funktionen auf einer offenen, V umfassenden Menge. Dann gilt

$$\int_V \operatorname{grad} u \cdot \operatorname{grad} v\, d(x, y, z) + \int_V u\triangle v\, d(x, y, z) = \int_S u\frac{\partial v}{\partial n}\, d\sigma.$$

Dabei bedeutet $\triangle$ der in Aufgabe 5 eingeführte Laplaceoperator, es ist also

$$\triangle v = \frac{\partial^2 v}{\partial x^2} + \frac{\partial^2 v}{\partial y^2} + \frac{\partial^2 v}{\partial z^2} = \operatorname{div}(\operatorname{grad} v).$$

Hinweis: Wende den Divergenzsatz auf das Vektorfeld

$$F(x, y, z) := u\frac{\partial v}{\partial x}i + u\frac{\partial v}{\partial y}j + u\frac{\partial v}{\partial z}k = u\operatorname{grad} v$$

an und beachte, daß nach (166.5)

$$\operatorname{grad} v \cdot n = \frac{\partial v}{\partial n}$$

ist.

$^+$**13. Zweite Greensche Formel** Mit den Bezeichnungen und Voraussetzungen der Aufgabe 12 ist

$$\int_V (u\triangle v - v\triangle u)\,\mathrm{d}(x, y, z) = \int_S \left(u\frac{\partial v}{\partial \boldsymbol{n}} - v\frac{\partial u}{\partial \boldsymbol{n}}\right)\mathrm{d}\sigma.$$

Hinweis: Vertausche in der ersten Greenschen Formel u mit v und subtrahiere.

$^+$**14.** Eine Funktion $v\colon G\to\mathbf{R}$ ($G\subset\mathbf{R}^3$ offen) heißt **harmonisch** auf G, wenn sie dort eine C^2-Funktion ist und der Gleichung

$$\triangle v=0 \qquad \text{oder also} \qquad \frac{\partial^2 v}{\partial x^2} + \frac{\partial^2 v}{\partial y^2} + \frac{\partial^2 v}{\partial z^2} = 0$$

genügt (physikalisch interessante Beispiele harmonischer Funktionen werden uns in den Nummern 219 und 220 begegnen). Zeige: Ist v harmonisch auf G und V ein C^1-Normalbereich in G mit der Oberfläche S, so gilt

$$\int_S \frac{\partial v}{\partial \boldsymbol{n}}\,\mathrm{d}\sigma=0;$$

dabei ist $\boldsymbol{n}$ die äußere Normale von S, von der wir wie in Aufgabe 12 annehmen, daß sie durchweg die Länge 1 habe.

Hinweis: Erste Greensche Formel (Aufgabe 12).

$^+$**15.** Mit den Voraussetzungen und Bezeichnungen der Aufgabe 14 ist

$$\int_S v\frac{\partial v}{\partial \boldsymbol{n}}\,\mathrm{d}\sigma= \int_V |\operatorname{grad}v|^2\,\mathrm{d}(x, y, z).$$

Hinweis: Erste Greensche Formel (Aufgabe 12).

211 Alternierende Multilinearformen

Den Rest des vorliegenden Kapitels widmen wir der Aufgabe, den abstrakten Kern der bisher behandelten Integralsätze herauszuschälen. Dieses Ziel werden wir in der Nr. 216 erreichen. Die Abschnitte 211 bis 215 dienen dazu, den hierfür notwendigen algebraischen und analytischen Apparat aufzubauen, insbesondere einen auf das Wesentliche beschränkten Abriß der Theorie der Differentialformen und ihrer Integrale zu entwickeln. Zur Definition der Differentialformen benötigen wir den Begriff der alternierenden Multilinearform. Ihm wenden wir uns nun zu.

Eine reellwertige Funktion Φ, die auf dem r-fachen cartesischen Produkt

$$\mathbf{R}^p \times \cdots \times \mathbf{R}^p \qquad (r\text{ Faktoren})$$

definiert ist, wird eine r-**Linearform** oder **Multilinearform vom Grade** r genannt, wenn für jedes $\rho=1,\ldots,r$ und jedes $\alpha\in\mathbf{R}$ folgendes gilt:

$$\Phi(h_1, \ldots, h'_\rho + h''_\rho, \ldots, h_r) = \Phi(h_1, \ldots, h'_\rho, \ldots, h_r) + \Phi(h_1, \ldots, h''_\rho, \ldots, h_r),$$

$$\Phi(h_1, \ldots, \alpha h_\rho, \ldots, h_r) = \alpha \Phi(h_1, \ldots, h_\rho, \ldots, h_r).$$

Φ ist also, grob gesagt, in jeder der r Veränderlichen linear. Eine 1-Linearform nennt man gewöhnlich kurz eine **Linearform**.

Bei festem r bildet die Menge der r-Linearformen offenbar einen Funktionenraum.

Wir bringen nun einige einfache **Beispiele**. In ihnen sind

$$h := \begin{pmatrix} h_1 \\ \vdots \\ h_p \end{pmatrix}, \qquad h_\rho := \begin{pmatrix} h_{1\rho} \\ \vdots \\ h_{p\rho} \end{pmatrix}$$

beliebige Vektoren aus $\mathbf{R}^p$. Mit $e_1, \ldots, e_p$ bezeichnen wir die Einheitsvektoren des $\mathbf{R}^p$:

$$e_\nu := \begin{pmatrix} 0 \\ \vdots \\ 1 \\ \vdots \\ 0 \end{pmatrix} \; \leftarrow \nu\text{-te Komponente.}$$

1. Sind $a_1, \ldots, a_p$ vorgegebene reelle Zahlen, so wird durch

$$\Phi(h) := a_1 h_1 + \cdots + a_p h_p \tag{211.1}$$

eine 1-Linearform (Linearform) auf $\mathbf{R}^p$ definiert. Schreibt man h in der Form $h = h_1 e_1 + \cdots + h_p e_p$, so sieht man, daß sich umgekehrt jede Linearform Φ auf $\mathbf{R}^p$ in der Form (211.1) mit $a_\nu := \Phi(e_\nu)$ darstellen läßt.

2. Die **Nullform** 0, die jedem r-Tupel $(h_1, \ldots, h_r)$ die Zahl 0 zuordnet, ist trivialerweise eine r-Linearform.

3. Sei ι ein r-Tupel aus $\{1, \ldots, p\}$:

$$\iota := (j_1, \ldots, j_r) \quad \text{mit } 1 \leq j_\rho \leq p \text{ für } \rho = 1, \ldots, r. \tag{211.2}$$

Wir definieren nun eine r-Linearform Δ_ι oder $\Delta_{j_1, \ldots, j_r}$ folgendermaßen: Ein vorgegebenes r-Tupel $(h_1, \ldots, h_r)$ von (Spalten)-Vektoren h_ρ aus $\mathbf{R}^p$ stellen wir zu der Matrix

$$H := \begin{pmatrix} h_{11} & h_{12} \cdots h_{1r} \\ h_{21} & h_{22} \cdots h_{2r} \\ \vdots & \\ h_{p1} & h_{p2} \cdots h_{pr} \end{pmatrix}$$

zusammen und bilden aus der j_1-ten, $\ldots, j_r$-ten Zeile von H die Determinante

$$\Delta_\iota(\boldsymbol{h}_1, \ldots, \boldsymbol{h}_r) := \begin{vmatrix} h_{j_1 1} & h_{j_1 2} \cdots h_{j_1 r} \\ \vdots & \\ h_{j_r 1} & h_{j_r 2} \cdots h_{j_r r} \end{vmatrix}. \tag{211.3}$$

Gemäß den Regeln der Determinantenrechnung ist die Abbildung

$$(\boldsymbol{h}_1, \ldots, \boldsymbol{h}_r) \mapsto \Delta_\iota(\boldsymbol{h}_1, \ldots, \boldsymbol{h}_r)$$

eine Multilinearform vom Grade r. Sie ist übrigens immer dann die Nullform, wenn in ι eine Komponente j_ρ mehrfach auftritt. Beispiele:

$$\Delta_{1,1} = 0, \qquad \Delta_{2,3,2} = 0, \qquad \Delta_{3,4,2,4} = 0.$$

Im Falle $r > p$ muß in ι mindestens eine Komponente mehrfach vorkommen, es gilt also

$$\Delta_{j_1, \ldots, j_r} = 0, \quad \text{falls } r > p.$$

Geht das r-Tupel $\kappa := (k_1, \ldots, k_r)$ aus ι durch Umordnung der Indizes j_ρ hervor, so unterscheidet sich Δ_κ von Δ_ι höchstens durch das Vorzeichen: Es ist $\Delta_\kappa = \Delta_\iota$ oder $\Delta_\kappa = -\Delta_\iota$.
Offenbar ist

$$\Delta_j(\boldsymbol{h}) = h_j \quad \text{für } j = 1, \ldots, p. \tag{211.4}$$

Aus den Bemerkungen in Beispiel 1 folgt damit, daß sich jede Linearform Φ in der Form

$$\Phi = a_1 \Delta_1 + \cdots + a_p \Delta_p$$

darstellen läßt und jedes so darstellbare Φ auch eine Linearform ist.

4. Im Falle $r = p$ wird eine besonders wichtige r-Linearform Δ gegeben durch die Determinantenfunktion

$$\Delta(\boldsymbol{h}_1, \ldots, \boldsymbol{h}_p) := \begin{vmatrix} h_{11} \cdots h_{1p} \\ \vdots \\ h_{p1} \cdots h_{pp} \end{vmatrix}.$$

In der Schreibweise des letzten Beispiels ist $\Delta = \Delta_{1,2,\ldots,p}$.

Im folgenden sei ι immer, wie in (211.2), ein r-Tupel $(j_1, \ldots, j_r)$ aus $\{1, \ldots, p\}$. Die Grundmenge $\{1, \ldots, p\}$ werden wir meistens nicht mehr ausdrücklich nennen. Ist $j_1 < j_2 < \cdots < j_r$, so sagen wir, ι sei ein **natürlich geordnetes** r-Tupel. Derartige r-Tupel gibt es nur, wenn $r \leqslant p$ ist. Das Zeichen

$$\sum_\iota \quad \text{bzw.} \quad \sum_{(\iota)}$$

bedeutet eine Summe, die über alle r-Tupel bzw. über alle natürlich geordneten r-Tupel erstreckt wird.

Definition *Eine r-Linearform Φ heißt* alternierend, *wenn sie in der Form*

$$\Phi = \sum_{\iota} \alpha_{\iota} \Delta_{\iota} \qquad (\alpha_{\iota} \in \mathbf{R})$$

dargestellt werden kann.

Offenbar bildet die Menge der alternierenden r-Linearformen (r fest) einen Funktionenraum.

Aus der Definition der Δ_{ι} folgt sofort, *daß eine alternierende r-Linearform Φ bei Vertauschung je zweier ihrer Variablen $h_1, \ldots, h_r$ das Vorzeichen wechselt:*

$$\Phi(\ldots, h_{\rho}, \ldots, h_{\sigma}, \ldots) = -\Phi(\ldots, h_{\sigma}, \ldots, h_{\rho}, \ldots) \qquad (\rho \neq \sigma).^{[1]}$$

Ferner ergibt sich aus den Bemerkungen in Beispiel 3, daß jede Linearform alternierend ist, daß im Falle $r > p$ die Nullform 0 die einzige alternierende r-Linearform ist und daß man im Falle $r \leqslant p$ eine alternierende r-Linearform Φ stets in der Gestalt

$$\Phi = \sum_{(\iota)} a_{\iota} \Delta_{\iota} \qquad (a_{\iota} \in \mathbf{R})$$

darstellen kann. Hierbei sind die Koeffizienten a_{ι} eindeutig bestimmt; denn es ist

$$a_{j_1, \ldots, j_r} = \Phi(e_{j_1}, \ldots, e_{j_r}).$$

Wir halten dieses wichtige Ergebnis in Satzform fest:

211.1 Satz *Im Falle $r \leqslant p$ besitzt jede alternierende r-Linearform Φ auf $\mathbf{R}^p \times \cdots \times \mathbf{R}^p$ die* Standarddarstellung

$$\Phi = \sum_{(\iota)} a_{\iota} \Delta_{\iota}$$

mit eindeutig bestimmten reellen Zahlen a_{ι}. Im Falle $r > p$ ist 0 die einzige alternierende r-Linearform.

Wenn $r = p$ ist, muß $\Phi = a\Delta$ mit einem wohlbestimmten reellen a sein.

Wir gehen nun zur Erklärung des äußeren Produkts alternierender Linearformen über. Zunächst vereinbaren wir eine Schreibweise: Ist

$$\iota := (j_1, \ldots, j_r) \quad \text{und} \quad \kappa := (k_1, \ldots, k_s),$$

so bezeichnen wir das $(r+s)$-Tupel $(j_1, \ldots, j_r, k_1, \ldots, k_s)$ mit ι, κ:

$$\iota, \kappa := (j_1, \ldots, j_r, k_1, \ldots, k_s).$$

---

[1] Man kann umgekehrt diese Eigenschaft zur Definition der alternierenden r-Linearformen benutzen, und dies ist sogar der natürlichere Weg. Wir haben ihn bloß der Kürze wegen nicht eingeschlagen.

Sei nun $1 \leqslant r, s \leqslant p$. Φ bedeute eine alternierende r-Linearform mit der Standarddarstellung

$$\Phi = \sum_{(\iota)} a_\iota \Delta_\iota,$$

Ψ eine alternierende s-Linearform mit der Standarddarstellung

$$\Psi = \sum_{(\kappa)} b_\kappa \Delta_\kappa$$

(ι ist also ein r-Tupel, κ ein s-Tupel). Dann versteht man unter dem **äußeren Produkt** oder **Keilprodukt** $\Phi \wedge \Psi$ die alternierende $(r+s)$-Linearform

$$\Phi \wedge \Psi := \sum_{(\iota),\,(\kappa)} a_\iota b_\kappa \Delta_{\iota,\,\kappa}; \tag{211.5}$$

dabei durchlaufen ι und κ voneinander unabhängig alle natürlich geordneten r- bzw. s-Tupel.

Trivialerweise ist

$$\Delta_\iota \wedge \Delta_\kappa = \Delta_{\iota,\,\kappa},$$

so daß man (211.5) auch in der Form

$$\Phi \wedge \Psi = \sum_{(\iota),\,(\kappa)} a_\iota b_\kappa \Delta_\iota \wedge \Delta_\kappa$$

schreiben kann.

Die wichtigsten Rechenregeln für das äußere Produkt bringt der

211.2 Satz *Das äußere Produkt gehorcht den folgenden Regeln:*
a) $(\Phi \wedge \Psi) \wedge \Lambda = \Phi \wedge (\Psi \wedge \Lambda)$.
b) $a(\Phi \wedge \Psi) = (a\Phi) \wedge \Psi = \Phi \wedge (a\Psi)$.
c) $(\Phi + \Psi) \wedge \Lambda = \Phi \wedge \Lambda + \Psi \wedge \Lambda$.[1]
d) $\Lambda \wedge (\Phi + \Psi) = \Lambda \wedge \Phi + \Lambda \wedge \Psi$.
e) $\Phi \wedge \Psi = (-1)^{rs} \Psi \wedge \Phi,$ *falls Φ den Grad r und Ψ den Grad s hat.*

---

[1] Wie bei Produkten üblich, soll auch hier das Produktzeichen $\wedge$ stärker binden als das Summenzeichen $+$. Es ist also

$$\Phi \wedge \Lambda + \Psi \wedge \Lambda := (\Phi \wedge \Lambda) + (\Psi \wedge \Lambda).$$

Wir erinnern übrigens den Leser noch einmal daran, daß eine Summe $\Phi + \Psi$ nur gebildet werden kann, wenn die Grade der beiden Summanden übereinstimmen. Bei einem Produkt $\Phi \wedge \Psi$ dürfen die Grade der Faktoren jedoch durchaus verschieden sein.

Beweis. Die Regeln b), c), d) sind fast selbstverständlich und bedürfen keines Kommentars. e) ist ebenfalls ohne Mühe einzusehen; denn es ist

$$\Delta_{\iota,\,\kappa} = \Delta_{j_1,\,\ldots,\,j_r,\,k_1,\,\ldots,\,k_s}$$
$$= (-1)^r \Delta_{k_1,\,j_1,\,\ldots,\,j_r,\,k_2,\,\ldots,\,k_s}$$
$$= (-1)^r(-1)^r \Delta_{k_1,\,k_2,\,j_1,\,\ldots,\,j_r,\,k_3,\,\ldots,\,k_s}$$
$$\vdots$$
$$= (-1)^r \cdots (-1)^r \Delta_{k_1,\,\ldots,\,k_s,\,j_1,\,\ldots,\,j_r} = (-1)^{rs} \Delta_{\kappa,\,\iota},$$

also $\Delta_{\iota,\,\kappa} = (-1)^{rs} \Delta_{\kappa,\,\iota}$. Daraus ergibt sich sofort e). Um das Assoziativgesetz a) zu beweisen, haben wir neben Φ und Ψ noch eine alternierende t-Linearform

$$\Lambda := \sum_{(\lambda)} c_\lambda \Delta_\lambda$$

zu betrachten. Offenbar brauchen wir nur die Gleichung

$$(\Delta_\iota \wedge \Delta_\kappa) \wedge \Delta_\lambda = \Delta_\iota \wedge (\Delta_\kappa \wedge \Delta_\lambda)$$

zu verifizieren. Diese ergibt sich aber sofort aus den leicht einsehbaren Beziehungen

$$(\Delta_\iota \wedge \Delta_\kappa) \wedge \Delta_\lambda = \Delta_{\iota,\,\kappa,\,\lambda}, \qquad \Delta_\iota \wedge (\Delta_\kappa \wedge \Delta_\lambda) = \Delta_{\iota,\,\kappa,\,\lambda}. \qquad\blacksquare$$

Das äußere Produkt $\Phi_1 \wedge \Phi_2 \wedge \cdots \wedge \Phi_n$ von $n \geqslant 3$ Faktoren wird induktiv definiert. Mit seiner Hilfe erhält man die Gleichung

$$\Delta_\iota = \Delta_{j_1} \wedge \cdots \wedge \Delta_{j_r} \quad \text{für} \quad \iota := (j_1, \ldots, j_r) \tag{211.6}$$

und daraus wiederum die *Darstellung*

$$\Phi = \sum_{(\iota)} a_\iota \Delta_{j_1} \wedge \cdots \wedge \Delta_{j_r} \tag{211.7}$$

für eine alternierende r-Linearform Φ im Falle $r \leqslant p$.

Zum Schluß bringen wir noch einen Satz über das äußere Produkt von p Linearformen auf $\mathbf{R}^p$:

211.3 Satz *Sind uns p Linearformen*

$$\Phi_1 := a_{11} \Delta_1 + \cdots + a_{1p} \Delta_p$$
$$\vdots$$
$$\Phi_p := a_{p1} \Delta_1 + \cdots + a_{pp} \Delta_p$$

auf $\mathbf{R}^p$ vorgelegt, so ist

$$\Phi_1 \wedge \cdots \wedge \Phi_p = \det(a_{jk}) \Delta_1 \wedge \cdots \wedge \Delta_p.$$

Beweis. Es ist

$$\Phi_1 \wedge \cdots \wedge \Phi_p = \sum a_{1k_1} \cdots a_{pk_p} \Delta_{k_1} \wedge \cdots \wedge \Delta_{k_p},$$

wobei die Summe über alle p-Tupel $(k_1, \ldots, k_p)$ aus $\{1, \ldots, p\}$ zu erstrecken ist. Beachtet man nun die Beziehungen

$$\Delta_j \wedge \Delta_j = 0 \qquad \text{und} \qquad \Delta_j \wedge \Delta_k = -\Delta_k \wedge \Delta_j \qquad \text{für } j \neq k,$$

so sieht man mittels der Determinantendefinition (172.1), daß

$$\Phi_1 \wedge \cdots \wedge \Phi_p = \sum s(k_1, \ldots, k_p) a_{1k_1} \cdots a_{pk_p} \Delta_1 \wedge \cdots \wedge \Delta_p$$

$$= \det(a_{jk}) \Delta_1 \wedge \cdots \wedge \Delta_p$$

ist; dabei soll die letzte Summe über alle Permutationen $k_1, \ldots, k_p$ der Zahlen $1, \ldots, p$ erstreckt werden.   ∎

Aufgaben

1. Sei $p = 3$. Bestimme die Standarddarstellung der folgenden Produkte:

a) $\Delta_{1,2} \wedge \Delta_{1,3}$.

b) $(\Delta_1 + 2\Delta_2 - 3\Delta_3) \wedge \Delta_{2,1}$.

c) $(4\Delta_1 + 2\Delta_3) \wedge (2\Delta_2 - \Delta_3)$.

d) $(\Delta_{2,3} + \Delta_{3,1}) \wedge (\Delta_1 + \Delta_2)$.

2. Sei $p = 4$. Bestimme die Standarddarstellung der folgenden Produkte:

a) $(\Delta_{1,3} - 2\Delta_{3,1}) \wedge \Delta_{4,2}$.

b) $(\Delta_1 + \Delta_3) \wedge \Delta_{2,4} \wedge (\Delta_3 + \Delta_2)$.

$^+$**3.** Sei $p = 3$ und

$$a := a_1 i + a_2 j + a_3 k, \qquad \Phi := a_1 \Delta_1 + a_2 \Delta_2 + a_3 \Delta_3,$$
$$b := b_1 i + b_2 j + b_3 k, \qquad \Psi := b_1 \Delta_1 + b_2 \Delta_2 + b_3 \Delta_3.$$

Schreibe $\Phi \wedge \Psi$ in der Form

$$\Phi \wedge \Psi = c_1 \Delta_{2,3} + c_2 \Delta_{3,1} + c_3 \Delta_{1,2}$$

und zeige, daß

$$a \times b = c_1 i + c_2 j + c_3 k$$

ist.

212 Differentialformen

Definition *G sei eine nichtleere Teilmenge des* $\mathbf{R}^p$. *Unter einer* Differentialform vom Grade $r \geqslant 1$ *auf G versteht man eine Abbildung* ω, *die jedem* $x \in G$ *eine alternierende* r-*Linearform* $\omega(x)$ *auf dem* r-*fachen cartesischen Produkt* $\mathbf{R}^p \times \cdots \times \mathbf{R}^p$ *zuordnet. Eine Differentialform vom Grade* 0 *auf G soll einfach eine Funktion* $f: G \to \mathbf{R}$ *sein. Statt Differentialform vom Grade* r *sagt man auch kurz* r-Form.

Im Falle $r > p$ gibt es nur eine r-Form auf G, nämlich die Nullform 0, die jedem $x \in G$ die triviale r-Linearform 0 zuordnet[1]. Ist $1 \leqslant r \leqslant p$, so kann man nach Satz 211.1 jede r-Form ω auf G mittels eindeutig bestimmter Funktionen $a_\iota : G \to \mathbf{R}$ in der Form

$$\omega(x) = \sum_{(\iota)} a_\iota(x) \Delta_\iota \tag{212.1}$$

darstellen; die alternierende r-Linearform Δ_ι ist durch (211.3) definiert. Wegen (211.7) hat man natürlich auch die Darstellung

$$\omega(x) = \sum_{(\iota)} a_\iota(x) \Delta_{j_1} \wedge \cdots \wedge \Delta_{j_r} \quad \text{mit} \quad \iota := (j_1, \ldots, j_r). \tag{212.2}$$

ω und ζ seien r-Formen auf G, f bedeute eine reellwertige Funktion auf G. Dann definiert man die r-Formen $\omega + \zeta$ und $f\omega$ punktweise: Für jedes $x \in G$ sei

$$(\omega + \zeta)(x) := \omega(x) + \zeta(x),$$
$$(f\omega)(x) \ \ := f(x)\omega(x).$$

Damit ist natürlich auch das Vielfache $a\omega$ erklärt (setze in der letzten Definition $f = a$).

Man beachte, daß man zwei Differentialformen nur dann addieren kann, wenn ihre Grade übereinstimmen.

Auch das äußere Produkt $\omega \wedge \eta$ von Differentialformen wird punktweise definiert: Ist ω eine r-Form und η eine s-Form auf G ($r, s \geqslant 1$), so wird die $(r+s)$-Form $\omega \wedge \eta$ erklärt durch

$$(\omega \wedge \eta)(x) := \omega(x) \wedge \eta(x) \quad \text{für alle} \ x \in G.$$

Für eine 0-Form f auf G sei

$$f \wedge \omega = \omega \wedge f := f\omega.$$

Aus Satz 211.2 ergibt sich nun sofort der

212.1 Satz *ω, ζ und η seien Differentialformen auf G, und f bedeute eine reellwertige Funktion auf G. Dann gelten die folgenden Rechenregeln:*

---

[1] Man verwechsle nicht die Nullform 0 mit einer 0-Form f.

a) $(\omega \wedge \zeta) \wedge \eta = \omega \wedge (\zeta \wedge \eta)$.

b) $f(\omega \wedge \zeta) \quad = (f\omega) \wedge \zeta = \omega \wedge (f\zeta)$.

c) $(\omega + \zeta) \wedge \eta = \omega \wedge \eta + \zeta \wedge \eta$.

d) $\eta \wedge (\omega + \zeta) = \eta \wedge \omega + \eta \wedge \zeta$.

e) $\omega \wedge \zeta \quad = (-1)^{rs} \zeta \wedge \omega$, *falls ω den Grad r und ζ den Grad s hat.*

In der Theorie der Differentialformen bezeichnet man mit $\mathrm{d}x_j$ $(j = 1, \ldots, p)$ die konstante 1-Form, die jedem $x \in \mathbf{R}^p$ die Linearform Δ_j zuordnet:

$$\mathrm{d}x_j(x) := \Delta_j.$$

Wegen (211.4) ist also

$$(\mathrm{d}x_j(x))\boldsymbol{h} = h_j \quad \text{für jedes } \boldsymbol{h} := \begin{pmatrix} h_1 \\ \vdots \\ h_p \end{pmatrix}. \tag{212.3}$$

Aus (211.6) folgt, daß die r-Form $\mathrm{d}x_{j_1} \wedge \cdots \wedge \mathrm{d}x_{j_r}$ jedem $x \in \mathbf{R}^p$ die alternierende r-Linearform $\Delta_{j_1, \ldots, j_r}$ zuordnet. Und nun ergibt sich aus (212.1) *für jede r-Form ω auf G die* Standarddarstellung

$$\omega = \sum_{(\iota)} a_\iota \mathrm{d}x_{j_1} \wedge \cdots \wedge \mathrm{d}x_{j_r} \quad \text{mit } \iota := (j_1, \ldots, j_r), \tag{212.4}$$

wobei die a_ι eindeutig bestimmte reellwertige Funktionen auf G sind.

Aus Satz 212.1e erhalten wir die Regel

$$\mathrm{d}x_j \wedge \mathrm{d}x_k = -\mathrm{d}x_k \wedge \mathrm{d}x_j, \tag{212.5}$$

aus der für $j = k$ die Gleichung

$$\mathrm{d}x_j \wedge \mathrm{d}x_j = 0 \tag{212.6}$$

folgt (die wir natürlich auch anders hätten gewinnen können. Wie?).

Ist nun auf G eine r-Form

$$\omega := \sum_\iota a_\iota \mathrm{d}x_{j_1} \wedge \cdots \wedge \mathrm{d}x_{j_r} \quad \text{mit} \quad \iota := (j_1, \ldots, j_r)$$

und eine s-Form

$$\zeta := \sum_\kappa b_\kappa \mathrm{d}x_{k_1} \wedge \cdots \wedge \mathrm{d}x_{k_s} \quad \text{mit} \quad \kappa := (k_1, \ldots, k_s)$$

gegeben, wobei diese Darstellungen keine Standarddarstellungen zu sein brauchen, so ist aufgrund der Rechenregeln für das äußere Produkt

$$\omega \wedge \zeta = \sum_{\iota, \kappa} a_\iota b_\kappa \mathrm{d}x_{j_1} \wedge \cdots \wedge \mathrm{d}x_{j_r} \wedge \mathrm{d}x_{k_1} \wedge \cdots \wedge \mathrm{d}x_{k_s}.$$

Mittels der Beziehungen (212.5) und (212.6) kann man diese Darstellung von $\omega \wedge \zeta$ stets auf die Standardform bringen. Wir erklären die Prozedur an einem Beispiel. Dabei benutzen wir die etwas inkorrekte, aber in konkreten Fällen sehr bequeme Schreibweise

$$\omega = \sum_{\iota} a_{\iota}(x)\, \mathrm{d}x_{j_1} \wedge \cdots \wedge \mathrm{d}x_{j_r}$$

für eine r-Form ω.

Sei $p = 3$ und

$$\omega := x y^2\, \mathrm{d}x \wedge \mathrm{d}y - z\, \mathrm{d}y \wedge \mathrm{d}z, \qquad \zeta := x\, \mathrm{d}x + y\, \mathrm{d}y + z\, \mathrm{d}z.$$

Dann ist

$$
\begin{aligned}
\omega \wedge \zeta &= x^2 y^2\, \mathrm{d}x \wedge \mathrm{d}y \wedge \mathrm{d}x + x y^3\, \mathrm{d}x \wedge \mathrm{d}y \wedge \mathrm{d}y + x y^2 z\, \mathrm{d}x \wedge \mathrm{d}y \wedge \mathrm{d}z \\
&\quad - x z\, \mathrm{d}y \wedge \mathrm{d}z \wedge \mathrm{d}x - y z\, \mathrm{d}y \wedge \mathrm{d}z \wedge \mathrm{d}y - z^2\, \mathrm{d}y \wedge \mathrm{d}z \wedge \mathrm{d}z \\
&= x y^2 z\, \mathrm{d}x \wedge \mathrm{d}y \wedge \mathrm{d}z - x z\, \mathrm{d}x \wedge \mathrm{d}y \wedge \mathrm{d}z \\
&= (x y^2 z - x z)\, \mathrm{d}x \wedge \mathrm{d}y \wedge \mathrm{d}z.
\end{aligned}
$$

Man sagt, $\omega := \sum_{(\iota)} a_{\iota}\, \mathrm{d}x_{j_1} \wedge \cdots \wedge \mathrm{d}x_{j_r}$ sei eine Differentialform der Klasse C^m, wenn der Definitionsbereich G von ω offen ist und alle Komponentenfunktionen a_{ι} C^m-Funktionen auf G sind. Eine 0-Form der Klasse C^m auf G ist einfach eine reellwertige C^m-Funktion auf G. ω heißt stetig, wenn alle auftretenden Funktionen stetig sind (hierbei braucht G nicht offen zu sein).

Wir kommen nun zu dem besonders wichtigen Begriff des äußeren Differentials einer Differentialform.

Definition *Das* Differential $\mathrm{d}f$ *einer* 0-*Form* f *der Klasse* C^1 *ist die* 1-*Form*

$$\mathrm{d}f := \sum_{k=1}^{p} \frac{\partial f}{\partial x_k}\, \mathrm{d}x_k.$$

Sei nun

$$\omega := \sum_{(\iota)} a_{\iota}\, \mathrm{d}x_{j_1} \wedge \cdots \wedge \mathrm{d}x_{j_r}$$

eine r-Form der Klasse C^1 *($r \geq 1$). Dann ist ihr* äußeres Differential $\mathrm{d}\omega$ *die* $(r+1)$-*Form*

$$\mathrm{d}\omega := \sum_{(\iota)} \mathrm{d}a_{\iota} \wedge \mathrm{d}x_{j_1} \wedge \cdots \wedge \mathrm{d}x_{j_r}.$$

Wir bringen drei Beispiele. Die dabei auftretenden Funktionen P, Q, R seien allesamt stetig differenzierbar auf G.

1. Sei $p = 2$ und $\omega := P\,dx + Q\,dy$. Dann ist

$$
\begin{aligned}
d\omega &= dP \wedge dx + dQ \wedge dy \\
&= \left(\frac{\partial P}{\partial x}\,dx + \frac{\partial P}{\partial y}\,dy \right) \wedge dx + \left(\frac{\partial Q}{\partial x}\,dx + \frac{\partial Q}{\partial y}\,dy \right) \wedge dy \\
&= \frac{\partial P}{\partial y}\,dy \wedge dx + \frac{\partial Q}{\partial x}\,dx \wedge dy = \left(\frac{\partial Q}{\partial x} - \frac{\partial P}{\partial y} \right) dx \wedge dy.
\end{aligned}
$$

2. Sei $p = 3$ und $\omega := P\,dx + Q\,dy + R\,dz$. Dann ist

$$
\begin{aligned}
d\omega &= dP \wedge dx + dQ \wedge dy + dR \wedge dz \\
&= \frac{\partial P}{\partial y}\,dy \wedge dx + \frac{\partial P}{\partial z}\,dz \wedge dx + \frac{\partial Q}{\partial x}\,dx \wedge dy + \frac{\partial Q}{\partial z}\,dz \wedge dy \\
&\quad + \frac{\partial R}{\partial x}\,dx \wedge dz + \frac{\partial R}{\partial y}\,dy \wedge dz \\
&= \left(\frac{\partial R}{\partial y} - \frac{\partial Q}{\partial z} \right) dy \wedge dz + \left(\frac{\partial P}{\partial z} - \frac{\partial R}{\partial x} \right) dz \wedge dx + \left(\frac{\partial Q}{\partial x} - \frac{\partial P}{\partial y} \right) dx \wedge dy.
\end{aligned}
$$

3. Sei $p = 3$ und $\omega := P\,dy \wedge dz + Q\,dz \wedge dx + R\,dx \wedge dy$. Dann ist

$$
\begin{aligned}
d\omega &= dP \wedge dy \wedge dz + dQ \wedge dz \wedge dx + dR \wedge dx \wedge dy \\
&= \frac{\partial P}{\partial x}\,dx \wedge dy \wedge dz + \frac{\partial Q}{\partial y}\,dy \wedge dz \wedge dx + \frac{\partial R}{\partial z}\,dz \wedge dx \wedge dy \\
&= \left(\frac{\partial P}{\partial x} + \frac{\partial Q}{\partial y} + \frac{\partial R}{\partial z} \right) dx \wedge dy \wedge dz.
\end{aligned}
$$

Sind f und g zwei 0-Formen der Klasse C^1 auf G, so ist

$$
d(f+g) = \sum_{k=1}^{p} \frac{\partial(f+g)}{\partial x_k}\,dx_k = \sum_{k=1}^{p} \left(\frac{\partial f}{\partial x_k} + \frac{\partial g}{\partial x_k} \right) dx_k,
$$

also gilt die Gleichung

$$
d(f+g) = df + dg. \tag{212.7}
$$

Ebenso einfach erhält man die Beziehungen

$$
d(cf) = c\,df \quad \text{für jedes reelle } c, \tag{212.8}
$$

$$
d(fg) = g\,df + f\,dg. \tag{212.9}
$$

Sind uns p 0-Formen $f_1, \ldots, f_p$ der Klasse C^1 auf $G \subset \mathbf{R}^p$ gegeben, so ergibt sich aus Satz 211.3 in Verbindung mit der Definition der 1-Form $\mathrm{d}x_j$ ohne Mühe die wichtige Beziehung

$$\mathrm{d}f_1 \wedge \cdots \wedge \mathrm{d}f_p = \begin{vmatrix} \dfrac{\partial f_1}{\partial x_1} & \cdots & \dfrac{\partial f_1}{\partial x_p} \\ \vdots & & \vdots \\ \dfrac{\partial f_p}{\partial x_1} & \cdots & \dfrac{\partial f_p}{\partial x_p} \end{vmatrix} \mathrm{d}x_1 \wedge \cdots \wedge \mathrm{d}x_p. \tag{212.10}$$

212.2 Satz *ω und ζ seien Differentialformen der Klasse C^1 auf G. Dann gelten die folgenden Regeln:*

a) $\mathrm{d}(\omega + \zeta) = \mathrm{d}\omega + \mathrm{d}\zeta$, *falls ω und ζ denselben Grad haben.*

b) $\mathrm{d}(c\omega) = c\,\mathrm{d}\omega$ *für jedes reelle c.*

c) $\mathrm{d}(\omega \wedge \zeta) = \mathrm{d}\omega \wedge \zeta + (-1)^r \omega \wedge \mathrm{d}\zeta$, *wobei r der Grad von ω ist.*

Beweis. Haben ω und ζ beide den Grad 0, so besagen die Regeln a) und b) nichts anderes als die Gleichungen (212.7) und (212.8). Nun mögen ω und ζ den gemeinsamen Grad $r \geq 1$ und die Standarddarstellungen

$$\omega = \sum_{(\iota)} a_\iota \mathrm{d}x_{j_1} \wedge \cdots \wedge \mathrm{d}x_{j_r}, \qquad \zeta = \sum_{(\iota)} b_\iota \mathrm{d}x_{j_1} \wedge \cdots \wedge \mathrm{d}x_{j_r}$$

haben. Dann ist $\omega + \zeta = \sum\limits_{(\iota)} (a_\iota + b_\iota) \mathrm{d}x_{j_1} \wedge \cdots \wedge \mathrm{d}x_{j_r}$, und wegen (212.7) folgt daraus

$$\mathrm{d}(\omega + \zeta) = \sum_{(\iota)} \mathrm{d}(a_\iota + b_\iota) \wedge \mathrm{d}x_{j_1} \wedge \cdots \wedge \mathrm{d}x_{j_r}$$

$$= \sum_{(\iota)} (\mathrm{d}a_\iota + \mathrm{d}b_\iota) \wedge \mathrm{d}x_{j_1} \wedge \cdots \wedge \mathrm{d}x_{j_r} = \mathrm{d}\omega + \mathrm{d}\zeta.$$

Genauso einfach sieht man die Gleichung $\mathrm{d}(c\omega) = c\,\mathrm{d}\omega$ ein. Damit sind die Regeln a) und b) vollständig bewiesen. Wir nehmen nun c) in Angriff. Dabei setzen wir zunächst voraus, daß sowohl der Grad r von ω als auch der Grad s von ζ von Null verschieden ist. Wegen der Summenregel a) genügt es offenbar, c) für den Fall zu beweisen, daß ω und ζ die Gestalt

$$\omega = f\alpha, \qquad \zeta = g\beta$$

haben, wobei

$$\alpha := \mathrm{d}x_{j_1} \wedge \cdots \wedge \mathrm{d}x_{j_r} \quad \text{und} \quad \beta := \mathrm{d}x_{k_1} \wedge \cdots \wedge \mathrm{d}x_{k_s}$$

ist, während f und g C^1-Funktionen sind. Es ist dann

$$\omega \wedge \zeta = fg\,\alpha \wedge \beta$$

und somit

$$d(\omega \wedge \zeta) = d(fg) \wedge \alpha \wedge \beta.^{1)}$$

Mit (212.9) folgt daraus

$$d(\omega \wedge \zeta) = g\,df \wedge \alpha \wedge \beta + f\,dg \wedge \alpha \wedge \beta. \tag{212.11}$$

Nun ist aber das erste Glied der rechten Seite gleich

$$(df \wedge \alpha) \wedge (g\beta) = d\omega \wedge \zeta,$$

während sich ihr zweites Glied mit Hilfe des Satzes 212.1e zu

$$(-1)^r (f\alpha) \wedge (dg \wedge \beta) = (-1)^r \omega \wedge d\zeta$$

ergibt. Trägt man diese Umformungen in (212.11) ein, so erhält man die behauptete Gleichung $d(\omega \wedge \zeta) = d\omega \wedge \zeta + (-1)^r \omega \wedge d\zeta$. Ihr Beweis im Falle, daß genau einer der Grade r, s verschwindet, ist den obigen Überlegungen so ähnlich, daß wir ihn dem Leser überlassen dürfen. Der Fall $r = s = 0$ ist bereits durch (212.9) erledigt. Damit ist unser Satz vollständig bewiesen. ∎

212.3 Satz *Für jede Differentialform ω der Klasse C^2 ist*

$$d(d\omega) = 0.$$

B e w e i s . Ist ω die 0-Form f, so haben wir

$$d(df) = d\left(\sum_{k=1}^{p} \frac{\partial f}{\partial x_k} dx_k\right) = \sum_{k=1}^{p} d\left(\frac{\partial f}{\partial x_k}\right) \wedge dx_k$$

$$= \sum_{k=1}^{p} \left(\sum_{j=1}^{p} \frac{\partial^2 f}{\partial x_j \partial x_k} dx_j\right) \wedge dx_k = \sum_{j,\,k=1}^{p} \frac{\partial^2 f}{\partial x_j \partial x_k} dx_j \wedge dx_k$$

$$= \sum_{1 \leqslant j < k \leqslant p} \left(\frac{\partial^2 f}{\partial x_j \partial x_k} - \frac{\partial^2 f}{\partial x_k \partial x_j}\right) dx_j \wedge dx_k = 0;$$

hierbei wird das vorletzte Gleichheitszeichen durch die Regeln (212.5) und (212.6), das letzte durch den Satz 162.1 gerechtfertigt. — Hat ω den Grad $r \geqslant 1$, so dürfen wir uns darauf beschränken, die Behauptung für den speziellen Fall

$$\omega = f\alpha \quad \text{mit} \quad \alpha := dx_{j_1} \wedge \cdots \wedge dx_{j_r}$$

nachzuweisen. Wenden wir auf $d\omega = df \wedge \alpha$ die Produktregel (Satz 212.2c) an, so folgt

$$d(d\omega) = d(df \wedge \alpha) = d(df) \wedge \alpha - df \wedge d\alpha. \tag{212.12}$$

---

[1] Mit Hilfe der Regeln (212.5) und (212.6) überzeugt man sich leicht davon, daß diese Gleichung auch dann zutrifft, wenn $fg\,\alpha \wedge \beta$ nicht die Standarddarstellung von $\omega \wedge \zeta$ ist.

Da nach dem schon Bewiesenen $d(df) = 0$ ist und trivialerweise auch $d\alpha$ verschwindet (die Koeffizientenfunktion in α ist die Konstante 1, und deren Differential ist 0), ergibt sich nun aus (212.12) sofort die Behauptung. ∎

Aus dem letzten Satz erhalten wir durch einen mühelosen Induktionsbeweis den

212.4 Satz *Sind* $f_1, \ldots, f_r$ *0-Formen der Klasse* C^2 *auf* G, *so ist*

$$d(df_1 \wedge \cdots \wedge df_r) = 0.$$

Als nächstes definieren und untersuchen wir die T-Transformierte einer Differentialform.

Definition *Die Mengen* $F \subset \mathbf{R}^n$ *und* $G \subset \mathbf{R}^p$ *seien offen, und* $T: F \to G$ *bedeute eine* C^1-*Funktion mit den Komponenten* $t_1, \ldots, t_p$; *es sei also*

$$Tx = \begin{pmatrix} t_1(x) \\ \vdots \\ t_p(x) \end{pmatrix} \in G \quad \text{für alle} \quad x = \begin{pmatrix} x_1 \\ \vdots \\ x_n \end{pmatrix} \in F. \text{[1]}$$

$\omega := \sum\limits_{(\iota)} a_\iota \, dy_{j_1} \wedge \cdots \wedge dy_{j_r}$ *sei eine Differentialform vom Grade* $r \geqslant 1$ *auf* G. *Dann versteht man unter der* T-**Transformierten** *von* ω *die* r-*Form* ω_T *auf* F, *die gegeben wird durch*

$$\omega_T := \sum\limits_{(\iota)} (a_\iota \circ T) \, dt_{j_1} \wedge \cdots \wedge dt_{j_r};$$

dabei ist dt_j *das Differential von* t_j, *also die auf* F *definierte* 1-*Form*

$$dt_j = \sum_{k=1}^{n} \frac{\partial t_j}{\partial x_k} \, dx_k.$$

Für eine 0-Form f *auf* G *sei* $f_T := f \circ T$.

212.5 Satz *Wir übernehmen die Bezeichnungen und Voraussetzungen der obigen Definition und denken uns zwei Differentialformen* ω *und* ζ *auf* G *gegeben. Dann gelten die folgenden Rechenregeln:*

a) $(\omega + \zeta)_T = \omega_T + \zeta_T$, *falls* ω *und* ζ *denselben Grad haben.*

b) $(\omega \wedge \zeta)_T = \omega_T \wedge \zeta_T$.

c) $d\omega_T = (d\omega)_T$, *falls* ω *eine Differentialform der Klasse* C^1 *und* T *eine* C^2-*Funktion ist* [2].

---

[1] Wie bei linearen Abbildungen schreiben wir Tx an Stelle von $T(x)$, um spätere Rechnungen übersichtlicher durchführen zu können.

[2] Wenn ω eine 0-Form ist, braucht T übrigens nur eine C^1-Funktion zu sein.

Beweis. Die Regeln a) und b) sind trivial. c) beweisen wir zuerst für den Fall einer 0-Form f auf G. Definitionsgemäß ist

$$\mathrm{d}f_T = \sum_{k=1}^{n} \frac{\partial f_T}{\partial x_k}\,\mathrm{d}x_k. \tag{212.13}$$

Wegen $f_T(x) = f(Tx) = f(t_1(x), \ldots, t_p(x))$ folgt mit Hilfe der Kettenregel (165.5) die Gleichung

$$\frac{\partial f_T(x)}{\partial x_k} = \sum_{i=1}^{p} \frac{\partial f(Tx)}{\partial y_i}\,\frac{\partial t_i(x)}{\partial x_k},$$

die wir unter Weglassung von x auch in der Form

$$\frac{\partial f_T}{\partial x_k} = \sum_{i=1}^{p} \left(\frac{\partial f}{\partial y_i} \circ T\right) \frac{\partial t_i}{\partial x_k}$$

schreiben können. Tragen wir dies in (212.13) ein, so folgt

$$\mathrm{d}f_T = \sum_{k=1}^{n} \left(\sum_{i=1}^{p} \left(\frac{\partial f}{\partial y_i} \circ T\right) \frac{\partial t_i}{\partial x_k}\right) \mathrm{d}x_k$$

$$= \sum_{i=1}^{p} \left(\frac{\partial f}{\partial y_i} \circ T\right) \sum_{k=1}^{n} \frac{\partial t_i}{\partial x_k}\,\mathrm{d}x_k$$

$$= \sum_{i=1}^{p} \left(\frac{\partial f}{\partial y_i} \circ T\right) \mathrm{d}t_i = (\mathrm{d}f)_T.$$

Es ist also in der Tat

$$\mathrm{d}f_T = (\mathrm{d}f)_T. \tag{212.14}$$

Nun habe ω einen Grad $r \geq 1$. Offenbar genügt es, die Aussage c) für die spezielle Differentialform

$$\omega = f\alpha \quad \text{mit} \quad \alpha := \mathrm{d}y_{j_1} \wedge \cdots \wedge \mathrm{d}y_{j_r}$$

zu beweisen. Es ist

$$\alpha_T = \mathrm{d}t_{j_1} \wedge \cdots \wedge \mathrm{d}t_{j_r}, \quad \text{also} \quad \mathrm{d}\alpha_T = 0$$

(Satz 212.4). Wegen $\omega_T = f_T \alpha_T$ folgt daraus mit Hilfe der Produktregel, der Beziehung (212.14) und der Aussage b) die Gleichung

$$\mathrm{d}\omega_T = \mathrm{d}f_T \wedge \alpha_T + f_T \mathrm{d}\alpha_T = \mathrm{d}f_T \wedge \alpha_T = (\mathrm{d}f)_T \wedge \alpha_T = (\mathrm{d}f \wedge \alpha)_T = (\mathrm{d}\omega)_T.$$

Damit ist auch c) vollständig bewiesen. ∎

212.6 Satz *Die Mengen*

$$F \subset \mathbf{R}^n, \qquad G \subset \mathbf{R}^p \quad und \quad H \subset \mathbf{R}^q$$

seien alle offen. Die Transformationen

$$T: F \to G \quad und \quad S: G \to H$$

sollen C^1-Funktionen sein, und ω bedeute eine r-Form auf H. Dann ist

$$(\omega_S)_T = \omega_{S \circ T}. \tag{212.15}$$

Beweis. Wir bezeichnen die Elemente von $\mathbf{R}^n$, $\mathbf{R}^p$, $\mathbf{R}^q$ beziehentlich mit x, y, z und setzen

$$T = \begin{pmatrix} t_1 \\ \vdots \\ t_p \end{pmatrix}, \qquad S = \begin{pmatrix} s_1 \\ \vdots \\ s_q \end{pmatrix}, \qquad S \circ T = \begin{pmatrix} u_1 \\ \vdots \\ u_q \end{pmatrix}.$$

Für eine 0-Form ist (212.15) trivial, und da man im Falle $r \geq 1$ für ω die Darstellung $\omega = \sum_{(\iota)} a_\iota \, dz_{j_1} \wedge \cdots \wedge dz_{j_r}$ hat, sieht man nun mit Hilfe der beiden ersten Aussagen des Satzes 212.5 sofort ein, daß es völlig genügt, die Behauptung für die spezielle 1-Form

$$\zeta := dz_j \qquad (j = 1, \ldots, q)$$

zu beweisen. Für sie ist definitionsgemäß

$$\zeta_S = ds_j = \sum_{k=1}^{p} \frac{\partial s_j}{\partial y_k} \, dy_k.$$

Infolgedessen haben wir

$$\begin{aligned}
(\zeta_S)_T &= \sum_{k=1}^{p} \left(\frac{\partial s_j}{\partial y_k} \circ T \right) dt_k = \sum_{k=1}^{p} \left(\frac{\partial s_j}{\partial y_k} \circ T \right) \sum_{i=1}^{n} \frac{\partial t_k}{\partial x_i} \, dx_i \\
&= \sum_{i=1}^{n} \left(\sum_{k=1}^{p} \left(\frac{\partial s_j}{\partial y_k} \circ T \right) \frac{\partial t_k}{\partial x_i} \right) dx_i.
\end{aligned} \tag{212.16}$$

Andererseits ist, wiederum definitionsgemäß,

$$\zeta_{S \circ T} = du_j = \sum_{i=1}^{n} \frac{\partial u_j}{\partial x_i} \, dx_i. \tag{212.17}$$

Da $u_j(x) = s_j(Tx) = s_j(t_1(x), \ldots, t_p(x))$ ist, liefert die Kettenregel (165.5) die Gleichung

$$\frac{\partial u_j(x)}{\partial x_i} = \sum_{k=1}^{p} \frac{\partial s_j(Tx)}{\partial y_k} \frac{\partial t_k(x)}{\partial x_i},$$

die wir nach Weglassung von x auch in der Form

$$\frac{\partial u_j}{\partial x_i} = \sum_{k=1}^{p} \left(\frac{\partial s_j}{\partial y_k} \circ T \right) \frac{\partial t_k}{\partial x_i}$$

schreiben können. Und nun braucht man nur noch diesen Ausdruck in (212.17) einzutragen und das Ergebnis mit (212.16) zu vergleichen, um die behauptete Gleichung $(\zeta_S)_T = \zeta_{S \circ T}$ einzusehen. ∎

Aufgaben

1. Sei f eine 0-Form der Klasse C^1 auf $G \subset \mathbf{R}^p$. Dann ist

$$(df(x))h = f'(x)h \quad \text{für jedes } x \in G \text{ und jedes } h \in \mathbf{R}^p.$$

Infolgedessen ist $df = f'$.

2. Berechne das äußere Differential der folgenden 1-Formen auf $\mathbf{R}^3$:

a) $x^2 dx + y dz$.   b) $x dx + xy dy + xz dz$.

c) $e^{xy} dx - (\sin y) dy + x dz$.   d) $(x + \cos y) dy + 3 dz$.

3. Berechne das äußere Differential der folgenden 2-Formen auf $\mathbf{R}^3$:

a) $x^2 dx \wedge dy + e^z dy \wedge dz$.   b) $(x + \sin z) dx \wedge dy + y dx \wedge dz + xyz dy \wedge dz$.

4. Sei ω eine p-Form der Klasse C^1 auf $G \subset \mathbf{R}^p$. Dann ist $d\omega = 0$.

5. ω und ζ seien Differentialformen der Klasse C^2. Bestimme

$$d(d\omega \wedge \zeta - \omega \wedge d\zeta).$$

6. Eine Differentialform ω heißt geschlossen, wenn $d\omega = 0$ ist. Zeige: Mit ω und ζ ist auch $\omega \wedge \zeta$ geschlossen.

$^+$**7.** $\omega := \sum_{j=1}^{p} f_j dx_j$ sei eine 1-Form der Klasse C^1 auf $G \subset \mathbf{R}^p$. Zeige:

a) $d\omega = \sum_{k<j} \left(\dfrac{\partial f_j}{\partial x_k} - \dfrac{\partial f_k}{\partial x_j} \right) dx_k \wedge dx_j$.

b) Genau dann ist ω geschlossen, wenn $\dfrac{\partial f_j}{\partial x_k} = \dfrac{\partial f_k}{\partial x_j}$ für $j, k = 1, \ldots, p$ ist. Vgl. Satz 182.1.

$^+$**8.** $\omega := \sum_{j=1}^{p} f_j dx_j$ sei eine 1-Form der Klasse C^1 auf der offenen Menge $G \subset \mathbf{R}^p$. ω heißt **exakt**, wenn es eine 0-Form g auf G mit $\omega = dg$ gibt. Zeige:

a) Ist ω exakt, so muß ω notwendigerweise geschlossen sein.

b) Ist G sternförmig, so gilt: ω ist exakt $\Leftrightarrow$ ω ist geschlossen. **Hinweis:** Aufgabe 7 und Satz 182.2.

$^+$**9.** $G \subset \mathbf{R}^p$ sei offen und sternförmig, $H \subset \mathbf{R}^p$ sei offen. $T: G \to H$ sei eine bijektive C^2-Funktion mit stetig differenzierbarer Umkehrung T^{-1}. Zeige, daß jede geschlossene 1-Form ω der Klasse C^1 auf H exakt ist. **Hinweis:** Wende Aufgabe 8 auf ω_T an.

213 Integration von Differentialformen

In dieser Nummer definieren und untersuchen wir die Integration von r-Formen über „r-Flächen" im $\mathbf{R}^p$. Zu diesem Zweck erklären wir zunächst einige Sprechweisen und Begriffe.

Im folgenden werden wir es ständig mit den Räumen $\mathbf{R}^r$ und $\mathbf{R}^p$ zu tun haben; dabei werden gewisse Teilmengen des $\mathbf{R}^r$ als Parameterbereiche für r-Flächen im $\mathbf{R}^p$ dienen. Um die Elemente dieser Räume auch optisch gut auseinanderhalten zu können, bezeichnen wir die Punkte von $\mathbf{R}^r$ bzw. von $\mathbf{R}^p$ durchgehend mit u bzw. mit x und ihre Koordinaten mit $u_1, \ldots, u_r$ bzw. mit $x_1, \ldots, x_p$.

Sind uns r reellwertige C^1-Funktionen $g_1, \ldots, g_r$ auf der offenen Menge $M \subset \mathbf{R}^r$ vorgelegt, so setzen wir

$$\frac{\partial(g_1, \ldots, g_r)}{\partial(u_1, \ldots, u_r)} := \begin{vmatrix} \dfrac{\partial g_1}{\partial u_1} & \cdots & \dfrac{\partial g_1}{\partial u_r} \\ \vdots & & \\ \dfrac{\partial g_r}{\partial u_1} & \cdots & \dfrac{\partial g_r}{\partial u_r} \end{vmatrix} . \tag{213.1}$$

$\partial(g_1, \ldots, g_r)/\partial(u_1, \ldots, u_r)$ ist offenbar eine stetige Funktion auf M.

Definition *K sei eine nichtleere, kompakte und Jordan-meßbare Teilmenge des $\mathbf{R}^r$. Unter einer r-Fläche Φ im $\mathbf{R}^p$ mit dem* Parameterbereich K *verstehen wir die Einschränkung $\Phi \mid K$ einer C^1-Abbildung $\Phi \colon M \to \mathbf{R}^p$ auf K; dabei ist M eine K umfassende offene Teilmenge des $\mathbf{R}^r$.*

Liegt der Parameterbereich K von Φ fest, so reden wir gewöhnlich einfach von der r-Fläche Φ statt von der r-Fläche Φ „mit dem Parameterbereich K". Die Redeweise „Φ *ist eine r-Fläche in G*" soll bedeuten, daß es eine offene Menge F mit $K \subset F \subset M$ gibt, so daß $\Phi(F) \subset G$ ist. Die Komponenten von Φ bezeichnen wir durchgehend mit $\varphi_1, \ldots, \varphi_p$. Sie sind Funktionen von r reellen Veränderlichen $u_1, \ldots, u_r$. Gemäß der Erklärung (213.1) ist

$$\frac{\partial(\varphi_{j_1}, \ldots, \varphi_{j_r})}{\partial(u_1, \ldots, u_r)} = \begin{vmatrix} \dfrac{\partial \varphi_{j_1}}{\partial u_1} & \cdots & \dfrac{\partial \varphi_{j_1}}{\partial u_r} \\ \vdots & & \\ \dfrac{\partial \varphi_{j_r}}{\partial u_1} & \cdots & \dfrac{\partial \varphi_{j_r}}{\partial u_r} \end{vmatrix}$$

für jedes r-Tupel $(j_1, \ldots, j_r)$ mit $1 \leqslant j_\rho \leqslant p$.

Eine 1-Fläche mit $K = [a, b]$ ist nichts anderes als ein stetig differenzierbarer Weg. 2-Flächen im $\mathbf{R}^3$ sind genau die Flächen, die wir in Nr. 208 studiert haben.

Wir kommen nun zu der wichtigsten Erklärung dieser Nummer:

Definition *Φ sei eine r-Fläche im $\mathbf{R}^p$ mit dem Parameterbereich K und*

$$\sum_{(\iota)} a_\iota \, \mathrm{d}x_{j_1} \wedge \cdots \wedge \mathrm{d}x_{j_r} \quad mit \quad \iota := (j_1, \ldots, j_r)$$

eine stetige r-Form auf $\Phi(K)$. Dann setzen wir

$$\int_\Phi \sum_{(\iota)} a_\iota \, \mathrm{d}x_{j_1} \wedge \cdots \wedge \mathrm{d}x_{j_r} := \sum_{(\iota)} \int_K a_\iota(\Phi(u)) \frac{\partial(\varphi_{j_1}, \ldots, \varphi_{j_r})}{\partial(u_1, \ldots, u_r)} \, \mathrm{d}u. \tag{213.2}$$

Wir weisen den Leser darauf hin, daß man bei der Funktionaldeterminante $\partial(\varphi_{j_1}, \ldots, \varphi_{j_r})/\partial(u_1, \ldots, u_r)$ auf der rechten Seite von (213.2) das Argument u gewöhnlich nicht angibt, obwohl es in $a_\iota(\Phi(u))$ auftaucht.

Ist $r = 1$ und $K = [a, b]$, liegen also die stetige Differentialform

$$\omega := a_1 \, \mathrm{d}x_1 + \cdots + a_p \, \mathrm{d}x_p$$

und der stetig differenzierbare Weg $\Phi: [a, b] \to \mathbf{R}^p$ vor, so ist

$$\int_\Phi \omega = \sum_{j=1}^{p} \int_a^b a_j(\Phi(u)) \, \varphi_j'(u) \, \mathrm{d}u.$$

Ein Blick auf den Satz 180.3 lehrt, daß in diesem Fall $\int_\Phi \omega$ denselben Wert hat wie das Wegintegral über das Vektorfeld mit den Komponenten $a_1, \ldots, a_p$ längs des Weges Φ. Die früher für solche Integrale eingeführte Schreibweise

$$\int_\Phi a_1 \, \mathrm{d}x_1 + \cdots + a_p \, \mathrm{d}x_p$$

steht daher nicht im Widerspruch zu der oben definierten Bedeutung dieses Zeichens.

Ist $r = 2$ und $p = 3$, so können wir die Differentialform ω in der Gestalt

$$\omega = P \, \mathrm{d}y \wedge \mathrm{d}z + Q \, \mathrm{d}z \wedge \mathrm{d}x + R \, \mathrm{d}x \wedge \mathrm{d}y$$

schreiben und uns die 2-Fläche Φ durch

$$\Phi(u, v) = X(u, v)\boldsymbol{i} + Y(u, v)\boldsymbol{j} + Z(u, v)\boldsymbol{k}$$

gegeben denken. Es ist dann

$$\int_\Phi \omega = \int_K P(\Phi(u, v)) \frac{\partial(Y, Z)}{\partial(u, v)} \, \mathrm{d}(u, v) + \int_K Q(\Phi(u, v)) \frac{\partial(Z, X)}{\partial(u, v)} \, \mathrm{d}(u, v)$$

$$+ \int_K R(\Phi(u, v)) \frac{\partial(X, Y)}{\partial(u, v)} \, \mathrm{d}(u, v).$$

Die Definitionsgleichungen (208.17) und (208.18) zeigen nun, daß $\int_{\Phi}\omega$ denselben Wert hat wie das Oberflächenintegral des Vektorfeldes $P\boldsymbol{i}+Q\boldsymbol{j}+R\boldsymbol{k}$ über die Fläche Φ. Die für solche Integrale in Nr. 208 eingeführte Schreibweise

$$\int_{\Phi} P\,\mathrm{d}y \wedge \mathrm{d}z + Q\,\mathrm{d}z \wedge \mathrm{d}x + R\,\mathrm{d}x \wedge \mathrm{d}y$$

widerspricht also nicht der oben definierten Bedeutung dieses Zeichens.

Aus der Definitionsgleichung (213.2) ergibt sich sofort die Linearitätsaussage

$$\int_{\Phi} (c_1\,\omega_1 + c_2\,\omega_2) = c_1 \int_{\Phi} \omega_1 + c_2 \int_{\Phi} \omega_2.$$

Den grundlegenden Transformationssatz 213.2 bereiten wir vor durch den

213.1 Hilfssatz *G sei eine offene Teilmenge des $\mathbf{R}^p$, Φ eine r-Fläche in G mit dem Parameterbereich K und ω eine stetige r-Form auf G. Schließlich bedeute Ψ die r-Fläche im $\mathbf{R}^r$ mit dem Parameterbereich K und der Darstellung $\Psi(\boldsymbol{u}):=\boldsymbol{u}$. Dann gilt*

$$\int_{\Phi} \omega = \int_{\Psi} \omega_{\Phi},$$

wobei ω_{Φ} die Φ-Transformierte von ω ist.

Bei dem einfachen B e w e i s dürfen wir uns wegen der Additivität des Integrals auf den Fall

$$\omega := a\,\mathrm{d}x_{j_1} \wedge \cdots \wedge \mathrm{d}x_{j_r}$$

beschränken. Definitionsgemäß ist

$$\omega_{\Phi} = (a \circ \Phi)\,\mathrm{d}\varphi_{j_1} \wedge \cdots \wedge \mathrm{d}\varphi_{j_r},$$

und da die 0-Formen $\varphi_{j_1}, \ldots, \varphi_{j_r}$ auf einer offenen Teilmenge des $\mathbf{R}^r$ definiert sind, ergibt sich mit (212.10) die Gleichung

$$\omega_{\Phi} = (a \circ \Phi)\, \frac{\partial(\varphi_{j_1}, \ldots, \varphi_{j_r})}{\partial(u_1, \ldots, u_r)}\, \mathrm{d}u_1 \wedge \cdots \wedge \mathrm{d}u_r. \tag{213.3}$$

Infolgedessen haben wir

$$\int_{\Psi} \omega_{\Phi} = \int_{\Psi} (a \circ \Phi)\, \frac{\partial(\varphi_{j_1}, \ldots, \varphi_{j_r})}{\partial(u_1, \ldots, u_r)}\, \mathrm{d}u_1 \wedge \cdots \wedge \mathrm{d}u_r$$

$$= \int_{K} a(\Phi(\boldsymbol{u}))\, \frac{\partial(\varphi_{j_1}, \ldots, \varphi_{j_r})}{\partial(u_1, \ldots, u_r)}\, \mathrm{d}\boldsymbol{u},$$

und da das letzte Integral $= \int_{\Phi}\omega$ ist, können wir den Beweis bereits abschließen. ∎

Es folgt nun der angekündigte

213.2 Transformationssatz *Die Mengen $G \subset \mathbf{R}^p$ und $H \subset \mathbf{R}^q$ seien offen, Φ sei eine r-Fläche in G mit dem Parameterbereich K, $T: G \to H$ eine C^1-Funktion und ω eine stetige r-Form auf H. Dann ist*

$$\int_{T \circ \Phi} \omega = \int_{\Phi} \omega_T,$$

wobei wir $T \circ \Phi$ als r-Fläche in H mit dem Parameterbereich K auffassen.

Beweis. Aus dem obigen Hilfssatz erhält man sofort die Gleichungen

$$\int_{T \circ \Phi} \omega = \int_{\Psi} \omega_{T \circ \Phi} \quad \text{und} \quad \int_{\Phi} \omega_T = \int_{\Psi} (\omega_T)_{\Phi},$$

wobei Ψ die in dem Hilfssatz definierte r-Fläche ist. Da aber $\omega_{T \circ \Phi} = (\omega_T)_{\Phi}$ ist (Satz 212.6), stimmen die rechten Seiten dieser Gleichungen, also auch ihre linken überein. Und mehr war nicht zu zeigen. ∎

Aufgaben

1. Sei f eine 0-Form der Klasse C^1 auf dem Gebiet $G \subset \mathbf{R}^p$ und γ ein geschlossener, stetig differenzierbarer Weg in G. Dann ist $\int_\gamma df = 0$. Hinweis: Satz 181.2.

$^+$**2.** Sei G eine offene und sternförmige Teilmenge des $\mathbf{R}^p$, γ ein geschlossener, stetig differenzierbarer Weg in G und ω eine geschlossene 1-Form der Klasse C^1 auf G. Dann ist $\int_\gamma \omega = 0$. Hinweis: A 212.8, Aufgabe 1.

214 Ketten

Wir eröffnen diese Nummer mit einigen vorbereitenden Bemerkungen über Permutationen.

Sind uns n verschiedene Objekte

$$\alpha_1, \dots, \alpha_j, \dots, \alpha_k, \dots, \alpha_n$$

in der hingeschriebenen Reihenfolge gegeben und vertauscht man zwei derselben, etwa α_j und α_k ($j \neq k$), miteinander, während man alle anderen fest läßt, so nennt man eine solche „Paarvertauschung" eine Transposition; unsere n Objekte werden durch sie in die Reihenfolge

$$\alpha_1, \dots, \alpha_k, \dots, \alpha_j, \dots, \alpha_n$$

gebracht. Jede beliebige Permutation $\alpha_{j_1}, \dots, \alpha_{j_n}$ unserer Objekte kann aus der ursprünglich gegebenen Anordnung $\alpha_1, \dots, \alpha_n$ offenbar durch endlich viele Transpositionen hergestellt werden, z. B. indem man α_{j_1} durch eine Transposition an die erste, dann α_{j_2} durch eine Transposition an die zweite Stelle bringt usw. Natürlich gibt es noch viele weitere Möglichkeiten, die Anordnung $\alpha_{j_1}, \ldots, \alpha_{j_n}$ durch (endlich viele) Transpositionen aus $\alpha_1, \ldots, \alpha_n$ zu gewinnen. Doch gleichgültig, wie man dabei zu Werke geht — *die Anzahl der Transpositionen, die man benötigt, um aus der Reihenfolge $\alpha_1, \ldots, \alpha_n$ die Reihenfolge $\alpha_{j_1}, \ldots, \alpha_{j_n}$ herzuleiten, ist entweder stets gerade oder stets ungerade.* Identifiziert man nämlich o.B.d.A. die Objekte $\alpha_1, \ldots, \alpha_n$ der Reihe nach mit den n Einheitsvektoren $e_1, \ldots, e_n$ des $\mathbf{R}^n$ und stellt man die Permutation $e_{j_1}, \ldots, e_{j_n}$ einmal mittels t, ein andermal mittels s Transpositionen her, so ist einerseits

$$\Delta(e_{j_1}, \ldots, e_{j_n}) = (-1)^t \Delta(e_1, \ldots, e_n) = (-1)^t$$

und andererseits

$$\Delta(e_{j_1}, \ldots, e_{j_n}) = (-1)^s \Delta(e_1, \ldots, e_n) = (-1)^s;$$

denn eine nichtverschwindende Determinante wechselt bei Vertauschung zweier Spalten ihr Vorzeichen. Es muß also $(-1)^t = (-1)^s$ sein, woraus sich sofort ergibt, daß t und s entweder gleichzeitig gerade oder gleichzeitig ungerade sind.

Diese einfache Tatsache rechtfertigt die Redeweise, die Anordnung $\alpha_{j_1}, \ldots, \alpha_{j_n}$ sei eine gerade bzw. ungerade Umordnung von $\alpha_1, \ldots, \alpha_n$, wenn sie durch eine gerade bzw. ungerade Anzahl von Transpositionen aus $\alpha_1, \ldots, \alpha_n$ hergestellt werden kann.

Wir kommen nun zum eigentlichen Thema dieser Nummer.

Mit S_r bezeichnen wir durchweg das **Einheitssimplex** des $\mathbf{R}^r$, d.h. die Menge aller Punkte

$$u := \sum_{j=1}^{r} u_j e_j \quad \text{mit} \quad u_j \geq 0 \quad \text{für } j = 1, \ldots, r \quad \text{und} \quad \sum_{j=1}^{r} u_j \leq 1.$$

S_1 ist das Intervall $[0, 1]$, S_2 das Dreieck mit den Eckpunkten $0, e_1, e_2$ und S_3 das Tetraeder mit den Eckpunkten $0, e_1, e_2, e_3$. Offenbar ist das Einheitssimplex S_r kompakt und Jordan-meßbar und kann daher als Parameterbereich für r-Flächen dienen.

Es sei nun ein $(r+1)$-Tupel $(x_0, x_1, \ldots, x_r)$ von unter sich verschiedenen Punkten $x_0, x_1, \ldots, x_r$ des $\mathbf{R}^p$ vorgelegt. Unter dem **orientierten geradlinigen r-Simplex**

$$\sigma := [x_0, x_1, \ldots, x_r]$$

verstehen wir dann die r-Fläche im $\mathbf{R}^p$ mit dem Parameterbereich S_r, die durch

$$\sigma(u) := x_0 + u_1(x_1 - x_0) + \cdots + u_r(x_r - x_0)$$

definiert wird. $x_0, x_1, \ldots, x_r$ heißen die **Ecken** von σ.

Offenbar ist

$$\sigma(\boldsymbol{u}) = \left(1 - \sum_{j=1}^{r} u_j\right) x_0 + u_1 x_1 + \cdots + u_r x_r. \tag{214.1}$$

Man beachte, daß ein Einheitssimplex eine *Punktmenge*, ein r-Simplex jedoch eine *Abbildung* ist.

In der Definition von σ ist die Reihenfolge der Ecken wesentlich: σ ändert sich, wenn man die Ecken umordnet. Die Bedeutung, die der Anordnung der Ecken zukommt, bringen wir sprachlich dadurch zum Ausdruck, daß wir σ o r i e n t i e r t nennen.

Die Bildmenge $\sigma(S_r)$ besteht aus allen Punkten der Form

$$\left(1 - \sum_{j=1}^{r} u_j\right) x_0 + u_1 x_1 + \cdots + u_r x_r \quad \text{mit } u_1, \ldots, u_r \geqslant 0 \text{ und } \sum_{j=1}^{r} u_j \leqslant 1, \tag{214.2}$$

also aus allen Punkten

$$v_0 x_0 + v_1 x_1 + \cdots + v_r x_r \quad \text{mit } v_0, \ldots, v_r \geqslant 0 \text{ und } \sum_{j=0}^{r} v_j = 1. \tag{214.3}$$

Entsteht $\overline{\sigma} := [x_{j_0}, \ldots, x_{j_r}]$ aus σ durch eine Umordnung der Ecken, so ist infolgedessen

$$\overline{\sigma}(S_r) = \sigma(S_r).$$

$\sigma(S_1)$ ist die Strecke mit den Randpunkten x_0, x_1; $\sigma(S_2)$ das „Dreieck" mit den Eckpunkten x_0, x_1, x_2; $\sigma(S_3)$ das „Tetraeder" mit den Eckpunkten x_0, x_1, x_2, x_3. Die Anführungsstriche sollen darauf hinweisen, daß $\sigma(S_2)$ und $\sigma(S_3)$ degenerieren können (z. B. zu Strecken). Für unsere Zwecke ist dies aber unerheblich.

In der Menge M aller r-Simplexe, die aus σ durch Umordnungen der Ecken $x_0, x_1, \ldots, x_r$ hervorgehen, definieren wir nun eine Äquivalenzrelation. Wir sagen, $\sigma_1 := [x_{i_0}, x_{i_1}, \ldots, x_{i_r}]$ sei ä q u i v a l e n t zu $\sigma_2 := [x_{j_0}, x_{j_1}, \ldots, x_{j_r}]$, in Zeichen: $\sigma_1 \sim \sigma_2$, wenn $x_{i_0}, x_{i_1}, \ldots, x_{i_r}$ eine gerade Umordnung von $x_{j_0}, x_{j_1}, \ldots, x_{j_r}$ ist. Der Leser kann mühelos bestätigen, daß $\sim$ wirklich eine Äquivalenzrelation auf M ist. Die zu $\rho := [x_{k_0}, x_{k_1}, \ldots, x_{k_r}]$ gehörende Äquivalenzklasse bezeichnen wir mit $\hat{\rho}$. M wird durch $\sim$ in genau zwei Klassen zerlegt: die eine ist die zu $\sigma := [x_0, x_1, x_2, \ldots, x_r]$, die andere die zu $\tau := [x_1, x_0, x_2, \ldots, x_r]$ gehörende. $\hat{\sigma}$ bzw. $\hat{\tau}$ enthält alle $[x_{j_0}, x_{j_1}, \ldots, x_{j_r}]$, die durch eine gerade bzw. ungerade Umordnung der Ecken aus σ hervorgehen. Setzen wir $-\hat{\sigma} := \hat{\tau}$, so sind also $\hat{\sigma}$ und $-\hat{\sigma}$ die beiden Äquivalenzklassen, in die M zerfällt.

Bis jetzt haben wir orientierte geradlinige r-Simplexe nur für $r \geqslant 1$ definiert. Ein o r i e n t i e r t e s g e r a d l i n i g e s 0-S i m p l e x $+[x_0]$ bzw. $-[x_0]$ soll einfach der Punkt x_0 zusammen mit dem Vorzeichen $+$ bzw. $-$ sein. Für ein solches Simplex σ setzen wir $\hat{\sigma} := \sigma$.

Unter einer geradlinigen r-Kette in $G \subset \mathbf{R}^p$ versteht man ein System von Äquivalenzklassen $\hat{\sigma}_1, \ldots, \hat{\sigma}_m$, wobei jedes σ_k ein orientiertes geradliniges r-Simplex in G ist. Ein solches System bezeichnet man mit der Summenschreibweise

$$\hat{\sigma}_1 + \cdots + \hat{\sigma}_m$$

oder einfacher mit

$$\sigma_1 + \cdots + \sigma_m. \tag{214.4}$$

Es ist klar, daß die „Summe" $\sigma_1 + \cdots + \sigma_m$ sich nicht ändert, wenn man die „Summanden" umordnet oder ein σ_k durch ein beliebiges anderes Simplex aus $\hat{\sigma}_k$ ersetzt.

Ist δ_k für jedes $k = 1, \ldots, m$ eine der Zahlen $1, -1$, so soll

$$\delta_1 \sigma_1 + \cdots + \delta_m \sigma_m \tag{214.5}$$

die aus $\delta_1 \hat{\sigma}_1, \ldots, \delta_m \hat{\sigma}_m$ bestehende r-Kette bedeuten.

Die Zweckmäßigkeit dieser Schreibweisen wird in der nächsten Nummer deutlich hervortreten. Allerdings läßt sich nicht leugnen, daß sie nicht völlig eindeutig sind. Z.B. könnte $\sigma_1 + \sigma_2$ bzw. $\sigma_1 - \sigma_2$ ja auch die Summe bzw. die Differenz der *Abbildungen* $\sigma_j \colon S_r \to \mathbf{R}^p$ $(j = 1, 2)$ sein. Dieser Mißstand ist jedoch nicht sehr gravierend; denn im gegenwärtigen Zusammenhang benutzen wir die Symbole (214.4) und (214.5) immer nur zur Bezeichnung von *Ketten*.

Sei $\sigma := [x_0, x_1, \ldots, x_r]$ mit $r \geq 1$. Unter dem **orientierten Rand** $\partial \sigma$ von σ versteht man die geradlinige $(r-1)$-Kette

$$\partial \sigma := \sum_{j=0}^{r} (-1)^j [x_0, \ldots, x_{j-1}, x_{j+1}, \ldots, x_r]. \tag{214.6}$$

Für $\sigma := [x_0, x_1]$ ist $\partial \sigma = [x_1] - [x_0]$. Im Falle $\sigma := [x_0, x_1, x_2]$ haben wir

$$\partial \sigma = [x_1, x_2] - [x_0, x_2] + [x_0, x_1] = [x_0, x_1] + [x_1, x_2] + [x_2, x_0].$$

Zum Schluß definieren wir orientierte r-Simplexe, r-Ketten und die Ränder dieser Gebilde.

Ein **orientiertes r-Simplex** $(r \geq 1)$ ist eine r-Fläche Φ der Form $T \circ \sigma$, wobei σ ein orientiertes geradliniges r-Simplex in einer offenen Menge $G \subset \mathbf{R}^p$ und $T \colon G \to \mathbf{R}^q$ eine C^2-Abbildung ist; der Parameterbereich von $T \circ \sigma$ soll natürlich das Einheitssimplex S_r sein. In der Menge N der orientierten r-Simplexe, die aus $T \circ \sigma$ durch Umordnungen der Ecken von σ hervorgehen, erklären wir eine Äquivalenzrelation $\sim$ durch die Festsetzung

$$T \circ \sigma_1 \sim T \circ \sigma_2 :\Leftrightarrow \sigma_1 \sim \sigma_2.$$

Die zu $T \circ \rho$ gehörende Äquivalenzklasse bezeichnen wir mit $\widehat{T \circ \rho}$.

N wird durch $\sim$ in zwei Klassen aufgeteilt. Ist $\sigma:=[x_0, x_1, x_2, \ldots, x_r]$ und $\tau:=[x_1, x_0, x_2, \ldots, x_r]$, so sind $\widehat{T \circ \sigma}$ und $\widehat{T \circ \tau}$ diese beiden Klassen. Statt $\widehat{T \circ \tau}$ schreiben wir auch $-\widehat{T \circ \sigma}$.

Für jedes $T \circ \bar{\sigma} \in N$ ist offenbar $(T \circ \bar{\sigma})(S_r) = (T \circ \sigma)(S_r)$.

Ein orientiertes 0-Simplex $T \circ [x_0]$ bzw. $-T \circ [x_0]$ soll der Punkt Tx_0 zusammen mit dem Vorzeichen $+$ bzw. $-$ sein. Für ein solches Simplex Φ setzen wir $\hat{\Phi}:=\Phi$.

Eine r-Kette in $H \subset \mathbf{R}^q$ ist ein System von Äquivalenzklassen

$$\hat{\Phi}_1:=\widehat{T \circ \sigma_1}, \ldots, \hat{\Phi}_m:=\widehat{T \circ \sigma_m},$$

wobei jedes σ_k ein orientiertes geradliniges r-Simplex in ein und derselben offenen Menge $G \subset \mathbf{R}^p$ und $T: G \to H$ eine C^2-Abbildung ist. Dieses System bezeichnet man mit

$$\hat{\Phi}_1 + \cdots + \hat{\Phi}_m,$$

meistens jedoch einfach mit

$$\Phi_1 + \cdots + \Phi_m \quad \text{oder mit} \quad T \circ (\sigma_1 + \cdots + \sigma_m). \tag{214.7}$$

Ihrer Bedeutung nach ändert sich die „Summe" $\Phi_1 + \cdots + \Phi_m$ nicht, wenn man die Reihenfolge der „Summanden" ändert oder ein Φ_k durch irgendein anderes Simplex aus $\hat{\Phi}_k$ ersetzt.

Ist δ_k $(k = 1, \ldots, m)$ eine der Zahlen $1, -1$, so bedeute

$$\delta_1 \Phi_1 + \cdots + \delta_m \Phi_m \tag{214.8}$$

die aus $\delta_1 \hat{\Phi}_1, \ldots, \delta_m \hat{\Phi}_m$ bestehende r-Kette. Gibt es in (214.8) zu einem „Summanden" Φ_k einen „entgegengesetzt gleichen Summanden" $-\Phi_k$, so vereinbaren wir, die beiden Glieder Φ_k und $-\Phi_k$ einfach wegzulassen. Fallen alle Glieder von (214.8) solchen Streichungen zum Opfer, so bezeichnen wir die entstehende „leere Summe" mit $\mathbf{0}$.

Unter dem Bildbereich einer r-Kette $\Phi_1 + \cdots + \Phi_m \neq \mathbf{0}$ verstehen wir die Punktmenge

$$(\Phi_1 + \cdots + \Phi_m)^* := \Phi_1(S_r) \cup \cdots \cup \Phi_m(S_r). \tag{214.9}$$

Diese Definition ist eindeutig, da sich nach den oben angestellten Betrachtungen die Menge $\Phi_k(S_r)$ gewiß nicht ändert, wenn man Φ_k durch ein anderes Simplex aus $\hat{\Phi}_k$ ersetzt.

Der Bildbereich der r-Kette $\mathbf{0}$ soll die leere Menge sein.

Der orientierte Rand $\partial(T \circ \sigma)$ des orientierten r-Simplex $T \circ \sigma$ $(r \geqslant 1)$ ist die $(r-1)$-Kette

$$\partial(T \circ \sigma) := T \circ (\partial \sigma), \tag{214.10}$$

wobei $\partial \sigma$ der in (214.6) definierte orientierte Rand von σ bedeutet. Unter dem orientierten Rand $\partial(\Phi_1 + \cdots + \Phi_m)$ der r-Kette $\Phi_1 + \cdots + \Phi_m$ $(r \geqslant 1)$ versteht man die $(r-1)$-Kette

$$\partial(\Phi_1 + \cdots + \Phi_m) := \partial\Phi_1 + \cdots + \partial\Phi_m. \tag{214.11}$$

Aufgaben

1. Sei $\sigma := [x_0, x_1, \ldots, x_r]$, $\bar{\sigma} := [x_{i_0}, x_{i_1}, \ldots, x_{i_r}]$. Dann ist

$$\partial\bar{\sigma} = \partial\sigma \quad \text{oder} \quad \partial\bar{\sigma} = -\partial\sigma,$$

je nachdem $\bar{\sigma}$ aus σ durch eine gerade oder eine ungerade Umordnung der Ecken hervorgeht.

2. σ und $\bar{\sigma}$ seien wie in Aufgabe 1. Dann ist

$$\partial(T \circ \bar{\sigma}) = \partial(T \circ \sigma) \quad \text{oder} \quad \partial(T \circ \bar{\sigma}) = -\partial(T \circ \sigma),$$

je nachdem $\bar{\sigma}$ aus σ durch eine gerade oder eine ungerade Umordnung der Ecken hervorgeht.

+3. Für jede r-Kette Ψ mit $r \geqslant 2$ ist $\partial(\partial\Psi) = 0$.

4. Sei $\sigma_r := [x_0, x_1, \ldots, x_r]$ $(r = 1, 2, 3)$. Deute $(\partial\sigma_r)^*$ mit Hilfe der Randpunkte (-strecken, -flächen) von $(\sigma_r)^*$.

5. Berechne $\partial(\sigma_1 + \sigma_2)$, wenn $\sigma_1 := [x_0, x_1, x_2]$ und $\sigma_2 := [x_0, x_2, x_3]$ ist.

6. Es sei

a) $x_0 := \begin{pmatrix} 0 \\ 0 \end{pmatrix}, \qquad x_1 := \begin{pmatrix} 2\pi \\ 0 \end{pmatrix}, \qquad x_2 := \begin{pmatrix} 2\pi \\ \pi/2 \end{pmatrix}, \qquad x_3 := \begin{pmatrix} 0 \\ \pi/2 \end{pmatrix};$

b) K das kompakte Rechteck der xy-Ebene mit den Eckpunkten $x_0, \ldots, x_3$;

c) Φ die 2-Fläche mit dem Parameterbereich K, die durch

$$\Phi(x, y) := a \cos x \cos y \, \boldsymbol{i} + a \sin x \cos y \, \boldsymbol{j} + a \sin y \, \boldsymbol{k} \qquad (a > 0)$$

gegeben wird;

d) $\sigma_1 := [x_0, x_1, x_2]$, $\qquad \sigma_2 := [x_0, x_2, x_3]$, $\qquad \Phi_k := \Phi \circ \sigma_k$ $\quad (k = 1, 2)$ und $\Psi := \Phi_1 + \Phi_2$.

Zeige, daß Ψ^* die obere Hälfte der Oberfläche der Kugel mit Radius a um den Nullpunkt ist.

215 Integration über Ketten

Die Grundlage unserer weiteren Untersuchungen ist der

215.1 Satz *Es seien*

$$\sigma := [x_0, x_1, \ldots, x_r], \qquad \bar{\sigma} := [x_{i_0}, x_{i_1}, \ldots, x_{i_r}] \tag{215.1}$$

zwei orientierte geradlinige r-Simplexe im $\mathbf{R}^p$ $(r \geqslant 1)$, die durch Umordnung der Ecken auseinander hervorgehen, und ω eine stetige r-Form auf $\sigma(S_r) = \bar{\sigma}(S_r)$. Dann ist

$$\int_{\bar{\sigma}} \omega = \int_{\sigma} \omega \quad oder \quad \int_{\bar{\sigma}} \omega = - \int_{\sigma} \omega, \qquad (215.2)$$

je nachdem die Eckenumordnung gerade oder ungerade ist.

Den Beweis brauchen wir offenbar nur für eine Differentialform ω der Gestalt

$$\omega = a\,dx_{j_1} \wedge \cdots \wedge dx_{j_r} \quad \text{mit stetigem } a\colon \sigma(S_r) \to \mathbf{R}$$

zu führen. Wir zerlegen ihn in mehrere Schritte.

a) $\bar{\sigma}$ gehe aus σ hervor, indem man zwei der Ecken $x_1, \ldots, x_r$ miteinander vertauscht. Um unsere Vorstellung zu fixieren und die Schreibweise zu vereinfachen, nehmen wir an, x_1 und x_2 seien diese beiden Ecken, es sei also

$$\bar{\sigma} = [x_0, x_2, x_1, x_3, \ldots, x_r].$$

Nach (214.1) haben wir die Darstellungen

$$\sigma(u) = \left(1 - \sum_{j=1}^{r} u_j\right) x_0 + u_1 x_1 + u_2 x_2 + u_3 x_3 + \cdots + u_r x_r$$

und

$$\bar{\sigma}(u) = \left(1 - \sum_{j=1}^{r} u_j\right) x_0 + u_1 x_2 + u_2 x_1 + u_3 x_3 + \cdots + u_r x_r.$$

Definieren wir die injektive C^1-Funktion $T\colon \mathbf{R}^r \to \mathbf{R}^r$ durch

$$T\begin{pmatrix} u_1 \\ u_2 \\ u_3 \\ \vdots \\ u_r \end{pmatrix} := \begin{pmatrix} u_2 \\ u_1 \\ u_3 \\ \vdots \\ u_r \end{pmatrix},$$

so gelten offenbar die Beziehungen

$$T(S_r) = S_r, \qquad \sigma = \bar{\sigma} \circ T \quad \text{und} \quad \det T'(u) = \frac{\partial(t_1, \ldots, t_r)}{\partial(u_1, \ldots, u_r)} = -1 \qquad (215.3)$$

(dabei sind die $t_1, \ldots, t_r$ die Komponenten von T).

Bezeichnen wir die Komponenten von $\bar{\sigma}$ mit $\bar{\sigma}_1, \ldots, \bar{\sigma}_p$, so ist trivialerweise

$$\frac{\partial(\bar{\sigma}_{j_1}, \ldots, \bar{\sigma}_{j_r})}{\partial(u_1, \ldots, u_r)} = c \qquad (c \text{ eine reelle Konstante}),$$

und wegen (213.3) erhalten wir damit die Gleichung

$$\omega_{\bar{\sigma}} = (a \circ \bar{\sigma})\, c\, du_1 \wedge \cdots \wedge du_r.$$

Wir fassen nun T als eine r-Fläche mit dem Parameterbereich S_r auf. Mit Hilfe des Transformationssatzes 213.2 und der Substitutionsregel 205.2 erhalten wir dann aufgrund des bisher Bewiesenen die Gleichungskette

$$\int_\sigma \omega = \int_{\bar\sigma \circ T} \omega = \int_T \omega_{\bar\sigma} = \int_T (a \circ \bar\sigma) c\, du_1 \wedge \cdots \wedge du_r$$

$$= c \int_{S_r} (a \circ \bar\sigma)(Tu) \frac{\partial(t_1, \ldots, t_r)}{\partial(u_1, \ldots, u_r)}\, du = -c \int_{S_r} (a \circ \bar\sigma)(Tu)\, du$$

$$= -c \int_{S_r} (a \circ \bar\sigma)(Tu) |\det T'(u)|\, du = -c \int_{T(S_r)} (a \circ \bar\sigma)(v)\, dv$$

$$= -\int_{S_r} a(\bar\sigma(v)) c\, dv = -\int_{\bar\sigma} \omega.$$

Es ist also

$$\int_{\bar\sigma} \omega = -\int_\sigma \omega, \tag{215.4}$$

wenn $\bar\sigma$ aus σ hervorgeht, indem man x_1 mit x_2 oder allgemeiner zwei der Ecken $x_1, \ldots, x_r$ miteinander vertauscht.

b) Wir betrachten jetzt den Fall, daß $\bar\sigma$ aus σ entsteht, indem man x_0 mit einer der Ecken $x_1, \ldots, x_r$ vertauscht. Zur Vereinfachung der Schreibweise nehmen wir an, diese Ecke sei x_1, so daß nunmehr

$$\bar\sigma = [x_1, x_0, x_2, \ldots, x_r],$$

also

$$\bar\sigma(u) = \left(1 - \sum_{j=1}^r u_j\right) x_1 + u_1 x_0 + u_2 x_2 + \cdots + u_r x_r$$

ist. Definieren wir die injektive C^1-Funktion $T: \mathbf{R}^r \to \mathbf{R}^r$ durch

$$T\begin{pmatrix} u_1 \\ u_2 \\ \vdots \\ u_r \end{pmatrix} := \begin{pmatrix} 1 - \sum_{j=1}^r u_j \\ u_2 \\ \vdots \\ u_r \end{pmatrix},$$

so gelten auch für dieses T die Beziehungen (215.3). Und jetzt braucht man nur noch die auf (215.3) folgenden Überlegungen wörtlich zu übernehmen, um auch im vorliegenden Fall die Gl. (215.4) zu erhalten.

c) Nun sei schließlich, wie im Satz angenommen, $\bar\sigma = [x_{i_0}, x_{i_1}, \ldots, x_{i_r}]$. Geht $\bar\sigma$ durch eine gerade Umordnung der Ecken aus σ hervor, so heißt dies definitionsgemäß, daß man von σ zu $\bar{\sigma}$ durch eine gerade Anzahl von Eckentranspositionen gelangen kann. Das unter a) und b) Bewiesene lehrt dann, daß in diesem Falle $\int_{\bar{\sigma}}\omega = \int_{\sigma}\omega$ ist. Und ganz entsprechend sieht man die Gleichung $\int_{\bar{\sigma}}\omega = -\int_{\sigma}\omega$ ein, wenn $\bar{\sigma}$ durch eine ungerade Umordnung der Ecken entsteht. ∎

Sind $T\circ\sigma$ und $T\circ\bar{\sigma}$ zwei orientierte r-Simplexe ($r\geqslant 1$), wobei σ und $\bar{\sigma}$ wieder durch (215.1) gegeben seien, so ist nach dem Transformationssatz 213.2

$$\int_{T\circ\sigma}\omega = \int_{\sigma}\omega_T \quad \text{und} \quad \int_{T\circ\bar{\sigma}}\omega = \int_{\bar{\sigma}}\omega_T.$$

Aus dem letzten Satz folgt also, daß

$$\int_{T\circ\bar{\sigma}}\omega = \int_{T\circ\sigma}\omega \quad \text{oder} \quad \int_{T\circ\bar{\sigma}}\omega = -\int_{T\circ\sigma}\omega \tag{215.5}$$

ist, je nachdem $\bar{\sigma}$ durch eine gerade oder eine ungerade Eckenumordnung aus σ hervorgeht.

Bisher haben wir immer nur den Fall $r\geqslant 1$ betrachtet. Für 0-Simplexe $\pm[x_0]$ und 0-Formen f, die mindestens auf $\{x_0\}$ definiert sind, setzen wir

$$\int_{+[x_0]}f := f(x_0) \quad \text{und} \quad \int_{-[x_0]}f := -f(x_0). \tag{215.6}$$

Die grundsätzliche Bedeutung des Satzes 215.1, der aus ihm folgenden Gleichungen (215.5) und der Vereinbarung (215.6) besteht darin, *daß wir nun völlig unzweideutig Integrale von stetigen r-Formen über geradlinige r-Ketten $\sigma_1 + \cdots + \sigma_m$ und über r-Ketten $\Phi_1 + \cdots + \Phi_m$ durch die Festsetzungen*

$$\int_{\sigma_1 + \cdots + \sigma_m}\omega := \int_{\sigma_1}\omega + \cdots + \int_{\sigma_m}\omega, \tag{215.7}$$

$$\int_{\Phi_1 + \cdots + \Phi_m}\omega := \int_{\Phi_1}\omega + \cdots + \int_{\Phi_m}\omega \tag{215.8}$$

definieren können, und daß Minuszeichen, die in solchen Ketten auftreten, vor das entsprechende Integral auf der rechten Seite gezogen werden dürfen, d.h., daß Gleichungen der Form

$$\int_{\sigma_1 - \sigma_2}\omega = \int_{\sigma_1}\omega - \int_{\sigma_2}\omega, \quad \int_{\Phi_1 - \Phi_2}\omega = \int_{\Phi_1}\omega - \int_{\Phi_2}\omega$$

gelten. Daß die Eindeutigkeit der obigen Definitionen nicht selbstverständlich ist, hat seinen Grund einfach darin, daß in den „Summen" $\sigma_1 + \cdots + \sigma_m$ und $\Phi_1 + \cdots + \Phi_m$ jedes σ_k bzw. Φ_k verabredungsgemäß durch äquivalente r-Simplexe ersetzt werden durfte.

216 Der Stokessche Satz für r-Ketten

Diesen fundamentalen Satz bereiten wir vor durch den folgenden

216.1 Hilfssatz $e_1, \ldots, e_r$ *seien die r Einheitsvektoren des* $\mathbf{R}^r$. *Dann gilt für das orientierte geradlinige r-Simplex*

$$\sigma := [0, e_1, \ldots, e_r]$$

und jede $(r-1)$-*Form* ω *der Klasse* C^1 *auf einer offenen,* $\sigma(S_r) = S_r$ *enthaltenden Teilmenge von* $\mathbf{R}^r$ *die Gleichung*

$$\int_\sigma d\omega = \int_{\partial\sigma} \omega.^{1)} \qquad\qquad (216.1)$$

Beweis. Gemäß Definition (214.6) ist

$$\partial\sigma = \sum_{j=0}^{r} (-1)^j \tau_j$$

mit

$$\tau_0 := [e_1, \ldots, e_r], \ \tau_1 := [0, e_2, \ldots, e_r], \ \ldots, \ \tau_r := [0, e_1, \ldots, e_{r-1}].$$

Sei zunächst $r=1$. Da in diesem Falle S_r das kompakte Intervall $[0, 1]$, $\partial\sigma$ die geradlinige 0-Kette $[1]-[0]$ und ω eine auf $[0, 1]$ stetig differenzierbare Funktion f ist, erhalten wir

$$\int_\sigma d\omega = \int_0^1 f'(u)\,du \quad \text{und} \quad \int_{\partial\sigma} \omega = f(1) - f(0).$$

Weil die rechten Seiten dieser Gleichungen nach dem ersten Hauptsatz der Differential- und Integralrechnung übereinstimmen, tun es auch die linken, d.h., es gilt (216.1).

Im folgenden sei $r>1$. ω setzt sich additiv aus Termen der Gestalt $a\cdot(dx_1 \wedge \cdots \wedge dx_r)^*$ zusammen, wobei der Stern andeutet, daß in dem eingeklammerten Keilprodukt eines der Differentiale dx_j zu streichen ist. Da die Differential- und Integraloperationen, die in (216.1) auftreten, ihrerseits additiv sind, dürfen wir annehmen, daß ω nur aus einem dieser Terme besteht, noch spezieller, daß

$$\omega = a\,dx_2 \wedge \cdots \wedge dx_r \qquad\qquad (216.2)$$

ist. Dabei ist die Funktion a voraussetzungsgemäß auf einer offenen, S_r enthaltenden Teilmenge von $\mathbf{R}^r$ stetig differenzierbar.

[1)] σ ist natürlich nichts anderes als die r-Fläche I (identische Abbildung von $\mathbf{R}^r$) mit dem Parameterbereich S_r.

Für die obigen Simplexe $\tau_0, \ldots, \tau_r$ (deren Parameterbereich das Einheitssimplex S_{r-1} des $\mathbf{R}^{r-1}$ ist) haben wir gemäß (214.1) die Darstellungen

$$\tau_0(u) = \left(1 - \sum_{j=1}^{r-1} u_j\right) e_1 + u_1 e_2 + \cdots + u_{r-1} e_r,$$

$$\tau_1(u) = u_1 e_2 + u_2 e_3 + \cdots + u_{r-1} e_r,$$

$$\tau_2(u) = u_1 e_1 + u_2 e_3 + \cdots + u_{r-1} e_r,$$

$$\vdots$$

$$\tau_r(u) = u_1 e_1 + u_2 e_2 + \cdots + u_{r-1} e_{r-1}.$$

Sind $\tau_{j1}, \ldots, \tau_{jr}$ die Komponenten von τ_j, so erhalten wir aus diesen Darstellungen die Gleichungen

$$\frac{\partial(\tau_{02}, \ldots, \tau_{0r})}{\partial(u_1, \ldots, u_{r-1})} = \frac{\partial(\tau_{12}, \ldots, \tau_{1r})}{\partial(u_1, \ldots, u_{r-1})} = 1,$$

$$\frac{\partial(\tau_{j2}, \ldots, \tau_{jr})}{\partial(u_1, \ldots, u_{r-1})} = 0 \quad \text{für } j = 2, \ldots, r.$$

Infolgedessen ist

$$\int_{\partial\sigma} \omega = \int_{\tau_0} \omega - \int_{\tau_1} \omega = \int_{S_{r-1}} [a(\tau_0(u)) - a(\tau_1(u))]\, du$$

$$= \int_{S_{r-1}} [a(1 - u_1 - \cdots - u_{r-1}, u_1, \ldots, u_{r-1}) - a(0, u_1, \ldots, u_{r-1})]\, d(u_1, \ldots, u_{r-1}). \tag{216.3}$$

Schreiben wir u_{k+1} statt u_k ($k = 1, \ldots, r-1$) und bezeichnen wir mit $\tilde{S}_{r-1}$ das Einheitssimplex des $u_2 \cdots u_r$-Raumes, also die Menge aller Punkte

$$\begin{pmatrix} u_2 \\ \vdots \\ u_r \end{pmatrix} \quad \text{mit } u_2, \ldots, u_r \geqslant 0 \text{ und } \sum_{j=2}^{r} u_j \leqslant 1,$$

so geht (216.3) über in die Gleichung

$$\int_{\partial\sigma} \omega = \int_{\tilde{S}_{r-1}} [a(1 - u_2 - \cdots - u_r, u_2, \ldots, u_r) - a(0, u_2, \ldots, u_r)]\, d(u_2, \ldots, u_r). \tag{216.4}$$

Wir betrachten nun die linke Seite von (216.1). Für $d\omega$ haben wir die Darstellung

$$d\omega = \left(\frac{\partial a}{\partial x_1} dx_1 + \cdots + \frac{\partial a}{\partial x_r} dx_r\right) \wedge dx_2 \wedge \cdots \wedge dx_r$$

$$= \frac{\partial a}{\partial x_1} dx_1 \wedge \cdots \wedge dx_r.$$

Und weil σ auf S_r die identische Abbildung ist, erhalten wir daraus

$$
\begin{aligned}
\int_\sigma d\omega &= \int_{S_r} \frac{\partial a(u_1, \ldots, u_r)}{\partial x_1} \, d(u_1, \ldots, u_r) \\
&= \int_{S_{r-1}} \left(\int_0^{1-u_2-\cdots-u_r} \frac{\partial a(u_1, \ldots, u_r)}{\partial x_1} \, du_1 \right) d(u_2, \ldots, u_r) \\
&= \int_{S_{r-1}} [a(1-u_2-\cdots-u_r, u_2, \ldots, u_r) - a(0, u_2, \ldots, u_r)] \, d(u_2, \ldots, u_r).
\end{aligned}
$$

Aus dieser Gleichung und (216.4) folgt aber sofort die behauptete Beziehung $\int_\sigma d\omega = \int_{\partial\sigma}\omega$. ∎

Der Beweis des Stokesschen Satzes bereitet nun keine Mühe mehr.

216.2 Stokesscher Satz für r-Ketten *Ist* Ψ *eine r-Kette in der offenen Menge* $H \subset \mathbf{R}^q$ *und* ω *eine $(r-1)$-Form der Klasse C^1 auf H, so gilt*

$$
\int_\Psi d\omega = \int_{\partial\Psi} \omega. \tag{216.5}
$$

Beweis. Wegen der additiven Definition (215.8) des Integrals über r-Ketten und der ebenfalls additiven Definition (214.11) des orientierten Randes solcher Ketten reicht es aus, die Gl. (216.5) für den Fall zu beweisen, daß Ψ ein orientiertes r-Simplex Φ (in H) ist.

Zu Φ gibt es gemäß der Definition der orientierten r-Simplexe eine offene, S_r umfassende Teilmenge F von $\mathbf{R}^r$, eine offene Menge $G \subset \mathbf{R}^p$, ein orientiertes geradliniges r-Simplex τ mit $\tau(F) \subset G$ und eine C^2-Abbildung $\tilde{T}: G \to H$, so daß $\Phi = \tilde{T} \circ \tau$ ist. Ist, wie im obigen Hilfssatz,

$$
\sigma := [0, e_1, \ldots, e_r]
$$

und definieren wir die C^2-Abbildung $T: F \to H$ durch $T := \tilde{T} \circ \tau \,|\, F$, so haben wir für Φ die Darstellung

$$
\Phi = T \circ \sigma.
$$

Aus dem Transformationssatz 213.2 und dem Satz 212.5c ergibt sich nun die Gleichung

$$
\int_\Phi d\omega = \int_{T\circ\sigma} d\omega = \int_\sigma (d\omega)_T = \int_\sigma d\omega_T. \tag{216.6}
$$

Gemäß der Definition (214.10) ist $\partial\Phi = T \circ (\partial\sigma)$, dank des Transformationssatzes haben wir daher

$$
\int_{\partial\Phi} \omega = \int_{T\circ(\partial\sigma)} \omega = \int_{\partial\sigma} \omega_T. \tag{216.7}
$$

Die behauptete Gleichung $\int_{\Phi} d\omega = \int_{\partial\Phi} \omega$ läuft wegen (216.6) und (216.7) also auf die Beziehung

$$\int_{\sigma} d\omega_T = \int_{\partial\sigma} \omega_T$$

hinaus, die sich ihrerseits sofort aus dem Hilfssatz 216.1 (mit ω_T an Stelle von ω) ergibt; denn ω_T ist eine $(r-1)$-Form der Klasse C^1 auf der offenen, S_r umfassenden Teilmenge F von $\mathbf{R}^r$. ∎

Wir haben den Stokesschen Satz nur unter relativ engen Voraussetzungen formuliert und bewiesen, um nicht in der Masse technischer Details zu ersticken. Wer tiefer in dieses interessante und lohnende Thema eindringen möchte, möge etwa nach Nöbeling [14] greifen.

217 Spezialfälle des Stokesschen Satzes

In dieser Nummer werden wir sehen, daß sich die bisher studierten Integralsätze im wesentlichen alle aus dem Stokesschen Satz 216.2 ergeben. „Im wesentlichen" soll heißen, daß wir die Integralsätze nur unter gewissen Abänderungen der ursprünglich gemachten Voraussetzungen wiedergewinnen können. Natürlich liegt dies daran, daß wir den Stokesschen Satz nicht in der allgemeinsten Form ausgesprochen und bewiesen haben, deren er fähig ist.

1. Ist $f: [a, b] \to \mathbf{R}$ eine stetig differenzierbare Funktion (0-Form), so geht der Stokessche Satz über in den ersten Hauptsatz der Differential- und Integralrechnung:

$$\int_a^b f'(x)\,dx = f(b) - f(a).$$

2. Ist $\varphi: G \to \mathbf{R}$ auf dem Gebiet $G \subset \mathbf{R}^p$ stetig differenzierbar und γ ein ganz in G verlaufender C^2-Weg mit dem Anfangspunkt a und dem Endpunkt b, so liefert der Stokessche Satz die Gleichung

$$\int_{\gamma} d\varphi = \int_{\gamma} \frac{\partial\varphi}{\partial x_1}\,dx_1 + \cdots + \frac{\partial\varphi}{\partial x_p}\,dx_p = \varphi(b) - \varphi(a).$$

Das ist gerade die Aussage des Satzes 181.2.

3. Sei Φ ein orientiertes 2-Simplex in der offenen Menge $H \subset \mathbf{R}^3$ und

$$\omega := P\,dx + Q\,dy + R\,dz$$

eine 1-Form der Klasse C^1 auf H. Nach Beispiel 2 in Nr. 212 ist

$$d\omega = \left(\frac{\partial R}{\partial y} - \frac{\partial Q}{\partial z}\right) dy \wedge dz + \left(\frac{\partial P}{\partial z} - \frac{\partial R}{\partial x}\right) dz \wedge dx + \left(\frac{\partial Q}{\partial x} - \frac{\partial P}{\partial y}\right) dx \wedge dy,$$

und somit erhalten wir aus dem Stokesschen Satz die Gleichung

$$\int_{\Phi} \left(\frac{\partial R}{\partial y} - \frac{\partial Q}{\partial z}\right) dy \wedge dz + \left(\frac{\partial P}{\partial z} - \frac{\partial R}{\partial x}\right) dz \wedge dx + \left(\frac{\partial Q}{\partial x} - \frac{\partial P}{\partial y}\right) dx \wedge dy$$

$$= \int_{\partial \Phi} P\,dx + Q\,dy + R\,dz,$$

also den Stokesschen Integralsatz 209.1 (für orientierte 2-Simplexe).

4. Nun sei Φ ein orientiertes 2-Simplex in der offenen Menge $H \subset \mathbf{R}^2$ und

$$\omega := P\,dx + Q\,dy$$

eine 1-Form der Klasse C^1 auf H. Nach Beispiel 1 in Nr. 212 ist

$$d\omega = \left(\frac{\partial Q}{\partial x} - \frac{\partial P}{\partial y}\right) dx \wedge dy.$$

Aus dem Stokesschen Satz folgt also die Gleichung

$$\int_{\Phi} \left(\frac{\partial Q}{\partial x} - \frac{\partial P}{\partial y}\right) dx \wedge dy = \int_{\partial \Phi} P\,dx + Q\,dy. \tag{217.1}$$

Wir nehmen nun an, Φ besitze die Eigenschaften der Abbildung g in der Substitutionsregel 205.2. Ferner sei $\det \Phi'(u, v)$ durchweg positiv. Setzen wir $B := \Phi(S_2)$, so ist nach der erwähnten Substitutionsregel

$$\int_{\Phi} \left(\frac{\partial Q}{\partial x} - \frac{\partial P}{\partial y}\right) dx \wedge dy$$

$$= \int_{S_2} \left(\frac{\partial Q(\Phi(u, v))}{\partial x} - \frac{\partial P(\Phi(u, v))}{\partial y}\right) \det \Phi'(u, v)\,d(u, v)$$

$$= \int_{B} \left(\frac{\partial Q}{\partial x} - \frac{\partial P}{\partial y}\right) d(x, y).$$

Mit Hilfe des Satzes 171.2 sieht man, daß der Bildbereich $(\partial \Phi)^*$ der 1-Kette $\partial \Phi$ der Rand ∂B von B ist. Parametrisiert man ∂B (stückweise) mittels $\partial \Phi$, so ist also

$$\int_{\partial \Phi} P\,dx + Q\,dy = \int_{\partial B} P\,dx + Q\,dy.$$

Vermöge der beiden letzten Gleichungen geht (217.1) über in die Beziehung

$$\int_{B} \left(\frac{\partial Q}{\partial x} - \frac{\partial P}{\partial y}\right) d(x, y) = \int_{\partial B} P\,dx + Q\,dy,$$

also in die Aussage des Gaußschen Integralsatzes 207.1 (für Bereiche B der oben beschriebenen Art).

5. Sei $\boldsymbol{\Phi}$ ein orientiertes 3-Simplex in der offenen Menge $H \subset \mathbf{R}^3$ und

$$\omega := P\,\mathrm{d}y \wedge \mathrm{d}z + Q\,\mathrm{d}z \wedge \mathrm{d}x + R\,\mathrm{d}x \wedge \mathrm{d}y$$

eine 2-Form der Klasse C^1 auf H. Nach Beispiel 3 in Nr. 212 ist

$$\mathrm{d}\omega = \left(\frac{\partial P}{\partial x} + \frac{\partial Q}{\partial y} + \frac{\partial R}{\partial z}\right) \mathrm{d}x \wedge \mathrm{d}y \wedge \mathrm{d}z,$$

und daher liefert uns der Stokessche Satz die Gleichung

$$\int_{\Phi} \left(\frac{\partial P}{\partial x} + \frac{\partial Q}{\partial y} + \frac{\partial R}{\partial z}\right) \mathrm{d}x \wedge \mathrm{d}y \wedge \mathrm{d}z = \int_{\partial\Phi} P\,\mathrm{d}y \wedge \mathrm{d}z + Q\,\mathrm{d}z \wedge \mathrm{d}x + R\,\mathrm{d}x \wedge \mathrm{d}y.$$

Wir dürfen es dem Leser überlassen, daraus durch ähnliche Betrachtungen wie unter 4 den Gaußschen Integralsatz 210.1 für gewisse Raumbereiche V (welche?) zu gewinnen.

XXV Anwendungen

[Newton hat in der Gravitationstheorie] alles mit den mathematischen Gründen der Geometrie und der Differentialrechnung dargelegt. Insbesondere vor dieser Verbindung der Physik mit der Mathematik muß gewarnt werden. [?]

Georg Wilhelm Friedrich Hegel

218 Die physikalische Bedeutung der Divergenz und des Gaußschen Integralsatzes

Eine Flüssigkeit möge sich in einem gewissen Raumbereich bewegen (strömen), und zwar so, daß ein Flüssigkeitspartikel beim Durchgang durch den Punkt (x, y, z) dort eine nur von diesem Punkt, nicht von der Zeit abhängige (vektorielle) Geschwindigkeit $V(x, y, z)$ besitzt[1]. Eine solche Strömung nennt man stationär, und V heißt ihr Geschwindigkeitsfeld.

Zur Zeit t habe die Flüssigkeit an der Stelle (x, y, z) die Massendichte $\rho(x, y, z, t)$. Den Vektor

$$F(x, y, z, t) := \rho(x, y, z, t)\, V(x, y, z) \tag{218.1}$$

nennt man die Flußdichte der Strömung an der Stelle (x, y, z) zur Zeit t. Er hat, da $\rho > 0$ ist, die Richtung der Strömungsgeschwindigkeit, und seine physikalische Dimension im MKS-System ist

$$\frac{\text{kg}}{\text{m}^3} \cdot \frac{\text{m}}{\text{sec}} = \frac{\text{kg}}{\text{m}^2 \cdot \text{sec}}.$$

Ist ρ räumlich und zeitlich konstant, so nennt man die Flüssigkeit inkompressibel. „Echte Flüssigkeiten" sind weitgehend inkompressibel, Gase jedoch keineswegs.

In der Strömung befinde sich nun ein Flächenstück S. Der in (208.20) definierte Vektor n sei in jedem Punkt S ungleich 0, habe also die Länge 1. Dann ist $F \cdot n$ die Komponente von F in der Richtung von n, das Oberflächenintegral $\int_S F \cdot n \, d\sigma$ hat die physikalische Dimension

$$\frac{\text{kg}}{\text{m}^2 \cdot \text{sec}} \cdot \text{m}^2 = \frac{\text{kg}}{\text{sec}}$$

und gibt die Masse an, die zur Zeit t pro Sekunde in der Richtung von n durch S fließt. Natürlich können wir diese Überlegung auch mit dem Normaleneinheitsvektor $\nu := -n$ an Stelle von n durchführen.

---

[1] Zur Bezeichnung von Punkten benutzen wir wieder die raumsparende Zeilenschreibweise.

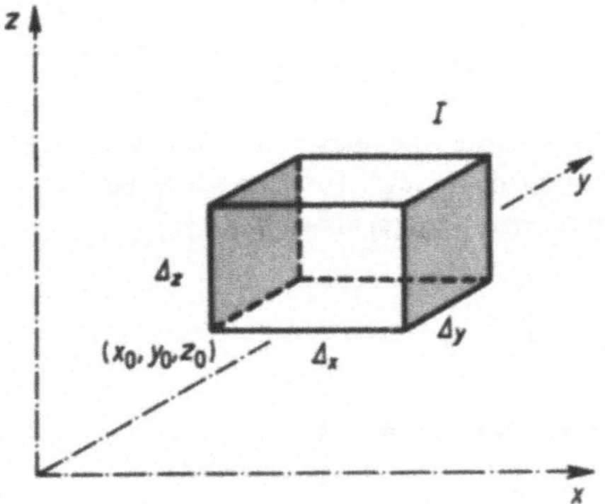

Fig. 218.1

Wir betrachten nun einen festen Punkt (x_0, y_0, z_0) im Flüssigkeitsbereich und heften an ihn einen kleinen Quader I mit den Kantenlängen Δx, Δy und Δz an (s. Fig. 218.1). Um die Schreib- und Ausdrucksweise zu vereinfachen, nehmen wir an, daß die Massendichte ρ und damit auch die Flußdichte F zeitunabhängig sind. Die Flußdichte stellen wir durch ihre Komponenten nach den Koordinatenachsen dar:

$$F(x, y, z) = P(x, y, z)\,i + Q(x, y, z)\,j + R(x, y, z)\,k.$$

Dann ist die Masse, die pro Sekunde in Richtung der positiven x-Achse (also in Richtung von i) durch die (schattierte) linke bzw. rechte Seitenwand von I fließt näherungsweise durch

$$P(x_0, y_0, z_0)\,\Delta y\,\Delta z \quad \text{bzw.} \quad P(x_0 + \Delta x, y_0, z_0)\,\Delta y\,\Delta z$$

gegeben. Die Masse, die pro Sekunde aus dem Quader I in der positiven x-Richtung austritt, ist also

$$\approx [P(x_0 + \Delta x, y_0, z_0) - P(x_0, y_0, z_0)]\,\Delta y\,\Delta z \approx \frac{\partial P}{\partial x}(x_0, y_0, z_0)\,\Delta x\,\Delta y\,\Delta z.^{1)}$$

In ähnlicher Weise können wir die Massenbilanz für den Fluß in der Richtung j bzw. k aufstellen und erhalten als Endresultat, daß die Masse, die pro Sekunde aus I austritt (die „Ergiebigkeit" oder „Quellenstärke" von I) durch

$$\left(\frac{\partial P}{\partial x} + \frac{\partial Q}{\partial y} + \frac{\partial R}{\partial z}\right)\Delta x\,\Delta y\,\Delta z = \operatorname{div} F\,\Delta x\,\Delta y\,\Delta z$$

approximiert wird; die partiellen Ableitungen sind hierbei an der Stelle (x_0, y_0, z_0) zu berechnen. Dividiert man diesen Näherungswert für die Quellenstärke von I durch das Volumen $\Delta x\,\Delta y\,\Delta z$ von I und läßt dann I auf den Punkt (x_0, y_0, z_0) zusammenschrumpfen, *so erweist sich* $\operatorname{div} F(x_0, y_0, z_0)$ *als die sogenannte* Quellendichte *unserer Strömung im Punkte* (x_0, y_0, z_0). Ihre physikalische Dimension ist $\mathrm{kg \cdot m^{-3} \cdot sec^{-1}}$. Ist $\operatorname{div} F(x_0, y_0, z_0) > 0$, so ist der Punkt (x_0, y_0, z_0) eine „Quelle" im eigentlichen Sinn: ihm entströmt Flüssigkeit. Im Falle $\operatorname{div} F(x_0, y_0, z_0) < 0$ nennt man ihn gern eine „Senke", weil dann Flüssigkeit durch ihn verschwindet.

---

[1] Wir setzen bei diesen Betrachtungen natürlich stillschweigend voraus, daß die auftretenden Funktionen alle analytischen Eigenschaften besitzen, die wir benötigen.

Ist V ein räumlicher Körper im Flüssigkeitsbereich, so wird gemäß der eben durchgeführten Überlegung die Ergiebigkeit von V durch $\int_V \operatorname{div} F \, \mathrm{d}(x, y, z)$ gemessen werden. Andererseits muß diese Ergiebigkeit aber auch $= \int_S F \cdot n \, \mathrm{d}\sigma$ sein (S die Oberfläche von V, n die äußere Normale von S). Mit anderen Worten: Es wird die Gleichung

$$\int_V \operatorname{div} F \, \mathrm{d}(x, y, z) = \int_S F \cdot n \, \mathrm{d}\sigma$$

bestehen. Das ist aber gerade der Divergenzsatz (Gaußscher Integralsatz), der aufgrund unserer physikalischen Betrachtungen nunmehr fast als selbstverständlich erscheint — obwohl er durch sie natürlich in keiner Weise bewiesen ist.

219 Wärmeleitung

Die zur Deutung der Divergenz in der letzten Nummer durchgeführten Überlegungen bedürfen kaum einer Änderung, um die Grundgleichung der Wärmeleitung zu gewinnen. Die physikalische Basis unserer Betrachtungen bilden die beiden folgenden Aussagen:

a) Um einen Körper der Masse m und der spezifischen Wärme c von der Temperatur ϑ auf die Temperatur $\vartheta + \Delta\vartheta$ zu erwärmen (abzukühlen), muß man ihm die Wärmemenge

$$\Delta Q = c m \Delta \vartheta \tag{219.1}$$

zuführen (entziehen).

b) Zur Zeit t herrsche im Punkte (x, y, z) eines Körpers die Temperatur $\vartheta(x, y, z, t)$. Dann findet mit fortschreitender Zeit innerhalb des Körpers ein Wärmeaustausch statt, der sich wie folgt quantifizieren läßt: n sei ein Richtungsvektor (es sei also $|n| = 1$) und R ein kleines Rechteck mit dem Inhalt $\Delta\sigma$, das senkrecht zu n ist und ganz in dem Körper liegt. Dann wird die in der (kleinen) Zeitspanne Δt durch R hindurchgehende Wärmemenge näherungsweise gegeben durch

$$\Delta Q = \lambda \frac{\partial \vartheta}{\partial n} \Delta\sigma \Delta t = \lambda \operatorname{grad} \vartheta \cdot n \Delta\sigma \Delta t; \tag{219.2}$$

dabei ist $\partial\vartheta/\partial n$ und $\operatorname{grad}\vartheta$ natürlich nur bezüglich der *Ortskoordinaten* zu bilden. Die Komponenten von $\operatorname{grad}\vartheta$ sind also $\partial\vartheta/\partial x$, $\partial\vartheta/\partial y$ und $\partial\vartheta/\partial z$. λ ist eine positive Konstante, die sogenannte **Wärmeleitfähigkeit** des Körpers[1]. $\lambda \operatorname{grad}\vartheta \cdot n$ heißt der **Wärmefluß** (in der Richtung n).

---

[1] In einer allgemeineren Theorie müßte man λ als Funktion des Ortes annehmen. Wir wollen dies nicht tun, vielmehr einen homogenen Körper zugrundelegen.

Ersetzen wir nun in den Betrachtungen der letzten Nummer F durch $\lambda\,\mathrm{grad}\,\vartheta$, so sehen wir dank der Gl. (219.2), daß dem Quader I in Fig. 218.1 während der Zeitspanne Δt durch den Prozeß des Wärmeaustauschs die Wärmemenge

$$\Delta Q \approx \mathrm{div}(\lambda\,\mathrm{grad}\,\vartheta)\,\Delta x\,\Delta y\,\Delta z\,\Delta t$$

zugeführt bzw. entzogen wird. Nach (219.1) muß aber

$$\Delta Q = c\,m\,\Delta\vartheta = c\,\rho\,\Delta x\,\Delta y\,\Delta z\,\Delta\vartheta$$

sein, wobei m die Masse von I und ρ die Massendichte des Körpers ist. Infolgedessen ist

$$\mathrm{div}(\lambda\,\mathrm{grad}\,\vartheta) \approx c\,\rho\,\frac{\Delta\vartheta}{\Delta t},$$

woraus wir in gewohnter Weise durch Grenzübergang die Gleichung

$$\mathrm{div}(\lambda\,\mathrm{grad}\,\vartheta) = c\,\rho\,\frac{\partial\vartheta}{\partial t}$$

erhalten. Wegen

$$\mathrm{div}(\lambda\,\mathrm{grad}\,\vartheta) = \lambda\,\mathrm{div}(\mathrm{grad}\,\vartheta) = \lambda\left(\frac{\partial^2\vartheta}{\partial x^2} + \frac{\partial^2\vartheta}{\partial y^2} + \frac{\partial^2\vartheta}{\partial z^2}\right)$$

können wir sie ebensogut in der Form

$$\frac{\partial^2\vartheta}{\partial x^2} + \frac{\partial^2\vartheta}{\partial y^2} + \frac{\partial^2\vartheta}{\partial z^2} = \frac{c\,\rho}{\lambda}\,\frac{\partial\vartheta}{\partial t} \tag{219.3}$$

schreiben. Sie geht auf Fourier zurück und wird die *Differentialgleichung der Wärmeleitung* genannt.

Ist die Wärme hinreichend lange geflossen, so stellt sich ein stationärer Zustand ein, der durch $\partial\vartheta/\partial t = 0$ gekennzeichnet ist: Die Temperaturverteilung ist zeitlich konstant. *Diese stationäre Temperaturverteilung, die wir durch $U(x, y, z)$ beschreiben wollen, genügt dann der sogenannten* Laplaceschen Differentialgleichung

$$\frac{\partial^2 U}{\partial x^2} + \frac{\partial^2 U}{\partial y^2} + \frac{\partial^2 U}{\partial z^2} = 0. \tag{219.4}$$

Mit Hilfe des in A 210.5 eingeführten Laplaceoperators Δ schreibt man sie gewöhnlich kürzer in der Form

$$\Delta U = 0.$$

Sie ist eine der wichtigsten Differentialgleichungen der mathematischen Physik und drängt sich z.B. überall ein, wo es um die Beschreibung von Ausgleichsprozessen geht. In einem ganz anderen Zusammenhang werden wir ihr schon in der nächsten Nummer wieder begegnen.

Haben wir es nicht mit einer räumlichen, sondern einer ebenen Wärmeleitung zu tun, so genügt die stationäre Temperaturverteilung $U(x, y)$ der zweidimensionalen Laplaceschen Differentialgleichung

$$\frac{\partial^2 U}{\partial x^2} + \frac{\partial^2 U}{\partial y^2} = 0. \tag{219.5}$$

Führt man Polarkoordinaten r, φ ein und setzt

$$u(r, \varphi) := U(r\cos\varphi,\, r\sin\varphi),$$

so geht (219.5) über in

$$\frac{\partial^2 u}{\partial r^2} + \frac{1}{r}\frac{\partial u}{\partial r} + \frac{1}{r^2}\frac{\partial^2 u}{\partial \varphi^2} = 0 \qquad \text{(s. A 206.32),} \tag{219.6}$$

also gerade in die Gl. (146.2), von der wir in Nr. 146 ausgegangen waren, um die Temperaturverteilung in einer kreisförmigen Platte zu studieren, und die nun physikalisch verständlich geworden ist.

220 Gravitationspotentiale

Ein Punkt der Masse m an der festen Stelle (ξ, η, ζ) des $\mathbf{R}^3$ übt auf einen Punkt der Masse 1 (einen sogenannten Aufpunkt), der sich an der Stelle $(x, y, z) \neq (\xi, \eta, \zeta)$ befindet, nach dem Newtonschen Gravitationsgesetz die Anziehungskraft

$$f = -\mathrm{G}\,\frac{m}{r^3}\,r \tag{220.1}$$

aus; dabei ist $r := (x-\xi)i + (y-\eta)j + (z-\zeta)k$ der von (ξ, η, ζ) nach (x, y, z) weisende Vektor, $r := |r|$ die Länge desselben (also der euklidische Abstand der beiden Punkte) und G die Gravitationskonstante[1]. Mit

$$U(x, y, z) := -\mathrm{G}\,\frac{m}{\sqrt{(x-\xi)^2 + (y-\eta)^2 + (z-\zeta)^2}} = -\mathrm{G}\,\frac{m}{r} \tag{220.2}$$

ist nach (181.3)

$$f(x, y, z) = -\operatorname{grad} U(x, y, z). \tag{220.3}$$

U nannten wir in Nr. 181 das Potential des von der Masse m erzeugten Gravitationsfeldes. Etwas kürzer wollen wir hinfort sagen, U sei das Gravitationspotential der Masse m.

---

[1] S. (181.1). Dort hatten wir — völlig willkürlich — den ersten Massenpunkt in den Nullpunkt verlegt.

Liegt ein System $\sum$ von n Punkten $(\xi_1, \eta_1, \zeta_1), \ldots, (\xi_n, \eta_n, \zeta_n)$ mit den Massen $m_1, \ldots, m_n$ vor, so zieht es einen Aufpunkt, der sich an der Stelle (x, y, z) befindet, mit der Kraft

$$f = -G \sum_{k=1}^{n} \frac{m_k}{r_k^3} r_k \tag{220.4}$$

an; dabei ist $r_k := (x - \xi_k)i + (y - \eta_k)j + (z - \zeta_k)k$ der von (ξ_k, η_k, ζ_k) nach (x, y, z) weisende Vektor und $r_k := |r_k|$. (220.4) ergibt sich aus (220.1), weil sich Kräfte vektoriell addieren. Mit

$$U(x, y, z) := -G \sum_{k=1}^{n} \frac{m_k}{\sqrt{(x - \xi_k)^2 + (y - \eta_k)^2 + (z - \zeta_k)^2}} = -G \sum_{k=1}^{n} \frac{m_k}{r_k}$$

ist $f(x, y, z) = -\operatorname{grad} U(x, y, z)$. U nennt man das **Gravitationspotential** des Systems $\sum$.

Nunmehr denken wir uns einen kompakten und Jordan-meßbaren Bereich $V \subset \mathbf{R}^3$ gegeben, der mit Masse einer örtlich veränderlichen, aber stetigen Dichte ρ angefüllt sei. Einen solchen Bereich wollen wir kurz einen **Massenkörper** nennen. (x, y, z) sei ein außerhalb von V liegender Aufpunkt. Die Frage ist, mit welcher Kraft der Massenkörper V den Aufpunkt anziehen wird.

Um diese Frage zu beantworten, schließen wir V in einen Quader (ein räumliches Intervall) I ein, zerlegen in gewohnter Weise I in Teilquader $I_1, \ldots, I_n$ und wählen in jedem I_k einen von (x, y, z) verschiedenen Punkt (ξ_k, η_k, ζ_k) willkürlich aus. Außerhalb von V setzen wir $\rho = 0$. Ist die Zerlegung hinreichend fein, so wird $\rho(\xi_k, \eta_k, \zeta_k)|I_k|$ näherungsweise die in I_k befindliche Masse des Körpers V sein, und gemäß (220.4) wird man deshalb

$$-G \sum_{k=1}^{n} \frac{\rho(\xi_k, \eta_k, \zeta_k)|I_k|}{r_k^3} r_k \tag{220.5}$$

als einen Näherungswert für die gesuchte Anziehungskraft ansehen. Die erste Komponente dieser „Näherungskraft" ist

$$-G \sum_{k=1}^{n} \frac{(x - \xi_k)\rho(\xi_k, \eta_k, \zeta_k)}{\sqrt{(x - \xi_k)^2 + (y - \eta_k)^2 + (z - \zeta_k)^2}^{\,3}} |I_k|.$$

Sie ist, abgesehen von dem Faktor $-G$, eine Riemannsche Summe des Integrals

$$\int_V \frac{(x - \xi)\rho(\xi, \eta, \zeta)}{\sqrt{(x - \xi)^2 + (y - \eta)^2 + (z - \zeta)^2}^{\,3}} \, d(\xi, \eta, \zeta),$$

das wir hinfort kürzer in der Form

$$\int_V \frac{(x - \xi)\rho(\xi, \eta, \zeta)}{r^3} \, d(\xi, \eta, \zeta)$$

schreiben werden. Ganz entsprechend sind die beiden letzten Komponenten der Näherungskraft (220.5), abgesehen von dem Faktor $-G$, Riemannsche Summen der Integrale

$$\int_V \frac{(y-\eta)\rho(\xi,\,\eta,\,\zeta)}{r^3}\,\mathrm{d}(\xi,\,\eta,\,\zeta) \quad\text{und}\quad \int_V \frac{(z-\zeta)\rho(\xi,\,\eta,\,\zeta)}{r^3}\,\mathrm{d}(\xi,\,\eta,\,\zeta).$$

Man wird daher vermuten, *daß die Kraft $f(x,\,y,\,z)$, mit der unser Massenkörper V den Aufpunkt $(x,\,y,\,z)$ anzieht, gegeben wird durch*

$$f(x,\,y,\,z) = -G\left[\int_V \frac{(x-\xi)\rho(\xi,\,\eta,\,\zeta)}{r^3}\,\mathrm{d}(\xi,\,\eta,\,\zeta)\,i\right.$$

$$\left. +\int_V \frac{(y-\eta)\rho(\xi,\,\eta,\,\zeta)}{r^3}\,\mathrm{d}(\xi,\,\eta,\,\zeta)\,j +\int_V \frac{(z-\zeta)\rho(\xi,\,\eta,\,\zeta)}{r^3}\,\mathrm{d}(\xi,\,\eta,\,\zeta)\,k\right].$$

Diese Formel ist empirisch gut bestätigt und wird in der Physik durchgehend benutzt.

Setzen wir

$$U(x,\,y,\,z) := -G\int_V \frac{\rho(\xi,\,\eta,\,\zeta)}{r}\,\mathrm{d}(\xi,\,\eta,\,\zeta) \quad\text{für alle } (x,\,y,\,z)\notin V, \qquad (220.6)$$

so sehen wir mit Hilfe des Satzes 201.13, daß

$$f(x,\,y,\,z) = -\operatorname{grad} U(x,\,y,\,z)$$

ist. U nennt man das **Gravitationspotential des Massenkörpers** V.

Zusammenfassend können wir sagen, daß sich bei allen bisher betrachteten Massenverteilungen die zugehörigen Gravitationsfelder aus Potentialen gewinnen lassen. Nach Nr. 192 *sind diese Gravitationsfelder also alle konservativ.*

Da $\dfrac{\partial^2(1/r)}{\partial x^2} + \dfrac{\partial^2(1/r)}{\partial y^2} + \dfrac{\partial^2(1/r)}{\partial z^2} = 0$ ist (s. A 162.3), erhält man aus (220.6) durch zweimalige partielle Differentiation unter dem Integral die Beziehung

$$\frac{\partial^2 U}{\partial x^2} + \frac{\partial^2 U}{\partial y^2} + \frac{\partial^2 U}{\partial z^2} = 0.$$

Das Gravitationspotential U genügt also der Laplaceschen Differentialgleichung, die man deshalb auch gern die **Potentialgleichung** nennt. Ihre Transformation auf Polar-, Zylinder- und Kugelkoordinaten findet der Leser in den Aufgaben 32 bis 34 der Nr. 206.

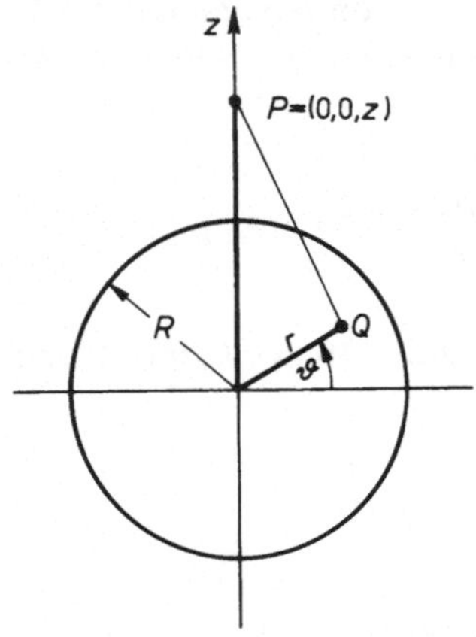

Fig. 220.1

Ein höchst bemerkenswertes Ergebnis erhalten wir, wenn wir das Gravitationspotential einer Kugel V vom Radius R berechnen, die mit Masse der konstanten Dichte ρ angefüllt ist. Um den Wert $U(P)$ des fraglichen Potentials im Aufpunkt P zu berechnen, legen wir den Nullpunkt des Koordinatensystems in den Mittelpunkt von V, die positive z-Achse so, daß P auf ihr liegt (P also die Koordinaten $0, 0, z$ mit $z > R$ besitzt) und führen dann Kugelkoordinaten r, ϑ, φ ein[1]. Aus dem Kosinussatz der Trigonometrie ergibt sich der Abstand zwischen P und einem beliebigen Punkt $Q \in V$ mit den Kugelkoordinaten r, ϑ, φ zu $\sqrt{r^2 + z^2 - 2rz\sin\vartheta}$ (s. Fig. 220.1; dieser Abstand ist die Größe, die in (220.6) mir r bezeichnet wurde). Wegen der Transformationsformel (206.3) haben wir dann

$$
\begin{aligned}
U(P) &= -\rho G \int_0^R \int_{-\pi/2}^{\pi/2} \int_0^{2\pi} \frac{1}{\sqrt{r^2 + z^2 - 2rz\sin\vartheta}} r^2 \cos\vartheta \, d\varphi \, d\vartheta \, dr \\
&= -2\pi\rho G \int_0^R \int_{-\pi/2}^{\pi/2} \frac{r^2 \cos\vartheta \, d\vartheta \, dr}{\sqrt{r^2 + z^2 - 2rz\sin\vartheta}} \\
&= -2\pi\rho G \int_0^R \left(-\frac{r}{2z} \int_{-\pi/2}^{\pi/2} \frac{-2rz\cos\vartheta \, d\vartheta}{\sqrt{r^2 + z^2 - 2rz\sin\vartheta}} \right) dr \\
&= -2\pi\rho G \int_0^R -\frac{r}{2z} \left[2\sqrt{r^2 + z^2 - 2rz\sin\vartheta} \right]_{-\pi/2}^{\pi/2} dr \\
&= -\frac{2\pi\rho G}{z} \int_0^R r \left(\sqrt{r^2 + z^2 + 2rz} - \sqrt{r^2 + z^2 - 2rz} \right) dr \\
&= -\frac{2\pi\rho G}{z} \int_0^R r(r + z - |r - z|) \, dr = -\frac{2\pi\rho G}{z} \int_0^R r[r + z - (z - r)] \, dr \\
&= -\frac{2\pi\rho G}{z} \int_0^R 2r^2 \, dr = -\frac{4\pi\rho G}{z} \left[\frac{r^3}{3} \right]_0^R = -\frac{4\pi R^3 \rho}{3} \frac{G}{z}.
\end{aligned}
$$

Da $4\pi R^3/3$ das Volumen und somit $4\pi R^3 \rho/3$ die Gesamtmasse m der Kugel ist, erhalten wir

$$
U(P) = -G\frac{m}{z} \qquad (m \text{ die Masse der Kugel}).
$$

Dasselbe Potential hätten wir nach (220.2) in P erhalten, wenn wir die Masse m im Mittelpunkt der Kugel (also im Koordinatenursprung) konzentriert hätten. Wir haben also das folgende merkwürdige Ergebnis:

---

[1] Beachte, daß jetzt r eine andere Bedeutung hat als in (220.6).

Eine mit Masse konstanter Dichte gefüllte Kugel erzeugt in ihrem Außenraum dasselbe Gravitationspotential wie ihr Mittelpunkt, wenn man in ihm die gesamte Kugelmasse konzentriert.

Der Leser wird sich erinnern, daß wir uns früher schon mehrmals bei Problemen der Erdanziehung die Erdmasse im Erdmittelpunkt vereinigt dachten (s. etwa Nr. 101). Die obige Tatsache liefert nachträglich die Begründung für dieses Vorgehen. Newton hatte sie lange gesucht, hatte entmutigt an ihr gezweifelt — und 1685 schließlich doch gefunden. Damit war die Bahn frei für sein weltveränderndes Hauptwerk, die „Mathematischen Prinzipien der Naturphilosophie" (1687).

Aufgaben

1. Potential einer Kugelschale Eine Kugelschale mit dem inneren Radius R_1 und dem äußeren Radius R_2 sei mit Masse konstanter Dichte gefüllt. Zeige, daß ihr Gravitationspotential im Außenraum ebenso groß ist wie das ihres Mittelpunktes, wenn man in ihm die ganze Masse der Schale konzentriert, und daß es im massefreien Innenraum einen konstanten Wert besitzt. Auf einen Aufpunkt in diesem Innenraum übt die Kugelschale also keine Gravitationskräfte aus. Auch dieses Resultat stammt von Newton.

2. Erdanziehung R sei der Radius der Erdkugel und M ihre Masse. Den Erdmittelpunkt machen wir zum Nullpunkt eines xyz-Koordinatensystems, denken uns die Erdmasse in ihm konzentriert und setzen

$$r := xi + yj + zk, \qquad r := \sqrt{x^2 + y^2 + z^2}.$$

Befindet sich ein Punkt P mit der Masse m an der Stelle r im Außenraum der Erde, so übt letztere auf P die Anziehungskraft

$$-m \frac{GM}{r^2} \frac{r}{r}$$

aus. Ist P nur wenig von der Erdoberfläche entfernt, so wird diese Kraft also näherungsweise gegeben durch

$$f(r) := -m g \frac{r}{r} \quad \text{mit} \quad g := \frac{GM}{R^2}.$$

Ihre Größe ist gleich mg, infolgedessen ist g die Konstante der Erdanziehung, die uns früher schon mehrfach begegnet ist. Zeige:

a) f ist ein konservatives Kraftfeld (s. A 181.5).

b) Als potentielle Energie des Massenpunktes P kann man die Größe mgh wählen; dabei ist h die Höhe (Abstand von der Erdoberfläche), in der sich P befindet.

c) Bewegt sich P unter dem Einfluß des Kraftfeldes f auf irgendeiner Bahn von dem Punkt Q_0 der Höhe h_0 zu dem Punkt Q_1 der Höhe h_1 und ist v_k seine Geschwindigkeit an der Stelle Q_k, so gilt

$$v_1^2 - v_0^2 = 2g(h_0 - h_1).$$

Hinweis für c): Energiesatz (192.7).

3. Zykloidenpendel Wir bringen über der Erdoberfläche ein xy-Koordinatensystem mit horizontaler x-Achse und vertikaler, nach unten weisender y-Achse an. Durch

$$\gamma(\vartheta) := \begin{pmatrix} r(\vartheta - \sin \vartheta) \\ r(1 - \cos \vartheta) \end{pmatrix} \qquad (0 \leqslant \vartheta \leqslant 2\pi)$$

wird dann ein Stück einer nach oben geöffneten Zykloide beschrieben (s. A 177.1e; man verdeutliche sich ihren Verlauf, indem man die Fig. 177.4 um die x-Achse klappt). Ihren tiefsten Punkt erhält man für $\vartheta = \pi$. Zur Zeit t_0 beginne ein Massenpunkt P, sich unter dem Einfluß der Schwerkraft längs der Zykloide vom Punkte $Q_0 := \gamma(\vartheta_0)$ $(0 < \vartheta_0 < \pi)$ zum tiefsten Zykloidenpunkt $Q_1 := \gamma(\pi)$ zu bewegen. Zeige, daß die Zeit T, die P benötigt, um von Q_0 nach Q_1 zu gelangen, gegeben wird durch

$$T = \pi \sqrt{\frac{r}{g}} \qquad \text{(g die Konstante der Erdbeschleunigung)}.$$

Bemerkenswerterweise hängt T nicht von ϑ_0 ab. Natürlich erhält man dasselbe Ergebnis, wenn der Startpunkt Q_0 auf der rechten Zykloidenhälfte liegt $(\pi < \vartheta_0 < 2\pi)$. Die Zeit, die P für eine volle Schwingung (also für die erstmalige Rückkehr zum Ausgangspunkt Q_0) benötigt, ist

$$4\pi \sqrt{\frac{r}{g}}.$$

Die Schwingungsdauer eines solchen „Zykloidenpendels" ist also völlig unabhängig vom Ausschlag. Für ein gewöhnliches Pendel, bei dem der Massenpunkt mittels eines Fadens auf einem Kreisbogen geführt wird, ist dies bekanntlich nicht der Fall; ein solches Fadenpendel ist nur bei kleinen Ausschlägen „isochron" — und selbst dann nicht in aller Strenge, sondern nur in guter Näherung. Der *Isochronismus der Zykloide* (die wegen dieser Eigenschaft I s o - c h r o n e oder auch T a u t o c h r o n e genannt wird) wurde 1689 von Christiaan Huygens (1629–1695; 66) entdeckt, nachdem Leibniz das Isochroneproblem 1686 aufgeworfen hatte.

Hinweis: Aus Aufgabe 2c ergibt sich die Geschwindigkeit v, die P im Punkte $\gamma(\vartheta)$ $(\vartheta_0 \leqslant \vartheta \leqslant \pi)$ besitzt, zu $v = \sqrt{2gr(\cos \vartheta_0 - \cos \vartheta)}$. Benutze nun A 178.9 und A 177.1e (mit ϑ statt t). Die Differenz $\cos \vartheta_0 - \cos \vartheta$ forme man mittels der Halbwinkelformel $\cos \alpha = 2\cos^2(\alpha/2) - 1$ um (s. (67.6)). Das Integral läßt sich dann mit Hilfe der arcsin-Funktion auswerten.

4. Das Problem der Brachistochrone (Kurve kürzester Laufzeit) Wir benutzen wieder das Koordinatensystem aus Aufgabe 3. $P := (b, d)$ $(b, d > 0)$ sei ein vorgegebener Punkt, der über der Erdoberfläche liegt. Wir fragen nun nach einer Kurve (einem Bogen) $y = \varphi(x)$, die den Nullpunkt 0 mit P verbindet und auf der ein Massenpunkt am raschesten von 0 nach P gelangt, wenn er sich allein unter dem Einfluß der Schwerkraft bewegt. Eine solche Kurve heißt B r a - c h i s t o c h r o n e oder K u r v e k ü r z e s t e r L a u f z e i t. Das Problem der Brachistochrone wurde 1696 von Johann Bernoulli als eine „Herausforderung" (*provocatio*) an die „tieferdenkenden Mathematiker" aufgeworfen und 1697 noch einmal den „scharfsinnigsten Mathematikern der ganzen Welt" vorgelegt (bislang war nämlich keine Lösung eingegangen). Wir wollen es mit den Methoden der Variationsrechnung angreifen, die freilich damals noch gar nicht vorhanden waren. Das Brachistochroneproblem hat vielmehr erst den Anlaß zur Entwicklung dieser Methoden gegeben und ist so zu einem Markstein in der Geschichte der Analysis geworden.

Im folgenden sei die Masse unseres Massenpunktes gleich 1, seine Geschwindigkeit im Punkte (x, y) werde mit $v(x, y)$ bezeichnet, und seine Anfangsgeschwindigkeit $v(0, 0)$ sei 0. g bedeute die Konstante der Erdbeschleunigung. Beweise der Reihe nach die folgenden Aussagen:

a) Es ist $v(x, y) = \sqrt{2gy}$. Hinweis: Aufgabe 2c.

b) Die Laufzeit T des Massenpunktes von $\mathbf{0}$ nach P längs der Kurve $y = f(x)$ wird gegeben durch

$$T = \int_0^b \sqrt{\frac{1 + (f'(x))^2}{2gf(x)}}\, dx. \tag{220.7}$$

Dabei setzen wir f als zweimal stetig differenzierbar auf $[0, b]$ voraus, um im folgenden die Elemente der Variationsrechnung aus Nr. 191 einsetzen zu können. Hinweis: A 178.9.

c) Wegen (220.7) läuft das Problem der Brachistochrone auf die Variationsaufgabe hinaus, das Integral

$$\int_0^b F(f(x), f'(x))\, dx \quad \text{mit} \quad F(y, p) := \sqrt{\frac{1 + p^2}{2gy}}$$

zu minimieren, und zwar unter der Nebenbedingung $f(0) = 0$, $f(b) = d$. Jede Minimalfunktion φ genügt notwendig der Bedingung

$$(1 + \varphi'^2)\,\varphi = c \quad \text{mit einer positiven Konstanten } c. \tag{220.8}$$

Hinweis: A 191.3.

d) Als nächstes erarbeiten wir eine Parameterdarstellung $x = x(t)$, $y = y(t)$ für den Graphen von φ, mit der also $\varphi(x) = \varphi(x(t)) = y(t)$ gilt. Nach (220.8) ist $0 \leqslant \varphi \leqslant c$, und da man aus physikalischen Gründen φ als streng wachsend ansehen darf, setzen wir

$$y(t) := c\,\frac{1 - \cos t}{2} \quad (0 \leqslant t \leqslant \pi).$$

Dieser Setzung haftet eine gewisse Willkür an, und man wird in der Tat kaum auf sie verfallen, ohne schon eine Vorstellung von dem Endergebnis zu haben. Mit Hilfe der Gl. (220.8) und der Halbwinkelformel $(1 - \cos t)/2 = \sin^2(t/2)$ folgt

$$\varphi'(x) = \cot\frac{t}{2}$$

und daraus mittels der Kettenregel

$$\frac{dx}{dt} = c\sin^2\frac{t}{2}, \quad \text{also} \quad x(t) = \frac{c}{2}(t - \sin t) + c_1.$$

Wegen der Anfangsbedingung $x(0) = 0$ ist $c_1 = 0$. Die gesuchte Parameterdarstellung lautet daher

$$x = \frac{c}{2}(t - \sin t), \qquad y = \frac{c}{2}(1 - \cos t) \qquad (0 \leqslant t \leqslant \pi).$$

Kurz gesagt ist also φ ein Stück einer nach oben geöffneten Zykloide (s. den Anfang der Aufgabe 3). Nur die Zykloide kommt somit als Brachistochrone von $\mathbf{0}$ nach P in Betracht. Daß sie es wirklich ist, können wir allerdings mit unserer kargen Variationstheorie nicht beweisen.

Die beiden letzten Aufgaben lassen erkennen, daß die Zykloide für die Mechanik von höchstem Interesse sein wird. Kein Geringerer als Johann Bernoulli hat in starken Worten seine Überraschung darüber ausgedrückt, daß diese merkwürdige Kurve nicht nur die *Tautochrone*, sondern auch noch die *Brachistochrone* ist. Seine geistvolle Lösung des Brachistochroneproblems wird in Heuser [5], S. 121ff dargestellt; dort — auf S. 131ff — findet man auch Näheres zur Geschichte dieses Problems und zu seiner unglücklichen Auswirkung auf das Verhältnis zwischen den Brüdern Johann und Jakob Bernoulli.

221 Zentralkräfte

Weist jeder Vektor $K(x, y, z)$ eines Kraftfeldes K auf ein und denselben Punkt **0**, so nennen wir K ein Zentralkraftfeld oder auch kürzer eine Zentralkraft (wichtigstes Beispiel ist die Gravitationskraft eines Massenpunktes). Wählen wir das Zentrum **0** als Nullpunkt eines xyz-Koordinatensystems und ist $r := xi + yj + zk$ der sogenannte Radiusvektor des Punktes (x, y, z), so ist

$$K(x, y, z) = f(x, y, z)r \tag{221.1}$$

mit einer geeigneten reellwertigen Funktion f.

Unter dem Einfluß der Zentralkraft K möge nun ein Punkt mit der Masse m eine Bahn beschreiben, die wir in der Form $r = r(t)$ mittels der Zeit t als Parameter darstellen. Dann ist nach dem Newtonschen Kraftgesetz $K = m\ddot{r}$, also $fr = m\ddot{r}$. Daraus folgt $fr \times r = mr \times \ddot{r}$, und da $r \times r$ verschwindet, erhalten wir die Gleichung

$$r \times \ddot{r} = 0.$$

Da nach der Produktregel (208.1)

$$\frac{d}{dt}(r \times \dot{r}) = r \times \ddot{r} + \dot{r} \times \dot{r} = r \times \ddot{r}$$

ist, muß also die Ableitung von $r \times \dot{r}$ verschwinden und somit dauernd

$$r \times \dot{r} = c \qquad (c \text{ ein konstanter Vektor}) \tag{221.2}$$

sein. Den Vektor

$$mr \times \dot{r}$$

nennt man den Drehimpuls, und aus (221.2) folgt als erstes die fundamentale Aussage, *daß bei Zentralkräften der Drehimpuls konstant ist.*

Ist $c = 0$, so sind die Vektoren r und $\dot{r}$, wie der Leser aus der linearen Algebra weiß oder leicht selbst nachprüfen kann, zueinander parallel (einer ist ein Vielfaches des anderen). Das bedeutet, daß unser Massenpunkt sich auf einer Geraden bewegt. Ist jedoch $c \neq 0$, so folgt aus $r \cdot c = r \cdot (r \times \dot{r}) = 0$, daß der Massenpunkt sich ständig in einer Ebene befinden muß, die senkrecht zu c ist; es liegt also eine *ebene Bewegung* vor. Wählen wir diese ausgezeichnete Ebene als xy-Ebene, wobei wir natürlich den ursprünglichen Nullpunkt beibehalten, so ist $r \times \dot{r} = (x\dot{y} - y\dot{x})k$, und aus (221.2) folgt nun, daß

$$x\dot{y} - y\dot{x} = c \qquad (c \text{ eine reelle Konstante}) \tag{221.3}$$

sein muß.

Schon aus physikalischen Überlegungen ist es plausibel, daß im vorliegenden Fall ($c \neq 0$) die Bahn unseres Massenpunktes mittels Polarkoordinaten r, φ beschrieben werden kann; auf eine mathematische Begründung gehen wir nicht ein. Aus

$$x(t) = r(t)\cos\varphi(t), \qquad y(t) = r(t)\sin\varphi(t)$$

erhält man durch eine einfache Rechnung die Gleichung

$$x\dot{y} - y\dot{x} = r^2\dot{\varphi}, \tag{221.4}$$

aus der mit (221.3) sofort die Beziehung

$$r^2\dot{\varphi} = c \tag{221.5}$$

folgt. Führt man in (206.2) die Substitution $\varphi = \varphi(t)$ durch, so erhält man für den Flächeninhalt des Bereichs B, den der Radiusvektor unseres Massenpunktes zwischen den Zeiten t_1 und t_2 überstreicht, die Gleichung

$$|B| = \frac{1}{2}\int_{t_1}^{t_2} r^2\dot{\varphi}\,dt = \frac{1}{2}\int_{t_1}^{t_2} c\,dt = \frac{c}{2}(t_2 - t_1). \tag{221.6}$$

Das ist der wichtige **Flächensatz**, den man in Worten gewöhnlich so zu formulieren pflegt:

Bewegt sich ein Massenpunkt unter der Wirkung einer Zentralkraft, so überstreicht sein Radiusvektor in gleichen Zeiten gleiche Flächen.

222 Die Keplerschen Gesetze der Planetenbewegung

Wir kommen nun zu einer der wahrhaft großen Taten des menschlichen Geistes: zu der empirischen Entdeckung der planetarischen Bahngesetze durch Kepler und ihrer mathematischen Herleitung aus dem Gravitationsgesetz durch Newton.

Beseelt von einem tiefen Glauben an die mathematische Harmonie des Kosmos (ein griechisches Wort, das „Ordnung" *und* „Schmuck" bedeutet), hatte Kepler nach zahlreichen, im Mystischen versandenden Irrwegen schließlich durch geniale Intuition und einen schier unfaßbaren Rechenaufwand aus der Masse der vorhandenen astronomischen Daten die folgenden Gesetze herauskristallisiert:

Erstes Keplersches Gesetz *Die Bahnen der Planeten sind Ellipsen, in deren einem Brennpunkt die Sonne steht.*

Zweites Keplersches Gesetz *Der von der Sonne zu einem Planeten weisende Radiusvektor überstreicht in gleichen Zeiten gleiche Flächen.*

Drittes Keplersches Gesetz *Das Verhältnis zwischen dem Quadrat der Umlaufszeit und dem Kubus der großen Achse (der Bahnellipse) ist für alle Planeten des Sonnensystems konstant.*

Die beiden ersten Gesetze veröffentlichte Johannes Kepler 1609 im Alter von 38 Jahren, das dritte 1619, 11 Jahre vor seinem Tod. Wir müßten tiefer in die Geschichte der Astronomie eindringen, als es uns hier möglich ist, um glaubhaft machen zu können, daß diese Gesetze weitaus revolutionärer sind als das Werk des Nikolaus Kopernikus (1473–1543; 70).

In den Jahren 1665/66 war die Universität Cambridge, an der Isaac Newton 1661 sein Studium begonnen hatte, wegen der Pest in London geschlossen. Der dreiundzwanzigjährige Student zog sich in sein Heimatdorf Woolsthorpe zurück und begann in dieser ländlichen Abgeschiedenheit die Grundlagen seiner epochemachenden Mechanik und Analysis zu entwickeln. Damals wurde ihm klar, daß das Gravitationsgesetz der Schlüssel zum Verständnis der Sternbewegung ist. Er behielt seine Entdeckungen jedoch zunächst für sich, nicht zuletzt deshalb, weil er noch nicht beweisen konnte, daß eine homogene Kugel dieselbe Anziehungskraft ausübt wie ihr Mittelpunkt, wenn man in ihm die gesamte Kugelmasse konzentriert (s. Ende der Nummer 220); bis 1685 glaubte er, daß dies falsch sei. 1687, im Alter von 45 Jahren, veröffentlichte er eines der wirkungsmächtigsten Bücher in der Geschichte der Menschheit, die „Philosophiae naturalis principia mathematica" (Mathematische Prinzipien der Naturwissenschaft). Der erste Band beginnt mit der Methode der ersten und letzten Verhältnisse (s. Nr. 241) und setzt dann die Lehre von den Zentralkräften, insbesondere den Flächensatz auseinander, der das zweite Keplersche Gesetz als Spezialfall enthält. Als nächstes zeigt Newton, daß die Kraft, die einen Körper längs eines Kegelschnitts (insbesondere also einer Ellipse) bewegt, umgekehrt proportional zu dem Quadrat des Abstands dieses Körpers von einem festen Punkt sein muß — das ist das Gravitationsgesetz — und beweist umgekehrt, daß aus dem Gravitationsgesetz das erste Keplersche Gesetz folgt. Und zur Krönung dieses Teils seiner Untersuchungen leitet er schließlich auch noch das dritte Keplersche Gesetz aus dem Gravitationsgesetz her.

Kepler war der Sohn eines Trunkenbolds, der es vom Söldner zum Schankwirt brachte; Newton das Kind eines Bauern, der zwei Monate vor Isaacs Geburt starb.

Wir wenden uns nun der *Herleitung der Keplerschen Gesetze aus dem Gravitationsgesetz* zu, ohne uns von Hegels Diktum im Vorspruch dieses Kapitels einschüchtern zu lassen. Lieber halten wir uns an Kepler selbst: „Hat aber die Mutter Mathematik auch ein hübsch Töchterlein [die Astronomie], welches sie zuweilen trefflich ernähret."

Nach den Ergebnissen der Nr. 220 dürfen wir uns die Sonne und die Planeten als Massenpunkte denken. Da die Gravitationskraft der Sonne eine auf die Sonne weisende Zentralkraft ist, bewegt sich ein gegebener Planet unter ihrem Einfluß in einer Ebene (s. Nr. 221). Diese Ebene wählen wir als xy-Ebene und die (punktförmige) Sonne als ihren Nullpunkt. Das zweite Keplersche Gesetz ist, wie schon bemerkt, nur ein Spezialfall des Flächensatzes für Zentralkräfte; wir haben es also nur noch mit dem ersten und dritten zu tun.

Im folgenden sei M die Masse der Sonne und m die des Planeten. Die Bewegung des Planeten in Abhängigkeit von der Zeit t beschreiben wir durch seinen Radiusvektor $r(t)$ mit den Komponenten $x(t)$ und $y(t)$. Wie in Nr. 221 führen wir ferner Polarkoordinaten $r,\ \varphi$ ein, so daß

$$x(t) = r(t)\cos\varphi(t) \quad \text{und} \quad y(t) = r(t)\sin\varphi(t)$$

wird. $v := \sqrt{\dot{x}^2 + \dot{y}^2}$ ist die Planetengeschwindigkeit. Offenbar ist

$$v^2 = \dot{r}^2 + r^2\dot{\varphi}^2. \tag{222.1}$$

Gravitationsfelder sind konservative Kraftfelder; für sie gilt also der Energiesatz (192.7). Mit (220.2) erhalten wir somit die alles Weitere beherrschende Gleichung

$$\frac{1}{2}mv^2 - G\frac{Mm}{r} = \frac{1}{2}mv_0^2 - G\frac{Mm}{r_0};{}^{1)} \tag{222.2}$$

dabei ist v_0 bzw. r_0 die Geschwindigkeit bzw. der Sonnenabstand des Planeten zu einer gewissen Zeit t_0. (222.2) schreiben wir einfacher in der Form

$$v^2 - 2GM\frac{1}{r} = \gamma \quad \text{mit} \quad \gamma := v_0^2 - 2GM\frac{1}{r_0}. \tag{222.3}$$

Wegen $\dot{r} = \dfrac{dr}{d\varphi}\,\dot{\varphi}$ erhalten wir aus (222.1) in Verbindung mit (221.5) für v^2 den Ausdruck

$$v^2 = \left(\frac{dr}{d\varphi}\right)^2\dot{\varphi}^2 + r^2\dot{\varphi}^2 = \left(\frac{dr}{d\varphi}\right)^2\frac{c^2}{r^4} + \frac{c^2}{r^2}.$$

Tragen wir ihn in (222.3) ein, so folgt

$$\frac{1}{r^4}\left(\frac{dr}{d\varphi}\right)^2 = \frac{\gamma}{c^2} + \frac{2GM}{c^2}\frac{1}{r} - \frac{1}{r^2}.{}^{2)}$$

Mit

$$u := \frac{1}{r}, \quad \text{also} \quad \frac{du}{d\varphi} = -\frac{1}{r^2}\frac{dr}{d\varphi}$$

geht diese Beziehung über in

$$\begin{aligned}
\left(\frac{du}{d\varphi}\right)^2 &= \frac{\gamma}{c^2} + \frac{2GM}{c^2}u - u^2 = \frac{G^2M^2}{c^4} + \frac{\gamma}{c^2} - \left(u - \frac{GM}{c^2}\right)^2 \\
&= \frac{G^2M^2}{c^4}\left(1 + \frac{\gamma c^2}{G^2M^2}\right) - \left(u - \frac{GM}{c^2}\right)^2.
\end{aligned} \tag{222.4}$$

---

[1] Man beachte hierbei, daß die Größe U in (192.7) ihrer Bedeutung nach das m-fache der Größe U in (220.2) ist, und daß man in (220.2) m durch Mm ersetzen muß.

[2] Wir dürfen $c \neq 0$ annehmen. Im Falle $c = 0$ müßte sich nämlich der Planet nach den Ergebnissen der letzten Nummer längs einer Geraden bewegen, was er aber keineswegs tut.

Setzen wir

$$p := \frac{c^2}{G\,M} \quad \text{und} \quad \varepsilon := \sqrt{1 + \frac{\gamma c^2}{G^2 M^2}}\,, \tag{222.5}$$

so schreibt sich (222.4) so:

$$\left(\frac{du}{d\varphi}\right)^2 = \frac{\varepsilon^2}{p^2} - \left(u - \frac{1}{p}\right)^2. \tag{222.6}$$

Im Falle $\varepsilon = 0$ ergibt sich daraus, daß $u = 1/p$, also $r = p$ sein muß: Der Planet bewegt sich auf einem Kreis. Für die folgenden Rechnungen dürfen wir also $\varepsilon > 0$ annehmen. Indem wir in (222.6) die Quadratwurzel ziehen, erhalten wir für u die folgende Differentialgleichung mit getrennten Veränderlichen:

$$\frac{du}{d\varphi} = \sqrt{\frac{\varepsilon^2}{p^2} - \left(u - \frac{1}{p}\right)^2}\,.^{\,1)}$$

Um aus ihr u zu bestimmen, müssen wir die Gleichung

$$\int \frac{du}{\sqrt{\dfrac{\varepsilon^2}{p^2} - \left(u - \dfrac{1}{p}\right)^2}} = \varphi - C \tag{222.7}$$

mit einer willkürlichen Konstanten C nach u auflösen. Das hier auftretende Integral läßt sich mühelos auswerten: Mit der Substitution $w = u - (1/p)$ erhält man

$$\int \frac{du}{\sqrt{\dfrac{\varepsilon^2}{p^2} - \left(u - \dfrac{1}{p}\right)^2}} = \int \frac{dw}{\sqrt{\dfrac{\varepsilon^2}{p^2} - w^2}} = \frac{p}{\varepsilon} \int \frac{dw}{\sqrt{1 - \left(\dfrac{p}{\varepsilon}\,w\right)^2}}$$

$$= \frac{p}{\varepsilon}\,\frac{\varepsilon}{p}\arcsin\frac{p}{\varepsilon}\,w = \arcsin\frac{p\,u - 1}{\varepsilon}\,.$$

(222.7) ist also nichts anderes als die Gleichung

$$\arcsin\frac{p\,u - 1}{\varepsilon} = \varphi - C.$$

Aus ihr ergibt sich sofort

$$u = \frac{1 + \varepsilon\sin(\varphi - C)}{p}$$

und damit

$$r = \frac{p}{1 + \varepsilon\sin(\varphi - C)}\,. \tag{222.8}$$

$^{1)}$ Die mathematisch zunächst notwendige Berücksichtigung der *negativen* Wurzel bringt physikalisch nichts Neues.

Wir legen C nun so fest, daß der Abstand r des Planeten von der Sonne seinen minimalen Wert $p/(1+\varepsilon)$ für $\varphi=0$ erreicht, also so, daß $\sin(-C)=1$ ist[1]. Dies erreichen wir, wenn wir $C=-\pi/2$ wählen. Da aber $\sin(\varphi+\pi/2)=\cos\varphi$ ist, erhalten wir aus (222.8) schließlich die Gleichung der Planetenbahn in der Form

$$r = \frac{p}{1+\varepsilon\cos\varphi} \, . \tag{222.9}$$

Gemäß der Bemerkung nach (222.6) bleibt diese Gleichung auch im Falle $\varepsilon=0$ in Kraft.

Wie der Leser aus der analytischen Geometrie weiß, wird durch (222.9) ein Kegelschnitt K beschrieben, wenn man einen der Brennpunkte von K als Nullpunkt des Koordinatensystems wählt. Und zwar ist K eine Ellipse, Parabel oder Hyperbel, je nachdem ε kleiner, gleich oder größer als 1 ist. Da die Planeten geschlossene Bahnen durchlaufen und der Nullpunkt unseres Koordinatensystems mit der (punktförmigen) Sonne zusammenfällt, müssen sie sich also auf Ellipsen bewegen, in deren einem Brennpunkt die Sonne steht: Das ist gerade das erste Keplersche Gesetz.

Sei S (die Sonne) ein Brennpunkt der Bahnellipse und a bzw. b die Länge ihrer großen bzw. kleinen Halbachse. Die Punkte A und P in Fig. 222.1 sind dann beziehentlich das **Aphel** (Punkt größter Sonnenferne) und das **Perihel** (Punkt größter Sonnennähe) des Planeten; p ist der sogenannte **Halbparameter** der Ellipse. Seine physikalische Bedeutung wird durch (222.5) geklärt; mit den Halbachsen a, b steht er bekanntlich durch die Gleichung

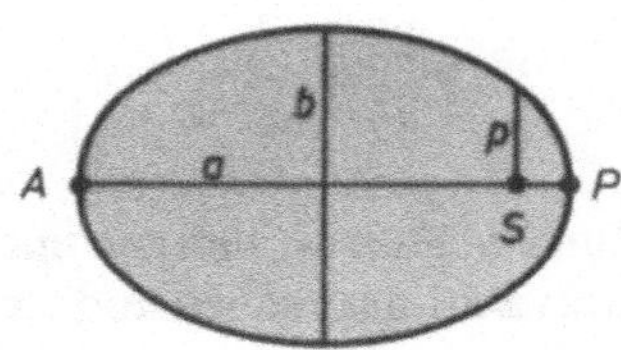

Fig. 222.1

$$p = \frac{b^2}{a} \tag{222.10}$$

in Beziehung. Die Größe ε in (222.9) ist geometrisch die **numerische Exzentrizität** der Ellipse, und wird durch

$$\varepsilon = \sqrt{1-\frac{b^2}{a^2}}$$

gegeben. Wegen (222.5) bedeutet die Ungleichung $\varepsilon<1$ physikalisch, daß $\gamma<0$ sein muß. Die Gesamtenergie des Planeten (Summe seiner kinetischen und potentiellen Energie) ist daher notwendig negativ.

Wir kommen nun zu dem dritten Keplerschen Gesetz. Der Flächeninhalt der Bahnellipse (deren große bzw. kleine Halbachse wir wieder mit a bzw. b bezeichnen) wird nach A 203.4 durch πab gegeben (auf andere Weise wurde dieses Ergebnis übrigens

---

[1] Mit anderen Worten: Wir lassen die positive Richtung der x-Achse von der Sonne nach dem sogenannten **Perihel** des Planeten, dem sonnennächsten Punkt seiner Bahn, weisen.

auch in A 207.7 gewonnen). Nach (221.6) ist dieser Flächeninhalt aber auch $= c\,T/2$, wobei T die Umlaufszeit des Planeten bedeutet. Infolgedessen gilt die Beziehung

$$\frac{c}{2}\,T = \pi\,a\,b. \tag{222.11}$$

Mit (222.10) und (222.5) erhält man

$$\pi\,a\,b = \pi\,a\,\sqrt{a}\,\frac{b}{\sqrt{a}} = \pi\,a\,\sqrt{a}\,\sqrt{p} = \pi\,a\,\sqrt{a}\,\frac{c}{\sqrt{GM}}\,,$$

und damit folgt aus (222.11) die Gleichung

$$T = \frac{2\,\pi\,a\,\sqrt{a}}{\sqrt{GM}}\,. \tag{222.12}$$

Sind T_1 und T_2 die Umlaufszeiten zweier Planeten mit den großen Bahnhalbachsen a_1 bzw. a_2, so erhalten wir nun aus der letzten Gleichung mit einem Schlag das dritte Keplersche Gesetz:

$$\frac{T_1^2}{T_2^2} = \frac{a_1^3}{a_2^3}\,. \tag{222.13}$$

Zum Schluß wollen wir noch kurz schildern, wie man mit Hilfe des Newtonschen Gravitationsgesetzes und der Keplerschen Bahngesetze Entfernungen und Massen im Sonnensystem berechnen kann.

Die Gravitationskonstante G läßt sich experimentell im Laboratorium bestimmen; zum erstenmal wurde dies von Henry Cavendish (1731–1810; 79) im Jahre 1798 durchgeführt. Ist nun m die Masse der Erde und μ etwa die Masse eines Körpers auf der Erdoberfläche, so gilt die Gleichung

$$G\,\frac{m\,\mu}{R^2} = \mu\,g \quad (R \text{ der Erdradius, } g \text{ die Konstante der Erdbeschleunigung}).$$

Aus ihr läßt sich, da G, g und R bekannt sind, die Erdmasse m zu $m = g\,R^2/G$ berechnen; als runder Wert ergibt sich $6 \cdot 10^{24}$ kg.

Unter der **mittleren Entfernung** eines Planeten von der Sonne versteht man die Länge seiner großen Bahnhalbachse. Mit Hilfe elementartrigonometrischer Rechnungen kann man die mittlere Entfernung der Erde von der Sonne bestimmen; sie beträgt etwa $1,497 \cdot 10^{11}$ m. Da auch die Umlaufszeit der Erde bekannt ist, läßt sich nun aus (222.12) — im wesentlichen also aus dem dritten Keplerschen Gesetz — die Sonnenmasse M berechnen; man erhält $M \approx 1,99 \cdot 10^{30}$ kg. Die Sonnenmasse ist also rund 300000mal größer als die Erdmasse.

Aus (222.13) folgt $a_2 = a_1\,(T_2/T_1)^{2/3}$. Wir brauchen hier für a_1 und T_1 nur die Daten der Erde einzutragen, um die mittlere Sonnenentfernung a_2 jedes anderen Planeten aus seiner Umlaufszeit T_2 berechnen zu können.

Besitzt ein Planet einen Satelliten, so verläuft dessen Bewegung um seinen Mutterplaneten ebenfalls nach den Keplerschen Gesetzen. Von der Erde aus kann man die Umlaufszeit T des Satelliten und seine mittlere Entfernung a von dem Mutterplaneten messen; aus (222.12) läßt sich dann sofort die Masse M des Planeten bestimmen.

Wir Spätgeborenen erstaunen kaum noch über diese Dinge, aber 1734 schien es Voltaire, als sei Newton zu Erkenntnissen gelangt, *qui semblaient n'être pas faites pour l'esprit humain* („Lettres philosophiques" 15).

223 Das Problem der Dido

Es besteht darin, unter allen ebenen rektifizierbaren Jordankurven mit vorgegebener Länge L diejenigen zu bestimmen, welche den inhaltsgrößten Bereich umschließen. In A 54.2 hatten wir dieses Problem schon angeschnitten und erklärt, warum es nach der karthagischen Königin Dido benannt wurde.

Anschaulich drängt sich sofort auf, daß die einzigen Lösungen des Problems der Dido die Kreislinien mit dem Radius $L/2\pi$ sind. Um so erstaunlicher ist es, daß man diese „evident richtige" Vermutung nicht beweisen kann, ohne auf tiefliegende Hilfsmittel zurückzugreifen.

Überzeugen wir uns zunächst davon, daß unser Problem überhaupt sinnvoll ist! Liegt eine rektifizierbare Jordankurve $\Gamma \subset \mathbf{R}^2$ vor, so zerlegt sie $\mathbf{R}^2$ nach dem Jordanschen Kurvensatz 179.1 in ein beschränktes Innengebiet G_1 und ein unbeschränktes Außengebiet G_2, und Γ ist der Rand dieser beiden Gebiete. Unter dem „von Γ umschlossenen Bereich" wollen wir die Menge $G_1 \cup \Gamma$ verstehen. Diese Menge ist beschränkt, ihr Rand ist die rektifizierbare Jordankurve Γ, und aus Satz 202.7 ergibt sich nun, daß sie Jordan-meßbar ist. Es ist also in der Tat sinnvoll, nach denjenigen rektifizierbaren Jordankurven vorgegebener Länge zu fragen, die „den inhaltsgrößten Bereich umschließen".

Zum Schluß der Nr. 207 hatten wir ohne Beweis angemerkt, daß man den Inhalt eines beschränkten, von einer rektifizierbaren Jordankurve berandeten Bereichs $B \subset \mathbf{R}^2$ mittels der Formel

$$|B| = \frac{1}{2} \int_{\partial B} x\,\mathrm{d}y - y\,\mathrm{d}x \tag{223.1}$$

berechnen kann; dabei ist ∂B positiv zu orientieren, also so, daß das rechtsstehende Integral positiv ausfällt. Von dieser Formel wollen wir Gebrauch machen. Insgesamt stützen wir uns bei der Diskussion des Problems der Dido also auf zwei von uns nicht bewiesene Aussagen: auf den Jordanschen Kurvensatz und auf die obige Inhaltsformel.

Für die folgenden Untersuchungen verschärfen wir die bisherigen Voraussetzungen etwas: Unsere Jordankurven sollen nicht nur rektifizierbar, sondern sogar stückweise glatt sein. Nur unter diesen einschränkenden Annahmen werden wir das Problem der Dido lösen.

Es sei also von nun an B ein Bereich, der von einer stückweise glatten Jordankurve Γ der Länge L umschlossen wird. Γ denken wir uns positiv orientiert und durch eine Jordandarstellung

$$x = x(s), \qquad y = y(s) \qquad (0 \le s \le L) \tag{223.2}$$

mit der Bogenlänge s als Parameter gegeben. Die Funktionen x und y sind dabei auf $[0, L]$ stetig und stückweise stetig differenzierbar, ferner ist auf $[0, L]$, abgesehen von höchstens endlich vielen Stellen,

$$\left(\frac{dx}{ds}\right)^2 + \left(\frac{dy}{ds}\right)^2 = 1.^{1)} \tag{223.3}$$

Wir transformieren nun die Darstellung (223.2) auf das Intervall $[0, 2\pi]$, genauer: wir führen durch

$$\varphi(t) := x\left(\frac{L}{2\pi} t\right), \qquad \psi(t) := y\left(\frac{L}{2\pi} t\right) \qquad (0 \le t \le 2\pi)$$

eine neue Jordandarstellung von Γ mit dem Parameterintervall $[0, 2\pi]$ ein. Da $\varphi(0) = \varphi(2\pi)$ und $\psi(0) = \psi(2\pi)$ ist, können wir φ und ψ als 2π-periodische Funktionen auf ganz $\mathbf{R}$ fortsetzen. Die so fortgesetzten Funktionen wollen wir wiederum mit φ und ψ bezeichnen. Sie sind stetig und stückweise stetig differenzierbar.

Wegen (223.3) gilt für alle Punkte von $[0, 2\pi]$ mit höchstens endlich vielen Ausnahmen die Gleichung

$$\dot{\varphi}^2(t) + \dot{\psi}^2(t) = \frac{L^2}{4\pi^2},$$

infolgedessen ist

$$\frac{1}{\pi} \int_0^{2\pi} (\dot{\varphi}^2 + \dot{\psi}^2)\, dt = \frac{L^2}{2\pi^2}. \tag{223.4}$$

Wir zeigen nun — und das ist das Kernstück unserer Betrachtungen —, *daß die sogenannte* isoperimetrische Ungleichung

$$\frac{L^2}{4\pi} \ge |B| \quad \textit{oder also} \quad L^2 - 4\pi |B| \ge 0 \tag{223.5}$$

gilt und daß in ihr genau dann das Gleichheitszeichen steht, wenn B ein Kreis ist. Das bedeutet, daß bei vorgegebenem Umfang L der Flächeninhalt von B genau dann

---

¹⁾ S. Satz 178.4. Dieser Satz gilt — mit Modifikationen, die auf der Hand liegen — auch für stückweise glatte Jordanbögen und Jordankurven.

maximal ist, wenn B ein Kreis ist — womit wir das Problem der Dido jedenfalls unter den angegebenen Voraussetzungen gelöst hätten.

Zum Beweis der isoperimetrischen Ungleichung ziehen wir die Fourierreihen von φ und ψ heran. Es sei

$$\varphi(t) \sim \frac{a_0}{2} + \sum_{k=1}^{\infty} (a_k \cos k\,t + b_k \sin k\,t),$$

$$\psi(t) \sim \frac{c_0}{2} + \sum_{k=1}^{\infty} (c_k \cos k\,t + d_k \sin k\,t).$$

Dann ist nach den Betrachtungen zu Beginn der Nr. 143

$$\dot\varphi(t) \sim \sum_{k=1}^{\infty} k\,(b_k \cos k\,t - a_k \sin k\,t),$$

$$\dot\psi(t) \sim \sum_{k=1}^{\infty} k\,(d_k \cos k\,t - c_k \sin k\,t).$$

Mit der Parsevalschen Gleichung 142.1 und der Beziehung (223.4) erhalten wir nun die Identität

$$\sum_{k=1}^{\infty} k^2 (a_k^2 + b_k^2 + c_k^2 + d_k^2) = \frac{1}{\pi} \int_0^{2\pi} (\dot\varphi^2 + \dot\psi^2)\,\mathrm{d}t = \frac{L^2}{2\pi^2}. \tag{223.6}$$

Der Flächeninhalt von B wird durch

$$|B| = \frac{1}{2} \int_0^{2\pi} (\varphi\dot\psi - \dot\varphi\psi)\,\mathrm{d}t$$

geliefert. Die verallgemeinerte Parsevalsche Gleichung 142.6 gibt uns somit die Beziehung

$$\frac{1}{\pi}|B| = \frac{1}{2}\frac{1}{\pi} \int_0^{2\pi} (\varphi\dot\psi - \dot\varphi\psi)\,\mathrm{d}t = \frac{1}{2} \sum_{k=1}^{\infty} k\,(a_k d_k - b_k c_k) - \frac{1}{2} \sum_{k=1}^{\infty} k\,(b_k c_k - a_k d_k)$$

$$= \sum_{k=1}^{\infty} k\,(a_k d_k - b_k c_k). \tag{223.7}$$

Aus (223.6) und (223.7) folgt nun

$$L^2 - 4\pi|B| = 2\pi^2 \sum_{k=1}^{\infty} k^2 (a_k^2 + b_k^2 + c_k^2 + d_k^2) - 4\pi^2 \sum_{k=1}^{\infty} k\,(a_k d_k - b_k c_k)$$

$$= 2\pi^2 \sum_{k=1}^{\infty} [(k\,a_k - d_k)^2 + (k\,b_k + c_k)^2 + (k^2 - 1)(c_k^2 + d_k^2)]. \tag{223.8}$$

Da der letzte Term offenbar nichtnegativ ist, ergibt sich daraus sofort die isoperimetrische Ungleichung $L^2 - 4\pi|B| \geqslant 0$. Das Gleichheitszeichen steht in ihr genau dann, wenn jedes Glied der letzten Reihe in (223.8) verschwindet. Dies ist genau dann der Fall, wenn

$$a_1 = d_1,\ b_1 = -c_1 \quad \text{und} \quad a_k = b_k = c_k = d_k = 0 \quad \text{für}\ k \geqslant 2$$

ist[1]. Mit anderen Worten: In der isoperimetrischen Ungleichung steht das Gleichheitszeichen genau im Falle

$$\varphi(t) = \frac{a_0}{2} + a_1\cos t + b_1\sin t, \qquad \psi(t) = \frac{c_0}{2} - b_1\cos t + a_1\sin t \qquad (0 \leqslant t \leqslant 2\pi).$$

Da dies die Parameterdarstellung des Kreises

$$\left(x - \frac{a_0}{2}\right)^2 + \left(y - \frac{c_0}{2}\right)^2 = a_1^2 + b_1^2$$

ist, haben wir alle unsere Behauptungen bewiesen.

Interessanterweise haben wir in dieser Nummer von der Theorie der punktweisen Konvergenz Fourierscher Reihen keinen Gebrauch gemacht; entscheidend waren vielmehr die Parsevalschen Gleichungen, die auf der L^2-Konvergenz beruhen.

---

[1] Wenn alle Reihenglieder verschwinden, ist trivialerweise $a_1 = d_1$ und $b_1 = -c_1$. Für $k \geqslant 2$ muß ferner $c_k = d_k = 0$ sein, und daraus ergibt sich dann, daß auch $a_k = b_k = 0$ ist.

XXVI Mehrfache L-Integrale

<table>
<tr><td>

Der Mensch ist das Maß aller Dinge.

Protagoras

</td><td>

Lebesgue ist das Maß fast aller Dinge.

Anonymus

</td></tr>
</table>

224 Das Lebesguesche Integral im $\mathbf{R}^p$

Es macht nicht die geringste Mühe, die Untersuchungen des Kapitels XVI über das Lebesguesche Integral auf reellwertige Funktionen auszudehnen, die auf einem völlig beliebigen Intervall I des $\mathbf{R}^p$ definiert sind. In der Tat sind die anzustellenden Überlegungen den damals durchgeführten so ähnlich, daß wir uns ohne Bedenken mit knappen Andeutungen begnügen dürfen.

Unter einem Intervall I im $\mathbf{R}^p$ oder einem p-dimensionalen Intervall verstehen wir das cartesische Produkt $I_1 \times \cdots \times I_p$ von p Intervallen $I_1, \ldots, I_p$ der Zahlengeraden. Die I_k dürfen völlig beliebig sein (offen, abgeschlossen, halboffen, endlich oder unendlich). Demgemäß braucht I durchaus nicht kompakt, ja nicht einmal beschränkt zu sein.

Sei nun I zunächst ein *beschränktes* p-dimensionales Intervall. Die Funktion $\varphi: I \to \mathbf{R}$ heißt Treppenfunktion auf I, wenn es eine Zerlegung Z von I gibt, so daß φ auf dem Innern eines jeden Teilintervalls von Z konstant ist. Ein solches φ ist offenbar R-integrierbar, und wir haben

$$\int_I \varphi\,\mathrm{d}x = \sum_{k=1}^{n} c_k |I_k|, \tag{224.1}$$

wobei die $I_1, \ldots, I_n$ die Teilintervalle von Z sind und c_k der (konstante) Wert von φ auf $\mathring{I}_k$ bedeutet[1].

Unter einer Treppenfunktion φ auf einem *unbeschränkten* Intervall I versteht man eine Funktion, die auf einem gewissen beschränkten Intervall $J \subset I$ eine Treppenfunktion im eben erklärten Sinne ist und auf $I \setminus J$ verschwindet. Für ein solches φ setzen wir

$$\int_I \varphi\,\mathrm{d}x := \int_J \varphi\,\mathrm{d}x.$$

---

[1] In Nr. 197 hatten wir Intervallzerlegungen nur für kompakte Intervalle definiert. Bei beliebigen beschränkten Intervallen verfährt man natürlich ganz entsprechend.

Es ist klar, daß für dieses Integral die aus der Riemannschen Integrationstheorie bekannten Sätze gelten.

Wenn nicht ausdrücklich etwas anderes gesagt wird, sei I von nun an ein völlig beliebiges Intervall im $\mathbf{R}^p$ (beschränkt oder unbeschränkt). Die Menge aller Treppenfunktionen auf I bezeichnen wir mit $T(I)$.

Die Menge $L^+(I)$ definieren wir wörtlich wie in Nr. 123: Sie besteht aus allen Funktionen $f: I \to \mathbf{R}$ mit der nachstehenden Eigenschaft: Es gibt eine wachsende Folge von Treppenfunktionen $\varphi_n \in T(I)$, die fast überall auf I gegen f strebt und deren Integralfolge $(\int_I \varphi_n \, dx)$ konvergent (oder gleichbedeutend: beschränkt) ist. Das Lebesguesche Integral $\int_I f \, dx$ von f über I erklären wir durch

$$\int_I f \, dx := \lim \int_I \varphi_n \, dx.$$

Daß diese Definition eindeutig ist, sieht man genau wie in Nr. 123.

Mit $L(I)$ bezeichnen wir die Menge aller Funktionen $f = g - h$, wobei g und h zu $L^+(I)$ gehören und definieren das „mehrfache" Lebesguesche Integral $\int_I f \, dx$ durch

$$\int_I f \, dx := \int_I g \, dx - \int_I h \, dx.$$

Wieder sieht man wörtlich wie in Nr. 123, daß diese Integraldefinition völlig unzweideutig ist.

Wie beim Riemannschen Integral schreiben wir statt $\int_I f \, dx$ auch

$$\int_I f(x) \, dx, \qquad \int_I f \, d(x_1, \ldots, x_p) \qquad \text{oder} \qquad \int_I f(x_1, \ldots, x_p) \, d(x_1, \ldots, x_p).$$

Die Funktionen aus $L(I)$ heißen L-integrierbar auf I. Ganz ähnlich wie in Nr. 123 überzeugt man sich davon, daß im Falle kompakter Intervalle I

$$R(I) \subset L(I)$$

und — in leicht verständlicher Symbolik —

$$\text{R-}\int_I f \, dx = \text{L-}\int_I f \, dx$$

ist. Das Lebesguesche Integral ist also eine Verallgemeinerung des Riemannschen.

Wie im eindimensionalen Fall gilt auch jetzt, daß $L(I)$ ein *Funktionenraum* und das L-Integral *linear und ordnungserhaltend* ist (s. Satz 124.2). Eine L-integrierbare Funktion kann man auf einer Nullmenge willkürlich umdefinieren, ohne ihre Integrierbarkeit zu zerstören und ihren Integralwert zu ändern („bei der L-Integration kommt es auf Nullmengen nicht an"; vgl. Satz 124.1). Natürlich gilt auch der Satz 124.3, insbesondere die *Dreiecksungleichung* (124.1), unverändert im mehrdimensionalen Fall.

Um den Leser nicht durch lange Aufzählungen zu ermüden, wollen wir jetzt nur noch das Wesentliche ausdrücklich festhalten und akzentuieren — und dies ist, *daß die fundamentalen Konvergenzsätze von Beppo Levi und Lebesgue, also die Sätze 125.2 und 126.1, mitsamt ihren Beweisen unverändert für mehrfache L-Integrale in Kraft bleiben.* Der Leser wird sich erinnern, daß diese beiden Sätze die eigentlichen Energiezentren der Lebesgueschen Theorie sind.

Wenn wir im folgenden auf Sätze aus der „eindimensionalen" Lebesgueschen Theorie verweisen, so wird stillschweigend damit ausgedrückt, daß sie ohne Abstriche auch für mehrfache L-Integrale gelten. Dabei ist nur gelegentlich das Zeichen $\int_a^b$ durch $\int_I$ zu ersetzen.

225 Der Satz von Fubini für mehrfache L-Integrale

Er ist das Gegenstück zu dem Fubinischen Satz 200.1 für R-Integrale und lautet wie folgt:

225.1 Satz von Fubini I_x *sei ein p-dimensionales,* I_y *ein q-dimensionales Intervall und I bedeute das* $(p+q)$*-dimensionale Produktintervall* $I_x \times I_y$*. Liegt f in* $L(I)$*, so existiert die Funktion*

$$g(y) := \int_{I_x} f(x, y)\, dx \quad \text{fast überall auf } I_y,$$

gehört zu $L(I_y)$*, und es ist*

$$\int_I f(x, y)\, d(x, y) = \int_{I_y} \left(\int_{I_x} f(x, y)\, dx \right) dy \,.^{1)} \tag{225.1}$$

Bevor wir in den Beweis eintreten, halten wir eine evidente Folgerung aus diesem Satz fest:

---

[1] Gemäß unseren Definitionen kann eine Funktion nur dann zu $L(I_y)$ gehören, wenn sie auf dem ganzen Intervall I_y existiert. Das ist bei g nicht immer der Fall: g ist möglicherweise auf einer Nullmenge $M \subset I_y$ nicht erklärt. Man hilft diesem Mangel dadurch ab, daß man für $y \in M$ stillschweigend $g(y) := 0$ setzt (so werden wir auch im Beweis verfahren). Für diese y ist natürlich unter dem Symbol $\int_{I_x} f(x, y)\, dx$, das auf der rechten Seite von (225.1) auftritt, ebenfalls die Zahl 0 zu verstehen. Ganz entsprechend hat man auch an einigen Stellen der nun folgenden Untersuchungen zu verfahren.

225.2 Satz über die Vertauschung der Integrationsreihenfolge *Unter den Voraussetzungen des letzten Satzes ist*

$$\int_{I_y}\left(\int_{I_x} f(x,y)\,\mathrm{d}x\right)\mathrm{d}y = \int_{I_x}\left(\int_{I_y} f(x,y)\,\mathrm{d}y\right)\mathrm{d}x.$$

Um die Schreibweise zu vereinfachen und die Anschauung zu unterstützen, führen wir den Beweis des Satzes von Fubini nur im Falle $p=q=1$ durch. I_x und I_y sind dann Intervalle der Zahlengeraden, und I ist ein achsenparalleles (möglicherweise unbeschränktes) Rechteck der xy-Ebene. Für den Beweis benötigen wir zwei Hilfssätze, die wir natürlich auch nur im Zweidimensionalen aussprechen.

225.3 Hilfssatz *Für jede Treppenfunktion φ auf dem zweidimensionalen Intervall $I=I_x\times I_y$ ist*

$$\int_I \varphi(x,y)\,\mathrm{d}(x,y) = \int_{I_y}\left(\int_{I_x} \varphi(x,y)\,\mathrm{d}x\right)\mathrm{d}y.$$

Dieser Hilfssatz ergibt sich mit einem Schlag aus dem Fubinischen Satz 200.1 oder auch — und zwar viel elementarer — durch Rückgriff auf (224.1). ∎

225.4 Hilfssatz *Sei N eine Nullmenge im $\mathbf{R}^2$. Dann sind die „Querschnitte"*

$$N(y):=\{x:(x,y)\in N\}\qquad (y\in\mathbf{R})$$

fast überall auf $\mathbf{R}$ Nullmengen in $\mathbf{R}$.

Die Menge $N(y)$ ist in Fig. 225.1 veranschaulicht. Der Beweis des Hilfssatzes ist einfach, aber nicht elementar. Nach Satz 123.3 gibt es auf $I:=\mathbf{R}^2$ eine wachsende Folge von Treppenfunktionen φ_n, deren Integralfolge $(\int_I\varphi_n\,\mathrm{d}(x,y))$ beschränkt ist und die in jedem Punkt von N divergiert. Die Folge der Funktionen

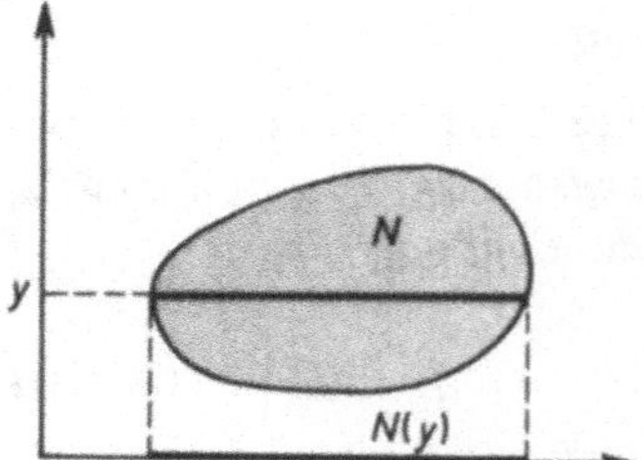

$$\psi_n(y):=\int_\mathbf{R}\varphi_n(x,y)\,\mathrm{d}x,$$

Fig. 225.1

ist offenbar wachsend. Ihre Integralfolge ist beschränkt; denn nach Hilfssatz 225.3 haben wir

$$\int_\mathbf{R}\psi_n(y)\,\mathrm{d}y = \int_I\varphi_n(x,y)\,\mathrm{d}(x,y).$$

Nach dem Satz von Beppo Levi konvergiert also (ψ_n) fast überall auf $\mathbf{R}$. Sei y_0 ein Konvergenzpunkt von (ψ_n). Definitionsgemäß ist dann die Folge der Integrale $\int_\mathbf{R}\varphi_n(x,y_0)\,\mathrm{d}x$ konvergent. Und nun zeigt wiederum der Satz von Beppo Levi, daß die Folge $(\varphi_n(x,y_0))$ nur in Punkten x divergieren kann, deren Gesamtheit eine Nullmenge bildet. Da diese Folge aber konstruktionsgemäß für jedes $x\in N(y_0)$ divergiert, ergibt sich daraus, daß $N(y_0)$ in der Tat eine Nullmenge sein muß. ∎

Wir sind nun ausreichend gerüstet, um den Beweis des Satzes von Fubini in Angriff nehmen zu können. Wir erinnern noch einmal daran, daß wir nur den Fall eindimensionaler Intervalle I_x, I_y betrachten wollen.

Sei zunächst f eine Funktion aus $L^+(I)$. Dann gibt es *per definitionem* eine wachsende Folge von Treppenfunktionen $\varphi_n \in T(I)$ mit

$$\varphi_n \to f \text{ fast überall auf } I \quad \text{und} \quad \int_I \varphi_n \, \mathrm{d}(x, y) \to \int_I f \, \mathrm{d}(x, y). \qquad (225.2)$$

Wir erklären nun Funktionen ψ_n durch

$$\psi_n(y) := \int_{I_x} \varphi_n(x, y) \, \mathrm{d}x.$$

Die Folge (ψ_n) wächst offenbar, und da nach Hilfssatz 225.3

$$\int_{I_y} \psi_n(y) \, \mathrm{d}y = \int_I \varphi_n(x, y) \, \mathrm{d}(x, y) \qquad (225.3)$$

ist, muß ihre Integralfolge konvergent, erst recht also beschränkt sein. Aus dem Satz von Beppo Levi ergibt sich nun:

(ψ_n) konvergiert fast überall auf I_y.

Die Menge

$$N := \{(x, y) \in I : (\varphi_n(x, y)) \text{ divergiert}\}$$

ist eine Nullmenge, nach Hilfssatz 225.4 sind also die Querschnitte

$$N(y) := \{x : (x, y) \in N\}$$

fast überall auf $\mathbf{R}$ Nullmengen in $\mathbf{R}$. y_0 bezeichne einen Punkt von I_y, für den gilt:

$N(y_0)$ ist eine Nullmenge und $(\psi_n(y_0))$ konvergiert.

Die Menge aller dieser y_0 ist bis auf eine Nullmenge N_0 das Intervall I_y. Offenbar strebt

$$\varphi_n(x, y_0) \nearrow f(x, y_0) \text{ für alle } x \in I_x \setminus N(y_0),$$

und

$$\text{die Folge der} \quad \int_{I_x} \varphi_n(x, y_0) \, \mathrm{d}x = \psi_n(y_0) \quad \text{konvergiert.}$$

Nach dem Satz von Beppo Levi ist daher

$$\int_{I_x} f(x, y_0) \, \mathrm{d}x \quad \text{vorhanden und} \quad = \lim \psi_n(y_0).$$

Wir setzen nun

$$g(y) := \begin{cases} \displaystyle\int_{I_x} f(x, y)\,\mathrm{d}x = \lim_{n \to \infty} \psi_n(y) & \text{für } y \in I_y \setminus N_0, \\[2mm] 0 & \text{für } y \in N_0. \end{cases}$$

Dann lautet das wesentliche Ergebnis unserer bisherigen Betrachtungen so: *Die wachsende Folge (ψ_n) konvergiert fast überall auf I_y gegen g, und wegen (225.3) und (225.2) ist*

$$\lim \int_{I_y} \psi_n(y)\,\mathrm{d}y = \lim \int_I \varphi_n(x, y)\,\mathrm{d}(x, y) = \int_I f(x, y)\,\mathrm{d}(x, y).$$

Nach dem Satz von Beppo Levi ist also

$$g \in L(I_y) \quad \text{und} \quad \int_{I_y} g(y)\,\mathrm{d}y = \int_I f(x, y)\,\mathrm{d}(x, y).$$

Die letzte Gleichung ist aber gerade die behauptete Beziehung

$$\int_I f(x, y)\,\mathrm{d}(x, y) = \int_{I_y} \left(\int_{I_x} f(x, y)\,\mathrm{d}x \right) \mathrm{d}y.$$

Bisher hatten wir vorausgesetzt, daß f in $L^+(I)$ liegt. Der Fall $f \in L(I)$ bietet jetzt aber keinerlei Schwierigkeiten mehr. Wir brauchen nur f in der Form

$$f = g - h \quad \text{mit} \quad g, h \in L^+(I)$$

darzustellen und das oben Bewiesene auf g und h anzuwenden. ∎

226 Meßbare Funktionen

In diesem Abschnitt dürfen wir uns wieder sehr kurz fassen. Wie in Nr. 129 nennen wir die Funktion $f: I \to \mathbf{R}$ (I ein p-dimensionales Intervall) meßbar, wenn es eine Folge von Treppenfunktionen gibt, die fast überall auf I gegen f konvergiert. Mit $M(I)$ bezeichnen wir die Menge der meßbaren Funktionen auf I. Und nun können wir ganz summarisch sagen, daß die Ergebnisse der Nr. 129 mitsamt ihren Beweisen Wort für Wort in Kraft bleiben, wenn man die dort auftretenden eindimensionalen Intervalle I durch p-dimensionale ersetzt.

Ist r eine reelle Zahl ≥ 1, so bezeichnen wir, wie in Nr. 130, mit $L^r(I)$ die Menge aller $f \in M(I)$, für die $|f|^r$ in $L(I)$ liegt[1]. Wieder können wir die Ergebnisse der Nr. 130

---

[1] In Nr. 130 hatten wir die entsprechenden Funktionenräume mit $L^p(I)$ bezeichnet. Statt p schreiben wir diesmal r, weil wir hier p als Dimensionszahl verwenden.

ohne wesentliche Änderung übernehmen: Identifiziert man zwei Funktionen aus $L^r(I)$, wenn sie fast überall auf I übereinstimmen, und setzt man

$$\|f\|_r := \left(\int_I |f|^r \, dx \right)^{1/r} \quad \text{für jedes } f \in L^r(I),$$

so erweist sich $\|\cdot\|_r$ als eine Norm, die $L^r(I)$ zu einem Banachraum macht.

Aufgabe

Satz von Tonelli[1] Sei $I := I_x \times I_y$ ein zweidimensionales Intervall und f eine meßbare Funktion auf I. Ferner existiere mindestens eines der „iterierten Integrale"

$$\int_{I_y} \left(\int_{I_x} |f(x, y)| \, dx \right) dy, \qquad \int_{I_x} \left(\int_{I_y} |f(x, y)| \, dy \right) dx.$$

Dann ist f sogar L-integrierbar auf I, und die iterierten Integrale

$$\int_{I_y} \left(\int_{I_x} f(x, y) \, dx \right) dy, \qquad \int_{I_x} \left(\int_{I_y} f(x, y) \, dy \right) dx$$

sind beide vorhanden und gleich.

Dieser Satz ist das Integralanalogon zum Cauchyschen Doppelreihensatz 45.2.

Hinweis: Setze $I_n := [-n, n] \times [-n, n]$, $J_n := I_n \cap I$, $g_n := \min(|f|, n\chi_{J_n})$. Es strebt $g_n \nearrow |f|$. Mit Hilfe des Satzes von Fubini ergibt sich, daß $(\int_I g_n \, d(x, y))$ beschränkt ist. Nach dem Satz von Beppo Levi ist also $|f| \in L(I)$, und damit ist nach Satz 129.2 auch $f \in L(I)$. Benutze nun Satz 225.2.

227 Meßbare Mengen

Wir kommen nun zu einem neuen wichtigen Begriff:

Definition *Eine Menge* $A \subset \mathbf{R}^p$ *heißt* Lebesgue-meßbar *oder kurz* meßbar, *wenn ihre charakteristische Funktion* χ_A *meßbar ist. Für ein meßbares A setzen wir*

$$m(A) := \begin{cases} \int_{\mathbf{R}^p} \chi_A \, dx, & \textit{falls } \chi_A \in L(\mathbf{R}^p), \\ +\infty, & \textit{falls } \chi_A \notin L(\mathbf{R}^p). \end{cases}$$

$m(A)$ *wird das* (p-dimensionale) Lebesguesche Maß *oder einfach das* Maß *von A genannt*[2].

---

[1] Leonida Tonelli (1885–1946; 61).

[2] Der Leser möge diese Definition mit der Erklärung der Jordan-Meßbarkeit und des Jordan-Inhalts in Nr. 201 vergleichen. Es ist klar, *daß eine Jordan-meßbare Menge A auch Lebesgue-meßbar und $|A| = m(A)$ ist*.

Die wichtigsten Eigenschaften des Lebesgueschen Maßes sind in dem folgenden Satz zusammengestellt. Mit dem Zeichen $+\infty$ (das ja keine Zahl ist), soll dabei in der schon früher gelegentlich geübten Weise „gerechnet" werden:

$$a+(+\infty)=(+\infty)+a=+\infty \text{ für jedes reelle } a, \quad (+\infty)+(+\infty)=+\infty,$$
$$a<+\infty \text{ für jedes reelle } a.$$

227.1 Satz *Die Mengen A, B, A_n ($n=1,2,\dots$) seien alle meßbar. Dann gelten die folgenden Aussagen:*

a) $\mathrm{m}(A)=0 \Leftrightarrow A$ *ist eine Nullmenge.*

b) $A \supset B \Rightarrow \mathrm{m}(A) \geqslant \mathrm{m}(B)$.

c) *Die Mengen $A \cup B$, $A \cap B$ und $A \setminus B$ sind meßbar, und es ist*

$$\mathrm{m}(A \cup B)+\mathrm{m}(A \cap B)=\mathrm{m}(A)+\mathrm{m}(B). \tag{227.1}$$

d) *Ist (A_n) eine wachsende Folge $(A_1 \subset A_2 \subset \cdots)$, so ist die Vereinigung aller A_n meßbar und*

$$\mathrm{m}\left(\bigcup_{n=1}^{\infty} A_n\right) = \lim \mathrm{m}(A_n). \tag{227.2}$$

Hierbei soll $\lim \mathrm{m}(A_n):=+\infty$ sein, wenn auch nur ein $\mathrm{m}(A_n)=+\infty$ ist.

e) *Ist (A_n) eine abnehmende Folge $(A_1 \supset A_2 \supset \cdots)$, so ist der Durchschnitt aller A_n meßbar. Ist wenigstens ein $\mathrm{m}(A_n)$ endlich, so gilt ferner*

$$\mathrm{m}\left(\bigcap_{n=1}^{\infty} A_n\right) = \lim \mathrm{m}(A_n).^{1)} \tag{227.3}$$

f) *Auch wenn die Folge (A_n) weder wächst noch abnimmt, sind die Mengen*

$$\bigcup_{n=1}^{\infty} A_n \quad und \quad \bigcap_{n=1}^{\infty} A_n$$

stets meßbar.

g) *Es ist*

$$\mathrm{m}\left(\bigcup_{n=1}^{\infty} A_n\right) \leqslant \sum_{n=1}^{\infty} \mathrm{m}(A_n). \tag{227.4}$$

Sind die Mengen A_n paarweise disjunkt, so gilt sogar

$$\mathrm{m}\left(\bigcup_{n=1}^{\infty} A_n\right) = \sum_{n=1}^{\infty} \mathrm{m}(A_n). \tag{227.5}$$

Hierbei soll die Reihe $\sum_{n=1}^{\infty} \mathrm{m}(A_n)$ den „Wert" $+\infty$ haben, wenn auch nur ein $\mathrm{m}(A_n)=+\infty$ ist oder wenn sie bei durchweg endlichen $\mathrm{m}(A_n)$ divergiert.

---

[1] Ohne die Endlichkeitsvoraussetzung wird die Gl. (227.3) falsch (s. Aufgabe 6).

Beweis. a) A ist genau dann eine Nullmenge, wenn χ_A fast überall verschwindet. Die Behauptung folgt nun ohne Umstände aus Satz 125.4.

b) Im Falle $m(A) = +\infty$ ist nichts zu beweisen. Sei nun $m(A)$ endlich, also $\chi_A \in L(\mathbf{R}^p)$. Wegen $A \supset B$ ist $\chi_A \geq \chi_B$. Aus dieser Ungleichung folgt zuerst mit Satz 129.2, daß auch χ_B in $L(\mathbf{R}^p)$ liegt und dann, daß gilt:

$$m(A) = \int_{\mathbf{R}^p} \chi_A\, dx \geq \int_{\mathbf{R}^p} \chi_B\, dx = m(B).$$

c) Die Mengen $A \cup B$, $A \cap B$ und $A \setminus B$ haben beziehentlich die charakteristischen Funktionen

$$\max(\chi_A, \chi_B), \qquad \min(\chi_A, \chi_B) \quad \text{und} \quad (\chi_A - \chi_B)^+.$$

Daraus folgt in evidenter Weise die behauptete Meßbarkeit. Die Gl. (227.1) ergibt sich aus der Beziehung

$$\chi_{A \cup B} + \chi_{A \cap B} = \chi_A + \chi_B.$$

d) Offenbar strebt

$$\chi_{A_n} \nearrow \chi_C \quad \text{mit} \quad C := \bigcup_{n=1}^{\infty} A_n.$$

Die Meßbarkeit von C folgt nun aus Satz 129.5. Sind alle $m(A_n)$ endlich und ist $(m(A_n))$ konvergent, so ergibt sich (227.2) sofort aus dem Satz von Beppo Levi. Ist wenigstens ein $m(A_n) = +\infty$ oder divergiert $m(A_n) \to +\infty$, so lehrt b), da $m(A_n) \leq m(C)$ ist, daß $m(C) = +\infty$ sein muß. Bei sinngemäßer Interpretation gilt also wieder (227.2).

e) Trivialerweise strebt

$$\chi_{A_n} \searrow \chi_D \quad \text{mit} \quad D := \bigcap_{n=1}^{\infty} A_n.$$

Die Meßbarkeit von D ergibt sich nun wieder aus Satz 129.5, die Gl. (227.3) aus dem Satz von Beppo Levi.

f) Die Mengen $B_n := A_1 \cup \cdots \cup A_n$ sind nach c) meßbar und bilden eine wachsende Folge mit

$$\bigcup_{n=1}^{\infty} B_n = \bigcup_{n=1}^{\infty} A_n.$$

Die Meßbarkeit von $\bigcup_{n=1}^{\infty} A_n$ ergibt sich nun sofort aus d). Die charakteristische Funktion von $\bigcap_{n=1}^{\infty} A_n$ ist $\lim_{k \to \infty} \prod_{n=1}^{k} \chi_{A_n}$. Die Meßbarkeit dieses Durchschnitts folgt damit aus den Sätzen 129.3 und 129.5.

g) Mit den Mengen B_n aus dem letzten Beweisteil ist wegen d) und (227.1)

$$
\begin{aligned}
m\left(\bigcup_{n=1}^{\infty} A_n\right) = m\left(\bigcup_{n=1}^{\infty} B_n\right) &= \lim m(B_n) \\
&= \lim m(A_1 \cup \cdots \cup A_n) \\
&\leq \lim[m(A_1) + \cdots + m(A_n)] = \sum_{n=1}^{\infty} m(A_n).
\end{aligned}
$$

Damit ist (227.4) bewiesen. Sind die Mengen A_n paarweise disjunkt, so geht das Zeichen $\leq$ in der obigen Kette in das Gleichheitszeichen über, womit dann auch (227.5) bewiesen ist. ∎

Die Aussage a) des letzten Satzes rechtfertigt nachträglich die früher eingeführte Bezeichnung „Menge vom Maß 0" für eine Nullmenge. Die Gl. (227.5) besagt, daß das Lebesguesche Maß „abzählbar additiv" oder „σ-additiv" ist. Das Jordansche Maß ist dagegen nur „endlich additiv" — und hebt sich schon dadurch sehr unvorteilhaft von seinem Konkurrenten ab (s. Aufgabe 7).

Ist die reellwertige Funktion f auf der beliebigen nichtleeren Menge $A \subset \mathbf{R}^p$ definiert, so erklären wir wie zu Beginn der Nr. 201 eine Funktion $f_A : \mathbf{R}^p \to \mathbf{R}$ durch

$$
f_A(x) := \begin{cases} f(x) & \text{für } x \in A, \\ 0 & \text{für } x \in \mathbf{R}^p \setminus A. \end{cases}
$$

Gehört f_A zu $L(\mathbf{R}^p)$, so setzen wir

$$
\int_A f\,dx := \int_{\mathbf{R}^p} f_A\,dx
$$

und sagen, f sei L-integrierbar auf A. Die Menge aller dieser Funktionen f bezeichnen wir mit $L(A)$. Die Eigenschaften von $L(A)$ und $\int_A f\,dx$ liegen so sehr auf der Hand, daß wir uns die Mühe ersparen können, ausführlich auf sie einzugehen.

Wer tiefer in die Lebesguesche Integrationstheorie und darüber hinaus in die allgemeine Maßtheorie eindringen möchte, wird mit Gewinn zu Bauer [2] greifen.

Aufgaben

1. $I := I_1 \times \cdots \times I_p$ sei ein beschränktes p-dimensionales Intervall. Dann ist I meßbar und $m(I) = |I_1| \cdots |I_p|$.

2. Jedes unbeschränkte p-dimensionale Intervall I ist meßbar mit $m(I) = +\infty$. Insbesondere ist $m(\mathbf{R}^p)$ vorhanden und $= +\infty$.

+3. Jede offene Teilmenge G von $\mathbf{R}^p$ ist meßbar. Hinweis: G kann als Vereinigung von höchstens abzählbar vielen beschränkten Intervallen dargestellt werden.

⁺**4.** Jede abgeschlossene Teilmenge von $\mathbf{R}^p$ ist meßbar. Hinweis: Aufgabe 3.

⁺**5.** Jede kompakte Teilmenge von $\mathbf{R}^p$ hat ein endliches Maß. Hinweis: Aufgabe 4.

6. Zeige mit Hilfe der Mengen $A_n := \{x \in \mathbf{R} : x > n\}$, daß die Gl. (227.3) ohne die Endlichkeitsvoraussetzung falsch ist.

7. a) Die Vereinigung abzählbar vieler Jordan-meßbarer Mengen $A_1, A_2, \ldots$ braucht nicht mehr Jordan-meßbar zu sein. Hinweis: Stelle $\mathbf{Q} \cap [0, 1]$ in „abgezählter Form" $\{r_1, r_2, \ldots\}$ dar und setze $A_n := \{r_n\}$.

b) Sind die Mengen $A_1, A_2, \ldots$ Jordan-meßbar und paarweise disjunkt und ist auch ihre Vereinigung A Jordan-meßbar, so gilt

$$|A| = \sum_{n=1}^{\infty} |A_n|.$$

XXVII Die Fixpunktsätze von Brouwer, Schauder und Kakutani

Ignoramus. Ignorabimus. [Wir wissen nicht. Wir werden nicht wissen.]

Der Physiologe Emil du Bois-Reymond, 1872

Wir müssen wissen.
Wir werden wissen.

Inschrift auf Hilberts Grabstein, 1943

Im Laufe unserer Untersuchungen haben wir uns schon mehrfach davon überzeugen können, daß zahlreiche Probleme, die „rein mathematisch" entstehen oder von den Anwendungen an uns herangetragen werden, auf die Frage hinauslaufen, ob eine vorgelegte Selbstabbildung f einer gewissen Menge X einen Fixpunkt besitzt, d.h., ob es in X ein Element $\bar{x}$ mit $f(\bar{x}) = \bar{x}$ gibt. Dieser Frage haben wir uns schon sehr frühzeitig gestellt, nämlich in der Nr. 35, wo wir uns mit den Fixpunktsätzen 35.1, 35.2 und 35.4 auseinandergesetzt haben. Den „Kontraktionssatz" 35.2 konnten wir geradezu spielend leicht zu dem ungewöhnlich kraftvollen und geschmeidigen Banachschen Fixpunktsatz 111.11 verallgemeinern. Dagegen ist der Versuch, den „allgemeinen Fixpunktsatz" 35.4 aus der provinziellen Enge des Eindimensionalen herauszulösen, mit Schwierigkeiten von ganz anderen Größenordnungen befrachtet. Gerade diesen Versuch aber wollen wir im vorliegenden Kapitel unternehmen. Die Frucht unserer Arbeit wird ein Arsenal von tiefliegenden und leistungsstarken Fixpunktsätzen sein, die gleichsam als fliegende Feuerwehr in den allerverschiedensten Gebieten der Mathematik und der Anwendungen eingesetzt werden können. Der entscheidende und beweistechnisch schwierigste Satz ist hierbei der berühmte Brouwersche Fixpunktsatz, den wir nun in Angriff nehmen.

228 Der Fixpunktsatz von Brouwer

Dem Beweis des Satzes 35.4 hatten wir eine Analyse angeschlossen, die uns zeigte, daß die Stetigkeit der dort auftretenden Funktion nicht ausreicht, um die Existenz eines Fixpunktes zu garantieren. Ganz entscheidend kam hinzu, daß f nicht auf *irgendeiner* kompakten Teilmenge von **R**, sondern auf einem kompakten *Intervall* erklärt war. Anders ausgedrückt: Wir durften nicht hoffen, der Funktion f einen Fixpunkt verschaffen zu können, ohne eine *Zusammenhangsvoraussetzung* über ihren Definitionsbereich zu machen. Als die „richtige" Voraussetzung dieser Art wird sich im Mehrdimensionalen die Konvexität entpuppen. Vorderhand begnügen wir uns damit, einen besonders einfachen kompakten und konvexen Bereich, nämlich die abgeschlossene Einheitskugel von $l^2(p)$ (also des euklidisch normierten **R**^{p}) ins Auge zu fassen. Es gilt dann folgender, schlechterdings fundamentale

228.1 Brouwerscher Fixpunktsatz[1] *Jede stetige Selbstabbildung f der abgeschlossenen Einheitskugel von $l^2(p)$ besitzt mindestens einen Fixpunkt.*

Den Beweis gliedern wir zur besseren Übersicht in mehrere Schritte.

a) Zunächst erinnern wir daran, daß wir die euklidische Norm (den Betrag) verabredungsgemäß mit $|\cdot|$ bezeichnen. Sie hängt, wie erinnerlich, mit dem Innenprodukt

$$x\cdot y := \sum_{k=1}^{p} x_k y_k \quad \text{für } x := \begin{pmatrix} x_1 \\ \vdots \\ x_p \end{pmatrix}, \; y := \begin{pmatrix} y_1 \\ \vdots \\ y_p \end{pmatrix}$$

durch die Beziehung $|x| = \sqrt{x\cdot x}$ zusammen.

b) K bedeute die abgeschlossene Einheitskugel des euklidisch normierten $\mathbf{R}^p$. $f_1, \dots, f_p$ seien die (stetigen) Komponentenfunktionen von f. Nach dem Weierstraßschen Approximationssatz 115.6 kann man zu jedem natürlichen n gewisse Polynome $\varphi_{1n}, \dots, \varphi_{pn}$ in den p Veränderlichen $x_1, \dots, x_p$ finden, so daß gilt:

$$|f_k(x) - \varphi_{kn}(x)| < \frac{1}{\sqrt{p}\,n} \quad \text{für alle } x \in K \text{ und alle } k = 1, \dots, p.[2]$$

Definieren wir die Abbildung $\varphi_n : \mathbf{R}^p \to \mathbf{R}^p$ durch

$$\varphi_n := \begin{pmatrix} \varphi_{1n} \\ \vdots \\ \varphi_{pn} \end{pmatrix},$$

so ist also für alle $x \in K$ gewiß

$$|f(x) - \varphi_n(x)| = \sqrt{\sum_{k=1}^{p} |f_k(x) - \varphi_{kn}(x)|^2} < \frac{1}{n}.$$

Für $n \to \infty$ strebt infolgedessen

$$\varphi_n(x) \to f(x) \quad \text{gleichmäßig auf } K, \tag{228.1}$$

ferner ist

$$|\varphi_n(x)| < |f(x)| + \frac{1}{n} \leq 1 + \frac{1}{n} =: \alpha_n \quad \text{für } x \in K \text{ und } n \in \mathbf{N}. \tag{228.2}$$

Da $\alpha_n \to 1$ konvergiert, folgt aus (228.1) sofort die Aussage: Für $n \to \infty$ strebt

---

[1] Luitzen Egbertus Jan Brouwer (1881–1966; 85).

[2] In dem genannten Satz wird zwar als Definitionsbereich der stetigen Funktion ein Quader Q zugrundegelegt, man sieht aber sofort, daß man ohne weiteres Q durch K ersetzen darf.

$$\psi_n(x) := \begin{pmatrix} \varphi_{1n}(x)/\alpha_n \\ \vdots \\ \varphi_{pn}(x)/\alpha_n \end{pmatrix} \to f(x) \quad \text{gleichmäßig auf } K.$$

Die Komponenten von ψ_n sind Polynome, und wegen (228.2) ist

$$|\psi_n(x)| < 1 \quad \text{für } x \in K \text{ und } n \in \mathbf{N}.$$

ψ_n bildet also K in $\overset{\circ}{K} = \{y : |y| < 1\}$ ab.

Nennen wir eine Abbildung $\psi : \mathbf{R}^p \to \mathbf{R}^p$ der Form

$$\psi := \begin{pmatrix} \psi_1 \\ \vdots \\ \psi_p \end{pmatrix} \qquad (\psi_1, \ldots, \psi_p \text{ Polynome in } x_1, \ldots, x_p)$$

polynomoid, so können wir, alles zusammenfassend, sagen: Zu f gibt es eine Folge polynomoider Abbildungen ψ_n mit den nachstehenden Eigenschaften:

$$\begin{aligned} &\psi_n(x) \to f(x) \quad \text{gleichmäßig auf } K, \\ &\psi_n(K) \subset \overset{\circ}{K} \quad \text{für } n = 1, 2, \ldots. \end{aligned} \tag{228.3}$$

c) Angenommen, der Brouwersche Fixpunktsatz sei schon für alle polynomoiden Abbildungen von K in $\overset{\circ}{K}$ bewiesen. Dann gibt es zu jedem ψ_n in (228.3) ein $x_n \in K$ mit $\psi_n(x_n) = x_n$. Da K kompakt ist, enthält (x_n) eine Teilfolge, die gegen ein Element $\tilde{x} \in K$ konvergiert. Ohne Bedenken dürfen wir annehmen, daß bereits $x_n \to \tilde{x}$ strebt. Wörtlich wie in A 104.5 beweist man nun die Grenzwertaussage

$$\psi_n(x_n) \to f(\tilde{x}).$$

Und da $\psi_n(x_n) = x_n$ ist und $x_n \to \tilde{x}$ konvergiert, ergibt sich aus ihr mit einem Schlag die Gleichung $\tilde{x} = f(\tilde{x})$, die gerade bedeutet, daß f einen Fixpunkt (in K) besitzt. Als Ergebnis dieser Betrachtung halten wir fest: Es genügt, den Brouwerschen Fixpunktsatz für polynomoide Abbildungen von K in $\overset{\circ}{K}$ zu beweisen, mit anderen Worten: *Wir dürfen und wollen im folgenden voraussetzen, daß die Komponentenfunktionen $f_1, \ldots, f_p$ von f allesamt Polynome in den p Veränderlichen $x_1, \ldots, x_p$ sind und daß $f(K) \subset \overset{\circ}{K}$ ist.*

d) Nach diesen Reduktionen beginnen wir erst mit dem eigentlichen Beweis. Wir nehmen an, der Brouwersche Satz sei falsch, für $x \in K$ sei also stets $x \neq f(x)$, d.h. $|x - f(x)| > 0$. Da die Funktion $x \mapsto |x - f(x)|$ auf $\mathbf{R}^p$ stetig ist, folgt daraus, daß es zu jedem Punkt der (kompakten) Oberfläche $\partial K = \{y : |y| = 1\}$ eine offene Kugelumgebung $U_{\varepsilon(y)}(y)$ gibt, so daß auch noch

$$|x - f(x)| > 0 \quad \text{für alle } x \in U_{\varepsilon(y)}(y)$$

bleibt. Mit Hilfe eines inzwischen wohlvertrauten Heine-Borel-Arguments sieht man nun, daß eine offene Kugel U mit einem Radius > 1 um den Nullpunkt existiert, so daß

$$|x-f(x)|>0 \quad \text{für alle } x \in U$$

ausfällt. Für diese x ist also $x \neq f(x)$.

Aus einem sehr bald verständlich werdenden Grund betrachten wir nun den Ausdruck

$$d(x):=\frac{[x \cdot (x-f(x))]^2+(1-|x|^2)\,|x-f(x)|^2}{|x-f(x)|^4}, \tag{228.4}$$

der mindestens für alle $x \in U$ definiert ist. Wir zeigen zunächst, daß der Zähler $Z(x)$ von $d(x)$ — und damit $d(x)$ selbst — gewiß für jedes $x \in K$ *positiv* bleibt. Diese Aussage ist völlig trivial, wenn $|x|<1$, also $1-|x|^2>0$ ist. Im noch verbleibenden Falle $|x|=1$ reduziert sich $Z(x)$ auf das Quadrat der Zahl

$$x \cdot (x-f(x))=1-x \cdot f(x).$$

Da aber dank der Cauchy-Schwarzschen Ungleichung sicherlich

$$|x \cdot f(x)| \leqslant |x|\,|f(x)|=|f(x)|<1$$

ausfällt, muß

$$x \cdot (x-f(x))>0 \quad \text{für } |x|=1 \tag{228.5}$$

sein — also ist auch jetzt wieder $Z(x)$ positiv. Wie oben sehen wir nun mit Hilfe eines Heine-Borel-Schlusses, daß es eine offene Kugel V mit einem Radius >1 um den Nullpunkt geben muß, so daß sogar

$$Z(x)>0 \quad \text{für alle } x \in V$$

ist. Denken wir uns den Radius von V von vornherein kleiner gewählt als den von U (aber natürlich nach wie vor >1), so können wir zusammenfassend sagen, daß

$$d(x) \quad \text{für jedes } x \in V \text{ vorhanden und positiv} \tag{228.6}$$

ist.

Für ein festes $x \in V$ ist — wegen $x \neq f(x)$ —

$$\Gamma_x:=\{x+\lambda\,(x-f(x)):\lambda \in \mathbf{R}\}$$

eine Gerade durch x. Wir untersuchen nun, geometrisch gesprochen, die Schnittpunkte von Γ_x mit der Oberfläche von K; algebraisch ausgedrückt, studieren wir die Lösungen der Gleichung

$$|x+\lambda\,(x-f(x))|=1 \tag{228.7}$$

oder, was auf dasselbe hinausläuft, der Gleichung

$$|x+\lambda\,(x-f(x))|^2=1 \tag{228.8}$$

(wohlgemerkt: x ist ein festgehaltener Punkt von V, die Unbekannte ist λ). Wegen

$$|x + \lambda (x - f(x))|^2 = [x + \lambda (x - f(x))] \cdot [x + \lambda (x - f(x))]$$

geht (228.8) über in die quadratische Gleichung

$$\lambda^2 |x - f(x)|^2 + 2\lambda x \cdot (x - f(x)) = 1 - |x|^2.$$

Sie läßt sich mit Hilfe der in (228.4) definierten Größe $d(x)$ in der Form

$$\left(\lambda + \frac{x \cdot (x - f(x))}{|x - f(x)|^2} \right)^2 = d(x)$$

schreiben. Nach (228.6) ist $d(x) > 0$ (x sollte ja aus V stammen), infolgedessen besitzt die obige Gleichung und damit auch die Gl. (228.7) zwei verschiedene reelle Lösungen. Die größere dieser Lösungen bezeichnen wir mit $\lambda(x)$. Sie wird gegeben durch

$$\lambda(x) = -\frac{x \cdot (x - f(x))}{|x - f(x)|^2} + \sqrt{d(x)},$$

also durch

$$\lambda(x) = \frac{-x \cdot (x - f(x)) + \sqrt{[x \cdot (x - f(x))]^2 + (1 - |x|^2)|x - f(x)|^2}}{|x - f(x)|^2}, \qquad (228.9)$$

und gemäß ihrer Bedeutung ist

$$|x + \lambda(x)(x - f(x))| = 1 \quad \text{für alle } x \in V. \qquad (228.10)$$

Aus (228.9) folgt sofort, daß die Funktion $x \mapsto \lambda(x)$ auf V stetig differenzierbar ist.

e) Als nächstes definieren wir für jedes $t \in [0, 1]$ die Abbildung

$$g_t: V \to \mathbf{R}^p \quad \text{durch} \quad g_t(x) := x + t\lambda(x)(x - f(x)).$$

g_t ist eine C^1-Funktion auf V. Trivialerweise bzw. wegen (228.10) ist

$$g_0(x) = x \quad \text{für alle } x \in V, \qquad (228.11)$$

$$|g_1(x)| = 1 \quad \text{für alle } x \in V. \qquad (228.12)$$

Zur Abkürzung setzen wir vorübergehend $y := \lambda(x)(x - f(x))$. Es ist dann $g_t(x) = x + ty$, und wegen (228.12) gilt $|x + y| = 1$ für $x \in V$. Ist nun $|x| < 1$ und $0 \leq t < 1$, so gewinnen wir mit $s := 1 - t$ die Abschätzung

$$|x + ty| = |(t + s)x + ty| = |t(x + y) + sx| \leq t|x + y| + s|x| = t + s|x|$$
$$< t + s = 1.$$

Mit anderen Worten: Es ist

$$|g_t(x)| < 1 \quad \text{für } |x| < 1 \text{ und } 0 \leq t < 1. \qquad (228.13)$$

Und da wegen (228.5) und (228.9) für $|x| = 1$ stets $\lambda(x) = 0$ ist, erhalten wir mühelos die wichtige Aussage

$$g_t(x) = x \quad \text{für } |x| = 1 \text{ und } 0 \leqslant t \leqslant 1. \tag{228.14}$$

f) $\hat{K}$ sei eine abgeschlossene Kugel mit dem Mittelpunkt 0, die echt zwischen K und V liegt:

$$K \subset \hat{K} \subset V, \qquad \hat{K} \neq K, V.$$

Wir zeigen, daß g_t für alle hinreichend kleinen $t \geqslant 0$ auf $\hat{K}$ *injektiv* ist.

Mit der auf V stetig differenzierbaren Funktion

$$x \mapsto h(x) := \lambda(x)\,(x - f(x)) \quad \text{haben wir}$$

$$g_t(x) = x + th(x) \quad (0 \leqslant t \leqslant 1,\ x \in V), \text{ also} \tag{228.15}$$

$$g_t'(x) = I + th'(x) \quad (I \text{ die } (p,p)\text{-Einheitsmatrix}). \tag{228.16}$$

$|h'(x)|$ soll im folgenden die *Quadratsummennorm* von $h'(x)$ bedeuten (s. (114.9)). Da die partiellen Ableitungen der Komponentenfunktionen (also die Elemente von h') auf V stetig sind und $\hat{K}$ kompakt ist, gibt es dank des Satzes 159.3 eine Konstante C, die wir uns von vornherein > 1 denken dürfen, so daß gilt:

$$|h'(x)| \leqslant C \quad \text{für alle } x \in \hat{K}. \tag{228.17}$$

Nun mögen zwei Punkte $x,\ y$ aus $\hat{K}$ ein und dasselbe Bild unter g_t haben: $g_t(x) = g_t(y)$, also $x + th(x) = y + th(y)$. Dann ist wegen (167.9) und (228.17)

$$|x - y| = t\,|h(x) - h(y)| \leqslant tC\,|x - y|.$$

Setzen wir $\varepsilon := 1/C$ und beschränken t auf das Intervall $[0, \varepsilon)$, so folgt daraus sofort $x = y$, und wir können somit sagen:

$$g_t \text{ *ist auf* } \hat{K} \text{ *injektiv, sofern nur* } t \text{ *in* } [0, \varepsilon) \text{ *verbleibt*}. \tag{228.18}$$

Wir fügen noch eine wichtige Bemerkung an.

Aus (228.17) ergibt sich $|th'(x)| < 1$ für $t \in [0, \varepsilon)$ und $x \in \hat{K}$, und der Satz 110.3 lehrt nun, daß $g_t'(x) = I + th'(x)$ für diese t und x eine Bijektion des Raumes $\mathbf{R}^p$ sein muß. Infolgedessen ist die Determinante von $g_t'(x)$ notwendigerweise $\neq 0$, und da diese offensichtlich stetig von t abhängt und überdies $\det g_0'(x) = \det I = 1$ ist, haben wir wegen Satz 35.5 die Ungleichung (die noch eine Rolle spielen wird)

$$\det g_t'(x) > 0 \quad \text{*für jedes* } t \in [0, \varepsilon) \text{ *und jedes* } x \in \hat{K}. \tag{228.19}$$

g) Im nun folgenden vorletzten Beweisschritt zeigen wir, daß g_t für jedes $t \in [0, \varepsilon)$ die Einheitskugel K *umkehrbar eindeutig auf sich* abbildet. Die Injektivität haben wir gerade erledigt; wir brauchen also nur noch die Gleichung

$$g_t(K) = K \quad \text{für } 0 \leqslant t < \varepsilon \tag{228.20}$$

zu verifizieren. Und das geschieht so: Da wegen (228.19) die Matrix $g'_t(x)$ gewiß für jedes $x \in \overset{\circ}{K}$ invertierbar ist, muß $H := g_t(\overset{\circ}{K})$ notwendigerweise eine offene Menge sein (Satz 171.2). Angenommen, $z \in K$ liege nicht in H, während y irgendein fester Punkt aus H sei. Auf der Verbindungsstrecke $\overline{yz} = \{(1-\lambda)y + \lambda z : 0 \leqslant \lambda \leqslant 1\}$ der Punkte y, z befindet sich (mindestens) ein $v \in \partial H$, z. B.

$$v := (1 - \lambda_0)y + \lambda_0 z \quad \text{mit} \quad \lambda_0 := \sup\left\{\lambda \in [0,1] : \overline{y((1-\lambda)y + \lambda z)} \subset H\right\}.$$

Da nun $g_t(K)$ als stetiges Bild der kompakten Menge K selbst wieder kompakt und damit erst recht auch abgeschlossen ist (Sätze 158.5 und 157.4), folgt aus der trivialen Inklusion $H \subset g_t(K)$ sofort $\overline{H} \subset g_t(K)$, und daraus wiederum ergibt sich, daß v gewiß in $g_t(K)$ liegt: $v = g_t(u)$ mit einem geeigneten $u \in K$. u muß zu ∂K gehören, weil andernfalls v in H liegen und somit kein Randpunkt des offenen H sein würde. Aus (228.14) erhalten wir nun, daß $g_t(u) = u$, also $v = u$ und somit $v \in \partial K$ ist. Dann ist aber erst recht auch $z \in \partial K$, also – und zwar wiederum wegen (228.14) – $g_t(z) = z$. Und das bedeutet, daß z zu $g_t(\partial K)$ gehört. Was haben wir insgesamt gesehen? Wir haben gesehen, daß ein beliebiger Punkt von K entweder zu $g_t(\overset{\circ}{K})$ oder zu $g_t(\partial K)$, in jedem Falle also zu $g_t(K)$ gehört. Und das ist gerade die in (228.20) behauptete Surjektivität von g_t.

h) Wir nähern uns nun dem Ende des Beweises. Es sei durchweg $0 \leqslant t < \varepsilon$. Das Innere von $\hat{K}$ bezeichnen wir mit G. G ist eine offene, K umfassende Menge, und auf ihr ist g_t stetig differenzierbar und nach f) injektiv. Wegen (228.19) bleibt ferner $\det g'_t(x)$ auf G ständig positiv. Nach der Substitutionsregel 205.2 ist also

$$\int_{g_t(K)} 1 \, dx = \int_K \det g'_t \, dx =: V(t).$$

Da nach (228.20) aber $g_t(K) = K$ ist, liefert das linke Integral für jedes $t \in [0, \varepsilon)$ gerade den Jordanschen Inhalt von K. Es ist also

$$V(t) = V(0) > 0 \quad \text{für alle } t \in [0, \varepsilon).$$

Aus der Definition von g_t ergibt sich in einfachster Weise, daß $V(t)$ ein Polynom in t ist. Diese Tatsache erzwingt aufgrund des Identitätssatzes für Polynome, daß

$$V(t) = V(0) > 0 \quad \text{sogar für alle } t \in [0, 1]$$

sein muß. Insbesondere ist also

$$V(1) > 0. \tag{228.21}$$

Nun greifen wir auf (228.12) zurück. Danach ist

$$\sum_{k=1}^{p} [g_{1,k}(x)]^2 = 1 \quad \text{für alle } x \in V. \tag{228.22}$$

Durch partielle Differentiation nach $x_1, \ldots, x_p$ ergibt sich daraus

$$\sum_{k=1}^{p} g_{1,k}(x)\, \frac{\partial g_{1,k}(x)}{\partial x_j} = 0 \quad \text{für alle } x \in V \text{ und alle } j = 1, \ldots, p.$$

Das lineare Gleichungssystem

$$\sum_{k=1}^{p} \frac{\partial g_{1,k}(x)}{\partial x_j}\, \xi_k = 0 \qquad (j = 1, \ldots, p)$$

besitzt also für jedes $x \in V$ nicht nur die triviale Lösung $\xi_1 = \cdots = \xi_p = 0$, sondern auch die Lösung

$$\xi_1 = g_{1,1}(x), \ldots, \xi_p = g_{1,p}(x),$$

die wegen (228.22) offensichtlich nichttrivial ist (für jedes $x \in V$ ist mindestens ein $g_{1,k}(x) \neq 0$). Aus der Cramerschen Regel 172.2 ergibt sich nun, daß die Determinante unseres Gleichungssystems für alle $x \in V$ verschwinden muß. Diese Determinante ist aber gerade $\det g_1'(x)$. Infolgedessen ist

$$V(1) = \int_K \det g_1'(x)\, dx = 0,$$

in eklatantem Widerspruch zu (228.21). An diesem Widerspruch zerbricht die in d) ausgesprochene Annahme, daß f keinen Fixpunkt in K besitze, und damit ist nun endlich der Brouwersche Satz vollständig bewiesen. ∎

Für dieses fundamentale Theorem sind zahlreiche Beweise mit den allerverschiedensten Mitteln geliefert worden. Eine diesbezügliche Bibliographie findet man in Milnor [12]. 1980 hat C.A. Rogers [16] einen elementaren Beweis mittels Volumintegration gegeben. Bringt man an ihm noch die Modifikationen an, auf die der Verfasser in einer Schlußbemerkung selbst hinweist, so erhält man im wesentlichen den schon 1975 in der ersten Auflage von [6] dargestellten Beweis (mit einer schönen Vereinfachung der Injektivitätsverifikation für g_t, die wir hier übernommen haben). Man könnte gegen die „Elementarität" des oben auseinandergesetzten Beweises vielleicht einwenden, daß der Weierstraßsche Approximationssatz doch nicht ganz so elementar sei, besonders wenn er, wie hier geschehen, aus dem Satz von Stone-Weierstraß gewonnen wird. Allein, für das Weierstraßsche und sogar für das ganz allgemeine Stone-Weierstraßsche Theorem 159.5 gibt es inzwischen einen zweifelsfrei „elementaren" Beweis von B. Brosowski und F. Deutsch (s. [3]), der den bestechend einfachen Ansatz in Kuhn [10] konsequent zu Ende denkt und neben den gängigsten Eigenschaften stetiger Funktionen nur noch – und zwar dreimal – die hausbackene *Bernoullische Ungleichung* (7.2) in Dienst stellt, eine Ungleichung, deren verborgene Kraft eigentlich erst hier deutlich zu Tage tritt.

Die Hauptlast des Beweises von Brosowski-Deutsch trägt ein Lemma, das auch für sich interessant ist, und das wir deshalb hier angeben wollen. Da es von dem Kuhnschen Ansatz lebt, nennen wir es das

Lemma von Brosowski-Deutsch-Kuhn *Es sei X ein kompakter topologischer Raum und P eine punktetrennende Unteralgebra von C(X), die überdies noch die Funktion 1 enthalten möge. Ist nun*

x_0 *ein beliebiger Punkt aus X und U irgendeine offene Umgebung von x_0, so existiert eine offene Umgebung $V \subset U$ von x_0 mit folgender Eigenschaft: Zu jedem $\varepsilon > 0$ gibt es ein $r \in P$, so daß gilt:*

(a) $0 \leqslant r(x) \leqslant 1$ *für alle $x \in X$,*

(b) $r(x) < \varepsilon$ *für alle $x \in V$,*

(c) $r(x) > 1 - \varepsilon$ *für alle $x \in X \setminus U$.*

Beweis. Nach Hilfssatz 115.2 gibt es zu jedem $y \in X \setminus U$ ein $h_y \in P$ mit $h_y(y) = 1$ und $h_y(x_0) = 0$. Dann ist offenbar

$$p_y := \frac{1}{\|h_y^2\|_\infty}\, h_y^2 \in P, \quad p_y(y) > 0, \quad p_y(x_0) = 0, \quad 0 \leqslant p_y \leqslant 1.$$

Kraft des Satzes 158.3 ist also

$$U(y) := \{x \in X : p_y(x) > 0\} \quad \text{eine offene Umgebung von } y \in X \setminus U.$$

Die Menge $X \setminus U$ ist kompakt (Satz 157.3), infolgedessen wird sie bereits von endlich vielen der Umgebungen $U(y)$ überdeckt:

$$X \setminus U \subset U(y_1) \cup \ldots \cup U(y_m) \quad \text{mit geeigneten } y_1, \ldots, y_m \in X \setminus U.$$

Handgreiflicherweise ist dann

$$p := \frac{1}{m}\,(p_{y_1} + \ldots + p_{y_m}) \in P, \quad p > 0 \text{ auf } X \setminus U, \quad p(x_0) = 0, \quad 0 \leqslant p \leqslant 1.$$

Die auf dem kompakten $X \setminus U$ positive Funktion p muß dort eine immer noch positive untere Schranke δ haben, die wir uns < 1 denken dürfen (s. Satz 159.3):

$$p(x) \geqslant \delta \quad \text{für alle } x \in X \setminus U \text{ mit einem geeigneten } \delta \in (0, 1).$$

Offenbar ist

$$V := \{x \in X : p(x) < \delta/2\} \quad \text{eine offene Umgebung von } x_0 \text{ und } V \subset U.$$

Sei nun k die kleinste ganze Zahl $> 1/\delta$. Dann ist $1 < k\delta < 2$. Mit dem so bestimmten k und p definieren wir die Funktionen q_n durch

$$q_n(x) := [1 - p^n(x)]^{k^n} \quad \text{für } x \in X, \ n \in \mathbf{N}.$$

Offenbar ist

$$q_n \in P, \quad q_n(x_0) = 1, \quad 0 \leqslant q_n \leqslant 1.$$

Ferner haben wir

$$kp(x) < k\frac{\delta}{2} < 1 \quad \text{für alle } x \in V.$$

Mit Hilfe der Bernoullischen Ungleichung (7.2) erhält man für $x \in V$ die Abschätzung

$$1 \geqslant q_n(x) \geqslant 1 - k^n p^n(x) = 1 - [kp(x)]^n \geqslant 1 - \left(k\frac{\delta}{2}\right)^n;$$

wegen $k\dfrac{\delta}{2} < 1$ strebt also $q_n(x) \to 1$ für $n \to \infty$, und zwar *gleichmäßig* auf V.

Sei nun $x \in X \setminus U$. Wiederum mit Hilfe der Bernoullischen Ungleichung finden wir

$$0 \leqslant q_n(x) = \frac{1}{k^n p^n(x)} \, [1 - p^n(x)]^{k^n} \, k^n p^n(x) \leqslant \left(\frac{1}{kp(x)}\right)^n [1 - p^n(x)]^{k^n} \, [1 + k^n p^n(x)]$$

$$\leqslant \left(\frac{1}{kp(x)}\right)^n [1 - p^n(x)]^{k^n} \, [1 + p^n(x)]^{k^n} = \left(\frac{1}{kp(x)}\right)^n [1 - p^{2n}(x)]^{k^n} \leqslant \left(\frac{1}{k\delta}\right)^n.$$

Wegen $1/(k\delta) < 1$ ergibt sich daraus, daß $q_n(x) \to 0$ strebt für $n \to \infty$, und zwar *gleichmäßig* auf $X \setminus U$. Wird jetzt ein positives ε willkürlich vorgegeben, so braucht man nur noch den Index n groß genug zu wählen, um in $r := 1 - q_n$ eine Funktion mit allen behaupteten Eigenschaften vor Augen zu haben. ∎

Mit bescheidenem Aufwand gewinnt man nun aus dem obigen Lemma die folgende Aussage: *Sind A, B nichtleere, disjunkte und abgeschlossene Teilmengen von X, so gibt es zu jedem positiven $\varepsilon < 1$ ein $p \in P$ mit folgenden Eigenschaften:*

(α) $0 \leqslant p(x) \leqslant 1$ *für alle* $x \in X$,

(β) $p(x) < \varepsilon$ *für alle* $x \in A$,

(γ) $p(x) > 1 - \varepsilon$ *für alle* $x \in B$.

Der Beweis des Satzes von Stone-Weierstraß erfordert jetzt nur noch einige wenige Überlegungen der elementarsten Art.

229 Ein Fixpunktsatz für konvexe, kompakte Mengen im $\mathbf{R}^p$

Er ist eine sehr naheliegende Verallgemeinerung des Brouwerschen Fixpunktsatzes und besagt, daß jede stetige Selbstabbildung einer konvexen, kompakten und nicht-leeren Teilmenge des $\mathbf{R}^p$ (versehen mit irgendeiner Norm) mindestens einen Fix-punkt besitzt. Wir führen ihn auf den Brouwerschen Satz mittels eines Approxima-tionssatzes zurück, der auch für sich von beträchtlichem Interesse ist. Um ihn be-quem formulieren zu können, verabreden wir zunächst einige Sprachregelungen.

Sei E ein normierter Raum, M eine nichtleere Teilmenge von E und x ein beliebiger Punkt in E. Gibt es in M ein Element y mit

$$\|x - y\| \leqslant \|x - z\| \quad \text{für alle} \ z \in M$$

oder also mit

$$\|x - y\| = \inf_{z \in M} \|x - z\|,$$

so nennt man y eine Bestapproximation des Punktes x in M. Besitzt jedes $x \in E$ eine und nur eine Bestapproximation $y(x)$ in M, so ist die Abbildung

$$P_M: \begin{cases} E \to M \\ x \mapsto y(x) \end{cases}$$

wohldefiniert und wird der Lotoperator von M genannt.

Mit Bestapproximationen hatten wir es schon in Nr. 134 zu tun gehabt (s. Satz 134.2). Wir wollen hier sehr nachdrücklich darauf hinweisen, daß i. allg. Bestapproximationen nicht immer vorhanden sein müssen und daß sie, wenn vorhanden, nicht eindeutig bestimmt zu sein brauchen. Existenz und Eindeutigkeit der Bestapproximationen hängen von der Beschaffenheit der Menge M und der Norm von E ab. Um so bemerkenswerter ist der angekündigte

229.1 Approximationssatz *Ist M eine konvexe, abgeschlossene und nichtleere Teilmenge des euklidisch normierten $\mathbf{R}^p$, so besitzt jedes $x \in \mathbf{R}^p$ genau eine Bestapproximation in M, und der Lotoperator P_M ist stetig*[1].

Wir zeigen zuerst die Existenz des Lotoperators. Grundlegend hierfür ist der sogenannte Parallelogrammsatz

$$|u+v|^2 + |u-v|^2 = 2|u|^2 + 2|v|^2 \quad \text{für beliebige } u, v \in \mathbf{R}^p, \tag{229.1}$$

den man ohne die geringste Mühe beweist, indem man die Betragsquadrate durch Innenprodukte ausdrückt. Ein Parallelogrammsatz war uns übrigens schon im Rahmen der L^2-Theorie in A 134.3 begegnet.

Wir greifen nun aus $\mathbf{R}^p$ irgendein x heraus und setzen

$$\gamma := \inf_{z \in M} |x - z|. \tag{229.2}$$

Aufgrund der Infimumsdefinition gibt es dann in M eine Folge (z_n) mit

$$|x - z_n| \to \gamma.$$

Jede derartige Folge nennen wir eine **Minimalfolge** (für x in M).

Als nächstes setzen wir im Parallelogrammsatz (229.1)

$$u := x - z_m \quad \text{und} \quad v := x - z_n.$$

Offenbar ist

$$u + v = 2\left[x - \frac{z_m + z_n}{2}\right] \quad \text{und} \quad u - v = z_n - z_m,$$

(229.1) geht also über in die Gleichung

$$|z_n - z_m|^2 = 2|x - z_m|^2 + 2|x - z_n|^2 - 4\left|x - \frac{z_m + z_n}{2}\right|^2. \tag{229.3}$$

Da $(z_m + z_n)/2$ wegen der Konvexität von M zu M gehört und daher

$$\left|x - \frac{z_m + z_n}{2}\right| \geq \gamma \quad \text{für alle } m, n \in \mathbf{N}$$

ist, erhalten wir aus (229.3) die Abschätzung

$$|z_n - z_m|^2 \leq 2|x - z_m|^2 + 2|x - z_n|^2 - 4\gamma^2.$$

---

[1] Vgl. diesen Satz mit dem Satz 174.2.

Und weil hier die rechte Seite für $m, n \to \infty$ gegen 0 strebt, ergibt sich nun, daß (z_n) — und damit jede Minimalfolge — notwendig eine Cauchyfolge sein muß. Da $\mathbf{R}^p$ vollständig ist, besitzt also (z_n) einen Grenzwert y, und dieses y liegt in M, weil M abgeschlossen ist. Wir haben damit die folgende Situation: Es strebt

$$|x - z_n| \to \gamma \text{ (konstruktionsgemäß) und gleichzeitig } \to |x - y|,$$

letzteres, weil $x - z_n \to x - y$ geht und der Betrag stetig ist. Infolgedessen muß $|x - y| = \gamma$ und somit y eine Bestapproximation des Punktes x in M sein.

Die Eindeutigkeit der Bestapproximation liegt nun auf der Hand. Sind nämlich u, v zwei Bestapproximationen des Punktes x in M, so ist

$$|x - u| = |x - v| = \gamma,$$

die Folge $(u, v, u, v, \ldots)$ ist also trivialerweise eine Minimalfolge für x in M und muß somit nach dem eben Bewiesenen eine Cauchyfolge sein. Dies ist aber ganz offensichtlich nur im Falle $u = v$ möglich.

Nachdem wir nun gesichert haben, daß der Lotoperator P_M existiert, zeigen wir, daß er stetig ist. Der Einfachheit wegen schreiben wir im folgenden P statt P_M. Beweisen müssen wir, daß aus $x_n \to x$ stets $P(x_n) \to P(x)$ folgt. Nach Wahl von $\varepsilon > 0$ gibt es ein n_0, so daß $|x_n - x| < \varepsilon$ bleibt, wenn $n > n_0$ ist. Für diese n gilt dann

$$\gamma_n := \inf_{z \in M} |x_n - z| \leqslant \inf_{z \in M} |x - z| + |x - x_n| < \gamma + \varepsilon$$

mit dem γ aus (229.2). Da ferner für $n > n_0$ offenbar auch

$$\gamma \leqslant |x - P(x_n)| \leqslant |x_n - P(x_n)| + |x - x_n| < \gamma_n + \varepsilon$$

ist, gewinnen wir aus den beiden letzten Ungleichungen die Abschätzung

$$\gamma \leqslant |x - P(x_n)| < \gamma + 2\varepsilon \quad \text{für } n > n_0.$$

Sie besagt gerade, daß $|x - P(x_n)| \to \gamma$ konvergiert, mit anderen Worten: daß $(P(x_n))$ eine Minimalfolge für x in M ist. Nach dem oben Bewiesenen strebt also diese Folge notwendig gegen die Bestapproximation $P(x)$ des Punktes x, womit nun auch die Stetigkeit von P dargelegt ist.   ∎

Nach diesen Vorbereitungen macht der Beweis des folgenden Fixpunktsatzes nicht die geringste Mühe.

229.2 Fixpunktsatz *Jede stetige Selbstabbildung f einer konvexen, kompakten und nichtleeren Teilmenge C des $\mathbf{R}^p$ (versehen mit irgendeiner Norm) besitzt mindestens einen Fixpunkt.*

Zum Beweis bemerken wir zunächst, daß wir o.B.d.A. annehmen dürfen, der $\mathbf{R}^p$ sei mit der euklidischen Norm $|\cdot|$ ausgestattet. Da C als kompakte Menge beschränkt ist, können wir den Radius r der abgeschlossenen Kugel $K_r := K_r[0]$ mit dem Mittelpunkt $\mathbf{0}$ so groß wählen, daß C ganz in K_r liegt. Nach dem obigen Approximationssatz besitzt jedes $x \in K_r$ eine und nur eine Bestapproximation $P(x)$ in C, und die Abbildung $x \mapsto P(x)$ ist stetig. Infolgedessen muß das Kompositum $f \circ P$ eine stetige Selbstabbildung von K_r sein. Nach dem Brouwerschen Fixpunktsatz, den man ohne weiteres auch für K_r in Anspruch nehmen darf, gibt es also ein

$$\tilde{x} \in K_r \qquad \text{mit} \qquad (f \circ P)(\tilde{x}) = \tilde{x}.$$

Da aber $(f \circ P)(\tilde{x}) = f(P\tilde{x})$ offenbar in C liegt, muß dies auch für $\tilde{x}$ gelten, und da für jedes $x \in C$ trivialerweise $P(x) = x$ ist, finden wir schließlich die Gleichung $f(\tilde{x}) = \tilde{x}$, die $\tilde{x}$ als einen Fixpunkt von f ausweist. ∎

Wir haben den Fixpunktsatz 229.2 aus dem Brouwerschen Fixpunktsatz gewonnen. Umgekehrt ist der letztere ganz offensichtlich ein Spezialfall des ersteren. *Die beiden Fixpunktsätze sind also in Wirklichkeit völlig äquivalent.*

230 Die Fixpunktsätze von Schauder

Wir nehmen nun eine Übertragung des Fixpunktsatzes 229.2 auf beliebige normierte Räume in Angriff, die für die moderne Analysis höchste Bedeutung gewonnen und zu weitreichenden Anwendungen geführt hat. Um die entscheidenden Gedankengänge nicht durch Zwischenbetrachtungen zu stören, stellen wir zunächst einige einfache Sachverhalte bereit.

Sind $x_1, \ldots, x_m$ Elemente eines linearen Raumes E, so ist die Menge

$$\{\alpha_1 x_1 + \cdots + \alpha_m x_m : \alpha_k \geq 0 \text{ für } k = 1, \ldots, m; \ \alpha_1 + \cdots + \alpha_m = 1\}$$

konvex, wie der Leser ohne jede Mühe bestätigen kann; sie wird die **konvexe Hülle** der $x_1, \ldots, x_m$ genannt und mit $\mathrm{co}(x_1, \ldots, x_m)$ bezeichnet (vgl. dazu auch A 161.8). Ist E sogar ein normierter Raum, so gilt der ebenso einfache wie wichtige

230.1 Hilfssatz *Die konvexe Hülle von endlich vielen Elementen eines normierten Raumes ist kompakt.*

B e w e i s. Es sei (y_n) eine beliebige Folge aus $C := \mathrm{co}(x_1, \ldots, x_m)$. Wir müssen zeigen, daß (y_n) eine Teilfolge enthält, die gegen ein Element aus C konvergiert. Zu diesem Zweck stellen wir y_n in der Form

$$y_n = \alpha_1^{(n)} x_1 + \cdots + \alpha_m^{(n)} x_m \quad \text{mit nichtnegativen } \alpha_1^{(n)}, \ldots, \alpha_m^{(n)} \text{ der Summe 1}$$

dar. Für jedes feste $\mu = 1, \ldots, m$ ist die Zahlenfolge $(\alpha_\mu^{(n)})$ trivialerweise beschränkt. Durch mehrfache Anwendung des Auswahlprinzips von Bolzano-Weierstraß sieht man nun, daß es in $\mathbb{N}$ eine Teilfolge $(n_1, n_2, \ldots)$ derart gibt, daß $(\alpha_\mu^{(n_k)})$ für jedes μ konvergiert, wenn $k \to \infty$ geht; den Grenzwert bezeichnen wir mit α_μ. Offenbar sind alle $\alpha_\mu \geq 0$, ihre Summe ist 1, und es strebt

$$y_{n_k} \to \alpha_1 x_1 + \cdots + \alpha_m x_m \in C.$$ ∎

Sind $x_1, \ldots, x_m$ wie anfangs Elemente eines linearen Raumes E, so ist die Menge

$$\{\alpha_1 x_1 + \cdots + \alpha_m x_m : \alpha_\mu \in \mathbf{R} \text{ für } \mu = 1, \ldots, m\}$$

ganz offensichtlich ein linearer Unterraum von E; sie wird die **lineare Hülle** der $x_1, \ldots, x_m$ genannt und mit $\mathrm{LH}(x_1, \ldots, x_m)$ bezeichnet. Sind alle $x_\mu = 0$, so ist trivialerweise $\mathrm{LH}(x_1, \ldots, x_m) = \{0\}$. Ist aber wenigstens ein $x_\mu \neq 0$, so kann man, wie der Leser aus der linearen Algebra wissen wird, aus den $x_1, \ldots, x_m$ eine Teilmenge herausgreifen — o.B.d.A. dürfen wir annehmen, sie sei $\{x_1, \ldots, x_p\}$ —, die eine sogenannte **Basis** von $\mathrm{LH}(x_1, \ldots, x_m)$ bildet, d.h. die folgende Eigenschaft besitzt: Jedes $y \in \mathrm{LH}(x_1, \ldots, x_m)$ läßt sich bereits als Linearkombination der $x_1, \ldots, x_p$, also in der Form

$$y = \beta_1 x_1 + \cdots + \beta_p x_p$$

darstellen, und zwar mit völlig eindeutig bestimmten Koeffizienten $\beta_1, \ldots, \beta_p$ (s. Aufgabe 1). Durch die Zuordnung

$$\beta_1 x_1 + \cdots + \beta_p x_p \mapsto (\beta_1, \ldots, \beta_p)$$

wird offenbar eine bijektive lineare Abbildung A von $\mathrm{LH}(x_1, \ldots, x_m)$ auf $\mathbf{R}^p$ erklärt[1]. Ist E sogar ein normierter Raum, so ist ganz von selbst auch auf $\mathrm{LH}(x_1, \ldots, x_m)$ eine Norm $\|\cdot\|$ vorhanden, und diese kann man vermöge der Definition

$$\|(\beta_1, \ldots, \beta_p)\| := \|\beta_1 x_1 + \cdots + \beta_p x_p\|$$

auf $\mathbf{R}^p$ verpflanzen. Die Abbildung A ist trivialerweise normerhaltend. Der normierte Raum $\mathrm{LH}(x_1, \ldots, x_m)$ unterscheidet sich von $(\mathbf{R}^p, \|\cdot\|)$ im Grunde nur durch die Bezeichnung der Elemente: Statt die volle Linearkombination $\beta_1 x_1 + \cdots + \beta_p x_p$ aufzuschreiben, gibt man einfach nur ihren Koeffizientenvektor $(\beta_1, \ldots, \beta_p)$ an. Nach diesen Vorbemerkungen versteht es sich von selbst, daß aus dem Fixpunktsatz 229.2 ohne Umstände der nachstehende Hilfssatz folgt:

230.2 Hilfssatz $x_1, \ldots, x_m$ *seien Elemente eines normierten Raumes, und C sei eine konvexe, kompakte und nichtleere Teilmenge von* $\mathrm{LH}(x_1, \ldots, x_m)$. *Dann besitzt jede stetige Selbstabbildung von C mindestens einen Fixpunkt.*

Und nun die letzte Vorbemerkung: Man nennt die Teilmenge M eines normierten oder allgemeiner eines metrischen Raumes **relativ kompakt**, wenn jede Folge aus M eine konvergente Teilfolge besitzt. Wohlgemerkt: Wir fordern nicht, daß der Grenzwert dieser Teilfolge wieder zu M gehört (dies würde gerade auf die Kompaktheit von M hinauslaufen). Der Leser wird jedoch leicht zeigen können, *daß die Abschließung $\overline{M}$ einer relativ kompakten Menge notwendig kompakt ist* (s. Aufgabe 2).

---

[1] Der Einfachheit wegen schreiben wir Vektoren wieder in der Zeilenform, die hier übrigens viel suggestiver ist als die Spaltenform.

Nach diesen Vorbereitungen können wir uns endlich die Schauderschen Fixpunkt-sätze selbst vornehmen.

230.3 Erster Schauderscher Fixpunktsatz[1] *Sei E ein normierter Raum, $K \subset E$ konvex und $C \subset K$ kompakt und nichtleer. Dann besitzt jede stetige Abbildung $f: K \to C$ minde-stens einen Fixpunkt.*

Beweis. Wir geben uns ein beliebiges $\varepsilon > 0$ vor und legen um jeden Punkt x von C eine offene Kugel $U_\varepsilon(x)$ mit dem Radius ε. Nach dem Heine-Borelschen Überdek-kungssatz gibt es eine endliche Teilmenge $M := \{x_1, \ldots, x_m\}$ von C, so daß bereits die Kugeln $U_\varepsilon(x_1), \ldots, U_\varepsilon(x_m)$ ganz C überdecken. Mit anderen Worten:

Zu jedem $x \in C$ gibt es ein $x_\mu \in M$ mit $\|x - x_\mu\| < \varepsilon$.

Wir definieren nun Funktionen $\varphi_\mu : C \to \mathbf{R}$ $(\mu = 1, \ldots, m)$ durch

$$\varphi_\mu(x) := \begin{cases} 0, & \text{falls } \|x - x_\mu\| \geq \varepsilon, \\ \varepsilon - \|x - x_\mu\|, & \text{falls } \|x - x_\mu\| < \varepsilon. \end{cases}$$

Offenbar ist φ_μ stetig und nichtnegativ; die Summe $\varphi := \sum_{\mu=1}^{m} \varphi_\mu$ ist sogar positiv. Setzen wir

$$\psi_\mu(x) := \frac{\varphi_\mu(x)}{\varphi(x)} \quad \text{für } x \in C \text{ und } \mu = 1, \ldots, m,$$

so ist für jedes $x \in C$

$$\psi_\mu(x) \geq 0 \quad (\mu = 1, \ldots, m) \quad \text{und} \quad \sum_{\mu=1}^{m} \psi_\mu(x) = 1. \tag{230.1}$$

Infolgedessen wird durch

$$g(x) := \sum_{\mu=1}^{m} \psi_\mu(x) x_\mu$$

eine stetige Abbildung g von C in die konvexe Hülle K_0 der $x_1, \ldots, x_m$ definiert. Sei nun x ein beliebiges Element von C. Dann ist

$$g(x) - x = \sum_{\mu=1}^{m} \psi_\mu(x)(x_\mu - x) = \sum_{\mu}' \psi_\mu(x)(x_\mu - x),$$

---

[1] Juliusz P. Schauder (1899–1943; 44), polnischer Mathematiker, Schüler von Banach. Nach Anläufen in der Math. Z. **26** (1927) veröffentlichte der Einunddreißigjährige in den Studia Math. **2** (1930) drei Fixpunktsätze mit dem vorsichtig-paradoxen Hinweis, er gebe sie in ihrer „vorläufig endgültigen" Form. Seine Sätze 1, 2 sind im wesentlichen unser „er-ster" bzw. „zweiter Schauderscher Fixpunktsatz". Im September 1943 wurde Schauder ein Opfer der Gestapo.

wobei die Summe $\sum\limits_{\mu}'$ nur über alle μ mit $\|x-x_\mu\|<\varepsilon$ zu erstrecken ist (für jedes μ mit $\|x-x_\mu\|\geqslant\varepsilon$ verschwindet nämlich $\psi_\mu(x)$). Infolgedessen haben wir

$$\|g(x)-x\| \leqslant \sum_{\mu}{}' \psi_\mu(x)\|x_\mu-x\|<\varepsilon \sum_{\mu}{}'\psi_\mu(x)=\varepsilon;$$

es gilt also

$$\|g(x)-x\|<\varepsilon \quad \text{für alle} \quad x\in C. \tag{230.2}$$

Das Kompositum

$$h:=g\circ f$$

ist eine stetige Abbildung von K in $K_0\subset K$, die Einschränkung

$$\hat{h}:=h\,|\,K_0$$

ist also eine stetige Selbstabbildung der konvexen und (nach Hilfssatz 230.1) kompakten Teilmenge K_0 des normierten Raumes $\mathrm{LH}(x_1,\ldots,x_m)$. Nach Hilfssatz 230.2 gibt es daher ein

$$z\in K_0 \quad \text{mit} \quad \hat{h}(z)=z, \quad \text{also mit} \quad g(f(z))=z.$$

Wegen (230.2) ist

$$\|f(z)-z\|=\|f(z)-g(f(z))\|<\varepsilon.$$

Insgesamt haben wir also bisher das folgende Ergebnis erhalten: Zu jedem $\varepsilon>0$ gibt es ein $z=z(\varepsilon)\in K$ mit $\|f(z)-z\|<\varepsilon$. Wir können daher zu jedem natürlichen n ein $z_n\in K$ so bestimmen, daß

$$\|f(z_n)-z_n\|<\frac{1}{n} \tag{230.3}$$

ausfällt. Da $f(z_n)$ in der kompakten Menge C liegt, gibt es eine Teilfolge (z_{n_k}) und ein $\tilde{x}\in C$, so daß

$$f(z_{n_k})\to\tilde{x} \tag{230.4}$$

strebt. Mit (230.3) folgt daraus $z_{n_k}\to\tilde{x}$, und da f stetig ist, muß auch

$$f(z_{n_k})\to f(\tilde{x})$$

konvergieren. Aus dieser Aussage und aus (230.4) folgt, daß $\tilde{x}=f(\tilde{x})$ ist. Damit erweist sich $\tilde{x}$ als ein Fixpunkt von f. ∎

Aus dem ersten Schauderschen Fixpunktsatz ergibt sich der zweite so leicht, daß wir den Beweis ohne Bedenken übergehen dürfen:

230.4 Zweiter Schauderscher Fixpunktsatz f *sei eine stetige Selbstabbildung der nichtleeren konvexen Teilmenge K eines normierten Raumes. f besitzt mit Sicherheit immer dann einen Fixpunkt, wenn eine der folgenden Bedingungen erfüllt ist:*

a) *K ist kompakt;*

b) *K ist abgeschlossen und $f(K)$ relativ kompakt.*

Den ersten Schauderschen Satz hatten wir letztlich aus dem Brouwerschen Fixpunktsatz gewonnen; umgekehrt ist der Brouwersche Satz offensichtlich ein Spezialfall des ersten Schauderschen. *Alles in allem erweisen sich somit der Brouwersche und der erste Schaudersche Fixpunktsatz als völlig äquivalente Sachverhalte.*

Wir wollen noch ausdrücklich darauf hinweisen, daß die Fixpunktsätze der letzten Nummern weder die *Eindeutigkeit* des Fixpunktes verbürgen können noch *konstruktive Verfahren* zu seiner Gewinnung angeben — all dies in markantem Unterschied zu dem Banachschen Fixpunktsatz. Zum Ausgleich dafür sind sie wesentlich flexibler als der Banachsche Satz, weil ihre Voraussetzungen i. allg. leichter zu verifizieren sind als die Kontraktionsbedingung des letzteren.

Aufgaben

***1.** Man sagt, die Elemente $x_1, \ldots, x_p$ des linearen Raumes E seien linear unabhängig, wenn aus $\alpha_1 x_1 + \cdots + \alpha_p x_p = 0$ stets $\alpha_1 = \cdots = \alpha_p = 0$ folgt. Sind zwei unter ihnen gleich, etwa $x_1 = x_2$, so sind sie gewiß nicht linear unabhängig; denn es ist dann z. B. $1 \cdot x_1 + (-1) x_2 + 0 \cdot x_3 + \cdots + 0 \cdot x_p = 0$. Ist einer von ihnen, etwa x_1, das Nullelement, so sind sie wiederum nicht linear unabhängig, weil dann z. B. $1 \cdot x_1 + 0 \cdot x_2 + \cdots + 0 \cdot x_p = 0$ ist. Linear unabhängige Elemente $x_1, \ldots, x_p$ kann man also stets zu einer Menge $\{x_1, \ldots, x_p\}$ zusammenfassen, die das Nullelement nicht enthält. Man sagt dann auch, diese Menge sei linear unabhängig. Zeige:

a) Für linear unabhängige Elemente $x_1, \ldots, x_p$ gilt:
$$\alpha_1 x_1 + \cdots + \alpha_p x_p = \beta_1 x_1 + \cdots + \beta_p x_p \Rightarrow \alpha_1 = \beta_1, \ldots, \alpha_p = \beta_p.$$

b) Sind die Elemente $x_1, \ldots, x_p$ linear unabhängig, die Elemente $x_1, \ldots, x_p, y$ jedoch nicht, so ist
$$y = \alpha_1 x_1 + \cdots + \alpha_p x_p \quad \text{mit eindeutig bestimmten } \alpha_1, \ldots, \alpha_p.$$

c) Das Element x_1 (oder auch: die einelementige Menge $\{x_1\}$) ist genau dann linear unabhängig, wenn $x_1 \neq 0$ ist.

d) Ist von den Elementen $x_1, \ldots, x_m$ mindestens eines $\neq 0$, so kann man unter ihnen $p \leq m$ Elemente $x_{k_1}, \ldots, x_{k_p}$ finden, so daß jedes $y \in \mathrm{LH}(x_1, \ldots, x_m)$ sich bereits als Linearkombination $y = \beta_1 x_{k_1} + \cdots + \beta_p x_{k_p}$ mit eindeutig bestimmten Koeffizienten $\beta_1, \ldots, \beta_p$ schreiben läßt. Hinweis: Man bilde aus $x_1, \ldots, x_m$ sämtliche linear unabhängigen Mengen (es gibt solche!) und greife eine mit maximaler Elementeanzahl heraus. Sie leistet wegen b) das Gewünschte.

***2.** Eine Teilmenge M eines metrischen Raumes ist genau dann relativ kompakt, wenn ihre Abschließung $\overline{M}$ kompakt ist.

231 Korrespondenzen

Zur Vorbereitung auf den Fixpunktsatz von Kakutani und eine seiner Anwendungen in der mathematischen Wirtschaftswissenschaft schalten wir an dieser Stelle einige Bemerkungen über sogenannte Korrespondenzen ein.

Sind X, Y zwei nichtleere Mengen und bedeutet $\mathfrak{P}(Y)$ die Potenzmenge von Y (d. h. die Menge aller Teilmengen von Y), so nennt man jede „mengenwertige" Funktion

$$f: X \to \mathfrak{P}(Y) \quad \text{mit } f(x) \neq \emptyset \text{ für alle } x \in X$$

eine Korrespondenz. Eine „punktwertige" Funktion $g: X \to Y$ kann natürlich stets auch als eine Korrespondenz aufgefaßt werden; man braucht nur die Werte $g(x)$ mit den einelementigen Teilmengen $\{g(x)\}$ von Y zu identifizieren.

Im folgenden sollen X, Y immer metrische Räume sein, ohne daß wir dies noch besonders hervorheben. Ist M eine Teilmenge von X, so wollen wir jede offene Menge U mit $M \subset U \subset X$ eine offene Umgebung von M nennen. Nach diesen Vorbereitungen formulieren wir nun einen Stetigkeitsbegriff für Korrespondenzen, der sich eng an die Stetigkeitsdefinition bei punktwertigen Funktionen anlehnt (s. dazu auch die Aufgaben 4 und 5):

Definition *Die Korrespondenz $f: X \to \mathfrak{P}(Y)$ heißt* oberhalbstetig an der Stelle *$x \in X$, wenn es zu jeder offenen Umgebung V der Menge $f(x)$ eine offene Umgebung U des Punktes x gibt, so daß*

$$f(u) \subset V \quad \text{für alle } u \in U$$

ist. Sie heißt oberhalbstetig (auf X), *wenn sie in jedem Punkt von X oberhalbstetig ist.*

In den Anwendungen treten besonders häufig Korrespondenzen f auf, bei denen $f(x)$ für jedes x des Definitionsbereichs kompakt ist. Man nennt sie kurz und unschön kompaktwertig. Die beiden nächsten Sätze beschäftigen sich mit solchen Korrespondenzen.

231.1 Satz *Die Korrespondenz $f: X \to \mathfrak{P}(Y)$ sei kompaktwertig und oberhalbstetig. Dann ist für jedes kompakte $K \subset X$ die Menge*

$$\hat{f}(K) := \bigcup_{x \in K} f(x)$$

kompakt[1].

---

[1] Im Falle $K = \emptyset$ soll auch $\hat{f}(K) = \emptyset$ sein.

Beweis. $\mathfrak{G}:=\{G_\iota:\iota\in J\}$ sei eine offene Überdeckung von $\hat{f}(K)$. Trivialerweise ist $\mathfrak{G}$ für jedes $x\in K$ auch eine offene Überdeckung von $f(x)$. Wegen der Kompaktheit von $f(x)$ gibt es also eine endliche Teilmenge J_x von J, so daß bereits

$$\mathfrak{G}_x:=\{G_\iota:\iota\in J_x\}$$

eine Überdeckung von $f(x)$ bildet:

$$f(x)\subset G_x:=\bigcup_{\iota\in J_x}G_\iota.$$

G_x ist eine offene Umgebung von $f(x)$; wegen der Oberhalbstetigkeit von f gibt es also eine offene Umgebung $U(x)$ von x mit $f(u)\subset G_x$ für alle $u\in U(x)$. Die offenen Mengen $U(x)$, $x\in K$, überdecken K. Und da K kompakt ist, gibt es endlich viele unter ihnen, etwa $U(x_1),\ldots,U(x_m)$, so daß $K\subset\bigcup_{\mu=1}^{m}U(x_\mu)$ ist. Es folgt, daß $\hat{f}(K)$ von dem System der Mengen $G_{x_1},\ldots,G_{x_m}$ überdeckt wird. Infolgedessen wird $\hat{f}(K)$ auch von demjenigen endlichen Teilsystem von $\mathfrak{G}$ überdeckt, das von den Mengen aus $\mathfrak{G}_{x_1},\ldots,\mathfrak{G}_{x_m}$ gebildet wird.   ∎

231.2 Satz *Die kompaktwertige Korrespondenz $f:X\to\mathfrak{P}(Y)$ ist genau dann an der Stelle x oberhalbstetig, wenn es zu jeder gegen x konvergierenden Folge (x_n) und jeder Folge (y_n) mit $y_n\in f(x_n)$ eine Teilfolge von (y_n) gibt, die gegen ein Element von $f(x)$ strebt.*

Beweis. Wir nehmen zunächst an, f sei in x oberhalbstetig. Die Folge (x_n) strebe gegen x, und es sei $y_n\in f(x_n)$ für alle $n\in\mathbf{N}$. Die Menge K, die aus den Folgengliedern x_n und dem Grenzwert x besteht, ist offensichtlich kompakt, und die Einschränkung von f auf K ist oberhalbstetig; nach Satz 231.1 muß daher auch

$$\hat{f}(K)=f(x)\cup\bigcup_{n=1}^{\infty}f(x_n)$$

kompakt sein. Da die Folge (y_n) in $\hat{f}(K)$ liegt, enthält sie also eine Teilfolge, die gegen ein Element y von $\hat{f}(K)$ konvergiert (s. Satz 157.1). Und nun genügt es zu zeigen, daß y in $f(x)$ liegt. Angenommen, es sei $y\notin f(x)$. Dann kann man um jeden Punkt z von $f(x)$ eine abgeschlossene Kugel $K[z]$ legen, die y nicht enthält. Die zugehörigen offenen Kugeln $K(z)$, $z\in f(x)$, überdecken $f(x)$. Aus Kompaktheitsgründen gibt es also in $f(x)$ endlich viele Punkte $z_1,\ldots,z_m$, so daß

$$f(x)\subset V:=\bigcup_{\mu=1}^{m}K(z_\mu)$$

ist. Die Menge $A:=\bigcup_{\mu=1}^{m}K[z_\mu]$ ist abgeschlossen, umfaßt V, enthält aber nicht y. V ist eine offene Umgebung von $f(x)$, zu ihr gibt es also wegen der vorausgesetzten Oberhalbstetigkeit von f in x eine offene Umgebung U von x mit $f(u)\subset V$ für alle $u\in U$.

Da $x_n \to x$ strebt, liegen fast alle x_n in U, es ist also ab einem hinreichend großen Index stets $f(x_n) \subset V$ und damit $y_n \in V$, erst recht also $y_n \in A$. Dann muß aber auch y in A liegen, im Gegensatz dazu, daß konstruktionsgemäß y nicht zu A gehört. Wegen dieses Widerspruchs müssen wir die Annahme $y \notin f(x)$ fallen lassen und zugeben, daß y in $f(x)$ liegt.

Nun beweisen wir die Umkehrung. Angenommen, die „Folgenbedingung" unseres Satzes sei erfüllt, f sei jedoch in x nicht oberhalbstetig. Dann gibt es eine offene „Ausnahmeumgebung" V_0 von $f(x)$ mit nachstehender Eigenschaft: In jeder offenen Umgebung U von x ist ein u mit $f(u) \not\subset V_0$ vorhanden. Insbesondere gibt es also in jeder offenen Kugel $K_{1/n}(x)$ ein x_n mit $f(x_n) \not\subset V_0$. Offenbar strebt $x_n \to x$. Die Nichtinklusion $f(x_n) \not\subset V_0$ bedeutet, daß ein $y_n \in f(x_n)$ mit $y_n \notin V_0$ existiert ($n = 1, 2, \ldots$). Voraussetzungsgemäß besitzt (y_n) eine Teilfolge, die gegen ein Element y aus $f(x)$ konvergiert. Fast alle Glieder dieser Teilfolge müssen also in V_0 liegen, im Widerspruch dazu, daß kein einziges y_n zu V_0 gehört. Wir schließen daraus, daß f entgegen unserer Annahme doch in x oberhalbstetig ist. ∎

Sind $M_1, \ldots, M_n$ nichtleere Teilmengen eines Vektorraumes E, so definieren wir ihre

$$\text{Summe } M_1 + \cdots + M_n \text{ oder } \sum_{\nu=1}^{n} M_\nu \text{ durch}$$

$$M_1 + \cdots + M_n := \{x_1 + \cdots + x_n : x_\nu \in M_\nu \text{ für } \nu = 1, \ldots, n\}.$$

Die Differenz $M_1 - M_2$ soll die Menge $\{x_1 - x_2 : x_1 \in M_1, x_2 \in M_2\}$ sein. Entsprechend sind mehrgliedrige Differenzen zu verstehen. Statt $\{x\} + M$ schreiben wir kürzer $x + M$. *Sind die Mengen $M_1, \ldots, M_n$ alle konvex, so ist offenbar auch ihre Summe konvex* (diese Dinge hatten wir schon in A 161.7 angesprochen).

Es liegt jetzt auf der Hand, die Summe $f_1 + \cdots + f_n$ der Korrespondenzen $f_\nu : X \to \mathfrak{P}(E)$ ($\nu = 1, \ldots, n$) durch die Festsetzung

$$(f_1 + \cdots + f_n)(x) := f_1(x) + \cdots + f_n(x) \quad \text{für jedes } x \in X$$

zu erklären. Nennen wir noch die Korrespondenz f konvexwertig, wenn $f(x)$ für jedes x des Definitionsbereichs eine konvexe Menge ist, so können wir nun den folgenden Satz aussprechen:

231.3 Satz *Sei E ein normierter Raum und f die Summe der Korrespondenzen $f_\nu : X \to \mathfrak{P}(E)$ ($\nu = 1, \ldots, n$). Dann gelten die folgenden Aussagen:*

a) *Ist jedes f_ν konvexwertig, so gilt dasselbe für f.*

b) *Ist jedes f_ν kompaktwertig und oberhalbstetig an der Stelle x, so gilt dasselbe für f.*

Beweis. Die Aussage a) versteht sich aufgrund unserer Vorbemerkungen von selbst; wir nehmen deshalb gleich b) in Angriff. Es wird genügen, den Fall $n = 2$, also $f = f_1 + f_2$, zu betrachten. Zunächst sieht man mit Hilfe des Satzes 157.1 ohne Mühe, daß die Summe zweier kompakter Teilmengen von E wieder kompakt ist, und daß infolgedessen f tatsächlich kompaktwertig sein muß. Beim Beweis der Oberhalbstetigkeit von f an der Stelle x stützen wir uns entscheidend auf den Satz 231.2. Die Folge (x_j) strebe gegen x, und für $j = 1, 2, \ldots$ sei

$$y_j \in f(x_j) = f_1(x_j) + f_2(x_j),$$

d. h., es sei

$$y_j = u_j + v_j \quad \text{mit} \quad u_j \in f_1(x_j),\ v_j \in f_2(x_j).$$

Wegen Satz 231.2 kann man nun eine Teilfolge (j_k) aus $\mathbf{N}$ so auswählen, daß

$$u_{j_k} \to u \in f_1(x) \quad \text{und} \quad v_{j_k} \to v \in f_2(x)$$

konvergiert. Dann strebt

$$y_{j_k} = u_{j_k} + v_{j_k} \to u + v \in f_1(x) + f_2(x) = f(x),$$

und daraus folgt, wiederum wegen Satz 231.2, daß f in der Tat oberhalbstetig an der Stelle x ist.   ∎

Als nächstes erklären wir eine weitere wichtige Eigenschaft, die eine Korrespondenz haben kann (s. dazu auch Aufgabe 7):

Definition *Die Korrespondenz $f: X \to \mathfrak{P}(Y)$ heißt* abgeschlossen an der Stelle x, *wenn gilt:*

$$\text{Aus } x_n \to x,\ y_n \in f(x_n) \text{ und } y_n \to y \text{ folgt stets } y \in f(x).$$

Sie heißt abgeschlossen (auf X), *wenn sie in jedem Punkt von X abgeschlossen ist.*

Zwischen abgeschlossenen und oberhalbstetigen Korrespondenzen bestehen enge Beziehungen, die durch die beiden folgenden Sätze ins Licht gerückt werden.

231.4 Satz *Für eine abgeschlossene Korrespondenz $f: X \to \mathfrak{P}(Y)$ gelten die folgenden Aussagen:*
a) *Für jedes $x \in X$ ist $f(x)$ abgeschlossen;*
b) *ist Y kompakt, so muß f oberhalbstetig sein.*

Beweis. a): Strebt die Folge der $y_n \in f(x)$ gegen $y \in Y$ und setzt man nun in der obigen Definition $x_n := x$ für $n = 1, 2, \ldots$, so sieht man mit einem Blick, daß y in $f(x)$ liegt. — b): Aus a) folgt mit Satz 157.3, daß f kompaktwertig ist. Die Oberhalbstetigkeit ergibt sich nun sofort aus Satz 231.2, wenn man beachtet, daß jede Folge aus Y eine Teilfolge enthält, die gegen ein Element aus Y konvergiert (s. Satz 157.1).   ∎

Eine völlig triviale Konsequenz des Satzes 231.2 ist der

231.5 Satz *Jede kompaktwertige und oberhalbstetige Korrespondenz ist abgeschlossen.*

Eine Vertiefung dieses Satzes findet der Leser in Aufgabe 11.

Aufgaben

In den nachstehenden Aufgaben sind X, Y, Z metrische Räume.

1. Die Korrespondenz $f\colon X\to\mathfrak{P}(Y)$ ist genau dann oberhalbstetig, wenn für jedes offene $G\subset Y$ die Menge $\{x\in X\colon f(x)\subset G\}$ offen ist.

2. Sind die Korrespondenzen $f_\nu\colon X\to\mathfrak{P}(Y)$ $(\nu=1,\ldots,n)$ oberhalbstetig, so ist auch die durch

$$f(x):=\bigcup_{\nu=1}^{n} f_\nu(x)\quad\text{für alle }x\in X$$

definierte Korrespondenz $f\colon X\to\mathfrak{P}(Y)$ oberhalbstetig.

3. Die Korrespondenzen $f\colon X\to\mathfrak{P}(Y)$ und $g\colon Y\to\mathfrak{P}(Z)$ seien oberhalbstetig. Dann ist ihr Kompositum $h\colon X\to\mathfrak{P}(Z)$, definiert durch

$$h(x):=\bigcup_{y\in f(x)} g(y)\quad\text{für alle }x\in X,$$

ebenfalls oberhalbstetig.

4. Die punktwertige Abbildung $f\colon X\to Y$ ist genau dann stetig, wenn sie als Korrespondenz oberhalbstetig ist.

5. Eine im Sinne von A 40.3 nach oben halbstetige Funktion braucht als Korrespondenz nicht oberhalbstetig zu sein. Hinweis: Aufgabe 4.

6. Die in A 40.3 gegebene Definition einer nach oben halbstetigen Funktion $f\colon X\to\mathbf{R}$ läßt sich ohne weiteres auf den Fall übertragen, daß X nicht eine Teilmenge von $\mathbf{R}$, sondern irgendein metrischer Raum ist. Betrachte neben f die Korrespondenz $\varphi\colon X\to\mathfrak{P}(\mathbf{R})$, definiert durch

$$\varphi(x):=\{y\in\mathbf{R}\colon y\leqslant f(x)\},$$

und zeige, daß f genau dann nach oben halbstetig ist, wenn φ oberhalbstetig ist.

7. Sei $f\colon X\to\mathfrak{P}(Y)$ eine Korrespondenz und

$$\Gamma_f:=\{(x,y)\colon x\in X,\ y\in f(x)\}.$$

Macht man $X\times Y$ vermöge der Abstandsdefinition

$$d((x_1,y_1),(x_2,y_2)):=d(x_1,x_2)+d(y_1,y_2)\qquad(x_k\in X,\ y_k\in Y)$$

zu einem metrischen Raum, so gilt:

$$f\text{ ist abgeschlossen}\ \Leftrightarrow\ \Gamma_f\text{ ist abgeschlossen in }X\times Y.$$

8. Ist die punktwertige Abbildung $f\colon X\to Y$ stetig, so ist sie als Korrespondenz auch abgeschlossen. Die Umkehrung ist nicht richtig.
Hinweis: Betrachte die reelle Funktion $f(x):=\begin{cases}0 & \text{für }x=0,\\ 1/x & \text{für }x\neq0.\end{cases}$

9. Sei $f\colon X\to\mathfrak{P}(Y)$ eine Korrespondenz, Y kompakt und $f(x)$ abgeschlossen für jedes $x\in X$. Zeige: f ist abgeschlossen $\Leftrightarrow f$ ist oberhalbstetig.

10. Die Korrespondenz $f\colon X\to\mathfrak{P}(Y)$ sei abgeschlossen. Dann ist für jedes kompakte $K\subset X$ die Menge $\hat{f}(K):=\bigcup_{x\in K} f(x)$ abgeschlossen.

⁺**11.** Ist $f\colon X\to\mathfrak{P}(Y)$ oberhalbstetig und $f(x)$ für jedes $x\in X$ abgeschlossen, so ist f abgeschlossen.

12. Das cartesische Produkt $f_1\times f_2$ der Korrespondenzen $f_j\colon X\to\mathfrak{P}(Y_j)$ $(j=1,2)$ wird punktweise definiert:

$$(f_1\times f_2)(x):=f_1(x)\times f_2(x).$$

Mache $Y_1\times Y_2$ ähnlich wie in Aufgabe 7 zu einem metrischen Raum und zeige: Sind f_1 und f_2 abgeschlossen, so ist auch $f_1\times f_2$ abgeschlossen.

232   Der Fixpunktsatz von Kakutani

Dieser Satz wurde 1941 entdeckt und ist inzwischen eine der Säulen der modernen mathematischen Wirtschaftswissenschaft geworden; wir werden darauf noch zu sprechen kommen. Er handelt von Fixpunkten von Korrespondenzen, und wir müssen zunächst erklären, was darunter zu verstehen ist.

Definition $\bar{x}\in X$ *heißt* Fixpunkt *der Korrespondenz* $f\colon X\to\mathfrak{P}(X)$, *wenn* $\bar{x}\in f(\bar{x})$ *ist.*

Wir kommen nun zu dem angekündigten

232.1 Fixpunktsatz von Kakutani *Sei C eine nichtleere, konvexe und kompakte Teilmenge des normierten Raumes E. Die Korrespondenz $f\colon C\to\mathfrak{P}(C)$ sei abgeschlossen und konvexwertig. Dann besitzt f mindestens einen Fixpunkt.*

Beweis. Wir gehen zunächst wörtlich so vor wie im Anfang des Beweises zum ersten Schauderschen Fixpunktsatz 230.3, verschaffen uns also zu vorgegebenem $\varepsilon>0$ Punkte $x_1,\dots,x_m$ aus C und stetige Funktionen

$$\psi_\mu\colon C\to\mathbf{R}\quad\text{mit}\quad \psi_\mu\geqslant 0\ \text{und}\ \sum_{\mu=1}^{m}\psi_\mu=1. \tag{232.1}$$

Aus der voraussetzungsgemäß nichtleeren Menge $f(x_\mu)$ greifen wir uns irgendein Element y_μ heraus:

$$y_\mu\in f(x_\mu),\quad\text{ansonsten beliebig.}$$

Die Konvexität von C bewirkt in Verbindung mit (232.1), daß $\sum_{\mu=1}^{m}\psi_\mu(x)y_\mu$ für jedes $x\in C$ in C liegt (s. A 161.7c). Infolgedessen ist

$$g_\varepsilon:=\sum_{\mu=1}^{m}\psi_\mu y_\mu\quad\text{eine stetige Selbstabbildung von } C.$$

Nach dem zweiten Schauderschen Fixpunktsatz 230.4 gibt es also ein

$$z(\varepsilon)\in C \quad \text{mit} \quad g_\varepsilon(z(\varepsilon))=z(\varepsilon).$$

Es sei nun (ε_n) eine Nullfolge positiver Zahlen und

$$z_n:=z(\varepsilon_n), \quad \text{also} \quad g_{\varepsilon_n}(z_n)=z_n \quad (n=1, 2, \ldots). \tag{232.2}$$

Wegen der Kompaktheit von C enthält (z_n) eine konvergente Teilfolge mit einem Grenzwert $\tilde{x}\in C$. O.B.d.A. dürfen wir annehmen, daß bereits $z_n\to\tilde{x}$ konvergiert. Von diesem $\tilde{x}$ werden wir nun nachweisen, daß es ein Fixpunkt von f ist.

Wir geben uns zu diesem Zweck ein positives r beliebig vor und bilden mit der offenen Kugel $U_r(0)$ die Menge

$$V_r:=f(\tilde{x})+ U_r(0) = \bigcup_{y\in f(\tilde{x})} (y+ U_r(0)) = \bigcup_{y\in f(\tilde{x})} U_r(y). \tag{232.3}$$

V_r umfaßt $f(\tilde{x})$ und ist als Vereinigung offener Kugeln selbst offen, mit anderen Worten: V_r ist eine offene Umgebung von $f(\tilde{x})$. Da f nach Satz 231.4b oberhalbstetig ist, gibt es also eine offene Kugel $U_\delta(\tilde{x})$ um $\tilde{x}$, so daß

$$f(u)\subset V_r \quad \text{für alle} \quad u\in U_\delta(\tilde{x})\cap C \tag{232.4}$$

ist. Wir zeigen nun: Es gilt

$$g_{\varepsilon_m}(x)\in V_r \quad \text{für alle} \quad x\in U_{\delta-\varepsilon_m}(\tilde{x})\cap C, \ \text{falls} \ \varepsilon_m<\delta \ \text{ist.} \tag{232.5}$$

Um dies zu tun, setzen wir abkürzend $\varepsilon:=\varepsilon_m$, nehmen uns ein $x\in U_{\delta-\varepsilon}(\tilde{x})\cap C$ her und bemerken zunächst, daß es zu diesem x wegen (232.1) ein ψ_μ mit $\psi_\mu(x)>0$ geben muß. Nach der Definition von ψ_μ ist dann

$$\|x-x_\mu\|<\varepsilon$$

(s. den Anfang des Beweises zum ersten Schauderschen Fixpunktsatz; das dort auftretende ε ist natürlich, wie gerade verabredet, unser ε_m). Somit gilt

$$\|x_\mu-\tilde{x}\|\leqslant\|x_\mu-x\|+\|x-\tilde{x}\|<\varepsilon+\delta-\varepsilon=\delta.$$

x_μ liegt also in $U_\delta(\tilde{x})\cap C$, wegen (232.4) haben wir daher $f(x_\mu)\subset V_r$. Da aber y_μ definitionsgemäß ein Element aus $f(x_\mu)$ ist, muß notwendig $y_\mu\in V_r$ sein. Bei der Herleitung dieser Aussage haben wir uns (abgesehen von der Ausgangsannahme $x\in U_{\delta-\varepsilon}(\tilde{x})\cap C$) nur auf die Positivität von $\psi_\mu(x)$ gestützt. Infolgedessen können wir sagen: In der Summe

$$g_\varepsilon(x) = \sum_{\nu=1}^{m} \psi_\nu(x)y_\nu$$

liegen alle y_ν, die einen nichtverschwindenden Koeffizienten haben, in V_r. Da V_r als Summe der voraussetzungsgemäß konvexen Menge $f(\tilde{x})$ mit der ebenfalls konvexen

Menge $U_r(0)$ gewiß selbst konvex ist, ergibt sich nun mit A 161.7c, daß $g_\varepsilon(x)$ zu V_r gehören muß — wie wir es in (232.5) behauptet hatten.

Da (ε_n) eine Nullfolge ist, gibt es zu dem positiven δ einen Index n_0 mit $\varepsilon_n < \delta/2$ für alle $n > n_0$. Für diese n ist dann

$$\frac{\delta}{2} < \delta - \varepsilon_n, \quad \text{also} \quad U_{\delta/2}(\tilde{x}) \cap C \subset U_{\delta - \varepsilon_n}(\tilde{x}) \cap C.$$

Aus (232.5) erhalten wir also

$$g_{\varepsilon_n}(x) \in V_r \quad \text{für alle } x \in U_{\delta/2}(\tilde{x}) \cap C \text{ und alle } n > n_0. \tag{232.6}$$

n_0 wollen wir uns gleich so groß gewählt denken, daß für die in (232.2) definierte, gegen $\tilde{x}$ strebende Folge (z_n) gilt:

$$z_n \in U_{\delta/2}(\tilde{x}) \cap C \quad \text{für alle } n > n_0.$$

Aus (232.6) ergibt sich dann für diese n die Beziehung $g_{\varepsilon_n}(z_n) \in V_r$. Wegen $g_{\varepsilon_n}(z_n) = z_n$ heißt dies aber, daß

$$z_n \in V_r \quad \text{für alle } n > n_0$$

ist. Der Grenzwert $\tilde{x}$ von (z_n) wird dann zwar vielleicht nicht mehr in V_r, mit Sicherheit aber in V_{2r} liegen. Und damit haben wir die Aussage

$$\tilde{x} \in V_{2r} \quad \text{für jedes } r > 0. \tag{232.7}$$

Läge $\tilde{x}$ außerhalb von $f(\tilde{x})$, so wäre

$$\|y - \tilde{x}\| > 0 \quad \text{für alle } y \in f(\tilde{x}).$$

Da die Menge $f(\tilde{x})$ aber nach Satz 231.4a abgeschlossen und damit als Teilmenge des kompakten C sogar kompakt ist, würde daraus folgen, daß auch noch

$$\rho := \inf \{\|y - \tilde{x}\| : y \in f(\tilde{x})\} > 0$$

sein muß. Dann wäre aber $\tilde{x} \notin V_\rho$, im Widerspruch zu (232.7). In Wirklichkeit ist also $\tilde{x} \in f(\tilde{x})$, d. h., $\tilde{x}$ ist tatsächlich ein Fixpunkt von f. ∎

XXVIII Anwendungen

Eine bescheidene Wahrheit zu finden ist wichtiger als über die erha-
bensten Dinge weitschweifig zu diskutieren, ohne jemals zu einer
Wahrheit zu gelangen.

Galileo Galilei

Nichts ist so praktisch wie eine gute
Theorie.

Hermann von Helmholtz

233 Nochmals der Existenzsatz von Peano

In dieser Nummer werden wir mit Hilfe des zweiten Schauderschen Fixpunktsatzes
230.4 einen neuen und ganz überraschend durchsichtigen Beweis des Peanoschen
Existenzsatzes 119.2 geben.

Wie in Nr. 119 sei uns ein System von Differentialgleichungen erster Ordnung

$$
\begin{aligned}
y_1' &= f_1(x, y_1, \ldots, y_n) \\
&\vdots \\
y_n' &= f_n(x, y_1, \ldots, y_n)
\end{aligned}
\tag{233.1}
$$

gegeben. Die n reellwertigen Funktionen $f_1, \ldots, f_n$ seien auf dem kompakten Quader

$$
Q := \{(x, y_1, \ldots, y_n) : |x - \xi| \leqslant a, |y_1 - \eta_1| \leqslant b, \ldots, |y_n - \eta_n| \leqslant b\} \quad (a, b > 0)
\tag{233.2}
$$

definiert und stetig. Mit

$$
f := \begin{pmatrix} f_1 \\ \vdots \\ f_n \end{pmatrix}, \qquad
y := \begin{pmatrix} y_1 \\ \vdots \\ y_n \end{pmatrix}
$$

können wir das System (233.1) in der Form

$$
y' = f(x, y)
$$

schreiben. Und der Existenzsatz von Peano besagt nun, daß unter den genannten
Voraussetzungen die Anfangswertaufgabe

$$
y' = f(x, y), \qquad y(\xi) = \eta \quad \text{mit} \quad
\eta := \begin{pmatrix} \eta_1 \\ \vdots \\ \eta_n \end{pmatrix}
\tag{233.3}
$$

mindestens eine Lösung besitzt.

Den **Beweis** dieses fundamentalen Satzes führen wir diesmal folgendermaßen. Den
$\mathbf{R}^n$ versehen wir mit der Maximumsnorm, die wir kurz mit $\|\cdot\|$ statt mit $\|\cdot\|_\infty$ be-

zeichnen. Die Funktion $f: Q \to \mathbf{R}^n$ ist dann stetig, weil alle ihre Komponentenfunktionen stetig sind. Aus Nr. 119 übernehmen wir, daß die obige Anfangswertaufgabe äquivalent ist mit der Integralgleichung

$$y(x) = \boldsymbol{\eta} + \int_\xi^x f(t, y(t))\,dt. \qquad (233.4)$$

Diese Integralgleichung behandeln wir nun als eine Fixpunktgleichung $y = Ay$ für eine noch näher zu definierende Abbildung A. Zu diesem Zweck setzen wir

$$M := \max_Q \|f(x, y)\|, \qquad \mu := \min\left(\frac{b}{M}, a\right) \quad \text{und} \quad I := [\xi - \mu, \xi + \mu].$$

Wegen $\mu \leq a$ ist I ein Teilintervall von $[\xi - a, \xi + a]$. M haben wir dabei stillschweigend und o.B.d.A. als positiv vorausgesetzt.

Den linearen Raum $C(I, \mathbf{R}^n)$ aller stetigen Funktionen $y: I \to \mathbf{R}^n$ machen wir durch Einführung der Norm

$$|y| := \max_I \|y(x)\|$$

zu einem normierten Raum (nach A 111.10 ist $C(I, \mathbf{R}^n)$ mit dieser Norm sogar vollständig; die Vollständigkeit werden wir jedoch nicht benötigen). Als nächstes betrachten wir die Funktionenmenge

$$K := \{y \in C(I, \mathbf{R}^n): \|y(x) - \boldsymbol{\eta}\| \leq b \quad \text{für alle } x \in I\}.$$

Benutzen wir $\boldsymbol{\eta}$ auch als Symbol für die konstante Funktion $x \mapsto \boldsymbol{\eta}$ $(x \in I)$, so ist

$$K := \{y \in C(I, \mathbf{R}^n): |y - \boldsymbol{\eta}| \leq b\}.$$

Mit anderen Worten: K ist die abgeschlossene Kugel mit dem Mittelpunkt $\boldsymbol{\eta}$ und dem Radius b in $C(I, \mathbf{R}^n)$ und ist somit eine abgeschlossene und konvexe Teilmenge von $C(I, \mathbf{R}^n)$.

Da $\|\cdot\|$ die Maximumsnorm auf $\mathbf{R}^n$ ist, genügen die Komponentenfunktionen $y_1, \ldots, y_n$ von $y \in K$ den Abschätzungen

$$|y_\nu(x) - \eta_\nu| \leq b \quad \text{für alle } x \in I \text{ und } \nu = 1, \ldots, n.$$

Die Funktion $f(x, y(x)) = f(x, y_1(x), \ldots, y_n(x))$ ist also auf I definiert und stetig, und somit existiert

$$(Ay)(x) := \boldsymbol{\eta} + \int_\xi^x f(t, y(t))\,dt \quad \text{für jedes } x \in I, \qquad (233.5)$$

anders ausgedrückt: Durch die Erklärung (233.5) wird jedem $y \in K$ eine Funktion $Ay: I \to \mathbf{R}^n$ zugeordnet. Ay ist stetig, und wegen Satz 167.3 ist für jedes $x \in I$

$$\|(Ay)(x) - \boldsymbol{\eta}\| = \left\| \int_\xi^x f(t, y(t))\,dt \right\| \leq \left| \int_\xi^x \|f(t, y(t))\|\,dt \right| \leq |x - \xi| M \leq \mu M \leq b.$$

$A y$ gehört also zu K, d. h., A bildet K in sich ab.

Wir zeigen nun, daß die Abbildung $A: K \to K$ stetig ist. Zu diesem Zweck geben wir uns ein positives ε beliebig vor und bestimmen dazu ein positives δ, so daß gilt:

$$\|f(t, y_1, \dots, y_n) - f(t, z_1, \dots, z_n)\| < \frac{\varepsilon}{\mu} \quad \text{für } |y_1 - z_1| < \delta, \dots, |y_n - z_n| < \delta; \tag{233.6}$$

ein solches δ ist vorhanden, weil f auf Q gleichmäßig stetig ist (s. Satz 111.10). y und z seien nun zwei Elemente aus K mit

$$|y - z| < \delta.$$

Sind $y_1, \dots, y_n$ und $z_1, \dots, z_n$ die Komponentenfunktionen von y bzw. z, so ist also $|y_\nu(t) - z_\nu(t)| < \delta$ für alle $t \in I$ und $\nu = 1, \dots, n$, und damit folgt aus (233.6) die Abschätzung

$$\|f(t, y(t)) - f(t, z(t))\| < \frac{\varepsilon}{\mu} \quad \text{für alle } t \in I.$$

Mit Satz 167.3 ergibt sich daraus für jedes $x \in I$ die Ungleichungskette

$$\begin{aligned}
\|(A y)(x) - (A z)(x)\| &= \left\| \int_\xi^x [f(t, y(t)) - f(t, z(t))]\, dt \right\| \\[1ex]
&\leq \left| \int_\xi^x \|f(t, y(t)) - f(t, z(t))\|\, dt \right| \\[1ex]
&\leq |x - \xi| \frac{\varepsilon}{\mu} \leq \mu \frac{\varepsilon}{\mu} = \varepsilon.
\end{aligned}$$

Infolgedessen ist auch $|A y - A z| \leq \varepsilon$, womit die Stetigkeit von A dargelegt ist.

Als nächstes zeigen wir, daß $A(K)$ relativ kompakt ist. Bei den hierzu nötigen Abschätzungen wollen wir uns diesmal kürzer fassen als oben. y sei aus K. Dann ist

$$\|(A y)(x)\| \leq \|\boldsymbol{\eta}\| + \mu M \quad \text{für alle } x \in I$$

und

$$\|(A y)(x_1) - (A y)(x_2)\| \leq |x_1 - x_2| M \quad \text{für alle } x_1, x_2 \in I.$$

Sind $z_1, \dots, z_n$ die Komponentenfunktionen von $A y$, so ist also für alle $\nu = 1, \dots, n$, alle $x \in I$ und alle $x_1, x_2 \in I$

$$|z_\nu(x)| \leq \|\boldsymbol{\eta}\| + \mu M \quad \text{und} \quad |z_\nu(x_1) - z_\nu(x_2)| \leq |x_1 - x_2| M.$$

Für festes ν ist also die Familie $\mathfrak{F}_\nu$ der ν-ten Komponenten von $A y$, wobei y ganz K durchläuft, punktweise beschränkt und gleichgradig stetig auf dem kompakten Intervall I. Nach dem Satz 106.2 von Arzelà-Ascoli enthält daher jede Folge aus $\mathfrak{F}_\nu$ eine gleichmäßig auf I konvergierende Teilfolge. Es sei uns nun irgendeine Folge

$$(z_k) \text{ aus } A(K) \quad \text{mit} \quad z_k := \begin{pmatrix} z_{k1} \\ \vdots \\ z_{kn} \end{pmatrix}$$

gegeben. Dann enthält nach dem eben Bewiesenen die Folge (z_{k1}) der ersten Komponenten eine Teilfolge (z_{k_l1}), die gleichmäßig auf I gegen eine Funktion $u_1 \colon I \to \mathbf{R}$ konvergiert; u_1 ist stetig. Die korrespondierende Teilfolge (z_{k_l2}) enthält ihrerseits eine Teilfolge $(z_{k_{l_m}2})$, die gleichmäßig auf I gegen eine stetige Funktion $u_2 \colon I \to \mathbf{R}$ strebt. Natürlich gilt dann auch $z_{k_{l_m}1} \to u_1$ gleichmäßig auf I. Indem man diesen Auswahlprozeß fortsetzt, erhält man schließlich eine Teilfolge $(\boldsymbol{u}_k)$ von (z_k), so daß für jedes $\nu = 1, \ldots, n$ gilt:

$$u_{k\nu}(x) \to u_\nu(x) \quad \text{gleichmäßig auf } I \text{ für } k \to \infty;$$

dabei ist $u_{k\nu}$ die ν-te Komponente von $\boldsymbol{u}_k$. Die Funktionen $u_\nu \colon I \to \mathbf{R}$ sind alle stetig, infolgedessen ist

$$\boldsymbol{u} := \begin{pmatrix} u_1 \\ \vdots \\ u_n \end{pmatrix} \in C(I, \mathbf{R}^n).$$

Es wird dem Leser nun keine Mühe machen, zu zeigen, daß $|\boldsymbol{u}_k - \boldsymbol{u}| \to 0$ strebt. Damit ist dann gezeigt, daß jede Folge aus $A(K)$ eine im Sinne der Norm $|\cdot|$ konvergente Teilfolge enthält, d.h., daß $A(K)$ in der Tat eine relativ kompakte Teilmenge von $C(I, \mathbf{R}^n)$ ist.

Zusammenfassend können wir also sagen: K ist eine nichtleere, konvexe und abgeschlossene Teilmenge des normierten Raumes $C(I, \mathbf{R}^n)$, und A ist eine stetige Selbstabbildung von K mit relativ kompaktem Bildbereich $A(K)$.

Aus dem zweiten Schauderschen Fixpunktsatz 230.4 folgt nun, daß A einen Fixpunkt besitzt, d.h., daß es ein $y \in K$ mit $y = Ay$ gibt. Wegen (233.5) ist für dieses y also

$$y(x) = \boldsymbol{\eta} + \int_\xi^x f(t, y(t))\,dt \quad \text{für jedes } x \in I.$$

Da die Anfangswertaufgabe (233.3) mit der Integralgleichung (233.4) äquivalent ist, erweist sich y nun als eine Lösung unserer Anfangswertaufgabe auf dem Intervall I. ∎

234 Vorbemerkungen zum Modell der reinen Tauschwirtschaft

In den drei folgenden Nummern wollen wir dem Leser an einem stark vereinfachten Modell ökonomischen Agierens zeigen, wie und mit welcher Kraft die tiefliegende Fixpunkttheorie des vorangegangenen Kapitels hineinwirkt in die wissenschaftliche Behandlung des alltäglichsten und aufdringlichsten aller Probleme, des Problems, wirtschaftliche Bedürfnisse zu befriedigen. Vorgreifend gesagt geht es um den Nachweis, *daß reine Tauschwirtschaften ungeachtet aller menschlichen Interessenkollisionen funktionieren können, und zwar vermöge geeigneter Preisbildungen.* Wie dies alles zu verstehen ist, muß natürlich erst noch erläutert werden, und diese Aufgabe nehmen wir nun in Angriff[1].

Wir betrachten eine Ökonomie, in der insgesamt l verschiedene Güter (Waren oder Dienstleistungen) zur Verfügung stehen und m Wirtschaftssubjekte agieren. Diese Wirtschaftssubjekte nennen wir auch *Akteure* oder *Konsumenten* und bezeichnen sie kurz mit den Zahlen $1, 2, \ldots, m$. Durchgehend sei $I := \{1, 2, \ldots, m\}$ die Menge aller Akteure.

Zu einem gegebenen Zeitpunkt besitzt jeder Akteur ein gewisses Güterbündel $x := (x_1, \ldots, x_l) \in \mathbf{R}^l$; die Komponente x_j von x gibt hierbei die Menge des j-ten Gutes an, die ihm zur Verfügung steht (gemessen in einer geeigneten Einheit). Der Natur der Sache nach ist jedes x_j nichtnegativ, ein Güterbündel liegt also stets in $\mathbf{R}^l_+$, der Menge aller Vektoren aus $\mathbf{R}^l$ mit nichtnegativen Komponenten. Idealisierend nehmen wir an, daß grundsätzlich jeder Vektor aus $\mathbf{R}^l_+$ als Güterbündel auftreten kann. *Mathematisch gesehen ist also ein* Güterbündel *nichts anderes als ein Vektor* $x \in \mathbf{R}^l_+$.

Die einzigen Aktionen in unserer Ökonomie sollen in dem *Austausch von Güterbündeln* bestehen; Produktion von Gütern soll nicht stattfinden. Es ist überflüssig zu sagen, wie radikal wir hier die Wirklichkeit vereinfachen.

Die Tauschprozesse werden von drei Faktoren entscheidend beeinflußt: der Erstausstattung $e \in \mathbf{R}^l_+$ eines Konsumenten (das ist das Güterbündel, das er in die Ökonomie einbringt), seiner Vorliebe für gewisse Güterbündel und dem herrschenden Preissystem. Wir versuchen zunächst, die „Vorliebe" mathematisch zu fassen. Das bedeutet, daß wir nicht über die *Gründe* für Bevorzugungen spekulieren, sondern nur die *formale Struktur* der Bevorzugungsprozesse herausschälen wollen.

Zu diesem Zweck machen wir zwei Annahmen über das wertende Verhalten eines Konsumenten:

1. Im Angesicht von zwei Güterbündeln x und y soll ein Konsument stets entscheiden können, ob ihm x höchstens so begehrenswert ist wie y (in Zeichen: $x \precsim y$) oder y höchstens so begehrenswert wie x ($y \precsim x$).

2. Das Begehren des Konsumenten soll in sich konsistent sein, d.h., wenn ihm x höchstens so begehrenswert ist wie y und y höchstens so begehrenswert wie z, dann soll ihm x auch höchstens so begehrenswert wie z sein, kürzer: Aus $x \precsim y$ und $y \precsim z$ soll stets $x \precsim z$ folgen.

---

[1] Bei der Abfassung der Nummern 234 bis 236 haben mich die Herren Rudolf Henn und Alexander Karmann (Institut für Statistik und mathematische Wirtschaftstheorie der Universität Karlsruhe) tatkräftig unterstützt, und ich möchte ihnen hier herzlich dafür danken.

Diese Bemerkungen kristallisieren wir zu der folgenden

Definition *Eine Relation* $\precsim$ *auf* $\mathbf{R}^l_+$ *heißt* Präferenzordnung, *wenn sie die nachstehenden Eigenschaften besitzt:*

(P 1) *Für je zwei Elemente* x, y *aus* $\mathbf{R}^l_+$ *gilt immer* $x \precsim y$ *oder* $y \precsim x$.

(P 2) *Aus* $x \precsim y$ *und* $y \precsim z$ *folgt stets* $x \precsim z$.

Die obige Diskussion über das Verhalten des Konsumenten können wir also nun kurz so zusammenfassen: *Wir nehmen an, daß jeder Konsument über eine individuelle Präferenzordnung verfügt.*

Das Zeichen $x \precsim y$ lesen wir, wie oben schon vorweggenommen, „x ist höchstens so begehrenswert wie y". Statt $x \precsim y$ schreiben wir auch $y \succsim x$ („y ist mindestens so begehrenswert wie x").

Aus (P 1) folgt sofort

$$x \precsim x \qquad \text{für jedes } x \in \mathbf{R}^l_+ .$$

Mittels der Präferenzordnung $\precsim$ definieren wir die Indifferenzrelation $\sim$ und ·die strikte Präferenzordnung $<$ wie folgt:

$$x \sim y :\Leftrightarrow x \precsim y \text{ und } y \precsim x,$$
$$x < y :\Leftrightarrow x \precsim y \text{ und } x \nsim y.^{1)}$$

Der Leser kann sich leicht davon überzeugen, daß die Indifferenzrelation eine Äquivalenzrelation auf $\mathbf{R}^l_+$ ist. Das Zeichen $x \sim y$ lesen wir „x ist ebenso begehrenswert wie y" oder auch „x und y sind gleichbegehrenswert". Statt $x < y$ („x ist weniger begehrenswert als y") schreiben wir auch $y > x$ („y ist begehrenswerter als x" oder auch „y wird x vorgezogen").

Aus dem bisher Gesagten wird klar, *daß man mit den Zeichen* $\precsim$, $\sim$ *und* $<$ *auf* $\mathbf{R}^l_+$ formal *genauso umgehen kann wie mit den Zeichen* $\leq$, $=$ *und* $<$ *auf* $\mathbf{R}$ (s. dazu die Aufgaben 3 und 4 der Nr. 3). Insbesondere gelten die folgenden Analoga zu den Ordnungsaxiomen (A 6) und (A 7) aus Nr. 3:

Für zwei Güterbündel x, y *gilt stets genau eine der Beziehungen* $x < y$, $x \sim y$, $x > y$.

Aus $x < y$ *und* $y < z$ *folgt immer* $x < z$.

Etwas allgemeiner ergibt sich aus $x \precsim y$, $y \precsim z$ immer dann schon $x < z$, wenn mindestens an einer Stelle das Zeichen $\precsim$ durch $<$ ersetzt werden kann. Von allen diesen Tatsachen werden wir hinfort freien Gebrauch machen, ohne noch besonders auf sie zu verweisen.

---

[1] Das Zeichen $x \nsim y$ soll natürlich bedeuten, daß die Beziehung $x \sim y$ nicht besteht.

Wir erläutern noch drei weitere Eigenschaften, die eine Präferenzordnung haben kann.

Wenn ein Akteur jedes der beiden Güterbündel x, y mindestens so begehrenswert findet wie das Güterbündel a, so wird er in vielen Fällen wohl auch jede „Mischung" $\lambda x + \mu y$ ($\lambda, \mu \geqslant 0$, $\lambda + \mu = 1$) mindestens so stark begehren wie a, mit anderen Worten: die Menge $\{x : x \succsim a\}$ wird konvex sein. Diese *Annahme* über das Konsumentenverhalten (die nicht aus (P 1) und (P 2) beweisbar ist), führt zu der folgenden

Definition *Die Präferenzordnung heißt* konvex, *wenn für jedes* $a \in \mathbf{R}^l_+$ *die Menge* $\{x \in \mathbf{R}^l_+ : x \succsim a\}$ *konvex ist.*

Der nächsten Definition schicken wir eine Verabredung voraus: Für $x := (x_1, \ldots, x_l)$ und $y := (y_1, \ldots, y_l)$ sei

$$x \leqslant y :\Leftrightarrow x_1 \leqslant y_1, \ldots, x_l \leqslant y_l \quad \text{und} \quad x < y :\Leftrightarrow x_1 < y_1, \ldots, x_l < y_l.$$

Natürlich bedeutet $x \geqslant y$ bzw. $x > y$ nichts anderes als $y \leqslant x$ bzw. $y < x$.

Man wird einen Konsumenten nicht ganz zu Unrecht „unersättlich" nennen, wenn er einem beliebigen Güterbündel x jedes andere Güterbündel y vorzieht, das in keiner Komponente *weniger,* in mindestens einer jedoch *etwas mehr* an Gütern enthält als x. Seine Präferenzordnung ist dann im folgenden Sinne monoton:

Definition *Die Präferenzordnung* $\precsim$ *heißt* monoton, *wenn für je zwei Güterbündel* x, y *mit* $x \leqslant y$ *und* $x \neq y$ *stets* $x < y$ *gilt.*

Schließlich erklären wir die Stetigkeit einer Präferenzordnung. Dabei denken wir uns hier wie auch im folgenden den $\mathbf{R}^l$ mit der euklidischen Norm $|\cdot|$ ausgestattet.

Definition *Die Präferenzordnung* $\precsim$ *heißt* stetig, *wenn aus* $x_n \precsim y_n$ *für alle* $n \in \mathbf{N}$ *und* $x_n \to x$, $y_n \to y$ *stets* $x \precsim y$ *folgt.*

Die Stetigkeit einer Präferenzordnung ist eine Eigenschaft eher technischer Natur, die uns mehr von den Bedürfnissen des mathematischen Apparats als dem beobachtbaren Konsumentenverhalten aufgenötigt wird. Vom Realitätsstandpunkt aus läßt sich zu ihren Gunsten eigentlich nur sagen, daß man nichts Stichhaltiges gegen sie einwenden kann. Wir werden sie deshalb unbedenklich zu einer Dauervoraussetzung machen. Die Aufgabe 3 versucht, sie dem intuitiven Verständnis etwas näher zu bringen.

Wir kommen nun zu dem dritten Faktor, der entscheidend das Verhalten eines Akteurs bestimmt, dem Preissystem. Von jedem der l Güter in unserer Ökonomie nehmen wir an, daß es einen gewissen nichtnegativen Preis hat; bezeichnen wir mit p_j den Preis der Einheit des j-ten Gutes, so nennen wir

$$p := (p_1, \ldots, p_l)$$

den **Preisvektor** oder das **Preissystem** der Ökonomie. Der Wert eines Güterbündels $x:=(x_1, \ldots, x_l)$ wird dann gegeben durch das Innenprodukt

$$p \cdot x = \sum_{j=1}^{l} p_j x_j.$$

Definitionsgemäß ist $p \geqslant 0$; der Fall $p > 0$ wird vorliegen, wenn jedes Gut gleichzeitig knapp und begehrt ist. Das ist der Regelfall.

Im Rahmen unseres Modells erörtern wir nicht, wie Preise zustande kommen. Wir nehmen einfach ein Preissystem als gegeben an und setzen überdies noch voraus, daß kein Akteur es durch seine individuellen Aktionen beeinflussen kann (das ist die These von der „Bedeutungslosigkeit des einzelnen Konsumenten", die nach der klassischen Wirtschaftstheorie in großen Wettbewerbsökonomien gelten sollte). p ist also ein konstanter Vektor.

Wir sind jetzt in der Lage, das Modell einer reinen Tauschwirtschaft mit der nötigen mathematischen Präzision erklären zu können:

Definition *Eine* reine Tauschwirtschaft *liegt genau dann vor, wenn die folgenden Daten gegeben sind:*
a) *Die Menge* $\mathbf{R}^l_+$ *aller Güterbündel,*
b) *eine Menge* $I := \{1, \ldots, m\}$ *von Akteuren (Konsumenten),*
c) *eine Erstausstattung* $e_i \in \mathbf{R}^l_+$ *für jedes* $i \in I$,
d) *eine stetige Präferenzordnung* $\precsim_i$ *für jedes* $i \in I$,
e) *ein Preissystem* $p \in \mathbf{R}^l_+$.

Von den Präferenzordnungen verlangen wir hierbei zunächst nicht, daß sie konvex oder monoton seien.

Aufgaben

1. Die Präferenzordnung $\precsim$ ist genau dann konvex, wenn gilt: Aus $x \succsim y$ folgt $\lambda x + \mu y \succsim y$ für alle $\lambda, \mu \geqslant 0$ mit $\lambda + \mu = 1$.

2. Die Präferenzordnung $\precsim$ heißt **strikt konvex**, wenn aus $x \succsim y$, $x \neq y$ folgt, daß $\lambda x + \mu y > y$ für alle $\lambda, \mu > 0$ mit $\lambda + \mu = 1$ ist. Zeige mit Hilfe der Aufgabe 1, daß eine strikt konvexe Präferenzordnung konvex ist.

3. Die Präferenzordnung $\precsim$ ist genau dann stetig, wenn es zu je zwei Güterbündeln x, y mit $x < y$ stets offene Umgebungen $U(x)$, $U(y)$ von x bzw. y gibt, so daß für alle $x' \in U(x) \cap \mathbf{R}^l_+$ und $y' \in U(y) \cap \mathbf{R}^l_+$ stets $x' < y'$ gilt. Stetigkeit einer Präferenzordnung bedeutet also folgendes: Zieht ein Konsument das Güterbündel y dem Güterbündel x vor, so zieht er auch jedes hinreichend nahe bei y liegende Güterbündel jedem hinreichend nahe bei x liegenden Güterbündel vor.

235 Nachfragekorrespondenzen

Herrscht in einer reinen Tauschwirtschaft das Preissystem p, so hat die Erstausstattung e eines Konsumenten den Wert $p \cdot e$ (dies ist sein „Vermögen"). Solange er Geld weder leiht noch stiehlt, kann er nur Güter x erwerben, deren Wert $p \cdot x \leqslant p \cdot e$ ist. Die Menge

$$B(p, e) := \{x \in \mathbf{R}_+^l : p \cdot x \leqslant p \cdot e\}$$

der dem Konsumenten zugänglichen Güterbündel nennt man seine Budgetmenge (bei dem Preissystem p und der Erstausstattung e).

Unser Konsument ist aber nicht an allen Güterbündeln seiner Budgetmenge in gleicher Weise interessiert; er hat ja „Vorlieben", die sich in seiner (stetigen) Präferenzordnung $\precsim$ niederschlagen. Seine Nachfrage wird sich natürlicherweise auf die von ihm am heftigsten begehrten Güterbündel in seiner Budgetmenge richten, also auf diejenigen $x \in B(p, e)$ mit $x \succsim y$ für alle $y \in B(p, e)$. Die Menge dieser Güterbündel nennt man die Nachfragemenge $D(p, e)$ des Konsumenten (bei dem Preissystem p und der Erstausstattung e):

$$D(p, e) := \{x \in B(p, e) : x \succsim y \text{ für alle } y \in B(p, e)\}.$$

Für zwei Güterbündel x_1, x_2 aus $D(p, e)$ gilt offenbar $x_1 \sim x_2$; *die Bündel aus $D(p, e)$ sind also unserem Konsumenten gleichbegehrenswert.*

Der Budgetmenge sieht man sofort an, daß sie nichtleer ist; denn sie enthält jedenfalls den Nullvektor. Bei der Nachfragemenge ist die Lage weitaus verwickelter. Ihrer Klärung schicken wir eine Definition und einen Hilfssatz voraus.

Definition *In $\mathbf{R}_+^l$ herrsche die Präferenzordnung $\precsim$, und M sei eine nichtleere Teilmenge von $\mathbf{R}_+^l$. Ein Element x von M heißt* dominant *(in M), wenn $x \succsim y$ für alle $y \in M$ gilt. Die Menge der in M dominanten Elemente wird mit* dom(M) *bezeichnet.*

235.1 Hilfssatz *Sei $\precsim$ eine stetige Präferenzordnung auf $\mathbf{R}_+^l$ und K eine nichtleere und kompakte Teilmenge von $\mathbf{R}_+^l$. Dann ist* dom(K) *nichtleer und kompakt.*

Beweis. Setzen wir $K(y) := \{x \in K : x \succsim y\}$, so haben wir

$$\mathrm{dom}(K) = \bigcap_{y \in K} K(y).$$

$K(y)$ ist offenbar abgeschlossen, also ist auch dom(K) abgeschlossen und somit kompakt (Satz 157.3). Wir brauchen daher nur noch zu zeigen, daß dom$(K) \neq \emptyset$ ist. Dazu greifen wir uns endlich viele der Mengen $K(y)$, etwa $K(y_1)$, ..., $K(y_n)$, heraus. Durch einen einfachen Induktionsschluß sieht man, daß $\{y_1, ..., y_n\}$ ein dominantes Element, etwa y_n, besitzt. Für jedes $x \in K(y_n)$ und jedes $\nu = 1, ..., n$ ist dann $x \succsim y_n \succsim y_\nu$, also $x \succsim y_\nu$. Es folgt, daß für $\nu = 1, ..., n$

$$K(y_n) \subset K(y_\nu), \quad \text{also auch} \quad K(y_n) \subset \bigcap_{\nu=1}^{n} K(y_\nu)$$

sein muß. Und da $K(y_n)$ gewiß y_n enthält, ergibt sich, daß $\bigcap_{\nu=1}^{n} K(y_\nu) \neq \emptyset$ ist. Mit anderen Worten: Das System der abgeschlossenen (und damit auch K-abgeschlossenen) Teilmengen $K(y)$, $y \in K$, von K besitzt die endliche Durchschnittseigenschaft. Aus Satz 157.6 folgt nun, daß $\bigcap_{y \in K} K(y)$ und damit $\mathrm{dom}(K)$ nichtleer ist.   ∎

Der nächste Satz formuliert die wichtigsten Eigenschaften der Nachfragemenge.

235.2 Satz *Die Nachfragemenge $D(p, e)$ ist für jedes $p > 0$ nichtleer und kompakt. Ist die zugrundeliegende Präferenzordnung konvex, so ist $D(p, e)$ überdies für jedes $p \geqslant 0$ konvex.*

Beweis. Sei zunächst $p := (p_1, \ldots, p_l) > 0$. Ist p die kleinste der Zahlen $p_1, \ldots, p_l$, so haben wir für jedes $x := (x_1, \ldots, x_l)$ aus $B(p, e)$ und jedes $\lambda = 1, \ldots, l$ die Abschätzung

$$p\, x_\lambda \leqslant p \cdot x \leqslant p \cdot e, \quad \text{also} \quad x_\lambda \leqslant \frac{p \cdot e}{p}.$$

Die Menge $B(p, e)$ ist daher beschränkt. Und da sie offensichtlich auch abgeschlossen ist, muß sie kompakt sein. Oben hatten wir schon festgestellt, daß sie nichtleer ist. Aus Hilfssatz 235.1 folgt nun auf einen Schlag, daß $D(p, e) = \mathrm{dom}(B(p, e))$ nichtleer und kompakt ist[1].

Die Konvexität von $D(p, e)$ bei konvexer Präferenzordnung ergibt sich für jedes $p \geqslant 0$ sehr einfach so: Für alle $y \in B(p, e)$ ist die Menge $\{x \in \mathbf{R}_+^l : x \succsim y\}$ dank der Konvexität von $\precsim$ konvex. Da $B(p, e)$ offensichtlich ebenfalls konvex ist, muß dann auch die Menge

$$\{x \in B(p, e) : x \succsim y\} = \{x \in \mathbf{R}_+^l : x \succsim y\} \cap B(p, e)$$

konvex sein. Und daraus folgt schließlich, daß die Nachfragemenge

$$D(p, e) = \bigcap_{y \in B(p, e)} \{x \in B(p, e) : x \succsim y\}$$

tatsächlich konvex ist.   ∎

In unseren weiteren Untersuchungen wird der folgende Hilfssatz eine beherrschende Rolle spielen.

235.3 Hilfssatz *(p_n) sei eine Folge von Preisvektoren, die gegen p mit $p \cdot e > 0$ konvergiert. Ferner sei $x_n \in D(p_n, e)$, und es strebe $x_n \to x$. Dann ist $x \in D(p, e)$.*

---

[1] Beachte, daß die zugrundeliegende Präferenzordnung stetig ist, weil wir uns in einer reinen Tauschwirtschaft befinden.

Beweis. Für alle n ist $p_n \cdot x_n \leq p_n \cdot e$, woraus sich durch Grenzübergang $p \cdot x \leq p \cdot e$ ergibt. x liegt also in $B(p, e)$, und wir müssen jetzt nur noch zeigen, daß aus $y \in B(p, e)$ stets $x \gtrsim y$ folgt. Das erledigen wir durch eine Fallunterscheidung:

a) Sei $p \cdot y < p \cdot e$. Da $p_n \cdot y \rightarrow p \cdot y$ und $p_n \cdot e \rightarrow p \cdot e$ strebt, muß also für hinreichend große n stets $p_n \cdot y < p_n \cdot e$ sein. Für ebendiese n liegt daher y in $B(p_n, e)$, und somit ist $x_n \gtrsim y$. Wegen der Stetigkeit der Präferenzordnung folgt daraus $x \gtrsim y$. Wir halten dieses Ergebnis ausdrücklich fest:

$$p \cdot y < p \cdot e \Rightarrow x \gtrsim y. \tag{235.1}$$

b) Sei $p \cdot y = p \cdot e$. Da $p \cdot e > 0$ ist, können wir eine Folge von Güterbündeln y_n mit

$$p \cdot y_n < p \cdot e \quad \text{und} \quad y_n \rightarrow y$$

bestimmen. Wegen (235.1), mit y_n an Stelle von y, folgt daraus $x \gtrsim y_n$, und für $n \rightarrow \infty$ ergibt sich nun wieder $x \gtrsim y$. ∎

Nach Satz 235.2 ist die Nachfragemenge $D(p, e)$ im Falle $p > 0$ niemals leer, infolgedessen wird durch

$$p \mapsto D(p, e) \quad \text{für} \quad p > 0$$

eine Korrespondenz, die sogenannte **Nachfragekorrespondenz** des individuellen Akteurs mit der Erstausstattung e definiert. Ihre wichtigsten Eigenschaften zählt der folgende Satz auf.

235.4 Satz *Die Nachfragekorrespondenz $p \mapsto D(p, e)$ $(p > 0)$ ist kompaktwertig, oberhalbstetig und abgeschlossen. Sie ist immer dann konvexwertig, wenn die zugrundeliegende Präferenzordnung konvex ist.*

Beweis. Die Aussagen über die Kompakt- und Konvexwertigkeit ergeben sich sofort aus Satz 235.2. Um die Oberhalbstetigkeit in $p > 0$ nachzuweisen, genügt es wegen Satz 231.2, folgendes zu zeigen: Zu jeder Folge von Preisvektoren $p_n > 0$ mit $p_n \rightarrow p$ und jeder Folge von Güterbündeln $x_n \in D(p_n, e)$ gibt es eine Teilfolge von (x_n), die gegen ein Element von $D(p, e)$ konvergiert. Diese Aussage ist im Falle $e = 0$ trivial; denn dann ist $B(p_n, e) = B(p, e) = \{0\}$ und somit auch $D(p_n, e) = D(p, e) = \{0\}$, alle x_n sind also $= 0$, und daher strebt $x_n \rightarrow 0 \in D(p, e)$. Im folgenden dürfen wir also annehmen, daß $e \neq 0$ und damit $p \cdot e > 0$ ist. Es sei

$$p_n = (p_{1n}, \ldots, p_{ln}) \quad \text{und} \quad x_n = (x_{1n}, \ldots, x_{ln}).$$

Wegen $p > 0$ können wir eine Zahl $\alpha > 0$ und einen Index n_0 so bestimmen, daß für $n \geq n_0$ alle Komponenten aller p_n ständig $\geq \alpha$ sind: $p_{\lambda n} \geq \alpha$ für $\lambda = 1, \ldots, l$ und $n \geq n_0$. Für $n \geq n_0$ ist dann

$$\alpha x_{1n} + \cdots + \alpha x_{ln} \leq p_{1n} x_{1n} + \cdots + p_{ln} x_{ln} = p_n \cdot x_n \leq p_n \cdot e,$$

und somit haben wir

$$0 \leq x_{\lambda n} \leq \frac{p_n \cdot e}{\alpha} \quad \text{für} \quad \lambda = 1, \ldots, l \text{ und alle } n \geq n_0.$$

Da aber die Folge $(p_n \cdot e)$ konvergent und somit beschränkt ist, folgt aus dieser Abschätzung, daß die Folge (x_n) komponentenweise und damit auch im Sinne des Betrags (der euklidischen Norm) beschränkt ist. Sie besitzt also eine konvergente Teilfolge (x_{n_k}), und mit Hilfssatz 235.3 folgt, daß $\lim x_{n_k}$ in $D(p, e)$ liegt.

Die noch zu beweisende Abgeschlossenheit der Nachfragekorrespondenz ist im Falle $e = 0$ trivial und ergibt sich im Falle $e \neq 0$, also $p \cdot e > 0$, sofort aus Hilfssatz 235.3. Übrigens kann man sie auch mit Hilfe des Satzes 231.5 einsehen. ∎

Die Oberhalbstetigkeit der Nachfragekorrespondenz bedeutet anschaulich, daß sich die Nachfrage bei kleinen Preisänderungen nicht drastisch aufbläht.

Wir untersuchen nun, wie sich die Monotonie der Präferenzordnung auf die Nachfragemenge auswirkt.

235.5 Walrassches Gesetz[1] *Bei monotoner Präferenzordnung ist*

$$p \cdot x = p \cdot e \qquad \text{für jedes } x \in D(p, e).[2]$$

Beweis. Trivialerweise gilt $p \cdot x \leq p \cdot e$ für jedes $x \in D(p, e)$. Hätten wir für ein gewisses $x_0 \in D(p, e)$ die strenge Ungleichung $p \cdot x_0 < p \cdot e$, so gäbe es ein $x_1 \in \mathbf{R}^l_+$ mit

$$x_0 \leq x_1, x_0 \neq x_1 \quad \text{und} \quad p \cdot x_1 < p \cdot e.$$

Wir hätten also

$$x_0 < x_1 \quad \text{und} \quad x_1 \in B(p, e),$$

im Widerspruch dazu, daß x_0 ein dominantes Element von $B(p, e)$ ist. ∎

235.6 Satz *Ist die Präferenzordnung monoton und verschwindet mindestens eine Komponente des Preisvektors p, so ist $D(p, e) = \emptyset$*

Beweis. In dem Preisvektor $p := (p_1, \ldots, p_l)$ sei o.B.d.A. $p_1 = 0$. Angenommen, $D(p, e)$ enthielte ein Güterbündel $x := (x_1, \ldots, x_l)$. Wir betrachten nun ein zweites Güterbündel

$$y := (y_1, \ldots, y_l) \quad \text{mit } y_1 > x_1, y_2 = x_2, \ldots, y_l = x_l.$$

Dann ist $p \cdot y = p \cdot x \leq p \cdot e$, also liegt y in $B(p, e)$ und somit gilt $x \succsim y$. Ferner ist $y \geq x$ und $y \neq x$; aus der Monotonievoraussetzung folgt also $y \succ x$, im Widerspruch zur oben festgestellten Beziehung $x \succsim y$. Wir müssen daher die Annahme verwerfen, $D(p, e)$ enthalte mindestens ein Element. ∎

---

[1] So genannt nach Léon Walras (1834–1910; 76), einem Mitbegründer der „Lausanner Schule".
[2] Der Erwerb eines höchstbegehrten Güterbündels verschlingt also alle Mittel eines unersättlichen Konsumenten.

235.7 Satz[1] *Die Präferenzordnung sei monoton, und die Folge der Preisvektoren* $p_n > 0$ *strebe gegen einen Preisvektor* p, *von dessen Komponenten mindestens eine verschwindet. Ist dann* $p \cdot e > 0$, *so divergiert*

$$\min \{|x| : x \in D(p_n, e)\} \to \infty \quad \text{für} \quad n \to \infty.$$

Beweis. Wir bemerken zunächst, daß das aufgeführte Minimum tatsächlich existiert, weil die Menge $D(p_n, e)$ nach Satz 235.2 kompakt und die Funktion $x \mapsto |x|$ auf ihr stetig ist. Es sei x_n ein Element von $D(p_n, e)$ mit

$$|x_n| = \min \{|x| : x \in D(p_n, e)\}.$$

Wir müssen zeigen, daß $|x_n| \to \infty$ divergiert. Wäre dies nicht der Fall, so enthielte (x_n) eine beschränkte Teilfolge (x_n') und diese eine konvergente Teilfolge (x_n''). Mit Hilfssatz 235.3 ergibt sich nun, daß $\lim x_n''$ zu $D(p, e)$ gehört, obwohl $D(p, e)$ nach Satz 235.6 leer ist. Dieser Widerspruch zeigt, daß in Wirklichkeit $|x_n| \to \infty$ divergieren muß. ∎

Die Untersuchungen dieser Nummer haben sich bisher ausschließlich auf den *individuellen Akteur* konzentriert. Wir fassen nun die *gesamte Ökonomie* ins Auge. Jeder Akteur i aus der Menge I aller Akteure besitzt eine Erstausstattung e_i, eine (stetige) Präferenzordnung $\precsim_i$ und eine zugehörige Nachfragemenge $D(p, e_i)$. Die **Gesamtnachfragemenge** bei dem Preissystem p wird dann gegeben durch

$$\sum_{i \in I} D(p, e_i),$$

während

$$e(I) := \sum_{i \in I} e_i$$

die **Gesamtausstattung** unserer Ökonomie ist. Die Differenz

$$Z(p) := \sum_{i \in I} D(p, e_i) - e(I) = \sum_{i \in I} [D(p, e_i) - e_i] \tag{235.2}$$

heißt die **Überschußnachfrage** bei dem Preissystem p. Wegen Satz 235.2 ist $Z(p) \neq \emptyset$ für $p > 0$, die Zuordnung $p \mapsto Z(p)$ $(p > 0)$ ist also eine Korrespondenz. Über sie gilt der grundlegende

235.8 Satz *Im Modell der reinen Tauschwirtschaft besitzt die* **Überschußnachfragekorrespondenz** $Z : p \mapsto Z(p)$ $(p > 0)$ *die folgenden Eigenschaften:*

a) Z *ist kompaktwertig, oberhalbstetig und abgeschlossen.*

b) *Sind alle Präferenzordnungen konvex, so ist* Z *konvexwertig.*

c) *Sind alle Präferenzordnungen monoton, so gilt das* **Walrassche Gesetz**

$$p \cdot z = 0 \quad \text{für alle} \quad z \in Z(p).$$

---

[1] Man könnte ihn den *Satz von der unbeschränkt wachsenden Nachfrage* nennen.

d) *Sind alle Präferenzordnungen monoton und strebt die Folge der Preisvektoren $p_n > 0$ gegen einen Preisvektor p, von dessen Komponenten mindestens eine verschwindet, für den aber $p \cdot e(I) > 0$ ist, so divergiert*

$$\min \{|z| : z \in Z(p_n)\} \to \infty \quad \text{für} \quad n \to \infty.$$

B e w e i s. Die Aussagen in a) und b) über die Kompaktwertigkeit, Konvexwertigkeit und Oberhalbstetigkeit von Z ergeben sich sofort aus den Sätzen 231.3 und 235.4. Die Abgeschlossenheit von Z erhält man nun mit Hilfe des Satzes 231.5. c) folgt sofort aus dem Walrasschen Gesetz 235.5. Um d) einzusehen, beachte man, daß $p \cdot e_i$ für mindestens ein $i \in I$ positiv ausfällt. Für dieses i gilt dann nach Satz 235.7

$$\min \{|x| : x \in D(p_n, e_i)\} \to \infty \quad \text{für} \quad n \to \infty,$$

und daraus folgt sofort d). ∎

Aufgaben

1. Sei $\precsim$ eine stetige Präferenzordnung auf $\mathbf{R}^l_+$ und K eine nichtleere und kompakte Teilmenge von $\mathbf{R}^l_+$. Dann enthält K ein am wenigsten begehrtes Element, d. h., es gibt ein $x \in K$ mit $x \precsim y$ für alle $y \in K$.

2. Ist die Präferenzordnung eines Akteurs strikt konvex, so besteht seine Nachfragemenge $D(p, e)$ $(p > 0)$ aus genau einem Güterbündel. H i n w e i s: A 234.2.

236 Die Existenz von Wettbewerbsgleichgewichten

Wir legen wieder das Modell der reinen Tauschwirtschaft zugrunde, das wir am Ende der Nr. 234 erklärt hatten. Eine Funktion $\alpha : I \to \mathbf{R}^l_+$ heißt A l l o k a t i o n; sie ordnet jedem Akteur $i \in I$ ein Güterbündel $\alpha(i)$ zu. Die entscheidende Frage ist nun offenbar die folgende: *Gibt es eine Allokation α und ein Preissystem p, so daß für jeden Akteur i das ihm zugewiesene Güterbündel $\alpha(i)$ ein höchstbegehrtes im Rahmen des Preissystems p ist, und gleichzeitig α die Gesamtausstattung $e(I)$ der Ökonomie aufbraucht, also umverteilt?* Mit anderen Worten: Gibt es ein Paar (α, p), bestehend aus einer Allokation α und einem Preissystem p, so daß

$$\alpha(i) \in D(p, e_i) \quad \text{für alle } i \in I \quad \text{und} \quad \sum_{i \in I} \alpha(i) = e(I)$$

ist? Ein solches Paar (α, p) heißt ein W e t t b e w e r b s g l e i c h g e w i c h t oder ein W a l r a s g l e i c h g e w i c h t für unsere Ökonomie, seine Preiskomponente p wird ein W e t t b e w e r b s p r e i s s y s t e m genannt. Die oben gestellte Frage kann also so formuliert werden: *Gibt es in einer reinen Tauschwirtschaft ein Wettbewerbsgleichgewicht?* Es springt in die Augen, daß ein Wettbewerbsgleichgewicht genau dann existiert, wenn

$$\mathbf{0}\in Z(\boldsymbol{p}) \quad \text{für ein gewisses } \boldsymbol{p}\in\mathbf{R}^{l}_{+}$$

ist; jedes derartige $\boldsymbol{p}$ ist ein Wettbewerbspreissystem. *Die Frage nach der Existenz von Wettbewerbsgleichgewichten läuft also auf die Frage hinaus, ob es Preissysteme $\boldsymbol{p}$ mit $\mathbf{0}\in Z(\boldsymbol{p})$ gibt.* Dieses Problem greifen wir nun an. Das entscheidende Mittel zu seiner Bewältigung ist der folgende Satz, den wir ohne sonderliche Mühe aus dem Fixpunktsatz von Kakutani gewinnen.

236.1 Satz von Gale, Nikaido und Debreu[1] *Sei K eine nichtleere, konvexe und kompakte Teilmenge von $\mathbf{R}^{l}$ und $\varphi\colon K\to\mathfrak{P}(\mathbf{R}^{l})$ eine Korrespondenz mit den folgenden Eigenschaften:*

a) *φ ist abgeschlossen und konvexwertig.*

b) *φ ist beschränkt, d. h., es gibt eine abgeschlossene Kugel $B\subset\mathbf{R}^{l}$ mit $\varphi(\boldsymbol{p})\subset B$ für alle $\boldsymbol{p}\in K$.*

c) *Es ist $\boldsymbol{p}\cdot z\leqslant 0$ für jedes $\boldsymbol{p}\in K$ und jedes $z\in\varphi(\boldsymbol{p})$.*

Dann gibt es ein $\tilde{\boldsymbol{p}}\in K$ und ein $\tilde{z}\in\varphi(\tilde{\boldsymbol{p}})$ mit

$$\boldsymbol{p}\cdot\tilde{z}\leqslant 0 \quad \text{für alle } \boldsymbol{p}\in K.$$

Beweis. Da K kompakt und die Funktion $q\mapsto q\cdot z$ für jedes feste z auf K stetig ist, ist die Menge

$$\psi(z):=\{\boldsymbol{p}\in K\colon \boldsymbol{p}\cdot z=\max_{q\in K}q\cdot z\}\neq\emptyset \quad \text{für alle } z\in B.$$

Die Abbildung $z\to\psi(z)$ ist also eine Korrespondenz von B nach $\mathfrak{P}(K)$. Ohne Mühe sieht man, daß sie abgeschlossen und konvexwertig ist (für das letztere wird die Konvexität von K benutzt).

Wir setzen $C:=K\times B$ und definieren eine Korrespondenz f von C nach $\mathfrak{P}(C)$ durch

$$f(\boldsymbol{p}, z):=\psi(z)\times\varphi(\boldsymbol{p}).$$

C ist eine nichtleere, konvexe und kompakte Teilmenge von $\mathbf{R}^{2l}$, und f ist abgeschlossen und konvexwertig, wie sich sehr leicht aus den entsprechenden Eigenschaften von ψ und φ ergibt. Nach dem Fixpunktsatz 232.1 von Kakutani gibt es also ein $(\tilde{\boldsymbol{p}}, \tilde{z})\in K\times B$ mit $(\tilde{\boldsymbol{p}}, \tilde{z})\in f(\tilde{\boldsymbol{p}}, \tilde{z})$, d. h. mit

$$\tilde{\boldsymbol{p}}\in\psi(\tilde{z}) \quad \text{und} \quad \tilde{z}\in\varphi(\tilde{\boldsymbol{p}}).$$

Aus der ersten dieser Beziehungen folgt $\boldsymbol{p}\cdot\tilde{z}\leqslant\tilde{\boldsymbol{p}}\cdot\tilde{z}$ für alle $\boldsymbol{p}\in K$, aus der zweiten wegen der Voraussetzung c) unseres Satzes $\tilde{\boldsymbol{p}}\cdot\tilde{z}\leqslant 0$. Insgesamt ergibt sich also, daß $\boldsymbol{p}\cdot\tilde{z}\leqslant 0$ für alle $\boldsymbol{p}\in K$ ist. Damit ist alles bewiesen. ∎

Wir kommen nun zu dem Hauptresultat, auf das alle unsere Untersuchungen ab der Nr. 234 hinsteuerten:

---

[1] G. Debreu hat für seine Beiträge zur mathematischen Wirtschaftswissenschaft 1983 den Nobelpreis erhalten.

236.2 Existenzsatz für Wettbewerbsgleichgewichte *Eine reine Tauschwirtschaft, in der alle Präferenzordnungen konvex und monoton sind und deren Gesamtausstattung* $e(I) > 0$ *ist, besitzt stets ein Wettbewerbsgleichgewicht.*

Beweis. Gemäß unseren Vorbemerkungen müssen wir zeigen:

$$\textit{Es gibt ein } \tilde{p} > 0 \textit{ mit } 0 \in Z(\tilde{p}). \tag{236.1}$$

Alle Preissysteme $p := (p_1, \ldots, p_l) \neq 0$ dürfen und wollen wir uns hinfort stets normiert denken in dem Sinne, daß $\sum\limits_{\lambda=1}^{l} p_\lambda = 1$ ist. Mit anderen Worten: Die „echten" Preisvektoren befinden sich alle in der kompakten Menge

$$\Delta := \left\{ (p_1, \ldots, p_l) \in \mathbf{R}^l_+ : \sum\limits_{\lambda=1}^{l} p_\lambda = 1 \right\}.$$

Wirtschaftlich ist dies darin begründet, daß Preise nur Austauschrelationen zwischen Gütern sind, die ihre Funktion nicht ändern, wenn man sie alle mit ein und demselben positiven Faktor (z. B. $1 \Big/ \sum\limits_{\lambda=1}^{l} p_\lambda$) multipliziert; rein mathematisch stützen wir uns bei dieser Normierung auf die Tatsache, daß

$$Z(\lambda p) = Z(p) \quad \text{für alle } \lambda > 0$$

ist; diese Beziehung gilt, weil offenbar für $\lambda > 0$

$$B(\lambda p, e) = B(p, e) \quad \text{und damit auch} \quad D(\lambda p, e) = D(p, e)$$

ist. Wir betrachten nun für $n \geq l$ die Mengen

$$K_n := \left\{ (p_1, \ldots, p_l) \in \Delta : p_\lambda \geq \frac{1}{n} \text{ für } \lambda = 1, \ldots, l \right\}.$$

Jedes K_n ist eine nichtleere, konvexe und kompakte Teilmenge von $\mathbf{R}^l$, und offenbar haben wir

$$K_l \subset K_{l+1} \subset K_{l+2} \subset \cdots. \tag{236.2}$$

Z_n sei die auf K_n eingeschränkte Überschußnachfragekorrespondenz Z. Aus den Sätzen 235.8 und 231.1 ergibt sich, daß Z_n abgeschlossen, konvexwertig und beschränkt ist, ferner ist nach dem Walrasschen Gesetz in Satz 235.8 $p \cdot z = 0$ für jedes $p \in K_n$ und jedes $z \in Z_n(p)$. Insgesamt sind also die Voraussetzungen des Satzes 236.1 (für $K = K_n$ und $\varphi = Z_n$) erfüllt, so daß wir sagen können: Für jedes $n \geq l$ gibt es Vektoren $\tilde{p}_n \in K_n$ und $\tilde{z}_n \in Z(\tilde{p}_n)$ mit

$$p \cdot \tilde{z}_n \leq 0 \quad \text{für alle } p \in K_n. \tag{236.3}$$

Die Folge $(\tilde{p}_n)$ liegt in Δ, enthält also eine konvergente Teilfolge. Ohne Bedenken dürfen wir annehmen, daß $(\tilde{p}_n)$ selbst konvergiert:

$$\tilde{p}_n \to \tilde{p} \in \Delta.$$

Ein Blick auf die Definition (235.2) von Z zeigt, daß

$$\tilde{z}_n \geqslant -e(I) \quad \text{für alle} \quad n \geqslant l \tag{236.4}$$

ist; die l Komponentenfolgen von $(\tilde{z}_n)$ sind also nach unten beschränkt. Ist p_0 irgendein Vektor aus K_l, so entnehmen wir (236.2) und (236.3), daß $p_0 \cdot \tilde{z}_n \leqslant 0$ für alle $n \geqslant l$ ist. In Verbindung mit (236.4) ergibt sich daraus, daß die Komponentenfolgen von $(\tilde{z}_n)$ auch nach oben beschränkt sind. Insgesamt ist also die Folge $(\tilde{z}_n)$ beschränkt und enthält somit eine konvergente Teilfolge. Wiederum dürfen wir annehmen, daß bereits $(\tilde{z}_n)$ selbst konvergiert:

$$\tilde{z}_n \to \tilde{z}.$$

Da $e(I) > 0$ und $\tilde{p} \in \Delta$ ist, muß $\tilde{p} \cdot e(I) > 0$ sein. Aus Satz 235.8d erhalten wir nun, daß $\tilde{p} > 0$ ist (andernfalls wäre nämlich die Folge der $\tilde{z}_n \in Z(\tilde{p}_n)$ unbeschränkt, was sie ja gewiß nicht ist). Insgesamt gilt also:

$$\tilde{p}_n \to \tilde{p} > 0, \qquad \tilde{z}_n \in Z(\tilde{p}_n) \quad \text{und} \quad \tilde{z}_n \to \tilde{z}.$$

Da Z an der Stelle $\tilde{p} > 0$ abgeschlossen ist (Satz 235.8a), muß also

$$\tilde{z} \in Z(\tilde{p}) \tag{236.5}$$

sein. Wegen des Walrasschen Gesetzes (Satz 235.8c) ist daher

$$\tilde{p} \cdot \tilde{z} = 0.$$

Aus (236.2) und (236.3) folgt $p \cdot \tilde{z} \leqslant 0$ für alle $p > 0$, also muß $\tilde{z} \leqslant 0$ sein. Aus $\tilde{p} > 0$, $\tilde{p} \cdot \tilde{z} = 0$ und $\tilde{z} \leqslant 0$ ergibt sich nun sofort $\tilde{z} = 0$, und wegen (236.5) können wir jetzt sagen, daß $0 \in Z(\tilde{p})$ ist. Damit haben wir die Aussage (236.1) bewiesen — und mehr war nicht zu tun. ∎

Natürlich ist das Modell der reinen Tauschwirtschaft viel zu primitiv, als daß man bei ihm stehenbleiben könnte. Die mathematische Wirtschaftswissenschaft hat sehr viel feinere Modelle entwickelt, die auch der wichtigsten wirtschaftlichen (und anthropologischen) Grundtatsache Rechnung tragen: daß Menschen Güter nicht nur *tauschen*, sondern auch *produzieren*. Wer hier tiefer eindringen möchte, möge etwa zu Nikaido [13] greifen.

XXIX Ein historischer *tour d'horizon*

Es bleibt mir eine unerschöpfliche Quelle des Erstaunens, wenn ich sehe, wie ein paar Kritzeleien auf einer Tafel oder auf einem Blatt Papier den Lauf menschlicher Angelegenheiten verändern können.

Stanislaw Ulam

237 Die Pythagoreer

Am Anfang unserer Erzählung steht eine priesterliche Gestalt, deren schwankende Umrisse wir nur wie durch Nebel und Weihrauch wahrzunehmen vermögen. Pythagoras (570?–497? v. Chr.; 73?) wurde auf Samos geboren, einer jener ionischen Inseln, auf denen soviel Geist zur Welt gekommen ist. Griechische Neugier und Reiselust trieben ihn in die Fremde, und auf langen Wanderungen sog er sich voll mit der alten Weisheit Ägyptens und Babylons. Der Vierzigjährige gründete in dem unteritalienischen Kroton eine Schule, die man sich eher als eine religiöse Lebensgemeinschaft denn als eine Lehranstalt zu denken hat. Er muß etwas unendlich Ehrfurchtgebietendes und geradezu Heiligmäßiges an sich gehabt haben. Seine Anhänger konnten nicht immer deutlich zwischen ihm und dem Gott Apoll unterscheiden, und auch dem Pythagoras selbst scheint dies mit den Jahren zunehmend schwerer gefallen zu sein. Hab und Gut war den Pythagoreern gemeinsam, und ebenso gemeinsam war ihnen das Verlangen nach der politischen Herrschaft in Kroton. Diese Herrschbegier ließ die Bruderschaft und ihren Gründer ein böses Ende nehmen. Eines Tages umstellte die demokratische Partei Krotons das Versammlungshaus der Pythagoreer, brannte es nieder und trieb die Anhänger des Wundermannes aus der Stadt. Pythagoras selbst soll auf der Flucht erschlagen worden sein.

Viele der pythagoreischen Doktrinen, etwa die Lehre von der Seelenwanderung oder gar das Verbot Bohnen zu essen, können uns heute nicht mehr interessieren. Von größter Bedeutung aber ist es geworden, daß die pythagoreische Schule die Mathematik als Wissenschaft begründete und ihr sofort eine beherrschende Rolle in dem System ihres Weltverständnisses zuwies. Gewiß, der Meister selbst hatte eine Fülle mathematischer Kenntnisse aus dem Osten nach Kroton mitgebracht. Aber sie bestanden nur aus empirisch erprobten Faustregeln zur Lösung von Aufgaben, die dem Menschen durch Handel und Gewerbe, Ackerbau und Staatsverwaltung aufgedrängt wurden. Da ging es um Erbschaften und Felder, Zinsen und Steuern, Ziegelsteine und Getreidesäcke. Aufgaben dieser Art findet man z. B. in dem ägyptischen Papyrus Rhind, der die vielversprechende Überschrift trägt *Anleitung, die Kenntnis aller dunklen Dinge zu erlangen*[1]. Dieser Mathematik fehlten nicht nur Beweise, es fehlten ihr

---

[1] Zahlreiche der in diesem historischen Überblick benutzten Originalarbeiten findet man, jedenfalls auszugsweise, in den folgenden Büchern, auf die wir hier ausdrücklich hinweisen: O. Becker: *Grundlagen der Mathematik in geschichtlicher Entwicklung* (Freiburg 1964); D. J. Struik: *A source book in mathematics,* 1200–1800 (Cambridge, Mass. 1969); G. Birkhoff: *A source book in classical analysis* (Cambridge, Mass. 1973).

die abstrakten mathematischen Objekte selbst. Es ist ein Ruhmestitel der Pythagoreer, diesem Mangel abgeholfen zu haben. Sie sahen als erste, daß der Geist nur über geistige Gegenstände sichere Aussagen machen kann. Der Satz über die Winkelsumme im Dreieck ist für materielle Dreiecke strenggenommen falsch; er ist nur richtig für das ideale Dreieck, das durch das Denken aus den vielen schlechten Dreiecken der materiellen Welt herauspräpariert wird. Erst die Pythagoreer haben diese *idealen* mathematischen Objekte geschaffen und statt des Feldes das *Rechteck,* statt des Wagenrads den *Kreis* betrachtet. Auch mit dem Beweis durch logische Schlüsse aus vorgegebenen Annahmen scheinen sie vertraut gewesen zu sein. Zur vollen Einsicht über die axiomatisch-deduktive Struktur der Mathematik ist allerdings erst Eudoxos gelangt.

Das Erlebnis mathematischer Gesetzlichkeit muß für die Pythagoreer schlechterdings berauschend gewesen sein. Der Urgrund aller Dinge sollte nun allen Ernstes mathematische Ordnung, alles Seiende sollte Zahl und Verhältnis von Zahlen sein. Hier bricht etwas fundamental Neues auf: *die rationale Auffassung der Natur.* Die Natur ist nicht beherrscht von Geistern und Dämonen, sie ist nicht wirr und unberechenbar – ganz im Gegenteil: Sie ist nach einem mathematischen Plan konstruiert, also geordnet, regelhaft und schön, und diesen mathematischen Plan kann der Mensch durch mathematisches Denken enthüllen. Näheres über diese geschichtsmächtige Weltsicht und über die faszinierende Gestalt des Pythagoras (Russell nennt ihn *one of the most important men that ever lived*) in meinem Buch *Als die Götter lachen lernten. Griechische Denker verändern die Welt.* (München-Zürich 1992)

Aber nun brach eine Katastrophe herein.

Um dies verstehen zu können, müssen wir uns vor Augen halten, daß „Zahlen" für die Griechen *natürliche* Zahlen waren. Gemäß der pythagoreischen Grundüberzeugung mußten sich also die Längen a, b zweier Strecken S, T zueinander verhalten wie zwei geeignete natürliche Zahlen m, n, d. h. es mußte $a : b = m : n$ sein. Dies läuft offensichtlich darauf hinaus, daß es eine dritte Strecke E der Länge c gibt, so daß $a = mc$ und $b = nc$ ist. E geht also sowohl in S als auch in T auf, oder anders gesagt: Die beiden Strecken S, T können mit ein und derselben Einheitsstrecke E gemessen werden, sie sind „kommensurabel". Aus der philosophischen Lehre des Pythagoras ergibt sich also, daß zwei Strecken stets kommensurabel sein müssen. Aus dem mathematischen Satz des Pythagoras folgt aber, daß die Seite eines Quadrats und seine Diagonale niemals kommensurabel sein können (s. Nr. 2). Diese Entdeckung *inkommensurabler Strecken* ging an den Lebensnerv der pythagoreischen Philosophie. Peinlicherweise wurde sie ausgerechnet von einem Pythagoreer, Hippasos von Metapont (5. Jahrh. v. Chr.), gemacht. Wir haben schon erzählt, daß seine Sektenbrüder ihn dafür ins Meer warfen. Nach einer anderen Legende sollen sogar die Götter selbst sich bemüht und das Schiff des Frevlers zerschmettert haben. Wie dem auch sei — die Existenz inkommensurabler Strecken (und natürlich auch inkommensurabler Flächen, Raumkörper, Winkel usw.) war nicht nur für die pythagoreische Philosophie verheerend, sondern auch für die Mathematik selbst; denn sie ließ mit einem Schlag alle geometrischen Beweise zusammenbrechen, die auf der Basis durchgängig angenommener Kommensurabilität geführt worden waren. Die Mathematik hatte, kaum geboren, ihre erste Grundlagenkrise.

Inkommensurable Verhältnisse beschreiben wir heute durch irrationale Zahlen. Aber die Griechen hatten solche Zahlen nicht, und es kam ihnen auch nicht in den Sinn, sie zu schaffen. In der Tat ist der Begriff der Irrationalzahl so subtil, daß erst die zweite Hälfte des 19. Jahrhunderts zur vollen Klarheit über ihn gelangte. Bis dahin war er ein Pfahl im Fleisch der Analysis. Anachronistisch gesagt war der erste Beitrag der Griechen zur Analysis der Nachweis, daß ihr die Fundamente fehlten.

Mit der Entdeckung inkommensurabler Strecken entstand ein Riß zwischen den kontinuierlichen geometrischen Größen und den diskreten Zahlen; denn Zahlen reichten ja nicht aus, um alle geometrischen Relationen wiederzugeben[1]. Die Griechen entschlossen sich daraufhin, den mangelhaften Zahlen den Rücken zuzuwenden und ihre ganze mathematische Kraft auf die Geometrie zu konzentrieren. Etwas verkürzt ausgedrückt: Sie strebten nicht die numerische Formel $F = \pi r^2$ für den Kreisinhalt an, sondern die geometrische Aussage, daß sich zwei Kreise zueinander verhalten wie die Quadrate über ihren Durchmessern. Aber selbst diese Aussage konnte man nicht mehr guten Gewissens machen; denn wegen des skandalösen Phänomens der Inkommensurabilität wußte man gar nicht, was unter dem *Verhältnis* zweier Kreise oder Quadrate überhaupt zu verstehen sei. In dieser prekären Lage brachte ein Geist ersten Ranges die Wende: Eudoxos.

238 Proportionen und Exhaustion

Eudoxos (408?–355? v. Chr.; 53?) stammt von der kleinasiatischen Halbinsel Knidos. In seinem höchst lebendigen Leben war er „Astronom, Geometer, Arzt und Gesetzgeber". Seine Studienreisen führten ihn nach Unteritalien, Sizilien, Athen, Ägypten und an das Marmarameer. Man berichtet, er habe die *Lust* als das eigentlich Gute bezeichnet — er soll aber auch gesagt haben, er würde gerne wie Phaëthon vom Blitz des Zeus getroffen werden, wenn dies der Preis dafür wäre, die Natur und Größe der Sonne zu erkennen. Bereits seine Zeitgenossen nannten ihn statt Eudoxos verehrungsvoll Endoxos (der Berühmte).

Die erste große Leistung des vielseitigen Mannes war seine Proportionenlehre, die das Ärgernis der inkommensurablen Verhältnisse aus der Welt schaffte. Sie ist das geometrische Gegenstück zu einer nach wie vor fehlenden Theorie irrationaler Zahlen. Eudoxos geht aus von „Größen" (Strecken, Flächen usw.). Da man nach der gotteslästerlichen Entdeckung des Hippasos gar nicht mehr wußte, was es heißen sollte, daß zwei (gleichartige) Größen ein Verhältnis zueinander haben, mußte zuerst diese Unsicherheit beseitigt werden. Das geschieht durch die folgende

Definition[2] *Zwei Größen haben ein Verhältnis zueinander, wenn sie vervielfacht einander übertreffen können.*

---

[1] Noch im *Dictionnaire de Trévoux* von 1721 konnte man lesen: *On distingue en Philosophie la quantité continuë, de la quantité discrette… La continuë est celle des lignes, des superficies et de solides, qui est l'objet de la Géométrie. La discrette est celle des nombres, qui est l'objet de l'Arithmétique.*

[2] Definition 4 aus dem Buch V der *Elemente* Euklids (um 300 v. Chr.). Die Lehren des Eudoxos sind uns nur durch Euklid und Archimedes überliefert.

Das bedeutet: Zwei Größen a, b haben ein Verhältnis zueinander, wenn es natürliche Zahlen m, n gibt, so daß $ma > b$ und $nb > a$ ist.

Als nächstes ist die *Gleichheit* zweier Verhältnisse zu erklären:

Definition[1] *Größen stehen in demselben Verhältnis, die erste zur zweiten wie die dritte zur vierten, wenn die gleichen Vielfachen der ersten und dritten und die gleichen Vielfachen der zweiten und vierten — bei jeder beliebigen Vervielfachung — einander entweder zugleich übertreffen oder gleichkommen oder unterschreiten, in entsprechender Ordnung genommen.*

Das bedeutet: Für vier Größen a, b, c, d gilt genau dann $a:b = c:d$, wenn für je zwei natürliche Zahlen m, n

$$\begin{array}{llll} \text{entweder} & ma > nb & \text{und} & mc > nd \\ \text{oder} & ma = nb & \text{und} & mc = nd \\ \text{oder} & ma < nb & \text{und} & mc < nd \end{array} \qquad \text{ist (s. A 8.11b).}$$

Damit sind die begrifflichen Grundlagen der Proportionenlehre bereits gelegt. Auf ihnen hat Eudoxos ein Rechnen mit Proportionen aufgebaut, das wir aber übergehen wollen. Es darf uns hier genügen, daß bereits durch die obigen Definitionen das Gespenst der Inkommensurabilität gebannt ist. Ein Satz wie „Zwei Kreise verhalten sich zueinander wie die Quadrate über ihren Durchmessern" ist nun jedenfalls eine sinnvolle Aussage. Wie die Griechen sie bewiesen haben, werden wir bald sehen.

Die zweite große Leistung des Eudoxos war die Entwicklung der Exhaustionsmethode. Diese Methode läutet die Integralrechnung ein und ist für uns deshalb hier von besonderem Interesse. Sie beruht auf der ersten der oben angeführten Definitionen. Nach ihr gibt es zu zwei (gleichartigen) Größen a, b stets ein $m \in \mathbf{N}$ mit $ma > b$; dies ist der später so genannte *Satz des Eudoxos*[2]. Infolgedessen existiert auch ein $n \in \mathbf{N}$ mit $2^n a > b$ oder also $b/2^n < a$. Setzt man nun

$$\begin{array}{lll} b_1 := b - c_1 & \text{mit} & b/2 < c_1 < b, \\ b_2 := b_1 - c_2 & \text{mit} & b_1/2 < c_2 < b_1, \\ \multicolumn{3}{c}{\dotfill} \\ b_k := b_{k-1} - c_k & \text{mit} & b_{k-1}/2 < c_k < b_{k-1}, \end{array}$$

so ist $b_k < b/2^k$. Nach der obigen Bemerkung gibt es also ein n mit $b_n < a$. Damit haben wir den folgenden Satz 1 aus dem Buch X der *Elemente* bewiesen:

Wegnahmesatz *Wenn man beim Vorliegen zweier ungleicher (aber gleichartiger) Größen von der größeren ein Stück größer als die Hälfte wegnimmt und vom Rest ein Stück größer als die Hälfte und das fortgesetzt geschieht, so wird eine Größe übrigbleiben, die kleiner ist als die Ausgangsgröße.*

---

[1] *Elemente* V, Definition 5.
[2] Vgl. A 8.8 und beachte, daß die Sätze 8.2 und 8.3 gleichwertig sind.

Dieser Satz ist das entscheidende Hilfsmittel der Exhaustionsmethode, die wir nun an dem Beweis des Satzes 2 aus dem Buch XII der *Elemente* exemplifizieren wollen:

Kreisesatz *Kreise verhalten sich zueinander wie die Quadrate über ihren Durchmessern.*

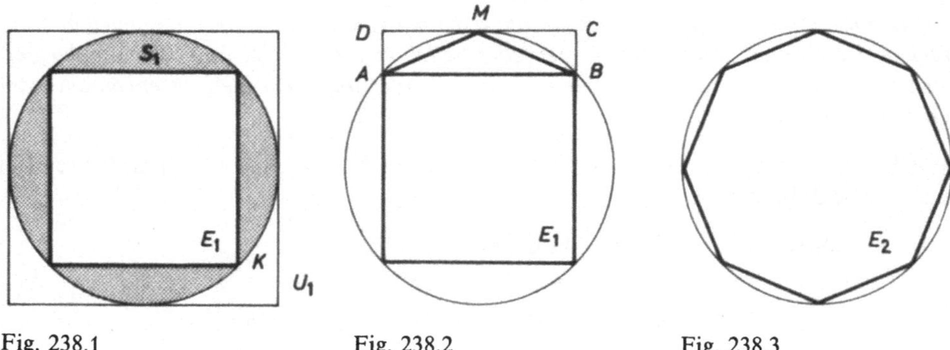

Fig. 238.1   Fig. 238.2   Fig. 238.3

Der euklidisch-eudoxische Beweis verläuft im wesentlichen folgendermaßen. Im ersten Schritt betrachten wir einen einzelnen Kreis K. E_1 sei das einbeschriebene, U_1 das umbeschriebene Quadrat (s. Fig. 238.1). Es ist $U_1 > K$ und $\frac{1}{2} U_1 = E_1$, also $E_1 > \frac{1}{2} K$. Nun nehmen wir E_1 von K weg. Es bleibt dann der in Fig. 238.1 schattierte Bereich übrig. Wir nennen ihn S und untersuchen zunächst sein oberes Viertel S_1. Zu diesem Zweck halbieren wir den Kreisbogen $\overset{\frown}{AB}$ durch seinen Mittelpunkt M (s. Fig. 238.2). Einfache Betrachtungen zeigen, daß das Viereck $U_2 := ABCD$, wobei CD tangential zu $\overset{\frown}{AB}$ in M ist, ein Rechteck sein muß. Δ_1 sei das Dreieck ABM. Dann ist $U_2 > S_1$ und $\frac{1}{2} U_2 = \Delta_1$, also $\Delta_1 > \frac{1}{2} S_1$. Die eben beschriebene Konstruktion führen wir nun über jeder der vier Seiten von E_1 aus. Δ sei die Vereinigung der so entstehenden vier Dreiecke. Gemäß den oben angestellten Betrachtungen ist dann

$$\Delta > \frac{1}{2} S. \tag{238.1}$$

Nun nehmen wir Δ von S weg; insgesamt haben wir dann das regelmäßige Achteck $E_2 := E_1 \cup \Delta$ aus K entfernt (s. Fig. 238.3). Es ist klar, wie es weitergeht: Durch Aufsetzen gleichschenkliger Dreiecke erhalten wir aus E_2 ein regelmäßiges Sechzehneck E_3, dann ein regelmäßiges Zweiunddreißigeck E_4 usw., und bei jedem Schritt gewinnen wir eine zur Ungleichung (238.1) analoge Abschätzung. Der Wegnahmesatz lehrt nun, daß wir auf diese Weise zu jeder vorgegebenen Größe ε ein regelmäßiges, dem Kreis K einbeschriebenes Polygon E_n mit

$$K \setminus E_n < \varepsilon \tag{238.2}$$

finden können.

Im zweiten Schritt betrachten wir zwei Kreise K_1, K_2 mit den Durchmessern d_1, d_2. Die Behauptung des Kreisesatzes lautet, daß

$$K_1 : K_2 = d_1^2 : d_2^2 \tag{238.3}$$

ist. Angenommen, dies sei falsch. Dann wäre

$$K_1 : F = d_1^2 : d_2^2, \tag{238.4}$$

wobei F eine Flächengröße $\neq K_2$ ist[1]. Es muß also entweder $F < K_2$ oder $F > K_2$ sein. Wir betrachten den Fall $F < K_2$. Wegen (238.2) gibt es ein regelmäßiges, dem Kreis K_2 einbeschriebenes Polygon P'' mit

$$K_2 \setminus P'' < K_2 \setminus F,$$

also mit

$$F < P'' < K_2. \tag{238.5}$$

P' sei ein dem Polygon P'' ähnliches, dem Kreis K_1 einbeschriebenes Polygon. Euklid benutzt nun den elementaren Satz, daß für solche Polygone die Beziehung

$$P' : P'' = d_1^2 : d_2^2 \tag{238.6}$$

gilt. Wegen (238.4) ist daher

$$P' : P'' = K_1 : F \quad \text{oder also} \quad P' : K_1 = P'' : F.$$

Da $P' < K_1$ ist, folgt daraus $P'' < F$, im Widerspruch zu (238.5). Es kann also nicht $F < K_2$ sein.

In entsprechender Weise zeigt man, daß auch die Annahme $F > K_2$ zu einem Widerspruch führt. Aus diesen beiden Widersprüchen folgt, daß die Behauptung (238.3) unseres Satzes zutreffen muß. (Vgl. den Beweis des Satzes 9.2.) ∎

An diesem Beispiel können wir die typische Struktur der Exhaustionsbeweise erkennen. Diese Beweise bestehen immer aus zwei Schritten: Im ersten wird gezeigt, daß man eine Größe der zu untersuchenden Art (Kreis, Kugel, Kegel usw.) beliebig genau durch einfache, beherrschbare Größen approximieren kann; Grundlage hierfür ist der Wegnahmesatz oder eine seiner Varianten. Gestützt auf diese *Exhaustionsbetrachtung* wird dann im zweiten Schritt durch einen *doppelten Widerspruchsbeweis* nachgewiesen, daß die behauptete Beziehung tatsächlich zutreffen muß.

Uns Späteren will es scheinen, als läge der Exhaustionsmethode unser *Grenzwertbegriff* zugrunde. Vom griechischen Standpunkt aus ist dies jedoch keineswegs der Fall. Die Griechen haben den Grenzwertbegriff niemals formuliert, sie haben nicht einmal *unendliche Folgen* ins Auge gefaßt, was hierfür doch unabdingbar gewesen wäre. Der Leser mache sich ganz klar, daß in dem „Exhaustionsschritt" des obigen Beweises durchaus nicht die *gesamte* Folge der einbeschriebenen 2^n-Ecke betrachtet

---

[1] Daß eine solche vierte Proportionale als Flächengröße vorhanden ist, wird von Euklid ohne nähere Begründung angenommen.

wird. Man geht vielmehr bei der Polygonkonstruktion nur so weit, wie es eben nötig ist, man betrachtet gerade nicht die *Endstücke* der Polygonfolge, wie es der Konvergenzbegriff doch fordern würde, sondern allein die *Anfangsstücke*. „Grenzwerte" können so gar nicht in Sicht kommen. *An die Stelle eines Konvergenzarguments tritt ein doppelter Widerspruchsbeweis.*

Seit Zenons Paradoxien (s. Bd. I, S. 193 f) haben die Griechen das Unendliche mit Mißbehagen betrachtet. „Die Theorie des Unendlichen hat ihre Schwierigkeiten", warnt Aristoteles; „mag man die Existenz eines Unendlichen annehmen oder nicht, sofort drohen viele unannehmbare Konsequenzen" (*Physik* 203 b). Wenig später tröstet er den Mathematiker: dieser brauche das Unendliche gar nicht, er brauche „nur die Berechtigung, die endliche (Gerade) so groß anzusetzen, wie er sie jeweils haben will." In der Geometrie des Euklid gibt es denn auch keine unendlichen Geraden, sondern nur endliche Strecken. Und derselbe Euklid behauptet nicht frei heraus, daß es *unendlich* viele Primzahlen gibt, er behauptet vorsichtig-gestelzt: „Es gibt mehr Primzahlen als jede vorgelegte Anzahl von Primzahlen" (*Elemente* IX, Satz 20). Die Exhaustionsmethode schließlich bewerkstelligt gerade *keine* „Exhaustion", *keine* „Ausschöpfung" (*exhaustio* = Ausschöpfung) — der Kreis wird durch die *endlich* vielen 2^n-Ecke, die man ihm einbeschreibt, *nicht* ausgeschöpft; denn es bleibt ja immer noch ein Rest, ein kleiner, ein beliebig kleiner Rest, aber eben doch ein *Rest* („so wird eine Größe *übrigbleiben*, die kleiner ist, als die Ausgangsgröße", heißt es im Wegnahmesatz), und die Griechen waren nicht kaltblütig genug, diesen kleinen Rest als „unendlich klein" zu deklarieren und dann unter den Tisch fallen zu lassen (wie man es im 17. Jahrhundert so gern getan hat, in dem auch das schiefe Wort „Exhaustionsmethode" erst auftaucht). Mit dem Wegnahmesatz und der Exhaustionsmethode standen die Griechen dem Grenzwertbegriff Auge in Auge gegenüber — *aber sie ergriffen ihn nicht.*

Schon vor Eudoxos war der Sophist Antiphon (5. Jahrh. v. Chr.) auf die Idee gekommen, den Kreis durch einbeschriebene Polygone zu approximieren. Er machte sogar auf ganz ungriechische Weise einen Sprung ins Unendliche, indem er den Kreis als ein Polygon mit unendlich vielen Ecken auffaßte. Der Antiphonsche Eckenkreis machte bei den Griechen nie Karriere, führt aber bei unserem mathematischen Laienpublikum immer noch eine gespenstische Existenz und dürfte wohl unsterblich sein, weil ihm der ewig jugendfrische Reiz des völlig Unverständlichen eignet.

239 Archimedes

Archimedes (287–212 v. Chr.; 75) gilt als der größte griechische Mathematiker und neben Newton und Gauß als einer der größten überhaupt. Er wurde in Syrakus geboren, einer reichen griechischen Stadt in Sizilien, und studierte in Alexandria, das unter den Ptolemäern zum Zentrum der antiken Wissenschaft geworden war. Anschließend kehrte er in seine Heimatstadt zurück und blieb dort bis zum gewaltsamen Ende seines Lebens. Seine enorme technische Begabung ließ ihn zum Chefingenieur König Hierons II. von Syrakus aufsteigen. Als solcher hat er die Bewässerungssysteme und Schiffahrt der Stadt verbessert; er soll die Oberaufsicht über den

Bau der etwa 3000 Tonnen fassenden *Syrakusía* gehabt haben, des größten Schiffes der Antike. Als im Zweiten Punischen Krieg römische Truppen unter dem General Marcellus vor Syrakus auftauchten, bereitete ihnen Archimedes einen verwirrenden Empfang. Seine Geschütze zertrümmerten mit schweren Steinkugeln die römischen Schiffe, seine Krane hoben sie aus dem Meer und zerschmetterten sie an den Hafenmauern. Zwei Jahre lang widerstand Syrakus der Belagerung; dann gelang es Marcellus, die Stadt von der Landseite einzunehmen, als die Syrakusaner das Artemisfest feierten „und sich dem Wein und dem Leichtsinn überließen". Dabei fand Archimedes im Alter von 75 Jahren den Tod. Ewig denkwürdig und rührend ist der Bericht Plutarchs über das Ende des greisen Forschers[1]:

Er war gerade dabei, eine mathematische Figur zu betrachten; und mit Augen und Sinnen ganz in die Aufgabe vertieft, bemerkte er gar nicht den Einbruch der Römer und die Eroberung der Stadt. Als da plötzlich ein Soldat zu ihm trat und ihm befahl, zu Marcellus mitzukommen, wollte er das nicht, bevor er die Aufgabe gelöst und zum Beweis geführt hätte. Da wurde der Soldat wütend, zog sein Schwert und schlug ihn tot.

Seiner sensationellen Erfindungen wegen wurde der Syrakusaner rasch zu einem Wundermann hochstilisiert, der einer „schon nicht mehr menschlichen, sondern göttlichen Einsicht" teilhaftig war, und den wir wohl irgendwo zwischen Doktor Faustus und Mister Edison ansiedeln müßten. Seine größten Leistungen finden wir jedoch in der Mechanik und Mathematik. Durch die Entdeckung des Hebelgesetzes und des archimedischen Prinzips hat er die Statik und die Hydrostatik geschaffen. Gute Gründe sprechen dafür, daß er von Fragen der Schwerpunktbestimmung auf „Integrationsprobleme" geführt wurde und dabei einerseits eine „mechanische Methode" zu ihrer Lösung fand und andererseits die Exhaustionsmethode aufs höchste verfeinerte und mit vollendeter Meisterschaft zu handhaben lernte. Die mathematische Frucht dieser Studien war eine Fülle von Inhaltsaussagen über Kegelschnitte, Kugeln, Konoide und Sphäroide. U. a. entdeckte er den schönen Satz, daß das Volumen einer Kugel sich zum Volumen des umbeschriebenen Zylinders wie 2:3 verhält und daß genau dieselbe Beziehung auch zwischen den Oberflächen besteht.

Wir haben schon erwähnt, wie schwerfällig die Exhaustionsmethode, eine Grenzwertmethode ohne Grenzwert, war. Nicht erwähnt haben wir, daß sie wegen des fehlenden Grenzwerts nur eine *Beweis-*, keine *Entdeckungs*methode sein konnte: Sie griff erst, wenn das Ergebnis schon bekannt war. 1906 wurde in Konstantinopel eine Schrift des Archimedes *Die mechanische Methode* gefunden, in der uns der Syrakusaner ein Verfahren zum *Finden*, zum *Vermuten* von Ergebnissen, also ein „heuristisches Verfahren" auseinandersetzt („es ist nämlich leichter, wenn man durch diese Methode vorher eine Vorstellung von den Fragen gewonnen hat, den Beweis herzustellen, als ihn ohne eine vorläufige Vorstellung zu erfinden"). Es besteht darin, den vorgelegten Körper gedanklich an einem Hebel gegen einen Vergleichskörper auszubalancieren und so zu einer Aussage über das Verhältnis der Inhalte beider

---

[1] Plutarch: *Leben des Marcellus*, in *Große Griechen und Römer*, Artemis-Verlag Zürich und Stuttgart 1955. Auch die anderen, Archimedes betreffenden Zitate sind Plutarchs Marcellusbiographie entnommen.

Körper zu kommen. Der merkwürdige Grundgedanke bei diesem Verfahren ist, sich ebene Gebilde aus „Linienelementen" und räumliche aus „Flächenelementen" aufgebaut zu denken, ähnlich wie ein Gewebe aus Fäden oder ein Buch aus Seiten zusammengesetzt ist. Wir wollen dieses Vorgehen an einem Beispiel verdeutlichen, das von Archimedes selbst stammt, ohne auf alle Einzelheiten einzugehen.

Vorgelegt sei das in Fig. 239.1 schattierte Parabelsegment S. In B legen wir die Tangente an die Parabel, durch A ziehen wir eine Parallele zu ihrer Achse. Die Aufgabe besteht darin, S zu dem Dreieck $\Delta := ABC$ in Beziehung zu setzen.

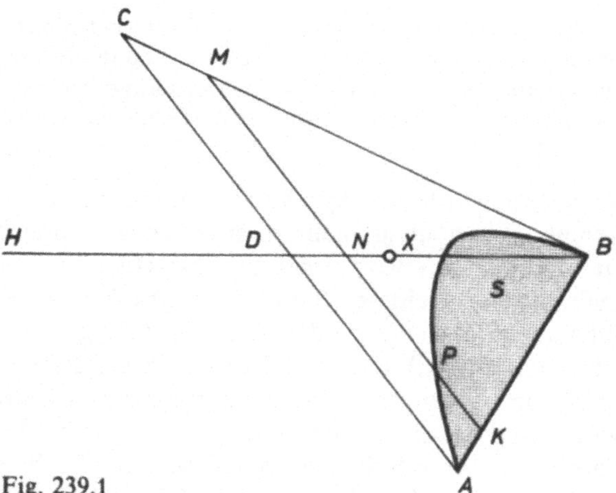

Fig. 239.1

D sei der Mittelpunkt der Seite AC. Wir verdoppeln die Seitenhalbierende DB und kommen so zu dem Punkt H. Durch einen beliebigen Punkt K der Parabelsehne AB zeichnen wir die Parallele KM zu AC. Denken wir uns nun Δ etwa aus dünnem Blech gefertigt und betrachten wir HN als einen Hebel mit dem Drehpunkt D, so zeigt Archimedes, daß sich die Strecke KP, aufgehängt in H, mit der Strecke KM, aufgehängt in N, im Gleichgewicht befindet. Hängen wir also alle derartigen Strecken KP in dem einen Punkt H und jede Strecke KM in ihrem Mittelpunkt N auf, so werden wir nach wie vor Gleichgewicht haben. Das letztere Streckensystem ist das Dreieck Δ; denn Δ „besteht" aus den Strecken KM, wie Archimedes sagt. An dem geschilderten Gleichgewichtszustand wird sich infolgedessen nichts ändern, wenn wir dieses System ersetzen durch das in seinem Schwerpunkt X konzentrierte Dreieck Δ. Von diesem Schwerpunkt hatte Archimedes schon früher gezeigt, daß er auf der Seitenhalbierenden DB liegt und daß $DX = DB/3$ ist. In H hängen die Strecken KP, und da S aus ihnen „besteht", hängt dort *de facto* das Segment S. Da bei diesen Aufhängungen, wie schon bemerkt, Gleichgewicht herrscht, ist nach dem Hebelgesetz $S \cdot HD = \Delta \cdot DX$ und somit

$$S : \Delta = DX : HD = DX : DB = 1 : 3.$$

Damit haben wir das gesuchte Verhältnis $S : \Delta$ gefunden.

Für uns ist das Interessanteste an dieser Überlegung, daß Archimedes das Parabelsegment S und das Dreieck Δ als eine „Summe" unendlich vieler Strecken auffaßt.
Er scheint hier an die Tradition einer atomistischen Geometrie anzuknüpfen, die ihrer logischen Schwierigkeiten wegen von den Griechen der klassischen Zeit zugunsten der strengen eudoxischen Methoden aufgegeben worden war. Die Atomtheorie
des Leukipp (5. Jahrh. v. Chr.) und Demokrit (460?–370? v. Chr.; 90?) lehrte, daß die
Welt aus kleinsten, unteilbaren Partikeln, den Atomen[1], besteht, die sich im leeren
Raum bewegen und durch wechselnde Zusammenschlüsse alles Seiende hervorbrin-
gen. Natürlich lag es nahe, diese physikalische Auffassung auf die Mathematik zu
übertragen und sich vorzustellen, auch geometrische Figuren seien aus unteilbaren
Elementarbestandteilen, Indivisibeln[2], aufgebaut: Kurven aus Punkten, ebene
Gebilde aus Linienelementen und räumliche aus Flächenelementen. Hierbei stieß
man aber schon im ersten Anlauf auf entnervende Schwierigkeiten. Wenn nämlich
diese Elementarbestandteile ausdehnungslos sind, wenn also Punkte keine Länge,
Linien keine Breite und Flächen keine Dicke besitzen, so war nicht einzusehen, wie
man durch Zusammenfügen noch so vieler derartiger Teile jemals zu etwas Ausge-
dehntem kommen könne. Waren sie aber ausgedehnt, so mußte man sich etwa eine
Strecke als eine Aneinanderreihung kleiner Perlen vorstellen, und daraus ergab sich,
daß zwei Strecken stets kommensurabel sind (sie verhalten sich dann eben wie die
Anzahlen ihrer Perlen) — ganz im Gegensatz zu dem, was Hippasos zu seinem eigenen Unglück herausgefunden hatte. Schwierigkeiten dieser Art sollten der Mathematik bis tief in das 19. Jahrhundert hinein zu schaffen machen.

Wie gesagt, die Griechen verwarfen die Indivisibelnhypothese
und setzten statt dessen auf die Exhaustion. Archimedes hat seine „mechanisch" gefundenen Ergebnisse stets mit strengen Ex-
haustionsbeweisen untermauert. Ohne auf alle Einzelheiten
einzugehen, wollen wir dies an dem Parabelsegment S erläutern, das in Fig. 239.2 schattiert ist. Wir tragen zunächst die
Sehne AB ein, bestimmen ihren Mittelpunkt M und legen
durch ihn eine Parallele zur Parabelachse; sie trifft den Para-
belbogen in C. Δ sei das Dreieck ABC. Aus den oben durchgeführten mechanischen Betrachtungen ergibt sich durch eine
einfache Überlegung die Vermutung $S:\Delta = 4:3$. Archimedes

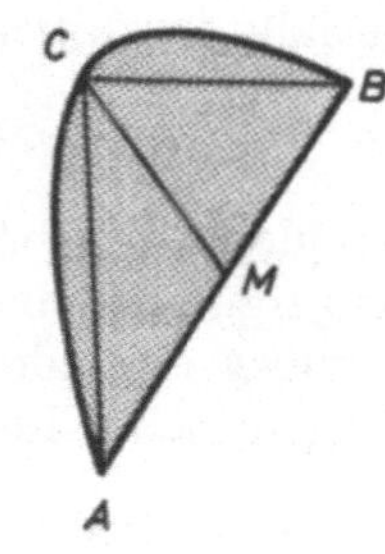

Fig. 239.2

beweist sie nun folgendermaßen. In derselben Weise wie das Dreieck Δ über der
Sehne AB konstruiert wurde, baut er Dreiecke Δ_{11}, Δ_{12} über den Seiten AC, CB auf
und zeigt, daß ihre Flächensumme $\Delta/4$ ist. Über den Seiten dieser Dreiecke werden,
immer nach demselben Verfahren, Dreiecke $\Delta_{21}, \ldots, \Delta_{24}$ konstruiert; ihre Flächensumme ist $\Delta/4^2$. So fährt er fort und erhält beim n-ten Schritt 2^n Dreiecke mit der
Flächensumme $\Delta/4^n$. Mit Hilfe des Wegnahmesatzes wird gezeigt, daß die Dreiecke

---

[1] Das griechische Wort *atomos* bedeutet unteilbar.

[2] *indivisibilis* (lat.) = unteilbar.

$\Delta, \Delta_{11}, \Delta_{12}, \ldots$ das Segment S „ausschöpfen". Wir würden daraus folgern, daß

$$S = \Delta + \frac{1}{4}\Delta + \frac{1}{4^2}\Delta + \cdots = \frac{1}{1 - \dfrac{1}{4}}\Delta = \frac{4}{3}\Delta$$

ist. Nicht so Archimedes; denn er verfügt nicht über unendliche Reihen. Er beweist statt dessen, daß

$$\Delta + \frac{1}{4}\Delta + \frac{1}{4^2}\Delta + \cdots + \frac{1}{4^n}\Delta + \frac{1}{3} \cdot \frac{1}{4^n}\Delta = \frac{4}{3}\Delta$$

ist und zeigt nun durch den klassischen doppelten Widerspruchsbeweis, daß S weder größer noch kleiner als $(4/3)\Delta$ sein kann.

Archimedes ist nicht bei der überlieferten Form der Exhaustionsmethode stehengeblieben, sondern hat sie zur sogenannten **Kompressionsmethode** verfeinert. Ihr erster Schritt besteht darin, zu einer vorgelegten Größe S zwei endliche, aber beliebig fortsetzbare Folgen $E_1, E_2, \ldots$ und $U_1, U_2, \ldots$ so zu konstruieren, daß

$$E_1 < E_2 < \cdots < E_n < S < U_n < U_{n-1} < \cdots < U_1$$

ist und die Differenz $U_n - E_n$ bei hinreichend großer Wahl von n unter jede vorgeschriebene Größe herabgedrückt werden kann. Im zweiten Schritt wird für eine Vergleichsgröße S' gezeigt, daß für alle betrachteten Werte von n ebenfalls $E_n < S' < U_n$ ausfällt. Im dritten Schritt wird aus den Ungleichungen

$$E_n < S < U_n \quad \text{und} \quad E_n < S' < U_n$$

geschlossen, daß $S = S'$ ist — aber nicht durch ein für uns naheliegendes Konvergenzargument, sondern durch das Ausschließen der Möglichkeiten $S > S'$ und $S < S'$ vermöge eines doppelten Widerspruchsbeweises. Nirgendwo ist Archimedes dem Riemannschen Integral so nahe gekommen wie hier.

Zahlreiche Inhaltsbestimmungen des Syrakusaners laufen — in unserer Sprache — darauf hinaus, das Integral $\int_a^b x^2\,dx$ zu berechnen. Er scheint aber nicht bemerkt zu haben, daß ihnen etwas Gemeinsames zugrunde liegt. Vielmehr richtet er immer seine ganze Aufmerksamkeit auf das jeweils vorliegende spezielle Problem und paßt ihm die einbeschriebenen und umbeschriebenen Figuren höchst kunstvoll und sorgfältig an. Aber gerade diese Kunst und Sorgfalt im Speziellen berauben seine Methoden des eigentlichen Methodencharakters. Eine Methode sollte nicht aus speziellen Kunstgriffen bestehen, sondern ein gebahnter Weg sein, auf dem man in allen Fällen sicher zum Ziel gelangt (gr. *methodos* = Weg zu etwas). Sie sollte nicht Genie, sondern nur Geduld erfordern. Der Werdegang der Integralrechnung im 17. Jahrhundert mutet mitunter an wie eine Rebellion gegen die unerreichbare Kunstfertigkeit des ausschöpfenden Archimedes. Damals hat man unendlich viel Genie aufgewandt, um die Genialität des großen Griechen überflüssig zu machen und durch die vorfabrizierte Genialität eines Kalküls zu ersetzen.

Mit diesen spärlichen Andeutungen über das Lebenswerk des Archimedes müssen wir uns hier begnügen. Es war reich und tief, und wir finden in ihm ein höchst fruchtbares Wechselspiel von Theorie und Praxis. Die Intensität, mit der Archimedes arbeitete, wurde bald legendär. Plutarch erzählt,

daß er im Banne einer ihm wesenseigenen, stets in ihm wirksamen Verzauberung sogar das Essen vergaß, jede Körperpflege unterließ, und wenn er mit Gewalt dazu gebracht wurde, sich zu salben und zu baden, geometrische Figuren auf die Kohlenbecken malte, und wenn sein Körper gesalbt war, mit den Fingern Linien darauf zog, ganz erfüllt von einem reinen Entzücken und wahrhaft von seiner Muse besessen.

Und als er eines Tages dann doch einmal im Bade lag und durch den Auftrieb seines Körpers plötzlich das archimedische Prinzip entdeckte, da sprang er selbstvergessen aus dem Wasser, lief splitternackt durch die Straßen und rief begeistert „Heureka, heureka!" (Ich hab's gefunden, ich hab's gefunden!). Eine ähnlich nachlässige Bekleidung wird von keinem Forscher mehr berichtet.

Als der römische Adler seinen Schatten über die Länder des östlichen Mittelmeers warf, begann das griechische Denken zu welken. Die imperialen Erdenklöße taten sich nicht wenig darauf zugute, anders als die sonderbaren „Griechlein" die Wissenschaften nur so weit zu treiben, wie es das augenblickliche Bedürfnis gerade gebot (und das heißt, sie gar nicht zu treiben). Cicero berichtet, bei den Griechen habe es nichts Angeseheneres gegeben als die Mathematik, „wir aber haben uns um diese Kunst nur soweit gekümmert, als sie beim Messen und Rechnen nützlich ist" (Tusc. 1, 5). In die Entwicklung der Mathematik greifen die Römer denn auch nur einmal ein: durch den Mord an Archimedes. 47 v. Chr. setzte Cäsar die ägyptische Flotte im Hafen von Alexandria in Brand; das Feuer griff auf die Stadt über und vernichtete die wichtigste Bibliothek der antiken Welt. Das aufkommende Christentum verfolgte die heidnischen Wissenschaften um so unduldsamer, je freier es sich selbst zu regen vermochte. Der Bischof von Alexandria, Theophilos, in Gibbons Worten „der ewige Feind des Friedens und der Tugend, ein kühner, böser Mann, dessen Hände abwechselnd mit Gold und mit Blut befleckt waren", dieser Theophilos ließ 392 den Serapistempel zerstören, der die mühsam wiederaufgebaute Universitätsbibliothek enthielt; zahllose kostbare Manuskripte gingen zugrunde. 415 riß ein christlicher Mob in der Caesarium-Kirche Alexandrias die anmutige heidnische Philosophin und Mathematikerin Hypatia buchstäblich in Stücke — das schauerlichste Symbol des Untergangs der antiken Wissenschaft. 529 schloß der Kaiser (und Amateurtheologe) Justinian in einem gelungenen Akt der Selbstverdummung die athenischen Philosophenschulen, diese Stätten „heidnischer und verderbter Lehren". 640 eroberten die Moslems Alexandria. Was an Büchern übriggeblieben oder neu gesammelt worden war, ließ ihr Anführer Omar in den Bädern der Stadt verheizen. Seine Begründung: „Wenn die Bücher sagen, was der Koran sagt, brauchen wir sie nicht zu lesen; wenn sie das Gegenteil sagen, dürfen wir sie nicht lesen." Mit den Griechen war es aus.

240 Auf dem Weg zum Calculus

In den erbitterten Kämpfen zwischen dem Stauferkaiser Friedrich II. (1194–1250; 56) und den Päpsten war der mittelalterliche Geist zerbrochen. Die tödliche Schwächung der kirchlichen Autorität brachte in Italien einen Individualismus hervor, der in Kunst und Literatur, Habgier und Verbrechen Höchstes erreichen sollte. Die Italiener wandten sich energisch einem Diesseits zu, das ihnen wert schien, erforscht, gestaltet und genossen zu werden. Rührige und ruchlose Kaufleute trugen gewaltige Vermögen zusammen, und aus dem Bankhaus der Medici wurde ein glanzvolles Fürstenhaus. Die italienischen Gewaltherrscher förderten Handwerk und Gewerbe, Künste und Wissenschaften, um ihre Macht zu mehren und ihre dunkle Herkunft vergessen zu lassen. Venedig und Genua rissen den europäischen Handel mit dem Osten an sich; die florentinische Goldmünze, der Florin, war weithin die begehrteste Währung. Italien war das reichste und glänzendste Land Europas und nannte die anderen Völker Barbaren.

Um 1400 begann auf der Halbinsel eine wahre Altertumsmanie zu grassieren. Fürsten, Prälaten und Bankiers schickten Agenten in alle Richtungen aus, um antike Manuskripte zu suchen, zu kaufen und, wenn es denn nicht anders ging, zu stehlen. Der trockene Aristoteles, dauerhaft kompromittiert durch seine Liaison mit der Scholastik, wurde verstoßen, und der „göttliche Platon" übernahm die philosophische Herrschaft.[1] 1459 gründete Cosimo de' Medici in Florenz die *Accademia Platonica,* sein Enkel Lorenzo il magnifico (1449–1492; 43), Staatsmann, Mäzen und Poet, „[erkannte] in der platonischen Philosophie die schönste Blüte der antiken Gedankenwelt" (Jacob Burckhardt).

Mit Platon drang die alte pythagoreische Lehre in Italien ein, daß die Welt kein Chaos sei, sondern ein Kosmos, eine schöne Ordnung, der ein übersichtlicher mathematischer Bauplan zugrundeliege. Gott, so hatte Platon gelehrt, treibt ewig Geometrie. Gleichzeitig riß die Leidenschaft für die Antike auch die griechische Mathematik selbst aus ihrem langen Schlaf. Es erschienen zahlreiche Ausgaben und Übersetzungen der alten mathematischen Bücher, darunter 1450 eine Sammlung archimedischer Schriften und 1482 die *Elemente* des Euklid. So war denn der Boden bereitet, auf dem die Mathematik von neuem aufblühen konnte.

Mächtige Antriebe erhielt ihre Entwicklung durch das lebhafte technische Interesse dieser Zeit, das aus der Hinwendung zur faß- und gestaltbaren Erdenwelt entstanden war. Ingenieure und Architekten begannen zu ahnen, daß die neue Fülle ihrer empirischen Kenntnisse sich am besten mit Hilfe mathematischer Methoden ordnen und ausbeuten ließ. Leonardo da Vinci (1452–1519; 67), der sich lieber Ingenieur als Maler nannte, war der Meinung, keine Untersuchung könne wissenschaftlich heißen, wenn sie nicht ihren Weg durch mathematische Darlegung und Beweise nehme. In Italien hatte sich eine Wettbewerbsgesellschaft herausgebildet, die in zunehmendem

---

[1] Platon (427–347 v. Chr.; 80) und sein von ihm ganz verschiedener Schüler Aristoteles (384–322 v. Chr.; 62) gehören zu den wirkungsmächtigsten Philosophen der griechischen Antike und zu den geistigen Vätern des Abendlands.

Umfang Maschinen zur Steigerung und Rationalisierung der Produktion einsetzte; die Konstruktion dieser Maschinen warf natürlich eine Fülle mathematischer Probleme auf. 1492 eröffnete Kolumbus durch die Entdeckung Amerikas das Zeitalter der Hochseeschiffahrt. Damit wurde die Aufgabe vordringlich, zuverlässige Methoden zur Bestimmung des Längen- und Breitengrades zu finden. In diesem Zusammenhang entwickelte sich das Studium der Mondbewegung zu einem der wichtigsten Anliegen der Mathematik. Nach der Einführung des Schießpulvers im 13. Jahrhundert nahm das Geschützwesen einen gewaltigen Aufschwung, und damit entstand das Problem, die Bahnen der Geschosse und die Reichweiten der Kanonen zu bestimmen. Niccolò Tartaglia (1500?–1557; 57?) soll der erste gewesen sein, der in diesem Fragenbereich mathematische Methoden einsetzte. Im Auftrag des Großherzogs der Toskana beschäftigte sich auch Galileo Galilei (1564–1642; 78) mit ballistischen Problemen und fand dabei heraus, daß die Geschoßbahn (ohne Luftwiderstand) eine Parabel ist. Um 1600 bauten holländische Linsenschleifer die ersten Mikroskope und Teleskope; 1618 entdeckte Willebrord Snell (1580–1626; 46) das Brechungsgesetz. Wir haben schon in Nr. 46 erzählt, wie damit von der Praxis her das Tangentenproblem auf die Mathematik zukam, ein Problem, das natürlich auch rein mathematisch von großem Interesse war und bereits von den Alexandrinern für die Kegelschnitte, von Archimedes für die archimedische Spirale erfolgreich angegriffen worden war. Daß Methoden zur Inhaltsberechnung ebener und räumlicher Bereiche gerade für die Anwendungen wichtig waren, versteht sich fast von selbst; als deftiger Beleg diene der Titel eines Keplerschen Buches aus dem Jahre 1615 *Nova stereometria doliorum vinariorum* (Neue Raummeßkunst der Weinfässer).

Von überragender Bedeutung für die Entwicklung der Analysis wurde das Programm, das Galilei für die Physik aufstellte. Dieser Feuerkopf machte Ernst mit dem pythagoreischen Glaubensbekenntnis „Alles ist Zahl". Mit leidenschaftlicher Energie und beißendem Sarkasmus bekämpfte er die überkommene, auf Aristoteles zurückgehende qualitative Physik, die sich in fruchtlosen Spekulationen über wirkende Ursachen und Endursachen erschöpfte, und deren Erklärungen oft so atemberaubend leer waren wie die Antwort des Prüflings in Molières *Le malade imaginaire* auf die Frage, warum das Opium einschläfere: „Weil in ihm eine einschläfernde Kraft ist." Galilei revolutionierte die Physik durch die Aufgabe, Naturvorgänge nicht *qualitativ zu erklären,* sondern *quantitativ zu beschreiben.* Nach seiner Auffassung ist das Buch der Natur in *mathematischer* Sprache geschrieben, ein Satz, den auch Pythagoras und Platon hätten sagen können, und in dem einer der entscheidenden Grundzüge der modernen Kultur, das enge Bündnis zwischen Mathematik und Naturwissenschaft, zum ersten Mal programmatisch ausgesprochen wird. Konsequenterweise macht Galilei *quantitative,* durch *Zahlen* angebbare Größen und Eigenschaften wie Abstand, Zeit, Geschwindigkeit, Beschleunigung, Gewicht usw. zu den Grundbegriffen seiner neuen Physik. Damit treten die praktisch so wichtigen *Bewegungsvorgänge* auch aus wissenschaftlichen Gründen in den Vordergrund des Interesses. Lassen wir Galilei selbst zu Worte kommen. In seinen berühmten *Discorsi e dimostrazioni matematiche intorno a due nuove scienze* (Unterredungen und mathematische Demonstrationen über zwei neue Wissenschaften, 1638) schreibt er:

Über einen sehr alten Gegenstand bringen wir eine ganz neue Wissenschaft. Nichts ist älter in der Natur als die Bewegung, und über dieselbe gibt es weder wenige noch geringe Schriften der Philosophen. Dennoch habe ich deren Eigenschaften in großer Menge und darunter sehr wissenswerte, bisher aber nicht erkannte und noch nicht bewiesene, in Erfahrung gebracht. Einige leichtere Sätze hört man nennen, wie z. B., daß die natürliche Bewegung fallender schwerer Körper eine stetig beschleunigte sei. In welchem Maße aber diese Beschleunigung stattfindet, ist bisher nicht ausgesprochen worden; denn so viel ich weiß, hat niemand bewiesen, daß die von fallenden Körpern in gleichen Zeiten zurückgelegten Strecken sich zueinander verhalten wie die ungeraden Zahlen. Man hat beobachtet, daß Wurfgeschosse eine gewisse Kurve beschreiben; daß letztere aber eine Parabel sei, hat niemand gelehrt. Daß aber dieses sich so verhält..., soll von mir bewiesen werden....

Galilei machte „Bewegung" zum beherrschenden physikalischen Begriff des 17. und 18. Jahrhunderts. Umgekehrt mußte die Galileische Mathematisierung der Physik dazu führen, daß der Bewegungsbegriff in stärkstem Maße auf die Mathematik zurückwirkte. Dies war in der Tat der Fall. Das Denken in Bewegungen und Bewegungsgesetzen wurde bei den Mathematikern nach und nach zu einem Denken in variablen Größen und funktionalen Beziehungen. Die statische Geometrie wich dem Studium der Veränderungsprozesse — ein Umstand, der früher oder später mit Notwendigkeit zur Analysis führen mußte. Konkrete Bewegungsprobleme, insbesondere die Frage, wie man aus dem Weg-Zeit-Gesetz eines Körpers seinen Geschwindigkeitsverlauf finden könne und umgekehrt, brachten Newton dazu, seinen *Calculus* zu entwickeln. Nicht von ungefähr finden sich denn auch bei Galilei selbst bereits die ersten Ansätze dazu. In den *Discorsi* gewinnt er aus dem Geschwindigkeit-Zeit-Gesetz $v = bt$ der gleichförmig beschleunigten Bewegung ihr Weg-Zeit-Gesetz $s = (1/2)bt^2$ durch eine „Integration", die auf Indivisibelnbetrachtungen beruht. Wir schildern sein Vorgehen in einer vereinfachten und gleichzeitig verallgemeinerten Form, die bereits vor Newton zu der Einsicht führte, daß der Weg, den ein Körper K zurücklegt, durch die Fläche unter seiner Geschwindigkeitskurve $v = v(t)$ gegeben wird (wobei übrigens der Begriff der Geschwindigkeit selbst als problemlos empfunden wurde). Die in Fig. 240.1 eingezeichneten Parallelen zur v-Achse stellen die variablen Geschwindigkeiten von K dar. Diese Parallelen faßt Galilei aber auch

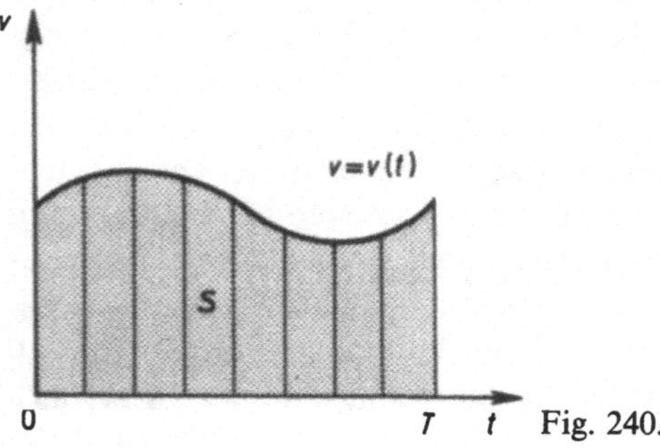

Fig. 240.1

als die „Geschwindigkeitsmomente" von K auf, d. h. als die infinitesimalen Strecken, welche K in einem unendlich kleinen Zeitintervall durchläuft[1]. (Er drückt sich allerdings nicht so aus und sagt auch nicht, ob er etwa eine solche Parallele als ein schmales Rechteck der Höhe $v(t)$ und der kleinen Breite Δt interpretiert, dessen Inhalt $v(t)\Delta t$ jedenfalls näherungsweise den von K im

---

[1] Infinitesimale oder unendlich kleine Größen sind jene seltsamen Gebilde, die kleiner sind als jede „angebbare Größe" und doch nicht verschwinden. So gespensterhaft sie auch scheinen mögen — sie sind im 17. und 18. Jahrhundert die Zugochsen der Analysis gewesen.

Zeitintervall Δt durchlaufenen Weg angibt.) Nach der Indivisibelnhypothese ist nun die in Fig. 240.1 schattierte Fläche S die „Summe" aller Parallelen zur v-Achse. Aus der Deutung der letzteren als Geschwindigkeitsmomente folgt damit, daß der von K in der Zeit T zurückgelegte Weg in der Tat durch S wiedergegeben wird.

In moderner Sprechweise können wir sagen, daß es Galilei durch diese Überlegungen gelungen ist, eine Funktion aus ihrer Ableitung zu rekonstruieren, und zwar durch eine Vorahnung des Riemannschen Integrationsprozesses. Ganz ähnliche Betrachtungen hatte übrigens bereits der französische Bischof und Naturphilosoph Nicole Oresme (1323?–1382; 59?) angestellt.

In markantem Unterschied zu Archimedes hielt Galilei seine Indivisibelnbetrachtungen trotz ihrer Verschwommenheit für stichhaltig und versuchte nicht, sie durch strenge Beweise zu untermauern. Wie er überhaupt zu der Indivisibelnauffassung gekommen ist, läßt sich kaum noch feststellen. Die Methodenschrift des Archimedes war zu seiner Zeit nicht bekannt. Vielleicht war er beeinflußt von Keplers *Nova stereometria*, in der ausgiebig Infinitesimalbetrachtungen benutzt werden, um Flächen- und Rauminhalte zahlreicher Figuren zu berechnen[1]. Aber ebensogut kann er auch von dem physikalischen Atomismus zu dem geometrischen der Indivisibelnmethode übergegangen sein. Wie dem auch sei — Galilei war von der Kraft dieser Methode so überzeugt, daß er seinen Freund und Schüler Bonaventura Cavalieri (1598?–1647; 49?) dazu drängte, sie weiter auszubauen. Letzterer veröffentlichte 1635 sein außerordentlich einflußreiches und dunkles Buch *Geometria indivisibilibus continuorum nova quadam ratione promota* (Geometrie, vorangebracht durch die neue Methode der Indivisibeln der Kontinua). In ihm versucht Cavalieri, die bisherigen Ansätze der Indivisibelnmethode zusammenzufassen und zu systematisieren. Das wichtigste Resultat dieser Bemühungen ist das sogenannte *Cavalierische Prinzip,* das folgendes besagt: Zwei Raumkörper K_1, K_2 mögen ein und dieselbe Höhe haben. $Q_i(x)$ sei der Schnitt von K_i mit einer Ebene, die den Abstand x von der Grundfläche des Körpers K_i hat und parallel zu derselben liegt. Ist dann $Q_1(x)/Q_2(x)=c$ für alle in Frage kommenden x, so gilt auch $K_1/K_2=c$ (vgl. Satz 203.3).

Mit Hilfe seiner Methoden gelang es Cavalieri etwas später, Inhaltsaussagen zu finden, die wir heute in der Form

$$\int_0^a x^n\,\mathrm{d}x = \frac{a^{n+1}}{n+1} \qquad \text{für } n=1, 2, \ldots, 9$$

schreiben würden.

Cavalieris Indivisibelnmethode konnte schon deshalb nicht anders als dunkel und schwer verständlich sein, weil er nirgendwo eine faßliche Erklärung der Indivisibeln

---

[1] Kepler interpretiert z. B. den Kreis als ein reguläres Polygon mit unendlich vielen Ecken. Er denkt sich Radien zu diesen Ecken gezogen und kann nun den Kreis als Summe unendlich vieler infinitesimaler Dreiecke auffassen (wobei er die Grundlinien derselben je nach Bedarf als geradlinig oder als Teile der Kreisperipherie ansieht). Indem er auf jedes dieser Dreiecke die bekannte Inhaltsformel anwendet und alle diese Inhalte addiert, erhält er den Kreisinhalt als das halbe Produkt des Kreisumfangs mit dem Radius.

selbst gab. Im wesentlichen begnügte er sich mit dem suggestiven Bild, daß eine ebene Figur aus parallelen Strecken aufgebaut ist wie ein Gewebe aus Fäden, und daß ein Raumkörper aus Parallelschnitten besteht wie ein Buch aus Seiten — wobei man sich allerdings die geometrischen Fäden und Seiten unendlich dünn und in unendlicher Anzahl denken muß. Es ist kein Wunder, daß Cavalieris vage Methoden bereits von seinen Zeitgenossen heftig kritisiert wurden; man wußte ja schließlich durch die Schriften des Archimedes, wie strenge Inhaltsbestimmungen aussehen. Cavalieri konnte nichts Stichhaltiges erwidern und verlegte sich darauf, seine Indivisibeln anzupreisen, weil mit ihnen doch viel leichter umzugehen sei als mit der schwerfälligen Exhaustionsmethode. Sein letzter Ausweg war der verblüffende Hinweis, Strenge sei Sache der Philosophie, nicht der Mathematik. Die Analysis des 17. und 18. Jahrhunderts macht häufig den Eindruck, als sei dieses zweite Cavalierische Prinzip ihr Lebenselement gewesen.

Die Methoden Keplers und Cavalieris waren eine radikale Abkehr von der Mühsal der Exhaustion. Zahlreiche andere Mathematiker versuchten, das antike Verfahren zwar nicht abzuschaffen, aber doch so zu modifizieren, daß es weniger drückte. Hier boten sich zwei Möglichkeiten an. Erstens konnte man versuchen, ohne Rücksicht auf spezielle Eigenschaften des vorgelegten Gebildes *Standardfiguren* zur Approximation zu benutzen (z. B. Rechtecke im ebenen, Quader im räumlichen Fall). Zweitens konnte man daran denken, den doppelten Widerspruchsbeweis am Ende der Exhaustionsbetrachtung durch das zu ersetzen, zu dessen Vermeidung er gerade gedacht war, nämlich durch ein *Grenzwertargument*. Hierbei ist aber sofort anzumerken, daß ein Grenzwertbegriff im strengen Sinne damals gar nicht vorhanden war und alle Grenzübergänge infolgedessen nur gefühlsmäßig vollzogen wurden. Wir wollen diese Dinge an zwei Beispielen verdeutlichen, wobei wir uns moderner Schreibweisen bedienen.

1. Zu berechnen sei die Fläche F zwischen der Parabel $y = x^2$ und dem Intervall $I := [0, a]$ $(a > 0)$. Diese Aufgabe ging Giles Persone de Roberval (1602–1675; 73) im wesentlichen folgendermaßen an. Er zerlegte I durch die Punkte $x_k := k\,(a/n)$ $(k = 1, \ldots, n)$ in n gleiche Teile der Länge a/n und sah die Rechtecksumme

$$R_n := \sum_{k=1}^{n} \frac{a}{n}\, x_k^2 = \left(\frac{a}{n}\right)^3 \sum_{k=1}^{n} k^2$$

als eine Näherung für F an. Die Summe der n ersten Quadratzahlen war ihm bekannt (s. Satz 7.7b), infolgedessen konnte er R_n auf die Form bringen

$$R_n = \left(\frac{a}{n}\right)^3 \frac{n(n+1)(2n+1)}{6} = \frac{a^3}{3} + \frac{a^3}{2n} + \frac{a^3}{6n^2}. \tag{240.1}$$

Bei unbegrenzter Verfeinerung der Intervalleinteilung approximiert R_n die gesuchte Fläche F immer besser, und da die mit n behafteten Glieder auf der rechten Seite von (240.1) für große n fast nichts mehr zu R_n beitragen, ergibt sich $F = a^3/3$. Diese „Grenzbetrachtungen" sind bei Roberval allerdings weitaus verklausulierter, als wir sie hier dargestellt haben.

2. Durch eine unorthodoxe Modifikation des obigen Gedankenganges gelang es Pierre de Fermat (1601–1665; 64), mit einem Schlag alle Parabeln $y = x^\alpha$ mit rationalem $\alpha > 0$ zu „quadrieren", d. h., den Inhalt ihrer Ordinatenmengen zu berechnen. Fermat betrachtet *unendlich* viele Teilpunkte $x_k := a t^{k-1}$ ($k = 1, 2, \ldots$) des Intervalls $[0, a]$, wobei t eine zunächst feste positive Zahl < 1 sein soll. Die zugehörige Rechtecksumme ist

$$R(t) := \sum_{k=1}^{\infty} (x_k - x_{k+1})(a t^{k-1})^\alpha = \sum_{k=1}^{\infty} a t^{k-1}(1-t) a^\alpha (t^\alpha)^{k-1}$$

$$= a^{\alpha+1}(1-t) \sum_{k=1}^{\infty} (t^{\alpha+1})^{k-1} = a^{\alpha+1} \frac{1-t}{1-t^{\alpha+1}}.$$

$R(t)$ approximiert die gesuchte Fläche F um so besser, je schmaler die Rechtecke sind, d. h., je näher t bei 1 liegt. Infolgedessen ist

$$F = \lim_{t \to 1} R(t) = a^{\alpha+1} \lim_{t \to 1} \frac{1-t}{1-t^{\alpha+1}} = \frac{a^{\alpha+1}}{\alpha+1},$$

ein Ergebnis, das wir heute in der Form

$$\int_0^a x^\alpha \, dx = \frac{a^{\alpha+1}}{\alpha+1} \qquad (\alpha \text{ rational und positiv})$$

schreiben würden. Wir müssen uns aber vor Augen halten, daß alle Grenzbetrachtungen bei Fermat auf schwankendem Boden stehen. Er selbst muß sich über die Lücken in seiner Deduktion klar gewesen sein; denn er sagt, daß das Ergebnis durch einen längeren Beweis „in der Art des Archimedes" bestätigt werden könne.

Die Zahl der Mathematiker, die sich im sechzehnten und siebzehnten Jahrhundert mit Quadraturen und Kubaturen (Flächen- und Volumenbestimmungen) beschäftigten, ist Legion. Sie alle verwenden die Indivisibelnmethode oder eine modifizierte, mit ruchlosen Grenzübergängen arbeitende Exhaustion. Alle fühlen sich bei diesen Manövern unwohl, werfen sich gegenseitig mangelnde Strenge vor, versichern wie Fermat, sie selbst könnten ihre Resultate „in der Art des Archimedes" beweisen — und scheuen dann doch davor zurück. Zu nennen sind vor allem der Kriegsingenieur Simon Stevin (1548–1620; 72); Luca Valerio (1552–1618; 66), den Galilei vollmundig den „neuen Archimedes" nannte; der Jesuit Gregorius a Sancto Vincentio (1584–1667; 83), der das Wort Exhaustion einführte; Evangelista Torricelli (1608–1647; 39), Schüler Galileis und Erfinder des Barometers; John Wallis (1616–1703; 87), der die geometrischen Methoden zugunsten der algebraischen zurückzudrängen suchte (der grimmige Philosoph Thomas Hobbes — „Der Mensch ist dem Menschen ein Wolf" — fertigte Wallis' *Arithmetica infinitorum* dieser unerhörten Tendenz wegen als ein „verächtliches Buch" und eine „Krätze von Symbolen" ab); Blaise Pascal (1623–1662; 39), den Frankreich zu seinen glänzendsten Schriftstellern und die Welt zu ihren tiefsten Theologen zählt; der große Physiker Christiaan Huygens (1629–1695; 66); Isaac Barrow (1630–1677; 47), der Lehrer Newtons, und James Gregory (1638–1675; 37), der nachdrücklich darauf hinwies, daß Quadraturen und Kubaturen eine ganz neue Operation, den *Grenz-übergang,* erfordern und der den Ausdruck „konvergente Reihe" aufbrachte.

Wir wenden uns nun dem zweiten großen Problem des 17. Jahrhunderts zu, dem Tangentenproblem, von dem René Descartes (1596–1650; 54) meinte, es sei „das nützlichste und allgemeinste Problem", das er kenne. Auch an seiner Lösung haben viele Mathematiker schon vor Newton und Leibniz gearbeitet; wir nennen nur Roberval, Torricelli, Descartes selbst, Fermat und Barrow. Hier müssen wir uns damit begnügen, die Fermatsche und Barrowsche Methode darzustellen. Fermat erläutert sein Verfahren in der Schrift von 1637 *Methodus ad disquirendam maximam et minimam* (Methode zur Bestimmung eines Maximums und Minimums). Die Erläuterung besteht allerdings lediglich darin, daß er die Tangente an eine quadratische Parabel konstruiert. Sein Gedankengang ist, allgemein gefaßt und in heutiger Schreibweise dargestellt, der folgende (s. dazu Fig. 240.2).

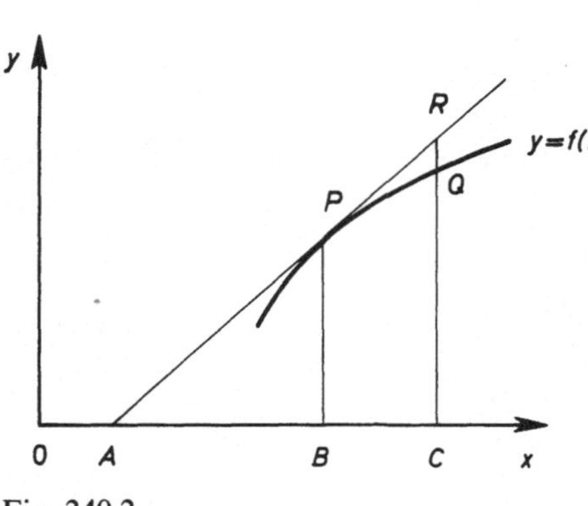

Fig. 240.2

Um die Tangente an die Kurve $y = f(x)$ konstruieren zu können, genügt es, die sogenannte Subtangente AB zu kennen. Um deren Bestimmung geht es im folgenden. Der Grundgedanke Fermats besteht nun darin, neben dem Punkt B einen weiteren Punkt C zu wählen und statt der exakten Verhältnisgleichung $CR:BP = AC:AB$ die Näherungsproportion

$$CQ:BP \approx AC:AB \tag{240.2}$$

zu betrachten. Ist $OB = \xi$ und $BC = e$, so geht sie über in $\dfrac{f(\xi + e)}{f(\xi)} \approx \dfrac{AB + e}{AB}$. Gehen wir mit ihr um wie mit einer Gleichung, so erhalten wir

$$f(\xi + e) \cdot AB \approx f(\xi) \cdot AB + f(\xi)e$$

und somit

$$\frac{f(\xi + e) - f(\xi)}{e} \approx \frac{f(\xi)}{AB}.$$

Fermat führt links die Division durch e explizit aus (dies war in seinem Beispiel möglich) und erhält, in unserer Ableitungsschreibweise, die Beziehung

$$f'(\xi) + \rho(e) \approx \frac{f(\xi)}{AB}.$$

Und nun streicht er ohne nähere Begründung den Term $\rho(e)$ und macht dabei gleichzeitig aus der Näherungsgleichung eine Gleichung; er erhält so $f'(\xi) = f(\xi)/AB$. Aus ihr ergibt sich die gesuchte Subtangente AB zu $f(\xi)/f'(\xi)$. „Diese Methode versagt nie" bemerkt er befriedigt (oder um sich Mut zu machen). Und das trifft tatsächlich zu, wie wir aufgrund des Satzes 46.3 wissen, sofern nur vernünftige Voraussetzungen erfüllt sind. Von einer expliziten *Grenzbetrachtung,* sei sie auch noch so vage, ist jedoch bei Fermat nirgendwo die Rede. Er sagt noch nicht einmal, daß C *nahe* bei B zu wählen sei oder gegen B rücken solle. Nur die „Pseudogleichung" (240.2) und die kommentarlose Anweisung, $\rho(e)$ zu streichen, erinnern daran, daß ihm irgendwelche Grenzübergänge vorgeschwebt haben müssen.

Expliziter als bei Fermat äußern sich Infinitesimalvorstellungen in Barrows *Lectiones geometricae* (Geometrische Vorlesungen, 1670). Barrow denkt sich eine Kurve durch die Gleichung $F(x, y) = 0$ gegeben und möchte in ihrem Punkte P die Tangente AP konstruieren (s. Fig. 240.3). Er betrachtet dazu, wie er sagt, einen „unendlich kleinen Bogen" PQ der Kurve, setzt $a := SQ$, $e := PS$ und will a mit e „und durch sie BP mit AB" vergleichen. Mit anderen Worten: Er setzt

$$\frac{a}{e} = \frac{BP}{AB} \qquad \left(\text{statt } \frac{SR}{e} = \frac{BP}{AB}\right), \tag{240.3}$$

was darauf hinausläuft, die beiden infinitesimalen Dreiecke PSQ und PSR zusammenfallen zu lassen. Wenn er a/e kennt, kann er aus dieser Gleichung die Subtangente AB bestimmen und dann auch die Tangente konstruieren. Zur Berechnung des Quotienten a/e geht er nun — in heutiger Darstellung — folgendermaßen vor. Es sei $P = (\xi, \eta)$, also $Q = (\xi + e, \eta + a)$. Da P und Q Kurvenpunkte sind, ist

$$F(\xi, \eta) = F(\xi + e, \eta + a) = 0$$

und somit auch

$$F(\xi + e, \eta + a) - F(\xi, \eta) = 0.$$

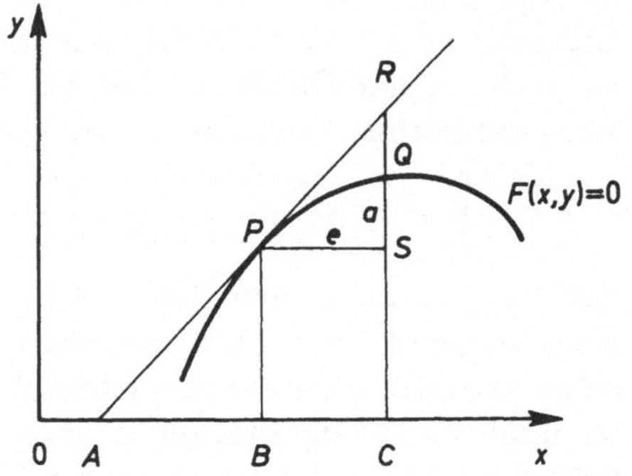

Fig. 240.3

Bei Barrow ist F ein Polynom in zwei Veränderlichen; er kann also die letzte Gleichung durch einfache Umformungen auf die Gestalt

$$\varepsilon e + \alpha a + r(e, a) = 0 \tag{240.4}$$

bringen, wobei $r(e, a)$ eine Linearkombination von Gliedern der Form e^m, a^m ($m \geqslant 2$) und $e^j a^k$ ($j, k \geqslant 1$) ist. In unserer Sprechweise ist natürlich

$$\varepsilon = \frac{\partial F(\xi, \eta)}{\partial x} \qquad \text{und} \qquad \alpha = \frac{\partial F(\xi, \eta)}{\partial y}.$$

Und nun sagt Barrow: „In der Rechnung lasse ich alle Glieder weg, die eine Potenz von a oder e oder Produkte dieser Größen enthalten (denn diese Glieder haben keinen Wert)." Mit anderen Worten: In (240.4) streicht er den Ausdruck $r(e, a)$, gewinnt so die Gleichung $\varepsilon e + \alpha a = 0$ und daraus die Beziehung $a/e = -\varepsilon/\alpha$. Mit (240.3) folgt nun $BP/AB = -\varepsilon/\alpha$, woraus sich sofort die gesuchte Subtangente AB berechnen läßt (vgl. (170.8)).

Das infinitesimale Dreieck PSQ, in dem man das unendlich kleine Kurvenstück PQ mit dem unendlich kleinen Tangentenstück PR identifiziert[1], wurde später von Leibniz das **charakteristische Dreieck** (*triangulum characteristicum*) genannt. Es taucht schon vor Barrow bei Pascal im Zusammenhang mit Flächenbestimmungen auf und spielt in der Analysis des 17. Jahrhunderts eine beherrschende Rolle.

Barrow ist mit der Methode der infinitesimalen Größen und Indivisibeln wahrscheinlich während eines längeren Aufenthaltes in Italien vertraut geworden. In seinen *Lectiones* verteidigt er sie mit den folgenden Worten:

Um der Einfachheit, Kürze und Durchsichtigkeit willen spreche ich in der Sprache der Atomisten; und ich habe keine Bedenken, ihre Methode zu benutzen; denn sie ist wahr. Die Methode der Indivisibeln ist die bequemste von allen und nicht weniger gewiß und unfehlbar, wenn sie richtig angewandt wird.

Daß Tangenten- und Flächenbestimmungen zueinander inverse Operationen sind (eine Beziehung, die wir heute durch die beiden Hauptsätze der Differential- und Integralrechnung beschreiben), war den Mathematikern in einigen Sonderfällen schon frühzeitig aufgefallen. Galilei hatte ja bereits aus dem Geschwindigkeit-Zeit-Gesetz $v = bt$ durch eine Quadratur das Weg-Zeit-Gesetz $s = (1/2)bt^2$ gefunden, und spätestens seit Fermat kannte man die „inversen Gleichungen"

$$\int_0^x t^n \, dt = \frac{x^{n+1}}{n+1}, \qquad \frac{d}{dx} \frac{x^{n+1}}{n+1} = x^n \qquad (n \in \mathbf{N}).$$

Vor Newton und Leibniz ist wohl Barrow am tiefsten in die Beziehungen zwischen dem Tangenten- und Flächenproblem eingedrungen. In seinen *Lectiones* beweist er einen Satz, den man das geometrische Äquivalent des zweiten Hauptsatzes der Differential- und Integralrechnung nennen kann (Satz 11 der 10. Vorlesung). Barrow betrachtet eine positive und wachsende Funktion $f(x)$, $0 \leqslant x \leqslant a$ (wir würden heute hinzufügen, daß sie auch noch stetig sein soll), und daneben ihre Flächenfunktion $F(x)$, also in moderner Schreibweise die Funktion

$$F(x) := \int_0^x f(t) \, dt, \qquad 0 \leqslant x \leqslant a.$$

Die Schaubilder dieser beiden Funktionen zeichnen wir in ein xy- bzw. xz-Koordinatensystem ein, wie es Fig. 240.4 angibt. $D := (\xi, 0)$ sei ein vorgegebener Punkt auf der x-Achse. Der Punkt T auf der x-Achse wird so bestimmt, daß $DT = DP/DQ$ ist. Und nun beweist Barrow, daß TP die Kurve $z = F(x)$ nur im Punkte P berührt, also die Tangente an diese Kurve in P ist. Da die Steigung von TP einerseits durch

---

[1] Barrow drückt sich so aus: „Wenn der Bogen PQ als unendlich klein angenommen wird, dürfen wir ihn ohne Bedenken durch das kleine Tangentenstück ersetzen."

$$\frac{DP}{DT} = \frac{DP}{DP/DQ} = DQ = f(\xi)$$

gegeben wird, andererseits aber auch $= F'(\xi)$ ist, muß also $F'(\xi) = f(\xi)$ sein — und das ist gerade der zweite Hauptsatz. Im Satz 19 der 11. Vorlesung gibt Barrow dann auch noch eine geometrische Version des ersten Hauptsatzes.

Rückblickend können wir sagen, daß bis zum Jahre 1670, dem Erscheinungsjahr der *Lectiones,* eine erstaunliche Fülle von Ergebnissen aus dem Bereich der Infinitesimalanalysis zusammengetragen worden war. Aber diese Ergebnisse schlossen sich nicht zu einer Differential- und Integralrechnung in unserem

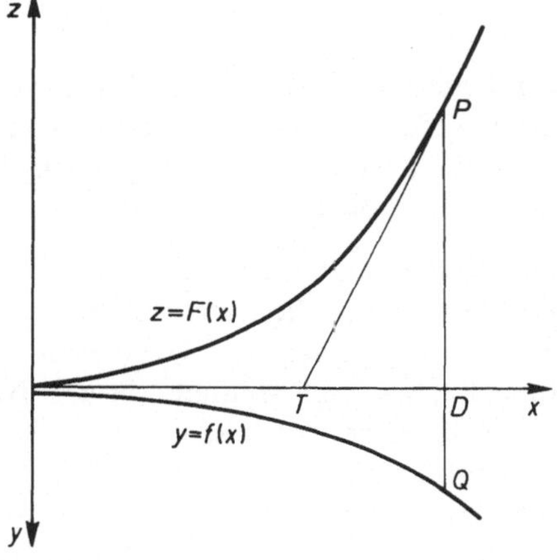

Fig. 240.4

Sinne zusammen, sie bildeten keinen *Calculus*[1]*: Man hatte Tangentenbestimmungen, Quadraturen und Kubaturen in einer Unzahl von speziellen Fällen durchgeführt — aber man hatte dabei nicht die Operationen des Differenzierens und Integrierens als eigenständige und eigentümliche Prozesse herausgeschält, infolgedessen hatte man auch keine Namen, keine Symbole und keine Regeln für diese Operationen — und keine Vorstellung von ihrer Wichtigkeit. Man wußte gar nicht, daß man schon die ersten Schritte auf mathematisches Neuland getan hatte, sondern glaubte immer noch, auf dem Boden der klassischen Geometrie zu stehen. Vielleicht wird dies nirgendwo sinnfälliger als in der geometrisch verklausulierten Fassung des zweiten Hauptsatzes in Barrows *Lectiones,* der in dieser Form steril bleiben mußte und überhaupt nicht als ein *Hauptsatz* begriffen werden konnte. Um einen *Calculus* zu schaffen, ein System allgemein anwendbarer *Rechen*verfahren zur Lösung der vielfältigen Infinitesimalprobleme, mußte man sich zunächst von der klassischen Geometrie emanzipieren und an ihre Stelle die Buchstabenalgebra des François Vieta (1540–1603; 63) und die von Fermat und Descartes um 1637 geschaffene *analytische* Geometrie setzen. In diesem Prozeß war Wallis mit seiner *Arithmetica infinitorum* von 1655 die treibende Kraft. Die große Synthese aber, der befreiende Durchbruch zu allgemeinen *Methoden* und einem geschmeidigen *Kalkül* blieb den beiden größten Mathematikern des 17. Jahrhunderts vorbehalten: Newton und Leibniz. Durch sie wurde aus verstreuten Einzelheiten das leistungsfähigste Instrument geschaffen, das jemals dem forschenden Menschengeist an die Hand gegeben wurde. Sie trugen entscheidend dazu bei, daß aus dem 17. Jahrhundert das Jahrhundert des großen Aufbruchs wurde, das Jahrhundert der wissenschaftlichen Revolution, das Schicksalsjahrhundert der europäischen Kultur.

---

[1] Das lateinische Wort *calculus* bedeutet ursprünglich „Steinchen" und bezeichnete bei den Römern u. a. den Rechenstein. In den angelsächsischen Ländern wird es noch heute zur Bezeichnung einer elementaren Differential- und Integralrechnung verwendet, die mehr das Kalkülmäßige als die strenge Begründung betont.

241 Newton

Im Todesjahr Galileis kam Isaac Newton (1642–1727; 85) auf einem Bauernhof in dem Weiler Woolsthorpe zur Welt. Er war so winzig und schwach, daß jedermann glaubte, er werde nach wenigen Tagen sterben. Er lebte aber 85 Jahre und wurde einer der Größten im Reiche des Geistes.

Der Junge taugte nicht recht auf dem Hof (er las und bastelte zuviel); man schickte ihn deshalb auf die Lateinschule des benachbarten Städtchens Grantham und 1661 zum *Trinity College* der Universität Cambridge. Dort warf er sich unter der Anleitung Barrows auf Mathematik und Naturwissenschaften, ohne jedoch zunächst sein Genie erkennen zu lassen; er trug sich vorübergehend sogar mit dem Gedanken, zur Jurisprudenz überzuwechseln. Sein Durchbruch — der großartigste, den die Wissenschaftsgeschichte kennt — kam während der Pestjahre 1665/66, als die Universität geschlossen wurde und der Dreiundzwanzigjährige sich in die Stille und Abgeschiedenheit seines Heimatdorfes zurückzog. In diesen beiden Jahren legte er die Grundlagen seines *Calculus,* seiner Mechanik, Gravitationslehre und Kosmologie und entdeckte, daß das weiße Licht aus den Spektralfarben zusammengesetzt ist. „Dies alles", sagte er gegen Ende seines Lebens, „dies alles geschah in den zwei Pestjahren 1665 und 1666; denn in jenen Tagen war meine Erfindungskraft auf ihrem Höhepunkt, und niemals wieder lagen mir Mathematik und Philosophie [Naturwissenschaft] so sehr am Herzen wie damals."

Im Frühjahr 1667 kehrte er nach Cambridge zurück, um sein Abschlußexamen zu machen. Über seine epochalen Entdeckungen schwieg er sich aus; erst 1669 gab er Barrow ein Manuskript mit dem Titel *De analysi per aequationes numero terminorum infinitas* (Über die Analysis mittels Gleichungen mit unendlich vielen Gliedern), das die entscheidenden Ideen seines *Calculus* enthält. In demselben Jahr gab Barrow seinen Lehrstuhl auf, um sich theologischen Studien zuzuwenden. Er empfahl der Universität, Newton, „ein unvergleichliches Genie", als seinen Nachfolger zu berufen, und so geschah es auch. Ein Vierteljahrhundert lang wirkte und wohnte nun Newton im *Trinity College.* Seine Lehrerfolge hielten sich in Grenzen. „Er hatte wenig Hörer", erzählt uns sein Gehilfe Humphrey Newton, „und noch weniger solche, die ihn verstanden… Wenn er gar keine Hörer hatte, kehrte er für gewöhnlich in sein Zimmer zurück."

Die wissenschaftliche Welt wurde auf den jungen Mann erst 1671 aufmerksam, aber nicht etwa wegen einer interessanten Veröffentlichung — eine solche gab es bisher von Newton nicht —, sondern weil er eigenhändig ein leistungsfähiges Spiegelteleskop gebaut hatte. Die vor kurzem gegründete *Royal Society* ernannte ihn zu ihrem Mitglied, und hierdurch aufgemuntert reichte er bei ihr 1672 eine Arbeit über seine neue Licht- und Farbentheorie ein. Diese erste Publikation des bisher unausgewiesenen Forschers erregte heftige und langdauernde Kritik, durch die sich Newton tief verletzt fühlte. Einige Jahre später klagte er gegenüber Leibniz, er sei mit Diskussionen über seine Lichttheorie so „verfolgt" worden, „daß ich meiner eigenen Dummheit die Schuld daran gab, ein so kostbares Gut wie meine Ruhe aufgegeben zu haben, um einem Schatten nachzulaufen". Die angeborene Scheu Newtons, seine Ergebnisse zu veröffentlichen, wurde durch diese unerquicklichen Dispute noch tiefer und ausgeprägter, und seine Furcht vor wissenschaftlichen Streitereien nahm mit der Zeit geradezu pathologische Züge an. 1686 schrieb er Halley voll Bitterkeit, die Philosophie [Naturwissenschaft] sei „eine so streitsüchtige Dame, daß man sich ebensogut wie mit ihr auch auf Rechtshändel einlassen könne".

Edmond Halley (1656–1742; 86) ist durch den Halleyschen Kometen unsterblich geworden. Aber vielleicht besteht sein größter Ruhm doch darin, Newton durch ständiges Drängen und Zureden so weit gebracht zu haben, die *Philosophiae naturalis principia mathematica* (Mathematische Prinzipien der Naturphilosophie) zu schreiben. Das Jahr 1687, in dem die *Principia* erschienen, wird ewig ein denkwürdiges Datum sein. Mit ihm beginnt das Bündnis zwischen Mathematik und Physik, das Pythagoras verkündet und Galilei geschlossen hatte, seine tiefgreifenden Wirkungen zu entfalten. Dieses Jahrtausendbuch ist ganz im pythagoreisch-galileischen Geist gehalten. Newton geht es hier nicht darum, über die Ursachen der Erscheinungen und das Wesen der Kräfte zu spekulieren, sondern den mathematischen Bauplan der Natur aufzudecken: „Denn hier [in den *Principia*] beabsichtige ich nur, einen mathematischen Begriff dieser Kräfte zu geben, ohne ihre physikalischen Ursachen... zu betrachten." Alexander Pope hat die wahrhaft aufklärende Wirkung des Newtonschen Hauptwerkes in einem glänzenden Zweizeiler festgehalten:

> *Nature and Nature's laws lay hid in night;*
> *God said, „Let Newton be", and all was light.*

Newton hatte von 1669 bis 1687 wie ein Mönch im *Trinity College* gelebt, völlig vergraben in seiner Arbeit. Mehr als einmal hatte er die Nacht zum Tage gemacht und die Mahlzeiten übergangen. Man erzählt, er habe nach dem Aufwachen manchmal stundenlang unangekleidet auf seinem Bett gesessen und über ein Problem nachgedacht und habe oft vergessen, zu einem Besucher zurückzukehren, wenn er in ein anderes Zimmer geeilt sei, um einen plötzlichen Einfall aufzuschreiben. Unwillkürlich müssen wir hierbei an Archimedes denken. Newtons Genie scheint darin bestanden zu haben, daß er sich mehr als alle anderen Menschen einem Problem ganz und gar hingeben und es stunden- und tagelang mit höchster Konzentration festhalten konnte. „Ich halte", so sagt er selbst, „den Gegenstand meiner Untersuchung ständig vor mir und warte, bis das erste Dämmern langsam, nach und nach, in ein volles und klares Licht übergeht." Seine Forschungen galten übrigens durchaus nicht nur der Mathematik und Physik, sondern erstreckten sich auch auf Theologie und Chemie. Die beiden letzten Wissenschaften gaben ihm Gelegenheit, den starken mystischen Neigungen seiner Natur freien Lauf zu lassen. In den apokalyptischen und prophetischen Büchern der Bibel suchte er die Lösung der Welträtsel, und mit besonderer Hingabe studierte er den schlesischen Mystiker Jakob Böhme (1575–1624; 49). Das Problem der Trinität bewegte ihn tief; er selbst wurde, entgegen der offiziellen Kirchenmeinung, zum Unitarier, versuchte aber sein Leben lang ängstlich, diese häretische Abweichung vor anderen zu verbergen. Seine theologischen Manuskripte sind umfangreicher und waren in seinen Augen wertvoller als seine naturwissenschaftlichen Abhandlungen. In der Chemie fesselten ihn am meisten ihre alchimistischen Bezirke: die Transmutation der Metalle, der Stein der Weisen und das Lebenselixier. Seine Bibliothek enthielt viele alchimistische Bücher mit zahllosen Randbemerkungen von seiner Hand. Er hatte in Cambridge ein kleines Laboratorium, in dem er sich manchmal wochenlang aufhielt und das Feuer nicht ausgehen ließ. „Ich konnte nicht herausbringen", schreibt Humphrey Newton dazu, „was sein Ziel war, aber seine Mühe und sein Fleiß zu diesen Zeiten ließen mich denken, daß er auf etwas aus war, das jenseits menschlicher Kunst und Kraft lag."

Die theologischen und alchimistischen Studien beschäftigten ihn so sehr, daß man geschätzt hat, er habe insgesamt nur etwa zehn Jahre seines Lebens an mathematische und physikalische Untersuchungen gewandt. Immer wieder traten längere Perioden bei ihm auf, in denen er der „Philosophie" gleichgültig und sogar mit Widerwillen gegenüber stand. Schon als Dreiunddreißigjähriger äußerte er Abneigung gegen die Naturwissenschaften. Daß er sie überhaupt trieb, hatte religiöse Gründe (so jedenfalls sah er es selbst): Physik war Gottesdienst, weil sie den Weltplan des Schöpfers enthüllte. Im alttestamentlichen *Buch der Weisheit* (XI, 20) wird Gott mit den pythagoreisch klingenden Worten angeredet: „Du aber hast alles nach Maß, Zahl und Gewicht geordnet". Und in den *Principia* sagt Newton, er wolle darlegen, wie „alle Dinge geordnet wurden nach Maß, Zahl und Gewicht". Der Mann aus Woolsthorpe hatte ein sehr komplexes Wesen.

Schließlich forderten die inneren Spannungen seiner Natur, sein düster-weltabgewandtes Leben in Cambridge und die rücksichtslose Dauerbeanspruchung seiner Geisteskräfte ihren Tribut. 1693, kaum älter als fünfzig Jahre, erlitt er einen schweren Nervenzusammenbruch. Eine tiefe Melancholie überfiel ihn, die sich bis zu Anfällen von Verfolgungswahn steigerte. Ohne daß dauernde Schäden zurückblieben, verlor er doch, wie er selbst sagte, „die frühere Konsistenz" seines Geistes. Seine Freunde bemühten sich, ihn seinem klösterlichen Leben zu entreißen, und er selbst sehnte sich wohl auch danach, den Mauern von Cambridge den Rücken zu kehren. 1696 verließ er die Universität für immer und übernahm an der königlichen Münze in London das Amt des *Warden of the Mint;* drei Jahre später wurde er zum *Master of the Mint* bestellt. Mit Eifer wandte er sich der Münzreform und mit Leidenschaft der Aufgabe zu, Falschmünzer an den Galgen zu bringen. Von 1703 bis zu seinem Tode war er Präsident der *Royal Society,* 1705 wurde er geadelt und 1727 in der Westminster Abbey mit einem Pomp begraben, um den ihn mancher der anwesenden Herzöge beneidet haben mag.

Voltaire, der ungeheuchelte Bewunderung in der Regel nur für sich selbst empfand, rief einige Jahre später vor einer Büste Newtons begeistert aus: „Sie stellt das größte Genie dar, das existiert hat. Wenn man alle Genies des Universums vereinte, so würde er die Gesellschaft anführen." Gauß nannte einige Mathematiker *clarus* (berühmt), einige andere *clarissimus* (hochberühmt) — aber Newton ganz allein nannte er *summus* (überragend).[1]

---

[1] Voltaire hat durch seine *Éléments de la Physique de Newton* (1738) die Verbreitung des „Newtonianismus" in Frankreich mächtig gefördert. Nach dem Erscheinen dieses geistvollen

Wir wollen nicht verschweigen, daß es selbst Newtons Freunden nicht immer gelang, seinen Charakter als angenehm zu empfinden. Dieser tiefe Denker war hochgradig introvertiert, krankhaft mißtrauisch, übermäßig reizbar und von vielerlei Ängsten gepeinigt; wir würden ihn heute vielleicht neurotisch nennen. Aldous Huxley hat gemeint, als Mensch sei Newton ein Versager gewesen. Ein herbes Urteil, zu herb; denn Newton konnte auch großzügig und hilfsbereit sein, vor allem gegenüber jungen Menschen. Und die anstößigen Züge seines Wesens verschwanden mit zunehmendem Alter hinter einer ungekünstelten Leutseligkeit. Kurz vor seinem Tode sagte er die schönen Worte (und sie versöhnen mit manchem Peinlichen, das ihm früher anhaftete): „Ich weiß nicht, wie ich der Welt erscheine; aber mir selbst komme ich nur wie ein Knabe vor, der am Meeresstrand spielte und sich damit vergnügte, hin und wieder einen glatteren Kiesel oder eine hübschere Muschel als gewöhnlich zu finden, während der ganze große Ozean der Wahrheit unentdeckt vor mir lag."

Wir wenden uns nun der Entwicklung des Newtonschen *Calculus* zu. Sie beginnt, wie schon erwähnt, in den Jahren 1665/66, als sich der junge Student vor der Pest nach Woolsthorpe zurückgezogen hatte. Bezeichnenderweise geht Newton in seinen Untersuchungen nicht von geometrischen, sondern von physikalischen Fragen aus. Bereits im November 1665 formuliert und löst er das folgende Grundproblem:

Es sei eine Gleichung gegeben, welche die Beziehung von zwei oder mehr Strecken x, y, z usw. ausdrückt, die in derselben Zeit von zwei oder mehreren bewegten Körpern A, B, C usw. beschrieben werden. Zu finden ist die Beziehung ihrer Geschwindigkeiten p, q, r usw.

D.h.: Bewegen sich etwa zwei Körper A, B und hat A nach Ablauf der Zeit t die Strecke $x(t)$, B hingegen die Strecke $y(t)$ zurückgelegt, besteht ferner für alle in Frage kommenden Zeiten eine Gleichung

$$F(x(t), y(t)) = 0, \tag{241.1}$$

so möchte Newton eine Beziehung zwischen den Geschwindigkeiten p, q von A, B gewinnen. Diese Beziehung können wir mit unseren Mitteln natürlich sofort angeben. Aus (241.1) folgt durch Differentiation nach t

$$\frac{\partial F}{\partial x}\dot{x} + \frac{\partial F}{\partial y}\dot{y} = 0 \quad \text{und somit} \quad \frac{\partial F}{\partial x}p + \frac{\partial F}{\partial y}q = 0; \tag{241.2}$$

denn es ist ja $p = \dot{x}$ und $q = \dot{y}$. Selbstverständlich geht Newton anders vor. Seine Überlegungen, die er an der Gleichung

$$F(x, y) := ax + x^2 - y^2 = 0 \tag{241.3}$$

Buches schrieb ein entzückter Zeitgenosse: „Ganz Paris hallt von Newton wider, ganz Paris stammelt Newton, ganz Paris studiert und lernt Newton." Nur der Kuriosität wegen erwähnen wir auch das Buch des Grafen Algarotti *Eccovi il Neutonianismo per le Signore* („Hier ist er, der Newtonianismus für die Damen"). Bemerkenswert der erfahrungsgesättigte Satz: „Die Liebe eines Liebhabers nimmt ab wie der Kubus der Entfernung von seiner Mätresse und wie das Quadrat der Länge seiner Abwesenheit."

vorführt, verlaufen, leicht modifiziert, folgendermaßen. Er geht davon aus, daß sich ein Körper in einer unendlich kleinen Zeitspanne o so bewegt, als habe er eine konstante Geschwindigkeit; in einer solchen Zeitspanne legt also A die Strecke po und B die Strecke qo zurück[1]. Wegen (241.3) ist daher auch

$$a(x+po)+(x+po)^2-(y+qo)^2=0.$$

Daraus folgt, wenn wir ausmultiplizieren, (241.3) beachten und durch o dividieren,

$$ap+2xp-2yq+p^2o-q^2o=0.$$

„Nun sind die Terme", sagt Newton, „in denen o enthalten ist, unendlich viel kleiner als die, in denen es nicht enthalten ist. Daher bleibt, wenn wir sie wegstreichen,

$$ap+2xp-2yq=0.$$"

Damit hat Newton die gesuchte Beziehung zwischen p und q gefunden.

Dieses Verfahren ist natürlich genau dasselbe, das Barrow zur Tangentenbestimmung angewandt hat. Allerdings hat es nicht Newton von Barrow, sondern umgekehrt Barrow von Newton übernommen. Barrow erzählt in den *Lectiones,* daß er die Methode zur Tangentenbestimmung „durch Rechnung" (also nicht durch geometrische Konstruktion) auf den Rat eines Freundes hin einfügte, „und um so lieber, weil sie nützlicher und allgemeiner zu sein scheint, als diejenigen, die ich erörtert habe". Dieser Freund war Newton. Newton konnte mit seiner oben geschilderten Methode natürlich sofort die Tangenten an eine Kurve $F(x, y)=0$ konstruieren. Er dachte sich die Kurve als Bahn eines bewegten Punktes P, zerlegte die Bewegung von P in Komponenten nach den Achsen, stellte die Beziehung (241.2) zwischen den Komponentengeschwindigkeiten $\dot{x}, \dot{y}$ auf und hatte dann in $\dfrac{\dot{y}}{\dot{x}}=-\dfrac{\partial F/\partial x}{\partial F/\partial y}$ die Steigung des Geschwindigkeitsvektors, also auch die der Tangente, in dem jeweiligen Kurvenpunkt[2].

Haben wir ganz speziell die Kurve $y=x^{m/n}$ $(m, n\in \mathbf{N})$, sind also x und y durch die Gleichung $y^n=x^m$ miteinander verbunden, so liefert die Newtonsche Methode die Beziehung

$$ny^{n-1}\dot{y}=mx^{m-1}\dot{x}, \qquad \text{also} \qquad \frac{dy}{dx}=\frac{\dot{y}}{\dot{x}}=\frac{m}{n}x^{\frac{m}{n}-1};$$

der Leser möge dies zur Übung selbst überprüfen, indem er von der Gleichung $(y+\dot{y}o)^n=(x+\dot{x}o)^m$ ausgeht und Infinitesimalschlüsse verwendet.

Seine Woolsthorper Ergebnisse faßte Newton in einem Manuskript zusammen, das erst in unseren Tagen unter dem Namen *The October* 1666 *Tract on Fluxions* im

---

[1] Den Begriff der Geschwindigkeit definiert Newton ebensowenig wie Galilei. Geschwindigkeit ist ihm physikalisch unmittelbar verständlich. — Die Verwendung des Buchstabens o zur Bezeichnung infinitesimaler Größen geht auf James Gregory zurück.

[2] Die Punktschreibweise $\dot{x}, \dot{y}$ für Geschwindigkeiten führte Newton erst später ein. Wir wollen sie aber hier schon verwenden.

Druck erschienen ist. Seine wichtigste Leistung in dieser *Oktober-Abhandlung* ist die Entdeckung des zweiten Hauptsatzes der Differential- und Integralrechnung. Newton stellt sich das Problem *to find y^e [the] nature of y^e [the] crooked line whose area is expressed by any given equation.* Auch hier verwendet er wieder dynamische Betrachtungen. y sei die schattierte Fläche unter der Kurve $q = f(x)$ (s. Fig. 241.1). Das Rechteck *ADEB* habe die Höhe 1, seine Fläche ist also gleich x. Die beiden Flächen x, y

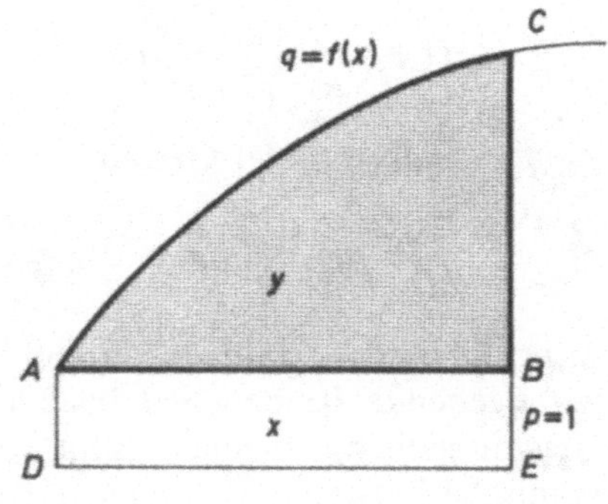

Fig. 241.1

denkt sich Newton dadurch erzeugt, daß sich die Linie *CBE* mit der konstanten Geschwindigkeit $p = 1$ von links nach rechts bewegt. Und nun sagt er wie selbstverständlich: „Die Geschwindigkeiten, mit der [die Flächen x und y] wachsen, verhalten sich wie *BE* zu *BC*. Da aber die Bewegung [Geschwindigkeit], mit der x wächst, gleich $BE = p = 1$ ist, wird die Bewegung, mit der y wächst, gleich $BC = q$ sein." Mit anderen Worten: Die zeitliche Änderungsrate $\dot{y}$ der Fläche y ist gleich der Ordinate $f(x)$; und da diese zeitliche Änderungsrate wegen $\dot{x} = 1$ mit der örtlichen übereinstimmt ($\dot{y} = \dot{y}/\dot{x} = \mathrm{d}y/\mathrm{d}x$), haben wir $\mathrm{d}y/\mathrm{d}x = f(x)$. Das ist gerade der zweite Hauptsatz (in der Flächensprechweise). Und daraus schließt Newton nun, daß man umgekehrt die Fläche y, modern ausgedrückt, durch unbestimmte Integration (Antidifferentiation) finden könne. Über Integrationskonstanten braucht er sich nicht auszulassen, weil er seine Kurven immer durch den Nullpunkt gehen läßt.

Bei diesen Betrachtungen ist Newtons entscheidender Gedanke, eine Fläche nicht mehr als etwas statisch Gegebenes anzusehen, sondern ihr *Änderungsverhalten* zu studieren und sie dann durch Antidifferentiation aus ihrem Änderungsgesetz zu rekonstruieren. Damit war nun endlich die Möglichkeit eröffnet, die sperrigen Flächenbestimmungen durch Rechenverfahren *kalkülmäßig* zu bewerkstelligen. Man brauchte ja nur Formeln und Regeln der Differentiation und darauf fußende Formeln und Regeln der Antidifferentiation aufzustellen. Diese neuen Algorithmen stellen den ersten echten Fortschritt über Archimedes hinaus dar. Ferner war die innere Beziehung zwischen dem Tangenten- und Flächenproblem — bisher nur dunkel geahnt — nun zur Gewißheit und überdies auch noch *rechnerisch* verwertbar geworden. Durch all dies wuchsen die unzusammenhängenden Infinitesimalbetrachtungen des 17. Jahrhunderts fast über Nacht zu einer selbständigen Disziplin mit eigenen Begriffen und Methoden zusammen: dem *Calculus*, der „Rechnung".

Entscheidend verstärkt wurde das algorithmische Element des *Calculus* — und damit seine Durchschlagskraft — durch den systematischen Gebrauch, den Newton von unendlichen Reihen machte. Bereits 1665 hatte er die binomische Reihe entdeckt, die er allerdings nicht in der heute üblichen Form

$$(1+x)^\alpha = \sum_{k=0}^{\infty} \binom{\alpha}{k} x^k$$

angab, sondern in der Gestalt

$$(P+PQ)^{\frac{m}{n}} = P^{\frac{m}{n}} + \frac{m}{n} AQ + \frac{m-n}{2n} BQ + \frac{m-2n}{3n} CQ + \frac{m-3n}{4n} DQ + \cdots,$$

wobei m, n ganze Zahlen sind und jeder der Buchstaben A, B, C, ... das unmittelbar vorangehende Reihenglied bedeutet. Eine Konvergenzbedingung sucht man bei Newton jedoch vergeblich. Infolgedessen kann man auch nicht sagen, daß er die binomische Entwicklung *bewiesen,* sondern eben nur, daß er sie *entdeckt* hat. Er kam auf sie durch mühselige und halbmystische Interpolationsbetrachtungen, die denen nachgebildet waren, durch die Wallis zehn Jahre früher in seiner *Arithmetica infinitorum* die Produktdarstellung (94.4) für $\pi/2$ gefunden hatte. Newton kann nun die Flächen unter Funktionen wie $a/(b+cx)$ und $\sqrt{a^2-x^2}$ berechnen, indem er die letzteren vermöge seines binomischen Satzes in Potenzreihen entwickelt und dann (unbedenklich) gliedweise integriert. Ferner kann er für die Funktion $y=x^{m/n}$ auch im Falle negativer Exponenten die Ableitungsformel

$$\dot{y} = \frac{m}{n} x^{\frac{m}{n}-1} \dot{x} \quad \text{oder also} \quad \frac{dy}{dx} = \frac{m}{n} x^{\frac{m}{n}-1} \tag{241.4}$$

gewinnen, indem er in der Beziehung $y+\dot{y}o=(x+\dot{x}o)^{m/n}$ die rechte Seite durch die binomische Reihe darstellt. Er erhält dann

$$y+\dot{y}o = x^{\frac{m}{n}} + \frac{m}{n} x^{\frac{m}{n}-1} \dot{x}o + o^2(\cdots),$$

wegen $y=x^{m/n}$ also

$$\dot{y}o = \frac{m}{n} x^{\frac{m}{n}-1} \dot{x}o + o^2(\cdots)$$

und daraus nach Division durch o und Streichen aller Glieder, die noch o enthalten, die Beziehung (241.4).

Newton sah in der Potenzreihenmethode aus guten Gründen ein Herzstück seines *Calculus.* Denn da er Potenzreihen ohne Zögern gliedweise differenzierte und integrierte, beherrschte er mühelos die Ableitungen und Integrale aller wichtigen Funktionen, sobald ihre Reihenentwicklungen vorlagen. Die zentrale Rolle, die er dieser Methode zuwies, wird bereits rein äußerlich deutlich durch den Titel seines schon erwähnten Manuskripts *De analysi per aequationes numero terminorum infinitas,* das er 1669 Barrow gab, aber erst 1711 veröffentlichte. Eine sinngemäße, den Inhalt dieser Schrift treffende Übersetzung des Titels müßte lauten *Über Analysis mit Hilfe von Potenzreihen.* In diesem Werk setzt Newton seine Potenzreihenmethode auseinander und bringt die Entwicklungen für $\arcsin x$, $\sin x$, $\cos x$, $\ln(1+x)$ und e^x, ferner das Newtonsche Verfahren zur Nullstellenbestimmung, Reihenumkehrungen und zahlreiche, auf Reihenentwicklungen beruhende Quadraturen (z. B. die der Zykloide).

Die erste große und zusammenfassende Darstellung seines *Calculus* gab Newton in der Abhandlung *De methodis serierum et fluxionum* (Über die Methode der Reihen und Fluxionen), die 1670/71 geschrieben, aber erst 1736, neun Jahre nach seinem Tode, veröffentlicht wurde. Wie in der *Oktober-Abhandlung* faßt er hier alle variablen Größen als abhängig von der Zeit auf, als entstehend durch „Fließen in der Zeit" und nennt sie deshalb Fluenten (Fließende). Fluenten bezeichnet er durch die letzten Buchstaben des Alphabets. „Die Geschwindigkeiten aber, mit denen die einzelnen Fluenten durch die sie erzeugende Bewegung vermehrt werden — die ich Fluxionen oder einfach Geschwindigkeiten nenne —, werden durch dieselben Buchstaben mit einem Punkt darüber dargestellt, wie $\dot{u}, \dot{x}, \dot{y}$ und $\dot{z}$." Wiederum definiert Newton nicht, was unter Geschwindigkeit (Fluxion, Ableitung nach der Zeit) zu verstehen sei; dieser Begriff ist ihm aus physikalischen Gründen problemlos. Mit völliger Klarheit formuliert er die beiden Hauptaufgaben der „Fluxionsrechnung", die im Grunde genommen von der Dynamik aufgeworfen werden, nämlich aus einer gegebenen Beziehung zwischen Fluenten eine Beziehung zwischen den Fluxionen herzuleiten und umgekehrt. Die erste Aufgabe greift er wie in der *Oktober-Abhandlung* an. Die zweite, die der Lösung von Differentialgleichungen, erledigt er in einigen Spezialfällen.

Newton behandelt in diesem Buch auch das Problem der Bogenlänge, und zwar ähnlich wie das Flächenproblem, indem er das Änderungsverhalten der Bogenlänge s bestimmt. Für das Folgende ziehe der Leser die Fig. 240.3 heran. Entsteht das Bogenstück PQ „durch Fließen" in der unendlich kleinen Zeitspanne o, so ist $PQ = \dot{s}o$, $BC = \dot{x}o$ und $SQ = \dot{y}o$. Indem Newton nun, wie vor ihm schon Barrow, das infinitesimale Bogenstück PQ mit dem infinitesimalen Tangentenstück PR identifiziert, erhält er

$$\dot{s}o = \sqrt{(\dot{x}o)^2 + (\dot{y}o)^2}, \quad \text{also} \quad \dot{s} = \sqrt{\dot{x}^2 + \dot{y}^2}.$$

Aus der Fluxion $\dot{s}$ kann er dann in konkreten Fällen durch Antidifferentiation die Bogenlänge s bestimmen.

Zur Lösung von Extremalproblemen gibt Newton die folgende Anweisung:

In dem Zeitpunkt, in dem eine Größe maximal oder minimal ist, nimmt ihr Fluß weder zu noch ab. Denn wenn er zunimmt, so beweist dies, daß er kleiner war und sofort größer sein wird, als er jetzt ist, und umgekehrt, wenn er abnimmt. Bestimme deshalb seine Fluxion und setze sie gleich Null.

Auf die große Fülle weiterer Ergebnisse, die in *De methodis* zu finden sind, können wir hier nicht näher eingehen.

Newton ist es bei seinen Infinitesimalbetrachtungen nie recht wohl geworden. In der 1693 fertiggestellten und 1704 als Anhang zu seiner *Opticks* veröffentlichten Abhandlung *De quadratura curvarum* (Über die Quadratur der Kurven) nimmt er deshalb einen neuen Anlauf. Hier versucht er, das mysteriöse „Unendlichkleine" zu verbannen und greift das Streichen der o-Terme mit den berühmten Worten an: „In der Mathematik dürfen selbst die kleinsten Fehler nicht vernachlässigt werden". Wir wissen heute, daß alle diese Schwierigkeiten mit Hilfe des Grenzwertbegriffs vermieden werden können, und es ist faszinierend zu sehen, wie auch Newton dies spürte und seinen *Calculus* durch eine Vorahnung dieses Begriffs zu konsolidieren suchte. Seine Grenzwerttheorie hat er unter dem Namen „Methode der ersten und letzten Verhältnisse" im Buch I der *Principia* auseinandergesetzt, und auf sie müssen wir nun einen kurzen Blick werfen.

Vermerken wir zunächst das erstaunliche Faktum, daß Newton in den *Principia* den Apparat der Fluxionsrechnung gar nicht einsetzt, obwohl er diesen doch gerade zur Bewältigung von Bewegungsproblemen geschaffen hatte. Statt dessen werden die Beweise alle im Stil der klassischen Geometrie geführt — jedoch mit der Variante, daß Newton die mühselige Exhaustionsmethode mit ihrem doppelten Widerspruchsargument zu vermeiden sucht. Da er sich aber auch nicht auf die abschüssige Bahn der Indivisibeln begeben möchte, entwickelt er als einen Mittelweg die *Methode der ersten Verhältnisse entstehender und letzten Verhältnisse verschwindender Größen* und stellt sie in einer Reihe von Lemmata dar. In seinen eigenen Worten:

Diese Lemmata wurden vorausgeschickt, um die Mühsal der verwickelten Widerspruchsbeweise nach der Art der alten Geometer zu vermeiden. Die Beweise mittels der Indivisibelnmethode sind zwar kürzer; aber da die Hypothese der Indivisibeln etwas anstößig ist und deshalb diese Methode als weniger geometrisch [mathematisch] angesehen wird, habe ich es vorgezogen, die Beweise der folgenden Sätze auf die ersten und letzten Summen und Verhältnisse entstehender und verschwindender Größen zurückzuführen[1].

Das müssen wir nun näher erklären. Newton hatte erkannt, daß die Infinitesimalmethoden seiner Zeit auf dem Vergleich unendlich kleiner Größen beruhten (so hatten z.B. Barrow und er selbst das unendlich kleine Kurvenstück PQ in Fig. 240.3 dem unendlich kleinen Tangentenstück PR gleichgesetzt). Damit soll es nun ein Ende haben. Was ihm dabei vorschwebte, können wir mit heutigen Mitteln etwa folgendermaßen beschreiben. Sind zwei „verschwindende Größen" gegeben, also zwei Größen $f(t)$ und $g(t)$ mit

$$\lim_{t \to \tau} f(t) = \lim_{t \to \tau} g(t) = 0,$$

so will er nicht den Quotienten $\lim_{t \to \tau} f(t) / \lim_{t \to \tau} g(t)$ betrachten — das war das verworrene Bemühen der Infinitesimalmathematiker, zu dessen Gelingen sie fallweise die Null als eine doch nicht ganz und gar verschwindende Größe ansehen mußten —, vielmehr will er statt dessen nun

$$\lim_{t \to \tau} \frac{f(t)}{g(t)}$$

berechnen. Dieser Grenzwert ist das „letzte Verhältnis" der verschwindenden Größen $f(t)$ und $g(t)$. Das „erste Verhältnis" entstehender Größen ist begrifflich dasselbe. In Newtons Worten:

---

[1] Etwas später sagt er, die Annahme, jede Größe bestehe aus Indivisibeln, widerspreche dem, „was Euklid im 10. Buch der *Elemente* über inkommensurable Größen bewiesen hat". Vgl. dazu unsere Ausführungen über die atomistische Geometrie in Nr. 239 (vor Fig. 239.2).

Die letzten Verhältnisse, mit denen Größen verschwinden, sind in Wirklichkeit nicht die Verhältnisse letzter Größen, sondern Grenzwerte, denen sich die Verhältnisse unbegrenzt abnehmender Größen ständig nähern und denen sie näher kommen als irgendeine vorgegebene Differenz, welche sie jedoch niemals überschreiten und auch nicht erreichen, bis die Größen *in infinitum* abgenommen haben[1].

Wie schwer sich Newton mit diesen Dingen tut, wird gerade aus der Dunkelheit der folgenden Worte klar, mit denen er ein vorweggenommenes Bedenken auszuräumen versucht:

Es könnte vielleicht eingewandt werden, daß es kein letztes Verhältnis verschwindender Größen gibt; denn bevor die Größen verschwunden sind, ist ihr Verhältnis nicht das letzte, und nachdem sie verschwunden sind, ist kein Verhältnis vorhanden. Aber mit demselben Argument könnte man behaupten, daß ein Körper, der an einem bestimmten Ort ankommt und dort anhält, keine letzte Geschwindigkeit hat. Denn die Geschwindigkeit vor der Ankunft des Körpers an diesem Ort ist nicht seine letzte Geschwindigkeit; nachdem er aber angekommen ist, gibt es keine Geschwindigkeit mehr. Die Antwort ist jedoch leicht; denn unter der letzten Geschwindigkeit wird diejenige verstanden, mit der der Körper sich in genau dem Augenblick bewegt, in dem er ankommt, nicht aber seine Geschwindigkeit, bevor er an seiner letzten Stelle ankommt und die Bewegung aufhört, und auch nicht die Geschwindigkeit danach. Die letzte Geschwindigkeit ist also diejenige Geschwindigkeit, mit der er an seiner letzten Stelle ankommt und mit der die Bewegung aufhört. Und in derselben Weise ist unter dem letzten Verhältnis verschwindender Größen dasjenige Verhältnis dieser Größen zu verstehen, mit dem sie verschwinden, nicht dasjenige, bevor sie verschwinden oder nachdem sie verschwunden sind.

Es ist bewegend zu sehen, wie dieser große Geist den Grenzwertbegriff erahnt, seine Hände nach ihm ausstreckt — und ihn doch nicht fassen kann. Es sollte allerdings auch noch 150 Jahre dauern, bis dieser subtile Begriff endgültig erobert war.

Liest man die aufgeführten Texte noch einmal durch, so kann man sich kaum der Vermutung erwehren, daß Newton gerade durch sein sonst so fruchtbares Denken in Bewegungen von einem exakten Verständnis des Grenzwertbegriffs abgedrängt wurde. Dieser Begriff läßt sich eben nicht *dynamisch* — durch Bewegungen — fassen, sondern nur *statisch* — durch Umgebungen. Ganz unglücklich und irreführend schließlich war Newtons Bezeichnung „letztes Verhältnis verschwindender Größen", weil sie gerade das suggerierte, was er verbannen wollte: den Quotienten 0/0. Zahllose Zeitgenossen und Nachfolger haben ihn allein dieser Bezeichnung wegen gründlich mißverstanden.

Die oben erwähnten Lemmata aus den *Principia* dürfen wir hier übergehen und können gleich schildern, wie Newton die „ersten und letzten Verhältnisse" in seinem Ringen um die Befreiung der Fluxionsrechnung von dem Unding der infinitesimalen Größen einsetzt. Dies geschieht, wie schon gesagt, in *De quadratura curvarum*. Gleich zu Anfang setzt er sich deutlich von der Indivisibelnhypothese ab (Hervorhebungen von mir):

---

[1] Wir benutzen hier das Wort Grenzwert, müssen uns aber vor Augen halten, daß Newton nicht über eine exakte Definition des Grenzwerts in unserem Sinne verfügt.

Ich betrachte hier mathematische Größen *nicht als aus sehr kleinen Teilen bestehend,* sondern als beschrieben durch *kontinuierliche Bewegung.* Linien werden beschrieben, und hierdurch erzeugt, nicht durch Aneinandersetzen von Teilen, sondern durch kontinuierliche Bewegung von Punkten; Flächen durch Bewegung von Linien; Körper durch Bewegung von Flächen; Winkel durch Rotation von Seiten; Zeiten durch fortgesetztes Fließen; und ebenso ist es in anderen Fällen. Diese Erzeugungen finden in der Natur tatsächlich statt und werden täglich bei der Bewegung der Körper beobachtet.

Dann formuliert er das Hauptanliegen seines *Calculus:*

Indem ich erwog, daß Größen, die in gleichen Zeiten wachsen und durch dieses Wachsen erzeugt werden, größer oder kleiner werden entsprechend der größeren oder kleineren Geschwindigkeit, mit der sie wachsen und erzeugt werden, suchte ich nach einer Methode zur Bestimmung der Größen aus der Geschwindigkeit der Bewegung oder des Wachsens, wodurch sie erzeugt werden. Diese Bewegungs- oder Wachstumsgeschwindigkeiten nannte ich Fluxionen und die erzeugten Größen Fluenten.

In früheren Arbeiten hatte Newton Fluxionen nie definiert. Sie waren ihm als Geschwindigkeiten unmittelbar verständlich. Nun aber folgt eine Passage, die zwar auch noch keine exakte Definition ist, aber doch nahe an sie herankommt — und hier verwendet er die „ersten Verhältnisse entstehender Größen" (Hervorhebung von mir):

Fluxionen verhalten sich sehr genau wie die Zunahmen der Fluenten, die in gleichen, aber sehr kleinen Zeitteilen erzeugt werden; und um genau zu reden: Sie stehen *im ersten Verhältnis der gerade beginnenden Zunahmen.*

Das bedeutet: Sind x, y zwei Fluenten, so ist

$$\frac{\dot{y}(t)}{\dot{x}(t)} = \lim_{o \to 0} \frac{y(t+o) - y(t)}{x(t+o) - x(t)}.$$

Ist x die Zeit selbst ($x = t$), so haben wir in dieser Formel gerade die Definition der Ableitung $\dot{y}(t)$.

Mit Hilfe dieser Erklärung löst Newton nun die Aufgabe, die Fluxion von x^n zu finden, wenn x „gleichmäßig fließt"; n ist dabei eine rationale Zahl. Wegen des gleichmäßigen Fließens von x kann diese Größe die Zeit repräsentieren, also $t = x$ gesetzt werden[1]. Der Zuwachs von x ist dann mit o zu bezeichnen. Newton schließt nun unter Benutzung der „letzten Verhältnisse verschwindender Größen" so (Hervorhebung von mir):

---

[1] Newton sagt schon in *De methodis serierum et fluxionum,* daß er die Zeit nur *formaliter* betrachtet. Das Wort „Zeit" sei nicht so zu verstehen, „als ob ich die Zeit in ihrer wirklichen Bedeutung gemeint hätte, sondern in dem Sinn, daß ich jene von der Zeit verschiedene Größe im Auge habe, durch deren gleichmäßiges Wachsen oder Fließen die Zeit dargestellt und gemessen wird".

In derselben Zeit, in der die Größe x durch Fließen zu $x+o$ wird, wird die Größe x^n zu $(x+o)^n$, nach der Methode der unendlichen Reihen also zu

$$x^n + no\,x^{n-1} + \frac{n^2-n}{2}\,o^2 x^{n-2} + \cdots.$$

Und die Zunahmen

$$o \quad \text{und} \quad no\,x^{n-1} + \frac{n^2-n}{2}\,o^2 x^{n-2} + \cdots$$

verhalten sich zueinander wie

$$1 \quad \text{zu} \quad n\,x^{n-1} + \frac{n^2-n}{2}\,o\,x^{n-2} + \cdots.$$

Lasse nun diese Zunahmen verschwinden. Dann wird ihr *letztes Verhältnis* 1 zu $n\,x^{n-1}$ sein. Es verhält sich daher die Fluxion der Größe x zu der Fluxion der Größe x^n wie 1 zu $n\,x^{n-1}$.

Mit anderen Worten: Es ist

$$\frac{o}{(x+o)^n - x^n} = \frac{o}{no\,x^{n-1} + \dfrac{n^2-n}{2}\,o^2 x^{n-2} + \cdots} = \frac{1}{n\,x^{n-1} + \dfrac{n^2-n}{2}\,o\,x^{n-2} + \cdots}, \quad (241.5)$$

und dieser Quotient strebt, wie wir heute sagen würden, für $o \to 0$ gegen $1/n\,x^{n-1}$, so daß also $dx^n/dx = n\,x^{n-1}$ ist. Der Leser möge den Unterschied zwischen dieser Überlegung und der Infinitesimalbetrachtung nach (241.4) beachten. Wenn Newton wirklich den obigen Grenzübergang vor Augen hatte, so hat er hier als erster eine echte Differentiation in unserem Sinne ausgeführt. Wenn er aber keinen (noch so vagen) Grenzübergang vollzog, sondern einfach $o=0$ setzte, so hat er sein Resultat durch einen Taschenspielertrick erschlichen: Den ersten Quotienten in (241.5) nämlich hat er unter der Annahme $o \neq 0$ gebildet und umgeformt und hat dann entgegen dieser Annahme an günstiger Stelle ohne viel Lärm o „verschwinden" lassen.

Wie dem auch sei — Newton war jedenfalls auf dem richtigen Weg, als er durch Verhältnisbildung das Inkrement der abhängigen mit dem der unabhängigen Veränderlichen verglich. Aus diesem Ansatz entstand dann, wenn auch erst hundert Jahre später, der „offizielle" Begriff der Ableitung.

Damit beenden wir unseren ungenügenden Bericht über Newton und wenden uns dem zweiten Schöpfer des *Calculus* zu.

242 Leibniz

Gottfried Wilhelm Leibniz (1646–1716; 70) kam zwei Jahre vor dem Ende des Drei-
ßigjährigen Krieges und vier Jahre nach Newtons Geburt als Sohn eines Professors
der Moralphilosophie in Leipzig zur Welt. Er wuchs zwischen Büchern auf, und sein
Lesehunger schien unstillbar zu sein. Bereits mit fünfzehn Jahren begann er, Philosophie und Rechtswissenschaft an der Universität Leipzig zu studieren. Als der
Zwanzigjährige promovieren wollte, lehnte die Leipziger Fakultät sein Gesuch unter
dem Vorwand ab, er sei noch zu jung. Leibniz ging verärgert an die Nürnberger
Universität in Altdorf und erwarb dort 1667 den juristischen Doktorgrad mit einer
Dissertation, die so glänzend war, daß ihm die Universität sofort eine Professur an-
bot. Der junge Mann winkte ab: Er habe ganz andere Dinge im Sinn. Die anderen
Dinge waren so aufregende Sachen wie die Alchimie und der Mystizismus der Nürn-
berger Rosenkreuzer, aber auch eine solide Arbeit *Nova methodus docendae discen-
daeque iuris* (Neue Methode, die Rechtswissenschaft zu lehren und zu lernen).
Sie verschaffte ihm 1667 eine Anstellung als Berater des Kurfürsten von Mainz. In
der Bischofsstadt heckte er den Plan aus, den beunruhigenden Eroberungsdrang
Ludwigs XIV. von Deutschland auf das ferne Ägypten zu lenken. 1672 wurde er nach
Paris geschickt, um den Sonnenkönig für das ägyptische Abenteuer zu erwärmen.
An der Seine aber wollte man vom Nil nichts wissen und gab dem sechsundzwanzig-
jährigen Weltpolitiker zu verstehen, Kreuzzüge seien aus der Mode gekommen.
Ludwig zog es vor, gegen Holland zu marschieren. Der Mainzer Diplomat ließ sich
durch diesen Fehlschlag nicht daran hindern, Paris faszinierend zu finden und seinen Aufenthalt in der Hauptstadt des Geistes bis 1676 auszudehnen. Die vier Jahre
in dem wirbligen Paris hatten für Leibniz dieselbe Bedeutung wie die zwei Jahre
1665/66 in dem stillen Woolsthorpe für Newton. Auch seine Erfindungskraft war
damals auf ihrem Höhepunkt. Das entscheidende Erlebnis war die Begegnung mit
Huygens, der von Ludwig XIV. aus Holland nach Paris gerufen worden war. Unter
der Anleitung dieses großen Forschers arbeitete sich der junge Jurist tief in die Mathematik ein, studierte Descartes, Pascal, Gregorius a Sancto Vincentio und Barrow
— und erfand 1675/76 seinen *Calculus* (erste Veröffentlichung allerdings erst 1684).
Im Januar 1673 reiste er in diplomatischer Mission nach London, führte in der *Royal
Society* eine von ihm konstruierte Rechenmaschine vor und wurde noch im gleichen
Jahr in diese illustre Gesellschaft aufgenommen, die er die angesehenste geistige Autorität Europas nannte. Newtons Urteil über Leibniz, den er nicht persönlich ken-
nenlernte, war wenig schmeichelhaft: Er hielt ihn für einen Dilettanten mit unsoliden Kenntnissen.

1676 trat Leibniz in Hannover eine Stelle als Rechtsberater und Bibliothekar des
Herzogs von Braunschweig-Lüneburg an, die er die restlichen vierzig Jahre seines
Lebens innehaben sollte. In den herzoglichen Augen war es die wichtigste Aufgabe
des neuerworbenen Juristen, eine voluminöse Geschichte des Hauses Hannover zu
schreiben und darin dessen Ansprüche auf möglichst viele Throne zu begründen. Zu
diesem Zweck machte Leibniz sogar eine ausgedehnte Studienreise durch Deutsch-

land, Österreich und Italien, konnte aber die verworrene Geschichte der fruchtbaren Welfen nur bis zum Jahre 1005 aufklären. In den letzten Jahren seines Lebens vereinsamte er immer mehr. Er vergrub sich völlig in seine Studien, verließ kaum noch sein Zimmer und brach den Verkehr mit seinen Freunden ab, weil sie seine Arbeit störten. Als sein Herzog 1714 unter dem Namen Georg I. den englischen Thron bestieg, ließ er Leibniz trotz dessen Bitten in Hannover zurück; der unrühmliche Prioritätsstreit zwischen Newton und Leibniz um die Erfindung des *Calculus* war zu einer Sache der englischen Nationalehre aufgetrieben worden, und der deutsche Philosoph war infolgedessen auf der Insel *persona non grata.* Zwei Jahre später starb Leibniz. Niemand nahm von seinem Tod Notiz. Auf sein armseliges Begräbnis treffen die Worte zu, mit denen Goethe den letzten Weg des jungen Werther beschreibt: „Handwerker trugen ihn. Kein Geistlicher hat ihn begleitet."

Die Bezeichnung „Universalgenie" paßt auf wenige Menschen so genau wie auf Leibniz. Friedrich der Große meinte, er sei eine ganze Akademie für sich allein gewesen. Leibniz war Jurist, Diplomat, Theologe, Historiker, Sprachwissenschaftler, Geologe, Biologe und Physiker, vor allem aber Philosoph und Mathematiker. Er förderte den Bergbau, nahm Darwins Evolutionslehre vorweg und versuchte während seines Romaufenthaltes, die Aufhebung der Dekrete gegen Kopernikus und Galilei zu erreichen. Er bemühte sich, die protestantische und katholische Kirche wieder zu vereinen, und als dies nicht gelang, wollte er wenigstens die Lutheraner mit den Calvinisten aussöhnen — was noch viel weniger gelang (woraufhin er ernüchtert meinte, es sei besser, sich nur noch mit den Naturwissenschaften und der Geschichte zu beschäftigen). Auf sein Betreiben wurde 1700 in Berlin die „Sozietät der Wissenschaften", die spätere „Preußische Akademie der Wissenschaften" eingerichtet. Peter dem Großen schlug er vor, eine Akademie in St. Petersburg zu gründen; der Plan wurde 1725 ausgeführt. Seine *Nouveaux essais sur l'entendement humain* gehören zu den fundamentalen Werken der Philosophie und Psychologie. In ihnen beschreibt Leibniz den menschlichen Geist als das, was er, Leibniz, selbst war: ein *aktives* Prinzip, das Eindrücke nicht nur passiv aufnimmt (wie eine Tafel die Schrift des Griffels), sondern nach angeborenen Kategorien verarbeitet und gestaltet. Angesichts des Elends dieser Welt glaubte Leibniz, daß Gott einen Verteidiger bitter nötig habe und schrieb die *Essais de Théodicée*[1] *sur la bonté de Dieu, la liberté de l'homme et l'origine du mal.* Hier verstieg er sich zu der Behauptung, daß wir, alles recht besehen, doch in der „besten aller möglichen Welten" leben. Das sonderbare Werk wäre wohl längst vergessen, wenn es Voltaire in seinem *Candide* nicht so bitter-amüsant widerlegt hätte; es ist erst durch diese Hinrichtung unsterblich geworden. In seiner *Monadologie* lehrte Leibniz, die Welt sei nicht, wie Demokrit gemeint hatte, aus *materiellen* Atomen aufgebaut, ihre Grundbausteine seien vielmehr ausdehnungslose *Kraft*einheiten, die Monaden. Schließlich darf nicht vergessen werden, daß der unermüdlich Tätige mit Staatsmännern und Gelehrten aus zweiundzwanzig Ländern korrespondierte; nicht weniger als 15 000 seiner Briefe sind erhalten.

---

[1] Théodicée bedeutet „Rechtfertigung Gottes".

Der Kuriosität halber erwähnen wir noch eine kleine Schrift aus dem Jahre 1669, in der Leibniz in sechzig Theoremen mathematisch bewies, daß der Pfalzgraf von Neuburg zum König von Polen gewählt werden müsse.

Seit seiner Studentenzeit hatte sich Leibniz mit dem Gedanken getragen, eine *characteristica universalis*, eine logische Universalsprache oder Algebra des Denkens zu entwickeln, in der jeder Begriff durch ein Symbol dargestellt und die Verknüpfung der Begriffe, das Denken, durch eine Art Rechnen mit diesen Symbolen bewerkstelligt würde. Er hat dieses Projekt einer umfassenden mathematischen Logik nie voll verwirklichen können. Aber schon die bloße Tendenz zur *characteristica universalis* wirkte in starker Weise auf sein Denken ein. Keinem Mathematiker lagen treffende, suggestive, die grundlegenden Operationen einer Disziplin gewissermaßen widerspiegelnde Bezeichnungen so sehr am Herzen wie ihm, keiner hat so viel Zeit und Mühe darauf verwandt, sie zu finden, wie er. In seinen eigenen Worten:

Bei den Bezeichnungen ist darauf zu achten, daß sie für das Erfinden bequem sind. Dies ist am meisten der Fall, so oft sie die innerste Natur der Sache mit Wenigem ausdrücken und gleichsam abbilden. So wird nämlich auf wunderbare Weise die Denkarbeit vermindert.

Und gerade dadurch wird die Denkkraft zur Bewältigung neuer Probleme freigesetzt! Daß der Leibnizsche *calculus differentialis et integralis* so unerhört leistungsfähig war, liegt nicht zuletzt an den glücklichen, nach langem Überlegen und Probieren gefundenen Bezeichnungen

$$\frac{\mathrm{d}y}{\mathrm{d}x} \quad \text{und} \quad \int y\,\mathrm{d}x,$$

mit denen die Regeln des Kalküls sich so einfach formulieren und handhaben lassen — und außerdem auch noch fast als selbstverständlich erscheinen. Man denke etwa an die Regel zur Differentiation der Umkehrfunktion, die Kettenregel und die Substitutionsregel, die in der Leibnizschen Schreibweise beziehentlich so lauten:

$$\frac{\mathrm{d}y}{\mathrm{d}x} = \frac{1}{\dfrac{\mathrm{d}x}{\mathrm{d}y}}, \qquad \frac{\mathrm{d}y}{\mathrm{d}x} = \frac{\mathrm{d}y}{\mathrm{d}u} \cdot \frac{\mathrm{d}u}{\mathrm{d}x},$$

$$\int f(x)\,\mathrm{d}x = \int f(u(t))\,\frac{\mathrm{d}u}{\mathrm{d}t}\,\mathrm{d}t.$$

Allein schon durch diese Bezeichnungen ist der Leibnizsche *Calculus* weitaus intelligenter als der Newtonsche. Leibniz meinte, seine Differentialrechnung „ermögliche der Mittelmäßigkeit, Probleme anzugreifen, die bisher nur den Hochbegabten zugänglich gewesen" seien. Als sich die englischen Mathematiker in dem schändlichen Prioritätsstreit zwischen Newton und Leibniz blindlings hinter ihren Landsmann stellten und den ausländischen *Calculus* patriotisch verwarfen, stockte die englische Analysis und die kontinentale zog an ihr mit Riesenschritten vorüber. Der Newtonsche Punkt war dem Leibnizschen d nicht gewachsen. Dieser Zustand der englischen

Mathematik änderte sich erst mit dem Anfang des 19. Jahrhunderts. Damals wurde in Cambridge, Newtons Universität, eine Gesellschaft mit der ausdrücklichen Absicht gegründet *to introduce the principles of pure d-ism in opposition to the dot-age of the University*. *Dot-age* ist das Zeitalter des (Newtonschen) Punktes; *dotage* (ohne Bindestrich) heißt aber auch Altersschwachsinn.

Wir wollen nun versuchen, die Entwicklung des Leibnizschen „d-Ismus" in groben Zügen nachzuzeichnen.

Während sich Newton bei der Schaffung der Fluxionsrechnung von *dynamischen* Vorstellungen leiten ließ, standen bei Leibniz *arithmetische* Betrachtungen über die inverse Beziehung zwischen Summen- und Differenzenbildung im Vordergrund. Was er zunächst an konkreten Beispielen herausfand, läßt sich allgemein so formulieren:

Ist eine Zahlenfolge $(y_1, y_2, \ldots)$ *vorgelegt und setzt man noch* $y_0 := 0$, *so läßt sich* y_n $(n \geqslant 1)$ *als eine Summe von Differenzen wie auch als eine Differenz von Summen darstellen; denn es ist*

$$y_n = \sum_{k=1}^{n} (y_k - y_{k-1}) \tag{242.1}$$

und

$$y_n = \sum_{k=0}^{n} y_k - \sum_{k=0}^{n-1} y_k. \tag{242.2}$$

Kann man zu einer Folge $(z_1, z_2, \ldots)$ *eine Folge* $(y_1, y_2, \ldots)$ *so finden, daß* $z_k = y_k - y_{k-1}$ *ist (wobei wieder* $y_0 := 0$ *sein soll), so ergibt sich aus* (242.1) *die Summenformel*

$$\sum_{k=1}^{n} z_k = \sum_{k=1}^{n} (y_k - y_{k-1}) = y_n. \tag{242.3}$$

Diese an Zahlenfolgen (y_k) gemachten Beobachtungen überträgt Leibniz nun auf die Ordinaten $y(x)$ einer vorgelegten Kurve. Die Gesamtheit der $y(x)$ stellt er sich als eine Folge vor, wobei die Abszisse x gewissermaßen als Index fungiert. Die Differenz zwischen aufeinanderfolgenden y-Werten wird als unendlich klein angenommen; er bezeichnet sie zunächst mit dem Buchstaben l, später mit y/d und schließlich mit dy (wir werden nur die letztere Bezeichnung verwenden). Analog zu (242.1) ist dann die Endordinate y die Summe der dy. Die Summenbildung bezeichnet Leibniz zunächst mit *omn.*, einer Abkürzung des lateinischen Wortes *omnia* (alles), aber bereits 1675 mit dem Zeichen $\int$, das ein stilisiertes S ist. (Bei anderer Gelegenheit sagt er: „$\int$ bedeutet eine Summe und d eine Differenz".) In diesen Schreibweisen ist also

$$y = omn.\ \mathrm{d}y = \int \mathrm{d}y.^{1)} \tag{242.4}$$

---

[1] Leibniz benutzt keine Integrationsgrenzen. Seine Integrale sind aber immer bestimmte Integrale.

Das Gegenstück zu (242.2) ist die Gleichung

$$y = \mathrm{d} \int y.$$

(Erst ab Mitte 1676 führt Leibniz konsequent das Differential unter dem Integral mit.)

Der nächste entscheidende Schritt auf dem Weg zu einem *calculus differentialis* ist das Aufstellen von *Regeln* für den Umgang mit dem d-Operator. Schwierigkeiten machen nur die Produkt- und Quotientenregel. Noch Ende 1675 fragt sich Leibniz, ob

$$\mathrm{d}(uv) = \mathrm{d}u\,\mathrm{d}v \quad \text{und} \quad \mathrm{d}\frac{u}{v} = \frac{\mathrm{d}u}{\mathrm{d}v}$$

sei. Erst Mitte 1677 findet er die Regeln

$$\mathrm{d}(uv) = u\,\mathrm{d}v + v\,\mathrm{d}u \quad \text{und} \quad \mathrm{d}\frac{u}{v} = \frac{v\,\mathrm{d}u - u\,\mathrm{d}v}{v^2} \quad {}^{1)}.$$

Die Beweise führt er durch Infinitesimalbetrachtungen. Er setzt

$$\mathrm{d}(uv) = (u + \mathrm{d}u)(v + \mathrm{d}v) - uv = u\,\mathrm{d}v + v\,\mathrm{d}u + \mathrm{d}u\,\mathrm{d}v$$

und läßt nun das Produkt $\mathrm{d}u\,\mathrm{d}v$ einfach weg, weil es „im Vergleich zu dem Rest unendlich klein ist; denn voraussetzungsgemäß sind $\mathrm{d}u$ und $\mathrm{d}v$ unendlich klein". Die Quotientenregel erhält er aus

$$\mathrm{d}\frac{u}{v} = \frac{u + \mathrm{d}u}{v + \mathrm{d}v} - \frac{u}{v} = \frac{v\,\mathrm{d}u - u\,\mathrm{d}v}{v^2 + v\,\mathrm{d}v},$$

indem er die Größe $v\,\mathrm{d}v$ im Nenner streicht, die „im Vergleich mit v^2 unendlich klein ist". Alles dies sind Argumente, die uns von Barrow und Newton her vertraut sind. Sie zeigen, daß Leibniz die Differentiale jedenfalls auf dieser Stufe seiner Untersuchungen als infinitesimale Größen ansieht. Bereits im November 1676 hatter er die Regeln

$$\mathrm{d}x^\alpha = \alpha x^{\alpha-1}\mathrm{d}x \quad \text{und} \quad \int x^\alpha\,\mathrm{d}x = \frac{x^{\alpha+1}}{\alpha+1}$$

angegeben, wo α nicht notwendig eine natürliche Zahl ist, und einen Spezialfall der Kettenregel behandelt: Um $\mathrm{d}\sqrt{a+bz+cz^2}$ zu berechnen, setzt er $x = a+bz+cz^2$, beachtet, daß

$$\mathrm{d}\sqrt{x} = \frac{\mathrm{d}x}{2\sqrt{x}} \quad \text{und} \quad \mathrm{d}x = (b + 2cz)\mathrm{d}z$$

${}^{1)}$ Bei dieser Formulierung der Produkt- und Quotientenregel beachte man, daß für Leibniz die Differentialrechnung wirklich, wie der Name sagt, ein Rechnen mit Differentialen ist.

ist, und erhält so

$$\mathrm{d}\sqrt{a+bz+cz^2} = \frac{(b+2cz)\,\mathrm{d}z}{2\sqrt{a+bz+cz^2}}\,.$$

Dieses Beispiel genügt natürlich völlig, um das allgemeine Vorgehen bei der Differentiation mittelbarer Funktionen klar zu machen.

Bereits zu Beginn des Jahres 1673 war Leibniz beim Studium Pascals auf das charakteristische Dreieck gestoßen. Pascal hatte es am Kreis benutzt, um durch Infinitesimalbetrachtungen die Formel $F=4\pi r^2$ für die Oberfläche einer Kugel mit Radius r zu gewinnen. Leibniz erkannte, wie durch Eingebung („plötzlich ging ihm [Leibniz] ein Licht auf, das Pascal seltsamerweise nicht gesehen hatte"), daß man das *triangulum characteristicum* auch zur Untersuchung beliebiger Kurven heranziehen und mit seiner Hilfe — dem Pascalschen Gedankengang folgend — die Oberfläche beliebiger Rotationsflächen berechnen könne. Das charakteristische Dreieck (s. Fig. 242.1) besteht aus den infinitesimalen Seiten dx, dy und ds, wobei ds je nach Bedarf als Bogen-, Sekanten- oder Tangentenstück aufgefaßt wird; es ist uns schon bei Barrow begegnet. Leibniz setzt es zur Lösung zahlreicher Probleme ein; mit seiner Hilfe entdeckt er, wie er später in einem Brief an de l'Hospital schreibt, „wie mit einem Blick fast alle die Sätze, die ich später in den Werken von Barrow und Gregory fand". Einige Zeilen später sagt er: „Ich erkannte auch fast sofort, daß die Bestimmung von Tangenten nichts anderes ist als die Bestimmung von Differenzen, und die Bestimmung von Flächeninhalten nichts anderes als die Bestimmung von Summen, vorausgesetzt, daß man annimmt, die Differenzen seien unendlich klein." Mit dem letzten Satz meint er, daß die Steigung der Tangente durch den Differentialquotienten dy/dx gegeben wird (der hier als Quotient der zwei infinitesimalen Größen dy, dx in Fig. 242.1 zu verstehen ist) und daß die Fläche unter der Kurve mit den Ordinaten y gleich $\int y\,\mathrm{d}x$ ist. Letzteres wird noch deutlicher in einem Manuskript aus dem Jahre 1677, wo er mit Bezug auf Fig. 242.2 folgendes sagt:

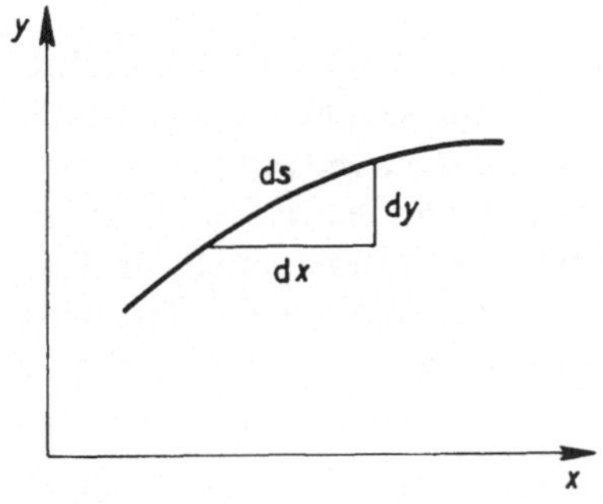

Fig. 242.1

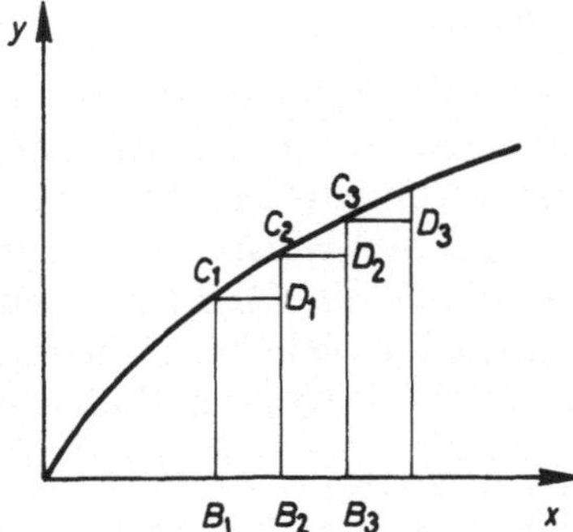

Fig. 242.2

Ich stelle die Fläche einer Figur dar durch die Summe aller Rechtecke, die von den Ordinaten und den Differenzen der Abszissen begrenzt werden, d. h. durch $B_1 D_1 + B_2 D_2 + B_3 D_3 +$ usw.[1]. Denn die kleinen Dreiecke $C_1 D_1 C_2$, $C_2 D_2 C_3$ usw. können ohne Gefahr weggelassen werden, weil sie, verglichen mit den genannten Rechtecken, unendlich klein sind[2]. Ich stelle also in meinem *Calculus* die Fläche einer Figur durch $\int y \, dx$ dar, d. h. durch die Rechtecke, die begrenzt werden durch jedes y und das korrespondierende dx.

Anschließend zeigt er, wie man die Fläche unter einer Kurve mit Ordinaten z finden kann, indem man das inverse Tangentenproblem löst, d. h., indem man eine Kurve mit Ordinaten y (eine „Summatrix" oder „Quadratrix") so bestimmt, daß

$$z = \frac{dy}{dx}, \qquad \text{also} \qquad z \, dx = dy$$

ist. In diesem Falle wird nämlich die gesuchte Fläche gegeben durch

$$\int z \, dx = \int dy = y.$$

Dies ist natürlich nichts anderes als der erste Hauptsatz der Differential- und Integralrechnung. Man beachte, daß Leibniz ihn nicht, wie Newton, durch das Studium des Änderungsverhaltens der Fläche findet, sondern durch eine „Summation". Er ist offensichtlich das Analogon zur Gl. (242.3), und man wird annehmen dürfen, daß Leibniz von dieser Gleichung ausgehend auf ihn gekommen ist.

In demselben Manuskript findet sich auch die bekannte Formel für die Bogenlänge. Aus dem charakteristischen Dreieck in Fig. 242.1 folgt

$$ds = \sqrt{(dx)^2 + (dy)^2} = \sqrt{1 + (dy/dx)^2} \, dx,$$

also ist

$$s = \int ds = \int \sqrt{1 + (dy/dx)^2} \, dx.$$

In der Sprache der damaligen Zeit ist damit eine Rektifikation auf eine Quadratur zurückgeführt. Der Leser möge wieder den Unterschied zu dem Vorgehen Newtons beachten.

Leibnizens erste Veröffentlichung über seinen neuen *Calculus* erschien 1684 im dritten Band der *Acta eruditorum*, einer der damals noch sehr seltenen wissenschaftlichen Zeitschriften. Ihr barocker Titel lautet: *Nova methodus pro maximis et minimis, itemque tangentibus, quae nec fractas nec irrationales quantitates moratur, et singulare pro illis calculi genus* (Eine neue Methode für Maxima und Minima, auch für Tangenten, die weder durch gebrochene noch durch irrationale Größen behindert wird, und ein vorzüglicher Kalkül für jene). Die kurze Arbeit war so dunkel und dazu

---

[1] Mit $B_1 D_1$ meint Leibniz das Rechteck $B_1 B_2 D_1 C_1$; entsprechend ist $B_2 D_2$ usw. zu verstehen.

[2] Diese Dreiecke sind (infinitesimale) charakteristische Dreiecke.

noch so sehr durch Druckfehler entstellt, daß selbst die Bernoullis meinten, sie sei eher ein Rätsel als eine Erklärung. In ihr stellt Leibniz nur seinen Differentialkalkül (*calculus differentialis*) dar[1], von dem Summationskalkül (*calculus summatorius*) ist hier nicht die Rede[2]. Interessanterweise scheint Leibniz bei der Erklärung der Differentiale dx und dy den infinitesimalen Standpunkt zu verlassen: dx ist irgendeine endliche Größe, und das zugehörige dy ist dadurch bestimmt, daß es sich zu dx verhält wie y zur Subtangente, in unseren Worten: Es ist $dy := y'(x)\,dx$. Dies wäre eine vortreffliche Definition, wenn Leibniz einen einwandfreien, von der Ableitung unabhängigen Begriff der Tangente besäße. Gerade das ist aber nicht der Fall; denn einige Seiten später sagt er, eine Tangente sei die Verbindungslinie zweier Kurvenpunkte, die einen unendlich kleinen Abstand voneinander haben, oder „die Verlängerung der Seite eines Polygons mit unendlich vielen Ecken, das für uns dasselbe ist wie die Kurve". Hier erscheint wie ein Gespenst der Geist des alten Antiphon mit seinem Eckenkreis, und die infinitesimalen Größen schleichen sich durch die Hintertür wieder ein. Entgegen der obigen Erklärung sind für Leibniz die Differentiale in Wirklichkeit eben doch immer unendlich kleine Größen. Die Regeln für die Berechnung des Differentials von Summen, Differenzen, Produkten und Quotienten gibt er ohne Beweis an. Er sagt, daß dv bei wachsenden Ordinaten v positiv und bei abnehmenden negativ ist. „Keiner dieser Fälle liegt vor... in dem Augenblick, wo v weder wächst noch abnimmt, sondern stationär ist. Dann ist $dv = 0$... An dieser Stelle ist v ein Maximum (oder... ein Minimum)..." Dann führt er aus wie Wendepunkte zu bestimmen sind ($d\,dv = 0$) und formuliert ohne Beweis die Regeln

$$ dx^a = a\,x^{a-1}\,dx \quad \text{und} \quad d\sqrt[b]{x^a} = \frac{a}{b}\sqrt[b]{x^{a-b}}\,dx. $$

Als eine physikalische Anwendung bringt er die Herleitung des Brechungsgesetzes aus dem Fermatschen Prinzip, die wir im Beispiel 6 der Nr. 54 vorgeführt haben. Stolz bemerkt er dazu: „Andere hochgelehrte Männer haben auf vielen gewundenen Wegen gesucht, was jemand, der in diesem *Calculus* bewandert ist, in diesen [wenigen] Zeilen wie durch Magie bewerkstelligen kann."

Die erste gedruckte Darstellung seiner Integralrechnung gab Leibniz 1686 in einer Arbeit im fünften Band der *Acta eruditorum* unter dem Titel *De geometria recondita et analysi indivisibilium atque infinitorum* (Über eine tief verborgene Geometrie und

---

[1] Leibniz spricht hier übrigens nicht von Differentialen, sondern von Differenzen (*differentiae*). Jahre später sagt er, sein Kalkül sei unter dem Namen Differenzenrechnung bekannt geworden.

[2] Der Ausdruck *calculus differentialis* geht auf eine Anregung Johann Bernoullis zurück; ursprünglich sprach Leibniz von der *methodus tangentium directa*. Dementsprechend nannte er den *calculus summatorius* auch *methodus tangentium inversa*. Die Bezeichnung *calculus integralis* wurde erst 1698 eingeführt, wiederum auf den Rat Johann Bernoullis. Das Wort Integral findet sich erstmals in einer Arbeit von Jakob Bernoulli aus dem Jahre 1690. Das lateinische Wort *integrare* bedeutet „wiederherstellen". Die Integration stellt aus der Ableitung die ursprüngliche Funktion wieder her.

die Analysis der Indivisibeln und unendlichen Größen). Hier betonte er besonders die inverse Beziehung zwischen d und ∫. Den ersten Hauptsatz der Differential- und Integralrechnung (Zurückführung von Quadraturen auf inverse Tangentenprobleme) veröffentlichte Leibniz erstmals im Jahre 1693, wiederum in den *Acta eruditorum*.

243   Zeitgenössische Kritik am Calculus

Die Kritik an dem neuen *Calculus* regte sich sehr bald. Sie entzündete sich vor allem an dem unklaren Begriff der infinitesimalen Größen und dem nicht zwingend begründeten Streichen der Infinitesimalien höherer Ordnung. Wir haben schon in Nr. 241 gesehen, wie Newton versuchte, diese Schwierigkeiten durch seine Theorie der ersten und letzten Verhältnisse zu meistern. Ein voller Erfolg war ihm nicht beschieden, weil er nicht bis zu einem einwandfreien Grenzwertbegriff vorstieß. Leibniz sorgte sich viel weniger um die Grundlagen seines *Calculus* als der Grübler von Cambridge. Auf Fragen der Art, wie sich unendlich kleine Größen von Null unterscheiden, warum man sie vernachlässigen dürfe als seien sie Null, und wie eine Summe von Infinitesimalien eine endliche Größe ergeben könne, antwortete er ausweichend. Er warnte vor „übergenauen Kritikern" und gab den Rat, man solle nicht aus exzessiver Gewissenhaftigkeit die Früchte der Erfindungen verschmähen. Seine Auffassungen von der Natur und Existenz unendlich kleiner Größen, die er auch oft „unvergleichbar klein" nannte, waren schwankend. In der *Théodicée* sagt er mit Bezug auf unendlich große und unendlich kleine Größen: „Aber all dies ist nur Fiktion; jede Zahl ist endlich und angebbar, und dasselbe trifft für jede Linie zu." Einige Jahre später schreibt er an Guido Grandi (1671–1742; 71): „Wir betrachten das Unendlichkleine nicht als eine einfache und absolute Null, sondern als eine relative Null, ... d.h., als eine verschwindende Größe, die dennoch den Charakter dessen bewahrt, das verschwindet." Auf derselben Linie liegt seine Äußerung, im charakteristischen Dreieck bleibe die *Form* des Dreiecks erhalten, auch wenn *alle Größe verschwunden* sei. Hinter Aussagen dieser Art scheint sein Kontinuitätsprinzip zu stehen, dessen populäre Formulierung besagt, daß die Natur keine Sprünge macht. In einem Brief vom 28. November 1701 hatte Pierre Varignon (1654–1722; 68) Leibnizens Urteil über das Unendlichgroße und Unendlichkleine erbeten, „um den Gegnern des *Calculus* Einhalt gebieten zu können, die Ihren Namen mißbrauchen, um Unwissende und Toren zu täuschen". In seiner Antwort vom 2. Februar 1702 stellt Leibniz die „unvergleichbar kleinen Größen" als solche dar, die man als beliebig klein annehmen könne, und spricht gleichzeitig von unendlich kleinen Größen „im strengen Sinne", ganz so, als ob die letzteren tatsächlich existierten. Im übrigen zeigt er gegenüber diesen Fragen eine sehr pragmatische Einstellung:

Hierbei ist jedoch zu berücksichtigen, daß die unvergleichbar kleinen Größen ... keineswegs konstant und bestimmt sind, daß sie vielmehr, da man sie so klein annehmen kann wie man will, in geometrischen Untersuchungen dieselbe Rolle spielen wie die unendlich kleinen Größen im strengen Sinne. Will nämlich ein Gegner unseren Sätzen die Richtigkeit absprechen, so zeigt unser Kalkül, daß der Fehler geringer ist, als irgendeine angebbare Größe, da es in unserer Macht steht, das Unvergleichbarkleine — das man ja immer so klein, als man nur will, annehmen kann — zu diesem Zweck hinlänglich zu verringern... Zweifellos liegt darin der strenge Beweis unserer Infinitesimalrechnung. Ihr Vorzug liegt darin, daß sie unmittelbar und augenscheinlich und in einer Art, die den eigentlichen Quell der Entdeckung freilegt, dasjenige gibt, was die Alten, z. B. Archimedes, auf Umwegen mittels des indirekten Beweises erreichten... Man kann somit die unendlichen und die unendlich kleinen Linien — auch wenn man sie nicht in metaphysischer Strenge und als reale Dinge zugibt — doch ohne Bedenken als ideale Begriffe gebrauchen, durch welche die Rechnung abgekürzt wird, ähnlich den sogenannten imaginären Wurzeln in der gewöhnlichen Analysis, wie z. B. $\sqrt{-2}$. Mag man diese auch als imaginär bezeichnen, so sind sie dennoch nützlich und bisweilen sogar unentbehrlich... Ebenso könnte man unseren Kalkül der transzendenten Kurven nicht aufstellen, ohne von Differenzen zu sprechen, die im Begriff sind zu verschwinden, wobei man ein für allemal den Begriff des Unvergleichbarkleinen einführen kann, statt stets von Größen zu reden, die unbegrenzter Verminderung fähig sind.

Mit derartigen Auslassungen konnte sich Leibniz natürlich nicht seine Kritiker vom Halse schaffen. Noch viel weniger wird ihm dies mit den Analogien gelungen sein, durch die er seine Differentiale dem intuitiven Verständnis näher zu bringen versuchte, etwa wenn er sagt, dy verhalte sich zu y wie ein Sandkorn zur Erde oder wie der Radius der Erde zu dem des Himmels. Johann Bernoulli war noch unbefangener und verglich die infinitesimalen Größen mit den Kleinstlebewesen, die man vor kurzem mit Hilfe des Mikroskops entdeckt hatte. Dies schien Leibniz denn doch zu weit zu gehen; jedenfalls gab er zu bedenken, daß diese Lebewesen von endlicher Größe seien. Johann Bernoulli schreckte auch nicht davor zurück, die infinitesimalen Größen geradezu als Nullen zu betrachten. Dies geht aus seinem paradoxen Satz hervor, eine Größe werde weder vermindert noch vermehrt, wenn man sie um eine unendlich kleine Größe vermindere oder vermehre. Vollends ruchlos war sein Umgang mit höheren Differentialen, so etwa, wenn er 1695 Leibniz die folgenden Gleichungen mitteilt:

$$\sqrt[3]{d^6 y} = d^2 y, \qquad \frac{d^3 y}{d^2 x} = d^3 y\, d^{-2} x = d^3 y \int^2 x.$$

Wir müssen uns dabei allerdings vor Augen halten, daß man schwerlich einen deutlichen Begriff von $d^n y$ haben konnte, wenn man nur die verschwommensten Vorstellungen von dy selbst hatte.

Eine brillante Kritik der Fluxionsrechnung erschien 1734, sieben Jahre nach Newtons Tod, unter dem langatmigen Titel *Der Analytiker oder eine Abhandlung, gerichtet an einen ungläubigen Mathematiker, in der untersucht wird, ob der Gegenstand, die Prinzipien und die Folgerungen der modernen Analysis deutlicher erfaßt oder einleuchtender hergeleitet sind als religiöse Mysterien und Glaubenssätze.* Sie entstammte der Feder des irischen Bischofs und Erkenntnistheoretikers George Berkeley (1685–1753; 68) und wurde später ein Wendepunkt in der Geschichte des mathematischen Denkens in Großbritannien genannt[1]. Man nimmt an, daß mit dem „ungläubigen Mathematiker" Edmond Halley gemeint war, der ganz im Gegensatz zu seinem Freunde Newton im Geruche des Atheismus stand. Den streitbaren Bischof ärgerte

---

[1] S. George Berkeley: *Schriften über die Grundlagen der Mathematik und Physik.* Eingeleitet und übersetzt von W. Breidert. Suhrkamp-Verlag Frankfurt/M. 1969.

der allgemach um sich greifende mathematische Hochmut, der die Lehren des Christentums ablehnte, weil sie, wie Halley sagte, „unbegreiflich" seien. Diesen Hochmut wollte er durch den Nachweis dämpfen, daß die neue Analysis nicht weniger unbegreiflich sei. Seine Streitschrift beschließt er mit 67 Fragen, von denen die beiden folgenden sein Anliegen am deutlichsten ausdrücken:

64. Ob Mathematiker, die in religiösen Dingen so empfindlich sind, in ihrer eigenen Wissenschaft peinlich gewissenhaft sind? Ob sie sich nicht der Autorität unterwerfen, nichts auf Treu und Glauben annehmen und nicht unbegreifliche Dinge für wahr halten? Ob sie nicht ihre Mysterien haben und, was mehr ist, ihre Unvereinbarkeiten und Widersprüche?

65. Ob es Menschen, die sich bezüglich ihrer eigenen Prinzipien in Verlegenheit und Verwirrung befinden, nicht wohl anstehen würde, über andere Angelegenheiten behutsam, redlich und bescheiden zu urteilen?

Als erstes machte sich Berkeley weidlich lustig über den Begriff der Fluxion, der *Momentan*geschwindigkeit einer fließenden Größe x. Er sieht ganz richtig, daß uns empirisch nur *Durchschnitts*geschwindigkeiten $\Delta x/\Delta t$ zugänglich sind. Zu dem abstrakten Begriff der Momentangeschwindigkeit $\dot{x}$ kann man nur, wie wir heute sagen würden, durch einen Grenzübergang ($\Delta t \to 0$) kommen. Dieser Grenzübergang wird aber bei Newton durch seine Lehre von den ersten und letzten Verhältnissen entstehender und verschwindender Größen eher verdunkelt als erhellt. So kann Berkeley nicht ganz zu Unrecht Newtons Auffassung der Fluxionen infinitesimaltheoretisch dahingehend interpretieren, „die Fluxionen seien Geschwindigkeiten, die nicht zu endlichen, wenn auch noch so kleinen Inkrementen, sondern nur zu … entstehenden Inkrementen proportional seien"[1]. Und nun fährt er in ironischem Ton so fort:

Von den erstgenannten Fluxionen gibt es andere Fluxionen, und diese Fluxionen von Fluxionen werden zweite Fluxionen genannt. Und die Fluxionen dieser zweiten Fluxionen werden dritte Fluxionen genannt, und so weiter vierte, fünfte, sechste etc., *ad infinitum*. Da nun die Wahrnehmung äußerst kleiner Gegenstände unsere Sinne anstrengt und verwirrt, wird auch unsere Einbildungskraft, eine Fähigkeit, die auf den Sinnen beruht, aufs höchste angestrengt und verwirrt, wenn sie sich klare Ideen von den kleinsten Zeitpartikeln oder den kleinsten darin erzeugten Inkrementen machen soll; und noch viel mehr bei dem Versuch,… Inkremente von fließenden Größen *in statu nascendi,* im allerersten Ursprung oder Anfang ihrer Existenz, bevor sie endliche Teilchen werden, zu begreifen. Und es scheint noch schwieriger, die abstrakten Geschwindigkeiten dieser entstehenden, unvollständigen Wesenheiten zu begreifen. Aber die Geschwindigkeiten der Geschwindigkeiten — die zweiten, dritten, vierten und fünften Geschwindigkeiten usw. — übersteigen, wenn ich nicht irre, jedes menschliche Verständnis … Eine zweite oder dritte Fluxion ist wohl gewiß in jeder Hinsicht ein dunkles Mysterium. Die Anfangsgeschwindigkeit einer Anfangsgeschwindigkeit, die entstehende Zunahme einer entstehenden Zunahme, d. h. von etwas, das keine Größe besitzt, — … die klare Vorstellung davon wird, wenn ich nicht irre, als unmöglich erkannt werden.

Etwas später stößt er mit den berühmten Worten nach:

Und was sind diese Fluxionen? Die Geschwindigkeiten verschwindender Inkremente. Und was sind ebendiese verschwindenden Inkremente? Sie sind weder endliche Größen noch un-

---

[1] Das „entstehende Inkrement" der Fluente x ist $\dot{x}o$, wobei o ein infinitesimales Zeitintervall bedeutet.

endlich klein und doch auch nicht nichts. Dürfen wir sie nicht die Gespenster abgeschiedener Größen nennen?

Die Folgerung ist klar:

Wer eine zweite oder dritte Fluxion verdauen kann, braucht ... bei keinem Satz der Gottesgelehrsamkeit überempfindlich zu sein.

Im Buch II der *Principia* hatte Newton das momentane, gerade entstehende Inkrement oder Dekrement einer variablen Größe ihr Moment genannt und u. a. das Moment eines Produkts AB berechnet[1]. Nach der Infinitesimalmethode hätte er dies folgendermaßen machen müssen. Sind a, b die Momente von A, B, so ist das Moment von AB gleich

$$(A+a)(B+b)-AB = aB+bA+ab,$$

und dies darf man $= aB+bA$ setzen, da ab im Vergleich zu $aB+bA$ unendlich klein ist. Aber gerade diesen Infinitesimalschluß möchte Newton vermeiden. Und dies gelingt ihm durch einen Taschenspielertrick: Er setzt das Moment von AB nicht wie oben in der Form

$$(A+a)(B+b)-AB$$

an, sondern in der Form

$$\left(A+\frac{1}{2}a\right)\left(B+\frac{1}{2}b\right)-\left(A-\frac{1}{2}a\right)\left(B-\frac{1}{2}b\right)$$

und erhält nun tatsächlich durch einfaches Ausmultiplizieren das gewünschte Ergebnis $aB+bA$. Ohne Erbarmen deckt Berkeley auf, wie unsolide Newton hier geschlossen hat, um einem unsoliden Infinitesimalschluß zu entgehen, und bemerkt sardonisch:

Nichts als die Dunkelheit des Gegenstandes kann den großen Autor der Fluxionsmethode ermutigt und dazu geführt haben, eine solche Begründung seinen Anhängern als Beweis vorzulegen, und nur ein blinder Autoritätsglaube kann diese dazu gebracht haben, sie anzuerkennen.

Nicht minder erbarmungslos weist Berkeley auf den schwachen Punkt in Newtons Differentiation der Funktion x^n in *De quadratura curvarum* hin (s. Ende der Nr. 241). Newton arbeitet dort, wie wir gesehen haben, zunächst unter der Voraussetzung $o \neq 0$, und an einer für ihn günstigen Stelle setzt er dann $o = 0$. Er „vernichtet" also seine erste Annahme, behält aber die Folgerungen aus ihr bei. Nicht ohne grimmiges Behagen bemerkt Berkeley dazu:

All das scheint eine höchst widerspruchsvolle Art der Beweisführung zu sein, wie man sie in der Theologie nicht erlauben würde.

---

[1] Mit diesen Momenten kehren die infinitesimalen Größen wieder zurück, die Newton im Buch I der *Principia* ausdrücklich verbannt hatte. Momente sind natürlich Begriffe der Fluxionstheorie, und die Berechnung des Moments von AB ist ein Stück Fluxionsrechnung. Aber Newton sagt dies nicht.

Die Leibnizsche Differentialrechnung, deren anstößige Grundoperation das Streichen höherer Differentiale ist, kritisiert Berkeley durch den Hinweis, sie gelange zu ihren Wahrheiten durch eine Kompensation der Fehler. Diese These wurde dann später allen Ernstes auch von Euler und Lagrange vertreten — so schwach erschienen diesen eminenten Mathematikern die Grundlagen des *Calculus*. Michel Rolle (1652–1719; 67) meinte sogar, der *Calculus* sei nichts anderes als eine Ansammlung geschickter Fehlschlüsse. (Er selbst hat sich beim „Satz von Rolle" vor Fehlschlüssen durch eine souveräne Methode bewahrt: statt ihn zu beweisen, hat er ihn bloß hingeschrieben.)

Keine andere Schrift der damaligen Zeit hat die Schwächen der neuen Analysis so amüsant und grausam ans Licht gezerrt wie *The Analyst*. Aber es blieb Voltaire vorbehalten, die Kritik auf die knappste und bissigste Form zu bringen. In seinen *Lettres philosophiques* (1734) nennt er die Infinitesimalrechnung „die Kunst, dasjenige exakt zu zählen und zu messen, von dem man sich noch nicht einmal die Existenz vorstellen kann".

All diese Kritik brachte glücklicherweise die Mathematiker nicht dazu, ihre Arbeit einzustellen. Gewiß, die Grundbegriffe des *Calculus* waren unklar, weder Newton noch Leibniz hatten sie jemals präzise erklären können — aber seine Operationsregeln waren einfach, die Anwendung dieser Regeln brachte Erfolg über Erfolg, die Resultate wuchsen mit der Zeit zu einer sich selbst tragenden Architektur zusammen und standen, soweit sie die Naturwissenschaften betrafen, in vollem Einklang mit Beobachtung und Experiment. Der *Calculus* rechtfertigte in glänzender Weise die pythagoreisch-galileische Idee eines mathematisch geordneten Universums — und rechtfertigte damit umgekehrt sich selbst. Die „gerade entstehenden Inkremente" Newtons und die ungreifbaren Differentiale Leibnizens waren vielleicht wirklich nichts anderes als die „Gespenster abgeschiedener Größen" — aber immerhin waren sie, wie man gesagt hat, die *produktivsten* Gespenster, die sich jemals auf der Erde herumgetrieben hatten[1].

244 Die analytische Explosion

Nichts belegt nachdrücklicher die These vom exponentiellen Wachstum der Wissenschaft als die explosive Entwicklung der Analysis im 18. Jahrhundert, dem Jahrhundert der Aufklärung. Ausgehend von der schmalen Basis des Newtonschen und Leibnizschen *Calculus* wurden in rascher Folge so riesige Provinzen der Mathematik erobert wie unendliche Reihen, gewöhnliche und partielle Differentialgleichungen,

---

[1] Infinitesimale Größen sind, wenn auch in ganz anderer Form als ihre Erfinder es sich denken konnten, vor etwa zwanzig Jahren in der sogenannten *non-standard-analysis* wieder zum Leben erweckt worden. Sie sind natürlich keine reellen Zahlen, sondern Objekte, die von außen zu **R** hinzugefügt werden. Den interessierten Leser verweisen wir auf D. Laugwitz: *Infinitesimalkalkül. Eine elementare Einführung in die Nichtstandard-Analysis* (Mannheim/ Wien/Zürich 1978).

Variationsrechnung und Differentialgeometrie. Die Mechanik wurde zum „Paradies der Mathematiker", die Astronomie zu ihrem Tummelplatz. Die neue Analysis folgte willig dem Ruf der Aufklärung, die Wissenschaften für die Praxis nutzbar zu machen und wirkte hinein in Kartographie, Navigation, Ballistik, Schiffs- und Maschinenbau. Umgekehrt ließ sie sich in einem solchen Maße von praktischen Problemen inspirieren, daß wir geradezu von einer Symbiose zwischen der Analysis und ihren Anwendungen sprechen dürfen. In diesem Wechselprozeß wurde die Analysis zur beherrschenden Wissenschaft der Zeit und machte das 18. Jahrhundert zu dem mathematischen Säkulum *par excellence*. Das Interesse an der Mathematik war damals so allgemein, daß das *Journal des Sçavans* [*Savants*] ironisch durchblicken ließ, heutzutage könne man die Gunst einer Dame kaum noch erringen, ohne ihr „Neues über die Quadratur des Kreises" vorzuplaudern.

Nach den Pionierleistungen des siebzehnten Jahrhunderts entwickelte sich die Analysis im achtzehnten mehr in die Breite als in die Tiefe. Überkommene Techniken wurden mit brillanter Virtuosität, piratenhafter Gewissenlosigkeit und berauschendem Erfolg gehandhabt. Strenge galt vielen als eine altmodische Forderung, die man glücklicherweise über Bord geworfen hatte. Niemals wieder wurde Mathematik mit so fröhlicher Leichtfertigkeit getrieben wie im Zeitalter der Vernunft.

Die überragenden Gestalten waren Johann Bernoulli (1667–1748; 81), Leonhard Euler (1707–1783; 76) und Joseph Louis Lagrange (1736–1813; 77)[1]. Unter ihnen war Euler der größte. Seine Gesammelten Werke umfassen über 70 schwergewichtige Bände. Die „fleischgewordene Analysis" wurde in dem behäbigen Basel geboren. Sein Vater, ein Pfarrer, hatte ihn zum Theologen bestimmt, aber Leonhard geriet unter den Einfluß Johann Bernoullis und verfiel der Mathematik. Schon mit neunzehn Jahren bewarb er sich keck (und erfolglos) um einen Preis der Französischen Akademie der Wissenschaften mit einer Arbeit über die *Bemastung von Schiffen* – für einen Schweizer gewiß ein eher exotisches Thema. Zu dieser Zeit waren die beiden Söhne Johann Bernoullis, Nikolaus (1695–1726; 31) und Daniel (1700–1782; 82) an der Petersburger Akademie tätig[2]. Der junge Euler folgte 1727, im Todesjahr Newtons, ihrer Einladung, ebenfalls dort zu arbeiten. Als er in St. Petersburg ankam, starb die Kaiserin Katharina I., die kaum gegründete Akademie stand in Gefahr, aufgelöst zu werden, und unser Alpenrepublikaner spielte sogar mit dem Gedanken, ausgerechnet bei der zaristischen *Marine* anzuheuern. Die Verhältnisse konsolidierten sich aber wieder, Euler erhielt eine Stelle als Assistent Daniel Bernoullis, wurde 1731 Physikprofessor und übernahm 1733 die Mathematikprofessur Daniel Bernoullis, der nach Basel zurückkehrte, um dort nacheinander Professor der Medizin, der Metaphysik und der Naturphilosophie zu werden – eine farbige Karriere. 1738 wurde Euler auf einem Auge blind. Von 1741 bis 1766 war er auf

---

[1] Johann Bernoullis älterer Bruder Jakob (1654–1705; 51) gehört in das 17. Jahrhundert. Die beiden Bernoullis nahmen sich der neuen Analysis mit solchem Erfolg an, daß Leibniz sie als Miterfinder des *Calculus* bezeichnete.

[2] Jakob und Johann Bernoulli nennt man die Brüder Bernoulli. Die beiden anderen Brüder, Nikolaus und Daniel (Johanns Söhne), heißen die „jüngeren Bernoullis". Mit diesen vieren ist übrigens die Zahl der Mathematiker in der Familie Bernoulli noch lange nicht erschöpft.

Einladung Friedrich des Großen an der Berliner Akademie tätig und kehrte dann
nach St. Petersburg zurück. Kurz nach seiner Ankunft, sechzig Jahre alt, erblindete
er vollständig. Seine mathematische Produktivität wurde durch dieses Unglück jedoch nicht gehemmt. Sein unglaubliches Gedächtnis und eine an Newton erinnern-
de Konzentrationsfähigkeit erlaubten ihm, umfangreiche Schlußketten und Rechnungen im Kopf auszuführen und seinen Schülern und Kindern in die Feder zu dik-
tieren.

Es ist kaum zu begreifen, daß Euler nicht vollständig aufgezehrt wurde von seinen
zahllosen mathematischen, physikalischen und technischen Arbeiten. Aber daneben
fand er noch Zeit, sich mit Anatomie, Chemie und Botanik zu beschäftigen und die
Geschichte und Literatur der wichtigsten Nationen zu studieren; Vergils *Äneis* kannte er von der ersten bis zur letzten Zeile auswendig. Er zeugte 13 Kinder, unter-
richtete die 5 Überlebenden selbst und las ihnen abends aus der Bibel vor. Seine
Frömmigkeit war ungekünstelt und ohne Verbissenheit, eher mit Humor durch-
setzt. Als der Chefaufklärer Diderot, die treibende Kraft hinter der berühmten
Encyclopédie, am Hof in St. Petersburg seinen amüsanten Atheismus zum besten
gab, stellte man ihm Euler als Mann entgegen, der einen algebraischen Beweis für
die Existenz Gottes gefunden habe (so jedenfalls erzählt es die Anekdote). Mit
kühler Miene sagte der große Mathematiker: „Monsieur, es ist $(a+b^n)/n=x$, also
existiert Gott; antworten Sie!" Der zungenfertige Diderot war sprachlos, wurde
ausgelacht und reiste eilends nach Frankreich zurück. Sehr glaubwürdig klingt
das alles freilich nicht.

Ganz im Gegensatz zu dem introvertierten Newton war Euler heiter, freundlich und
den Menschen zugewandt. Diese Wesenszüge prägen auch den humanen Stil seiner
Bücher. Euler schrieb, um verstanden zu werden. Man erzählt, seine *Vollständige
Anleitung zur Algebra* (1770) habe er einem Schneidergesellen diktiert und sei erst
zufrieden gewesen, als dieser den Text ganz begriffen hatte. Unter allen großen Mathematikern ist Euler wohl die liebenswerteste Gestalt.

In unserem kurzen Überblick können wir nicht versuchen, der Analysis des 18. Jahrhunderts auf ihren ausgreifenden Eroberungszügen zu folgen. Wir müssen uns damit
begnügen, mittels einiger Beispiele etwas von ihrem unbeschwerten Abenteurergeist
ahnen zu lassen und auf ein grundsätzlich wichtiges Phänomen einzugehen: die be-
ginnende *Arithmetisierung der Analysis,* beruhend auf einem langsam sich heraus-
schälenden Funktionsbegriff.

Werfen wir zunächst einen kurzen Blick auf den sorglosen Umgang des 18. Jahrhunderts mit unendlichen Reihen. Die Mathematiker dieses glücklichen Zeitalters han-
tierten mit ihnen ohne große Skrupel wie mit endlichen Summen, von Konvergenz
und Divergenz war kaum die Rede (James Gregory hatte diese Termini zwar bereits
1668 eingeführt, sie aber nicht vertieft). Potenzreihen sah man als Polynome unendlichen Grades an. Die Entwicklung

$$\frac{1}{1+x} = 1 - x + x^2 - x^3 + - \cdots \tag{244.1}$$

wurde durch formales Dividieren gewonnen und für jedes $x \neq -1$ benutzt. Indem Grandi z. B. $x = 1$ setzte, erhielt er die Beziehung

$$1 - 1 + 1 - 1 + - \cdots = \frac{1}{2}, \tag{244.2}$$

und indem er die Differenzen $1 - 1$, $1 - 1$, ... beklammerte, gewann er daraus die unerwartete Beziehung

$$0 + 0 + 0 + \cdots = \frac{1}{2}.$$

In einem Brief an Leibniz meinte er, dies beweise, daß Gott die Möglichkeit habe, die Welt aus dem Nichts zu erschaffen. Leibniz begründete die Gl. (244.2) so: Da die Teilsummen der Reihe $1 - 1 + 1 - 1 + - \cdots$ durch 1, 0, 1, 0, ... gegeben würden, seien die Werte 1 und 0 gleichwahrscheinlich, und man müsse sich somit für ihr arithmetisches Mittel 1/2 entscheiden. Dieser Schluß, sagte er einschränkend, sei allerdings mehr metaphysisch als mathematisch, aber die Brüder Bernoulli und später auch Lagrange akzeptierten ihn ohne Bedenken. Indem Jakob Bernoulli die Größe

$$\frac{l}{m+n} = \frac{l}{m} \, \frac{1}{1 + \dfrac{n}{m}}$$

gemäß (244.1) durch eine Reihe darstellte und dann $n = m$ setzte, erhielt er die Beziehung

$$\frac{l}{2m} = \frac{l}{m} - \frac{l}{m} + \frac{l}{m} - \frac{l}{m} + - \cdots,$$

die offenbar eine „Verallgemeinerung" von (244.2) ist, und die er „ein nicht unelegantes Paradoxon" nannte. Euler trug in (244.1) unbefangen $x = 2$ ein und kam so zu der nicht weniger eleganten Aussage

$$\frac{1}{3} = 1 - 2 + 2^2 - 2^3 + - \cdots.$$

Ganz wohl war ihm dabei allerdings nicht, und an anderer Stelle schlug er vor, bei einer divergenten Reihe nicht von ihrer *Summe,* sondern lieber von ihrem *Wert* zu sprechen; darunter verstand er den Wert desjenigen Ausdrucks, durch dessen Entwicklung die Reihe entsteht. Auf jeden Fall, meinte er, könne die (Potenz-) Reihenentwicklung eines „geschlossenen Ausdrucks" in mathematischen Operationen jederzeit an die Stelle dieses Ausdrucks treten, auch für solche Werte der Veränderlichen, für welche die Reihe divergiert.

Dank der Limitierungstheorie verstehen wir heute besser, warum Euler und seine Zeitgenossen durchaus erfolgreich mit divergenten Reihen arbeiten konnten (s. etwa A 65.9). Die fehlenden Grundlagen ersetzten sie durch einen hochentwickelten mathematischen Instinkt. Geringere Begabungen konnten dabei allerdings leicht auf

Abwege geraten, und 1768 sagte deshalb Jean Baptiste le Rond d'Alembert (1717–1783; 66), ihm seien alle Schlußfolgerungen suspekt, die auf nichtkonvergenten Reihen beruhen. Zu Beginn des 19. Jahrhunderts blies dann der Wind den divergenten Reihen noch schärfer ins Gesicht, und Niels Henrik Abel (1802–1829; 27) verwarf sie grimmig als eine „Erfindung des Teufels".

Sehen wir uns ein weiteres Beispiel für die unbefangene Art an, mit der im 18. Jahrhundert Analysis getrieben wurde. In seiner berühmten *Introductio in analysin infinitorum* (Einführung in die Analysis der unendlichen Größen, 1748) setzt Euler

$$a^{\omega} = 1 + k\omega \quad \text{mit der unendlich kleinen Zahl } \omega. \tag{244.3}$$

Für eine vorgegebene endliche Zahl z ist $i := z/\omega$ unendlich groß (der Buchstabe i soll an *infinitus* erinnern). Euler rechnet nun so:

$$a^z = a^{i\omega} = (a^{\omega})^i = (1 + k\omega)^i = \left(1 + \frac{kz}{i}\right)^i$$

$$= \sum_{n=0}^{\infty} \binom{i}{n} \left(\frac{kz}{i}\right)^n = \sum_{n=0}^{\infty} \frac{1}{n!} \frac{i(i-1)\cdots(i-n+1)}{i^n} k^n z^n. \tag{244.4}$$

Da i unendlich groß ist, muß

$$\frac{i-m}{i} = 1, \quad \text{also auch} \quad \frac{i(i-1)\cdots(i-n+1)}{i^n} = 1$$

sein. Somit ist

$$a^z = \sum_{n=0}^{\infty} \frac{k^n z^n}{n!}. \tag{244.5}$$

Für $z = 1$ erhält er die Beziehung zwischen a und k:

$$a = \sum_{n=0}^{\infty} \frac{k^n}{n!}.$$

Er definiert nun e als diejenige Zahl a, für die $k = 1$ ist:

$$\mathrm{e} := \sum_{n=0}^{\infty} \frac{1}{n!}.$$

Aus (244.4) folgt dann

$$\mathrm{e}^z = \left(1 + \frac{z}{i}\right)^i, \quad \text{in unserer Sprache} \quad \mathrm{e}^z = \lim_{n \to \infty} \left(1 + \frac{z}{n}\right)^n$$

(s. Satz 26.2). Und aus (244.5) ergibt sich schließlich

$$\mathrm{e}^z = \sum_{n=0}^{\infty} \frac{z^n}{n!}.$$

Als letztes Beispiel bringen wir eine der Eulerschen Differentiationen des Logarithmus. Euler geht aus von der Gleichung

$$\ln z = \frac{z^\omega - 1}{\omega}, \qquad \omega \text{ eine unendlich kleine Zahl}$$

(vgl. (26.7)). Aus ihr folgt nach der Potenzregel

$$d \ln z = \frac{\omega\, z^{\omega-1} dz}{\omega} = \frac{z^\omega\, dz}{z}.$$

Indem Euler nun, anders als in (244.3), kurzerhand $z^\omega = z^0 = 1$ setzt, erhält er $d \ln z = dz/z$. Nach diesen Proben unbeschwerten Schließens schildern wir nun den Beginn der *Arithmetisierung der Analysis* und die damit Hand in Hand gehende Herausarbeitung des *Funktionsbegriffs*. Bis in die Anfänge des 18. Jahrhunderts hinein waren die wichtigsten Untersuchungsobjekte des *Calculus,* an denen sich denn auch seine Sprechweisen und Methoden ausgebildet hatten, geometrische und mechanische Größen gewesen: Kurven, Tangenten, Flächen, Geschwindigkeiten usw. Nur langsam brach sich die Einsicht Bahn, daß der zentrale Gegenstand der Analysis der *Funktionsbegriff* sei und die Hauptaufgabe darin bestünde, die Änderung von Zahlengrößen zu studieren, die irgendwie von anderen Zahlengrößen abhängen. Diese arithmetische Auffassung der Analysis gelangte in Eulers oben erwähnter *Introductio* zur vollen Reife. In diesem großen Lehrbuch kehrt Euler sich bewußt von der Geometrie ab, verwendet auch ganz rigoros keine Zeichnungen und baut zum ersten Mal die Analysis um den Funktionsbegriff herum auf: Analysis ist nun die Untersuchung funktionaler Beziehungen zwischen Zahlen.

Was aber ist eine Funktion?

Der Funktionsbegriff hatte sich angekündigt in Galileis mathematischer Darstellung der Naturgesetze. Er war unausgesprochen aufgetreten, als Newton alle veränderlichen Größen als von der Zeit abhängig auffaßte. Er war auch implizit vorhanden, als man in den Anfängen des *Calculus* von den Ordinaten einer Kurve sprach, die zu ihren Abszissen gehören. Das Wort Funktion (*functio*) selbst taucht zum ersten Mal gegen Ende des 17. Jahrhunderts bei Leibniz auf — aber noch ganz in *geometrische* Zusammenhänge eingebettet. Leibniz nennt geometrische Größen, die zu einer gegebenen Kurve gehören (wie Ordinaten, Tangenten- und Normalenstücke, Subtangenten usw.), „Funktionen" dieser Kurve. Die erste Formulierung eines *arithmetischen* Funktionsbegriffs findet sich 1718 bei Johann Bernoulli:

Man nennt Funktion einer veränderlichen Größe eine Größe, die auf irgendeine Weise aus dieser veränderlichen Größe und Konstanten zusammengesetzt ist.

Dreißig Jahre später übernimmt Euler in seiner *Introductio* diese Bernoullische Definition mit einer gewissen Präzisierung:

Eine Funktion einer veränderlichen Größe ist ein analytischer Ausdruck, der in beliebiger Weise aus dieser veränderlichen Größe und aus Zahlen oder konstanten Größen zusammengesetzt ist.

„Analytische Ausdrücke" sind bei Euler Gebilde, die durch Anwendung der gängigen mathematischen Operationen einschließlich der Grenzprozesse entstehen; insbesondere gehören die Potenzreihen dazu. — Die suggestive Bezeichnung $f(x)$ für den Wert der Funktion f an der Stelle x geht übrigens auf Euler zurück.

Der Eulersche Funktionsbegriff wurde für die zweite Hälfte des 18. Jahrhunderts maßgebend. Um so bemerkenswerter ist es, daß bereits Euler selbst sich veranlaßt sah, über ihn hinauszugehen und auch solchen Funktionen Bürgerrecht in der Analysis zu gewähren, die in verschiedenen Intervallen durch *verschiedene* analytische Ausdrücke dargestellt werden. Derartige Funktionen nannte er „gemischt", „irregulär" oder „unstetig" (gemäß dem heutigen Sprachgebrauch können „unstetige" Funktionen natürlich sehr wohl stetig sein; wir müssen uns hier vor Augen halten, daß der moderne Stetigkeitsbegriff erst zu Beginn des 19. Jahrhunderts geschaffen wurde). „Unstetige" Funktionen hatte Euler bereits 1734 betrachtet, aber ihre ganze Bedeutung und Unentbehrlichkeit gingen ihm wohl erst dreizehn Jahre später in der Diskussion mit d'Alembert über das Problem der schwingenden Saite auf. 1747 hatte d'Alembert das folgende Ergebnis veröffentlicht: Wenn man einer elastischen Saite der Länge L, die in den Punkten $x = 0$ und $x = L$ der x-Achse eingespannt ist, in jedem Punkt x des Intervalls $[0, L]$ eine Anfangsauslenkung $g(x)$ gibt und dann losläßt, so wird ihre Auslenkung $u(x, t)$ an der Stelle x zur Zeit $t \geqslant 0$ gegeben durch

$$u(x, t) = \frac{1}{2} g(x + \alpha t) + \frac{1}{2} g(x - \alpha t);$$

dabei ist α die in der Saitengleichung (132.1) auftretende Konstante. D'Alembert war der Meinung, g müsse durch einen einzigen analytischen Ausdruck gegeben sein, damit alle erforderlichen Differentiationen ausgeführt werden könnten. Euler wies dagegen sofort darauf hin, daß man auch „unstetige" Funktionen g zulassen müsse, wenn man einen so wichtigen Fall wie den der gezupften Saite erfassen wolle (s. Fig. 144.1). Euler sah sich also aus *physikalischen* Gründen gezwungen, einen Funktionsbegriff zu propagieren, der weitaus *abstrakter* war als der von ihm selbst in der *Introductio* kanonisierte, während sich d'Alembert aus Gründen der mathematischen Technik an den traditionellen Funktionen festklammerte. Wenige Jahre später ging Euler sogar noch einen großen Schritt weiter. In seinen *Institutiones calculi differentialis* (Unterweisungen in der Differentialrechnung, 1755) bringt er eine Definition, die dem modernen Funktionsbegriff schon recht nahe kommt (Hervorhebung von mir):

Sind nun Größen auf die Art voneinander abhängig, daß keine davon eine Veränderung erfahren kann, ohne zugleich eine Veränderung in der anderen zu bewirken, so nennt man diejenige, deren Veränderung man als die Wirkung von der Veränderung der anderen betrachtet, eine Funktion von dieser; *eine Benennung, die sich so weit erstreckt, daß sie alle Arten, wie eine Größe durch eine andere bestimmt werden kann, unter sich begreift.*

Übrigens war Euler schon 1734 großzügig genug gewesen, sogar freihändig gezeichnete Kurven als Funktionen anzusehen.

Die Euler-d'Alembertsche Diskussion über den Funktionsbegriff wurde noch kräftig durch die Lösung belebt, die Daniel Bernoulli 1753 für das Problem der schwingenden Saite vorschlug. Bernoulli ging von der physikalischen These aus, daß jeder Ton durch eine Überlagerung von Grund- und Obertönen entsteht, und schloß daraus, daß die Bewegung einer beidseitig eingespannten Saite der Länge L stets in der Form

$$u(x, t) = \sum_{n=1}^{\infty} a_n \sin \frac{n\pi x}{L} \cos \frac{n\pi \alpha t}{L} \tag{244.6}$$

dargestellt werden könne. Für $t = 0$ erhält man daraus die Entwicklung

$$g(x) = \sum_{n=1}^{\infty} a_n \sin \frac{n\pi x}{L} \tag{244.7}$$

für die Anfangsauslenkung g — und Bernoulli stand nicht an zu behaupten, daß sich ausnahmslos jede Anfangsauslenkung in der Gestalt (244.7) schreiben lasse. Mathematische Argumente führte er nicht an, sondern stützte sich ganz allein auf die oben erwähnten physikalischen Betrachtungen. Euler, d'Alembert und später auch Lagrange verwarfen ohne Zögern diese Behauptung Bernoullis. Die trigonometrische Reihe in (244.7) schien ihnen zu starke analytische Eigenschaften zu besitzen, als daß sie „willkürliche Funktionen" g darstellen könne. Bernoulli ließ sich keineswegs beirren und meinte, die unendlich vielen Koeffizienten a_n reichten aus, um die Reihe jedem g anpassen zu können. Diese Debatte sollte weitreichende Folgen haben; wir werden noch darauf zu sprechen kommen. Zunächst richtete sie von neuem die Aufmerksamkeit auf die Frage, wie allgemein, wie „willkürlich" Funktionen sein dürfen, eine Frage, die erst im 19. Jahrhundert beantwortet werden sollte. Bis dahin behielt, trotz aller hin- und herwogenden Diskussionen, der auf analytische Ausdrücke eingeschränkte Funktionsbegriff der Eulerschen *Introductio* das Übergewicht in der täglichen Arbeit der Mathematiker.

Am Ende des 18. Jahrhunderts steht ein berühmtes Buch von Lagrange: *Théorie des fonctions analytiques, contenant les principes du calcul différentiel, dégagés de toutes considérations d'infiniment petits ou d'évanouissans, de limites ou de fluxions, et réduits à l'analyse algébrique des quantités finies* (1797). Der umständliche Titel konstatiert einerseits, daß die Analysis nun endgültig zu einer Theorie der Funktionen geworden ist, und drückt andererseits ein allgemach um sich greifendes Unbehagen aus über ihre Begründung mittels unendlich kleiner oder verschwindender Größen, lokkerer Grenzprozesse oder raum-zeitlicher Vorstellungen wie Fluxionen (Geschwindigkeiten). Lagrange will diese unsicheren Grundlagen durch die Potenzreihenmethode ersetzen. Er meint, man könne $f(x + i)$, i eine beliebige Größe, „nach der Theorie der Reihen" in der Form

$$f(x + i) = f(x) + p\,i + q\,i^2 + r\,i^3 + \cdots \tag{244.8}$$

darstellen, wobei die Koeffizienten $p, q, r, \ldots$ von x, nicht jedoch von i abhängen. Die Funktion p nennt er die erste abgeleitete Funktion (*fonction derivée*) von $f(x)$ und bezeichnet sie mit $f'(x)$. Entsprechend soll $f''(x)$ die erste abgeleitete Funktion von $f'(x)$, $f''''(x)$ die erste abgeleitete Funktion von $f''(x)$ sein usw. Er zeigt dann durch formales Rechnen, daß $q=f''(x)/2$, $r=f'''(x)/2\cdot 3$ usw. ist, so daß (244.8) übergeht in

$$f(x+i)=f(x)+f'(x)i+\frac{f''(x)}{2}\,i^2+\frac{f'''(x)}{2\cdot 3}\,i^3+\cdots.$$

Und abschließend meint er, es sei „nur eine geringe Kenntnis der Differentialrechnung notwendig, um zu erkennen, daß die abgeleiteten Funktionen y', y'', y''', ... beziehentlich mit den Ausdrücken dy/dx, d^2y/dx^2, d^3y/dx^3 übereinstimmen". Infolgedessen lassen sich, so Lagrange, die suspekten Differentialquotienten als Ableitungen, also mittels der von Infinitesimalien und Grenzwerten freien Potenzreihenmethode definieren. Natürlich ist dies ein Irrglaube. Lagrange sieht nicht, daß bereits die Summierung einer Potenzreihe ein Grenzprozeß ist (von anderen Einwänden ganz zu schweigen). Von seinen Überlegungen sind eigentlich nur die Bezeichnungen „erste Ableitung", „zweite Ableitung" usw. und die zugehörigen Symbole $f'(x), f''(x)$, ... übriggeblieben. Er selbst glaubte allerdings, daß durch seine Methode die Arithmetisierung der Analysis vollständig erreicht sei.

Mit der *Théorie des fonctions analytiques* schlägt Lagrange einen großen Bogen vom Ende des 18. Jahrhunderts zu dessen Anfang, nämlich zur Taylorschen Reihe, die Brook Taylor (1685–1731; 46) 1715 in seiner *Methodus incrementorum directa et inversa* (Direkte und inverse Methode der Inkremente) vorgestellt hatte. Taylor, ein Schüler Newtons, hatte sie durch Grenzübergang aus einer Interpolationsformel gewonnen, ganz ähnlich wie wir in Nr. 61 den Taylorschen Satz hergeleitet haben. Es erübrigt sich zu sagen, daß er dem Konvergenzverhalten seiner Reihe keine Aufmerksamkeit schenkte. Das Lagrangesche Restglied (und damit auch der Mittelwertsatz) findet sich in der *Théorie des fonctions analytiques*. Lagrange scheint hin und wieder doch Bedenken beim Umgang mit unendlichen Reihen gehabt zu haben; jedenfalls mahnt er, eine Reihe nie ohne ihr Restglied zu verwenden.

Wir wiederholen noch einmal, daß wir hier nicht im entferntesten daran denken können, das stürmische Vordringen und die gewaltigen Terraingewinne der Analysis im 18. Jahrhundert angemessen zu schildern. So explosiv war ihre Entwicklung, daß schließlich der Glaube um sich griff, große Ergebnisse seien kaum noch zu erwarten. 1781 meinte Lagrange, die Mine der Mathematik sei schon sehr tief, und man müsse sie wohl früher oder später aufgeben, falls keine neuen Adern entdeckt würden. Und 1811 verkündete der zweiundzwanzigjährige Cauchy:

Die Arithmetik, die Geometrie, die Algebra, die transzendente Mathematik [Analysis] sind Wissenschaften, die man als abgeschlossen betrachten kann; es bleibt nur noch übrig, von ihnen nützliche Anwendungen zu machen.

Damals wußte er noch nicht, daß er sich selbst Lügen strafen und die Mathematik fast ebensosehr bereichern würde wie Euler.

245 Die neue Strenge

1810 glaubte Sylvestre François Lacroix (1765–1843; 78), der Verfasser eines beliebten Lehrbuchs der Analysis, sagen zu dürfen: „Solche Spitzfindigkeiten, mit denen sich die Griechen abquälten, brauchen wir heute nicht mehr." Aber schon wenige Jahre später bot das mathematische Kaleidoskop ein ganz anderes Bild. Griechische Strenge wurde in der Analysis vorbildlich, wurde eingeholt und schließlich übertroffen. Das 19. Jahrhundert erwarb sich den Ruhm, das kritische Jahrhundert zu sein.

Wie war der Zustand der Analysis um 1800? Die Arbeit mit unendlichen Reihen hatte zu Aussagen geführt, die von milden Naturen als Paradoxa, von mitleidslosen als Unsinn bezeichnet wurden. Der Lagrangesche Versuch, den *calcul différentiel* ohne Infinitesimalien und Grenzwerte zu begründen, war zuerst lebhaft begrüßt, aber bald als ungenügend erkannt worden. Nach wie vor lagen dem *Calculus* die Leibnizschen Differentiale zugrunde, von denen niemand so recht sagen konnte, was sie eigentlich seien. In vager Weise hielt man sie für sehr klein und sehr nützlich, und insoweit ähnelten sie eigentlich mehr den Heinzelmännchen von Köln als wohldefinierten mathematischen Größen. Euler hatte reinen Tisch gemacht, indem er versicherte, die Differentiale seien Nullen und der Differentialquotient ein Quotient von Nullen. D'Alembert dagegen hatte die Zukunft vorausgeahnt, als er meinte, der Grundbegriff des *Calculus* sei nicht das Differential, sondern der Differentialquotient, und dieser sei nicht ein Quotient unendlich kleiner Größen, sondern der Grenzwert eines Quotienten endlicher Differenzen. Dies hielt er für die „wahre Metaphysik des *Calculus*", entwickelte seine Gedanken aber nicht zu einer ausgereiften Theorie. Zweifelnden Studenten empfahl er, einfach weiterzumachen; der Glaube würde dann schon von selbst kommen (*„allez en avant, et la foi vous viendra"*).

Die Lage war verworren, und wissenschaftliche Akademien bemühten sich, sie durch Preisausschreiben zu klären. 1784 stellte die Berliner Akademie die folgende Aufgabe, die ein beredtes Zeugnis der *grandeur et misère* der damaligen Analysis ist:

Die höhere Geometrie [Mathematik] benutzt häufig unendlich große und unendlich kleine Größen; jedoch haben die alten Gelehrten das Unendliche sorgfältig vermieden, und einige berühmte Analysten unserer Zeit bekennen, daß die Wörter unendliche Größe widerspruchsvoll sind. Die Akademie verlangt also, daß man erkläre, wie aus einer widersprechenden Annahme so viele richtige Sätze entstanden sind, und daß man einen sicheren und klaren Grundbegriff angebe, welcher das Unendliche ersetzen dürfe, ohne die Rechnungen zu schwierig oder zu lang zu machen.

Das Zeitalter der Strenge in der Analysis beginnt 1817 mit einer Schrift des böhmischen Priesters, Philosophen und Mathematikers Bernhard Bolzano (1781–1848; 67), die den Titel trägt *Rein analytischer Beweis des Lehrsatzes, daß zwischen zwey Werthen, die ein entgegengesetztes Resultat gewähren, wenigstens eine reelle Wurzel der Gleichung liege* (es handelt sich um den Bolzanoschen Nullstellensatz). Hier wird zum ersten Mal — und das ist Bolzanos entscheidende Leistung — der moderne Stetigkeitsbegriff formuliert, und zwar unter bewußter Zurückdrängung der herkömm-

lichen, auf unpräzisen Raumanschauungen beruhenden Vorstellungen von „Stetigkeit":

Nach einer richtigen Erklärung [der Stetigkeit] nähmlich versteht man unter der Redensart,
daß eine Function $f(x)$ für alle Werthe von x, die inner- oder außerhalb gewisser Grenzen liegen, nach dem Gesetze der Stetigkeit sich ändre, nur so viel, daß, wenn x irgend ein solcher
Werth ist, der Unterschied $f(x+\omega)-f(x)$ kleiner als jede gegebene Größe gemacht werden
könne, wenn man ω so klein, als man nur immer will, annehmen kann.

Während man früher Grenzwertaussagen häufig mit vagen Stetigkeitsbetrachtungen
begründete („die Natur macht keine Sprünge"), zeigt Bolzano, daß gerade umgekehrt ein scharfer und brauchbarer Stetigkeitsbegriff nur mit Hilfe eines Grenzprozesses faßbar wird, und daß dieser Grenzprozeß rein arithmetisch, ohne alle geometrischen oder dynamischen Vorstellungen, beschrieben werden kann.

Den Nullstellensatz bereitet Bolzano durch das „Cauchysche" Konvergenzkriterium
für Funktionenfolgen vor, das man gerechterweise nach dem Böhmen benennen
müßte. Der Beweis dieses zentralen Kriteriums bleibt jedoch notwendigerweise lük-
kenhaft (wie auch später bei Cauchy); denn Bolzano verfügt über keinen geklärten
Begriff der reellen Zahl und kann daher gar nicht wissen, daß **R** vollständig ist. Er,
der ausgezogen war, die verschwimmenden Anschauungselemente aus der Analysis
zu verbannen, wird nun selbst ein Opfer tiefeingewurzelter geometrischer Vorstellungen und verwechselt unter der Hand die unbewiesene *arithmetische* Vollständigkeit von **R** mit der „anschaulich evidenten" Lückenlosigkeit der Zahlengeraden.

Bolzano betont ferner nachdrücklich, daß der Differentialquotient dy/dx kein *Quotient* und schon gar nicht ein Quotient von Nullen ist, sondern nur ein anderes Symbol für die Ableitung bedeutet. Und diese erklärt er als erster völlig korrekt durch
den Grenzwert des Differenzenquotienten $[f(x+\Delta x)-f(x)]/\Delta x$ für $\Delta x\to 0$ (im §37
seiner „Paradoxien des Unendlichen" mit der vielsagenden Überschrift: *Wie der Verf.
die Methode des Rechnens mit dem Unendlichen auffassen zu müssen gemeint sei, um sie
von allem Widerspruche zu befreien*).

Bolzano war ohne Zweifel einer der scharfsinnigsten und kritischsten Mathematiker
des 19. Jahrhunderts. Aber er lebte isoliert in Prag, und seine Schriften blieben weitgehend unbekannt, bis Hermann Hankel (1839–1873; 34) um 1870 auf ihre Bedeutung hinwies. Bolzanos Beispiel einer überall stetigen und nirgends differenzierbaren
Funktion aus dem Jahre 1834 wurde sogar erst in den zwanziger Jahren unseres
Jahrhunderts in seinem Nachlaß entdeckt. Wäre es vor dem Weierstraßschen Beispiel (1872) bekannt geworden, hätten sich viele Mathematiker die Mühe sparen
können, „Beweise" für die Differenzierbarkeit stetiger Funktionen (abgesehen von
endlich vielen Stellen) zu publizieren. Aber wie die Dinge lagen, ging der Ruhm, die
Analysis als erster streng behandelt zu haben, an Cauchy.

Augustin Louis Cauchy (1789–1857; 68) wurde im Jahr der Großen Revolution in
dem immer revolutionären Paris geboren, war jedoch zeit seines Lebens den Bour-
bonen und der Kirche treu ergeben. Ursprünglich Ingenieur, wurde er 1816 als Professor der Mathematik an die berühmte *École Polytechnique* berufen, ging aber nach

der Julirevolution 1830 lieber ins Exil, als dem „Bürgerkönig" Louis Philipp den
Treueid zu schwören. 1838 kehrte er nach Paris zurück. Da er nach wie vor den
Treueid verweigerte, erhielt er keine staatliche Professur; statt dessen arbeitete er im
Bureau des Longitudes. Nach der Februarrevolution 1848 schaffte die provisorische
Regierung den umstrittenen Eid ab, und Cauchy konnte, ohne sein Gewissen zu ver-
letzen, den Lehrstuhl für mathematische Astronomie an der Sorbonne übernehmen.
Er produzierte fast so viel Mathematik wie Euler, war auf all ihren Gebieten bis in
die verschiedensten Anwendungen hinein tätig, und wäre Gauß nicht gewesen, so
dürfte man ihn den größten Mathematiker des 19. Jahrhunderts nennen. Seine Devise
war *Dieu et la vérité,* und sein Leben zeigt, daß dies für ihn keine leeren Worte waren.

Cauchy gab der Analysis die Gestalt, die sie im wesentlichen auch heute noch besitzt. Dies geschah in drei einflußreichen Lehrbüchern: *Cours d'analyse de l'École
Royale Polytechnique* (1821), *Résumé des leçons sur le calcul infinitésimal* (1823) und
Leçons sur le calcul différentiel (1829). In ihnen hat er sich, wie er sagt, mathematische Strenge — *rigueur* — zu seinem Gesetz gemacht.

Cauchy gründet die Analysis konsequent auf den *Grenzwertbegriff,* den er —
noch nicht ganz zureichend — folgendermaßen erklärt:

Wenn die Werte, die sukzessiv einer Variablen zugewiesen werden, sich unbeschränkt einem
festen Wert derart nähern, daß sie schließlich von ihm so wenig abweichen wie man will, so
wird derselbe der Grenzwert aller anderen [Werte] genannt.

Stetigkeit definiert Cauchy inhaltlich so wie Bolzano: Die Funktion $f(x)$ heißt stetig
auf dem Intervall I, wenn für jedes $x \in I$ „der Betrag der Differenz $f(x + \alpha) - f(x)$ mit
dem von α unbeschränkt abnimmt". Auf seinen Vorläufer nimmt er dabei ebensowenig Bezug wie bei der Formulierung des Nullstellensatzes für stetige Funktionen[1]. (Im Beweis desselben unterläuft ihm wie dem Böhmen der Fehler, die Vollständigkeit von **R** als unmittelbar gegeben anzunehmen.) Die Ableitung faßt Cauchy
genau wie Bolzano als Grenzwert des Differenzenquotienten auf („falls er existiert")
und macht sie an Stelle der Differentiale zum Grundbegriff der Differentialrechnung. Letztere ist von nun an nicht mehr ein Rechnen mit *Differentialen,* sondern
mit *Ableitungen.* Den Differentialen selbst treibt er das Mysteriöse endgültig aus: Ist
x die unabhängige, $y := f(x)$ die abhängige Veränderliche, so darf nach ihm dx irgendeine Zahl bedeuten, während das zugehörige dy durch $dy := f'(x)\,dx$ definiert wird.
Sein größtes Verdienst um die Differentialrechnung erwirbt sich Cauchy wohl dadurch, daß er die zentrale Rolle des Mittelwertsatzes klar erkennt und herausstellt.

Nicht minder einschneidend gestaltet der kritische Franzose die *Integralrechnung*
um. Im 18. Jahrhundert war der Leibnizsche Begriff des Integrals als „Summe" (das
bestimmte Integral) nach und nach verdrängt worden durch den Newtonschen Begriff des Integrals als Stammfunktion (unbestimmtes Integral). Integration schien
dank des ersten Hauptsatzes lediglich die Umkehrung der Differentiation zu sein.
Euler faßte das Integral nur dann als eine Summe auf, wenn er es näherungsweise

---

[1] Man hat behauptet — und bestritten —, Cauchy habe bei Bolzano abgeschrieben. Dies dürfen wir auf sich beruhen lassen.

berechnen wollte. Das Integral war ein Hilfsbegriff, kein Grundbegriff der Analysis. Seine Existenz wurde nie bezweifelt. Die Lage änderte sich jedoch, als man durch die Probleme der schwingenden Saite und der Wärmeleitung auf die Frage gestoßen wurde, welche Funktionen f denn in trigonometrische Reihen

$$f(x) = \frac{a_0}{2} + \sum_{n=1}^{\infty} (a_n \cos nx + b_n \sin nx) \tag{245.1}$$

entwickelt werden könnten. Für die Koeffizienten a_n, b_n hatte man schon frühzeitig durch dubiose Betrachtungen die Formeln

$$a_n = \frac{1}{\pi} \int_{-\pi}^{\pi} f(x) \cos nx \, dx, \qquad b_n = \frac{1}{\pi} \int_{-\pi}^{\pi} f(x) \sin nx \, dx \tag{245.2}$$

gefunden (die trigonometrischen Reihen waren also, nach unserem Sprachgebrauch, immer Fourierreihen). Und da man aus physikalischen Gründen daran interessiert war, „völlig willkürliche" Funktionen in der Form (245.1) darzustellen, diese *fonctions absolument arbitraires* sich aber dem Differentialkalkül entzogen, kam man bei der Interpretation der Formeln (245.2) wieder auf den alten Begriff des Integrals als Summe (geometrisch: als Fläche) zurück. Daß die Ordinatenmengen der Integranden in (245.2) Flächeninhalte besitzen, galt als selbstverständlich. Das bedeutete aber, daß die a_n und b_n für jedes f verfügbar waren, und daraus schlossen kühnere Naturen wie Jean Baptiste Joseph Fourier (1768–1830; 62), daß die Entwicklung (245.1) eben auch für jedes f gültig sei. Nachdem so der Begriff des bestimmten Integrals wieder in den Vordergrund getreten war, konnte ein kritischer Kopf wie Cauchy nicht mehr der Frage ausweichen, wie dieses Integral denn exakt zu erklären sei (die überkommenen „Summendefinitionen" waren offensichtlich viel zu verschwommen), und unter welchen Voraussetzungen es überhaupt existiere.

Zu diesem Zweck betrachtet Cauchy in der 21. *Leçon* seines *Résumé* (Oeuvres (2), 4, S. 122–127) eine stetige Funktion $f: [x_0, X] \to \mathbf{R}$ und bildet zu den Teilpunkten $x_0 < x_1 < \cdots < x_n = X$ die Summe

$$S := \sum_{k=1}^{n} f(x_{k-1})(x_k - x_{k-1}).$$

Er beweist nun, daß sich zwei dieser Summen beliebig wenig voneinander unterscheiden, wenn die zugehörigen Zerlegungen hinreichend fein sind, d. h., er zeigt, ohne dies so zu sagen, daß die Summen S dem Cauchyschen Integrabilitätskriterium 79.3 genügen (abgesehen von der freien Wahl der Zwischenpunkte). Und nun ist es für ihn selbstverständlich, daß die Summen S „schließlich einen gewissen Grenzwert erreichen werden", wenn die Längen der Teilintervalle $[x_{k-1}, x_k]$ unbeschränkt abnehmen[1]. „Dieser Grenzwert wird ein bestimmtes Integral genannt." Und „aus

---

[1] „*Lorsque les éléments de la différence $X - x_0$* [die Teilintervalle] *deviennent infiniment petits, le mode de division n'a plus sur la valeur de S qu'une influence insensible; et, si l'on fait décroître indéfiniment les valeurs numériques de ces éléments, en augmentant leur nombre, la valeur de S finira par être sensiblement constante ou, en d'autres termes, elle finira par atteindre une certaine limite.*"

den Prinzipien, auf die wir diesen Satz gegründet haben, resultiert, daß man zu demselben Grenzwert kommt", wenn man S durch die (Riemannschen) Summen

$$\sum_{k=1}^{n} f(\xi_k)(x_k - x_{k-1})$$ ersetzt (Oeuvres (2), 4, S. 128).

In seinem Existenzbeweis unterlaufen Cauchy zwei Fehler. Er benutzt unter der Hand, daß f auf $[x_0, X]$ *gleichmäßig* stetig ist (diese Tatsache kennt er noch nicht), und bedient sich in dem abschließenden Konvergenzargument stillschweigend der Vollständigkeit von **R**. Hier hat er sich bei allem guten Willen zur Arithmetisierung der Analysis wieder von der geometrischen Anschauung einer lückenlosen Zahlengeraden verführen lassen.

Cauchy definiert dann noch das Integral einer stückweise stetigen Funktion und uneigentliche Integrale.

Gestützt auf den Mittelwertsatz der Integralrechnung beweist Cauchy zum ersten Mal rein arithmetisch, ohne Rückgriff auf Flächenvorstellungen, den zweiten Hauptsatz

$$\frac{d}{dx} \int_{x_0}^{x} f(t)\,dt = f(x) \qquad \text{für stetiges } f \qquad (\text{Oeuvres (2), 4, S. 152})$$

und gewinnt daraus den ersten Hauptsatz

$$\int_{x_0}^{X} F'(x)\,dx = F(X) - F(x_0) \qquad \text{für stetiges } F'.$$

Zum Entsetzen vieler seiner Zeitgenossen verwirft Cauchy die divergenten Reihen. Daß diese keine Summe haben, ist einer seiner Lehrsätze, „die auf den ersten Blick vielleicht ein wenig hart erscheinen". Durch ihn wird der heute übliche Begriff der Konvergenz und Summe einer unendlichen Reihe endgültig fixiert[1]. Damit sind die zentralen Begriffe der Analysis (Stetigkeit, Ableitung, Integral, unendliche Reihe) ausnahmslos auf den Begriff des Grenzwerts zurückgeführt. Er beweist das Wurzel- und Quotientenkriterium (letzteres in der Grenzwertform des Satzes 33.9), den Verdichtungssatz 33.2 und das Leibnizsche Kriterium, das Leibniz selbst bereits 1705 ausgesprochen hatte[2]. Beim Cauchyschen Konvergenzkriterium zeigt er nur den trivialen *notwendigen* Teil, während er den *hinreichenden* für selbstverständlich hält[3]. Ferner untersucht er ausführlich die absolute Konvergenz und die Multiplikation unendlicher Reihen und klärt das Konvergenzverhalten der Potenzreihen auf. Durch das Beispiel, das wir in A 64.7 behandelt haben, macht er den Glauben Lagranges an die fast unbeschränkte Entwickelbarkeit von Funktionen in Potenzreihen zuschanden und beraubt damit die *Théorie des fonctions analytiques* endgültig ihrer Grundlage. Weitere wichtige Ergebnisse Cauchys in der Reihenlehre übergehen wir

---

[1] Auch hier war ihm Bolzano schon 1817 vorangegangen (*Rein analytischer Beweis* …).

[2] Im Brief an J. Hermann vom 26. 6. 1705. Daß die (positiven) a_k in $a_1 - a_2 + a_3 - \cdots$ *advergant nihilo*, kann, wie aus dem Beweis hervorgeht, nur bedeuten, daß sie *monoton* gegen 0 fallen (wie dies im Brief an Joh. Bernoulli vom 10. 1. 1714 dann explizit gefordert wird).

[3] „*Réciproquement, lorsque ces diverses conditions* [die Cauchybedingung] *sont remplies, la convergence de la série est assurée.*"

und begnügen uns mit der summarischen Bemerkung, daß dieselbe unter seinen Händen nun endlich zu einer systematischen Disziplin der Mathematik wird.

In der Theorie der Funktionenreihen begeht Cauchy zwei irreparable Fehler, weil er das Phänomen der ungleichmäßigen Konvergenz noch nicht kennt. Er „beweist" nämlich, daß eine konvergente Reihe stetiger Funktionen stets eine stetige Grenzfunktion hat und gliedweise integriert werden darf.

Ein anderer seiner unrettbar falschen Sätze ist die Aussage, eine Funktion von mehreren Veränderlichen sei schon dann stetig, wenn sie in jeder Veränderlichen partiell stetig ist.

Wir zählen diese Fehler Cauchys nicht auf, um dem großen Manne beckmesserisch am Zeug zu flicken, sondern um zu belegen, wie leicht der menschliche Geist selbst bei dem bewußtesten Willen zur Strenge und Wahrheit dem Irrtum verfallen kann. Um diese Schwäche wissend, hat der geistvolle Felix Hausdorff (1868–1942; 74) in dem Vorwort seiner *Grundzüge der Mengenlehre* (1914) denn auch keineswegs versprochen, die reine Wahrheit zu verkünden, sondern nur, „von dem menschlichen Privileg des Irrtums einen möglichst sparsamen Gebrauch zu machen".

Mit den bahnbrechenden Leistungen Cauchys war die Arbeit an der strengen Begründung der Analysis keineswegs beendet. Immer noch stand ein scharfer und umfassender Funktionsbegriff aus, die Grenzwertdefinition mußte von den Elementen der Zeit und Bewegung gereinigt werden, die ihr beigemischt waren („die Werte einer Variablen *nähern* sich einem Grenzwert"), natürlich konnte man vor Cauchys Beweisfehlern nicht die Augen verschließen — und hier mußte es vor allem darum gehen, durch einen einwandfreien Aufbau der reellen Zahlen die Vollständigkeit von **R** zu garantieren, die der Meister an so vielen entscheidenden Stellen stillschweigend benutzt hatte. Gerade die Cauchysche Strenge machte schließlich offenkundig, daß die Mathematiker mit den Zahlen bisher wie im Traum umgegangen waren. Wenn man schon die Analysis auf Zahlen statt auf Raum- und Bewegungsvorstellungen gründen wollte, so mußte man zuallererst die Zahlen selbst begründen. Doch dieses logisch Erste kam chronologisch zuletzt.

Gehen wir der Reihe nach vor. Das treibende Element in der Herausarbeitung des modernen Funktionsbegriffs waren, wir haben es schon mehrmals erwähnt, die trigonometrischen Reihen und die physikalischen Probleme, die zu ihnen hingeführt hatten. Die Anwendungen erzwangen die Betrachtung „willkürlicher Funktionen" — Funktionen also, die nicht durch einen einzigen „analytischen Ausdruck" gegeben waren, die ganz im Gegenteil durch menschlichen Machtspruch, eben „willkürlich", aus Stücken herkömmlicher Funktionen zusammengesetzt waren und deren Werte anscheinend in keiner Weise durch ein inneres Gesetz miteinander verbunden sein konnten (weiter ging anfänglich die „Willkür" nicht). Aber nun hatte Fourier in der Nachfolge Daniel Bernoullis und sehr zum Ärger des alten Lagrange schon 1807 behauptet und durch viele Beispiele belegt, daß diese gesetzlosen Funktionen durch trigonometrische Reihen, also doch auch durch „analytische Ausdrücke", dargestellt werden konnten. Diese Tatsache verlieh den neuen Funktionen eine gewisse Reputierlichkeit und erleichterte so die allmähliche Loslösung von dem engen Funktionsbegriff der Eulerschen *Introductio*. Was aber sollte nun eine Funktion sein? Welche Art von Gesetz sollte die Funktionswerte miteinander verbinden? Fouriers Antwort darauf lautet im wesentlichen: gar keins! In seiner berühmten *Théorie analytique de la chaleur* (1822) sagt er, eine Funktion $f(x)$ stelle eine Folge von Werten dar, die nicht notwendig einem gemeinsamen Gesetz unterworfen seien; die Werte „folgen in beliebiger Weise aufeinander, und jeder von ihnen ist gegeben als wäre er eine einzige Größe" (*une seule quantité*). Wie eine Illustration dieser Erklärung wirkt die Funktion

$$f(x) := \begin{cases} c & \text{für alle rationalen } x, \\ d & \text{für alle irrationalen } x, \end{cases}$$

die Peter Gustav Lejeune-Dirichlet (1805–1859; 54) 1829 in einer fundamentalen Arbeit über Fourierreihen angab[1]. 1837 bereitet dieser große Forscher dann in einer Arbeit *Über die Darstellung ganz willkürlicher Functionen durch Sinus- und Cosinusreihen* den heutigen Funktionsbegriff vor. Hankel hat ihn 1870 nach Dirichlet genannt und folgendermaßen beschrieben:

Eine Funktion heißt y von x, wenn jedem Werte der veränderlichen Größe x innerhalb eines gewissen Intervalles ein bestimmter Wert von y entspricht; gleichviel, ob y in dem ganzen Intervalle nach demselben Gesetze von x abhängt oder nicht; ob die Abhängigkeit durch mathematische Operationen ausgedrückt werden kann oder nicht.

Wollte man die immer „willkürlicher" werdenden Funktionen in Fourierreihen entwickeln, so stellte sich sofort heraus, daß man mit dem Cauchyschen Integral die Fourierkoeffizienten (245.2) noch nicht einmal *definieren*, geschweige denn *berechnen* konnte. Diesem Mangel versuchte Bernhard Riemann (1826–1866; 40) abzuhelfen. In seiner Habilitationsschrift *Über die Darstellbarkeit einer Function durch eine trigonometrische Reihe* (1854) meint er, durch Dirichlets Untersuchungen über trigonometrische Reihen seien zwar alle in der Natur auftretenden Fälle erledigt, hebt dann aber hervor, daß

die Anwendbarkeit der Fourier'schen Reihen nicht auf physikalische Untersuchungen beschränkt [ist]; sie ist jetzt auch in einem Gebiete der reinen Mathematik, der Zahlentheorie, mit Erfolg angewandt, und hier scheinen gerade diejenigen Functionen, deren Darstellbarkeit durch eine trigonometrische Reihe Dirichlet nicht untersucht hat, von Wichtigkeit zu sein.

Riemann sieht sich zunächst gezwungen, „Einiges voraufzuschicken über den Begriff eines bestimmten Integrals und den Umfang seiner Gültigkeit" (Cauchy erwähnt er dabei nicht):

Also zuerst: Was hat man unter $\int_a^b f(x)\,dx$ zu verstehen?

Um dieses festzusetzen, nehmen wir zwischen a und b der Größe nach auf einander folgend, eine Reihe von Werthen $x_1, x_2, \ldots, x_{n-1}$ an und bezeichnen der Kürze wegen $x_1 - a$ durch

---

[1] Jour. reine u. angew. Math. 4 (1829), 157–169. In dieser Arbeit eröffnete Dirichlet den Zugang zur Konvergenztheorie der Fourierreihen, den wir in den Nummern 135 und 136 dargestellt haben.

δ_1, $x_2 - x_1$ durch δ_2, ..., $b - x_{n-1}$ durch δ_n und durch ε einen positiven ächten Bruch. Es wird alsdann der Werth der Summe

$$S = \delta_1 f(a + \varepsilon_1 \delta_1) + \delta_2 f(x_1 + \varepsilon_2 \delta_2) + \delta_3 f(x_2 + \varepsilon_3 \delta_3) + \cdots + \delta_n f(x_{n-1} + \varepsilon_n \delta_n)$$

von der Wahl der Intervalle δ und der Größen ε abhängen. Hat sie nun die Eigenschaft, wie auch δ und ε gewählt werden mögen, sich einer festen Grenze A unendlich zu nähern, sobald sämtliche δ unendlich klein werden, so heißt dieser Werth $\int_a^b f(x)\,dx$.

Hat sie diese Eigenschaft nicht, so hat $\int_a^b f(x)\,dx$ keine Bedeutung.

Damit war das Riemannsche Integral geschaffen.

Die produktive Unruhe, die von den trigonometrischen Reihen ausging, wirkte sich noch in einer anderen Richtung aus. 1826 hatte Abel seine *Untersuchungen über die Reihe* $1 + \dfrac{m}{1}\,x + \dfrac{m(m-1)}{1 \cdot 2}\,x^2 + \dfrac{m(m-1)(m-2)}{1 \cdot 2 \cdot 3}\,x^3 + \cdots$ veröffentlicht. In dieser Arbeit, die man einen Markstein in der Entwicklung der Reihenlehre genannt hat, rechtfertigt der vierundzwanzigjährige Norweger zum ersten Mal in aller Strenge die binomische Entwicklung — 160 Jahre nach ihrer Entdeckung durch Newton — und versteckt in einer Fußnote eine gefährliche Zeitbombe: Er belegt durch die Fourierentwicklung (138.1), daß die Behauptung Cauchys falsch ist, die Summe einer konvergenten Reihe stetiger Funktionen sei wieder stetig. Dies mag ihn hart angekommen sein; denn er verehrte den großen Franzosen und hatte zu Beginn seines Artikels gesagt, daß der *Cours d'analyse* (in dem Cauchys falscher Stetigkeitssatz steht) von jedem Analysten gelesen werden müsse, der Strenge in der Mathematik liebe. Durch die kapriziösen Fourierreihen also war Cauchys Irrtum an den Tag gebracht und die Frage drängend geworden, wie denn nun das Konvergenzverhalten einer Reihe beschaffen sein müsse, damit die Stetigkeit der Reihenglieder sich auf die Reihensumme übertrage — wie es bei den Potenzreihen ja tatsächlich geschieht.

Hier nun begegnen wir zum ersten Mal einem der kritischsten und produktivsten Köpfe des 19. Jahrhunderts: Karl Weierstraß (1815–1897; 82). Der Westfale studierte zuerst Recht, dann Mathematik, war von 1841 bis 1855 Gymnasiallehrer und übernahm nach einjährigem Forschungsurlaub 1856 eine Dozentur am Gewerbeinstitut Charlottenburg und eine außerordentliche Professur an der Universität Berlin. Erst 1864, fünfzig Jahre alt, wurde er zum ordentlichen Professor ernannt. Schon 1854 war er Ehrendoktor der Universität Königsberg geworden.

Weierstraß machte endgültig Ernst mit der Arithmetisierung der Analysis. Er mißtraute zutiefst der geometrischen Anschauung und glaubte, daß man ihren Fallstrikken nur entgehen könne, wenn man das analytische Raisonnement ganz allein auf *Zahlen* gründet. In der Cauchyschen Grenzwertdefinition schien ihm durch den Ausdruck, daß eine Variable sich einem Grenzwert „nähert", ein unerlaubter Rückgriff auf Bewegungsvorstellungen und damit auf Raum- und Zeitanschauungen stattgefunden zu haben. Er ersetzte diese ungenügende Erklärung durch die $\varepsilon\delta$-Definition des Grenzwerts einer Funktion, eine Definition, die nicht „dynamisch", sondern gänzlich „statisch" ist. In ihr wird nicht mehr davon geredet, daß Variable sich *bewegen,* sondern einzig und allein davon, daß sie in gewissen Bereichen *liegen*: Die Aussage $\lim_{x \to \xi} f(x) = \eta$ bedeutet eben nur, daß die Funktionswerte $f(x)$ in einer beliebig kleinen ε-Umgebung von η liegen, wenn sich die x-Werte in einer hinreichend kleinen punktierten δ-Umgebung von ξ befinden (wobei die Umgebungen rein arithmetisch durch Ungleichungen beschrieben werden; s. Satz 38.1). Damit war die „Epsilontik" geboren, die bis heute das Gesicht der Analysis geprägt hat. Eine Variable selbst ist in der Weierstraßschen Auffassung nicht etwas, das „läuft", das sich „verändert", ist eigentlich überhaupt keine „Variable" mehr, sondern ist in völlig statischer Weise nur ein Buchstabe, der jedes Element einer vorgegebenen Menge bedeuten darf. Durch die Untersuchung von Bewegungsvorgängen hatte sich das 17. Jahrhundert von der statischen Mathematik der Griechen gelöst und war zum *Calculus* vorgestoßen; Weierstraß dreht diese Entwicklung um und macht die Analysis der logischen Strenge zuliebe wieder statisch.

Wir kehren zu der Abelschen Fußnote und dem Problem zurück, das sie aufgeworfen hatte: Wann kann man sicher sein, daß eine konvergente Reihe stetiger Funktionen eine stetige Summe besitzt? Weierstraß hatte Grenzwert und Stetigkeit unter völligem Verzicht auf Cauchysche Anschauungsreste allein durch Ungleichungen beschrieben, die deutlich erkennen ließen, welche Größen vorgegeben waren, welche bestimmt werden mußten und von welchen Größen die zu bestimmenden abhingen. Dank dieser arithmetischen Schärfe wurde deutlich, daß der Rest $r_n(x)$ einer konvergenten Funktionenreihe $\sum u_k(x)$ dem Betrage nach zwar unter jedes vorgegebene $\varepsilon > 0$ herabgedrückt werden kann, wenn man n größer als ein geeignetes n_0 wählt, daß dieses n_0 aber nicht nur von ε, sondern i. allg. auch von der betrachteten Stelle x abhängt. Und nun sah Weierstraß, daß der Cauchysche Beweis für die Stetigkeit der Reihensumme ohne weiteres funktionierte, wenn n_0 in Wirklichkeit *nicht* von x abhängt, wenn die Reihe also „gleichmäßig convergirt". Der Begriff der gleichmäßigen Konvergenz hatte sich bereits bei Abel und bei Weierstraßens Lehrer Christoph Gudermann (1798–1852; 54) angekündigt, aber erst Weierstraß selbst gelangte zur völligen Klarheit über ihn und erkannte seine entscheidende Rolle bei den Problemen der Vertauschung von Grenzübergängen. So bewies er denn auch, daß eine konvergente Reihe stetiger Funktionen zwar nicht immer gliedweise integriert werden darf, wie Cauchy gemeint hatte, aber doch dann, wenn ihre Konvergenz sogar gleichmäßig ist.

Die „Weierstraßsche Strenge" lenkte den Blick ganz von selbst auf die schmerzlichste Lücke, die in Cauchys Werk klaffte: das Fehlen einer befriedigenden Theorie irrationaler Zahlen, ein Ärgernis ersten Ranges für jeden, der die Analysis ausdrücklich auf nichts anderes als Zahlen aufbauen wollte. Ohne eine solche Theorie hingen der Bolzanosche Nullstellensatz, das Cauchysche Konvergenzkriterium, die Existenz des Integrals stetiger Funktionen und damit zahllose weitere Sätze buchstäblich in der Luft. Die Analysis wurde nun, da griechische Strenge wieder die Losung war, mit aller Schärfe auf das Problem hingewiesen, das die Griechen als erste aufgedeckt hatten und dem sie dann durch die Proportionenlehre des Eudoxos ausgewichen waren: das Problem der Irrationalzahl. Hippasos kehrte zurück.

Nach der Wiedergeburt der Mathematik im 15. Jahrhundert hatten sich die Mathematiker nach und nach an immer mehr irrationale Zahlen gewöhnt, ohne sie jemals recht zu verstehen. Vermeiden konnte man sie nicht; denn sie tauchten auf Schritt und Tritt als Maßzahlen geometrischer Größen auf — und dies gab ihnen umgekehrt eine gewisse Substanz und Greifbarkeit. Man rechnete mit ihnen eher blind als bewußt nach den gewohnten Regeln; wie Dedekind später sagte, wurde selbst eine Gleichung wie $\sqrt{2} \cdot \sqrt{3} = \sqrt{6}$ nie zwingend bewiesen. Als Cauchy *rigueur* zu seinem Gesetz machte, fühlte er sehr deutlich, daß er sich auch über irrationale Zahlen auslassen müsse und definierte sie als Grenzwerte von Folgen rationaler Zahlen. Hier geriet er aber in einen verhängnisvollen logischen Zirkel. Denn Grenzwerte hatte er als Zahlen erklärt (die also schon vorhanden sein müssen), und nun erklärte er umgekehrt Zahlen als Grenzwerte. Weierstraß sah, daß die Grenzwerttheorie auf dem Zahlbegriff beruht, und daß dieser infolgedessen ohne Benutzung von Grenzwerten formuliert werden muß. Es gelang ihm auch, eine strenge Theorie der irrationalen Zahlen aufzubauen, in deren Rahmen die Vollständigkeit von **R** bewiesen werden konnte. Damit gehörten die oben erwähnten Sätze von Bolzano und Cauchy nun endlich zum gesicherten Bestand der Analysis (mit einer kleinen Einschränkung, auf die wir gleich zu sprechen kommen). Dasselbe gilt für den Satz von Bolzano-Weierstraß und den Extremalsatz für stetige Funktionen, den Cauchy noch ohne Beweis benutzt hatte.

Wir wollen auf die Weierstraßsche Theorie der irrationalen Zahlen nicht näher eingehen, weil sie von den handlicheren Theorien Cantors und Dedekinds verdrängt worden ist. Diese werden wir gleich schildern. Zuvor merken wir noch an, daß Weierstraß seine Grundlegung der Analysis nie veröffentlicht, sondern nur in seinen Berliner Vorlesungen vorgetragen hat. Sie wurde durch seine Hörer verbreitet und so zum Allgemeingut der Mathematiker. Einem seiner Schüler, Eduard Heine (1821–1881; 60), gelang es, die letzte Lücke zu schließen, die immer noch im Cauchyschen Existenzbeweis für das Integral stetiger Funktionen offen geblieben war, indem er 1870 den Begriff der gleichmäßigen Stetigkeit formulierte und 1872 zeigte, daß eine auf einem beschränkten und abgeschlossenen Intervall stetige Funktion dort sogar gleichmäßig stetig ist. Dieser Satz wurde aber nicht nur als Lückenschließer bedeutungsvoll. In seinem Beweis hatte Heine die folgende Beobachtung gemacht: Wenn man das Intervall $[a, b]$ durch abzählbar viele offene Intervalle überdeckt, so reichen bereits endlich viele derselben zur Überdeckung aus. Emile Borel (1871–1956; 85) gebührt das Verdienst, die Bedeutung dieser beiläufigen Bemerkung Heines erkannt und sie 1895 als eigenständigen Satz ausgesprochen zu haben. Diese Fassung des Heine-Borelschen Überdeckungssatzes wurde noch im gleichen Jahr von Pierre Cousin (1867–1933; 66) auf den Fall ausgedehnt, daß $[a, b]$ von beliebig vielen offenen Intervallen überdeckt wird.

Wir kehren nun wieder zu dem Thema der irrationalen Zahlen zurück, um einen kurzen Blick auf die Cantorsche, einen etwas längeren auf die Dedekindsche Theorie derselben zu werfen. Georg Cantor (1845–1918; 73), ein Schüler von Weierstraß, war zuerst durch Untersuchungen über trigonometrische Reihen (1871) und dann durch die Beschäftigung mit seiner Mengenlehre (1883) auf die Problematik der irrationalen Zahlen gestoßen. Sein Ziel war, den Bereich der rationalen Zahlen durch neue Objekte (irrationale Zahlen) so zu einem Bereich **R** zu erweitern, daß jede Cauchyfolge aus **R** einen Grenzwert in **R** besitzt. Er erreichte dieses Ziel durch das ebenso einfache wie ingeniöse Verfahren, einer Cauchyfolge rationaler Zahlen a_n (einer „Fundamentalreihe") im wesentlichen die Folge (a_n) selbst als ihren Grenzwert zuzuordnen. Die Cantorsche Methode ist bis heute lebendig geblieben, weil man sie ohne weiteres auch dazu benutzen kann, ganz allgemeine metrische Räume zu vervollständigen. Auf ihre technischen Einzelheiten wollen wir hier jedoch nicht eingehen.

Richard Dedekind (1831–1916; 85) wurde auf ganz andere Weise als sein jüngerer Freund Cantor mit den Mängeln des überkommenen Zahlbegriffs konfrontiert. In seiner grundlegenden Abhandlung *Stetigkeit und irrationale Zahlen* (1871) erzählt er:

Die Betrachtungen, welche den Gegenstand dieser kleinen Schrift bilden, stammen aus dem Herbst des Jahres 1858. Ich befand mich damals als Professor am eidgenössischen Polytechnikum zu Zürich zum ersten Mal in der Lage, die Elemente der Differentialrechnung vortragen zu müssen, und fühlte dabei empfindlicher als jemals früher den Mangel einer wirklich wissenschaftlichen Begründung der Arithmetik. Bei dem Begriffe der Annäherung einer veränderlichen Größe an einen festen Grenzwert und namentlich beim Beweis des Satzes, daß jede Größe, welche beständig, aber nicht über alle Grenzen wächst, sich gewiß einem Grenzwert nähern muß [Monotonieprinzip], nahm ich meine Zuflucht zu geometrischen Evidenzen... Für mich war damals dies Gefühl der Unbefriedigung ein so überwältigendes, daß ich den festen Entschluß faßte, so lange nachzudenken, bis ich eine rein arithmetische und völlig strenge Begründung der Prinzipien der Infinitesimalanalysis gefunden haben würde.

Die „geometrischen Evidenzen", zu denen Dedekind seine Zuflucht nahm, waren die naiven Vorstellungen der Vollständigkeit, Lückenlosigkeit oder, wie er lieber sagt, der *Stetigkeit* der Geraden — eine Eigenschaft, welche dem Bereich der rationalen Zahlen abgeht. Um die in der Analysis unterschwellig benutzte geometrische Argumentation stichhaltig zu machen, muß man also den Bereich der rationalen Zahlen durch Schöpfung neuer Zahlen so verfeinern, „daß das Gebiet der Zahlen dieselbe Vollständigkeit oder, wie wir gleich sagen wollen, dieselbe S t e t i g k e i t gewinnt, wie die gerade Linie". Sein Grundproblem und dessen Lösung formuliert er so:

Worin besteht denn nun eigentlich diese Stetigkeit [der Geraden]?... Mit vagen Reden über den ununterbrochenen Zusammenhang in den kleinsten Teilen ist natürlich nichts erreicht; es kommt darauf an, ein präzises Merkmal der Stetigkeit anzugeben, welches als Basis für wirkliche Deduktionen gebraucht werden kann. Lange Zeit habe ich vergeblich darüber nachgedacht, aber endlich fand ich, was ich suchte... Ich finde... das Wesen der Stetigkeit in dem folgenden Prinzip:

„Zerfallen alle Punkte der Geraden in zwei Klassen von der Art, daß jeder Punkt der ersten Klasse links von jedem Punkt der zweiten Klasse liegt, so existiert ein und nur ein Punkt, welcher diese Einteilung aller Punkte in zwei Klassen, diese Zerschneidung der Geraden in zwei Stücke hervorbringt."

Und er fügt gleich hinzu: „Die meisten meiner Leser werden sehr enttäuscht sein, zu vernehmen, daß durch diese Trivialität das Geheimnis der Stetigkeit enthüllt sein soll". Wie es aber nun, nach stattgefundener Enthüllung, weitergehen muß, liegt auf der Hand: Um dem Zahlbereich dieselbe Stetigkeit zu geben wie der Geraden, muß man durch „Schnitte" in $\mathbb{Q}$ neue Zahlen schaffen und dann zeigen, daß Schnitte in dem so erweiterten Bereich $\mathbb{R}$ in derselben Weise durch Zahlen aus $\mathbb{R}$ hervorgebracht werden wie Schnitte in der Geraden durch Punkte. Dieses Programm, auf das wir schon in Nr. 2 näher eingegangen sind, führt Dedekind in der genannten Schrift in aller Strenge durch. Er weigert sich aber, den letzten Schritt zu tun (zu dem ihn andere drängten), und die Schnitte selbst als reelle Zahlen aufzufassen. Für ihn ist eine reelle Zahl etwas, das dem Schnitt „entspricht", ihn „hervorbringt". In einem Brief vom 24. Januar 1888 an seinen Freund Heinrich Weber (1842–1913; 71) läßt er sich darüber folgendermaßen aus:

Wir sind göttlichen Geschlechts und besitzen ohne jeden Zweifel schöpferische Kraft nicht bloß in materiellen Dingen (Eisenbahnen, Telegraphen), sondern ganz besonders in geistigen Dingen. Es ist dies ganz dieselbe Frage, von der Du sagst, die Irrationalzahl sei überhaupt Nichts anderes als der Schnitt selbst, während ich es vorziehe, etwas Neues (vom Schnitte Verschiedenes) zu erschaffen, was dem Schnitte entspricht, und wovon ich sage, daß es den Schnitt hervorbringe, erzeuge. Wir haben das Recht, uns eine solche Schöpfungskraft zuzusprechen.

Dedekinds Theorie der Schnitte ist nichts anderes als die konsequente Arithmetisierung der eudoxischen Proportionenlehre. Sind nämlich a und b inkommensurable Größen, so zerlegt die irrationale Zahl a/b gemäß der eudoxischen Gleichheitsdefinition für Proportionen (Nr. 238) die rationalen Zahlen n/m in die beiden Klassen

$$A := \left\{ \frac{n}{m} : \frac{n}{m} < \frac{a}{b} \right\}, \qquad B := \left\{ \frac{n}{m} : \frac{n}{m} > \frac{a}{b} \right\}$$

und erscheint so als der Schnitt $(A\,|\,B)$. Angesichts der Existenz inkommensurabler Größen hatte Eudoxos die Zahlen preisgegeben und sich in die Geometrie geflüchtet. Aber gerade sein Fluchtweg, die Proportionenlehre, ist gleichzeitig auch der Weg zurück in die Arithmetik. Es ist seltsam, daß ihn erst Dedekind beschritten hat — obwohl doch die Proportionenlehre, „die Krone der griechischen Mathematik", keine Geheimwissenschaft war, sondern in dem verbreitetsten mathematischen Buch aller Zeiten, Euklids *Elementen,* seit über zweitausend Jahren offen vor aller Augen gelegen hatte.

Dedekind nahm die rationalen Zahlen als einen gesicherten Bestand der Mathematik hin. Gegen Ende des 19. Jahrhunderts hat dann Giuseppe Peano (1858–1932; 74) eine axiomatische Theorie der natürlichen Zahlen geliefert (s. Nr. 3) und davon ausgehend die ganzen und rationalen Zahlen in aller Strenge aufgebaut. In logisch einwandfreier Weise ruhen seitdem die reellen Zahlen, das eigentliche Material der Analysis, auf dem festen Fundament der natürlichen Zahlen. Nach einer langen Wanderung durch die Steinwüste der Exhaustion und das Schattenreich der Infinitesimalien war die Analysis zurückgekehrt zu ihrem Ursprung, zu Pythagoras, der in Kroton verkündet hatte: „Alles ist Zahl".

Statt eines Nachworts

Daß die niedrigste aller Geistestätigkeiten die arithmetische sei, wird dadurch belegt, daß sie die einzige ist, welche auch durch eine Maschine ausgeführt werden kann; wie denn jetzt in England dergleichen Rechenmaschinen bequemlichkeitshalber schon in häufigem Gebrauche sind. — Nun läuft aber alle analysis finitorum et infinitorum im Grunde doch auf Rechnerei zurück. Danach bemesse man den „mathematischen Tiefsinn", über welchen schon Lichtenberg sich lustig macht, indem er sagt: „Die sogenannten Mathematiker von Profession haben sich, auf die Unmündigkeit der übrigen Menschen gestützt, einen Kredit von Tiefsinn erworben, der viel Ähnlichkeit mit dem von Heiligkeit hat, den die Theologen für sich haben".

So Arthur Schopenhauer, der Advokat des Pessimismus, im § 356 seiner *Parerga und Paralipomena* II. Der Leser, der erlebt hat, wie die Analysis durch „Rechnerei" aus den wenigen Axiomen über reelle Zahlen entfaltet wurde und wie sie nehmend und gebend in den Zusammenhang unserer Kultur eingebettet ist, möge sich — als letzte Aufgabe — sein eigenes Urteil über das Urteil des säuerlichen Philosophen bilden.

Lösungen ausgewählter Aufgaben

Aufgaben zu Nr. 109

4. Sei $a=b:=1$, $n>2$ und $f_n(x):=0$ für $x\in\left[0,\frac{1}{2}-\frac{1}{n}\right]$, $:=nx+1-\frac{n}{2}$ für $x\in\left(\frac{1}{2}-\frac{1}{n},\frac{1}{2}\right]$, $:=1$

für $x\in\left(\frac{1}{2},1\right]$ (Zeichnung!). (f_n) ist eine Cauchyfolge, besitzt aber keinen Grenzwert (alles bezüglich der angegebenen Norm). Mit A 81.1 sieht man nämlich, daß eine Grenzfunktion f auf $\left[0,\frac{1}{2}-\delta\right]$ verschwinden und auf $\left[\frac{1}{2},1\right]$ gleich 1 sein müßte, und dies für jedes hinreichend kleine $\delta>0$. Das ist aber ein Widerspruch zur Stetigkeit von f.

5. Sei $g_n\in U_\rho[f]$, $g_n\to g$. Dann ist $\|g_n-f\|\leqslant\rho$ für alle n. Wegen Satz 109.4 strebt $\|g_n-f\|\to\|g-f\|$, also ist auch $\|g-f\|\leqslant\rho$, d.h. $g\in U_\rho[f]$.

7. Sei $U_\varepsilon:=\{x\in\mathbf{R}^p:\|x-x_0\|<\varepsilon\}$ eine ε-Umgebung von x_0 in $(\mathbf{R}^p,\|\cdot\|)$. Mit Hilfssatz 109.6 folgt

$$U'_{\varepsilon/\beta}:=\{x\in\mathbf{R}^p:|x-x_0|<\varepsilon/\beta\}\subset U_\varepsilon.$$

Aufgaben zu Nr. 110

1. Es ist

$$(fg)(g^{-1}f^{-1})=f(gg^{-1})f^{-1}=fef^{-1}=ff^{-1}=e$$

und $\quad(g^{-1}f^{-1})(fg)=g^{-1}(f^{-1}f)g=g^{-1}eg=g^{-1}g=e.$

Also ist fg invertierbar und $(fg)^{-1}=g^{-1}f^{-1}$.

2. Es ist

$$f=f_0-(f_0-f)=f_0[e-f_0^{-1}(f_0-f)].$$

Wegen $\|f_0^{-1}(f_0-f)\|\leqslant\|f_0^{-1}\|\,\|f_0-f\|<1$ ist nach Satz 110.3 das Element in der eckigen Klammer invertierbar und

$$[e-f_0^{-1}(f_0-f)]^{-1}=\sum_{n=0}^{\infty}[f_0^{-1}(f_0-f)]^n.$$

Mit der ersten Aufgabe folgt daraus, daß f invertierbar und

$$f^{-1}=[e-f_0^{-1}(f_0-f)]^{-1}f_0^{-1}=f_0^{-1}+\sum_{n=1}^{\infty}[f_0^{-1}(f_0-f)]^nf_0^{-1}$$

ist. Daraus ergibt sich

$$\|f^{-1}-f_0^{-1}\| \leq \sum_{n=1}^{\infty} (\|f_0^{-1}\|\,\|f_0-f\|)^n \|f_0^{-1}\| = \|f_0^{-1}\|\,\|f_0^{-1}\|\,\|f_0-f\| \sum_{n=0}^{\infty} (\|f_0^{-1}\|\,\|f_0-f\|)^n$$

$$= \frac{\|f_0-f\|}{1-\|f_0^{-1}\|\,\|f_0-f\|} \|f_0^{-1}\|^2.$$

Aufgaben zu Nr. 111

4. Da M gleichstetig und $|f(a)| \leq \mu$ ist, muß M nach A 106.5 normbeschränkt und wegen Satz 111.7 somit eine kompakte Teilmenge von $C[a, b]$ sein. Da die Abbildung $f \mapsto \int_a^b f\,\mathrm{d}x$ von M nach **R** stetig ist, ergibt sich die Behauptung nun aus Satz 111.9.

6. $f(s) := g(s) + \dfrac{8}{7}\,s \displaystyle\int_0^{1/2} g(t)\,\mathrm{d}t.$

8. Im Falle, daß die Voraussetzungen (I) oder (II) erfüllt sind, ist in dem Hinweis das Nötige bereits gesagt. Sei (III) erfüllt und $x_\nu \in K$ für $1 \leq \nu \leq n-1$. Für $\nu \leq n-1$ ist dann

$$\|x_{\nu+1}-x_\nu\| = \|A\,x_\nu - A\,x_{\nu-1}\| \leq q\,\|x_\nu - x_{\nu-1}\|$$

$$= q\,\|A\,x_{\nu-1} - A\,x_{\nu-2}\| \leq q^2\,\|x_{\nu-1}-x_{\nu-2}\| \leq \cdots \leq q^\nu\,\|x_1-x_0\|.$$

Daraus folgt

$$\|x_n - x_1\| \leq \|x_n - x_{n-1}\| + \|x_{n-1}-x_{n-2}\| + \cdots + \|x_2-x_1\|$$

$$\leq (q^{n-1}+q^{n-2}+\cdots+q)\,\|x_1-x_0\|$$

$$= q\,\frac{1-q^{n-1}}{1-q}\,\|x_1-x_0\| \leq \frac{q}{1-q}\,\|x_1-x_0\| = r_3,$$

also $x_n \in K$. Da nun der Beweis des Banachschen Fixpunktsatzes in Wirklichkeit nur erfordert, daß die Iterationsfolge überhaupt existiert, ist die Fixpunktbehauptung bewiesen. — Die Fehlerabschätzung erfordert keinen neuen Beweis.

9. a) ist trivial. — b) wird wie im reellen Falle ($F = $ **R**) bewiesen (s. A 14.11); dasselbe gilt für c) (s. Beweis des Satzes 103.1). — d) (A_n) sei eine Cauchyfolge in $B(X, F)$, zu beliebig gewähltem $\varepsilon > 0$ gebe es also ein n_0, so daß für $m, n > n_0$ stets $\|A_m - A_n\|_\infty < \varepsilon$ bleibt. Wegen der Definition der Supremumsnorm ist dann für diese m, n und alle $x \in X$ ständig $\|A_m x - A_n x\| < \varepsilon$. Insbesondere ist $(A_n x)$ für jedes $x \in X$ eine Cauchyfolge in F. Da F vollständig ist, konvergiert also $(A_n x)$ gegen einen von x abhängigen Grenzwert, den wir mit $A x$ bezeichnen. Durch $x \mapsto A x$ $(x \in X)$ wird eine Abbildung A von X nach F definiert. Läßt man in der obigen Abschätzung $\|A_m x - A_n x\| < \varepsilon$ den Index n gegen ∞ gehen, so erhält man $\|A_m x - A x\| \leq \varepsilon$ für alle $m > n_0$ und alle $x \in X$, also ist auch

$$\|A_m - A\|_\infty = \sup_{x \in X} \|A_m x - A x\| \leq \varepsilon \quad \text{für } m > n_0.$$

Daraus folgt erstens, daß $A - A_m$, also auch $A = (A - A_m) + A_m$ zu $B(X, F)$ gehört, und zweitens, daß (A_n) bezüglich der Supremumsnorm gegen A konvergiert. — e) Mit Satz 111.2 ergibt sich sofort, daß $C_b(X, F)$ ein linearer Raum ist. Die Folge der $A_n \in C_b(X, F)$ strebe nun bezüglich der Norm von $B(X, F)$, also bezüglich der Supremumsnorm, gegen $A \in B(X, F)$. Das bedeutet nach c), daß (A_n) gleichmäßig auf X gegen A konvergiert. Genau wie im Beweis des Satzes 111.12 sieht man nun, daß A auf X stetig sein muß. Also liegt A in $C_b(X, F)$, und somit ist $C_b(X, F)$ ein abgeschlossener Unterraum von $B(X, F)$. Ist F ein Banachraum, so ist $B(X, F)$ nach d) ebenfalls ein Banachraum; dann muß aber $C_b(X, F)$ als abgeschlossener Unterraum von $B(X, F)$ auch ein Banachraum sein.

10. Die Existenz von $\|A\|_\infty$ folgt aus Satz 111.9, alles andere aus Aufgabe 9e, weil im vorliegenden Falle $C(X, F) = C_b(X, F)$ ist.

Aufgaben zu Nr. 112

7. b) Sei $e_n := (0, \ldots, 0, 1, 0, \ldots)$, wobei 1 an der n-ten Stelle steht. Dann ist $A(n e_n) = e_n$, also $\|A^{-1} e_n\| = \|n e_n\| = n \|e_n\| = n$.

11. Wäre A unbeschränkt, so gäbe es eine Folge (x_n) mit $\|x_n\| = 1$ und $\|A x_n\| \to \infty$. Sie müßte eine Teilfolge (x_{n_k}) enthalten, so daß $(A x_{n_k})$ konvergiert; also beschränkt ist — in Widerspruch zu $\|A x_{n_k}\| \to \infty$.

12. $I : (E, \|\cdot\|_1) \to (E, \|\cdot\|_2)$ ist stetig, da aus $\|x_n - x\|_1 \to 0$ stets $\|I x_n - I x\|_2 = \|x_n - x\|_2 \to 0$ folgt. Also ist I beschränkt: $\|I x\|_2 \leqslant \gamma_2 \|x\|_1$, d.h. $\|x\|_2 \leqslant \gamma_2 \|x\|_1$. Ebenso beweist man die Ungleichung $\gamma_1 \|x\|_1 \leqslant \|x\|_2$. — Die Umkehrung ist trivial.

Aufgaben zu Nr. 113

1. a) Sei $(\xi, \eta) \in \mathbf{R}^2$ beliebig, $x_n \to \xi$, $y_n \to \eta$. Dann strebt

$$f(x_n, y_n) = (x_n^2 + y_n^2) e^{x_n y_n} \to (\xi^2 + \eta^2) e^{\xi \eta} = f(\xi, \eta).$$

Ganz entsprechend werden b) und c) behandelt.

2. Man braucht nur nach dem Vorbild der Aufgabe 1 zu zeigen, daß jede Komponentenfunktion in den Punkten des Definitionsbereichs stetig ist. Beispiel a): Sei $(\xi, \eta) \in \mathbf{R}^2$ beliebig, $x_n \to \xi$, $y_n \to \eta$. Dann strebt

$$f_1(x_n, y_n) = x_n y_n \to \xi \eta = f_1(\xi, \eta), \qquad f_2(x_n, y_n) = x_n^2 - y_n^2 \to \xi^2 - \eta^2 = f_2(\xi, \eta),$$

also strebt $f(x_n, y_n) \to f(\xi, \eta)$.

4. b) Sei $x_n := 1/n$, $y_n := 1/\sqrt{n}$ (man rücke also auf der Parabel $y = \sqrt{x}$ gegen den Nullpunkt). Dann strebt $f(x_n, y_n) \to 1/2 \neq f(0, 0)$.

Aufgaben zu Nr. 114

1. a) $\begin{pmatrix} 1 & 2 & 2 \\ 1 & 0 & 1 \end{pmatrix}$; $(3, 2)$.   **b)** $\begin{pmatrix} 2 & 0 & 2 \\ 3 & 1 & 0 \\ 1 & 1 & 1 \end{pmatrix}$; $(4, 4, 3)$.

c) $\begin{pmatrix} 2 & 2 \\ 3 & -2 \end{pmatrix}$; $(6, 4)$.   **d)** $\begin{pmatrix} -1 & 2 \\ 0 & 0 \end{pmatrix}$; $(4, 0)$.

2. a) $\begin{pmatrix} 4 & 7 \\ 8 & 8 \end{pmatrix}$.   **b)** $\begin{pmatrix} 2 & 8 & 3 \\ 2 & 11 & 5 \end{pmatrix}$.   **c)** $\begin{pmatrix} 11 & 4 \\ 0 & 0 \\ 14 & 4 \end{pmatrix}$.

3. a) $(6, 3, 3)$.   **b)** $(7, 4, 3)$.   **c)** $(8, 4, 4)$.

4. Wir beweisen nur a). Mit $[A] = (\alpha_{jk})$ und $x := \begin{pmatrix} x_1 \\ \vdots \\ x_p \end{pmatrix}$ ist

$$\|A\,x\|_\infty = \max_{j=1}^{p} \left| \sum_{k=1}^{p} \alpha_{jk} x_k \right| \leq \left(\max_{j=1}^{p} \sum_{k=1}^{p} |\alpha_{jk}| \right) \|x\|_\infty,$$

also gilt

$$\|A\| \leq \max_{j=1}^{p} \sum_{k=1}^{p} |\alpha_{jk}| = |[A]|_\infty.$$

Es gibt einen Index m mit

$$|[A]|_\infty = \sum_{k=1}^{p} |\alpha_{mk}|.$$

Definiert man die Komponenten $z_1, \ldots, z_p$ des Vektors z durch

$$z_k := \begin{cases} 1, & \text{falls } \alpha_{mk} \geq 0, \\ -1, & \text{falls } \alpha_{mk} < 0, \end{cases}$$

so ist $\|z\|_\infty = 1$ und $\sum\limits_{k=1}^{p} \alpha_{mk} z_k = \sum\limits_{k=1}^{p} |\alpha_{mk}| = |[A]|_\infty$. Daher gilt

$$\|A\| = \sup_{x \neq 0} \frac{\|A\,x\|_\infty}{\|x\|_\infty} \geq \frac{\|A\,z\|_\infty}{\|z\|_\infty} \geq |[A]|_\infty.$$

Daraus folgt mit der obigen Abschätzung von $\|A\|$ die Behauptung.

Aufgaben zu Nr. 117

1. a) $y_1(x) = \dfrac{x^3}{3}, \qquad y_2(x) = \dfrac{x^3}{3} + \dfrac{x^8}{8 \cdot 9},$

$$y_3(x) = \frac{x^3}{3} + \frac{x^8}{8 \cdot 9} + \frac{x^{13}}{3 \cdot 4 \cdot 9 \cdot 13} + \frac{x^{18}}{18 \cdot 64 \cdot 81}.$$

b) $f(x, y) := x^2 + xy^2$ ist auf $R := \{(x, y): |x| \leq 1, |y| \leq 1\}$ stetig und genügt dort der Lipschitzbedingung $|f(x, y) - f(x, \bar{y})| \leq 2 |y - \bar{y}|$. Außerdem ist $\max\limits_{R} |f(x, y)| \leq 2$. Die Behauptung ergibt sich nun aus Satz 117.1 und der Bemerkung zu (117.5).

2. $y(x) = e^{x^2/2}$.

Aufgabe zu Nr. 118

a) $p_1(x) = 1,$

$$p_2(x) = \begin{cases} 1 & \text{für } 0 \leqslant x \leqslant \dfrac{1}{2}, \\[2mm] \dfrac{x}{2} + \dfrac{3}{4} & \text{für } \dfrac{1}{2} \leqslant x \leqslant 1, \end{cases}$$

$$p_3(x) = \begin{cases} 1 & \text{für } 0 \leqslant x \leqslant \dfrac{1}{3}, \\[2mm] \dfrac{x}{3} + \dfrac{8}{9} & \text{für } \dfrac{1}{3} \leqslant x \leqslant \dfrac{2}{3}, \\[2mm] \dfrac{20}{27} x + \dfrac{50}{81} & \text{für } \dfrac{2}{3} \leqslant x \leqslant 1, \end{cases}$$

$$p_4(x) = \begin{cases} 1 & \text{für } 0 \leqslant x \leqslant \dfrac{1}{4}, \\[2mm] \dfrac{x}{4} + \dfrac{15}{16} & \text{für } \dfrac{1}{4} \leqslant x \leqslant \dfrac{1}{2}, \\[2mm] \dfrac{17}{32} x + \dfrac{51}{64} & \text{für } \dfrac{1}{2} \leqslant x \leqslant \dfrac{3}{4}, \\[2mm] \dfrac{3 \cdot 153}{4 \cdot 128} x + \dfrac{7 \cdot 153}{16 \cdot 128} & \text{für } \dfrac{3}{4} \leqslant x \leqslant 1. \end{cases}$$

Aufgabe zu Nr. 119

Für $n = 2l$ bzw. $n = 2l - 1$ $(l = 1, 2, \ldots)$ ist

$$y_n(x) = \begin{pmatrix} \displaystyle\sum_{k=1}^{n/2} (-1)^{k-1} \dfrac{(x^2)^{2k-1}}{(2k-1)!} \\[4mm] \displaystyle\sum_{k=1}^{n/2} (-1)^{k-1} \dfrac{(x^2)^{2k-2}}{(2k-2)!} \\[4mm] 2x \end{pmatrix} \quad \text{bzw.} \quad = \begin{pmatrix} \displaystyle\sum_{k=1}^{(n-1)/2} (-1)^{k-1} \dfrac{(x^2)^{2k-1}}{(2k-1)!} \\[4mm] \displaystyle\sum_{k=1}^{(n+1)/2} (-1)^{k-1} \dfrac{(x^2)^{2k-2}}{(2k-2)!} \\[4mm] 2x \end{pmatrix},$$

also $y(x) = \begin{pmatrix} \sin(x^2) \\ \cos(x^2) \\ 2x \end{pmatrix}.$

Aufgaben zu Nr. 126

1. $|f| \leq |f - f_1| + |f_1| \leq h + |f_1|$; mit Satz 126.4 folgt $f \in L(I)$. Aus $|f_n| \leq |f_n - f| + |f| \leq h + |f|$ folgt nun mit Satz 126.1 der Rest der Behauptung.

2. Da I beschränkt ist, liegen alle konstanten Funktionen in $L(I)$. Die Behauptung folgt nun unmittelbar aus Aufgabe 1.

3. Für alle $n \geq n_0$ und alle $x \in I$ ist $|f_n(x) - f(x)| \leq 1$. Die Behauptung folgt nun aus Aufgabe 2.

Aufgaben zu Nr. 129

3. Es ist $fg \in M(I)$ nach Satz 129.3 und $|fg| \leq \|g\|_\infty |f|$. Nach Satz 129.2 ist also $fg \in L(I)$.

4. $f \in M(I) \cap B(I) \Rightarrow |f| \leq \|f\|_\infty \Rightarrow f \in L(I)$ (nach Satz 129.2; beachte, daß auf einem beschränkten Intervall alle konstanten Funktionen L-integrierbar sind).

5. Konstruiere eine Folge von Funktionen f_n mit folgenden Eigenschaften: $f_n(x) := f(x)$ auf einem kompakten Intervall I_n, $f_n(x) := 0$ für $x \in I \setminus I_n$, $f_n \to f$ fast überall auf I. Wende nun die Sätze 129.1 und 129.5 an.

Aufgaben zu Nr. 130

2. Z. B. $I_n := \left[\dfrac{n}{2^k} - 1, \dfrac{n+1}{2^k} - 1 \right]$, wobei k die eindeutig bestimmte Zahl aus $\mathbf{N}_0$ mit $2^k \leq n < 2^{k+1}$ ist.

3. Wir dürfen $p > 1$ annehmen. Es sei $1/p + 1/q = 1$. Da I beschränkt ist, liegt die Funktion $g = 1$ in $L^q(I)$. Nach Satz 130.2 gehört also $f = fg$ zu $L^1(I)$.

4. Nach Satz 129.5 ist f zunächst meßbar. Aus $\big| |f_n(x)| - |f(x)| \big| \leq |f_n(x) - f(x)|$ folgt, daß $(|f_n|)$ gleichmäßig auf I gegen $|f|$ konvergiert. Dann konvergiert aber auch $(|f_n|^p)$ gleichmäßig auf I gegen $|f|^p$ (benutze, daß die Funktion t^p auf I gleichmäßig stetig ist; vgl. A 103.13). Nach A 126.3 ist also $f \in L^p(I)$. Da offenbar $|f_n - f|^p$ gleichmäßig auf I gegen 0 strebt, ergibt eine nochmalige Anwendung von A 126.3, daß $\|f_n - f\|_p \to 0$ konvergiert.

Aufgaben zu Nr. 131

2. Wähle in der Definition der absoluten Stetigkeit $\varepsilon = 1$ und bestimme ein zugehöriges $\delta > 0$. Sei M eine natürliche Zahl $> (b-a)/\delta$ und Z_0 eine äquidistante Zerlegung von $[a, b]$ in M Teilintervalle (die Länge eines Teilintervalls von Z_0 ist dann $< \delta$). Nun sei $Z := \{x_0, x_1, \ldots, x_n\}$ irgendeine Zerlegung von $[a, b]$. Bildet man die gemeinsame Verfeinerung $Z_0 \cup Z$, so sieht man mit Hilfe des Satzes 91.2, daß $\sum_{k=1}^{n} |F(x_k) - F(x_{k-1})| < M$ ist.

5. Sei $N \subset [a, b]$ eine Nullmenge, ε eine beliebige positive Zahl. Bestimme zu ε ein $\delta > 0$ gemäß Aufgabe 4. N läßt sich durch höchstens abzählbar viele kompakte Intervalle $[a_1, b_1]$, $[a_2, b_2]$, ... so überdecken, daß $\sum (b_k - a_k) < \delta$ ist und die offenen Intervalle (a_1, b_1), (a_2, b_2) disjunkt sind. Gemäß der Wahl von δ ist $\sum |F(b_k) - F(a_k)| < \varepsilon$. Es sei α_k eine Minimal-, β_k eine Maximalstelle von F in $[a_k, b_k]$, ferner $\gamma_k := \min(\alpha_k, \beta_k)$, $\gamma_k' := \max(\alpha_k, \beta_k)$. Um die Schreibweise zu vereinfachen, wollen wir im folgenden auch „ausgeartete" Intervalle $\langle c, c \rangle := \{c\}$ zulassen. Es ist $\sum (\gamma_k' - \gamma_k) < \delta$ und somit $\sum |F(\gamma_k') - F(\gamma_k)| < \varepsilon$. Da die Intervalle $\langle F(\gamma_k'), F(\gamma_k) \rangle$ $(k = 1, 2, \ldots)$ die Bildmenge $F(N)$ überdecken, folgt nun, daß $F(N)$ eine Nullmenge ist.

6. Sei f L-integrierbar auf $I := [a, b]$, $F(x) := \int_a^x f(t)\,dt$ $(a \leq x \leq b)$ und $\varepsilon > 0$. Nach A 129.7 gibt es Funktionen $g, h \in L(I)$ mit

$$f = g + h, \qquad |g(t)| \leq M \text{ für alle } t \in I \quad \text{und} \quad \int_a^b |h(t)|\,dt < \varepsilon/2.$$

Setze $\delta := \dfrac{\varepsilon}{2M}$. Sind $(a_1, b_1), \ldots, (a_n, b_n)$ disjunkte Teilintervalle von $[a, b]$ mit $\sum\limits_{k=1}^{n} (b_k - a_k) < \delta$, so ist

$$\sum_{k=1}^{n} |F(b_k) - F(a_k)| = \sum_{k=1}^{n} \left| \int_{a_k}^{b_k} f(t)\,dt \right| \leq \sum_{k=1}^{n} \int_{a_k}^{b_k} |f(t)|\,dt$$

$$\leq \sum_{k=1}^{n} \int_{a_k}^{b_k} |g(t)|\,dt + \sum_{k=1}^{n} \int_{a_k}^{b_k} |h(t)|\,dt \leq M \sum_{k=1}^{n} (b_k - a_k) + \int_a^b |h(t)|\,dt$$

$$\leq M\delta + \frac{\varepsilon}{2} = M\,\frac{\varepsilon}{2M} + \frac{\varepsilon}{2} = \varepsilon.$$

Aufgaben zu Nr. 134

1. $\left\| \sum\limits_{j=1}^{n} u_j \right\|^2 = \left(\sum\limits_{j=1}^{n} u_j \,\bigg|\, \sum\limits_{k=1}^{n} u_k \right) = \sum\limits_{j,k=1}^{n} (u_j | u_k) = \sum\limits_{j=1}^{n} (u_j | u_j) = \sum\limits_{j=1}^{n} \|u_j\|^2.$

2. Sei $s_n := \sum\limits_{k=1}^{n} u_k$. Wegen Aufgabe 1 ist $\|s_n\|^2 = \sum\limits_{k=1}^{n} \|u_k\|^2$. Da $s_n \to s := \sum\limits_{k=1}^{\infty} u_k$, also $\|s_n\|^2 \to \|s\|^2$ strebt, folgt daraus die Behauptung.

3. $\|f + g\|^2 + \|f - g\|^2 = (f + g | f + g) + (f - g | f - g) = (f | f) + 2(f | g) + (g | g) + (f | f) - 2(f | g) + (g | g)$
$\qquad = 2\|f\|^2 + 2\|g\|^2.$

„In einem Parallelogramm ist die Summe der Quadrate über den Diagonalen gleich der Summe der Quadrate über den Seiten."

4. Zu $f \in \overline{M}$ gibt es eine Folge (f_n) aus M mit $f_n \to f$. Aus $(f_n | g) = 0$ für alle n ergibt sich wegen Satz 134.1 sofort $(f | g) = 0$.

5. Sei $t(x) = \dfrac{\alpha_0}{2} + \sum\limits_{k=1}^{n} (\alpha_k \cos k x + \beta_k \sin k x)$. Dann ist (in leicht unkorrekter Schreibweise)

$$0 = (f - t \mid \cos k x) = (f \mid \cos k x) - (t \mid \cos k x)$$

$$= \pi a_k - \frac{\alpha_0}{2} (1 \mid \cos k x) - \sum_{\nu=1}^{n} [\alpha_\nu (\cos \nu x \mid \cos k x) + \beta_\nu (\sin \nu x \mid \cos k x)]$$

$$= \pi a_k - \pi \alpha_k, \quad \text{also} \quad \alpha_k = a_k.$$

Entsprechend gilt $\beta_k = b_k$. Natürlich kann man auch mit der Orthonormalfolge (u_k) arbeiten.

6. Ist f monoton und $n \geqslant 1$, so gibt es ein $\xi \in [-\pi, \pi]$, so daß gilt:

$$\pi a_n = \int_{-\pi}^{\pi} f(x)\cos n x\,dx = f(-\pi)\int_{-\pi}^{\xi}\cos n x\,dx + f(\pi)\int_{\xi}^{\pi}\cos n x\,dx = [f(-\pi)-f(\pi)]\frac{\sin n\xi}{n}.$$

Daraus folgt sofort die Behauptung über (a_n), und die über (b_n) beweist man entsprechend.

7. $\displaystyle \pi a_n = \int_{-\pi}^{\pi} f(x)\cos n x\,dx = \frac{1}{n}[f(x)\sin n x]_{-\pi}^{\pi} - \frac{1}{n}\int_{-\pi}^{\pi} f'(x)\sin n x\,dx$

$$= -\frac{1}{n}\int_{-\pi}^{\pi} f'(x)\sin n x\,dx;$$

wegen Satz 134.2d strebt also $n a_n \to 0$. Ist $p > 1$, so hat man

$$\pi a_n = -\frac{1}{n}\int_{-\pi}^{\pi} f'(x)\sin n x\,dx = \frac{1}{n^2}[f'(x)\cos n x]_{-\pi}^{\pi} - \frac{1}{n^2}\int_{-\pi}^{\pi} f''(x)\cos n x\,dx$$

$$= -\frac{1}{n^2}\int_{-\pi}^{\pi} f''(x)\cos n x\,dx = \cdots.$$

Die Behauptung über $(n^p a_n)$ folgt dann wieder aus Satz 134.2d. Die Aussage über $(n^p b_n)$ sieht man ganz entsprechend ein.

Aufgaben zu Nr. 135

1. $h(t) = \dfrac{t - 2\sin(t/2)}{2t\sin(t/2)} \to 0$ für $t \to 0$ (zweimalige Anwendung der Regel von de l'Hospital oder Potenzreihenentwicklung).

2. Sei $g(t) := f(x+t) + f(x-t) - 2s(x)$, h die Funktion aus Aufgabe 1. Dann ist

$$\int_0^{\pi} g(t)D_n(t)\,dt = \int_0^{\pi} g(t)\tilde{D}_n(t)\,dt + \int_0^{\pi} g(t)h(t)\sin(2n+1)\frac{t}{2}\,dt.$$

Da h nach Aufgabe 1 auf $[0, \pi]$ stetig ist, folgt aus dem Satz von Riemann-Lebesgue, daß

$$\int_0^{\pi} g(t)h(t)\sin(2n+1)\frac{t}{2}\,dt \to 0$$

strebt für $n \to \infty$. Daraus ergibt sich die erste, auf Satz 135.1 bezügliche Behauptung. Die zweite folgt entsprechend.

Aufgaben zu Nr. 136

1. Eine Lipschitz-stetige Funktion ist nach Satz 91.4 von beschränkter Variation.

2. Verfahre wie beim Beweis der Aussage von Satz 136.3 über stückweise beschränkt differenzierbare Funktionen.

Aufgaben zu Nr. 138

1. $\cos \alpha x$ ist gerade, also sind alle $b_n = 0$, und es ist

$$a_n = \frac{2}{\pi} \int_0^\pi \cos \alpha x \cos n x \, dx = \frac{(-1)^n}{\pi} \frac{2\alpha \sin \alpha \pi}{\alpha^2 - n^2}.$$

7. Entwickle die 2π-periodische ungerade Funktion

$$f(x) := \begin{cases} \cos x & \text{für } x \in (0, \pi), \\ -\cos x & \text{für } x \in (-\pi, 0), \\ 0 & \text{für } x = 0, \pm\pi, \end{cases} \qquad f(x + 2\pi) = f(x),$$

in ihre Fourierreihe: $f(x) = \dfrac{8}{\pi} \displaystyle\sum_{n=1}^\infty \frac{n}{4n^2 - 1} \sin 2n x.$

8. $f(x) = \dfrac{\pi}{4} + \displaystyle\sum_{n=1}^\infty \left(\frac{(-1)^n - 1}{\pi n^2} \cos n x + \frac{(-1)^{n+1}}{n} \sin n x \right).$

Aufgaben zu Nr. 141

1. Satz 141.1 $\Rightarrow$ Satz 141.3: Ist $u \in L^2$ orthogonal zu $(u_0, u_1, u_2, \dots)$, so ist $u = \displaystyle\sum_{k=0}^\infty (u | u_k) u_k = \sum 0 \cdot u_k = 0$. Die Umkehrung wurde schon in Nr. 141 bewiesen.

2. Es gelte Satz 141.3. Dann gilt, wie in Nr. 141 bewiesen wurde, auch Satz 141.1. Also gibt es zu jedem $f \in L^2$ und jedem $\varepsilon > 0$ ein n mit $\left\| f - \displaystyle\sum_{k=0}^n (f | u_k) u_k \right\| < \varepsilon$. — Nun liege umgekehrt die Menge der trigonometrischen Polynome dicht in L^2, und $u \in L^2$ sei orthogonal zu $(u_0, u_1, u_2, \dots)$. Dann gibt es eine Folge trigonometrischer Polynome t_n mit $t_n \to u$. Es ist $(t_n | u) = 0$ für alle n, und nach Satz 134.1 strebt $(t_n | u) \to (u | u) = \|u\|^2$. Also ist $u = 0$.

Aufgaben zu Nr. 142

1. Sei u orthogonal zu $(u_0, u_1, u_2, \dots)$. Dann ist $\|u\|^2 = \displaystyle\sum_{k=0}^\infty (u | u_k)^2 = 0$, also $u = 0$.

2. Zweite Aussage: F ist wegen der Cauchy-Schwarzschen Ungleichung auf ganz l^2 definiert. Die Linearität von F ist trivial. F ist wegen der Cauchy-Schwarzschen Ungleichung eine beschränkte (lineare) Abbildung, also stetig.

3. Erste Aussage: Mit der stetigen linearen Bijektion $A: L^2 \to l^2$ aus Satz 142.5 ist ΦA^{-1} eine stetige lineare Abbildung von l^2 in $\mathbf{R}$. Also existiert nach Aufgabe 2 genau ein $(\alpha_0, \alpha_1, \alpha_2, \dots) \in l^2$ mit

$$(\Phi A^{-1})(c) = \sum_{k=0}^\infty c_k \alpha_k \qquad \text{für alle } c := (c_0, c_1, c_2, \dots) \in l^2.$$

Sei g das eindeutig bestimmte Element aus L^2 mit

$$\alpha := (\alpha_0, \alpha_1, \alpha_2, \ldots) = A\,g \qquad \text{und} \qquad Af = c := (c_0, c_1, c_2, \ldots).$$

Dann ist

$$\Phi(f) = (\Phi A^{-1})(Af) = \sum_{k=0}^{\infty} c_k \alpha_k = (c \mid \alpha) = (Af \mid A g) = (f \mid g). \; -$$

Die zweite Aussage wird am einfachsten wie die zweite Aussage in Aufgabe 2 bewiesen.

Aufgaben zu Nr. 143

1. Benutze Satz 143.4.

2. Benutze Satz 143.4.

4. Nach Satz 142.4 gibt es eine 2π-periodische L^2-Funktion f mit

$$f(t) \sim \sum_{n=1}^{\infty} (-a_n \sin nt + b_n \cos nt).$$

Mit Satz 143.4 folgt

$$F_0(x) := \int_0^x f(t)\,dt = \sum_{n=1}^{\infty} \left(a_n \frac{\cos nx - 1}{n} + b_n \frac{\sin nx}{n} \right).$$

Wegen der Cauchy-Schwarzschen Ungleichung ist $\sum a_n(1/n)$ konvergent, und somit ist auch

$$F(x) := \sum_{n=1}^{\infty} \left(\frac{a_n}{n} \cos nx + \frac{b_n}{n} \sin nx \right)$$

auf **R** vorhanden. Die restlichen Behauptungen erhält man aus Satz 131.1.

Aufgaben zu Nr. 146

3. a) $C_1 x \cos(\ln x) + C_2 x \sin(\ln x)$.   b) $C_1 x + C_2 x^2 + C_3 x^3$.
   c) $C_1 x^2 + C_2 x^2 \ln x + C_3 x \cos(\ln x) + C_4 x \sin(\ln x)$.

4. Aus (140.3) mit $f = 1$ und der Darstellung (140.7) des Poissonschen Kerns erhält man

$$\frac{1}{2\pi} \int_{-\pi}^{\pi} \frac{1 - r^2}{1 - 2r\cos(t-\varphi) + r^2}\,dt = 1;$$

der Integrand (der Poissonsche Kern) ist positiv. In Verbindung mit (146.12) ergibt sich daraus sofort a). — Zum Beweis von b) benutzt man wieder die obige Gleichung: Aus $u(r, \varphi) = m$ folgt

$$0 = u(r, \varphi) - m = \frac{1}{2\pi} \int_{-\pi}^{\pi} [f(t) - m] \frac{1 - r^2}{1 - 2r\cos(t-\varphi) + r^2}\,dt;$$

ziehe nun A 84.3 heran. Der Fall $u(r, \varphi) = M$ wird entsprechend erledigt.

Aufgaben zu Nr. 155

1. Sei $b \in U_\varepsilon(a)$. Dann ist $\delta := \varepsilon - \mathrm{d}(b, a) > 0$, und aus $x \in U_\delta(b)$ folgt

$$\mathrm{d}(x, a) \leqslant \mathrm{d}(x, b) + \mathrm{d}(b, a) < \delta + \mathrm{d}(b, a) = \varepsilon.$$

Somit gilt $U_\delta(b) \subset U_\varepsilon(a)$, also ist $U_\varepsilon(a)$ offen. — Sei c aus dem Komplement von $U_\varepsilon[a]$, also $\mathrm{d}(c, a) > \varepsilon$. Dann ist $\delta := \mathrm{d}(c, a) - \varepsilon > 0$, und aus $x \in U_\delta(c)$ folgt

$$\varepsilon = \mathrm{d}(c, a) - \delta \leqslant \mathrm{d}(c, x) + \mathrm{d}(x, a) - \delta < \delta + \mathrm{d}(x, a) - \delta = \mathrm{d}(x, a).$$

Somit liegt auch $U_\delta(c)$ in dem Komplement von $U_\varepsilon[a]$, dieses Komplement ist also offen, und daher muß $U_\varepsilon[a]$ abgeschlossen sein (einen anderen Beweis kann man mit Hilfe von A 154.1 in Verbindung mit Satz 155.7d führen).

2. E bestehe aus mindestens zwei Punkten und werde mit der diskreten Metrik versehen. Dann ist $U_1(a) = \{a\}$ abgeschlossen, also $= \overline{U_1(a)}$, während $U_1[a] = E \neq \overline{U_1(a)}$ ist.

3. Die diskreten Räume.

5. Zu $a \in G \backslash A$ gibt es $U, V \in \mathfrak{U}(a)$ mit $U \subset G$ und $V \cap A = \emptyset$. Dann ist $U \cap V$ eine in $G \backslash A$ liegende Umgebung von a, und somit ist $G \backslash A$ offen.

6. Sei a ein Berührungspunkt von $A \backslash G$. Dann enthält jede Umgebung von a einen Punkt, der zu A, aber nicht zu G gehört. Also ist jedenfalls $a \in \overline{A} = A$. Wäre $a \in G$, so gäbe es, im Widerspruch zu dem eben Festgestellten, eine Umgebung von a, deren Punkte alle in G liegen. Also ist $a \notin G$, insgesamt daher $a \in A \backslash G$. Infolgedessen ist $A \backslash G$ abgeschlossen.

7. D sei der Durchschnitt aller abgeschlossenen Obermengen von M. Da $\overline{M}$ abgeschlossen und $\supset M$ ist, muß $D \subset \overline{M}$ sein. Es ist aber auch $\overline{M} \subset D$. Jede Umgebung von $a \in \overline{M}$ schneidet nämlich M, erst recht also jedes abgeschlossene $A \supset M$. Somit gehört a zu jedem derartigen A und deshalb auch zu D. Insgesamt ist also $\overline{M} = D$.

8. G sei die Vereinigung aller offenen Teilmengen von M. Da $\overset{\circ}{M}$ offen und $\subset M$ ist, muß $\overset{\circ}{M} \subset G$ sein. Es ist aber auch $G \subset \overset{\circ}{M}$. Ein $a \in G$ gehört nämlich zu einer offenen Menge $G_0 \subset M$, und da G_0 eine (offene) Umgebung von a ist, muß a ein innerer Punkt von M sein, also zu $\overset{\circ}{M}$ gehören. Insgesamt ist also $\overset{\circ}{M} = G$.

9. Die Gleichung $\partial M = \overline{M} \cap \overline{(E \backslash M)}$ ist trivial. Die Abgeschlossenheit von ∂M folgt nun sofort mit Hilfe der Sätze 155.4 und 155.5b.

11. Sei $a \in \overline{M}$ und a_U irgendein Punkt aus $U \cap M$ ($U \in \mathfrak{U}(a)$). Dann ist (a_U) ein M-wertiges Netz auf $\Delta := \mathfrak{U}(a)$, das gegen a konvergiert. — Sei nun a Grenzwert eines M-wertigen Netzes (a_α) auf irgendeiner gerichteten Menge Δ. Dann gibt es zu jedem $U \in \mathfrak{U}(a)$ ein $a_\alpha \in U$, also ist $U \cap M \neq \emptyset$ und somit $a \in \overline{M}$.

12. Folgt aus Aufgabe 11 in Verbindung mit Satz 155.4.

Aufgaben zu Nr. 156

3. Sei $A \subset X$ relativ abgeschlossen und $\overline{A}$ die Abschließung von A in E. Dann ist $\overline{A}$ abgeschlossen, und man sieht leicht, daß $A = \overline{A} \cap X$ ist. — Nun habe A die Form $A = M \cap X$, M abgeschlossen. $a \in X$ sei ein relativer Berührungspunkt von A, jede relative Umgebung von a schneide also A. Dann schneidet sie auch M, erst recht wird also M von jeder Umgebung von a geschnitten. a ist daher Berührungspunkt von M und somit ein Element von M, muß also auch zu A gehören. — Einen zweiten Beweis erhält man, wenn man beachtet, daß eine Teilmenge A von X genau dann relativ abgeschlossen ist, wenn $X\backslash A$ relativ offen ist; man braucht dann nur noch den Satz 156.1 und die Morganschen Komplementierungsregeln heranzuziehen.

Aufgaben zu Nr. 157

1. Jede Cauchyfolge (a_n) enthält eine konvergente Teilfolge. Deren Grenzwert ist auch Grenzwert von (a_n).

3. $\emptyset$ und alle endlichen Teilmengen (beachte, daß alle Teilmengen, auch die einpunktigen, offen sind).

4. Alle Teilmengen, weil nur $\emptyset$ und der gesamte Raum offen sind.

Aufgaben zu Nr. 158

6. $f^{-1}\colon Y\to X$ ist nach Satz 158.4 genau dann stetig, wenn das Urbild jeder abgeschlossenen Menge $A\subset X$ abgeschlossen ist. Dieses Urbild ist $f(A)$. Nun ist A wegen Satz 157.3 kompakt, $f(A)$ nach Satz 158.5 also ebenfalls kompakt und somit abgeschlossen (Satz 157.4).

7. Wird mit Hilfe des Satzes 158.2 ganz ähnlich bewiesen wie Satz 34.4: Aus $x_\alpha\to\xi$ folgt $g(x_\alpha)\to g(\xi)$ und daraus $f(g(x_\alpha))\to f(g(\xi))$.

8. Sei $\xi\in X_0$ und V_0 eine Y_0-Umgebung von $\eta:=f_0(\xi)=f(\xi)$. Dann gibt es eine Y-Umgebung V von η mit $V_0=V\cap Y_0$. Zu V existiert eine X-Umgebung U von ξ, so daß $f(U)\subset V$ ist. $U_0:=U\cap X_0$ ist eine X_0-Umgebung von ξ, und mit A 13.3b folgt

$$f(U_0)\subset f(U)\cap f(X_0)\subset V\cap Y_0=V_0.$$

Aufgaben zu Nr. 160

1. E sei zusammenhängend und $A\subset E$ sowohl offen als auch abgeschlossen. Dann ist $B:=E\backslash A$ offen und $E=A\cup B$, $A\cap B=\emptyset$. Es folgt, daß A oder B leer, also $A=\emptyset$ oder $=E$ sein muß. — Nun seien $\emptyset$ und E die einzigen Teilmengen von E, die gleichzeitig offen und abgeschlossen sind. Dann kann es keine Darstellung $E=A\cup B$ mit offenen, nichtleeren und disjunkten Mengen A und B geben, weil $A=E\backslash B$ auch abgeschlossen und somit $A=\emptyset$ oder $=E$, in letzterem Falle aber $B=\emptyset$ sein müßte.

4. Verfahre wie im Beweis des Hilfssatzes 160.6.

6. Benutze, daß zwischen zwei rationalen Zahlen stets eine irrationale Zahl liegt.

7. Die Intervalle $(0, 1)$ und $(2, 3)$ sind zwar offen in $\dot{\mathsf{R}}$, aber abgeschlossen in E.

8. Wegen Satz 153.1 ist die Behauptung trivial.

9. Sei $B_n:=A_1\cup\ldots\cup A_n$. Mit Hilfssatz 160.5 erkennt man, daß jedes B_n zusammenhängend ist. Und da sich die B_n offenbar paarweise schneiden, folgt nun – wiederum kraft des genannten Hilfssatzes –, daß $B_1\cup B_2\cup\ldots=A_1\cup A_2\cup\ldots$ zusammenhängend ist.

Aufgaben zu Nr. 161

2. C sei eine Komponente von X und x_0 ein beliebiger Punkt von C. Dann gibt es eine offene Kugel K um x_0, die in X liegt. K ist zusammenhängend (Satz 161.3), und damit ist auch $C \cup K$ zusammenhängend (Hilfssatz 160.5). Es muß also $C \cup K = C$ und damit $K \subset C$ sein: C ist offen.

7. a) ist trivial.

b) Wir dürfen $\lambda, \mu > 0$ annehmen. Offenbar ist $(\lambda + \mu) K \subset \lambda K + \mu K$. Wegen der Konvexität von K ist aber auch

$$\frac{\lambda}{\lambda + \mu} K + \frac{\mu}{\lambda + \mu} K \subset K, \qquad \text{also} \qquad \lambda K + \mu K \subset (\lambda + \mu) K.$$

c) Für $n = 1$ ist die Behauptung trivial. Angenommen, es sei $n \geq 2$, und die Behauptung sei richtig für $n - 1$. Wir dürfen o. B. d. A. $\lambda_1, \ldots, \lambda_n$ als positiv annehmen. Sei

$$\lambda := \sum_{k=1}^{n-1} \lambda_k, \qquad \mu := \lambda_n \quad \text{und} \quad \mu_k := \frac{\lambda_k}{\lambda} \quad \text{für} \quad k = 1, \ldots, n - 1.$$

Die μ_k sind positive Zahlen mit Summe 1; nach Induktionsvoraussetzung ist also $\sum_{k=1}^{n-1} \mu_k x_k \in K$. Da $\lambda, \mu > 0$ und $\lambda + \mu = 1$ ist, folgt nun aus der Konvexität von K die Beziehung

$$\sum_{k=1}^{n} \lambda_k x_k = \lambda \left(\sum_{k=1}^{n-1} \mu_k x_k \right) + \mu x_n \in K.$$

8. b) Sei K die konvexe Hülle von M und $\operatorname{co}(M)$ die Menge aller konvexen Kombinationen von Elementen aus M. Nach Aufgabe 7c ist $\operatorname{co}(M) \subset K$. Um die umgekehrte Inklusion (und damit die Behauptung) zu beweisen, genügt es zu zeigen, daß $\operatorname{co}(M)$ konvex ist. Seien $x := \lambda_1 x_1 + \cdots + \lambda_n x_n$, $y := \mu_1 y_1 + \cdots + \mu_m y_m$ zwei konvexe Kombinationen von Elementen aus M und α, β zwei nichtnegative Zahlen mit Summe 1. Dann sind alle Zahlen $\alpha \lambda_j, \beta \mu_k$ nichtnegativ, ihre Summe ist 1, und infolgedessen ist

$$\alpha x + \beta y = \alpha \lambda_1 x_1 + \cdots + \alpha \lambda_n x_n + \beta \mu_1 y_1 + \cdots + \beta \mu_m y_m \in \operatorname{co}(M).$$

Aufgaben zu Nr. 162

1. a) $\dfrac{\partial f(x, y)}{\partial x} = 3x^2 - 4xy^2 + 4y^3, \quad \dfrac{\partial^2 f(x, y)}{\partial x^2} = 6x - 4y^2, \quad \dfrac{\partial^2 f(x, y)}{\partial y \partial x} = -8xy + 12y^2,$

$\dfrac{\partial f(x, y)}{\partial y} = -4x^2 y + 12xy^2 + 4y^3, \quad \dfrac{\partial^2 f(x, y)}{\partial y^2} = -4x^2 + 24xy + 12y^2,$

$\dfrac{\partial^2 f(x, y)}{\partial x \partial y} = -8xy + 12y^2.$

b)
$$\frac{\partial f(x, y)}{\partial x} = (x^2 y + 2x + y^3)\,\mathrm{e}^{xy}, \qquad \frac{\partial^2 f(x, y)}{\partial x^2} = (x^2 y^2 + 4xy + y^4 + 2)\,\mathrm{e}^{xy},$$

$$\frac{\partial^2 f(x, y)}{\partial y\,\partial x} = (x^3 y + 3x^2 + xy^3 + 3y^2)\,\mathrm{e}^{xy}, \qquad \frac{\partial f(x, y)}{\partial y} = (x^3 + xy^2 + 2y)\,\mathrm{e}^{xy},$$

$$\frac{\partial^2 f(x, y)}{\partial y^2} = (x^4 + x^2 y^2 + 4xy + 2)\,\mathrm{e}^{xy}, \qquad \frac{\partial^2 f(x, y)}{\partial x\,\partial y} = (x^3 y + 3x^2 + xy^3 + 3y^2)\,\mathrm{e}^{xy}.$$

c)
$$\frac{\partial f(x, y, z)}{\partial x} = xyz\cos(x+y+z) + yz\sin(x+y+z),$$

$$\frac{\partial^2 f(x, y, z)}{\partial x^2} = -xyz\sin(x+y+z) + 2yz\cos(x+y+z),$$

$$\frac{\partial^2 f(x, y, z)}{\partial y\,\partial x} = (z - xyz)\sin(x+y+z) + (xz + yz)\cos(x+y+z),$$

$$\frac{\partial^2 f(x, y, z)}{\partial z\,\partial x} = (y - xyz)\sin(x+y+z) + (xy + yz)\cos(x+y+z),$$

$$\frac{\partial f(x, y, z)}{\partial y} = xyz\cos(x+y+z) + xz\sin(x+y+z),$$

$$\frac{\partial^2 f(x, y, z)}{\partial x\,\partial y} = (z - xyz)\sin(x+y+z) + (xz + yz)\cos(x+y+z),$$

$$\frac{\partial^2 f(x, y, z)}{\partial y^2} = -xyz\sin(x+y+z) + 2xz\cos(x+y+z),$$

$$\frac{\partial^2 f(x, y, z)}{\partial z\,\partial y} = (x - xyz)\sin(x+y+z) + (xy + xz)\cos(x+y+z),$$

$$\frac{\partial f(x, y, z)}{\partial z} = xyz\cos(x+y+z) + xy\sin(x+y+z),$$

$$\frac{\partial^2 f(x, y, z)}{\partial x\,\partial z} = (y - xyz)\sin(x+y+z) + (xy + yz)\cos(x+y+z),$$

$$\frac{\partial^2 f(x, y, z)}{\partial y\,\partial z} = (x - xyz)\sin(x+y+z) + (xy + xz)\cos(x+y+z),$$

$$\frac{\partial^2 f(x, y, z)}{\partial z^2} = -xyz\sin(x+y+z) + 2xy\cos(x+y+z).$$

d)
$$\frac{\partial f(x, y, z)}{\partial x} = \frac{\mathrm{e}^y}{z}, \quad \frac{\partial^2 f(x, y, z)}{\partial x^2} = 0, \quad \frac{\partial^2 f(x, y, z)}{\partial y\,\partial x} = \frac{\mathrm{e}^y}{z}, \quad \frac{\partial^2 f(x, y, z)}{\partial z\,\partial x} = -\frac{\mathrm{e}^y}{z^2},$$

$$\frac{\partial f(x, y, z)}{\partial y} = \frac{x\,\mathrm{e}^y}{z}, \quad \frac{\partial^2 f(x, y, z)}{\partial x\,\partial y} = \frac{\mathrm{e}^y}{z}, \quad \frac{\partial^2 f(x, y, z)}{\partial y^2} = \frac{x\,\mathrm{e}^y}{z}, \quad \frac{\partial^2 f(x, y, z)}{\partial z\,\partial y} = -\frac{x\,\mathrm{e}^y}{z^2},$$

$$\frac{\partial f(x, y, z)}{\partial z} = -\frac{x\,\mathrm{e}^y}{z^2}, \quad \frac{\partial^2 f(x, y, z)}{\partial x\,\partial z} = -\frac{\mathrm{e}^y}{z^2}, \quad \frac{\partial^2 f(x, y, z)}{\partial y\,\partial z} = -\frac{x\,\mathrm{e}^y}{z^2}, \quad \frac{\partial^2 f(x, y, z)}{\partial z^2} = \frac{2x\,\mathrm{e}^y}{z^3}.$$

9. $\quad \partial R/\partial R_k = R^2/R_k^2.$

Aufgaben zu Nr. 164

1. Die Differenzierbarkeit ergibt sich in allen Fällen aus Satz 164.3.

a) $f'(x, y) = (1, 1)$.

b) $f'(x, y, z) = \left(\dfrac{y}{z}, \dfrac{x}{z}, -\dfrac{xy}{z^2} \right)$.

c) $f'(x) = \begin{pmatrix} -\sin x \\ \cos x \end{pmatrix}$.

d) $f'(x) = \begin{pmatrix} 1 \\ 2x \\ 3x^2 \end{pmatrix}$.

e) $f'(x, y) = \begin{pmatrix} 1 & \dfrac{1}{2\sqrt{y}} \\ \dfrac{1}{2\sqrt{x}} & 1 \end{pmatrix}$.

f) $f'(x, y, z) = \begin{pmatrix} \dfrac{1}{x} & 0 & 0 \\ \sqrt{y} & \dfrac{x}{2\sqrt{y}} & \dfrac{1}{2\sqrt{z}} \end{pmatrix}$.

4. f sei in ξ differenzierbar. Mit

$$f'(\xi) = \begin{pmatrix} \alpha_{11} \cdots \alpha_{1p} \\ \vdots \\ \alpha_{q1} \cdots \alpha_{qp} \end{pmatrix} \quad \text{und} \quad h := \begin{pmatrix} h_1 \\ \vdots \\ h_p \end{pmatrix}$$

ist dann

$$\begin{pmatrix} f_1(\xi+h) - f_1(\xi) \\ \vdots \\ f_q(\xi+h) - f_q(\xi) \end{pmatrix} = f(\xi+h) - f(\xi) = f'(\xi) h + r(h) = \begin{pmatrix} \alpha_{11} h_1 + \cdots + \alpha_{1p} h_p \\ \vdots \\ \alpha_{q1} h_1 + \cdots + \alpha_{qp} h_p \end{pmatrix} + \begin{pmatrix} r_1(h) \\ \vdots \\ r_q(h) \end{pmatrix},$$

wobei $\lim\limits_{h \to 0} \dfrac{r(h)}{\|h\|} = 0$, also auch $\lim\limits_{h \to 0} \dfrac{r_j(h)}{\|h\|} = 0$ ist. Durch Komponentenvergleich erhält man

$$f_j(\xi+h) - f_j(\xi) = \alpha_{j1} h_1 + \cdots + \alpha_{jp} h_p + r_j(h) = (\alpha_{j1}, \ldots, \alpha_{jp}) h + r_j(h), \qquad \lim\limits_{h \to 0} \dfrac{r_j(h)}{\|h\|} = 0.$$

Es folgt, daß $f_j'(\xi)$ vorhanden und $= (\alpha_{j1}, \ldots, \alpha_{jp})$ ist. Also gilt auch (164.16). Durchläuft man die Schlüsse in umgekehrter Richtung, so erhält man den zweiten Teil der Behauptung.

5. Es ist $f(\xi+h) - f(\xi) = f'(\xi) h + \|h\| \rho(h)$ mit $\lim\limits_{h \to 0} \rho(h) = 0$ (dabei ist $h \neq 0$). Bestimme $\delta > 0$ so, daß $\|\rho(h)\| \leq 1$ für $0 < \|h\| < \delta$. Für $x \in \dot{U}_\delta(\xi)$ ist dann

$$\|f(x) - f(\xi)\| = \|f(\xi + (x - \xi)) - f(\xi)\|$$

$$\leq \|f'(\xi)(x - \xi)\| + \|x - \xi\| \, \|\rho(x - \xi)\|$$

$$\leq \|f'(\xi)\| \, \|x - \xi\| + \|x - \xi\| = (1 + \|f'(\xi)\|) \, \|x - \xi\|.$$

Trivialerweise gilt diese Abschätzung auch für $x = \xi$, also in ganz $U_\delta(\xi)$. Beachte, daß wir bei unserer Beweisführung die Sätze 112.1 und 114.1 benutzt haben; $\|f'(\xi)\|$ ist die Norm der linearen Abbildung $f'(\xi) \colon \mathbf{R}^p \to \mathbf{R}^q$.

6. Es ist $\varphi(1+h) = f((1+h)x) = (1+h)^\alpha f(x)$ für $|h| < 1$, also

$$\varphi(1+h) - \varphi(1) = [(1+h)^\alpha - 1] f(x)$$

und somit

$$\varphi'(1) = \lim_{h \to 0} \frac{(1+h)^\alpha - 1}{h} f(x) = \alpha f(x).$$

Andererseits ist $\varphi(1+h) - \varphi(1) = f(x+hx) - f(x)$, also

$$\varphi(1+h) - \varphi(1) = \begin{cases} 0, & \text{falls } x = 0, \\ hf'(x)x + \dfrac{r(hx)}{\|x\|} \|x\|, & \text{falls } x \neq 0. \end{cases}$$

Infolgedessen haben wir

$$\varphi'(1) = \begin{cases} 0, & \text{falls } x = 0, \\ f'(x)x, & \text{falls } x \neq 0. \end{cases}$$

Da aber $f'(0)0 = 0$ ist, gilt die Gleichung

$$\varphi'(1) = f'(x)x$$

auch im Falle $x = 0$. Aus dieser und der obigen Darstellung von $\varphi'(1)$ erhalten wir $f'(x)x = \alpha f(x)$ für jedes x.

Aufgaben zu Nr. 165

1. $d\varphi/dt = -2/t^3 + 4t^3.$ **2.** $d\varphi/dt = 2\sin t \cos^2 t - \sin^3 t.$

3. $d\varphi/dt = 2t.$ **4.** $d\varphi/dt = 4e^{2t}.$

5. $\varphi'(x, y) = \dfrac{1}{x^2 y^2 + x/y^2} \left(2xy^2 + \dfrac{1}{y^2}, 2x^2 y - \dfrac{2x}{y^3} \right).$

6. $\varphi'(x, y) = (2x + y - 2xy + y^2 + 2xy^2,\ x - 2y + 2xy - x^2 + 6y^2 + 2x^2 y).$

7. $(fg)'(x, y) = e^{x+y}(\sin(xy) + y\cos(xy),\ \sin(xy) + x\cos(xy)),$
$(f/g)'(x, y) = e^{-(x+y)}(y\cos(xy) - \sin(xy),\ x\cos(xy) - \sin(xy)).$

9. $dV(0)/dt = -0{,}018\ \text{m}^3/\text{h}.$

Aufgaben zu Nr. 166

1.

	Richtungsableitung	Richtung des stärksten Anstiegs in $\boldsymbol{\xi}$	Größe
a)	$2\sqrt{2}$	$\begin{pmatrix} 2 \\ 2 \end{pmatrix}$	$\sqrt{8}$
b)	$\dfrac{1}{2}\sqrt{3}$	$\begin{pmatrix} 0 \\ 1 \end{pmatrix}$	1

c) $\quad\dfrac{1}{\sqrt{2}}\qquad\qquad \begin{pmatrix}0\\1\\1\end{pmatrix}\qquad\qquad \sqrt{2}$

d) $\quad\dfrac{2e}{\sqrt{6}}\qquad\qquad \begin{pmatrix}e\\e\\e\end{pmatrix}\qquad\qquad \sqrt{3}\,e$

2. Sie sind senkrecht zur Richtung des stärksten Anstiegs.

5. $f(x,y)=\dfrac{x^2}{2}+\dfrac{y^2}{2}+C,\quad C$ eine beliebige Konstante.

Aufgaben zu Nr. 167

2. Es ist $(f-g)'=f'-g'=0$ auf G; aus Satz 167.5 folgt also $f-g=c$.

Aufgaben zu Nr. 168

1. Es ist

$$f'(x_0+h) = \left(\frac{\partial f_j}{\partial x_k}(x_0+h)\right).$$

Setze

$$g_{jk}(t):=\frac{\partial f_j}{\partial x_k}(x_0+t\,h),\qquad 0\leqslant t\leqslant 1.$$

Dann ist

$$g'_{jk}(t) = \sum_{l=1}^{p}\frac{\partial^2 f_j}{\partial x_k\,\partial x_l}(x_0+t\,h)\,h_l$$

und

$$\frac{\partial f_j}{\partial x_k}(x_0+h)=g_{jk}(1)=g_{jk}(0)+\int_0^1 g'_{jk}(t)\,dt=\frac{\partial f_j}{\partial x_k}(x_0)+\sum_{l=1}^{p}\left(\int_0^1\frac{\partial^2 f_j}{\partial x_k\,\partial x_l}(x_0+t\,h)\,dt\right)h_l.$$

Die Abschätzung (168.9) ist trivial.

2. Man wende fortlaufend Produktintegration an.

4. $e^{x_0}\left(\sin y_0+h\sin y_0+k\cos y_0+\dfrac{1}{2}h^2\sin y_0+hk\cos y_0-\dfrac{1}{2}k^2\sin y_0+\dfrac{1}{6}h^3\sin y_0\right.$

$\qquad\left.+\dfrac{1}{2}h^2 k\cos y_0-\dfrac{1}{2}hk^2\sin y_0-\dfrac{1}{6}k^3\cos y_0\right).$

5. $1{,}05^{1{,}02}\approx 1{,}0510$. Restgliedabschätzung liefert $|1{,}05^{1{,}02}-1{,}0510|<4\cdot10^{-5}<10^{-4}$.

Aufgaben zu Nr. 170

2. $\dfrac{\partial z}{\partial x} = -\dfrac{4x^3 + 2\cos y}{\cos z}, \qquad \dfrac{\partial z}{\partial y} = \dfrac{2x\sin y}{\cos z}.$

3. Das System wird jedenfalls von dem Tripel $x=0$, $y=\sqrt{8/5}$, $z=\sqrt{4/5}$ befriedigt. Es ist $y'=-3x/5y$, $z'=x/5z$.

4. Das System wird gewiß von dem Quadrupel $x=0$, $y=\sqrt{1/10+1/12}$, $u=1/\sqrt{10}$, $v=1/\sqrt{12}$ gelöst. Es ist $\partial u/\partial x = 5x/u$, $\partial u/\partial y = 6y/u$, $\partial v/\partial x = -4x/v$, $\partial v/\partial y = -5y/v$.

5. $\partial u/\partial y = 0$, $\partial v/\partial y = -1$ an der Stelle $(0,-1)$.

Aufgaben zu Nr. 171

2. Z. B. $G := \left\{ \begin{pmatrix} x \\ y \end{pmatrix} : -\infty < x < +\infty, \ 0 < y < 2\pi \right\}.$

4. $f'(x,y) = \begin{pmatrix} \cos x \cosh y & \sin x \sinh y \\ -\sin x \sinh y & \cos x \cosh y \end{pmatrix}, \qquad f(G_1) = f(G_2) = \left\{ \begin{pmatrix} u \\ v \end{pmatrix} : u > 0 \right\}.$

5. a) $f'(x_1, x_2, x_3) = \dfrac{1}{(1+x_1+x_2+x_3)^2} \begin{pmatrix} 1+x_2+x_3 & -x_1 & -x_1 \\ -x_2 & 1+x_1+x_3 & -x_2 \\ -x_3 & -x_3 & 1+x_1+x_2 \end{pmatrix}.$

b) $f(G) = \left\{ \begin{pmatrix} y_1 \\ y_2 \\ y_3 \end{pmatrix} \in \mathbf{R}^3 : y_1+y_2+y_3 \neq 1 \right\}, \qquad f^{-1}(y_1, y_2, y_3) = \begin{pmatrix} y_1/(1-y_1-y_2-y_3) \\ y_2/(1-y_1-y_2-y_3) \\ y_3/(1-y_1-y_2-y_3) \end{pmatrix}.$

c) $(f^{-1})'(y_1, y_2, y_3) = \dfrac{1}{(1-y_1-y_2-y_3)^2} \begin{pmatrix} 1-y_2-y_3 & y_1 & y_1 \\ y_2 & 1-y_1-y_3 & y_2 \\ y_3 & y_3 & 1-y_1-y_2 \end{pmatrix}.$

Aufgaben zu Nr. 173

3.

Lage	Art	Größe (der lokalen Extrema)
a) $\xi = \eta = -1/3$	Minimum	$2/3$
b) $\xi = 1/2$, $\eta = 1/3$	Maximum	$1/432$
$\xi < 0$, $\eta = 0$	Maxima	0
$0 < \xi < 1$, $\eta = 0$	Minima	0
$\xi > 1$, $\eta = 0$	Maxima	0
c) $\xi = \eta = \pi/3$	Maximum	$\frac{3}{2}\sqrt{3}$
d) $\xi = -\frac{1}{2}$, $\eta = 1$	Minimum	6

$$\xi = \frac{1}{2},\ \eta = -1 \qquad \text{Maximum} \qquad -6$$

e) $\quad \xi = \eta = 0 \qquad\qquad$ Minimum $\qquad$ 0
$\quad\ \xi = 0,\ \eta = 1 \qquad\quad$ Maximum $\qquad$ 2/e
$\quad\ \xi = 0,\ \eta = -1 \qquad$ Maximum $\qquad$ 2/e

5. $a = b = c = 20.$

6. $a = b = c = 30.$

7. $x = 2a/3,\ t = 2.$

Aufgaben zu Nr. 174

1. Maximum 1/4 in (1/2, 1/2); kein Minimum.

2. Lokales Minimum 0 in (1, 0); lokales Maximum 4/27 in (1/3, 2/3); keine globalen Extrema.

3. Der Punkt kleinsten Abstandes hat näherungsweise die Koordinaten $\xi = 1{,}44$ und $\eta = 0{,}36$.

4. $(\sqrt[3]{1/4},\ \sqrt[3]{1/4},\ \sqrt[3]{1/2})$.

5. Der gesuchte Punkt hat näherungsweise die Koordinaten $\xi = \eta = 0{,}41,\ \zeta = 0{,}336$.

6. Der Punkt kleinsten bzw. größten Abstandes ist
$$(1/\sqrt{3},\ 1/\sqrt{3},\ 1/\sqrt{3}) \quad \text{bzw.} \quad (-1/\sqrt{3},\ -1/\sqrt{3},\ -1/\sqrt{3}).$$

7. Lokales Maximum in $(1/\sqrt{2},\ 1/\sqrt{2})$; lokales Minimum in $(-1/\sqrt{2},\ -1/\sqrt{2})$.

8. $x = \dfrac{pa}{s},\ y = \dfrac{qa}{s},\ z = \dfrac{ra}{s} \qquad$ mit $s := p + q + r.$

12. $4\sqrt{2};\ -4\sqrt{2}.$

13. $1/8;\ 0.$

Aufgaben zu Nr. 176

5. Sei $f_1 = u_1 + \mathrm{i}v_1,\ f_2 = u_2 + \mathrm{i}v_2$. Nach (176.5) ist

$$\frac{\partial u_1}{\partial x} + \mathrm{i}\frac{\partial v_1}{\partial x} = \frac{\partial u_2}{\partial x} + \mathrm{i}\frac{\partial v_2}{\partial x},\ \text{also}\ \frac{\partial u_1}{\partial x} = \frac{\partial u_2}{\partial x}\ \text{und}\ \frac{\partial v_1}{\partial x} = \frac{\partial v_2}{\partial x}.$$

Wegen der Cauchy-Riemannschen Differentialgleichungen ist dann auch

$$\frac{\partial u_1}{\partial y} = \frac{\partial u_2}{\partial y}\ \text{und}\ \frac{\partial v_1}{\partial y} = \frac{\partial v_2}{\partial y}.$$

Aus A 167.2 folgt nun die Behauptung.

Aufgaben zu Nr. 177

1.

	a)	b)	c)	d)	e)
Geschwindigkeitsvektor	$\begin{pmatrix} x_2-x_1 \\ y_2-y_1 \end{pmatrix}$	$\begin{pmatrix} -r\sin t \\ r\cos t \end{pmatrix}$	$2\begin{pmatrix} -r\sin 2t \\ r\cos 2t \end{pmatrix}$	$\begin{pmatrix} -r\sin t \\ r\cos t \\ h \end{pmatrix}$	$\begin{pmatrix} r(1-\cos t) \\ r\sin t \end{pmatrix}$
Geschwindigkeit	$\sqrt{(x_2-x_1)^2+(y_2-y_1)^2}$	r	$2r$	$\sqrt{r^2+h^2}$	$2r\left\vert\sin\dfrac{t}{2}\right\vert$
Weglänge	$\sqrt{(x_2-x_1)^2+(y_2-y_1)^2}$	$2\pi r$	$4\pi r$	$4\pi\sqrt{r^2+h^2}$	$16r$

4. a) $a\sinh\dfrac{x_0}{a}$.   b) $a\pi\sqrt{1+4\pi^2}+\dfrac{a}{2}\operatorname{arsinh}(2\pi)$.   c) $8a$.

Aufgaben zu Nr. 178

6. $6a$.   **7.** $\dfrac{8}{27}(10\sqrt{10}-1)$.   **8.** $1+\dfrac{1}{2}\ln\dfrac{3}{2}$.

Aufgaben zu Nr. 180

1. 1.   **2.** 24.   **3.** $2e-2$.   **4.** $(e^2-5)/2$.   **5.** $-\pi$.   **6.** $-8\pi^2$.

7. 36 Joule.

Aufgaben zu Nr. 181

1. Das Integral über f sei wegunabhängig, und $\gamma:[a,b]\to\mathbf{R}^p$ sei geschlossen: $\gamma(a)=\gamma(b)$. Dann hat auch γ^- den Anfangspunkt $\gamma(a)$ und den Endpunkt $\gamma(b)$, also ist

$$\int_\gamma f\cdot d\mathbf{x}=\int_{\gamma^-} f\cdot d\mathbf{x}=-\int_\gamma f\cdot d\mathbf{x}\qquad\text{und somit}\qquad\int_\gamma f\cdot d\mathbf{x}=0.$$

Ist umgekehrt $\int_\gamma f\cdot d\mathbf{x}=0$ für jedes geschlossene γ und sind γ_1,γ_2 zwei Wege mit denselben Anfangs- und Endpunkten, so ist $\gamma_1\oplus\gamma_2^-$ geschlossen, also

$$0=\int_{\gamma_1\oplus\gamma_2} f\cdot d\mathbf{x}=\int_{\gamma_1} f\cdot d\mathbf{x}-\int_{\gamma_2} f\cdot d\mathbf{x}\qquad\text{und somit}\qquad\int_{\gamma_1} f\cdot d\mathbf{x}=\int_{\gamma_2} f\cdot d\mathbf{x}.$$

Der erste Beweisteil läßt sich übrigens auch sehr rasch mit Hilfe der Sätze 181.3 und 181.2 erledigen.

4. $\varphi(x,y)=xy-\dfrac{y^2}{2}$.   **5.** $\varphi(x,y,z)=r$.

7. $\varphi(x, y, z) = -\dfrac{1}{(n-2)\,r^{n-2}}.$

8. Das Vektorfeld besitzt eine Stammfunktion $\varphi(x, y, z) := \int_1^r t f(t)\,dt.$

Aufgaben zu Nr. 182

8. a) $J_1 = \dfrac{31}{6} + \dfrac{5}{2}(a+b),\quad J_2 = \dfrac{31}{6} + \dfrac{5}{3}(a+2b).$ b) $b=a;\quad \varphi(x, y, z) = \dfrac{x^3}{3} + \dfrac{x^2}{2}y + \dfrac{y^2}{2} + ayz.$

Aufgaben zu Nr. 183

1. Ja; $\varphi(x, y) = 6x^2 y + 3x.$ **2.** Nein.   **3.** Ja; $\varphi(x, y) = x^3 y.$

4. Ja; $\varphi(x, y, z) = (x^2 + y^2 + z^2)/2.$ **5.** Nein.

6. Ja; $\varphi(x, y, z) = x^2/2 - y^2/2 + xz - yz.$

Aufgaben zu Nr. 184

1. 2.   **2.** 2.   **3.** $3\sinh 1 - 2\cosh 1 + \dfrac{1}{4}\sinh 2 + \dfrac{1}{2}.$ **4.** $\dfrac{4}{3}[(1 + 2\pi^2)^{3/2} - 1].$

Aufgaben zu Nr. 185

1. 0.   **2.** i bzw. 2i.   **3.** 1 bzw. $1+i$.   **4.** $-\pi.$

Aufgaben zu Nr. 188

1. a) $y = \dfrac{68}{35} + \dfrac{43}{35}x.$ b) $y = \dfrac{30}{13} - \dfrac{27}{26}x.$

2. $y = \dfrac{64}{55} + \dfrac{281}{220}x + \dfrac{15}{44}x^2.$ **6.** $n = 17$, also $H \approx 17\,\dfrac{\text{km}}{\text{sec} \cdot 10^6\ \text{Lichtjahre}}.$

Aufgaben zu Nr. 190

1. Exakt; $\dfrac{\ln x}{y} + x^2 + \dfrac{y^3}{3} = C.$ **2.** Exakt; $x^2 e^y - x + y = C.$

3. Exakt; $x^3 y^2 + y^2 + 2yx - x = C.$ Die Lösungen der Anfangswertprobleme sind die Funktionen

$$y(x) := -\frac{x}{1+x^3} \pm \sqrt{\frac{1+x}{1+x^3} + \frac{x^2}{(1+x^3)^2}}\,.$$

4. Nicht exakt. Integrierender Faktor z. B. $1/x^2$. Explizite Lösung $y(x) := x^2 - Cx$.

5. Nicht exakt. Integrierender Faktor z. B. $1/x^2$. Explizite Lösung $y(x) := x + \sqrt[3]{C + \dfrac{\sin x}{x}}$.

6. Nicht exakt. Integrierender Faktor z. B. $1/y^4$. Implizite Lösung $Cy^3 + y^2 - x^2 = 0$. Außerdem ist auch $y(x) \equiv 0$ eine Lösung.

Aufgaben zu Nr. 198

1. Sei $Z := Z_1 \times \cdots \times Z_p$ eine Zerlegung von I und Z' eine Verfeinerung von Z. Man betrachte zuerst den Fall, daß Z' aus Z hervorgeht, indem man zu genau einem der Z_j genau einen weiteren Teilpunkt hinzufügt, und schließe im übrigen ganz entsprechend wie im Beweis des Hilfssatzes 82.1.

Aufgaben zu Nr. 200

1. 25.   **2.** 7/12.   **3.** $e^4 - 2e^3 + e^2$.   **4.** 2.   **5.** $4\ln(16/15)$.   **6.** $\pi/48$.

7. Am elementarsten läßt sich die Behauptung durch den Rückgriff auf die Netzdefinition des Integrals beweisen.

8. $L = \dfrac{1}{2} \int_I \left[\dfrac{f(x)}{f(y)} + \dfrac{f(y)}{f(x)} \right] \mathrm{d}(x, y) = \int_I \dfrac{f^2(x) + f^2(y)}{2f(x)f(y)} \mathrm{d}(x, y) \geqslant \int_I 1 \, \mathrm{d}(x, y) = (b - a)^2.$

Zur Abschätzung des Integranden wurde die Ungleichung zwischen dem arithmetischen und geometrischen Mittel benutzt:

$$f(x)f(y) = \sqrt{f^2(x)f^2(y)} \leqslant \frac{f^2(x) + f^2(y)}{2}.$$

9. Wegen der Monotonievoraussetzung ist in der letzten Gleichung für $R - L$ (im „Hinweis") der Integrand $\geqslant 0$.

Aufgaben zu Nr. 201

1. Verfahre ganz ähnlich wie beim Beweis des Satzes 85.6. Ziehe zum Beweis der zweiten Behauptung den Satz 160.4 heran.

2. Verfahre wie beim Beweis des Satzes 104.4.

3. Es genügt, die Ungleichung für den Fall zu beweisen, daß B ein Intervall ist. Zu diesem Zweck kann man ganz ähnlich vorgehen wie beim Beweis der eindimensionalen Hölderschen Ungleichung (Satz 85.2).

4. Die Menge V der rationalen Zahlen in $[0, 1]$ leistet das Gewünschte.

5. Es ist $\overline{B} = B \cup \partial B$. Wende nun die Sätze 201.2 und 201.6 an.

6. Nach Aufgabe 5 ist $\overline{B}$ Jordan-meßbar. Da $\overline{B}$ außerdem kompakt ist, muß f auf $\overline{B}$ R-integrierbar sein. Ziehe nun Satz 201.7 heran. — Gegenbeispiel: $B := (0, 1]$, $f(x) := 1/x$ für $x \in B$, $:= 0$ für $x = 0$.

Aufgaben zu Nr. 203

1. 3.   **2.** 2/3.   **3.** 40/3.

Aufgaben zu Nr. 204

3. $\int_0^1 \int_y^1 f(x, y)\,dx\,dy.$ **4.** $\int_1^2 \int_1^{y^2} f(x, y)\,dx\,dy.$

5. $\int_0^1 \int_{\arcsin x}^{\pi/2} f(x, y)\,dy\,dx.$ **6.** $\int_0^1 \int_{\sqrt{1-x}}^{\sqrt{1-x^2}} f(x, y)\,dy\,dx.$

7. 64/15.   **8.** 1/4.   **9.** 1/12.

10. 1/24.   **11.** 6/55.   **12.** 2/3.

13. 1/24.   **14.** $ab\gamma\pi.$ **15.** $\pi/2.$

16. $32\pi.$ **17.** $1 - \cos 1 \approx 0{,}46.$

Aufgaben zu Nr. 206

3. $\dfrac{4\pi^3}{3} a^2.$ **4.** $\dfrac{3\pi}{2} a^2.$ **5.** $a^2.$

11. $\dfrac{49}{32}\pi a^4.$ **12.** $\dfrac{\pi}{4} R^4.$ **13.** $\dfrac{4}{3}\pi R^3 (8 - 3\sqrt{3}).$

14. $\dfrac{1}{3}\left(\pi - \dfrac{4}{3}\right) R^3.$ **15.** $\dfrac{1}{3}\pi abc (4 - \sqrt{2}).$ **16.** $\dfrac{4}{15}\pi.$

17. $\dfrac{1}{32}.$ **18.** $\dfrac{1}{8}.$ **19.** $\pi R^4.$

20. $2\pi R^2.$ **21.** $\dfrac{\pi^2}{4}.$ **22.** $\dfrac{4\pi a}{5}(r_2^5 - r_1^5).$

23. Sei B die Kugel mit Radius R um den Nullpunkt und $B_0 := B \setminus \{0\}$. B_0 sei mit einer Masse angefüllt, deren Dichte das Reziproke des Abstandes vom Nullpunkt ist. Das Ergebnis der Aufgabe 20 wird man als die Masse von B_0 interpretieren. Das Ergebnis der Aufgabe 21 wird man auffassen als die Masse des Raumes $\mathbf{R}^3$, wenn dieser mit einer Masse belegt ist, deren Dichte $\rho(x, y, z) = 1/(1 + x^2 + y^2 + z^2)^3$ ist.

24. $\dfrac{2\pi a}{3} R^3 + \dfrac{\pi b}{4} R^4.$ **25.** $\dfrac{71}{210}.$

26. Die Masse M in B ist genau dann endlich, wenn $\alpha > -3$ und $\beta < -3$ ist; in diesem Falle ist
$$M = 4\pi \left(\frac{1}{3+\alpha} - \frac{1}{3+\beta}\right).$$

27. $\left(\dfrac{3}{8} R, \dfrac{3}{8} R, \dfrac{3}{8} R\right).$ **28.** $\left(0, 0, \dfrac{3}{8} R\right).$ **29.** $\left(0, 0, \dfrac{8}{15} R\right).$

30. $\left(0, 0, \dfrac{4}{5} R\right).$ **31.** $\left(0, 0, \dfrac{2}{5} h\right).$

Aufgaben zu Nr. 207

1. 4.   **2.** 1.   **3.** 1.   **4.** $\dfrac{3}{2}\pi.$

5. 0.   **8.** $3\pi r^2.$ **9.** $24\pi.$

Aufgaben zu Nr. 208

3. $\dfrac{\pi}{6}(17^{3/2}-1).$ **4.** $\dfrac{a^2}{9}\left(10-\dfrac{3}{2}\pi\right).$ **5.** $\dfrac{\pi}{6}(2\sqrt{2}-1).$

6. $F=\dfrac{2\sqrt{2}}{3}\sqrt{ab}\,(a+b).$ **7.** $R^2(\pi-2).$ **8.** $\pi a\sqrt{1+a^2h^2}.$

11. $4\pi a^3.$ **12.** $J(\zeta)=\dfrac{2\pi R}{\zeta}(\sqrt{R^2+\zeta^2}-\sqrt{(R-\zeta)^2});\quad \lim_{\zeta\to+\infty}\zeta J(\zeta)=2\pi R^2.$

13. $\dfrac{4}{3}\pi R^4.$ **14.** $\dfrac{4}{3}\pi abc\left(\dfrac{1}{a^2}+\dfrac{1}{b^2}+\dfrac{1}{c^2}\right).$ **15.** $\pi.$

Aufgaben zu Nr. 209

2. a) $(1-x^2)\boldsymbol{i}+(2xz-x)\boldsymbol{k},$ b) $(x\cos y-2xz)\boldsymbol{i}-\sin y\,\boldsymbol{j}+z^2\boldsymbol{k},$
c) $(x^2e^z-xy)\boldsymbol{i}-2xye^z\boldsymbol{j}+(yz-xe^{xy})\boldsymbol{k}.$

7. $b=a.$ $\varphi(x, y, z)=\dfrac{x^3}{3}+\dfrac{x^2}{2}y+\dfrac{y^2}{2}+ayz.$

8. Die beiden Integrale in (209.5) haben den gemeinsamen Wert $\pi a^2.$

9. 0.

Aufgaben zu Nr. 210

1. a) $2xyz-\sin y\sin z,$ b) $y\cos(xy)+3y^2z+x^2ye^{yz}.$

7. $f(r)=1+r^2,$ $\varphi(x, y, z)=\dfrac{1}{2}(x^2+y^2+z^2)+\dfrac{1}{4}(x^2+y^2+z^2)^2.$

8. $\dfrac{3}{2}.$ **9.** $\dfrac{12}{5}\pi R^5.$ **10.** $24\pi.$ **11.** $135\pi.$

Aufgaben zu Nr. 211

1. a) 0.   b) $3\Delta_{1,2,3}$.   c) $8\Delta_{1,2}-4\Delta_{1,3}-4\Delta_{2,3}$.   d) $2\Delta_{1,2,3}$.

2. a) $3\Delta_{1,2,3,4}$.   b) $-\Delta_{1,2,3,4}$.

Aufgaben zu Nr. 212

2. a) $dy \wedge dz$.   b) $y\,dx \wedge dy + z\,dx \wedge dz$.   c) $x\,e^{xy}dy \wedge dx + dx \wedge dz$.
d) $dx \wedge dy$.

3. a) 0.   b) $(\cos z - 1 + yz)\,dx \wedge dy \wedge dz$.

5. 0, falls der Grad r von ω ungerade ist, $-2\,d\omega \wedge d\zeta$, falls r gerade ist.

Aufgaben zu Nr. 214

5. $[x_0, x_1] + [x_1, x_2] + [x_2, x_3] + [x_3, x_0]$.

Aufgaben zu Nr. 220

1. Geht man wie bei dem Kugelbeispiel am Ende der Nr. 220 vor und benutzt man sinngemäß dieselben Bezeichnungen, so erhält man

$$U(P) = \begin{cases} -G\,m/z, & \text{wenn } P \text{ im Außenraum der Schale liegt,} \\ -2\pi\rho G\,(R_2^2 - R_1^2), & \text{wenn } P \text{ im massefreien Innenraum der Schale liegt.} \end{cases}$$

Aufgaben zu Nr. 230

2. M sei relativ kompakt. Zu einer vorgegebenen Folge (x_n) aus $\overline{M}$ existiert eine Folge (y_n) aus M mit $\|x_n - y_n\| < 1/n$. Voraussetzungsgemäß enthält (y_n) eine konvergente Teilfolge (y_{n_k}). Ihr Grenzelement y muß in $\overline{M}$ liegen, und offenbar strebt $x_{n_k} \to y$. Also ist $\overline{M}$ kompakt. Die Umkehrung ist trivial.

Aufgaben zu Nr. 231

11. Angenommen, f sei nicht abgeschlossen. Dann existieren Folgen (x_n), (y_n), so daß gilt: $x_n \to x$, $y_n \in f(x_n)$ und $y_n \to y$, aber $y \notin f(x)$. Da $f(x)$ abgeschlossen und $y \notin f(x)$ ist, gibt es offene Umgebungen V und W von $f(x)$ mit $\overline{V} \subset W$ und $y \notin W$. Wegen der Oberhalbstetigkeit von f kann man zu V eine Umgebung U von x finden, so daß $f(u) \subset V$ für alle $u \in U$ ist. Für $n > n_0(U)$ liegen alle x_n in U, also haben wir $f(x_n) \subset V$ für alle $n > n_0$ und somit erst recht $y_n \in V$ für alle $n > n_0$. Dann muß aber y in $\overline{V}$, um so mehr also in W liegen, im Widerspruch zur Konstruktion von W.

Literaturverzeichnis

[1] Apostol, T. M.: Mathematical Analysis. Massachusetts-London 1957

[2] Bauer, H.: Wahrscheinlichkeitstheorie und Grundzüge der Maßtheorie. 3. Aufl. Berlin-New York 1978

[3] Brosowski, B.; Deutsch, F.: An elementary proof of the Stone-Weierstraß Theorem. Proc. Amer. Math. Soc. **81**, 1 (1981) 89–92

[4] Carleson, L.: On convergence and growth of partial sums of Fourier series. Acta math. **116** (1966) 135–157

[5] Heuser, H.: Gewöhnliche Differentialgleichungen. Stuttgart 1989

[6] Heuser, H.: Funktionalanalysis. 2. Aufl. Stuttgart 1986

[7] Hewitt, E.; Stromberg, K.: Real and Abstract Analysis. 2. Aufl. Berlin-Heidelberg-New York 1969

[8] Kline, M.: Mathematical Thought from Ancient to Modern Times. New York 1972

[9] Kowalsky, H. J.: Einführung in die lineare Algebra. Berlin-New York 1971

[10] Kuhn, H.: Ein elementarer Beweis des Weierstraßschen Approximationssatzes. Arch. Math. **15** (1964) 316–317

[11] v. Mangoldt, H.; Knopp, K.: Einführung in die höhere Mathematik I–IV. Stuttgart 1990 (I, 17. Aufl.; II, 16. Aufl.; III, 15. Aufl.; IV; 4. Aufl., verfaßt von F. Lösch)

[12] Milnor, J.: Analytic proofs of the "hairy ball theorem" and the Brouwer fixed point theorem. Amer. Math. Monthly **85**, No. 7 (1978) 521–524

[13] Nikaido, H.: Convex structures and economic theory. New York-London 1968

[14] Nöbeling, G.: Integralsätze der Analysis. Berlin-New York 1979

[15] Rinow, W.: Lehrbuch der Topologie. Berlin 1975

[16] Rogers, C. A.: A less strange version of Milnor's proof of Brouwer's fixed point theorem. Amer. Math. Monthly **87** (1980) 525–527

[17] Walter, J.: On elementary proofs of Peano's existence theorems. Amer. Math. Monthly **80**, no. 3 (1973) 282–286

[18] Weissinger, J.: Zur Theorie und Anwendung des Iterationsverfahrens. Math. Nachr. **8** (1952) 193–212

[19] Zemánek, J.: A simple proof of the Weierstrass-Stone theorem. Comment. Math. **20** (1977) 495–497

[20] Zygmund, A.: Trigonometric series I. Cambridge 1959

Lehrbücher der Analysis sind im Literaturverzeichnis des ersten Bandes aufgeführt.

Symbolverzeichnis

Symbole, die immer wiederkehren (wie $\partial f/\partial x$, $\int_B f(x)\,dx$ usw.), und solche, die bereits im Symbolverzeichnis des Teiles 1 erscheinen, wurden in dieses Verzeichnis nicht aufgenommen.

$\mathfrak{B}(a)$	205	$\mathfrak{U}(a)$	203
$B(X,F)$	39	$U_\varepsilon(f)$, $U_\varepsilon[f]$	13, 206
(c)	13	$\mathfrak{Z}$, $\mathfrak{Z}^*$	440
$C\text{-}\sum a_k$	155	$|Z|$	440
$\mathrm{co}(x_1,\ldots,x_m)$	604	(Z,σ)	440
$C(X)$	35, 233		
$C(X,F)$	40	$\Delta_\iota, \Delta_{j_1,\ldots,j_r}$	525 f.
$C_b(X,F)$	39	δ_{jk}	307
$C^m(G)$	250	∂M	219
div	521	$\partial\sigma$, $\partial(\Phi_1+\cdots+\Phi_m)$	547, 549
dx_j, df	532 f.	$\partial(g_1,\ldots,g_r)/\partial(u_1,\ldots,u_r)$	541
$F(X)$	208	$\Omega_f(T)$	444
grad	273	$\omega_f(x)$	444
i, j, k	499		
$I(\Phi)$, $I(S)$	505 f.	$\|A\|$	41
$J_f(\xi)$	260	$\|A\|_\infty$	39 f.
$L(A)$	590	$[A]$	51
$L(I)$, $L(a,b)$	86, 582	$A_n\Rightarrow A$	42
$L^+(I)$, $L^+(a,b)$	85, 582	$a\times b$	500
L^2	125	f_B	453
$L^p(I)$	106, 586	$f|(\varphi_n)$	85
$L(\gamma)$, $L(\gamma,Z)$	350	$(f|g)$	127
$L(\Gamma)$	360	$|I|$, $|B|$	439, 453
$\mathfrak{L}(E)$, $\mathfrak{L}(E,F)$	40	$\overline{M}$	62, 219
$l^r(p)$	12	$\overset{\circ}{M}$	219
$\mathrm{LH}(x_1,\ldots,x_m)$	605		
$\mathrm{m}(A)$	587	$M_1+\cdots+M_n$, $\sum\limits_{k=1}^n M_k$	611
$M(I)$	104, 586		
$\mathfrak{M}(q,p)$	52	M_1-M_2	611
$R(I)$, $R(B)$	441, 453	$|x|$	270
rot	515	$[x_0, x_1,\ldots,x_r]$	545
$S(f,Z,\tau)$	276	$x\cdot y$	269
sign	305		
S_r	545	$\gamma_1\oplus\cdots\oplus\gamma_n$, $\Gamma_1\oplus\cdots\oplus\Gamma_n$	241
$T(I)$	84, 447, 582	$\Phi\wedge\Psi$, $\omega\wedge\eta$	528, 531
$\dot{U}$, $\dot{U}(a)$	204	$\sigma_1+\cdots+\sigma_m$, $\Phi_1+\cdots+\Phi_m$	547 f.

Namen- und Sachverzeichnis

Kursiv gedruckte Zahlen geben die Seiten an, auf denen die Lebensdaten der aufgeführten Personen zu finden sind.

Mathematische Leitfäden

Herausgegeben von Prof. Dr. Dr. h.c. mult. G. Köthe †,
Prof. Dr. K.-D. Bierstedt, Universität-Gesamthochschule Paderborn,
und Prof. Dr. G. Trautmann, Universität Kaiserslautern

Benedetto: **Real Variable and Integration.** With historical notes.
278 pages. Paper DM 48,– / ÖS 375,– / SFr 48,–

Benedetto: **Spectral Synthesis.**
278 pages. Paper DM 72,– / ÖS 562,– / SFr 72,–

Hackenbroch/Thalmaier: **Stochastische Analysis.** Eine Einführung in die
Theorie der stetigen Semimartingale. 560 Seiten. Kart. DM 72,– / ÖS 562,– /
SFr 72,–.

Hellwig: **Partial Differential Equations.** An introduction.
2nd edition. XI, 259 pages. Paper DM 52,– / ÖS 406,– / SFr 52,–

Hermes: **Einführung in die mathematische Logik.** Klassische
Prädikatenlogik. 5. Aufl. 206 Seiten. Kart. DM 46,– / ÖS 359,– / SFr 46,–

Heuser: **Funktionalanalysis.** Theorie und Anwendung.
3. Aufl. 696 Seiten. Kart. DM 88,– / ÖS 687,– / SFr 88,–

Heuser: **Gewöhnliche Differentialgleichungen.** Einführung in Lehre
und Gebrauch. 2. Aufl. 628 Seiten. Kart. DM 68,– / ÖS 531,– / SFr 68,–

Heuser: **Lehrbuch der Analysis.**
Teil 1: 11. Aufl. 643 Seiten. Kart. DM 54,– / ÖS 421,– / SFr 54,–
Teil 2: 9. Aufl. 737 Seiten. Kart. DM 58,– / ÖS 453,– / SFr 58,–

Jarchow: **Locally Convex Spaces.**
548 pages. Hardcover DM 98,– / ÖS 765,– / SFr 98,–

Jörgens: **Lineare Integraloperatoren.**
224 Seiten. Kart. DM 48,– / ÖS 375,– / SFr 48,–

Kasch: **Moduln und Ringe.**
328 Seiten. Kart. DM 58,– / ÖS 453,– / SFr 58,–

Preisänderungen vorbehalten

B. G. Teubner Stuttgart

Mathematische Leitfäden

Knobloch/Kappel: **Gewöhnliche Differentialgleichungen.**
332 Seiten. Kart. DM 58,– / ÖS 453,– / SFr 58,–

Kultze: **Garbentheorie.**
179 Seiten. Kart. DM 44,– / ÖS 343,– / SFr 44,–

Laugwitz: **Differentialgeometrie.**
3. Aufl. 183 Seiten. Kart. DM 44,– / ÖS 343,– / SFr 44,–

Pareigis: **Kategorien und Funktoren.**
192 Seiten. Kart. DM 44,– / ÖS 343,– / SFr 44,–

Scheja/Storch: **Lehrbuch der Algebra.**
Teil 1: 2. Aufl. 701 Seiten. Kart. DM 62,– / ÖS 484,– / SFr 62,–
Teil 2: 816 Seiten. Kart. DM 68,– / ÖS 531,– / SFr 68,–
Teil 3: 239 Seiten. Kart. DM 28,– / ÖS 219,– / SFr 28,–

Schempp/Dreseler: **Einführung in die harmonische Analyse.**
298 Seiten. Kart. DM 58,– / ÖS 453,– / SFr 58,–

Schubert: **Topologie.** Eine Einführung.
4. Aufl. 328 Seiten. Kart. DM 52,– / ÖS 406,– / SFr 52,–

Stöcker/Zieschang: **Algebraische Topologie.** Eine Einführung.
2. Aufl. 485 Seiten. Kart. DM 62,– / ÖS 484,– / SFr 62,–

Wloka: **Partielle Differentialgleichungen.**
Sobolevräume und Randwertaufgaben. 500 Seiten.
Geb. DM 84,– / ÖS 655,– / SFr 84,–

Preisänderungen vorbehalten.

B. G. Teubner Stuttgart

Heuser

Gewöhnliche Differentialgleichungen

Einführung in Lehre und Gebrauch

Dieses Buch möchte nicht nur ein theoretisches Gerüst aufbauen (Lösungsmethoden, Existenz-, Eindeutigkeits- und Abhängigkeitssätze, Reihenentwicklungen, Eigenwert- und Stabilitätstheorie usw.), sondern auch eine Brücke zu den Anwendungen schlagen. Es übt deshalb neben dem Lösen auch das Aufstellen von Differentialgleichungen ein und zeigt detailliert, wie besonders wichtige Differentialgleichungen und Differentialgleichungstypen aus konkreten naturwissenschaftlichen Fragestellungen herauswachsen und dann umgekehrt wieder helfen, die allerverschiedensten Probleme befriedigend zu klären. Dieses Ineinandergreifen von Theorie und Praxis wird an zahlreichen Beispielen und Aufgaben (mit Lösungen) aus den Ingenieurwissenschaften, der Mechanik, Physik, Chemie, Biologie, Medizin und Wirtschaftswissenschaft sachlich verdeutlicht und historisch beleuchtet.

Von Prof. Dr.
Harro Heuser,
Universität Karlsruhe

2., durchgesehene Auflage.
1991. 628 Seiten
mit 108 Bildern,
708 Aufgaben,
z.T. mit Lösungen und
zahlreichen Beispielen.
16,2 x 22,9 cm.
Kart. DM 68,–
ÖS 531,– / SFr 68,–
ISBN 3-519-12227-8

(Mathematische Leitfäden)

Preisänderungen vorbehalten.

B. G. Teubner Stuttgart